JN335079

菌類の事典

日本菌学会【編集】

朝倉書店

■口絵１　マツ花粉上のツボカビ類（*Chytriomyces hyalinus*）（ツボカビ門）〔基礎編 1.7.1 参照〕

遊走子を放出している遊走子嚢もみられる．

（写真提供：稲葉重樹氏）

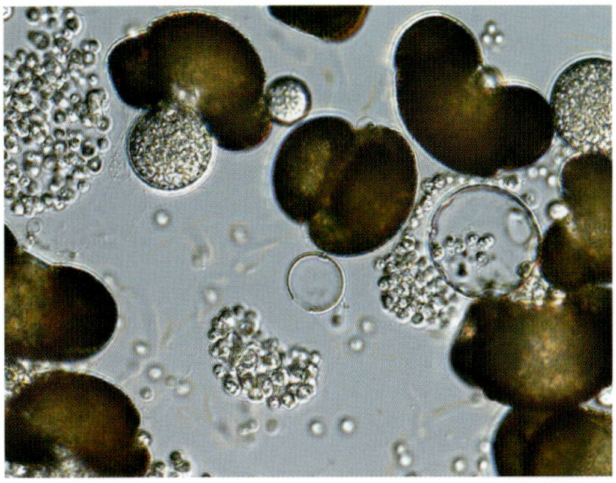

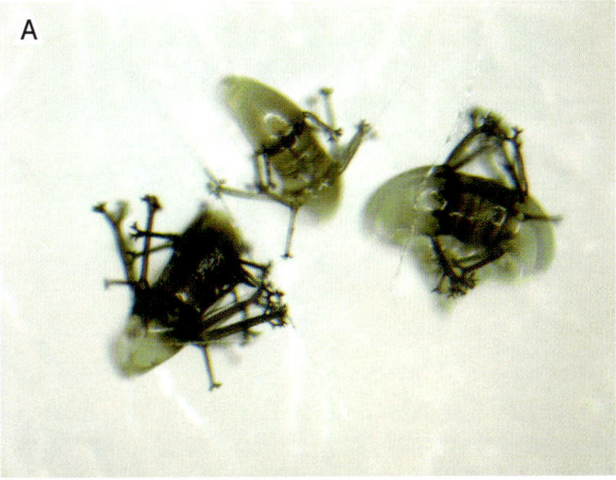

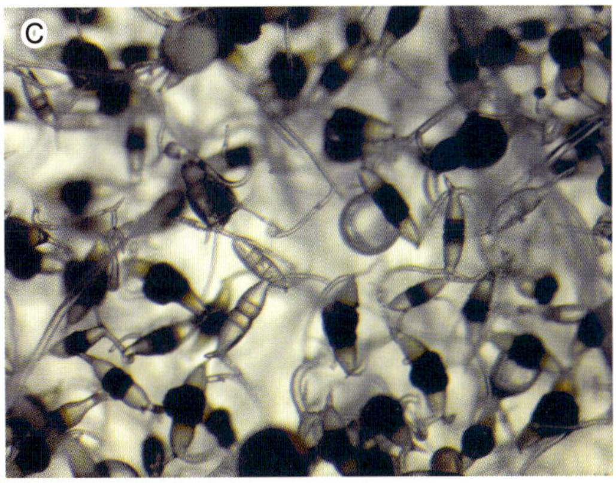

■口絵2　ケカビ目（接合菌門）の接合胞子と胞子嚢柄〔基礎編1.7.2参照〕

A：ヒゲカビ *Phycomyces nitens*（ヘテロタリック）の接合胞子．パブルム培地上．

B：ヒゲカビ *Phycomyces nitens* の胞子嚢柄．ネコの糞から発生しはじめたところ．

C：ケカビ属 *Mucor piriformis*（ヘテロタリック）の接合胞子．PDA培地上，10℃，暗条件で誘導．

D：ケカビ属 *Mucor piriformis* の胞子嚢柄．ミカン落果上．

E：ミズタマカビ属 *Pilobolus* sp. の胞子嚢柄．馬糞上．

（写真提供：出川洋介氏）

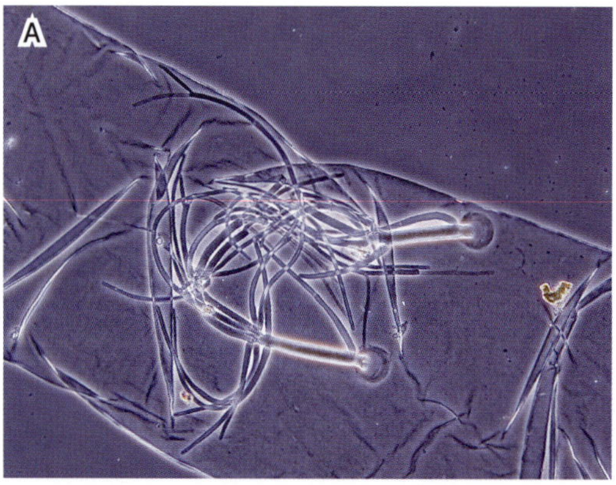

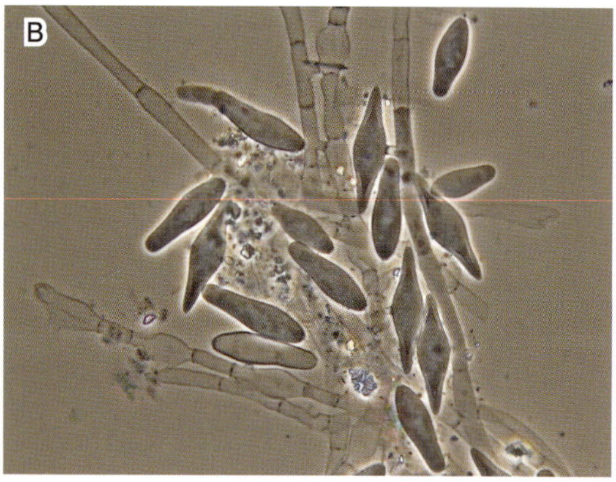

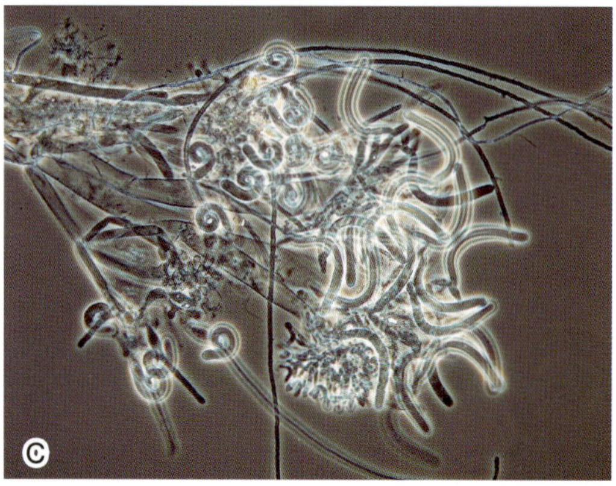

■口絵3　トリコミケス類（接合菌門）の菌体〔基礎編1.7.2参照〕

A：アセラリア目*Asellaria armadillidii*．等脚目動物の後腸に生息．消化管壁に付着した菌体．付着器（ホールドファスト）および分枝した菌体の先端に形成された分節胞子．

B：ハルペラ目*Spartiella barbata*（ヘテロタリック）．カゲロウ目昆虫の後腸に生息．トリコスポアと，菱形で厚壁の接合胞子．

C：ハルペラ目*Orphella coronata*（ホモタリック）．カワゲラ目昆虫の後腸に生息．トリコスポアと，渦巻型の接合胞子．

（写真提供：出川洋介氏）

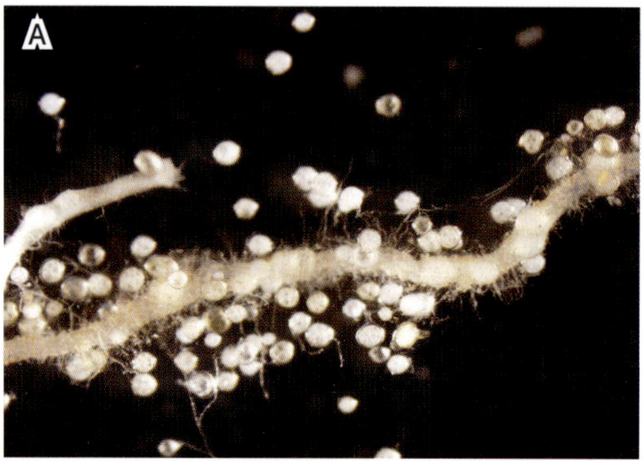

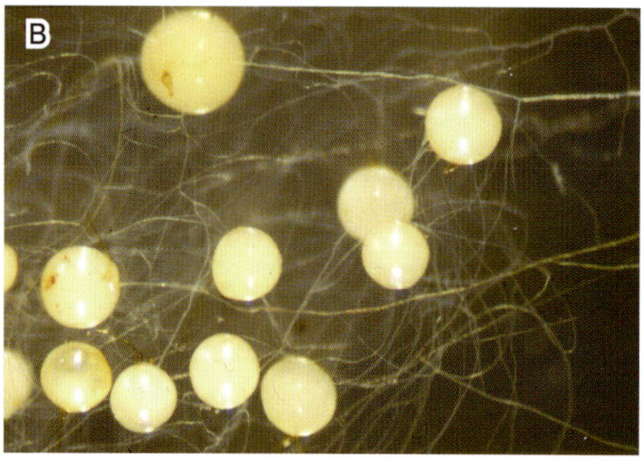

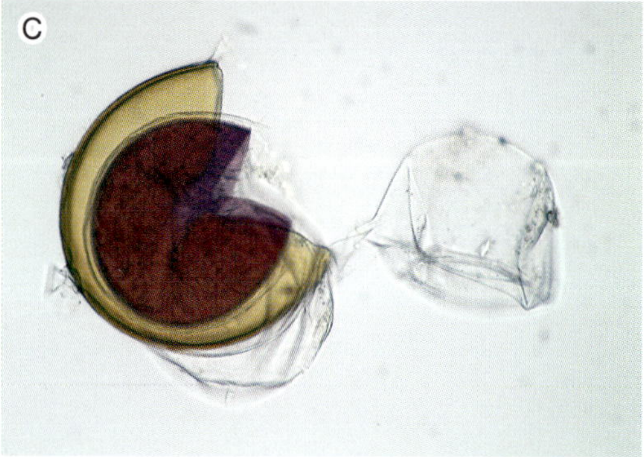

■口絵4　アーバスキュラー菌根菌（グロムス菌門）〔基礎編1.7.3参照〕

A：白クローバの根に共生するアーバスキュラー菌根菌*Rhizophagus* sp. 根から土壌中へ伸びる菌糸に胞子が形成される．

B：アーバスキュラー菌根菌*Gigaspora margarita*の胞子から発芽する菌糸．

C：アーバスキュラー菌根菌*Entrophospora* sp. の胞子．胞子を押しつぶし胞子壁構造を観察する．胞子内壁がMeltzer試薬で染色されている．

（写真提供：齋藤雅典氏）

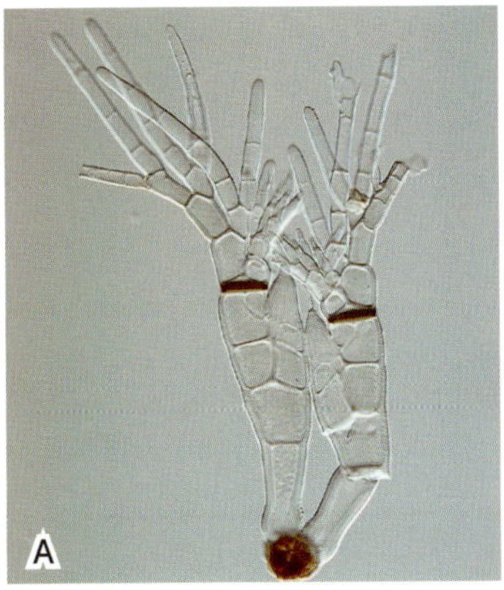

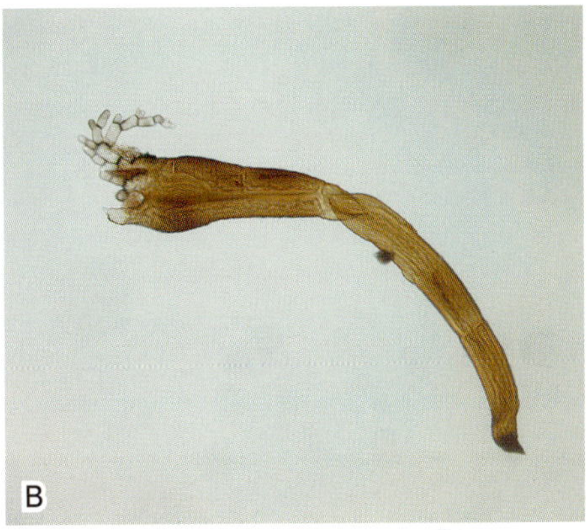

■口絵 5　ラブルベニア類（子嚢菌門）の菌体〔基礎編 15.2.2 参照〕

A：*Laboulbenia* sp. 若い菌体．若い子嚢殻と造精器．
B：*Laboulbenia* sp. 若い菌体．
C：*Laboulbenia* sp. 宿主（ゴミムシ類）の肢に付着した菌体．

（写真提供：出川洋介氏）

■口絵 6　子嚢菌類（子嚢菌門）〔基礎編 1.7.4 参照〕

A：*Lambertella corni-maris*の子嚢盤断面．
B：*Ciboria camelliae*の子嚢．先端にMeltzer試薬で染色される頂孔がある．
C：*Stamnaria americana*の子嚢（無弁）．
D：*Plicaria trachycarpa*の子嚢（有弁）．先端に弁の一部が付着している．

（写真提供：細矢剛氏）

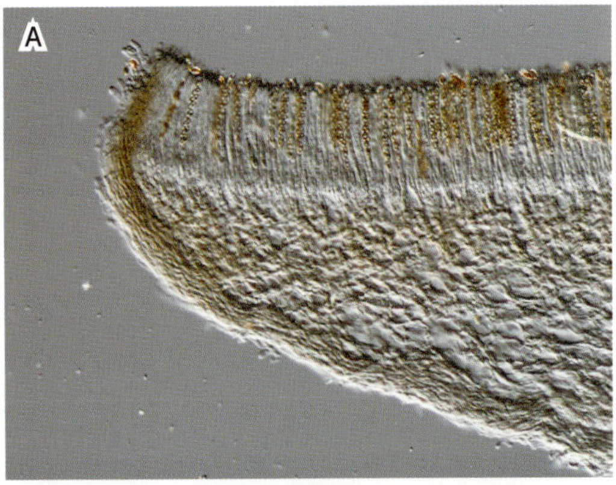

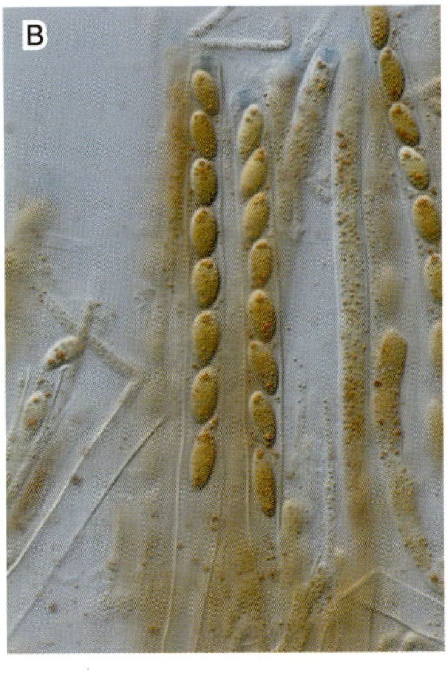

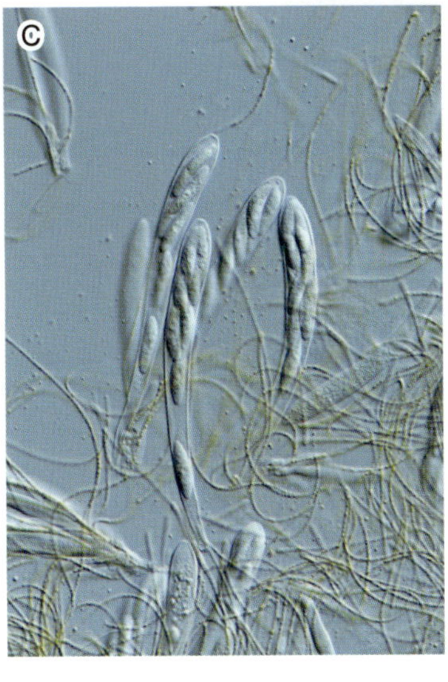

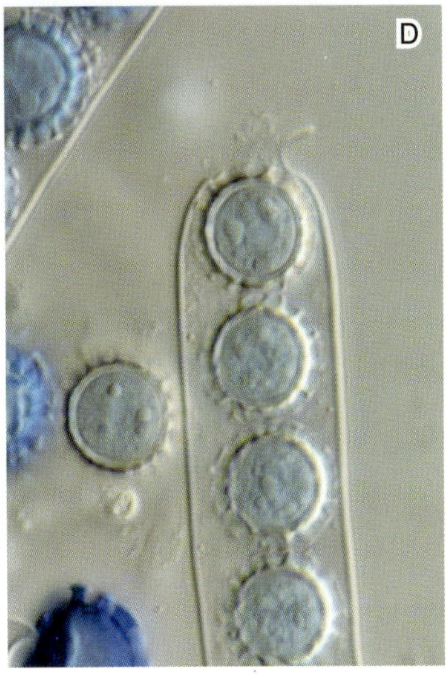

■**口絵 7　様々なキノコ**〔基礎編 1.7.4，1.7.5，人間・社会編 1.3.1 参照〕

1-11. 子嚢菌類のキノコ：1-4. チャワンタケ類（1. アミガサタケ，2. ナガエノケノボリリュウ，3. オオゴムタケ，4. アラゲコベニチャワンタケ属の 1 種）．5. セイヨウショウロ類（イボセイヨウショウロ）．6-7. 不整子嚢菌類（6. カキノミタケ，7. コウボウフデ）．8-9. ビョウタケ類（8. キツネノヤリ，9. クロハナビラタケ）．10-11. 核菌類（10. クロコブタケ，11. オオセミタケ）．12-30. 担子菌類のキノコ：12-14. 異担子菌類（12. キクラゲ，13. シロキクラゲ，14. ツノマタタケ属の 1 種），15-31. 同担子菌類のキノコ：15-25. 菌蕈類（15. ヌメリスギタケ，16. タマゴタケ，17. アカヤマタケ，18. タマムクエタケ，19. ヌメリイグチ，20. タマノリイグチ，21. クロサルノコシカケ，22. カノシタ，23. ハナホウキタケ，24. ヤマブシタケ，25. カワラタケ．26-31. 腹菌類（26. ヒメカタショウロ，27. ホオベニタケ，28. ホコリタケ，29. ツチグリ，30. アカダマキヌガサタケ，31. アカイカタケ）．

（写真提供：長澤栄史氏）

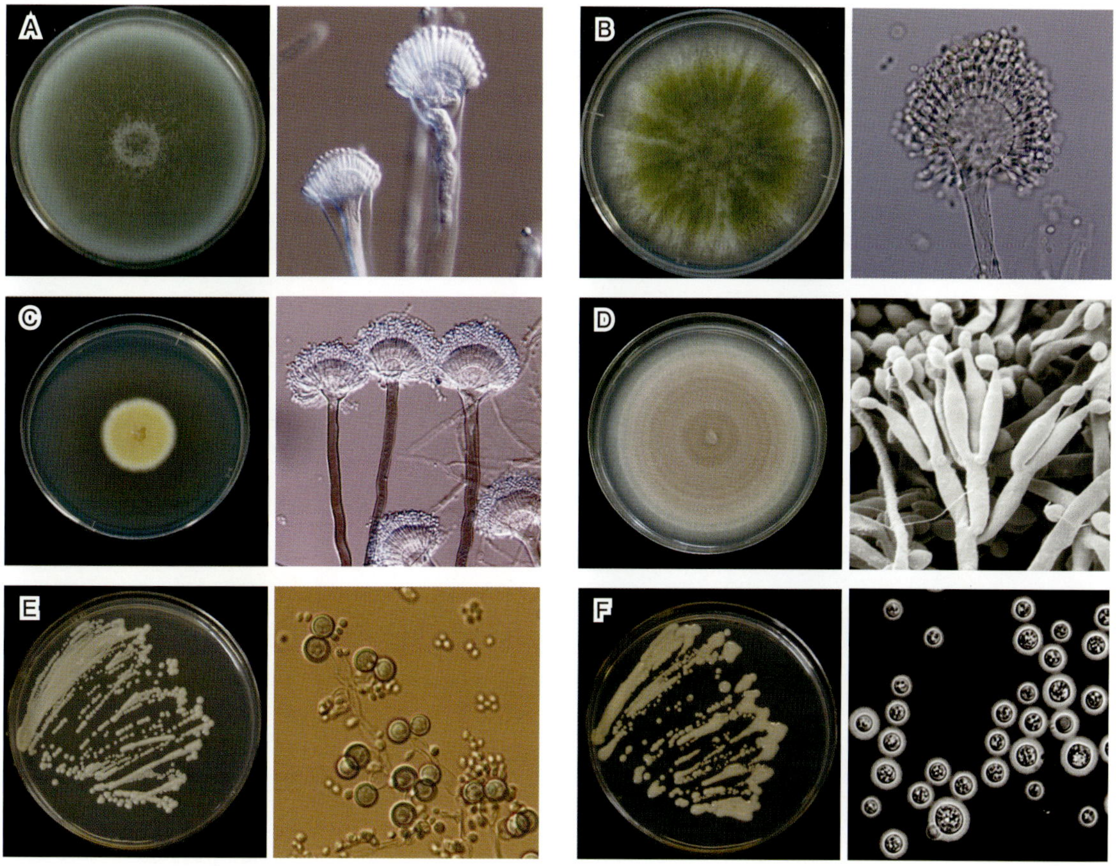

■口絵 8　代表的な病原真菌〔人間・社会編 6.1.1 参照〕

A：*Aspergillus fumigatus* の集落と分生子構造，B：*Aspergillus flavus* の集落と分生子構造，C：*Aspergillus terreus* の集落と分生子構造，D：*Paecilomyces lilacinus* の集落と分生子構造，E：*Candida albicans* の集落と細胞，厚膜胞子，偽菌糸，F：*Cryptococcus neoformans* の集落と細胞，莢膜（墨汁染色）．（写真提供：矢口貴志氏）

■口絵 9　不完全菌類〔基礎編 1.7.6 参照〕

A：チャの枯花に生育する不完全菌 *Coremiella cubispora*，B：ソメイヨシノの枯枝に生育する *Tubercularia lateritia*，C：ヒダナシタケ目に近縁な担子菌系不完全菌 *Tretopileus sphaerophorus*．（写真提供：岡田元氏）

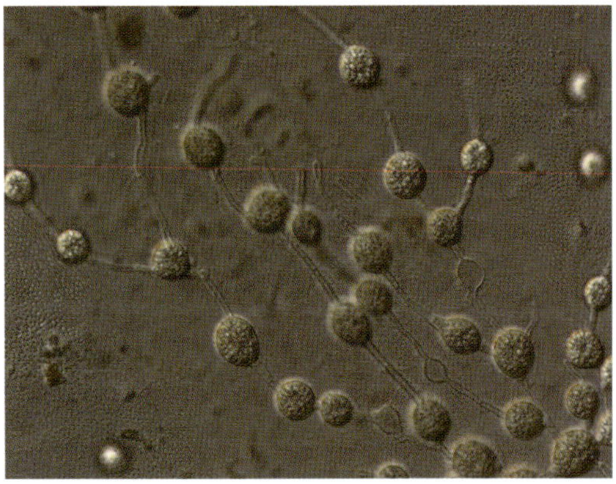

■口絵 10　セミの翅上のサカゲツボカビ類（*Hyphochytrium catenoides*）（サカゲツボカビ門）の菌体〔基礎編 1.8.6 参照〕

遊走子嚢が数珠状につながっている．（写真提供：稲葉重樹氏）

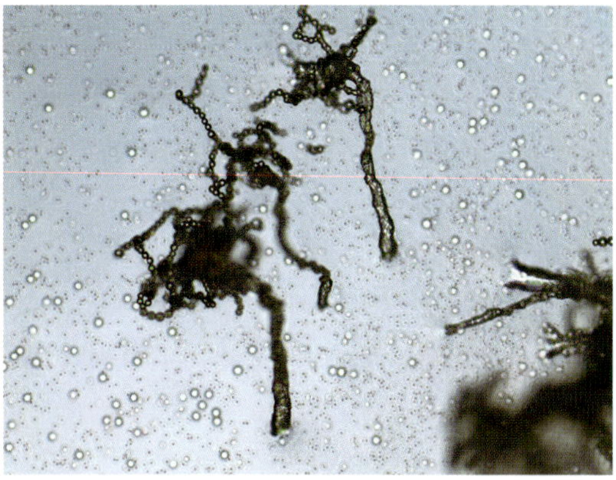

■口絵 11　アクラシス類（*Acrasis rosea*）（アクラシス菌門）の累積子実体〔基礎編 1.8.1 参照〕

（写真提供：稲葉重樹氏）

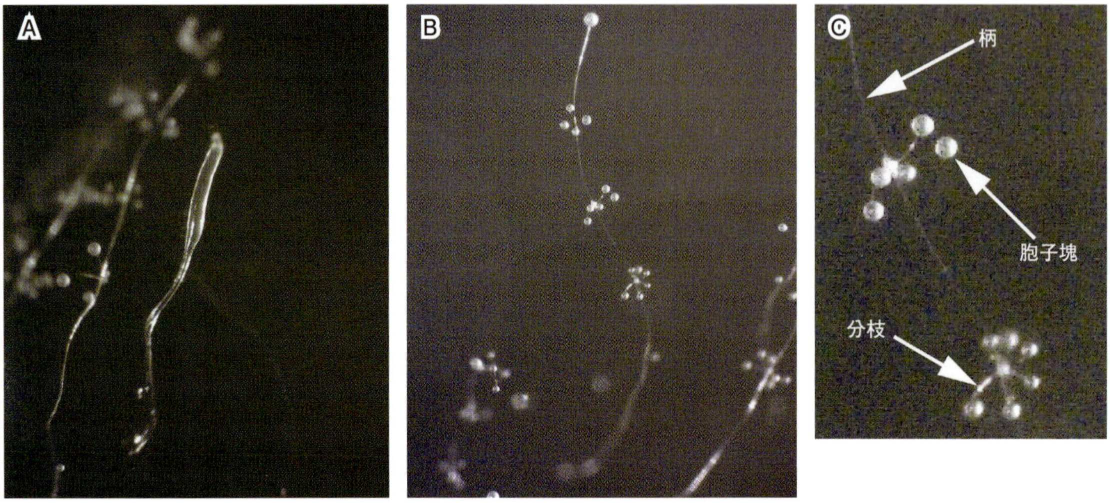

■口絵 12　細胞性粘菌（タマホコリカビ門）〔基礎編 1.8.2 参照〕

A：シロカビモドキ（*Polysphondylium pallidum*）類の偽変形体．偽変形体は柄を形成しながら上方に持ち上がる．偽変形体の中ではすでに柄になる予定の細胞と胞子になる予定の細胞が分化している．B：子実体の胞子塊は特に白く見える．子実体の柄にはほぼ等間隔に輪生枝が形成され，それを構成する分枝の先端に胞子塊が形成される．C：シロカビモドキ類の子実体（一部拡大）．

（写真提供：川上新一氏）

■口絵 13　ネコブカビ（ネコブカビ菌門）〔基礎編 1.8.4 参照〕

A：ハクサイ根こぶ病，B：ハクサイ根こぶ病罹病根細胞内の根こぶ病菌休眠胞子．

（写真提供：田中秀平氏）

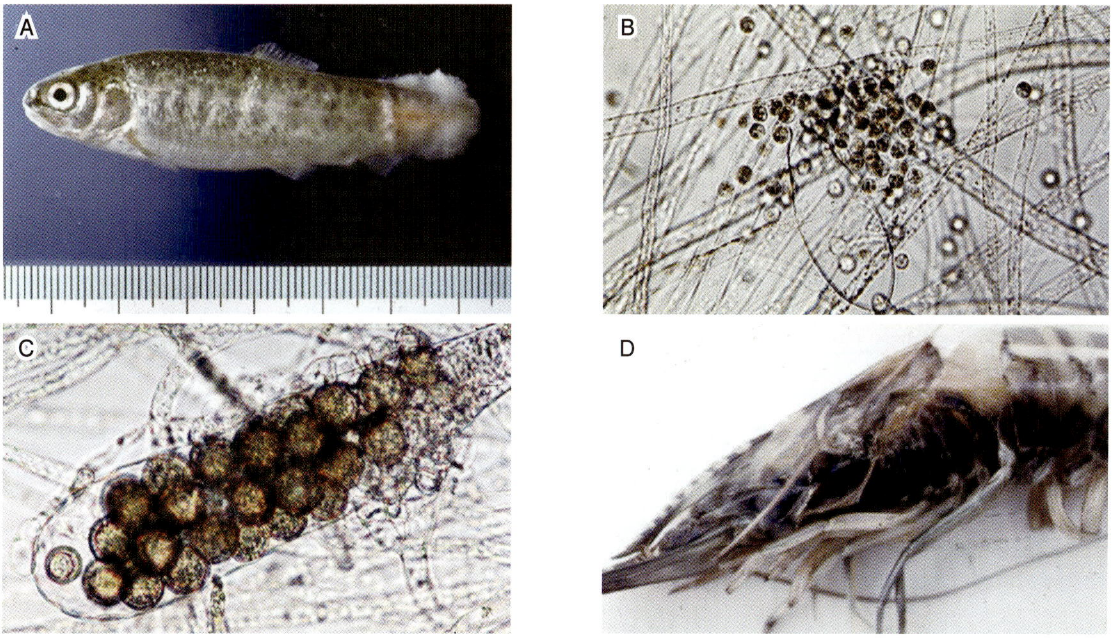

■口絵 14　ニジマスのミズカビ病とクルマエビのフザリウム症〔人間・社会編 6.1.5, 6.1.6 参照〕

A：ニジマスのミズカビ病．綿毛状の菌糸体が尾部を被っている．B：ミズカビ（*Saprolegnia* sp.）の無性生殖．遊走子嚢から一次遊走子が水中に遊出している．C：ミズカビの有性生殖．寄生菌である *Saprolegnia parasitica* の造卵器は長楕円形であることが多い．その内部には卵胞子の形成が見られる．D：クルマエビのフザリウム症．原因菌は主に *Fusarium solani* であり，黒化している鰓の内部には多数の菌糸が繁殖している．　（写真提供：畑井喜司雄氏）

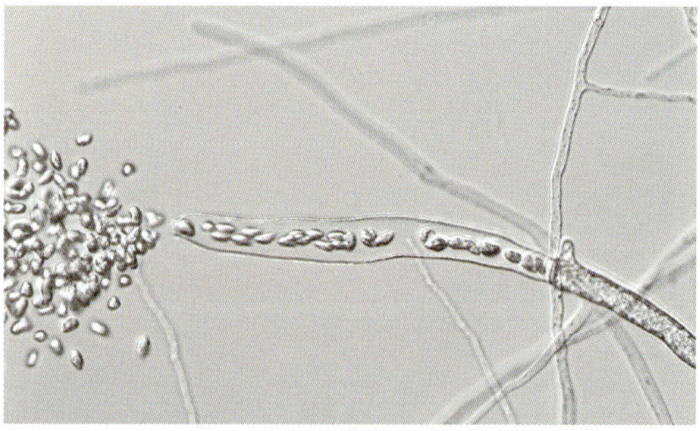

■口絵 15　遊走子を放出しているミズカビ類（卵菌門）の遊走子嚢〔基礎編 14.2 参照〕

（写真提供：稲葉重樹氏）

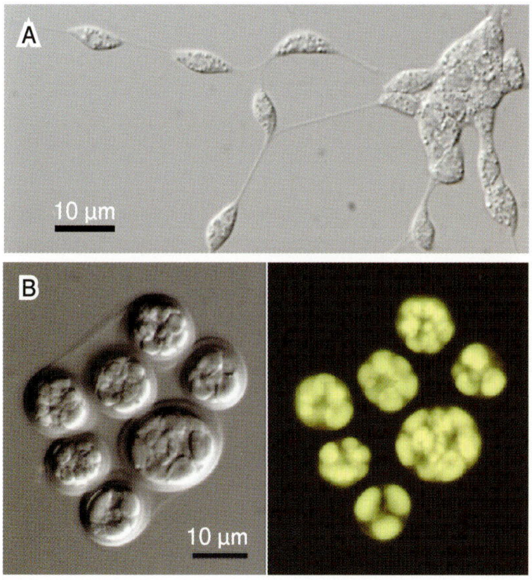

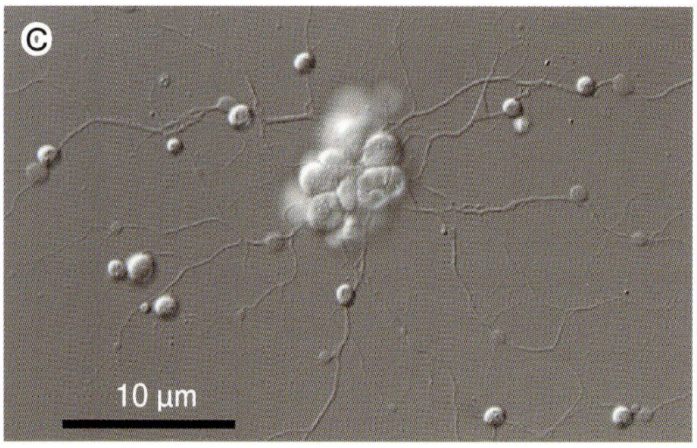

■口絵 16　ラビリンチュラ菌（ラビリンチュラ菌門）

〔基礎編 1.8.5 参照〕

A：外質ネットを共有する *Labyrinthula* sp. の網目状コロニー，B：ナイルレッドによる脂質染色（黄色）した *Aurantiochytrium limacinum*，C：放射状に外質ネットを伸長させた *Schizochytrium aggregatum* のコロニー．

（写真提供 A,C：上田真由美氏，B：本多大輔氏）

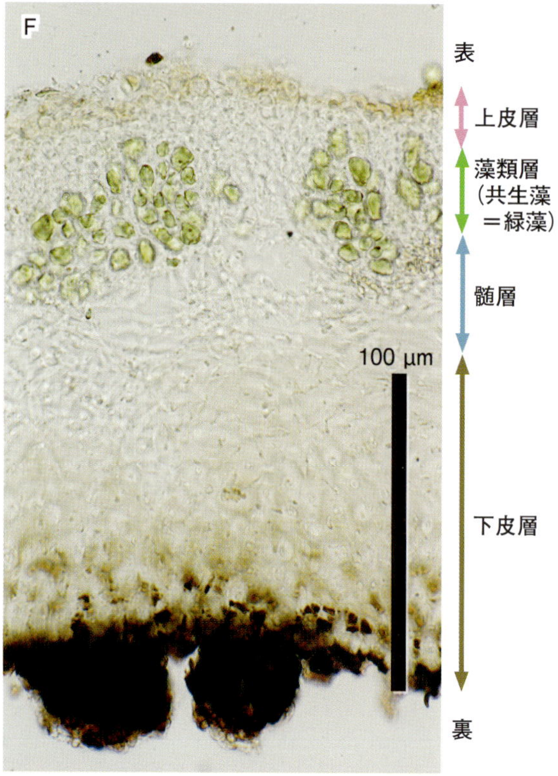

■口絵17　地衣類〔基礎編1.9参照〕

A：ミヤマハナゴケ．極地と高山の地上に生育する樹状地衣．ミニチュア模型の樹木やフラワーアレンジメントに使われる．

B：アオキノリ．シアノバクテリアをフォトビオントとする葉状地衣であり，膠質地衣でもある．

C：ブナの樹皮を覆う痂状地衣．中央はクサビラゴケ，下はチャシブゴケ属．

D：担子地衣アリノタイマツ．

E：花崗岩の岩壁に生えるイワタケ．

F：イワタケの地衣体断面．表面近くに共生藻（緑藻）の細胞が集合し藻類層を形成している．

（写真提供：原田浩氏）

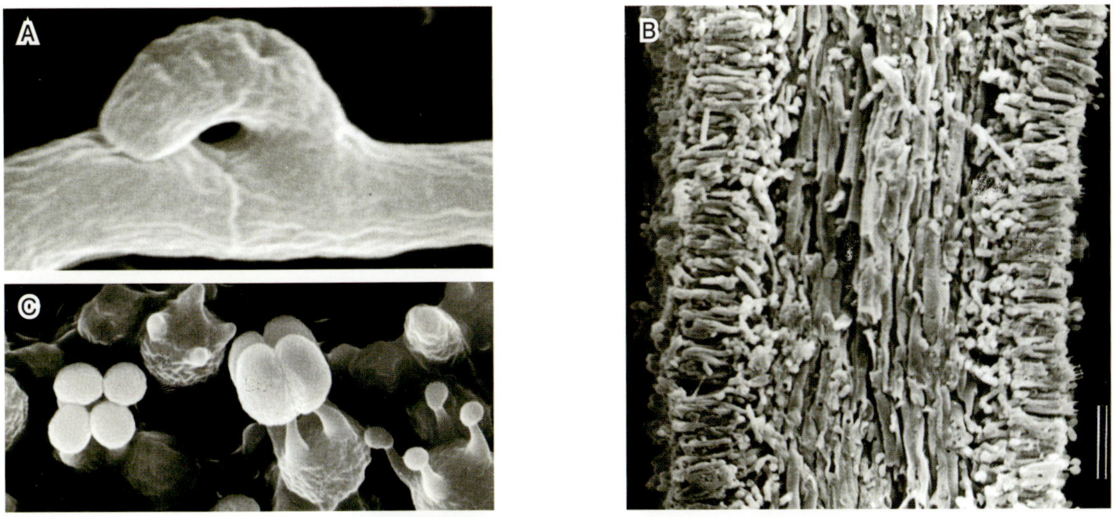

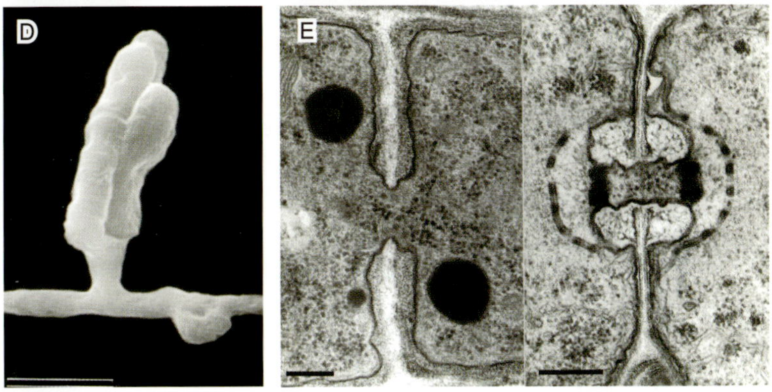

■口絵 18　菌類の細胞構造〔基礎編Ⅱ編参照〕

A：シイタケ二核菌糸体のクランプ結合，B：シイタケの菌褶の断面，C：シイタケの担子胞子，D：ナメコ二核菌糸体での分節型分生子形成，E：細胞隔壁構造（左）子嚢菌の単純孔型隔壁構造，（右）担子菌のドリポアー・パレンテゾーム型隔壁構造．

（写真提供：福政幸隆氏）

■口絵 19　ナラタケによる共生〔基礎編 4.2，15.1.2 参照〕

A：オニノヤガラの地上部，B：オニノヤガラの塊茎に共生するナラタケの根状菌糸束，C：ナラタケの子実体と根状菌糸束，D：チョレイマイタケの菌核に共生するナラタケの根状菌糸束．

（写真提供 A，B，D：菊地原氏，C：岩瀬剛二氏）

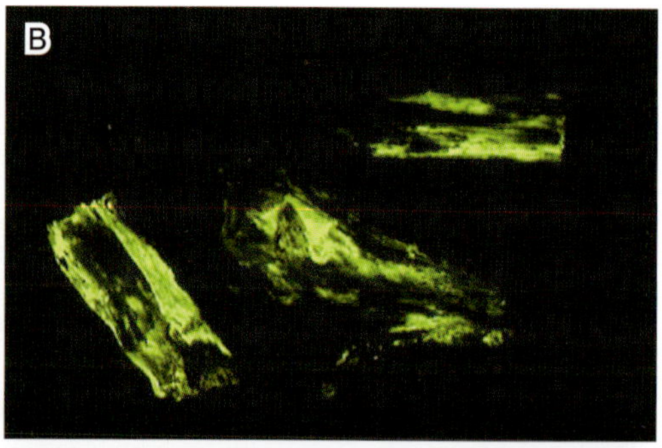

■口絵20　発光菌類〔基礎編9.1参照〕

A：暗闇で群生して光っているツキヨタケ子実体.
B：ナラタケ菌が感染して光っている木（暗所撮影）.
C：ナラタケモドキ培養菌糸の発光（左と右は異なる部位を撮影したもの）.
（写真提供A：大作晃一氏，B, C：広井勝氏）

■口絵21　フェアリーリング〔コラム16参照〕

コムラサキシメジによりコウライシバ芝生上に発生した芝草のフェアリーリング病（子実体発生，芝草の枯死の濃緑色化）.　　　　（写真提供：寺嶋芳江氏）

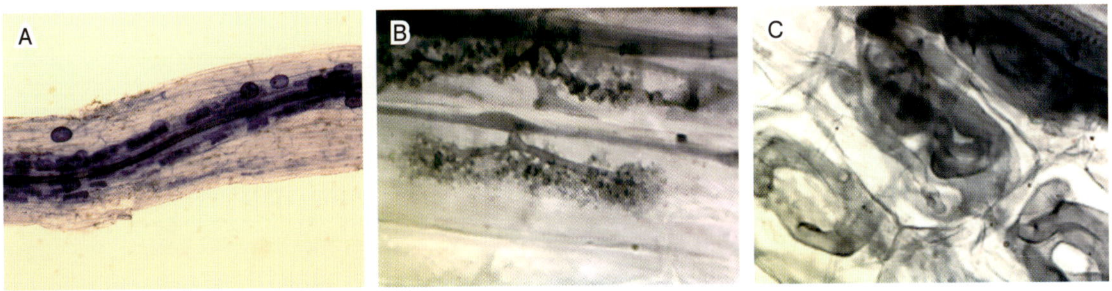

■口絵 22　アーバスキュラー菌根〔基礎編 15.1.2 参照〕

A：嚢状体，B：樹枝状体，C：パリスタイプ．（写真提供 A：吉村侑子氏，B：田隝ゆう紀氏，C：八木瑛多氏）

■口絵 23　毛状根で菌根形成した *Glomus clarum* の胞子と外生菌糸〔基礎編 15.1.2 参照〕

（写真提供：俵谷圭太郎氏）

■口絵 24　アーブトイド菌根〔基礎編 15.1.2 参照〕

A：ウメガサソウ，B：ウメガサソウのアーブトイド菌根の断面の顕微鏡写真．（写真提供 A：岩瀬剛二氏，B：福井綾子氏）

■口絵 25　モノトロポイド菌根〔基礎編 15.1.2 参照〕

A：ギンリョウソウ，B：ギンリョウソウの菌根，C：ギンリョウソウのモノトロポイド菌根の断面の顕微鏡写真．

（写真提供：廣瀬俊介氏）

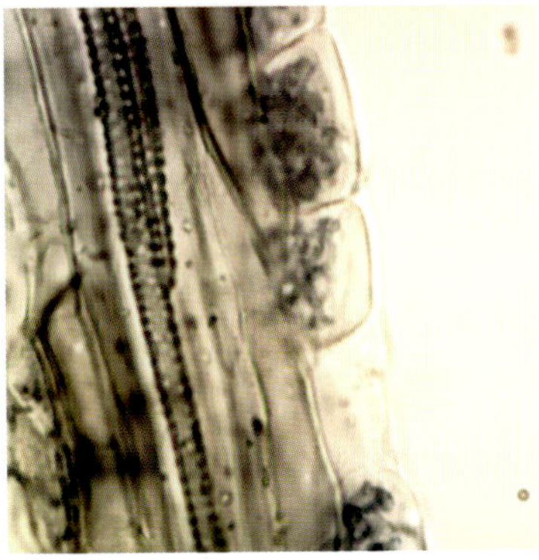

■口絵 26　エリコイド菌根〔基礎編 15.1.2 参照〕

ブルーベリーのエリコイド菌根の顕微鏡写真．

（写真提供：三原健太郎氏）

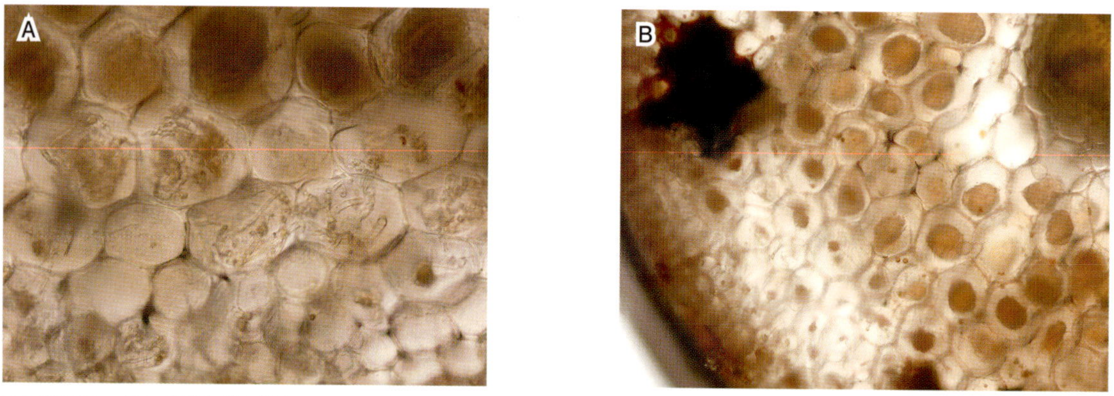

■口絵 27　ラン菌根〔基礎編 15.1.2 参照〕

A：ラン菌根，B：ラン菌根（分解吸収が進んだもの）．（写真提供：岡山将也氏）

■口絵 28　外生菌根〔基礎編 15.1.2 参照〕

A：ブナの外生菌根，B：ブナの外生菌根（*Cenococcum* sp.），C：ブナの外生菌根の断面の顕微鏡写真，D：アカマツの外生菌根，E：アカマツの外生菌根の断面の顕微鏡写真．（写真提供 A ～ C：大前宗之氏，D,E：岩瀬剛二氏）

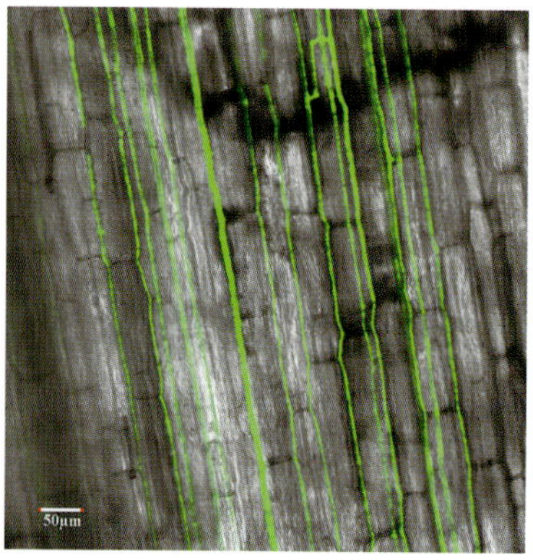

■口絵 29　植物組織中におけるエンドファイト菌糸の伸展〔人間・社会編 3.1.5 参照〕

GFP 発現エンドファイト（*Epichloe festucae*）を用いた観察像．

（写真提供：Dr. N. Forester, Dr. L. Johnson, Dr. R. D. Johnson）

■口絵 30　胞子をとばすシイタケ〔基礎編 16.2，人間・社会編 9.6.3 参照〕

写真では担子胞子が単に自然落下しているように見えるが，ハラタケ類の胞子は射出胞子とよばれ，水の表面張力の力を利用し，重力加速度の 2 万倍を超える強い力で射出されることが知られている．19 世紀の末に J.O. Brefeld によってこの射出現象が記述され，20 世紀の初頭 A.H.R. Buller によって詳しく調査された．そして射出のメカニズムが明らかにされたのは 20 世紀の末であった．その射出の原動力となる担子胞子表面にみられる「水の玉」は，A.H.R. Buller にちなみ，ブラーズ・ドロップとよばれている．（写真提供：大作晃一氏）

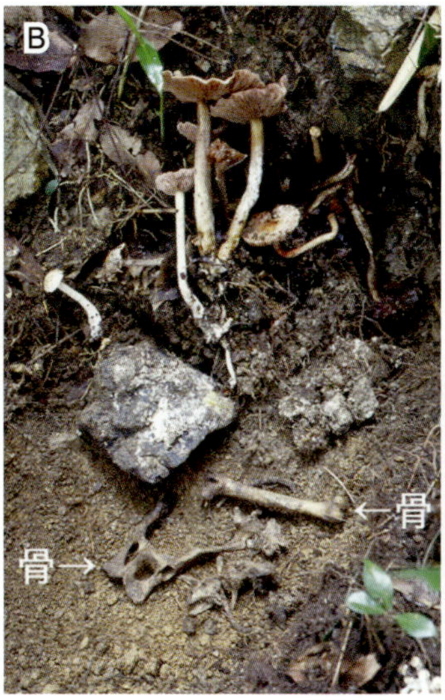

■口絵 31　腐敗跡菌〔基礎編 14.1 参照〕

A：海魚アジを山林に放置して腐らせた跡に生えたイバリシメジ，B：ネコ死体埋葬地に生えたアカヒダワカフサタケ，C：モグラの排泄所跡に生えたナガエノスギタケ．A，B はアンモニア水や尿素を林地に施与すると生えるので「アンモニア菌」とも呼ぶ．しかし C はそのような処理では生えないので「アンモニア菌」とは言えない．（写真提供：相良直彦氏）

■口絵 32　熱帯性の毒キノコ オオシロカラカサタケのひだ〔コラム 7，人間・社会編 8.2 参照〕

ひだは初め白色，胞子が成熟するとオリーブ色になる．古くなるとひだやキノコ全体が褐色に変色する．地球温暖化の影響で日本列島を北上中（2012 年現在，石川県，群馬県〜宮城県付近を北上中）．誤って食べると，腹痛を伴うはげしい嘔吐や下痢を引き起す．毒成分としては molybdophyllysin というタンパク質が Yamada ら（2012）により報告された．（解説と写真提供：横山和正．2012 年 10 月上旬 大津市にて撮影）

■口絵 33　様々な毒キノコ〔人間・社会編 8 章参照〕

A：カエンタケ（子嚢菌類，ボタンタケ目）．猛毒成分（トリコテセン類）を含み，食後 30 分ほどで胃腸系や神経系の症状が現れ，その後に腎不全・肝不全・呼吸器不全・循環器不全・脳障害などの症状が全身に現れ，時に死に至る．本種はナラ枯れの跡に多数発生することも知られている．子嚢菌類の猛毒菌類の代表種．

B：スギヒラタケ（担子菌類，ハラタケ目，以下同様），C：ワライタケ，D：オオワライタケ，E：ウスキテングタケ，F：ドクツルタケ，G：クサウラベニタケ，H：カキシメジ．

（写真提供 A, C：浅井郁夫氏，
B, D, E, G, H：吹春俊光氏，F：大作晃一氏）

■口絵 34　栽培キノコ〔人間・社会編 3.3 参照〕

A：シイタケの原木栽培の様子，B：ヌメリスギタケの原木栽培の様子，C：マンネンタケ（野生），D：ヤマブシタケの菌床栽培の様子，E：ヤマブシタケの原木栽培の様子，F:原木栽培で発生したヤマブシタケ子実体，G：菌床栽培で発生したエノキタケ（白色系），H：菌床栽培で発生したエノキタケ（褐色系），I：エノキタケ（野生），J：ブナシメジの菌床栽培の様子．

（写真提供 A～C：金子周平氏，D～F：高畠幸司氏，G～J：西澤賢一氏）

■口絵 35　様々なキノコ雑貨〔人間・社会編 9 章参照〕

A：缶詰のラベル（～昭和初期），B：新年用の絵葉書（スイス 1927 年消印），C：京阪電車のパンフレット（昭和初期），D：世界のキノコ切手〔左から順に，ヤマドリタケ *Boletus edulis*（ポーランド，1959 年発行），タマゴテングタケ *Amanita phalloides*（旧東ドイツ，1974 年発行），トガリアミガサタケ *Morchella conica*（フランス，1987 年発行），ハラタケ *Agaricus campestris*（旧東ドイツ，1980 年発行），キンチャヤマイグチ *Krombholzia rufescens* = *Leccinum versipelle*（旧チェコスロバキア，1958 年発行）〕，E：落雁用木型（昭和中期），F：調味料入れ（米国 1970 年代），G：子供用玩具（チェコ 2000 年代），H：木製オブジェ（インドネシア 1990 年代）．

（写真提供：吹春公子氏）

はじめに

2003年ヒトゲノム計画完了後，ゲノム科学の興隆とこれを支える技術革新はめざましい．これに伴い，微生物の全ゲノム解析が続々と進み，菌類では2011年から1,000菌類ゲノムプロジェクトが立ち上がっている．この傾向はこれからも続くことが予想され，ゲノム塩基配列という情報に加えて，菌類という生物そのものの理解が必要となる．

2010年には名古屋で生物多様性条約に関する国連の締約国会議が開催され，名古屋議定書が採択された．資源としての微生物，その中でも菌類は国際的にも重視されており，先進国と途上国の南北問題の様相も呈している．わが国の気候は冷温帯から亜熱帯まで幅が広く，生物の多様性，ひいては菌類の多様性は極めて高く，すでに国内で12,300種の菌類が報告されているが，将来的に18万種以上の菌類が記載されるであろうと予測され，学術的にも利用の面でも，分類学への期待が高まっている．

2011年にメルボルンで開催された国際植物学会において，国際植物命名規約が大幅に改訂され，これまで常識であった，多型的生活環をもつ菌類において，例外として認められていたデュアルネーム適用が廃止され，1菌類1学名となることが決定された．また新種発表には学名の事前登録が必須となり，そのためのデータベースが整備されつつあり，海外では，これらの分類学と命名法の動きがとりわけ注目されている．分類学を中心とした菌学のみならず，総合的な菌類の学問が重要となる．

このような状況下で，カビ・キノコ・酵母を研究対象として扱う日本菌学会が中心となって，総力を挙げ，満を持して本事典を刊行した．本書の基礎編では，系統・分類・生活史に始まり，細胞の構造と生長・分化，代謝，生長・形態形成と環境情報，ゲノム・遺伝子，生態までカバーし，人間・社会編では，資源，利用，有害性，文化などを網羅し，歴史・伝統から最新の知見を含み，総論のみならず方法論・手技も紹介する守備範囲の広い事典となった．本書は，これから菌類について学ぼうという若い方々から，菌類の専門家のみならず異分野の方々にも，また近年特に増加し活動の盛んなアマチュアの菌学者にも役に立つ事典である．ここに，編集と執筆を担当された多くの日本菌学会会員の方々および専門の先生方や出版に携わった朝倉書店の関係者の方々に敬意を表したい．

本書は日本菌学会創立五十周年事業の一環として編集刊行されたことをご報告したい．

2013年8月

日本菌学会会長　奥田　徹

編集委員

鈴木　　彰　千葉大学名誉教授，
　　　　　　東京都市大学知識工学部　（統括編集委員）　[基 10，11 章]
岩瀬剛二　帝京科学大学生命環境学部　（統括編集委員）　[基 15 章，人 3，4 章]
中桐　　昭　鳥取大学農学部　（統括編集委員）　[基 1 章，人 1 章]

井上弘一　埼玉大学名誉教授　[人 5 章]
小川吉夫　日本大学薬学部　[基 17 章]
奥田　　徹　玉川大学学術研究所菌学応用研究センター　[人 3.4 節]
景山幸二　岐阜大学流域圏科学研究センター　[人 6.2 節]
金子周平　福岡県緑化センター　[人 3.3 節]
鎌田　　尭　岡山大学名誉教授　[基 13 章]
河岸洋和　静岡大学創造科学技術大学院　[人 8 章]
米虫節夫　大阪市立大学大学院工学研究科　[人 7 章]
佐藤大樹　森林総合研究所森林昆虫研究領域　[基 15 章]
高畠幸司　富山県農林水産総合技術センター　[人 3.3 節]
高松　　進　三重大学大学院生物資源学研究科　[基 18 章]
田中千尋　京都大学大学院農学研究科　[基 15.3 節]
鶴海泰久　製品評価技術基盤機構　[人 3.5 節]
寺下隆夫　近畿大学名誉教授　[人 2 章，3.2 節]
根田　　仁　森林総合研究所きのこ・微生物研究領域　[人 9 章]
橋本貴美子　京都薬科大学薬化学分野　[人 8 章]
畑井喜司雄　日本獣医生命科学大学名誉教授　[人 6.1 節]
服部武文　徳島大学大学院ソシオ・アーツ・アンド・サイエンス研究部　[基 8 章]
服部　　力　森林総合研究所森林微生物研究領域　[基 14 章]
広井　　勝　郡山女子大学家政学部　[基 9 章]
吹春俊光　千葉県立中央博物館／房総のむら　[人 9 章]
福政幸隆　日本きのこセンター菌蕈研究所　[基 2，4，6，7 章]
堀越孝雄　広島経済大学教養教育部　[基 16 章]
宮嵜　　厚　石巻専修大学理工学部　[基 12 章]
村上重幸　日本きのこセンター菌蕈研究所　[基 3，5 章]
山岡裕一　筑波大学生命環境系　[人 6 章]

[　] 内は編集担当箇所を示す．基：基礎編，人：人間・社会編

執筆者

会見忠則	鳥取大学
秋野聖之	北海道大学
秋山康紀	大阪府立大学
阿部敬悦	東北大学
阿部淳一	筑波大学
阿部恭久	日本大学
有江力	東京農工大学
五十嵐圭日子	東京大学
池田健一	神戸大学
池端慶祐	Pacific Advanced Civil Engineering Inc.
泉津弘佑	滋賀県立大学
稲葉重樹	製品評価技術基盤機構
井上弘一	埼玉大学名誉教授
岩瀬剛二	帝京科学大学
岩本晋	協和発酵キリン株式会社
上田成一	長崎県立大学
植松清次	千葉県農林総合研究センター
漆原秀子	筑波大学
扇千恵	同志社大学
大賀祥治	九州大学
大園享司	京都大学
太田明	滋賀県森林センター
岡田元	理化学研究所
岡部貴美子	森林総合研究所
岡本賢治	鳥取大学
小川眞	大阪工業大学
小川吉夫	日本大学
奥沢康正	奥沢眼科
奥田徹	玉川大学
小野義隆	茨城大学
小畠靖	奈良県森林技術センター
景山幸二	岐阜大学
梶谷裕二	福岡県農林水産部
梶村恒	名古屋大学
柏木豊	東京農業大学
金子周平	福岡県緑化センター
加納塁	日本大学
鎌田堯	岡山大学名誉教授
亀井一郎	宮崎大学
河合清	至学館大学名誉教授
川上新一	山形県立博物館
河岸洋和	静岡大学
川西剛史	東京大学
木下靖浩	千葉県立中央博物館
木原淳一	島根大学
刑部泰宏	Meiji Seika ファルマ株式会社
久我ゆかり	広島大学
窪田昌春	農業・食品産業技術総合研究機構
窪野高徳	森林総合研究所
栗原祐子	OP バイオファクトリー株式会社
小池英明	産業技術総合研究所
小泉信三	前 農業・食品産業技術総合研究機構
児玉基一朗	鳥取大学
小林久泰	茨城県林業技術センター
小峰正史	秋田県立大学
米虫節夫	大阪市立大学
近藤隆一郎	九州大学
紺野勝弘	富山大学
犀川政稔	東京学芸大学名誉教授
齋藤暖生	東京大学
齋藤雅典	東北大学
坂上吉一	近畿大学
佐久間大輔	大阪市立自然史博物館
佐藤大樹	森林総合研究所
佐藤博俊	京都大学
鮫島正浩	東京大学
宍戸和夫	東京工業大学名誉教授
渋谷直人	明治大学
島田良美	近畿大学
島津光明	森林総合研究所
清水公徳	千葉大学
清水昌	京都学園大学
下田親	大阪市立大学
霜村典宏	鳥取大学
城斗志夫	新潟大学
白坂憲章	近畿大学
白濱晴久	北海道大学名誉教授
新屋友規	岡山大学
杉山純多	東京大学名誉教授
鈴木彰	東京都市大学
鈴木基文	理化学研究所
多賀正節	岡山大学
高谷直樹	筑波大学
高橋徹	東北大学
高畠幸司	富山県農林水産総合技術センター
高松進	三重大学
田中一新	第一三共 RD ノバーレ株式会社
田中栄爾	石川県立大学

田中和明　弘前大学
田中秀逸　埼玉大学
田中秀平　山口大学
田中千尋　京都大学
田端雅進　森林総合研究所
玉井裕　北海道大学
俵谷圭太郎　山形大学
築尾嘉章　農業・食品産業技術総合研究機構
辻田有紀　東北大学
辻山彰一　京都府立大学
津田格　岐阜県立森林文化アカデミー
鶴海泰久　製品評価技術基盤機構
出川洋介　筑波大学
寺下隆夫　近畿大学名誉教授
寺島和寿　日本きのこセンター菌蕈研究所
寺嶋芳江　琉球大学
東江昭夫　千葉大学
時本景亮　日本きのこセンター菌蕈研究所
徳増征二　前 筑波大学
土佐幸雄　神戸大学
永井浩二　アステラスリサーチテクノロジー株式会社
中桐昭　鳥取大学
長澤栄史　日本きのこセンター菌蕈研究所
中堀清　岡山大学
中森泰三　横浜国立大学
中屋敷均　神戸大学
夏目雅裕　東京農工大学
西堀耕三　株式会社雪国まいたけ研究開発室
西村麻里江　農業生物資源研究所
丹羽修身　前 かずさ DNA 研究所
根田仁　森林総合研究所
萩原博光　国立科学博物館名誉研究員
橋本貴美子　京都薬科大学
橋本靖　帯広畜産大学
畑邦彦　鹿児島大学
畑井喜司雄　日本獣医生命科学大学名誉教授
畠山晋　埼玉大学
服部武文　徳島大学
服部力　森林総合研究所
馬場崎勝彦　森林総合研究所
濱田信夫　大阪市立自然史博物館
原田浩　千葉県立中央博物館
百町満朗　岐阜大学
広井勝　郡山女子大学
広瀬大　日本大学
Pham, N.D. Hoang　The Biotechnology Center of Ho Chi Minh City
吹春公子　前 国立歴史民俗博物館
吹春俊光　千葉県立中央博物館
福政幸隆　日本きのこセンター菌蕈研究所
藤村真　東洋大学
保坂健太郎　国立科学博物館
星野保　産業技術総合研究所
細矢剛　国立科学博物館
堀内裕之　東京大学
堀尾哲也　日本体育大学
堀越孝雄　広島経済大学
本多大輔　甲南大学
前川二太郎　鳥取大学
前田拓也　兵庫医療大学
馬替由美　森林総合研究所
牧野孝宏　農水光学研究所
升屋勇人　森林総合研究所
町田雅之　産業技術総合研究所
松浦健二　京都大学
松田陽介　三重大学
松本淳　越前町立福井総合植物園
松本晃幸　鳥取大学
宮嵜厚　石巻専修大学
村上重幸　日本きのこセンター菌蕈研究所
村口元　秋田県立大学
谷亀高広　北海道大学
矢口貴志　千葉大学
山内政明　エムシーテクノオフィス株式会社
山岡裕一　筑波大学
山岸賢治　農業・食品産業技術総合研究機構
山下聡　森林総合研究所
山田明義　信州大学
大和政秀　千葉大学
山中勝次　京都菌類研究所
山本好和　秋田県立大学
横山和正　滋賀大学名誉教授
横山耕治　千葉大学
吉田聡　放射線医学総合研究所
吉本博明　DK ラボラトリー

（五十音順）

口絵提供者

浅井郁夫（菌類懇話会），稲葉重樹（製品評価技術基盤機構），岩瀬剛二（帝京科学大学），上田真由美（甲南大学），大前宗之（前 鳥取大学），大作晃一（菌類懇話会），岡田 元（理化学研究所），岡山将也（前 鳥取大学），金子周平（福岡県緑化センター），川上新一（山形県立博物館），菊地 原（株式会社ツムラ），齋藤雅典（東北大学），相良直彦（京都大学名誉教授），高畠幸司（富山県農林水産総合技術センター），田隝ゆう紀（前 帝京科学大学），田中秀平（山口大学），俵谷圭太郎（山形大学），出川洋介（筑波大学），寺嶋芳江（琉球大学），長澤栄史（日本きのこセンター菌蕈研究所），西澤賢一（長野県農村工業研究所），畑井喜司雄（日本獣医生命科学大学名誉教授），原田 浩（千葉県立中央博物館），広井 勝（郡山女子大学），廣瀬俊介（前 鳥取大学），吹春公子（前 国立歴史民俗博物館），吹春俊光（千葉県立中央博物館），福井綾子（前 鳥取大学），福政幸隆（日本きのこセンター菌蕈研究所），細矢 剛（国立科学博物館），本多大輔（甲南大学），三原健太郎（前 帝京科学大学），矢口貴志（千葉大学），八木瑛多（前 帝京科学大学），吉村侑子（前 鳥取大学），横山和正（滋賀大学名誉教授），Dr. Forester, N., Dr. Johnson, L., Dr. Johnson, R.D.（AgResearch Ltd.NZ）

（五十音順）

目　　次

■ 基礎編 ■

Ⅰ．系統・分類・生活史　〔中桐　昭 編〕

Ⅱ．細胞の構造と生長・分化　〔福政幸隆 編〕

Ⅲ. 代　謝　〔服部武文 編〕

Ⅳ. 生長・形態形成と環境情報　〔鈴木　彰 編〕

V. ゲノム・遺伝子〔鎌田　堯 編〕

Ⅵ. 生　態　〔鈴木　彰・佐藤大樹・服部　力 編〕

■ 人間・社会編 ■

I. 資　源 〔中桐　昭 編〕

Ⅱ. 利　用　〔岩瀬剛二 編〕

4. 指 標 生 物 ——— *546*

5. モデル生物としての菌類 ——— *553*

Ⅲ. 有害性　〔山岡裕一 編〕

6. 菌類による病気 ——— *570*

COLUMN

基礎編

I

系統・分類・生活史

序：菌類とは

菌類は従属栄養を行う真核生物であり，一般にカビ，酵母，キノコと呼ばれる生物の一群である．菌類の体制は，細長い細胞が糸状に連なる菌糸や球状の単細胞（酵母細胞）を体の基本構造とし，キノコのように子実体が菌糸組織からなり，肉眼的な大きさになるものから，カビのように顕微鏡的な大きさのものまでさまざまである．

細胞は1～多数の核をもち，キチンを主成分とする細胞壁をもつ．菌糸は先端が成長し，伸長分岐を繰り返して栄養増殖する．一方，酵母細胞は出芽もしくは2分裂を繰り返して増殖する．菌類は従属栄養生物であるが，動物や原生動物に見られるような食作用は行わず，菌体外に分泌する分解酵素によって基質に含まれる有機物を小分子化して吸収する，いわゆる吸収栄養を行う．

増殖は有性生殖および無性生殖の結果つくられる胞子による．有性生殖を行う世代を有性世代（テレオモルフ），無性生殖を行う世代を無性世代（アナモルフ）と呼ぶ．菌類の中には，テレオモルフのみをもつもの，アナモルフのみをもつもの，テレオモルフとアナモルフ両方をもつものがある．特に，アナモルフのみ知られ，テレオモルフが不明のものは不完全菌類（アナモルフ菌類）と呼ばれ，分類群としては扱われないが，子嚢菌類と担子菌類の無性世代の菌類が含まれる．これまでに知られている種数は約10万種であるが，地球上には約150万種の菌類が生息しているとも推定されている[1]．

生態的には，他の生物遺体の分解者（腐生）としての役割が大きいが，病原菌として他の生物に寄生したり，地衣（藻類と菌類の共生体）や菌根菌（高等植物の根に菌根をつくり，栄養分の交換を行う菌群）のように他の生物と共生生活を営む．菌類は，基本的には好気性生物であるが，草食動物反芻類のルーメン内に生息するツボカビ類の一群に嫌気環境に適応したものがいる．菌類は，水分，栄養分があり，適当な温度であればどこにでも生育できるので，陸上，淡水域，海水域のさまざまな環境に適応して，多種多様な種が生息している．

菌類は，かつては隠花植物の中の一群として植物の仲間として扱われたこともあったが，現在ではrDNA 塩基配列などの分子情報に基づく系統解析から，植物よりもむしろ動物に系統的に近い独立した生物群であると認識されており，高次分類群として菌界（Kingdom Fungi）に位置づけられている．

従来，菌界にはツボカビ門，接合菌門，グロムス門，子嚢菌門，担子菌門の５つの門（界に次ぐ高次分類群）が認識されており，それらは主に有性および無性世代の生殖様式によって特徴づけられていた．ところが近年，より詳細な分子系統解析の成果により[2]，従来ツボカビ門の中に含まれていた２つの菌群，すなわち，菌糸体を発達させ配偶体世代と胞子体世代による世代交代を行う *Allomyces* などを含む菌群をコウマクノウキン（厚膜嚢菌）門に，また，反芻動物のルーメン内など草食動物の消化管に生息する嫌気性の *Neocalimastix* などを含む菌群をネオカリマスティクス門として独立させること，一方，接合菌門としてまとめられていた菌群が単系統ではないことが示されたことから，構成するそれぞれの菌群を亜門のレベルで認識して，接合菌類を門として扱わないなどの修正が提案されている．

また，子嚢菌門と担子菌門の菌類は，生活史の中で核相が重相（n+n）の時期を共通してもつことから，これら２つの門を二核菌亜界（Dikarya）としてまとめ，グロムス門の姉妹群と位置づけた．さらに，所属不明であった微胞子虫類も菌類の一群と見なすべきとされ，微胞子虫門が提案されているが，その系統的位置は解明されていない．このように菌類の分類体系は未整理の段階で，特に，菌類の系統の根元に位置するツボカビ類と接合菌類の系統関係は未解明で，今後の研究によって両者が再編される可能性が高い．

一方，以前（1980年頃まで）は菌界に含まれていた生物群のうち，その微細構造と分子情報に基づいて，他の生物界に移されたものがいる．以前の分類体系では，ツボカビ類とともに鞭毛菌門に含まれていた卵菌類，サカゲツボカビ類の２つの生物群と，以前は粘菌類（slime molds）に含まれていたラビリンチュラ類，ネコブカビ類，タマホコリカビ類，アクラシス類，変形菌類の５つの生物群がそれである（なお，本書ではこれらの生物群は偽菌類として，1.8節で解説されている）．そのうち，卵菌類，サカゲツボカビ類，ラビリンチュラ類の３つの生物群は，遊走子の鞭毛に管状小毛（tubular mastigoneme）をもつこと，細胞壁にセルロースを含むこと，ミトコンドリアのクリステが管状であること，リジン合成経路がジアミノピメリン酸（DAP）経路であることなど，一般の菌類に見られない特徴があることが以前から知られていたが，rDNAによる分子系統解析によって，これら３つの生物群は菌類とは系統的に離れており，褐藻類や珪藻類が含まれる黄色植物門（Chromophyta）に近縁であることが明らかにされた．現在これら３群は菌界からクロミスタ界（Chromista）もしくは，ストラミニピラ界（Straminipila）に移されており，一般にストラミニピラ菌類（Straminipilous fungi または Stramenopilous fungi）もしくはクロミスタ菌類（Chromistan fungi）と呼ばれている．

同様に，分子系統解析に基づいて，生活史の中にアメーバの時代をもち，細菌などを細胞内に取り込んで栄養にする，いわゆる食作用による摂食栄養を行うアクラシス類，タマホコリカビ類，変形菌類，ネコブカビ類の４つの生物群は菌界から原生動物界（Protozoa）に移された．ただし，これらの４群は真核生物の中の異なる系統群に位置する生物群であることも明らかになってきている（1.8節参照）．

第I部では，菌類および偽菌類の系統，進化を概観し，分類体系と各分類群の生活史や特徴について解説する．

（中桐　昭）

＊引用文献

1）Hawksworth DL（2001）Mycol Res 105 : 1422-1432
2）Hibbett DS, et al.（2007）Mycol Res 111 : 509-547

1 菌類の系統・進化と分類

1.1 生物界における位置づけ

菌類は，肉眼で容易に識別できないカビ・酵母から肉眼レベルの子実体を形成するキノコを含む，従属栄養を営む非光合成型真核生物である．前者はルーペや顕微鏡を通してしか見ることのできない微小生物であり，顕微鏡的生物と呼ばれるゆえんである．生物を植物（生産者）・動物（消費者）・微生物（分解者／生産者）に3大別したとき，菌類は微生物に含まれ，微細藻類や原生動物とともに真核微生物の中核をなす．

菌類は近年，その生物学的多様性が明らかにされつつある．21世紀に入り，環境，食料，健康などの地球規模の課題を解決する「鍵」となる生物としてますます重要度を増している．その種多様性の規模[1)]は推定150万種（うち既知種は約98,000種）ともいわれ，極地から熱帯まで広く分布し，さまざまな基質に生息する．それらの生態的な多様度もきわめて高い．歴史的展開を軸にした，主要な系統論に関する学説についての解説は他書[2)]に譲る．

1980年代から90年代にかけて誕生した分子系統学（molecular phylogenetics）や菌類分子系統分類学（fungal molecular systematics）[2)]は広義の菌類の生物界における位置づけや生物観にパラダイムシフトをもたらした．それらの主要な成果は，以下のようにまとめることができよう．

1.1.1 菌類は植物よりも動物に近い

最近の分子系統学は，ウーズ（Woese）[3)]の3ドメイン体系（3-domain system，ドメインとはウーズが提唱した界の上位概念で，ただし命名法上の地位はない）の真核生物ドメイン（domain Eukarya）内に含まれるさまざまな生物の多系統性や進化的関係が次第に明らかとなってきた．すなわち，分類階級上の最上位の「界」では包含しえないような大きな系統的枠組みが必要になっている（ここでは巨大系統群と呼称するが，スーパーグループとも呼ぶ）．

諸説発表された中で，ボルダフ（Baldauf）[4)]の8巨大系統群の枠組みが比較的無理がなく，わかりやすい．それら8つとは，アメーボゾア（Amoebozoa），オピストコンタ（Opisthokonta），アーケプラスチダ（Archaeplastida），リザリア（Rhizaria），アルベオラータ（Alveolata），ストラミニピラ（Stramenopila，現在はストラメノパイルと称されることが多いが正しい綴りはStraminipila[2)]），盤状クリステ（類）（Discicristata），エクスカバータ（Excavata）である（図1.1.1参照）．なお，各巨大系統群の呼称は学名で表記した．これらのうち，アメーボゾア，オピストコンタ両巨大系統群をユニコンタ（Unikonta），残りをバイコンタ（Bikonta）の2つのグループに分けることが提案されている（語尾のコンタとは，ギリシャ語kontos＝鞭毛に由

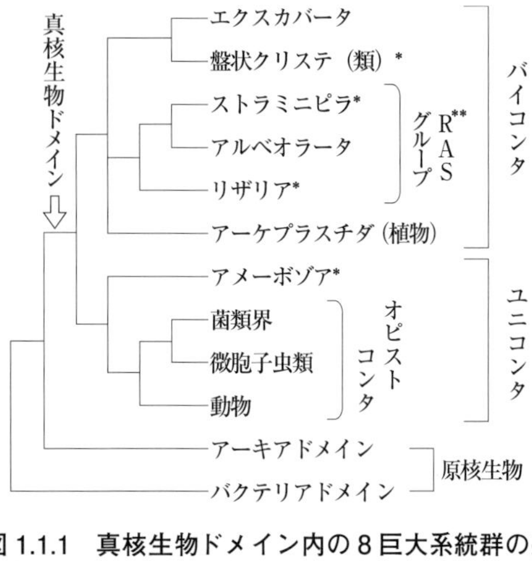

図1.1.1 真核生物ドメイン内の8巨大系統群の系統関係と菌類界の位置（Baldauf[4)]を参考に作図）
*：偽菌類（菌類様生物）を含む．**：リザリア-アルベオラータ-ストラミニピラ群．

来）．この中で，“真の”菌類（すなわち菌類界）は動物（後生動物，襟鞭毛虫類 choanoflagellates を含む），微胞子虫門（Microsporidia）とともにオピストコンタ巨大系統群（1本の鞭毛を後方で運動して遊泳する生物群のこと）を構成する．鞭毛性生殖細胞と平板状クリステ型ミトコンドリアを共通形質としてもつ（その他のほとんどの真核生物は盤上または管状クリステ型ミトコンドリアをもつ）[5]．すなわち，“真の”菌類と動物が共通の祖先から進化したことを示している（1.2 節参照）．

このような進化的関係については，今日事実として広く受け入れられようになったが，菌類と微胞子虫類の系統進化的関係については諸説あって完全な決着をみていない[6,7]．

1.1.2 その他の広義の菌類は生物界のどこに位置するか

タマホコリカビ型粘菌類（dictyostelid slime molds），変形体形成粘菌類（plasmodial slime molds），プロトステリウム型粘菌類（protostelid slime molds）の広義の変形菌類（myxomycetes）はアメーボゾア巨大系統群（一般に裸生のアメーバで，生活環の一時期しばしば葉状仮足（lobose pseudopodium）を生じる）に位置する．

この巨大系統群はペロビオント類（pelobionts）などの原始的な生物群で構成され，真核生物の系統の根元近くに位置するものとみられている．

他方，アクラシス型粘菌類（acrasid slime molds）は他の広義の変形菌類（myxomycetes）とは系統を異にして，ユーグレナ類（euglenoids，ミドリムシ類），トリパノゾーマ類（trypanosomes）とともに盤状クリステ類巨大系統群に含まれる．アメーバ状体制をもち，絶対寄生性のネコブカビ類（plasmodiophorids）は系統上，ケルコモナス類（cercomonads），有孔虫類（foraminiferans），クロララクニオン藻類（chlorarachniophytes），放散虫類（radiolarians）で構成されるリザリア巨大系統群に包含する説が有力である．

この巨大系統群は表現形質（特に形態）の点で実にまとまりがない．偽菌類の代表格の卵菌類とサカゲツボカビ類，そしてラビリンツラ類は，褐藻類を含むヘテロコンタ巨大系統群（heterokonts，不等毛類 Heterokonta とも呼ばれる）あるいはいわゆるストラミニピラ巨大系統群に含まれ，他方アルベオラータ巨大系統群には偽菌類は含まれない．

ランブルベンモウチュウ属（*Giardia*）を代表とするヒゲハラムシ類（ディプロモナス類，diplomonads），パラバサリア類（parabasalids）などミトコンドリアを欠く鞭毛虫類は，エクスカバータ（excavates：穴を掘るの意で，細胞の腹側に深くえぐれた捕食装置をもつ真核生物の一群）と呼ばれる巨大系統群を構成する．

エクスカバータのような原始的な細胞体制をもつ祖先から，藻類を含む多様なグループが進化した可能性が指摘されている．

1.1.3 菌類と偽菌類（菌類様生物）は似て非なるもの

上述のように“真の”菌類のみで菌類界（Kingdom Fungi）を構成する枠組みは定着したと見てよい．偽菌類（pseudofungi）または菌類様生物（fungus-like organisms）はオピストコンタ以外の複数の巨大系統群に散在する．“真の”菌類と偽菌類の2大別は細胞壁組成（キチンの獲得），リジン生合成経路（α-アミノアジピン酸経路をとる），鞭毛型（遊泳細胞をもつ菌類に限る）ともよく一致し，それぞれの菌類群の進化を反映した形質と考えられている[2]．

さらに，2002 年からスタートした全米科学財団（NSF）支援下の Deep Hypha（深い菌糸）ならびに AFTOL（菌類生命の樹，Assembling the Fungal Tree of Life）両プロジェクト研究により，ホイッタカー（Whittaker）の5界体系（5-kingdom system）[2] にルーツをもつアインスワース（Ainsworth）の菌類分類体系[2] は大幅に改訂され，AFTOL 分

類体系[8]と呼ぶ新体系が徐々に浸透している．現在，AFTOL-2 が進行中である[9]．（杉山純多）

＊引用文献

1) Kirk PM, et al.（2008）Dictionary of the fungi, 10th ed. CABI, Wallingford
2) 杉山純多 編（2005）菌類・細菌・ウイルスの多様性と系統，裳華房，東京
3) Woese CR, et al.（1994）Proc Natl Acad Sci USA 87：4576-4597
4) Baldauf SL（2008）J Syst Evol 46：263-273
5) Gray MW, et al.（1998）Nucleic Acids Res 26：865-878
6) Tanabe Y, et al.（2005）J Gen Appl Microbiol 51：267-276
7) Williams BAP, Kealing FJ（2011）The mycota, vol. 14（Pöggeler S, Wöstermeyer J, eds.）. Springer, Berlin, pp25-36
8) Hibbett DS, et al.（2007）Mycol Res 111：509-547；www.clarke.edu/faculty/dhibbett/AFTOL/AFTOL.htm
9) Blackwell M（2011）Am J Bot 98：426-438

＊参考文献

Alexopoulos CJ, et al.（1996）Introductory mycology, 4th ed. John Wiley, New York
Bass D, Richards TA（2011）Fung Biol Rev 25：159-164
Carr M, Baldauf SL（2011）The mycota, vol. 14（Pöggeler S, Wöstermeyer J, eds.）. Springer, Berlin, pp3-23
井上 勲（2007）藻類 30 億年の自然史．東海大学出版会，秦野
Moore D, et al.（2011）21st century guidebook to fungi. Cambridge Univ. Press, Cambridge
Taylor JW, et al.（2004）Assembling the tree of life（Cracraft J, Donoghue MJ, eds.）. Oxford Univ. Press, Oxford, pp171-194
Webster J, Weber RWS（2007）Introduction to fungi. 3rd ed., Cambridge Univ. Press, Cambridge

1.2 菌類の起源

菌類進化の直接証拠である化石記録（1.3 節参照）は乏しく，これまで発表された菌類の起源や系統進化に関する仮説はかつては現生菌類の主として比較形態学・比較発生学から構築されたものであるが，1960 年代には比較生理・生化学のデータを取り込み，さらに 1980 年代以降，分子系統学の時代の到来とともに分子情報を加えた統合的（integrated）視点から考察が試みられている．

1.2.1 菌類の起源に関する古典的な仮説

過去に提案された菌類全体の起源や系統論を大づかみに整理すると，紅藻起源説，藻類多起源説，独立起源説，原生動物起源説の 4 説に分けられる[1]．紅藻起源説は，菌類と紅藻類の見かけ上の相似性から，最近まで根強く残っていた．

藻類多起源説には，卵菌類の起源にクダモ目（緑藻類），古生菌類（archimycetes）・ツボカビ類・接合菌類の起源に鞭毛藻類を求めたゴイマン（Gaümann）などの説がよく知られている．菌類と藻類のそれぞれのあるグループに見られる形態的類似は，藻類が葉緑体を喪失することによって菌類が派生したとする仮説に基づいている．

独立起源説の代表格はケイン（Cain）の説である．この仮説は，現生の子嚢菌類と担子菌類のそれぞれの祖先型として独立栄養生活を営む水生の子嚢植物（ascophytes）と担子器植物（basidiophytes）を想定し，担子器は子嚢から生じたとする説に異論を唱えたものである．原生動物起源説は，菌類が色素を欠く鞭毛虫類（flagellates）から派生し，原生動物と共通の遠い祖先を共有している，という見解を拠り所としている．

1.2.2 分子系統から見た菌類の起源

1980 年代に入り，表現型，遺伝子型両形質の統

合的分析から菌類の起源を論じたキャバリエ-スミス（Cavalier-Smith）の仮説は興味深い[1]．この仮説は，上述の原生動物起源説の流れの延長線上に位置し，菌類の細胞構造の体制，細胞壁組成，リジン生合成経路，分子情報（5S rRNA 塩基配列データ）などの主要な形質データを分析して，菌類の起源を原生動物の襟鞭毛虫類（Choanociliata）に求めるものである．

さらに高等菌類の主要な3系統群（エンドミケス門，子嚢菌門，担子菌門）は接合菌類のハエカビ類から分岐したと推定した．この系統論では，広義の菌類は“真の”菌類と偽菌類（Pseudofungi）に二分されている．

前者は単系統と見なし，ツボカビ類，接合菌類および高等菌類（子嚢菌類，担子菌類とそれぞれのアナモルフ菌類）のみを包含する．一方，偽菌類には卵菌類，サカゲツボカビ類，ラビリンツラ類，ヤブレツボカビ類の4群を含め，菌類界とは別のクロミスタ界（Kingdom Chromista）に位置づけた．このキャバリエ-スミスの仮説は広義の菌類の系統進化研究の戦端を開いた．

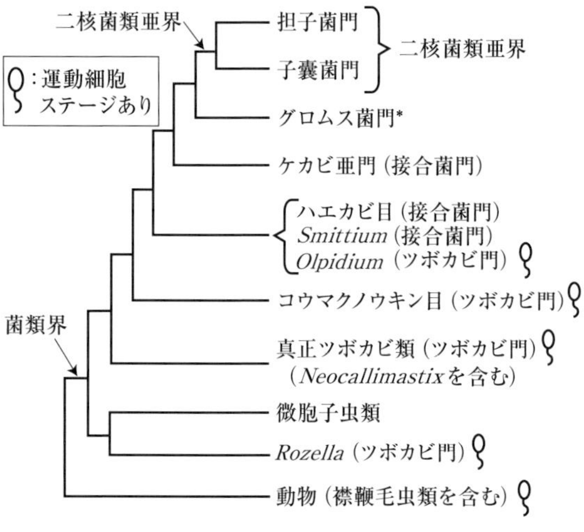

■図 1.2.1　菌類界（“真の”菌類）の主要系統群の分岐図（Bruns[3] を改変）
ジェームスら[2] の結合6遺伝子データセット（合計6436塩基）のベイズ法解析（Bayesian analysis）に基づく菌類界の分子系統樹を簡略化した．
＊：かつては接合菌門に含まれた．

ジェームス（James）ら[2]は菌類約200種の6遺伝子塩基配列データセットに基づく菌類生命の樹（fungal tree of life）を提示し，“真の”菌類（“true” fungi）の単系統性（monophyly），菌類界の範囲，そして高次分類群の系統進化的関係を明らかにした（図 1.2.1）．それによると，“真の”菌類の起源は菌類生命の樹の最基部に位置する微胞子虫類（Microsporidia）の仲間（*Encephalitozoon cuniculi, Antonospora locustae*）と *Rozella allomycis*（ツボカビ類 *Allomyces* 属に内部寄生する広義のツボカビ類の一種）と推定された．

最近，この *Rozella* 属ならびに水圏・土壌の環境DNAのクローン集団が大系統群を構成することが判明し（Jones ら[4]），菌類界の基部に位置する新門 Cryptomycota が提唱された（Jones ら[5]）．この新門は単細胞性，単鞭毛，細胞壁にキチン/セルロースを欠き，他生物と表在関係（epibiontic associations）を形成する，と定義された．さらなる進展が期待される[6]．

1.2.3 下等菌類の起源

鞭毛菌類（flagellated fungi，鞭毛をもつ広義の菌類を指す）の系統関係は古くから，広く生物系統学者の注目を引いてきた．これまで多くの菌学者が鞭毛菌類が最も原始的な菌類であって，接合菌類を含む陸上菌類は水生のツボカビ類から進化した，と考えてきた．

しかし，すでに述べたように，最近の菌類分子系統学研究は鞭毛菌類のうち後端に1本のむち形鞭毛をもつツボカビ類のみが“真の”菌類であって，運動細胞を欠き，接合胞子を生じる接合菌類とともに明らかに菌類界に帰属することを明確に示した．とくに，長濱（Nagahama）ら[7]の分子系統解析は，水生のツボカビ類と陸生の接合菌類の系統進化的関係の一端を明らかにした．

それによれば，ツボカビ類と接合菌類はそれぞれ単系統を形成せず，鞭毛の喪失が複数の系統で起こり，水生のツボカビ類が大きく多様化した中で，鞭毛を喪失して陸上に適応した系統が接合菌類へと進化したこと，ならびに高等菌類の起源としてグロムス目菌類が鍵を握っていることを示唆した．

ジェームスら[2]の最新の研究も菌類界の中で少なくとも独立に4回の鞭毛喪失が起こったことを示した．バービー（Berbee）とテイラー（Taylor）（1.3節参照）によれば，動物と菌類の分岐は植物が上陸する前の約9億年前（カンブリア前期）に，そして接合菌類を含む陸上菌類の最初の分岐（アツギケカビ目とグロムス目）は約6億年前（カンブリア紀中期）に起こったと推定される．

1.2.4 高等菌類の起源

広く高等菌類の系統進化に関する諸説の中でも，特にサボー（Savile）の説[8]は最も筋道だったものとして40年以上にわたり斯界から注目されてきた．彼は，藻菌綱（Phycomycetes，現在この学名は消滅した）に起源をもつ原生タフリナ（'*Prototaphrina*'）を高等菌類の共通祖先と想定し，一方の系統群はタフリナ属（*Taphrina*）とその類縁菌類を含む子嚢菌類へ，もう一方の系統群は原生担子菌類（Protobasidiomycete：もとのつづり字のまま）を経て，現生の担子菌類へと多様化した，と推定した．

長濱ら（前出），ジェームスら（前出）の菌類生命の樹は，子嚢菌類と担子菌類（二核菌糸を共有派生形質とする二核菌（類）亜界を構成する．図1.2.1および1.5節参照）は姉妹関係にあって，共通の祖先はグロムス菌門の仲間の可能性を強く示唆している．

かつて土壌の環境DNAの分析から植物根圏に広く分布するSoil Clone Group 1（SCG1）[9,10]と呼ばれて子嚢菌門中の一系統群に対して，最近FISH（fluorescent in situ hybridization）法と培養法による証拠に基づいてタフリナ菌亜門中に新綱Archaeorhizomycetes[11]が提唱された．前述の新門Cryptomycota[4,5]と新綱Archaeorhizomycetes[11]の両発見は環境DNA研究の進歩が「菌類生命の樹」の広がりと系統進化の解明に重要であることの証左となろう．

最後に地衣類の起源について簡単にふれる．地衣類の生活様式は，菌類と緑藻類やシアノバクテリア（ネンジュモ属*Nostoc*）のような光合成生物との共生関係に基盤がある．ガルガス（Gargas）[12]らの分子系統解析（18S rRNA遺伝子）によると，地衣類は高等菌類のいくつかの主要系統群の中に散在し，少なくとも5つの独立した起源をもつことを明らかにした．ジェームスら（前出）の分子系統樹もガルガスらの見解を支持している．なお，子嚢菌門内の地衣化/非地衣化分類群の分子系統についてはラッゾーニ（Lutzoni）らの論文[13]も参照されたい．

総括すると，菌類の起源の研究は系統や進化研究と相まって，今後の重要な研究課題である．菌類の全ゲノム解析が急速に進展しており，それらのデータを菌類起源や進化の解析にいかに活かすかが突破の鍵になっている．　**（杉山純多）**

＊引用文献

1）杉山純多 編（2005）菌類・細菌・ウイルスの多様性と系統．裳華房，東京，pp30-55
2）James TY, et al.（2006）Nature 443：818-822
3）Bruns T（2006）Nature 443：758-761
4）Jones MDM, et al.（2011a）Nature 474 : 200-203
5）Jones MDM, et al.（2011b）IMA Fungus 2 : 173-175
6）Jones MDM, et al.（2011c）The mycota, vol. 14（Pöggeler S, Wöstemeyer J, eds.）. Springer, Verlin, pp37-54
7）Nagahama T, et al.（1995）Mycologia 87：203-209
8）Savile DBO（1968）The fungi, an advanced treatise, vol 3（Ainsworth GC, Sussman AS, eds.）. Academic Press, New York, pp649-667
9）Schadt CW, et al.（2005）Science 301 : 1359-1361
10）Porter TM, et al.（2008）Molec Phylogenet Evol 46 : 635-644
11）Rosling A, et al.（2011）Science 333 : 876-879
12）Gargas A, et al.（1995）Science 268：1492-1495
13）Lutzoni F, et al.（2001）Nature411 : 937-940

＊参考文献

Barr DJS（1992）Mycologia 84 : 1-11
Bass D, Richards TA（2011）Fung Biol Rev 25 : 159-164

細矢 剛・保坂健太郎（2008）菌類のふしぎ，形とはたらきの多様性（国立科学博物館 編）．東海大学出版会，秦野，pp10-17
Lutzoni F, Miadlikowska J（2009）Current Biology 19：R502-R503
Pöggeler S, Wöstemeyer J, eds.（2011）The mycota, vol.14. Springer, Berlin
Moore D, et al.（2011）21st century guidebook to fungi. Cambridge Univ. Press, Cambridge
Sugiyama J（1998）Mycoscience 39：487-511
Tanabe Y, et al.（2005）J Gen Appl Microbiol 51：267-276

1.3 菌類の化石

1.3.1 菌類の分岐年代

ダーウィン進化論の登場以降，過去の地層中に埋もれた化石の発見は進化の具体的証拠や“地質時計”（geologic clock）として地球の歴史と生命（生物）の歴史を解明するうえで，重要な意味をもつようになった．

近年，「分子進化の中立説」に裏打ちされた分子進化学や分子系統学の登場により，現生生物の遺伝子（DNA）の塩基配列やアミノ酸配列（分子時計，1.4 節参照）を比較解析すれば，過去に起きた進化の道筋がたどれるようになった．すなわち，良質の化石（地質時計）をもとに較正（calibration）すれば，個々の系統のおおよその分岐年代を推定できるようになった（表 1.3.1 参照）．化石はそれらから直接得られる情報に加え，分子時計として選んだ遺伝子の DNA データと統合的に分析することによって，分岐年代をはじめとする進化のさまざまな情報が得られる[1, 2, 4]．ただし，化石は過去の生命のほんの一部にすぎないことだけはつねに留意する必要がある．

1.3.2 菌類化石の衝撃的な発見

菌類はその構造的特性から一般に化石として残りにくい．わが国で発見された菌類化石の大半が新生代以降のものである[10]．ところが欧米で 1990 年代以降，菌類化石の衝撃的な発見が相次いでいる．その先駆けとなったのは 1995 年 10 月 12 日付朝日新聞（夕刊）紙上で，「米で世界最古のキノコの化石琥珀が“タイムカプセル”」の見出しで報道された化石である．

この記事のニュース源は，Hibbett ら[11]により *Nature* に掲載された 1 頁の論文で，米国東部ニュージャージー州の白亜紀中期（約 9000 万年前）の琥珀中から検出されたキノコ（担子菌類）であ

■表1.3.1 主要な菌類分類群の分岐年代 (Taylor, et al.[1]による)

比較した分類群	rDNA[2] (100万年)	rDNA[3,4] (100万年)	119タンパク質[5]遺伝子 (100万年)	最古の菌類化石 (100 万年)
(ツボカビ門) vs 接合菌門+子嚢菌門+担子菌門	−550	−660	1,458 ± 70	−400[6]
ツボカビ門+(接合菌門) vs 子嚢菌門+担子菌門	−400	−590	1,107 ± 56*	−460[7]
(子嚢菌門) vs 担子菌門	−390	−560	1,208 ± 108	−400[8]
(菌蕈綱) vs クロボキン綱	−380	−430	966 ± 86	−290[9]
(タフリナ菌亜門) vs サッカロミケス亜門 +チャワンタケ亜門	−320	−420	1,144 ± 77	なし
サッカロミケス亜門 vs (チャワンタケ亜門)	−310	−370	1,085 ± 81	−400[8]
エウロチウム菌綱 vs (タマカビ綱)	−290	−310	670 ± 71	−400[8]

肩つきの数字は引用文献を示す. * はグロムス目菌類が含まれていない.

る. かさの大きさは直径3 mm程度で, 現生のホウライタケ属 (*Marasmius*) に類似する. 詳細な同定結果は2年後, 新属・新種 *Archaeomarasmius leggetti* と命名され, *American Journal of Botany* の表紙の鮮明なカラー写真 (琥珀中のキノコ) とともに発表された[12].

続いてテイラー (Taylor) ら[8]により, 同じく *Nature* に発表された菌類化石は核菌類の進化研究に記念碑的な一頁を加えた. この化石は英国スコットランドのライニーチャート (Rhynie chert, デボン紀, 4億万年前, http://www.abdn.ac.uk/rhynie/fungi.htm) 中に発見された化石植物 *Asteroxylon mackiei* の茎・根茎に見いだされたもので, 子嚢殻の内部構造の鮮明な写真は実に説得力がある. この化石は詳細な研究の後, 新属, 新種 *Paleopyrenomycites devonicus* として発表された[13].

続いてレデッカー (Redecker) ら[7]により米国ウィスコンシン州のオルドビス紀 (約4億6000万年前) の地層から現生VA菌根菌類グロムス目 (接合菌類) に類似する菌糸・胞子が発見され, 現生のものとそれほど違いがないことに驚かされた. 較正された分子時計(18S rRNA遺伝子)によると, 動物と菌類の分岐は植物が上陸する前の約9億年前 (カンブリア前期) に, 接合菌類を含む陸上菌類の最初の分岐 (VA菌根菌類のアツギケカビ目とグロムス目) は約6億年前 (カンブリア紀中期) に起こったという[4]. このことが両目を接合菌門からグロム (Glomeromycota) として独立させる根拠にもなっている. 子嚢菌類, 担子菌類およびそれぞれのアナモルフの分岐は約6億年前 (古生代末期), 子嚢菌類ならびに担子菌類内の最初の分岐を, シルル紀前期約4億4000万年前と推定している[2]. 複数遺伝子 (119のタンパク質のアミノ酸配列) の分子時計による年代推定では, 主要な菌類は上述の推定値よりもかなり古く15億年〜9億6000万年前に出現したとしている[5]. この推定年代は菌類化石の発見以上に衝撃的であり, 論争を呼んでいる.

1.3.3 「巨大キノコ」の化石

菌類化石の最新の話題として注目を引いたのは「巨大キノコ」の化石である[10]. 2007年5月24日付け朝日新聞 (夕刊) は, 「4億年前の化石は“巨大キノコ”150年論争に決着」の見出しで, カラー写真つきで大きく報じた.

この化石は1859年, カナダのデボン紀の岩石とともに発見され, 長さ9 m, 直径1 mにも達する管状の構造体で, 当初維管束植物の化石と考えられ, *Prototaxites* と命名された. その後, その分類学的帰属が多年論争となっていた.

最近, ボイス (Boyce) とヒューバー (Hueber) の研究チーム[14]は精査の結果, 「*Prototaxites* は担子菌類の仲間である」と結論づけた．上述2例の新聞報道が示すように，完全な菌類化石の発見や同定結果は斯界の進歩に寄与するのみならず世の中の注目度も高い．テイラー（T. N. Taylor）[6, 8,13, 15, 16]のような“古菌学（paleomycology）”とも呼ぶべき分野のスペシャリストの登場は誰もが驚くような菌類化石の発見を予感させるものがある．

（杉山純多）

＊引用文献
1) Taylor JW, et al.（2004）Assembling the tree of life（Cracraft J, Donoghue MJ, eds.）. Oxford Univ. Press, Oxford, pp171-194
2) Berbee ML, Taylor JW（1993）Can J Bot 71 : 1114-1127
3) Doolittle RF, et al.（1996）Science 271 : 470-477
4) Berbee ML, Taylor JW（2001）The mycota, vol 7B（McLaughlin DJ, et al., eds.）. Springer, Berlin, pp229-245
5) Heckman DS, et al.（2001）Science 293 : 1129-1133
6) Taylor TN, Taylor EL（1997）Rev Paleobot Palynol 95 : 83-94
7) Redecker D, et al.（2000）Science 289 : 1920-1921
8) Taylor TN, et al.（1999）Nature 399 : 648
9) Dennis RL（1970）Mycologia 62 : 578-584
10) 細矢　剛・保坂健太郎（2008）菌類のふしぎ，形とはたらきの多様性（国立科学博物館 編）．東海大学出版会，秦野，pp10-17
11) Hibbett DS, et al.（1995）Nature 377 : 487
12) Hibbett DS, et al.（1997）Am J Bot 84 : 981-991
13) Taylor TN, et al.（2005）Mycologia 97 : 269-285（同誌 96 : 1404, 2004 参照）
14) Boyce CK, et al.（2007）Geology 35 : 399-402
15) Taylor TN, et al.（2006）Mycol Res 110 : 628-632
16) Krings M, et al.（2011）Mycoscience 52 : 18-23

＊参考文献
Berbee ML, Taylor JW（2010）Fung Biol Rev 24 : 1-16
Blackwell M（2000）Science 289 : 1884-1885
Krings M, et al.（2013）Persoonia 30 : 1-10［接合菌門の化石記録の総説］
Moore D, et al.（2011）21st century guidebook to fungi. Cambridge Univ. Press, Cambridge

1.4 分子時計

生物進化を考えるうえで絶対年代に基づいて考察することは重要である．従来，生物進化の絶対年代を知るための直接的な証拠は化石記録のみであった．しかし，動物や植物に比べて菌類の化石記録はきわめて断片的で，化石記録のみで菌類の進化年代を推測することはかなり困難である．分子系統学の発達により，化石を使わなくても分子時計を使って生物の進化年代をある程度推測することが可能になっている．

Zuckerkandl and Pauling[1]は，各種の生物間でみられるアミノ酸の置換数と化石からわかる生物の分岐時期との間に，多少のでこぼこはあるものの，ほぼ直線の関係が成り立つことを報告した．このことは，広い範囲の生物間で時間の経過とともにアミノ酸の置換がほぼ一定のペースで起こっていることを示している．このようにアミノ酸や遺伝子の進化が一定のペースで起こる現象を分子進化の一定性，あるいは俗に「分子時計」と呼んでいる．

1.4.1 分子時計を用いた進化年代の算出法

分子進化速度を計算するためには基準となる年代が必要である．通常，基準年代として化石記録が使われるが，地質学的出来事（大陸の分断，山脈の形成，大河の形成など）や，共生あるいは寄生関係にある生物では生物間の共進化を基準点として用いることもまれにある．

たとえばTakamatsu and Matsuda[2]は植物の絶対寄生菌であるウドンコカビ科とキク科植物との間の緊密な系統関係を利用し，キク科の連の分岐年代を基準点として用いて，ウドンコカビ科のITSおよび28S rDNA D1/D2領域の分子進化速度を算出した．

分子時計を用いて進化年代を算出するための前提として，対象とする生物間で分子進化速度が一

■表1.4.1 分子データを用いて計算された菌類の主要な進化年代の比較

文 献	Berbee and Taylor [7]	Heckman et al. [8]	Douzery et al. [9]
用いた分子データ	8S rDNA 塩基配列	119 タンパク質 アミノ酸配列	129 タンパク質 アミノ酸配列
動物と菌類の分岐	965 mya	1,576 mya	984 mya
菌類の陸上への進出	600	>900	
下等菌類と高等菌類の分岐		1,107	
子嚢菌と担子菌の分岐	500	1,208	727
真正子嚢菌類の出現	240	1,085	
*Candida*とパン酵母の分岐		841	235

mya : million years ago の略，百万年前

定であるという仮定が必要である．このための検定法として，相対速度テストや尤度比検定が用いられる．一方，生物間で分子進化速度にかなりの違いがあることも明らかになってきた．一般的には，一世代に要する時間が長い生物は分子進化速度が遅く，短い生物では速い傾向にある．これは突然変異率が生殖細胞の分裂回数に比例するためと考えられる．

たとえば，非脊椎動物の分子進化速度は脊椎動物の分子進化速度よりも速い[3]．植物では，草本植物は木本植物よりも，また一年生植物では多年植物よりもそれぞれ分子進化速度が速い[4]．そのため，分子進化速度の一定性を前提としない年代算出法として，penalized likelihood（PL）法や Bayesian relaxed clock（BRC）法などが開発された．

1.4.2 菌類の進化年代

菌類の分子進化速度が最初に報告されたのは1993年である．Simon et al.[5] は，主要な真核生物群の分岐年代（約10億年前）と双子葉植物と単子葉植物の分岐年代(2億年前)を基準点として，菌類の 18S rDNA 領域の分子進化速度を報告した．

一方，Berbee and Taylor[6] は各種菌類化石を基準年代として用い，菌類の 18S rDNA 領域の分子進化速度を1億年当たり座位当たり1%と計算した．Berbee and Taylor[7] はその後新たに見つかった菌類化石などから基準年代を再検討し，分子進化速度を1億年当たり1. 26%と修正した．その分子進化速度を用いて計算した菌類の主要な進化年代を表1.4.1に示した．

一方，Heckmen et al.[8] は119個のタンパク質アミノ酸配列と動物 / 植物 / 菌類の分岐年代（約16億年前）などを基準年代として用いて菌類の主要進化年代を計算した（表1.4.1）．Heckmen et al.[8] の計算結果によれば主要な菌類のグループは10億年以上前に出現していたことになり，これは Berbee and Taylor[7] の計算結果よりはるかに古い．

その後，2004 年には Douzery et al.[9] が 129 のタンパク質アミノ酸配列を用いた計算結果を報告した．彼らの計算結果は Berbee and Taylor[8] の結果に比較的近く，Heckmen et al.[8] の結果とは大きく異なった．分子時計を用いた進化年代の計算結果の食い違いは，菌類だけでなく，真核生物の進化全体を巻き込んだ論争となっている．すなわち，Heckmen et al.[8] をはじめとするグループの説が正しいとすれば，カンブリア爆発（5～6億年前）が起こる数億年前にすでに真核多細胞生物の主要なグループが出現していたことになる．一方，別のグループの計算結果が正しいとすれば，カンブリア爆発で見られる多くの真核多細

胞生物の化石とそれらの生物の出現年代とがほぼ一致する.

これらの計算結果の差異は，分子時計の計算に用いた方法の違いと，基準年代に用いた化石証拠の種類や解釈の違いに由来していると考えられる．菌類においては，約4億年前の真正子嚢菌類と考えられる化石[10]の解釈によって，分子時計の計算結果が大きく異なることが報告されている[11,12].

（高松　進）

＊引用文献

1) Zuckerkandl E, Pauling L (1965) Evolving genes and proteins. Academic Press, New York, pp97-166
2) Takamatsu S, Matsuda S (2004) Mycoscience 45 : 340-344
3) Peterson KJ, et al. (2004) Proc Natl Acad Sci USA 101 : 6536-6541
4) Gaut BS (1998) Evol Biol 30 : 93-120
5) Simon L, et al. (1993) Nature 363 : 67-69
6) Berbee ML, Taylor JW (1993) Can J Bot 71 : 1114-1127
7) Berbee ML, Taylor JW (2001) The Mycota VII Part B. Springer, Berlin, pp229-245
8) Heckman DS, et al. (2001) Science 293 : 1129-1133
9) Douzery EJP, et al. (2004) Proc Natl Acad Sci USA 101 : 15386-15391
10) Taylor TN, et al. (1999) Nature 399 : 648
11) Aris-Brosou S, Yang Z (2003) Mol Biol Evol 20 : 1947-1954
12) Taylor JW, Berbee ML (2006) Mycologia 98 : 838-849

1.5 菌類の分子系統

DNAの塩基配列やタンパク質のアミノ酸配列などの分子データを用いて，さまざまな分類レベルでの菌類の系統関係が明らかになりつつある．これまでの菌類の分子系統解析には主に核リボソームDNA領域がよく用いられてきたが，近年はペプチド鎖伸長因子遺伝子（elongation factor 1-α:*EF1 α*）やDNAポリメラーゼⅡサブユニット遺伝子（*RPB1*，*RPB2*）などのタンパク質コード遺伝子の配列も多く用いられている[1]．21世紀初頭に始まったAssembling the Fungal Tree of Life（AFTOL）やDeep Hyphaなどの巨大プロジェクトによって菌類全体の系統関係が飛躍的な速度で明らかになりつつある.

1.5.1 ツボカビ門と接合菌門は多系統である

Dictionary of the Fungi（10 th ed.）[2]で菌類の正式な分類群として認められている5つの門（phyla）のうち，子嚢菌門（Ascomycota），担子菌門（Basidiomycota）とグロムス門（Glomeromycota）の3つの門はそれぞれ単系統群を形成する．子嚢菌門と担子菌門はさらに“Dikarya”と呼ばれる大きな単系統群を形成する．一方，ツボカビ門（Chytridiomycota）と接合菌門（Zygomycota）は多系統群である（図1.7.3参照）.

ツボカビ門は鞭毛をもった胞子（遊走子）を形成するという特徴により遊走子を形成しない他の菌類と区別され，菌類の中で最も祖先的なグループであると考えられてきた．しかし，多くの分子系統解析の結果は本グループが多系統群であることを示している.

Hibbett et al.[3]は，ツボカビ門を狭義のツボカビ門，ネオカリマスティクス門，コウマクノウキン門の3つの門に分割することを提唱した．分子系統解析の結果は菌類の陸上への進出に伴い，初期進化段階において4～6回にわたって鞭毛の消失が独立に起こったことを示唆している.

1.5.2 微胞子虫類の系統的位置

微胞子虫類（Microsporidia）は動物の細胞内寄生生物であり，形態および遺伝子ともに高度に単純化している．ミトコンドリアをもたないことから，真核生物の中で最も祖先的な生物体であると考えられ，18S rDNAによる系統解析結果もそれを支持した．しかし，この結果はいまでは，微胞子虫類に至る系統で分子進化速度が速くなったための“long branch attraction”による結果と考えられている．*RPB1*，チューブリンおよび他の遺伝子を用いた系統解析の結果は，微胞子虫類が菌類の仲間であることを示した．これは微胞子虫類がキチンとトレハロースを含んだ胞子を有することからも支持され，現在では多くの科学者が微胞子虫類を菌類の仲間と見なしている．しかし，菌類内部における微胞子虫類の系統的位置はまだ流動的で，今後の解析が待たれる．

1.5.3 Dikarya

“Dikarya”とは子嚢菌門と担子菌門で形成される単系統群で，現在知られている菌類の大部分（～98%）が所属する大きなグループである（図1.7.3参照）．

子嚢菌門は菌類の中で最も大きな門で，子嚢と呼ばれる袋の中に子嚢胞子という有性胞子を形成する．子嚢菌門は，大きく3つの単系統群に分割され，それぞれタフリナ菌亜門（Taphrinomycotina），サッカロミケス亜門（Saccharomycotina）およびチャワンタケ亜門（Pezizomycotina）と命名されている．Taphrinomycotinaは子嚢菌門の中で最も早く分化したグループであると考えられており，生活史の中で酵母様の形態と菌糸状の形態の2形性を有する．Saccharomycotinaは，*Saccharomyces cerevisiae*や*Candida albicans*などの真正酵母からなる．Pezizomycotinaは子嚢菌門の中で最も大きな亜門であり，菌糸状の形態をもつ大部分の子嚢菌が所属する．

担子菌門はさび菌，黒穂菌，担子菌酵母およびキノコ類約3万種からなるグループである．大部分の菌は棍棒状の担子器上に有性胞子（担子胞子）を外生する．サビキン亜門（Pucciniomycotina），クロボキン亜門（Ustilaginomycotina）および菌蕈亜門（Agaricomycotina）の3つの単系統群に分割される．サビキン亜門は陸上植物の寄生菌であるさび病菌（7,000種）を含む．クロボキン亜門は黒穂病菌と酵母からなる1,500種で構成され，大部分は被子植物に全身感染する植物寄生菌である．菌蕈亜門は担子菌門の約2/3の種から構成され，キノコの大部分が含まれる．

グロムス菌門は高等植物をはじめとする各種光合成生物の純共生菌であり，“Dikarya”の姉妹群となる．このグループの菌は，内生菌根菌として植物の陸上への進出に関与したと考えられている．

（高松　進）

＊引用文献

1）James TY, et al.（2006）Nature 443：818-822
2）Kirk PM, et al., eds.（2008）Dictionary of the fungi, 10th ed. CABI, Wallingford
3）Hibbett DS, et al.（2007）Mycol Res 111：509-547

＊参考文献

Blackwell M, et al.（2006）Mycologia 98：829-837
Lutzoni F, et al.（2004）Am J Bot 91：1446-1480
杉山純多 編（2005）菌類・細菌・ウイルスの多様性と系統．裳華房，東京

1.6 種の定義

「種」とは生物分類上の基本単位である．現在，地球上で名前がつけられている種として約200万種があるが，種の定義は専門家の間でもさまざまであり，統一した定義はない．これまでに提唱された種概念だけでも20種類以上あるといわれている．

ここでは，それらのうち菌類で用いられている主要な種概念について概説する．

1.6.1 生物学的種概念

1942年にMayr[1)]によって提案された最も一般に知られる種の概念．生物学的種概念では，交雑可能でかつ交雑の結果稔性のある後代を生むことのできる集団を1つの種と規定する．

この種概念は単純で容易に受け入れやすいために，動物や植物など通常異なる個体間で交雑する生物の種を規定する概念として一般に用いられてきた．

しかし，菌類では雌雄同株性や無性生殖のみで繁殖する種も多い．雌雄異株性の種であっても，実験室内で人工的に交雑させて有性生殖器官をつくらせることが困難な種も多く，生物的種概念をそのまま菌類の種概念として用いることは難しい．

1.6.2 形態学的種概念

菌類の種分類は一般的に形態的特徴によって行われてきた．しかし，種を区別するための指標としてどのような形態的特徴を用いるかは，分類学者間で意見が異なることも多い．菌類では多くの形態的特徴は可塑的で環境条件によって大きく変化するので，種の形態的変動幅を正確に規定することは難しい．

さらに，分類に用いることができる形態的特徴が動物や植物に比べて少ないこと，形態的収斂を把握することが難しいなどの点から，形態学的種概念に基づく菌類の正確な種分類は容易ではない．

1.6.3 生態学的種概念

生物をその生活している場またはニッチ（生態的地位）で分かれているかで判断する．菌類の場合，ニッチが分かれているかどうかの判断が難しいので適用範囲は限られている．形態的な種分類が困難な場合，植物寄生菌類では宿主植物の種類や宿主範囲によって種を規定することがある．これは一種の生態学的種概念である．しかしこの場合でも，植物寄生菌類の宿主範囲を正確に把握することは困難なことが多く，また宿主範囲の違いが生物的な違いを正確に反映しているかどうかは不明である．

1.6.4 系統学的種概念

系統学的種概念では，原則として系統樹上で単系統群を構成する生物群，すなわち単一の祖先種から進化した集団を1つの分類単位と見なす．あるいは，単系統群だけでなく側系統群も含めて1つの分類単位とする考え方もある．系統学的種概念を用いることにより，アナモルフ種をテレオモルフ種と同一の基盤で論じることが可能となる点で，他の方法に比べて優れている．

Taylor et al.[2)]は系統学的種概念をさらに推し進め，geneological concordance phylogenetic species recognition（GCPSR）の概念を提唱した．これは，多数の遺伝子を同時に解析し，系統樹上ですべての遺伝子データによって単系統群として支持された集団を種として認めるという種概念である．

この概念は，遺伝子間で系統樹の樹形に不一致がある場合はその遺伝子間に遺伝的な組換えが起こっていることを示し，一致する場合は遺伝的に

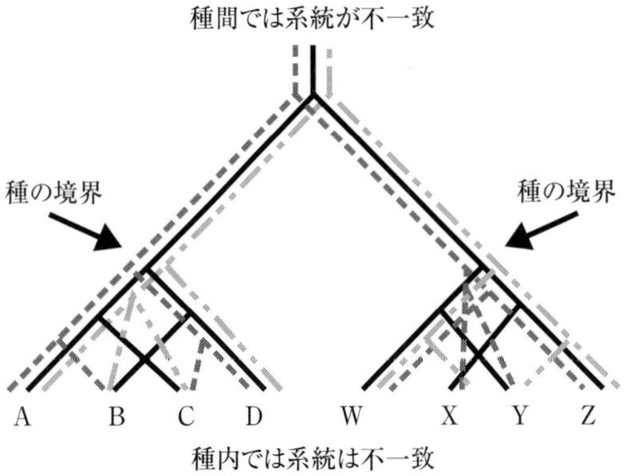

■図 1.6.1　GCPSR の概念（Taylor et al.[2] をもとに作図）
種内では遺伝的交雑が起こるので遺伝子間の系統関係は一致しない．種間では交雑が起こらず遺伝子間の系統関係は一致する．

隔離されているとする考え方に基づいている（図 1.6.1）．

GCPSR は集団間の遺伝的交雑の有無を検出する優れた方法である．系統学的種概念では，従来形態的に 1 種と考えられてきた種であっても，実際には複数の系統学的種に分割されることが多い．

このように，形態的には区別できないが，生物的には区別される種は隠ぺい種（cryptic species）と呼ばれる．最近の研究では多くの隠ぺい種が報告されている．一般的に，系統学的種概念によって種分類を行うと，従来の種概念による種数より多くの種が検出される．菌類では，形態的種概念による種数に比べ，系統学的種概念による種数は 300％増加するという報告がある[3]．　（高松　進）

＊引用文献
1）Mayr E（1942）Systematics and the origin of species from the view point of a zoologist. Columbia Univ. Press, New York
2）Taylor JW, et al.（2000）Fungal Genet Biol 31：21-32
3）Agapow PM, et al.（2004）Quart Rev Biol 79：161-179

＊参考文献
直海俊一郎（2006）分類 6：25-40
三中信弘（2008）生物化学 59：238-243

1.7　真菌の分類と生活史

1.7.1　ツボカビ門

1）ツボカビ類の一般的特徴

ツボカビ門は，生活環の一時期に後端に 1 本の尾型鞭毛をもつ遊走子（zoospore）を形成することで特徴づけられる菌類である（図 1.7.1）[1]．

ただし，ネオカリマスティクス目（Neocallimastigales）には 2 ～ 20 本以上の鞭毛をもつ種も含まれる[2]．例外的に，*Hyaloraphidium* 属の胞子は

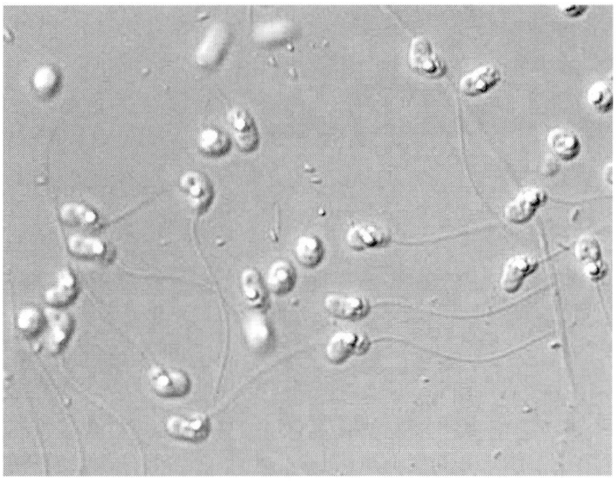

■図 1.7.1　ツボカビ類の遊走子

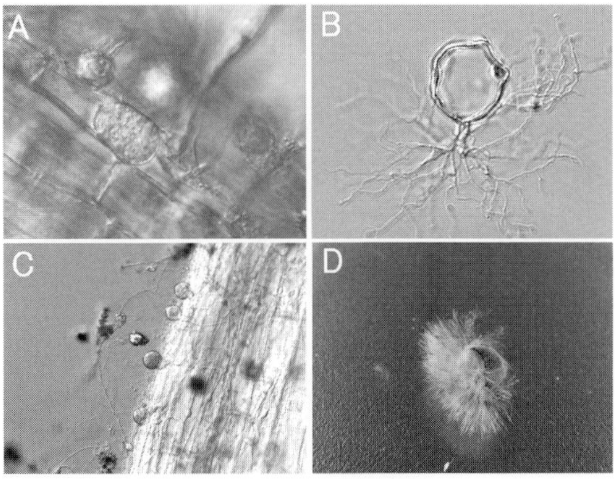

■図 1.7.2　各種のツボカビ類の菌体
A：レタスの根に寄生した全実性菌体（フクロカビ属）．B：仮根と遊走子嚢（遊走子逸出後）からなる菌体（*Boothiomyces* 属）．C：タマネギの皮上の仮根状菌糸体（エダツボカビ属）．D：アサの種子上の菌糸体（カワリミズカビ属）．

鞭毛を欠く[3]．

ツボカビ類の菌体は非常に多様な形態をとる（図 1.7.2）．宿主細胞の内部に球形または袋状の多核菌体を形成し，菌体全体が生殖器官へと分化するもの（全実性），単一の生殖器官と栄養器官である仮根からなるもの（分実性・単心性），仮根状菌糸体上に複数の生殖器官が形成されるものがある（分実性・多心性）．また，発達した菌糸体を形成する種もある．菌糸は一般に規則的な隔壁をもっていないが，カワリミズカビ（*Allomyces*）属では菌糸の分枝部に隔壁を形成する．細胞壁の主成分は他の菌類と同じくキチンである．

2）ツボカビ類の生態

ほとんどの種類が河川や湖沼などの淡水中や，森林や草原などの土壌中に生息しており，少数だが汽水や海水中からも報告されている．多くの種は動植物の遺骸を分解する腐生菌で，セルロース，ケラチン，キチンなどの難分解性の有機物を分解する能力をもつ種も知られている．これらの腐生性種は，自然界で分解者として重要な役割を担っていると考えられている．

ネオカリマスティクス目の種はウシ，ヒツジ，ウマ，ゾウ，カンガルーなどさまざまな草食動物の消化管内に生息している絶対嫌気性菌であり，草食動物が摂取した植物のセルロースやヘミセルロースの分解に関与していると考えられている．また，ネオカリマスティクス類の菌体自体も草食動物の栄養源となる[4]．

一方，寄生性の種は，原核生物のシアノバクテ

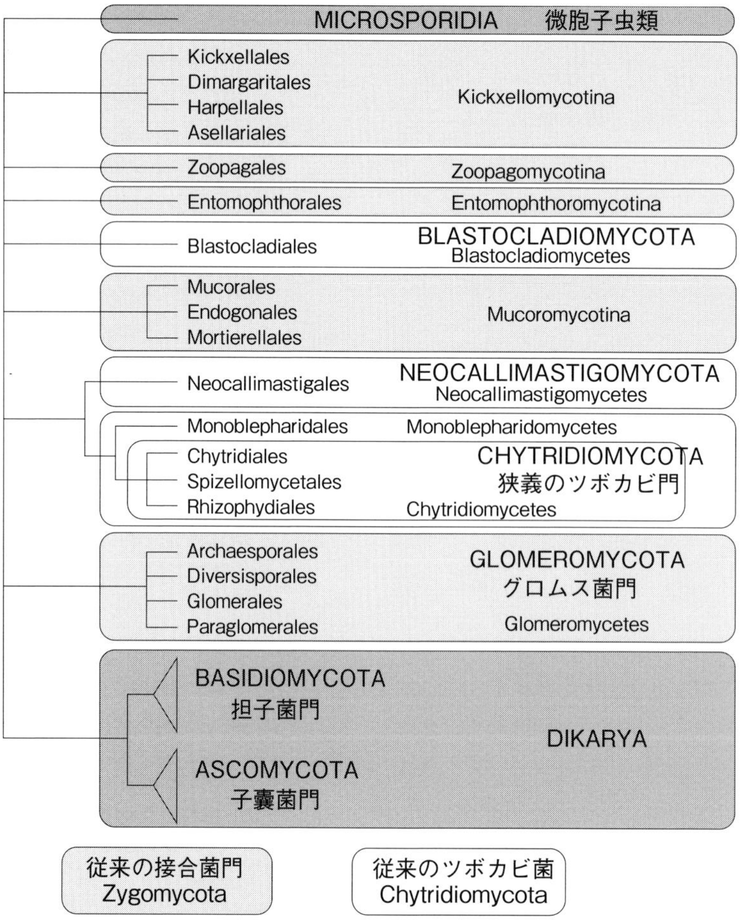

図 1.7.3　菌類の大系統と分類（Hibbett et al.[11] をもとに作図）

リア（藍藻類）やその他の真核藻類，コケ植物や維管束植物，水中や土壌中に生息する線虫，ワムシ，微小な甲殻類，クマムシ，昆虫の幼虫などの動物を宿主とする．カエルツボカビ（*Batrachochytrium dendrobatidis*）は両生類の皮膚に寄生してツボカビ症を引き起こす[5]．湖沼の植物プランクトンに寄生する種類は，多くの宿主個体に感染して宿主の個体群動態に影響を与えることが知られている[6]．一方で，藻類寄生性のツボカビ類の遊走子はミジンコ類によって捕食される[6]．

維管束植物の寄生菌としては，フクロカビ（*Olpidium*）属，フィソデルマ（*Physoderma*）属およびサビフクロカビ（*Synchytrium*）属などの属の種が知られており，農作物に被害を与えることもある[1]．ジャガイモがんしゅ病を引き起こすサビフクロカビ属の一種 *S. endobioticum* は特に著名である．また，フクロカビ属としてはレタスビッグベイン病の原因となる植物ウイルスを媒介する *O. virulentus* などが知られている[7]．

3）ツボカビ類の生殖

ツボカビ類の無性生殖は，菌体の全体や一部が分化した遊走子嚢（zoosporangium）中で形成される遊走子によって行われる[1]．通常，遊走子は胞子嚢内の細胞質が分割して形成され，遊走子嚢の開口部（逸出孔）や開口部が伸長した部分（逸出管）から放出される．遊走子嚢から放出された遊走子は，水中を遊泳して新たな基物や宿主に到達し，発芽して新しい菌体を形成する．

ツボカビ類の有性生殖の観察例は十分ではないが，種類によってきわめて多様であることが知られている[8]．一般に，有性生殖によって生じた胞子（接合子）は，休眠後に減数分裂を経て直接発芽するか遊走子を生じる．

4）ツボカビ類の系統・分類

ツボカビ類は，現在 123 属 914 種が知られている[9]．ツボカビ類は，以前は単系統群であると考えられてきたが，近年の分子系統解析と遊走子の電子顕微鏡観察の結果から多系統群であることが明らかとなり[10]，分類体系の再編が行われている（図 1.7.3）[11]．現在では従来の広義のツボカビ門は，狭義のツボカビ門，コウマクノウキン門（Blastocladiomycota），ネオカリマスティクス門（Neocallimastigomycota）の 3 門に分割されている．

狭義のツボカビ門は，ツボカビ綱（Chytridiomycetes）とサヤミドロモドキ綱（Monoblepharidomycetes）の 2 綱からなる[11]．ツボカビ綱に含まれる種の大部分は単一の生殖器官と仮根からなる菌体をもつが（ツボカビ（*Chytridium*）属など），仮根状菌糸体が発達する種も含まれる（エダツボカビ（*Cladochytrium*）属など）．一方，サヤミドロモドキ綱には菌糸体が発達する種類が多い（サヤミドロモドキ（*Monoblepharis*）属など）．

コウマクノウキン門の種は，核に核帽（nuclear cup）という構造が隣接する細長い遊走子を形成する点が共通する．腐生性で発達した菌糸体を形成するカワリミズカビ属やカの幼虫やケンミジンコ類に寄生するボウフラキン（*Coelomomyces*）属などが含まれる．

草食動物の消化管内に生息する絶対嫌気性の種から構成されるネオカリマスティクス門は，単一または複数の生殖器官と仮根からなる菌体を形成する．ツボカビ類の中では例外的に，複数の鞭毛をもつ遊走子を形成する種が含まれる（*Neocallimastix* 属や *Piromyces* 属）．

また，従来はツボカビ類に含まれると考えられてきた植物寄生種の *Olpidium brassicae* や菌寄生性のロゼラ（*Rozella*）属は，系統解析の結果上記の 3 門のいずれにも属さないことが明らかとなっている[10]．従来のツボカビ類の分類体系はいまだ流動的であり，さらなる解析が必要とされる．

（稲葉重樹）

＊引用文献

1）Barr DJS（2001）The Mycota VII Part A. Springer, Berlin, pp93-112
2）Ho YW, Barr DJS（1995）Mycologia 87 : 655-677
3）Ustinova I, et al.（2000）Protist 151 : 253-262

4) Kemp P, et al. (1984) J Gen Microbiol 130 : 27-37
5) Longcore JE, et al. (1999) Mycologia 91 : 219-227
6) Kagami M, et al. (2007) Hydrobiologia 578 : 113-129
7) 笹谷孝英 (2006) 日本植物病理学会植物感染生理談話会論文集 42 : 117-126
8) Webster J, Weber RWS (2007) Introduction to fungi. 3rd ed., Cambridge Univ. Press, Cambridge
9) Kirk PM, et al. (2001) Dictionary of the fungi, 9th ed. CABI, Wallingford
10) James TY, et al. (2006) Nature 443 : 818-822
11) Hibbett DS (2007) Mycol Res 111 : 509-547

COLUMN 1 カエルツボカビ

全世界では，両生類の約半数が絶滅の危機に瀕していると推定される[1]．その原因の１つとして考えられているのが，カエルツボカビ (*Batrachochytrium dendrobatidis*) による感染症である．カエルツボカビは，1999年に新種発表されたツボカビ門の１種で[2]，両生類の皮膚に感染してツボカビ症 (chytridiomycosis) を引き起こす[1]．中南米やオーストラリアではツボカビ症による両生類の個体群減少が深刻である．日本では2006年にペットとして飼育されていた外国産カエルからはじめて見つかった[3]．

カエルツボカビに感染した両生類は，皮膚呼吸・浸透圧調整・体温調節が阻害されることによって死亡すると考えられる[4]．また，細菌などによる二次感染も引き起こされる．カエルツボカビは約350種の両生類に感染するが，両生類の種類によって感受性に差異がある[1]．世界的な両生類の個体群減少は，カエルツボカビのみによって引き起こされるのか，それとも温暖化や環境汚染などの複合要因によるのかいまだ議論されている[1]．

カエルツボカビの菌体は，栄養を吸収する仮根と遊走子嚢と呼ばれる無性生殖器官からなる (図1)．菌体は主に両生類の表皮表層のケラチン層 (角質層) に埋没して生育する．遊走子嚢は径15 μm程度まで成長し，成熟すると宿主の皮膚表面を突き破って外まで伸びる管 (逸出管) が形成される．逸出管の先端の蓋が開くと，遊走子嚢の中で形成された１本の鞭毛をもつ胞子(遊走子)が外に放出される．遊走子は水中を泳いで新たな宿主に到達し，皮膚に感染して再び遊走子嚢へと成長する (図2)[5]．

カエルツボカビはアフリカ原産で，20世紀半ばから研究や飼育目的で人為的に運搬されたカエルを介して世界各地に広がったものと考えられていた[6]．しかし，日本国内で調査された飼育下および野生の両生類の皮膚には多様な遺伝子型のカエルツボカビが分布していることが明らかとなっており，一部の遺伝子型は日本の両生類に固有のものである[7]．これは，世界的な両性類の個体群減少が生じる以前に，カエルツボカビが日本に生息していた可能性を示唆している．

(稲葉重樹)

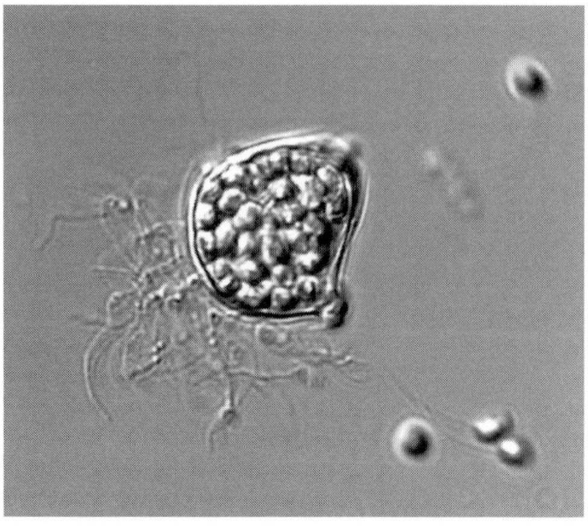

■図1 カエルツボカビの菌体 (液体培養)
遊走子嚢と仮根からなる菌体．遊走子嚢の内部に遊走子が形成されている．

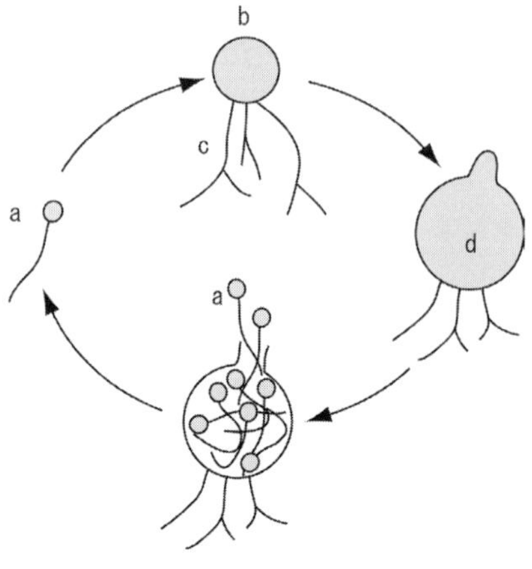

■図2 カエルツボカビの生活環の模式図
a：遊走子，b：菌体，c：仮根，d：遊走子嚢．

＊引用文献
1) Fisher MC, et al. (2009) Annu Rev Microbiol 63 : 291-310
2) Longcore JE, et al. (1999) Mycologia 91 : 219-227
3) Une Y, et al. (2008) Dis Aquat Org 82 : 157-160
4) Berger L, et al. (2000) Zoos Print J 15 : 184-190
5) Berger L, et al. (2005) Dis Aquat Org 68 : 51-63
6) Weldon C, et al. (2004) Emerg Infect Dis 10 : 2100-2105
7) Goka K, et al. (2009) Mol Ecol 18 : 4757-4774

1.7.2 接合菌門

1) 概　説

接合菌門は有性胞子として接合胞子 (zygospore) (図 1.7.4) を形成する陸生菌類の一群で，単相主体の生活環，胞子嚢胞子による無性生殖，一次隔壁を欠く多核管状体の菌糸体，キチン，キトサンを含む細胞壁により特徴づけられる.

従来，遊走子をつくる鞭毛菌類とともに“藻菌類 (下等菌類)”と総称され，ツボカビが鞭毛を欠失して陸上に進出し，高等菌類を輩出する母体となったグループと考えられる.

接合胞子とは菌類では接合菌門のみに用いられる特殊な用語だが実質的には接合子を指し，相同な胞子はツボカビ門にも認められる．また前述の特徴には例外も多く，接合菌類は側系統群である可能性も示唆されてきた.

顕著な栄養菌糸体を分化するものが多いが，分節菌体 (hyphal body) や酵母状にも増殖する．無性生殖では，菌糸体より胞子嚢柄上に胞子嚢 (sporangium) を生じ，その内容物が分割して内生的に胞子嚢胞子 (sporangiospore) をつくる．胞子嚢の形状や含有胞子数 (単数～少数のものを小胞子嚢(sporangiole)，円筒形で横分裂するものを分節胞子嚢(merosporangium)と称す) は分類に重視される．一部の単胞子性小胞子嚢は胞子嚢壁を伴わず，分生子と解釈されている．また，菌糸途上に二次隔壁により区画された厚壁胞子を形成する.

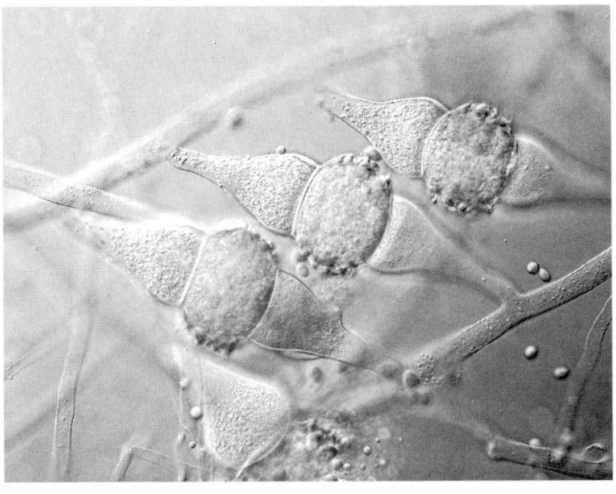

■図 1.7.4　接合胞子 (接合菌綱ケカビ目ギルベルテラ属)

接合菌門には 2 つの性が存在するが菌糸体には性差がない. 配偶子嚢形態の性差に基づき同型，異型配偶子嚢性 (iso-, anisogamy) が区別され，前者では交配型は＋，－と称される．交配型の異なる配偶子嚢を異なる菌体上に生じるヘテロタリズム (heterothallism)，同一菌体上に生じるホモタリズム (homothallism) が知られ，前者には菌体と配偶子嚢形態の性差が対応する形態的ヘテロタリズムと，対応しない生理的ヘテロタリズムが認められる．ケカビ目，クサレケカビ目では性ホルモンとしてトリスポリック酸が知られ，接合枝 (zygophore)，原配偶子嚢 (progametangium) の形成を誘導する．配偶子嚢の発達，接合胞子の表面構造，着色，支持柄の装飾構造の分化程度はさまざまである．接合胞子の発芽誘導は困難だが雑種形成まで確認された例もある.

接合菌門には高等菌類に知られる腐生，寄生，共生の一連の生活様式が認められ門内の分類体系に重視される．節足動物腸内生の菌群は形態的にも研究手法も独自でありトリコミケス綱として区分され，その他が接合菌綱にまとめられている.

2) 接合菌綱 Zygomycetes

生活様式と形態的特徴に基づき 7 ～ 9 目に分け

られる．ケカビ目 Mucorales（約 9 科 51 属 205 種）は接合菌門の典型で，土壌や糞に多い腐生性の糖依存菌である．動植物や菌類への寄生も知られ，感染力は弱いが成長が速く，日和見感染症や貯蔵作物の腐敗を起こすが，醸造などにも利用される．糞生のヒゲカビ属は実験生物としてよく知られる（第12章参照）．

クサレケカビ目（1 科 6 属約 93 種）は代表的な土壌菌でケカビ目に似るが，胞子嚢の柱軸の欠如，菌糸融合，異型配偶子嚢性，貧栄養性により識別される．一部の菌は遺伝子や形態，生理的性質に基づきウンベロプシス科 Umbelopsidaceae として分割されケカビ目に移された．

アツギケカビ目 Endogonales（1 科 4 属約 30 種）は植物共生性で，古くはグロムス菌門（1.7.3 項参照）と混同されたが，外生菌根を形成し接合胞子のみをつくるものと再定義された．腐生性もわずかに知られるが，大型で地中生の接合胞子果の形態に基づき分類される．

ハエカビ目 Entomophthorales（5 科約 23 属 277 種）は主に昆虫などの節足動物の寄生（殺生）菌で，目内の分類体系には細胞学的形質が重視される．無性胞子として射出性分生子を形成し菌糸体の発達は悪い．宿主体内では分節菌体として増殖し，体表に分生子を体内に休眠性接合胞子をつくる．

バシディオボルス目 Basidiobolales（1 科 1 属 4 種）は両生・爬虫類の糞生，腸内菌でハエカビ目に似るが原中心小体をもつなど細胞学的に特異で独立目とされる．

トリモチカビ目 Zoopagales（5 科 22 属 190 種）には小動物や原生生物寄生性の 3 科，菌寄生性の 2 科が含まれ，無性胞子として分節胞子嚢胞子（一説には分生子）を形成する．菌寄生菌や線虫，アメーバの外部寄生菌では捕食器官の分化が顕著で菌糸体が発達するのに対し，内部寄生菌では宿主体内に微小な栄養菌体を生じる．

キクセラ目 Kickxellales（1 科 12 属 32 種），ディマルガリス目 Dimargaritales（1 科 4 属 14 種）は例外的に菌糸に一次隔壁をもつ．隔壁中央にはレンズ形の腔所を伴う小孔を有し，後者では腔所に栓がある．無性胞子として前者は偽フィアライド上に単胞子性の，後者は二胞子性の小胞子嚢胞子を形成する．後者はすべて吸器による菌寄生菌で二員培養できる．

3) トリコミケス綱 Trichomycetes

水生昆虫の幼虫，等脚目などの節足動物腸内に寄生（共食生）し，限られた菌糸成長を示す．近年，2 目が原生生物として除外され 2 目が知られる．無性胞子としてハルペラ目（2 科 38 属約 200 種）では付属糸を伴うトリコスポア（単胞子性小胞子嚢の一型），アセラリア目（1 科 3 属 14 種）では分節胞子を生じ，接合胞子は前者で紡錘形（図 1.7.5）か渦巻形，後者では球形である．付着器（hold fast）により宿主の中腸，後腸壁に付着生活する．菌体外酵素を分泌し宿主の消化を助ける例，過密な菌の生育が宿主に害となる例が知られるが，宿主との生理生態学的なかかわりはいまだ明らかでない．菌糸はキクセラ目同様の小孔を伴う一次隔壁を有す．

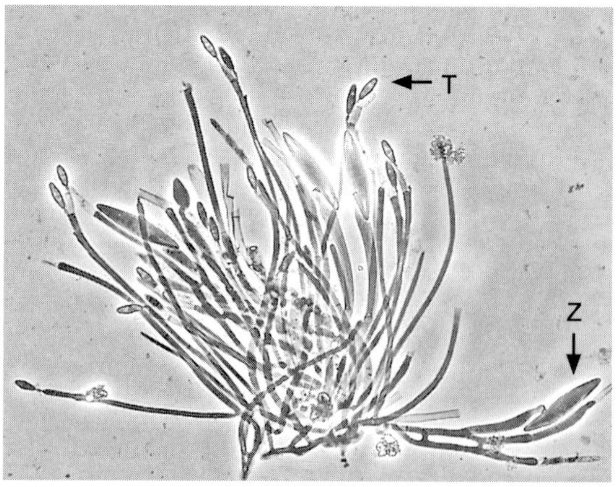

■図 1.7.5 接合胞子（Z）とトリコスポア（T）（トリコミケス綱ハルペラ目トリコジゴスポラ属）

4) 接合菌門の解体

近年の分子系統解析 [1] は接合菌門の多系統（側系統）性を明らかにし，Hibbett et al.[2] は接合菌門を解体してケカビ亜門，ハエカビ亜門，トリモチカビ亜門，キクセラ亜門の4亜門を菌界内の門所属未定分類群とした[2]．従来から類縁と考えられてきたキクセラ目，ディマルガリス目，トリコミケス綱は単系統性が支持されキクセラ亜門にまとめられた．また，鞭毛欠失の痕跡が認められるバシディオボルス目の分類学的位置づけは保留とされた．最終的な結論に至るまで今後さらに体系は変動する可能性がある．（出川洋介）

＊引用文献

1）White et al.（2006）Mycologia 98：872-884

2）Hibbett et al.（2007）Myco Res 111：509-547

＊参考文献

Benjamin RK（1979）Zygomycetes and their spores. The whole fungus vol. 2. Nat. Mus. Canada, Ottawa, pp573-621

Lichtwardt RW（1986）The Trichomycetes. Fungal association of arthropods. Springer, NewYork

三川　隆（2005）接合菌門．菌類・細菌・ウイルスの多様性と系統（バイオディバーシティ・シリーズ4）．裳華房，東京，pp204-215

＊参考となるウェブサイト

Benny G（2009, last updated）Zygomycetes. http://zygomycetes.org/

Lichtwardt RW et al.（2001）The Trichomycetes : Fungal associations of arthropods, revised edition, published on the internet. http://www.nhm.ku.edu/~fungi/Monograph/Text/Mono.htm

1.7.3 グロムス菌門

グロムス菌門は，土壌中に生息し多核の菌糸を形成する．菌糸に隔壁はほとんどなく，直径50～500 μmの大型の無性胞子を形成する．胞子は数百から数千の核を有し，胞子壁は多層の複雑な構造を有しているものが多い．*Geosiphon*を除くすべての種は，植物の根に共生しアーバスキュラー菌根を形成する．それらは，アーバスキュラー菌根菌と呼ばれている（VA菌根菌と呼ばれることもある）．

1）生活史

アーバスキュラー菌根菌の胞子は，適当な水分・温度条件のもとで発芽し，宿主となる植物根を求めて，発芽菌糸を伸長する．発芽菌糸が植物根に遭遇すると，根表面に付着器を形成し，根内部へ侵入する．菌糸は細胞間隙を伸長し，根細胞内に貫入し，細かく分岐した菌糸からなる樹枝状体（アーバスキュル，arbuscule）を形成する（図1.7.6）．種類によっては，球状に肥大した袋状の器官・嚢状体（ベシクル，vesicle）を形成する．

アーバスキュラー菌根菌は植物根内に共生する菌糸によって植物から光合成産物である糖類を獲得し，一方，同菌は土壌中から吸収したリン酸などの無機栄養塩を宿主である植物へ供給する．こうした物質の授受を通した植物との共生によって，アーバスキュラー菌根菌は次世代の胞子形成が可能となる．したがって，菌株の増殖のためには，菌と植物の共培養が必要である．また，胞子の長期保存法が確立されていないため，菌株の維持管理のためには宿主植物との共培養を継続する必要がある．

本菌門の中で1属1種の*Geosiphon pyriformis*は，陸生のシアノバクテリア（*Nostoc* sp.）を内部に共生させた特殊な地衣（lichen）を形成している．アーバスキュラー菌根菌と同様に，増殖には*Nostoc*との共生が必須であり，絶対共生菌と

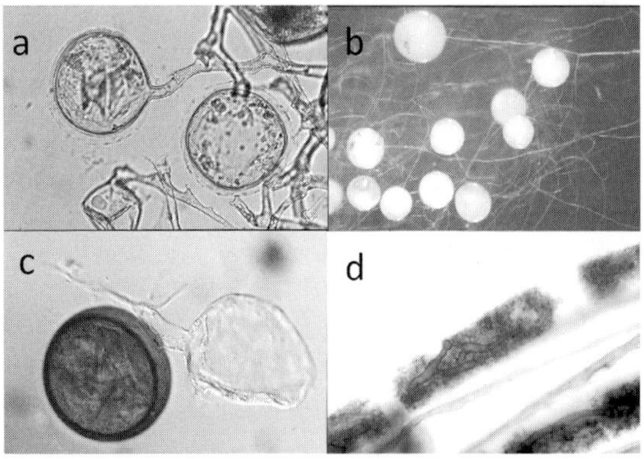

■図1.7.6　グロムス菌門の代表的胞子（a,b,c）および樹枝状体（アーバスキュル）（d）
a：*Glomus* sp., b：*Gigaspora margarita*, c：*Acaulospora* sp., d：ダイズの根細胞中の樹枝状体.

■表1.7.1 グロムス菌門(Glomeromycota)の分類体系

Phylum 門	Class 綱	Order 目	Family 科	Genus 属	胞子形態*
Glomeromycota					
	Glomeromycetes				
		Archaeosporales	Ambisporacese	*Ambispora*	Gl, A
			Archaeosporaceae	*Archaeospora*	Gl,A
			Geosiphonaceae	*Geosiphon*	Gl
		Diversisporales	Acaulosporaceae	*Acaulospora*	A
			Diversisporaceae	*Diversispora*	Gl
			Entrophospraceae	*Entrophospora*	E
			Gigasporaceae	*Gigaspora*	Gi
				Scutellospora, Racocetra	Gi
			Pacisporaceae	*Pacispora*	Gi
		Glomerales	Claroideoglomeraceae	*Claroideoglomus*	Gl
			Glomeraceae	*Glomus, Funneliformis*	Gl
				Sclerocystis, Rhizophagus	Gl
		Paraglomerales	Paraglomaceae	*Paraglomus*	Gl

*A：*Acaulospora*型，E：*Entrophospora*型，Gi：*Gigaspora*型，Gl：*Glomus*型

考えられている．

2) 分 類

本菌門は，多核であることから，かつては接合菌類に属すと考えられていた．しかし，有性世代（接合胞子）は見いだされず，その形態的特徴も他の菌類とは著しく異なっていることから，その分類的位置が問題になっていた．rRNA遺伝子などの塩基配列に基づく分子系統学的データの蓄積により，本菌群は門レベルで独立させるべきであると提案され[1]，さらに複数の遺伝子の塩基配列を用いた解析も，それを支持するものであった[2]．2011年末現在，グロムス菌門は4目11科に分類されているが，未整理の部分が多く残されている（表1.7.1）[3,4]．

分子系統学的な情報とともに，分類の基本は胞子の形態である[5]．

胞子はその形成パターンから次の4型に大別される（図1.7.7)．①菌糸先端が厚膜胞子状に肥大して形成される（*Glomus*属)，②菌糸の先端に胞子嚢細胞が形成されその上に胞子が形成される（*Gigaspora*属, *Scutellospora*属)，③菌糸先端に肥大した胞子嚢の後方の菌糸側方に（*Acaulospora*属）あるいは菌糸中に（*Entrophospora*属）胞子が形成される．

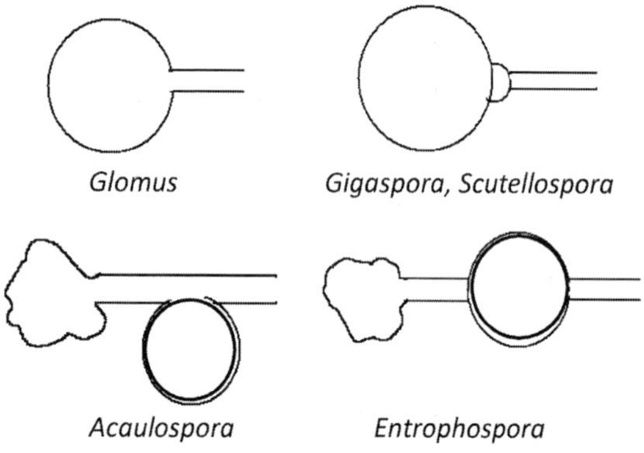

■図1.7.7 グロムス菌門の代表的な胞子形態（模式図）

分子系統学的な解析の結果，近年創設されたその他の属においても，これらのいずれかの胞子形成パターンをとる．また，Archaesporaceae科の菌の多くは2種類の胞子形成を示すことが知られている（表1.7.1)．

3) 進 化

rRNA遺伝子の分子系統解析によると，アーバスキュラー菌根菌の系統（Glomeromycota）が類縁の接合菌と分かれて進化したのは，約4億年以

上前と考えられており，進化の歴史で陸上植物の登場の頃に一致すること，さらに，最古の陸上植物古生マツバランの化石の根（化根と呼ばれる）の中に，現在のアーバスキュラー菌根菌に類似する菌糸が認められたことから，アーバスキュラー菌根菌の系統の菌類は陸上に植物が上陸した頃から，共生菌として，植物の養分吸収に重要な役割を果たしてきたのではないかと考えられている．

（齋藤雅典）

*引用文献

1）Schüßler A, et al.（2001）Mycol Res 105 : 1413-1421
2）James TY, et al.（2006）Nature 443 : 818-822
3）Redecker D, Raab P（2006）Mycologia 98 : 885-895
4）Schüßler A, Walker C（2010）The Glomeromycota, A speaks list with new families and new genera, The Royal Botanic Garden, Edinburgh, The Royal Botanic Garden kew, Botanische Staatssammlung München, and Oregon State University（www.amf-phylogeny.com）
5）Morton JB（1988）Mycotaxon 32 : 267-324

*参考文献

Smith SE, Read DJ（2007）Mycorrhizal Symbiosis, 3rd ed. Academic Press, New York
International Culture Collection of（Vesicular）Arbuscular Mycorrhizal Fungi（INVAM）. http://invam.caf.wvu.edu/

1.7.4 子嚢菌門

子嚢菌類は 6,355 属，64,163 種を含み，菌類全体の種数の 65％を占める菌類中最大の生物学的多様性をもつグループである[1]．

子嚢菌類は「子嚢という袋状の構造中に有性胞子を生じる」ほかには全体に共通する特徴がなく，それが子嚢菌類全般についての説明を難しいものにしている．

大部分の子嚢菌類は，有性生殖構造として子嚢果（ascoma，キノコに相当）と呼ばれる構造中に子嚢（ascus）を形成する．子嚢果は子嚢を生じる部分と，それを取り囲むもしくは支持する構造からなっており，肉眼で容易に認められる大型のものから顕微鏡的なものまで，形も多様である．一部の子嚢菌類は子嚢果をつくらず，子嚢を裸生する．子嚢菌類の多くは，菌糸体制を基本とする．菌糸の細胞間には隔壁が生じるが，隔壁の中央部には円形の孔があいており，細胞同士は連絡しているので，菌糸全体が 1 つの巨大な多核体といえる．また，出芽により酵母状に増殖するものもある．応用上も重要な菌が多い．

寄生性の子嚢菌類の多くは重要な植物病原菌で，野生植物やイネやムギなどの栽培植物に寄生し，麦角アルカロイドや，マイコトキシンのような二次代謝産物を生産する．ペニシリンのような有用二次代謝産物が利用されるアオカビ類や，アルコール発酵に利用される酵母も系統学的には子嚢菌類である．

1）子嚢と子嚢胞子

子嚢は核融合とその後に続く減数分裂によってその内部に子嚢胞子（ascospore）を生じる袋状の構造である．典型的には円筒形～棍棒形，一重壁で，先端にはふたがある場合（有弁子嚢，operculate ascus）とない場合（無弁子嚢，inoperculate ascus）がある（図 1.7.8）．いずれの場合も，子嚢内部の圧力（膨圧）の上昇によって，胞子は勢いよく射出される．有弁子嚢は，盤菌類チャワンタケ目の

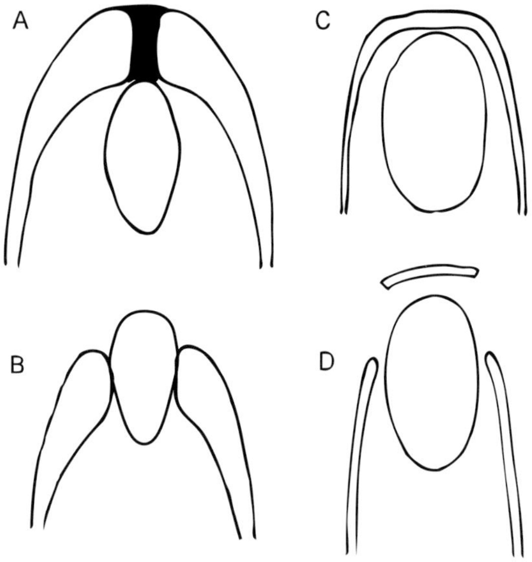

図 1.7.8　有弁子嚢と無弁子嚢
A, B：無弁子嚢．A：子嚢の先端にはあらかじめ孔があり，プラグでふさがっている．B：子嚢先端の孔を子嚢胞子が通過するところ．子嚢胞子の下端は細まるため，先端部の肥厚によって勢いよく押し出される．C, D：有弁子嚢．子嚢先端の細胞壁には，あらかじめ亀裂が生じており，弁がはじけ飛ぶことによって，いっきに胞子を射出する．

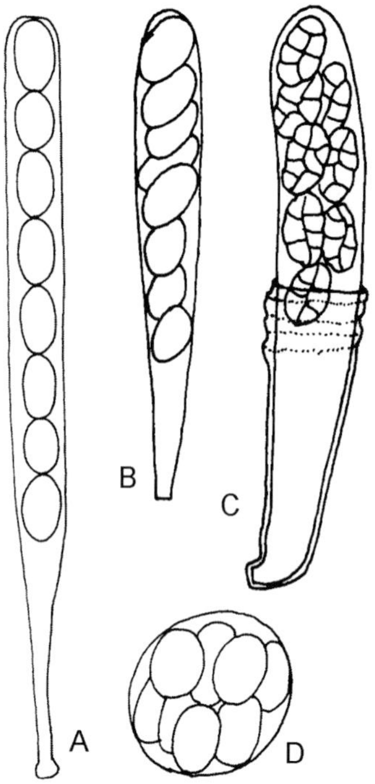

図 1.7.9　子嚢の多様性
A：チャワンタケ目の菌類に多い円筒形の子嚢．B：ビョウタケ目の菌類に多い円筒状棍棒形の子嚢．C：ドチデア目などに多い二重壁子嚢の一例．外壁は伸縮性がないのに対し，内壁は伸縮性に富んでいる．D：ユーロチウム目に多い，類球形の子嚢．子嚢壁が溶解することによって，子嚢胞子が放出される．

菌に観察される．無弁子嚢においては，子嚢の先端は三角錐状に肥厚し，この中央に小空隙（頂孔）があり，胞子はこの中に1個ずつ押し込まれ，膨圧ではじきとばされる．子嚢の壁と先端にはメルツァー試薬（ヨード試薬）で染色されるものがあり，これが分類学上重要な指標となる．無弁子嚢は，盤菌類の多くや核菌類に観察される．一重壁子嚢（unitunicate ascus）の中には，胞子の射出機能をもたず，薄膜で類球形のもの（不整子嚢菌類において観察される）もあり，子嚢胞子は子嚢壁が溶解したり物理的に破れることによって放出される．子嚢には,壁が二重になっているもの（二重壁子嚢，bitunicate ascus）もあり，子嚢の内壁は伸縮性に富んだ袋状の構造であり，伸縮性のない外壁がそれに被さっている．そのため，胞子は子嚢外壁が外れた後，長く伸びた内壁の先端から射出される．このような胞子の射出法は「びっくり箱方式」と呼ばれる．二重壁子嚢は，小房子嚢菌類において観察される．このように，子嚢は袋状の構造でありながら，射出機構にまでかかわる多様な構造である（図 1.7.9）．子嚢胞子の形態は球形，楕円形から棍棒状，円筒状，糸状など非常に多様で，大きさは長径1～2 μm の小型のものから，長さ100 μm を越えるものまでさまざまである．大型の（長い）ものにおいては隔壁を生じることがある．色は無色～黒色である．表面構造は平滑あるいは刺状・疣状・網目状などさまざまな刻紋をもつことがあり，分類上の特徴として利用される．子嚢胞子の形態は，子嚢の形態とも深くかかわっている．刻紋がある子嚢胞子はほとんどが有弁子嚢に生ずる．無弁子嚢の場合，刻紋のある子嚢胞子を生じることはほとんどない．

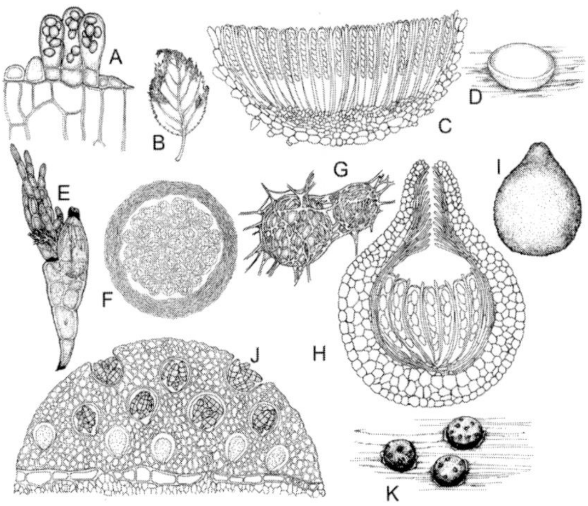

■図 1.7.10　子嚢果の多様性
A：子嚢果を形成せず，子嚢が裸出する半子嚢菌類．B：半子嚢菌類の一種，*Taphrina wiesneri* に罹病したサクラの葉．C：盤菌類の子嚢盤．D：盤菌類のチャワンタケ型子嚢盤の外形．E：ラブルベニア菌類の子嚢殻．F：不整子嚢菌類の閉子嚢殻．G：閉子嚢殻の外形．菌糸に覆われており，開口部がない．H：核菌類の子嚢殻．I：子嚢殻の外形．上部に一カ所，孔口が開いている．J：小房子嚢菌類の子嚢子座．内部の小房内に二重壁子嚢を形成．K：子嚢子座の外形．

2）子嚢果の多様性と子嚢菌類の古典的な分類

古典的な分類体系[2]では，子嚢菌類の形成する子嚢果の形態によって次の 6 つの綱に分けられていた．

①半子嚢菌綱（子嚢果を形成しない），②不整子嚢菌綱（閉子嚢果を形成し，子嚢は一重壁，類球形），③盤菌綱（子嚢盤を形成し，一重壁の子嚢を形成する），④核菌綱（子嚢核を形成し，一重壁の子嚢を形成する），⑤ラブルベニア綱（昆虫に体表に寄生する．子嚢殻を形成し，一重壁の子嚢を生ずる），⑥小房子嚢菌綱（子嚢子座中に小房という空隙を生じ，その内部に二重壁の子嚢を生じる）（図 1.7.10）．

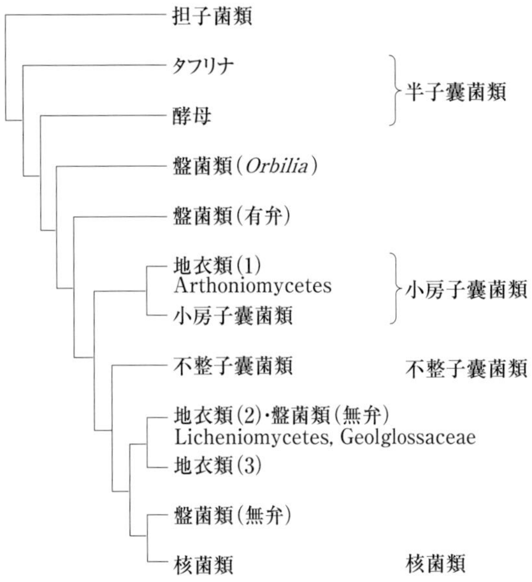

■図 1.7.11　子嚢菌類の分子系統の概略（Hibbett[3] をもとに作成）

しかし，子嚢果の形態が必ずしも系統を反映してはいないという指摘がつねにあり，永らく議論

■表 1.7.2　子嚢菌類の新・旧の分類の比較

Ainsworth（1973）		Hibbett et al.（2007）		
Ascomycotina 子嚢菌亜門	Hemiascomycetes　半子嚢菌綱 *Saccharomyces*	Saccharomycetes	Saccharomycotina サッカロミケス亜門	Ascomycota 子嚢菌門
	Schizosaccharomyces	Schizosaccharomycetes	Taphrinomycotina タフリナ亜門	
	Taphrina	Taphrinomycetes		
	Plectomycetes　不整子嚢菌綱	Eurotiomycetes	Pezizomycotina チャワンタケ亜門	
	Pyrenomycetes　核菌綱	Sordariomycetes		
	Loculoascomycetes　小房子嚢菌綱	Dothideomycetes		
	Discomycetes　盤菌綱	Pezizomycetes　ほか		
	Orbilia	Orbiliomycetes		
	Neolecta	Neolectomycetes	Taphrinomycotina タフリナ亜門	
	Pneumocystis（菌類との認識なし）	Pneumocystidomycetes		

されてきた．分子系統学的解析[3]は，子嚢菌類の系統を明らかにすることに大きく貢献し（図1.7.11），従来の分類は大きく変更され（表1.7.2），子嚢菌門の中に3つの系統群（タフリナ菌亜門，サッカロミケス亜門，チャワンタケ亜門）が認識されており，現在でも検討が進んでいる．

3) ライフサイクルと核相

子嚢菌類の多くは，有性生殖・無性生殖の2通りのライフサイクルをもつ．すなわち，発芽した子嚢胞子から菌糸体を形成し，再び子嚢果を形成し，その内部で異なる性の生殖細胞が合一し，しばらく雌雄の核が同調的に分裂した後，両核が合一し，減数分裂を経て子嚢を形成し，その内部に子嚢胞子を形成する有性生殖のサイクルと，菌糸細胞が増殖し，菌糸体上に体細胞分裂によって形成される無性胞子である分生子によって増殖する無性生殖のサイクルである．子嚢菌の菌糸は単相(n)であり，生殖細胞の合一時には短い重相(n+n)を経て融合した後，合一して一瞬複相（2n）となるが，すぐに減数分裂によって単相となるため，そのライフサイクルの大部分が単相である．有性生殖の過程は，一部の菌類については詳しく調べられている（盤菌類の*Pyronema*や不整子嚢菌類など）が，まだ多くの子嚢菌類において不明である．また，短期間ではあるが雌雄両核が挙動をともにしながらも融合しない重相の時代があることが担子菌類との系統上の類似点ともされている．

4) 生　態

子嚢菌類は，腐生ばかりでなく，共生・寄生など，さまざまな形で他の生物とかかわっている．子嚢菌の42%は，緑藻またはシアノバクテリアと共生生活を営む（地衣化）．地衣類は，多系統なグループであるが，その大部分は子嚢菌である．

子嚢菌には植物病原菌として知られるものも多いが，植物体内に存在し，宿主植物に害を与えないか，共生する菌類（エンドファイト）も知られている（リチスマ目やクロサイワイタケ目の一部）．また，担子菌類と同様に子嚢菌類も菌根を形成する[4]．

子嚢菌類の多くは，他の菌類と同様，陸上で腐生的に生活するが，水中や海中にも広く分布し，水辺に生育するものには，海生菌類や，水生不完全菌，半水生不完全菌など，胞子の形態が水中や水辺での生育に適した独特な形態をもつ生態群が認められている．

さらに，草食動物の糞は，いくつかの菌類にとっては非常によい基質となっており，「糞生菌」と呼ばれる一連の菌が発生し，独特の生態をもっている．その多くは子嚢菌である．　（細矢　剛）

＊引用文献

1) Kirk PM, et al.（2008）Dictionary of the Fungi, 9th ed. CABI, Wallingford
2) Ainsworth GC（1973）The Fungi IV. Academic Press. pp1-7
3) Hibbett DS, et al.（2007）Mycol Res 111 : 509-247
4) Tedersoo L（2006）New Phytologist 170 : 421-423

1.7.5 担子菌門

1) 分　類

担子菌門（Basidiomycota）に所属する菌類は，担子器（basidium）上に有性胞子である担子胞子(basidiospore）を外生することによって特徴づけられる（図1.7.12）．このような担子胞子を形成す

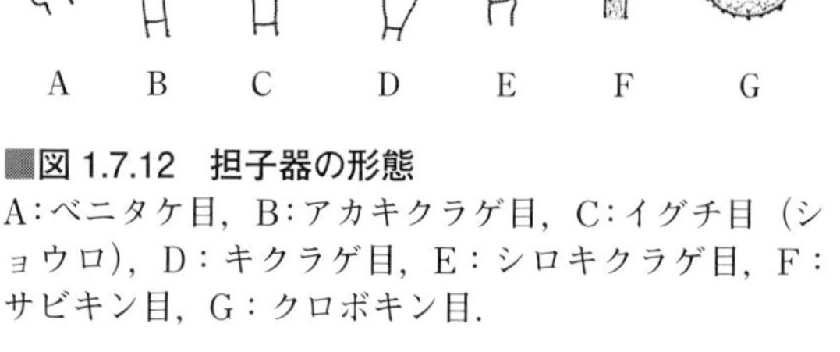

■図 1.7.12　担子器の形態
A：ベニタケ目，B：アカキクラゲ目，C：イグチ目（ショウロ），D：キクラゲ目，E：シロキクラゲ目，F：サビキン目，G：クロボキン目．

る菌類として52目177科1,589属31,515種が報告されている[1].

従来，真菌門（Eumycota）の担子菌亜門（Basidiomycotina）として取り扱われていた担子菌門の分類は，担子器果（basidioma）と呼ばれる子実体の形成の有無に基づき，担子器果を形成しないほとんどの菌類が所属する半担子菌綱（Teliomycetes），裸実性（gymnocarpic）の担子器果を形成する菌蕈綱（Hymenomycetes）および被実性（angiocarpic）の担子器果を形成する腹菌綱（Gasteromycetes）に分類されていた[2,3].

（1）半担子菌綱

半担子菌綱には，サビキン目（Pucciniales）やクロボキン目（Ustilaginales）に見られるように，多くの植物病原菌が含まれている．サビキン目は宿主植物上に形成した胞子堆に冬胞子を形成する．冬胞子は成熟すると発芽して水平方向に隔壁をもつ担子器を形成する（図1.7.12 F）．一方，クロボキン目は寄主植物体上に形成した胞子堆において黒穂胞子を形成する．黒穂胞子は発芽し，サビキン目と同様に隔壁をもつ担子器を形成する（図1.7.12 G）．なお最新の分類体系では，半担子菌綱は解体され，サビキン亜門とクロボキン亜門に分けられている．

（2）菌蕈綱

菌蕈綱に所属する多くの分類群は肉眼で見ることができる大きさの担子器果，いわゆる“キノコ”を形成する．本綱は単室（単細胞）の担子器（図1.7.12 A-C）をもつ単室担子菌亜綱（Holobasidiomycetidae）と垂直方向あるいは水平方向に隔壁をもつ多室（複数細胞）の担子器（図1.7.12 D-E）を形成する多室担子菌亜綱（Phragmobasidiomycetidae）に分類される[2,3].

多室担子菌亜綱には，担子器に垂直方向の隔壁があるシロキクラゲ目（Tremellales）や水平方向に隔壁をもつキクラゲ目（Auriculariales）などが含まれている．

単室担子菌亜綱の担子器は多様な形態を有するが，通常担子器の頂部に4本の小柄（sterigma）を形成する．しかし，小柄の数（担子胞子形成数）は1～9本と分類群によって変異に富む．小柄に形成された担子胞子は，成熟すると小柄から能動的に離脱する射出性（射出胞子，ballistospore）である．なお現在の分類体系では，菌蕈綱はハラタケ亜門として認識されており，担子菌門の中の最大系統群を構成している．

目以下の分類形質として，担子器果の肉眼的形態，担子器果を構成する菌糸，担子器，異形細胞（嚢状体，剛毛体など），担子胞子などの顕微鏡的形態に加え，これらの各種試薬に対する呈色反応や生活様式などが重視されている．

（3）腹菌綱

腹菌綱に所属するホコリタケ目（Lycoperdales）などの担子器果は一般に球状不定形であり，子実層（hymenium）が担子器果内の基本体（gleba）腔室に発達し，担子器が形成される．担子胞子は，担子器果内で成熟し，菌蕈綱と異なり非射出性である．成熟した担子胞子は小柄から受動的に離脱し，担子器果内に保持され，雨滴などの外部からの物理的作用によって担子器果から放出飛散する．これに対し，スッポンタケ目（Phallales）の担子器果は形態的に多様であり，基本体は担子胞子が成熟すると粘液塊となり，多くの分類群において裸出する．担子胞子は昆虫などによって散布される．なお，現在は分類としての腹菌綱は消滅し，属していた菌群はハラタケ亜門に統合されている．

以上のように，以前の担子菌の分類では担子器果の形成の有無，担子器果の構造および担子器などの形態が重要視されていた．しかし，1990年代より担子菌門に含まれる分類群について分子系統（DNA）解析が始まり，DNA情報の増加に伴い，担子器果や担子器などの形態学的形質が必ずしも系統的類縁関係を反映していないことが明らかとなった．上述のホコリタケ目などの腹菌綱に所属する分類群の分子系統解析において，これらの分類群がハラタケ亜門のハラタケ綱（Agaricomycetes）に含まれることが明

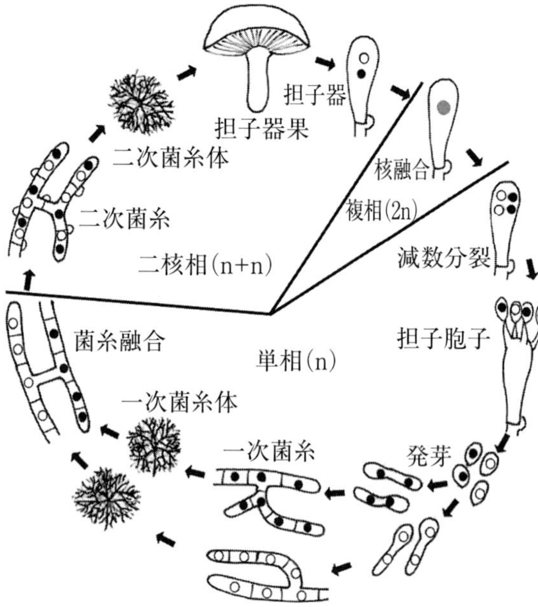

■図 1.7.13　担子菌門（ハラタケ亜門）の生活環

らかとなったことはその一例である[4]．現在では，上述のように担子菌門はサビキン亜門（Pucciniomycotina），クロボキン亜門（Ustilaginomycotina）およびハラタケ亜門（Agaricomycotina）の3亜門に分類されるようになった[4-9]．

しかしながら，綱以下の分類階層については系統分類学的所属が不明確な分類群も多くあり，今後の研究の進展が待たれる．

2）生活史

担子菌門に所属する菌類の生活史は分類群によって多様であるが，ここではハラタケ亜門に所属する一般的な菌類の生活環を図 1.7.13 に示す．有性胞子である担子胞子は発芽し，その後発芽管は伸長して，隔壁のある一次菌糸（単相，n）となる．

一次菌糸は伸長と分岐を繰り返して成長し，一次菌糸体を形成する．このような一次菌糸体は，異なった交配型をもち，和合性のある他の一次菌糸体との組合せにおいて菌糸融合が起こり，両方の一次菌糸体の核が一細胞中に共存する二次菌糸（二核相または重相，n＋n）となる．

二次菌糸は細胞分裂に伴い，両核は同調的に体細胞分裂（共役核分裂）を行い，順次体細胞分裂したそれぞれの核の一方が次端細胞に分配され，菌糸の伸長，分岐によって，二次菌糸体が形成される．二次菌糸には担子菌門特有のかすがい連結（clamp connection）（図 1.7.13）を形成するが，隔壁部にかすがい連結をもたない分類群も多くある．二次菌糸体は基質より養分を吸収し，担子器果（子実体）を形成する．担子器果に外生あるいは内生された担子器内において，核融合が生じる（複相，2n）．その後減数分裂により四分子核が形成される．それぞれの核は担子器の頂部に生じた小柄を通って担子胞子に移動する．担子胞子は成熟すると小柄から離脱する．分類群によっては，有性生活環に加え，無性生活環を併せもつ（1.7.6 項参照）．

（前川二太郎）

＊引用文献

1）Kirk PM, et al.（2008）Dictionary of the fungi, 10th ed. CABI, Wallingford
2）Ainsworth GC（1973）The fungi : An advanced treatise, IVB, Academic Press, New York and London, pp1-7
3）Webster J（1980）Introduction to fungi, 2nd ed, Cambridge

Univ. Press, London, pp395-515
4) Hibbett DS (2006) Mycologia 98 : 917-925
5) Aime MC, et al. (2006) Mycologia 98 : 896-905
6) Begerow D, et al. (2006) Mycologia 98 : 906-916
7) Blackwell M, et al. (2006) Mycologia 98 : 829-837
8) Swann EC, Taylor JW (1995) Can J Bot 73 : S862-S868
9) Wells K (1994) Mycologia 86 : 18-48

＊参考文献

吹春俊光 (2008) 担子菌類. 菌類のふしぎ (国立科学博物館編). 東海大学出版会, 秦野, pp53-70
堀越孝雄・鈴木 彰 (1990) きのこの一生. 築地書館, 東京
杉山純多 編 (2005) 菌類・細菌・ウイルスの多様性と系統. 裳華房, 東京

1.7.6 不完全菌類

不完全菌類 (アナモルフ菌類；anaholomorphs, anamorphic fungi, asexual fungi, conidial fungi, deuteromycetes, mitosporic fungi, imperfect fungi) は菌糸または無性胞子により無性的に増殖し, 形態 (無性生殖器官の外部形態や隔壁・細胞壁の微細構造)・生活史・分子系統解析などから子嚢菌門または担子菌門と系統関係がある菌群と定義できる. ただし, ウドンコキン目とサビキン目における相当する時代 (モルフ, morph) は形態的に類縁関係が容易に推測できるため, 伝統的に不完全菌類としては扱われてこなかった.

二核菌糸を生活史の一定時期に有することを特徴とする亜界 Dikarya (いわゆる従来の高等菌類に相当) が提唱されたが[1], これを構成する子嚢菌門と担子菌門はそれぞれ有性生殖器官である子嚢と担子器により特徴づけられる時代 (有性時代；テレオモルフ, teleomorph) を有す. さらに, あるものは無性生殖により増殖する時代 (無性時代；アナモルフ, anamorph) をもつ (図 1.7.14, 1.7.15). テレオモルフとアナモルフは形態が大きく異なり, またおのおのの発生時期が異なることが多く, さらに

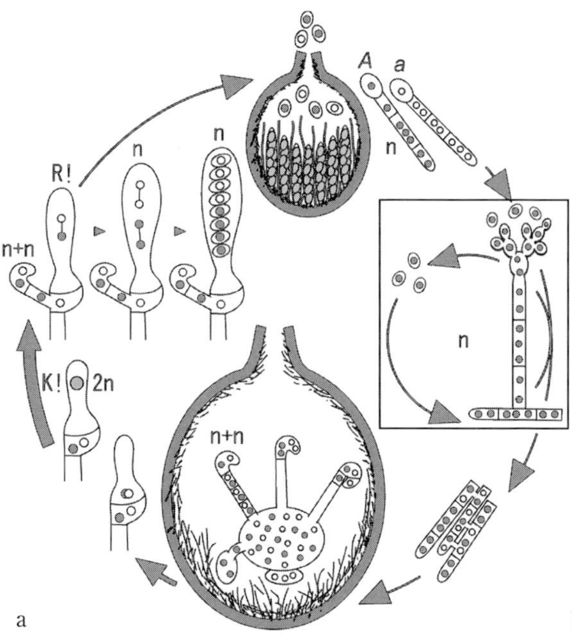

a

子嚢菌類の生活環

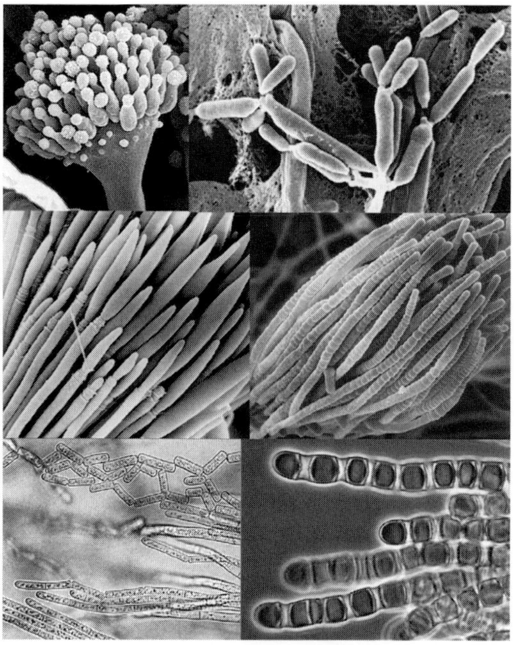

b

子嚢菌系不完全菌類

■図 1.7.14 子嚢菌類と子嚢菌系不完全菌類
a：子嚢菌類の生活環. 核, 核相, 減数分裂 (R!) を模式的に示す. 子嚢の形成初期 (造嚢糸) に規則正しく二核性となる. 実線の四角はアナモルフを示すが, 分生子は多細胞で, 1 細胞中に多核を含むものも多い.
b：無性生殖のみにより増殖する子嚢菌系不完全菌類の一例.

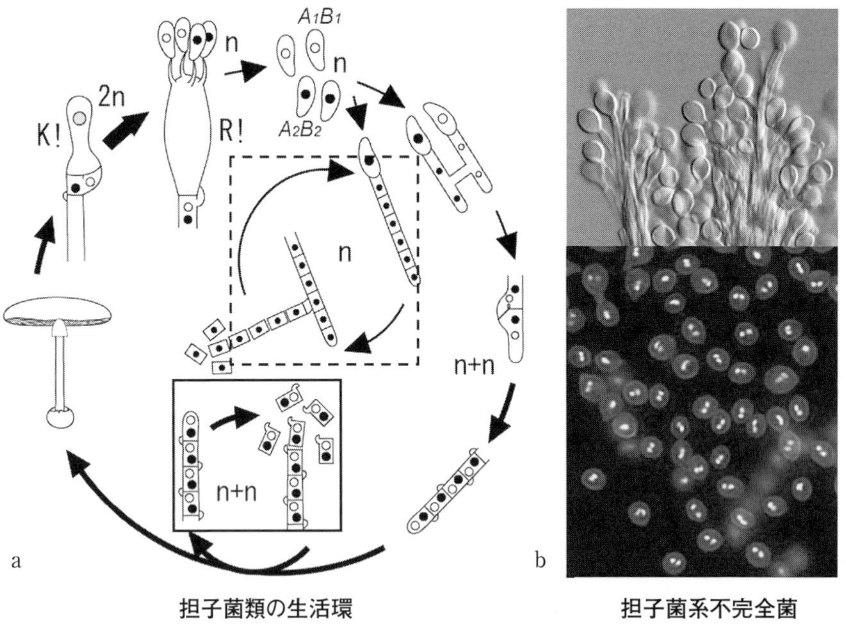

■図 1.7.15　担子菌類と担子菌系不完全菌
a:担子菌類の生活環. 核, 核相, 減数分裂 (R!) を模式的に示す. 二次菌糸は規則正しく二核性となる. 破線の四角は一次菌糸が分節するアナモルフを示し, 分生子 (オイディア) は一核性. 実線の四角は二次菌糸が分節するアナモルフを示し, 分生子は二核性.
b：無性生殖のみにより増殖する担子菌系不完全菌の一例. 出芽型分生子は規則正しく二核を含む. 担子菌系不完全菌類の一群では分生子が二核性となる.

培養ではテレオモルフを誘導することが一般的に難しいため, テレオモルフ-アナモルフ関係 (teleomorph-anamorph connections), すなわち多型的生活環が明らかになったものはさほど多くはない. 当然ながら, 子嚢菌類や担子菌類のアナモルフであっても, それらのテレオモルフが証明されるまでは不完全菌類として扱われる. また, 実際には子嚢菌類や担子菌類のアナモルフとそれらと近縁な不完全菌類は形態的にほとんど区別できないことが多い. なお, テレオモルフとアナモルフの全体をホロモルフ (holomorph), また, 同一菌における形態的に異なる複数の無性的モルフをシンアナモルフ (synanamorph) と呼ぶ.

不完全菌類が“無性的に増殖する”ということは, 以下のような場合が考えられる. ①テレオモルフが現時点では不明である. ②テレオモルフをすでに失った. ③もともとテレオモルフをもたない. ②, ③の場合は通常の有性生殖は行われないが, 代わりに準有性生殖 (parasexual cycle) により遺伝的に変化しうると考えられる. したがって, これらの“真の不完全菌類” (anaholomorphs なる用語が適すと思われる) は子嚢菌類や担子菌類のアナモルフとは共通祖先を有すものの, すでに独自の進化の道筋をたどっていると想像できる. その系統により, 子嚢菌系不完全菌類と担子菌系不完全菌類に大別される (図 1.7.14, 1.7.15).

実用目的から不完全菌類には亜門 (Deuteromycotina) などの高次分類階級がかつて与えられていたが, 現在では子嚢菌門と担子菌門に完全に組み込まれ, 分類階級としての地位を失った[1-3]. しかし, 実際には, 子嚢菌または担子菌のテレオモルフが判明したものや, それらの特定菌群との系統関係が明確になった不完全菌類はごくわずかである. それゆえ, 現在でも不完全菌類という用語は一般呼称として用いられることが多い. 一方, 不完全菌類の属名や種以下の学名は子嚢菌類などの他の菌群同様に命名規約[4,5] のもとで認められている. なお, 多型性 (テレオモルフ-アナモルフおよびシンアナモルフ) が判明した子嚢菌類, 担子菌類, 不完全菌類の同一菌が複数の学名をもつ場合は (ウィーン規約[4] までは二重命名法が採用されていた), メルボルン規約[5] 以降はその種を表す学名として基本的には発表の優先権 (先取権) に従って 1 つの学名を選ばなくてはならない (統一命名法；メルボルン規約第 59 条を参照). また, これらの菌群の多型性の新種を提案する場合は 1 つの学名でなくてはならない.

不完全菌類の属レベル以上の分類・同定指標として重視されてきたものは,①分生子(高等菌類の無性胞子)と分生子果(不完全菌類の子実体)の形態(Saccardo体系),②分生子形成様式(Hughes体系;「6.2.4 子嚢菌類と担子菌類の無性胞子」参照)が代表的である[3,6].残念ながら,両体系は系統を反映した不完全菌類の分類システムとはいえないが,個々の菌を記載する際には現在もなお重要である.一方,系統関係を推定するための高次な指標はテレオモルフ-アナモルフ関係や隔壁の微細構造などであることはいうまでもないが,現在では分子系統解析がその主流となった(「1.5 菌類の分子系統」参照).(岡田 元)

*引用文献

1) Hibbett DS, et al. (2007) Mycol Res 111 : 509-547
2) Reynolds DR, Taylor JW, eds. (1993) The fungal holomorph : mitotic, meiotic and pleomorphic speciation in fungal systematics. CABI, Wallingford
3) Kirk PM, et al. (2008) Dictionary of the fungi, 10th ed. CABI, Wallingford
4) McNeill J, et al. (2006) International code of botanical nomenclature (Vienna code) A.R.G. Gantner Velag, Ruggell
5) McNeill J, et al. (2012) International code of nomenclature for algae, fungi, and plants (Melbourne code) 2012, Koeltz Scientific Books, Koenigstein
6) Seifert K, et al. (2011) The genera of hyphomycetes. CBS-KNAW Fungal Biodiversity Centre, Utrecht

1.8 偽菌類の分類と生活史

【原生生物界(原生動物界)1.8.1 ~ 1.8.4】

1.8.1 アクラシス菌門

アクラシス菌門(Acrasiomycota;アクラシス類 Acrasea, acrasid cellular slime molds)は,これまでに,熱帯から温帯のさまざまな動物の糞や樹皮,植物の枯死部,腐敗したキノコなどから見いだされている.その生活史に,アメーバ状細胞で自由生活を行う栄養体と,子実体を形成し胞子となる時期があるため,かつては,菌界の変形菌類(動物学的には動菌類)に属する生物群として扱われていた.特に,子実体の柄の部分も細胞によって構成されているため,タマホコリカビ類(細胞性粘菌類)に近縁な生物群と考えられていた.しかし,その形態や細胞内微細構造などの特異性が指摘されている.現在では,広義の変形菌類(狭義の変形菌類とタマホコリカビ類を含む)とは系統的に離れた分類群であると考えられており,エクスカヴァータ(Excavata)のヘテロロボセア類(Heterolobosea)に含められている.

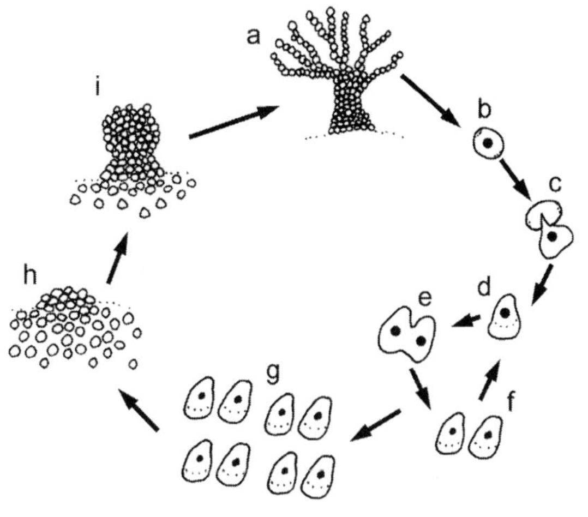

■図 1.8.1 アクラシス類 *Acrasis* 属の生活環
a:子実体(累積子実体),b:胞子,c:胞子の発芽,d:アメーバ状細胞,e,f:アメーバ状細胞の分裂,g:増殖したアメーバ状細胞,h:アメーバ状細胞の集合,i:累積子実体の形成.

アクラシス類は，高さ0.5 mmほどの微小な子実体を形成する．*Acrasis*属と*Copromyxa*属では独特な樹形の子実体を形成する（図1.8.1 a）．その上部の枝にあたる部分には，胞子が鎖状につながっている．子実体は，柄の部分も細胞で構成されており，タマホコリカビ類とよく似た累積子実体（sorocarp）状である．*Acrasis*属では，胞子同士の接着部には臍状の構造（hila）があり，形態的に他の部分の細胞との区別ができるが，胞子以外の細胞にも発芽能力がある（図1.8.1 b）．胞子は発芽して，1個のアメーバ状細胞となる．アメーバ状細胞は，タマホコリカビ類に比べてやや大型で細長く，前端に透明な葉状の仮足をもっており，比較的速い速度で移動することができる（図1.8.1 c,d）．このアメーバ状細胞はリマックス型（limax type）と呼ばれ，アクラシス類の特徴の1つである．*Acrasis*属と*Pocheina*属では，冠水時に，アメーバ状細胞から，等長鞭型の2本の鞭毛をもつ鞭毛細胞へと可逆的に変化できることが知られている．アメーバ状細胞および鞭毛細胞は，細菌や酵母，その他の有機物を摂食し，2分裂によって増殖する（図1.8.1 d～g）．増殖したアメーバ状細胞は，飢餓などを引き金にして集合し，累積子実体の形成を開始する．アクラシス類では，タマホコリカビ類で見られるような，細胞の集合による独特の流れ（stream）のパターンの形成は観察されていない．

また，タマホコリカビ類ではcAMPが集合フェロモンとして働くが，アクラシス類では作用せず，集合フェロモンは特定されていない．徐々に集合したアクラシス類のアメーバ状細胞は細胞性の累積子実体を形成し，厚膜化した胞子を形成する（図1.8.1 h, i, a）．以上は，無性的な生活環で，有性生殖はこれまで知られていない．

アクラシス類は，累積子実体の柄の部分にも発芽能力があること，アメーバ状細胞がリマックス型であること，細胞集合期に明瞭な流れのパターンを形成せず，偽変形体を形成しないこと，cAMPに反応しないこと，鞭毛細胞を形成する種が知られていること，といったことで，タマホコリカビ類とは異なっている．また，アクラシア類のミトコンドリアは，盤状クリステ（plate-like cristae）であり，この点でもタマホコリカビ類と異なる．

アクラシス類には，これまでに3科5属15種が知られている．*Fonticula alba*は，栄養体としてアメーバ状細胞で自由生活を行い，子実体を形成して胞子を形成することから，アクラシス類に近縁と考えられてきた．しかし，近年の分子系統解析の結果により，糸状仮足をもつアメーバ状生物の*Nuclearia*属とともに真菌類の姉妹群となることが指摘された．これらは，真菌類の起源に関する情報をもつと期待される．　　　　（松本　淳）

＊参考文献

Adl SM, et al.（2005）J Eukaryot Microbiol 52 : 399-451
Alexopoulos CJ, et al.（1996）Introductory mycology, 4th ed., John Wiley, New York
Brown MW, et al.（2009）Mol Biol Evol 26 : 2699-2709
Olive LS（1975）The mycetozoans. Academic Press, New York

1.8.2 タマホコリカビ門

1）分類・系統

タマホコリカビ門（Dictyosteliomycota）にはディクチオ型細胞性粘菌類（Dictyostelid cellular slime molds）のみが属する．通常，細胞性粘菌といえば，上記の分類群を指す．1869年，タマホコリカビ（*Dictyostelium mucoroides*）が記載されて以来，現在までに2科4属約120種が報告されている．

アキトステリウム科（Acytosteliaceae）はアキトステリウム属（*Acytostelium*）のみからなり，その子実体の柄は中空である．もう1つの科，タマホコリカビ科（Dictyosteliaceae）は以下に示す3属からなり，その子実体の柄は細胞によって形づくられる．タマホコリカビ属（*Dictyostelium*）は子実体の柄に分枝を形成しないか，不規則な分

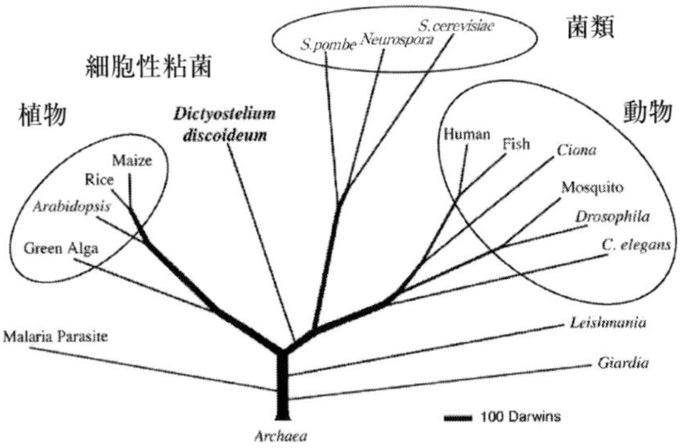

■図 1.8.2　細胞性粘菌の分子系統学的位置
キイロタマホコリカビを含む 17 種の真核生物において，5,279 種類のオルソログタンパク質のデータベースをもとに最尤法によって構築された系統樹 (Eichinger et al.[1] より引用，改変).

枝を形成する．一方，ムラサキカビモドキ属 (*Polysphondylium*) は規則正しい輪生状の分枝を形成する．コエノニア属 (*Coenonia*) はその存在が疑問視されている．

細胞性粘菌は，近年の分子系統学的解析により，いわゆる動物，菌類，および植物とは異なる系統群であり[1] (図 1.8.2)，アメーボゾア (アメーバ動物類，Amoebozoa) に属するという考えが支持されている．また，リボソーム小サブユニット RNA 遺伝子や α- チューブリン遺伝子の系統解析をもとに，細胞性粘菌は 4 つ以上の系統群に分けられることが示唆された[2,3]．

2) 生活史

(1) 生活環 (図 1.8.3)

半数体 (n) の単細胞アメーバ (粘菌アメーバ) は，主に腐植土壌中で細菌を捕食して，二分裂で増殖する．粘菌アメーバは飢餓状態に陥ると集合し，集合体または偽変形体 (pseudoplasmodium) と呼ばれる多細胞体を形成する．多くの種において集合体は光に向かって移動する性質 (走光性) を有し，特にこの時期のものは移動体またはその形からナメクジ体 (slug) と呼ばれる．やがて胞子塊 (spore mass) と柄 (sorophore) からなる子実体 (sorocarp) を形成する．胞子は好適な環境下で発芽し，再び粘菌アメーバになる．また，

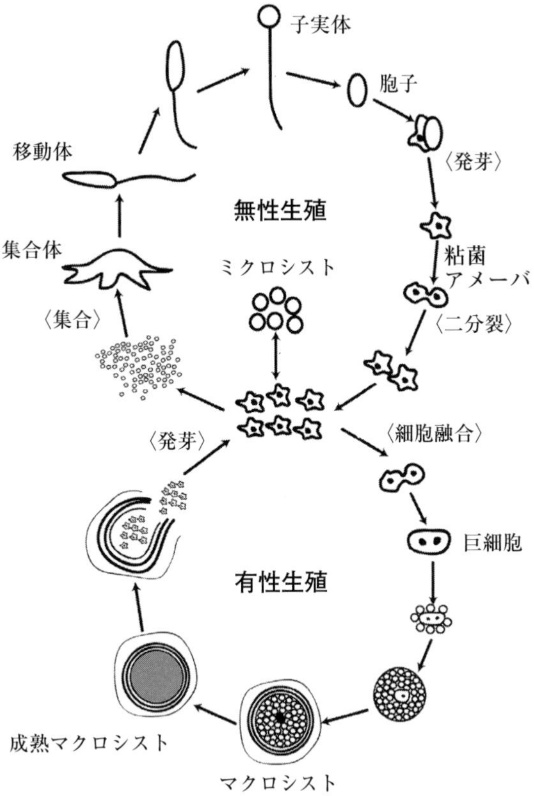

■図 1.8.3　細胞性粘菌の生活環

粘菌アメーバは成育環境が悪い場合にミクロシスト (microcyst) と呼ばれる休眠体を形成することが，いくつかの種で知られている．

一方，有性生殖も知られている (p.418 参照)．交配型 (mating type) の同じまたは異なる細胞が融合し，周りの未融合細胞を捕食して大きくなる．やがて，融合細胞はマクロシスト (macrocyst) と呼ばれる構造体を形成し，休眠状態に入る．ある期間を経て，減数分裂の後，マクロシストから多数の粘菌アメーバが産生される．

(2) 分布・生態

研究の黎明期において，細胞性粘菌は糞上に発生する「糞生菌」だと思われていたが，1930 年代以降，腐植土壌中に多く存在することが明らかとなった．土壌中の種数や出現頻度は，低地から高地に，熱帯から寒帯に向かうにつれて減少する傾向がある．同一地域なら樹種がより多い森林土壌からより多くの種数が分離される傾向がある．胞

子は雨水で分散されるばかりでなく，脊椎動物や無脊椎動物によっても運ばれる．

また，種間相互作用として，ユニークな現象が2つ知られる．1つは，シロカビモドキ（*Polysphondylium pallidum*）の粘菌アメーバが分泌するキラー因子が他種のそれを空胞化して殺す現象で，もう1つは，*D. caveatum* の粘菌アメーバが異種のそれを食べる現象である． （川上新一）

＊引用文献

1）Eichinger L, et al.（2005）Nature 435 : 43-47
2）Schaap P, et al.（2006）Science 314 : 661-663
3）Romeralo M, et al.（2011）BMC Evol Biol 11 : 84

＊参考文献

阿部知顕・前田靖男 編（2012）細胞性粘菌：研究の新展開：モデル生物・創薬資源・バイオ．アイピーシー，東京
Hagiwara H（1989）The taxonomic study of Japanese dictyostelid cellular slime molds. National Science Museum, Tokyo
Raper KB（1984）The dictyostelids. Princeton Univ. Press, New Jersey
杉山純多 編（2005）菌類・細菌・ウイルスの多様性と系統．裳華房，東京
漆原秀子（2006）細胞性粘菌のサバイバル．サイエンス社，東京

1.8.3 変形菌門（粘菌門）（原生粘菌門を含む）

変形菌門（Myxomycota）は，その生活史に子実体を形成して胞子となる時期をもつことから，かつては，菌界（Fungi）に含められていた．菌界の主要な分類群である真菌門（Eumycota）が栄養体として，キチンを含む細胞壁をもつ菌糸を形成するのに対して，変形菌門では栄養体は自由生活をするアメーバ状細胞である．

さらに，ミトコンドリアに管状クリステをもつこと，胞子壁にセルロースを含んでいることなど，細胞の微細形態についても真菌門とは明らかに異なっている．

近年では，アメーバ類とともに，アメーボゾア（Amoebozoa）を構成するという説が主流となってきている（Adl[1] など）．アクラシス菌類（Acrasea, acrasid cellular slime molds），ネコブカビ菌類（Plasmodiophorea, endoparasitic slime molds），ラビリンチュラ菌類（Labyrinthulea, net slime molds）も変形菌門に含まれていたが，それぞれ，エクスカヴァータ（Excavata），リザリア（Rhizaria），ストラミニピラ（Straminipila）に分類すべきであることが指摘されている[1]．広義の変形菌類（粘菌類，動菌類；Myxomycota, Mycetozoa）には，狭義の変形菌類（真正粘菌類；Myxomycetes, true slime molds, Myxogastrea）と，原生粘菌類（プロトステリウム類；Protostelea, Protosteliomycetes）および，タマホコリカビ類（細胞性粘菌類；Dictyostelea, Dictyosteliomycetes, cellular slime molds）が含まれる．

本項では，狭義の変形菌類（以下，単に“変形菌類”と表記）について概説する．

変形菌類の多くでは，その子実体は肉眼的な大きさで，多様な形態・色彩をもつ．子実体には袋状の胞子嚢があり，多数の胞子が内包されている（図 1.8.4 a）．多くの種類で，胞子嚢の内部には胞子以外に細毛体（capillitium）と呼ばれる構造をもっており，胞子表面に顕著な装飾をもつ種類が多い．これらの形質は，胞子の風散布に関係していると考えられる．また，変形菌類の子実体（胞子）を餌とする昆虫による胞子散布も知られている．胞子が発芽すると，1個の粘菌アメーバ（myxamoeba）あるいは鞭毛細胞（flagellate cell）が生まれる（図 1.8.4 d, e）．鞭毛細胞は，前端に，前方に伸びる長い鞭毛1本と，目立たない短い鞭毛1本をもつ．粘菌アメーバはアメーバ状の細胞で，食作用によって細菌などを捕食し，2分裂によって増殖する（図 1.8.4 g）．粘菌アメーバは，環境が悪化すると，厚膜化してシスト（cyst）となり休眠することができる（図 1.8.4 f）．粘菌アメーバおよび鞭毛細胞は，そのまま配偶子でもある．交配型が合致する個体と出合うと接合して接合子を形成する（図 1.8.4 h）．接合子は，細胞分裂することなく，核分裂だけを行ってアメーバ状の多核体である変形体（plasmodium）となる（図

1.8.4 i)．変形体は細菌や真菌類などを捕食し，多くの種類で，肉眼でも見えるほどの大きさになる．大型のものでは1 m^2ほどになる種類も知られている．大きく生長した変形体は，網目をもつ扇形の独特の形となる．変形体は，急激な生育環境の悪化に遭遇すると厚膜化して菌核（sclerotium）を形成する（図1.8.4 j）．生育環境が回復すると，菌核は再び変形体へと戻る．成熟した変形体は基物の表面に這い出し，子実体を形成して胞子となる（図1.8.4 k, l）．子実体の胞子以外の部分は変形体からの分泌物でできている．変形体の原形質のほとんどすべては減数分裂を経て厚膜化し，胞子となる．変形菌類は，熱帯から寒帯，平地から亜高山までの，土壌・植物遺体・生木樹皮・動物の糞などから，約800種が知られている．

原生粘菌類（Protostelia）は，複相の多核体である変形体を形成し，子実体が非細胞性であることなどの特徴を変形菌類と共有しており，より近縁な生物群であると考えられる．世界に広く分布するツノホコリ属（*Ceratiomyxa*）は倒木上に大型の子実体を形成するが，これはむしろ例外的で，ほとんどの種類は草本の枯死部から分離され，その子実体は微小で，胞子嚢内に形成される胞子数は1～数個と少ない．原生粘菌類の中には，鞭毛細胞が知られていないもの，顕著な変形体を形成しないものなども含まれており，その分類や系統学的な位置づけにはさらなる検討が必要と考えられる．現在までに16属35種が知られているが，研究例が少なく，実際にはさらに多くの種類が存在するものと考えられる．

（松本　淳）

＊引用文献

1）Adl SM, et al.（2005）Microbiol 52 : 399-451

＊参考文献

Alexopoulos CJ, et al.（1996）Introductory mycology, 4th ed. John Wiley, New York
Gray WD, Alexopoulos CJ（1968）Biology of the Myxomycetes. Ronald Press, New York
萩原博光ほか（1995）日本変形菌類図鑑．平凡社，東京
Olive LS（1975）The Mycetozoans. Academic Press, New York
山本幸憲（1998）図説日本の変形菌．東洋書林，東京

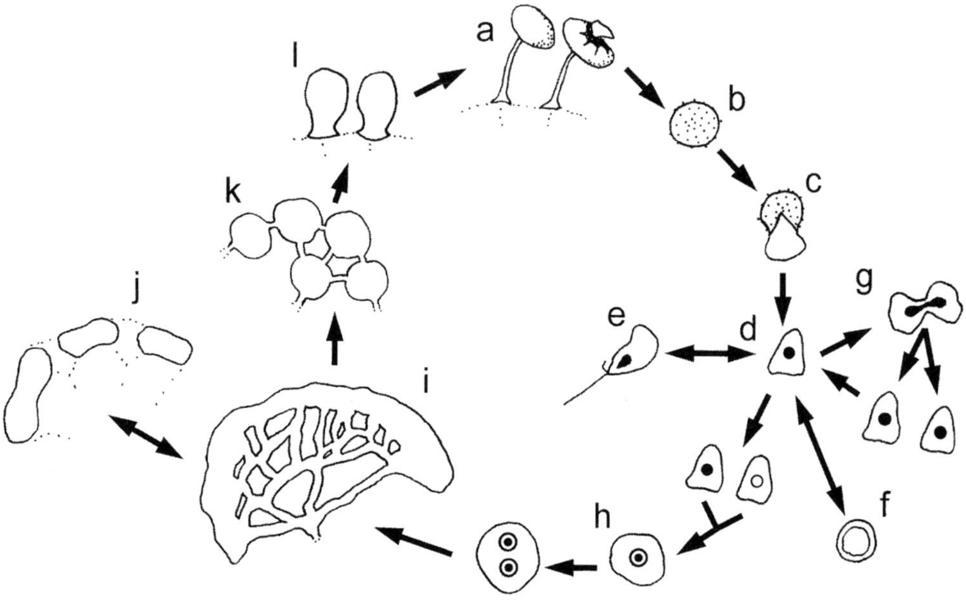

■図1.8.4　変形菌の生活環
a：子実体，b：胞子，c：胞子の発芽，d：粘菌アメーバ，e：鞭毛細胞，f：シスト，g：粘菌アメーバの分裂，h：接合子，i：変形体，j：菌核，k：子実体形成を始めた変形体，l：子実体原基．

1.8.4 ネコブカビ門

ネコブカビ門（Plasmodiophoromycota）は，陸生および水生（海産を含む）植物と菌類を宿主とする絶対寄生菌で，全実性，細胞内寄生性，菌糸体を欠き，変形体（多核変形体）を栄養体として増殖し，休眠胞子（resting pore）および長短2本のむち型鞭毛をもつ遊走子（zoospore）を形成する菌群である．

本菌群は，菌界，変形菌門，ネコブカビ綱（内寄生性変形菌綱）に置かれていたが，近年，分子系統樹に基づき原生動物界（Protozoa）に移され，ネコブカビ門が創設された[1]．しかし，原生動物界における本菌群の位置は必ずしも明確ではなく，研究の進展に伴いなお流動的である．最近の研究では，本菌群を原生動物界，ケルコゾア門（Cercozoa），ファイトミクサ綱（Phytomyxea），ネコブカビ目（Plasmodiophorida）に置くとする見解も示されている[2, 3]．

ネコブカビ門（旧ネコブカビ綱）は1綱，1目，1科，10属約35種から構成される[4, 5]．主要な種としてはアブラナ科植物根こぶ病菌（*Plasmodiophora brassicae*）とジャガイモ粉状そうか病菌（*Spongospora subterranea* f. sp. *subterranea*）がよく知られている．前者は，ハクサイやキャベツなどアブラナ科植物の根に寄生して大小のこぶを形成する．後者は，ジャガイモのストロン，根および塊茎を侵すほか，ジャガイモモップトップウイルスを媒介する．その他の農業上重要な種に，ムギ類萎縮病ウイルスを媒介する *Polymyxa graminis* とテンサイそう根病ウイルスを媒介する *Polymyxa betae* がある．

本菌群の生活環は，基本的に次の2つの生活相からなる（図1.8.5）[6]

1) 遊走子嚢堆（zoosporangiosorus）形成時代

休眠胞子（第一次遊走子嚢）から発芽によって生じた第一次遊走子は宿主細胞に侵入し，第一次（多核）変形体となって増殖後，第二次遊走子嚢集団（遊走子嚢堆）に分化する．個々の遊走子嚢内には4～8個の第二次遊走子が形成される．成熟第二次遊走子は遊走子嚢から泳出し，接合により有性生殖を行う．

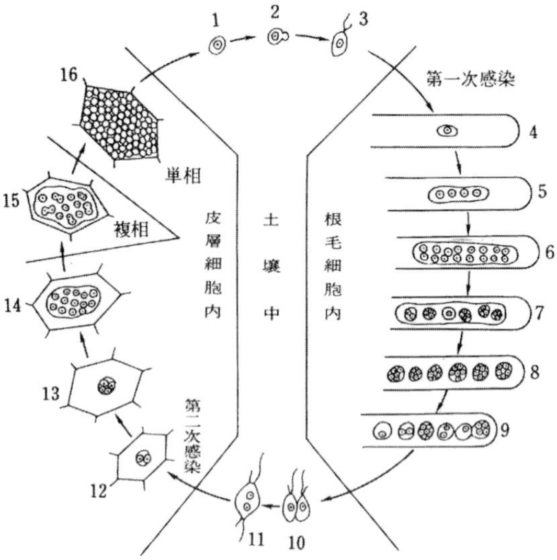

■図1.8.5　ネコブカビ門における生活環の1事例（アブラナ科植物根こぶ病菌）（Ingram and Tommerup[6]）
1：休眠胞子（第一次遊走子嚢），2：休眠胞子の発芽，3：第一次遊走子，4：根毛細胞内の第一次変形体，5：第一次変形体の核分裂，6：第一次多核変形体，7：分割による遊走子嚢の形成，8:遊走子嚢の核の分裂，9:遊走子嚢からの第二次遊走子の放出，10-11：第二次遊走子の接合と細胞質融合，12-14：第二次変形体の発達，15：第二次変形体の核の融合，16：減数分裂を経て休眠胞子の分化と成熟（アブラナ科植物根こぶ病菌の生活環の主要ステージの写真については，人間・社会編「1.3.5 偽菌類の同定 4) ネコブカビ」を参照）．

2) 休眠胞子堆（cystosorus）形成時代

接合遊走子は，再度，宿主細胞に侵入し，第二次変形体となる．第二次変形体は多核変形体に発達した後，減数分裂を経て，多数の休眠胞子に分化する．休眠胞子は多くの場合集塊状を呈し，その形状（胞子球の形成の有無や形態など）に基づき主要属の分類がなされる．なお，本菌群の生活環の詳細については，はっきりしない点が少なくないため，さらに今後の研究を必要とする．

（田中秀平）

＊引用文献
1) 柿嶌　眞（2001）植物防疫 55 : 376-383
2) 稲葉重樹（2006）植物防疫 60 : 36-42
3) Kirk PM, et al.（2008）Dictionary of the fungi, 10th ed. CABI Europe, Egham
4) Braselton JP（2011）Plasmodiophorids Home Page.（http://oak.cats.ohiou.edu/~braselto/plasmos/）, Ohio University, Athens, Ohio
5) Karling JS（1968）The Plasmodiopholaes. Hafner, New York
6) Ingram DS, Tommerup IC（1972）Proc R Soc London B 180 : 103-112

＊参考図書
上記文献のうち，5）では各属・種の特徴が詳述され，4）では各属について多くの写真が掲載されている．

［ストラミニピラ界（クロミスタ界）1.8.5～1.8.7］

1.8.5　ラビリンチュラ菌門

1867年にCienkowskiが黒海の海藻表面に観察した *Labyrinthula macrocystis* と *L. vitellina* の2種が，最初に記載されたラビリンチュラ菌類である．栄養細胞の形態から根足虫類や動菌類といった原生生物界や菌界の生物とされたり，遊走細胞の形態から黄金色藻類とされたりした経緯がある．しかし，遊走細胞の鞭毛表面の小毛であるマスティゴネマ（mastigonemes）をもつことや，分子系統解析の結果から，ストラミニピラ界（クロミスタ界，ストラメノパイル類）の一員であることが明確に示されている[1-3]．

ラビリンチュラ菌類は門あるいは綱の階級で認識されている．この生物群を特徴づける形質として，細胞の表面にある複雑な膜構造と電子密度の高い物質の複合体であるボスロソーム（bothrosome）という器官から，細胞膜に包まれたリボソームを含まない原形質である外質ネット（ectoplasmic nets）を伸長することがあげられる[4,5]．

さらに，この生物群は目あるいは科として2つの分類群に分けられる．ラビリンチュラ科（Labyrinthulaceae）の生物では，細胞が外質に取り囲まれ，外質を共有する多数の細胞が全体として網目状のコロニーを形成することで特徴づけられ（図1.8.6），*Labyrinthula* 属だけが分類されている．もう1つのヤブレツボカビ科（Thraustochytriaceae）は，外質ネットを付着器のように放射状に伸長させ，細胞が外質に埋まることはない[1,4]（図1.8.7）．属については最近になって分類学的再編成がなされた．すなわち複数の系統群が含まれていることが示唆されていた *Schizochytrium* 属と *Ulkenia* 属は，それぞれ3属および4属に分割され，その結果ヤブレツボカビ科は11属によって構成されることとなった（表1.8.1）[7,8]．しかし，基準属である *Thraustochytrium*

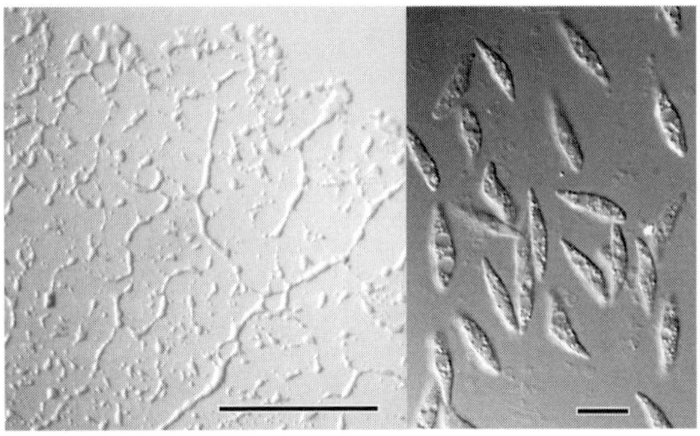

■図1.8.6　*Labyrinthula* 属（ラビリンチュラ科）の実体顕微鏡像（左）と微分干渉顕微鏡像（右）
左のように網目状のコロニーを形成し，その中には右にあるような紡錘形の細胞が外質を共有し，内部で滑り運動を行う．スケールバーは，左が0.5 mm，右が10 μm.

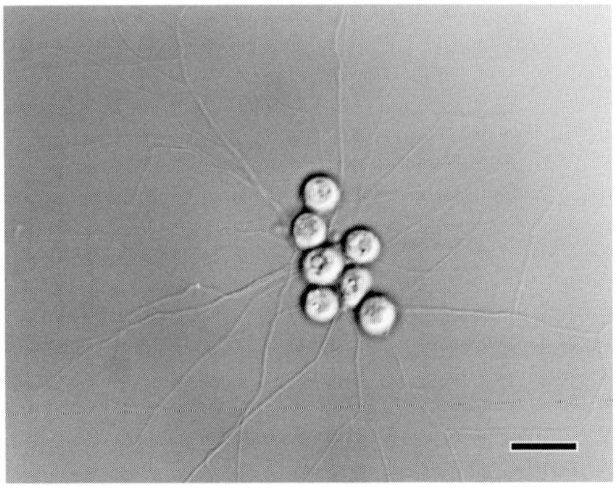

■図1.8.7　*Aurantiochytrium* 属（ヤブレツボガビ科）の微分干渉顕微鏡像
球状の栄養細胞から放射状に外質ネットを伸長している．スケールバーは，10 μm.

属については，依然として複数の系統群を含む状態となっており，分類学的に解決すべき問題が残っている．

有性生殖については，一般に減数分裂の第一分裂時に観察されるシナプトネマ・コンプレックス構造が，*Labyrinthula* 属において電子顕微鏡によって確認されているが，受精などについては知見がない[9, 10]．無性生殖の様式には，遊走細胞，不

■表 1.8.1　ラビリンチュラ菌門の分類

ラビリンチュラ菌門
　ラビリンチュラ菌綱
　　ラビリンチュラ菌目
　　　ラビリンチュラ科
　　　　Labyrinthula 属
　　　　　L. macrocystis Cienkowski (1867), *L. vitellina* Cienkowski (1867), *L. cienkowskii* Zopf (1892), *L. valkanovii* (Valkanov) Karling (1944), *L. algeriensis* Hollande et Enjumet (1955), *L. roscoffensis* Chadefaud (1956), *L. coenocystis* Schmoller (1960), *L. magnifica* (Valkanov) Olive (1975), *L. zosterae* Porter et Muehlstein (1991), *L. terrestris* Bigelow, Olsen et Gilbertson (2005)
　　　ヤブレツボカビ科
　　　　Althornia 属
　　　　　A. crouchii Jones et Alderman (1971)
　　　　Aplanochytrium 属
　　　　　A. kerguelense Bahnweg et Sparrow (1972), *A. yorkensis* (Perkins) Leander et Porter (2000), *A. minuta* (Watson et Raper) Leander et Porter (2000), *A. saliens* (Quick) Leander et Porter (2000), *A. haliotidis* (Bower) Leander et Porter (2000), *A. thais* (Cox et Mackin) Leander et Porter (2000), *A. schizochytrops* (Quick) Leander et Porter (2000), *A. stocchinoi* Andreoli et Moro (2003)
　　　　Aurantiochytrium 属
　　　　　A. limacinum (Honda et Yokochi) Yokoyama et Honda (2007), *A. mangrovei* (Raghukumar) Yokoyama et Honda (2007)
　　　　Botryochytrium 属
　　　　　B. radiatum (Gaertner) Yokoyama, Salleh et Honda (2007)
　　　　Japonochytrium 属
　　　　　J. marinum Konayasi et Ookubo (1953)
　　　　Oblongichytrium 属
　　　　　O. minutum (Gaertner) Yokoyama et Honda (2007), *O. multirudimentale* (Goldstein) Yokoyama et Honda (2007), *O. octosporum* (Raghukumar) Yokoyama et Honda (2007)
　　　　Parietichytrium 属
　　　　　P. sarkarianum (Gaertner) Yokoyama, Salleh et Honda (2007)
　　　　Schizochytrium 属
　　　　　S. aggregatum Goldstein et Belsky (1964)
　　　　Sicyoidochytrium 属
　　　　　S. minutum (Raghukumar) Yokoyama, Salleh et Honda (2007)
　　　　Thraustochytrium 属
　　　　　T. proliferum Sparrow (1936), *T. antarcticum* Bahnweg et Sparrow (1974), *T. motivum* Goldstein (1963), *T. kinnei* Gaertner (1967), *T. gaertnerium* Jain, Raghukumar, Bongiorni et Aggarwal (2005), *T. benthicola* Raghukumar (1980), *T. aureum* Goldstein (1963), *T. rossii* Bahnweg et Sparrow (1974), *T. kerguelensis* Bahnweg et Sparrow (1974), *T. globosum* Kobayasi et Ookubo(1953), *T. pachydermum* Scholz (1958), *T. aggregatu m* Ulken (1965), *T. roseum* Goldstein (1963), *T. striatum* Schneider (1968), *T. arudimentale* Artemtchuk (1972), *T. caudivorum* Scharer, Knoflach, Vizoso, Rieger et Peintner (2007), *T. indicum* Chakravarty (1979)
　　　　Ulkenia 属
　　　　　U. visurgensis (Ulken) Gaertner (1977), *U. amoeboidea* (Bahnweg et Sparrow) Gaertner (1977), *U. profunda* Gaertner (1977)

動胞子，アメーバ細胞などが知られ，細胞増殖の様式でも，栄養細胞の二分裂や，原基体形成などが知られており，これらの特徴は，属や種の分類形質にもなっている[1]．　**(本多大輔)**

＊引用文献

1) Porter D (1990) Phylum Labyrinthulomy cota. Handbook of Protoctista (Margulis L, et al., eds.). Jones and Barlett, Boston, pp388-398
2) Honda D, et al. (1999) J Eukaryot Microbiol 46 : 637-647
3) Tsui CKM, et al. (2009) Mol Phyl Evol 50 : 129-140
4) Perkins FO (1972) Arch Microbiol 84 : 95-118
5) Porter D (1969) Protoplasma 67 : 1-19
6) Olive LS (1975) The Mycetozoans. Academic Press, New York. pp215-292
7) Yokoyama R, Honda D (2007) Micoscience 48 : 199-211
8) Yokoyama R, et al. (2007) Micoscience 48 : 329-341
9) Perkins FO, Amon JP (1969) J Protozool 16 : 235-257
10) Moens PB, Perkins FO (1969) Science 166 (910) : 1289-1291

1.8.6 サカゲツボカビ門

1) サカゲツボカビ類の一般的特徴

サカゲツボカビ類は，前端に1本の両羽型鞭毛をもつ遊走子（zoospore）を形成することで特徴づけられる（図 1.8.8）[1]．遊走子は，ツボカビ門や卵菌門と同様に袋状の遊走子嚢（zoosporangium）の内部で形成されて遊走子嚢の開口部（逸出孔）から外部の水中に出るか，逸出孔から出た細胞質が分割することによって生じる．単一の遊走子嚢と栄養を吸収する仮根からなる単心性（monocentric）の種と（図 1.8.9），複数の遊走子嚢が仮根状菌糸体上に形成される多心性（polycentric）の種がある（図 1.8.10）．

なお，発達した菌糸体を形成する種はない．有性生殖に関する情報は不十分である．細胞壁にはキチンとセルロースが含まれる．

2) サカゲツボカビ類の生態

水生（淡水または海水）か土壌生で，ほとんどが動植物遺骸上で腐性生活を営むと考えられる[1]．サカゲカビ（*Rhizidiomyces*）属には淡水中の藻類や卵菌類の生卵器上，陸上のグロムス目（グロムス菌門）の単為接合胞子（azygospore）に寄生する種が知られている．海産の甲殻類への寄生例も報告されているが，十分には検証されていない[1]．また，サカゲツボカビ（*Hyphochytrium*）属の1種が *Helotium* 属に類似した子嚢菌類に寄生する

■図 1.8.8　サカゲツボカビ類の遊走子の模式図
右方向に遊泳する．

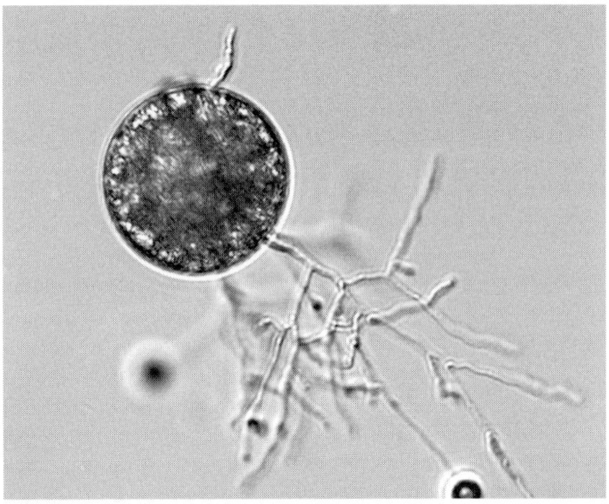

■図 1.8.9　サカゲカビ属の単心性菌体（液体培養）
仮根をもつ遊走子嚢が発達する．

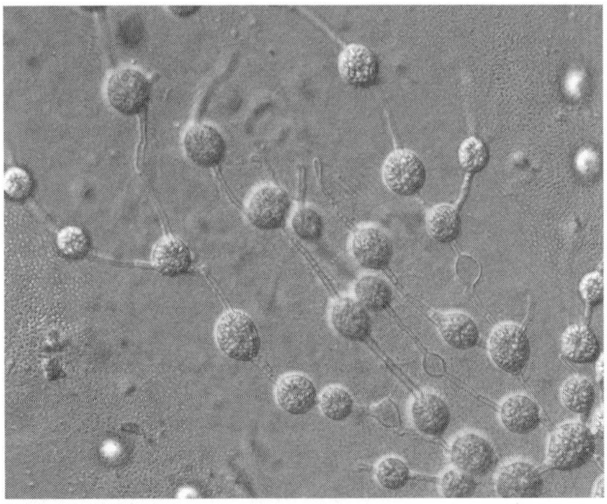

■図 1.8.10　セミの翅上に形成されたサカゲツボカビ属の多心性菌体
多数の遊走子嚢が数珠状につながっている．

との報告もある[4].

3) サカゲツボカビ類の系統・分類

サカゲツボカビ類はわずか6属24種からなる非常に小さい菌群である[2]. サカゲツボカビ綱(Hyphochytriomycetes) サカゲツボカビ目(Hyphochytriales) の1綱1目のみで, 菌体の形態によって単心性のサカゲカビ科(Rhizidiomycetaceae)(図1.8.9) と, 多心性のサカゲツボカビ科(Hyphochytriaceae) (図1.8.10) の2科に分類される[3]. なお, かつては単純な袋状の菌体をもつ*Anisolpidium*属の種がアニソオルピジウム科(Anisolpidiaceae) としてサカゲツボカビ類に含まれていたが[1], 現在ではサカゲツボカビ類から除外されている[2,3].

複数の遺伝子領域の塩基配列とアミノ酸配列を用いた系統解析の結果, サカゲツボカビ類は系統学的に卵菌類と近縁であることが明らかとなっている[5]. (稲葉重樹)

＊引用文献

1) Fuller MS (2001) The Mycota, VII Part A. Springer Verlag, Berlin, pp73-80
2) Kirk PM, et al. (2008) Dictionary of the fungi, 10th ed. CABI, Wallingford
3) Dick MW (2001) Straminipilous Fungi. Kluwer, Dordrecht
4) Karling JS (1977) Chytridiomycetarum Iconographia. J. Cramer, Vaduz
5) Riisberg I, et al. (2009) Protist 160 : 191-204

1.8.7 卵菌門

卵菌門自身の分類学的位置づけにも多くの変遷があり, 門 (Oomycota) として取り扱われたり, 綱 (Oomycetes) として取り扱われたりしている. Cavalier-Smith and Chao[1] による最近の論文では, 不等毛類を3つに分け, Ochrophyta (すべての光合成不等毛類), Bygyraおよび偽菌類 (Pseudo-fungi) に分け, 卵菌を卵菌綱として偽菌類の中に位置づけている. また, 卵菌綱の中の目の分類も変遷がある.

Sparrow[2] は, 卵菌綱を4つの目, Lagenidiales, フシミズカビ目(Leptomitales), ツユカビ目(Peronosporales), ミズカビ目 (Saprolegniales) に分けた. また, Dick[3] はOomycetesをPeronosporomycetesとし, 12の目に分けた.

しかし, 近年核リボゾームDNAの小サブユニット(SSU), 大サブユニット(LSU), Internal transcribed spacer領域あるいはミトコンドリアにコードされているシトクロームオキシダーゼ遺伝子IIの塩基配列に基づいた分子系統解析が行われ, 分類体系の見直しがなされた.

Beakes and Sekimoto[4] の報告によると卵菌は "basal oomycetes" と "crown oomycetes" に分けられ (基礎編 VI生態18.1卵菌類の地理的分布と種分化の図18.1.1参照), "basal oomycetes" には有性器官を形成せず, 無性器官として遊走子を形成するHaptoglossales, Eurychasmales, Haliphthorales, フハイカビモドキ目(Olpidiopsidales), Atkinsiellalesの5目を含めた. "crown oomycetes" には無性器官

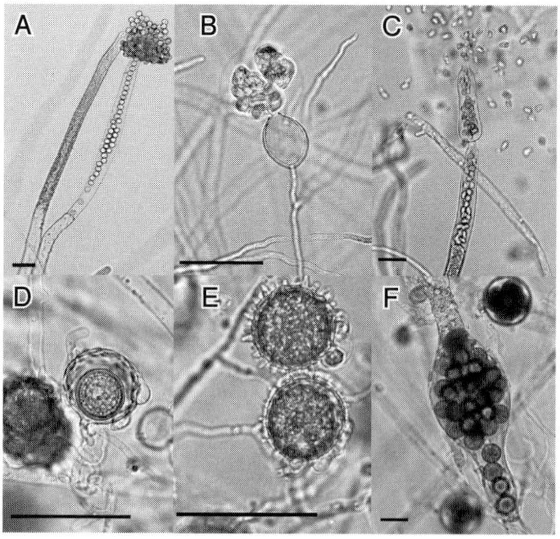

■図1.8.11 卵菌門に属する種の各種器官 (スケールは40 μm)

A : *Aphanomyces* sp. の遊走子放出と遊走子嚢先端部における被嚢胞子形成, B : *Pythium senticosum* の胞子嚢からの球嚢および球嚢内での遊走子形成, C : *Saprolegnia* sp. の遊走子嚢からの遊走子放出, D : *Aphanomyces* sp. の造卵器, 造精器, 卵胞子, E : *Pythium periplocum* の造卵器, 造精器, 卵胞子, F : *Saprolegnia* sp. の造卵器, 造精器, 卵胞子.

としての遊走子に加え，有性器官として造卵器，造精器および卵胞子を形成するオオギミズカビ目(Rhipidiales)，フシミズカビ目(Leptomitales)，フハイカビ目(Pythiales)，シラサビ菌目(Albuginales)，ミズカビ目(Saprolegniales)，ツユカビ目(Peronosporales)の6目を含めた．この体系は分子系統解析だけでなく，形態的，組織学的，生態的特徴を包括した見地から作成されており，今後支持されると思われる．

卵菌は無性器官（図1.8.11 A～C）では，2本の長さの異なる鞭毛をもつ遊走子を形成する．この特徴が不等毛類に属することを示している．1本は細胞側面から羽型の鞭毛が前方に伸び，1本は鞘型の鞭毛が後ろに伸びる．細胞壁は真菌とは異なり，キチンを含まず，セルロースからできている．また，菌体の核相は真菌が通常半数体であるのに対し，卵菌は二倍体である．卵菌の中には菌糸状の菌体を形成せず細胞の内容のすべてが遊走子に変化する全実性の種がある．菌糸体を形成しても隔壁は各種器官との境以外にはない．

有性器官（図1.8.11 D～F）は，雌の器官として造卵器，雄の器官として造精器，それらの受精による卵胞子を形成するが，すべての種が有性器官を形成するのではなく，卵菌の起源とされる先に述べた“basal oomycetes”では有性世代が認められない．

（景山幸二）

＊引用文献
1) Cavalier-Smith T, Chao EEY (2006) J Mol Evol 62 : 388-420
2) Sparrow FK (1960) Aquatic phycomycetes, 2nd ed. Univ. of Michigan Press, Ann Arbor
3) Dick M (2001) Straminipilous fungi. Kluwer, Dordrecht
4) Beakes GW, Sekimoto S (2009) Oomycete genetics and genomics (Lamour K and Kamoun S ed.). Wiley-Blackwell, Hoboken, pp1-24

COLUMN2　卵菌類の病害：森を枯らす疫病菌

卵菌類の中で農作物の病原菌として知られているグループ(注)は多数あるが，中でも*Phytophthora*属菌による病害をわが国では「疫病」と呼び，農作物にしばしば壊滅的被害が発生するため恐れられている．たとえば，ジャガイモ疫病菌*P. infestans*は18世紀前半に新世界から侵入し，瞬く間に旧世界を席巻し，1845～1849年にわたってヨーロッパ全域で大飢饉（potato plague and famine）を引き起こしている．

森が疫病菌により後退するという事例は，*P. cinnamomi*によるオーストラリアビクトリア州南部やタスマニア島での森林の後退やオーストラリア西部ユーカリ林の後退が有名である．また，ローソンヒノキを枯死させる疫病菌としては*P. lateralis*などが知られていた．果樹を含めた樹木類を枯死させる多犯性の疫病菌としては，*P.cactorum*, *P.citricola*, *P. citrophthora*などが知られている．また林木類では，*P. pseudotsuga*（ダグラスモミ苗木の根腐れ），*P. gonapodyides*（シャクナゲ類やコウヤマキの根腐れ），*P. eriugena*（ローソンヒノキ苗の立枯れ）などが知られていたが，森が大々的に後退させるほどの報告はなかった．

ところが，1990年代の中頃以降，米国カリフォルニア州の中部沿岸部を中心に自生するマテバシイ属の一種（*Lithocarpus densiflorus*）やコナラ属樹木（*Quercus* spp.）の森林が枯れる大きな被害を生じている．2004年には米国東部でも発生が確認されている．急激に枯死することから病名を“Sudden Oak Death”と呼んだ（Garbelotto et al., 2001; McPherson et al., 2000）．一方，ヨーロッパでは，1993年頃ドイツ，オランダにおいて栽培されているツツジ属（*Rhododendron* spp.）やガマズミ属（*Viburnum* spp.）の葉や枝が枯れるなどの病害が発生し，問題となった（Werres et al., 2001）．これらの欧米で発生した病害は，新種の*P. ramorum*によって起こることが判明した．各国の検疫当局は，発生地域からの宿主植物の移動を制限するなどの措置を講じたが，その後も本菌の新たな発生場所が確認されている．

2003年，英国サウスウェールズ・コーンウォール地方において，*P. ramorum*の発生調査を行っていたところ，本菌とは異なる別種の疫病菌によるツツジ属およびブナ属（*Fagus* spp.）の病害が発見され，病原菌は新種の*P. kernoviae*であった（Brasier et al., 2005). 本病原菌は, 2006 年ニュージーランド北島の 2 カ所においても発見されている. 現在までの調査によると, *P. kernoviae* の宿主として, ツツジ属などの 12 属の植物が報告されており (DEFRA, 2006), いくつかの植物に対しては *P. ramorum* よりも強い病原性を示すことが判明している.

これに伴い, 森の *Phytophthora* 属菌に関心が高まり, *P. nemorosa*, *P. quercina*, *P. alni*, *P. pseudosyringae*, *P. ilicis*, *P. psychrophila* などが相次いで報告されている. 特に, 2009 年の *P. pinifolia* の報告では, ラジアータマツの葉やけや立枯れを撮した航空写真は圧巻である. さらに, 森から疫病菌が見つかることから, 渓流の水から疫病菌の遺伝子を検出し, その水系に存在する未知の疫病菌 (virtual taxa) を検出する試みが行われ始めた.

わが国では, *P. cinnamomi* などの疫病菌による農作物の病害は各地で報告されるものの, 不思議なことに森林の後退に関与した研究事例はない. 上記の森の疫病菌のうちでは, *P. nemorosa* がセンリョウから分離されただけである. 今後, 物流に乗り, これらの疫病菌がわが国へ侵入する可能性が多いにあり, 検疫上警戒を怠ってはならない.

(植松清次)

(注) 農作物の病原菌として知られている卵菌類には *Achlya*, *Aphanomyces*, *Pythium*, *Phytophthora*, *Sclerophthora*, *Albugo*, *Basidiophora*, *Plasmopara*, *Pseudoperonospora*, *Peronospora*, *Bremia*, *Bremiella* などが知られていた. 近年, 分子系統学的再検討が進み, 特にべと病菌と呼ばれている属群の中で, *Benua* (Constantinescu, 1998), *Paraperonospora* (Constantinescu, 1989), *Hyaloperonospora* (Constantinescu and Fatehi, 2002), *Perofascia* (Constantinescu and Fatehi, 2002), Viennotia (Göker et al., 2003), *Protobremia* (Voglmayr et al., 2004), *Plasmoverna* (Constantinescu et al., 2005) などの新属が提案されている. また, 最近, 苗立枯病や根腐病を引き起こす *Pythium* 属菌が単系統でないことが議論されている.

＊参考文献

APHIS (2010) Phytophthora ramorum/Sudden Oak Death. United States Department of Agriculture Animal and Plant Health Inspection Service (APHIS). Revised January 22, 2010. http://www.aphis.usda.gov/plant_health/plant_pest_info/pram/index.shtml

Brasier CM, et al. (2005) Mycol Res 109 : 853-859

EPPO (2009) Pest Alert : *Phytophthora ramorum*. European and Mediterranean Plant Protection Organization (EPPO). http://www.eppo.org/QUARANTINE/Alert_List/fungi/PHYTRA.htm

Werres S, et al. (2001) Mycol Res 105 : 1155-1165

1.9 地衣類の分類と生活史

分　類

地衣類は，藻類（緑藻あるいはシアノバクテリア）との安定した共生状態を保つことに成功した，生理的・生態的な性質を共有する一群であり，系統的には多岐の分類群に及んでいる．現在，1万3千から2万種が知られ，その99％以上が子嚢菌（子嚢地衣），残る1％未満は担子菌（担子地衣）である．日本産既知種1,603種のうち，子嚢菌綱には4亜綱15目69科315属1,598種が，担子菌綱に1亜綱2目3科3属5種が属する[1]．一方，未知種は数百種と見られる．

子嚢地衣類について見ると，系統の多様さを反映するのは，子嚢果や子嚢であるが，地衣体の形態における多様化は複数の系統で起きている．

1.9.1 地衣体の形態形質

1）生育形

地衣類は体の大まかな形により，葉状（ようじょう）（foliose）・樹状（じゅじょう）（fruticose）・痂状（かじょう）（crustose）の3生育形（growth form）に分けられる．葉状地衣は体が木の葉のように扁平で，通常は裏側に細かな根のような偽根（rhizine）が多数生え，これにより基物に付着する．ウメノキゴケ，カブトゴケ，イワタケなどに代表される葉状地衣の中でも小さなものは，鱗片状（squamulose）地衣と呼ばれる．樹状（樹枝状とも呼ばれる）地衣は，基本的な体のつくりがおおむね円筒状のものをいい，中には樹木のように細かく枝分かれをするものもある．ハナゴケ属やキゴケ属は主に直立し，サルオガセ属でも特に大形になるヨコワサルオガセやナガサルオガセでは木の幹や枝から懸垂する．痂状（別名，固着）地衣は，基物の樹皮や岩石表面にペンキを塗ったように密着するもので，葉状・樹状に比べ立体的な形態が未分化である．チャシブゴケ，トリハダゴケ，モジゴケ，サネゴケ，アナイボゴケなどの属に代表され，系統的にはきわめて多様である．

かつて生育形は，ウメノキゴケ科は葉状，サルオガセ科は樹状という具合に，科を分ける分類形質として使われた．しかし現在ではこの形質はより小さく評価され，これらの両科はウメノキゴケ科に統合された．同様に葉状のムカデゴケ科と痂状のスミイボゴケ科に分けられていたのは，ムカデゴケ科に統合され，葉状のカワイワタケ科と痂状のアナイボゴケ科は，アナイボゴケ科に統合されている．

2）基本的な内部構造

（1）葉状地衣

葉状地衣の地衣体断面には，表側から上皮層（upper cortex）・フォトビオント層（photobiont layer＝藻類層 algal layer）・髄層（medulla）・下皮層（lower cortex）の順で層状構造が見られ，各組織の構造は属内で比較的安定している．

皮層は菌糸のみからなり，異型菌糸組織（paraplectenchyma）・繊維菌糸組織（prosoplectenchyma）に分化することが多い．髄層は，多くの葉状地衣では線形の菌糸からなり，組織としては未分化である．フォトビオント（共生する藻類）は皮層直下に明瞭な層をなして分布し，髄層と区別できる場合にはフォトビオント層という．地衣体が小さく，薄い傾向がある鱗片状地衣では，フォトビオントが髄層に広く分布し，髄層から区別できないことがある．

単純に葉状といっても，イワタケ科やカワイワタケ属のようにほとんど裂片化しないものから，裂片（枝分かれした1つひとつの部分）が繰り返し分枝するものまである．葉状地衣の体は基本的に栄養体で，地衣体と呼ばれ，多様な器官等が分化している．主に地衣体の背面に分化するのは裂芽（isidia），粉芽（soredia），パスチュール（pustule）である．裂芽はウメノキゴケなどに見られる，地衣体表面が粒状あるいは円筒状に伸び出た細かな突起で，上皮層とフォトビオント層（あるいは髄層）が含まれる．栄養繁殖に関与しているとみられる場合もある．粉芽はマツゲゴケなどに見られる，フォトビオントの細胞数個から数十個に菌糸が絡みついてできた直径50 μm程度の球形の栄養繁殖体であり，特定部位に集合して粉芽塊をつくり，その形・部位は種により異なる．パスチュールは，皮層と隣接するフォトビオント層付近がそれより下の髄層からはがれ，泡のように膨れた構造である．種によってはパスチュールは壊れやすく，断片が栄養繁殖に関与するとみられる．裂芽と粉芽は，一部の樹状地衣・痂状地衣に，パスチュールは一部の痂状地衣にも見られる．

葉状地衣の地衣体の裏側には，基物への付着のための器官が発達する．代表的なのは偽根（rhizine）で，通常は長さ1 mm弱から1 cm程度であり，分枝パターンなど種ごとに異なる．イワタケ科とカワイワタケ属はこれとは異なり，裏側の中心の1カ所，さい状体（umbilicus）で基物に固着する．イワタケの地衣体の裏側のさい状体以外の部分は，偽根のような黒い短い突起で覆われるが，基物への付着とは無関係なので付着器官ではなく，偽根様体（rhizinomorph）と呼ばれる．

葉状地衣の裂片の縁には，構造的には偽根と同様のシリア（cilia）をつける種がある．その機能は不明だが，属あるいは種群を分けるよい形質となる．マツゲゴケでは，裂片先端付近でよく発達する傾向があるが，ウチキウメノキゴケでは裂片の間のへこんだ部分で発達する．フトネゴケ属では，根元が球根状に膨れる．

(2) 樹状地衣

樹状地衣でも葉状地衣同様，外側から皮層・フォトビオント層・髄層の順で層状構造ができるが，直径が大きい分枝を除けば，フォトビオント層は明瞭ではないことが多い．ハリガネキノリ属では，皮層が丈夫で，地衣体の機械的強度を保つ支持組織の役割を果たすが，サルオガセ属では皮層はもろく，そのかわりに機械的強度が高い中軸（central chord）が分化する．これらでは樹状の部分は基本的に栄養体，つまり地衣体である．

これに対しハナゴケ属では，子器（子嚢果のこと，fruit body）の発生に伴い樹状部が分化することから，子器の柄であると見なし子柄（podetium）と呼ばれる．一方，本属の栄養体は，子柄の根元にある鱗片状か顆粒状の部分で，基本葉体（primary thallus）と呼ばれる．

ハナゴケ属の子柄は基本的には中空で，その最内層は内髄と呼ばれ，長く伸びた菌糸が緻密な菌糸組織をつくり支持組織となっている．その外側には共生藻と菌糸が絡み合った髄層が位置し，ヤグラゴケ・マタゴケなどではこれがさらに皮層で覆われるが，ハナゴケ・ミヤマハナゴケなどでは皮層を欠く．

キゴケ属の樹状部は栄養体であるが，大きさや外形の印象がハナゴケ属に似るため，擬子柄（pseudopodetium）と呼ばれる．擬子柄のほとんどは，サルオガセ属の中軸と同様に緻密な菌糸組織で構成され機械的に丈夫である．フォトビオントが分布するのは擬子柄の表面に密生する棘枝と呼ばれる粒状あるいは円筒状の微細な突起に限られる．

3) 子器の形態

地衣の子嚢果を子器（しき）と呼びその形態は大きな分類群あるいは系統を反映する．子器の主要型としては，裸子器（apothecium）・被子器（perithecium）・リレラ（lirella）の3型がある．

裸子器は盤子器とも呼ばれ，子嚢を含む子嚢層が子器盤として裸出するもので，外形が円盤状のものが多い．子器盤の側方周囲が，菌糸のみからなる果殻（proper exciple）から構成され，しかも果殻が暗色となるものをレキデア型，淡色であればビアトラ型と区別する．子器盤の側方周囲が地衣体同様の組織（フォトビオントを含む），果托（thalloid exciple）の場合はレカノラ型である．被子器は子嚢を含む組織が子器盤として裸出せず，果殻などの組織に覆われ，孔口と呼ばれる小孔によってのみ外界と通じる．裸子器のように明確に亜型としての名称はないが，科や目といった高次分類群によって子嚢間菌糸系の種類が異なる．裸子器は360度，同じ速度で生長するため円形を保つが，リレラは2方向に生長するため地衣体表面上に線状の形をなす．

多くの地衣の子嚢は二重壁子嚢であり，子嚢胞子射出時に子嚢外壁が裂開し，子嚢内壁の少なくとも先端部が飛び出す．ほぼ成熟した子嚢の先端肥厚部は，主に子嚢内壁からなるが，その形とヨード反応は，属，あるいは科以上の高次分類群で共通する重要な分類形質である．

子嚢胞子は隔壁の有無，隔壁の形状によって，単室，平行多室，石垣状多室が認められ，種あるいは属によって異なる．ダイダイゴケ属の子嚢胞子は一風変わっていて，一見すると2室に見えるが，中央の隔壁が不完全なため，両室が中央の通路で通じる二極分室である．

また，無色透明の子嚢胞子をもつ分類群が多い中で，ムカデゴケ科では褐色である．一般的な子嚢地衣の子嚢胞子は，長さ20 μm程度のラグビーボール型で，1子嚢中に8個生じる．一方，子嚢胞子が長さ約100 μmあるいはそれ以上に巨大化するトリハダゴケ属，マユゴケなどでは1子嚢に4，2，1など少数しかできない．他方，ホウネンゴケ属では長さ2～3 μm程度と小さく，1子嚢中に数百生じる．

4）粉子器の形態

子嚢地衣の粉子器は，不動精子器であり，これによって生産される粉子は，不動精子であると考えられている．粉子器の外形はおおむね被子器と同様の形状を示し，地衣体に埋没あるいは突出するが，小さく目立たないことが多い．通常，孔口は頂部に生じ，内部は最初単腔であるが，発生につれ多腔化する．内壁は粉子柄で覆われ，その先端に粉子を生じる．粉子器と粉子の形態は属あるいは科内で変異はごく小さいことが多い．

1.9.2　フォトビオント

フォトビオント（共生藻ともいう）の種類の違いは，地衣類の大きな仲間分けを考えるときに重要な形質となる．共生するフォトビオントは，地衣体内に入ると本来とは別の形態を示すことがあり，正確な同定は困難であるが，大きな仲間分けなら困難ではない．

多くの地衣類では緑藻をフォトビオントとしており，その代表が単細胞性のトレブクシア（*Trebouxia*）属であり，ウメノキゴケ科など多くの地衣類のフォトビオントとなっている．モジゴケ科やサネゴケ科など熱帯性の樹皮着生性の痂状地衣の多くのフォトビオントとなっているのは糸状藻のスミレモ科である．このほか，*Coccomyxa*など多様な，主として単細胞性の緑藻類が地衣フォトビオントとして知られている．

シアノバクテリアとしては，ネンジュモ属（*Nostoc*）など，多くの属が地衣フォトビオントとして知られている．シアノバクテリアをフォトビオントとする地衣類の中には，シアノバクテリアのゼラチン質が地衣体の主要部を構成しているため，湿れば海藻，乾けば乾燥わかめのような質感となるものがあり，膠質地衣と呼ばれる．

同一地衣体に緑藻とシアノバクテリアを同時にフォトビオントとする地衣類もある．樹状地衣のキゴケ属の場合は，擬子柄の大部分を覆う棘枝に緑藻が分布する．これに加えて，シアノバクテリアは直径1 mm内外のおおむね球状の構造となり，頭状体（cephalodium）と呼ばれる．棘枝が灰緑色であるのに対し，頭状体は紫がかった灰色，紫褐色などと色彩が異なる．ツメゴケ属やカブトゴケ科においては，属内の一部の種はシアノバクテリアのみをフォトビオントとする一方で，残る種は緑藻を主要なフォトビオントとし（地衣体内でフォトビオント層をなす），シアノバクテリアは頭状体の形で存在している．キゴケ属と同様にツメゴケ属の頭状体は地衣体外に形も色彩も明らかに他とは異なる構造として認められるため，外部頭状体と呼ばれるのに対し，カブトゴケ科では地衣体内に没して外からは確認できないので内部頭状体と呼ばれる．

1.9.3 地衣類の化学成分

地衣類には，地衣成分あるいは地衣酸と呼ばれる二次代謝産物を多量に生産し，細胞外に多量に沈着する種類が多い．分類群により生産する地衣成分が異なることから，分類形質として利用する化学分類が発展した．

地衣類の分類において化学成分に関連した形質をはじめて導入したのは，フィンランドのNylanderで，地衣体に晒し粉の水溶液を滴下し，赤く反応するか否かにより判定する呈色反応のCテストを考案した．その後，K, KCテストが考案され，さらに朝比奈泰彦によってPテスト（PDテスト）が考案された．

地衣成分の研究は，薬理効果が期待され薬学の分野で研究され，ドイツのZopfに始まり，朝比奈，ドイツのHuneckへと続いた．朝比奈は，スライドグラス上で結晶を簡便につくって地衣成分を同定する顕微結晶法を確立し，化学成分を地衣類の分類形質として積極的に取り入れた功績は大きい．

1970年代になると，アメリカのC.F. Culbersonが薄層クロマトグラフィーによる地衣成分同定法を標準化した．その後，さらに機器類における技術的な革新が進み，高速液体クロマトグラフィーによるさらに精度の高い化学成分同定法も確立したが，簡便にできる点で薄層クロマトグラフィーは優れており，普遍的に使用されている．

生活史

子嚢地衣のモデル的な生活史は以下のとおりである．成熟した地衣体表面付近に，雌性配偶器官である造嚢器ができ，受精毛が地衣体表面から伸びる．雄性配偶器官である粉子器も同様に地衣体表面付近にできる．

不動精子である粉子は，粉子器から射出されないで，水滴によって運ばれるか，濡れたときに水中か水面上を受動的に移動し，受精毛に到着する．ここで細胞質融合（plasmogamy）が起こり，粉子の核は造嚢器に移動し，造嚢器は2核化する．造嚢器の周囲の菌糸が果殻など，子器の周辺部の組織に分化していく．造嚢器は若い子器の中で，造嚢糸となり分枝を繰り返し，子器が成熟するにつれ造嚢糸先端に子嚢を形成する．子嚢で核融合（karyogamy），次いで減数分裂が起こり，子嚢胞子へと成熟していく．

子嚢胞子は成熟すると，子器より射出される．無風状態での室内実験によると水平距離で数 mmから，遠いもので35 mmの距離が報告されている[2]．一般的な子嚢胞子は長さ 20 μm程度で軽いため，わずかでも射出されれば風に乗って遠方まで運ばれるチャンスが高まる．地衣類の細胞壁は，空中湿度が高いときは，空中より水を吸収し膨張する能力に優れており，子嚢層では顕著である．子嚢も二重壁子嚢で，内壁が湿度により膨潤しやすいため，変化しにくい外壁に強い力がかかる．子嚢胞子が実際に射出されるのは，湿度が高くなるときと，逆に乾燥化に向かうときであることが実験により確かめられている．

射出された子嚢胞子は，風に乗って散布され，基物に付着する．子嚢胞子は発芽し，そこに共生パートナーとして適した藻類が生育していれば，共生関係が成立し（地衣化が起こり），地衣体へと分化していく．なお，ウメノキゴケ科（ウメノキゴケ属，サルオガセ属を含む）など多くの地衣類では，フォトビオントはトレブクシア属（*Trebouxia*）であるが，この緑藻は地衣体以外から見つかることはほとんどなく，謎が多い．しかし樹皮や岩の表面で空気に晒されて生活する気生藻の仲間であることは，モジゴケ科・サネゴケ科など多くの熱帯性樹皮着生痂状地衣のフォトビオントとなっているスミレモ科と同様である．

このような子嚢胞子による繁殖は，子嚢地衣類の基本的な繁殖方法である．しかし，造嚢器は地衣体に埋もれているため観察することはきわめて困難であるし，粉子器が知られていない種があったり，同株間の和合性など，不明な部分がまだ多い．一方で，子器をほとんどつけなかったり，まったく欠く種も多数知られている．それらの多くは，粉芽やパスチュール，場合によっては裂芽による栄養繁殖が，主な繁殖手段となっているようである．

粉芽は，栄養繁殖に特化した器官である．共生の両パートナーがそろっているため，菌の側からすると子嚢胞子の場合のように適当な藻類に偶然出会うチャンスにかけるようなリスクは少ない．雨粒，風，重力など何らかの外力により地衣体の粉芽塊から離れ，落下あるいは移動し，基物に付着する．付着した場所の環境さえ適当であるならば，地衣体が分化して，新たな個体へと生長していく．一般的な粉芽は直径 50 μm 程度でしかも球形であるため子嚢胞子よりも重く，また能動的に射出する機構がないので，強風で吹き飛ばされないかぎり，たどる道は落下による散布である．このため，同一樹幹上の上から下へと個体数を増やしたり，あるいは地上や朽木上で個体数を増やしマットを大きくすることに大きく貢献している．

（原田　浩）

＊引用文献

1）吉村　庸ほか（2006）Lichenology 5 : 95-110
2）Pyatt FB（1973）The lichens（Ahmadjian V, Hale ME, eds.）. Academic Press, New York, pp117-145

＊参考文献

Huneck S, Yoshimura I（1996）Identification of lichen substances. Springer, Berlin
吉村　庸（1974）原色日本地衣植物図鑑．保育社，大阪
中村俊彦ほか（2002）校庭のコケ（野外観察ハンドブック）．全国農村教育協会，東京

II

細胞の構造と生長・分化

序：菌類の細胞構造

地球上には多種多様な生物が生息し，その種類数は未記載のものを含めると1,000万～3,000万種にのぼると推定されている．いずれの生物も生命活動を行うための構造的かつ機能的単位としての細胞（cell）から構成されている点では共通するが，それらは細胞構造の根本的な相違によって原核生物（prokaryote）と真核生物（eukaryote）に区別される．真核生物である動植物の細胞は核膜で包まれた核ならびに膜で囲まれた葉緑体やミトコンドリアなどの各種の細胞内小器官を有するのに対して，原核生物である細菌（bacteria）の細胞はこれらの膜で囲まれた構造体をもたないことで大きく異なっている（図）．かび（molds），キノコ（mushrooms）および酵母（yeasts）で代表される菌類（fungi，真菌類ともいう）は，その本体が微小な単細胞あるいは細長い細胞の連なった糸状の菌糸であることから細菌を含む微生物の一群として便宜上取り扱われているが，その細胞構造から真核生物に属する．しかし，菌類の菌糸体は，動植物のように高度に分化した組織や器官をもたず，その成長は菌類に特有の先端生長により行われ，無性および有性的に形成される胞子で繁殖する．さらに，菌類は葉緑体をもたないた

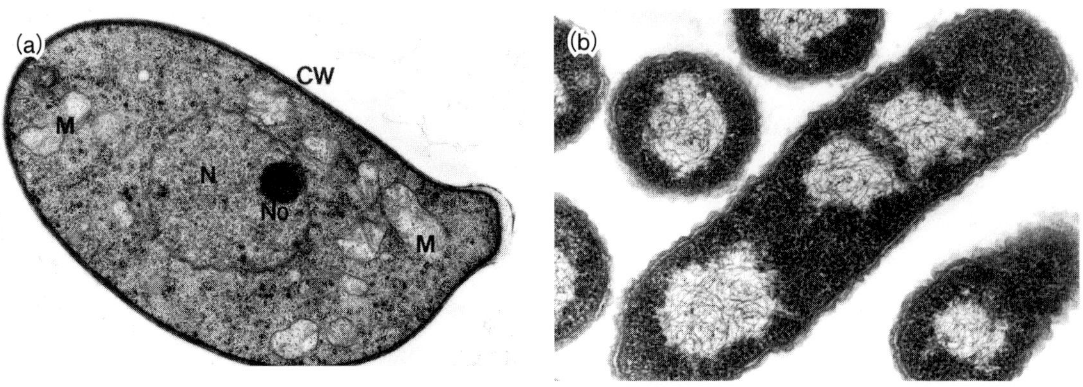

■図　(a)：真核生物であるシイタケの担子胞子の透過型電子顕微鏡像
CW：細胞壁，M：ミトコンドリア，N：核膜で包まれた核，No：仁．
(b)：原核生物である *Pseudomonas* 属細菌の透過型電子顕微鏡像

め動物と同様に従属栄養を営むものの菌糸体外に分泌した分解酵素で有機物を分解した後吸収する方法で栄養を取り，しかもその生活環の大部分を占める栄養菌糸体の核相は動植物細胞のように核が二倍体の複相（diploid phase）ではなく，核が半数体の単相（haploid phase）もしくは遺伝的に異なる2つの単相核が共存する重相（dikaryotic phase）であるという特徴を示す．このように，菌類細胞の構造体には動植物のそれと比べて本質的に多くの類似点を見いだすことができるが，菌類は独自の生活様式を営むゆえに動植物にはないこの生物に特有の細胞の形態と機能を備えているといえる．第II部では，菌類が生活環で展開する成長や分化に伴う菌糸細胞の形態形成について主に細胞学ならびに形態学的見地から述べる．

（福政幸隆）

2 栄養菌糸細胞

2.1 菌類を特徴づける細胞構造体とその機能

菌類は真核生物であるので，その本体である栄養菌糸の細胞構造は基本的に動物や植物のそれらに類似するが，菌類に特有の細胞構造体としては，活発に成長する糸状の菌糸細胞の先端部に出現する先端小体（apical body，Spitzenkörper），菌糸細胞を区分する横断状の細胞隔壁（septum），そして担子菌類の二核菌糸の隔壁に形成されるクランプ結合（clamp connection）をあげることができる．

先端小体は位相差顕微鏡観察で黒い球体として認められ，透過型電子顕微鏡による超薄切片観察では細胞質小胞（cytoplasmic vesicle）の集合体として認められる構造体で，菌糸細胞の極性的な先端生長にかかわっている（詳細は後述の4.1.1項を参照）．酵母のような単細胞菌類の成長時には先端小体は認められていない．

多くの細胞が連なるようにして構成される菌糸の細胞を区切る横断状の細胞壁を隔壁といい，この隔壁の中央部には，菌類の分類群によってさまざまな形態の隔壁孔（septum pore）が認められる（詳細は後述の4.1.2項を参照）．隔壁は円筒状の菌糸細胞の構造を補強する物理的な役割や菌糸細胞の恒常性を保つ役割を果たすとともに，菌糸が分枝したり，胞子を形成したりする場面では隔壁孔が孔栓（septal plug）によって閉塞されることから，隔壁は菌糸の形態形成に応じて原形質の流動をダイナミックに制御する機能を演じていると推察されている．

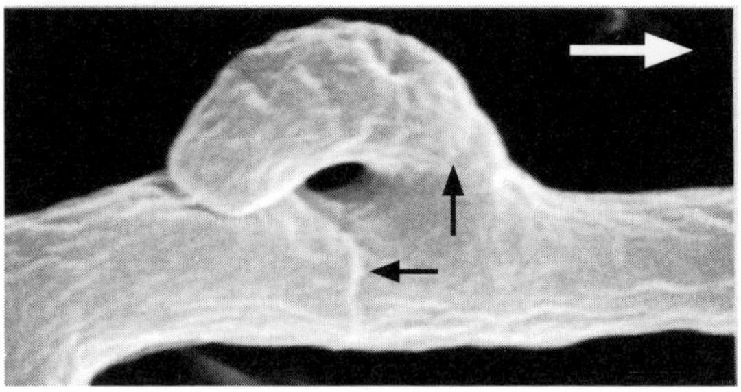

■図 2.1.1　担子菌類の二核菌糸に生じるクランプ結合の走査電子顕微鏡像
白い矢印は菌糸細胞の先端方向を示す．黒い矢印はクランプ結合に形成される細胞隔壁の位置を示す．

クランプ結合は，図2.1.1に示すように，多くの担子菌類の二核菌糸の細胞隔壁近傍に生じる「かすがい状の突起構造」であり，一核菌糸や他の分類群の菌類の栄養菌糸には認められない．クランプ結合の形成様式については5.3節を参照していただきたい．その機能については細胞分裂時2つの核を各細胞に正確に分配する役割を果たすと推察されているものの，定説はいまだに報告されていない．

他方，担子菌類とりわけ多くのキノコ類では，栄養菌糸体レベルでの生存や繁殖を有利に行うための特殊な菌糸構造体として，多数の菌糸が絡み合いロープ状によじれた菌糸束（mycelial strand）や植物の根に類似する形態に組織化した根状菌糸束（rhizomorph）をつくることが知られている．これらの菌糸構造体の詳細については後述の4.2節を参照されたい．　**（福政幸隆）**

2.2 他の真核細胞と共通する細胞構造体とその機能

菌類の細胞は，植物の細胞と同様に強固な細胞壁（cell wall）によって包まれている．この細胞壁は，通常，図 2.2.1 にその透過型電子顕微鏡像を示すように原形質膜の外側をとりまく高電子密度の層とその外側のやや電子密度の低いしかも粗い繊維状の層の2層から構成されるものとして認められる[1,2]．しかし，菌類細胞壁の主要な化学組成は，分類群によって異なり，卵菌類ではセルロースとグルカン，接合菌類ではキトサンとキチン，子嚢菌類や担子菌類ではキチンとグルカン，子嚢酵母ではマンナンとグルカンであることが指摘されている[3]．他方，胞子や耐久性細胞の細胞壁構造は一般的には栄養菌糸の細胞壁より厚く，数層から構成され，有色の胞子の場合には最外層がしばしばメラニン化するなど，より複雑な構造となる．また，胞子の表面構造は，図 2.2.2 に例示するように，菌種により実にさまざまな形態を呈する．その違いは分類同定の際の重要な形質として扱われるが，それらの機能については明らかでない．

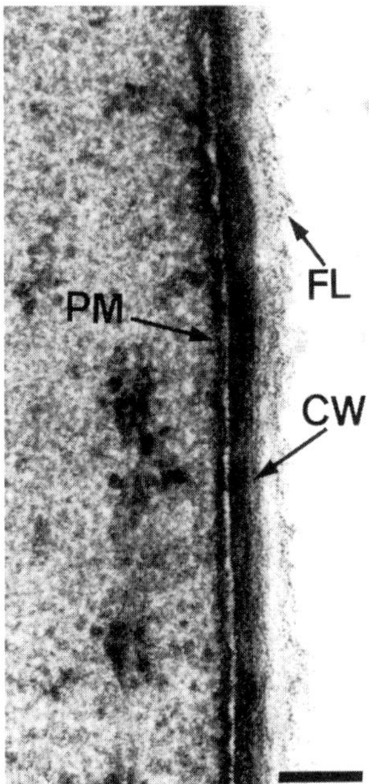

■図 2.2.1　栄養菌糸細胞の細胞壁2層構造の透過型電子顕微鏡像
CW：高電子密度の内層，FL：フィブリル状の外層，PM：原形質膜．スケールは 0.1 μm.

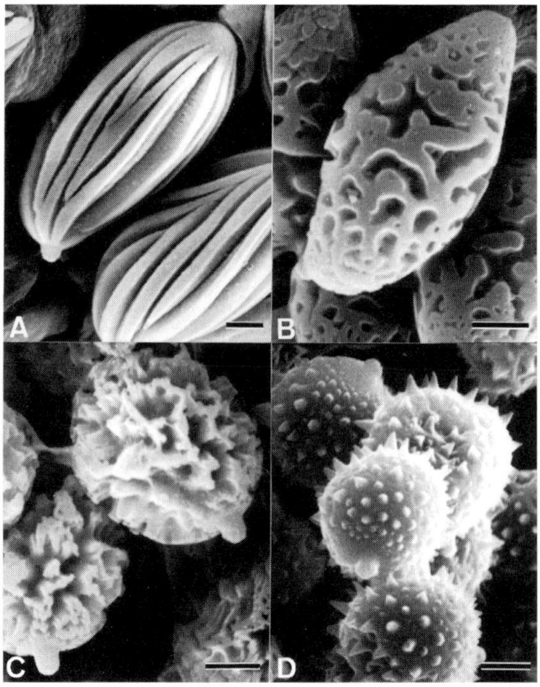

■図 2.2.2　キノコ類担子胞子の表面構造
A：キクバナイグチ *Boletellus emodensis*, B：オオヤシャイグチ *Porphyrellus subvirens*, C：オニイグチモドキ *Strobilomyces confusus*, D：オオキツネタケ *Laccaria promixa*．スケールは 2.5 μm.

細胞壁の内側には原形質膜（plasma membrane）があり，それは動植物の場合と同じく典型的な3層構造の単位膜（unit membrane）からなる．この原形質膜で囲まれた菌糸細胞内には，核（nucleus），ミトコンドリア（mitochondrion），小胞体（endoplasmic reticulum：ER），ゴルジ様体（golgi cisternae，ディクティオゾーム），マイクロ体（microbody），液胞（vacuole），細胞質微小管（cytoplasmic microtubule），微細繊維（マイクロフィラメント，microfilament），リボゾーム（ribosome）などの細胞内小器官ならびに貯蔵栄養成分として脂質粒（lipid granule）やグリコーゲン顆粒（glycogen granule）が存在する．

核は単位膜構造の核膜（nuclear membrane）で包まれ，核膜には細胞質との物質の出入りのた

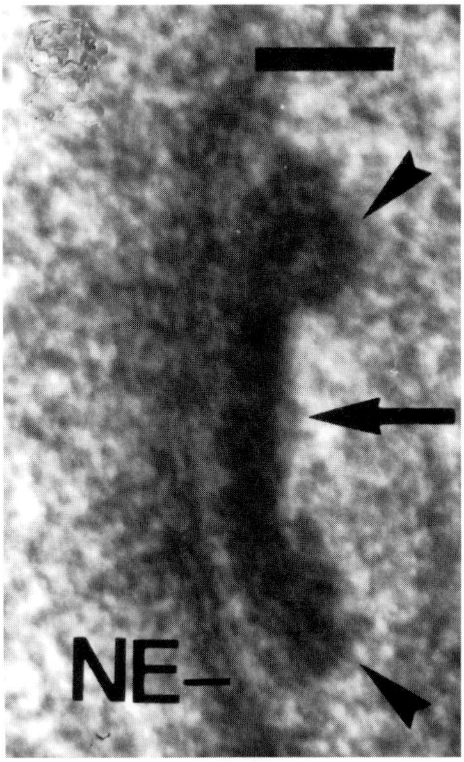

■図 2.2.3　担子菌類の亜鈴型 SPB の透過型電子権顕微鏡像
NE：核膜，矢じり：球状の部分，矢印：2 つの球状部をつなぐ部分．スケールは 0.1 μm.

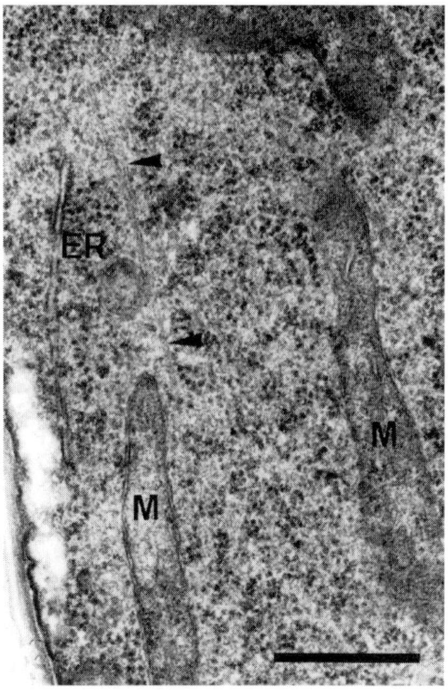

■図 2.2.4　栄養菌糸細胞の比較的若い部位の細胞質構造（透過型電子顕微鏡像）
細胞質には黒い粒状のリボゾームが豊富に存在する．ER：小胞体，M：ミトコンドリア，矢じり：細胞質微小管．スケールは 0.5 μm.

めの核膜孔（nuclear pore）が多数存在し，核内には遺伝情報としての染色糸（DNA）と仁が含まれる．また，核膜内あるいは核膜が核内に陥入することで生じる細胞質側の窪み部分には，核分裂装置である紡錘体の編成に関与する紡錘体極構造（spindle pole body：SPB）が存在する．この SPB の構造は菌群によって異なり，鞭毛菌類や卵菌類では動物細胞の中心子に類似の構造体，子嚢菌類では核膜内に板状の構造体，担子菌類では核膜の細胞質側の窪みに亜鈴状の構造体（図 2.2.3）として認められる [4]．

菌類は好気的に生育するので，その細胞内には酸素呼吸により化学的エネルギーを産生するためのクリステの発達したミトコンドリアを有する．図 2.2.4 に示すように，栄養菌糸細胞のミトコンドリアは通常細長く分岐した形態であるが，胞子形成の場面では分裂して数を増やし，形も卵形で小さくなるなど，その形態は生活史を通して一定ではなく，細胞の分化と形態形成に相応して分岐，分裂，融合しながら姿や位置取りを変えることが示されている [5]．また，成長する菌糸細胞内には，酵素などのタンパク質合成の場としてリボゾームが付随した粗面小胞体が発達している（図 2.2.4）．これらの合成タンパク質の輸送分泌や細胞壁合成にあずかる先端小胞の産出に関与する小嚢状の膜構造体としてのゴルジ様体が存在する（図 4.1.2 を参照）．この菌類のゴルジ様体はディクティオゾームとも呼ばれ，動植物において認められる扁平な膜構造体が何層にも重なった層状構造の典型的なゴルジ体と比較して簡素な構造となる点で違いがある．

さらに菌類細胞には，単位膜で包まれ，結晶構造の物質を内包する径約 0.3 μm のマイクロ体が存在する．この構造体は，カタラーゼ，尿酸酸化酵素，D-アミノ酸酸化酵素，グリコール酸酸化酵素，アルコールオキシダーゼなどを含有しており，

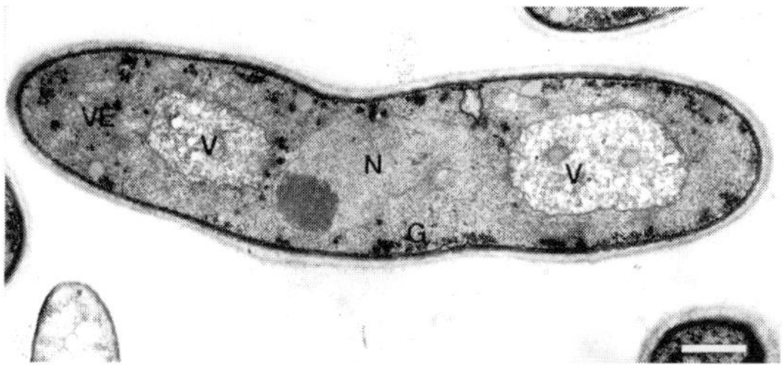

■図 2.2.5　一核菌糸に成長し始めたシイタケの発芽担子胞子の透過型電子顕微鏡像
核（N）の両側で液胞（V）が発達している．G：グリコーゲン顆粒，VE：先端成長に関与する細胞質小胞．スケールは 1 μm.

特に酵母がアルカンやメタノールなどの炭化水素を炭素源として生育する際にはその数や大きさが増すとされている[4]．また，子囊菌類の細胞隔壁に介在するウォロニン体（図 4.1.3）はマイクロ体から形成されると考えられている[6]．

菌糸細胞構造には，糸状菌であれ，酵母のような単細胞であれ，成長に伴い極性的な分化が生じる．成長している細胞の先端部は若く細胞質に富むが，後方に向かうにつれ古くなり，細胞消化機能を有する液胞が発達してくる（図 2.2.5）．特に次端細胞以降の細胞では，液胞化は一段と進行し，細胞質は原形質膜に張り付くように薄層化する．しかし，このように液胞化の進んだ次端細胞から分枝が形成される場合，そのような部位では細胞代謝活性を高める必要があるので細胞質が局所的に集積するようになるが，この細胞質の集積制御機構については明らかでない．

他方，酵母や糸状菌の栄養細胞には，チューブリンタンパク質が外径 24 nm の管状に重合した細胞質微小管（図 2.2.4）およびアクチンからなる径 4～7 nm の微細繊維（マイクロフィラメント）が存在する．これらの構造体は，菌糸細胞の細胞骨格（cytoskeleton）と称され，細胞構造の極性的分化，核の細胞内移動，細胞壁の合成，出芽部位の決定，さらには細胞隔壁の形成部位の決定などに関与すると考えられている[7]．

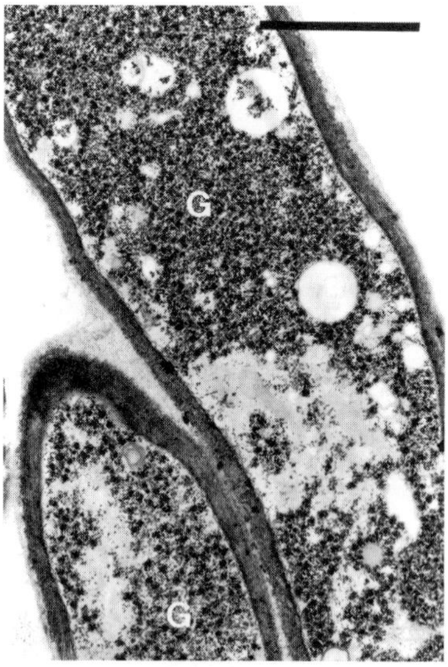

■図 2.2.6　過ヨウ素酸・チオカルボヒドラジド・プロテイン銀法で染色したシイタケ子実体の菌褶を構成する実層菌糸細胞の透過型電子顕微鏡像
濃染されたグリコーゲン顆粒が多量に存在するのがわかる．スケールは 5 μm.

また，菌類細胞の細胞質には，油滴状の脂質粒やロゼット状のグリコーゲン顆粒がしばしば認められる．これらは通常貯蔵栄養成分として蓄えられるが，子実体を構成する菌糸細胞や胞子などの繁殖性細胞では多量に蓄積されるようになる（図 2.2.6）．

（福政幸隆）

＊引用文献

1）Hunsley D, Burnett JH（1970）J Gen Microbiol 62 : 203-208
2）Wessels JGH, Sietsma JH（1979）Fungal walls and hyphal growth（Burnett JH, Trinci APJ, eds.）. Cambridge Univ. Press, Cambridge, p27
3）Bartnicki-Garcia S（1968）Annu Rev Microbiol 22 : 87-108
4）田中健治（1986）微生物細胞生物学 II（田中健治編）. 共立出版，東京，pp53-81
5）黒岩常祥（2000）ミトコンドリアはどこからきたか―生命 40 億年を遡る．日本放送出版協会，東京，pp231-247
6）Fangfang L, et al.（2008）J Cell Biol 180 : 325-339
7）Heath IB（1994）The mycota I, Growth, differentiation and sexuality（Wessels JGH, Meinhardt F, eds.）. Springer, Berlin, Heidelberg, pp43-65

3

核分裂様式

3.1 体細胞分裂

菌類の菌糸がその成長過程で細胞分裂して細胞数を増やしたり，無性的に胞子を形成する際には，細胞核も分裂して，遺伝的に同質の核を増やすことは周知であり，この種の核分裂を減数分裂と対比して体細胞分裂（mitosis）と呼ぶ．

一般に，菌類の細胞当たりのDNA量（平均30 Mb程度，1 Mbは100万塩基対）は原核生物である大腸菌のDNA量（6 Mb）に比べるとおよそ5倍の大きさであるが，植物のそれ（4.2 Gb ～ 480 Gb，1 Gbは1,000 Mb）に比べると格段に小さいことから，線状で複数の分節からなる菌類細胞核の染色体も同様に小さい．このため，菌類の細胞核をギムザ染色して光学顕微鏡観察すると，その分裂核は，2列に並んだ染色体が真ん中で引きちぎれるようにあるいは餅が引きちぎられるように等分される形状の像として認められ（図3.1.1），

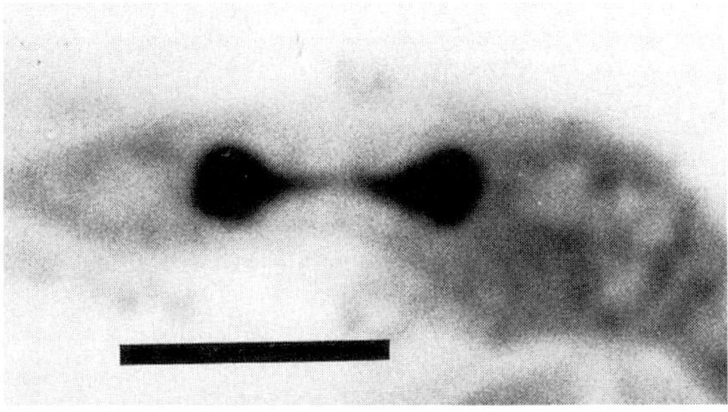

■図3.1.1　シイタケの発芽担子胞子内での核の体細胞分裂のギムザ染色光学顕微鏡像
スケールは5 µm.

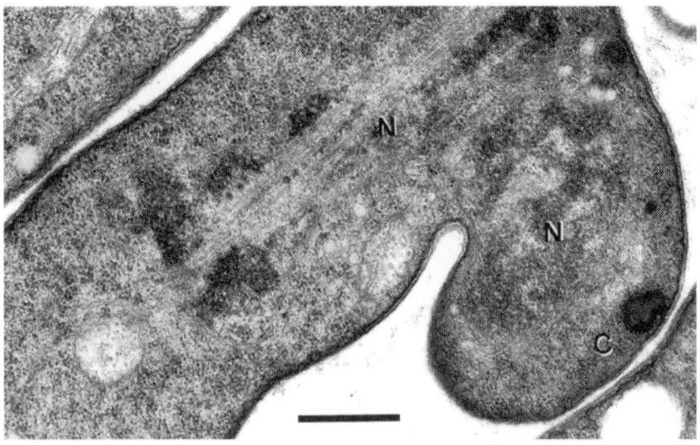

■図3.1.2　シイタケの二核菌糸細胞核の体細胞分裂の透過型電子顕微鏡像
紡錘体が形成されているのがわかる．スケールは0.5 µm.

植物に一般的な個々の染色体が明瞭で，それらが赤道板を形成した後両極に分離していく分裂核の姿とは著しく異なる．このことから，かなり以前には菌類の細胞核は無糸分裂すると考えられていたが，透過型電子顕微鏡を用いた分裂核の超薄切片観察によって，それらには紡錘体の形成が例外なく見いだされることから（図3.1.2），その分裂様式は基本的に動植物のそれと同様有糸分裂であることが明らかにされている．ただ，染色体が塊となって分離するように観察される理由として，紡錘体極体（spindle pole body：SPB）と染色体の動原体（kinetochore）とを連結する紡錘糸の形成時期が染色体により異なり，そしてこのことにより分裂後期に入る時期が個々の染色体で異なるため，赤道板を形成することなくしかも染色体が重なりあって行動する結果であると考えられている[1]．

菌類の細胞核の分裂に伴う核膜（nuclear membrane）の挙動については，菌種によって異なり，分裂中核膜が保持される場合，紡錘体極付近の核膜の一部が分散する場合，そして核膜のすべてが分散消失するものまでさまざまな事例が報告されており，それらの挙動は菌類の高次分類群に特徴的であるとされている[2,3]．核の仁（nucleolus）については，分裂中消失する．

菌類細胞核の染色体数に関しては，従前からギムザ染色した分裂核の光学顕微鏡観察によりその数が推定されてきたが，前述のように染色体が小

さいこともあって，その実数の確定は近年開発されたパルスフィールド電気泳動分析法とDNAマーカーによる個々の染色体の識別法を併用した手技の導入によってはじめて可能となった．ちなみに，キノコ類の西洋マッシュルームではn=13本，ウシグソヒトヨタケ *Coprinus cinereus* ではn=13本，ヒラタケではn=10本，スエヒロタケ *Schizophyllum commune* ではn=11本，フクロタケ *Volvariella volvacea* ではn=9本であることが明らかにされている[4～8]．　(福政幸隆)

＊引用文献

1) Heath IB (1994) The mycota I, growth, differentiation and sexuality (Wessels JGH, Meinhardt F, eds.). Springer, Berlin, Heidelberg, pp53-59
2) 中井幸隆 (1986) 菌蕈研究所研究報告 24 : 1-202
3) 田中健治 (1986) 微生物細胞生物学II (田中健治編). 共立出版, 東京, pp81-92
4) Lodder SKG, Wood D (1993) Current Genetics 24 : 496-499
5) Pukkila PJ, Casselton LA (1991) More gene manipulations in fungi (Bennett JW, Lasure LL, eds.). Academic Press, San Diego, pp124-138
6) Peberdy JF, Fox HM (1993) Genetics and breeding of edible mushrooms (Chang ST, et al., eds.). Gordon & Breach, Philadelphia, pp125-155
7) Horton JS, Raper CA (1991) Current Genetics 19 : 77-80
8) Miles PG, Chang ST (1997) Mushroom biology, World Scientific, Singapore, pp65-66

3.2 減数分裂

菌類の核に含まれるDNA量は，細菌よりは多いが，他の真核生物に比べ非常に少ない．このため菌類の核ならびに染色体は植物などのものに比べると著しく小さく，光学顕微鏡下での減数分裂過程の詳細な研究はきわめて難しい．ただ，核膜に包まれた核をもつ真核生物であり，遺伝的な法則性も基本的に変わらないことから，菌類の減数分裂は，動物や植物と同じような経過で進行するものと考えられている．

子嚢菌類や担子菌類の減数分裂は，それぞれ子実層（hymenium）に並ぶ子嚢（ascus）と担子器（basidium）と呼ばれる細胞の中で行われる．これらの有性胞子形成細胞では，核分裂後，前者では内生的に子嚢胞子を，後者は外生的に担子胞子を形成する．このように胞子形成の過程は異なるが，減数分裂自体の過程はほぼ同じ過程を踏むものと考えられる．

以下にウシグソヒトヨタケとシイタケを例に高等担子菌類における減数分裂の過程を解説する．これらは光学顕微鏡と電子顕微鏡を用いた詳細な観察が行われている．ちなみに，ヒトヨタケ属の近接した担子器では，その成熟に伴う核行動に，高い同調性が認められる[1]．したがって，光学顕微鏡と電子顕微鏡による観察結果の比較検討が可能で，核の行動や種々の細胞内小器官の経時的変化を追求するには，好適な材料ということができる．なお，ウシグソヒトヨタケの担子器内での核の融合から，担子胞子が形成されて菌傘が溶解するまでの過程は，28℃では24時間以内に完了する．

一般に，減数分裂は，引き続いた2回の分裂，第一分裂，第二分裂に分かれ，それぞれはさらに，前期（prophase），中期（metaphase），後期（anaphase），終期（telophase）に分けられる．しかし，前述したように，菌類の核は小さく減数分裂のすべての過程を詳細に区分することは困難な場合が多い．

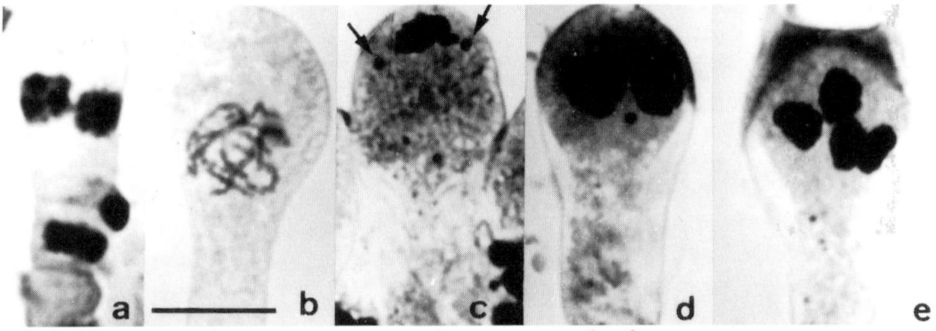

■図 3.2.1　ウシグソヒトヨタケ担子器の成熟過程（ギムザ染色）と DNA 量の比較
a：pre-fusion, b：減数第一分裂前期, c：第一分裂中・後期, 矢印：極小体, d：第二分裂前期, e：四分子核および小柄の形成.

1）第一分裂（meiosis I）

図 3.2.1 にウシグソヒトヨタケの担子器の成熟過程（ギムザ染色）と DNA 量の比較を示す．若い担子器には単相の核が，2 個対をなしているのが観察される(図 3.2.1 a)．この頃の超薄切片像には，担子器のほぼ中央部で二核の対合が見られ，その中には，高電子密度の仁が観察される．細胞質中には，リボゾーム，小胞体，ミトコンドリアなどの細胞小器官が多く観察され，担子器先端部には，発達した空胞が位置している（図 3.2.2）．このような空胞は，多くの担子菌類の同じ時期の担子器にも観察され，引き続いて起こる担子器の急速な伸長に関与することが示唆されている[2,3]．

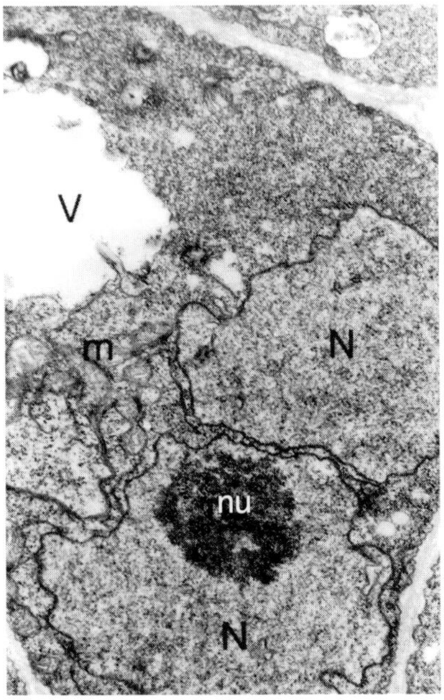

■図 3.2.2　ウシグソヒトヨタケの若い担子器
m：ミトコンドリア，N：核，nu：仁，V：空胞.

キノコの場合，核融合後すぐに減数分裂が始まることから，どの段階で DNA が合成されるか興味がもたれる．ウシグソヒトヨタケでは，減数分裂に先立つ DNA 複製は，担子器の中で対をなした核（pre-fusion 核）で別々に行われていることが報告されており[4,5]，他のキノコでも同様な時期に合成が起こるものと考えられている．

担子器の急速な伸長に伴い，一対の pre-fusion 核は担子器のほぼ中央部で融合し，1 個の大きな複相核を形成する．この核融合は，紡錘体極体（spindle pole body）の先導で生じるものと考えられている．融合直後の核内にはしばしば 2 つの仁が観察されるが，やがて融合して 1 つになる．この核はすぐに減数第一分裂前期に入り，相同染色体は対合を始める．

前述のように，DNA の合成は対合核の中ですんでおり，また，核融合後すぐに核分裂に入るため，キノコでは，高等動植物で見られる細糸期（leptotene）と次の合糸期（zygotene）との明瞭な区別は容易でない．図 3.2.1b は合糸期のギムザ染色像と考えられ，この期に相同染色体間で対合（synapsis）が起こる．対合した染色体はしだいに太さを増し，太糸期（pachytene）に至る．

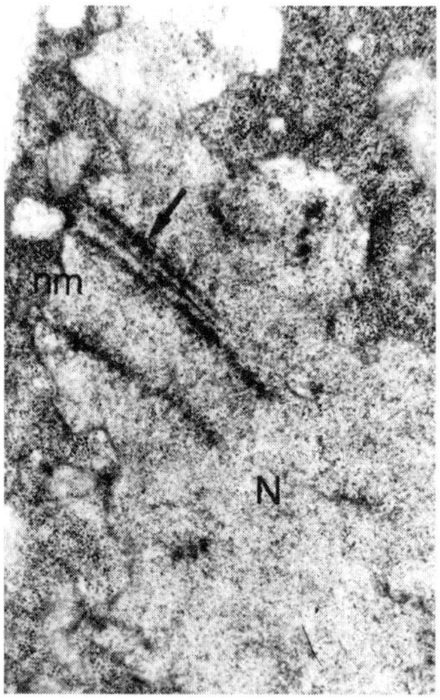

■図 3.2.3　減数第一分裂前期の担子器（ウシグソヒトヨタケ）
N：核，矢印：シナプトネマ構造．

この時期に高等動植物では染色体数の計測が行われているが，キノコの場合，核が小さいうえに核膜が保持されるためか，染色体の分散がきわめて困難である．したがって，いくつかのキノコで光学顕微鏡による染色体数の観察が行われているが，同じ種でもその数は研究者によってまちまちであるのが現状である．

合糸期から太糸期の超薄切片像には，相同染色体の対合を特徴づけるシナプトネマ構造が観察される（図 3.2.3）．この構造の両側には染色体の実質である染色質（chromatin）が存在し，相同染色体の対合と交叉の場であると考えられている．このシナプトネマ構造の一般的性質として，核膜や仁に連結することが知られている[6-8]．なお，シナプトネマは単相の染色体数だけ見えるはずであることから，電子顕微鏡観察技術の向上や光学レベルでの染色法の改善がなされれば，染色体数の計測も明確になるであろう．

染色体はさらに収縮して太く短くなると同時に，核は担子器先端部へと移動し，減数第一分裂中・後期に入る．この頃，核膜の外側に接するように存在している紡錘糸極小体は，この時期までに2つに分裂し，核に沿って移動し，核を間にして相対する位置へくる．図 3.2.1c はこの時期のギムザ染色像で，中央部に集塊となって配列した染色体の両端にそれぞれ1個ずつの紡錘体極小体が観察される．これらの極小体より放射状に伸びた紡錘糸（spindle fiber）は，極付近で不連続となった核膜の開口部を通って核内に入り，紡錘体を形成する（図 3.2.4）．なお，担子菌類の減数分裂においては，一般に核膜は分裂の全期間を通じて保持され，完全に消失することはない．減数第一分裂中期の染色体は，2つの紡錘体極小体の中間で，紡錘体を取り囲むように円筒状に配置しており，内部には見えない．紡錘体側方周辺部の紡錘糸の一部は，紡錘体極小体から延伸して染色体の動原体（centromere）と連結しており，これによって相同染色体は分離する．

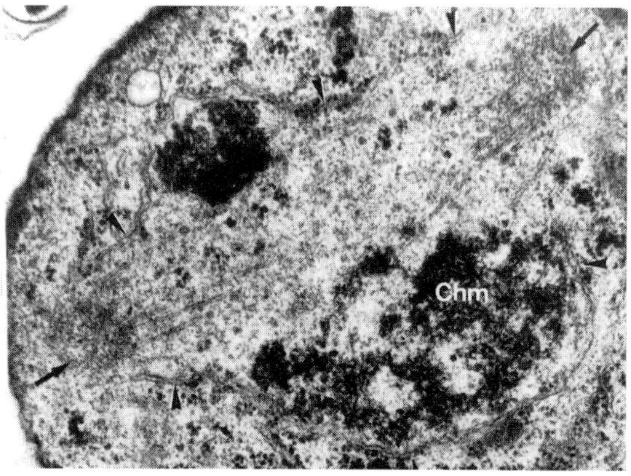

■図 3.2.4　減数第一分裂中期の核の超薄切片像（シイタケ）
Chm：染色体，矢印：紡錘体極小体（中井[3]による）．

後期になると対合していた染色体は分離し，核自体は，紡錘体の軸の方向に長く伸び，さらに中ほどがくびれて亜鈴状に形が変わる．終期には核は完全に2つに分かれ，再び担子器の中央に戻る．

2）第二分裂（meiosis II）

第一分裂完了後，単一の担子器内には第二分裂前期の核が2個観察される（図 3.2.1 d）．担子菌類のこの時期以降の核で，個々の染色体を光学的に確認することは通常不可能である．

第二分裂前期の二核は再び担子器先端部へ移行

し，ただちに同調分裂して四分子核を形成する．その後，四核はいったん担子器基部へと移行する．この頃，担子器先端部に通常 4 本の小柄が形成され，胞子形成過程へと移行する（図 3.2.1 e）．多くのカビやキノコでは，胞子形成に至る過程において，1 ～数回の体細胞核分裂が観察される．

（村上重幸）

＊引用文献

1）Lu BC, Raju NB（1970）Chromosoma 29 : 305-316
2）Wells K（1965）Mycologia 57 : 236-261
3）中井幸隆（1986）菌蕈研報 24 : 1-202
4）Lu BC, Jeng DY（1975）J Cell Sci 17 : 451-470
5）Oishi K, et al.（1982）Arch Microbiol 132 : 372-374
6）Radu M, et al.（1974）Arch Microbiol 98 : 301-310
7）Gull K, Newsam RJ（1975）Protoplasma 83 : 259-268
8）Peabody DC, Motta JJ（1979）Can J Bot 57 : 1860-1872

＊参考文献

衣川堅二朗（1990）きのこの遺伝と育種．築地書館，東京

4 栄養菌糸体の生長と分化

4.1 菌糸の生長と分化

4.1.1 先端生長

菌類の細胞は，菌糸と呼ばれる細長い糸状の形のほかに，生活環を通じて非常に多種多様の形態を現す．いずれの形態の細胞も基本的には繊維状のキチン骨格をRグルカンおよびSグルカンなどの無定形の高分子多糖類が覆った強硬な細胞壁（cell wall）に包まれているので，細胞の形態変化はそれらの生長過程における細胞壁合成の仕方の違いに起因するといえる．では，菌類細胞の細胞壁合成はどのような仕組みで行われ，その仕組みの違いが細胞の形をどのように変化させるのであろうか．

これまでに菌類の細胞壁合成機構に関する研究は，栄養菌糸の生長場面を対象にしてさかんに行われてきている．まず，位相差顕微鏡観察により，活発に生長している栄養菌糸の先端付近の細胞内には屈折率の高い球状の塊（先端小体，apical body もしくは Spitzenköper，図 4.1.1）が例外なく存在し，成長を停止すると消え，生長を再開すると再び現れるようになることが示された[1]．その後，オートラジオグラフィー手法による細胞壁の前駆物質の取り込み実験によって，菌糸はその細胞先端部での細胞壁合成により生長する，すなわち先端生長（apical growth）することが明らかとなり[2, 3]，この先端生長は菌類に特有の生長様式であるが指摘された．

このため，上述の先端小体を含めドーム状の菌糸先端部の透過型電子顕微鏡による微細構造観察が種々の菌類において進められた結果，図 4.1.2 に模式的に示すように，菌糸先端付近の細胞内には核，ミトコンドリア，小胞体などの細胞小器官が存在せず，リボゾームも少ない反面，膜で包まれた径 100 ～ 300 nm の大きさの先端小胞（apical vesicle）と径 40 nm のミクロ小胞（micro vesicle）の 2 種類の細胞質小胞が球状に集合するという特異な構造をとり，位相差顕微鏡で観察される先端小体はこれら細胞質小胞の集合体であることが明らかとなった．そして，これら細胞質小胞は細胞先端部において原形質膜と頻繁に融合し，一方その小胞が細胞壁の成分やその合成に必要な酵素を含むことが示されたことから，細胞壁合成に深く関る細胞内小器官であると考えられるにいたった[4-6]．また，径約 24 nm の細胞質微

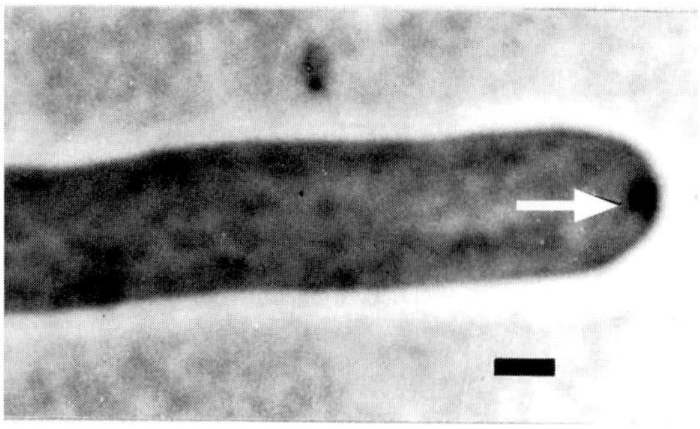

■図 4.1.1　活発に生長する菌糸細胞先端部の位相差顕微鏡像
先端付近の細胞質には先端小体（矢印）が出現する．スケールは 1 μm.

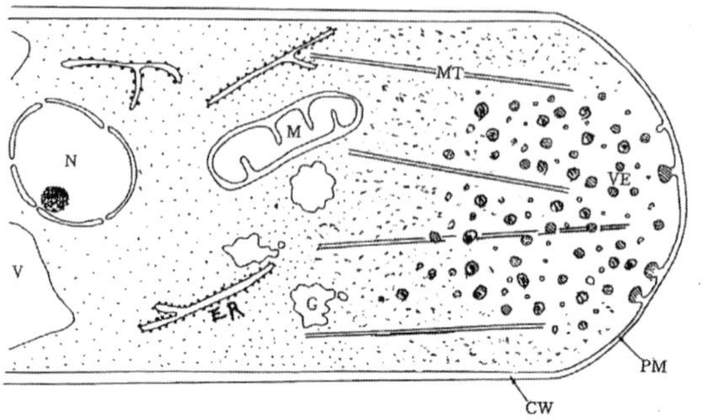

■図 4.1.2　菌糸先端部細胞構造の模式図
CW：細胞壁，ER：小胞体，G：ゴルジ様体，M：ミトコンドリア，MT：細胞質微小管，N：核，PM：原形質膜，V：液胞，VE：細胞質小胞．

小管（cytoplasmic microtubule）および径4～7 nmのマイクロ繊維（microfilament）がこれら細胞質小胞と近接して先端に向かって存在することが示された．なお，細胞先端付近のこのような構造は分類群によって形態的に多少異なるといわれている[4]．

これらの観察結果に基づいて，菌糸細胞の先端生長は以下のような仕組みで起こると考えられている．まず，細胞壁溶解酵素を含む小胞が原形質膜と融合し，その酵素を放出し細胞壁の部分的な分解を引き起こす．そうすると細胞壁が分解で生じた緩みの分だけ細胞の膨圧により引き伸ばされる．このようにして引き伸ばされた細胞壁は速やかに細胞壁成分や合成酵素を含む他の小胞の働きによって修復され，細胞壁合成の1工程が完了する．細胞膜の伸長に必要な分は小胞の膜により補充される．この細胞壁の分解と合成工程が絶妙なバランスを保ちながら連続して繰り返されることにより菌糸細胞が生長するというものである．

そして，上述したような菌類細胞の多様な形態形成，たとえば菌糸の先端生長と胞子の球形生長は細胞質小胞の関与の仕方の違い，すなわち，細胞壁合成が限定された部位で行われると細胞は細長く生長し，細胞の全面で行われると球状に生長するようになることが，種々の形態の細胞生長における電子顕微鏡観察から示唆されている．さらには，ゴルジ様体（golgi cisternae）と呼ばれる膜系からつくられるとされる細胞質小胞の移動や分布の調節には，細胞質微小管，マイクロ繊維，原形質流動，カルシウムイオンなどの働きが深く関っているとする説が提案されている[7]．最近では，これらの菌類の細胞壁合成機構についての考えを究明，検証するための分子遺伝学ならびに分子生物学的研究が活発に行われている[8]．

（福政幸隆）

＊引用文献

1) Girbart M (1957) Planta 50 : 47-59
2) Bartnicki-Garcia S, Lippman E (1969) Science 165 : 302-304
3) Gooday GW (1971) J Gen Microbiol 67 : 125-133
4) Grove SN, Bracker CE (1970) J Bacteriol 104 : 989-1009
5) Bartnicki-Garcia S, et al. (1979) Fungal walls and hyphal growth (Burnett JH, Trinci APJ, eds.). Cambridge Univ. Press, Cambridge, pp149-168
6) Goody GW (1983) Fungal differentiation (Smith JE, ed.). Marcel Dekker, New York, pp315-356
7) Jackson SL, Heath IB (1993) Microbiol Rev 57 : 367-382
8) Virag A, Harris SD (2006) Mycolog Res 110 : 4-13

4.1.2　細胞分裂および隔壁構造の形成と機能

菌類の菌糸細胞は長さを増すように生長すると，その細胞のほぼ中間域において起こる核の体細胞分裂により生じた二核を分けるように，核の分裂位置に近接する細胞壁から中心に向かって求心的に形成される横断状の隔壁（septum）によって細胞が2つに分断され細胞分裂は完結する．このような細胞分裂を伴う菌糸の生長様式は，菌糸細胞が生長して多核になっても隔壁を形成しない鞭毛菌類や接合菌類の多くの菌種を除いて，他の糸状菌類では一般的に認められる現象である．

菌糸の細胞分裂時に形成される隔壁は，一次隔壁（primary septum）と呼ばれ，形態的に無孔隔壁（complete septum）と有孔隔壁（perforate septum）に大別されるが，大多数の菌類の隔壁構造は後者のタイプである．菌類の有孔隔壁の構造に関して，古くはその中央に単なる穴が開いているものと見なされていたが，その後の電子顕微鏡を用いた詳細な観察によって，菌種により種々の異なる形態の隔壁が形成されることが明らかとなった[1]．それらは，特に隔壁孔（septal pore）の形態の違いにより，プラズモデスマータ隔壁(plasmodesmata septum)，単純孔隔壁（simple pore septum）およびたる形孔隔壁(dolipore septum）に類別され，プラズモデスマータ隔壁を除く他の2つの隔壁型は，隔壁孔に介在する付随物の形態的相違によりさらに細分割されている（表4.1.1）[2]．

単純孔隔壁は，隔壁の中央に1個の小さな孔を有し，隔壁自体は孔に向かうにつれ徐々にあるい

■表 4.1.1 菌類細胞隔壁構造の類別

隔壁構造の種類	菌類の分類群
（1）プラズモデスマータ型	
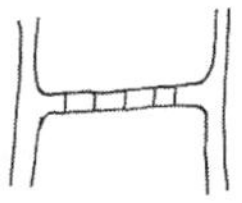	Chytridiale, Mastigomycotina Mucorales, Zygomycotina Endomycetales, Ascomycotina
（2）単純孔隔壁型（S 型）	
a 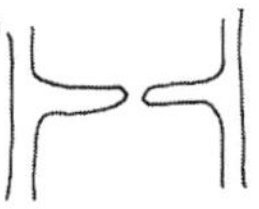	Endomycetales, Ascomycotina Ustilaginales, Basidiomycotina
b 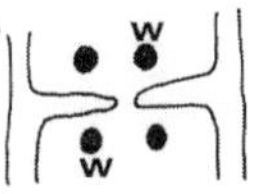	Ascomycotina
c 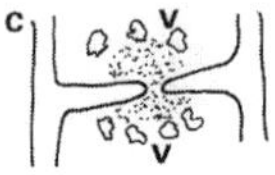	Uredinales, Basidiomycotina Septobasidiales, Basidiomycotina
（3）ドリポアー型（D 型）	
a 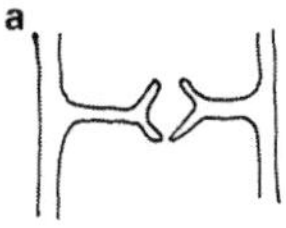	Harpellales, Zygomycotina Asellariales, Zygomycotina Mucorales, Zygomycotina
b 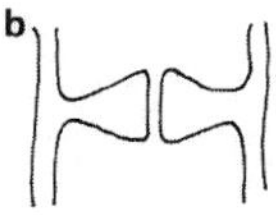	Endomycetales, Ascomycotina
c 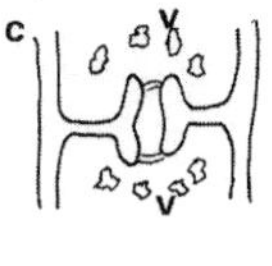	Ustilaginales, Basidiomycotina
（4）ドリポアー・パレンテゾーム型（DP 型）	
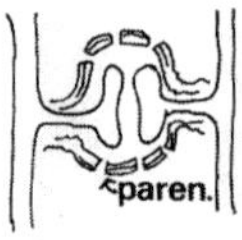	Holobasidiomycetidae, Basidiomycotina Gasteromycetes, Basidiomycotina

は孔の周辺部で薄くなるという共通の構造をとるが，孔に介在する付随物により，単に孔があいている S-a 型，孔の近傍に球形のウォロニン体（woronin body）が介在する S-b 型（図 4.1.3），孔を両側から膜状の小胞が覆い，孔とこれら小胞の間の細胞質は均質な顆粒構造となる S-c 型の 3 つに分割される．S-a 型は子嚢菌酵母と担子菌酵母にみられ，S-b 型は通常の子嚢菌類に普遍的に認められる隔壁構造である．S-c 型は担子菌類に分類されるさび病菌に共通して見られる構造である．

たる形孔隔壁は，隔壁自体がその中心に位置す

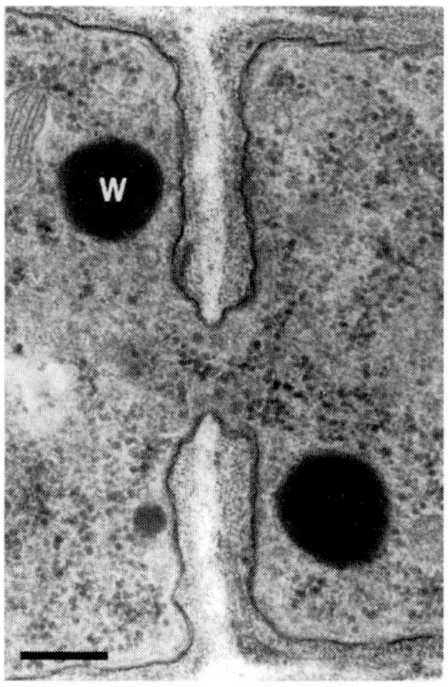

■図 4.1.3 子嚢菌類に普遍的に認められる単純孔隔壁構造の透過型電子顕微鏡像
W：ウォロニン体．スケールは 250 nm.

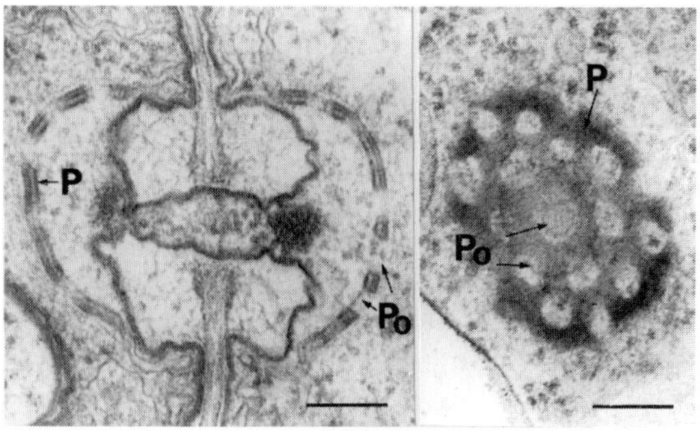

■図 4.1.4 担子菌類の典型的なドリポアー・パレンテゾーム型隔壁構造の透過型電子顕微鏡像
P：パレンテゾーム，Po：パレンテゾームに規則的に開いている孔．スケールは 200 nm.

る孔の周辺部で肥厚する形態となるもので，その肥厚の仕方の違いにより，二又状の D-a 型，孔に向かって徐々に肥厚する D-b 型，およびたる状に肥厚するとともに膜状の小胞が両側から孔を取り囲む D-c 型の 3 つに細分割される．D-a 型隔壁は接合菌類で，D-b 型隔壁は子嚢菌酵母で観察され，D-c 型隔壁は担子菌類の黒穂病菌に一般的に認められる．

一方，隔壁自体の基本構造はたる形孔隔壁であるが，隔壁孔を両側から帽子状のパレンテゾーム（parenthesome または septal pore cap）と呼ばれる独特の構造体が取り囲む点で D-c 型に較べてより複雑な構造となるものをドリポアー・パレンテゾーム型隔壁（図 4.1.4）として区別している．このドリポアー・パレンテゾーム型隔壁は，さび病菌類と黒穂病菌類を除く担子菌類に特徴的な構造であるが，図 4.1.5 に示すようにパレンテゾームの形態的相違，とりわけパレンテゾームに開いた孔の有無，その大きさと数，あるいはそのものの構造により DP-a 型，DP-b 型，DP-c 型そして DP-d 型の 4 型に細分割されている[3]．

このように菌類の細胞隔壁形態には，植物細胞の原形質連絡（プラズモデスム）の役割を担う細胞壁の小孔に類似するプラズモデスマータ型から複雑なドリポアー・パレンテゾーム型まで種々の構造が見いだされ，それら個々の隔壁構造はそれぞれ菌類の高次分類群で特徴的に認められている．さらに，これらの隔壁構造には単純な形から複雑な形への一連の形態推移が看取できることもあり，その形態的相違は菌類の起源や分類群の系統関係を示唆しうる重要な指標であると考えられ

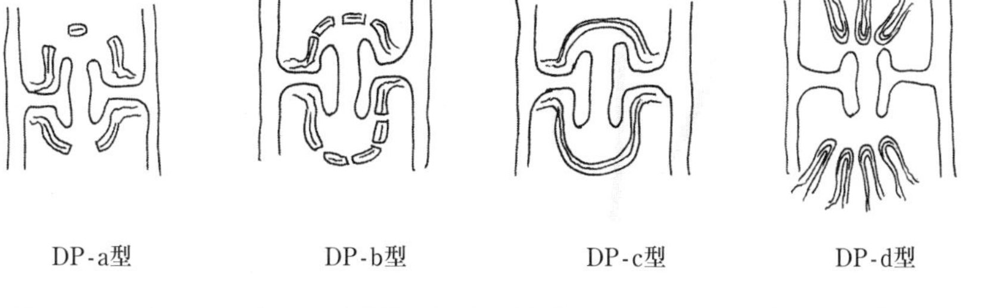

■図 4.1.5 パレンテゾームの形態的相違に基づいた 4 つのドリポアー・パレンテゾーム型隔壁構造（模式図）

ている[2-5]．

他方，子嚢菌類の栄養菌糸の単純孔型隔壁では，その隔壁孔が孔栓（septal plug）によって完全に閉塞されない限り，小胞体，リボゾーム，ミトコンドリア，核などの細胞内小器官はかなり出入りが可能であるが[6]，担子菌類の隔壁では隔壁孔が開口していてもリボゾームや細胞質基質以外の細胞内小器官の移動は起こらない．しかし，菌糸細胞の隔壁孔が孔栓により閉塞される現象は種々の生長場面で観察されることから，細胞質の流動を制御することによって，菌糸の分枝，気中菌糸の形成および胞子形成細胞の分化に能動的にかかわっていると考えられている[2, 6-8]．また，菌糸細胞が傷つくと，隣の正常な細胞側から隔壁孔はただちに孔栓で閉塞され，細胞質の無駄な流失を抑える役割を果たすことが指摘されている[9]．なお，子嚢菌類の孔栓は隔壁孔の近傍に存在するウォロニン体が詰まることで形成されると考えられている．このウォロニン体の形態形成に関する分子生物学的研究は近年さかんに行われてきている．他方，担子菌類のドリポアー・パレンテゾーム型隔壁での孔栓は，隔壁孔の入口付近で大きさを増しながら発達し，ついには孔を両側から塞ぐようにして形成されるが，その形成の詳しい仕組みについてはいまだ明らかにされていない．　**（福政幸隆）**

＊引用文献

1）Moore RT & McAlear JH（1962）Am Botany 50 : 86-94
2）Nakai Y（1979）Trans Mycolog Soc Jpn 20 : 239-248
3）中井幸隆（1986）菌蕈研究所研究報告 24 : 1-202
4）Moore RT（1978）Mycologia 70 : 1007-1024
5）Patton AM, Marchant R（1978）J Gen Microbiol 109 : 335-349
6）Trinci APJ, Collinge AJ（1973）Archiv Mikrobiol 91 : 355-364
7）Wells K（1978）Can J Botany 56 : 2915-2924
8）Markham P（1994）Mycolog Res 98 : 1089-1106
9）Collinge AJ, Markham P（1985）Exp Mycol 9 : 80-85

4.1.3 菌糸の分岐

菌糸は隔壁で区分された多細胞で構成され，分岐を繰り返して増殖し，集落（コロニー）を形成する．菌糸が分岐する理由として主に以下の２つが考えられる．１つは栄養を吸収しやすくするためにコロニーの表面積を増大させることである．２つ目は同じコロニー内における異なる菌糸間において栄養やシグナルの交換に重要な役割を演じる菌糸融合に分岐が関連していくことである．各々の菌糸は先端方向に向かって生長し，その近辺では側生分岐は抑制される．このことは，菌糸は分岐しながら時間的そして空間的にうまく調節し，正常な菌糸体を形成する．

1）分岐パターン

頂点分岐：菌糸の先端部で分岐することを頂点分岐という．頂点分岐は菌糸先端における小胞集積の異状や先端小体（Spitzenkörper）の減少によって生じる．頂点分岐は菌糸先端組織に欠陥を生じ頂部優性の現象が崩壊したような状況下で成長することによる一般的反応である（図 4.1.6）．

側生分岐：菌糸の分岐様式として主要な方法は側生分岐であり，菌糸先端より離れたところで新しい枝が形成される．また，側生分岐は側枝形成部位への先端小体の新規合成が関連している．側生分岐は，隔壁部位で分岐する場合とランダムに分岐する場合の２つの分岐パターンがある．前者では隔壁の後部で分岐することが多い．これ

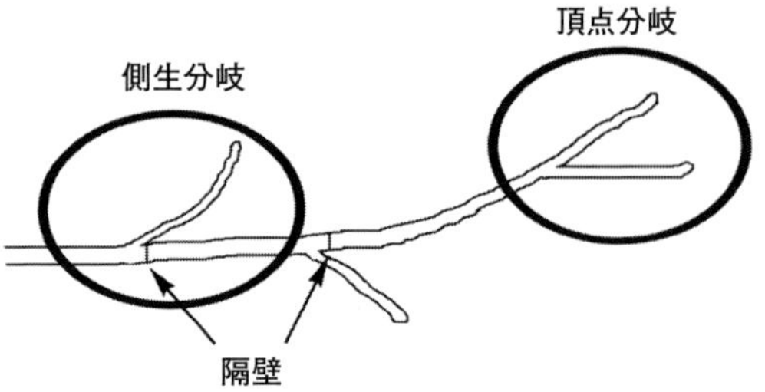

図 4.1.6　頂点分岐と側生分岐

は，隔壁が小胞の流れを遮ることで，小胞の集積を促し，その結果として分岐が形成されると考えられている．また，初期の隔壁形成に関与すると考えられている物質（たとえばseptinなど）が分岐形成場所のきっかけを担っているとも考えられている[1]．ランダムな分岐は子嚢菌類で観察される．*Neurospora crossa* においては，次端細胞中央部より分岐が形成される傾向が認められるが，*Aspergillus nidulans* ではわずかに先端よりの部位で分岐が形成される傾向が認められる[2]．これらの菌類が形成する隔壁は小胞の動きを遮断するのに効果的な構造ではないため，ランダムに分岐が形成されると考えられている．これらの菌類における分岐部位を決定している要因として，①偶発的な小胞の集積，②カルシウムや活性酸素の局在化，③核分裂部位が考えられている．

分裂周期と分岐：次端細胞からの側生分岐の形成は分裂周期と同調していると考えられている．次端細胞には，新しい分岐が形成される前に分裂周期が停止する期間があることが，*Aspergillus nidulans* で明らかにされている[3]．同じような現象は *Candida albicans* でも見受けられている[4]．1つの核当たりの適正な細胞質量があり，そのことが核付近における分岐形成の重要な決定要因となっている[5]．また，*A. gossypii* 菌糸において体細胞分裂は分岐部位で顕著に起こっていることが知られている[6]．

2）外的要因による分岐の制御

菌糸の分岐は外的要因によって制御されることはよく知られている．特に，植物と相互に作用する場面で顕著である．アーバスキュラー菌根菌の菌糸は宿主植物根由来物質によって分岐が誘発されることが知られている．マメ科植物根滲出より菌糸の分岐誘導物質としてストリゴラクトンが同定されている[7]．また，菌糸同士の融合場面でも分岐することが知られている．*Neurospora crassa* においては，菌糸の先端が別の菌糸に接触するとそこで新しい分岐が形成されることが報告されている[8]．菌糸から分泌された拡散性の分岐誘導物質により，新しい先端小体が分岐の発端部に形成されることによって分岐形成に至るものと考えられている[9]．

（霜村典宏）

＊引用文献

1）Gladfelter AS, et al.（2001）Curr Opin Microbiol 4 : 681-689
2）Trinci AP（1978）Developmental mycology. John Wiley, New York, pp132-163
3）Findy C, Trinci AP（1976）J Gen Microbiol 97 : 169-184
4）Gow NA, Gooday GW（1982）J Gen Microbiol 128 : 2187-2194
5）Dynesen J, Nielsen J（2003）Fung Gen Biol 40 : 15-24
6）Helfer H, Gladfelter AS（2006）Mol Biol Cell 17 : 4494-4512
7）Akiyama K, et al.（2005）Nature 170 : 169-172
8）Hickey PC, et al.（2002）Fung Gen Biol 37 : 109-119
9）Glass NL, et al.（2004）Trends Microbiol 12 : 135-141

＊参考文献

Harris SD（2008）Mycologia 100 : 823-832

COLUMN 3

植物の形態形成とアーバスキュラー菌根共生をつかさどるストリゴラクトン

ストリゴラクトン（strigolactone, SL）はカロテノイドの酸化的開裂を経て生合成される植物テルペノイドである．SLははじめ寄生シグナルとして同定された．ストライガ（*Striga*）やオロバンキ（*Orobanche*）に代表される根寄生雑草は他の植物に寄生して養水分を奪う強害雑草であり，農作物に甚大な被害を与える．種子は植物根から分泌されるSLを感受することで初めて発芽する．1966年にワタからストリゴール（strigol）が種子発芽刺激物質として初めて単離された[1]．しかし，SLが根寄生雑草の宿主範囲を超えて広く植物界に分布することから，SL は何か別の役割を持つと考えられていた．実際，ワタは寄生雑草の寄生を受けない非宿主であった．

アーバスキュラー菌根菌（arbuscular mycorrhizal fungi：AM 菌）の宿主の根の存在を感知すると菌糸を激しく分岐させる．菌糸分岐は根から分泌される branching factor（BF）と呼ばれる脂溶性低分子化合物により引き起こされることがわかっていた．2005 年にミヤコグサ（*Lotus japonicus*）から SL の一種である 5-デオキシストリゴール（5-deoxystrigol，図）が BF として単離され，SL が共生シグナルであることが明らかになった[2]．AM 菌は 80％以上もの陸上植物と共生関係を結ぶことができる．調べられた限りすべての AM 菌の宿主が SL を根から分泌していた．しかし，非宿主であるシロイヌナズナ（*Arabidopsis thaliana*）なども痕跡量の SL を生産していることが分かり，SL が

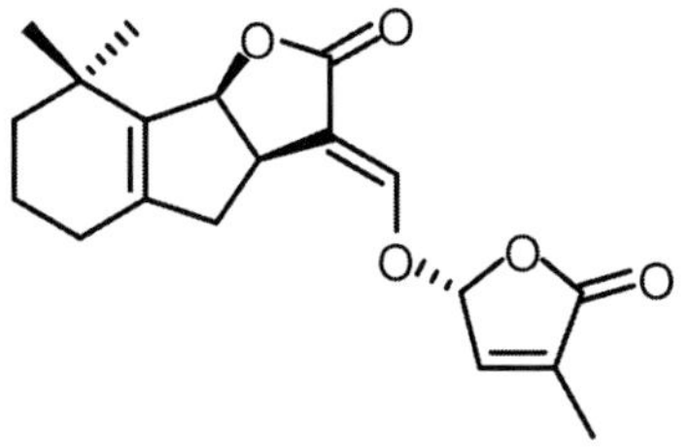

■図　アーバスキュラー菌根共生および根寄生雑草寄生における根圏情報シグナル，そして植物シュート分岐抑制ホルモンとして働くストリゴラクトンの一つ，5-デオキシストリゴール

AM 菌の宿主範囲を超えて分布することが明らかになった．

イネやエンドウ，シロイヌナズナで地上部シュートが過剰に枝分かれする変異体が発見されていた．これらの変異体の一部はカロテノイド酸化開裂酵素（carotenoid cleavage dioxygenase, CCD）をコードする遺伝子の変異に原因があることから，カロテノイドに由来するシュート分岐抑制ホルモンの存在が予想されていた．CCD7 や CCD8 が欠損したイネやエンドウの枝分かれ過剰変異体は SL をほとんど生産しておらず，これら変異体に SL を投与すると枝分かれ変異が回復して正常な形態に戻った．こうして，2008 年には SL は植物ホルモン（あるいはその生合成前駆体）として同定されることとなった[3,4]．

（秋山康紀）

＊引用文献

1）Cook CE, et al.（1966）Science 154：1189-1190

2）Akiyama K, et al.（2005）Nature 435：824-827

3）Gomez-Roldan V, et al.（2008）Nature 455：189-194

4）Umehara M, et al.（2008）Nature 455：195-200

＊参考文献

Akiyama K, Hayashi H（2006）Ann Bot 97：925-931

秋山康紀・林　英雄（2006）植物の生長調節 41：141-149

4.2 菌糸束の構造と機能および菌糸束形成

菌糸束（mycelial strand, mycelial cord, rhizomorph）は，菌糸が束状に集合し増殖した形態を総称したもので，担子菌ハラタケ亜門（Agaricomycotina）の菌糸体においてしばしば形成される高次構造であるが，子嚢菌においても形成される．

菌糸束は，未分化の菌糸数本が並列に結合しただけの単純な構造から，ナラタケ類（*Armillaria* spp.）で代表されるような顕著に組織分化した高次構造が肉眼的な大きさに発達するものまで，幅広い分化の程度がある．後者の例は，特に根状菌糸束（rhizomorph）と呼ばれることが多い．

寒天培地上で生育するハラタケ亜門の培養菌糸

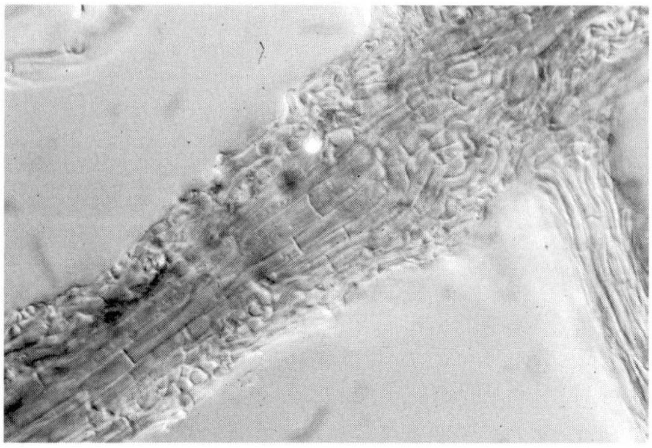

■図 4.2.1　アカハツの菌糸束の顕微鏡像

体では，コロニーの生長とともにその中央部あるいは周辺において，放射状に伸長・分岐する菌糸束がしばしば見られる．さらに，肉眼では一見均質に見えるコロニーでも，顕微鏡下で観察するとほとんどの場合において単純な構造の菌糸束を見いだすことができる．したがって，菌糸束は，これら菌糸体の栄養生長において，不可欠な高次構造といえよう．

単純な構造の菌糸束は，コロニーを構成する菌糸体のうち先導菌糸（leading hyphae）の複数本が並列あるいはからまった状態で伸長することから始まる場合や，先導菌糸から分岐した菌糸が先導菌糸を取り巻く形で始まる場合がある．その後，各菌糸間で菌糸融合を生じたり，菌糸束の主軸をなす形で分布する菌糸の隔壁が二次的に消失するなどして，管状構造としての性質を発達させると考えられる．さらに，菌糸束内部に配列する菌糸の幅が肥大したり，外側を構成する菌糸において細胞壁の二次的な肥厚化やシスチジアの形成などを生ずる場合がある．これらの構造的な分化は，菌種や高次分類群により異なるため，菌種を同定・分類するための形態学的な形質となる場合がある．

ナラタケ類の根状菌糸束は高度に組織化している．一般的なハラタケ亜門のコロニーの生長とは異なり，ナラタケ類では培地上での継代後，接種片菌糸体から速やかに肉眼的な直径（1～2 mm）を有する菌糸束が増殖する場合がある．この菌糸束の最外層は，著しく分岐を繰り返す骨格菌糸（skeletal hyhae）や結合菌糸（binding hyphae）からなり，メラニン化を生じ暗褐色から黒色を呈する．その内側には，偽柔組織化した菌糸層が発達し，さらに内側には直径の大きい菌糸が菌糸束と並列に配列しており，菌糸束の中心部は空洞あるいは，菌糸同士が隙間を有して配列する構造になっている．菌糸束の先端領域には，分裂組織に相当する増殖中心があり，高度に組織化された形態形成が行われている．このような菌糸束は強靭で，指で引っ張っても簡単にはちぎれない程度であり，林内の腐朽木上で増殖する菌糸束では，植物根と見間違われる場合もある．

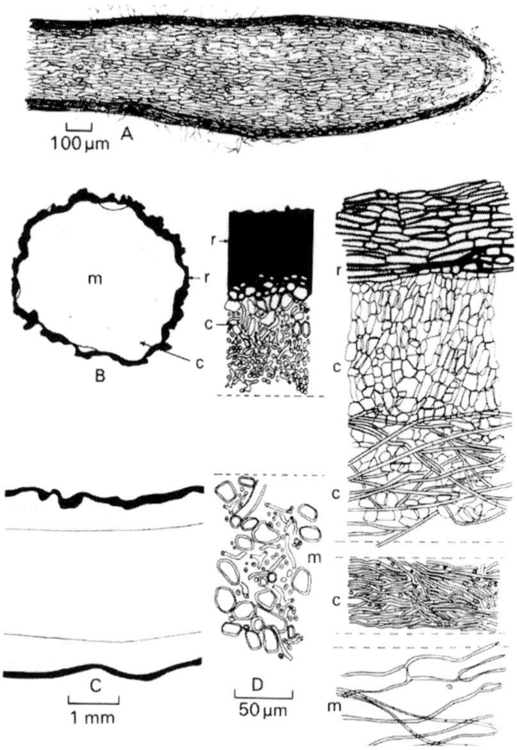

■図 4.2.3　ナラタケの根状菌糸束の構造（ウェブスター[2]より転載）

■図 4.2.2　ナラタケ属菌の根状菌糸束の外観

菌糸束は，菌糸体の栄養生長における養分吸収・輸送のうち，特に長距離輸送を担う形で発達すると考えられる．ナラタケ類やスッポンタケ類（*Phallus* spp.）をはじめとする多くの腐生性菌類において，メートルオーダーにまで菌糸束を伸長させる例が知られ，自然環境下で不均一に分布する資源パッチを効率的に探索して栄養獲得を行いジェネットを発達させている．これら菌糸束の分化・発達には環境因子も深くかかわっており，栄養分の絶対量，CN 比，拮抗生物の存在，その他の物理化学的要因などが知られている．このような菌糸束を発達させることは，それらの菌種の繁殖戦略において重要であり，菌類の生理生態学的側面から研究対象となることが多い．

菌糸束に関連する構造として，偽根(pseudorrhiza)があり，これはツエタケ類（*Xerula* spp.）やナガエノスギタケ（*Hebeloma radicosum*）などで見られる，子実体の柄基部から基質（土壌）中に長く伸びる肉眼的な菌糸組織である．しかし，偽根と菌糸束とが連続する形で発達する場合もあり，両者における構造上の違いは必ずしも明確ではない．俗にヤマウバノカミノケと呼ばれるホウライタケ属（*Marasmius* 属）の菌糸構造も菌糸束である．

（山田明義）

＊引用文献

1) Clémençon H (2004) Cytology and Plectology of the Hymenomycetes. J Cramer, Berlin, pp239

2) ウェブスター J. (1985) ウェブスター菌学概論，講談社，東京

＊参考文献

Agerer R (1991) Characterization of ecto-mycorrhiza — Methods in microbiology, vol. 23 (Norris JR, Dead DJ, Varma AK, eds.). Academic Press, London, pp25-73

Boddy R, et al. (2008) Ecology of saprotrophic basidiomycetes. Elsevier, Amsterdam

Ciarney JWG, et al. (2001) Cryptogamic Botany 2/3 : 246-251

Cook RC, Whipps JM (1993) Ecophysiology of fungi. Blackwell Scientific Publications, Oxford

4.3 菌核の構造と機能および菌核形成

菌核（Sclerotium）は，糸状菌の種々の分類群において見られる，休眠，分散，栄養貯蔵などを目的として形成される栄養菌糸集合体の1つである．通常，球状あるいはそれに類した不定形で，大きさも数十 μm から数十 cm のオーダーまでと幅広い．菌核には胞子形成器官は含まれない．

菌核は，狭義には小型菌核（bulbil，図 4.3.1），菌核（sclreotium），偽菌核（pseudosclreotium）に区分される．小型菌核は，直径が数十 μm 程度と小型で，偽柔組織化した菌糸集合体には，外層と内部構造といった組織分化は見られない．菌核は，小型菌核より大型の菌糸集合体であり，外層と内部構造の組織分化が見られるもので，しばしば肉眼的な大きさにまで発達する．偽菌核は，外見的には菌核に酷似するが，その内部には栄養基質（土壌や腐朽材）が一定の割合で含まれており，純粋な菌糸の集合体ではなく，基質中における菌糸コロニーの生息範囲の意味合いをもつ．

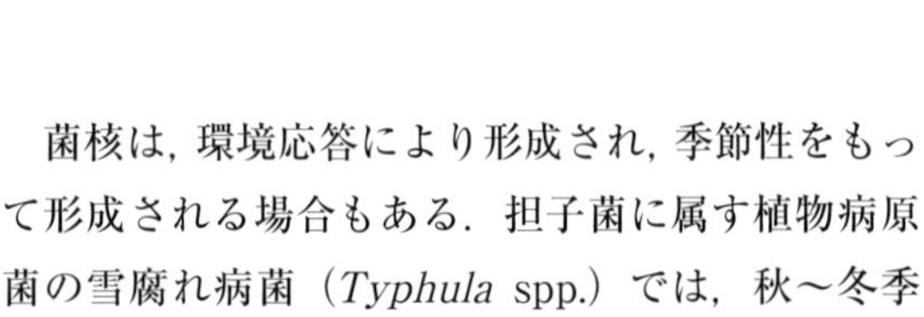

■図 4.3.1 小型菌核（Clémençon[1]，p239）

菌核は，環境応答により形成され，季節性をもって形成される場合もある．担子菌に属す植物病原菌の雪腐れ病菌（*Typhula* spp.）では，秋〜冬季に形成された菌核から，春になると子実体が発生して担子胞子を形成する（図 4.3.2）．同様に，担子菌のタマツキカレバタケ（*Collybia cookei*）やタマムクエタケ（*Agrocybe arvalis*），子嚢菌のミミブサタケ（*Wynnea gigantea*）でも，つねに子実体は菌核から発生しており，菌核形成が生活環において不可欠といえる（図 4.3.3）．一方，担

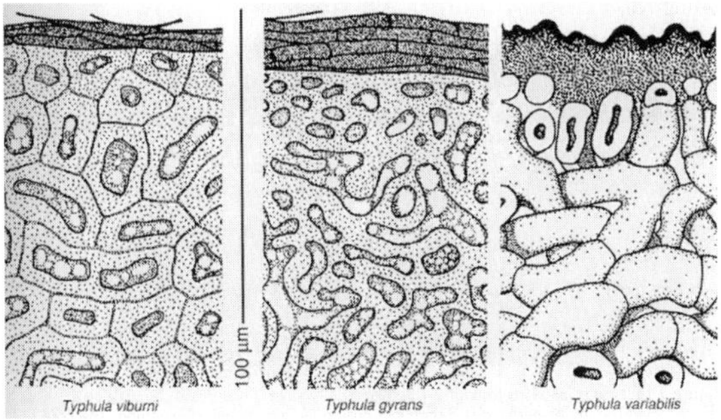

■図 4.3.2　*Typhula* spp. の菌核断面の比較
（Clémençon[1]，p245）

■図 4.3.4　ブクリョウの菌核
（今関ほか[2]，p483）

子菌のブクリョウ（*Wolfiporia cocos*）では，子実体形成とは無関係に大型の菌核が形成され，栄養貯蔵と休眠の機能を主とする構造と考えられる（図 4.3.4）．また，*Cenococcum geophilum* は子嚢菌系の不完全菌であり，外生菌根の形態と菌核の形態で定義された特異的な菌種であるが，直径数 mm 程度の黒色球状の菌核を形成する（図 4.3.5）．

菌核は，子実体形成と同様に，菌糸の集合体（nodule）から始まり，しだいに菌糸融合や細胞の肥大生長などを伴いながら偽柔組織化を進め，緻密な菌糸体構造をつくり上げていく．菌核の皮層（または殻皮）では，メラニン化により暗色から黒色を呈する場合もある．これらの組織化は分類群により形態的に大きく異なる場合があり，雪腐れ病菌では種間差が知られている（図 4.3.2）．

小型菌核や小さい菌核は，胞子などと同様に，風や動物による散布，あるいは人為的な散布も含め，繁殖戦略にとって重要な役目を果たす可能性がある．同時に，微生物汚染（病害拡大）を引き起こす潜在的な危険性も有すると考えられるが，それらの動態は必ずしも明らかにはされていない．環境中における菌核の重要性の一例として，*C. geophilum* の土壌中での分布をあげることができる．*C. geophilum* は汎世界分布で，さまざまな樹木と外生菌根を形成することが知られているが，森林土壌から大量の菌核が見いだされることがあり，土壌菌類バイオマスや土壌の化学性に大きな影響を与えうることが指摘されている．

菌核形成の有無や頻度，あるいは生活環における重要性についても，多くの糸状菌において十分には理解されてるとは言い難い．一方，小型菌核や偽菌核も含めると，歴史的にはきわめて多様な菌核形成が報告されており，糸状菌がこれらを形

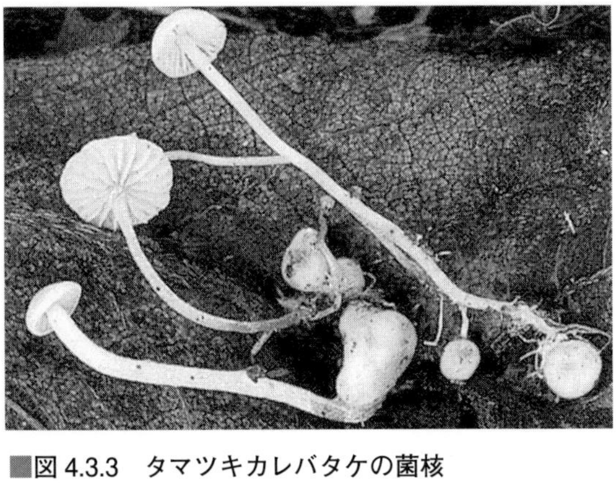

■図 4.3.3　タマツキカレバタケの菌核
（今関ほか[2]，p110）

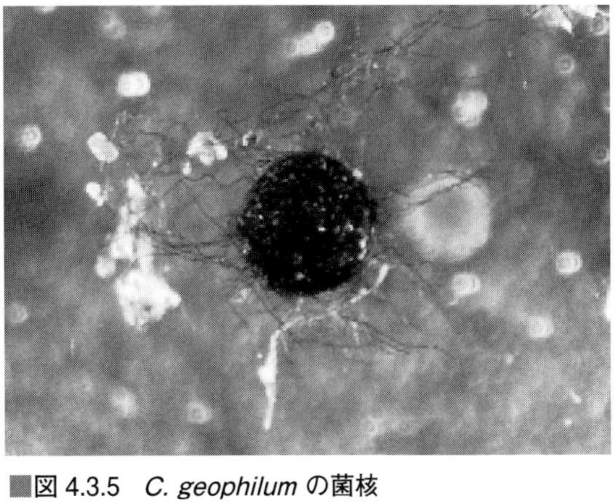

■図 4.3.5　*C. geophilum* の菌核

成する潜在能力は普遍的である可能性が高いと考えられる．

担子菌のチョレイマイタケ（*Dendropolyporus umbellatus*）とブクリョウは，それぞれ猪苓，茯苓の名で漢方薬の原料として広く知られており，菌核の栽培研究もさかんに行われている．

担子菌のタマチョレイタケ（*Polyporus tuberaster*）や子嚢菌のツバキキンカクチャワンタケ（*Ciborinia camelliae*）は，偽菌核から子実体を発生させる．

（山田明義）

＊引用文献

1）Clémençon H（2004）Cytology and Plectology of the Hymenomycetes. J Cramer, Berlin
2）今関六也ほか（1988）日本のきのこ．山と渓谷社，東京

4.4 真菌の二形性

真菌は，酵母形あるいは菌糸形の生育形態で増殖する．酵母は単細胞性で主に出芽によって，ある種の酵母は分裂によって増殖を繰り返す．菌糸形生育は基本的に先端成長により菌糸を伸ばし，隔壁形成により細胞の分裂を行い，後方の細胞で分岐を形成して生育する．さらに多くの場合菌糸から分生胞子，分節胞子，子嚢胞子，担子胞子などの胞子を形成して子孫を増やしている．しかし，病原真菌のある菌は酵母形と菌糸形の両形態と生育様式を示すことから二形性真菌と呼ばれる．

1）主な二形性真菌

（1）通常は菌糸形で，生体内などの特殊な環境で酵母形となる菌

a）輸入真菌症原因菌

ある地域に限定された風土病の原因菌で，日本には生息していない．しかし，流行地を訪問して感染したり，輸入した流行地の産物から感染を起こす場合がある．

Blastomyces dermatitidis
Coccidioides immitis/posadasii complex
Histoplasma capsulatum
Paracoccidioides brasiliensis
Penicillium marneffei

b）皮膚糸状菌

Sporothrix schenckii

（2）通常は酵母形で生体内などの環境で菌糸形をとる

a）*Candida albicans*

通常は酵母形で増殖し生体内で菌糸形を形成する．この菌は通常酵母形で生育し，生体内や特定の環境で菌糸形成長を行う．

b）*Mucor circinelloides* var. *lusitanicus*
Yarrowia lipolytica

病原真菌の中には二形性を示す菌が多く，この形態変換能が病原因子の1つと考えられ，形態変

換メカニズムの研究に多くの興味がもたれている．

c) 植物病原菌

Ustilago maydis　担子菌：トウモロコシ黒穂病疾病の原因である植物病原菌

Magnaporthe grisea　稲熱病菌

Taphrina deformans（大子嚢菌）：桃およびアーモンド縮葉病の原因

サクラてんぐ巣病菌（*Taphrina wiesneri*）

Mycosphaerella graminicola：コムギ葉枯病菌

Holleya sinecauda：カラナシの種子の病原体，子嚢菌

Verticillium albo-atrum：ダイコン，アルファルファのバーティシリウム黒点病菌

2) *Candida albicans* の二形性

Candida albicans は，口腔，消化管，膣，皮膚表面などに常在し，宿主の免疫能低下や抵抗力の減退によるなどの条件ではじめて感染を起こす日和見真菌である．しかし，病原真菌の中では感染頻度の高い菌である（図 4.4.1，4.4.2）．

この菌の二形性は古くから研究されており，研究データも多いが，本質的な解明はなされていない．本菌の二形性に関与する環境条件として，温度，培地の pH，培地成分が関与することが知られている．

3) *Blastomyces dermatitidis*

米国東部，五大湖周辺からミシシッピー河流域

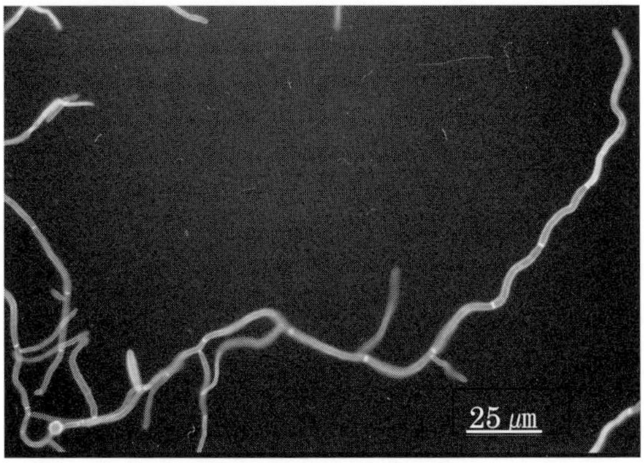

■図 4.4.1　*Candida albicans* の菌糸形

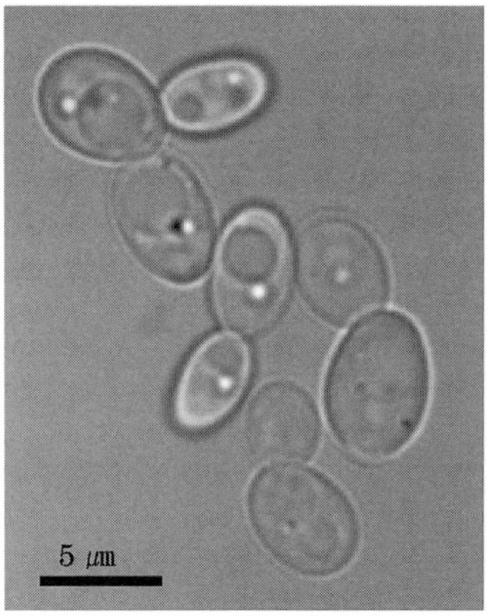

■図 4.4.2　*Candida albicans* の酵母形

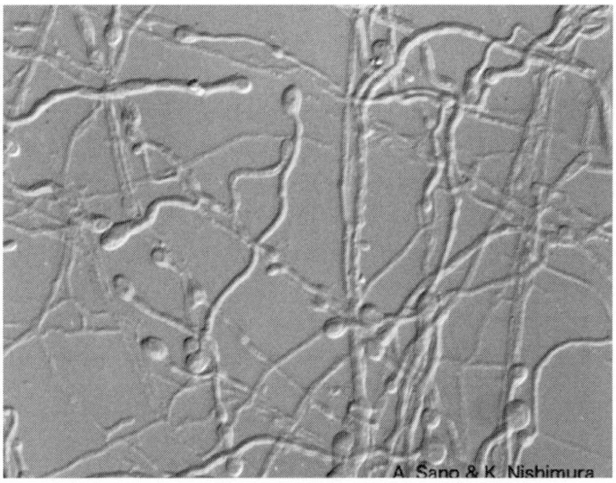

■図 4.4.3　*Blastomyces dermatitidis* の菌糸形（MMRC-HP より引用）

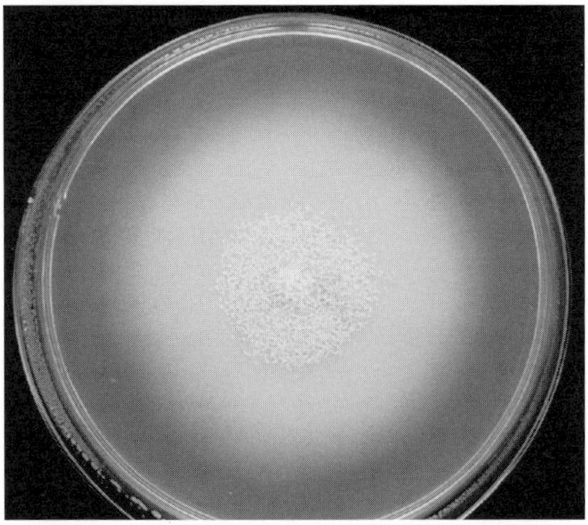

■図4.4.4　*Blastomyces dermatitidis*の巨大培養（MMRC-HP より引用）

の風土病，ブラストミセス症の原因菌．分生子を肺より吸入すると急性，慢性の肺炎を起こす．菌糸から厚膜胞子を形成し，腫大して酵母細胞となり，単極性に出芽して娘細胞を形成する（図 4.4.3，図 4.4.4）．

4）*Coccidioides immitis / posadasii* complex

米国西部から南部地方，メキシコ，中南米に発生する風土病，コクシジオイデス症の原因菌で，反乾燥地帯に生息し，分節型分生子を肺より吸入すると，肺炎を起こす（図 4.4.5，図 4.4.6）．

Coccidioides immitis と *C. posadasii* の complex とされている．

菌糸から分節型分生子を形成し，生体内で膨化して酵母形で分裂を繰り返して球状体を形成する（図 4.4.7，図 4.4.8）．

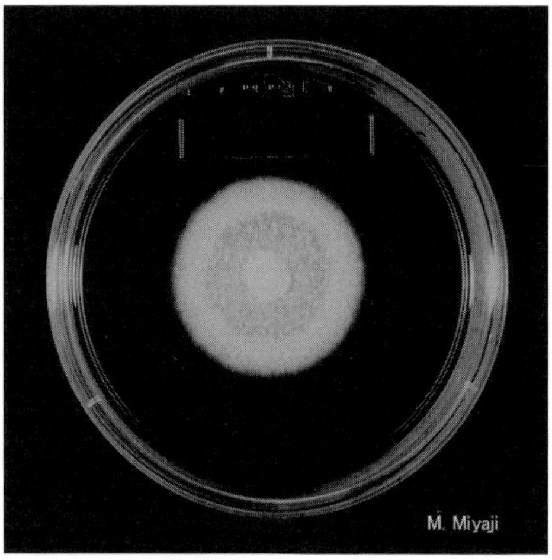

■図 4.4.5　*Coccidioides immitis* の巨大培養
（MMRC-HP より引用）

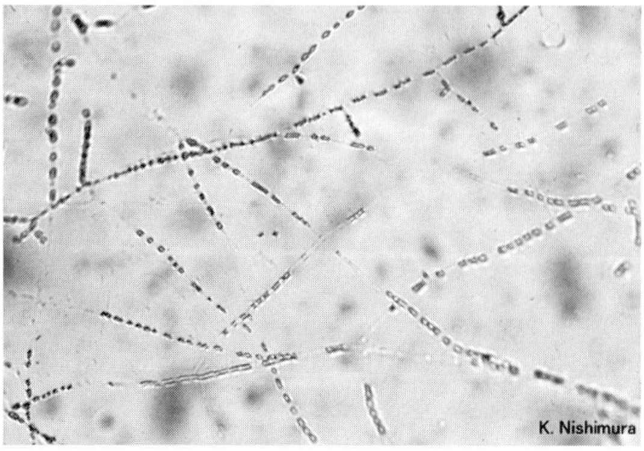

■図 4.4.6　*Coccidioides immitis* の分節型分生子
（MMRC-HP より引用）

5）*Histoplasma capsulatum*

世界中に分布するが，日本ではまれであるヒストプラズマ症の原因菌，動物，ヒトの皮膚や肺に感染を起こす（図 4.4.9 ～ 4.4.12）．

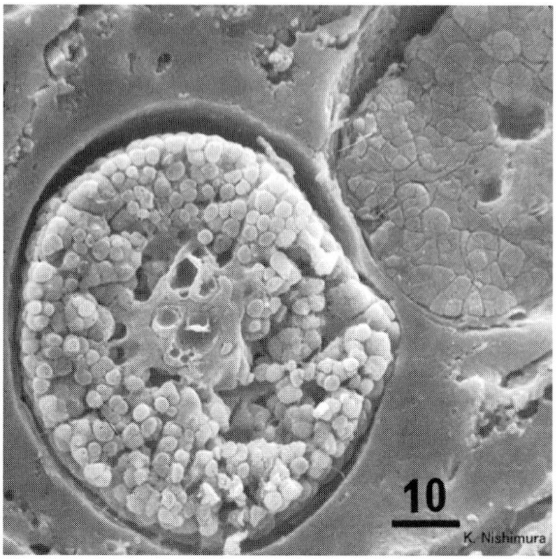

■図 4.4.7　*Coccidioides immitis* の球状体
（MMRC-HP より引用）

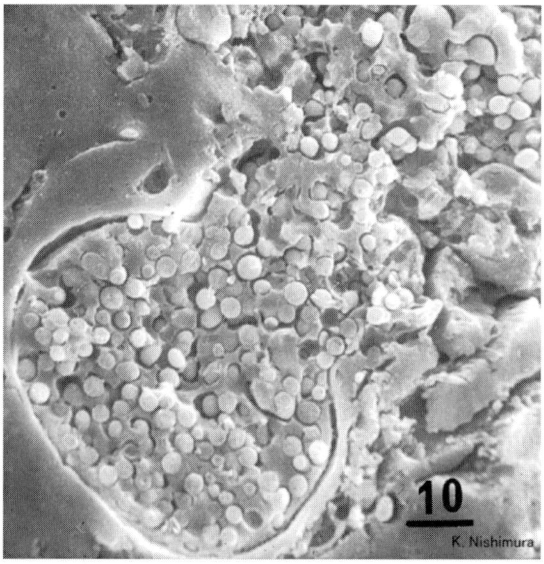

■図 4.4.8　球状体の破裂
（MMRC-HP より引用）

■図 4.4.9 *Histoplasma capsulatum* 巨大培養（MMRC-HP より引用）

■図 4.4.10 *Histoplasma capsulatum* 大分生子と小分生子（MMRC-HP より引用）

■図 4.4.11 *Histoplasma capsulatum* 菌糸と小分生子（MMRC-HP より引用）

■図 4.4.12 *Histoplasma capsulatum* 多極出芽する酵母形（MMRC-HP より引用）

菌糸形から直接出芽により酵母細胞が形成され，多極出芽により酵母形が増殖する．

6）*Paracoccidioides brasiliensis*

中南米，ブラジル，コロンビア，ベネズエラに患者が限局されるパラコクシジオイデス症の原因

■図 4.4.13 *Paracoccidioides brasiliensis* 多極出芽（MMRC-HP より引用）

■図 4.4.14 *P. brasiliensis* 菌糸形と酵母形スラント（MMRC-HP より引用）

菌．皮膚などの傷口より感染し，肉芽腫を形成する．菌糸から厚膜胞子が形成され，多極出芽により娘細胞（酵母形）を形成する（図 4.4.13, 4.4.14）．

7）*Penicillium marneffei*

ベトナム北部，中国南部，タイ北部に生息し，免疫不全のヒトにマルネフィ型ペニシリウム症を引き起こす．同地区に生息する竹ネズミが，潜在的に保菌しているとされる．菌糸より分節型分生子を形成し，分裂型で2分割により酵母形で増殖する（図 4.4.15，4.4.16）．

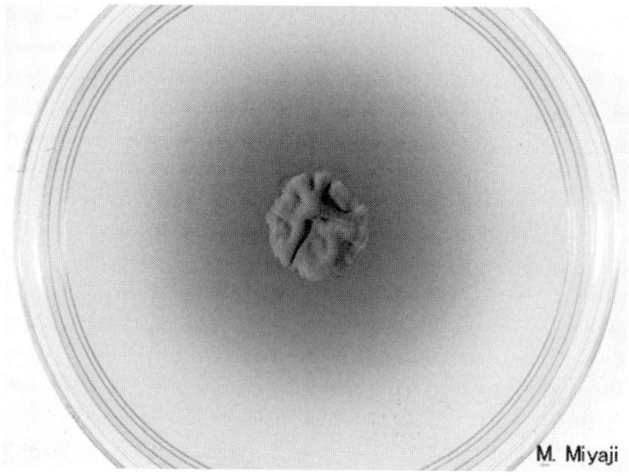

■図 4.4.15 *Penicillium marneffei* 巨大培養（赤色の色素を産生する）
（MMRC-HP より引用）

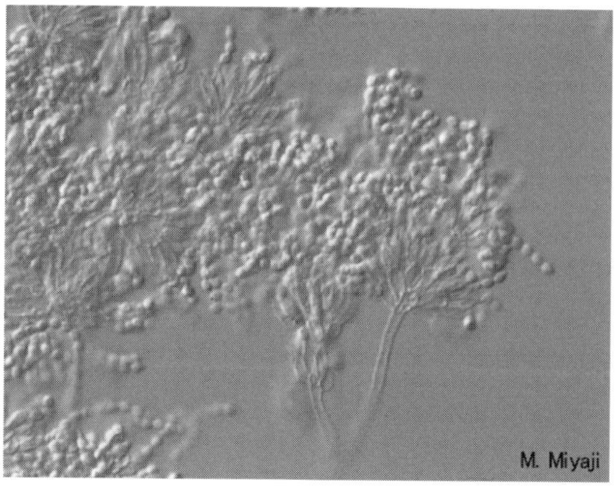

■図 4.4.16 *Penicillium marneffei* 顕微鏡写真
（MMRC-HP より引用）

8）*Sporothrix schenckii*

温暖な地域の世界的に発生が見られるスポロトリコーシスの原因菌，皮膚，皮下組織，リンパ管

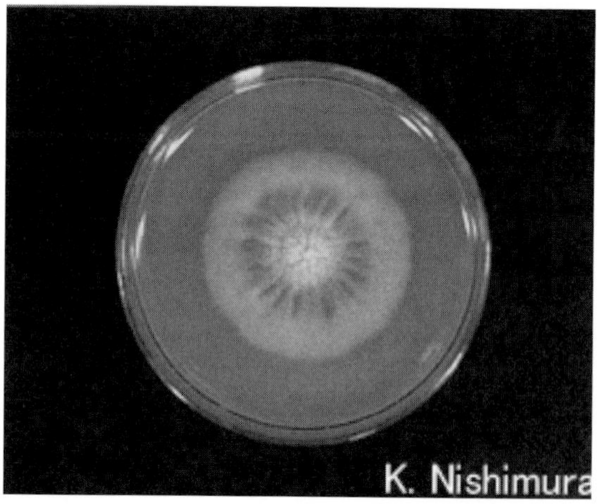

■図 4.4.17 *Sporothrix schenckii* 巨大培養
（MMRC-HP より引用）

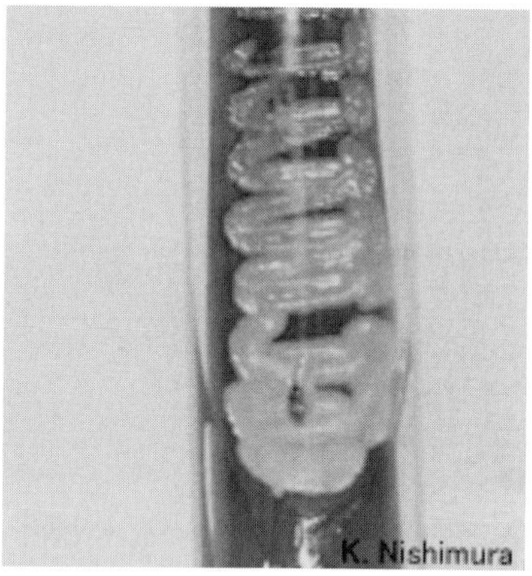

■図 4.4.18 *Sporothrix schenckii* 酵母形スラント
（MMRC-HP より引用）

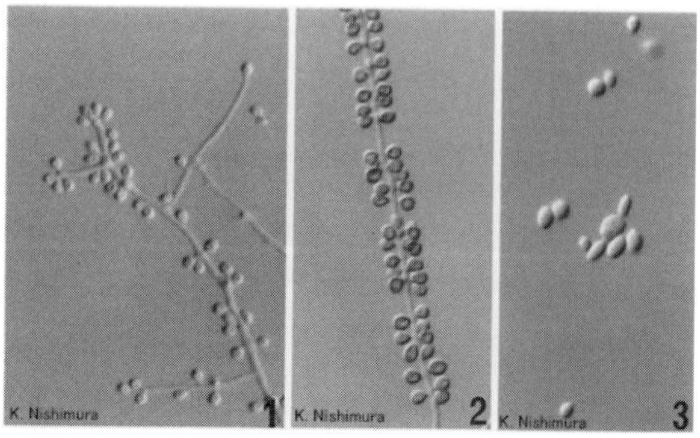

■図 4.4.19 *Sporothrix schenckii*
（1:,2: 菌糸からの分生子形成 3: 酵母の出芽）
（MMRC-HP より引用）

に感染が見られ潰瘍性病変が見られる．分生子が菌糸から直接出芽により形成され，これらの細胞が多極出芽により増殖する（図 4.4.17 ～ 4.4.19）．

真菌は長い間進化し，多様な生育様式と形態的な変化をしながら現在に至っている．現在生息している生物は，進化の結果であると同時に，進化の中に生きている．

現在生きている真菌を調べれば，進化の経過を知るとともに未来予測もできるかもしれない．

（横山耕治）

＊参考文献

宮治　誠 編（2007）病原真菌ハンドブック．医薬ジャーナル社，大阪

宮治　誠・西村和子 編著（1993）医真菌学辞典第 2 版．協和企画通信，東京

MMRC-HP：千葉大学真菌医学研究センターホームページ　真菌・放線菌ギャラリー　http://www.pf.chiba-u.ac.jp/index.html

5 雌雄性と交配系

5.1 雌雄性および交配系の分化

図 5.1.1 は代表的な子嚢菌類と担子菌類の生活史における時間的流れを高等動植物のそれと比較したものである．高等動植物は生活史の大半を複相（diploid, 2n）で過ごすが，子嚢菌，担子菌類の複相の世代はそれぞれ子嚢と担子器の中で経過する核融合から減数分裂までの短期間に限定されている．また，高等担子菌であるキノコの仲間では，細胞質の融合後も互いの単相（haploid, n）核は融合せず，それに続く細胞分裂の過程でも各々の核は分かれたまま対になって成長を続ける重相（dikaryon, n+n）と呼ばれる世代があることを特徴とする．このように生活史において，高等動植物では複相を基本としているが，菌類では単相あるいは重相が基本となる．

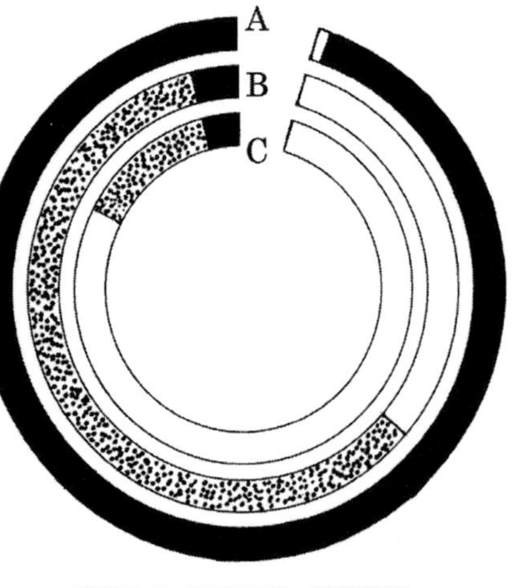

■図 5.1.1　生活環
A：高等動植物，B：担子菌類，C：子嚢菌類.

雌雄性の区別を考える場合，植物では雌雄同株（monoecious）と雌雄異株（dioecious）の 2 型が考えられている．しかし，菌類の場合上記のように単相を基本としており，さらに，有性過程の第一歩が単相の菌糸体（あるいは細胞）の融合で始まると考えるならば，融合にあずかる菌糸体の間には形の差が見られない場合が多く，雌雄の違いを形態的に区別することは困難である．したがって，菌類の場合，上記の 2 型に代わる用語としてホモタリズム（homothallism）およびヘテロタリズム（heterothallism）の名が Blakeslee[1] によって提唱された．

ホモタリズムは雌雄同株に相当するもので，単相の菌糸体に雌雄性の区別がなく，単独の単相細胞から重相化を生じて接合子や子嚢，担子器を形成して有性世代を営むことができる．これには，菌糸内の単相核同士で重相化を行うものや，不特定の単相菌糸体間で融合を起こして重相化するものが含まれる．一方，雌雄異株に相当するヘテロタリズムでは，重相化を生じて有性世代を完結するために，互いに異なる単相菌糸体の融合（接合）を必要とする．

ヘテロタリズムを示す菌類では，単相菌糸体の性の違いを形態的に区別することは困難なため，性の決定には実際にかけ合わせ（菌類の場合交配，mating という用語が用いられる）を行って調べなければならない．ところで，性とは，ある個体が雌性であるか雄性であるかを示すもので，後者は配偶子（精子）核を与える側の，前者は配偶子核を受け取る側の個体を指すものと考えられる．しかし，単相の菌糸体は重相化に際し，2 つの菌糸体間で相互に核のやりとりを行うため，雌・雄の言葉を用いるのは適切でない．したがって，これに代わって交配型（mating type）という語が用いられている．交配型は染色体に座乗する交配型因子（mating type factor）によって決定されている．交配によって安定な重相化が営まれる関係を和合性（compatible）といい，これは互いに異なる交配型をもつ単相菌糸体間の交配で見られる．一方，同じ交配型あるいは一部が同じ交配型をもつ菌糸体間では安定な重相化が見られず，この関係を不和合性（incompatible）という．

ヘテロタリズムを示す種の中には，交配試験の結果，1つの子実体から得られた胞子が2種類の交配型に分かれるものと4種類に分かれるものが観察されており，前者の場合を二極性，後者を四極性という．二極性では1対の交配型因子，四極性では2対の交配型因子が関与している．

（村上重幸）

＊引用文献

1) Blakeslee AF (1904) Proc Amer Acad Sci 40 : 206-319

＊参考文献

Fincham JRS, Day PR (1971) Fungal genetics, 3rd ed. Blackwell Sci, Hoboken.

衣川堅二朗（1990）キノコの遺伝と育種．築地書館，東京

Raper JR (1966) Genetics of sexuality in higher fungi. Ronald Press, New York

宇田川俊一ほか（1979）菌類図鑑（上）．講談社，東京

5.2 菌糸細胞の接合様式

菌類の中でも高等担子菌であるキノコ類の二核菌糸同士が接合（conjugation，融合 fusion ともいう）する現象は，たとえば有性生殖器官である子実体の原基を形成する過程や子実体の菌柄を構成する菌糸細胞間で一般的に認められており，原基や菌柄の構造的強化あるいはそれらを構成する菌糸間での細胞質連絡の緊密化を促進する役割を果たすものと推察されている（図5.2.1）．

一方，一核性の菌糸（一核菌糸 monokaryon，ホモカリオン homokaryon あるいは一次菌糸 primary hypha という）が和合性の他の一核菌糸と接合し，有性生殖を営むことのできる二核性の菌糸（二核菌糸 dikaryon，ヘテロカリオン heterokaryon あるいは二次菌糸 secondary hypha という）を形成する現象は交配として周知のことである．この接合による交配過程を二核化（dikaryotization）と呼ぶ．子嚢菌類では一般的に，有性生殖器官としての子嚢果（ascocarp）内で2つのホモカリオンからそれぞれ形態分化した造嚢器（ascogonium）と

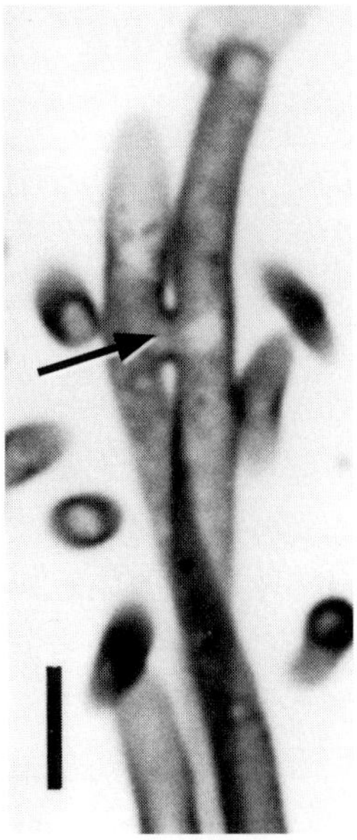

■図5.2.1　シイタケの子実体原基を構成する二核菌糸の細胞間接合の位相差顕微鏡像
矢印は接合部を示す．スケールは5 μm.

造精器(antheridiumn)との間で受精糸(trichogyne)を介して細胞の接合が起こる．その後，造嚢器から生じた二核性の造嚢細胞（ascogenous cell）が，かぎ形構造（crozier，担子菌類の二核菌糸に見られるクランプ結合に類似する構造）を形成しながら細胞分裂し，その先端細胞が有性胞子としての子嚢胞子形成母細胞である子嚢（ascus）に発達する[1]．

このように，子嚢菌類における交配のための菌糸細胞接合は子嚢を形成する少し手前で起こるのに対して，担子菌類での同様の菌糸細胞接合は，栄養成長する2つの和合性一核菌糸間で起こり，この二核化によって生じた二核菌糸は1つの細胞に2つの核を共存したまま栄養成長をし続ける．そして，二核菌糸が環境条件の変化に遭遇すると子実体を形成し，そこで有性胞子としての担子胞子を形成するように，これら2つの菌群では有性生殖に先立つ菌糸細胞の接合が生じる時期には大きな違いがある．

担子菌類の交配における菌糸細胞の接合様式には，一核菌糸の細胞先端が相手の菌糸の中間細胞の側壁に接合する場合，それぞれの一核菌糸の中間細胞の側壁から生じる突起状構造の先端同士が接合する場合，一核菌糸の細胞先端が相手の菌糸の先端細胞の側壁に接合する場合の3つの様式が知られている（図5.2.2，5.2.3）．いずれの接合様式であれ，菌糸先端のような若い部位が関係しており，菌糸細胞の接合には代謝活性の高い細胞の関与が必要である．ちなみに，シイタケの一核菌糸間交配における菌糸細胞接合は，図5.2.4の模式図に示す過程を経て完結すると考えられている[2]．

また，担子菌類の交配における菌糸細胞の接合の際，菌糸が互いに引き合うような行動をしたり，菌糸先端が近づくとそれに対面する相手菌糸の側壁が突き出るようになる現象は古くから指摘されている．このような現象の物質的基礎を解明するための研究がコガネニカワタケ *Tremella mesenterica* を用いて行われた結果，接合菌糸の形成を誘導するフェロモン様の物質として，ペプチド性のトレメロゲン A-10 が明らかにされている[3,4]．しかし，その他の担子菌類では，そのような物質の存在はいまだに不明である．なお，キノコ類の一核菌糸同士が接合して正常な二核菌糸になる二核化過程は不和合性因子と呼ばれる遺伝子により制御されるが，菌糸細胞の接合は前述のよ

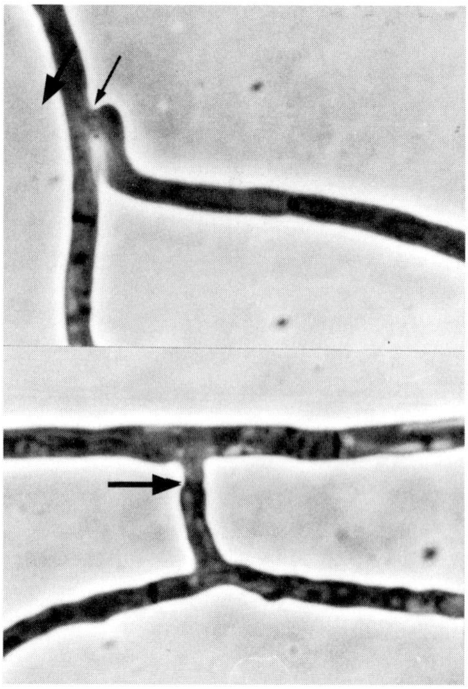

■図5.2.2　シイタケの交配における一核菌糸間での接合の位相差顕微鏡像
矢印は接合部を示す．

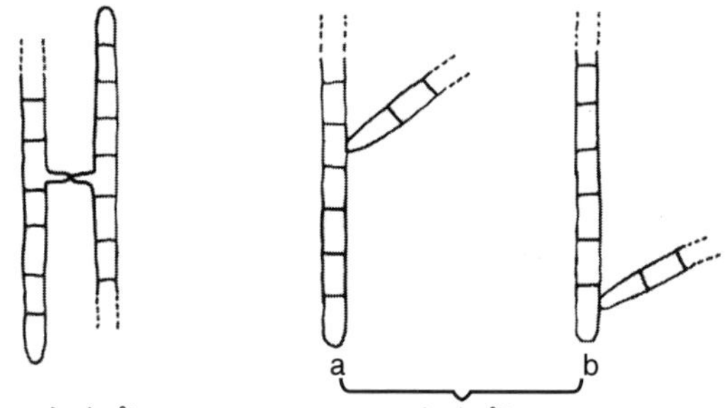

■図5.2.3　シイタケの交配における一核菌糸間での接合様式の模式図
タイプ1：側壁から生じた突起状菌糸間での接合，タイプ2のa：先端細胞と先端より後方の菌糸細胞間での接合，タイプ2のb：先端菌糸細胞間での接合．

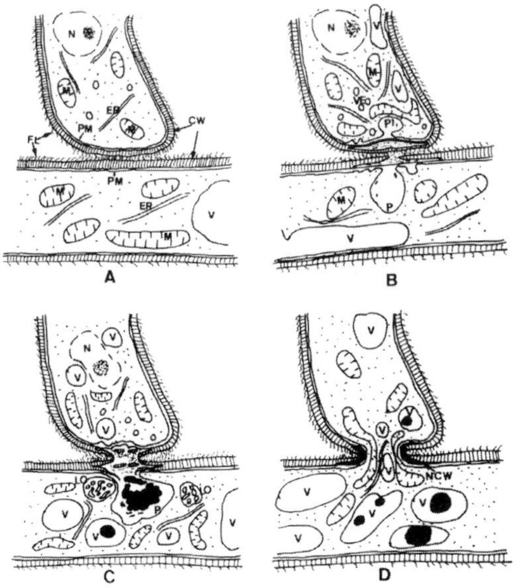

■図 5.2.4　シイタケの交配における和合性一核菌糸間での接合過程の模式図
A：フィブリル層（FL）による両菌糸細胞の接着，B：細胞壁（CW）溶解の初期段階，C：細胞壁溶解がかなり進行した段階，D：菌糸細胞接合が完結した段階．ER：小胞体，LO：ロマゾーム様膜構造，M：ミトコンドリア，N：核，NCW：新たに形成された細胞壁，P：原形質膜の嚢状陥入，PM：原形質膜，V：液胞，VE：細胞質小胞．

うに同じ二核菌糸細胞間や同じ不和合性因子を有する一核菌糸細胞間においても起こることから，菌糸細胞接合には不和合性因子は直接関与しないと考えられている[5]．　（福政幸隆）

＊引用文献

1) Moore-Landecker E (1972) Fundamentals of fungi. Prentice-Hall, London, pp50-90
2) 中井幸隆 (1986) 菌蕈研究所研究報告 24 : 1-202
3) Tsuchiya E, Fukui S (1978) Agr Biolog Chem 42 : 1089-1091.
4) Sakagami Y, et al. (1979) Agr Biolog Chem 43 : 2643-2645.
5) 鎌田　堯 (2002) キノコとカビの基礎科学とバイオ技術．アイピーシー，東京，pp45-50

5.3 ヘテロカリオンの形成機構とクランプ結合形成

「5.1　雌雄性および交配系の分化」で詳述しているようにヘテロタリックな交配系（ヘテロタリズム）をもつ菌類が有性生殖を営むためには，和合性の 2 つのホモカリオン（一核菌糸ともいう）が接合して，1 つの菌糸細胞内に遺伝的に異なる交配型の 2 つの核が対合したヘテロカリオン（二核菌糸ともいう）を形成する必要がある．担子菌類，特にキノコ類の二核菌糸形成（二核化 dikaryotization）に先立つ一核菌糸間での接合様式については，すでに 5.2 節で記述しているので，ここでは二核化における核の行動と新生二核菌糸の形成機構および二核菌糸のクランプ結合形成についてふれる．

一核菌糸の中間に位置する細胞間での接合により，2 つの菌糸細胞が融合すると，まず細胞質が移行し，混和する．図 5.3.1 は菌糸細胞の融合部位を介して移行しているミトコンドリアを示している．細胞質の移行・混和に続いて，核の移行が起こる．この核の移行に関して，2 つの一核菌糸細胞の核は融合部位を介してそれぞれ相手側の菌糸細胞に交互に移行するといわれているが，シイ

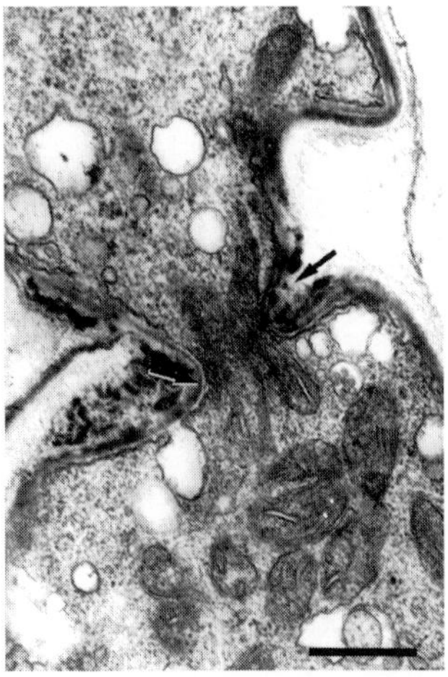

■図 5.3.1　シイタケの融合した一核菌糸細胞間を移行するミトコンドリアの透過型電子顕微鏡像
接合部（矢印）を介してミトコンドリアが移行している．スケールは 0.5 μm.

タケ（*Lentinula edodes*）の場合には，核は一方方向にのみ移行することが認められている．いわゆる，一核菌糸間接合において，積極的に行動する菌糸から相手側の菌糸への核の移行である[1]．そして，この核移行に先立ち，受け入れ側の細胞の核は消失する．移行核は，受け入れ側の菌糸の先端細胞方向に，核分裂を伴いながら，隔壁の部分的崩壊により生じた小孔を通じて多くの細胞を移動する．そして，先端細胞ではじめて相手核と対合し，その細胞から新たに成長した菌糸部位でクランプ結合を形成して二核菌糸細胞が生じると一般的に考えられている．しかし，シイタケにおける二核菌糸細胞の形成機構は上述の考え方とは異なっており，図 5.3.2 に模式的に示すように，

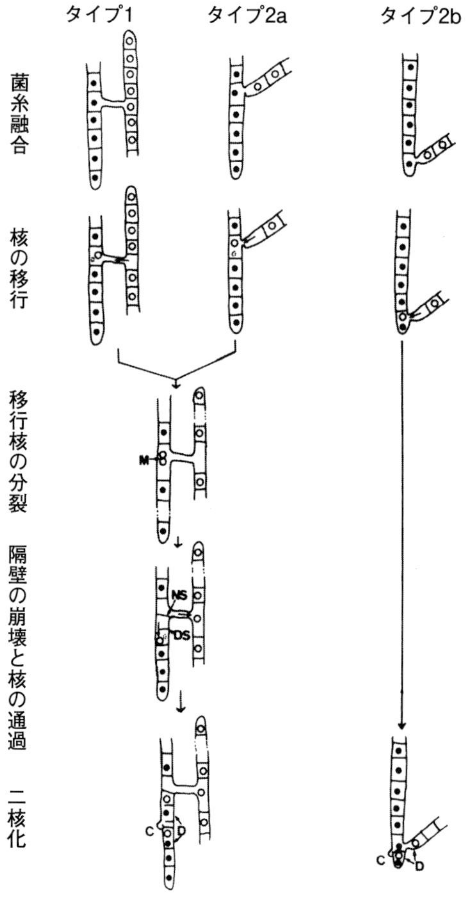

■図 5.3.2　シイタケの和合性一核菌糸間交配による二核菌糸形成を示す模式図

移行核が相手菌糸内を先端方向に 1 ～ 2 細胞移動した後，菌糸先端から数細胞後方に位置する細胞内で相手核とはじめて対合する．この対合核の近くの一核菌糸細胞側壁からクランプ結合が形成され，その菌糸細胞が直接 2 つの二核菌糸細胞に分化し，二核菌糸形成過程が完結する[1]．この交配における二核菌糸形成過程は不和合性因子と呼ばれる遺伝子により制御されるが，その制御機構については第V部ゲノム・遺伝子の項で詳しく述べられているので参照されたい．そして，この二核菌糸細胞から分枝が生じ，それが二核菌糸コロニーへと成長していく．

他方，シイタケにおける一核菌糸の先端細胞間での接合の場合には，融合細胞自体が 2 核の対合とそれに続く 2 核の同調分裂ならびにクランプ結合形成により 2 つの二核菌糸細胞に分化する（図 5.3.2）．さらにキノコ類においては和合性の二核菌糸と一核菌糸間でも交配は可能であり，一核菌糸は二核菌糸の 2 つの核のうちの 1 つを受け入れることで二核化する．この交配の仕方をダイ・モン交配あるいはブラー現象（buller phenomenon）と呼び，一核菌糸間の交配モノ・モノ交配と区別している．ダイ・モン交配における細胞構造の動態については，核の行動がかなり複雑な様相を見せるほかは基本的にはモノ・モノ交配の場合に類似する[2]．

このようなキノコ類の交配における二核菌糸形成過程では，核の受け入れ側の菌糸細胞に移行した供給側の核が受け入れ側の一核菌糸内をその先端細胞に向かって菌糸の成長速度と比べて速く移動することが特徴的な事象として報告されている．その核の菌糸内移動速度は，スエヒロタケでは 0.5 ～ 3 mm/ 時間[3,4]，カワラタケ（*Coriolus versicolor*）では 17 mm/ 時間[5]，*Coprinus congregatus* では実に 40 mm/ 時間[6]，シイタケでは 0.08 ～ 0.13 mm/ 時間[7] であるといわれている．一方，核の移動距離は，シイタケ[1] では約 2 細胞であるのに対して，スエヒロタケ[4] では 20 ～ 40 細胞に及ぶ．この核の細胞間移動の方向や動力源は

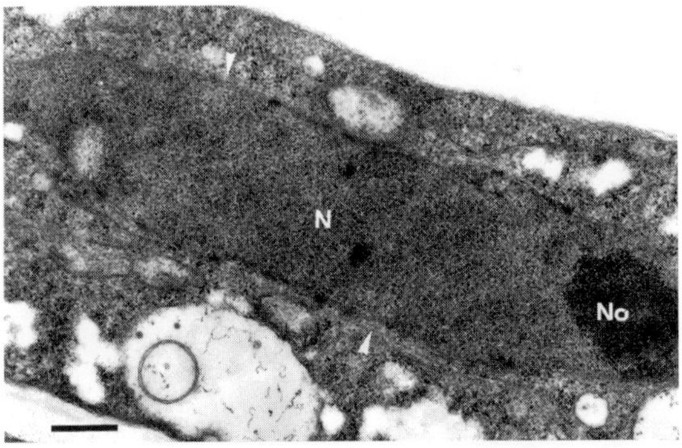

■図 5.3.3 移動核に密接している細胞質微小管の透過型電子顕微鏡像
矢じりは細胞質微小管を示す．スケールは 0.5 μm.

どのような仕組みで行われるのであろうか．この点に関して，菌糸内を移動している核には例外なく細胞質微小管（cytoplasmic microtubule）の密接な介在が透過型電子顕微鏡により観察されることに加え（図 5.3.3），メチルベンジイミダゾールカーバメイトなどの抗細胞質微小管薬剤の施用により正常な核行動が妨げられることから，細胞質微小管がそれらの役割を果たしていると考えられている．

また，核が細胞間を移動するに当たっては，通常の栄養菌糸成長過程では核をはじめ各種の細胞内小器官の細胞間移動を制限しているドリポアー・パレンテゾーム型の細胞隔壁が部分的に崩壊し，通路としての孔を形成するようになる．この種の孔の形成部位については，図 5.3.4 および 5.3.5 に示すように，ドリポアー構造と側壁の間の隔壁部分あるいは隔壁全体が崩壊する 2 つのケースが認められる．このような細胞隔壁崩壊のタイミングと核移動との関係についての定説はないが，シイタケでは核の移動に先立ち該当する細胞の隔壁が一気呵成に崩壊するのではなく，核の移動と同調しながら 1 つずつ順次崩壊していくと考えられている[1]．このことから移動核が細胞隔壁崩壊を制御する役割を担っていると推察されるが，その機構については明らかでない．

上述のようにして形成されたキノコ類の二核菌糸は，好適な環境条件下では栄養成長をし続け，

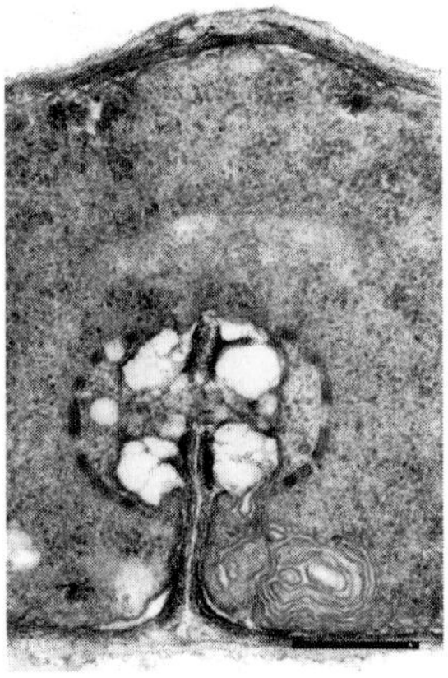

■図 5.3.4 部分的に崩壊して小孔を形成している細胞隔壁の透過型電子顕微鏡像
スケールは 0.5 μm.

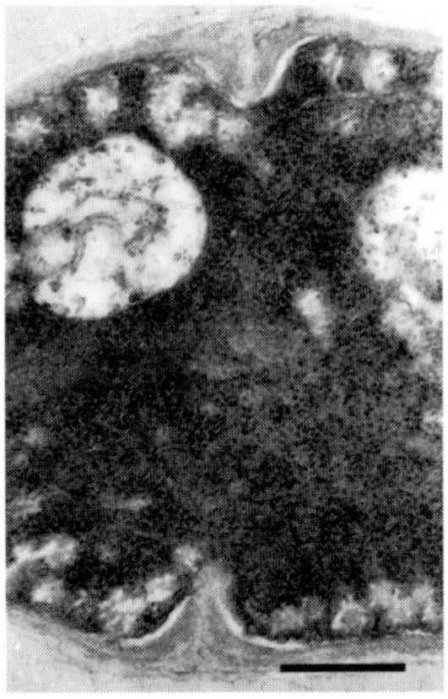

■図 5.3.5 崩壊して孔を形成している細胞隔壁の透過型電子顕微鏡像
スケールは 0.5 μm.

ナメコ（*Pholiota nameko*）など少数のキノコ種の栄養成長過程で普通に認められる二核菌糸の一核化現象（脱二核化 dedikaryotization ともいう）を例外として[8]，ヘテロタリックな核の重相状態は安定的に維持され，脱二核化することはない（図 5.3.6）．ただ，キノコ種によりヘテロカリオンの細胞形態は異なっている．シイタケやヒラタケ（*Pleurotus ostreatus*）などのヘテロタリックな交配系をもつ多くのキノコ類の二核菌糸は 1 細胞 2 核で，細胞隔壁近傍にクランプ結合（clamp connection）と呼ばれる二核菌糸に特有のかすがい状突起構造を有するが，マツタケ（*Tricholoma matutake*）のそれは 1 細胞 2 核であるものの，

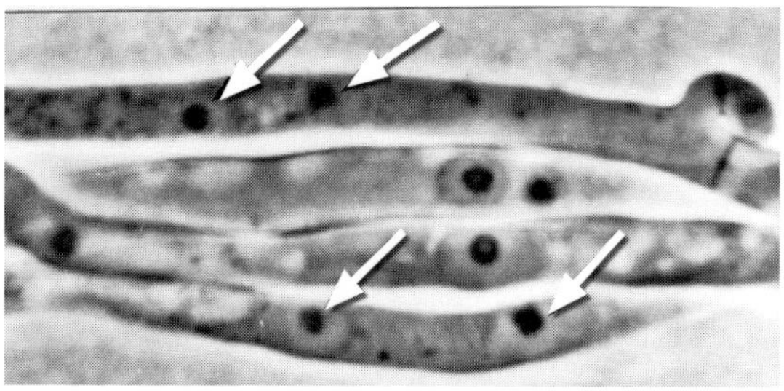

■図 5.3.6　シイタケ二核菌糸細胞の核の重相状態を示す位相差顕微鏡像

クランプ結合をもたない．西洋マッシュルーム（*Agaricus bisporus*）のヘテロカリオンは多核であり，クランプ結合ももたない．

キノコ類の二核菌糸に一般的に観察されるクランプ結合の機能については，細胞分裂時において2つの核を規則正しく各細胞に分配する役割を果たすといわれているが，クランプ結合をもたないマツタケの二核菌糸でも2つの核は正確に分配されることから，その真の役割については明らかでない．なお，二核菌糸の細胞分裂において，2つの核は同調的に分裂（共役核分裂，conjugate nuclear division ともいう）する．1つはクランプ結合形成の前段階の構造であるフックの中で，他の1つはフック近傍の菌糸細胞内で分裂する．そして，フック内に移行して分裂する核は対合している2つの核のうちの先頭に位置する核であることが明らかにされ（図 5.3.7），またフック内で分裂した娘核はその後先端細胞では後方に位置取りするようになる．このような位置どりの理由として，フック内で分裂する核の紡錘体の長さが菌糸内で分裂する核のそれより短いため，菌糸内で分裂した娘核のほうがより遠くに動いていくことが原因であると考えられている．このようにして，二核菌糸の細胞分裂のたびに対合する2核の先端細胞での位置取りは置き換わることが指摘されている[9]．また，フックは，先端細胞が次端細胞の長さのおよそ2倍に成長する頃，その先端細胞の中央部の側壁が突出することでフックを形成する．このフック形成とそれに続く共役核分裂，隔壁の形成ならびにフック先端と次端細胞の融合に

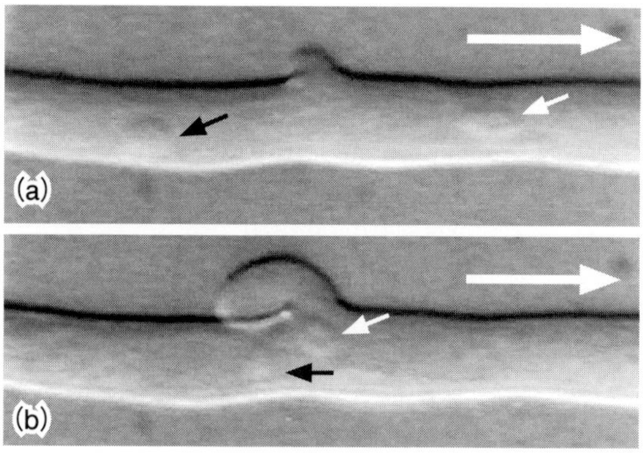

■図 5.3.7　フック形成に伴う核の行動を示すノマルスキー微分干渉顕微鏡像

a：フックの形成初期，核がフックに近づく．大きい白矢印は菌糸の先端方向を示す．小さい白矢印は先頭に位置する核，小さい黒矢印は後方の核を示す．b：先頭に位置する核（小さい白矢印）が形成されたフックに入ろうとしている．

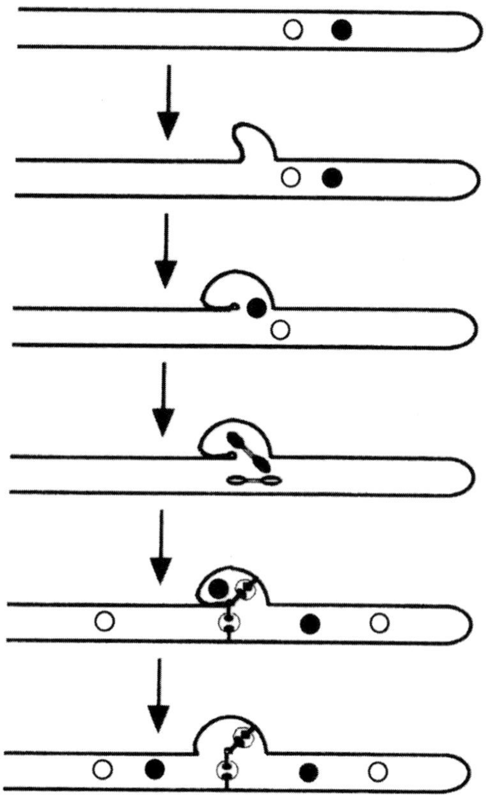

■図 5.3.8　担子菌類二核菌糸のクランプ結合形成を伴う細胞分裂過程の模式図

より生じる小孔を介した分裂核の次端細胞への移行の段階を経て二核菌糸の細胞分裂が完了する（図 5.3.8）．シイタケ菌の二核菌糸の細胞分裂過程におけるこれらの各段階に要する時間については，フック形成に 13 ～ 15 分，共役核分裂に約 10 分，隔壁形成に約 10 分であったが，フックと次端細胞の融合の時間は各々の菌糸により 40 ～ 100 分と相当の幅があるようである[1]．

（福政幸隆）

＊引用文献

1）中井幸隆（1986）菌蕈研究所研究報告 24 : 1-202
2）Nguyen TT, Niederpruem DJ（1984）The ecology and physiology of the fungal mycelium（Jenning DH, Rayner AD, eds.）. Cambridge Univ. Press, Cambridge
3）Snider PJ, Raper JR（1958）Am J Botany 45 : 538-546
4）Niederpruem DJ（1980）Arch Microbiol 128 : 172-178
5）Lange I（1966）Flora Abstract A 156 : 487-497
6）Ross IK（1976）Mycologia 68 : 418-422
7）Kinugawa K, Inoue Y（1977）Trans Mycolog Soc Jpn 18 : 365-374
8）Arita I（1979）Rep Tottori Mycolog Inst 17 : 1-118
9）Iwasa M, et al.（1998）Fungal Gen Biol 23 : 110-116

5.4 準有性生殖

菌類の栄養菌糸体の中で起こる遺伝的組換え現象．有性生殖（sexual reproduction）と同様に，新たな遺伝的組換えの場を与えることから，Pontecorvo[1] はこの現象を準有性または疑似有性（parasexuality）と呼んだ．この現象は最初にコウジカビ（*Aspergillus nidulans*）で報告され，その後，多くの子嚢菌類やいくつかの不完全菌類，担子菌類で見いだされた．この準有性生活環（parasexual cycle）は基本的には以下の過程で行われる．

①異なる単相菌糸体の融合により，遺伝的に異なる核が共存するヘテロカリオンが形成される．

②通常核は個々に分裂を繰り返し，単相の状態を維持するが，まれに異なる単相核同士が核融合を起こし異形接合二倍体核（diploid heterozygous nuclei）を形成する（二倍体核の形成は *Aspergillus nidulans* において 10^{-6} 程度のきわめて低い頻度で生じることが，Roper[2] によりはじめて報告された）．

③核の分裂に伴い体細胞組換え（somatic recombination, mitotic recombination）が起こる．この遺伝子組換えの現象は初めショウジョウバエ（*Drosophila*）の体の組織で観察され，Stern[3] によって報告された．この組替えでは減数分裂同様，相同染色体の間で有糸分裂交叉（mitotic crossing over）を生じ，染色体内の部分的組換えを生じる．

④引き続く核分裂の際，染色体の不分離（non-disjunction）による単相化（haploidization）を起こして新たな遺伝的組合せの単相核が形成される．

有性生殖は遺伝的多様性を有した生殖細胞を生み出す重要な機構であり，この機構によって新たな形質を獲得した個体の中から，多様な環境に対応できるものが選抜されるものと考えられる．しかしながら，菌類には有性生活環がないかあるいは観察されずに，無性生活環（asexual cycle）で過ごす菌種がたくさん観察される．これらの菌類は，前記のような遺伝子の組換えを行う特殊な機構を備えているため，有性生殖のための完全世代の形成という複雑な過程を省略しているのではないかと推測されている．

準有性生殖（parasexual reproduction）は，不完全菌類など主に無性生活環で過ごす菌類の遺伝子地図の作成に有効であり，育種プログラムの構築に役立てられている．また，担子菌類のスエヒロタケ（*Schizophyllum commune*）やウシグソヒトヨタケ（*Coprinus cinereus*）などで，ブラー現象の不和合性組合せにおいて新しい二核菌系が出現することが知られているが，準有性生殖過程はこの際の新核形成機構を説明する主要な現象の1つとして考えられている．

（村上重幸）

＊引用文献

1）Pontecorvo G（1954）Caryologia, Suppl 6 : 192-200
2）Roper JA（1952）Experientia（Basel）8 : 14-15
3）Stern C（1936）Gene 21 : 625-730

＊参考文献

Esser K, Kuenenn R（1967）Genetics of fungi. Springer Verlag, New York
Fincham JRS, Day PR（1971）Fungal genetics, 3rd ed. Blackwell Sci, Hoboken
Raper JR（1966）Genetics of sexuality in higher fungi. Ronald Press, New York

6 生殖器官形成

序：生殖の様式

菌類の生殖様式には有性生殖(sexual reproduction)と無性生殖（asexual reproduction）があり，結果として1あるいは多細胞からなる生殖細胞としての胞子（spore）がつくられる．菌類はこの胞子を分散させて繁殖しているが，有性生殖によってつくられる胞子を有性胞子（sexual spore），無性生殖によってつくられる胞子を無性胞子（asexual spore）と呼んでいる．胞子の形成過程においては，通常，栄養体と機能的に区別される生殖に特化した単細胞あるいは多細胞の構造体，すなわち生殖器官（reproductive organ）が形成される．生殖器官のうち，配偶子，配偶子核の供給体あるいは受容体としての機能をもつものを有性生殖器官（sexual reproductive organ），胞子形成細胞を支持あるいは保護する構造体を子実体という．生殖器官は多くの菌類，特に栄養体がよく発達した菌糸体からなるものでは体の一部に形成されるが，単細胞状の体制をもつツボカビ類の一部などでは栄養体の全部がそのまま生殖器官に移行する場合もある．前者のような性質を分実性（eucarpic），後者のような性質を全実性（holocarpic）という．前者では栄養相と生殖相が共存するが，後者では共存しない．菌類に見られる生殖器官にはさまざまなものがあり，菌群によって特徴的なものがつくられることが多い．（長澤栄史）

6.1 有性生殖の様式

菌類における有性生殖は基本的に植物や動物などの他の生物と変わりなく，典型的には①原形質融合（plasmogamy，同一細胞内に性的に異なった単相の核がもたらされる），②核融合（karyogamy，性的に異なった二核が融合して複相の接合子核が形成される），③減数分裂（meiosis，複相核が減数分裂して単相核が形成される）の3つの過程からなるが，これらが行われる様式や方法，場所や時期などは一様ではなく，菌群によって特徴がある．菌類は大きく(a)ツボカビ類（chytridiomycetes），(b) 接合菌類（zygomycetes），(c) グロムス類（AM菌類, glomeromycetes），(d) 子嚢菌類（ascomycetes），(e) 担子菌類（basidiomycetes）の5群に分けられるが，有性生殖が知られていないグロムス類を除くそれぞれのグループにおいては以下のような生殖行為によって上記の過程を終了し，新個体の出発点となる胞子を生産している．

1) ツボカビ類

有性生殖が知られている種類は少ないが，その方法は菌類の中で最も多様性に富んでおり，次のようなものが知られている．

①可動配偶子接合（planogametic conjugation，図6.1.1 A ～ C）：和合性のある2つの配偶子の結合において，その両方あるいは片方が可動性のある配偶子である生殖様式をいう．これには（a）接合する動配偶子が互いに同形同大である同形動配偶子接合(isogamous planogametic conjugation)，（b）形は類似するが大きさが異なる動配偶子による不等動配偶子接合（anisogamous planogametic conjugation），および（c）雄性の配偶子嚢である造精器（anthridium）でつくられた動配偶子が，雌性配偶子嚢である造卵器（oogonium）に中につくられる卵球（oosphere，不可動性の配偶子）と結合する異形配偶子接合（heterogamy）の3タイプが知られているが，(c) のような生殖方法は受精

(spermatization) として別に取り扱われることもある．動配偶子の結合によって生じた複相の接合子はやがて休眠胞子嚢 (resting sporangium)，あるいは発達して複相の栄養菌糸体となり，そこに胞子嚢を形成する．また，異形配偶子接合によって生じた接合子は卵胞子となる．いずれの場合においてもこれらから減数分裂を経て単相(haploid)の遊走子 (zoospore) がつくられる．

②配偶子嚢接着 (gametangial contact，図 6.1.1 G)：雌性および雄性配偶子嚢の接着により核の移動が行われ，雄核を受け取った雌性配偶子嚢が複相の休眠胞子嚢となり，ここで減数分裂が行われて遊走子が形成される．

③体細胞接合 (somatogamy，図 6.1.1K)：仮根状栄養菌糸 (rhizomycelium) の接合で複相の核をもった休眠胞子が形成され，この発芽によって生じた胞子嚢から単相の遊走子が形成される．

2) 接合菌類

有性生殖が知られている種類は少ないが，通常，栄養菌糸体上あるいは分節菌糸細胞 (hyphal segment) 上に形成された配偶子嚢の接合，ときに栄養菌糸体の体細胞接合によって複相の接合胞子 (zygospore) がつくられる（トリコミケス類の一

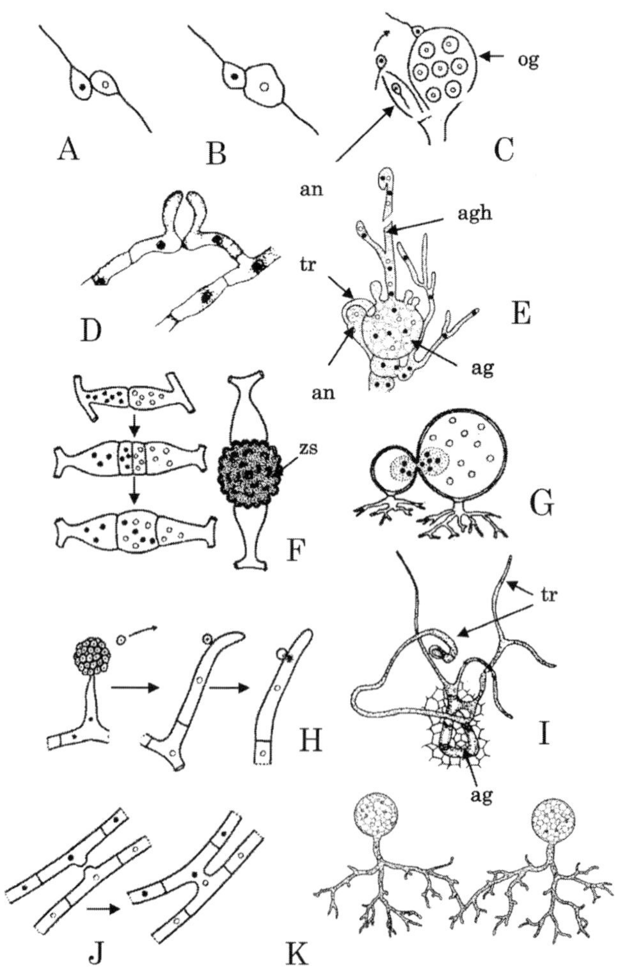

図 6.1.1　菌類における有性生殖の様式

A～C[1]：動配偶子接合（A：同形動配偶子接合，B：不等動配偶子接合，C：異形配偶子接合），D,E[2]：配偶子嚢接着，F,G[1]：配偶子嚢接合，H[2],I[3]：受精，J,K：体細胞接合．ag：造嚢器，agh：造嚢菌糸，an：造精器，tr：受精毛，zs：接合胞子嚢．

部）．減数分裂はこの接合胞子の発芽前あるいは胞子発芽時において行われ，発芽管として生じた菌糸上に単相の胞子が形成される．配偶子嚢は同一菌体上に形成される場合（ホモタリズム）と異なった菌体上に形成される場合（ヘテロタリズム）があるが，典型的には，菌体上に短い側枝として発達する前配偶子嚢（progametangium）同士が接着すると，前配偶子嚢の先端部付近が隔壁で区画されて生じ，前配偶子嚢の残余の部分は支持細胞となる．通常，接合した2つの配偶子嚢は融合して単一の細胞となり接合胞子嚢（zygosporangium）へと発達して内部に1個の胞子（接合胞子）を形成する（図 6.1.1 F）．一部の菌では接合した配偶子嚢の中間あるいは一方から出芽的に接合胞子嚢を生じることもある．接合胞子嚢は成熟するとともに一般に着色して厚壁となり，壁上にさまざまな装飾を生じる．接合胞子は通常発芽する前に一定の休眠期間を要するが，胞子における核融合および減数分裂の時期は菌群によって同一ではなく，核融合および減数分裂が休眠状態になる前に行われる（ケカビ属），両者ともに胞子発芽時に行われる（ヒゲカビ属），あるいは核融合は休眠期前に起こるが減数分裂は発芽時に行われる（クモノスカビ属）などの場合がある．

3）子嚢菌類

本菌群における有性生殖には次のような方法が知られているが，これらはその有性生殖の第一段階である原形質融合の方法に基づくものである．

①配偶子嚢接着（図 6.1.1 E）：多くの子嚢菌類に見られる方法である．単相の同核性菌糸（homokaryotic hypha，一次菌糸 primary hypha と呼ばれ典型的には各細胞に1つの核をもつが，同一遺伝子型の2個以上の核をもつ場合も少なくない）上に形成された造嚢器（ascogonium，雌性生殖器官）と造精器（antheridium, 雄性生殖器官）とが直接接着，あるいは造嚢器上に生じた受精毛（trichogyne）と呼ばれる突起が造精器に接着するもので，これにより造精器から造嚢器への核の移行が起こる．造嚢器では核の融合がすぐには起こらず，したがって性的に異なった核が共存する状態が続く．造嚢器からはやがて多数の造嚢糸（ascogenous hypha）と呼ばれる菌糸が生じるが，このとき造嚢器中の性的に異なった和合性のある核同士が1組になって造嚢糸に移動し，造嚢糸の成長とともに共役分裂を行って二核状態を保つ．この状態の核相を二核相（dikaryophase, dicaryon），重相あるいはダイカリオンなどといい，その核相の菌糸を二次菌糸（secondary hypha），二核菌糸あるいは重相菌糸（dikaryotic hypa）などという．二核はやがて造嚢糸の先端細胞（子嚢母細胞，ascus mother cell）で融合して1つの複相核（diploid nucleus）となり，この細胞が子嚢（ascus）へと発達する（図 6.1.2 A）．複相核は子嚢内で減数分裂とそれに引き続く体細胞分裂（mitosis）を行って，通常8個の単相核に分けられるが，これらの核のまわりに子嚢の細胞質を取り込んで細胞壁がつくられ，やがて有性胞子である子嚢胞子

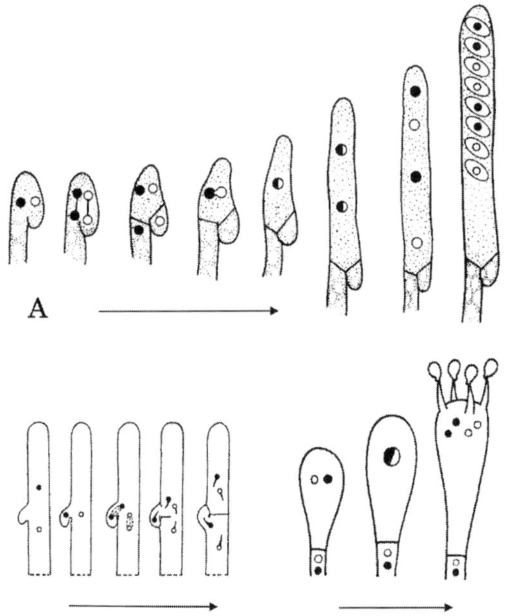

図 6.1.2　子嚢および担子器の発達とクランプ結合の形成
A[2]：子嚢形成と核行動，B[1]：クランプ結合形成とそれに伴う核行動，C[1]：担子器の発達と核行動．

(ascospore) が形成される．

②配偶子嚢接合（図 6.1.1 D）：子実体を形成しないで子嚢を裸出して形成する菌群あるいは酵母として存在する菌群に見られる方法で，接合菌類における有性生殖過程と類似しており，単相の栄養体菌糸（一次菌糸）に生じた和合性の配偶子嚢同士あるいは単細胞の栄養体や胞子同士が融合し，融合した細胞（接合子）はそのまま発達して子嚢になる．この方法においては対合する二核は原形質融合後ただちに核融合し，二核相は存在しない．

③不動精子（spermatium）による受精（図 6.1.1 I）：単相の一次菌糸体上に形成された不動精子，小生子（microconidium），あるいは分生子（conidium）が，同じく一次菌糸体上に形成された造嚢器から生じた受精毛に付着して原形質融合が起こるものである．造嚢器に運ばれた雄性の配偶子核は雌性の配偶子核と対合し，やがて造嚢器から生じた造嚢糸に移動する．その後は配偶子嚢接着の場合と同様の過程を経て子嚢および子嚢胞子が形成される．

④体細胞接合（図 6.1.1 J）：いくつかの菌では2つの和合性のある栄養体菌糸が融合し，単相の核が菌糸の隔壁を通過して造嚢器に運ばれることが知られている．子嚢菌類ではこのほかに，原形質融合を経ないで，二核相の造嚢細胞（ascogenous cell）が形成され，これから子嚢が発達する有性生殖の方法がタフリナ属菌で知られている．これでは，子嚢胞子から出芽した分生子の発芽時において二核に分かれた単相の核が対となって発芽管に移動し，菌糸の成長とともに共役分裂を行って二核相を保った菌糸（造嚢菌糸）が形成される．やがてこの二核菌糸が個々の構成細胞に分割されて二核相の造嚢細胞となり，これから直接子嚢が生じる．

造嚢糸から形成される子嚢の中には基部にしばしばかぎ状突起（crozier）と呼ばれる構造が観察されるが，この構造は担子菌類の二核相の二次菌糸に見られるクランプ結合（かすがい連結）と相同のものである．

子嚢（図 6.1.3）は球形〜亜球形，円筒形，あるいはこん棒形などの1室細胞で，有柄あるいは無柄であり，内部に通常8個の子嚢胞子を有する．壁の特徴によって，①原生壁子嚢（protunicate ascus），②一重壁子嚢（unitunicate ascus）および③二重壁子嚢（bitunicate ascus）の3タイプに分けられる．原生壁子嚢では子嚢壁が溶けて子嚢胞子が放出される．一重壁子嚢は壁が永存性で一重の膜からなるもので2タイプがある．1つは有

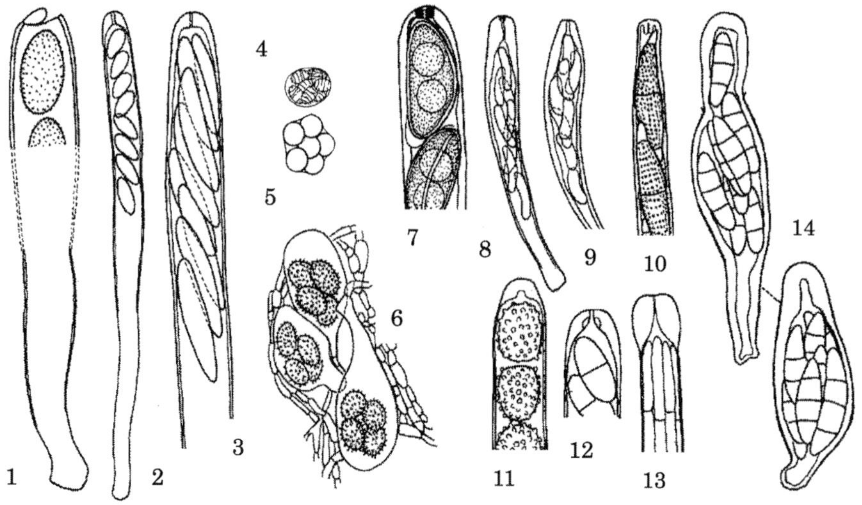

図 6.1.3 さまざまな子嚢
1〜3，7〜13：一重壁子嚢（1：有弁子嚢，2〜3，7〜13：無弁子嚢），4〜6：原生壁子嚢，14：二重壁子嚢．

弁子嚢（operculate ascus）で，頂部に蓋があり，これが開いて子嚢胞子を放出する．もう1つは頂部に蓋をもたない無弁子嚢（inoperculate ascus）で，頂部の孔や溝を通ってあるいは頂部が裂けて胞子を放出する．この子嚢では頂部の孔や溝の付近に特殊な環状の構造（強い光輝性をもつあるいはメルツァー液で青く染まるなど）がある，あるいは頂部が著しく肥厚するなどの特徴をもつことが多い．二重壁子嚢は壁が薄くて弾力性のない外壁と，厚くて弾力性に富んだ内壁からなる構造をもつ．子嚢が成熟して内部の膨圧が高まると外壁が裂けて内壁が急激に膨張および伸長し，中の胞子が外に放出される．子嚢ははじめから外界に露出して，あるいは子嚢果（ascome, ascoma, ascocarp）と呼ばれる菌糸組織からなる構造体において形成される．

子嚢胞子は他の菌群に比べてその形態においてきわめて多様性に富む．1～多細胞性で単相，同核であるが，細胞当たりの核数は変化に富み1～多数である．

4）担子菌類

一部の菌群（サビキン類）を除いては有性生殖器官を形成せず，和合性のある単相の同核性菌糸（一次菌糸と呼ばれ典型的には各細胞に1つの核をもつが，2以上の核をもつ場合も少なくない）による体細胞接合が一般的な有性生殖方法となっている（図6.1.1 J）．一次菌糸上に分裂子あるいはオイヅウム（oidium）と呼ばれる無性胞子（分生子の1型）を形成するものでは，それが一次菌糸に付着して接合が行われることもある（図6.1.1 H）．サビキン類では一次菌糸体上に有性生殖器官である不動精子器が形成され，そこに生じた不動精子と受容菌糸の間で受精が行われて有性生殖の第一段階（原形質融合）が始まる（不動精子と受容菌糸は同一器官内に形成されるがそれらの間では受精せず，性的に異なった交配因子をもつ器官に由来する不動精子を必要とする）．菌糸接合部では細胞壁が溶解して小穴ができ，この穴を通って核が一方の菌糸細胞から他方の菌糸細胞へ移動する．接合後の菌糸は速やかに二核化して二次菌糸あるいは二核菌糸と呼ばれる菌糸となる．二次菌糸は共役分裂を行って細胞内につねに元の一次菌糸に由来する単相核を対にもつ点に特徴があり，核の分裂に伴って隔壁部にクランプ結合（clamp connection）と呼ばれるかすがい状の突起を形成する場合（図6.1.2 B）とそうでない場合がある．二次菌糸は伸長と分岐，融合を繰り返して成長し，二次菌糸体と呼ばれる菌糸集団（菌叢，colony）を形成するが，この二核相の菌糸体が担子菌類の栄養体として基本的に重要な位置を占める．

担子菌類は一生あるいは生活環の大部分を単相の酵母として過ごす少数の菌群（*Cryptococcus*, *Rhodotorula*, *Sporobolomyces*, *Filobasidiella*, *Kondoa* など）を除いて，生活史の大部分を二核相の二次菌糸体で過ごすが，これは本菌群の大きな特徴の1つである．子嚢菌類においても真正子嚢菌類で，二核相の菌糸である造嚢糸が造嚢器上に形成されるが，造嚢糸は担子菌類の二核相の菌糸とは異なり独立して栄養生活を営むことはなく，またその出現の時期も生活環のごく一部に限られる．

核の融合および減数分裂は，二次菌糸上に形成される担子器（basidium）と呼ばれる胞子形成細胞の中で行われ，最終的に担子器の外に通常4個の胞子がつくられるが，この胞子を担子胞子（basidiospore）と呼んでいる．担子器（図6.1.2 C，図6.1.4）の中で性的に異なった二核の融合，複相核の減数分裂が行われるが，この一連の過程に応じて担子器を前担子器（probasidium, 核の融合が行われる場所）と後担子器（metabasidium，核の減数分裂が行われる場所）に区別することがある．多くの種類では前担子器と後担子器は単に同一担子器の発達段階の相違を表すものでしかないが，菌群によっては両者が形態および位置において明瞭に区別される場合がある．たとえばサビキン類（rust fungi）やクロボキン類（smut fungi）では二次菌糸体上に生じ，それぞれ冬胞子（teliospore）および黒穂胞子

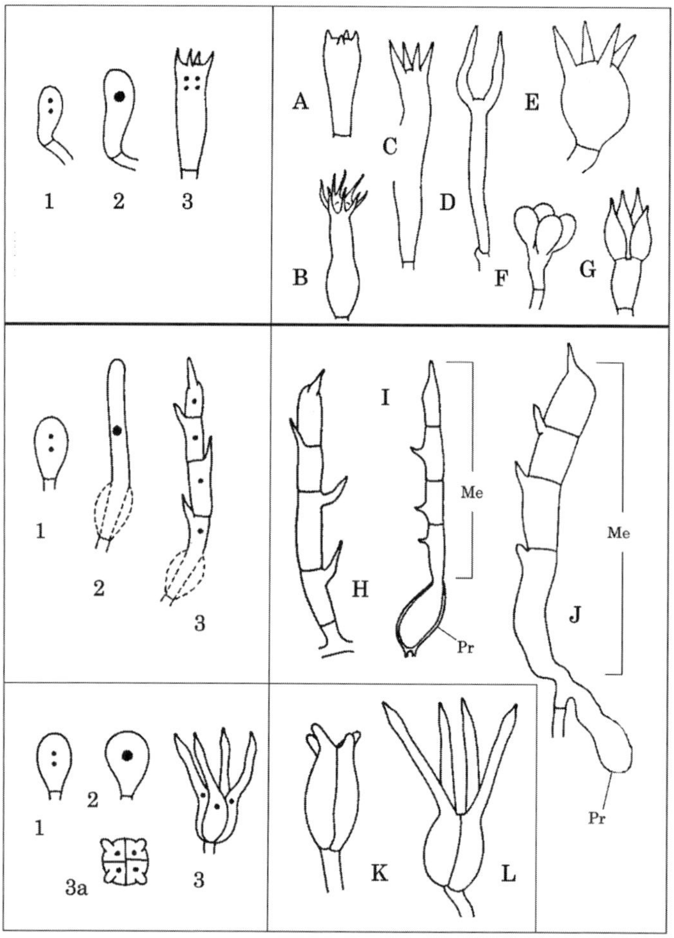

■図 6.1.4 さまざまな担子器
A〜G：単室担子器．H〜L：多室担子器．1〜3：担子器の発達（1：前担子器 Pr，2：核融合，3：後担子器 Me）（Talbot[1] より一部改変）．

(smut spore) と呼ばれる厚壁胞子 (chlamydospore) が前担子器に当たり，その発芽によって生じた前菌糸 (promycelium) が後担子器に当たる．後担子器は減数分裂とそれに引き続く体細胞分裂によって横，縦あるいはときに斜めの隔壁によって仕切られることがあるが（通常 4 室），このような担子器を多室担子器 (phragmobasidium，図 6.1.4 H〜L)，一方，核の分裂に伴って仕切りを生じない担子器を単室担子器 (holobasidium, 図 6.1.4 A〜G) という．また，形状が Y 字型あるいは指のように太い小柄を備えるなど，特異な形態を示す単室担子器と多室担子器を合わせて異担子器 (heterobasidium)，そのようでない単室担子器を同担子器(homobasidium) と呼んで区別することもある．

担子胞子は通常 4 個形成され，基本的に単相の 1 核を有する．形態的に変化に富むが，基本的に 1 細胞性で，多細胞性のものは全体から見るときわめて例外的である．通常担子器から突き出た小柄 (sterigma) 上に形成されるが，ときに小柄を介さないで担子器上に直接形成される場合もある．担子器からの離脱は特殊な機構によって小柄から射出される場合と，小柄の崩壊あるいは担子器の消失によって行われる場合がある．**(長澤栄史)**

6.1.1 構造体上での有性胞子の形成

栄養体がよく発達した菌糸体からなる接合菌類や子嚢菌類および担子菌類の中には，重要な生殖器官である有性胞子形成細胞（接合菌類における接合胞子嚢，子嚢菌類における子嚢，および担子菌類における担子器）を，栄養体から分化した菌糸組織上に形成するものがある．このような，胞子形成細胞を支持あるいは保護する役割を担った菌糸組織構造体が子実体といわれるもので，菌群によって接合菌類では接合子果（zygome，zygoma，zygocarp），子嚢菌類では子嚢果（ascome，ascoma，ascocarp），担子菌類では担子器果（basidiome，basidioma, basidiocarps）と呼ばれている．

1）接合子果

接合菌類ではアツギケカビ属（*Endogone*）などアツギケカビ科（Endogonaceae）の種類において，径数 mm ～ 2 cm（まれにそれ以上）の子実体を地下あるいはときに地表に形成するものがあり，これを接合子果と呼んでいる（図 6.1.5 A ～ D）．単相の多核菌糸からなる構造体で，接合子嚢はその内部に不規則にあるいは基部から放射状に列になって形成され，配偶子嚢が大きさにおいて不等の場合には大形のものから，同形あるいはほぼ同形であれば接合部の頂部から出芽状に生じる．グロムス菌類の中にも類似の子実体を形成し，形態的に接合胞子に似た胞子を生じるものが数種知られているが，これらの胞子は無性的に形成された厚壁胞子あるいは単為接合胞子（azygospore，配偶子嚢が接合しないまま胞子化したもの；偽接合胞子）である．

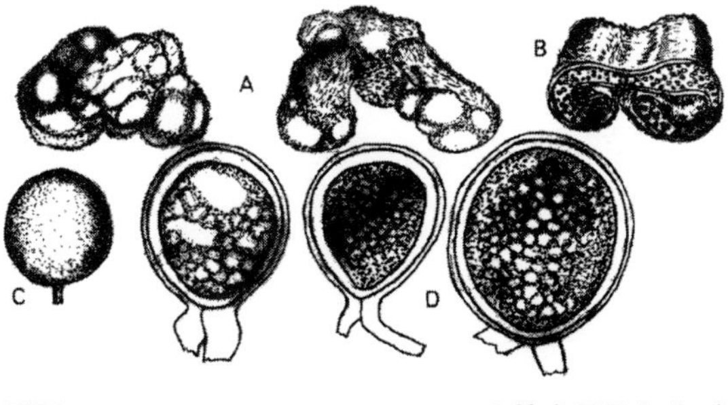

図 6.1.5　*Endogone pisiformis* の接合子果および接合胞子 [4)]
A：子実体の外観，B：断面，C：接合胞子嚢の表面，D：接合胞子．

2）子嚢果

子嚢菌類において子嚢を保護あるいは支持するための容器的な構造物でさまざまな程度に分化した菌糸組織からなる．一部の菌群（子嚢菌酵母類 ascomycetous yeasts やタフリナ菌科 Taphrinaceae など）を除く多くの菌群で形成されるが，子嚢果の発達に先だって造嚢器が栄養体菌糸上に直接形成されるものと，栄養体菌糸構造物である子座（stroma）の中に形成される場合がある．子嚢果には胞子形成に直接かかわる造嚢糸や子嚢のほかに，胞子形成に関与しない不稔な構造（托組織 excipulum，殻壁 peridium，側糸 paraphysis，偽側糸 pseudoparaphysis，孔口周糸 periphysis など）が存在するが，これらは単相の菌糸あるいはそれからなる組織である．したがって核相的に見ると，子嚢果は異なった 2 つのタイプの菌糸（単相と二核相）からなる構造体ということができる．閉鎖型と開放型のものがあり形態的な特徴に基づいて一般に次の 4 タイプに区別される．

①閉子嚢殻（cleistothecium，図 6.1.6 A）：完全に閉じた容器状の子嚢果で，殻壁（外被）が崩壊して子嚢胞子の分散が行われる．典型的には表在性で微小（球形で径 1 mm 以下）であり，キノコとして認められる程度の大きさになることはきわめてまれであるが，ツチダンゴ類では例外的に地下生で径数 cm に達するものを形成する（人間・社会編の図 1.3.1 17）．典型的には子嚢は子嚢果内部に不規則に散らばって形成され，子嚢胞子が成熟する前あるいは後に消失する．殻壁の発達程度はさまざまで，菌糸が緩く絡み合った程度のもの（このようなものを特に裸子嚢殻（gymnothecium）として区別することがある）から数層の偽柔組織状構造からなるものまであり，殻壁表面には特有の形態をもった付属枝（appendage）が認められることが多い．旧セイヨウショウロ目（Tuberales）の菌の中にも閉鎖型の子嚢果を形成するものがあるが（人間・社会編の図 1.3.1 1），これらの菌の子嚢果は後に述べる子嚢盤が地下に形成されるに伴って変化した

ものと考えられており，通常閉子嚢殻の範ちゅうから除外されている．旧セイヨウショウロ目菌の閉鎖型子嚢殻に対しては，成熟時において明瞭な子実層が存在するものにPtychothecium，子嚢果が中実で子実層が形成されないものに対してStereotheciumなどの名前が与えられているが，まだ一般的に定着していない．

②子嚢殻（perithecium，図 6.1.6 B）：一般に亜球形〜フラスコ形で，頂部に乳頭状〜円筒状に突き出た孔口をもち外界に通じている．単独あるいは子座や菌糸座（subiculum）を伴って形成される2通りの場合があるが，つねに独自の殻壁をもつ．子嚢は殻内の底部に房状にあるいは内壁面に沿って層状に形成されるが，基本的には一重壁子嚢で，永存性である．子嚢間および孔口の内面にはそれぞれ側糸，孔口周糸あるいは孔周毛と呼ばれる糸状の不稔な構造物が存在するが，側糸はときにはじめから存在しない，あるいは子嚢成熟時に消失することがある．側糸の発達の見られるものでは，側糸は通常子嚢殻底部の内壁から上方に向かって発達し，その先端は自由末端となるが，ときに上部内壁から下方に向かって発達し，先端が底部内壁に接続することがある（このようなものを特に頂生側糸 apical paraphysis という）．子嚢殻内における子嚢および側糸の発達様式にはいくつかのタイプが知られているが，この特徴は目レベルの分類において重要視されている．

③子嚢子座（ascostroma，図 6.1.6 C）：子座内部に独自の壁構造をもたない小房（locule）と呼ばれる腔室を形成し，その中に子嚢を生じる子嚢果で，子嚢は基本的には二重壁子嚢で永存性である．子嚢果ははじめ完全に閉じているが，子嚢が成熟すると周りの組織が崩壊しあるいは小室の頂部の組織が壊れて開口部ができる．基物に埋まってあるいはその表面に形成され，亜球形〜塊状で一般に微小であるが，まれに基物表面で目にとどまるほどの大きさになり，キノコとして認められることがある．小房は子座の中に1〜多数，規則的にあるいは不規則に形成されるが，1つの小房しかつくられない場合には，構造的に子嚢殻に類似するのでそのような子嚢子座を特に偽嚢殻（pseudothecium）という．子嚢は小房中に1個あるいは多数が房状または層状に形成されるが，多数の場合には子嚢間に偽側糸あるいは偽側糸状菌

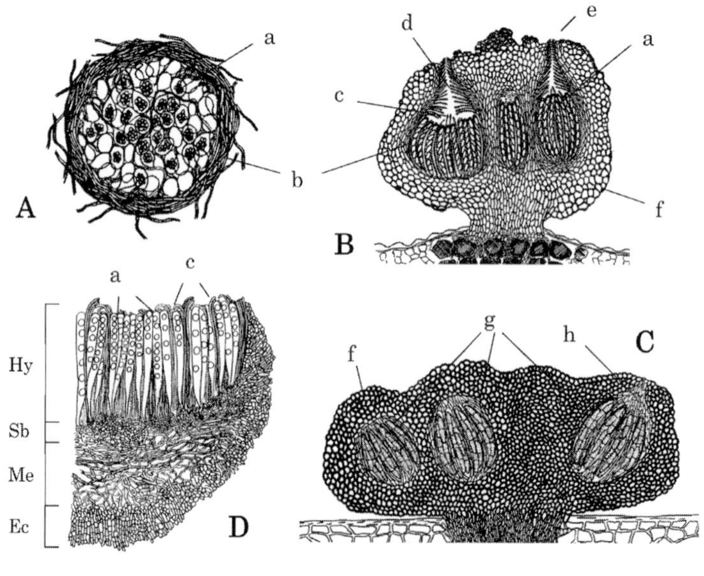

図 6.1.6　子嚢果

A[5]：閉嚢殻，B[6]：子嚢殻（子座に埋まって形成されている子嚢殻を示す），C[7]：子嚢子座，D[8]：子嚢盤．a：子嚢，b：殻壁，c：側糸，d：孔口周毛，e：孔口，f：子座，g：小房，h：偽側糸，Hy：子実層，Sb：子実下層，Me：托実質，Ec：托外被．

糸（pseudoparaphysoid）と呼ばれる糸状体が介在することがある．偽側糸は小房の頂上部から下方に向かって伸長した菌糸で，その先端は小房の底部につく．一方，偽側糸状菌糸は子嚢間に子座組織が残って糸状となったものである．

④子嚢盤（apothecium，図 6.1.6 D）：少なくとも成熟時において子嚢の並んだ子実層を外界に広く露出する子嚢果で，形はお椀形～皿形，凸レンズ状，葉片状～花びら状，棍棒状～へら状，留め針状などを呈し，有柄あるいは無柄である．有柄のものでは頭部が馬の鞍状，洋傘状，筒状あるいは塊状であったり，またその表面に著しいしわ，あるいは網目を生じていたりなど形態において変化に富む．いずれの場合も子嚢果の上部あるいは頭部の表面に子実層が形成され，子嚢間には通常側糸が介在する．

子嚢盤は基本的に子嚢が並んだ子実層(hymenium)と，これを支持する子嚢盤托（receptaclum）からなり，子実層と子嚢盤托との間に子実下層（subhymenium）が存在する．ときに側糸の先端が分岐して子実層上において薄層の組織をつくることがあるが，そのような場合この層を子実上層（epithecium）という．子嚢盤托は外側の托外皮層（ectal excipulum）とその内部の托髄層（medullary excipulum）に区別される．

3）担子器果

担子菌類の子実体で，サビキン類やクロボキン菌類を除く多くの菌群において形成される．担子器果は機能的に子嚢菌類の子嚢果に相同な器官であるが，細胞内に性的に異なった2つの核が共存する二核相の菌糸のみからなる構造体である点において，二核相（造嚢糸）および単相（不稔な組織や菌糸）の異なった2つのタイプの菌糸からなる子嚢果とは大きく異なる．通常，栄養体として存在する二次菌糸体上に形成されるが，ときに耐久性の栄養体菌糸構造物である菌核（sclerotium）上に形成されることもある．

子実体を構成する菌糸は，栄養生活相の二次菌糸から分化したもので同じ二核相ではあるが，機能的に異なるので三次菌糸（tertiary hypha）と呼んで区別することが多い．この三次菌糸が組織化した担子器果にはさまざまな形態のものがあり（図 6.1.7，人間・社会編の図 1.3.2），多くは負の向地性を示すが，正の向地性を示すもの，あるいは向地性を示さないものもある．担子器果を構成する菌糸には菌群や種類によってさまざまな分化が見られ，多くのものでは担子器果が原菌糸（あるいは生殖菌糸）（generative hypha）と呼ばれる隔壁があり，一般に薄壁な菌糸からつくられているが，硬質な担子器果を形成するものの中には（サルノコシカケ類 polypores やコウヤクタケ類 corticioid fungi など），生殖菌糸のほかに厚壁でまばらに分岐し隔壁を欠く骨格菌糸（skeletal hypha）や骨格菌糸に似るが，成長が限定的で盛んに分岐した結合菌糸（legative hypha）と呼ばれる特殊な菌糸を子実体構成要素として分化させていることがある．

担子器は通常担子器果の特定の部位に柵状に並

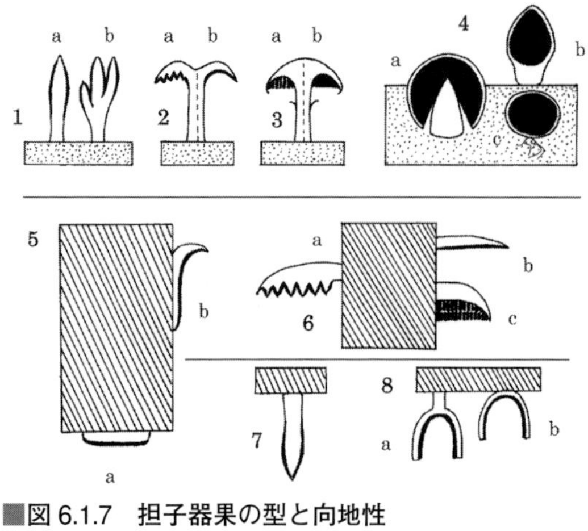

図 6.1.7　担子器果の型と向地性
1：円柱型（a：無分岐，b：分岐）．2，3：有傘有柄型（2a：ハリタケ型，2b：アンズタケ型，3a：イグチ型，3b. ハラタケ型）．4：腹菌型（a：半地中性，b：地上生，c：地中性）．5：コウヤクタケ型（a：全背着生型，b：背着反転型）．6：半円型［a：有柄，b，c：無柄（b：一年性，c：多年生）］．7：つらら型（鍾乳石型）．8：フウリンタケ型（a：有柄，b：無柄）．1～4：負向地性．5b～6：無向地性．5a，7，8：正向地性．太線および黒塗り部分は子実層托を示す（Clémençon[9] を一部改変）．

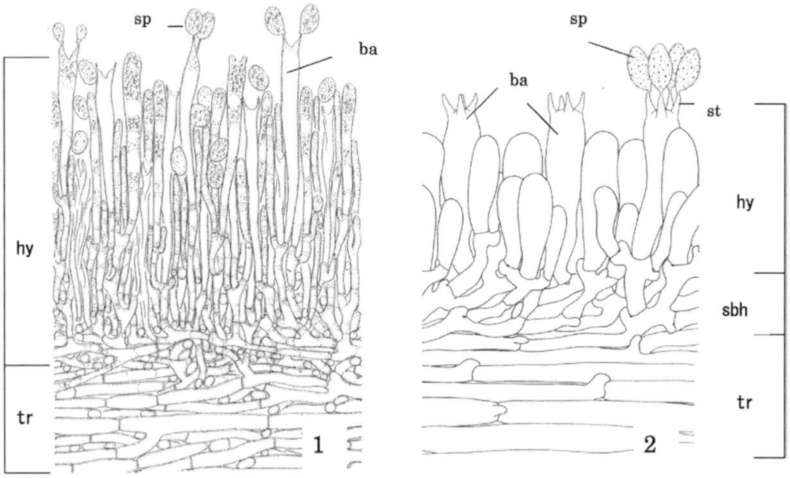

■図 6.1.8 担子器果子実層の構造
1：肥厚型子実層[10)]，2：真正子実層[11)]．hy：子実層，sbh：子実下層，tr：実質（肉），ba：担子器，sp：担子胞子，st. 小柄．

列して形成されるが，この層を子実層（hymenium，図 6.1.8），また子実層を生じている部位を子実層托（hymenophore）と呼んでいる．子実層托には平滑，いぼ状，しわ状，ひだ状，管孔状，針状などのものが見られるが，これらの形態は菌群において安定した形質ではなく，異なった菌群がいくつかの形態を示すことがある．子実層には担子器のほかにしばしば不稔な構造物（シスチジアあるいは嚢状体 cystidium，剛毛体 seta，糸状体 paraphysoid など）が散在して形成されることがあるが，これらの機能についてはよくわかっていない．

担子器果にはこの子実層が最初から外界に露出して形成されるもの，はじめは被覆されているが担子胞子成熟以前に露出してくるもの，担子胞子成熟以前にあるいは以後も露出しないものがあり，このような性質をそれぞれ裸実性（gymnocarpic），半被実性（hemiangiocarpic），被実性（angiocarpic）と呼んでいる．被実性の担子器果を形成する菌では，担子胞子は成熟しても担子器から射出されず，小柄の崩壊あるいは担子器の消失によって離脱する． **（長澤栄史）**

＊引用文献

1）Talbot PHB（1971）Principles of fungal taxonomy. Macmillan, London
2）Moore-Landecker E（1972）Fundamentals of the fungi. Prentice-Hall, Englewood Cliffs
3）Alexopoulos CJ, et al.（1995）Introductory mycology, 4th ed. John Wiley, Hoboken, New York
4）Pegler DN, et al.（1993）British truffles. A revision of British hypogeous fungi. Royal Botanic Gardens, Kew
5）Kendrick B（1985）The fifth kingdom. Mycologue Publications, Waterloo
6）Arx JA von, Müller E（1954）Beiträge zur Kryptogamenflora der Schweiz 11 : 258
7）Müller E, Arx JA von（1962）Beiträge zur Kryptogamenflora der Schweiz 11 : 452
8）大谷吉雄（1990）菌蕈研究所研究報告 28 : 255
9）Clémençson H（2012）Cytology and plectology of the Hymenomycetes. 2nd. Revised ed., J. Cramer, Stuttgart
10）Corner EJH（1966）A monograph of cantharelloid fungi. Oxford Univ. Press, London
11）Garnica S, et al.（2002）Mycologia 94 : 143

＊参考文献

Kirk PM, et al.（2008）Dictionary of the fungi, 10th ed. CAB International, Wallingford
Morton JB, Benny GL（1990）Mycotaxon 37 : 471-491
Pegler DN, et al.（1993）British truffles : A revision of British hypogeous fungi. Royal Botanic Gardens, Kew
Webster J, Weber R（2007）Introduction to fungi, 3rd ed. Cambridge Univ. Press, Cambridge
三浦宏一朗（1974）真菌植物門．植物系統分類の基礎（山岸高旺編），北隆館，東京，pp23-71

6.1.2 菌糸上および異常構造体上での形成

担子菌類の生活環において，有性胞子である担子胞子およびその形成細胞である担子器は，通常，ハラタケ目では子実体のヒダの子実層に，ヒダナシタケ目では管孔の子実層に形成される．一方，数種の担子菌類は人工培養下において，菌糸体に直接，あるいは菌糸がカルス状に集合した構造体に担子器と担子胞子を形成する場合がある．

1）mycelial basidia

Singer[1] は菌糸体上に形成される担子器を mycelial basidia，子実体の子実層に形成されるものを hymenial basidia としている．

Clémençon[2] によると mycelial basidia の形成は，背着性の菌類である *Peniophora violaceolivida*, *Peniophora eichleriana*, *Trechispora farinacea*, *Xenasma pulverulentum*, *Asterostroma cervicolor*, *Ceratobasidium* 属の未知種，*Phanerochaete magnoliae*, *Phanerochaete tuberculata*, *Sistotrema brinkmannii*, *Athelia rolfsii* で報告されている．

ハラタケ目の菌類では，アンモニア菌の一種である *Lyophyllum tylicolor* が寒天培地上で mycelial basidia を形成することが観察されている[3]．また，*L. tylicolor* は，尿素処理した森林土壌抽出物を加えた寒天培地上に未発達の子実体原基を形成し，この表面の菌糸体上に担子器および担子胞子を形成した[4]．Yamanaka は，この特性は完全な子実体の形成が困難な条件下において，有性胞子を形成し生存を有利にする生態的適応であると述べている[5]．ハラタケ目における mycelial basidia と担子胞子形成については，*Armillaria mellea* と *Crinipellis perniciosa* においても報告されているが，生態学的利点については述べられていない[2]．

2）担子胞子形成を伴う異常構造体

シイタケ（*Lentinula edodes*）では，寒天培地上の菌糸体に不定形の菌糸塊（カルス様異常子実体，callus-like aberrant fruit body）の形成が報告されている．この異常子実体は，ひだを有せず，裸出表面に直接子実層が認められるが，通常の子実体と同様に正常な担子器および担子胞子を形成した．また，担子器内における核行動の観察と担子胞子の交配型分析により，この異常子実体の担子器においても正常な減数分裂を伴った胞子形成が行われていることが確認されている[6]．

同様のカルス様子実体は，パルプ漂白を目的として分離された未同定の担子菌（SKB-207, SKB-1152）において確認され，担子胞子が分離されている[7]．Clémençon[2] は，このような寒天培地上の菌糸体に直接形成された担子器果を mycelial basidiome と呼んでいる．

Seo らはマンネンタケ（*Ganoderma lucidum*）が寒天培地上で非定形子実体構造（Atypical fruiting structure：AFS）を形成し，AFS は担子器と担子胞子を形成することを発見した[8]．さらに，これらの形成に及ぼす光および通気の効果を調べた結果，菌糸成長は光および通気によって抑制されたが，光照射通気下で AFS を形成した．また，AFS は低光度の光照射で形成されたが，最適光度と有効波長は菌株によって異なり一定の傾向を示さなかった[9]．

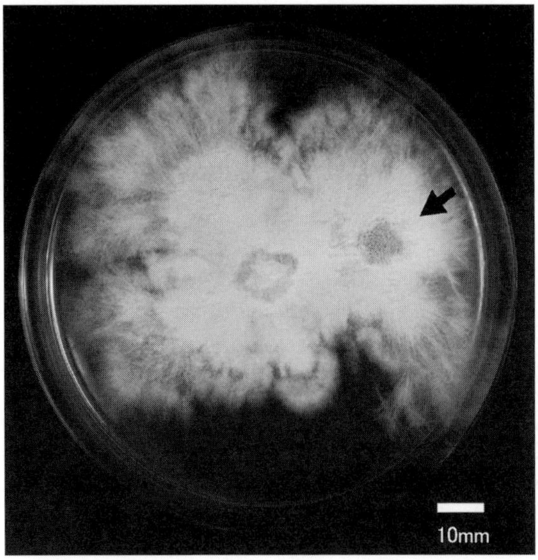

■図 6.1.9　寒天培地上に形成されたマンネンタケの非定形子実体構造

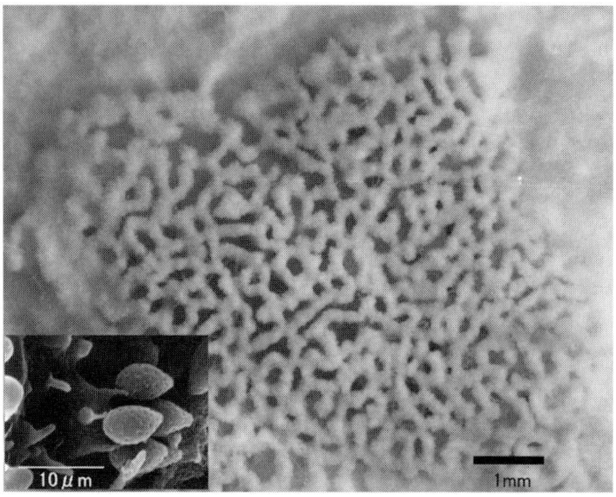

■図 6.1.10　マンネンタケの非定型子実体構造の拡大図および担子胞子（左下）

マンネンタケの非定形子実体由来の担子胞子については，尾上らが，胞子発芽率，担子胞子由来一核菌糸体の性状，それら一核菌糸体の交配型分析および交配で得た二核菌糸体株の子実体形成を確認し，不定形子実体からの担子胞子分離が，迅速な育種手法として有効であることを確認している（図 6.1.9，6.1.10）[10]．（小畠　靖）

＊引用文献

1）Singer R（1986）The Agaricales in modern taxonomy. J Gramer, Berlin
2）Clémençon H（2004）Cytology and plectology of the Hymenomycetes（Bibliotheca Mycologia 199）. J Gramer, Berlin
3）Yamanaka T, Sagara N（1990）Mycol Res 94 : 847-850
4）Yamanaka T（1994）Mycoscience 35 : 187-189
5）Yamanaka T（2002）Biotransformations : Bioremediation technology for health and enviromental protection. Elsevier, Amsterdam, pp517-535
6）Tokimoto K（1974）Tottori Mycol Inst 11 : 23-28
7）飯森武志ほか（1974）木材学会誌 44 : 287-290
8）Seo GS, et al.（1995）Mycoscience 36 : 1-7
9）Seo GS, et al.（1995）Mycoscience 36 : 227-233
10）尾上ほか（2002）日本応用キノコ学会第 6 回大会講演要旨集，p53

6.2　無性胞子の形成様式

6.2.1　ツボカビ類の無性胞子

1）形態的特徴

ツボカビ類の無性胞子は，その後端または側方から後方を向いて生えた 1 本の鞭毛をもつ遊走子（zoospore）である（図 6.2.1）[1]．ただし，ネオカリマスチクス目（Neocallimastigales）の一部の種は 2 本以上の鞭毛をもつ遊走子を形成する [2]．遊走子は，菌糸体の全部または一部が分化して生じた遊走子嚢（zoosporangium）と呼ばれる袋状の無性生殖器官の内部で形成される．遊走子嚢内の細胞質が分割して生じた遊走子は，遊走子嚢の一部が溶解したり，蓋が開くようにして生じた開口部（逸出孔）や開口部が伸長した逸出管から外部に逸出する（図 6.2.2）．

遊走子の形状は球形～亜球形または卵形で，細胞壁を欠き，通常は単一の核をもつ．ツボカビ類の鞭毛は表面に小毛や鱗片をもたない尾型鞭毛で，鞭毛の内部には他の真核生物の鞭毛や繊毛と同様に中心の 2 本の微小管を 9 組の 2 連（ダブレット）の微小管が囲む，いわゆる 9 + 2 構造の軸糸（axonema）が縦方向に伸びている．遊走子はこの鞭毛を運動させることにより，水中を遊泳することができる．遊走子の内部には光学顕微鏡でも

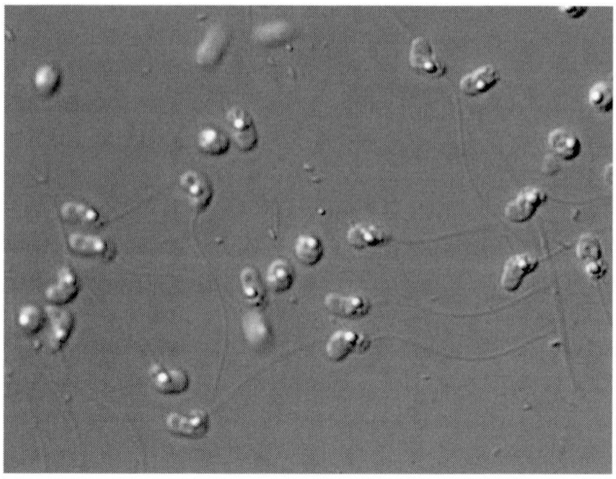

■図 6.2.1　ツボカビ類の遊走子

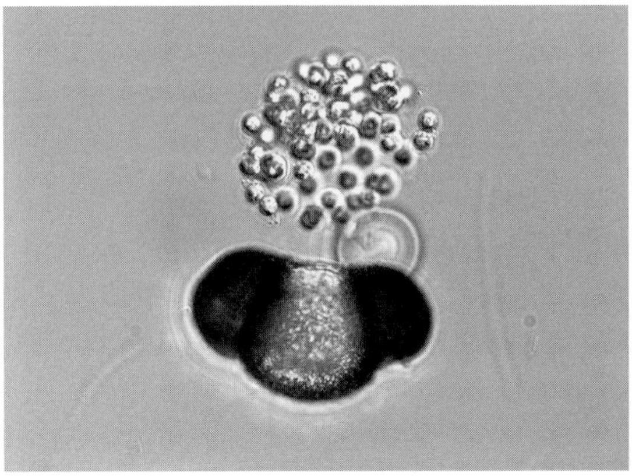

■図 6.2.2　マツ花粉上の遊走子嚢から逸出する遊走子

容易に観察できる油粒（lipid globule）が存在する．油粒の内容物は各種の脂肪酸やステロールから構成され，鞭毛運動のエネルギー源となっていると考えられている[3]．一方，ツボカビ類のいくつかの種の遊走子は，仮足を伸ばしてアメーバ運動をすることが知られている．これは，遊泳するのに十分な水量がない環境で，濡れた基質や宿主の表面を移動するための適応と考えられている[4]．アメーバ運動時には鞭毛を運動させない．例外的に，*Hyaloraphidium* 属の無性胞子は鞭毛を欠く[5]．遊泳やアメーバ運動によって適切な基質や宿主に到達した遊走子は，鞭毛を内部に引き込んで被膜化し，その後発芽して新たな菌体を生じる（図 6.2.3）．いくつかのツボカビ類では，遊走子の表面に粘着物質を生産することが知られている[6]．

2）遊走子の走性

一部のツボカビ類では，光量の勾配によって遊走子の遊泳方向が影響を受け，正の光走性を示すことが知られている[4]．コウマクノウキン目の *Allomyces reticulatus* の遊走子は光受容体としてロドプシンをもっている[7]．これらの光走性反応によって，遊走子は適当な基質や溶存酸素に富む水面近くに集まるものと考えられている[4]．また，一部のツボカビ類ではさまざまな化学物質勾配に対する反応が調べられており，各種の糖類やアミノ酸に対して化学走性を示すことが明らかとなっている[4]．

3）分類形質としての重要性

ツボカビ類の遊走子は分類群によって内部構造が異なり，光学顕微鏡観察によってさまざまなタイプが記載されてきた[1]．現在では，透過型電子顕微鏡を用いて遊走子の微細構造が詳細に観察されており，属から門までの各分類階級において分類群を識別する重要な分類形質となっている[8]．最も重視される微細構造は鞭毛装置（flagellar apparatus）とマイクロボディー・油粒複合体

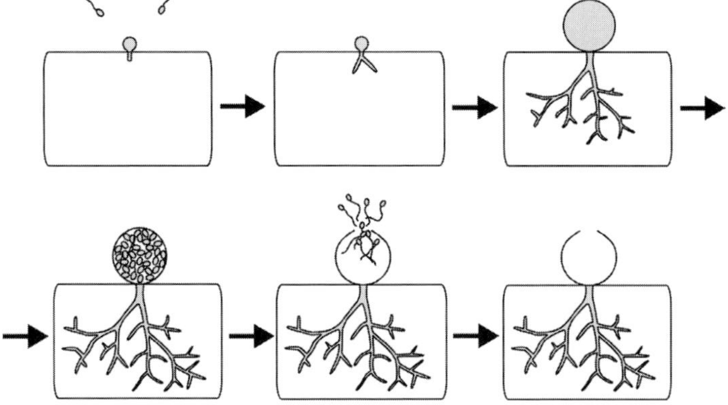

■図 6.2.3　ツボカビ類の無性生殖環の模式図
基質に到達した遊走子は被膜化した後，発芽して成長し，仮根と遊走子嚢に分化する．遊走子嚢内の細胞質は分割して遊走子となり，遊走子は遊走子嚢の逸出孔から逸出する．

(microbody-lipid globule complex) である[1]. 鞭毛装置は, 鞭毛, 2つのキネトソーム(kinetosome), 鞭毛移行帯 (transitional zone), 鞭毛根 (flagellar roots) より構成される. 2つのキネトソーム同士の位置関係や角度, 鞭毛とキネトソームの間の鞭毛移行帯の構造はツボカビ類の各目で特徴的であり, 重要な分類形質となる[1].

4) 他の生物の食物資源としての重要性

ツボカビ類は, 他の生物の食物としても生態系の中で重要な役割を担っていると考えられている[9]. 実際, 草食動物の第一胃 (ルーメン) や後腸に生息するネオカリマスチクス目のツボカビ類は, 草食動物にとって脂質の供給源となっている[10]. ツボカビ類の遊走子は炭水化物, タンパク質, 脂質, 核酸などの栄養分に富み, 水圏において他の生物の食物となる可能性がある[9]. 珪藻に寄生する *Zygorhizidium* 属の遊走子は, 動物性プランクトンのミジンコ (*Daphnia*) 属の重要な栄養源となっていることが示されている[11]. (稲葉重樹)

＊引用文献
1) Barr DJS (2001) The Mycota, VII Part A. Springer, Berlin, pp 93-112
2) Trinci APJ, et al. (1994) Mycol Res 98 : 129-152
3) Suberkropp KF, Cantino EC (1973) Arch Mikrobiol 89 : 205-221
4) Gleason FH, Lilje O (2009) Fungal Ecol 2 : 53-59
5) Ustinova I, et al. (2000) Protist 151 : 253-262
6) Powell MJ (1994) Protoplasma 181 : 123-141
7) Saranak J, Foster KW (1997) Nature 387 : 465-466
8) James TY, et al. (2006) Mycologia 98 : 860-871
9) Gleason FH, et al. (2009) Inoculum 60 : 1-3
10) Kemp P, et al. (1984) J Gen Microbiol 130 : 27-37
11) Kagami M, et al. (2007) Hydrobiologia 578 : 113-129

6.2.2 接合菌門の無性生殖器官

1) 概　説

接合菌類は原則として有性生殖時に接合胞子を形成することにより特徴づけられる分類群だが, いまだ接合胞子が未知の種も多い. これらは無性生殖形態が類似する既知種との類縁性に基づき, 接合菌類だと見なされてきた. しかし植物命名規約上, 子嚢菌類や担子菌類の無性生殖ステージに対し用いられるアナモルフあるいはホロモルフの概念は接合菌類には適用されない. 近年, 永らく不完全菌類と考えられてきた分類群が分子系統解析に基づき接合菌類だと判明した例 (クサレケカビ目に類縁だと解明された *Calcarisporiella* 属など) も知られ, 今後も同様なケースが相次いで明らかになる可能性がある.

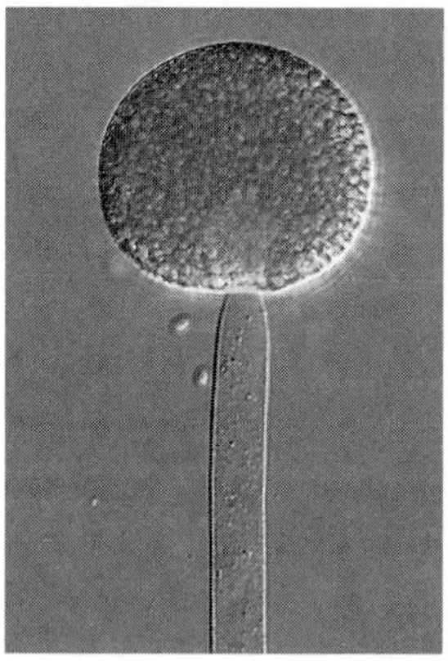

■図 6.2.4　多胞子性胞子嚢 (ケカビ目ケカビ属, *Mucor racemosus*)

従来, 接合菌門の無性生殖は, 原則として胞子嚢中に内生的に形成される胞子嚢胞子によると定義されてきた. 典型的なケカビ目の多胞子性胞子嚢 (図 6.2.4) では, 胞子嚢原器内の多核の細胞質が核を中心に分割し, 各々が独自の細胞壁を新たに形成して胞子嚢胞子を生じる. しかし, 胞子数が少数の小胞子嚢 (図 6.2.5), 特に単一の胞子嚢中に1個の胞子が形成される場合 (単胞子性小胞子嚢胞子), あるいは細長い胞子嚢中に胞子が並列して形成される場合 (分節胞子嚢胞子) には, これらの胞子が厳密に内生的に形成されたものかどうかを判断するのは容易ではない. 永らく議論があったが, 少なくともハエカビ目や一部のトリモチカビ目が形成する無性胞子では, 微細構造の観察に基づき胞子嚢壁が認められず, これらは, 子嚢菌類や担子菌類に見られる真正の分生子と何ら相違ないことが明らかにされている (図 6.2.6).

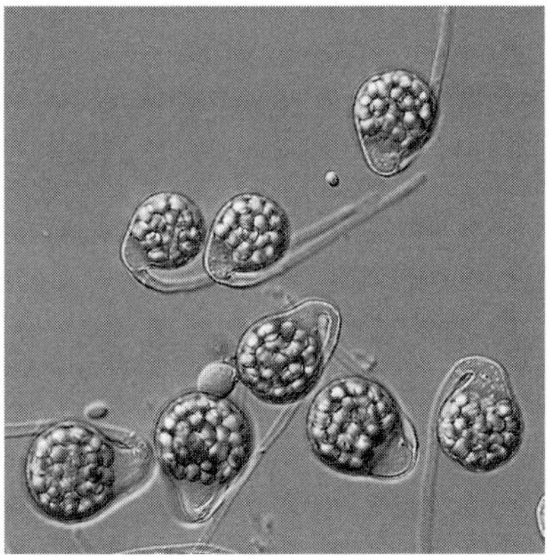

■図 6.2.5　小胞子囊（ケカビ目マキエダケカビ属，*Thamnostylum piriforme*）

菌類の進化を考察した際，接合菌類はツボカビ類が鞭毛を欠失して陸上進出し，はじめに出現した分類群と推定される．胞子が運動性を欠如し，遊走子囊から胞子囊が成立したと推定するのは自然な見方だが，早くも陸上生活への適応により断片的に分生子を獲得した分類群が存在していても不思議はなかろう．

胞子囊胞子は，湿性と乾性のものとがある．いずれも，雨水などにより受動分散される割合が多いが，乾性胞子はしばしば表面に刺や疣，刻紋などを伴い，風分散に適応していると考えられる．胞子が単独で離脱せずに，胞子囊ごと，または菌体の一部が丸ごと風により分散されることも多い．コウガイケカビ属の無性生殖には顕著な二型性が認められ，条件に応じて，乾性（単胞子性小胞子囊胞子），湿性（付属糸を伴う多胞子性胞子囊胞子）双方の胞子形成が起きる．

一方，湿性胞子は動物分散に適応していると考えられる．多くの多胞子性胞子囊の胞子囊壁は成熟時に溶解し，胞子囊胞子は高湿度下では液滴中に浮遊した状態をなす．これは付近を歩行する小動物の体表に容易に付着して分散される．より積極的に動物体表への付着の適応が認められる例として，胞子の一部に粘着部位（ハプター）を生じるハエカビ目やバシジオボルス目，トリモチカビ目，胞子端に付属糸を生じるケカビ目コウガイケカビ科などがあげられる．動物の消化管に生息するハルペラ目は付属糸を伴う胞子（トリコスポア）を形成するが，これは水中の藻類などに絡みつき，胞子ごと宿主の節足動物により摂食されることで，菌の宿主消化管内への帰着を促す機能を果たすと考えられる．

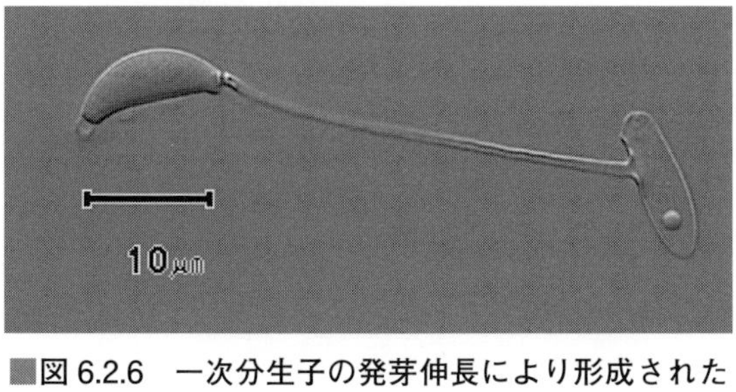

■図 6.2.6　一次分生子の発芽伸長により形成された二次分生子（ハエカビ目ズーフソラ属，*Zoophthora radicans*）

また，胞子囊や分生子を能動的に射出する種が複数の生態群，分類群（哺乳類糞生のケカビ目ミズタマカビ科，両性類糞生のバシジオボルス目，昆虫寄生性のハエカビ目のほとんど，およびキクセラ目の一部）に知られ，その射出機構は多様である．

このほかの無性生殖構造として，多くの接合菌類において，栄養菌糸上もしくは胞子柄上に形成される厚壁胞子（あるいは芽子）の存在が知られる．これらは菌糸途上もしくは菌糸末端において原形質が二次隔壁により区画化された細胞で，乾燥などの悪条件に対する耐久性を有す．気中菌糸の末端に形成される球形で微毛を伴う厚壁胞子を特にスチロスポアと称すこともある（クサレケカビ目）．

また，ケカビ目の一部（ケカビ属，アロミケス属などケカビ科の一部），ガマノホカビ科，キクセラ目の一部では，培地中に埋生した栄養菌糸からの酵母状の独立細胞の増殖が認められ，嫌気条件下での繁殖挙動と見なされる．酵母状増殖は，宿主体内に侵入したハエカビ目（分節菌体），宿主腸内におけるバシジオボルス目（パルメラステージ）などにも見られる．

現在，分子系統解析に基づき，接合菌類は側系統群である可能性が高いため，Hibbett et al.[1] らは門を認めず4亜門への分割を提唱した．以下，各亜門について概説する．

2）ケカビ亜門（2目約9科）

腐生性のケカビ目は培養が容易なために古くより研究され，従来の接合菌類の基本的性状は，この目をもとに理解されてきた．典型的なケカビ目の菌は多胞子性胞子囊胞子を形成するが，目内の科の分類には，小胞子囊や分節胞子囊の形成，および柱軸やアポフィシスなど胞子囊内で胞子の分割後に残存する不稔部位などの無性生殖形質が重視される．クサレケカビ目の胞子囊は柱軸を欠くことで識別されてきたが，有性生殖形質も考慮され，近年の分子系統解析でもケカビ目とは明瞭に異なる分類群だと判明した．植物共生性のアツギケカビ目は接合胞子のみを形成し無性生殖構造の形成は知られていない．

3）ハエカビ亜門（1目5科）

主に昆虫などに寄生．本目の無性胞子はすべて分生子であり，2属を除く全属の分生子が射出性を有し，反復発芽して二次分生子を形成する．目内の分類には，無性生殖構造が重視され，分生子の形態や核の挙動などの細胞学的形質が重視される．菌糸体の分化が乏しい本目では有性生殖形質が単純で，接合胞子のみが認識されている種はすべて *Taricium* 属という便宜的分類群に所属させる措置がとられている．

バシジオボルス目は従来，ハエカビ目の一科とみなされてきたが，他のハエカビ目とは異なり分生子の細胞質が分割して，胞子囊胞子を形成する．また，核が巨大で，細胞分裂時に紡錘極に原中心小体が出現するなどの特異な細胞学的性質をもち，分子系統学的にもハエカビ目とは区分され，現在，高次の分類学的所属は保留とされている．

4）トリモチカビ亜門（1目5科）

菌寄生性のエダカビ科の無性胞子は内生的に形成される分節胞子囊胞子だと考えられているが，動物寄生性のトリモチカビ科，ゼンマイカビ科の無性胞子は胞子囊壁を欠如しており真正の分生子だとされる．ヘリコケファルム科の多く，シグモイデオミケス科はともに柄の頭部が膨潤し単胞子を形成するため，房状出芽型分生子形成を示す不完全菌類に外観が酷似し，これらは小胞子囊胞子，分生子，双方の見解があるが詳細は不明である．

5）キクセラ亜門（4目5科）

キクセラ目，ディマルガリス目および，ハルペラ目の無性胞子はみな単胞子性の小胞子囊胞子と解釈されている．キクセラ目の胞子形成細胞は，不完全菌類のフィアライドに相似な形状を示すため特に偽フィアライドと称され，それを生じる小枝のことをスポロクラディアと呼ぶ．ハルペラ目の胞子（トリコスポア）は付属糸を伴うが，これは胞子形成細胞の細胞壁中に収納された状態で形成され，胞子の脱落時にトリコスポアに付随して離脱する．発芽時には付属糸を伴うトリコスポアの細胞壁から内容物が逸出し，それが伸長して菌体をなすことから，トリコスポアは明瞭な単胞子性小胞子囊胞子だと理解される．他方，アセラリア目は分節胞子（図6.2.7）の形成により定義され，この胞子は真正の分生子と見なされるが，それが

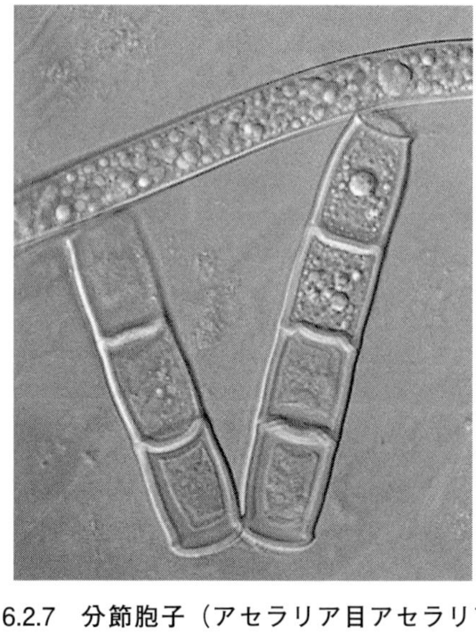

■図6.2.7 分節胞子（アセラリア目アセラリア属，*Asellaria ligiae*）

二次的に発芽して単胞子性小胞子嚢を形成することが知られている.（出川洋介）

＊引用文献

1) Hibbett DS, et al. (2007) Myco Res 111 : 509-547

6.2.3 アーバスキュラー菌根菌の胞子（Glomeromycota の胞子）

植物の根に共生してアーバスキュラー菌根（arbuscular mycorrhiza：AM）を形成するAM菌は，分子系統学的な検討により新設されたGlomeromycotaを構成し[1]，4目11科18属約200種が報告されている[8]．同菌門には，シアノバクテリアと共生を営む *Geosiphon pyriformis* が含まれる．これらの菌はいずれも独立栄養を営む宿主との共生が生活環の遂行に必須であり，菌糸は無隔壁，多核，無性胞子を形成する．胞子は単相であると推定され，有性世代は知られていない．

AMは植物の根，根内の菌糸構造（細胞間菌糸，樹枝状体等），土壌中の菌糸構造（外生菌糸，胞子等）の3つの部分からなり，宿主植物が固定した炭素化合物と，AM菌が土壌から吸収した無機養分が交換される相利共生体である．AM菌は炭素源を宿主に依存している絶対共生菌であるため，基本的に，共生成立後胞子が形成される．AM菌の胞子は耐久体であり，植物根への感染源として重要な役割をもつ．胞子は多くの場合外生菌糸に形成され，風，水，動物などによって分散し，発芽して発芽管を伸長し，宿主植物の根に侵入・定着する．胞子はその他，根内に形成される場合，発芽管に形成される場合などがある．AM菌の保存は，胞子を形成させた培養土壌を自然乾燥して，あるいは，毛状根，植物など生きた共生系で行う．

胞子は土壌中に単独，房状あるいは胞子果内に形成され，湿室篩分法で直接取り出し，実体および光学顕微鏡で形態を観察することが可能である．胞子にはしばしば，胞子形成に関与した1（～2）本の胞子形成菌糸（subtending hypha (e)），胞子嚢（sporiferous saccule）などが付属して観察され，胞子の大きさ，形，色，細胞壁構造，胞子形成様式などとともに，AM菌の形態分類に用いられる．胞子は直径40～800 μmで大きく，形は球形，亜球形，卵形，楕円形，洋ナシ型，不整型等，色は白・

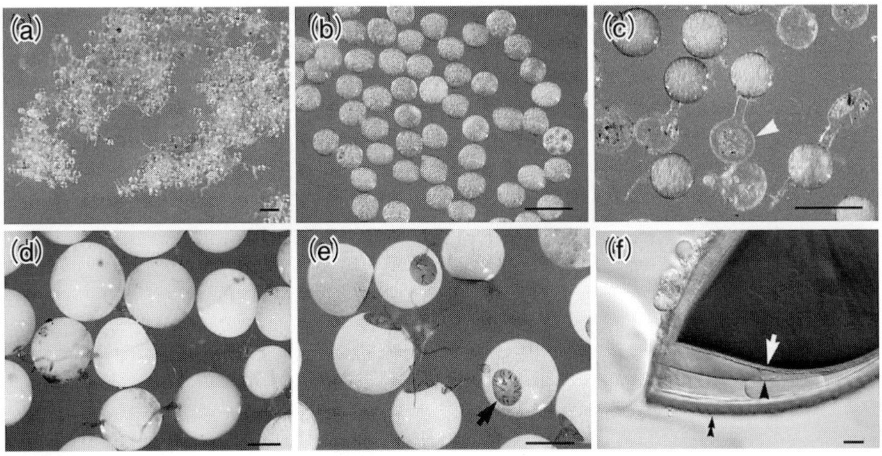

■図 6.2.8 アーバスキュラー菌根菌の胞子

(a) *Rhizophagus intraradices*，(b) *Acaulospora longula*，(c) *Acaulospora colombiana*，(d) *Gigaspora margarita*，(e) *Scutellospora cerradensis*，(f) *Acaulospora scrobiculata*．押しつぶした細胞壁のMelzer試薬染色．白矢印：胞子嚢（sporiferous saccule），黒矢印：germination shield，二重矢頭:胞子壁（spore wall），矢頭:第一発芽壁（germinal wall 1），白矢印：第二発芽壁（germinal wall 2）．スケール：(a)～(e) は200 μm，(f) は10 μm．小島知子氏原図．

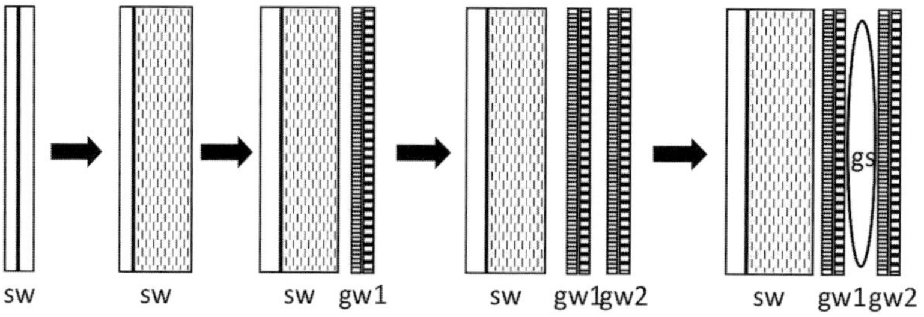

図 6.2.9 *Scutellospora heterogama* 細胞壁構造の発達様式
sw：胞子壁（spore wall），gw1：第一発芽壁（germinal wall），gw2：第二発芽壁，gs：germination shield（Moton[4] を改変）.

透明，黄，オレンジ，赤，茶，黒など多様である[2]．胞子の細胞壁は厚く，キチン，時に β-1,3-グルカンを含有する．胞子の内部は多量の脂質，炭素化合物で満たされ，核が多数（800～3,500 個）存在する．特に Gigasporaceae の多くの種は，胞子細胞内に内生細菌を有する（図 6.2.8）．

AM 菌の胞子は菌糸の先端あるいは中間が出芽的に膨らみ形成され，形成様式は下記の 3 つに分けられる．①外生菌糸の末端あるいは挿入的に形成された円柱状あるいは漏斗状の胞子形成菌糸の先端に胞子が形成される（glomoid 型），②胞子形成菌糸が膨張して胞子嚢となり，その基部の菌糸側面（acaulosporoid 型）あるいは菌糸内（entrophosporoid 型）に胞子が形成される．胞子嚢はその後退化する，③胞子形成菌糸末端が球状に膨らんで胞子形成細胞（sporogenous cell）となり，その先端に胞子が形成される（gigasporoid 型）．*Archaeospora* 属および *Ambispora* 属には，glomoid 型と acaulosporoid 型の両者を形成する種がある．glomoid 型は分子系統をもとにした複

表 6.2.1 Glomeromycota の分子系統解析をもとにした分類体系と胞子の特徴（引用文献[5~8] を改変）

目	科	属	胞子形成様式	発芽壁の有無	発芽構造
Paraglomerales	Paraglomeraceae	*Paraglomus*		−	SH, SW
Archaeosporales	Archaeosporaceae	*Archaeospora*		+	GO
	Ambisporaceae	*Ambispora*		+	GW
	Geosiphonaceae	*Geosiphon*		?	SH, SW
Glomerales	Glomeraceae	*Glomus* *Rhizophagus* *Funneliformis*	(glomoid)	−	SH, SW
		Sclerocystis		−	?
	Claroideoglomeraceae	*Claroideoglomus*		−	SH
Diversporales	Gigasporaceae	*Gigaspora*	SC (gigasporoid)	+	GW (Pa)
		Scutellospora *Racocetra*		+	GS
	Pacisporaceae	*Pacispora*		+	GS
	Diversiporaeae	*Diversispora*		−	SH, SW
		Redeckera		−	?
		Otospora		+	?
	Acaulosporaceae	*Acaulospora*	(acaulosporoid) SS	+	GO
	Entrophosporaceae	*Entrophospora*	(entrophosporoid) SS	+	?

GO：germination orb，GS：germination shield，GW：germinal wall（発芽壁），SC：sporogenous cell（胞子形成細胞），SH：subtending hyphae（胞子形成菌糸），SS：sporiferous saccule（胞子嚢），SW：spore wall（胞子壁），Pa：papilla（乳頭突起），?：不明 / 未観察

数の分類群で見られるため，共有原始形質と考えられている．

AM 菌胞子の細胞壁は，水，ポリビニルアルコール乳酸グリセロール（PVLG）あるいはPVLGとMelzer's 試薬の混合液などに封入して軽く押しつぶして光学顕微鏡あるいは微分干渉顕微鏡で観察する．細胞壁は押しつぶしにより1～複数枚に分かれ，さらにそれらには構造，硬さ，厚さ，色，Melzer 試薬の染色性などが異なる層構造が観察される[3]．これら細胞壁構成要素は，形成起源をもとに，胞子壁（spore wall）と発芽壁（germinal wall）に分けられる．前者は胞子形成菌糸の細胞壁と連続した2～4層（laminate layer 等）からなる構造で，すべての種が1つ有する．後者は胞子壁内側に新生される比較的柔軟，無色，1～3層からなる構造で，種によって1～3有する．発芽は，発芽壁（*Gigaspora* 属）から，あるいは発芽壁に形成される germination orb（*Acaulospora* 属），germination shield（*Scutellospora* 属，*Pacispora* 属）と呼ばれる構造から発芽管を生じ，胞子壁を貫通して起こる．*Gigaspora* 属では発芽壁の発芽管形成部位に乳頭突起（papillae）が観察される．*Glomus* 属の胞子細胞壁は2層以上からなる胞子壁のみからなり，発芽管は胞子形成菌糸内からあるいは胞子壁を貫通して伸長する．　**（久我ゆかり）**

＊引用文献

1) Schüßler A, et al.（2001）Mycol Res 105 : 1413-1421
2) Morton JB（1988）Mycotaxon 32 : 267-324
3) Walker C（1983）Mycotaxon 18 : 443-455
4) Morton JB, Bentivenga SP（1994）Plant Soil 159 : 47-59
5) Redecker D, Raab P（2006）Mycologia 98 : 885-895
6) Sieverding E, Oehl F（2006）J Appl Bot Food Qual 80 : 69-81
7) Schüßler A, Walker C（2010）http://www.amf-phylogeny.com ISBN-13 : 978-1466388048, ISBN-10 : 1466388048
8) Krüger M, et al.（2012）New Phytol 193 : 970-984

＊参考文献

Peterson RL, et al.（2004）Mycorrhizas : anatomy and cell biology. NRC Research Press, Ottawa
Smith SE, Read DJ（2008）Mycorrhizal symbiosis, 3rd ed. Academic Press, New York

6.2.4　子嚢菌類と担子菌類の無性胞子

1）無性胞子の種類と定義

形態・生理・生態などの観点から分散（脱落後，単独発芽して親と同等のものを形成する）や耐久・休眠に適した機能を備え，体細胞分裂により形成される単～多細胞の無性生殖細胞を菌類では一般に無性胞子（asexual spore）と呼ぶ．このうち，長期間休眠できる機能をもち，非分散性で（非脱落性で容易に発芽しない），菌糸細胞間や菌糸末端に外生または内生する有色または無色の厚壁のものを厚膜胞子（chlamydospore，図 6.2.10 a, b）として区別するが，その適用は厳密なものではないことが多い．なお，従来の鞭毛菌類や接合菌類も無性胞子（前者では鞭毛をもつ遊走子も含む）をつくるが，これらについては 6.2.1，6.2.2 項を参照されたい．

不完全菌類を含む子嚢菌類と担子菌類の代表的な無性胞子が分生子（conidium，図 6.2.10）である．また，一般の分生子とは形態が大きく異なるがほぼ同等な機能を有す大型散布体（図 6.2.11）ならびに非分散性の菌核も広義の無性胞子に含めてよいと思われる．分生子とは胞子嚢胞子・厚膜胞子・菌核以外の不動・脱落性の無性胞子であるが，大型散布体との境界は一般に不明確な場合が多い．分生子は単細胞～多細胞で，その形態は非常に多様で（球形～亜球形・糸状・石垣状・らせん形・星形など）[1]，さらに着色や付属枝の有無などによって類別できる（Saccardo の胞子型；定義は文献2を参照）．一方，大型散布体はいわゆる植物の零余子（むかご）のようなもので，より多くの細胞からなり，無性芽（gemma）や小菌核（bulbil）などと呼ばれる．気中水生菌類（aero-aquatic fungi）における空気を抱き込んで水に浮遊して分散する散布体などがこの範疇に含まれる．これら無性胞子の形態・生理・生態などの特徴は，一般的にその分散様式に深く関係していると考えられる．例：水分散型（胞子は親水性で一般に粘塊となる．単純な形以外に付属枝をもった

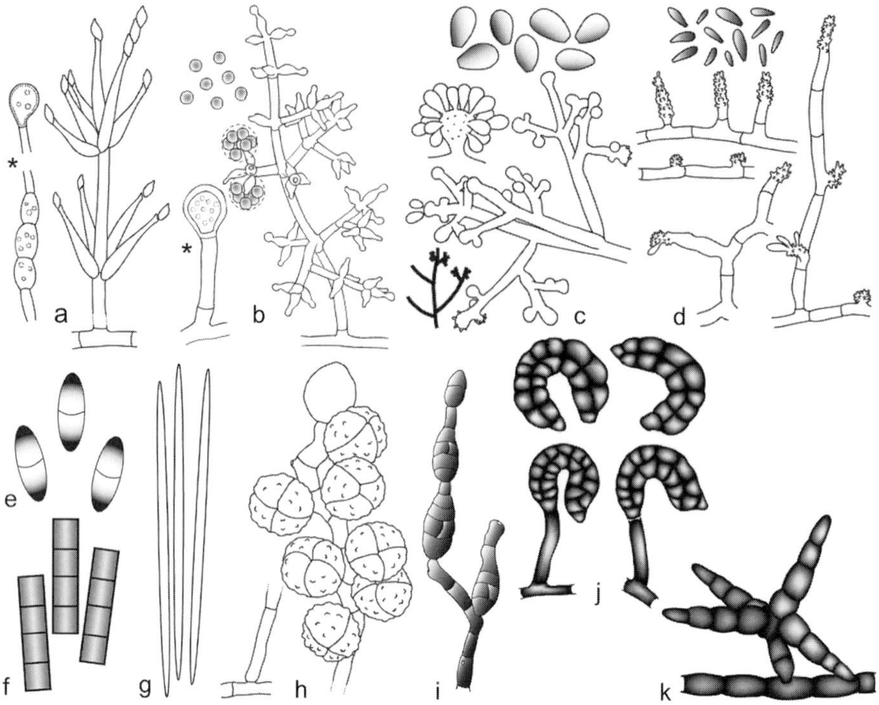

■図 6.2.10　不完全菌類を含む子嚢菌類と担子菌類の無性胞子の一例（文献 3 より改変）
a〜d：単細胞分生子（amerospore；Saccardo の胞子型），a：*Mariannaea elegans*（*：厚膜胞子），b：*Trichoderma harzianum*（*：厚膜胞子），c：*Botrytis cinerea*，d：*Rhinocladiella intermedia*，e：2 細胞分生子（didymospore），f：多細胞分生子（phragmospore；3 細胞以上），g：糸状分生子（scolecospore），h, i：石垣状分生子（dictyospore），h：*Ulocladium atrum*，i：*Alternaria alternata*，j：らせん形分生子（helicospore），*Xenosporium indicum*，k：星形分生子（staurospore），*Tripospermum* sp.

■図 6.2.11　担子菌系不完全菌ならびに担子菌アナモルフの大型散布体（文献 4, 5 より改変）
a,b：ヒダナシタケ目に近縁な担子菌系不完全菌 *Tretopileus sphaerophorus*，c,d：フウリンタケ型担子菌 *Flagelloscypha* 属菌のアナモルフ *Peyronelina glomerulata*.

り，らせん形・星形・籠型などとなるものもある），風媒型（胞子は疎水性で一般に乾性・連鎖し，小型で単純な形のものが多い．射出能を有すものもある），虫媒型（付着・射出・捕食などに適した性質を備え，一般に媒介/宿主動物と密接な関係がある）．

2）分生子形成様式とその分類学的意義

不完全菌類（1.7.6 項参照）の分類基準，ならびに子嚢菌/担子菌アナモルフの識別指標として，

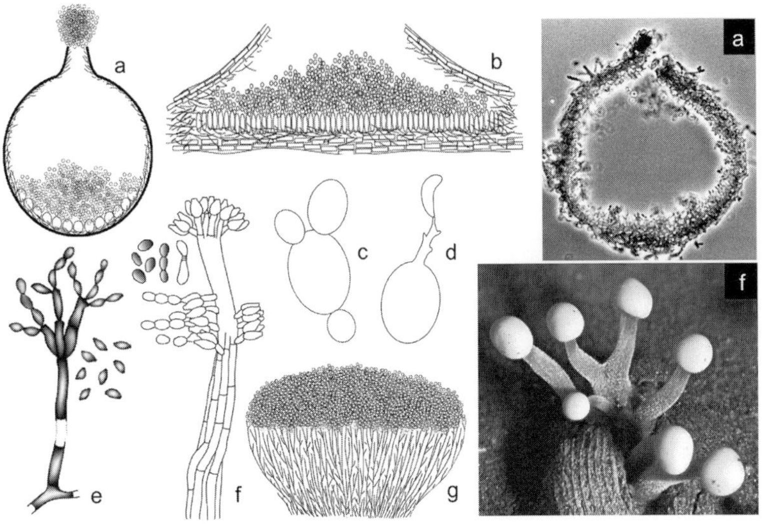

■図 6.2.12　Saccardo 体系で用いられた分生子形成器官（文献 3 より改変）
a：分生子殻（pycnidium），b：分生子堆（acervulus），c：酵母の出芽細胞（budding cell，出芽型分生子），d：酵母の射出胞子（ballistospore），e：単独の分生子柄（mononematous conidiophore），f：分生子柄束（synnema），g：分生子座（sporodochium）．

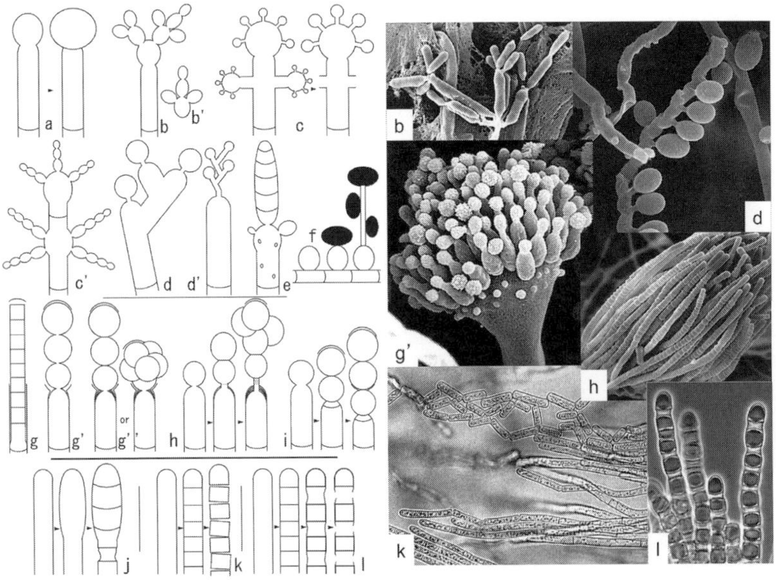

■図 6.2.13　不完全菌類ならびに子嚢菌/担子菌アナモルフの分生子形成様式（Hughes 体系[6, 7]）（文献 3 より改変）
a〜i：出芽型（blastic）[a〜f：全出芽型（holoblastic），g〜i：内生出芽型（enteroblastic）]．j〜l：葉状体型（thallic）[j：全葉状体型（holothallic），k：全分節型（holoarthric），l：内生分節型（enteroarthric）]．
個々の型の一般呼称と典型属：a：アレウロ型（*Humicola*），b：出芽型［*Cladosporium*（b），*Rhodotorula*（b′）］，c：房状出芽型［*Botrytis*（c），*Gonatobotryum*（c′）］，d：シンポジオ型［*Verticicladiella*（d），*Beauveria*（d′）］，e：ポロ型（*Alternaria*），f：成長出芽型（*Arthrinium*），g：フィアロ型［*Chalara*（g），*Penicillium*（g′），*Fusarium*（g″）］，h：アネロ型（*Scopulariopsis*），i：リトログレッシブ型（*Cladobotryum*），j：全葉状体型（*Microsporum*），k：全分節型（*Geotrichum*），l：内生分節型（*Coremiella*）．
右図の写真（左上から右下へ，アルファベットは左図の分生子形成様式に対応）：子嚢菌 *Ophiostoma quercus* の出芽型アナモルフ．異担子菌 *Phleogena faginea* のシンポジオ型アナモルフ．*Aspergillus fumigatus*．*Graphium* sp. 子嚢菌酵母 *Dipodascus* sp. の *Geotrichum* アナモルフ．*Coremiella cubispora*．

かつては，分生子の有無とその外観や隔壁の入り方，ならびに分生子果（子実体：分生子殻，分生子座，分生子柄束など．図 6.2.12）の形態が組み合わされて用いられた（Saccardo 体系）．しかし，1950 年代より，天然基質と培地においてともに安定した形質である分生子形成様式，すなわち「分生子自体の形成様式や，分生子形成細胞と分生子柄の伸長（貫生）様式」を重視した "Hughes 体系" が台頭した[7]．部分的ではあるが，分生子形成様式はテレオモルフ-アナモルフ関係の観点からも強い支持が得られた[8]．この Hughes 体系はその後 30 年にわたり多くの研究者により改良され[6, 8-11]（図 6.2.13），不完全菌類の新分類群や子嚢菌 / 担子菌アナモルフを発表する際にはいまもなおこの様式に関する記述が求められる．しかし，複数の分生子形成様式（主として，フィアロ型 - アネロ型 - シンポジオ型）が同一菌において共存する多形性菌群（黒色酵母や青変病菌など）が存在すること（おのおののモルフをシンアナモルフと呼ぶ），また分子系統解析により次々と明らかにされる分生子形成様式の収斂現象などの事例を考慮すると，Hughes 体系も系統を反映した分類システムとはいえない．なお，分生子形成様式の代表的な型は子実体の有無や種類に関係なく[11]，子嚢菌類ならびに担子菌類の広い菌群で観察される．大部分が出芽型である酵母においても，菌群によって分節型・アネロ型・シンポジオ型も観察される．また，分生子の核相（単相 n, 重相 n+n, 複相 2n）と核数（単核，2 核，多核）に関してもさまざまであるが，たとえば，担子菌門菌蕈綱の一群では一次菌糸または二次菌糸が隔壁部から分節し，単相単核や単相 2 核（重相）の乾性または湿性の分節型分生子（分裂子，オイディアとも呼ばれる）がつくられる（図 1.7.15 参照）．単相単核の分裂子はしばしば不動精子的な機能を果たす．

（岡田　元）

＊引用文献

1）Seifert K, et al.（2011）The genera of hyphomycetes. CBS-KNAW Fungal Biodiversity Centre, Utrecht
2）Kendrick B, Nag Raj TR（1979）Morphological terms in Fungi Imperfecti. The whole fungus, vol. 1（Kendrick B, ed.）. National Museum of Natural Sciences, Ottawa pp43-61
3）岡田　元・鈴木基文（2004）真核微生物．応用微生物学（塚越規弘編）．朝倉書店，東京，pp 22-65
4）Okada G, et al.（1998）Mycoscience 39 : 21-30
5）Yamaguchi K, et al.（2009）Mycoscience 50 : 156-164
6）Cole GT, Samson RA（1979）Patterns of development in conidial fungi. Pitman, London
7）Hughes SJ（1953）Can J Bot 31 : 577-659
8）Tubaki K（1958）J Hattori Bot Lab 20 : 142-244
9）Barron GL（1968）The genera of hyphomycetes from soil. Williams & Wilkins, Baltimore
10）Ellis MB（1971）Dematiaceous hyphomycetes. Commonwealth Mycological Institute, Kew
11）Sutton BC（1980）The Coelomycetes. Commonwealth Mycological Institute, Kew

7 胞子発芽

7.1 胞子の微細構造

菌類の胞子は伝播や定着を容易にするための構造や乾燥や高・低温などの過酷な環境条件化でも生存可能な特別な構造をしている．胞子における微細構造の特徴は以下のとおりである．

1）外部構造

(1) 付属糸（appendage）

菌類胞子の表面には特有の形態を有する種類がある．比較的低倍率で認められる特徴として付属糸がある．付属糸の形態は菌類の種類によって異なる．

(2) 胞子表面形状（ornamentation）

胞子表面にはそれぞれの菌類特有の模様がある．胞子表面の形態は，平滑，有刺，隆起，いぼ状，網目状などさまざまである．これらの特徴は菌類を分類学上の科，属さらには種と関連していることが示唆されており，本特徴は菌類の同定に用いられている場合がある[1)]．また，走査型電子顕微鏡で胞子表面を観察すると微細なライン状の桿状模様（rodolet）が観察される．しかし，この構造は胞子のみならずフィアライドや分生子柄でも認められることから胞子特有の特徴ではないと考えられている．

(3) 発芽孔（germ pore）

胞子の発芽は，発芽管が胞子壁の一部を突き破ることで起こる．発芽管が形成される部位の細胞壁構造はほかの胞子壁と構造が異なる．そのような部位を発芽孔と呼ぶ．発芽孔にも複数の形態があり，さび胞子では2つのタイプが知られている．1つは胞子壁が形成されるときに異なる物質で構成される分化型孔であるが，このタイプは光学顕微鏡では検出することは困難であり，透過型電子顕微鏡で電子透過領域として認められる．もう1つのタイプは，胞子壁の外側が欠如し，その部位を薄い壁で覆われている陥没型孔である．一方，担子菌類のハラタケ目では，外壁と内壁の構造の違いをもとに5つのタイプの発芽孔が認められている．また，これらの発芽孔タイプは菌類の同定基準であると考えられている．また，子嚢菌類では3つのタイプの発芽孔（単純孔，縦スリット孔，環状孔）が知られている．

(4) へそ（hilum）

胞子を走査型電子顕微鏡で観察することによって，胞子のへそ構造が明らかにされている．担子菌類ハラタケ目においては，へそ構造はきわめて小さく，胞子基部に偏心的に位置する（図7.1.1）．ハラタケ目のへそ構造は，孔のない小さな突起で構成されている小瘤型と中央に孔を伴った陥没からなる開口型の2つのタイプがある．腹菌類の担子胞子では，へそ状の管を有し，未熟な胞子では小柄先端の一部を有している場合も認められる．

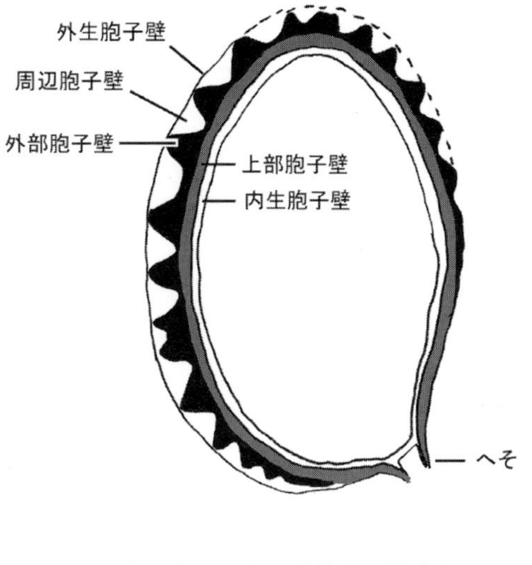

■図7.1.1　菌類胞子の胞子壁構造の模式図

2）内部構造

（1）胞子壁（spore wall）

菌類の胞子壁構造は多様であり菌糸の細胞壁とほとんど変わらない単純なものから，何層かで形成されているものまである．5層構造した胞子壁は，外から外生胞子壁（ectosporium），周辺胞子壁（perisporiumu），外部胞子壁（exosporium），上部胞子壁（episporium），内生胞子壁（endosporium）で構成されている（図7.1.1）．また，無色の胞子壁からメラニンが沈着し着色した胞子壁もある（図7.1.2）．厚く着色した胞子壁構造は光や紫外線，あるいは化学物質や物理的衝撃からのダメージを緩和するための構造であると考えられている[2]．菌類の胞子壁はそれぞれの種特有の構造を有していることから，この胞子壁構造をもとに菌類が分類される場合もある[3,4]．

（2）細胞内小器官（cytoplasmic organelle）

多くの胞子は栄養繁殖菌糸で認められる細胞内小器官とほぼ同じであるが液胞（vacuole）が認められないことが多い．細胞膜は細胞質内に陥入することが多く，そこには複数の酵素複合体が蓄積している．核（nucleus）の構造は栄養繁殖菌糸で認められる核と違いはあまり認められない．小胞体（endoplasmic reticulum）や小胞（vesicle）は成熟途中の胞子では頻繁に観察されるが，成熟した胞子では観察頻度が減少する．これらの器官は細胞膜に隣接するように胞子周辺で頻繁に観察される．脂質球（lipid body），グリコーゲン顆粒（glycogen granules），リン脂質や多糖を有する膜結合性小胞などの貯蔵体（storage body）が高頻度で観察される．しかし，これらの貯蔵物質は菌類の種類や成熟度等によって異なる．ミトコンドリア（mitochondrion）は厚い胞子壁の胞子においては，数が多くしかも大きく複雑に入り組んだ構造となる．これらの構造は胞子を嫌気条件に暴露したときに顕著になることから，厚い胞子壁による嫌気条件の結果として，ミトコンドリアの構造が変化したと考えられている．　（霜村典宏）

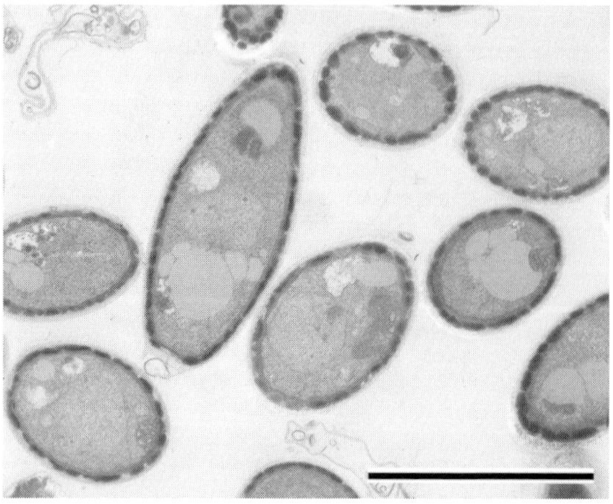

■図7.1.2　メラニンが沈着したショウロの胞子壁
スケールは5 μm.

＊引用文献

1）Pegler DN, Young TWK（1981）Trans Br Mycol Soc 76 : 103-146
2）Hawker LE, Madelin MF（1974）The fungal spore form and function. John Wiley, New York, pp1-72
3）Clémençon H（2004）Cytology and plectology of the Hymenomycetes（Bibliotheca Mycologica 199）. J Gramer, Berlin, pp149-185
4）Garnica S, et al.（2007）Mycol Res 111 : 1019-1029

7.2 胞子発芽に伴う微細構造の変化と機能

菌類胞子の発芽にはさまざまな様式がある．一般に乾燥した胞子が吸水（rehydration）してやや膨潤（swelling）した後，胞子壁の一部が破れて発芽管が出芽（emergence あるいは sprouting）するまでの過程を発芽（germination）と呼んでいる．また，菌類の胞子発芽を，ある特定の細菌，酵母，菌糸体，植物根抽出物などが促進することもある．菌類の胞子発芽に伴う微細構造変化は以下のとおりである．

1）胞子壁構造の変化

胞子が発芽すると発芽管が形成されるが，発芽管の細胞壁形成の機構は菌類の種類によって異なり基本的には，①プロトプラストからの発芽管細胞壁の新規合成，②胞子壁の内側における発芽管細胞壁の新規合成，③胞子壁の伸長あるいは胞子壁内層の伸長による発芽管細胞壁への変換，の3つのタイプに類別できる[1]．

第1のタイプは鞭毛菌亜門における遊走子の被嚢形成において認められる．*Phytophthora macrospora* の遊走子には細胞壁はないが，粘液質の物質が細胞膜に沈着してくる．被嚢胞子の粘液質細胞壁は伸長し発芽管を覆う[2]．

胞子壁内部に新規細胞壁が形成される第2のタイプは *Fusarium culmorum* や *Aspergillus nidulans* で認められる．*A. nidulans* の休眠胞子の胞子壁は3層で構成されており，外層と中間層は弾力性が少なく，内層は弾力性がある．発芽に伴い内層の内側に新しい層（N）が形成される．そして，内層は薄くなり反対に，N層は徐々に厚くなる．発芽管が形成される部位では，胞子壁の中間層が崩壊し消失する．そして胞子壁内層は著しく薄くなり発芽管では消失する．そして新たに形成されたN層のみが発芽管細胞壁となる[3]．

第3のタイプは多くの菌類（*Botrytis cinerea, Aspergillus oryzae, A. niger, Colletotrichum lagenaria, Penicillium frequentans, Alternaria alternata, Neurospora tetrasperma* など）で最も一般的に認められる．*Penicillium megasporum* の胞子壁はいくつかの層で構成されている．発芽に伴う構造変化として，胞子壁最内層の肥大化が最初に認められる．この内層の肥大によりそれ以外の胞子壁に割れ目が形成され，そこから発芽管が伸長する．発芽管の細胞壁は胞子壁最内層と連続している[4]．また，*Neurospora tetrasperma* の胞子発芽においては，発芽管の細胞壁が胞子壁内層と連続していることのみならず，発芽管の繊維状層が胞子外層と連続している[5]．

2）細胞内小器官の変化

胞子発芽の初期段階において，核（nucleus）は分裂することで数を増加させる．核分裂は，発芽管形成前あるいは形成中に起こり，形成された娘核は発芽管へと移動する．小胞体（endoplasmic reticulum）は発芽に伴い増大する．また，休眠胞子では細胞膜に隣接しているが，発芽胞子では細胞膜から離れ，核を取り囲むようになる．このことから，小胞体は発芽菌糸の細胞壁合成に重要な役割を担っていると考えられている．リボゾーム（ribosome）は休眠胞子では少ないが，発芽を開始すると増加する．この現象は発芽に伴う代謝活性の増大の結果であると考えられている．細胞質小胞（cytoplasmic vesicle）は活発に生長する菌糸の先端において高頻度で観察されるが，発芽部位における観察頻度はこれらと比較すると高頻度ではない．先端小球（apical corpuscle）は初期の発芽管の形成に関与しているが，その後の先端生長には必要とされていない．ロマソーム（lomasomes）は発芽中の胞子や菌糸体で，細胞壁と細胞膜との間で生じ，細胞壁合成への関与が示唆されている．ミトコンドリア（mitochondrion）は発芽に伴い数が増加するがミトコンドリアが占有する面積と細胞質面積との比率はあまり変わらない．休眠胞子のミトコンドリアは比較的大きく，クリステ構造も不明瞭であるが，発芽すると小さ

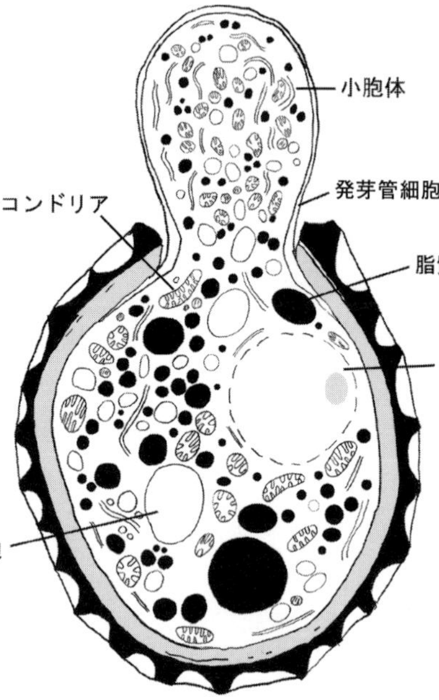

■図 7.2.1 *Tilletia caries* の冬胞子（teliospore）の発芽に伴う微細構造変化の模式図
Hess と Weber [6] より.

くなりクリステも明瞭となるほど形状は多様化する．これは発芽に伴って酸素の吸収量が増大したためである．液胞（vacuole）の増大は胞子発芽において顕著に観察される微細構造変化であるが，本器官が形成される機構について不明な点が多い．脂質球（lipid body）は休眠胞子では一般に観察されるが，発芽に伴って消失する．胞子発芽に伴う微細構造変化の一例を図 7.2.1 に示す．

（霜村典宏）

＊引用文献

1) Bartnicki-Garcia S（1968）Annu Rev Microbiol 22 : 87-108
2) Fukutomi M, Akai S（1966）Trans Mycol Soc Jap 7 : 199-202
3) Border DJ, Trinci APJ（1970）Trans Brit Mycol Soc 54 : 143-152
4) Remsen CC, et al（1967）Protoplasma 64 : 439-451
5) Lowry RJ, Sussman AS（1968）J Gen Microbiol 51 : 403-409
6) Hess WM, Weber DJ（1974）The fungal spore form and function. John Wiley, New York, pp643-714

＊参考文献

Smith JE et al.（1974）The fungal spore form and function. John Wiley, New York, pp301-354
Akai S, et al.（1974）The fungal spore form and function. John Wiley, New York, pp355-411
Clémençon H（2004）Cytology and plectology of the Hymenomycetes（Bibliotheca Mycologica 199）. J Gramer, Berlin, pp186-190

III 代謝

序：代謝からみた菌類の特性

菌類は真核微生物であり，カビ，酵母，キノコを含む．ここで，「酵母」もカビ，キノコと同様，分類学上の正式な名称ではない．酵母は，子嚢菌類，担子菌類，あるいはそれらの不完全世代に属し，通常の存在形態が単細胞であるものを呼ぶ．

菌類は，光合成を行わず硬い細胞壁をもつ．そこで，細胞内に取り込んだグルコース等の単糖や，いったん生合成したグリコーゲン，タンパク質，脂質を，細胞内で生化学的に変換し，その過程で生成したエネルギーをATPの形で蓄える．このように，化合物の分解によりエネルギーを取り出し，ATPの形で蓄える一連の過程を異化（catabolism）と呼ぶ．一方，ATPの形で蓄えられたエネルギーを使って，より簡単な化合物から，核酸，タンパク質，脂質，細胞壁多糖類，などの複雑な物質を細胞内で生合成する．この，エネルギーを使って複雑な生体成分を合成する一連の過程を同化（anabolism）と呼ぶ．

細胞内で行われる，異化と同化を含む物質の変換反応による生命活動を，代謝（metabolism）と呼ぶ．

このように，菌類は，体外から有機化合物を取り入れ，それを異化，同化に必要な炭素源として利用する従属栄養生物（heterotroph）である．すなわち，二酸化炭素を唯一の炭素源として生育できる独立栄養生物（autotroph）ではない．

さらに，菌類は，従属栄養生物の中でも，光のエネルギーを利用する光合成従属栄養生物（photoheterotroph）ではなく，生体内での酸化反応で生成したエネルギーを保存し利用する，化学合成従属栄養生物（chemoheterotroph）である．ここで，菌類は，有機物を酸化反応の電子供与体とする．すなわち，まず有機物から電子が取られ（有機物が酸化され），そして，有機物より得られた電子は，好気的条件下では酸素に受け渡され（酸素が還元され），水が生成する．この点において，水素細菌（hydrogen bacteria）（水素が電子供与体），硫黄細菌（fulfur bacteria）（HS-, Sが電子供与体），硝化細菌（nitrifying bacteria）（アンモニア，亜硝酸塩が電子供与体），鉄細菌（iron bacteria）（Fe^{2+}が電子供与体）などの，化学合成無機栄養生物（chemolithotroph）とは異なっている．

代謝は，異化，同化という観点で区別するだけではなく，いくつかの観点から区別し，考察することができる．

たとえば，元素に着目した場合，炭素源中の炭素原子がどのような異化代謝経路を経て二酸化炭素にまで変換されるか，あるいは，同化において細胞壁多糖類に変換されるか，その間の経路，反応について考えることができる．同様に，窒素，リン，イオウ，その他さまざまな元素の細胞内での変遷を考えることができる．この場合，炭素代謝，窒素代謝，リン代謝，イオウ代謝と区分して考察できる．第8章では，特に，炭素代謝，窒素代謝についてまとめた．

また，代謝が生命活動に果たす役割からも，代謝を区分し考察できる．生命活動に必須である代謝を一次代謝（primary metabolism）と呼ぶ．一方，それ自体は生命活動の維持に直接関係はないと考えられる代謝を二次代謝（secondary metabolism）と呼ぶ．しかし，この両者は明確に区別できない場合もある．

菌類は細菌にはない，生物学的な特徴が少なくとも2点ある．それは，①細胞小器官（organelle）の発達，②細胞壁をもつ，ことである

まず，①に関しては，真核生物である菌類は，原核生物である細菌とは異なり核膜で囲まれた核とともに，膜構造をもつ多様な細胞小器官をもつ．菌類の細胞には，細菌にはないミトコンドリアが細胞小器官として存在している．それ以外に，小胞体，ゴルジ体，ペルオキシソーム，その他の細胞小器官が発達している．酵母においては，細胞小器官の機能解明が進んでいる．しかし，カビ，キノコなど糸状菌では，酵母に比べると実験結果があまり報告されていない．さらに，糸状菌では細胞間の隔壁付近にボロニンボディ（woronin body）をもつ．しかし，この機能も，十分解明されてはいない．

細菌に比べ細胞小器官が発達していることに起因し，菌類は細菌にはない以下の代謝に関連した特徴がある．

・細胞小器官ごと，さらには，細胞小器官内部でも，膜構造により区別されている場所ごとで，特異性のある代謝反応が行われている．
・代謝中間体が次の反応場に膜構造を通過し輸送され，代謝反応が進行する場合がある．
・反応をつかさどる酵素が，細胞小器官に正しく輸送される機構がある．

たとえば，炭素代謝に注目すると，解糖系で生成したピルビン酸は，好気的条件下 TCA 回路でさらに代謝されると，教科書に記載されている．

ここで，ピルビン酸が TCA 回路に入る動きを，菌類の細胞レベルで考えてみると，ピルビン酸は細菌にはないいくつかの膜構造を通る必要がある．

菌類では，まず，グルコースからピルビン酸を生成させる解糖系（Embden–Meyerhof–Parnas 経路），また，ペントースリン酸回路の酵素は，細胞質に可溶性酵素として存在する．

一方，TCA 回路はミトコンドリアで機能している．ミトコンドリアは，細胞質に接した膜から，外膜，膜間スペース，内膜，マトリックスから構成されている．

菌類のミトコンドリアにおいては，好気的な条件下では，酸素が電子受容体となる酸素呼吸が行われる．酸素呼吸における酸素への電子伝達は，ミトコンドリア内膜のマトリックス側に面した部分で行われる．マトリックス部分には，TCA 回路の可溶性酵素が存在し，TCA 回路の酵素である succinate dehydrogenase が内膜に存在する．

したがって，細胞質で解糖系により生成したピルビン酸は，外膜，内膜を通過しミトコンドリアマト

リックスに輸送されなければ，TCA 回路に入れない．

ミトコンドリア外膜では，ポリンと呼ばれるチャネルタンパク質が，比較的多くの分子を自由に通過させる．ピルビン酸もポリンを通過すると考えられる．しかし，内膜では，物質の輸送は，特異性がある輸送タンパク質を介して行われるため，自由に行き来できるものではない．これに関しては，その際，ピルビン酸の輸送に携わるピルビン酸輸送タンパク質が，ミトコンドリアから精製されている[1]．

このようにして，ピルビン酸はミトコンドリアに輸送され，pyruvate dehydrogenase complex によりアセチルCoA に変換されて，TCA 回路で代謝される．

このような，細胞膜を介した細胞小器官への中間代謝物の輸送にかかわる細胞の機能は，菌類と細菌との違いの1つである．

一方，出芽酵母 *Saccharomyces cerevisiae* では解糖系酵素濃度が高く，利用できるグルコース炭素源がある限り，好気的条件下では酸素呼吸が行われるとともに発酵も起こる．発酵では，解糖系で生成したピルビン酸がアセトアルデヒドに変換され，さらに還元されエタノールが生成する．発酵では，電子伝達系を利用しないため，解糖系をエネルギー生成反応とする．

しかし，糸状菌では，好気的条件下では酸素呼吸が行われると，一般的に考えられている．一方，嫌気的条件では，酸素以外の物質を電子受容体とする嫌気呼吸が起こることが，*Fusarium oxysporum* で報告された．*F. oxysporum* における嫌気呼吸では，NO^{3-} が電子受容体として機能している．さらに，同じ現象は，子嚢菌に近縁なカビ，担子菌でも報告され，普遍性が高いことが示されている[2]．これに関しては,「8.2 窒素代謝」の節で述べられる．

また，同じ反応を触媒する酵素の細胞内小器官への局在が異なるために，菌類同士でも厳密には異なった機構の代謝が行われている例もある．

たとえば，教科書では，グリオキシル酸（GLOX）回路は，TCA 回路を short-cut するように図示されていることが多い．すなわち，GLOX 回路は TCA 回路のイソクエン酸をコハク酸とグリオキシル酸に分解し，コハク酸を TCA 回路へ供給するとともに，グリオキシル酸を最終的には TCA 回路のリンゴ酸に供給するよう位置づけられている．

しかし，GLOX 回路の細胞小器官への局在を考慮して本回路を眺めると，出芽酵母 *S. cerevisiae* と木材腐朽性の担子菌類では，代謝の詳細，酵素の意義が異なっていることがわかる．

まず，GLOX 回路の鍵酵素である isocitrate lyase は，イソクエン酸からコハク酸とグリオキシル酸への変換を触媒する．生成したコハク酸は，TCA 回路で代謝される．さて，出芽酵母 *S. cerevisiae* では，エタノールなどの C2 炭素源で生育する場合においてのみ，isocitrate lyase をコードする遺伝子（*ICL1*）の発現が誘導され，ICL1 は糖新生のために機能する．さらに，特徴として，*S. cerevisiae* の ICL1 は細胞質に局在する．そして，グルコース炭素源が存在するときは，その遺伝子発現も抑制され，ICL1 タンパク質も分解されてしまう．しかし，担子菌オオウズラタケ（*Fomitopsis palustris*）の isocitrate lyase（FPICL1）はペルオキシソーム局在シグナル PTS1 をもち，グルコース炭素源生育時にペルオキシソームに構成的に局在している[3]．

すると，エタノール炭素源で生育している出芽酵母 *S. cerevisiae* では，コハク酸は ICL1 により細胞質で生成する．生成したコハク酸は，ミトコンドリアで機能している Dicarboxylatecarrier によりミトコンドリアに輸送され，TCA 回路で代謝される．そして，糖新生のために，succinate-fumarate carrier を介して，フマル酸がミトコンドリアから細胞質に輸送され，糖新生に導かれていくと提案されている．

一方，グルコース炭素源で生育するオオウズラタケにおいては，FPICL1 の触媒作用によりペルオキシソーム内でコハク酸は生成する（詳細は 8.1.4 項参照）．コハク酸は，細胞質に輸送され，それが再び，ミトコンドリアに入り，TCA 回路を介し代謝されると提案されている．すなわち，オオウズラタケでは，FPICL1 がグルコースの異化に機能する点と，ペルオキシソームにおけるコハク酸輸送体がコハク酸輸送のために機能する必要がある点が，*S. cerevisiae* と異なっている点と考えられる．しかし，オオウズラタケにおいては，コハク酸輸送体はまだ報告されていない．

また，真核細胞は細胞骨格を含んでおり，それらは物理的に細胞を支え，さらに細胞内成分の移動や配列を手助けする役割を担っている．

②の，菌類は細胞壁をもつことに関しては，菌類の細胞壁においては，キチン（*N*-acetylglucosamine（GlcNAc）の β-1,4 結合のポリマー）は，構成多糖の 1 つとして知られている．キチンは，UDP-GlcNAc を基質として，膜結合型の chitin synthases（EC2.4.1.16）により合成される．

出芽酵母 *S. cerevisiae* の細胞壁では，マンノプロテイン，1,3-β-グルカン，1,6-β-グルカン，キチンから形成される．そして，出芽酵母 *S. cerevisiae* では，1,3-β-グルカン合成酵素 2 種が同定されている．キチン合成酵素は，3 種存在していることが知られている．

子嚢菌類からは，*A. nidulans* よりキチン合成酵素をコードする遺伝子が 5 種単離されている[4]．

近年，シイタケ（*Lentinus edodes*）より，Class Ⅳに分類される chitin synthases の遺伝子が単離され，解析されている[5]．

しかしながら，chitin synthases の機能解析は，遺伝子破壊株の表現型の変化によるものである．これまでのところでは，*in vitro* で chitin synthases により chitin の合成が確認された例を見いだすことは筆者はできなかった．今後は，生化学的解析が必要である．

二次代謝は，二次代謝が起こっている生理的状態がその菌にとってどのような意義があるのか議論される場合と，二次代謝産物が菌や周りの生物環境やヒトに対しどのような作用をもつか議論される場合がある．前者の例としては，植物細胞壁の構成成分の 1 つであるリグニンを分解することができる白色腐朽菌（担子菌）は，二次代謝過程においてリグニン分解活性を示すことが明らかになっている．すなわち，実験室的には菌糸が成育する一次代謝過程ではリグニン分解活性が得られないが，炭素源，窒素源，あるいは，イオウ源が枯渇状態になると，リグニン分解酵素の生産が行われる．一方，後者の例としては，菌類の二次代謝産物が抗生物質として人間に役立っている．

たとえば，*Penicillium chrysogenum* が生産するペニシリン，*Acremonium chrysogenum* が生産するセファロスポリン，*Streptomyces griseus* が生産するストレプトマイシン，などがあげられる．今後も，未発見の抗生物質が見いだされる可能性は十分ある．このように，人間に役立つ物質の他に，mycotoxin（カビ毒）と呼ばれる毒素もカビにより生産される．たとえば，*Aspergillus flavus* が生産するアフラトキシンなどよく知られている．その他にも，キノコからも，ポリアセチレン化合物，テルペノイド化合物，芳香族化合物などの抗生物質，テルペノイド，ステロイド等の抗腫瘍性物質，抗変異原物質，血圧降下物質，コレステロール減少効果物質，カルモジュリン阻害物質，リポキシゲナーゼ阻害物質，有毒物質，色素など，人間によい，または悪い影響を及ぼす二次代謝産物が単離されている．キノコの発光成分も見いだされている．これに関しては，第9章発光に詳しい．そのほか，キノコの香気成分，辛味成分，苦味成分も二次代謝産物として見いだされている．これら二次代謝産物に関しては，本書の人間社会編と参考文献を参照されたい．

さて，上記の内容を明らかにしてきた研究の方法論に着目すると，代謝研究法には，たとえば以下①～⑤に示すいくつかの方法があり，各々，明らかにできるところ，できないところが異なっている．

①個々の代謝中間体を特定し，代謝経路・回路を解明する（代謝物レベルの解析）

②反応をつかさどる酵素を単離精製し，反応機構を解明する（酵素レベルの解析）

③代謝の調節機構を解明する（酵素遺伝子，転写調節因子の発現解析）

④代謝の流れの大小を評価する（フロー解析による主経路の特定と，経路同士の相互作用に関する解析）

⑤ゲノムを基に代謝を解明する（網羅的解析）

このうち，①から⑤に移るにしたがって，個別の酵素，代謝反応に着目する内容から，代謝の全体像を網羅的に解析する内容に変わっている．しかし，①～⑤のすべてが，必要かつ重要な研究内容と考える．

近年，⑤の研究が急速に発展している．これに関するより詳細な内容は，Ⅴゲノム・遺伝子をご参照いただきたい．たとえば，担子菌ゲノムも，近年解析が進んでいる．すなわち，2004年には *Phanerochaete chrysosporium*（木材腐朽菌，白色腐朽菌），2005年には *Cryptococcus neoformans*（担子菌系酵母），*Coprinopsis cinerea*（腐生菌，ウシグソヒトヨタケ），2006年には *Ustilago maydis*（木材腐朽菌，白色腐朽菌），2008年には *Laccaria bicolor*（外生菌根菌），が報告されている．ゲノムの情報をもとに，遺伝子発現解析（トランスクリプトーム），翻訳されたタンパク質の解析（プロテオーム），代謝産物解析（メタボローム），などが行われ，これらの結果を統合的に解析することにより，代謝を通して生物を理解する研究が始められている．さらに，DOE Joint Genome Instituteのホームページ（www.jgi.doe.gov./）から最新の情報を得ることができる．

たとえば，オオキツネタケ（*Laccaria bicolor*）においては，オオウズラタケゲノム上に存在する遺伝子と，データベースに登録されている他生物の既往の遺伝子の中から，類似した配列をもつ遺伝子がコンピュータで解析され，一次炭素代謝である，解糖系，トリカルボン酸（TCA）回路，ペントースリン酸回路，マンニトール代謝，トレハロース代謝，グリコーゲン代謝の各経路をつかさどる酵素の遺伝子がアノテーションされた．これらの経路は，出芽酵母 *S. cerevisiae* で明らかにされた経路と基本的に変わらない．そして，この経路をつかさどる酵素の遺伝子がみな転写されていることから，これらの炭素代謝経路がすべて機能していると提案されている[6]．

このゲノムをもとに，代謝を制御する転写因子の探索，樹木との共生にかかわる因子，子実体形成過程を含む生活環のさまざまな段階における代謝変動の網羅的解析などに関し，ゲノムレベルでの研究がますます発展する．この網羅的な解析では，個々の代謝機構を深化した研究に比べ，たとえば代謝間のクロストークの制御機構など，観点の異なった新知見を得ることができるであろう．

しかし，担子菌ゲノムを基盤とした研究を支える，個々の酵素タンパク質，さらに，代謝制御に関するタンパク質に関する，担子菌における実験的証拠は，出芽酵母 *S. cerevisiae*，*Aspergillus* 属菌などで得られた知見に比べ非常に乏しい．すなわち，コンピュータにより解析された内容が，どこまで実験的に証明されているか認識したうえで，網羅的解析には望まなければならないと考える．

そこで，「8.1 炭素代謝」の節では，特に担子菌を中心にして，これまでの個別的解析で明らかになった知見を取りまとめることとした．「8.2 窒素代謝」では，カビを中心としてまとめられている．さらに，「9. 発光」では，キノコの発光に関し，まとめられている．

この第Ⅲ部が，今後のゲノムをベースとした研究への課題をあぶりだすことの一助となれば幸いである．

（服部武文）

＊引用文献

1）Nalecz MJ, et al.（1991）Biochimica et Biophysica Acta 1079 : 87–95

2）Takaya N（2002）J Biosci Bioeng 94 : 506–510

3）Sakai S（2006）Microbiology 152 : 1609–1620

4）Fujiwara M（1997）Biochem BIophys Res Commun 236 : 75–78

5）Nishihara M, et al.（2007）Mycoscience 48 : 109–116

6）Deveau A, et al.（2008）New Phytol 180 : 379–390

＊参考文献

Cullen D, Kersten PJ（1996）Enzymology and molecular biology of lignin degradation. The Mycota Ⅲ（Bramble R, Marzluf G, eds.）. Springer, Berlin, pp 297–314

Eriksson K-EL, et al.（1990）Microbioal and enzymatic degradation of wood and wood components. Springer, Berlin, pp 225–333

古川久彦 編（1992）きのこ学．共立出版，東京

水野　卓・川合正允 編著（1992）キノコの化学・生化学．学会出版センター，東京

大隈良典・下田　親 編（2007）酵母のすべて—系統，細胞から分子まで—．シュプリンガー・ジャパン，東京

宍戸和夫 編著（2002）キノコとカビの基礎科学とバイオ技術．アイピーシー，東京

8 一次代謝

8.1 炭素代謝

担子菌の代謝を明らかにするためには，ゲノムを基盤とした網羅的な研究と，代謝経路をつかさどる個々の酵素タンパク質を含む個別的な研究が必要とされる．後者は，代謝調節を解明するうえで必要な，転写翻訳・翻訳後修飾の調整，酵素活性の消長，細胞内局在，などに関する実験を含む．

両者の結果を総合的に考察しないと，担子菌も出芽酵母 *S. cerevisiae* と代謝経路・機構はまったく変わらないと思い込み，もしかしたら，真実と離れた解釈が一人歩きしてしまう危険性も含んでいる．

8.1 節では，担子菌を中心に報告された個々の酵素活性，精製酵素の特性と，オオキツネタケゲノムのアノテーションの結果[1]をもとにして，実際機能していると十分考えられる炭素代謝経路を図 8.1.1 ～ 8.1.5 にまとめた．活性が報告されている酵素も図中に示した．そして，オオキツネタケゲノムをもとに提案されている経路との類似点・相違点に言及する．なお，酵素に関する最新の知見は，たとえば BRENDA（www.brenda-enzymes.org/）から得ることができる．

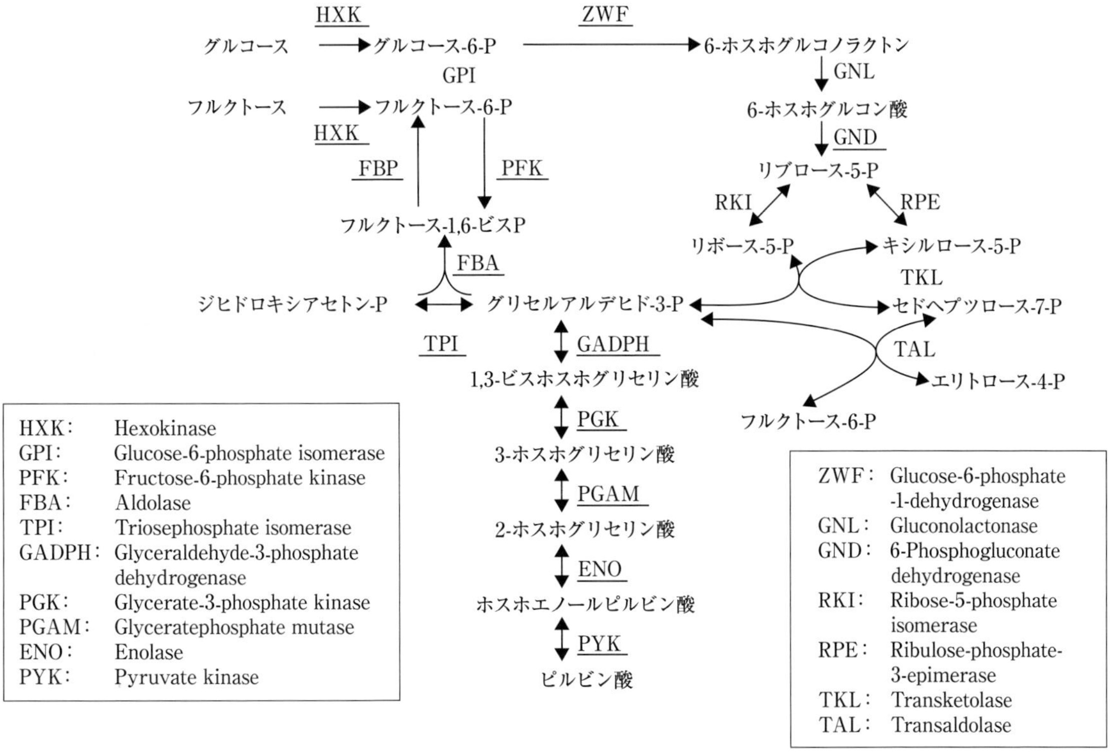

■図 8.1.1 解糖系（Embden-Meyerhof-Parnas 経路）とペントースリン酸回路
注：担子菌で活性が検出されている酵素は，下線を施した．
Pは，リン酸を示す．たとえば，フルクトース-6-Pは，フルクトース-6-リン酸である．

8.1.1 外生菌根菌，木材腐朽菌を含む担子菌細胞へのグルコースの供給

外生菌根菌は，宿主樹木の根に外生菌根を形成し共生する．生育に必要な炭素源は，宿主の光合成産物である．光合成産物であるスクロースが，根のアポプラストにおいて植物由来のinvertaseによりフルクトースとグルコースに分解され，外生菌根菌にグルコース，フルクトースが供給される．実際，オオキツネタケのゲノムには，invertaseをコードする遺伝子がアノテーションされていない．外生菌根菌ベニテングタケ（*Amanita muscaria*）のグルコース輸送タンパク質（グルコーストランスポーター）が報告されており，速度論的解析からグルコースに対する親和性がフルクトースの約10倍高いと報告されている．

一方，腐生菌である木材腐朽菌は，木材細胞壁のセルロース，ヘミセルロースを炭素源とする．個々の構成単糖が，細胞内で炭素源として利用される（13.5.9項に詳しい）．さらに，両菌が炭素源として利用できる糖類は，11.2節に詳しい．

ここでは，外生菌根菌，木材腐朽菌において共通したよい炭素源である，グルコースの担子菌における代謝を中心に記載する．

概観すると，グルコースは，まず，Embden-Meyerhof-Parnas（EMP）経路およびペントースリン酸回路（図8.1.1）により代謝される．次に，トリカルボン酸（TCA），グリオキシル酸（GLOX）回路のバイサイクル系，あるいは，生活環のある段階では，TCA回路を主に経て代謝される（図8.1.2）．代謝過程でNADH，FADHに受け渡された電子は，好気的条件下では電子伝達系により酸素に受け渡され，この過程で酸化的リン酸化によりATPが合成される．シュウ酸を含む有機酸も多くの菌が生合成する．TCA，GLOX回路とともにギャバ（GABA）経路も機能する（図8.1.3）．この過程で生成したエネルギーが，菌糸生育に用

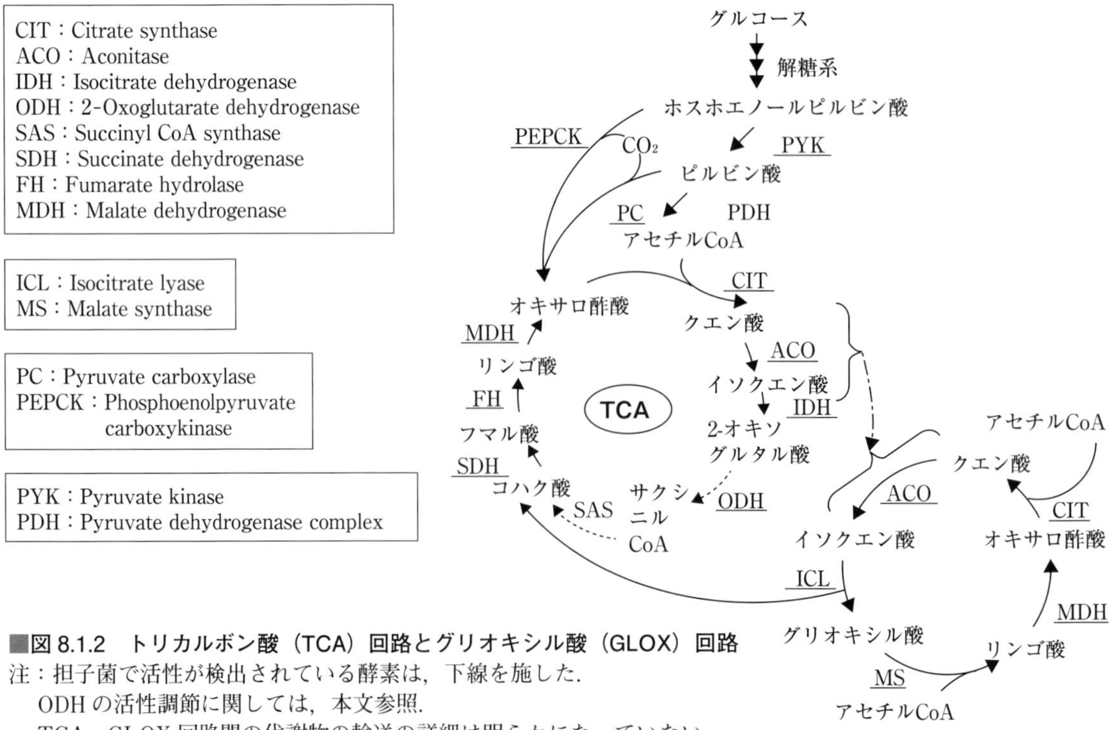

■図8.1.2 トリカルボン酸（TCA）回路とグリオキシル酸（GLOX）回路

注：担子菌で活性が検出されている酵素は，下線を施した．
ODHの活性調節に関しては，本文参照．
TCA，GLOX回路間の代謝物の輸送の詳細は明らかになっていない．
CIT，MDH，ACOはTCA，GLOX回路を区別せずに活性が検出されている．

いられる．さらに，グルコースからは，マンニトールを含むポリオール類（図 8.1.4），トレハロース（図 8.1.5），グリコーゲン，アミノ酸，他の中間代謝物が合成される．

8.1.2 解糖系

担子菌では，Embden-Meyerhof-Parnas（EMP）経路（図 8.1.1）をつかさどる酵素活性が報告されている．さらに，オオキツネタケのゲノムでは，EMP 経路の酵素タンパク質をコードする遺伝子がアノテーションされている[1]．

EMP 経路では，グルコース 1 mol からピルビン酸 2 mol が生成する．そして，ATP2 mol が基質レベルのリン酸化で生成する．

グルコース炭素源で生育した外生菌根菌アミタケ（*Suillus bovinus*）栄養菌糸の無細胞抽出液から，以下の EMP 経路のすべての酵素活性が検出されている．

hexokinase（HXK），glucose 6-phosphate isomerase（GPI），fructose-6-phosphate kinase（PFK），aldolase（FBA），triosephosphate isomerase（TPI），glyceraldehyde-3-phosphate dehydrogenase（GADPH），glycerate-3-phosphate kinase（PGK），glyceratephosphate mutase（PGAM），enolase（ENO），pyruvate kinase（PYK）[2]．

出芽酵母 *S. cerevisiae* ではフルクトース-6-リン酸から，フルクトース-1,6-ビスリン酸への代謝過程は，PFK により非可逆的に進行する．そして，PFK が高濃度の AMP によりアロステリックに活性化される．逆に，ATP，クエン酸によりアロステリックに阻害される．その点に関し，外生菌根菌アミタケでは，PFK と FBA が，解糖系の律速段階の酵素の 1 つであると速度論的性質をもとに提案されている[2]．

一方，出芽酵母 *S. cerevisiae* の FBP は，糖新生において非可逆的にフルクトース-1,6-ビスリン酸からフルクトース-6-リン酸への反応を触媒する．グルコース存在下では転写レベルで FBP の発現が抑制されている．それに関連して，白色腐朽菌エノキタケ（*Flammulina velutipes*）の子実体形成時では，栄養菌糸において FBP 活性の増大が認められている[3]．子実体形成時にトレハロースやマンニトールなどのポリオール類が菌糸で合

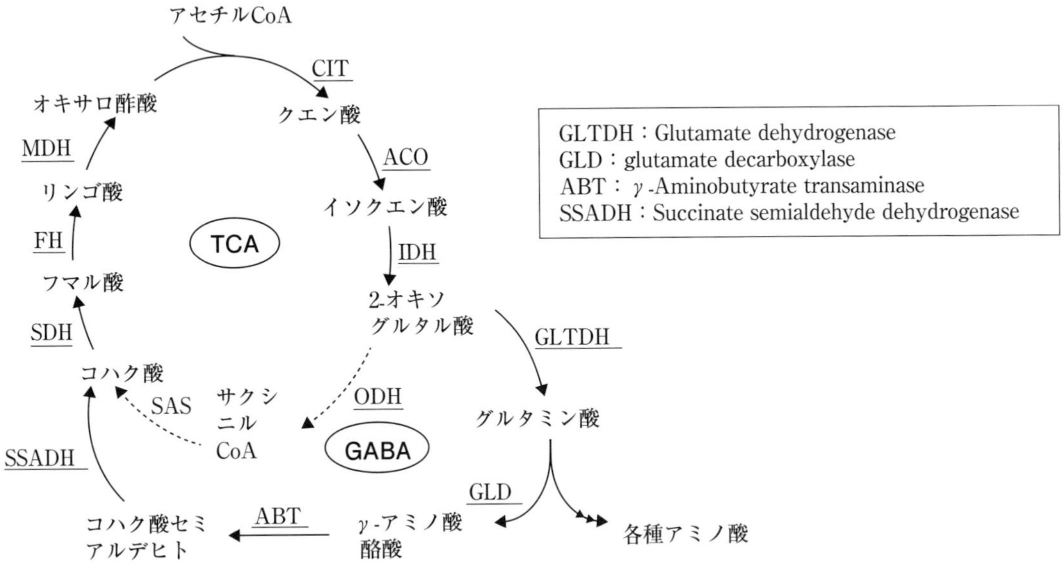

図 8.1.3 トリカルボン酸（TCA）回路とギャバ（GABA）経路
注：担子菌で活性が検出されている酵素は，下線を施した．

成され，子実体に輸送されていくことを示す報告とよい一致が見られている．担子菌におけるFBPの代謝調節に関しては，今後の課題である．

担子菌における解糖系酵素の精製およびクローニングに関しては，GADPH遺伝子は，種々の担子菌 *Boletus edulis*，ベニテングタケ, *Lactarius deterrimus*，スエヒロタケ（*Schizophyllum commune*），*Phanerochaete chrysosporium*，ツクリタケ（*Agaricus bisporus*），エノキタケ，シイタケ（*Lentinus edodes*），*Pleurotus sajor-caju*, *Cryptococcus neoformans*，からクローニングされている．

8.1.3 ペントースリン酸回路

グルコース代謝経路の1つとして，EMP経路のグルコース-6-リン酸からグリセルアルデヒド-3-リン酸へと変換する経路である（図8.1.1）．他生物で解明された場合と同様に機能した場合，閉鎖回路として6回転すると，グルコース-6-リン酸1 molから二酸化炭素6 molと12分子のNADPH 12 molを生成する．

本回路は，NADPHの供給源として機能している．さらに，核酸生合成に必須であるリボース-5-リン酸を供給する．

オオキツネタケでは，ペントースリン酸回路をつかさどる酵素タンパク質をコードする遺伝子が，アノテーションされている[1]．

ペントースリン酸回路のすべての酵素活性を，1種類の担子菌より検出した報告例を見つけられなかった．しかし，ペントースリン酸回路のいくつかの酵素活性については報告がある．ウシグソヒトヨタケでは，glucose-6-phosphate dehydrogenase（ZWF）と6-phosphogluconate dehydrogenase（GND）が解糖系のGPIとFBAより活性が低いことから，解糖系が糖代謝の主要経路と推定された[4]．

さらに，ヒラタケ（*Pleurotus ostreatus*）菌糸体，子実体，胞子形成時の子実体では，ZWF，GND活性が，解糖系のHXK，GPIの2～10％程度であり，解糖系が主要経路と提案されている．一方，ツクリタケの栄養菌糸では，ペントースリン酸回路がグルコース代謝の主経路として報告されている[5]．

担子菌 *Cryptococcus neoformans* よりZWFが精製されている[6]．

代謝間の調節，フロー解析については，今後の

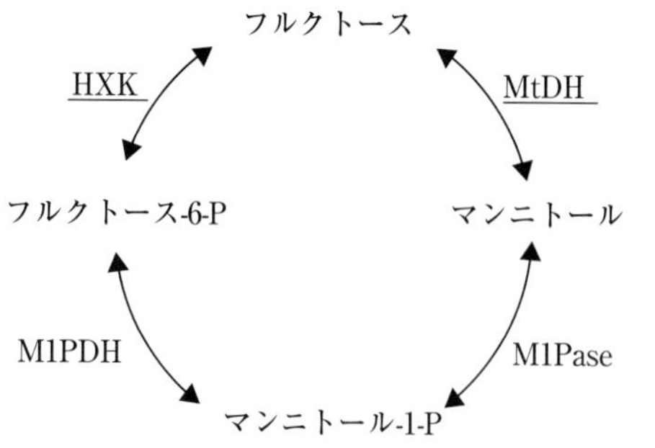

HXK：Hexokinase
M1PDH：Mannnitol 1-phosphate 5-dehydrogenase
M1Pase：Mannnitol 1-phophate phosphatase
MtDH：mannnitol 2-dehydrogenase

■図8.1.4 マンニトール代謝
注：
担子菌で活性が報告された酵素は，下線を施した．
M1PDHに関しては，ヒラタケのみ報告がある．

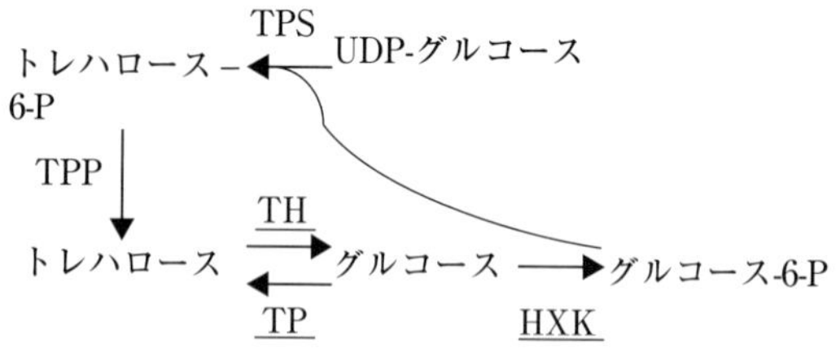

TPS：Trehalose phosphate synthase
TPP：Trehalose phosphate phosphatase
TP：Trehalose phosphorylase
TH：Trehalase
HXK：Hexokinase

■図8.1.5 トレハロース代謝
注：
担子菌で活性が報告された酵素は，下線を施した．
M1PDHに関しては，ヒラタケのみ報告がある．
TPは，正・逆双方の反応を触媒する活性をもつ．

検討が必要とされる．

8.1.4 トリカルボン酸（TCA）回路とグリオキシル酸（GLOX）回路

EMP経路で生成したピルビン酸は，Pyruvate dehydrogenase complexによりアセチルCoAに変換されTCA回路（図8.1.2）で代謝される．

出芽酵母*S. cerevisiae*で明らかにされたTCA回路では，アセチルCoA 1 molが代謝され二酸化炭素2 molが回路から生成し，生体内の還元力である，NADH 3 mol, FADH 1 mol, と高エネルギーリン酸結合をもつGTP 1 molがつくられる．ここで，アセチルCoAの炭素が，回路1順目で直接二酸化炭素に酸化されるのではない．

オオキツネタケのゲノムでは，TCA回路の各酵素をコードする遺伝子がすべて，アノテーションされている[1]．

担子菌におけるTCA回路の酵素活性は，グルコース炭素源で培養した木材腐朽担子菌オオウズラタケ（*Fomitopsis palustris*）の栄養菌糸において以下報告されている．

citrate synthase（CIT），aconitase（ACO），isocitrate dehydrogenase（IDH），succinate dehydrogenase（SDH），fumarate hydrolase（FH），malate dehydrogenase（MDH）[7]．

さらに，外生菌根菌アミタケのグルコース炭素源培養菌糸の無細胞抽出液からも，上記活性が検出されている[8]．

しかし，これまでの報告をもとにすると，出芽酵母*S. cerevisiae*のTCA回路と，担子菌TCA回路とで大きく異なっている点がある．それは，TCA回路の鍵酵素の1つであり，2-オキソグルタル酸をコハク酸に変換する2-oxoglutarate dehydrogenase（ODH）活性が，多くの担子菌から得られていないと報告されていることである．

まず，1976年Moore and Ewazeにより，ウシグソヒトヨタケ子実体からはODH活性が検出されなかったと報告されている[4]．さらに，グルコース炭素源で培養した，木材腐朽担子菌である，白色腐朽菌11種14菌株，褐色腐朽菌7種7菌株からも，ODH活性が検出されない．また，グルコース炭素源で培養した白色腐朽菌*Phanerochaete chrysosporium*からは，ODH活性が低いと報告されている[9]．

一方，外生菌根菌アミタケでもODH，SAS活性は検出されなかったと報告されている[8]．

この酵素活性の知見をもとに考察すると，もし，ODHが十分機能していないのならば，2-オキソグルタル酸よりコハク酸への経路が滞ることになる．

この点に関し，木材腐朽菌を含む腐生菌，外生菌根菌においては，TCA回路が他の回路に補われていると提案されている．すなわち，これまでの知見では，木材腐朽菌を含む腐生性担子菌の子実体と栄養菌糸では，TCA回路に関し異なる代謝調節を受けていると提案されている．さらに，栄養菌糸においても，木材腐朽菌を含む腐生性担子菌と，樹木共生菌である外生菌根菌とは異なっていると提案されている．まず，子実体は，ウシグソヒトヨタケでは，2-オキソグルタル酸が代謝されグルタミン酸からアミノ酸生合成に導かれる際分岐し，ギャバ（GABA）経路（図8.1.3）によりグルタミン酸から3段階の反応によりコハク酸が生成し，TCA回路へコハク酸が供給されると提案されている[4]．

図8.1.3に示すGABA経路のうち，以下の活性は，ウシグソヒトヨタケの子実体から調製された粗酵素で報告されている．

2-オキソグルタル酸→グルタミン酸（glutamate dehydrogenase：GLTDH）

グルタミン酸→γ-アミノ酪酸（GABA）（glutamate decarboxylase：GLD）

γ-アミノ酪酸（GABA）→コハク酸セミアルデヒド（γ-aminobutyrate transaminase：ABT）

しかし，コハク酸セミアルデヒド→コハク酸（succinate semialdehyde dehydrogenase：SSADH）は，ウシグソヒトヨタケでは提案されているが，活性は報告されていない．

一方，オオウズラタケとエノキタケにおいても，子実体形成過程では，菌糸体のGLTDH活性が増大し，グルタミン酸合成が活発になる．しかし，GABA経路のABT，SSADH活性がGLTDH活性に比して低く，GABA経路が明確に機能している証拠は得られていない．代謝の詳細に関し，さらに検討が必要と考えられる[10]．

一方，栄養菌糸では，グルコース炭素源で生育させた木材腐朽担子菌オオウズラタケでは，GABA経路の活性が低く，グリオキシル酸（GLOX回路（図8.1.2）が注目されている．

GLOX回路は，多くの微生物ではエタノール，酢酸，などのC2化合物，または脂質，脂肪酸などのC2等価体を炭素源として生育する際誘導される．そして，GLOX回路は出芽酵母*S. cerevisiae*を含む多くの酵母，*Aspergillus*属菌，他の微生物においては，一般的にグルコース炭素源が存在すると遺伝子発現および翻訳後修飾のレベルで阻害を受け機能しない．しかし，白色腐朽担子菌11属14種15菌株，褐色腐朽担子菌7属8種8菌株，軟腐朽菌3属3種4菌株のGLOX回路のICL，MS活性が，グルコース炭素源で生育した栄養菌糸からも検出される．特に，オオウズラタケは，トップクラスの活性を示す．

したがって，木材腐朽菌と外生菌根菌ではTCA回路，GLOX回路が，以下①，②のように協力し合いながら代謝を行っていると提案されている．

①木材腐朽担子菌の栄養菌糸がグルコース炭素源で生育する場合，GLOX回路が常時機能する．TCA回路を補うため，コハク酸はGLOX回路の鍵酵素であるICLにより主に生成されると考えられる．そして，生じたコハク酸は，TCA回路でさらに代謝される．すなわち，TCAとGLOX回路とのバイサイクル機構が，グルコース炭素源での生育では機能している[7]（図8.1.2）．

さらに，オオウズラタケではTCA回路はミトコンドリアに，GLOX回路はペルオキシソームと考えられる別の細胞内小器官に存在することが明らかになっている．したがって，代謝を進めるためにミトコンドリアとペルオキシソーム間における中間代謝物の輸送が活発に行われていると提案されている[11]．

一方，白色腐朽菌*Phanerochaete chrysosporium*では，リグニン分解物の1つであるバニリンを添加すると，ICL活性はあまり変動しないが，TCA回路のIDH，ODH活性が著しく誘導される．すなわち，TCAとGLOX回路とのバイサイクル機構から，TCA回路が主体となる機構にシフトすると提案されている[9]．一方，リグニン分解能力をもたない褐色腐朽菌オオウズラタケにおいては，まだこのような調節機構が存在するか否かは，明らかにされていない．

褐色腐朽菌オオウズラタケでは，さらにグリオキシル酸がglyoxylate dehydrogenaseにより脱水素されシュウ酸に酸化される．また，TCA，GLOX回路を経て生成したオキサロ酢酸がoxaloacetaseによりシュウ酸と酢酸に加水分解される．酢酸は，菌体外には蓄積せず，菌体内で再利用されると提案されている．このTCAとGLOXのバイサイクル機構とカップルするシュウ酸生合成により，オオウズラタケは栄養菌糸生育に必要なエネルギーを獲得すると提案されている[7,11,12]．

これらの調節機構は，さらなる検討が必要とされる．

②外生菌根菌では，ICL活性が木材腐朽菌に比べて抑制レベルである．すなわち，木材腐朽菌に比べGLOX回路の重要性は低いと考えられる．一方，外生菌根菌オオキツネタケでは，ODHとアノテーションを受けた遺伝子が発現していると報告されている[1]が，外生菌根菌のODHは明確に検出された例がない．この矛盾点を明らかにするために，さらなる研究が必要である．

8.1.5 アナプレロティック経路

TCA回路は，異化と同化，双方の役割を担っている．同化では，脂質，脂肪酸，アミノ酸，ポルフィリン，などのための炭素を供給している．そこで，TCA 回路から流出した中間代謝物を補塡する経路（アナプレロティック経路）が機能している．

^{13}C を用いた標識実験により，ピルビン酸をオキサロ酢酸に導く pyruvate carboxylase（PC）が機能するとコツブタケ（*Pisolithus tinctorius*）で提案されている[13]．ベニテングタケでは，ADP 存在下ホスホエノールピルビン酸に二酸化炭素を縮合させ，オキサロ酢酸と ATP を生成させる phosphoenolpyruvate carboxykinase（PEPCK）活性が検出されている[14]．しかし，一般的に PEPCK は，糖新生においてオキサロ酢酸からホスホエノールピルビン酸を合成する役割を担っている．したがって，生体内でオキサロ酢酸合成に TCA 回路のアナプレロティックな経路として寄与しているか否か，さらなる検討が必要である．

オオキツネタケ S238N 株では，PC，PEPCK をコードする遺伝子もアノテーションされた．ただし，PEPCK については，糖新生に機能するという立場がとられている[1]．

これらのアナプレロティックな経路の役割は，さらなる検討が必要と考える．

8.1.6 マンニトールの代謝

マンニトールは，自然界に多量に存在するポリオール類（Polyols）の1つである．細菌類，菌類，藻類，地衣類，高等植物で存在が確認されている．

マンニトールは，スエヒロタケ（*Schizophyllum commune*），ウシグソヒトヨタケ，シイタケ，エノキタケ，アミスギタケ（*Polyporus arcularius*）の子実体では，数％検出される．これらは，栄養菌糸から転流したものと推定されている[15]．

菌類におけるマンニトールの代謝経路は，少なくとも2つあると考えられている（図 8.1.4）．

1つはフルクトース -6- リン酸からマンニトール -1- リン酸に mannnitol-1-phosphate dehydrogenase（M1PDH）により変換され生成したマンニトール -1- リン酸が，mannitol-1-phsphatase（M1Pase）によりマンニトールに導かれる．そして，マンニトールが炭素源として利用される場合には，mannnitol 2-dehydrogenase（MtDH）によりフルクトースに変換され，フルクトースが HXK により fructose-6-phosphate に変換される回路である（図 8.1.4）．

この回路は，マンニトールサイクルと呼ばれ，不完全菌の *Alternaria alternata, Aspergillus niger*，*Dendryphiella salina* で報告されている．一方，担子菌類には見いだされていない．

子嚢菌類では，*Cenococcum graniforme* より，M1PDH，MtDH 活性が報告されており，マンニトールサイクルが機能していると提案されている．さらに，*Sphaerosporella brunnea* では，M1PDH，M1Pase，MtDH，HXK 活性がすべて検出されている．

しかし，*Stagonospora nodorum, A. alternata* において，MtDH 遺伝子を破壊した菌株をマンニトールを唯一の炭素源で培養すると，マンニトールからフルクトースへ直接変換できないにもかかわらず，野生株と遺伝子破壊株の生育にはほとんど違いがなかったと報告された．一方，この両菌では，MtDH 遺伝子とともに M1PDH 遺伝子を破壊すると，マンニトールを唯一の炭素源として生育できなくなる．このことから，マンニトールを唯一の炭素源とし生育する場合には，従来のマンニトールサイクルの考え方ではなく，マンニトール→マンニトール -1- リン酸→フルクトース-6-リン酸の経路で代謝されていく可能性が示されている[16]．

すなわち，マンニトールサイクルを構成する酵素をコードする遺伝子がゲノムに含まれていても，サイクルが回転する方向については，注意深い検討が必要とされる．

2つ目は，フルクトース-6-リン酸からマンニトール -1- リン酸ではなく，フルクトースに HXK により変換され，フルクトースが MtDH により変換されて，マンニトールが生合成される経路である．

これは，担子菌ツクリタケ（*Agaricus bisporus*）[17]とシイタケ（*Lentinus edodes*）[18]から報告されている．さらに，不完全菌*D. salina*でももつと報告されている．

シイタケにおいては，HXK，MtDH，M1Paseの活性は検出されたが，M1PDH活性は検出されなかった，と記載されている[18]．

実際，多くの担子菌ではM1PDH活性が検出されなかったと報告されている．しかし，近年ヒラタケではじめて，M1PDH活性が報告された．さらに，当該酵素をコードする遺伝子が発現していることが報告されている．ただし，ヒラタケでは，フルクトース-6-リン酸からマンニトール-1-リン酸への変換活性が報告されているのではなく，マンニトール-1-リン酸からフルクトース-6-リン酸への変換をもって活性としている[19]．

8.1.7 トレハロース代謝

トレハロースは，バクテリア，酵母，菌類，昆虫，無脊椎動物，下等・高等植物に含まれている．

これまで，バクテリア，酵母，においては，以下①，②のトレハロース生成活性が報告されている（図8.1.5）．

① UDP-グルコースから，グルコースをtrehalose phosphate synthase（TPS）によりグルコース-6-リン酸酸に転移させ，トレハロース-6-リン酸が生じる．

② トレハロース-6-リン酸がtrehalose phosphate phosphatase（TPP）により脱リン酸し，トレハロースが生成する．

①の反応を触媒するTPS活性は，brewer's酵母，細菌では*Mycobacterium tuberculosis*, *Dictyostelium discoideum*で報告がある．さらに，細菌*Streptomyces hygroscopicus*では，UDP-グルコースではなく，GDP-グルコースを基質とすることが報告されている．

②の反応を触媒するTPP活性は，brewer's酵母，*Mycobacterium smegmatis*, *E. coli*で報告されている．さらに，*M. smegmatis*ではTPPをコードする遺伝子もクローニングされ，組換え酵素に関しても詳細に研究が進められている[20]．

オオキツネタケゲノムでは，TPS，TPPがアノテーションされており，発現が認められている[1]．

■表8.1.1 精製されたtrehalose phosphorylaseの速度論的定数

	トレハロース分解反応		トレハロース合成反応	
	基質		基質	
	トレハロース	リン酸	グルコース	α-glucose-1-P
Flammulina velutipes[20]	K_m：75 mM pH 7.0	K_m：5 mM pH 7.0	K_m：630 mM pH 6.3	K_m：47 mM pH 6.3
Pleurotus ostreatus[23]	K_m：75 mM pH 7.0	K_m：4.2 mM pH 7.0	K_m：505 mM pH 6.3	K_m：38 mM pH 6.3
Agaricus bisporus[24]	K_m：61 mM V_{max}：1.24（μmol/min/mg）	K_m：4.7 mM V_{max}：0.9（μmol/min/mg）	K_m：24 mM V_{max}：0.64（μmol/min/mg）	K_m：6.3 mM V_{max}：0.60（μmol/min/mg）
Pleurotus ostreatus[26]	K_m：79 mM pH 6.8 k_{cat}（S^{-1}）：18.3	K_m：3.5 mM pH 6.8 k_{cat}（S^{-1}）：17.6	K_m: 40 mM pH 6.8 k_{cat}（S^{-1}）：16.8	K_m：4.1 mM pH 6.8 k_{cat}（S^{-1}）：16.0

しかし，タンパク質として真に機能しているのかどうかは，今後の課題である．

一方，担子菌においては，1988年はじめて北本らによりエノキタケからtrehalose phosphorylase（TP）が部分精製され，その性質が報告された[21]．

エノキタケのTPは，トレハロース＋リン酸⇆α-D-グルコース-1-リン酸＋グルコースの反応を触媒する．すなわち可逆反応を触媒する．

細菌に由来するトレハロースを加リン酸分解する酵素は，β-D-グルコース-1-リン酸を生成するのに対し，α-D-グルコース-1-リン酸を与える新規酵素として報告された．

これまで報告された，TPの速度論的定数を表8.1.1にまとめた．

エノキタケのTPは，表8.1.1に記すように，トレハロースに対するK_mが75 mM，リン酸に対しては5 mMであり，グルコース630 mM，α-D-グルコース-1-リン酸47 mMと，トレハロース，リン酸に対する親和性が，各々，グルコースとα-D-グルコース-1-リン酸に対するより高い．したがって，エノキタケにおいては，①基質に対するK_m値から考察すると，トレハロース，リン酸に対して，グルコースとα-D-グルコース-1-リン酸よりも親和性が高い，②子実体の発達につれて，子実体ではトレハロース量が減少する生理的現象がある，③子実体においてはトレハロースを加水分解しグルコースを生成するtrehalase（TH）よりもTPの比活性が12倍高い，ことから，菌糸から子実体に送られたトレハロースをTPが子実体で分解し，炭素源として利用しているのかもしれないと提案されている[15, 21, 22]．

これに関連し，表8.1.2には，*in vitro*系でのトレハロースの分解および合成の可逆反応における平衡定数をまとめた．エノキタケ由来のTPに関しては，結果は示されていない．しかし，これまで精製された，ヒラタケ，マイタケ（*Grifola frondosa*），スエヒロタケのTPは，すべて，*in vitro*系ではトレハロース合成に傾いている．関連し，表8.1.3に示すように，TPが触媒するトレハロースの分解は，α-D-グルコース-1-リン酸で阻害され，一方，トレハロースの合成はリン酸によって阻害を受けることが知られている．

*in vitro*の系では，合成に傾いていたとしても，*in vivo*では，トレハロースの分解で生成したグルコース，α-D-グルコース-1-リン酸が代謝されることによって，TPにより触媒される反応をトレハロース分解に傾けているのかもしれない．この点に関しては，エノキタケ子実体ではトレハロース

■表8.1.2　trehalose phosphorylaseの*in vitro*での平衡定数

	[trehalose][P]/[α-glucose-1-P][glucose]
Pleurotus ostreatus[26]	既往の結果をまとめた上での総合的記述として 4～10（pH 7.0） 8～17（pH 6.4）
Grifola frondosa[27]	3.5（pH 7.0）
Schizophyllum commune[28]	6.7（pH 6.6）
Pleurotus ostreatus[24]	10.47（pH 7.0） 14.93（pH 6.4）

■表8.1.3　ツクリタケ（*Agaricus bisporus*）TPの阻害

	トレハロース分解反応	トレハロース合成反応
	阻害剤	阻害剤
Agaricus bisporus[25]	α-glucose 1-P（5 mM）：8% 阻害 α-glucose 1-P（20 mM）：21% 阻害 α-glucose 1-P（50 mM）：46% 阻害 リン酸（200 mM）は阻害せず	リン酸（50 mM）：90% 阻害 （*Ki*, 2.0 mM）

の減少と TP の役割を対応させながら議論されている[15, 21, 22].

さらに，担子菌においては，TP 活性とともに，TH 活性をもつ菌は多数存在している．

多くの菌では，中性と酸性 TH をもつとされている．そのうち，菌体外に分泌される TH はザラエノヒトヨタケ（*Coprinus lagopus*）から精製されている[23].

生体内においては，TP と TH によるトレハロースの分解の調節に関しても，さらに検討が必要と考える． **（服部武文）**

＊引用文献

1）Deveau A, et al.（2008）New Phytol 180 : 379-390
2）Beermann L, et al.（1998）Z. Naturforschung 53c : 818-827
3）Yoon J-J, et al.（2000）Mycoscience 41 : 461-465
4）Moore D, Ewaze JO（1976）J Gen Microbiology 97 : 313-322
5）Hammond JBW, Nichols R（1977）New Phytol 79 : 315-325
6）Niehaus WG, et al.（1995）Arch Biochem Biophys 324 : 325-330
7）Munir E, et al.（2001）PNAS 98 : 11126-11130
8）Grotjohann N, et al.（2001）Z. fur Naturforschung 56c : 334-342
9）Shimizu M, et al.（2005）Proteomics 5 : 3919-3931
10）Yoon J-J, et al.（2002）FEMS Microbiol Lett 217 : 9-14
11）Sakai S, et al.（2006）Microbiology 152 : 1609-1620
12）Hattori T, et al.（2007）Cellulose Chem Tech 51 : 545-553
13）Martin F, et al.（1998）Plant Physiol 118 : 627-635
14）Wingler A, et al.（1996）Physiologia Plantarum 96 : 699-705
15）Kitamoto Y, Gruen HE（1976）Plant Physiol 58 : 485-491
16）Vélëz H, et al.（2007）Fungal Gen Biol 44 : 258-268
17）Morton N, et al.（1985）Trans Br Mycol Soc 85 : 671-675
18）Kulkarni RK（1990）Appl Environ Microbiol 56 : 250-253
19）Chakraborty TK（2004）FEMS Microbiol Lett 236 : 307-311
20）Klutts S（2003）J Biol Chem 278 : 2093-2100
21）Kitamoto Y, et al.（1988）FEMS Microbiol Lett 55 : 147-150
22）Kitamoto Y, et al.（1998）Mycoscience 39 : 327-331
23）Murata M, et al.（2001）Mycoscience 42 : 479-482
24）Kitamoto Y, et al.（2000）Mycoscience 41 : 607-613
25）Wannet WJB, et al.（1998）Biochimica et Biophysica Acta 1425 : 177-188
26）Schwarz A, et al.（2007）J Biotec 129 : 140-150
27）Saito K, et al.（1998）Appl Environ Microbiol 64 : 4340-4345
28）Eis C, et al.（1998）FEBS Lett 440 : 440-443

＊参考文献

Brambl R, Marzluf GA, eds.（2004）The Mycota III Biochemistry and molecular biology, 2nd ed. Springer, Berlin
Elbein AD, et al.（2003）Glycobiology 13 :17R-27R
Hattori T, Shimada M（2012）Advances in chemistry research, vol 14, Nova Publishers, New York, pp133-158
Kunze M, et al.（2006）Biochimica et Biophysica Acta 1763 : 1441-1452
島田幹夫・服部武文（2001）化学と生物 40 : 492-494

8.2 窒素代謝

8.2.1 硝酸，アンモニアの代謝

窒素源は，すべての生物にとって，タンパク質や核酸といった高分子の合成に必須である．他の微生物によく見られるように，多くの菌類は，窒素源としてアンモニウム塩やアミノ酸を利用可能であるが，その他の窒素化合物も窒素源として利用される．パン酵母や分裂酵母とは異なり，子嚢菌類や担子菌類に含まれるカビの多くは硝酸塩（nitrate，NO_3^-）を窒素源として利用可能であり，特に，アカパンカビ（*Neurospora crassa*）や*Aspergillus*属に属するカビによる硝酸塩の利用のメカニズムは詳細に解析されている．それによると，硝酸塩は，硝酸塩還元酵素と亜硝酸塩還元酵素の働きにより亜硝酸塩（nitrite，NO_2^-），アンモニウム塩（ammonium，NH_4^+）へと順次還元される．アンモニウム塩はグルタミン酸脱水素酵素（glutamate dehydrogenase：Gdh）またはグルタミン合成酵素（glutamine synthase：Gs）の働きによって，グルタミン酸またはグルタミンのアミノ基として取り込まれ，タンパク質や核酸の生合成のアミノ供与体として利用される（図 8.2.1）．

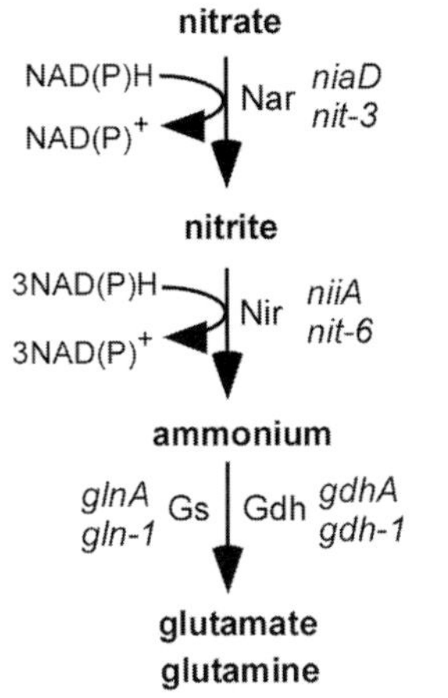

図 8.2.1　菌類による硝酸塩の同化機構
Nar：硝酸塩還元酵素，Nir：亜硝酸塩還元酵素，Gs：グルタミン合成酵素，Gdh：グルタミン酸デヒドロゲナーゼ．遺伝子名は，*A. nidulans*（上段）と*N. crassa*（下段）のものを示した．

1） 硝酸塩還元酵素

アカパンカビの硝酸塩還元酵素(NADPH-nitrate oxidoreductase, EC1.7.1.3）は，硝酸塩の亜硝酸塩への 2 電子還元反応を触媒する分子量 145,000 のサブユニットからなるホモ二量体の酵素である．この酵素は，活性中心を構成するモリブデン補酵素（molybdenum cofactor）と，NADPH から活性中心への電子伝達にかかわる FAD とシトクロムを補酵素として含んでいる．アカパンカビと*A. nidulans*では，本酵素の遺伝子はそれぞれ*nit-3*と*niaD*によりコードされている．この遺伝子の機能が欠損したカビは硝酸塩を唯一の窒素源とした培地上で生育できないことから，これらの遺伝子が硝酸塩の資化に必須であることが示された．なお，カビと並んで硝酸塩を窒素源として好むことが知られる植物も，同様の構造の硝酸塩還元酵素をもつことが明らかとなっている．また，どちらの場合でも硝酸塩還元酵素は細胞質に局在化しており，硝酸塩の還元反応は細胞質で行われると考えられている．

2） 亜硝酸塩還元酵素

アカパンカビの亜硝酸塩還元酵素(NAD(P)H-nitrite oxidoreductase, EC1.7.1.4）は，電子受容体として NADPH と NADH の両方を利用して亜硝酸塩をアンモニウム塩へと 6 電子還元する．硝酸塩還元酵素と同様，本酵素もホモ二量体（分子量 290,000．サブユニットの分子量は 140,000）からなる酵素である．本酵素は，FAD，非ヘム鉄（鉄硫黄クラスター），シロヘム（siroheme）を含有している．活性中心はシロヘムにより構成されると考えられており，この構造は，硫酸塩の利用にかかわる亜硫酸塩還元酵素と類似している．アカパンカビと*A. nidulans*では，本酵素の遺伝子はそれぞれ*nit-6*と*niiA*によりコードされており，これらの変異株は亜硝酸塩および硝酸塩の資化性

を失う．本酵素は細胞質に局在化しており，したがって，カビでは亜硝酸塩は細胞質で還元される．これは，植物では亜硝酸が葉緑体に局在化するフェレドキシンに依存性の亜硝酸還元酵素（ferredoxin-nitrite oxidoreductase, EC1.7.7.1）により還元されるのとは異なっている．

3）硝酸塩・亜硝酸塩の輸送タンパク質

硝酸塩の資化の最初の段階は，細胞外の硝酸塩の細胞質内への輸送であり，これに関与する輸送タンパク質が知られている．*nrtA* 遺伝子（*crnA* から改名．アカパンカビでは *nit-10* がこれに対応する）は，菌類においては，*A. nidulans* ではじめて同定された硝酸塩の輸送タンパク質をコードする遺伝子であり，硝酸塩資化性の子嚢菌や担子菌から植物まで広く分布している．このタンパク質は，12 回膜貫通型のモチーフをもつ Major Facilitator スーパーファミリーに属するタンパク質で，Nitrate/nitrite transporter（NNT）ファミリーに属する．*A. nidulans* は，NNT ファミリーに属するタンパク質をコードする *ntrB* 遺伝子をもつ．*ntrA* と *ntrB* がともに欠失した変異株は，10 mM の硝酸塩を唯一の窒素源として生育できないことも示された．また，硝酸塩を細胞質に取り込むことができない．また，前者の硝酸塩に対する親和性は後者のそれに比べて低いことが明らかとなっている．これらの輸送タンパク質は，亜硝酸塩の輸送活性も併せもつ．

4）モリブデン補酵素の生合成

塩素酸塩（chlorate, ClO_3^-）は，硝酸塩還元酵素により有毒な亜塩素酸塩へと還元される．そのため，硝酸塩還元酵素の活性を失った変異株は塩素酸塩に耐性を示すことが知られている．アカパンカビの *nit* 変異株はこの例であり，これらの変異部位の同定を通して，硝酸塩の還元にかかわる遺伝子として硝酸塩還元酵素遺伝子の発現誘導にかかわる転写因子（後述）や硝酸塩還元酵素の活性中心を構成するモリブデン補酵素の生合成にかかわる遺伝子が同定されている．*A. nidulans* のモリブデン補酵素の生合成にかかわる遺伝子は *cnx*（common component for nitrate reductase and xanthine dehydrogenase）と呼ばれる（キサンチン脱水素酵素も活性中心にモリブデン補酵素をもつ）．これまでに，少なくとも 5 つの *cnx* 遺伝子が明らかとなっており，その生合成における役割が提唱されている（図 8.2.2）．カビのモリブデン補酵素は，モリブデンがモリブドプテリン（molybdopterin）に結合することにより機能するが，大腸菌などの細菌では，モリブドプテリンの代わりにグアニンジヌクレオチド化されたモリブドプテリンが利用される点で異なっている．

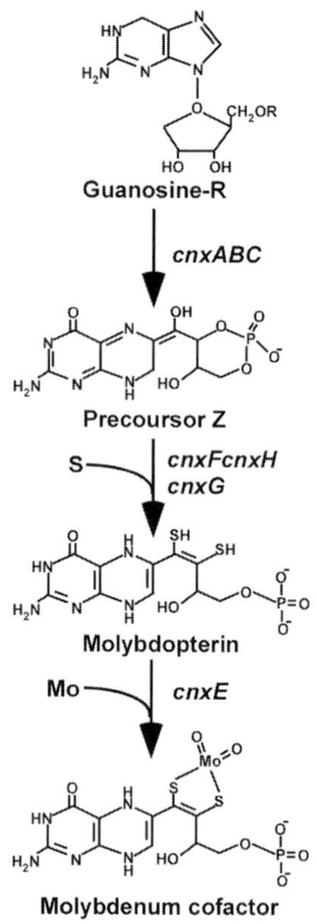

■図 8.2.2　菌類によるモリブデン補酵素の生合成
A. nidulans の遺伝子名を示した．

5）遺伝子発現制御

アカパンカビや *A. nidulans* は，アンモニウム塩やグルタミンなどの利用しやすい窒素源が存在すると，他の窒素源の利用にかかわる酵素の発現を抑制する．さらに，アンモニウム塩やグルタミンを使い尽くしこれらの濃度が低下すると，さまざまな窒素源の資化にかかわる酵素の発現が誘導されることが知られており，この現象はアンモニウム抑制（ammonium repression）と呼ばれる．アンモニウム抑制は，アカパンカビのNit-2や*A. nidulans*のAreAといった転写調節タンパク質によって遺伝子発現（転写）レベルで制御される．両者はアミノ酸レベルで47%の相同性を示し機能上も類似しているので，ここでは*A. nidulans*のAreAについて述べる．

AreAはCys2Cys2型のZincフィンガーを有するGATAファミリーに属するDNA結合タンパク質で，*niaD-niiA*遺伝子プロモーター上のGATA配列に結合し転写を正に制御する．AreAの活性化のメカニズムの詳細は明らかとなっていないが，細胞内の利用されやすい窒素源（グルタミンなど）の濃度の低下によって*areA*のmRNAの分解が抑制されAreAタンパク質のレベルが上昇すること，これと同時にAreAが細胞質から核へと移行することによってDNAへの結合が促進されることが明らかとなっている．また，AreAの*niaD-niiA*遺伝子プロモーターへの結合はクロマチンのリモデリングを引き起こすことが示されている．

AreAが多くの遺伝子の発現に関与する“global nitrogen regulatory gene”であるのに対し，硝酸塩による転写の活性化にかかわるNirAは“pathway specific regulatory gene”と呼ばれる．NirAは，分子内にnuclear export signalをもち，この作用により非誘導条件下では核外に排出される．硝酸塩存在下ではこの機構が不活化し，NirAは核内に局在しAreAと協調してプロモーターに結合し転写を活性化する．また，AreAの活性を負に制御する因子としてNmrAが知られている．

6）異化的な硝酸塩の代謝

生物界では，硝酸塩は窒素源として利用（同化，assimilation）されるだけでなく異化（dissimilation）

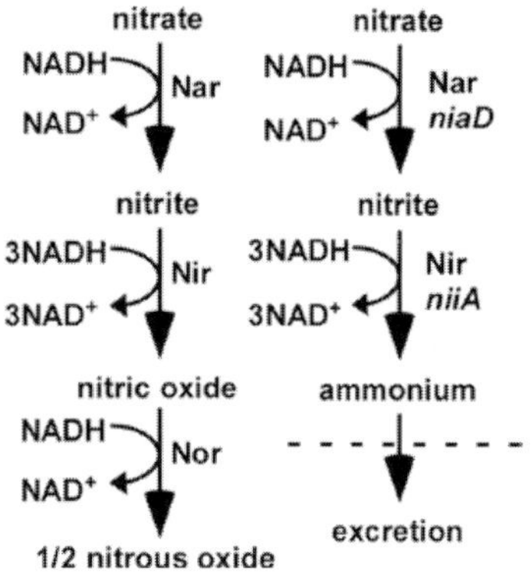

図 8.2.3　菌類の脱窒，アンモニア発酵
左：*Fusarium oxysporum*の脱窒機構．2分子の硝酸塩から1分子の亜酸化窒素が生成する．右：*A. nidulans*によるアンモニア発酵．Nar：硝酸塩還元酵素，Nir：亜硝酸塩還元酵素，Nor：一酸化窒素還元酵素．

的にも利用される．細菌による硝酸呼吸（nitrate respiration）と脱窒（denitrification）はその例であり，これらは酸素がないときに酸素のかわりに硝酸塩を呼吸基質として利用し生育のためのATPを獲得する生理的意義をもつ．前者では，硝酸塩はアンモニウム塩へと，後者では，硝酸塩は窒素分子（dinitrogen，N_2）や亜酸化窒素（nitrous oxide，N_2O）などのガス状窒素へと還元される．近年，不完全菌類に属する*Fusarium oxysporum*が，酸素制限条件下で硝酸塩を亜酸化窒素へと脱窒することが菌類としてはじめて発見され，この反応にかかわる硝酸塩還元酵素，亜硝酸塩還元酵素，一酸化窒素（nitric oxide）還元酵素も見いだされている（図8.2.3）．一方，*F. oxysporum*と*A. nidulans*は，*niaD*と*niiA*遺伝子の働きによって硝酸塩をアンモニウム塩に変換するが，低酸素条件下では，生成したアンモニウム塩の多くが同化されず培地中に放出される．この過程は，硝酸塩がアンモニウム塩に還元される点で上述の硝酸塩の同化と類似しているが，明らかに同化的な代謝とは異なる．

＊参考文献

Arst HN Jr（1998）Microbiol Mol Biol Rev 62 : 586-596
Marzluf GA（1997）Microbiol Mol Biol Rev 61 : 17-32
祥雲弘文（2006）蛋白質・核酸・酵素 51 : 419-429

8.2.2 アミノ酸の代謝

1) アミノ酸の生合成

菌類の多くは，アンモニウム塩と炭素源からアミノ酸を生合成することができる．個々の菌類のアミノ酸の生合成機構については，断片的な知見が得られているにすぎないのが現状である．一方，パン酵母では必須アミノ酸の生合成経路が明らかにされており，大腸菌などの細菌のアミノ酸生合成ときわめて似かよった経路によることが示されている．なお，パン酵母のアミノ酸代謝についてはすでに多くの著書が出版されているので参考にされたい．また，アカパンカビは，遺伝学研究のモデルとして古くから利用されており，各種のアミノ酸要求性変異株の単離と詳細な解析により，アミノ酸生合成にかかわる遺伝子座が多く同定されている．これについては，比較的新しい知見がThe *Neurospora* Compendium(Fungal geneticstock center，ミズーリ大学，http://www.fgsc.net/2000compendium/NewCompend.html）にオンライン版としてまとめられている．

一方，近年，ゲノムDNA配列の解読プロジェクトによって，子嚢菌類，担子菌類，接合菌類のモデル生物のゲノム情報が得られるようになった．それによると，これらの菌類のほとんどがパン酵母のアミノ酸生合成にかかわる遺伝子のオルソログ（ortholog）をもつと予想され，これは，パン酵母で示されたアミノ酸生合成機構が広く菌類に分布することを推察させる．個々の菌類のゲノム情報は各種のデータベースから入手することができる（「V ゲノム・遺伝子」参照）．特に，KEGG pathway Database（http://www.genome.jp/kegg/pathway.html，京都大学バイオインフォマティクスセンター）では，ゲノム情報が解読された30種程度の菌類の予想される代謝経路とそれにかかわる遺伝子を検索し，図示できるので便利である．

2) 分岐アミノ酸の生合成

菌類のアミノ酸生合成の一例として，アカパンカビおよび*Aspergillus nidulans*の分岐アミノ酸の予想される生合成経路を示す（図8.2.4）．両菌株の分岐アミノ酸の生合成にかかわる遺伝子は，パン酵母の対応する酵素遺伝子のオルソログであることから，これらの菌では分岐アミノ酸の生合成機構は進化的に保存されていると考えられる．3つの分岐アミノ酸の生合成に共通した初発の基質はピルビン酸である．acetohydroxy acid synthase, acetohydroxy acid isomeroreductase, dihydroxy acid dehydrogenaseはバリンとイソロイシンの生合成の両方を触媒する．アカパンカビを例にとると，これらはそれぞれ*ilv-3, ilv-2, ilv-1*遺伝子によりコードされる．ロイシンの生合成はバリン生合成の中間体の2-oxoisovaleric acidから，*leu-4, leu-2, leu-1*によってコードされるisopropylmalate synthase,

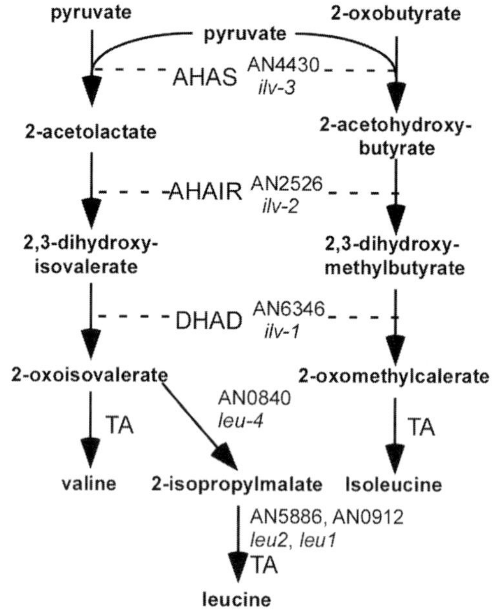

■図8.2.4 菌類による分岐アミノ酸の生合成
遺伝子名は，*A. nidulans*（上段）と*N. crassa*（下段）のものを示した．transaminase（TA）には多くのパラログ遺伝子が推定されるので，ここでは省略した．AHASには，このほかに小サブユニット（AN4430, NCU01666）が存在すると推定される．AHAS : acetohydroxy acid synthase, AHAIR : acetohydroxy acid isomeroreductase, DHAD : dihydroxy acid dehydratase.

isopropylmalate dehydratase, isopropylmalate dehydrogenaseの働きによって進行する．いずれの分岐アミノ酸の場合も最後の反応は対応するオキソ酸へのアミノ基の転移反応であるが，これを触媒するtransaminaseは同一菌内に多くのアイソザイムが存在しそれぞれの機能を厳密に推定することは難しい．また，アカパンカビのロイシン要求性変異株の解析から*leu-2, leu-1*の発現制御因子として*leu-3*遺伝子が同定されている．

3) 芳香族アミノ酸の生合成とキナ酸の代謝

芳香族アミノ酸は細菌と同様，菌類においてもシキミ酸経路により生合成される．細菌では，3-deoxy-D-arabino-heptulosonate-7-phosphateから5-enolpyruvylshikimate-3-phosphateに至る5つの触媒過程はそれぞれの酵素によって触媒されるのに対して，菌類ではAROMタンパク質が単独で触媒する（図8.2.5）．AROMタンパク質は，細菌の5つの酵素に対応するタンパク質が1つのポリペプチドとしてつながった融合タンパク質である．アカパンカビではそれぞれの機能ドメインに対応する*aro*変異株が取得されている他，*A. nidulans*ではN末端側のDHQ synthaseおよびEPSP synthetaseドメインの組換え酵素が解析され，これらのドメインが対応する細菌の酵素と同様の機能をもつことが示されている．そのほかの過程は，細菌と菌類の間でよく似かよっている．

アカパンカビのAROM遺伝子の遺伝学的な研究の過程で，キナ酸（quinic acid）の利用にかかわる遺伝子が見いだされ，これらの遺伝子がクラスター（*qa* gene cluster）を形成することが明らかとなっている（図8.2.5）．キナ酸代謝にかかわるdehydroquinaseは*qa-2*（アカパンカビ）または*qutE*（*A. nidulans*）遺伝子によりコードされ，AROMタンパク質の2番目の反応と同一の反応を触媒する．また，この遺伝子が芳香族アミノ酸の生合成にもかかわることも示されている．興味深いことに，*qa* gene clusterの遺伝子発現を正に制御する転写制御因子QutAは，AROMタンパク質のN末端側の2ドメイン（DHSとEPSPSに相当）と相同性が高く，さらに，これにDNA結合ドメインが挿入された構造をもつ．

また，もう1つの転写制御因子QutRは，AROMタンパク質のEPSPSドメインの一部とそれ以降のドメインと類似の構造をもつ．これらは，AROMタンパク質の遺伝子の重複と分断により生まれたものであると予想される．QutR自体はDNA結合能をもたないが，QutAと相互作用する

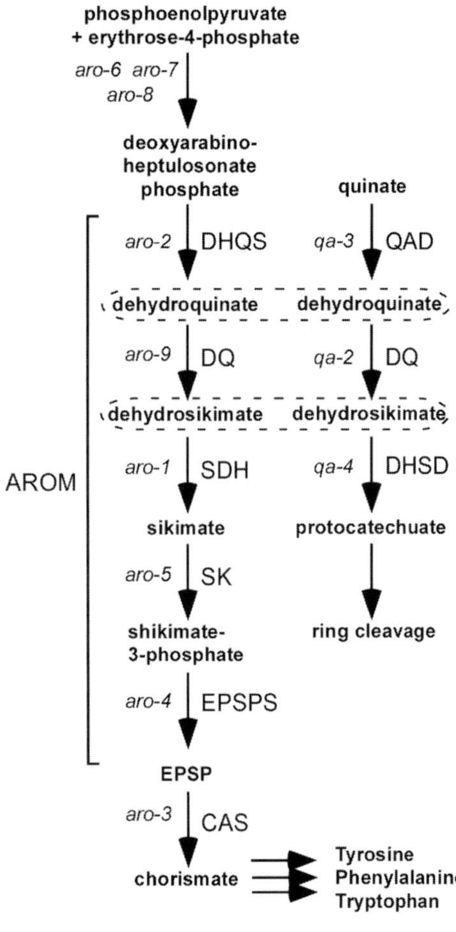

図8.2.5 アカパンカビによる芳香族アミノ酸の生合成とキナ酸の代謝

現在では，*aro-1, -2, -4, -5, -9*はAROMタンパク質をコードする*aro-1*としてまとめられている．DHQS：dehydroquinate synthase, DQ：dehydroquinase, SDH：shikimate dehydrogenase, SK：shikimate kinase, EPSPS：5-enolpyruvylshikimate-3-phosphate synthase, CAS：chorismate synthase, QAD：quinate dehydrogenase, DHSD：dehydroshikimate dehydrase.

ことにより *qa* 遺伝子の発現を制御する．

4) プロリンの代謝

菌類の多くは，アミノ酸を唯一の炭素源および窒素源として生育することができる．これにかかわるアミノ酸の分解・代謝系は一部の菌類で解析されている．また，1）に示したデータベースなどからも推定することができる．*A. nidulans* ではプロリンの利用にかかわる遺伝子は，第VII染色体上にクラスターを成して存在している（図 8.2.6）．プロリンは proline oxidase によって D-pyrroline-5-carboxylate に酸化され，さらに D-pyrroline-5-carboxylate dehydrogenase によりグルタミン酸へと変換されることにより炭素源と窒素源になる．これらの酵素はそれぞれ *prnD* と *prnC* によってコードされる．プロリン遺伝子クラスターは，このほかに，プロリンの細胞内への取り込みに関与する proline permease をコードする *prnB*，機能未知の *prnX*，これらの遺伝子の発現を正に制御する転写制御因子をコードする *prnA* が含まれている．

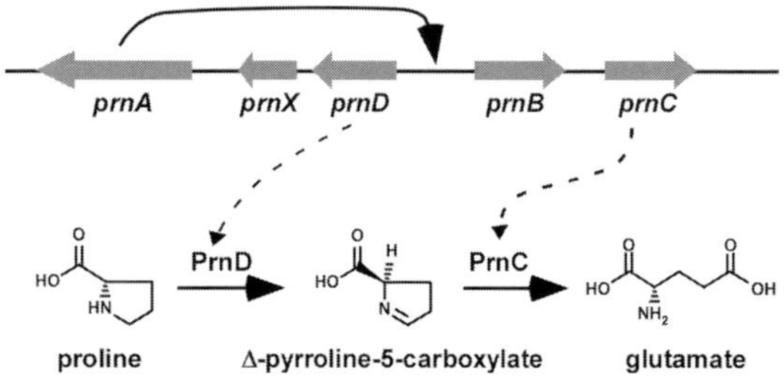

■図 8.2.6 *A. nidulans* によるプロリン代謝系
太矢印は pro 遺伝子クラスター中の遺伝子を示す．PrnC：D-pyrroline-5-carboxylate dehydrogenase，PrnD：proline oxidase.

prnD，*prnC*，*prnB* の発現は，グルコースとアンモニウム塩がともに存在すると抑制されるが，この制御にはカーボンカタボライト抑制にかかわる CreA およびアンモニウム抑制にかかわる AreA（図 8.2.5 参照）の機能が重要である．PrnA は，プロリンの存在下で *prnD*，*prnC*，*prnB* の発現を誘導する pathway specific regulatory gene の 1 つであり，binuclear Zn cluster をもつ DNA 結合タンパク質である．*prnD* と *prnB* は互いに隣り合い逆向きに転写されるが，それらの間の遺伝子プロモーター領域のクロマチン構造およびヒストンのアセチル化の変化によって転写が制御されると考えられている．

（高谷直樹）

＊参考文献

Hawkins AR, et al.（1993）J Gen Microbiol 139 : 2891-2899
Martinelli SD, Kinghorn JR（1994）*Aspergillus* : 50 years on, Elsevier, Amsterdam
Perkins D, et al.（2001）The *Neurospora* compendium chromosomal Loci, Academic Press
Radford A（2004）Adv Genet 52 : 165-207

9 発　光

序

世界には5,000種以上の光る生物がいるといわれている．発光のしくみは大きく2つのタイプに分けられる．1つはいわゆる発光と呼ばれるもので，ホタルやウミホタルが光る仕組みである．ルシフェリン（luciferin）という物質がルシフェラーゼ（luciferase）という酵素の力を借りて化学反応を起こすことで光る（一般にL-L反応と呼ばれる）．熱をほとんど発生せず，非常にエネルギー効率のよい反応で生物発光（bioluminescence）の代表的なものである．もう1つは蛍光と呼ばれるもので，蛍光タンパク質に弱い光があたると，その光が変換されて強く光るというもので，ノーベル賞受賞で有名になった下村 脩氏のオワンクラゲが緑色に光るしくみはこれに相当する．発光と蛍光の基本的違いは，発光は化学反応によって生成した物質Aが励起状態になり，これが基底状態に戻るときに光（emission light）を発するのに対し，蛍光は蛍光物質Aが励起光によって励起状態になり，これが基底状態に戻るときに光を発する．

ヒカリゴケやヒカリモは光を反射して光るように見えているもので自発発光ではない．

生物が暗闇で可視光をつくり出す能力は動物，キノコ，細菌の間で幅広く知られており，特にホタルなどの昆虫や魚介類などの動物の発光現象については多くの研究が行われてきているが[1,2]，キノコ類の発光現象についての研究は比較的少ない[3]．しかし，暗闇で光るキノコの存在は，古来より神秘的な現象として人々の関心をひいてきた．キノコ類の発光に関して行われてきた近年の研究については表9.1に示した[4]．発光物質の検索を中心に研究されてきているが，残念ながらキノコ類の発光現象の解明はいまだ十分になされていないのが現状である．したがって，菌類（キノコ類）の発光について明解な説明はできないが，従来発光

表9.1　発光キノコの研究の歴史・年表（磯部[4]を一部改変）

年	発表者　事　項	発光最大波長
1948	Wassink：17種の発光キノコ	
	Clitocybe illudens：子実体が発光	
	Pleurotus（*Lampteromyces*）*japonicus*：ヒダが発光	
1950	Burg：*Agaricus*（*Armillaria*）*mellea* の生物発光	520 nm
1960	Airth, Foerster：*Omphalia flavida* の生物発光	520 nm
1963	McMorris：*C. illudens* から illudinS を単離	
1964	*L. japonicus* から lampterol の単離これは illudinS と同じ	
1965	Nakanishi および Matsumoto：lampterol の構造決定	530 nm
1966	Cormier, Totter：*O. flavida* のリン光	524 nm
1966	Kuwabara, Wassink：*O. flavida*の生物発光	542 nm
	化学発光［$OH^- + H_2O_2 + Fe(II)$］	
1970	Airth et al.：*A. mellea*：$NAD(P)H + X \xrightarrow[Enz]{} XH_2 \xrightarrow[O_2]{L\text{-}ase} X + H_2O +$ 光	
1970	Endo et al.：iludinS	550 nm
	ergosta-4,6,8(14), 22-tetraen-3-one がツキヨタケの発光に関与	530 nm
1988	Nakamura, Kishi, Shimomura：発光キノコ（*Panellus stipticus*）から panal の抽出・構造決定	530 nm
1988	Isobe et al.：ツキヨタケから発光物質 lampteroflavin の単離	524 nm
2000	Niitsu et al.：ヤコウタケの人工栽培に成功	

キノコと呼ばれてきたものは，われわれの肉眼で見える量の光を発しているキノコだけを対象にしてきたが，自然界にはわれわれの目に見えなくても発光しているキノコも多数存在することも明らかになってきている．そこでこれらのことを踏まえて以下の項目を説明する．　(広井　勝)

9.1 発光菌と発光機作：発光菌類（キノコ）

本節では，通常人間の目で見ることができる光を発しているキノコを中心に解説する．キノコの発光は子実体のみ光るものと，菌糸のみ，両方とも（一部胞子が）発光するものが知られている．

1) 国内産発光キノコ

(1) ツキヨタケ *Omphalotus guepiniformis*（*Lampteromyces japonicus*）の発光

日本を代表する発光キノコで，主にブナの立ち枯れ木や倒木に群生する比較的大型のキノコである．子実体は，肉眼ではっきりと観察できる発光を示すが，発光量は，特に傘ヒダ側で非常に強く，傘表面側では弱い．柄では通常目で見える発光は観察できない．発光量は個体によっても差があり，キノコの鮮度の低下により著しく減少する．ツキヨタケの胞子は湿ったろ紙上に落下したものでは，運がよければ発光が観察できるが，子実体のように発光が長続きせず，すぐに発光量の著しい低下を示す．

異なった場所で採取，分離した4種のツキヨタケ菌糸について発光量を比較した結果によると，菌糸の発光量はいずれも子実体に比べかなり低いが，最低の発光量を示したものでも暗室でその発光を目で確認することが可能であった[5]．ツキヨタケ菌糸は光らないという報告もあることから，系統により発光性が異なるタイプが存在する可能性も考えられる．

(2) ヤコウタケ *Mycena chlorophos* の発光

このキノコは，八丈島特産のキノコで，島では「グリーンぺぺ」と呼ばれ，6月から7月にかけては，このキノコの発光を見に行く観光ツアーがでるほど有名なキノコである（図9.1.1）．近年埼玉や東北地方でも生息が確認されている．本邦産の発光キノコとして最も強い発光を示すといわれており，すでにNiitsuら[6]により人工栽培が成功している．このキノコを用いて発光量を測定した結

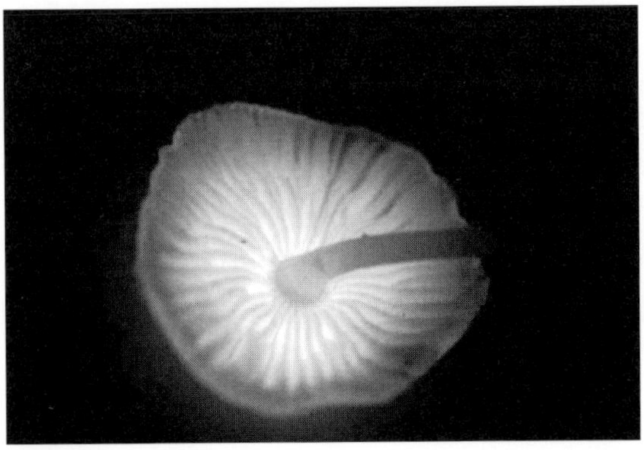

■図 9.1.1　ヤコウタケの発光

果では，ヤコウタケの発光は，傘で強く柄の 3 倍程度を示していた．また同一面積当たりの発光量は，傘でツキヨタケ傘の 2 〜 4 倍程度と飛びぬけて高い[5]．

液体培地のヤコウタケ菌糸は通常，目に見える発光は示さないが，寒天培地上の菌糸は条件によっては，目に見える発光が確認できる．

(3)　ナラタケモドキ *Armillaria tabescens*，ナラタケ *Armillaria mellea* の発光

ナラタケモドキ，ナラタケ（広義）は通常子実体では目に見える発光は観察されない．培養菌糸や菌糸が入り込んだ立ち木や倒木の内部では発光が観察される．ただ黒色ひも状になった菌糸束は光らない．異なった場所で採取，分離したナラタケモドキ菌糸について発光量を比較してみると，ナラタケモドキ菌糸は目に見える発光性を示すものが多いが，まったく発光性を示さないものも認められた．ナラタケモドキは遺伝的に発光性を示すタイプと発光性を示さないタイプが存在することが明らかとなっている[5]．

ナラタケの菌糸が発光することは古くから知られているが，ナラタケ菌糸の発光量もナラタケモドキ菌糸の発光量と類似していた．研究室で組織分離したナラタケ菌糸は発光量には多少の差は見られたがいずれも発光性を示した．また，オガクズ培地や野外でナラタケの発生している樹木や根などでも肉眼視できる発光が確認できた．昔から樹木が光るといわれた現象の多くはこのようなナラタケ属菌の菌糸の発光が原因と考えられる（図 9.1.2，9.1.3；口絵 20BC 参照）．

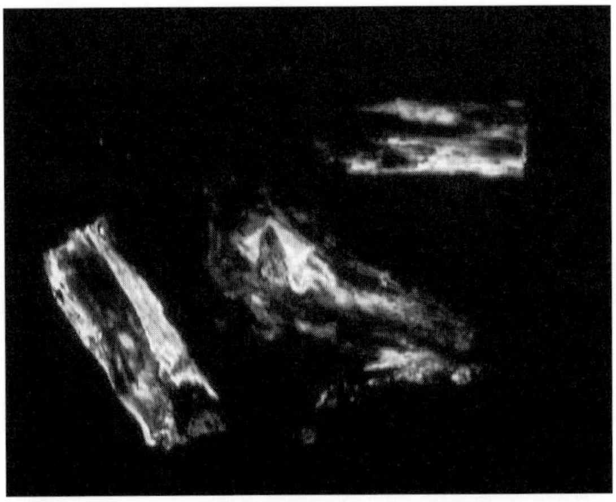

■図 9.1.2　ナラタケ菌が感染した木の発光

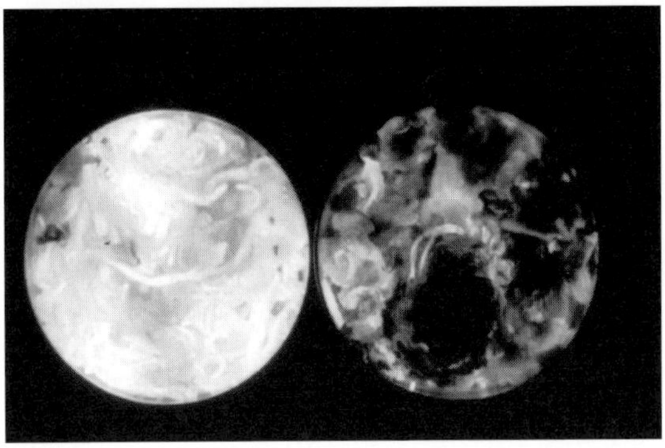

■図 9.1.3　ナラタケモドキの培養菌糸の発光（左と右は異なる部位を撮影）

以上のキノコは実際に発光量の測定を行い確認したキノコであるが，その他国内産の発光キノコとして知られている主なものを簡単に説明する．

(4)　シイノトモシビタケ *Mycena lux-coeli*

スダジイの腐朽部に発生することから，「椎の灯火」に由来しその名がついた．八丈島特産と思われていたが，大分，宮崎，和歌山，三重などで相次いで報告されている小型のキノコである．発光性はヤコウタケについで強い．

(5)　アミヒカリタケ *Filoboletus manipularis*

1 〜 2 cm の小型のキノコでシイノキ，タブノキなどの切り株，倒木上に群生．日本各地で報告されているが，発光が目で確認できないほど弱いも

のもある．このキノコは傘よりも柄が強く光る．

(6) エナシラッシタケ *Favolaschia peziziformis*

「エナシ」は「柄無し」の意味で柄のないキノコで，7～20 個余の管孔をもつ．大きさは 1～5 mm 程度の小さいキノコだが，群生するため全体として強く光るといわれている．八丈島で見られる．

(7) スズメタケ *Dictyopanus gloeocystidiatus*

エナシラッシタケ同様小型で，半円形のキノコ．管孔をもつ．近畿以西，屋久島，種子島，小笠原諸島に発生する．

2) 外国産の発光キノコ

(1) ワサビタケ *Panellus stipticus*

ワサビタケは米国産のものは子実体，菌糸で発光性を示すが，日本産・ヨーロッパ産のものは発光性を示さないといわれている[7]．国内産（福島，宮城，茨城，沖縄などで採取されたもの）で発光量を調べたが，子実体・菌糸ともに目に見える発光性を示すものはなかった[5]．従来いわれているように国内産のものは発光性を示さない系統と考えられる．

(2) *Omphalotus olearius* (*Clitocybe olearia*), *Clitocybe illudens*

Omphalotus olearius は，ヨーロッパの代表的な発光キノコで，オリーブやナラなどの枯れ木や倒木などに発生．子実体・菌糸とも発光し，胞子が成熟すると発光性が増すことが知られている．*Clitocybe illudens* は，黄色の大型のキノコで米国ではこのキノコを *Jack-my-lantern* と呼び，有名である．子実体・菌糸とも発光するが，菌糸は系統的に発光性を示さないものもあることが知られている．

(3) *Omphalia flavida* (*Mycena citricolor*)

このキノコは木の葉の斑点病を起こす菌種であり，特にコーヒーの葉の被害菌とし有名である．木の葉が光って見える．発光キノコの研究材料として使われているキノコである．

2) 発光機作

キノコの発光物質や発光機構の解明については，かなり昔から行われてきているが，いまだ明確にされていない．発光キノコの発光は緑色で 530 nm 付近に極大を有するルシフェリンと思われる物質が抽出されているが，キノコのルシフェラーゼ酵素系は非常に不安定なものらしく，未精製の形での，ルシフェリンとルシフェラーゼが抽出されているにすぎない[1,3]．*Ompharlita flavida* の培養菌糸の抽出液での発光反応では細菌の発光に必要な FMN は必要なく，かわりに NAD(P)H および酸素が必要なことが知られている（表 9.1 の年表参照）．ツキヨタケではランプテロール（イルージン S）が発光物質であると考えられたこと

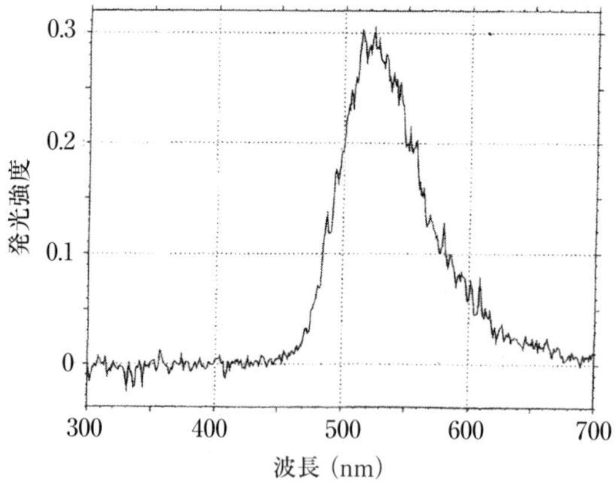

■図 9.1.4　ナラタケ菌糸の発光スペクトル

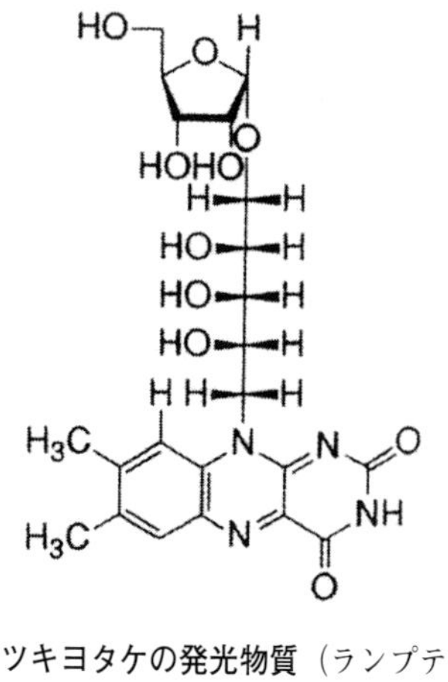

■図 9.1.5　ツキヨタケの発光物質（ランプテロフラビン）

もあったが，磯部らの研究により，ランプテロフラビンが主要な発光物質[4]であろうとされてきている．しかし，それ以外の発光物質の存在する可能性も示唆されている．

発光キノコの発光様式は発光細菌の発光様式に似ており，特定の様式で点滅したり，刺激に反応したりすることなく，単調に光り続けているだけである．しかし発光に日周リズムがあることが指摘されており，朝方の発光が低く，夕方に高くなるといわれている．

一般にキノコ類の発光の強さと持続性は，環境条件によって変化し，天然では温度と水分条件が主要な要因といわれ，発光の最適温度域は摂氏10～25℃とされ，乾燥によっても光度の減衰が起こり，再び湿らせると回復するといわれている．キノコ類の発光強度の違いには，さまざまな要因が考えられるが，キノコの成長の度合・生育条件・天候・採取時期・採取時間の違い・発光性に関して異なる遺伝因子をもつキノコの存在などが，発光強度を左右する条件としてあげられる．

キノコがなぜ光るのかということは非常に興味がある問題である．この際，キノコの発光現象が広く肉眼視できるものから，ごく弱い発光をするまで連続性が見られることは，キノコの発光の生物学的意義を考えるうえで重要なことと思われる．ホタルやウミホタルの発光はその生物学的意義がはっきりしているが，キノコの場合はその生物学的意義が明確でない．その意義の1つとして考えられてきていることは，過剰に存在していては生体にとって有害な活性酸素の処理作用として働く，いわゆる酸素毒性の解除機構である．また，ＡＴＰを合成する主要な呼吸連鎖のバイパスとして，酸素や鉄の不足時にいささかでも代謝に必要なエネルギーをつくり出すための工夫として存在するのであろうといわれている[8]．一方，本来ある種のキノコに存在するこのような能力が，場合によっては合目的適用がなされ，昆虫を誘引するほどの強い発光へと転化されていったとも考えられる．

いずれにしろ，キノコ類の発光現象については未知の部分が多く，今後さらに解明すべき問題が多いように思われる．（広井　勝）

9.2 超微弱発光菌

微生物を含めすべての生物は，発光強度が数光子から数十光子数/cm^2秒とホタルの発光の1千万分の1以下で非常に弱いバイオフォトン（biophoton）と呼ばれる極微弱な光を恒常的に放射している．バイオフォトンは幅広い波長域で観察され，生体の活動レベルの変化や外部からの刺激によって量や波長組成（スペクトル）が変化することが知られている．たとえば，シイタケの子実体形成時に比較的強いバイオフォトンの生成が報告されている．バイオフォトンの生成には多くの場合活性酸素種の生成が関与していることが明らかになっている．バイオフォトンは，ホタルの生物発光のメカニズムであるルシフェリン-ルシフェラーゼシステム（L-L反応）のような発光効率が高く発光が目的の生化学反応ではなく，生命活動に必須の酸化的代謝反応に付随して発生すると考えられている．発光のソースは，活性酸素により蛍光物質（不飽和脂肪酸，核酸，アミノ酸，ポリフェノールなど）が過酸化を受けて励起する場合や，励起カルボニルなどからの蛍光物質へのエネルギー移行のほか，一重項酸素そのものの発光などが推定されている．

したがって菌類（キノコ）の目には見えない発光を測定する場合にはこの発光がL-L反応やそれに準拠した発光システムに由来して生じているのか，それ以外の要因で起きているのかを見きわめることは難しい．

一般に発光キノコと呼ばれるものは，われわれの肉眼で見える量の光を発しているキノコである．しかし，自然界にはわれわれの目に見えなくても発光（バイオフォトンを含む）しているキノコが多数存在することが考えられるが，これらは従来発光キノコとして取り扱われることはなかった．

近年の高度に発達したエレクトロニクスと光工学の技術は，これらまったく肉眼視できない弱い光の計測を各分野で可能にしている[9]．これらの技術に基づいて設計された超高感度の光の計測装置を用いると，肉眼や通常実験室で用いているような光の計測装置では計りえない，ごく弱い光を発しているキノコの発光（超微弱発光）をも捕捉できる．

このような高感度の光の計測装置（chemiluminescence detector）を用いてキノコ類の子実体および菌糸の発光量の測定を行ってみると，自然界にはわれわれの目には見えないが，明らかに発光していると思われるキノコが多数存在することが明らかになってきた．また，従来から発光性が明らかなキノコについても，この装置により発光量を測定することによりいくつかの新知見が得られているのでこれらについてナラタケモドキを例にとり紹介しておく．詳細については，文献[5]を参照願いたい．キノコ類の発光量の計測は，主に東北電子産業製微弱発光計測装置Chemiluminescence detector 100を用いて行ったが，発光量の比較を行うのであれば，現在浜松ホトニクス製の微弱発光計測装置が簡便で価格も手ごろである．キノコ子実体の発光量の測定は直径5 cmのステンレスシャーレ上にキノコを並べて行い，一定面積（19.6 cm^2）における1秒間に観測された光子の数（カウント/秒/19.6 cm^2）として示し，比較した．子実体の測定は傘と柄に分けて行ったが，傘は主にヒダ側を用いた．菌糸を使用した場合は，培養は2.5% 麦芽液体培地を用いた．

9.2.1 ナラタケモドキ子実体の発光

ナラタケモドキ子実体は，肉眼視こそできないが，上記の計測装置での計測には十分すぎるほどの発光を示す．一般に発光キノコでは傘ヒダ側がよく光るとされる．そこでナラタケモドキ子実体の傘ヒダ側の発光を経時的に観察した．サンプルを採取後計測装置に入れ測定を開始すると，多くの場合に発光量が3から5時間にわたり徐々に増加する傾向を示した．この発光の増加傾向は，のちにプラトーに達し，ついで，かなりの長時間後に下降傾向を示すことが多かった．発光の増加のパターンは必ずしも同一とはいえなかった．このように発光量が増加する理由ははっきりしないが，採集時と計測時の温度の違い，計測室が通気されていることによる酸素の供給量の差異，計測室がまったく暗黒であることによる発光キノコの夜間類似の環境による酵素誘導効果などが考えられるが，いずれも推測の域を出ない．このように発光量は時間とともに変化する場合が多かったので，試料ごとの発光量を比較する場合には，得られた値の中での最も高い数値をもってその試料の発光量とした．

9.2.2 ナラタケモドキの発光と他のキノコとの発光量の比較

図 9.2.1 にはさまざまの程度に発光しているナラタケモドキと，ほとんど光らないと思われるキノコであるシイタケ，ヒラタケ，エノキタケ，クリタケ，ナメコ，ガンタケ，マツタケと，肉眼的にもその発光がはっきりと認められる本邦での発光キノコの代表であるツキヨタケの発光の計測結果を示した．計測はいずれもそれぞれのキノコの傘ヒダ側で行った．ナラタケモドキは採取株により種々の程度の発光を示し，ほとんど光らないもの（10^2 カウントレベル）から，もう少しで肉眼視できるのではないかと思われるほどに強い発光（10^6 カウントレベルに近いもの）をするものまであった．発光性の異なるナラタケモドキ子実体より組織分離した菌糸を用いて，同様に発光量を比較すると，子実体での発光量の高いものは，菌糸ではいずれも目に見える強い発光が観察されたが，子実体でほとんど発光性が見られなかったものでは，菌糸の発光量も 10^2 レベルと著しく低く目に見える発光は観察されなかった．前項でも示したようにツキヨタケの発光は強く，おおよそナラタケモドキ子実体の発光平均値の 10^3 ～ 10^4 倍程度の発光を示した．この発光は暗黒下でなくともすでに薄暗がり下で肉眼視できた．他方，いわゆる光らぬキノコの発光量は非常に低く 1 秒当たり数十から数百カウントのレベルの発光量しか与えなかった．

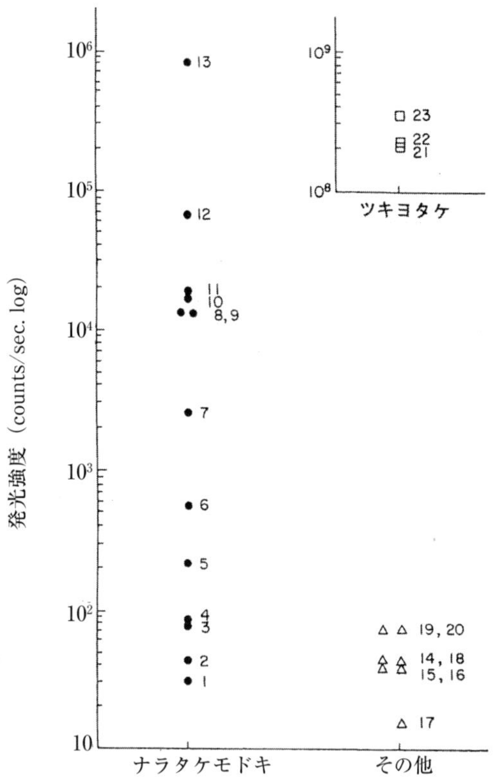

図 9.2.1 きのこの発光量
1 ～ 13：ナラタケモドキ，14：シイタケ，15：ガンタケ，16：ナメコ，17：エノキタケ，18：ヒラタケ，19：マツタケ，20：クリタケ，21 ～ 23：ツキヨタケ．

9.2.3 その他のキノコの発光

光らないキノコに比べ，子実体の発光量の高いいくつかのキノコが認められた．特に，ベニタケ属，チチタケ属，クヌギタケ属のキノコでは肉眼では確認できないが，本機器で測定することにより明らかに発光していると思われるキノコ（数千カウント～数十万カウント近くを示すもの）がかなり見られた．これらの発光は，バイオフォトンとは別の発光機作が示唆される．

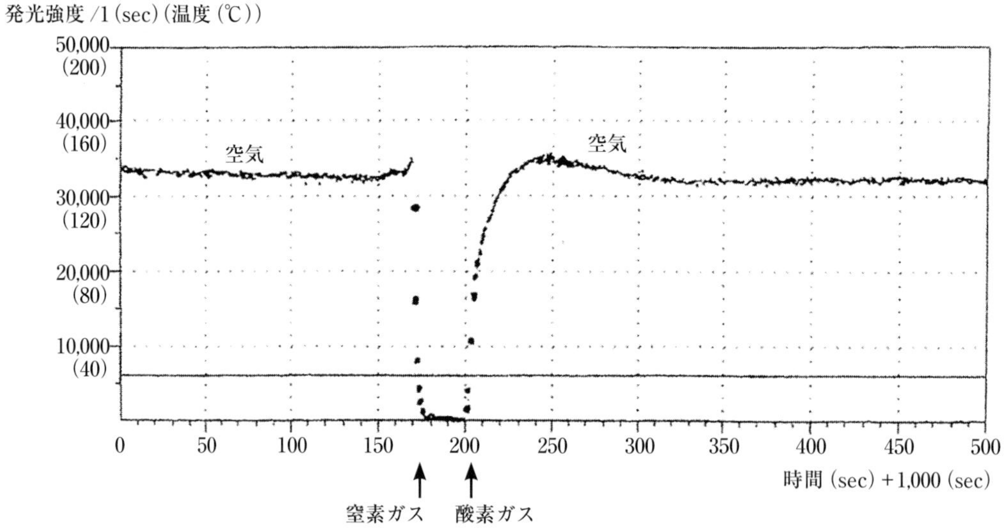

■図 9.2.2　ナラタケモドキ子実体の発光に及ぼす窒素ガス，酸素ガスの影響

9.2.4 キノコ類の発光に及ぼす不活性ガス・酸素ガスの影響

キノコ類の発光には酸素が必要であるといわれている．それを確かめるために，発光しているナラタケモドキ，ナラタケ，ツキヨタケ菌糸に窒素ガス（アルゴンガス）を流し空気置換を行うと発光が弱まり，次に酸素ガスを流すと発光量が急激に上昇した．また，ナラタケモドキ，ナラタケ，クヌギタケ，サクラタケ，キチチタケ，ヤブレキチャハツなどでも同様の結果を得た．このことから，これらのキノコの発光にはいずれも酸素が関与していることが確認された（図 9.2.2）．

（広井　勝）

＊引用文献

1) 羽根田弥太（1983）発光生物の話．北隆館，東京
2) 羽根田弥太（1985）発光生物．恒星社厚生閣，東京
3) Wassink EC（1978）Bioluminescence in Action（Herring PJ ed.）. Academic Press, London, pp171-197
4) 磯部　稔（1992）農化誌 66 : 736-741
5) 廣井　勝（2006）キノコ研だより 28 : 10-20
6) Niitsu H, Hanyuda N（2000）Mycoscience 41 : 559-564
7) Airth RL, Foerster GE（1964）J Bacteriol 98 : 1372-1379
8) クック RC 著，三浦宏一郎ほか訳（1980）菌類と人間，共立出版，東京，pp217-224
9) 稲場文男ほか編（1990）ルミネッセンスの測定と応用―生物・化学発光の基礎と各種領域への応用―．NTS，東京，pp41-61

＊参考文献

水野　卓・川合正允（1992）キノコの化学・生化学．学会出版センター，東京，pp134-137

Ⅳ 生長・形態形成と環境情報

序：形態形成と環境情報

糸状菌は，栄養菌糸体，酵母のような単細胞菌体では栄養細胞が生活主体となり，生育環境中から環境情報を駆使して必要な栄養を摂取して増殖を続ける．これを栄養生長という．糸状菌は，栄養菌糸の生長・分枝と分化，さらに菌糸間の融合（アナストモーシス，吻合 anastomosis）を重ね，複雑な形態をもつ栄養菌糸体を形成しつつ（第 4 章参照），菌体にとって悪環境がいつ到来しても生存可能なように，栄養菌糸体の生長中も外部環境情報を駆使してさまざまな繁殖構造体（第 6 章参照）を形成して，栄養菌糸量，すなわち生物量（バイオマス biomass）を増大させるとともにさまざまな繁殖構造体を形成する（繁殖に特化した構造体の形成を，栄養生長との対比のため生殖生長と呼ぶことがある）ことによって，また，菌糸断片のような栄養菌糸体自体によっても新たな増殖地を求める．やがて，各菌の生育環境内に増殖に必要な栄養が枯渇すると栄養生長は衰え，栄養の枯渇自体が生殖生長への切り替えを誘起する 1 つの環境情報となり，新たな増殖地を求めるための分化が起こり，各種繁殖体（第 6 章参照），特に，さまざまな種類の胞子を形成し始める．

繁殖体は，時として新たな到達地点でそのまま栄養生長を開始する場合もあるが，多くは休眠を伴っておりさまざまな外部環境情報によって休眠が打破されたのち栄養生長を再び始める．新たな構造体がつくられてくることを「形態形成」と呼び，多くの場合より複雑な構造の形成を伴う．このようにさまざまな意味を含んだ菌体の増大をまとめて生長と呼ぶが，ここ（生長・形態形成と環境情報）では，特にさまざまな外部環境と胞子発芽，栄養生長，生殖生長（特に器官形成と運動という観点から）の関係に話を絞り紹介する．なお，繁殖体もさまざまな環境要因を巧みに利用して，散布効率を上げるため子実体などの構造の定位を行うことによって胞子などの繁殖体の散布を行っているが，前者に関しては第 12 章で，後者に関しては第 16 章でより生態学的観点から紹介する．

（鈴木　彰）

＊参考文献

堀越孝雄・鈴木　彰（1990）きのこの一生．築地書館，東京

鈴木　彰（2003）土壌微生物を制御する水，空気，温度，pH．土壌微生物生態学（堀越孝雄・二井一禎 編），朝倉書店，東京，pp20-34

10 胞子発芽

序

菌類の胞子は，維管束植物の種子と同様，散布体としての機能を有するものであるが，種子に比べて構造体の大きさが著しく小さいため，胞子中の貯蔵栄養物の絶対量が少なく，構造的に種子ほどの耐久性を追求するには限界があるようである．胞子が散布体としての機能を発揮するには，栄養生長に潜在的に適する環境にいかにして散布し，到達地点で栄養生長に適する環境条件が充足されるまでいかにして休眠状態を保ち耐え抜き，いったん，栄養生長に適する環境条件になるといかに速やかに発芽するかが重要な条件となる．このため菌類はさまざまな胞子の散布戦略を進化の中で獲得してきたがその詳細は基礎編 16.2 節を参照されたい．胞子が到達地で発芽に適する状態になるまで生存し続けられるか，すなわち，胞子の寿命に関して，本件を目的とした長期の保存実験が行われていないため,正確なことは不明である．短期間の貯蔵実験の結果や博物館に所蔵されている子実体の乾燥標本から採取した担子胞子を用いた実験結果から，担子胞子の寿命は長くても数十年以内と推察される[1]．これまでの知見を見る限り，担子胞子にかぎらず，菌類の胞子には種子のように数百年から数千年も生きながらえるものは存在しないようである．一方，菌体保存法として利用される凍結乾燥法によって不完全菌の分生子を長期間にわたって保存する試みはある（人間社会編 1.6.1 項参照）が，これはあくまで人為環境下であり，自然環境下での分生子の寿命を推定するための参考にはならない．菌類の胞子は成熟後，すなわち散布直前までに休眠するものと考えられる[2]．菌類の胞子発芽の誘起，すなわち休眠打破には，種子の発芽と同様，適度の水分の存在が必須条件である．たとえば，多くの木材腐朽菌の担子胞子は，適度の水分さえあれば発芽を始めるが，そのほかの多くの菌類の胞子は，適度の水分の存在だけでは発芽できず，水分の供給に加えてさまざまな環境条件が満たされてはじめて発芽する[3]．これは菌類の胞子が環境情報を巧妙に感知し，慎重に増殖可能な時期と場所を探りだしているためと思われる．休眠胞子は，発芽誘起条件が満たされると休眠が打破されて発芽が誘起され，胞子の膨潤後，胞子から発芽管を出現させる．生理学的な意味での発芽は，発芽にかかわる一連の遺伝子の活性化あるいは代謝の始動の時期であろうが，これらの過程は確認が困難なため，胞子発芽にかかわる多くの実験では，判定が容易な発芽管の出現の有無によって便宜的に発芽を定義して実験を行っていることが多い．このため本章でも特に断らない限り発芽管の出現をもって発芽とし，発芽を誘起する各種の環境要因を便宜的に生物要因と非生物要因に大別して解説する．本章では，非生物要因として水分，温度，光，酸素，二酸化炭素，化学物質，pH，圧力を取り上げげた．非生物要因には，その他，重力，接触，界面，揮発性物質などの影響も想定されるが紙面の都合でこれらに関する内容は本章では取り上げなかった．胞子の寿命には各種の環境要因が影響を与えると考えられる．菌類の胞子は，一般に低温下で寿命が長くなるが，湿潤条件を好むか乾燥条件を好むかは菌種によって異なるようである[4]．一般に，帽菌類の外生菌根菌の担子胞子や多量に胞子を生産する腹菌類の担子胞子の発芽率はきわめて低く 1% 未満のものも多い[3]．これらの菌種の自然界での最大発芽率が，実際にこのように低くても種の存続が可能か否かは不明である．一方，木材腐朽菌や攪乱跡に発生する菌類の胞子の発芽率は 50% 以上に達する例が多々知られている．攪乱跡や糞など易分解性基物に増殖する菌種では，同調的発芽がその生存戦略に有効と想像される．たとえば，糞生菌（coprophilous fungi）やアンモニア菌（ammonia fungi）では最大発芽率が90%以上に達する菌種もある．散布後の胞子がいつ発芽誘起条件に出合えるかは散布された胞子が置かれる状況しだいのため，*in vitro* の実験で求められた各菌の胞子の最大発芽率をもって自然界において実際に各菌の胞子率がどの程度に達するかを推察することは困難である．維管束植物の種子では発芽抑制物質の存在が知られている[5]．菌類の胞子でもサビキンなどの胞子から多数の発芽抑制害物質の存在が確認されている．たとえば，サビキンの一種 *Uromyces phaseoli* や *Puccinia graminis* の夏胞子からはそれぞれ methyl *cis*-ferulate や methyl *cis*-3,4-dimethoxy cinnamate という発芽抑制物質が取り出されている．これらの発芽抑制物質はピコグラムオーダーで抑制効果を発揮することが知られている．一方，さまざまなサビキンの夏胞子からは nonanal や 6-methyl-5-hepten-2-one のような発芽促進物質の存在が確認されている．Nonanal は，サビキンの夏胞子のみならず，黒穂菌の胞子やアオカビ属の分生子の発芽促進にも有効であることが知られている[6]．種子では，発芽の誘起後のジベレリン（植物成長調節物質，いわゆる植物ホルモンの一種類）の関与とその後の物質の動態が詳細に調べられており[7]，高等学校の生物の教科書でも紹介されるほど有名である．一方，菌類の胞子でも，遺伝子レベルあるいは代謝レベルでの発芽誘起後の胞子貯蔵物質の動態に関する研究が行われているが調査対象となった菌種は限られている（10.1，10.2 節参照）．発芽に必要なエネルギーの供給は，最初，発酵によって供給されるが，しだいに呼吸量が増大して発芽管が出現する頃には呼吸が発酵にほとんど置き換わることが知られている[8]．発芽管の生長過程での胞子内および発芽管内での構造体の動態については，電子顕微鏡を用いた観察が行われているが，詳細は基礎編第7章を参照されたい．

菌類の胞子発芽に関する研究が種子の発芽に関する研究に比べて著しく遅れている最大の理由は，胞子のバイオマスが小さく，種子で行われてきたような生化学的な実験を行うために必要な量の同一履歴の胞子を採取するには，労力的にも技術的にも困難を伴うためである．さらに，自然界での菌類の増殖機構を把握するには，自然界での胞子発芽の実態を知ることが重要であるが，胞子は肉眼での観察が不可能なため，自然界での胞子発芽の実態の把握はきわめて難しく，ほとんど確認されていないのが実状である．このような現状に鑑みて本章では，*in vitro* の系で得られた実験例に基づき，有性および無性のさまざまな胞子の発芽誘起と環境情報の関係と発芽のメカニズムを紹介する．

（鈴木　彰）

＊引用文献

1) Ainthworth GC, Sussman AS (1968) The fungal population (The fungi—An advanced treatise—, Vol. Ⅲ). Academic Press, New York
2) Ainthworth GC, Sussman AS (1966) The fungal organism (The fungi—An advanced treatise—, Vol. Ⅱ). Academic Press, New York
3) 堀越孝雄・鈴木　彰（1990）きのこの一生．築地書館，東京
4) 鈴木　彰（2003）土壌微生物を制御する水，空気，温度，pH．土壌微生物生態学（堀越孝雄・二井一禎 編）．朝倉書店，東京，pp 20-34
5) 藤伊　正（1975）植物の休眠と発芽．東京大学出版会，東京
6) Turian G, Hohl HR, eds. (1981) The fungal spore : Morphogenetic controls. Academic Press, London
7) 増田芳雄（1988）植物生理学，改訂版．培風館，東京
8) Fries N (1966) Chemical factors in the germination of spores of Basidiomycetes. The fungus spore (Madelin MF, ed.). Butterworths, London, pp189-200

＊参考文献

古川久彦 編（1992）きのこ学．共立出版，東京
Madelin MF (1966) The fungus spore. Butterworths, London
中山　包（1960）発芽生理学．内田老鶴圃，東京
沼田　真 編（1981）種子の科学—生態学の立場から—．研成社，東京

10.1 胞子の休眠と休眠打破

10.1.1 菌類の耐久性器官

菌類が形成する分生子，菌核，厚膜胞子や子嚢胞子は菌糸に比較すると環境変化に耐えやすい構造である．たとえば，糸状性子嚢菌の生活史は，分生子 - 分生子の発芽 - 菌糸の生長 - 分生子形成器官の形成 - 分生子の形成という不完全時代と栄養状態や環境条件の悪化を引き金に有性生殖後，閉子嚢殻を形成し，子嚢の中に子嚢胞子を形成するという完全時代の２つのサイクルがある．糸状性子嚢菌の子嚢胞子は他の有性胞子と同様に耐久性に富む細胞であり，菌糸や分生子，酵母の子嚢胞子よりも耐熱性が強い．特にユウロチウム亜綱（Eurotiomycetidae）に属する土壌菌の *Byssochlamys, Eupenicillium, Neosartorya, Talaromyces* などの子嚢胞子は強い耐熱性を示すことから耐熱性カビと呼ばれ，加熱加工食品の変敗の原因菌となる[1]．Warcup[2] は，こうした土壌子嚢菌の耐熱性を利用して，土壌を加熱処理することにより子嚢菌を選択的に分離する方法を考案し，これ以降多くの研究者がこの方法を用いて土壌より子嚢菌分離している．

10.1.2 休眠の種類と休眠打破

胞子は成熟後，発芽抑制機構が働き休眠状態を続けている．休眠とは，一般に生物の発生過程における生長や活動を一時的に停止する現象であり，生物を取りまく物理的あるいは化学的に好ましくない環境条件による exogenous 休眠と，水や栄養の透過性障害，代謝阻害，自己阻害物質などによる constitutive 休眠がある[3, 4]．土壌子嚢菌の子嚢胞子の休眠は constitutive 休眠であり，休眠打破には化学的刺激や熱や超加圧などの物理的な刺激が必要である．

1）高温度と高圧による休眠打破

子嚢胞子の加熱による活性化については，多くの研究が変敗食品由来耐熱性カビにおいてなされ，代表的な耐熱性カビの D 値や Z 値が得られている[5]．一般的な耐熱性試験は調製した子嚢胞子を媒体として用いて加熱し，生残する菌数から D 値や Z 値を求める．その場合，活性化に及ぼす外部要因として加熱媒体の糖の存在や有機酸，pH などが活性化に関与することが明らかにされている．糖は加熱中に子嚢胞子に対して保護的に作用し，活性化を促進する．有機酸の効果は種類によって作用が異なる．たとえば，*N. fischeri* ではフマル酸，クエン酸，酢酸，酒石酸は不活化に強い影響を与えるが，リンゴ酸では影響が少ないという．一般に有機酸は pH 4 以下の環境で不活化を増強させる．有機酸に関しては，酸の種類，pH，解離してない酸のモル濃度が加熱とともに子嚢胞子の不活化に作用する．活性化に関与する内部要因としては，培養時に用いた培地の組成，培養温度，培養期間（子嚢胞子の成熟度）などが考えられる．子嚢胞子は成熟とともに子嚢胞子の内側細胞壁が変化する．質的には可溶性タンパク質の含有が上昇するが，脂肪酸や脂質の含量は変化しない．また，成熟すると若い子嚢胞子では見られなかったマンニトールやトレハロースなどが生じてくるようになり，こうしたポリオールや二糖類が熱からの保護に重要な役割を演じている[6]．

カビの菌糸は超高圧 200 MPa（メガパスカル）で処理すると不活化するが，子嚢胞子を不活化するには 600 MPa かつ 60℃の超高圧高温環境が必要である[7]．一方，*T. macrosporus* の子嚢胞子は超高圧（200 から 800 MPa）で短時間処理すると活性化する．超高圧処理による子嚢胞子の変化はクライオ走査電子顕微鏡で観察され，子嚢胞子の細胞壁が構造変化することにより，活性化の過程に直接影響を与えるものと考えられている．この場合の子嚢胞子の活性化も加熱処理と同様に，培養温度，培養期間（子嚢胞子の成熟度）などの内部要因によって変化する．

2）胞子発芽過程

休眠している子嚢胞子は加熱による活性化によって休眠が打破される．加熱による活性化は菌種や菌株によって異なり，たとえば，*Eurotium herbariorum* は60℃，15分，*Neurospora tetrasperma* は65℃，5分で活性化を受けるが，*N. fischeri*, *T. macrosporus* は85℃，7～10分で活性化され，耐熱性が強い菌ほど高温による活性化が必要になる．さらに加熱温度を上げると不活化が進行し始め致死に至る．子嚢胞子を低温から高温における加熱処理によって得られる活性化パターンを（図10.1.1）に示した．低い温度では大部分の子嚢胞子は活性化を受けない休眠期，温度が上がるにつれ活性化が起き発芽率も上昇し始める活性化期，大部分の子嚢胞子が発芽する活性安定期，加熱による傷害が生じ始める不活性期，すべての子嚢胞子が死滅する死滅期の5段階に分けられる．前述のD値やZ値は不活性期の温度範囲で加熱処理を行い，生残率を調べることによって得られる．

加熱により子嚢胞子にはさまざまな変化が起きる．*T. macrosporus* では細胞壁の透水性が増し，水が細胞内部へ入ってくるため膨潤する．また，二糖類のトレハロースはトレハラーゼによって加水分解を受け分解産物のグルコースが細胞内に蓄積するようになる．しかし，これは一時的であり，発芽とともにグルコースは加熱媒体のほうへ移行し細胞内にはなくなってしまう．膨潤した子嚢胞子は発芽するが，発芽には2通りが認められてい

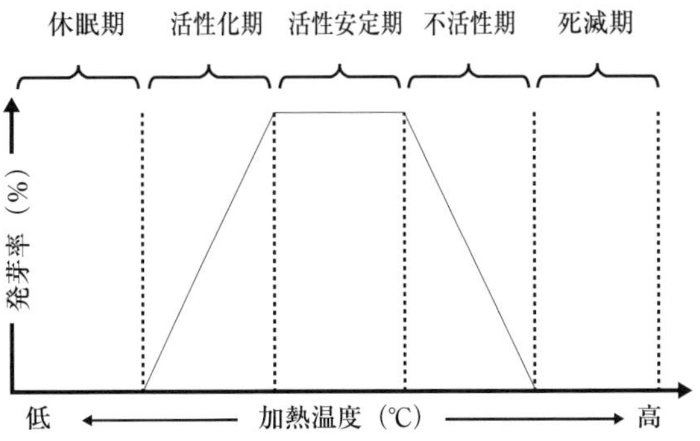

■図10.1.1　子嚢胞子の加熱による活性化パターン

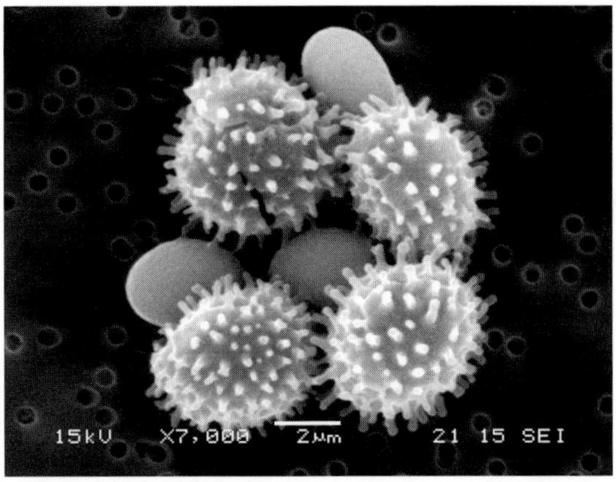

■図10.1.3　加熱処理によって発芽した *Talaromyces macrosporus* の子嚢胞子

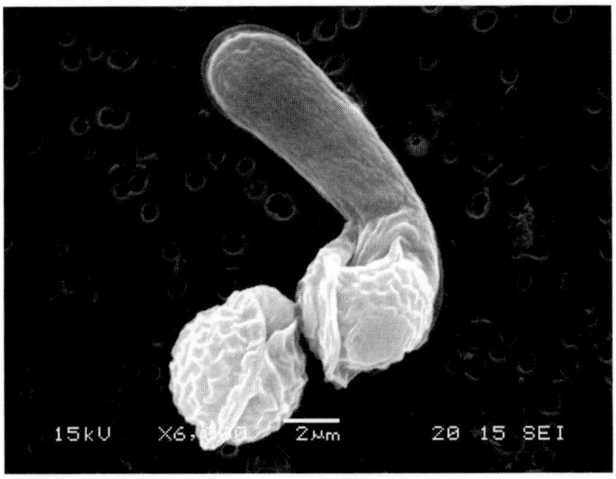

■図10.1.2　加熱処理によって発芽した *Neosartorya hiratsukae* の子嚢胞子

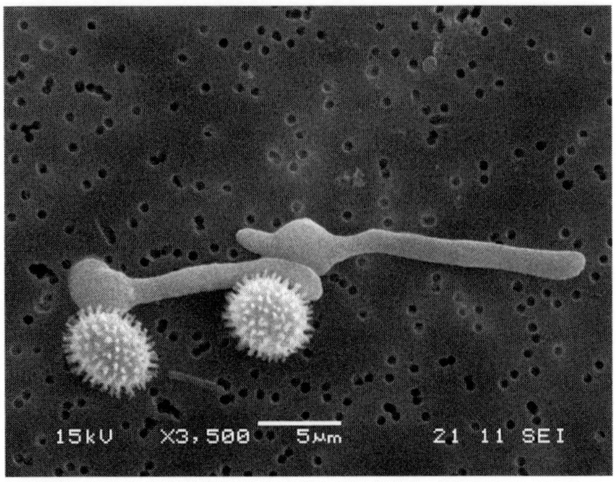

■図10.1.4　発芽後の *Talaromyces macrosporus* の生長

る．一般的には胞子壁が裂け発芽管が伸長してくる *N. hiratsukae* タイプが多い（図 10.1.2）．しかし，*T. macrosporus*, *T. bacillisporus*, *T. stipitatus*, *T. helicus* は外側の細胞壁が裂けたのち，厚い細胞壁をもつ細胞が外側に飛び出て，飛び出した細胞は空の胞子外壁についてまま膨張したのち，発芽管が形成される．このような発芽様式は飛び出し（prosilition）といわれている（図 10.1.3, 10.1.4）

（上田成一）

＊引用文献

1）宇田川俊一（2004）食品のカビ汚染と危害．幸書房，東京，pp175-179
2）Warcup JH, et al.（1963）Nature 197 : 137-138
3）Grifin DH（1994）Fungal physiology, 2nd ed. Wiley-Liss, New York, pp 375-398
4）Andrews JH, Harris RF（1997）Dormancy, germination, growth, sporulation, and dispersal. The Mycota IV（Esser K, Lemke PA, eds.）. Springer, Heidelberg, pp3-13
5）Scholte RPM, et al.（2004）Spoilage fungi in the industrial processing of food. Introduction to food and airborne fungi, 7th ed（Samson RA, et al., eds.）. Centraalbureau voor Schimmelcultures, Utrecht, pp339-356
6）Dijksterhuis J（2007）Heat-resistant ascospores. Food mycology a multifaced approach to fungi and food（Dijksterhuis J, Samson RA, eds.）. CRC Press, London, pp101-117
7）Dijksterhuis J, et al.（2006）Exp Med Biol 517 : 247-260

10.2 胞子発芽に影響を与える非生物要因

胞子の発芽に影響を与える環境要因には，休眠の打破に働く「誘起要因」と休眠打破後の発芽管の出現までの発芽過程に影響を与える「発芽要因」とが存在する．前者は発芽の誘起時のみ存在すれば有効だが，後者は発芽の全過程に存在することで発芽に一定の影響を与える[1]．

10.2.1 水 分

水分は温度条件とともに胞子発芽の基本要因であり，菌類の大部分の胞子では吸水が発芽の必要条件となる．菌蕈類に属する木材腐朽菌の多くの担子胞子は，水さえ存在すれば発芽が起こる[2]．多くの菌類の胞子は，水分が与えられると発芽が始まり，空気相対湿度が 60% 以上の環境下で発芽が進行可能である（表 10.2.1）．一方，一部のうどんこ病菌の分生子は空気湿度 0% で発芽可能であり[1]，たとえば，*Erysiphe polygoni* の分生子では，通常の菌類の胞子発芽とは逆に分生子中の含水量が低下すると発芽を開始することが報告されている[3]．さらに，*Blastocladiella pringsheimii* の休眠胞子，*Aphanomyces* spp. の卵胞子，腹菌類の *Calvatia*

■表10.2.1　胞子発芽に有効な最低相対湿度[1]

菌　種	胞子の種類	相対湿度（%）
卵菌門		
Peronospora nicotianae	卵胞子	100
接合菌門		
Rhizopus nigricans	接合胞子	93
子嚢菌門		
Erysiphe graminis	分生子	0
Uncinula salicis	分生子	0
Venturia inaequalis	子嚢胞子，分生子	99
担子菌門		
Puccinia graminis	夏胞子	99
不完全菌類		
Aspergillus echinulatus	分生子	62〜66
Aspergillus niger	分生子	83
Beauveria bassiana	分生子	94
Cladosporium herbarum	分生子	88
Penicillium rugulosum	分生子	86

saccata や *Lycoperdon pyriforme* の担子胞子，サビキン類の *Puccinia dispersa* の夏胞子，*Puccinia graminis* の冬胞子では，交互に乾燥と湿潤が繰り返すと発芽が誘起されることが知られている[1]．

10.2.2 温　度

温度は代謝速度に影響を与える基本的環境要因の1つである．このため，菌類の胞子発芽速度は温度の影響を強く受けるため，各菌種の発芽最適温度や発芽上限および下限温度が恒温下で調査されてきた[4]．得られた結果は多くの場合その菌の生育環境との対応を示すことが知られている．一方，菌種によっては，発芽の誘起に高温処理や低温処理を必要とするものがある[1]（表10.2.2）．発芽の誘起に低温処理を必要とするものは植物病原菌や菌根菌であり，生育環境への適応と考えられている[1]．なお，サビキンの一種 *Puccinia graminis* の冬胞子のように変温の繰り返しによって発芽が誘起されるものもある[1]．この変温の繰り返しは，内因性の胞子発芽阻害物質の消失に寄与するものと推察されている[1]．

10.2.3 光

多くの菌類の胞子は発芽に光照射（紫外部を含む）を要求せず，胞子壁に色素をもたない胞子では，むしろ長時間の光照射によって死滅するものもある[5]．一方，サビキンの一種 *Cronartium ribicola* や *Hemileia vastatrix* の夏胞子，黒さび病菌 *Puccinia graminis* の冬胞子，うどん粉病菌の一種 *Oidium monilioides* の分生子など光照射によって発芽が誘起・促進されるものも知られている[2]．発芽誘起に有効な光質は青色光との報告が多いが[1]，発芽誘起に対する精度の高い光の作用スペクトルは得られていない．

10.2.4 酸素と二酸化炭素

1）酸　素

菌類は好気性生物であり，酸素濃度は胞子発芽に大きな影響を与える．発芽過程の初期は発酵によって進行し，発芽管が出現する頃には酸素呼吸が発酵（嫌気呼吸）にほとんどとって変わる[1]．この発酵系から酸素呼吸系への切り替え時期との関係から，同一菌種であっても発芽のどの段階を指標として酸素濃度が菌類の胞子発芽に与える影響を表記するかで結果は異なったものとなる．多

表10.2.2　胞子の休眠打破に対する温度の影響[1]

菌種		胞子の種類	休眠打破条件	
和　名	学　名		温度（℃）	処理期間
卵菌門	*Peronospora schleidenii*	卵胞子	1〜3	1カ月間
ツボカビ門	*Physoderma pluriannulatum*	休眠胞子	8	4日間
子嚢菌門	*Ascobolus carbonarius*	子嚢胞子	80〜95	
	Daldinia vernicosa	子嚢胞子	〜5	3カ月間
	Humaria granulata	子嚢胞子	48.5	2時間
	Lachnea stercorea	子嚢胞子	37〜38	50.5時間
	Neurospora tetrasperma	分生子	45〜50	5分間
	Taphrina coryli	子嚢胞子	10	12時間
	Thecotheus pelletieri	子嚢胞子	70	20分間
担子菌門	*Lactarius luteolus*	担子胞子	〜7	40〜140日間
ビロードチチタケ	*Paxillus involutus*	担子胞子	〜7	40〜140日間
ヒダハタケ	*Phragmidium mucronatum*	夏胞子	27	8時間
	Puccinia glumarum	冬胞子	凍結	
	Puccinia graminis	さび胞子	3	3時間

くの研究では，発芽管の出現までの全期間を総合した判定結果で酸素濃度の影響を表記しているようである．このような観点でみると，多くの菌類は胞子発芽に酸素を要求するが，発芽に必要な酸素濃度は菌種によってさまざまである．たとえば，ケカビ類（*Mucor* spp.）は酸素濃度 0.0003% で，灰色かび病菌の *Botrytis cinerea* の分生子は酸素濃度 1% 以上で発芽可能である．一方，クモノスカビの一種 *Rhizopus stolonifer* やヒゲカビの一種 *Phycomyces blakesleeanus* の接合胞子のように空気中の酸素濃度（20.9%）よりも高い濃度で発芽が促進されるものなどがある[1]．一方，たとえば，*Sclerotinia fructicola* の分生子やべと病菌の一種 *Phytophthora infestans* の卵胞子は嫌気条件下でも発芽可能である．

2）二酸化炭素

黒麹カビ *Aspergillus niger* の分生子やサビキンの一種 *Puccinia graminis* の冬胞子などは発芽に二酸化炭素を必要とする．一方，多くの菌類は発芽に二酸化炭素の存在を必要とせず，10% 前後の二酸化炭素で多くの菌類の胞子は発芽が阻害される[1]．一部の担子菌に属する木材腐朽菌の担子胞子は，1～5% で最大発芽率を示し，二酸化炭素濃度 20% 以上でも発芽可能である[6]．

10.2.5　化学物質と pH

1）化学物質

種子発芽と同様，菌類の胞子もさまざまな化学物質によって発芽が誘起・促進される[1, 5]（表 10.2.3）．発芽の誘起・促進に有効な化学物質に関する報告の多くは，各菌の生育環境を踏まえた研究に基づいていており，とりわけ，生育環境を踏まえた発芽に有効な生物要因（10.3 節参照）に関する研究の経過で，特定されたものが多い．前者の中には，焼け跡菌（pyrophilous fungi，fire place fungi），糞生菌（coprophilous fungi），アンモニア菌（ammonia fungi）の胞子発芽のように生態学的な背景が容易に想起される例が有名である[7]．

たとえば，焼け跡菌の一種，*Coprinopsis radiata* の担子胞子の発芽には，フルフラール（furfural）処理が有効である．とりわけ，高温処理との併用が有効である．フルフラールは5単糖を熱処理すると生じることが知られている物質であり，本発芽誘起条件は，森林などが火災にあえば容易に生じることが予想され，焼け跡菌の増殖において重要な要因となっていると推察される[8]．動物遺体分解跡や動物排泄物分解跡に発生するアンモニア菌では，多くの菌種が動物遺体分解跡や動物排泄物分解跡に豊富に存在するアンモニア態窒素の存在下で発芽する[7]．一部の糞生菌の子嚢胞子は，草食動物の糞の成分であるフェノールや酢酸による発芽誘起が報告されている[9]．アンモニア菌にも属する糞生菌では，子嚢胞子，担子胞子ともにアンモニア態窒素によって発芽が起こる[7]．さらに，ツクリタケ（*Agaricus bisporus*）の担子胞子のように，ツクリタケ自体の栄養菌糸体やその生育環境下での存在が予想される酵母菌の一種 *Saccharomyces cerevisiae* の培養から生じるイソ吉草酸やイソアミルアルコールによって発芽が誘起される例が有名である[10]．さらに，*n*-酪酸によるマツタケ（*Tricholoma matsutake*）の担子胞子発芽のように生育する土壌抽出液の分析結果に基づき有効成分が特定された例もある．このように，微生物による環境形成作用の結果としての発芽の誘起・促進を想起させる報告例もある[11]（表 10.2.3）．

種子発芽では硫酸などで種皮を若干溶かすことによって，発芽が誘起・促進されることが知られており[12]，種子発芽の同調操作にも利用されている．化学物質による菌類の胞子壁の破壊が胞子発芽の誘起に有効なことは，ペプシンと塩酸処理や消化液処理を用いた *Onygena equina* の子嚢胞子などで知られているが，いずれも 1900 年代初期までの報告に限られている[1]．なお，プロトプラスト（protoplast）生産という目的から，酵素によっ

■表10.2.3 化学物質による胞子発芽の誘起・促進 [1, 5, 7~11]

菌種		胞子の種類	生態菌群	化学物質			最大発芽率
和名	学名			有効物質	濃度（mM）	pH	(%)
子嚢菌門							
イバリスイライカビ	*Ascobolus denudatus*	子嚢胞子	アンモニア菌[a)]，糞生菌[a)]	NH_4-N	0.3 未満～100 以上(100)	5.0 未満～11.0以上(8.0)	93
	Ascodesmis macrospora	子嚢胞子	糞生菌[a)]	酢酸	50		97
イバリチャワンタケ	*Peziza moravocii*	子嚢胞子	アンモニア菌[a)]	NH_4-N	10 未満～100 以上(10)	6.0 未満～11.0以上(9.0)	17
	Podospora curvicolla	子嚢胞子	糞生菌[a)]	フェノール	1		93
	Podospora longicollis	子嚢胞子	糞生菌[a)]	フェノール	1		52
	Podospora setosa	子嚢胞子	糞生菌[a)]	フェノール	1		21
担子菌門							
ツクリタケ	*Agaricus bisporus*	担子胞子	—[a)]	イソ吉草酸， イソアミルアルコール	約 0.1～1 約 1		
ウシグソヒトヨタケ	*Coprinopsis cinerea*	担子胞子	アンモニア菌[a)]，糞生菌[a)]	NH_4-N	1～1,000 以上(100)	4.0～10.0(8.0)	90
ザラミノヒトヨタケ	*Coprinopsis phlyctidospora*	担子胞子	アンモニア菌[a)]	NH_4-N	0.1～1,000(100)	6.0～9.5(8.0)	71
ネナガノヒトヨタケ	*Coprinopsis radiata*	担子胞子	焼跡菌[a)]	フルフラール	1		88
アシナガヌメリ	*Hebeloma spoliatum*	担子胞子	アンモニア菌[b)]	NH_4-N	1～100 以上(100)	4.0～9.0(8.0)	74
アカヒダワカフサタケ	*Hebeloma vinosophyllum*	担子胞子	アンモニア菌[b)]	NH_4-N	10～500(100)	4.5～9.0(8.0)	83
スエヒロタケ	*Schizophyllum commune*	担子胞子	木材腐朽菌[a)]	各種糖類[c)]， 各種アミノ酸[d)]			
マツタケ	*Tricholoma matsutake*	担子胞子	—[b)]	*n*-酪酸	約 0.6		23
不完全菌類							
チギレザラミカビ	*Amblyosporium botrytis*	分生子	アンモニア菌[a)]，糞生菌[a)] 菌生菌[a)]	NH_4-N	0.1～600(300)	5.0～9.0(8.0)	64～

a) 腐生菌，b) 共生菌（外生菌根菌），c) フラノース，セロビオース，マルトース，スクロース，グルコース，マンノース，ガラクトース，キシロース，d) L-アスパラギン，L-グルタミン，L-フェニルアラニン，（ ）：最適値

て胞子壁を分解・除去したのち，菌糸を再生した例は知られているが[13]，胞子発芽とは別物としてとらえるべきであろう．

2）pH

化学物質処理による発芽の誘起・促進には，当然，pHの影響が伴うものと想定されるが，研究の多くは，単に発芽の誘起・促進に有効な化学物質水溶液のpHを示したものが多く，pHの影響を主体とした研究例は限られている[1,7]．アンモニア菌に属する子嚢菌や担子菌では，発芽の誘起・促進に有効な化学物質の水溶液のpHを調整して，直接pHの影響が調査されている．その結果，これらの菌ではアンニウムイオンの存在下でpHが7～8前後で発芽が促進されることが解明されている[7]（表10.2.3）．なお，これらのアンモニア菌の自然環境下で発芽の誘起・促進は土壌pHの影響を受けていることが各アンモニア菌の増殖土壌の水抽出液を用いて実証されている[14]．

（鈴木　彰）

＊引用文献

1）Sussman AS, Halvorson HO (1966) Spore : Their dormancy and germination, Harper & Row, New York
2）Fries N（1966）Chemical factors in the germination of spores of Basidiomycetes. The fungus spore（Madelin MF, ed.）. Butterworths, London，pp189-200
3）Yarwood CE（1952）Mycologia 44 : 507-522
4）北本　豊・鈴木　彰（1992）生理，きのこ学（古川久彦編），共立出版，東京，pp79-115
5）堀越孝雄・鈴木　彰（1990）きのこの一生．築地書館，東京
6）Hintikka V（1970）Karstenia 11 : 23-27
7）Suzuki A（2009）Mycoscience 50 : 39-51
8）Mills GL, Eilers FI（1973）J Gen Microbiol 77 : 393-401
9）宇田川俊一・古谷航平（1979）遺伝 33（10）: 76-83
10）Lösel DM（1964）Ann Bot（NS）28 : 541-554
11）Ohta A（1986）Trans Mycol Soc Jpn 27 : 167-173
12）内山　包（1960）発芽生理学．内田老鶴圃，東京
13）大政正武（1992）きのこの増殖と育種（最新バイオテクノロジ全書7，最新バイオテクノロジー全書編集委員会編）．農業図書，東京
14）Suzuki A (2009) Fungi from high nitrogen environments—ammonia fungi : eco-physiological aspects, In : Fungi from different environments（Misra JK, Deshmukh S, ed.）. Science Publishers, Enfield, pp189-218

＊参考文献

古川久彦 編（1992）きのこ学，共立出版，東京
Furuya K（1990）Sankyo Kankyusho Nempo 42 : 1-31
沼田　真 編（1981）種子の科学―生態学の立場から―，研成社，東京
鈴木　彰（2002）発生生理．キノコとカビの基礎科学とバイオ技術（宍戸和夫 編）．アイピーシー，東京，pp17-27

10.3 生物要因による発芽誘起

現在まで実験室レベルで得られている非生物要因および生物要因に関する知見を合わせても自然界での胞子発芽を完全に説明するに至っていない．いずれにせよ，胞子発芽に対する生物要因の影響を抜きに菌類の増殖戦略は語れない．自然界にはさまざまな生物間相互作用が知られているが，胞子発芽に関しても，植物，動物，細菌，他種の菌類，さらには同一菌種の他の発育段階の構造体によってさまざまな影響を受けることが知られている（表 10.3.1）．これら発芽に対する生物間相互作用は，1 対 1 とは限らず，同一群集内の一菌種の胞子発芽に対して複数種の生物が影響を与える場合も知られておりきわめて複雑である．胞子発芽に対する生物要因の作用機作からみると，その多くが何らかの生物由来の化学物質に基づくものが多く，視点を変えれば，化学要因による胞子発芽の誘起ということになる．そこで本節では，生物間の 1 対 1 と 1 対 2 の相互作用を中心に生物要因が菌類の胞子発芽に対して与える影響に関する現在まで知られている知見を，主に現象面の出来事からその一端を紹介する．

10.3.1 菌類と植物との相互作用

菌類には，共生菌のように植物と相互に利益のある関係をもつものと植物病原菌のように寄主となる植物個体に不利益を与えるものがある．共生菌の胞子には，寄主植物によって発芽が誘起・促進されるものが多数知られている．たとえば，外生菌根菌の有性胞子の発芽は，培地上においた寄主植物の切離根によって発芽が促進される[1]．*Glomus* spp. の厚壁胞子やアミタケ（*Suillus bovinus*）の担子胞子は，寄主植物の根から分泌されるフラボノイドによって発芽が促進される[2, 3]．*Glomus mosseae* とアーバスキュラー菌根菌（AM）を形成したトマト（*Lycopersicon esculentum*）の根の浸出液は，菌根共生していないトマトの根に比べて *Fusarium oxysporum* f. sp. *lycopersici* の小分生子の発芽を促進する[4]．一方，植物の生体防御物質であるファイトアレキシン（phytoalexin）は，たとえばラッカセイ（*Arachis hypogaea*）傷痍部で蓄積し *Aspergillus flavus* の分生子の発芽と栄養生長を阻害することが知られている[5]．キツネタケ（*Laccaria laccata*）とマツの一種 *Pinus sylvestris* の菌根は，*in vitro* の対峙培養系で植物病原菌の *Mucor hiemalis* の胞子嚢胞子の発芽と栄養菌糸の生長を阻害する[6]．

10.3.2 動物との相互作用

動物寄生菌の胞子は，寄主となる動物の体自体によって発芽を促進される．いくつかの昆虫病原菌の胞子は，通常，特定の寄主の体のうえでのみ発芽する．これは特定の受容体あるいは環境への適応と考えられているが，そのメカニズムは仮説の域を出ていない．一方，動物の免疫系は病原菌の胞子発芽に対して阻害的に作用する．アルファルファ（*Medicago sativa*）のハキリバチの一種（*Megachile rotundata*）の幼虫や植物由来の脂質や脂肪酸は，*Meg. rotundata* にチョーク病を引き起こす *Ascosphaera aggregata* の胞子発芽を促進する．この発芽促進は栄養的なものではなく，脂質と水の界面への胞子付着が発芽促進に働いているものと推察されている[7]．種子では鳥類に摂食され消化管を通過することによって発芽が促進される例が共進化の例として有名である[8]．菌類では，外生菌根菌の担子胞子がナメクジの消化液で処理されることによって，また，糞生菌の子嚢胞子では摂食した動物の消化管中で胞子外壁が一部消化され，排泄後速やかに発芽することが知られている[9]．さらに，菌食性の節足動物によって子実体の一部として摂食された胞子が多量に消化管内にほぼ無傷なまま存在していることが観察されている（16.2 節参照）．一方，菌食生のトビムシによって摂食された胞子は，発芽が促進されるどころか

■表10.3.1 生物要因による胞子発芽の誘起・促進[10, 20]

生物要因によって発芽が誘起・促進される菌種		発芽を誘起・促進される胞子の種類	発芽を誘起・促進する生物要因
和名	学名		
卵菌門			
	Pythium mamillatum	卵胞子	カブの実生の浸出液
子嚢菌門			
チャコブタケ	*Daldinia concentrica*	子嚢菌門	プラタナスの材の抽出液
クサヨシ麦角病菌	*Claviceps purpurea*	分生子	被感染植物からの糖液
	Sordaria fimicola	子嚢胞子	馬糞
	Ryparobius pachyascus	子嚢胞子	糞煎じ汁
	Bulgaria polymorpha	子嚢胞子	樫類, ブナの材あるいは樹皮からの揮発性物質
ホネタケ	*Onygena corvina*	子嚢胞子	フクロウによって排泄されたマウスの体毛
担子菌門			
ガンタケ	*Amanita rubescens*	担子胞子	芝生, 腐食の抽出液
ツルタケ	*Amanita vaginata* var. *vaginata*	担子胞子	芝生, 腐食の抽出液
ムジナタケ	*Psathyrella velutina*	担子胞子	芝生, 腐食の抽出液
ツブホコリタケ	*Lycoperdon umbrinum*	担子胞子	*Torula suganii* との培養
ツブホコリタケ	*Lycoperdon umbrinum*	担子胞子	*Torulopsis sanguinea* との培養
ツブホコリタケ	*Lycoperdon umbrinum*	担子胞子	*Trichosporum heteromorphum* との培養
ツブホコリタケ	*Lycoperdon umbrinum*	担子胞子	*Cladosporium* sp.との培養
コタマゴテングタケ	*Amanita citrina* var. *citrina*	担子胞子	*Torulopsis sanguinea* との培養
キシメジ属の一種	*Tricholoma* sp.	担子胞子	*Torula suganii* との培養
ヤマドリタケ属の一種	*Boletus* sp.	担子胞子	*Torula suganii* との培養
コムギ黒さび病菌	*Puccinia graminis* f. sp. *tritici*	夏胞子	イネ, ラッカセイ, あるいはオクラの種子油
チャイボタケ	*Thelephora terrestris*	担子胞子	生きた根を共存させて栄養寒天培地
ワカフサタケ	*Hebeloma mesophaeum*	担子胞子	生きた根を共存させて栄養寒天培地
ヒメカタショウロ	*Scleroderma areolatum*	担子胞子	*Rhodotorula mucilaginosa* var. *sanguinea* を共存させた栄養寒天培地
ヒメホコリタケ	*Lycoperdon hiemale*	担子胞子	*Rhodotorula mucilaginosa* var. *sanguinea* を共存させた栄養寒天培地
アカチチタケ	*Lactarius rufus*	担子胞子	*Ceratocystis fagacearum* の栄養菌糸体を共存させた栄養寒天培地
キチチタケ	*Lactarius chrysorrheus*	担子胞子	*Ceratocystis fagacearum* の栄養菌糸体を共存させた栄養寒天培地
ヤマイグチ	*Leccinum scabrum*	担子胞子	*Leccinum scabrum* の栄養菌糸体を共存させた栄養寒天培地
チャイボタケ	*Thelephora terrestris*	担子胞子	*Thelephora terrestris* の栄養菌糸体を共存させた栄養寒天培地 *Torula suganii*
不完全菌類			
灰色かび病菌の一種	*Botrytis cinerea*	分生子	レンズマメの抽出液
	Fusarium fructigenum	分生子	レンズマメの抽出液

一部破壊されていることが明らかにされている[10]. このように異なる報告例があるため, 菌食性の節足動物がどの程度, 菌類の胞子発芽に寄与しているかについては今後の研究を待たねばならない状況である.

10.3.3 細菌との相互作用

細菌も植物と同様に菌類の胞子発芽に対して促進的に作用する場合と阻害的に作用する場合がある. その相互作用機構の解明は, 植物との相互作用に比べてより困難である. *Bacillus pabuli* はアーバスキュラー菌根菌の *Glomus clarum* の厚壁胞子の発芽を促進することによってエンドウ (*Pisum sativum*) のアーバスキュラー菌根の形成を促進することが知られている[11]. アーバスキュラー菌根から分離される細菌は, 腐生相の *Glomus mosseae* の胞子発芽を促進する[12, 13].

一方，*B. subtilis* は，プランテーションやポストハーベストでのバイオコントロールに用いられており，たとえば *B. subtilis* はヤムイモ（*Dioscorea* spp.）に収穫後に fungal rot を引き起こす不完全菌の分生子の発芽や栄養生長を阻害する[14]．また，放線菌の *Streptomyces noursei* と *S. aureus* が生産する抗カビ剤の1つ，ナイスタチン（nystatin）の polymetric 複合体は，*Fusarium oxysporum* の分生子の発芽と生長に影響を与えると考えられている[15]．

10.3.4 他種の菌類との相互作用

酵母は，一部のダイズ（*Glycine max*）のアーバスキュラー菌根菌 *Glomus mosseae* の胞子発芽を促進する一方[16]，土壌伝播性病原菌の胞子発芽を阻害する[17]．植物体に生息する腐生性の糸状菌 *Trichoderma* spp., *Penicillium* spp., *Gliocladium* spp. や酵母，細菌は灰色かび病菌（*Botrytis cinerea*）の分生子の発芽を栄養摂取の競合によって阻害すると推察されている．ヒマワリ（*Helianthus annunus*）の筒状花の菌核病菌（*Sclerotinia sclerotiorum*）抵抗性品種は，筒状花に生息する腐生性糸状菌や酵母によって同植物病原菌 *S. sclerotiorum* の子嚢胞子の発芽と栄養生長を阻害し，その結果として抵抗性を発揮するものと推察されている[18]．

10.3.5 発芽能の維持

アオカビの一種 *Penicillium verrucosum* が生産するカビ毒（マイコトキシン mycotoxin；人間・社会編 8.1 節参照）の1つ，シトリニン（citrinin）は紫外線を吸収することによって紫外線による障害から胞子を防御して，分生子の発芽能の維持に役立てていると考えられている[19]．同様に有色，特に黒から黒褐色の担子胞子，子嚢胞子，接合胞子でも，胞子壁中のメラニンが紫外線の防御に働き，結果として発芽能の維持に役立っていると考えられる（16.1 節参照）．

（Pham, N.D. Hoang・鈴木　彰）

＊引用文献

1) Melin E (1962) Physiological aspects of mycorrhizae of forest tree. Tree growth (Kozlowski TT, ed.). Ronald Press, New York, pp247-263
2) Phillips DA, Tsai SM (1992) Mycorrhiza 1 : 55-58
3) Kikuchi K, et al. (2007) Mycorrhiza 17 : 563-570
4) Scheffknecht S, et al (2006) Mycorrhiza 16 : 365-370
5) Hilary R, et al. (1985) J Gen Microbiol 131 : 487-494
6) Werner A, Zadworny M (2003) Mycorrhiza 13 : 41-47
7) James RR, Buckner JS (2004) Mycopathol 158 : 293-302
8) 沼田　真 編 (1981) 種子の化学―生態学の立場から―, 研成社，東京
9) Sussman AS, Halvorson HO (1966) Spore : Their dormancy and germination. Harper & Row, New York
10) Nakamori T, Suzuki A (2005) Pedobiologia 49 : 261-267
11) Xavier LJC, Germida JJ (2003) Soil Biol Biochem 35 : 471-478
12) Pivato B, et al. (2009) Mycorrhiza, 19 : 81-90
13) Frey-Klett P, et al. (2007) New Phytol 176 : 22-36
14) Okigbo, RN (2005) Mycopathol 159 : 307-314
15) Charvalos E, et al. (2001) Mycopathol 153 : 15-19
16) Sampedro I, et al. (2004) Mycorrhiza 14 : 229-234
17) El-Tarabily KA, Sivasithamparam K (2006) Mycoscience 47 : 25-35
18) Rodriguez MA, et al. (2000) Mycopathol 150 : 143-150
19) Størmer FC, et al. (1998) Mycopathol 142 : 43-47
20) 堀越孝雄・鈴木　彰 (1990) きのこの一生. 築地書館

＊参考文献

北本　豊・鈴木　彰 (1992) 生理, きのこ学 (古川久彦 編). pp79-115

10.4 胞子発芽誘導シグナルと情報伝達

菌類の胞子の発芽に関しては分子レベルではほとんど明らかになっていない．これは，発芽を誘導する環境とその環境情報を細胞内に伝達する経路が複数あるためである．また，菌によって胞子発芽を誘導する環境条件が異なる．ここでは，研究例が比較的多い，糸状菌の無性胞子の発芽を誘導する環境条件とその情報伝達経路について，現時点で明らかになっていることについて紹介する．

10.4.1 胞子発芽の誘導因子

胞子の発芽は，①休眠状態の打破，②胞子の膨潤，③発芽極性（cell polarity）の決定，④発芽と極性生長，の大きく4段階に分けることができる．胞子の発芽開始には水分が必要である．

Neurospora crassa，*Aspergillus nidulans*，*A. fumigatus* などの研究から胞子発芽には呼吸（好気・嫌気），RNA合成，タンパク質合成が必要であり，発芽した胞子ではトレハロース分解，細胞壁の表層の付着性の増加などが起こることが知られている[1, 2]．

発芽を誘導する物質として一般的に糖，アミノ酸，無機塩が知られているが，どの要素を必要とするかは菌によって異なる．また，菌によっては熱ストレスやpHも発芽にかかわっている．たとえば，*A. nidulans* では糖により分生子発芽が誘導されるが，*N. crassa* では発芽の誘導に特定の誘因物質を必要としない．興味深いことにいもち病菌（*Maganaporthe oryzae*）や炭そ病菌（*Colletotrichum* 属菌），*Fusarium solani* 等の植物病原菌では植物由来の物質（クチクラ層分解産物，根分泌物など）などによっても分生子発芽が促進されることが知られている[1]．さらに，*M. oryzae* や *Colletotrichum* 属菌などでは，水分の存在下，胞子付着面の物理的性質（硬さなど）によって発芽が誘導されることが知られており[1]，発芽環境の認識システムが菌によって多様であることが推測される．

10.4.2 発芽誘導に関与するシグナル伝達経路

糸状菌の無性胞子発芽を誘導するシグナル伝達経路の解析は，*Saccharomyces cerevisiae* などの酵母における糖やフェロモンのシグナル伝達経路を参考に解析が行われてきており，近年，一部の菌で糖や植物由来の物質などの認識機構が明らかになりつつある．たとえば，*A. nidulans* では糖（グルコース）の認識シグナルが，また *M. oryzae* では表面の物理的性質や植物クチクラ層分解物の認識シグナルが膜タンパク質であるヘテロ三量体Gタンパク質により細胞内に伝達されることが示されている[2, 3]．また，*S. cerevisiae* と比較して糸状菌ゲノム中には環境認識にかかわるセンサータンパクをコードする遺伝子が多数あり[4]，そのうちのいくつかが発芽誘導因子の認識にかかわっていることが予想される．おそらくGPCR（G-protein coupled receptor）などのヘテロ三量体Gタンパク質に結合するセンサーが糸状菌の胞子発芽に関係しているのではないかと考えられているが[2]，詳細については今後の解析が待ち望まれる．*M. oryzae* 表面認識に糸状菌に特有のCFEMドメインをもつGPCRに似た構造の膜レセプタータンパク質がかかわっていることが知られており[3]，胞子発芽誘因因子の認識にもそれぞれの糸状菌独自の機構があることがうかがえる．

A. nidulans や *M. oryzae* ではヘテロ三量体Gタンパク質がcyclic adenosine monophosphate（cAMP）の生合成を行う酵素であるアデニル酸シクラーゼの活性を制御していることが明らかになっている[2, 3]．アデニル酸シクラーゼが活性化すると細胞内cAMP濃度が上昇しcAMP依存的プロテインキナーゼ（PKA）が活性化される．その結果（機構の詳細は明らかになっていない），発芽が誘導される．多くの糸状菌においてアデニル酸シクラーゼが欠損すると顕著な発芽遅延や阻害

が見られることから，cAMP シグナルによる糸状菌の発芽の誘導制御は糸状菌類において一般性をもっていることが推測される[1]．しかしながら，cAMP シグナルの上流は必ずしもヘテロ三量体 G タンパク質とは限らない．たとえば，植物病原菌である *Botrytis cinerea*（灰色カビ病菌）では炭素源による発芽誘導には cAMP シグナルが重要であるが，cAMP シグナルの制御にはヘテロ三量体 G タンパク質と MAP キナーゼの両方がかかわっている[5]．

最近の研究から，分生子発芽誘因因子の認識シグナルの伝達経路はバラエティーに富んでいることが明らかになった．たとえば，*A. nidulans* においては糖の認識シグナルはヘテロ三量体 G タンパク質だけではなく低分子量 G タンパク質 RasA によっても細胞内に伝達される[1]．HogA は真核微生物において浸透圧ストレス応答に関与する MAP キナーゼの 1 つであるが，ヒト感染菌である *A. fumigatus* においては浸透圧ストレスシグナル伝達に加えて，窒素源の認識シグナルの伝達にもかかわる[6]．植物病原菌において胞子付着表面の物理的性質の認識にかかわるシグナル伝達経路は糸状菌により異なっており，たとえば *M. oryzae* ではヘテロ三量体 G タンパク質が，*B. cinerea* では MAP キナーゼが関与している[3,6]．この他にも，カルシウム結合タンパクを介したカルシウムシグナルによる発芽誘導が *A. fumigatus*，*Phyllostica ampelicida*，*C. gloeosporioides* などで報告されている[1,7]．

10.4.3 極性生長と発芽

胞子から発芽した菌糸が正常に伸長するには，発芽誘導シグナルが極性生長の制御にもかかわっている必要がある．たとえば *A. nidulans* では RasA シグナルは分生子発芽誘導因子の認識だけではなく菌糸の極性生長にもかかわっており，発芽菌糸の伸長に重要な機能をもつ[8]．これに対し二形性真菌における極性生長のシグナル伝達経路はやや複雑である．ヒト感染菌である *P. marneffei* は二形性を示し，25℃では腐生的生育様式を，37℃では寄生的生育様式を示す．この菌の分生子発芽にはヘテロ三量体 G タンパク質は必須であるが，その他にも Cdc42 ホモログが重要な役割をもつことが明らかになっている[9]．Cdc42 は動物細胞や酵母で細胞の形態形成や極性形成にかかわる低分子量 G タンパク質である．*P. marneffei* の分生子発芽時には，25℃では Ras ホモログ，37℃では未知の因子を介したシグナルによって活性化したヘテロ三量体 G タンパク質が Cdc42 ホモログの活性を制御する．この温度による制御機構の違いが，この菌の二形性にかかわっていると考えられている[9]．

菌糸の極性生長に関係することが示唆されている因子に活性酸素（ROS）があり，ROS は菌糸先端に蓄積することが観察されている[10]．NADPH オキシダーゼ（Nox）は ROS 生成にかかわるが，そのうちヒトの Nox の 1 つである gp91^{phox} のホモログである NoxA と NoxB および NoxA の制御因子である NoxR は複数の糸状菌のゲノム中に存在する．Rac1 は Cdc42 と同様，細胞の極性生長にかかわる低分子量 G タンパク質であるが，糸状菌において Rac1 ホモログによる NoxR を介した NoxA の間接的な制御や NoxR と Cdc42 の相互作用による菌糸の極性生長の制御の可能性が遺伝学的に示されている[9,10]．しかしながら，その詳細についてはさらなる解析が必要である．

10.4.4 cAMP シグナルと胞子貯蔵物質分解

これまでに分生子中には複数のトレハロースが存在しており，発芽初期に分解されることが知られてきた．すでに述べたように，多くの糸状菌の分生子発芽には cAMP シグナルが重要な役割をもつが，カルシウム結合型中性トレハラーゼは PKA リン酸化部位をもち，cAMP により活性化されると考えられる．実際に *A. nidulans*，*N. crassa*，*B. cinerea* では，胞子発芽時に胞子内トレハロースがcAMP依存的にカルシウム結合型中性トレハラーゼにより分解されることが示唆されている．分解されたトレハロースは胞子発芽のエネルギー源として利用されるだけではなく，一時的にグリセロールなどへ変換され発芽菌糸のストレス耐性付与にも利用されると考えられている[11,12]．しかしながら，*M. oryzae*において，堅さのある疎水表面上での発芽にはこの中性トレハラーゼによるトレハロースの分解は必須ではなく，むしろMAPキナーゼシグナルにより胞子内グリコーゲンや脂質の分解が誘導されることが示されており[13,14]，発芽時の胞子貯蔵物質（糖・脂質など）の分解にかかわるシグナル伝達経路は菌によってさまざまであることがうかがえる．

10.4.5 分生子発芽時の遺伝子発現解析

近年糸状菌ゲノム解析が進んだ結果，いろいろな菌でDNAマイクロアレイを用いた遺伝子発現解析が行われるようになった．糸状菌の発芽時のマイクロアレイ解析も行われており，その結果，発芽時に代謝関係，特に糖代謝や脂質代謝に関連した遺伝子の発現が短時間で誘導されていることが明らかになった．これは分生子発芽時のエネルギーが胞子の貯蓄物質から生成されていることを示している[15,16]．またそのほかにも細胞壁胞子発芽時にタンパク質合成，細胞内輸送，細胞壁生合成・修飾などにかかわる遺伝子の発現が急激に誘導されていることが示されており，発芽菌糸伸長にかかわっていると考えられる[15,16]．また，*A. fumigatus*において休眠中と発芽時の遺伝子発現プロファイルを比較した結果は糸状菌の胞子に関する知見に富み興味深い[15]．まず，休眠中の分生子であってもほとんどの遺伝子のmRNAが蓄積されていることが明らかになった．また，発芽胞子では酸素呼吸にかかわる遺伝子の発現が上昇しているのに対し，休眠中では発酵（無気呼吸）にかかわる遺伝子が多く発現されていることも明らかになった．おそらく休眠中の胞子はエネルギー消費を抑えつつ，環境が発芽誘導条件になったときの迅速な発芽に備えていることが推測される[15]．

以上，糸状菌における分生子発芽を誘導する環境情報とその細胞内への伝達に関与するシグナル伝達経路，そしてその結果として起こる遺伝子発現についてまとめた．胞子発芽誘導因子（養分，化学成分，表面特性）とシグナル伝達経路（ヘテロ三量体Gタンパク質，MAPキナーゼ，低分子量Gタンパク質）の組合せには複数のパターンが見られ，環境シグナル伝達経路の上流部分は糸状菌においてバラエティーがあることがわかる．しかし，これらのシグナル伝達経路のいくつかはcAMPを介してシグナル伝達経路の下流の遺伝子の制御を行っており，cAMPは胞子発芽のシグナル伝達経路のコア因子の1つであるといえる．正常な胞子発芽には細胞の構築に必要なエネルギー合成，タンパク合成，細胞壁合成などに加え，正しい方向に伸長するための細胞極性の決定が必要である．

これらに関与しているシグナル伝達系は1つの菌の中でも複数あるが，それぞれのシグナル伝達経路が協調的に関係しあってはじめて胞子が正常に発芽できる．糸状菌の生活環において発芽が重要であるにもかかわらず，糸状菌の発芽誘導シグナルと遺伝子発現制御については最近，解析が始まったばかりである．解析がさらに進展し，個々の菌の生活環境とそれに対応した発芽制御シグナル伝達経路が明らかになることが期待される．

（西村麻里江）

＊引用文献

1) Osherov N, May GS (2001) FEMS Microbiol Lett 199 : 153-160
2) Lafon A, et al. (2006) Fungal Genet Biol 43 : 490-502
3) Zhao X, et al. (2007) Eukariotic Cell 6 : 1701-1714
4) Kulkarni RD, et al. (2005) Genome Biology 6 : R24
5) May GS, et al. (2005) Med Mycol 43 Suppl1 : S83-86
6) Doehlemann G, et al. (2006) Mol Microbiol 59 : 821-35
7) Cramer RA Jr., et al. (2008) Eukaryotic Cell 7 : 1085-1097

8) Haispe L, et al. (2008) Eukaryotic Cell 7 : 141-153
9) Boyce KJ, Andrianopoulos A (2007) Plos Path 3 : e162
10) Scott B, Eaton CJ (2008) Curr Opin Microbiol 11 : 488-493
11) de Pinho C, et al. (2001) FEMS Microbiol Lett 199 : 153-160
12) Doehlemann G, et al. (2006) Microbiology 152 : 2625-2634
13) Foster AJ, et al. (2003) EMBO J 22 : 225-235
14) Thines E, et al. (2000) 12 : 1703-1718
15) Lamarre C, et al. (2008) BMC Gemonics 9 : 417
16) Seong KY, et al. (2008) Fungal Genet Biol 45 : 389-399

11 栄養生長

序

菌類は陸圏，水圏いずれにも分布しており，その生活の主体は栄養菌糸あるいは栄養細胞である．菌類は，生育環境の影響を受けつつ生長を続けてその生育域を広げていく．一方，菌類は生長につれて環境に変化をもたらすため，菌類はみずから生育に適当な環境をつくり出す側面（環境形成作用）もある．菌類の栄養生長とは，生育地から栄養を摂取して菌体が増殖することをさす．酵母では，*Schizosaccharomyces* 属の菌のように二分裂によるものもあるが，*Saccharomyces* 属の菌など多くのものは出芽によって細胞数の増大とこれらに次ぐ栄養細胞の大きさの回復（生長）による生物量（バイオマス biomass）の増大を行う．一方，糸状菌では菌叢（菌糸体，コロニー colony）を構成する栄養菌糸の生長［先端分裂と伸長・分枝と菌糸間の融合（アナストモーシス，吻合 anastomosis)］と分化を複合した増殖を示す．*in vitro* の栄養寒天培地上での実験結果から，外部環境条件が一定条件であっても，一部の糸状菌では栄養菌糸の生長が一定のリズムをもって変動していることが知られている．担子菌では，一般に自然界での増殖の主体である複核菌糸株のほうが単核菌糸株よりも生長が速いことが多く，菌糸束（mycelial strand）の分化など菌糸体の分化が顕著な傾向がみられることが知られている．栄養菌糸には，発芽直後のきわめて微小な発芽管から，ナラタケ（*Armillaria* sp.）の仲間の栄養菌糸体（根状菌糸（リゾモルフ rhizomorph）よりなる）のように数十 ha に及ぶものまでさまざまなものがある[1]．いずれにせよ，糸状菌は基質（基物 substrate, substratum）の表面，あるいは内部で生長を続けるため，自分自体の棲家を壊しながら（分解しながら）生長を続け，他の微生物と熾烈な水分と栄養獲得合戦を演じていると考えられている．すなわち，特定種の特定のジェネット（genet）の菌は，他の同種の異なるジェネット，異種の菌類，異種の微生物あるいは，ホスト生物などとの生育場所（基質，基物）の奪い合い（陣取り合戦）を行うことになるが，これらの詳細に関しては第 15 章を参照されたい．本章では，論述の単純化のため，単一の菌類による栄養生長という観点を主体に話を展開する．

栄養菌糸体を形成する菌糸は，さまざまな太さ菌糸から構成されており，さらに菌糸束，根状菌糸束等さまざまに分化して増殖機能の増大を図っている．なかには，ヒラタケ（*Pleurotus ostreatus*）のように生きている動物からも栄養を得るために菌糸の一部を特殊化させて，栄養，特に窒素源を補給している例もあり，単に栄養生長といっても実にさまざまな栄養獲得戦略が存在している．本章では研究例が多い，陸圏での栄養生長に話を絞り紹介する．なお，菌類の水圏での栄養生長については 14.2 節を参照されたい．

単細胞性の酵母などでは，バッチ式の液体培地で生長量を追跡する．その増殖曲線は多くの細菌の増殖曲線と同様，誘導期，対数増殖期，定常期で示される（図 11.1）．一方，糸状菌の栄養生長量の測定には，菌叢は必ずしも外縁部がスムーズとは限らず，また，菌糸密度は平面的にも立体的にも多様だが，連続観察が可能であり，測定が容易なため，栄養寒天培地上での菌叢の増殖曲線（誘導期，直線生長期，定常期）で示されることが多い（図 11.2）．その際は，直線生長期の栄養菌糸体の生長速度を用いたり，菌叢直径を用いることが多い．キノコ栽培ではおがくず培地など固体培地が用いられる．木材腐朽菌にとってはより自然界での生長に近い状態での栄養生長の観察が可能であるが，生長量の測定は栄養寒天培地上に

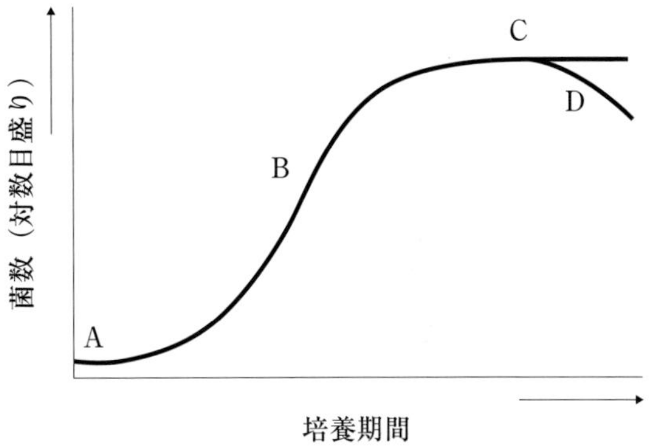

■図 11.1 単細胞性微生物（酵母・細菌など）の増殖曲線（生長曲線）
A：誘導期，B：対数期（増殖期），C：定常期（静止期），D：減衰期（死滅期）．Y 切片は，接種時の細胞数を示す．

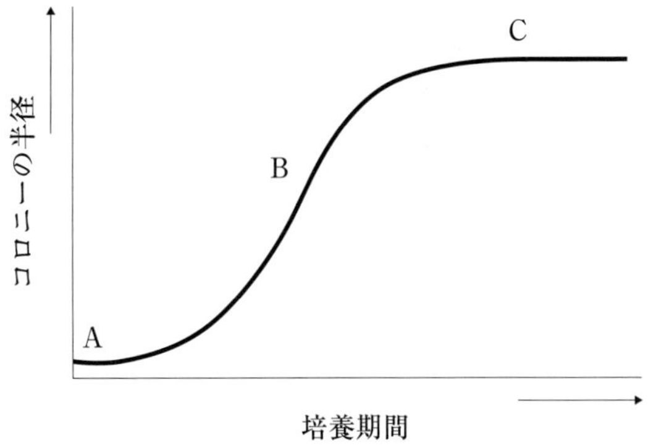

■図 11.2 糸状菌の生長曲線
A：誘導期，B：直線伸長期（直線生長期），C：定常期．Y 切片は，接種時の菌糸体（接種源としてコロニー）の半径を示す．胞子を接種源とした場合は，ほぼゼロとなる．

比較して困難である．このため，便宜的に培養容器の外側から見た栄養菌糸の生長域の追跡やエルゴステロール（ergosterol；人間・社会編 2.4.3 項参照）量の測定による生物量の推定が行われる．前者では連続観察は可能であるが培地内部での生長がまったく反映されないこと，後者では連続測定が不可能な点や菌糸部位や菌糸令によるエルゴステロール量の違いが正確には把握できないなどの難点がある．一方，液体培地を用いたバッチ式の培養では，培養期間を通しての連続測定は不可能であるが，正確な生物量を求めることが可能である．しかしながら液体培養は，陸圏に生息する菌では，自然界とはきわめて異なる環境下の生長量の測定と評価せざるをえない．

いずれにせよ，*in vitro* の系での栄養生長の測定はこれらの方法で行われてきた．一方，自然界での栄養菌糸の生長の測定はきわめて困難であったが，最近では分子手法を用いた同一ジェネットの存在範囲の推定も可能となりつつある．

（鈴木　彰）

＊引用文献

1）Smith ML, et al.（1992）Nature 356 : 428-431

＊参考文献

Gow NAR, et al.（1999）The fungal colony, Cambridge Univ. Press, Cambridge

堀越孝雄・鈴木　彰（1990）きのこの一生，築地書館，東京，pp163

鈴木　彰（2003）土壌微生物を制御する水，空気，温度，pH．土壌微生物生態学（堀越孝雄・二井一禎編）．朝倉書店，東京，pp20-34

Maheshwari R（2005）Fungi—Experimental methods in biology. CRC Press, Boca Roton

日本土壌微生物学会 編（2000）生態的にみた土の菌類（新・土の微生物 6），博友社，東京

11.1 栄養生長と環境情報

菌類の生活環において，二核菌糸，子実体，胞子，一核菌糸などの段階を経る有性生殖の時期，および分生子などの無性胞子をつくる無性生殖の時期に対してそれぞれ，種々の環境情報が影響する．ここでは，栄養菌糸の生長に関与する環境情報を子実体の形成に関与する環境情報と比較して解説する．なお，わが国ではキノコ栽培の観点から，栄養菌糸の生長に及ぼす環境情報，および子実体の発生誘導と発達に及ぼす環境情報について重点的に研究されている．

これら環境情報は，物理的，化学的，生物的な環境に大きく分けられる．物理的環境としては，温度，水分，光，ガス，風，重力，物理的刺激などがあり，化学的環境としては，培養基の栄養素とpH，菌類の生長を促進する物質と阻害する物質がある．生物的環境とは，対象とする菌類に対する他の生物の影響があげられ，生長を阻害するもの，栄養を競合しあうもの，生長を促進する効果のあるものに分けられる．

11.1.1 物理的環境

1) 温　度

大部分の菌類は好中温菌（mesophilic fungi）であり，10～40℃の温度域で生長し，最適温度は25～35℃である．少数の種は好高温菌（好熱菌）(thermophilic fungi)であり，20～50℃で生長し，最適温度は40℃以上である．また，少数の種は0℃以下の低温域で生長する．生長の上限温度が低い場合，低温菌（psychrophic fungi）と呼ばれ，上限温度が高く，高い温度でも生長できるとともに低温にも耐性のある菌類は耐低温菌（耐冷菌）(psychrotolerant fungi）と呼ばれる．

栄養菌糸生長の適温範囲は子実体形成の適温範囲よりも一般に高い領域に広がっている．また，子実体発達の温度範囲は原基発生誘導の温度よりも多少高い．食用キノコの菌では，子実体の発生誘導に高温から低温への温度変化が必要な場合がある．これは，マツタケでの秋季における地温19℃への低下による原基形成，バカマツタケでの秋季における最低気温20℃への低下による子実体発生（図11.1.1），エノキタケでの低温処理期間の長さと原基形成数の増加の正の相関に見られる．エノキタケでは低温で培養しても原基を形成し，一定期間の低温条件が原基形成を促す．また，子実体発生の適温より高い温度は，担子胞子の形成時に減数分裂を阻害する．

2) 水　分

栄養菌糸の90%以上は水分が占めるので，生長と分化には培養基中の水を多量に必要とする．しかし，培養基中の余分な水分は酸素不足を引き起こし，栄養菌糸の生長を抑制する．土壌や木材などを基材とする培養基の水分状態を示す概念として，従来，含水率が用いられてきた．しかし，菌類が利用可能な水を培養基からどれだけ引き出すことができるかを目安にした概念として，近年，水ポテンシャル（water potential）が用いられている．培養基中の水は，化合水，吸湿水，毛管水，重力水という存在状態を示す．化合水はほとんど結晶性で菌類には利用されない．吸湿水は水分子が相互に水素結合により結ばれているもので，移動せず，利用されない．毛管水は培養基固体の小間隙を占め，物理的には自由水であり，また，重力水は培養基固体の大間隙に位置し，自由に移動する水であるため，これら2種類は菌類に利用される．これら多種の存在状態にある水のうち，どの程度が生物に利用されうるかを量的に表したものが，水ポテンシャルである．

空気の相対湿度（relative humidity：RH）とは，ある温度条件下での空気の飽和水蒸気圧に対する，同一温度の空気中の特定の水蒸気圧の割合である．相対湿度は，培養基表面や菌糸表面からの蒸散量を左右する．子実体の発生誘導の適湿は80～95% RHであり，子実体の発達の適湿は75～

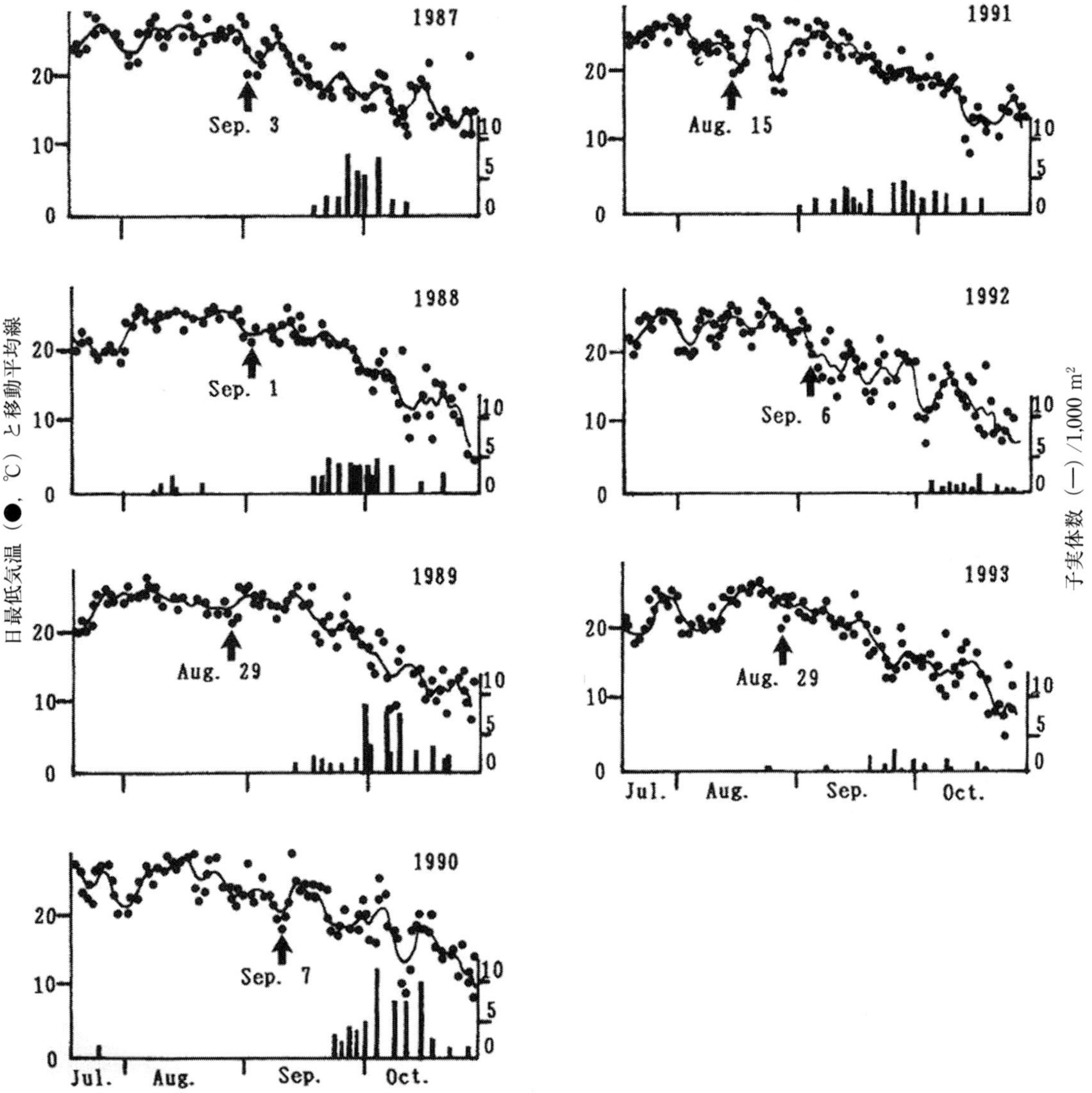

■図 11.1.1　日最低気温と 7 ～ 10 月に野外で発生したバカマツタケ子実体個数との関係（1987 ～ 1993）
矢印は最低気温が 20℃付近に下がった日（子実体発生誘導日）を示す（Terashima et al., 1995）.

85% RH である．高湿度条件は，菌糸表面からの蒸散量の減少による子実体中の物質移動量の低下により，傘や柄の分化に対しては抑制的に働く．また，菌糸細胞の生長が主体となる傘の展開や柄の伸長に対しては，この蒸散量の減少は子実体中の含水量の増加とこれに伴う膨圧の増大により，促進的に作用する．

3）光

光は，普通，栄養菌糸の生長には影響しないか抑制的に働き，子実体の発生誘導には影響がないか促進的に，菌柄の伸張には抑制的に，子実体着色には促進的に働く．

キノコの菌には，光により子実体発生が誘導あるいは促進されるものが多く，子実体の分化，発達にも光が影響する例が多い．シイタケ，*Panus fragilis*，アミスギタケ，ヒラタケなどの子実体発生には，栄養菌糸の培養過程で光を必要とする．白色光の照度で 10 ～ 100 lux 程度の強さの光が必要であり，0.1 lux 以下の光には反応を示さない場合が多い．子実体の発生誘導には近紫外から青色の波長領域の光が有効であり，アミスギタケでは波長 330 ～ 520 nm の 4 ～ 6 波長により，効果が最大となった．一方，ザラエノヒトヨタケ，ハタケチャダイゴケ，アカヒダワカフサタケなどは暗黒下でも子実体の発生が誘導されるが，光照射によっては原基数の増加や原基形成日数の短縮が見られる．また，発達している子実体は正の光屈性（フォトトロピズム）を示す．

4）ガ ス

(1) 酸 素

菌類の大部分は偏性好気性菌（obligate aerobic fungi）である．この中で，担子菌は好気性であるため，栄養菌糸の生育および子実体の分化と発達に酸素は不可欠である．カワラタケでは 20 ～ 98%（温度 29.5℃）の酸素条件下で，スエヒロタケでは 0.1 ～ 0.2%（二酸化炭素は 5%）の酸素条件下で，栄養菌糸の生長が促進される．マツノネクチタケとヒラタケ属は半嫌気条件下で栄養菌糸の生長が可能であるが，完全な嫌気条件では生長しない．スエヒロタケ，ツクリタケ，ウシグソヒトヨタケなどでは例外的に発酵能が認められている．多くの酵母やこれら糸状菌の一部は，発酵によりエネルギーを獲得し，結果として環境中に蓄積される乳酸やエタノールに耐性をもつ．また，ごく少数の菌類は，電子伝達鎖に含まれるシトクロムの一部あるいは全部を欠く偏性発酵性（obligately fermentative）であり，好気的条件であっても呼吸ができない．さらに，アカパンカビは，無酸素状態で終末電子受容体として NO_3^- を利用することができる．しかし，菌類には偏性嫌気性菌（obligate anaerobic fungi）は存在しない．

(2) 二酸化炭素

二酸化炭素は，栄養菌糸の生長と分化に影響する．子実体の形成における二酸化炭素の最適濃度は，0.03 ～ 0.3%である．二酸化炭素濃度が増加すると，子実体柄の縦方向への生長促進，傘の展開阻害，子実体の脱分化促進を誘発する．スエヒロタケやタマハジキタケでは 5%，ツクリタケでは 0.5 ～ 1%の二酸化炭素濃度下で，子実体誘導が抑制される．一方，タマハジキタケとツクリタケでは，二酸化炭素濃度が 0%では子実体誘導は抑制される．食用キノコの菌では，呼吸に伴う二酸化炭素増加は，培養基に栄養菌糸がまん延する前後，および子実体の原基形成時に高い値を示し，発生時には低くなる．さらに，担子菌には二酸化炭素を細胞合成材料として利用できるという，二酸化炭素固定の能力をもつものがある．

(2) シアン化水素

芝草のフェアリーリング病の病原菌として有名なシバフタケにおいて，シアン化水素の産生が認められ，これが芝草を枯らす一因とされている．コガネタケ，ショウゲンジ，オオイチョウタケ，ムラサキシメジ，スギヒラタケ，マイタケなどの栽培食用キノコの菌を含む，その他の数百種類の菌類でこの物質の生成が明らかになっているが菌糸生長への影響は不明である．

(3) その他

ツクリタケの栄養菌糸は，アセトアルデヒド，アセトン，エチレン，エチルアルコール，酢酸エチルなどの揮発性物質を生産する．また，オゾン暴露により栽培キノコであるエノキタケの子実体の形成が促進される．ただし，オゾンは酸化力の強いガスであり，ヒトの呼吸器官や目に有害な物質である．

5）風

栽培キノコでは，風速はガス交換の良否を左右するため，栄養菌糸の生長，子実体の形成に影響を与える．また，風による蒸散の促進は，栄養菌糸と子実体の表面からの水分蒸発量を増加させ，含水率の低下を招き，ひいては生長を抑制する．子実体の柄では，風上側へと屈曲するなどの風屈性（アネモトロピズム）が見られることがある．

6）重 力

重力は，栄養菌糸の生長と子実体の発生誘導には影響しない．しかし，栽培キノコの子実体柄の伸長期において，柄に負の重力屈性を生じ，子実体傘表面は上を向く．また，水や二酸化炭素などの物質が培地面へ移動し，各物質に濃度勾配を生じ，子実体の分化と発達に影響を与える．

7）物理的刺激

(1) 電気刺激

食用キノコでは，子実体の発生誘導に，電気刺激が有効な場合がある．菌糸体への直接的刺激，刺激による菌糸の損傷，放電現象によるオゾンなどのガス環境の変化，電磁場の発生などが誘因と考えられる．

(2) 外　傷

エノキタケ，ヒラタケなどの栽培キノコの培養基による栽培では，原基形成の促進と同期化を促すために“菌かき”という処理がなされる．これにより，栄養菌糸に外傷を与え，子実体の発生誘導を促す．しかし，二次菌糸の外傷に伴う子実体の発生誘導に関する生理学的な説明はなされていない．

(3) 障害物

栄養菌糸の生長している方向における培養基の障害物が子実体の発生を誘導する場合がある．これは，障害物による栄養菌糸の生長阻害，気中菌糸の形成促進，障害物との機械的な接触，培養基における限定的な貧栄養部分との遭遇による子実体の発生誘導を示している．特に，アカヒダワカフサタケでは，障害物による栄養菌糸の生長阻害，気中菌糸の形成促進による原基形成が要因と考えられている．

11.1.2　化学的環境

1）培養基の pH

pH は培養基の栄養素とは切り離すことのできない情報であるが，ここでは pH のみ解説する．実験的に，菌類は 4.5 ～ 8.0 などの比較的広い pH 範囲で生長し，5.5 ～ 7.5 のような比較的幅広い最適 pH 範囲を示す．好酸性（acidophilic）および耐酸性（acidtolerant）の菌類に関する情報は主に食品工業分野で蓄積されている．不完全菌の *Acontium velatum* は pH 0.2 でも良好に生長する．しかし，細胞内容物は低 pH にはならず，ATP や核酸を含む細胞構成成分は加水分解されず，正常 pH を維持する基本的能力がある．好塩基性（basophilic）の菌類に関する情報は少ない．

pH は，栄養菌糸が細胞膜を通して栄養素を吸収する際，細胞膜の透過性に影響を及ぼす．すなわち，pH が低いと，陽イオンの透過性が悪くなり，高いと陰イオンの透過性が悪くなる．また，培養基 pH は菌糸の生産する酵素の最適 pH 範囲に影響する．菌糸内では酵素が生産され，この酵素により培養基中の栄養素は分解され，菌糸内へ吸収される．これら酵素類の活性が最適な pH の領域が存在し，最適な領域から逸脱することにより酵素活性は低下し，失活する場合もある．

2）栄養菌糸の生長促進物質

(1) サルファイトパルプ廃液成分

サルファイトパルプ（亜硫酸パルプ）廃液成分から分画された針葉樹由来の LVD と広葉樹由来の LSD が，シイタケ，エノキタケ，タモギタケ，マツタケなどの栄養菌糸の生長に促進効果を示す．

(2) リグニン，リグニン前駆物質

市販リグニン 0.2 ～ 0.5％が，シイタケ栄養菌糸の生長を促し，子実体の発生を誘導する．また，スギとブナから抽出したジオキサンリグニン，リグノスルホン酸，コーヒー酸，フェルラ酸，シナピン酸などの低分子フェノール化合物が，シイタケ栄養菌糸の生長を促進する．

(3) 天然生長促進因子

マツタケ栄養菌糸の生長にマツの根の抽出液が有効であることが知られている．また，マツ林の腐植の熱水抽出物がマツタケの栄養菌糸の生長を促進させる．

3) 子実体の発生誘導物質

(1) 酸性プロテアーゼ阻害剤 S-PI

放線菌の代謝産物から分離された酵素阻害剤 Streptomyces-Pepsin Inhibitor (S-PI, Pepstain AC) が，シイタケ，ヒラタケなどの子実体の形成を促進する．

(2) 子実体形成誘導物質 (FIS)

スエヒロタケやツクリタケの子実体抽出液が，スエヒロタケの子実体の形成を誘導する．この中に含まれる物質はFISと呼ばれ，分子量100～5,000の水溶性で，熱，酸やアルカリによる加水分解に安定である．

(3) AMP

ウシグソヒトヨタケ，シイタケ，マツタケ，ヒラタケ，エノキタケの子実体抽出液中のアデニン3′-リン酸 (3′AMP) とサイクリック AMP (cAMP) が，ウシグソヒトヨタケの子実体の誘導に有効である．

4) 栄養菌糸の生長阻害

食用キノコの菌の培養基の基材として木材を用いることがあるが，木材の水あるいは有機溶媒抽出物は種々の有機物質を含み，これらの中には菌類の生長を阻害するものがある．心材部分に含まれるテルペン，フェノール，フラボノイド，キノン，トロポロンなどには抗菌性が見られる．針葉樹では，ヒバに含まれるツヤプリシン（ヒノキチオール）の抗菌性が高い．マツ類は特に多量の樹脂を分泌するため栄養菌糸の生長を阻害する．スギのフェルギノール，カラマツのタキシフォリン，アカマツのカプリル酸，カプリン酸，チモール，カルバクロール，没食子酸に抗菌性がある．広葉樹では，ナラ，クリ，カシワなどに含まれるタンニンは多量となると菌糸の生長阻害を起こす．ケヤキのフラボノイドも生育に負の影響を与える．

11.1.3 生物的環境

1) 生長を阻害する他の生物

(1) 菌を攻撃する微小生物

食用キノコでは，菌糸体や子実体に寄生する微小生物として，リケッチア，*Pseudomonas agarici*, *P. fluorescens*, *P. tolaasii*, *Erwinia* sp. などの細菌，*Verticillium fungicola*, *Cladobotryum varium* などの変形菌，糸状菌，線虫などが報告されている．一方，培養基に侵入する微小生物として，*Bacillus* sp., *Liseria* sp. などの細菌，*Trichoderma* sp. などの糸状菌が報告されている．

(2) 栄養を競合しあう微生物

食用キノコでは，シイタケと栄養的に競合するほだ木内の菌類として，*Acremonium* spp. *Diatrype stigma* シトネタケなどの子嚢菌，*Steccherinum rhois* アラゲニクハリタケ，*Coriolus hirsutus*, *Trametes coccinea*, *Bulgaria inquinans* ゴムタケ，*Poria versipora*, *Lenzites betulina*, *Trametes versicolor* カワラタケなどの担子菌が知られている．また，キノコ栽培において汚染による栄養菌糸の生長の抑制や停止が起こる．原因細菌としては，*Bacillus* 属菌の存在が示唆されている．

2) 他の生物による生長促進

(1) セレブロシド

スエヒロタケ，*Penicillium funiculosum*，その他接合菌や子嚢菌，不完全菌のほとんどの栄養菌糸のアセトン抽出物中のセレブロシドが，スエヒロタケ子実体の形成を誘導する．セレブロシドとは，セラミドとヘキソースがグルコシド結合したスフィンゴ糖脂質である．セラミドはスフィンゴ脂質の共通構造単位であり，スフィンゴイドのアミノ基に脂肪酸が酸アミド結合している．

(2) 放線菌培養ろ液

グラム陽性細菌の一種 *Streptomyces albulus* などの培養ろ液中から得られた2種類の物質，アントラニル酸とサイクロオクタサルファが，アミスギタケとエノキタケ子実体の形成を誘導する．また，アントラニル酸の関連物質であるP-アミノ安息香酸にも同様の効果が認められる．

(3) その他

菌類を細菌や藻菌と対峙培養することにより，菌類の子実体の形成が促される *Bacillus* sp. との対峙培養により *Psilocybe panaeoliformis* トフンタケモドキや *Coprinus cinereus* ウシグソヒトヨタケの子実体形成が促進され，*Mortierella nana* との対峙培養により *P. panaeoliformis* の子実体の形成が促進された例がある．

担子菌の子実体や細菌の抽出物が，担子菌の子実体の形成を促す．たとえば，*Bacillus* sp. のけん濁液はツクリタケの子実体の形成を促し，*Pleurotus florida* やツクリタケの子実体抽出物は，*P. florida* の子実体の形成を促進する．また，ツクリタケ，シイタケ，エノキタケ，ヒラタケなどの幼子実体の抽出物により，ホウライタケ属の一種の子実体の形成が促進される．

そのほか，アカマツの根から分離した *Mortierella* sp. を含む3種の糸状菌の培養ろ液がマツタケ栄養菌糸の生長を促進した例や，*Mortierella nana* の培養ろ液がシビレタケの生長を促進した例が知られている．
（寺嶋芳江）

＊参考文献

ディーコン JW 著，山口英世・河合康雄 訳（1972）現代真菌学入門（基礎微生物学 7）．培風館，東京

きのこ技術集談会編集委員会 編（1991）きのこの基礎科学と最新技術．農村文化社，東京

中村克哉（1982）キノコの事典．朝倉書店，東京

鈴木　彰（1979）日菌報 20 : 253-265

鈴木　彰（1986）微生物 2 (6): 18-24

寺下隆夫 編（1989）改訂きのこの生化学と利用．応用技術出版，東京

柳田友道（1984）生態（微生物科学 4）．学会出版センター，東京

11.2 栄養素の摂取

菌類は，成長や生命の維持のために有機質および無機質の各種の物質を摂取する．それら菌類に有用な物質である栄養素（nutrient）は，菌体最外層の細胞壁（cell wall）とその内側にある細胞膜（cell membrane, plasma-membrane）を通過して細胞内に取り込まれる．細胞壁は菌体の形態や細胞質の膨圧を維持するための力学的強度の負担や菌体外酵素の保持に貢献しているが，栄養素は大きな障害なく通過する．一方，細胞膜は機能上重要な部分が脂質の二重層でできており，栄養素を選択的に透過させるための各種の機能を備えている．

栄養素（物質輸送の場合は基質と呼ばれることが多い）は，細胞膜内外の濃度差や電位差（より正確には，両者それぞれに由来するエネルギー差の和＝電気化学ポテンシャル）に基づく単純拡散によって細胞膜を通過するほか，細胞膜を貫通するタンパク質で構成されるチャネル（channel）と，同様にタンパク質でできたトランスポーター（transporter，輸送体）により輸送される．チャネルはそこを通るイオンを識別するフィルターと開閉可能なふた（ゲート）をもち，基質の選択性は高くないが大量のイオンを輸送できる．トランスポーター（以下ポーターという）は細胞膜の一方で基質と選択的に結合し，その基質を反対側で解放するもので，電気化学ポテンシャルにしたがった受動的な場合でも，単純拡散に比べて迅速に基質を輸送できることから，この輸送を促進拡散（facilitated diffusion）という．さらに，エネルギーを使って，電気化学ポテンシャルに逆らった輸送も行われる．菌類による栄養素の摂取において重要なのはプロトンポンプで，その実体であるプロトンATPアーゼ（H^+-ATPase）がATPの加水分解で発生するエネルギーを使ってプロトン（H^+）を細胞膜外に排出する一次能動輸送（primary active transport）を行う．これにより細胞内を負

とする電位差が生じ，カチオン（＋電荷をもつ基質）の流入が容易になる．また，細胞膜外の H^+ が膜内に戻ろうとする力を利用して，ポーターを介して電荷をもたない基質を H^+ とともに基質濃度に逆らって輸送する共輸送（symport）と，外部のカチオンの取り込みに合わせて細胞内の別のカチオンを外に排出する対向輸送（antiport）が行われる．これらの輸送はプロトンポンプによる一次能動輸送の結果として起き，基質に関しては濃度差に逆らった輸送であるため，二次能動輸送と呼ばれることがある．

摂取された物質が，細胞内に均一な濃度で分布するとは限らない．細胞内には膜構造をもつ器官が存在し，その膜を通じて細胞質に含まれている基質を器官内に取り込む．特に，液胞では細胞膜とは異なる輸送方法による選択的な取り込みも行われ，特定の基質が細胞質より著しく高い濃度で貯蔵されることがある．

11.2.1 必須元素

栄養素のうち，正常な生命活動のために不可欠なものを必須元素（essential element, bioelement）といい，次項に示すようなものがある．それらの物質は各種の輸送方法により多くは多様なタンパク質を介して取り込まれるが，各項にはその代表的なものだけを示している．また，記載された摂取至適濃度には大きな幅がある．これは，菌類では，動植物と異なり，種ときには系統によってその値が著しく異なることによるものである．

1）炭素源

従属栄養である菌類は同化能力をもたないため，有機質の炭素化合物をエネルギー源として摂取する．摂取された炭素（C）源は細胞骨格の形成や生命維持に必要な各種の物質の合成にも使用される．

グルコースは，植物体の主要成分であるセルロースなどの高分子糖質を構成しているものも含めると，自然界に最も多量に存在する糖質であり，ほとんどの菌類がグルコースをC源としてよく利用する．菌体外に遊離の形で存在するグルコースは，主にグルコース/プロトン共輸送（glucose/proton symport）により細胞内に取り込まれる．摂取されたグルコースは，解糖系やペントースりん酸回路による代謝，エタノールを最終産物とする発酵などによってエネルギー源となり，また，それらの代謝系の中間産物から各種の物質が生合成される（詳細は基礎編 8.1 節参照）．

代表的な菌類によるグルコースその他の糖質の利用を表 11.2.1 に示す．単糖では，グルコース以外にはフルクトース，マンノース，ガラクトースが比較的よく利用される．これらの単糖はグルコース/プロトン共輸送により取り込まれるが，それぞれの糖に特異的な輸送系が存在することもある．

二糖および三糖では，スクロース，マルトース，ラフィノースなどが利用される．これらの糖質は，細胞壁に保持された酵素により加水分解されて単糖の形で摂取される場合と，そのまま分解されずに細胞膜を通過して摂取される場合とがあり，1つの細胞が両方の機能をもつこともある．

でんぷん，ペクチン，イヌリン，グリコーゲンなどの高分子の糖質も多くの菌類に利用される．これら高分子物質は細胞から分泌された菌体外酵素によって低分子化されたのち摂取される．でんぷんの多くは，グルコースが $\alpha 1 \rightarrow 4$ 結合した直鎖のアミロース 20 ～ 25% と，そのグルコース残基 25 個に 1 回程度の割合で $\alpha 1 \rightarrow 6$ 結合による分岐をもつアミロペクチン 75 ～ 80% からできている．でんぷんの直鎖部分をランダムに切断するエンド型酵素である α-アミラーゼは菌類に広く見られ，酵母には $\alpha 1 \rightarrow 6$ 結合を切断できる脱分岐酵素をもつものがある．でんぷんの非還元末端からグルコースを 1～数個単位で切り離す酵素はエキソ型と呼ばれ，そのうちグルコース 1 個ずつを切り出すグルコアミラーゼはコウジカビをはじめとして菌類に広く分布する．この酵素は他のエキソ型アミラーゼと異なり，枝分かれ部分も切断してでんぷんをほぼ完全に分解することができる．

■表11.2.1 菌類による炭素（C）源の利用

C 源	*Allomyces javanicus*	*Blastocladiella pringsheimii*	*Fusarium oxysporum* f. *nicotianae*	*Penicillium digitatum*	*Coprinus* sp.	*Lyophyllum fumosum*[*1]	*Stereum gauspatum*	*Tricholoma bakamatsutake*[*2]
D-グルコース	100	100	100	100	100	100	100	100
L-アラビノース		7	68	95	56	29	43	19
D-フルクトース	0	88	104	108	107	95	104	59
D-ガラクトース	0	7	78	99	76	4	89	33
D-マンノース	109	97	109	108	127	105	104	85
L-ラムノース			39	65		3	41	
D-リボース						22		
L-ソルボース		7	59			2		19
D-キシロース	0	6	135	102	52	49	123	15
マンニトール			41		111	3		59
グリセロール	0	39	48			2	24	48
セロビオース			108	101		40		52
マルトース	103	101	138	21	105	50	160	63
スクロース	0	99	113	92	84	101	158	19
トレハロース						35		100
ラフィノース						33		11
セルロース		6				3		
グリコーゲン						112	112	22
イヌリン					77	32	70	22
ペクチン						98		70
でんぷん[*3]		95	59	2	112	106	160	33
酢酸	0	5						0
くえん酸	0	6		28				
こはく酸	0	9		2				

[*1, 2]：文献1, 2よりグルコースでの生長を100，C源無添加を0として算出，他はJenningsより抜粋.
[*3]：溶性でんぷんを含む.

セルロースはグルコースがβ 1→4 結合した高分子で，セルロース含量の高いワタなどの繊維は，担子菌類と子嚢菌類の一部によりでんぷんの分解機構に類似したエンド型およびエキソ型セルラーゼによって分解，利用される．木材は主にセルロースとヘミセルロース，リグニンからなり，リグニンがセルロースを保護しているため菌類にとって難分解性であるが，主として担子菌類の中にこれをよく分解するものがあり，木材腐朽菌と呼ばれる．木材腐朽菌は褐色腐朽菌（brown-rot fungi）と白色腐朽菌（white-rot fungi）に分けられ，褐色腐朽菌はリグニンに多少の化学的変化を与えるもののリグニンを低分子化することなくセルロースとヘミセルロースを分解する．白色腐朽菌は，セルロースとヘミセルロースに加え，リグニンをほぼ同時かやや先行して分解し，セルロースとヘミセルロースを利用する．分解されたリグニンは菌類の細胞の構成成分として用いられることがあるが，エネルギー源にはならないとされている．

糖質以外の炭素化合物がＣ源として利用されることもある．有機酸は多くの菌類のＣ源となる．メタノールは一部の酵母や *Penicillium* などの糸状菌に摂取され，CO_2 まで代謝されてエネルギー源となり，また，キシルロースを経由して同化される．炭素数が 8 ～ 20 の炭化水素も一部の酵母や糸状菌に摂取され，酸化されてそれぞれの脂肪酸になって代謝される．

2）窒素源

窒素（N）はアミノ酸や核酸，キチンなどの合成に不可欠である．菌類はさまざまな物質をＮ源とするが，その資化性により以下のように分類されることがある．

①有機態のＮだけを利用する．無機態のＮは利用できない．

②有機態のＮとアンモニア態（NH_4^+）のＮを利用する．硝酸態（NO_3^-）Ｎは利用できない．

③ NO_3^- を含むすべての形のＮ源を利用する．

①に属する菌類は少数で，その培養のためにはグルタミン酸などのアミノ酸が必須となる．

②と③の違いは，②が NO_3^- を還元する酵素である硝酸リダクターゼや亜硝酸リダクターゼをもたないか活性がきわめて低いことによる．

真菌類では，③に属するものでも空中窒素は利用できない．

①から③の区分と分類学上の位置とは一致せず，１つの属の中に②と③の種が混在する例も多い．NO_3^- は利用できないが亜硝酸（NO_2^-）は利用できる菌類がわずかながら存在する．

NO_3^- の輸送に関する報告は少なく，多くの菌類では還元酵素による細胞内の濃度低下に基づく単純拡散と推定されている．カンディダでは，NO_3^-/H^+（1：2）の共輸送と K^+ との対向輸送の複合によるとする説がある．NH_4^+ の輸送は，遺伝子のクローニングされたポーターもあるが，主には単純拡散とされる．

尿素もＮ源となる．*Saccharomyces cerevisiae* による尿素の摂取は，低濃度ではグルコースの共存下での能動輸送，0.5 mM 以上ではポーターによる促進拡散であることが知られている．アミノ酸は，ほぼすべてのアミノ酸それぞれに対応したアミノ酸と H^+（1：2）の共輸送によって摂取されるほか，化学的性質の近いアミノ酸のグループごとに特異的なポーターによる能動輸送も行われる．アミノ酸輸送システムは多種存在するが，好んで利用されるＮ源は NH_4^+，グルタミン，グルタミン酸であり，これらのＮ源がなくなった後にほかのアミノ酸が摂取される．摂取されたアミノ酸は分解されてＮ源およびＣ源として使われるほか，アミノ基転移酵素などの働きにより別のアミノ酸になってタンパク質に組み込まれる（詳細は 8.2 節参照）．

ペプチドはアミノ酸がペプチド結合したもので，各種のペプチダーゼによって分解されたのち摂取されるが，多くの菌類ではアミノ酸残基が 3 個，*Neurospora crassa* ではアミノ酸残基が最大 5 個までのオリゴペプチドは分解されずにそのまま摂取される可能性が示唆されている．一部の担子菌類は,分解,摂取したポリペプチド（タンパク質）を唯一のC，NおよびS源として生育できる．

3) 無機イオン

菌類の必須元素で無機イオンの形で摂取されるものに，P，K，Mg，N，S，Ca，Fe，Cu，Mn，Zn，Moなどがあり，摂取至適濃度が 10^{-3}M 前後の元素を多量栄養元素（macronutrient），10^{-6}M 程度の元素を微量栄養元素（micronutrient）というが（表11.2.2），区分は便宜的で，菌株やその培養条件によっては至適濃度が中間的な値となることもある．

Pは，核酸関連物質やりん脂質，ATPなどのエネルギー物質の構成要素として重要な多量栄養元素の1つである．Pの輸送システムは菌類の種により異なり，$H_2PO_4^-$ と OH^- との交換輸送や，K^+ の排出を伴う $H_2PO_4^-$ と H^+（1：3）の共輸送が知られている．このとき，細胞膜外にグルコースなどの代謝の容易な物質が共存する必要がある．取り込まれた $H_2PO_4^-$ はすぐにポリりん酸に変わったり液胞に取り込まれたりするので，細胞内の濃度が上がらず $H_2PO_4^-$ の輸送が継続する．自然界で遊離イオンとして存在するPはきわめて少なく，粘土などの鉱物質に吸着するか，CaやAl，Feと不溶性の塩をつくっている．*Aspergillus* や *Fusarium* などの子嚢菌は不溶性のカルシウム塩を可溶化することが知られている．植物と共生する菌根菌（mycorrhizal fungi）は，菌体外酵素を用いてNを含む有機物を分解，摂取し，その能力をもたない植物に提供するとともに，分泌した有機酸でりん酸化合物を可溶化して取り込み，それを植物に与えることにより植物の成長を助けていると考えられている．

表11.2.2 菌類の無機必須元素*

元　素	利用可能な形態（塩の例）	至適濃度（M）
多量栄養元素		
カリウム	KCl, K_2HPO_4	10^{-3}
りん	KH_2PO_4	10^{-3}
マグネシウム	$MgCl_2$	10^{-3}
窒素	NaNO, NH_4Cl	10^{-3}
硫黄	K_2SO_4	10^{-4}
カルシウム	$CaCl_2$	10^{-4}〜10^{-3}
微量栄養元素		
鉄	FeCl, Fe-citrate	10^{-6}
銅	$CuSO_4$	10^{-7}〜10^{-6}
マンガン	$MnCl_2$	10^{-7}
亜鉛	$ZnCl_2$	10^{-8}
モリブデン	Na_2MoO_4	10^{-9}

*Griffin[2] より抜粋

Pと同じくアニオンの形で摂取される必須元素にSがあり,取り込まれた SO_4^{2-} は硫化水素（H_2S）に還元されてからシステイン，メチオニンなどの含硫アミノ酸の合成などに使用される．Sの輸送もポーターを介した能動輸送で，MoO_4^{2-} も同じポーターで輸送される．

Kは細胞質の浸透圧やイオンバランスの維持，他の物質の輸送に不可欠で，濃度差に逆らって取り込まれ，細胞の内と外の濃度比は5,000：1に達することがある．Kの代表的な摂取方法は，K^+ の取り込みに対し H^+ または細胞内に Na^+ が存在するときは Na^+ が1：1で共役的に排出される輸送である．この輸送にはグルコースなどのエネルギーを発生する物質の共存を必要とする．Naは存在すれば利用されるが，海生菌以外の菌類には必須ではない．

Mgは，酵素の活性化などに必要である．Caは，かつては菌類の必須元素ではないとされていたが，現在では，多くの菌類における酵素の活性化や物質輸送にかかわっていると考えられている．Mnは酵素の活性化に必要である．これらの2価イオンもチャネルやポーターを介して取り込まれ，その輸送にはグルコースの共存に加え，りん酸の共役的な取り込みを必要とするものがある．

Feは，タンパク質だけの状態では活性を示さないアポ酵素の補因子として重要である．Feの摂取は他のイオンと異なり，菌類はFe欠乏になるとシデロフォア（siderophore）というキレーターを菌体外に分泌し，シデロフォアと Fe^{3+} とのキレート化合物がFeの濃度差に逆らって取り込まれる．

■表11.2.3 菌類によるビタミン要求*

物質名	至適濃度(M)	機能(関与する酵素)
チアミン (B_1)	10^{-9}～10^{-6}	コカルボオキシラーゼ
ビオチン (B_7)	10^{-10}～10^{-8}	カルボキシ基転移
ピリドキシン (B_6)	10^{-9}～10^{-7}	アミノ基転移
リボフラビン (B_2)	10^{-7}～10^{-5}	脱水素酵素
ニコチン酸 (B_3)	10^{-8}～10^{-7}	脱水素酵素
p-アミノ安息香酸	10^{-8}～10^{-6}	C_1転移
パントテン酸 (B_5)	10^{-7}	C_2転移
シアノコバラミン (B_{12})	10^{-12}～10^{-6}	メチル基転移
イノシトール	10^{-6}～10^{-5}	細胞膜形成

*Griffinより抜粋

4）ビタミン類

菌類に必須のビタミンはほぼすべてがビタミンB複合体に含まれ，多くが補酵素として働く（表11.2.3）．表に示されたビタミンすべてがそろって必要ではなく，その中の1つだけが必須であることも多い．チアミンあるいはビオチンはかなりの菌類に必須である．ビタミン類の摂取方法はあまり明らかでないが，チアミンはH^+の濃度差に従って輸送されることが知られている．摂取至適濃度は10^{-12}～10^{-5}Mで，ビタミンの種類と菌株により大きく異なる．培養実験をもとにビタミンなどの生体内で合成される可能性のある微量要素が必須か否かを決めるのには困難を伴う．調査対象の微量要素が細胞内でつくられているにもかかわらず，それが培地中に流出して細胞内で必要な濃度に達しないような場合に，その要素の添加は必須と判断されてしまうことなどが原因とされている．

5）その他

以上の元素のほかに，無機元素では，Cr，Co，Niなどが必須とされることがある．有機物では，ビタミン類よりやや高い濃度のイノシトールが比較的多くの菌類に要求され，摂取されたイノシトールはりん脂質になって細胞膜の形成などに利用される．

11.2.2 培地組成

菌類を培養するための培地には，前項に示した必須元素が過不足のない濃度で含まれていなければならない．各種の菌類に適した具体的な培地組成は多くの実験書や菌学辞典，菌株保存機関のリストなどに記載されている．しかし，培養しようとする種に使用できるとされている組成でも，菌株によって要求する成分や濃度の異なることがあり，培養に先立って使用する菌株に適した組成に変更することは不可欠の作業である．特に，いずれかの栄養素を欠乏させて代謝物の生産や生殖成長への移行，子実体形成などを調べるような実験において，検討対象外の成分まで不足するようなことがあると，結果を正しく評価することができない．また，新しい物質の添加効果を調べる実験では，新規物質が添加される基本培地は使用する菌株にとってその時点で考えうる最適の組成でなければならない．

培地組成を決定する際，必須ではなくても加えれば生長を促進する物質も検討に値する．また，たとえばアミノ酸のように，複数の栄養素を同時に加えると，それぞれを単独で加えたときの効果を合わせたものよりも高い促進効果が得られることがある．一方，MnとZnのように，2つの成分を同時に加える場合に，いずれか片方の濃度を個々に決定された最適値より下げた方がよい組合せもある．

培地を作製中に沈殿を生じることがあり，このときは成分の溶かす順序を変えると回避できる場合がある．それでも沈殿するときは，使用する塩を変更する．よく使用される塩類の中で，特にFeは沈殿を生じやすい元素で，これの沈殿を防ぐにはキレーターが有効である．EDTAはよく知られたキレーターであるが，菌類によっては使用できない．クエン酸は阻害の少ないFe^{3+}のキレーターとして有用であるが，高濃度のFeの添加にはさらに別のキレーターの検討が必要になる．

栄養成分以外にpHの調整も重要である．pH

を変化させる作用のある物質を加えても，それほどpHが変化しない溶液を緩衝液という．培地にこのような緩衝能がないと，作製時のpHは適正でも，滅菌やわずかな代謝物の排出でpHが大きく変わってしまう．有機酸やりん酸などの弱酸の一部を強アルカリで中和したものやアミノ酸などの両性電解質は緩衝能をもち，その作用は濃度を上げると強くなる．それぞれの物質が最もよく緩衝作用を発揮するpH領域があり，pKa値として示されている．これらを考慮して培地組成を決定する．栄養成分の選択だけでは緩衝能が不足するときは，専用の両性電解質を追加する．ただし，培養中の培地のpH変化が菌類の生長やステージの移行に必要なことがあり，緩衝作用が強すぎるのが好ましくない場合もある．（太田　明）

＊引用文献

1）吉田　博ほか（1994）日菌報 35 : 89-96
2）Terashima Y（1999）Mycoscience 40 : 51-56

＊参考文献

Jennings DH（1995）The physiology of fungal nutrition. Cambridge Univ. Press, Cambridge
Griffin DH（1981）Fungal physiology. John Wiley, New York

11.3 水分，栄養素の動態

11.3.1 菌体による固体基質表面への接着と固体基質分解による栄養素の供給

1）植物感染糸状菌の固体高分子分解能から発展した日本独自の固体発酵

糸状菌は，天然に多種存在し，優れた固体高分子分解能により陸圏の物質循環に重要な役割を果たしている．糸状菌には，被害をもたらす動・植物感染菌や醸造・発酵に用いられる産業菌が存在する．日本において千年以上にわたり醸造に用いられてきた麹菌（*Aspergillus oryzae*）は，穀類固形物（米・麦・大豆）を基質として培養され，固形物の分解に適している[1)]．その形質は祖先の植物病原菌に由来すると考えられており，病原菌においても，発酵・醸造菌においても生物固体表面に接着し，表面の保護層を分解して下層細胞に侵入する[2)]．

2）糸状菌の疎水固体表面での生育と感染

植物表面には，不飽和脂肪酸であるクチン（cutin）や脂肪酸エステルのワックス（蝋 wax）が蓄積した疎水的なクチクラ層（cuticular layer）が存在する．クチクラ層は，植物体の乾燥を防ぐと同時に，外界からの植物体への種々のストレスを防いでいる．植物感染糸状菌は，植物表面のワックス層に吸着した後に，そのワックスエステル層を分解して下層組織に侵襲する．植物病原糸状菌は，植物の表面などの疎水性固体表面で生育する際には，両親媒性タンパク質のハイドロフォビンに被覆された気中菌糸でワックス層に吸着する（図 11.3.1）．気中菌糸表面のハイドロフォビンは，疎水的部分を外側に向けた状態にあり，通常は疎水的な空気と接するが，ハイドロフォビンの疎水部分と疎水的な植物側ワックスとの間でも強固な疎水的相互作用を行うことで，菌糸を植物体に吸着させる．ハイドロフォビンは糸状菌に見いださ

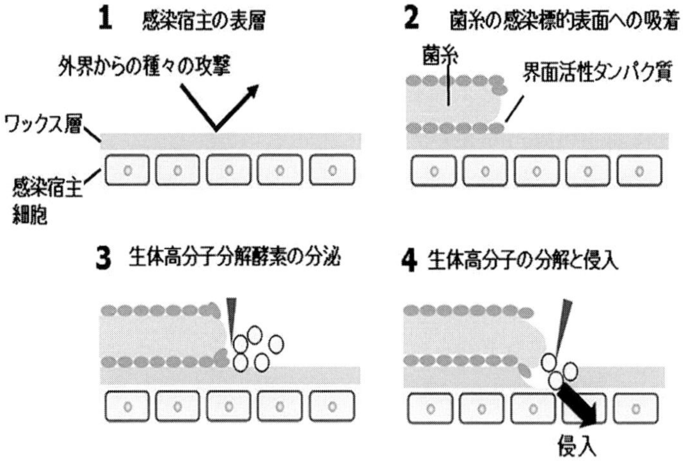

■図 11.3.1 糸状菌感染時の宿主表面への侵入

れる，システイン 8 個を含む分子量 2 万以下の両親媒性タンパク質で，本来，菌糸の乾燥防御，外界ストレスからの菌糸の保護，毛細管現象に打ち勝って気中菌糸を親水面から気中に形成する働きなどをもつとされる．これらの性質は，その界面活性に由来するとされる．ハイドロフォビンは，植物感染菌において，感染因子の 1 つと考えられている（ハイドロフォビンに関する詳細は 13.5.7 項を参照）．動物個体においても，表層を疎水的なセラミド等の脂質成分が被覆しており，鳥類の羽毛や皮膚角質のケラチンなども，タンパク質が水素結合で編まれた繊維状態を形成し，疎水化している．多糖から構成される細胞壁も，糖の水酸基が糖鎖間の水素結合に使われると，糖鎖の糖の環状部分は疎水的な性質を示す．以上，生物外表を被覆する生体高分子は，疎水的性質で，細胞組織の乾燥保護や外界ストレスを防ぐ機能を発揮することが一般的であり，糸状菌の感染時にはこれら保護外層に吸着・分解後に下層に侵入する必要がある．最近，ハイドロフォビンを代表とする界面活性タンパク質には，糸状菌細胞表層と宿主疎水外表との吸着能とは異なる新機能が見いだされた．すなわち，分泌された界面活性タンパク質が，疎水固体高分子表面に結合した後に高分子分解酵素を結合して固体表面に濃縮して，高分子の分解を促進する新機能が見いだされてきた（図 11.3.2）．以下にその新機能について解説する．

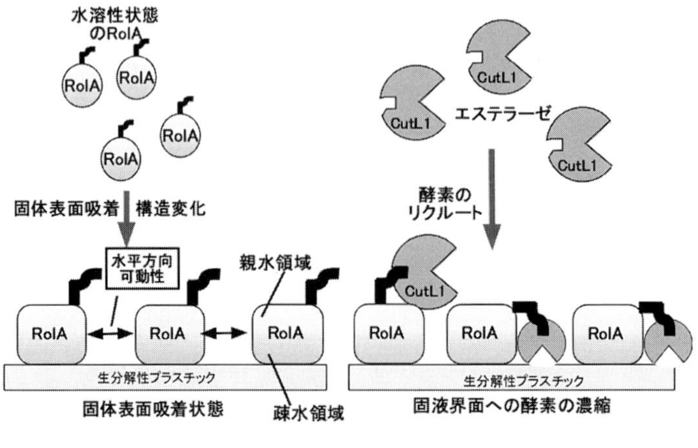

■図 11.3.2 界面活性タンパク質による生分解性プラスチック表面への分解酵素のリクルート

3) 界面活性タンパク質による高分子分解酵素の固体表面への濃縮と分解促進

ハイドロフォビンなどの分子量２万以下の界面活性タンパク質は，それ自身に高分子分解能などの酵素活性をもたないことから，活性を指標とする探索では見いだすことはできない．近年多くの糸状菌のゲノム解析が行われ[3]，トランスクリプトーム解析，プロテオーム解析手法が利用できるようになったことから，これらの手法が探索に適用された．生分解性プラスチックの１つであるポリブチレンコハク酸・アジピン酸（PBSA）は，その構造が植物ワックスと類似した脂肪族ポリエステルである[4]．PBSA を唯一の炭素源として，産業用の糸状菌である麹菌の培養を行って，DNA マイクロアレイによる転写解析と培養液中に分泌されるタンパク質の解析を行ったところ，界面活性タンパク質群（ハイドロフォビン RolA，新規界面活性タンパク質 HsbA）遺伝子およびワックス分解ポリエステラーゼのクチナーゼ CutL1 の遺伝子が高発現し，培地中にそれらタンパク質が分泌されていることが確認された[5-7]．麹菌にはクチナーゼ遺伝子が４種類存在するが，植物感染菌では 10 種類以上遺伝子が存在し，感染因子とされる[7]．麹菌にハイドロフォビン RolA とクチナーゼ CutL1 を共発現させた株を用いて PBSA を分解させると，おのおのを単独発現させた場合よりも，PBSA の分解率が高かった[4, 6]．RolA タンパク質およびクチナーゼ CutL1 を精製して，ポリエステル分解酵素である CutL1 が PBSA を分解する際の RolA の効果を調べると，RolA を PBSA に吸着させておいた後で，CutL1 を添加すると CutL1 単独で PBSA を分解させたときよりも，PBSA 分解が促進された．さらに分子間相互作用解析装置 QCM（quartz crystal microbalance）を用いて RolA と CutL1 の分子間相互作用を解析すると，検出電極の疎水面に固定化された RolA に対する CutL1 の強い特異的吸着が観察され，逆に CutL1 を検出電極に固定化した際には，RolA との相互作用は観察されなかった（図 11.3.3）．この結果は，疎水固体表面に RolA が結合して構造変化を起こし，その後に CutL1 が結合することを示している[6]．水溶性状態の RolA のままでは CutL1 と相互作用しないことが，免疫沈降実験で示されている[6]．

RolA の固相表面での酵素リクルート能が見い

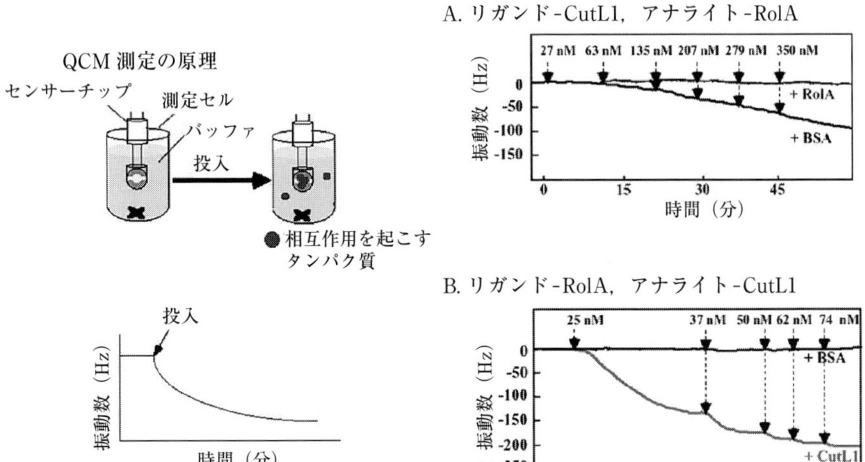

■図 11.3.3　QCM を用いた，界面活性タンパク質 RolA とエステラーゼの相互作用解析
A：センサー表面にクチナーゼ CutL1（リガンド）を固定し，RolA（アナライト）を溶液中に投入すると相互作用は示さないが，B：センサー表面に RolA（リガンド）を固定して，溶液中に CutL1（アナライト）を投入すると相互作用を示す応答が得られる．BSA は negative control である．

だされたことから，他にも固液界面で酵素をリクルートするタンパク質が探索された．麹菌のPBSA培養液からハイドロフォビンRolAとは異なる分子量14.5 kDaの新規界面活性タンパク質HsbAを見いだした．HsbAは，NaClまたはCaCl2の存在下でPBSAに吸着し，PBSA吸着状態でクチナーゼCutL1をリクルートしてPBSA分解を促進する[7]．QCMセンサーに固定化されたHsbAがCutL1と特異的に相互作用することも確認された．HsbAは，昆虫感染菌の*Metarhizium anisopliae*が昆虫感染時に発現するESTにコードされる機能未知の推定タンパク質4 MeS（NCBI accession number EAA58613）に相同性を示したことから，4 MeSも昆虫疎水表面でワックスエステル分解を促進して感染侵入に関与するタンパク質であると推定される．

HsbAは，ハイドロフォビンに特徴的な8個のシステインを含まず，まったく新規の界面活性タンパク質である．HsbAホモログは，*Aspergillus*属菌で広範に分布している．ハイドロフォビンRolAおよびHsbAが示す界面活性に加え，固液界面での高分子分解酵素リクルート能は，糸状菌が天然において複数の界面活性タンパク質を用いて酵素をリクルートして固体高分子分解を促進し，分解産物である低分子栄養素を効率よく得るのに寄与すると考えられる．本機構は陸圏での生体高分子分解とその物質循環に大きく寄与することから，糸状菌の物質循環での重要性を示すものである　　　　　　　　　　　**（阿部敬悦・高橋　徹）**

＊引用文献

1) Abe K, Gomi K（2007）The Aspergilli : Genomics, medical applications, biotechnology, and research methods（Gustavo H, Stephen A, eds.）. CRC Press, Boca Raton, pp428-438
2) Abe K, et al.（2009）Novel industrial applications of aspergillus oryzae genomics. Aspergillus : Molecular biology and genomics. Caister Academic Press, New York, pp199-227
3) Machida M, et al.（2005）Nature 438 : 1157-1161
4) 阿部敬悦・五味勝也（2005）グリーンプラジャーナル 19 : 16-22
5) Maeda H, et al.（2005）Appl Micobiol Biotech 67 : 778-788
6) Takahashi T, et al.（2005）Mol Microbiol 57 : 1780-1798
7) Ohtaki S, et al.（2006）Appl Environ Microbiol 72 : 2407-2413

＊参考文献

阿部敬悦・五味勝也（2005）グリーンプラジャーナル 19 : 16-22

Abe K, Gomi K（2007）The aspergilli : Genomics, medical applications, biotechnology, and research methods（Gustavo H, Stephen A, eds.）. CRC Press, Boca Raton, pp. 428-438

Abe K, et al.（2009）Novel industrial applications of aspergillus oryzae Genomics. Aspergillus : Molecular biology and genomics. Caister Academic Press, New York, pp199-227

11.3.2 菌体による微量元素の吸収と体内動態

菌類にある種の微量元素（特に重金属元素）を蓄積する能力があることは古くから知られている．この重金属の濃縮には，元素特異性に加え，菌種と土壌（培地）の性質の両者がかかわっている．ここでは，菌体中の微量元素濃度について概観し，重金属元素の蓄積機構について近年の知見をまとめる．

1）菌体における微量元素濃度

菌体への元素の吸収特性を知るために広く行われるのが，野外で採取した子実体の元素分析である．これは試料が比較的容易に入手可能であるため，多くの種類の菌類をサーベイするために有効である．古くから研究されてきたのは毒性／汚染物質として環境や食品中での濃度が注目されてきた重金属元素である．これまでCd（カドミウム），Zn（亜鉛），Cu（銅），Pb（鉛），Hg（水銀）などについて多くの情報が得られてきた．その後，元素分析技術の進歩とともに，分析可能な元素の数は増え微量元素に関する知見も蓄積した．たとえばTyler[1]は1980年に南スウェーデンで採取した130種，200個体の子実体について16元素の分析結果を発表しているが，Falandysz ら[2]が2001年に発表したポーランドの子実体の分析結果では，分析対象元素が38となっている．これは，誘導結合プラズマ質量分析法（inductively coupled plasma-mass spectrometry，ICP-MS）などの進歩によるところが大きい．

複数の種にまたがる子実体の元素濃度の頻度分布は，その元素の必須性に強く左右される．一般に，必須元素の多くは濃度範囲の狭い正規分布をし，必須でない元素は，より幅の広い分布を示す．これは，生体中の必須元素の濃度がホメオスタシスによって保持されるのに対し，それ以外では，環境中の濃度や種による特異性によって，濃度が大きくばらつくためである．たとえば，子実体に高濃度で含まれるK（カリウム）（Tylerによる中央値：32,000 mg/kg（乾））は種間の濃度差は少なく，Kを特異的に濃縮する種も知られていない．これに対してCd等は濃度のばらつきが大きく，特定の種による特異的な濃縮が知られている．

Cdは多くの種で低濃度である（Tylerによる中央値：1.4 mg/kg（乾））一方，ハラタケ属（*Agaricus* spp.）の多くでは100～300 mg/kg（乾）の値が報告されている．このほか，ベニテングタケ（*Amanita muscaria*），*Lacrymaria velutina*，*Clavaria flava* などで高濃度のCdが報告されている．

Hgも特定の種に高濃度に集積することが知られている．平均的な濃度は1～2 mg/kg（乾）程度であるが，ユキワリ（*Calocybe gambosa*），ムラサキシメジ（*Lepista nuda*），ハラタケ属（*Agaricus* spp.），ヤマドリタケ属（*Boletus* spp.），ホコリタケ属（*Lycoperdon* spp.）等で高濃度（1～20 mg/kg（乾））が報告されている．

このほか，環境中で特異的な濃縮種が報告されている元素は，Mn（マンガン），Cu，V（バナジウム），Se（セレン），As（ヒ素），Sb（アンチモン）などである．Vがベニテングタケ（*Amanita muscaria*）に蓄積されることはよく知られており，Vを含む分子量415のAmavadinという化合物が特定されている．

1986年に起きたチェルノブイリ原子力発電所の事故では，環境中に放出された放射性Cs（セシウム）が菌類の子実体中に蓄積する例が多数報告された．また，2011年3月の福島第1原子力発電所事故後は，野生キノコや一部の栽培キノコに食品の基準値を超える放射性Csが見つかり，出荷制限や採取の自粛が行われている．これは，多くの菌類がアルカリ元素のうちRb（ルビジウム）とCsを特異的に吸収・蓄積することに起因している．これに関しては人間社会編4.2節で詳しく述べる．

重金属の濃縮には，菌種とともに土壌の性質がかかわっている．たとえば，土壌pHの低下は菌糸中のZn，Cd，Hg濃度を増加させる．菌糸の密度と深さも影響する．したがって，土壌中の金属濃度と菌体中の金属濃度は必ずしも比例しない．子実体中の重金属濃度を用いて環境汚染をモニタリングする試みはあるが，汚染の有無を判断することはできても汚染を定量的に評価することは困難である．

室内（*in vitro*）実験によって重金属の吸収能力と種差を明らかにすることも行われている．チチアワタケ（*Suillus granulatus*）と *Lactarius deliciosus* の菌糸はCuを高濃度に集積する．また，ヒダハタケ（*Paxillus involutus*）はZnを蓄積し，外部菌糸体は菌套に比べると4倍ほどの高濃度を示す．アミタケ（*Suillus bovinus*）へのZnとCdの吸収は培地中濃度が高いほど大きくなるが，吸収効率は濃度の上昇とともに低下する．同じ実験で，金属耐性株のほうがZnとCdの吸収が少ないことも明らかとなっている．吸収機構には，金属特異性がある低濃度の環境で働く機構と，金属特異性がない高濃度の環境で働く機構の2つがありこのことが吸収特性の理解を困難にしている．

菌類と他の生物との共生系における微量元素の挙動も研究されている．地衣類はPb，Cu等の重金属元素，および放射性核種をはじめとする環境汚染物質を蓄積することが知られている．菌根における微量元素の挙動は複雑であるが，菌根菌は周辺環境の金属をより吸収しやすい化学形態に変化させ，その結果，菌体内やホスト植物中の金属濃度が増加することが報告されている．菌根菌によるリン酸塩の溶解は最も重要な作用の1つである．

分析機器による元素の検出限界が低くなるにつれ，試料の採取や前処理における汚染を考慮する重要性が高まっている．たとえば，子実体は地面近くに生育するために表面に土壌が付着している場合が多く，その除去は容易ではない．土壌中には非常に高濃度の元素が含まれており，ごくわずかの土壌の混入で分析結果が大きく変化する場合がある．土壌に比べて菌体中の濃度が低い元素の場合は特に注意が必要である．Al(アルミニウム)，Fe（鉄），希土類元素，U（ウラン）などがこれに当たる．

2）菌体内での分布

子実体内での重金属元素は，多くの場合，

ひだ＞傘＞茎

の順に高い．

栄養菌糸内での金属の分布と結合部位に関する研究は，近年，利用できる手法の発達とともに増えている．細根の菌糸部分および外部菌糸体への金属の集積が明らかになっており，菌鞘は菌根の主たる金属蓄積部であることが，ブナの菌根におけるZn，オークの菌根におけるNi（ニッケル）とFe, *Rhizopogon roseolus* におけるCdとAlなどで示されている．また，ヒダハタケ（*Paxillus involutus*）の菌糸外の粘液性多糖類がZnを蓄積しているとの報告もある．

ブナの菌根における菌套の細胞質はZnを濃縮し，菌套中の分布から生理学的な分別が示唆されている．CdとAlが宿主の死んだ皮層細胞のフェノール物質に蓄積しているとの報告もある．

3）結合と集積のメカニズム（化学形態）

菌類による金属の結合と集積の作用は，菌体（細胞壁，色素および細胞外の多糖）への吸着，菌体内輸送と細胞内集積，および細胞外沈殿で説明される．

外生菌根菌の菌体における重金属の結合は，システイン含有タンパク質であるメタロチオネインで説明されることが多い．重金属のメタロチオネインあるいはメタロチオネイン様タンパク質との結合は，*Rhizopogon roseolus* におけるCdとAl, *Glomus* spp. におけるCd，キツネタケ（*Laccaria laccata*）とヒダハタケ（*Paxillus involutus*）の子実体におけるCuなどで報告されている．金属耐性のコツブタケ（*Pisolithus tinctorius*）においては，タンパク結合型の二硫化物とメタルチオラートのクラスターが形成されていることも報告されている．一方で，重金属に曝しても菌体内にメタロチオネインが生成しない例も報告されており，重金属の結合がメタロチオネインによって画一的に説明できるわけではない．キツネタケ（*Laccaria laccata*）においてCdはグルタチオンと結合していることが報告されており，これは金属の解毒に関与している．

細胞壁上あるいは細胞内での沈殿と結晶化作用は，二次鉱物の生成につながり，菌類による風化作用とともに生物地球化学的観点から多くの研究がなされている．これらの作用は，菌の代謝に関連している場合とそうでない場合がある．微量元素の挙動を考えるうえで重要なのが金属シュウ酸塩の生成であり，Ca（カルシウム），Cd，Co（コバルト），Cu，Mn，Sr（ストロンチウム），Zn，Ni，Pbなどについて報告されている．シュウ酸Caは多くの種類の菌によって生成される一般的な物質であり，環境中でのCaやリン酸塩の挙動に関与している．有害金属元素のシュウ酸塩の生成は，菌による有害金属の解毒作用とそれに伴う耐性に強くかかわっている．また，細胞の内外に存在する還元状態の金属あるいはメタロイド（元素状のAg（銀），Se，Te（テルル）など）を沈殿させる菌が報告されている一方，FeやMnを酸化物として沈殿させる菌も知られている．

化学形態の同定には最新の分析手法が活用されている．エネルギー分散X線分光法（energy dispersive X-ray spectrometry：EDX）とキャピラリー電気泳動（capillary electrophoresis：CE）

の組合せや，放射光を使ったX線吸収分光法（X-ray absorption spectroscopy：XAS）等の有効性が示されている．

一方で，菌体は脆く，試料の前処理や解析そのものによって，菌体内での金属の濃度変化や再分布および化学形態の変化が起こる可能性があり，十分注意が必要である．

4）有害元素に対するバイオレメディエーション

土壌中の有害元素対策に菌類を用いることが有効である．しかし，菌類がもつ金属元素の集積能力を直接利用する事例は少なく，菌類によって土壌中の金属元素を植物に吸収されにくい化学形態に変化させたり，汚染除去のための金属集積植物に菌根菌を共生させることにより植物の生長や金属の吸収を促進させる等の試みが一般的である．

（吉田　聡）

＊引用文献

1）Tyler G（1980）Trans Br Mycol Soc 74：41-49

2）Falandysz J, et al.（2001）Food Additiv Contaminat 18：503-513

＊参考文献

Gadd GM（2001）Fungi in bioremediation. Cambridge Univ. Press, New York

Gadd GM（2006）Fungi in biogeochemical cycles. Cambridge Univ. Press, New York

Gadd GM, et al.（2007）Fungi in the environment. Cambridge Univ. Press, New York

Gobran GR, et al.（2000）Trace elements in the Rhizosphere. CRC Press, Boca Raton

11.3.3 菌糸内，菌糸束内での移動

菌類の菌糸内への外界からの栄養素の吸収については，遺伝学的，生化学的な情報が豊富であることから，*Saccharomyces cerevisiae* 出芽酵母と *Neurospora crassa* アカパンカビについて特に詳しく調べられている．しかし，菌糸内や菌糸束（mycrlial cord）内における水分とそれに溶解している栄養素の移動については，海外においてはある程度調べられているが，日本における研究例は少ない．

1）菌糸内での移動

（1）栄養菌糸と気中菌糸

栄養菌糸は生育している先端部分付近で活発に栄養吸収を行う．気中菌糸は栄養吸収を行う能力をもたず栄養菌糸からの転流に依存している．しかし，栄養菌糸と気中菌糸は相互に入れ替わることができ，気中菌糸は時間がたつと栄養菌糸のように栄養吸収が可能となる．栄養素の転流が容易に起こる転流菌（translocator）として *Selerotium* 属，*Rhizopus* 属，*Rhizoctonia* 属などが，転流が容易には起こらない非転流菌（non-translocator）として *Penicillium* 属，*Aspergillus* 属，*Saprolegnia* 属などが知られている．

（2）菌糸内での移動方式

菌糸内における栄養素を含んだ溶液の移動には，次の3方式がある．

a. 拡散：菌糸内での溶液の濃度勾配に基づき，移動エネルギーを生じる．また，帯電している場合には電位勾配のエネルギーが生じ，溶液は菌糸内を移動する．

b. 収縮：菌糸の収縮により，溶液は一丸となって菌糸内を移動する．これは，菌糸内を核が移動して二核菌糸となる現象に類似している．

c. 圧力：水が菌糸内へ吸引される正の圧力，あるいは菌糸外へ蒸散される負の圧力の勾配によって圧力差を生じ，溶液は菌糸内を移動する．

（3）溶液の移動による栄養素の移動

菌糸内での溶液の移動による栄養素の転流に関する研究は，主に培養菌糸を対象とし，シャーレ内の寒天培地上に栄養菌糸を培養して試験されてきた．しかし，この方法によるデータ収集のみでは，野外での実際の現象をとらえることは困難である．野外での現象を再現していると考えられる数例の実験によると次のとおりである．

a）生長している菌糸の先端へ向けて，基部に位置するすべての菌糸から強い原形質流動

が見られる．しかし，古い菌糸の中では転流は特定の菌糸に限られている．これらの菌糸は転流に関する機能が分化しているといえる．

b) 菌糸の先端に水の小滴が形成される．水の小滴を形成している菌糸先端が生長して小滴から遠く離れると，小滴は増大しなくなる．このように，小滴は水分の分泌によって形成され，先端部分の流体力学的な力は基部に位置する菌糸よりも大きい．

c) 非選択的に起こる移動がある．ルビジウム ^{86}Rb と 3-*O*-メチルグルコース ^{14}C などの放射性同位元素でラベルし，その軌跡を調べると，移動は単なる水溶液の流れとして非選択的に起こることがわかる．

d) 転流速度は菌糸体先端の生長速度よりも非常に速い．

e) 放射性同位元素 ^{86}Rb の菌糸体内での移動は，高等植物の師部組織における動きと類似している．

(4) 子実体内での移動

子実体表面からの水分の蒸散は子実体組織での溶液の移動を増大させる．*Polyporus brumalis* 子実体においてカリウムの転流が，また，*Lentinus tigrinus* 子実体において ^{32}P の移動が知られている．水は子実体から容易に蒸発し，子実体への溶液の流れ込みが増加する．たとえば，*Coprinus cinereus* ウシグソヒトヨタケの子実体が発達するとき，柄において 7×10^{-2} MPa の圧力を生じる．

2) 生態系における菌糸束内での栄養素の転流

(1) 菌糸束とは

菌類は，栄養素の転流が起こりやすいか否かによって，上述のように転流菌と非転流菌に分けられる．転流菌は菌糸の古い部分から栄養素を運び出すことによって非栄養性培地上においてある程度生長でき，生態的に有利である．多くの菌類では正常な栄養菌糸内で起こるが，一部は cord-forming fungi と呼ばれ，菌糸束という特殊な転流構造体をつくる．

菌糸束は正常な栄養菌糸に起源をもち，strands, syrrotia とも呼ばれる．大部分は，分枝した菌糸が平行に生長して形成される．すなわち，菌糸からの新しい分枝は四方へ生長するのではなく，主菌糸にぴったり沿ったまま生長する．このような過程を次々に繰り返す結果，先端よりも後方が太い，縦方向に平行に並んだ菌糸の集合体ができる．菌糸束は外皮によって外界から遮断されているが，組織全体の先端が生長するわけではない．個々に先端生長する菌糸の束からなる菌糸体の生長に伴い，菌糸束は発達する．主菌糸は周囲の菌糸よりも太く，細胞質の移動に対する抵抗性は低い．近年，菌糸束は根状菌糸束（rhizomorph）という呼称にするべきとの議論があるが，この語は本来ナラタケ属に見られる線状組織を意味する．根状菌糸束は，先端から発達していく，メラニン化した外皮に覆われた完全に独立した組織である．

(2) 養分の吸収と転流

菌糸束は栄養分に乏しい環境条件下で形成される．主菌糸は細胞壁を通して栄養素を放出する．このため，分枝した菌糸は周囲の栄養に乏しい環境中へ生長していくのではなく，主菌糸の周りの高い栄養分を利用する．栄養分に富む環境では，分枝した菌糸は平行には集合しない．菌糸束は，水分に溶解した炭素，窒素，リン酸，カリウム，カルシウム，マグネシウムなどの栄養素を通過させる．また，菌糸束には上流方向および下流方向への 2 方向の移動が見られる．

栄養素の転流は，菌糸が接種源から栄養源に向かって生長するとき，および菌糸が栄養源間に生長するときに見られる．特に，a. 土壌中の栄養素に上限がある場合，b. 菌糸束が土壌中に生長しても十分な栄養源に遭遇しなかった場合，c. 新たな栄養源に遭遇した場合に栄養素の転流が起こる．

(3) 炭素源

小木片を接種源と栄養源とした木材腐朽菌を対象とした実験によって，菌の種類，接種源と栄養源の相対的な量（大きさ）が炭素源の利用を制御することが明らかにされている．すなわち，栄養源に対する接種源の相対的な栄養素の量が，接種源と栄養源の利用と腐朽程度に影響する．

一方，比較的大きな木片を栄養源として用いた実験では，接種源と栄養源の利用と腐朽程度は少なく，菌糸体量の増加はほとんど見られない．この場合，菌糸体を維持するために必要な炭素源は，栄養源から供給されていることがわかる．菌糸体を食糧徴発（forage），栄養源を資源（source），接種源を貯蔵庫（sink）とすると，この転流はこれらのバランス関係を保つために働いていると考えられる．

(4) 無機成分

菌類が液体や固体の人工培地でリン酸を集積する能力については多くの研究があるが，cord-forming fungi についてはほとんど研究例がなかった．しかし近年，菌糸束のリン酸吸収の事実が次々と明らかになっている．たとえば，野外では，*Pinus sylvestris* ヨーロッパアカマツの根と結ばれている外生菌根菌の菌糸束はリン酸を土壌中から集積する．*Mutinus caninus*, *Phallus impudicus*, *Serpula lacrymans* の菌糸束は，溶液からリン酸吸収を行う．土壌中で成長している *M. caninus* の菌糸束によって液体培地から吸収された ^{32}P は，菌糸内を転流する．シャーレ中の土壌に *P. impudicus* と *Phanerochaete velutina* を培養した小木片の接種源から発達した菌糸束が，接種源から離れた土壌に添加した ^{32}P を吸収し，菌糸束の通過途中の土壌に移動させることも明らかにされている．

(5) 移動の方向

成長している菌糸の先端（acropetal）でも菌糸先端から離れた部分（basipetal）でも，栄養素の移動が，*S. lacrymans*，*P. impudicus* と *P. velutina* の菌糸束で明らかにされている．しかし，全体的にどちらの方向へ移動するかということは接種源と栄養源の量に強く影響される（source と sink の関係）．上述した ^{32}P 吸収の実験において，大きな栄養源を用いた場合，接種源の ^{32}P は菌糸先端へ少量しか移動しないが，リン酸の貯蔵庫 sink へ移動するがごとく，菌糸後方への移動は大きいことが確認されている．

(6) 菌糸束における栄養素の配置

P. impudicus と *P. velutina* の小木片の接種源から新しい栄養源へ生長させる試験によると，栄養素の転流と配分は接種源と栄養源の腐朽程度にも影響される．^{32}P が加えられた *P. velutina* の接種源を用い，接種源と栄養源の大きさと腐朽程度を組み合わせて実験し，小さな木片や腐朽の進んだ木片よりも，大きな新しい，栄養分に富む木片に多くの ^{32}P が供給されることが確かめられている．

(7) 森林生態系における菌糸束の役割

1980 年代前半に，森林土壌から菌類が栄養素を摂取するための手段として，菌糸束の役割が重要であることが明らかになった．それまで，菌糸体における転流は生理的には理解されてはいたが，外生菌根菌と樹木の間の炭素の転流が野外生態系で調べられ，菌糸のネットワークにより摂取した栄養素が植物に利用される過程が確かめられた．

森林内で木材腐朽菌と菌根性の担子菌の菌糸体間にも転流が見られる．すなわち，菌根菌の一部はリター層を分解して炭素，窒素，その他の栄養素を摂取し，外生菌根の菌鞘（マントル）を介して樹木へ窒素とその他の栄養素を転流する．この樹木が木材腐朽菌により分解され，木材腐朽菌は樹木から炭素，窒素，無機栄養素を摂取する．　**（寺嶋芳江）**

＊参考文献

Boddy L（1993）Mycol Res 97（6）: 641-655

Boddy L, et al.（2009）Mycoscience 50 : 9-19

Griffin DH（1994）Fungal physiology. Wiley-Liss, New York, pp158-194

Jennings DH（1994）Translocation in mycelia. The mycota I Growth, differentiation and sexuality（Wessels JGH, Meinhardt F, eds.）. Springer, Heiderberg. pp163-173

Tlalka M, et al.（2008）Mycelial networks : Nutrient uptake, translocation and role in ecosystems. Ecology of saprotrophic basidiomycetes（Boddy L, et al., eds.）. Elsevier, Amsterdam, pp43-62

柳田友道（1985）生長・増殖・増殖阻害（微生物科学 2）. 学会事務センター，東京，pp176-180

12 器官形成と運動

序

菌類の生活環は，大きく無性生殖（asexual reproduction）と有性生殖（sexual reproduction）の2つに分けることができる．どちらの様式においても，環境情報が巧みに利用され，特有の器官形成を経て無性あるいは有性胞子が形成される．

無性生殖は，交配による減数分裂を伴わず，栄養細胞自体の形態変化を伴った分化や細胞分裂によって栄養菌糸とは異なる無性胞子（胞子嚢胞子，分生子，厚膜胞子など）を新たに形成する生殖様式である（6.2節を参照）．無性胞子は風や水の移動等を介した伝搬体としての役割が大きく，有性生殖によって形成される有性胞子と比較して多量に形成される．

有性生殖は単相核を有する菌糸またはその集合体や誘導体（通常，配偶子）の細胞質融合，それに続く核融合と減数分裂を経て有性胞子（接合胞子，子嚢胞子，担子胞子など）を新たに形成する生殖様式である（6.1節を参照）．有性胞子は無性胞子に比べて耐性をもつことが知られ，しばしば好環境を待つための休眠胞子としての役割をもつ．両胞子の形成にはエネルギー消費を伴うことから，菌類の多くは環境情報に適応した胞子形成を行っていると考えられる．

胞子が発芽すると，生じた菌糸は分枝しながら生長していく．基質から吸収された栄養分は代謝され菌糸の生長（栄養生長）を助けるとともに菌糸に蓄えられる．蓄えられる物質（多糖類，タンパク質，脂質やポリリン酸など）の構造や組成は菌類に依存する．旺盛な栄養生長は栄養分の枯渇をもたらし，このことが無性生殖器官および有性生殖器官への切換え（形成誘導や促進）に役立っている．また，光，温度，二酸化炭素，酸素，湿度，水素イオン濃度やビタミンをはじめとする内生的誘導物質からもたらされる環境情報はこの切換えに重要な役割をもつ．ある環境情報の変化が器官形成や胞子形成における発生段階に応じて正または負の影響を及ぼす場合も知られる．そして発生段階における各種環境情報に対する器官形成や胞子形成の反応は菌類の種類によって異なっており，属内のような近い仲間でも異なる例が知られる．さらに，1つの環境情報が別の環境情報にも影響するなど，器官形成や胞子形成は相互に関係しあうさまざまな環境情報の複合的な影響を受けているといえる．

胞子が発芽した直後では，胞子形成を誘導できる外的要因があったとしても無性・有性胞子をつくらない場合が多く，一定の培養時間を経ることで菌糸が無性あるいは有性生殖器官を形成できるような生理的状態（competence）に入ると考えられている．一般に器官形成の刺激に対する感受性は生育旺盛な若い菌糸で高く，古い菌糸では低くなる．菌糸の生理的状態を変える状況として，“傷ストレス効果”が知られる．*Trichoderma atroviride* では，寒天培地に生育した菌叢にメスで傷をつけると無性胞子を形成する．イネいもち病菌 *Magnaporthe grisea* では，寒天培地の菌叢表面の気中菌糸をいったんかき取り，ブラックライトブルー蛍光灯が放射する近紫外光を照射することで，イネへの接種源となる分生子を多量に得ることができる．また，種々の菌類における容器培養では，有性生殖器官の形成はしばしば菌糸が容器の端や容器内に配置された障害物に到達した領域で起こることが観察され，“エッジ効果”と呼ばれる．しかしこの効果の本質はエッジにあるのではないことが明らかになっている．たとえば *Sordaria brevicollis* を用いた実験において，寒天培地の栄養分に人工的に急激な勾配（中心領域より周辺領域の栄養分がずっと少ないような）をつけた中で培養すると，子嚢殻はエッジに届く前の栄養分の勾配域を過ぎた直後の領域に形成される[1]．このように，無性および有性生殖器官を通した無性および有性胞子の形成は菌糸の生理的状態に大きく影響を受ける．

器官形成が十分に達成されるためには，環境刺激や情報に対して方向性をもつ応答（屈性 tropism）が役に立っている場合のあることが知られる．たとえば，ヒゲカビ *Phycomyces blakesleeanus* において胞子嚢をつけた胞子嚢柄は他の胞子嚢柄や障害物にぶつからないように生長（化学屈性の1つと見られる）する．また *Peziza vesiculosa* の子嚢は光の方向に屈曲（光屈性）するが，これは子嚢胞子の分散効率を上げる効果をもつとされる．なかには意義づけが困難な場合も見られるが，器官形成運動と屈性運動は相互にバランスを保ちながら菌類の生活環を支えていると考えられる．

なおこの章では糸状真菌に着目したため，近年の研究により藻類として位置づけられるようになった卵菌類やサカゲツボカビ類等の偽菌類および酵母は取り上げていない．また，異性間の有性生殖の誘導に重要な性フェロモンに関しては5.1節を参照されたい．　（宮嵜　厚）

＊引用文献

1) Moore D (1998) Fungal morphogenesis. Cambridge Univ. Press, Cambridge, pp134-190

＊参考文献

Griffin DH (1994) Fungal physiology, 2nd. Wiley-Liss, New York, pp337-374

Kües U, Fischer R, eds. (2006) Growth, differentiation and sexuality (The mycota I). Springer, Berlin

12.1 無性生殖器官形成

12.1.1 無性胞子形成の基盤となる環境要因

1) 栄養条件

無性胞子形成には，エネルギー源および細胞の構成基質となる各種栄養源（炭素（C）源，窒素（N）源，無機塩類，ビタミンなど）が必要であり，これら栄養源の量的・質的変化が無性胞子形成に影響を及ぼす．一般的に，炭素や窒素の枯渇（貧栄養状態）が無性胞子形成を誘導または促進する場合が多く，C/N比も影響を及ぼす．また，ビタミンなど特殊な物質を必要とする場合がある．さらに，炭素源の種類（質）も重要であり，たとえば，コムギの病原菌である *Stagonospora nodorum* では，マンニトールが無性生殖に必須であることが知られている[1]．NaCl や KCl 等は高濃度になるとストレス（塩ストレスあるいは浸透圧ストレス）として胞子形成に影響を及ぼす．コウジカビ *Aspergillus oryzae* では，0.1 M 以上の KCl が胞子形成を促進する．

2) 温　度

一般に，無性胞子を形成できる温度域は栄養生長の生育適温よりも低く，特に高温域で抑制される場合が多い．同一の種であっても温度に対する反応が異なる菌株があることが知られている．また，温度の違いによって，他の外的要因に対する無性胞子の形成が影響を受けることがある．ただし，アカパンカビ *Neurospora crassa* の胞子形成における概日リズム（circadian rhythm）は温度の影響を受けない（温度補償性 temperature compensation）．

3) 酸素・二酸化炭素濃度

酸素と二酸化炭素の濃度は，菌糸の生育場所によって大きく異なり，たとえば，大気中の酸素濃度は約20％であるのに対して，水中や土壌中の酸素濃度はこれよりかなり低い．また，好気性微生物が多く活動している場所では，酸素濃度は大気中の濃度よりも低く，二酸化炭素濃度は大気中の濃度よりも高くなる．したがって，酸素と二酸化炭素の濃度は，無性胞子を形成する1つの要因になりうると考えられる．たとえば，高濃度の二酸化炭素（5%）が胞子形成を抑制することが知られている[2]．一方，抗酸化剤として機能するビタミンEの添加が *Aspergillus nidulans* の無性胞子形成を抑制することから，活性酸素種（reactive oxygen species）も無性胞子形成に影響を及ぼすと考えられている．

4）湿　度

無性胞子形成には適度な湿度が必要であるが，低い湿度条件または高い湿度条件を好むもの，湿度にほとんど影響されないものなど，菌の種類によって反応はさまざまである．空気中に胞子を飛散させる菌の多くは，液体培地の中では無性胞子を形成しないが，空気と接する液体培地の表面上で胞子を形成する．

5）水素イオン濃度

水素イオン濃度（pH）は温度とともに，酵素活性や膜透過性など細胞内の現象を左右することから，胞子形成にも影響を及ぼす．一般的に，無性胞子を形成できるpH域は栄養生長のpH域よりも狭い．また，菌糸生長と無性胞子形成の最適pHは必ずしも一致しない場合があり，たとえば，*Pyrenophora seminiperda* では，菌糸生長と無性胞子形成の最適pHはそれぞれ4.7と5.7である[3]．

6）内生的胞子形成誘導物質

Penicillium cyclopium では，胞子形成を誘導する内生的胞子形成誘導物質としてConidiogenoneが知られている．構造的にはジテルペンの一種であるこの物質は，真正細菌で見られる，自分と同種の菌の生育密度を感知して物質生産を調節する機構であるクオラムセンシング（quorum sensing）におけるオートインデューサー（autoinducer，転写制御因子に作用する情報伝達物質）様の機能をもつと考えられている．一方，原核生物のグルタミン合成酵素と類似したアミノ酸配列をコードする *flugG* 遺伝子を欠損した *Aspergillus nidulans* は無性胞子を形成しないが，透析膜を介した野生株との共培養によって *flugG* 遺伝子欠損株の胞子形成が回復することから，無性胞子形成にかかわる低分子物質の存在が示唆されている．

12.1.2　無性生殖における光形態形成

光合成を行わない菌類にとっても，太陽からの光は，陽の当たる場所にいるか否かといった空間的な情報として，また，昼か夜かといった時間的な情報としてなくてはならないものである．多くの菌類の無性生殖および有性生殖が環境としての光条件（波長，強度，照射時間，照射方向など）によって制御される現象は，光形態形成反応としてとらえることができる．菌類の無性胞子形成の多くが，紫外線～青色光の短波長の光によって制御されることが知られている[4]．

1）子嚢菌（不完全菌を一部含む）

(1)　胞子形成の波長依存性

胞子形成に及ぼす光の影響は，光の波長・強度・照射時間によって異なり，また，菌類の種類によっても異なる．一般に，菌類の光に対する胞子形成は，紫外線-青色光域の波長に対する反応の違いから，6つのグループに分けることができる[5]（図12.1.1）．

①紫外線誘起型：暗黒下では胞子を形成せず，330 nm以下の紫外線によって胞子形成が誘起される．

②紫外線促進型：暗黒下でも胞子は形成されるが，330 nm以下の紫外線で胞子形成が促進される．

③紫外線・青色光誘起型：暗黒下では胞子を形成せず，520 nm以下の光によって胞子形成が誘起される．

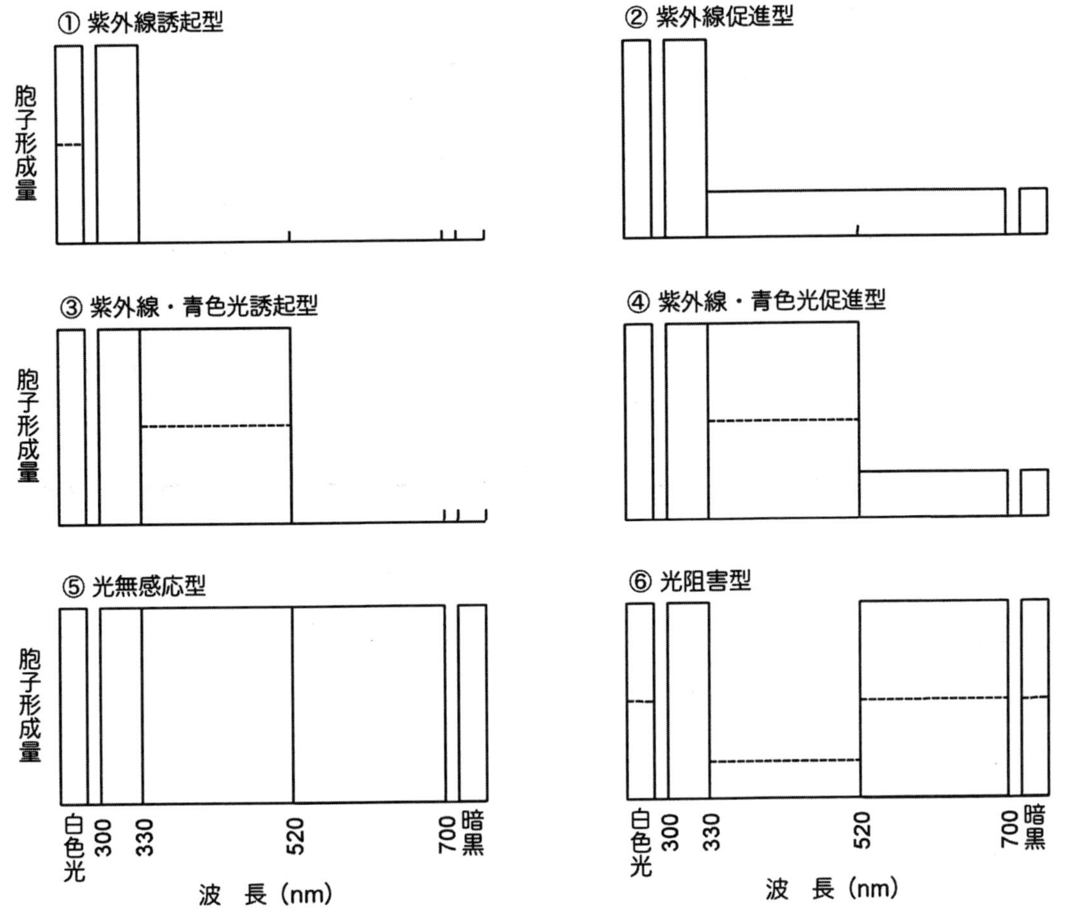

■図 12.1.1　単色光に対する菌の胞子形成反応の類別（本田[5]を一部改変）

④紫外線・青色光促進型：暗黒下でも胞子は形成されるが，520 nm 以下の光によって胞子形成が促進される．

⑤光無感応型：暗黒下でも胞子は形成され，しかも光照射によって影響されない．

⑥光阻害型：330 ～ 520 nm の波長域の光によって胞子形成が阻害または抑制される．

以上の類別は絶対的なものではなく，同一種においても株間で胞子形成の波長依存性が異なるものがあり，また，同一菌株においても温度条件といった他の環境要因の違いによって異なる胞子形成の波長依存性を示す場合が知られる．

一方，赤色光が無性生殖器官形成を促進するとともに有性生殖器官形成を抑制することが *Aspergillus nidulans* で報告されている．

(2)　拮抗的胞子形成光調節反応

イネごま葉枯病菌 *Bipolaris oryzae* やトマト輪紋病菌 *Alternaria tomato* は，暗黒下ではまったく分生胞子を形成せず，栄養菌糸のみの生育を行う．そこに波長 280 ～ 320 nm の紫外線 UVB が照射されると，分生子柄の形成が誘導され，その後，暗黒下で分生胞子が形成される．しかしながら，この UVB による分生子柄形成の誘導効果は波長 360 ～ 500 nm の紫外線 UVA/ 青色光 Blue によって阻害される．また，一定の成熟段階に達した分生子柄に UVA/Blue が照射されると，分生子柄は気中菌糸へと脱分化するが，その効果は UVB によって打ち消される．これら UVB と UVA/Blue の作

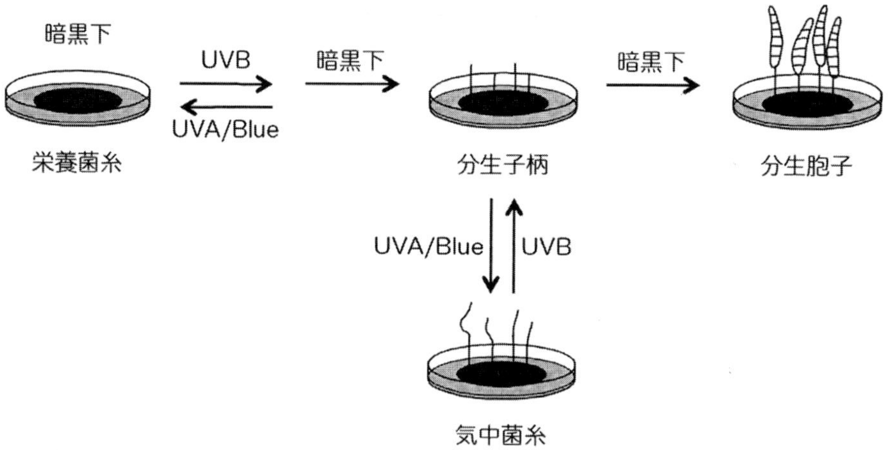

■図 12.1.2　拮抗的胞子形成光調節反応（マイコクロム系）の模式図
UVB : 280 ～ 320 nm; UVA/Blue : 360 ～ 500 nm

用は拮抗的であり，植物の赤色光-遠赤色光によるフィトクロム（phytochrome）反応に類似していることから，菌類にちなんで「マイコクロム（mycochrome）系」と名づけられた（図 12.1.2）．これまでに，胞子形成誘導と阻害の作用スペクトルが示されているが，光受容体および拮抗的胞子形成光調節反応のメカニズムについては明らかになっていない．日本各地で分離されたイネごま葉枯病菌の多くが，この拮抗的胞子形成光調節反応をもっていることから，宿主であるイネへの感染に適した胞子形成を行っていると考えられる．

(3)　胞子離脱

無性胞子が形成された後，分生胞子の離脱が光によって影響を受ける場合がある．イネいもち病菌 *Magnaporthe oryzae* における分生胞子の飛散は夜間に多いことが知られていた．最近の研究で，イネいもち病菌の分生胞子の離脱が，青色光照射後の暗黒条件で促進されることが示された[6]．したがって，イネいもち病菌は昼夜を認識して，イネに感染しやすいと考えられる夜間に分生胞子を離脱させる方向に適応したものと考えられる．

(4)　光形態形成における光受容体

菌類で最初に明らかになった光受容体（photoreceptor）はアカパンカビの青色光受容体 WC-1 および WC-2 であり，その後，多くの菌類でも類似の青色光受容体が明らかになっている．胞子形成誘導など青色光域の光による光形態形成の多くは，この青色光受容体に制御されている．さらに，植物のフィトクロム（phytochrome，赤色-遠赤色光受容体）とクリプトクロム（cryptochrome，青色光受容体），そして，動物や昆虫の視物質（ロドプシンなど）に類似した光受容体も多くの菌類で明らかになりつつある[7]（13.5.4 項の光受容を参照）．

したがって，菌類は複数の光受容体（光センサー）を用いて光環境を感知し，自らの生育・生存に適した生長を行っていると考えられる．しかしながら，紫外線（UVB）受容体についてはこれまで明らかにされていない．

2）接合菌

ヒゲカビの例がよく知られる．このカビは 2 種類の無性生殖器官（胞子嚢柄）を分化する．1 つは macrophore“巨大胞子嚢柄”と呼ばれ 10 cm 以上に伸長するが，もう 1 つは microphore“矮小胞子嚢柄”と呼ばれ～3 mm ほどにしか伸長しない．青色光は前者の形成を促進し，後者の形成を抑制する．胞子の発芽後 48 時間以降になると，胞子嚢柄を形成するようになり，また光に感受性をもつ．光量に依存した胞子嚢柄形成は，10^{-4} と

1 J/m^2 に閾値をもつ 2 段階反応になることから，複数の光受容体の関与が示唆されている．

3) 担子菌

担子菌は無性胞子をほとんどつくらないが，ウシグソヒトヨタケ *Coprinopsis cinerea* の菌糸において分裂子（oidium）や厚膜胞子（chlamydospore）の形成が知られる．一核体（monokaryon）では分裂子の形成は恒常的に見られるが，二核体（dikaryon）ではその形成に光が必要である．二核体が形成する分裂子は一核体が形成するそれよりずっと少ないが，青色光が有効である．この青色光の効果は，通常の培養に用いられる 25 ～ 30℃に比べ，37 ～ 42℃で高められる．二核体において，A 交配型遺伝子座が暗所における分裂子の形成を抑制しているが，青色光がその抑制を解除する方向に働いている．

（木原淳一・宮嵜　厚）

＊引用文献

1) Solomon PS, et al. (2006) Biochem J 399 : 231-239
2) Smart MG, et al. (1992) Mycopathology 18 : 167-171
3) Campbell MA, et al. (1996) Mycol Res 100 : 311-317
4) Kumagai T (1991) Trends Photochem Photobiol 2 : 181-198
5) 本田雄一 (1979) 植物防疫 33 : 430-438
6) Casas-Flores S, et al. (2004) Microbiology 150 : 3561-3569
7) Corrochano LM (2007) Photochem Photobiol Sci. 6 : 725-736

＊参考文献

Adams TH, et al. (1998) Microbiol Mol Biol Rev 62 : 35-54
Kües U, Fischer R, eds. (2006) Growth, differentiation and sexuality (The mycota I). 2nd ed. Springer, Berlin, pp233-259, 263-292
Roncal T, Ugalde U (2003) Res Microbiol 154 : 539-546
Yu J-H, et al. (2006) Eukaryotic Cell 5 : 1577-1584

12.2 有性生殖器官形成

12.2.1 有性胞子形成の基盤となる環境情報

1) 栄養条件

培養基質における炭素（C）源，窒素（N）源，ミネラル，ビタミンやその他の生長因子の量的あるいは質的変化が有性生殖器官の形成に影響する．どのような変化が最適であるかは菌類によってかなり異なることが知られる．C 源に関しては，一般に単糖類は菌糸生長や無性生殖に適し，二糖類や多糖類は有性生殖に有効とされる．5％グルコース（単糖類）を含む培地では *Sordaria* 属菌の子囊殻は形成されないが，スクロース（二糖類）の添加により少量ながらその形成は回復する[1]．多糖類は菌類にとって使いにくい C 源であるが，分泌酵素により加水分解を行うことで使いやすい単糖類に変えて適度な濃度で長期にわたり利用できることが，有効の理由と考えられている．N 源に関しては，硝酸塩，尿素，アミノ酸が有効であり，一般にアンモニウム塩は阻害的に働く．接合菌ヒゲカビは，ツクリタケ（マッシュルーム，*Agaricus bisporus*）と同様に硝酸塩を利用できないが，グルタミン酸が接合胞子形成に有効である．この条件に単独では阻害効果の強いアンモニウム塩を同濃度加えると接合胞子の数はむしろ 1.8 倍に増える[2]（図 12.2.1）．C/N 比の重要性もよく知られており，一般に C 源優位の 30：1 から 5：1 が有効範囲とされる．*Cyathus stercoreus* の子実体形成にはカルシウム，*Sordaria fimicola* の子囊殻形成にはビオチンが要求される．脂質関連物質の関与も知られる．タキソール産生能をもつ *Pestalotiopsis microspora* はイチイの内生菌（エンドファイト endophyte）であるが，その子囊殻の形成はイチイ針葉から抽出された脂溶性物質（群）により誘導される．他の菌類からの栄養を利用する例も知られる．*Sordaria fimicala* において，ナラタケ属菌 *Armillaria* spp. やクサレケカビ属菌 *Mortierella* spp. のよう

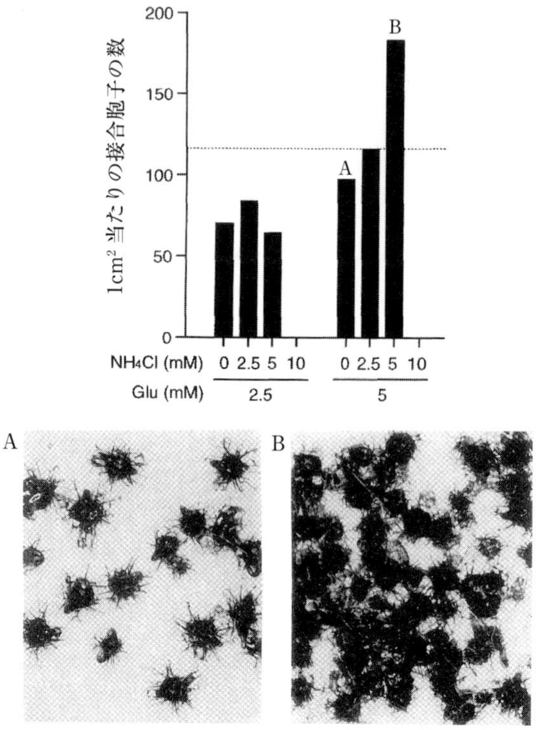

■図 12.2.1 ヒゲカビの接合におけるアンモニウム塩の影響（引用文献[2] より一部改変）

な他の菌の共存により子嚢殻や子嚢胞子の形成が増加する．

2) 温 度

一般に菌類における有性生殖器官の発生や成熟には，栄養生長に比べて範囲が限定された温度域での環境が必要とされる．同じ種類でも菌株や発生段階により反応が異なることが知られる．多くの菌類は 10 ～ 40℃の範囲に栄養生長の適温をもつ．有性生殖器官の形成にはそれより狭い 20 ～ 25℃の範囲が適温とされるが，例外も知られる．たとえば，植物寄生菌 *Pleospora herbarum* では子嚢殻原基の誘導に連続した数日間の 5 ～ 10℃の低温が必要とされる．しかしその完全な分化には 24 ～ 27℃がよいとされ，成熟にはまた 10 ～ 15℃の低温が適するという[3]．ハラタケ目担子菌においては栄養生長後の培養温度を少なくとも 5℃下げること（同時に低い二酸化炭素環境）が子実体原基形成を誘導する．ツクリタケでは 16 ～ 18℃，ウシグソヒトヨタケでは 25 ～ 28℃への移行が有効であり，種により誘導の適温域は異なる[4]．接合菌にも接合胞子の形成に低温を好む種（6 ～ 10℃）と好まない種が存在する．ヒゲカビを用いて調べられた 10 ～ 27℃の範囲では，25℃以上になると初期ステージの接合器官の数は増えるが最終的な接合胞子はほとんど形成されない．そして途中で進行が止まった接合器官からはしばしば無性生殖器官である矮小胞子嚢柄が分化する[5]．

3) 酸素・二酸化炭素

菌類は好気性生物なので適量の酸素（O_2）は必要であるが，有性生殖器官の形成における二酸化炭素（CO_2）の影響は菌類によってかなり異なっている．*Chaetomium globosum* では子嚢殻の形成に 10% CO_2 が要求されるが，*Neurospora tetrasperma* では子嚢殻形成の初期では CO_2 はないほう（または 0.5% O_2）がよく，その成熟には 1% CO_2 および 5 % O_2 がよいとされる[1]．担子菌においては，種類にもよるが栄養生長は 5（土壌やリター層）～ 10 %（木材中）の CO_2 まで促進されるが，この濃度では子実体原基の形成は抑制される．ヒラタケ *Pleurotus ostreatus* では 0.3 %を越えると子実体はつくられるが傘を開かなくなり，栄養菌糸への脱分化を始めてしまう[6]．担子菌における CO_2 への応答は胞子散布を考えると理解しやすい．基質内における旺盛な栄養生長は自身の呼吸により高 CO_2 と酸欠環境をつくり子実体形成を抑制しているが，基質表面に出てきた菌糸は低 CO_2 と酸素を得て子実体原基をつくり始める．基質表面近くの CO_2 はまだ傘の形成には抑制的な濃度なので柄が伸長するが，十分に CO_2 が低くなると傘の形成が促進されてヒダに胞子が形成される．酸素の影響を定量的に調べた例はほとんどないが，スエヒロタケ *Schizophyllum commune* などで，子実体原基形成の直前に呼吸活性が急速に上昇することが知られている．

4) 湿度と水素イオン濃度

降水量の多い年にキノコの発生量が多くなることが知られていることから，基物の湿度（含水量）は子実体の発生に影響する．直接的な要因とは考えにくいが，軟質菌では相対湿度が60％以下になると子実体の発育が止まってしまうことが知られる[6)]．接合菌の*Choanephora*属菌では，低い湿度は無性生殖器官の形成，高い湿度は有性生殖器官の形成によいとされる．

有性生殖器官の形成に対する水素イオン濃度（pH）の影響を調べた研究は少ない．胞子の発芽はpH 2～9で可能であるが，有性生殖器官の形成における至適はpH 4～7の範囲にあることが多い．担子菌の子実体発生では中性からやや酸性領域が好まれるが、シイタケ*Lentinula edodes*は例外でpH 4（酸性）が子実体発生に適している[4)]．

5) 内生的誘導物質

生殖器官の形成や二形性（dimorphism）を制御する内生的物質としてフェロモンとは別にオートレギュレーション（autoregulation）シグナル分子が知られている[7)]．*Aspergillus nidulans*が産生するpsi（precocious sexual inducer）因子は不飽和脂肪酸由来のオキシリピン（oxylipin）の一種で，構造が相互に似ている複数分子から構成され，閉子嚢殻の形成を促進して分生子の形成を抑制する分子とそれと逆の働きをするアンタゴニスト分子を含む．赤かび病菌*Fusarium graminearum*の産生するツェアラレノン（zearalenone）はエストロゲン様作用をもち，この菌に汚染された飼料を摂取した家畜にときに流産を引き起こすが，本来の作用は低濃度で子嚢殻の形成を誘導することがわかっている．また近年，活性酸素種（reactive oxygen species：ROS）の重要性が指摘されている．従来ROSはDNAやタンパク質などの過酸化を引き起こす有害分子として知られていたが，その生成と有性生殖器官形成との相関が*A. niduans*や*Podospora anserina*で確認された．そのほか，主に担子菌においてサイクリックAMPやセレブロシドの重要性が示されている．

12.2.2 有性生殖における光形態形成

一般に菌類（糸状菌）の有性生殖はかなりダイナミックな形態形成を経て達成され，その初期過程および発達・成熟過程における最も大きな環境情報の1つに光がある．通常どの菌群においても有効な光は近紫外光から青色光の範囲にある．光の効果は絶対的であることもあれば，促進的あるいは阻害的な場合もある．また他の要因により影響を受けることも知られている．

1) 接合菌

例は多くないが研究のほとんどはケカビ目で行われており，通常光刺激（特に連続的な光照射）は接合胞子形成に阻害的に働くことが知られる．接合菌に共通の性フェロモン（トリスポロイドtrisporoid）が光（特に紫外線）に高い感受性をもち不活化されることが原因の1つと考えられている．ヒゲカビを用いて得られた接合胞子形成の光阻害に対する作用スペクトルは，接合ステージによりスペクトルの形状や有効波長が異なることから複数の光システムの存在，また未知の光受容体の存在を示唆した．異性間の配偶子嚢接合の過程は接合子形成にかかわる重要なステップであるが，そのステップが特に350～410 nmの紫色光により強い阻害を受ける[8)]．この研究では350 nmより波長の短い光は使用していないので，それより短い波長に吸収極大をもつトリスポロイドの関与は不明である．

2) 子嚢菌（不完全菌を一部含む）

焼跡菌として知られる*Pyronema*属菌ではその子嚢盤の形成に光が要求される．一方，他の子嚢菌，代表例としてアカパンカビでは子嚢殻の形成には光は要求されない．しかし，子嚢殻原基の数および“とっくり型”子嚢殻における子嚢胞子の放出口になる頸部（beak）の形成位置は光に依存することが知られる．このとき原基形成に対する光効果は培養液から窒素源を抜くことでずっと高められる．また，この光効果は概日リズムにより影響を受け，子嚢殻は14時間明の24時間周期のときに最もよく形成される．光量と照射時間を変化させたときの子嚢殻形成を調べた実験から，一定の範囲で刺激量の法則（law of stimulus-quantity）が成り立つことが確認されている．この場合の刺激量は光量と照射時間の積で表す総照射光量である．この法則の成立は他の子嚢菌でも知られるが，従わない例もある．たとえば，リンゴやナシに癌腫病を引き起こす*Nectria galligena*の子嚢殻形成には，培養後7～21日にかけ毎日12～16時間の光照射が必要とされる．また，子嚢殻の光誘導には一定期間の暗期が必要とされ，この暗期が短い青色光または近紫外光により中断されると子嚢殻の形成は妨げられてしまう例も知られている．さらに，青色光の効果は，子嚢殻などの有性生殖器官の形成自身ではなく，むしろ子嚢における完全な減数分裂や子嚢胞子の分散に機能しているとされる例も知られる[1]．

いままでに知られているアカパンカビの青色光効果の光受容体はFADを結合できるWC（white collor）タンパク質で説明されている（13.5節を参照）．しかし，同じ子嚢菌でも*Aspergillus nidulans*の光応答は変わっている．閉子嚢殻の形成は暗所でよく見られるが，赤色光が閉子嚢殻から分生子柄の形成にシフトさせる効果をもつ．この赤色光効果は遠赤色光により打ち消されることからフィトクロム様光受容体が関与すると考えられている．光受容に続く細胞内の変化に関しては，突然変異株を用いた解析から，アカパンカビ子嚢殻頸部の形成位置の決定にはNDP（nucleoside diphosphate）キナーゼやスーパーオキシドムターゼの関与が報告されている[7]．

3）担子菌

ハラタケ目の菌を用いた研究がよく知られ，光刺激は発生ステージで異なる効果を示すことがわかっている．(1) hyphal knot形成の光阻害，(2) 子実体原基形成，その発育と成熟，カリオガミーの光誘導または促進，(3) 減数分裂の光阻害，である[7]．しかし，ツクリタケでは光刺激は必要とされない．ヒトヨタケ属菌を用いた研究から，子実体原基形成過程とその後の発育（特に傘の分化）過程の光効果について紹介する．前者には弱く短い光（数分以内）で十分であるが後者には強く長い光照射が必要とされる．また，前者の光効果は低温で代替できる（二糖類スクロースを含むジャガイモ抽出液培地を用いた場合）．図12.2.2は，適量の光照射による子実体原基の形成後に一定の暗期（24時間）を与え，それに続く正常な子実体形成に必要な48時間の明期（a）における実効処理時間のタイミングと長さを調べた結果を示している．48時間の明期に代えて，最初2時間の明期に続いて暗期を48時間まで継続すると子実体は正常に発育・成熟しない（f）．しかし，最初2時間の明期に続ける暗期を短くしていくと子実体は正常に形成されるようになり（b, c, d），そのタイミングと処理時間は，最初と最後の2時間ずつの光処理で十分に補償されるが（d），最後の処理時間が1時間では不十分である（e）．一方，子実体原基の光誘導後に一定の暗期を置いてから数回の明-暗サイクルが原基の正常な発育・成熟に必要

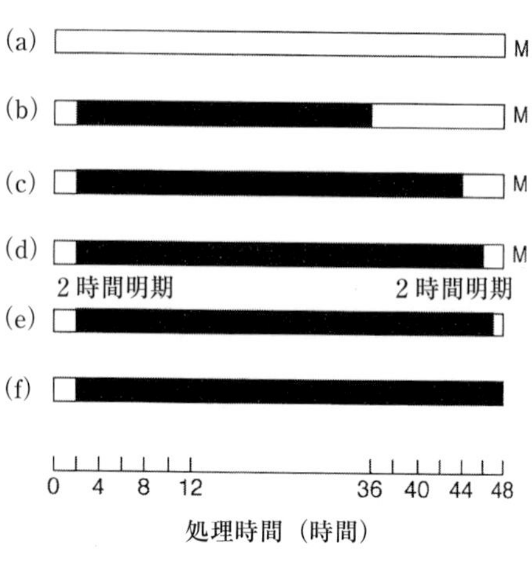

■図12.2.2 ウシグソヒトヨタケの子実体形成における光の影響（Elliott[9]より一部改変）
Mは5日目に正常な子実体を形成したことを示す．

とする研究例もある．また，光による子実体原基の形成は栄養条件により影響を受ける．二糖類スクロースを含むジャガイモ抽出液培地では連続暗所でもその形成は起こるが，単糖類グルコースを含む人工培地では最低6時間の光照射が必要とされる[1]．

光受容体に関しては，適当な明–暗サイクル下でも暗所で育てたような子実体しか形成しない突然変異体の解析から，WC-1と相同なタンパク質が同定されている（13.5節を参照）．青色光の受容に続くもっとも速い細胞応答としてサイクリックAMP量の増加がウシグソヒトヨタケとスエヒロタケで報告されている[7]．（宮嵜　厚）

＊引用文献

1) Moore D (1998) Fungal morphogenesis. Cambridge Univ. Press, Cambridge, pp134-190
2) Yamazaki Y, et al. (2001) Mycoscience 42 : 11-17
3) Moore-Landecker E (1996) Fundamentals of the Fungi, 4th ed. Prentice-Hall, Upper Saddle River, pp311-336
4) Kües U, Liu Y (2000) Appl Microbiol Biotechnol 54 : 141-152
5) Yamazaki Y, Ootaki T (1996) Mycoscience 37 : 269-275
6) 堀越孝雄・鈴木　彰 (1990) きのこの一生．築地書館，東京，pp87-131
7) Kües U, Fischer R (2006) Growth, differentiation and sexuality (The mycota I), 2nd ed. Springer, Berlin
8) Yamazaki Y, et al. (1996) Photochem Photobiol 64 : 387-392
9) Elliott CG (1994) Reproduction in Fungi. Chapman & Hall, London, pp 213-246

＊参考文献

Griffin DH (1994) Fungal Physiology, 2nd ed. Wiley-Liss, New York, pp337-374

Heitman J, et al. (2007) Sex in Fungi. ASM press, Washington DC

12.3 屈　性

光合成を営む細胞小器官である葉緑体をもつことから光（屈性）の重要性を理解しやすい植物と違って，菌類が示す光屈性には生理的・生態的意義づけが困難な例が多い．しかし実際に多くの菌類で光屈性が観察される．一方，宇宙実験が行われるようになり，無重量下で育てられた担子菌のある種では，方向の定まらない生長をして胞子をつくる子実層を欠く異常な子実体を形成することが知られる．重力屈性（重力ベクトルへの屈曲応答）の重要さを端的に示す一例である．

刺激（光や化学物質）に対して，そちらに向かうように屈曲するときには“正”(positive)，反対の方向に逃げるように屈曲するときには“負”(negative)，また重力や電流の場合にはそのベクトルと同じ方向に屈曲するときには“正”，逆向きのときには“負”の屈性（tropism）と表現する．“受容感知”(perception) された刺激は，変換 (transduction)・非対称に伝達（transmission）され，その応答 (response) として屈曲が発現する．屈曲の様式は突出屈曲（bulging）と偏差生長 (differential growth) の2つに大きく分けられる．前者は先端生長(tip growth)をする細胞に見られ，先端の生長点が一方向性の刺激によって移動することで新たな生長方向が決まり屈曲を発現する．この場合には，刺激の受容部位は屈曲部位でもある．後者は受容部位から離れた生長部位の刺激側と反刺激側における伸長差による屈曲であり，ヒゲカビの胞子嚢柄や担子菌の子実体をはじめ多くの菌類で普通に見られる．先端生長域が基部方向に広がっているような場合，例としては胞子嚢を形成していない若いヒゲカビ胞子嚢柄では，先端の両側面での生長速度の差が屈曲を生むことになる．これは偏差生長の一種であるが，たわみ屈曲 (bowing) と呼び区別することがある．

分類群によって屈性を示す構造体（細胞や器官）や研究のレベルが異なる．解析的な研究は，光屈性では接合菌の胞子嚢柄，重力屈性では接合菌の胞子嚢柄と担子菌の子実体で多くなされているため，これらを中心に概説する．

12.3.1 光屈性

1）接合菌

ケカビ目のヒゲカビ，ミズタマカビ（*Pilobolus* 属菌），ケカビ（*Mucor* 属菌），エダケカビ（*Thamnidium* 属菌）などの多核単細胞性で直立する胞子嚢柄（sporangiophore）が光屈性を示す．最も解析例の多いヒゲカビの光屈性について解説する[1]．

(1) 屈曲の発現

ヒゲカビを明所で育てたときに形成される胞子嚢をつける前の胞子嚢柄（ステージⅠ胞子嚢柄）と胞子嚢をつけた“巨大胞子嚢柄”（ステージⅣ胞子嚢柄）の両方で光屈性がみられる．暗所では巨大な胞子嚢柄の他に高さ～3 mm ほどの“矮小胞子嚢柄”を形成するが，こちらは光屈性を示さない．ステージⅣ胞子嚢柄は，胞子嚢下の約3 mm が生長域となり安定して1時間に約3 mm の速さで10 cm 以上まで伸長することからよく実験に使用される．光刺激を受けてから屈曲するまでの潜伏時間（latent time）は約6分である．屈曲は生長域における光源側の生長抑制と反光源側の生長促進を伴う偏差生長により起こるが，最終的に75～80° までしか屈曲しない．この原因は，いまから100年も前に Blaauw により提唱された「レンズ効果（lens effect）」により説明される（図12.3.1）．すなわち，胞子嚢柄は半透明の円筒細胞と見なすことができ，標準的な100 μm の太さをもつ胞子嚢柄では入射光（I_P max）は屈折して反光源側（I_D max）の2点に強く集光するので，受ける光強度は I_P max ＜ I_D max となり反光源側の生長速度が大きくなって正の光屈性が起こる．屈曲が進んで光路長が長くなり I_P max ＝ I_D max となるとそれ以上屈曲が起こらなくなる．したがって，屈曲角度と屈曲方向は胞子嚢柄の太さに依存する．この考えの妥当性は，β-カロテン過剰生産変異株

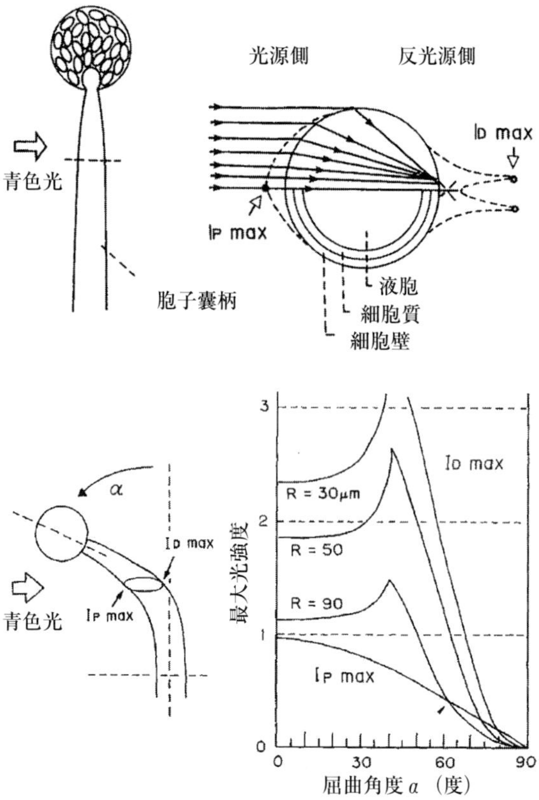

■図 12.3.1　ヒゲカビ胞子嚢柄のレンズ効果と屈曲角度の決定（大瀧[1] より，一部改変）

や生長域が野生株より2倍以上も太くなる変異株では，レンズ効果が現れずに負の光屈性のみが出現することから支持される．レンズ効果による光屈性の機構はミズタマカビでも知られる[2]．ミズタマカビは自然界において，自身が生育する糞上から逃れる機能として胞子嚢を射出する性質をもつが，これは光屈性により効率よく達成されると考えられている．

(2) 刺激の受容

青色光あるいは近紫外光に対して正の光屈性を示し，黄緑色540 nm 以上の光は効果がない．屈曲を誘導できる閾値はとても低く1 nW/m^2 とされ，これは私たちが感じる星1個分の明るさしかないという．一方，遠紫外光に対しては負の光屈性を示すことが知られる．この理由は，胞子嚢柄に大量に存在する紫外線吸収物質である没食子酸によるレンズ効果の抑制とされたが，現在は否定

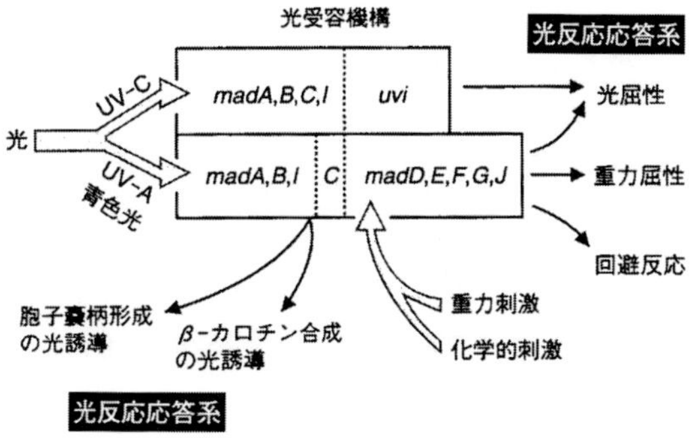

■図 12.3.2　ヒゲカビ胞子嚢柄における刺激の受容と伝達モデル（大瀧[4]より，一部改変）

されている．

光受容体は胞子嚢柄の外壁に沿った細胞膜に存在すると考えられている．光屈性を引き起こす効率を種々の波長で調べた作用スペクトルの解析から，青色・近紫外光に対する光受容体として*β*-カロテン説とフラビン説，またプテリンの関与が展開されてきたが，ゲノム情報の利用と光屈性変異体 *mad* を用いた遺伝学的解析を駆使した研究により，光受容体はフラビン結合能をもつ WC-1 と相同なタンパク質であると決定された[3]（13.5.4 項の光受容を参照）．一方，遠紫外光に対する光受容系に関しては，青色光には正常に反応するが遠紫外光には屈性を示さない変異株 *uvi* などの単離により，青色・近紫外光とは独立の光受容系の存在が示唆されている（図 12.3.2）．

(3) 刺激の変換と伝達

光刺激を受容してから屈曲の発現までの約 6 分間に物理的・生化学的変化のカスケードの存在が予想される．菌糸を用いた解析ではあるが，光照射後すぐに細胞膜にある H^+-ATPase の活性化が起こり細胞内が酸性化して膜電位（membrane potential）が過分極（hyperpolarization）することを示す報告がある．この過分極は光刺激に対して異常をもつ光屈性変異体では見られない．生長部位における偏差生長は，細胞壁の主要構成成分であるキチン（chitin）の合成と分解の調節に依存すると思われる．キチン合成酵素の活性化が光照射 10 分後には見られるが，光屈性変異体ではこの活性化は見られない．この光による活性化の調節にはカルシウムイオンとカルモジュリン（calmodulin）の関与が示唆されている．屈曲を開始している胞子嚢柄の細胞小器官の分布を観察すると，生長部位においてベシクル（キトソームを含む？）の偏りが見られる．ベシクルは反光源側で少なくなっており，これは生長に必要な物質を含むベシクルの消費が大きいためと推定されている．ここに紹介しなかった変化も含め，現在それらを統合的に理解できる段階にはない．

2) 子嚢菌

有性生殖器官である被子器と裸子器内の子嚢，および分生子柄で光屈性が知られる．アカパンカビや *Sordaria* 属菌の“とっくり型”被子器（子嚢殻）の頸部が正の光屈性を示す．有効な光は青色光であり赤色光は効果がない．チャワンタケ類の裸子器内に形成される子嚢の先端は光の方向に屈曲する．この現象はカップ状の裸子器において，内側を向いている子嚢を開口部に向けて屈曲させ，効率的に胞子を開放するのに貢献すると考えられている．

3) 担子菌

子実体を構成する柄の部分が光屈性を示す．ハラタケ *Agaricus campestris* は光屈性を示さないが，タマゴテングダケ *Amanita phalloides*，マグソヒトヨタケ *Coprinus sterquilinus* やオツネンタケモドキ *Polyporus brumalis* などでは正の光屈性が報告されている．有効な光は青色光域に限られる．オツネンタケモドキの解析からいくつかのことが知られる．傘を形成する前の若い柄では，生長部位と光感受部位はともに先端約 5 mm にある．側面からの連続光に反応して 24 時間後には約 90° まで屈曲できるが，傘が形成され約 9 mm に達する柄を用いると光屈性は弱まり立ち上がってくる．これは傘が生長部位に影をつくることにより重力屈性が光屈性より優勢になるためと解釈されている．屈曲を誘導するのに必要な光照射は 12 秒～5 分でよい．ツクリタケやエノキタケ *Flammulina velutipes* において，傘（ヒダ）が柄の伸長を促進する物質を生産していることが示されているが，未同定であり直接に光屈性に関与するか確かめられていない．

4) 菌　糸

サビ病菌類の *Puccinia* 属菌および灰色カビ病菌 *Botrytis cinerea* の発芽管（germtube）が青色光および紫外線に対して負の光屈性を示すことが知られている．光を感じる領域は先端の約 4 μm 以内とされる．負の屈曲が起こる原因は，ヒゲカビ胞子嚢柄で示したように，透明に近い菌糸は集光レンズとして機能するため入射した光は光源側と反光源側でその光強度が異なることになり，それが生長の違いを生んでいると推定されている．負の光屈性は，病原菌の菌糸が宿主植物に侵入するための方向づけとして有利に働くと思われるが，暗所でも宿主に侵入できる事実や光屈性を示さない菌類もいることから，その意義ははっきりしていない．一方，*Penicillium*（アオカビ属菌）の菌糸や接合菌クモノスカビ *Rhizopus nigricans* の匍匐菌糸は正の光屈性を示すことが知られる．

12.3.2 重力屈性

子嚢菌においては，アカパンカビ属の子嚢殻，Pezizazeae 科の子嚢盤，Helvellaceae 科や Morchellaceae 科などがつくる子実体が負の重力屈性を示すことは知られているが，解析的な研究はほとんど行われていないため，研究例の多い接合菌と担子菌に関して概説する．

1) 接合菌

(1) 屈曲の発現

研究の多くはケカビ目に属するヒゲカビ[5] またはミズタマカビ[2] で行われたきた．菌糸および菌糸マット上に形成される接合枝（zygophore）や接合器官は重力屈性を示さないが，胞子嚢柄（sporangiophore）が負の重力屈性を示す．発生段階でその感受性は異なり，ヒゲカビでは胞子嚢をつけたステージⅣの胞子嚢柄のほうがつけていない胞子嚢柄よりも速く屈曲することを示す結果とそれとは逆の結果を示す報告がある．一方，ミズタマカビは胞子嚢を形成してから重力屈性を示すようになる．これらの違いは用いた胞子嚢柄におけるもともとの成長速度や生長域の長さが異なることが原因と考えられている[6]．横向きにされたヒゲカビのステージ IV の胞子嚢柄はだいたい 10 ～ 30 分の潜伏時間を経て屈曲しはじめ 12 時間以上かかって垂直（90°）に起き上がる．屈曲は横向きにされた胞子嚢柄の上側と下側における伸長の差（偏差生長）を反映しているが，上側の伸長抑制か下側の伸長促進かなどその詳細はまだわかっていない．

(2) 刺激の受容

重力を受容する本体はスタトリス（statolith）と呼ばれ，重力ベクトルに沿って移動（沈降または浮上）できる細胞小器官や細胞内構造体と考えられている．植物ではアミロプラストがその本体であるとする説が最も支持されているが，いまのところ菌類では研究例は少なく定説はない．

ヒゲカビにおけるスタトリスの候補として，その存在は 130 年以上前から知られる，胞子嚢柄中央にある液胞中に存在するタンパク質性の正八面結晶体が上げられる[5,6]．結晶体は一辺が 3 ～ 5 μm のものが単体でも存在するが，40 個ほど集まりクラスターを形成することもある．重力に沿って 1 秒間に 0.5 ～ 2 μm の速さで移動でき 50 ～ 200 秒で液胞の上側から下側まで沈降する．胞子嚢をつけていないミズタマカビの胞子嚢柄には結晶体は存在しないが，胞子嚢をつけて重力屈性を示すようになる胞子嚢柄には結晶体が見られること，また重力屈性を示さないケカビの胞子嚢柄には結晶体が存在しないことは，結晶体スタトリス説を支持する．しかし，結晶体をもたないヒゲカビ変異株も野生株と同じ潜伏時間を経て 45 ～ 55° の屈曲を示す事実などは，重力受容には結晶体以外に液胞や原形質自身，そして胞子嚢柄先端に存在する浮遊性のリピド顆粒による複合作用が重要であることを示唆している．なお，理論的計算によって，屈曲を起こさせるために必要な重力閾値は $0.02 \times g$（胞子嚢柄を鉛直から1～2°傾けた状態に相当）と算出され，そのときには4 μmを越える構造体がスタトリスとして機能できるとされる．

(3) 刺激の変換

重力刺激を受けてから起こる最速の応答としてGIACs (gravity-induced absorbance changes) が知られている[7]．GIACsは460 nmと665 nmの吸光度の差を測定して得られる差スペクトル変化として観測され，ステージⅣのヒゲカビ胞子嚢柄を横に向けると20 msの潜伏時間を経て変化が増大する．垂直に戻すとすぐにその変化は減少してもとに戻り，この変化は繰り返し起こすことができる．重力屈性を示さない変異株ではこの変化は見られないことなどから，重力特異的変化と考えられる．

植物の場合と同様に細胞骨格とカルシウムの重要性が指摘されている．ステージⅣの胞子嚢柄においてアクチン重合を阻害するサイトカラシンDは重力屈性を4時間遅らせ，逆にアクチン脱重合を阻害するローダミン-ファロイジンは屈曲の速さやときに屈曲角度を増大させた．また塩化ガドリニウム（植物における重力屈性と機械刺激イオンチャンネルの阻害剤），カルシウムキレート剤，コンパウンド48/80（カルモジュリン阻害剤）を生長域の片側にのみ処理すると，処理をされた側への屈曲が観察されている．これらの結果は，屈曲には細胞骨格，カルシウムやカルモジュリンの量的あるいは質的な偏差が必要とされることを示唆している．

(4) 菌糸の重力屈性

一般に菌糸は重力に応答しないが，グロムス目に属するアーバスキュラー菌根菌 *Gigaspora margarita* の菌糸において重力屈性が知られる．発芽管は上空に向かって生長することから負の重力屈性，後に嚢状体を形成する二次的に分枝した菌糸は下方に生長する正の重力屈性を示す．上空に向かって伸長する菌糸はリピド顆粒を含むが，屈性を示さない水平に伸長するような菌糸にはその顆粒は見られない．*Gigaspora rosea* では，ランタン（カルシウムブロック剤）やEGTA（カルシウムキレート剤）の処理は，菌糸の分枝を誘導するが同時に重力屈性も阻害する．これらの結果は，受容機構におけるリピド顆粒の役割と屈性におけるカルシウムイオンの重要性を示唆している．

2) 担子菌

担子菌が重力屈性を示すことは広く知られ，ハラタケ類が多く研究に用いられている．子実体が示す負の重力屈性は担子胞子の形成と関連があり，シビレタケ属 *Psilocybe cubensis* では，担子胞子が形成されない条件では負の重力屈性が起こらないとされる．

(1) ヒダの重力屈性

キノコの傘の裏一面に形成されるヒダは正の重力屈性を示すことで重ならないように配置する．垂直下方を向いているヒダを5°ほど傾けるだけで胞子の分散は約50％も減少してしまう．傾きが30°になると胞子の分散はほとんどできなくなることから，ヒダの重力屈性は胞子分散に貢献している．

(2) 子実体の重力屈性

子実体を横向きにすると負の重力屈性により垂直に立ち上がってくるが，ウシグソヒトヨタケでは潜伏時間は約25分である．また，屈曲により完全に垂直にもどるまでにはエノキタケでは約12時間を要する．屈曲は上側と下側における柄の伸長の偏差生長により起こる．柄の内側の細胞は大きな液胞をもち高い膨圧を維持しているが，外側の細胞は小さな液胞をもち膨圧は低い．高い膨圧は大きい伸長生長を引き起こすことができるので，内側の細胞の伸長に対して外側の細胞の伸長は相対的に小さくなる．この伸長度の違いに上側と下側で偏りが生じることが偏差生長を生むと考えられている．

傘を取り外しても重力屈性は起こるので，重力受容部位と反応部位は柄の先端側にあると考えられている．ウシグソヒトヨタケでは柄の上部20〜30％の領域とされる．しかし，傘のない柄は長い時間は伸長しないため，傘（ヒダ）からの未知の生長促進物質の供給が屈性の十分な発現に必要と考えられている．この物質は同定されていないが，横向きにした柄において上側から下側に向かって増加するような勾配をもつ水溶性物質と推定されている．

ウシグソヒトヨタケでは，横向きにされた柄を構成する菌糸において細胞質が下方に，液胞が上方に配置することから細胞質自身をスタトリスとする報告がある．また，カルシウム作用の阻害剤が屈性を抑制することが知られている．一方エノキタケでは，核をスタトリスの候補とする報告がある．核の配置はアクチン繊維の存在と密接に関係するが，その関係をサイトカラシンDの処理により壊すと重力屈曲が抑制されるのに，微小管に作用するオリザリンにはその効果がみられない結果から，この考えが推定された．

12.3.3 その他の刺激による屈性

そのほかの屈性には水分屈性（hydrotropism），気流屈性（anemotropism），電気屈性（galvanotropism），化学屈性（chemotropism），接触屈性（thigimotropism）の存在が知られるが，ここでは後の2つを紹介する．

1）化学屈性

化学屈性はもっぱら菌糸，特に発芽管で見られ生理的に重要な現象である．寄生性接合菌の *Piptocephalis* では宿主菌糸に向かって発芽管を伸ばすことが知られ，その検知は両者が5 mm 離れていても起こる．ケカビ *Mucor mucedo* の接合枝が空中に立ち上がり異性の接合枝と接触する現象は特に zygotropism として知られる．アカパンカビの有性生殖において，小分生子はフェロモンを産生することで受精毛の化学屈性を誘導し，これが菌糸吻合に寄与している．胞子の発芽において発芽管がお互いを避け合うように伸長したりまたは引き合うように伸長したりする現象（autotropism）も化学屈性の1つと考えられる．屈性を誘導する物質には，屈性が性反応と関連する場合はフェロモン様物質が推定されるが，酸素濃度勾配（aerotropism）や植物根からの分泌物も重要とされる．菌糸以外では，ヒゲカビ胞子嚢柄が障害物から逃げるように屈曲する現象（avoidance movement）が知られ，揮発性の化学物質の関与とされる．

2）接触屈性

植物病原菌の菌糸が植物内に侵入するときに機能する例が知られる．サビ菌類の *Puccinia hordei* や *Uromyces appendiculatus* は宿主の葉面において発芽すると，その発芽管は表面のわずかな凹凸を感知（topographical sensing）して気孔にたどり着き付着器を形成する．凹凸の感知には機械刺激によって活性化されるイオン（Ca^{2+}）チャネルの重要性が指摘されている．（宮嵜　厚）

＊引用文献

1）大瀧　保（2000）日菌報 41 : 1-17
2）大瀧　保ほか（2000）日菌報 41 : 137-149
3）Idnurm A, et al.（2006）Proc Natl Acad Sci USA 103 : 4546-4551
4）大瀧　保（1999）光シグナルトランスダクション（蓮沼御嗣ほか 編），シュプリンガー・フェアラーク東京，東京，pp88-93，図 8, 9
5）大瀧　保ほか（1994）日菌報 35 : 111-125
6）Schimek C, et al.（1999）Planta 210 : 132-142
7）Schmidt W, Galland P（2004）Plant Physiol 135 : 183-192

＊参考文献

Carlile MJ, et al.（2001）The fungi, 2nd ed. Academic Press, San Diego
Corrochano LM, Galland P（2006）Growth, differentiation and sexuality（The mycota I）. 2nd ed. Springer, Berlin, pp233-259
Griffin DH（1994）Fungal Physiology, 2nd ed. John Wiley, New York
片岡博尚（1991）環境応答．朝倉書店，東京，pp64-84
大瀧　保（1980）光運動反応．共立出版，東京，pp112-146

V

ゲノム・遺伝子

序：菌類のゲノム・遺伝子

メンデルの法則が再発見されてから4年後の1904年，A. F. Blakesleeにより，ケカビ類においてヘテロタリズムと呼ばれる自家不和合性が発見された．これを契機に，さまざまな菌類について交配型を決める遺伝因子について研究が行われ，それらの研究をとおして，菌類は動物・植物と同様にメンデル遺伝を示すことがわかり，菌類遺伝学の扉が開かれた．

これまでに，菌類遺伝学により，遺伝学の歴史の中で節目となる輝かしい発見・成果がいくつももたらされた．たとえば，G. W. Beadleらは，アカパンカビの栄養要求性突然変異株を用いて生化学的反応の遺伝的制御について研究を展開し，1945年に一連の研究結果を総合して1遺伝子1酵素説を提唱した．遺伝子と生化学的反応の関係を明らかにした研究は現代遺伝学の幕開けを告げる画期的なものであり，G. W. Beadleらは1958年度ノーベル生理学･医学賞を受賞した．また，アカパンカビなどの子嚢菌では，減数分裂の産物が子嚢の中で一列に並び，その配列を解析することにより，遺伝子変換の現象が発見された．そしてこの発見は，ホリデイ構造を介した普遍的組換えモデルの提唱につながった．その後，分子生物学が発展するにつれ，分子レベルの研究により有利な単細胞性の菌類である酵母がアカパンカビなどの糸状菌にかわって研究の表舞台に立つことが多くなった．出芽酵母*Saccharomyces cerevisiae*と分裂酵母*Schizosaccharomyces pombe*は真核細胞のモデルとして利用され，細胞周期，細胞分裂，シグナル受容・応答，細胞極性などの基本的細胞機構の研究において数々の貢献をした．特に，細胞周期の研究は発がん機構の解明に向けて大きな貢献をし，*S. cerevisiae*を用いたL. Hartwellと*S. pombe*を用いたP. Nurseは，動物を用いたT. Huntとともに2001年度ノーベル生理学・医学賞を受賞した．

最近になって，酵母に加え，接合菌，子嚢菌，担子菌などの多くの糸状菌において全ゲノムが解読された．菌類のゲノムサイズは他の真核生物に比べて小さいが，ゲノム内の遺伝子密度は高く，遺伝子数は，酵母では約6,000個，糸状菌の多くでは酵母の2倍程度であると推定されている．ゲノム情報が得られたことにより，酵母だけでなく，より複雑な生命現象を示す糸状菌についても分子・遺伝子レベルの研究を比較的効率よく進めることができるようになった．そして，遺伝子・分子レベルの研究により，たとえば，菌糸成長，環境シグナルの受容・応答，生体リズム，性（交配型）など，菌類が示す興味深い生命現象について新事実が次々と明らかにされている．また，基礎分野だけでなく，発酵，バイオマスの有効利用やバイオレメディエーションのための有用遺伝子，有用および有害二次代謝産物にかかわる遺伝子，ヒトや穀物などに対する病原性遺伝子など応用分野の研究も盛んであり，両者が相まって研究が活発化している．

さらに最近になって，多くの糸状菌において遺伝子のターゲッティングやサイレンシングの方法が確立されて逆遺伝学的手法の適用が容易となり，今後，菌類が示すさまざまな生命現象について遺伝子・分子レベルの研究がさらに加速することが予想される．　　（鎌田　堯）

13 菌類のゲノム・遺伝子

13.1 ゲノム

菌類は，食品産業や化学工業などへの利用，ヒトを含めた動植物への感染など，産業や社会と密接に結びついているものが多く存在する．しかし，古細菌や真正細菌に比較して，数倍から十倍以上のゲノムサイズを有することから，ゲノム解析の完了は1990年代の後半に入ってからであった．単細胞の真核生物でありモデル生物でもある出芽酵母（*Saccharomyces cerevisiae*）の全ゲノム解析は，日本を含む世界の研究機関の国際協力で進められ，真核生物としてははじめて1996年に完了した[1]．当時は，まだゲノム解析は手探りの状態であり，DNAシークエンサー，クローン化された断片のマッピング，解析された塩基配列の接続（アセンブル）など，さまざまな必要な技術を開発しつつ進められた．また2002年には，分裂酵母（*Schizosaccharomyces pombe*）のゲノム解析が完了した．その後2004年にはヒト感染性である *Candida albicans*，*Candida glabrata* や，*Kluyveromyces waltii*，*Yarrowia lipolytica* などのゲノム解析が，2007年には *Pichia stipitis* のゲノム解析が完了し比較解析もなされている．この結果，出芽酵母では進化の過程でゲノムレベルでの重複が起こったことが明確に観察されたが，分裂酵母では大規模な遺伝子重複の痕跡はほとんど見られていない．代表的な出芽酵母と分裂酵母の進化的距離は3～12億年程度と推定されているが，分裂酵母と後生動物は10～16億年前に分岐したと推定されていることを考えると，この2種の酵母の進化的距離はかなり大きいといえる．

多細胞形態形成などの特徴を有する糸状菌では，出芽酵母の解析の完了と同時にゲノム解析の議論が本格的に開始された．最初のゲノム解析の対象種として，基礎研究が進んでいる *Aspergillus nidulans* と *Neurospora crassa* が候補となり，*A. nidulans* のゲノム解析が米国 Texas A&M University で1998年に開始されたが，米国 Cereon Genomics 社が *A. nidulans* の解析のアナウンスをしたこともあり，この年にいったん終了した．この時期にベンチャー企業によるゲノム解析がアナウンスされたものとしては，米国 Elitra Pharmaceuticals 社による *Aspergillus fumigatus* や米国 Integrated Genomics 社による *Aspergillus niger* などがある．糸状菌には，ヒトへの感染性，穀物の汚染，発酵産業への利用など，経済的に重要な種が多く存在すること，短期間で解析が可能になり，解析コストも比較的低く抑えられるようになったことが，単独の企業による解析を可能にした．しかし，企業による解析は上述のように公的な解析の阻害要因となったり，長い間解析された結果が公表されないことなどの問題もあった．一方，*N. crassa* のゲノム解析は米国 Broad Institute で行われ，糸状菌として最初の結果が2003年に発表された[2]．続いて，イネいもち病菌（*Magnaporthe oryzae*）のゲノム解析が米国 Broad Institute で行われ，2005年に発表された．また，*A. nidulans* のゲノム解析は米国 Broad Institute で再開され，2005年末に発表された[3]．また，これと同時期に，日本の伝統的発酵産業に広く用いられている黄麴菌（*Aspergillus oryzae*[4]）と，ヒトなどに日和見感染する *A. fumigatus*[5] の解析も進歩し，*A. nidulans* とともに，2005年の Nature 誌の同じ号に3報の論文が掲載された．その後，2007年には，欧州 DSM 社による *A. niger* のゲノム解析の完了が報告された[6]．

1996年にゲノム解析が完了した出芽酵母では，YAC（yeast artificial chromosome），コスミドや P1ファージなどに比較的大きなゲノム断片をクローニングして，サザンハイブリダイゼーションなどを利用して染色体上の位置を決定して整列化し，ミニマムタイリングパスを構成する（重複が最小となる）クローンを選択して順次シークエンスが行われた．しかし，1995 年にインフルエンザ菌のゲノム解析がホールゲノムショットガン法によって成功して以降，比較的ゲノムサイズが小さい古細菌などでこの方法が盛んに利用されるようになった．ホールゲノムショットガン法では整列化したクローンを用意する必要がなく，短期間にゲノムにコードされたほとんどの遺伝子の配列を得ることができる．そこで，産業的に重要な糸状菌の解析は，ホールゲノムショットガン法を用いて企業によって行われるようになった．比較的早くから解析が進められた *A. nidulans* や *A. niger* では，当初はコスミドや BAC（bacterial artificial chromosome）などのベクターを用いて整列クローンを作製し，これらを順次シークエンスすることによって進められていたが，後にホールゲノムショットガン法が併用された．酵母以外の菌類は多核であるものが多く，それらの間で配列の相同性が高くかつ均質でない場合には，シークエンサーで解析後のアセンブル（配列の接続）が難しくなる．特に，真正担子菌類の菌糸融合した細胞などヘテロカリオンの解析は非常に難しい．黄麹菌の場合も多核であるため，徹底的な純化が行われた株を用いて解析が行われた．

糸状菌は，多様かつ多数の加水分解酵素を有し，さまざまな物質の分解資化能力に優れていることが知られている．また，二次代謝系をもち，高等動物に対して毒性を示すマイコトキシンやコレステロール低下作用をもつモナコリンなどの生理活性物質を合成することも知られている．ゲノム機能解析の結果はこれを裏づけるものであり，糖質，タンパク質，脂質などの加水分解にかかわる遺伝子や，PKS（polyketide synthase），NRPS（non-ribosomal peptide synthetase），チトクローム P450 など，多数の二次代謝系にかかわるタンパク質をコードする遺伝子が見いだされた．また，二次代謝系遺伝子の多くは，これまでにも報告されていたように，特定の二次代謝物質の合成にかかわる一連の代謝系遺伝子，転写制御因子，トランスポーターなどが多くの場合クラスターをなしていることが確認された．

黄麹菌のゲノム解析では，同時期にゲノム解析がなされた *A. nidulans* や *A. fumigatus* との比較により，黄麹菌はこれらの 2 種よりも 25% ほど大きなゲノムサイズを有していることが明らかとなった．また，このゲノムサイズの増加によって，加水分解酵素や代謝系の遺伝子が増加していることが明らかとなった．黄麹菌のゲノムから予測された黄麹菌に特異的に数が増加している遺伝子についての進化的な検討により，黄麹菌が有するこれらの遺伝子の相同遺伝子同士の進化距離は，*A. nidulans* など，他の *Aspergillus* が有するオルソログとの進化距離よりも大きいことが明らかとなった．もし，黄麹菌のこれらの遺伝子が遺伝子重複によって生じたもの（パラログ）であるとすれば，黄麹菌内の対応する遺伝子に対する進化的距離のほうが近くなるのが一般的である．しかし，黄麹菌の場合には，種間の遺伝子の進化的距離に比較して種内の対応する遺伝子間の配列の違いのほうが相当に大きく，ほぼ Eurotiomyces と Sordariomycetes の間の距離に相当する．遺伝子重複が起こった後に，一方の遺伝子だけに大きな変異が生じることはよく知られているが，上記の増加した遺伝子については，多数の遺伝子で同程度の変異が生じていること，これらの遺伝子がゲノム上にモザイク状に分布していることなどから，大規模な水平伝播によって他の種から獲得された可能性が高いと考えられている．黄麹菌と近縁関係にある *A. niger* も麹菌と同様に比較的大きなゲノムサイズを有するが，遺伝子増幅の状況は黄麹菌の場合とよく似ている．また，いくつかの真菌のゲノムから予測されたオルソログの解析によって，この領域は種によって多様性が高い領域であることがわかった．

この領域の代謝系遺伝子には二次代謝系遺伝子

■表13.1.1 ゲノム解析が完了した主な菌類（遺伝子数などは2012年1月現在）

種　名	ゲノムサイズ（Mb）	予測遺伝子数	主な研究機関
Botrytis cinerea	42.66	16,448	Broad Institute
Aspergillus awamori	34		製品評価技術基盤機構（ドラフト）
Aspergillus clavatus	27.86	9,121	J. Craig Venter Insitutute
Aspergillus flavus	36.89	13,485	J. Craig Venter Insitutute
Aspergillus fumigatus	29.38	9,916	J. Craig Venter Insitutute
Aspergillus nidulans	30.07	10,506	Broad Institute
Aspergillus niger (CBS 513.88)	33.9	10,785	Gene Alliance/DSM
Aspergillus niger (ATCC 1015)	37.2	11,200	DOE Joint Genomic Institute
Aspergillus oryzae	37.12	12,336	製品評価技術基盤機構
Aspergillus terreus	29.33	10,406	Broad Institute
Candida albicans	14.4	6,160	Broad Institute
Candida albicans (SC5314)	27.8	16,094	Stanford Genome Technology Center
Candida glabrata	12.3	5,499	Center For Biological Sequences
Coprinopsis cinerea (*Coprinus cinereus*)	36.3	13,342	Broad Institute
Cryptococcus neoformans (Serotype A)	18.87	6,967	Broad Institute
Fusarium verticillioides	41.78	14,169	Broad Institute
Fusarium graminearum	36.45	13,321	Broad Institute
Fusarium oxysporum	61.36	17,708	Broad Institute
Kluyveromyces lactis	10.6	5,327	Genoscope
Kluyveromyces waltii	10.6	5,214	Broad Institute
Magnaporthe oryzae	41.0	12,827	Broad Institute
Neosartorya fischeri	32.55	10,678	J. Craig Venter Insitutute
Neurospora crassa	39.23	10,237	Broad Institute
Pichia stipitis	15.4	5,839	Joint Genome Institute
Podospora anserina	35.7	9,822	Institute de Genetique et Microbiologie
Postia placenta	90.9	9,087	DOE Joint Genomic Institute
Puccinia graminis	88.7	21,073	Broad Institute
Rhizopus oryzae	46.09	17,459	Broad Institute
Saccharomyces cerevisiae (S288C)	12.2	6,281	Sanger Centreなど
Schizosaccharomyces pombe	12.6	5,845	Sanger Centreなど
Trichoderma reesei	34.5	9,997	DOE Joint Genomic Institute
Ustilago maydis	19.68	6,522	Broad Institute
Yarrowia lipolytica	20.5	7,357	Center For Biological Sequences
協会7号酵母	11.9	6,209	製品評価技術基盤機構（実施中）

以下のURLの記載から抜粋.
http://www.broadinstitute.org/scientific-community/science/projects/fungal-genome-initiative/status-fgi-projects
http://www.broadinstitute.org/annotation/genome/aspergillus_group/GenomeStats.html
http://www.ncbi.nlm.gov/genome/browse

も含まれるが，それらはEST解析や，DNAマイクロアレイを用いた解析の結果，黄麹菌では，通常の液体培養，プレート培養や日本の発酵工業で用いられている固体培養（コウジ）など，試されたすべての培養条件においてほとんど発現していないことが明らかとなった．一方，同じ領域に存在する遺伝子であっても，細胞外に分泌されると予測される加水分解酵素遺伝子の中には，固体培養で誘導されて高い発現強度を示すものもあり，黄麹菌が発酵産業に対して優れた性質を有する理由の1つではないかと想像される．最近になって，黄麹菌と進化的にきわめて近縁関係にある *Aspergillus flavus* のゲノム解析が行われ，黄麹菌との比較解析の結果，それぞれの種に特異的に存在する遺伝子は200～300個程度であることが明らかとなった．*A. flavus* が生産する代表的なマイコトキシンであるアフラトキシンの生合成にかかわる遺伝子クラスターと相同性の高い領域が黄麹菌にも存在するが，*A. flavus* と異なり，黄麹菌の場合にはそれらの遺伝子の発現がほとんど認められない．また，発酵産業に使われている黄麹菌ではその大部分が欠失していることがわかっている．黄麹菌の発酵産業での利用が進んでいく過程で，このような重要な性質が獲得されたと推定される．*A. niger* や *A. awamori* の場合にも，発酵産業への利用の過程で同様の変異が生じたものと推測される．加水分解酵素や二次代謝物は産業的な利用価値が高いが，発現のメカニズムは複雑であり，産業株と野外で採集した株の比較は重要な情報を与えると期待される．**（小池英明・町田雅之）**

＊引用文献

1）Goffeau A, et al. (1996) Science 274 : 546, 563-567
2）Galagan JE, et al. (2003) Nature 422 : 859-868
3）Galagan JE, et al. (2005) Nature 438 : 1105-1115
4）Machida M, et al. (2005) Nature 438 : 1157-1161
5）Nierman WC, et al. (2005) Nature 438 : 1151-1156
6）Pel HJ, et al. (2007) Nat Biotechnol25 : 221-231

＊参考文献

今中忠行（2004）ゲノミクス・プロテオミクスの新展開，エヌ・ティー・エス，東京
村上英也（1985）麹学．日本醸造協会，東京
宍戸和夫（2002）キノコとカビの基礎科学とバイオ技術，アイピーシー，東京

13.2 染色体

菌類や偽菌類の染色体は高等動植物の染色体と比べてはるかに小さいが，その構成成分や構造は基本的には同じである．顕微鏡による形態学的研究はやや立ち遅れているものの，分子生物学的な解析は進んでおり，出芽酵母や分裂酵母の染色体は真核生物の染色体研究のモデルとなっている．

13.2.1 染色体の基本構造

染色体の主要構成要素は1本の長大なDNA分子とヒストンなどの塩基性タンパク質で，これにRNAや他のタンパク質が加わって染色体ができている．染色体構造の基本単位は，4種類のヒストン分子（H2A，H2B，H3，H4）が各2分子ずつ集まってできたコア粒子にDNA鎖が約2回巻きついたヌクレオソームである．各ヌクレオソーム間はリンカーDNAとヒストンH1によって連結されて直径10 nmのヌクレオソーム繊維になり，次いでそれが巻かれて直径30 nmのクロマチン繊維ができ，さらに2段階以上の折り畳みを経て凝集した染色体となる．ヒストンのアミノ酸配列はH1を除くと進化的によく保存されているが，H1は種によって異なり，出芽酵母や分裂酵母，卵菌類の*Achlya*などではH1の存在は確認されていない．リンカーDNAは一般に菌類では動植物よりも短く，酵母類やアカパンカビ（*Neurospora crassa*）で約20～30 bp，細胞性粘菌で50 bpという報告がある．

染色体には機能面で必須の3領域，すなわち，染色体の運動・分配にかかわるセントロメア，末端部を保護するテロメア，DNAの複製に必要な複製起点がある．セントロメアにはCENPと呼ばれるタンパク質群を含む多数の特異的タンパク質が集合して3層構造のキネトコア（動原体とも呼ぶ）を形成し，その最外層で微小管と結合して染色体の動力を生み出している．高等動植物では複数の微小管がキネトコアに結合するが，菌類・偽菌類では1本の場合が多い．また，多動原体型やホロセントリック型の染色体は知られていない．興味深いことに，セントロメアは種間に共通性はない．たとえば，出芽酵母の各染色体のセントロメアは220～250 bpで，類似する単純な非反復性構造を有するのに対し，分裂酵母の3本の染色体のセントロメアはその100倍以上のサイズ（40 kb，69 kb，110 kb）で，互いに異なる反復構造をもっている．出芽酵母類は例外として，一般には菌類・偽菌類のセントロメアは複雑な反復構造やトランスポゾンから構成されていると考えられている．テロメアは，特殊な反復配列（テロメアリピート）およびそれに結合するタンパク質群からなる染色体末端領域とその内側のサブテロメア領域から構成される．糸状菌類のテロメアリピートは脊椎動物と同じくTTAGGGを反復単位とするものが多いが，酵母類の反復単位はきわめて多様である（たとえば，パン酵母は$T(G)_{2\sim3}(TG)_{1\sim6}$，分裂酵母は$TTAC(A)_{2\sim5}G$）．また，細胞性粘菌のキイロタマホコリ（*Dictyostelium discoideum*）では，rDNA様の配列がテロメア配列であると推定されている．テロメアリピートの全長は生物種によって異なり，菌類の場合は長いものでもせいぜい数百bpである．複製起点に関しては，出芽酵母で100 bp程度の特別な配列が同定されているが，他の菌類ではそのような配列の存在は知られていない．

染色体は長軸に沿ってクロマチン繊維の凝縮程度に基づく高次構造が見られ，凝縮度の高い部位をヘテロクロマチン（異質染色質ともいう），その他の部位をユークロマチン（真正染色質ともいう）と呼ぶ．特に，セントロメアの近傍やサブテロメア領域は恒常的に凝縮した構成的ヘテロクロマチンの構造をとり，ヒストンH3の9番目のアミノ酸リジン（H3K9）のメチル化とそれを認識するHP1ファミリータンパク質が局在するという特徴が見られる．ヘテロクロマチンは繰り返し配列やトランスポゾンを含み，遺伝子の発現調節や染色体の構造維持に重要な役割を果たしている.

13.2.2 体細胞染色体

菌類・偽菌類の多くの種で核分裂時に出現する体細胞染色体の光学顕微鏡観察が可能である. 染色体標本の作製には, 菌類や卵菌類では押し潰し法や発芽管破裂法, 変形菌や細胞性粘菌に対しては空気乾燥法あるいは火焔乾燥法が用いられる. 染色は, 以前は酢酸カーミン, 酢酸オルセイン, フォイルゲン, ギムザ, 鉄ヘマトキシリンなどを用いたが, 現在ではDAPIなどのDNA特異的蛍光試薬で染色して蛍光顕微鏡で観察することが多い. 一般に中期像の出現頻度は低いので, 核分裂を中期で停止させる効果のある微小管重合阻害剤（ベンズイミダゾール系薬剤など）や温度感受性変異株を用いて中期像の頻度を人為的に高めることもある.

光学顕微鏡で観察される菌類・偽菌類の体細胞中期染色体は, 核から放出・展開させた染色体標本の場合であってもせいぜい数 μm 以下であり, 顕微鏡の分解能に近いサイズであることも珍しくない. 押し潰し法の場合, 染色体は核膜を保持した核内にあって顆粒～卵形の形状を示すことが多く, 個々の染色体の形態的特徴を見いだすのは難しい. また, 分裂中期から後期にかけて数珠状につながる染色体像が見られることがあり, それを根拠にして菌類の染色体や核分裂が特殊であるとする説があったが, 今日では否定されている（3.1節参照）. 一方, 空気乾燥法や発芽管破裂法による標本では, 長～短桿状の染色体像が得られ, 核型解析も可能である. 高等動植物で常法となっている染色体の分染は, ギムザ染色や蛍光染色を用いた2, 3の例があるが, 一般的には困難である.

体細胞染色体の微細構造については, 透過型あるいは走査型電子顕微鏡観察によって中期染色体のキネトコアの構造が動植物と同様であることや折り畳み構造中に30 nm クロマチン繊維が存在することがわかっている.

13.2.3 減数分裂染色体

減数分裂染色体は子嚢菌, 担子菌, 卵菌で観察されており, アカパンカビやウシグソヒトヨタケ（*Coprinopsis cinerea*）などで分裂各期の染色体の形態や行動が詳細に研究されている. 光学顕微鏡観察では, 化学固定した試料（子嚢, 担子器, 造卵器, 造精器）を酢酸オルセイン, フォイルゲン, 鉄ヘマトキシリンなどで染色し, 押し潰し法で標本を作製する. また, 酵母の場合は空気乾燥法で作製した標本を蛍光顕微鏡で観察する. 染色体は減数分裂の第一分裂と第二分裂の両方で観察できるが, 真正子嚢菌や担子菌では第一分裂前期のパキテン期（太糸期, pachytene stage）が染色体の形態的特徴を調べるのに最も適している. これは, 相同染色体が全長にわたって対合した二価染色体がこの時期にはやや伸張状態にあり, 染色体長, 染色小粒の有無, 核小体形成体部位などの特徴が他の分裂時期よりも明瞭に観察できるからである. 一方, 酵母や卵菌ではパキテン期染色体の光学顕微鏡による観察例はまれで, 第一分裂中期の二価染色体に関して報告が集中している. 菌類・偽菌類における減数分裂染色体の微細構造はまだよくわかっていないが, パキテン期のシナプトネマ複合体(シナプトネマ構造とも呼ばれる, synaptonemal complex)（3.2節参照）が真核生物に典型的な3層構造からできていることが明らかにされている.

13.2.4 核　型

ゲノムの染色体構成を染色体数や染色体の形態で表したものを核型（karyotype）といい, 顕微鏡観察に基づく細胞学的核型と電気泳動によって分析する電気泳動核型がある. 細胞学的核型は, 通常は体細胞染色体や減数分裂染色体を光学顕微鏡で観察して決定するが, 染色体のかわりに減数分裂パキテン期のシナプトネマ複合体（SC）を透過型電子顕微鏡で観察する（連続超薄切片を用いて核内のSCを三次元的に再構築する手法とSCを膜上に表面展開する手法がある）こともある．一方，電気泳動核型はアガロースゲル電気泳動法の一種であるパルスフィールドゲル電気泳動法（DNAの分離能は約10 Mb～<100 kb）を用いてゲル上に体細胞の染色体DNAをバンドとして分離し，DNAバンドのサイズと数を解析することによって得られる．電気泳動核型解析は技術的に容易であることや染色体の物理的サイズをDNAの塩基対数で測定できることなどから，現在では新たに実施される核型解析のほとんどが電気泳動核型解析によっている．菌類・偽菌類で核型がよく調べられているものには，キイロタマホコリ（n=6，染色体サイズは約4 Mb～9 Mb），アカパンカビ（n=7，約4 Mb～約10 Mb），ウシグソヒトヨタケ（n=13，約1 Mb～約5 Mb），出芽酵母（n=16，約200 kb～2.2 Mb），分裂酵母（n=3，3.5 Mb～5.7 Mb）などがある．また，これまでの報告をまとめると，酵母類と核型が未確定のものが多い偽菌類を除けば，子嚢菌や担子菌の染色体数はn=4～20前後，染色体サイズは約200 kb～約10 Mbである（ゲノムサイズは13.1節参照）．

核型は種内において1つの型に固定されているわけではなく，染色体のサイズや数に関する多型が普遍的に存在する．これらの核型多型は，染色体の構造的再編，常染色体の異数性，過剰染色体のゲノムへの付加などが原因で生じる．特に過剰染色体については，動植物のB染色体と同様に遺伝的に不活性のものもあるが，病原性にかかわる遺伝子が座乗するCD（conditionally dispensable）染色体と呼ばれる特殊な過剰染色体も植物病原菌で見つかっている．なお，植物と同様に染色体数がゲノム単位で変化した倍数性の変異も菌類・偽菌類で見つかっており，卵菌類*Phytophthora infestans*では野外集団中に三倍体や四倍体系統が高頻度で存在するとされている．　**（多賀正節）**

＊参考文献

福井希一ほか 編著（2006）クロモソーム：植物染色体研究の方法．養賢堂，東京

Loidle J（2003）Int Rev Cytol 222 : 141-196

Lu, BCK（1996）Chromosomes, mitosis, and meiosis. Fungal genetics principles and practice（Bos CJ, ed.）. Marcel Dekker, New York, pp119-176

多賀正節（2007）生物の科学遺伝 62（7）: 84-90

田中健治（1986）菌類の細胞学．微生物細胞学Ⅱ（田中健治編）．共立出版，東京，pp53-126

Walz M（2004）Electrophoretic karyotyping. Genetics and biotechnology（The Mycota vol II, Kück U, ed.）, 2nd ed. Springer, Berlin, pp53-70

Sumner AT（2003）Chromosomes, organization and function. Blackwell, Malden

13.3 遺伝子

13.3.1 核内遺伝子

核内遺伝子の機能は，酵母や*Aspergillus nidulans*，アカパンカビ（*Neurospora crassa*）などモデル生物の生化学的，分子生物学的な研究から明らかとされたものが多い．特に酵母は単細胞であり，また古典的な遺伝学の実験も可能であったため，真核生物全体のモデルとして多くの遺伝子の機能が研究され明らかにされた[1)]．糸状菌（カビ，キノコ）の遺伝子は酵母のものに顕著な相同性をもつものも多く，酵母で機能が明らかな遺伝子の情報は，菌類全体の遺伝子の機能の推定に有用である．一方，黄麹菌など産業上有用な種では，それぞれ産業での利用と関連の深い遺伝子の研究が進められた．たとえば麹菌由来のアミラーゼは古くからの研究対象であり，19 世紀にはタカアミラーゼが商品化されたことは象徴的である．これ以外にもプロテアーゼ，ペクチナーゼなど利用価値が高い酵素や，近年ではバイオマスの分解に利用されるセルラーゼも菌類に由来している．

ゲノム解析が進むにつれ，異なる属の菌間では同一の祖先から進化したと考えられる遺伝子（オルソログ）にコードされるタンパク質であっても，アミノ酸配列の保存性は低いことが明らかになってきた．一例としてイネいもち病菌（*Magnaporthe oryzae*）とアカパンカビは比較的近縁と考えられるが，オルソログがコードするタンパク質の間でもアミノ酸配列の保存性は 50％を切る程度である．同属の種同士の場合でも，アスペルギルス属の 4 種，*A. nidulans*，黄麹菌（*A. oryzae*），*A. fumigatus*，*A. niger* では，オルソログにコードされるタンパク質同士のアミノ酸の保存性は 7 割程度である．

酵母の 6,600 個の遺伝子では，72％の遺伝子の機能が確認されているが，16％近くの遺伝子は機能がまったくわからず，12％の遺伝子はあいまいな機能しか推定されていない．糸状菌の場合は機能未知の遺伝子の割合がさらに高いが，酵母で機能が既知の遺伝子と相同性をもつ遺伝子の多くは，相同性検索によって機能が推定できる．たとえば黄麹菌の約 12,000 個の遺伝子のうち，約 3,300 個は酵母の遺伝子のオルソログと推定される．残りの 3/4 の遺伝子は，酵母遺伝子との相同性からは機能がわからず，約半数は酵母以外の遺伝子にもアミノ酸配列の相同性を示さないため機能の推定は困難であるが，他のタンパク質との弱い相同性や，特定の機能をもつタンパク質に特徴的に保存される短いアミノ酸配列モチーフによって，ある程度の機能推定は可能である．また分泌されるタンパク質の場合は，タンパク質の局在化に使われる特徴的なシグナル配列をもとにして，分泌型かどうかを推定することが可能である．出芽酵母の場合には約 5% が，分裂酵母の場合には約半数の遺伝子がイントロンをもっているとされているが，糸状菌の場合には約 80 ～ 90％がイントロンをもっていると予測されている．また，イントロンの長さは例外的に長いものも存在するが，ほとんどは 50 ～ 150 塩基程度である．

黄麹菌ゲノムの場合では，同時期にゲノム配列が決定された同属の 2 種 *A. fumigatus*, *A. nidulans* と比較して，ゲノムサイズが 25％程度大きいことが特徴的であった[2)]．黄麹菌ゲノムの解析から，糖代謝や二次代謝にかかわる遺伝子が多く，たとえば幅広い基質の酸化還元にかかわるチトクローム P450 遺伝子は 140 個以上もあることがわかった．細胞外で働くタンパク質の分解酵素も 130 以上と多く，同属の 2 種と比較しても黄麹菌だけがもつ種類も多い．たとえば，酸性領域で働くと考えられるプロテアーゼは黄麹菌だけに見られるものが多数存在する．膜を通しての低分子物質の輸送体が多いことも特徴的である．これは麹菌が長年にわたって醸造で利用され選択されてきたことに関係するのかもしれない．

糸状菌のゲノム情報を菌の生活様式と併せて考えると，それぞれの菌の環境適応が遺伝子の数や種類に反映されているようである．一般に菌類は腐生菌と病原菌とに分けることができる．腐生菌と違い，病原菌は生きている宿主に感染し，さらに宿主の防御反応に対抗しながら，宿主の組織を分解して栄養を摂取する必要がある．植物病原菌では，セルラーゼ，クチナーゼ，ペクチン分解酵素など植物の細胞壁を分解する酵素やレクチン用ドメインをもつタンパク質が多いことが特徴的である．また一般的には，病原菌には二次代謝産物の産生にかかわる遺伝子（ポリケチド合成酵素，非リボソームペプチド合成酵素など）が多いことも特徴的である．これらのいくつかは植物への感染時期の特定の段階での発現が確認されているものもあり，生活環とのかかわりが指摘されているものもある．黄麴菌は長い食文化の歴史をもち，また近年では科学的にも安全性が証明されてきた菌である．黄麴菌も二次代謝にかかわる遺伝子を多くもつが，これらがほとんど発現していないことはゲノム解析ではじめてわかったことであった．近縁の生物には植物に日和見感染する *A. flavus* があり，もともとは黄麴菌は植物病原菌由来であった可能性も想像されている．これまでに，黄麴菌をはじめ，100 種を超える真菌のゲノム解析がなされている．配列は米国の National Center for Biotechnology Information（http://www.ncbi.nlm.nih.gov/）のデータベースからも取得可能である．

多くの菌類のゲノム配列が明らかにされたことにより，活性を指標にした遺伝子のクローニングなどの従来の研究方法とは異なった逆遺伝学的なアプローチが可能になった．これにより発現量の少ない遺伝子も，たとえば破壊による表現型の観察が可能になり，機能解明の効率が上がることが期待される．従来，菌類の場合は，遺伝子を導入しても非相同的な組換えがほとんどであり，特異的な遺伝子の変異が難しかった．しかし，最近，任意の遺伝子の相同組換えによる破壊が多くの糸状菌で容易にできるようになった．これは最初アカパンカビなどで，非相同組換えにかかわる遺伝子 *ku*，*ligD* が特定されたことによるものである．これらの遺伝子の破壊によって，非相同組換えは阻害され，相同組換えの効率が著しく上昇する．黄麴菌など他の多くの糸状菌でも同様の機構が保存されており，*ku*，*ligD* の変異株を宿主とすることにより部位特異的な遺伝子の組換え（targeting）が可能になった．このシステムを使って，任意の遺伝子およびプロモーターの改変も可能であり，外来の遺伝子を含め，特定のタンパク質を高発現する，あるいは特定の遺伝子を破壊することが可能となった．すでに黄麴菌や *A. nidulans*，*A. fumigatus* でも *ku*，*ligD* の変異株を宿主として網羅的な遺伝子破壊のプロジェクトが進行中であり，糸状菌の遺伝子機能は，今後加速的に理解されていくと期待される．　　（小池英明・町田雅之）

＊引用文献

1）Goffeau A, et al.（1994）Nature 369 : 101-102
2）Machida M, et al.（2005）Nature 438 : 1157-1161

＊参考文献

Galagan JE, et al.（2005）Genome Res 15 : 1620-1631
西村麻里江ほか（2008）化学と生物 46 : 32-40

13.3.2 核外遺伝子

菌類細胞における核外遺伝子は，ミトコンドリア（mitochondria）ゲノム DNA およびプラスミド（plasmid）DNA に存在し，核 DNA に組み込まれず自律的に複製する．

1）ミトコンドリアゲノム

菌類ミトコンドリアゲノムは，例外的に線状のものも報告されているが，多くは環状 DNA 分子である（表 13.3.1）．一般にミトコンドリアゲノム DNA は 1 つのミトコンドリアに数コピー存在する．ミトコンドリアゲノム DNA の分子サイズは哺乳類と同程度のもの（18 kb）からその 8 倍近い 120 kb を超えるものまでさまざまである．現在（2009 年）までに，30 種以上の菌類ミトコンドリ

■表13.3.1 菌類ミトコンドリアゲノム

種 名	分類群	大きさ(bp*)	形	ORF**	rRNA /tRNA	遺伝コード***	文 献
〈糸状菌〉							
Allomyces macrogynus	ツボカビ類	57,473	環状	27	2/25	U	1
Rhizopus stolonifer	接合菌類	54,178	環状	19	2/24	U	1
Neurospora crassa (アカパンカビ)	子嚢菌類	64,840	環状	30	2/27	S	2
Podospora anserina	子嚢菌類	100,300	環状	50	2/27	S	3
Schizophyllum commune (スエヒロタケ)	担子菌類	49,704	環状	20	2/24	U	1
〈酵母〉							
Saccharomyces cerevisiae (パン酵母)	子嚢菌類	85,779	環状	22	2/24	Y	4
Saccharomyces pombe (分裂酵母)	子嚢菌類	19,431	環状	10	2/25		1

*: base pair (塩基対)
**: 100アミノ酸以上からなるポリペプチドをコードするもの(既知タンパク質を含む)
***: U (ユニバーサルコード), S (UGAがトリプトファンをコード), Y (AUAがメチオニン, CUNがスレオニン, UGAがトリプトファンをコード)

■表13.3.2 ミトコンドリアプラスミド

プラスミド名	種 名	分類群	大きさ(bp)*	ORF**	遺伝子	文 献
線状ミトコンドリアプラスミド						
pKalilo	*Neurospora crassa*	子嚢菌類	8,642	2	DNA/RNA	5
pMaranhar	*Neurospora crassa*	子嚢菌類	7,052	2	DNA/RNA	6
pC1K1	*Claviceps purpurea*	子嚢菌類	6,752	2	DNA/RNA	7
pEM	*Agaricus bitorquis*	担子菌類	5,810	2	DNA/RNA	8
PMLP1	*Pleurotus ostreatus*	担子菌類	10,641	3	DNA/RNA	9
環状ミトコンドリアプラスミド						
pMauriceville	*Neurospora crassa*	子嚢菌類	3,581	1	逆転写酵素	10

*: base pair (塩基対)
**: 100アミノ酸以上からなるポリペプチドをコードするもの

アゲノムの全塩基配列が決定されている. それぞれのゲノムが保有する遺伝情報量はゲノムサイズの大小にかかわらずほぼ同程度であり, ゲノムサイズの違いはイントロンの数と大きさによるところが大きいことが判明している.

ミトコンドリアを構成するほとんどのタンパク質は核ゲノム上の遺伝子にコードされており, ミトコンドリアゲノム上の遺伝子は少数である. その中で, 既知タンパク質をコードする遺伝子の構成は菌類全般に共通しており, シトクロム酸化酵素サブユニット遺伝子, NADH脱水素酵素サブユニット遺伝子, ATP合成酵素サブユニット遺伝子, シトクロムbアポタンパク質遺伝子が基本である. 例外的に, パン酵母 (*Saccharomyces cerevisiae*) ミトコンドリアゲノムはNADH脱水素酵素サブユニットを欠き[4], 子嚢菌類タマホコリカビ目の一種 (*Podospora anserina*) のミトコンドリアゲノムはATP合成酵素サブユニット9遺伝子を欠く[3]. そのほか, イントロン上に逆転写酵素およびエンドヌクレアーゼ遺伝子が存在する場合や機能未知のオープンリーディングフレーム (ORF) が存在する例が知られている. 各遺伝子の大きさはイントロンの量の差で菌種によって著しく異なるが，エキソン部分の大きさは同程度であり，塩基配列の相同性も高い．しかし，ゲノム内における遺伝子の並び順については近縁種間でも異なっていることが多い．

ミトコンドリアには独自のタンパク質合成系が備わっており，そのためのRNA遺伝子（大サブユニットリボソームRNA（LrRNA），小サブユニットリボソームRNA（SrRNA））および転移RNA（tRNA）がミトコンドリアゲノムにコードされている（表13.3.1）．LrRNAとSrRNAは各1コピー存在し，その大きさは哺乳類ミトコンドリアのものより大きく，大腸菌rRNAと同程度である．tRNAの多くはクラスターを形成している．たとえば，*P. anserina*[3]ではThr, Glu, Leu1, Ala, Phe, Leu2, Gln, His, Met2のクラスター，Lys, Gly1, Asp, Ser2, Trpのクラスターが存在している．このことは哺乳類ミトコンドリアゲノムではtRNAが散在していることと対照的である．

翻訳コードはユニバーサルコードに加え，独自のコードが存在する．たとえば，子嚢菌類のアカパンカビ（*Neurospora crassa*）[2]と*P. anserina*[3]では，UGAコドンが停止コドンではなくトリプトファンをコードする．また，パン酵母では，AUAコドンはイソロイシンでなくメチオニンをコードする．

2)　ミトコンドリアプラスミド

菌類ミトコンドリアに存在するプラスミドは30種以上確認されている．これらは核およびミトコンドリアゲノムとは独立した自己複製系により増殖している．表13.3.2に示す典型例のように，線状あるいは環状構造をとるものが確認されている．

線状プラスミドの大きさは1 kb未満から10 kbを超えるものまでさまざまである．線状プラスミドは両端に逆位反復配列をもち，その5′末端にはタンパク質が結合している．プラスミド配列の中にはDNAポリメラーゼ，RNAポリメラーゼがコードされ，複製では5′末端タンパク質をプライマーとしてDNAポリメラーゼにより複製される．このような構造は線状DNAファージと類似している．配列には1～2個のORFが確認されているがミトコンドリアゲノムと相同な配列を有する例以外は機能未知である．ミトコンドリアプラスミドと宿主菌の形質の関係についてはほとんど明らかにされていないが，菌株の寿命や感染性などに密接にかかわっている例が知られている．たとえば，アカパンカビのpKaliloでは，老化（senescence）との関係が明らかにされている．これはプラスミド配列がミトコンドリアゲノムに挿入される結果，ミトコンドリア遺伝子に異常を生じることが原因と考えられている．ミトコンドリアプラスミドの存在はミトコンドリアの起源を考える上で，またその自律複製機能は遺伝子工学的利用の点からも興味深い．

（松本晃幸）

＊引用文献

1）Paquin B, et al.（1997）Curr Genet 31：380-395
2）Griffiths AJ, et al.（1995）Microbiol Rev 59：673-685
3）Cummings DJ, et al.（1990）Curr Genet 17：375-402
4）Foury F, et al.（1998）FEBS Lett 440：325-331
5）Chan BS, et al.（1991）Curr Genet 20：225-237
6）Court DA, Bertrand H（1992）Curr Genet 22：385-397
7）Oeser B, Tudzynski P（1989）Mol Gen Genet 217：132-140
8）Robison MM, et al.（1991）Curr Genet 19：465-502
9）Kim EK, et al.（2000）Curr Genet 38：283-290
10）Nargang FE, et al.（1984）Cell 38：441-453

＊参考文献

Kennell JC, Cohen SM（2004）Handbook of fungal biotechnology. Marcel Dekker, New York, pp131-144

13.4 遺伝分析法

13.4.1 交配

1) 偽菌類

偽菌類（基礎編 1.8 節参照）において交雑実験による遺伝解析が行われているのは，卵菌類では数種の疫病菌 *Phytophthora* spp.，ピシウム菌 *Pythium* spp.，レタスべと病菌 *Bremia lactucae*，変形菌（真正粘菌）ではモジホコリ *Physarum polycephalum* などである．また，細胞性粘菌のキイロタマホコリ *Dictyostelium discoideum* では準有性生殖（5.4 節参照）に基づく解析が行われる．

(1) 卵菌類

卵菌類の菌糸体は基本的には二倍体（1.8.7 項参照）であり，交雑実験では接合子に相当する卵胞子を単離・発芽させて遺伝子型や表現型を調べる．卵胞子は厚壁の耐久性胞子で，発芽させる際に酵素処理による細胞壁の部分溶解を必要とすることがある．たとえばジャガイモ疫病菌 *P. infestans* の交配実験は次のように行う．

①異なる交配型（A1 と A2）の両親株を V8 液体培地で 2 週間程度静置混合培養し，卵胞子を形成させる．②卵胞子を含む菌糸体をミキサーで破砕し，卵胞子を菌体から切り離す．③孔径 50 μm のナイロンフィルターでろ過して菌糸の残渣を除去する．④ろ液を遠心分離し，卵胞子を沈殿として回収する．⑤卵胞子を酵素溶液（セルラーゼ，ライジングエンザイムなど）に 1 時間浸漬し，発芽処理と残存菌糸の溶解・除去を行う．⑥遠心分離して卵胞子を回収し，平板培地（細菌の混入・増殖防止のために抗生物質を添加）で 1 週間培養して発芽を確認する．⑦発芽した卵胞子を培養して菌糸体（交雑の子孫世代に相当する）を形成させ，表現型や遺伝子型の解析を行う．

なお，卵胞子の発芽率は交配する菌株の組合せによって大きく異なる．また，どちらか一方の親株が単独で卵胞子を形成する場合もあるので注意が必要である．

遺伝マーカーとしては，*Phytophthora* 属菌では薬剤耐性や栄養要求性の突然変異遺伝子に加えて，アイソザイム多型や RAPD，AFLP，マイクロサテライトなどの DNA 多型マーカーが利用可能である．最近では，DNA 多型マーカーを用いた詳細な連鎖地図がつくられ，交配型遺伝子や病原性関連遺伝子の地図上へのマッピングが可能となっている．

(2) 細胞性粘菌

D. discoideum では，一倍体の無性繁殖細胞を融合させてつくった二倍体細胞が準有性生殖環によって再び一倍体に戻る際の体細胞組換えを利用して遺伝解析を行う．手順は次のとおりである．

①相補的な選抜マーカーを付与した 2 種類の一倍体細胞を液体培地に混合接種して振とう培養する．②細胞を希釈して選択培地に接種し，培地上に出現した二倍体融合細胞を単離する．③二倍体細胞をベノミルあるいはチアベンダゾール（これらの薬剤は，微小管形成を阻害して核の単相化を促進する）を添加した栄養培地に接種し，半数体のコロニーを形成させる．④コロニーを単離して遺伝子型を調べる．手順①の選抜マーカーとしては，温度感受性変異，食性（枯草菌の利用能），放射線感受性，栄養要求性，薬剤抵抗性などが用いられ，④のデータから遺伝子の連鎖関係や動原体との相対的距離が推定できる．なお，新規の遺伝子の解析を容易にするため，各連鎖群にマーカー遺伝子をもたせたテスター株がつくられている．

（秋野聖之・多賀正節）

＊参考文献

Shaw DS (1988) The *Phytophthora* species. Genetics of plant pathogenic fungi (Advances in plant pathology, Vol6. Sidhu G, et al., eds.). Academic Press, London, pp27-51

柳沢嘉一郎 (1982) 粘菌類. 微生物学遺伝実験法（遺伝学実験法講座 3，石川辰夫 編）. 共立出版，東京，pp133-150

2) 接合菌

(1) 接合菌における交配の特徴

接合菌にはホモタリズム (homothallism) の種とヘテロタリズム (heterothallism) の種が存在するが, 遺伝分析に供する交配 (接合) は実際的には後者を用いて行われる. 一般に交配は, 異性間の細胞質融合 (プラスモガミー), 核融合 (カリオガミー), 減数分裂の3つの過程を通して達成されるが, 接合菌では接合型 (+) と接合型 (−) の間で起こる一連の接合反応 (有性生殖) において, 配偶子嚢 (gametangium) の融合による接合子 (zygote) の形成がプラスモガミーに相当する. このとき配偶子嚢中は多核の状態であるので, 形成される接合子にも多数の核が流れ込むことになる. 接合子は膨大して球形となり, 暗色の外壁が発達して接合胞子 (zygospore) を形成し休眠に入る. 接合胞子の発芽までにカリオガミーによる複相核 (diploid) の形成と減数分裂による単相核 (haploid) 化が起こると考えられるが, 複相化の時期や複相核の形成数そして減数分裂の時期は調べられた種や同じ種でも研究者により結果が異なっている. また, 一般に接合菌における接合過程の進行には, 暗所 20℃やそれ以下の比較的低い温度が適している. ケカビ目に属する接合菌は培養が容易なため最も研究が進んでいる.

(2) ケカビ目ヒゲカビを用いた交配

ヒゲカビ (*Phycomyces blakesleeanus* Burgeff) は, 交配型 (接合型) の存在が最も早くに明らかにされた菌類であり[1], 交配試験も行われたが, 子孫の分離比は不規則でありメンデルの遺伝法則に従わない問題点があった. この不規則性は用いた親株が互いに同質遺伝的でなかったことに起因することが示され, その後, 標準 (−) 株と遺伝的背景が準同質な (+) 株のセットである標準野生株系が確立された[2]. 交配には通常これら由来の系統株群が用いられる.

交配に用いる劣性変異株の単離には胞子嚢胞子 (sporangiospore) が用いられる. 胞子発芽の同調には 48℃, 10 分間の熱処理が有効である. 変異原としては化学物質および X 線や紫外線のような物理的刺激が種々用いられているが, MNNG (*N*-メチル-*N'*-ニトロ-*N*-ニトロソグアニジン, または NTG) の処理により良好な結果が得られている. また, ヒゲカビを含め多核胞子の場合には, 突然変異株の単離効率を高めるために“胞子のリサイクル法”が有効である. ヒゲカビでは胞子嚢胞子のうち 0.3%のみが単核胞子であるため[3], 多くの胞子では1つの核に生じた劣性変異は他の変異を起こしていない核にマスクされてしまう. 変異原処理した胞子プールを再度播種して胞子嚢胞子を回収することで, 多核胞子内に生じた劣性変異を起こした核を単核胞子として回収できる割合を上げることができる. 酸性 (pH 3.2) または界面活性剤 (終濃度 0.02%トリトン X-100) を含む培地を用いると, 菌糸の成長を抑えたコロニーを形成させることができ, 変異株の単離に便利である.

交配試験に先だって, 同じ接合型で同じ変異形質をもつ個体同士間において相補性試験 (complementation test) を行うことで, 少なくともいくつの遺伝子座がその形質に関与しているか推定することができる. ケカビ目の菌類は一般に菌糸間の吻合を行わないので, 人為的な操作により作製したヘテロカリオン (heterokaryon) を利用する. ヒゲカビにおけるヘテロカリオン作製方法には種々の方法が考案されているが, “胞子嚢柄の接ぎ木法”は本菌の特徴を活かした比較的効率も高いユニークな方法である[4]. この方法により, 光屈性変異株や β-カロテン合成変異株が解析された.

交配試験には, まず供したい異性株同士をチアミンを補強したPDA培地にて 4 cm 程離して対峙培養 (暗所, 17℃で 10 日間続いて 22℃で 15 日間) して成熟させた接合胞子を得る. この接合胞子を湿ったフィルターペーパー上に移して明所 22℃で放置すると, 組合せにもよるが 50 日以降に接合胞子から直接1本の生殖胞子嚢柄 (germ-sporangiophore) を生じる. その先端に1つの生殖胞子嚢（germsporagium）をつけ，その中に約1万個の多核胞子を形成する．遺伝分析には“unordered and amplified tetrad analysis”と“random spore analysis”の2つの方法が用いられる．たとえば，接合型（形質）と標的形質の分離比を見るとき，前者ではそれぞれの生殖胞子嚢に由来する胞子から形成される40～80コロニー（酸性または界面活性剤含有培地に形成）を解析する．ただ一組の複相核が正常な減数分裂を行うならば，“両親二型”（parental ditypes：PD），“非両親二型”（non-parental ditypes：NPD）と“テトラ型”（tetra types：TT）の3種類のタイプが生じる．PDとNPDの出現頻度がほぼ同じときには，標的形質の遺伝子は接合型を決定する遺伝子と連鎖していないことになり，PDがNPDよりずっと多く出現するときには，2つの遺伝子は連鎖していることになる．このとき，連鎖している遺伝子座間における組換え率（recombination rate）は次式で計算される．

$$\text{組換え率}(\%) = \frac{\text{NPD} + \text{TT}/2}{\text{PD} + \text{NPD} + \text{TT}} \times 100$$

しかし実際のヒゲカビ（他の接合菌においても原理的に同様）の交配においては上記3種類のタイプに加え，“両親モノ型”（parental monotypes），“組換えモノ型”（recombinant monotypes），“混合二型”（mixed ditypes），そして“混合三型”（tritypes）が生じる．これらのタイプの出現頻度が高い場合には遺伝分析は不可能になる．実際に遺伝的背景が異なる親株間における交配ではこの割合が85%に及ぶ例も知られるが，確立された標準野生株由来の交配では，その割合は抑えられ10%ほどに収まる[2]．このような場合には，生じた不完全四分子において，両親モノ型はPD，組換えモノ型はNPD，混合二型と混合三型はTTと推定できる．

“random spore analysis”では，100個の生殖胞子嚢をひとまとめのプールとし，そのプール由来の胞子から形成される500前後のコロニーを解析する．ただし，胞子の生存率が5%を下回るときには，その組合せでの遺伝分析は行わない．また，遺伝子座に依存した不自然な分離が見られないことを確認する．これらの条件のもとでの組換え率は次式で計算される．

$$\text{組換え率}（\%）= \frac{\text{組換え個体の数}}{\text{発芽個体の総数}} \times 100$$

この方法で算出される値は厳密さに欠けるが，組換え率が低い場合には有用な方法である．これまで29マーカーを用いた解析から，ヒゲカビにおいては11連鎖群が推定されている．**（宮嵜　厚）**

＊引用文献

1）Blakeslee AF（1904）Proc Am Acad Arts Sci 40：205-319
2）Alvarez MI, Eslava AP（1983）Genetics 105：873-879
3）Heisenberg M, Cerdá-Olmedo E（1968）Mol Gen Genet 102：187-195
4）Ootaki T（1973）Mol Gen Genet 121：49-56

＊参考文献

Bergman K, et al.（1969）Microbiol Rev 33：99-157
Cerdá-Olmedo E, Lipson ED（1976）Phycomyces. Cold Spring Harbor Lab, New York
Eslava AP, Alvarez MI（1996）Fungal Genetics. Marcel Dekker, New York, pp385-406
Webster J, Webster RWS（2007）Introduction to Fungi, 3rd ed. Cambridge Univ. Pess, Cambridge, pp165-225

3）酵母の交配方法（出芽酵母）

出芽酵母（*Saccharomyces cerevisiae*）において，a細胞とα細胞を接合させて得た二倍体を胞子形成させて遺伝子の分離を調べることによって交配実験が行われる．

（1）接　合

一倍体細胞は自分自身の性フェロモンと相手方の性フェロモンに対する受容体を常に産生しているので，a細胞とα細胞を栄養培地中で混合すれば接合が始まる．このようにして行う交配法をマスメイティング法という．相手方フェロモンを受容体が認識するとGタンパク質と共役した信号伝達系が活性化され，接合に必要な因子が誘導される．そのとき増殖はG1期で停止し，接合管を伸ばし，相手方細胞と接着，ついで融合する．細胞質の融合直後に核も融合し二倍体の細胞（接合子）ができる．以後，体細胞分裂によって二倍体細胞が増殖する．

接合子はフェロモンに感応した細胞間の融合で生じるので，その形態は一倍体細胞と異なり，a細胞とα細胞の混合培養を顕微鏡観察により接合子を見いだすことによって接合の成否を確認することができる．混合培養を胞子形成培地に移植すれば，培養中に存在する二倍体細胞は減数分裂を開始し，四分子を形成する．

(2) 二倍体細胞の取得

二倍体はサイズが一倍体より大きいことと，形が一倍体細胞よりわずかに細長いことで見分けがつくので，顕微操作によって混合培養の中から二倍体細胞を拾うことができる．交配したいa細胞とα細胞が相補的な遺伝子マーカーをもっている場合，両菌株を栄養培地上で交差するように画線培養した後，二倍体だけが生育できる選択培地にレプリカすることによって二倍体を得ることができる．

胞子と細胞間でも交配可能である．この交配法は増殖に必須な遺伝子の破壊株を一方の親とする交配実験において，次のような手順で行われる．(1) 破壊された必須遺伝子に関するヘテロ二倍体を胞子形成させ，(2) 子嚢壁を酵素によって溶解し胞子を遊離させる．(3) 胞子と相手方一倍体細胞を栄養培地中で混合し，約5時間置いた後，適当な選択培地に塗布する．

(3) 胞子形成と胞子の分離

二倍体細胞を胞子形成培地（1%酢酸カリ培地がよく用いられる）に塗布することにより胞子形成が誘導される．生じた子嚢胞子はマイクロマニピュレーターを用いて分離したり，適当な寒天平板にプレートし胞子クローンを分離し，遺伝分析に用いる．

（東江昭夫）

4) 子嚢菌

生物群内の遺伝的多様性は，主に突然変異によって生じた新たな型が交配によって群内に分配されることで維持されると考えられている．子嚢菌でもこれは例外ではない．

(1) 交配様式

子嚢菌の交配様式は，大きく3つに分けることができる．

①ヘテロタリック（heterothallic）

子嚢菌の標準的な交配様式である[1]．ヘテロタリック子嚢菌の種内には，2つの交配型が存在する．各菌株の交配型は，交配型遺伝子（*MAT1*）領域（13.5.2項の4）参照）によって決定されている．従来，2つの交配型には種によってまちまちな呼称が与えられてきた（たとえば，*N. crassa* では *mat A* と *mat a*, *Gibberella fujikuroi* 複合種では＋と－）が，*MAT-1* 領域の構造に基づいてMAT1-1およびMAT1-2に統一することが提案されており[2]，本項では，これに従って記述する．異なる交配型（MAT1-1とMAT1-2）の菌株は，適切な環境条件下で，細胞同士が融合して異核共存体（heterokaryon, *n*+*n*）になる．子嚢菌では，交配につながらない栄養菌糸の融合による異核共存体の形成が見られることがあるが，交配時には，以下に述べるように特定の器官・細胞において細胞融合が起こる場合が多い．すなわち，不動精子（spermatia）あるいは小分生子（microconidia）に向かって子嚢果原基から受精毛（trichogyne）が伸長し，受精に至る．この誘因にフェロモンが関与することが確認されている．不動精子側の菌株を雄，受精毛（子嚢果）側の菌株を雌と表現することが一般的であるが，重要なのは，交配する2つの菌株のいずれもが雄にも雌にもなりえること（雌雄同体性，hermaphroditis），いい換えれば，交配型と雌雄は関係ないことである．異核共存状態になった造嚢細胞（ascogenous cell）では，その後，核融合（karyogamy, *2n*）に引き続き，減数分裂（meiosis）を行い，子嚢胞子（ascospore, *n*）を形成する．通常，減数分裂に続いて体細胞分裂が行われるため，各々の子嚢（ascus）中に8個の子嚢胞子が形成される（図13.4.1）．

実験室内で容易に交配ができるヘテロタリック

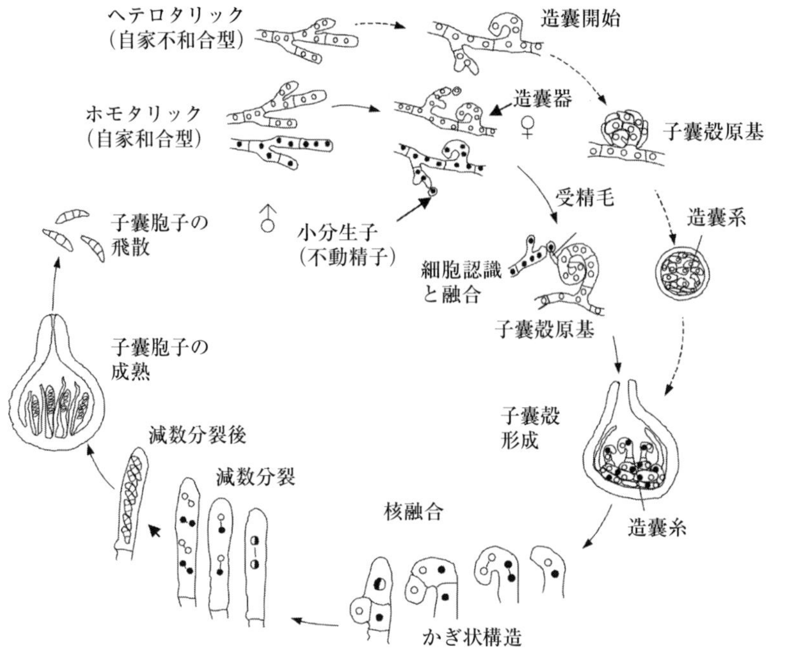

■図 13.4.1　**子嚢菌のライフサイクル（模式図）**（Debuchy & Turgeon (2006) から転載）

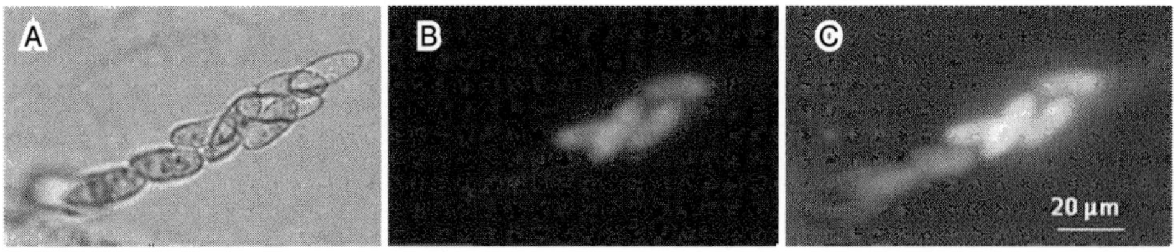

■図 13.4.2　***Gibberella sacchari* FGSC 7610（MAT1-2，GFP 発現株）と FGSC 7611（MAT1-1，DsRed 発現株）の交配の結果形成された子嚢中の子嚢胞子**
A：可視光照射下，B：励起フィルター 460 ～ 490 nm，吸収フィルター 510 nm，C：励起フィルター 480 ～ 500 ＋ 500 ～ 580 nm，吸収フィルター 515 ～ 535 ＋ 600 ～ 630．C において，１つの子嚢中に GFP 発現子嚢胞子（緑），DsRed 発現子嚢胞子（赤），両蛍光タンパク質発現子嚢胞子（黄），いずれも発現していない子嚢胞子（蛍光なし）が２個ずつ見られるため，両交配親では，異なる染色体に GFP あるいは DsRed 遺伝子が挿入されていると考えられる（原図：波田野未由来）．

な子嚢菌は，遺伝子のマッピング，機能解析などの遺伝分析を行うのに適している（図 13.4.2）．

なお近年，ヘテロタリックという用語に代わり，自家不和合性（self-incompatible）の用語を使用する場合が多くなっている．

②ホモタリック（homothallic）

一方，パートナー菌株を要求せずに完全世代を形成する子嚢菌も存在する．*Neurospora galapagoensis*, *N. africana*, *Aspergillus nidulans*, *Gibberella zeae* や *Sclerotinia sclerotiorum* などは，単独で培養している培地上で子嚢殻や子嚢盤などの子実体を形成し，その中（上）に子嚢と子嚢胞子が形成される．これらのホモタリック種では，ヘテロタリック種において交配型を決定している交配型遺伝子領域上の対立遺伝子の両方，あるいはそれらが融合した遺伝子を保持していることが明らかにされた（13.5.2 ～ 13.5.4 項参照）．そのことから，ホモタリック種でもヘテロタリック種と同様に，異なる交配型（MAT1-1とMAT1-2）を提示する細胞同士が交配していることが示唆されている（図13.4.2）[1]．

ホモタリック種では交配による遺伝子機能などの遺伝分析が容易でない．しかし，*G. zeae*では，2つの交配型遺伝子を1つずつ破壊してどちらか一方の交配型遺伝子のみを保持する2種類の株を作出し，それらがヘテロタリック種と同様に交配可能であり，遺伝的分析に使用できることが示されている[3]．

近年，ホモタリックという用語に代わり，自家和合（self-compatible）の用語を使用する場合が多くなっている．

③交配不全型（asexual）

完全世代が確認されていない菌が存在する．旧分類体系（たとえばAinsworth et al., 1973）では，「真菌門」の下位に，「不完全菌亜門（Fungi Imperfecti あるいはDeuteromycotina）」が置かれ，完全世代が確認されていない種はこの亜門に収められていた．しかしながら，最近の分子生物学やその他の解析技術の進歩により，「不完全菌亜門」は“完全世代を形成しない”という唯一の共通点をもつ雑多な種の集合であることが明らかにされた．たとえば，不完全菌亜門の*Sclerotium*属の*S. cepivorum*（ニラ等の黒腐病菌）と*S. rolfsii*（白絹病菌）は，分子系統解析によれば，それぞれ子嚢菌類，担子菌類に属することが明らかになっている．この“未決箱”のような不完全菌亜門に属した種は，今日の一般的な分類体系では，子嚢菌あるいは担子菌に移行されている[4]．*Aspergillus oryzae*，*Fusarium oxypsorum*等に代表される，交配不全型の子嚢菌は，asexual ascomycetes, mitosporic ascomycetes等と呼ばれる．以前は交配不全型子嚢菌の種内にヘテロタリックな子嚢菌と同様に，異なる交配型の菌株が存在するかを検定することすら不可能であったが，分子生物学的解析が可能になったことで，交配不全型子嚢菌も機能を保持した交配型遺伝子をもつこと，種内に異なる交配型の菌株が存在することが判明している（13.5.2～13.5.4項参照）．しかしながら，交配不全性の原因はいまだ明らかになっていない．

(2) 完全世代形成に影響を及ぼす環境条件

山火事の発生後に*N. crassa*が子嚢胞子を飛散させることは広く知られている．また，果汁を含むジュース類に，いわゆる耐熱性子嚢菌である*Neosartorya* spp.などの子嚢胞子や子嚢果が混入し，異物混入事故を引き起こすこともしばしばである．植物病原性子嚢菌でも野外で罹病した植物上で完全世代の形成が見られる場合が多い．早春のフクジュソウ畑では根腐菌核病菌（*Sclerotinia* sp.）が菌核から子嚢盤を伸ばし子嚢胞子を飛散させる．春にはモモ縮葉病菌（*Taphrina deformans*）やサクラてんぐす病菌（*T. wiesneri*）が罹病して変形した葉の表面に裸生子嚢を形成しているのを観察できる．麦秋の頃には，うどんこ病菌（*Blumeria graminis*）が多数の閉子嚢殻をコムギなどの葉上に形成する．秋が深まると，クワの葉の裏面に裏うどんこ病菌（*Phyllactinia moricola*）が特徴的な付属糸を有する子嚢殻を形成する．貯蔵したサツマイモの表面に黒色の陥没が生じ，そこに黒斑病菌（*Ceratocystis fimbriata*）の一輪挿しのような子嚢殻が形成されるのもこの頃である．

このように，交配には，温度，光，あるいは宿主植物の生理的状態（成分変化や落葉）など種特有の環境要因が影響する．

(3) 実験室での交配条件

実験室内での交配条件は種によって多様である．

一例として，*N. crassa*の実験室内での交配手法を紹介する．*N. crassa*は，コーンミール寒天培地等でも交配可能であるが，広く利用されているのはWestergaard and Mitchellの合成交雑培地（SC）である[5]．この交雑培地は1,000 m*l*当たり，KNO_3 1 g，K_2HPO_4 0.7 g，KH_2PO_4 0.5 g，$MgSO_4 \cdot 7H_2O$ 0.5 g，NaCl 0.1 g，$CaCl_2 \cdot 2H_2O$ 0.1 g，ビオチン2 μgに，微量元素としてZn, Fe, Cu, Mn, B, No（Vogelの微量元素液などを利用する）を加えて調製する．斜面培地等に両交配型の菌株を同時

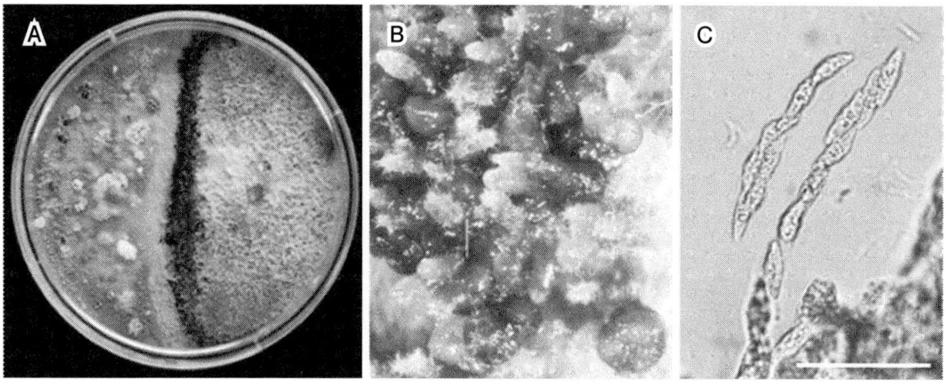

■図 13.4.3　*Magnaporthe oryzae* の交配
A：MAT1-1 株（左：CH598）と MAT1-2 株（右：CH524 株）のオートミール培地上での対峙，B：両株の菌叢が接する部分で形成された子嚢殻，C：子嚢殻中に観察される 8 個の子嚢胞子を保持する子嚢（原図：村上勇介）.

に植菌，あるいは，片パートナー（雌と呼ぶ）を 1 週間程生育させた後にもう一方の菌株（雄と呼ぶ）の分生子をかけ，シリコン栓あるいは綿栓をして，25 ℃，20 W 蛍光灯照射（12 時間）下におくと，交配開始から 10 日程で子嚢殻の形成が見られる．通常 30 ℃以上にすると子嚢殻の形成が減る．なお，*N. crassa* の交配法や培地の詳細は，Fungal Genetic Stock Center ホームページ（http://www.fgsc.net/）などで調べることができる．

近年報告された，*Aspergillus fumigatus* の交配試験の報告によると，オートミール寒天培地，2%MEA 培地，Czapek Dox 培地などの上に両交配型菌株の分生子懸濁液を対峙で接種し，30 ℃前後，暗黒下で培養することによって，6 カ月以降に充実した閉子嚢殻を観察できる[6]．

この他イネいもち病菌（*Magnaporthe oryzae*）では厚いオートミール寒天培地上に対峙し菌叢が接触するまでは 26℃，その後 20℃で培養することにより（図 13.4.3），トウモロコシごま葉枯病菌（*Cochliobolus heterostrophus*）では Sach's 培地上に霜に当たったトウモロコシ葉を置床し，それを挟むように交配パートナーを対峙し 24℃で培養すると，サトウキビしょう（梢）頭腐敗病菌（*Gibberella sacchari*）では V8 ジュース寒天培地あるいは人参寒天培地上で菌叢を形成させた後にパートナー株の胞子（分生子あるいは bud cell）懸濁液をふりかけ，25℃で培養することによって，完全世代を形成させることができる．

ホモタリックな菌核病菌（*Sclerotinia sclerotiorum*）では，菌核が形成された菌叢を，湿度を保ちながら 10 ℃前後で保管すると子嚢盤を形成する場合がある．

光条件も交配に影響を与える場合が多く，*G. sacchari* では短時間でも毎日光を照射することが必要なようである．また，通常，*M. oryzae* の交配は 24 時間照明下で行われる一方，*C. heterostrophus* は暗黒下でも完全世代を形成する．

以上の条件が各菌種での交配の最適条件かどうかは不明である．条件を変化させると完全世代の形成が見られなくなる場合も多く，子嚢菌の交配条件が種によって多様であり，複雑であることがわかる．したがって，交配条件未知の種で遺伝的分析のために交配試験を実験室内で行いたい場合は，よほど幸運な場合を除き，さまざまな環境条件の組合せを試み，適切な交配条件を設定する必要がある．このことに関連して，交配不全性の子嚢菌が交配しない原因の可能性の 1 つとして，交配条件が設定できていないことが考えられる．

（4）子嚢胞子の分析

N. crassa の場合，熱処理を行うことで分生子は死滅し，子嚢胞子のみが発芽生育するので，子

嚢胞子由来のコロニーを拾うことが比較的容易である．この手法はさまざまあるようだが，Fungal Genetic Stock Center ホームページ（http://www.fgsc.net/）などを参考にできる．熱処理等によって容易に分生子と子嚢胞子を分離できない *G. sacchari* では，顕微鏡下で注意深く子嚢殻を分解し，内部の子嚢胞子を少量とって培地に分散させることで単子嚢胞子由来の菌株を得る．

(5) ゲノムプロジェクト

酵母 *Saccharomyces cerevisiae*（1996 年）に続き *N. crassa* の全ゲノム情報が 2003 年に公開され，子嚢菌においてもゲノム情報に基づいた研究の推進が可能になった．これまでに，20 種以上の子嚢菌のゲノム解析が行われている（13.1 節参照）．この中で興味深いのが，交配様式が異なる近縁異種のゲノム情報が明らかになっていることである．*Fusarium/Gibberella* 属では，*F. graminearum*（あるいは *G. zeae*，ホモタリック），*F. verticillioides*（あるいは *G. moniliformis*，ヘテロタリック），*F. oxysporum*（交配不全型）（図 13.4.4）のゲノム情報が，また，*Aspergillus* 属では，*A. nidulans*（ホモタリック），*A. fumigatus*（ヘテロタリック），*A. oryzae*（交配不全型）のゲノム情報が公開されている．今後これらの比較ゲノム解析により，交配メカニズムや進化の謎が解き明かされることが期待される．

(6) 異核共存や擬有性生殖の遺伝分析への利用

子嚢菌では，交配に移行しない異核共存体や，染色体のシャフリングや乗換えを伴う擬有性生殖（parasexual life cycle）が存在することが知られており，これらの現象は，優劣検定や連鎖解析などの遺伝分析に影響を与えるので留意する必要がある． （有江　力）

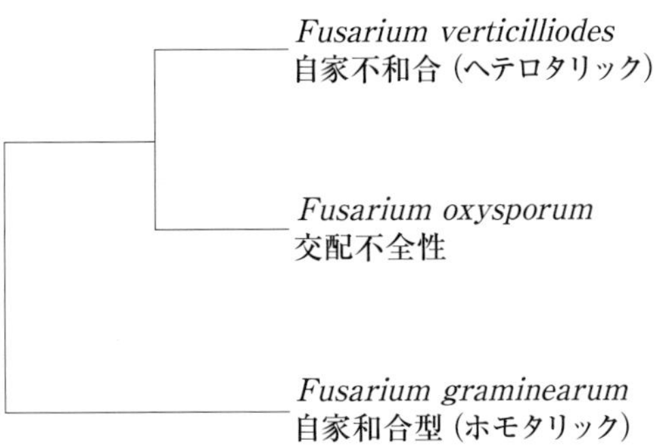

■図 13.4.4　ゲノム解析が終了した *Fusarium* 属菌の系統関係と交配様式（模式図）

＊引用文献

1) Turgeon BG (1998) Annu Rev Phytopathol 36 : 115-137
2) Turgeon BG, Yoder OC (2000) Fungal genet Biol 31 : 1-5
3) Lee J et al. (2003) Mol Microbiol 50 : 145-152
4) Kirk PM, et al. (2008) Dictionary of the fungi, 10th ed. CAB International, Wallingford
5) Westergaard M, Mitchell HK (1942) Am J Bot 14 : 573-577
6) O'Gorman CM et al. (2009) Nature 457 : 471-475

＊参考文献

Debuchy R, Turgeon BG (2006) Mating-type structure, evolution, and function in Euascomycetes. The Mycota I (Kües U, Fischer R, eds.). Springer, Berlin, pp293-323

5) 異型担子菌（Heterobasidiomycetes）

異型担子菌とは，担子菌の中でも後担子器（metabasidium）が一次隔壁（primary septum）によって十字型もしくは水平に分割されている一群の総称である．このグループの主要なメンバーであるシロキクラゲ目（Tremellales）の一種フィロバシジエラ・ネオフォルマンス（*Filobasidiella neoformans*）は，担子菌の中でも遺伝学研究が最も進められた生物種の1つである．本菌はクリプトコックス症（cryptococcosis）原因菌としても知られており，その無性世代名であるクリプトコックス・ネオフォルマンス（*Cryptococcus neoformans*）のほうが認知度は高い．ここでは異型担子菌の遺伝学的分析法の代表例として，とくに *C. neoformans* について紹介したい．

(1) 有性世代の発見

1975 年，Kwon-Chung はさまざまな基質の培地に多くの *C. neoformans* 臨床分離株（clinical isolate）をいろいろな組合せで接種し，菌糸の形成を確認した[1]．これらの菌糸には担子菌の特徴であるかすがい連結（clamp connection）の存在も確認できたことから，担子菌の新属 *Filobasidiella* 属の新種として報告した．この後，細胞生物学的観察を経て担子胞子形成様式が精査され，ついには異なる交配型（a と α）をもつ二極性交配システム（bipolar mating system）により交配が成立することが遺伝学的に確認された．これらの交配システムを利用し，Kwon-Chung は戻し交雑（back cross）を繰り返すことによりコンジェニック株を作製し，現在に至る本菌の遺伝学の基礎を築いている[2]．

C. neoformans は抗原性により血清型 A，B，C，D に大別されてきた（ハイブリッドタイプの血清型

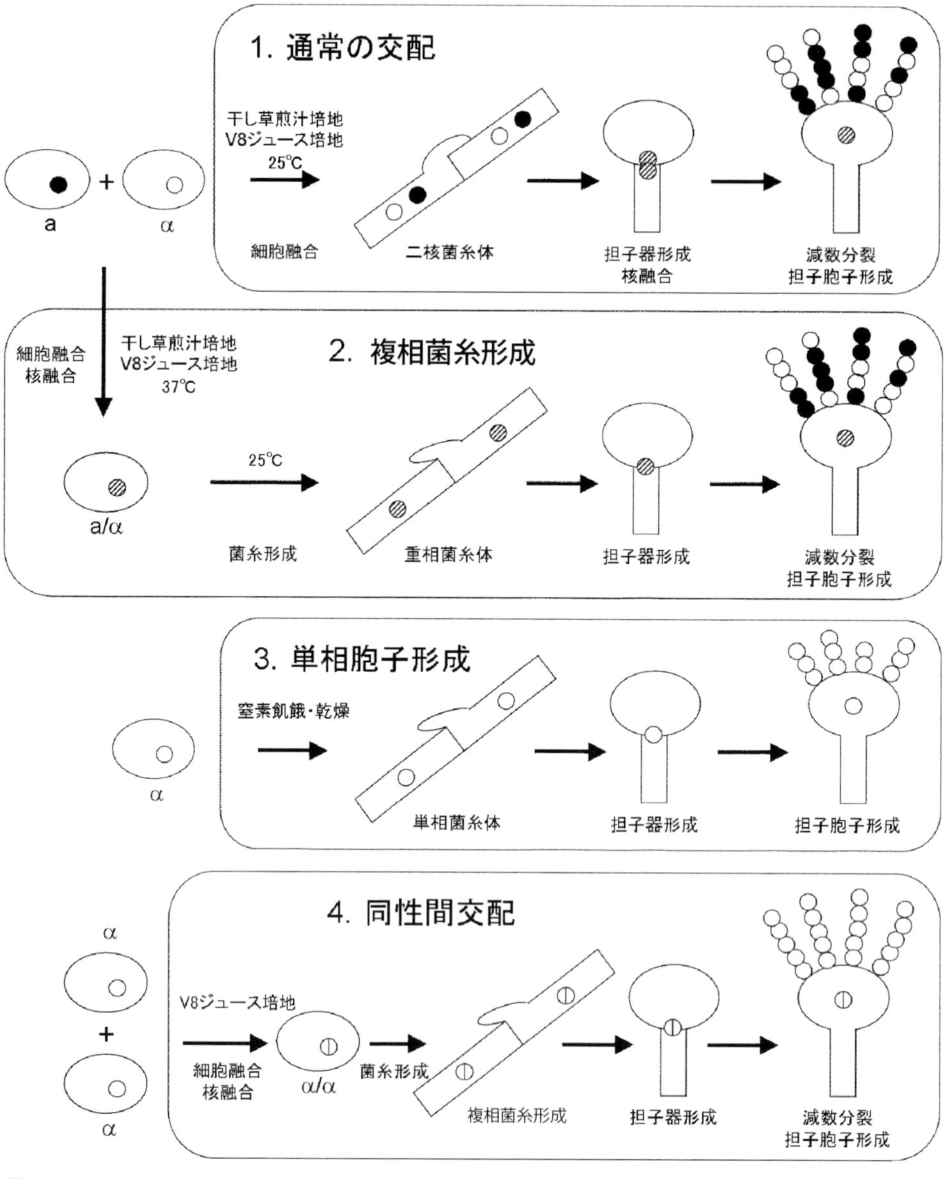

図 13.4.5　*Cryptococcus neoformans* の菌糸形成を伴う生活環

(1)　通常の交配による菌糸形成．二核菌糸体（dikaryotic hypha）が見られる．
(2)　核が融合し，二倍体のまま維持されたときに見られる複相菌糸体（diploid filament）．
(3)　交配型 a の株が窒素飢餓・乾燥条件におかれたときに誘導される単相菌糸体（haploid filament）．
(4)　交配型 a の株が細胞融合および核融合を経て複相化し，減数分裂を伴う担子胞子形成が起こる同性間交配（unisexual mating）．

AD株も存在する)．ところが，交配試験の結果，血清型A，D株間では比較的容易に交配が成立し担子胞子形成に至るにもかかわらず，血清型BおよびC株を用いた場合にはわずかに菌糸が確認される以上の交配行動は観察されなかった．その後，異なる培養条件を用いて交配試験を繰り返した結果，血清型B，C株間で担子胞子形成を伴う完全な有性世代の成立が確認された．形成された担子胞子の形状が桿状であったことから，血清型B，Cによる有性世代を *F. bacillispora* として記載した[3]．その後リボゾーム遺伝子などの塩基配列に基づく系統解析などにより血清型A，D株と血清型B，C株は別種であることが提唱されているが，いわゆるクリプトコックス症の原因菌として認識されているクリプトコックスに2つの異なる生物種が混在していることを系統学的研究に先立って遺伝学的に示唆した発見であった．

ちなみに，*C. neoformans* の生活環では，通常の交配のほかに，単相胞子形成（haploid fruiting または monokaryotic fruiting）や複相菌糸形成（diploid filamentation）など，特殊な遺伝現象も見られる（図13.4.5）．

(2) 交配試験

本菌の交配試験を行う上で最も重要なのは培養に用いる培地の組成であると考えられている．最もよく用いられるのはV8ジュース培地や干し草煎汁培地などの植物由来成分を含む培地である．これらの基質はいくつかのアミノ酸や核酸などの窒素源に乏しく，あるいは交配行動を惹起する成分が含まれていると考えられている．このような培地上で交配型が異なる菌株（α株とa株）を対峙させると，α株から接合管（conjugation tube）が伸長し肥大したa株と結合し，二核をもつ長細い細胞，いわゆる二核体（dikaryon）が成立する．二核菌糸（dikaryotic hypha）の伸長に続いて担子器が形成され，担子器の中で核融合（nuclear fusion）および減数分裂（meiosis）が起こる．減数分裂によって生じた核は，有糸分裂（mitosis）によって複製を繰り返し，それぞれが胞子として成熟し，担子器上の4個のステリグマ（小柄 sterigma）からランダムな順序で射出され，*Filobasidiella* 属に特徴的な数珠状につながった担子胞子が形成される（図13.4.5）．これらの担子胞子は交配型遺伝子をはじめ，種々の遺伝子が1：1で分離するため，ランダム胞子解析（random spore analysis）が可能である．近年，同一の担子器から胞子を多数分離することにより，四分子分析（tetrad analysis）が適用できることが報告されたが，技術的にかなり困難を伴う[4]．（清水公徳）

＊引用文献

1) Kwon-Chung KJ (1975) Mycologia 67 : 1197-1200
2) Kwon-Chung KJ, et al. (1992) Infection and Immunity, 60 : 602-605
3) Kwon-Chung KJ (1976) Mycologia 67 : 1197-1200
4) Idnurm A (2010) Genetics 185 : 153-163

6) 真正担子菌

真正担子菌類では，交配のための特別の細胞や器官は形成されず，交配は未分化の栄養菌糸間の菌糸融合により行われる．また，交配は一核菌糸（一次菌糸）同士で行われる場合と，一核菌糸と二核菌糸（二次菌糸）との間で行われる場合がある．後者はダイモン交配（di-mon mating）と呼ばれる．

交配実験には，通常，直径9cmシャーレ内の寒天培地を用いる．滅菌した分離針あるは先の細いメスを用いて，1つの菌株のコロニーから菌糸体小片（通常，直径1～2mm）を培地ごと切り取って移植片とし，新しい培地の中央に移植する．交配するもう1つの菌株からも同様に移植片を取り，先に移植した小片から約1～2mm離して移植し，両者を対峙培養する（図13.4.6A）．交配型が互いに異なる一核菌糸間で交配（和合性交配）した場合，2つの一核菌糸コロニーの接触部位で菌糸融合が起こり，核が互いに相手側の菌糸体コロニー内に入り移動する．移動核がコロニー周縁部に到達すると，そこから二核菌糸（二次菌糸）が伸びる．二核菌糸にかすがい連結（clamp

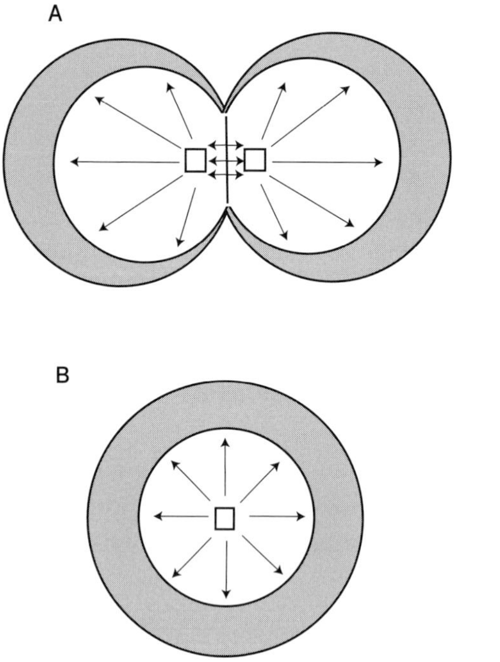

■図 13.4.6　真正担子菌の交配方法
四角は移植片，円の白い部分は一核菌糸コロニー，影のついた部分は二核菌糸，矢印は二核化のための核移動の方向を示す．

connection）を形成する種では，その有無を顕微鏡下で観察することにより二核菌糸が生じたかどうかを判定することができる．交配型が同じ株同士を対峙培養した場合，交配反応は起こらない．四極性ヘテロタリズムの菌では，交配型が2つの交配型遺伝子座により決定されているため，2つの交配型遺伝子座のうち1つだけが異なる組合せの交配（半和合性交配）がある．この場合，交配反応は部分的に起こる（13.5.2 項の 6）参照）．

ダイモン交配も一核菌糸同士の交配と同様に行う．和合性の場合，核は二核菌糸から一核菌糸に向かって移動し，一核菌糸コロニーの縁から二核菌糸が生じる．一核菌糸から二核菌糸への核の移動は起こらない．

対峙培養による交配では，核は，相手方の菌糸体に入った後，コロニー中央に達するまでは菌糸の成長方向に逆らって移動するため移動が遅く，菌糸成長に追いつかず，和合性であってもコロニーの縁から二核菌糸が生じない場合がある．そのような場合，次の方法が有効である．まず，1つの菌株の移植片を新しい培地に植えつけて数日間培養する．菌糸体コロニーの直径が1 cm ほどに達したとき，コロニー中央の移植片を分離針またはメスで除く．そして，移植片が除かれ空いた部分に，交配すべき菌株からの移植片を植えつける（図 13.4.6B）．この方法では，先に生育している菌糸コロニーの成長方向と中央に植えつけた菌株からの核の移動方向とがはじめから同じであるため，核が移動しやすくより確実に交配する．

（鎌田　堯）

＊引用文献

1）Makino R, Kamada T（2004）Curr Genet 45：149-156

13.4.2　遺伝的組換え

1）減数分裂と遺伝的組換え

遺伝的組換え（genetic recombination）とは，両親のそれぞれに由来する遺伝子連鎖群間での交叉によって，両親にはなかった組合せの連鎖群が形成される過程であり，減数分裂における相同染色体どうしの交叉による組換えが一般的である．カビなどでは体細胞における組換えも知られている．

減数分裂は，1884 年にシュトラスブルガーによって，花粉および雌蕊の細胞において染色体の数が半分に減少する細胞分裂として発見され，また，ほぼ同時期に動物の細胞でも発見されている．20 世紀に入り，サットンが「遺伝の染色体説」を説いたことにより，減数分裂における染色体上の遺伝子の相互作用を積極的に解析する時代を迎えた．「連鎖（linkage）」の概念，キアズマ（chiasma）の発見，遺伝子座間での乗換え，そして乗換えの頻度をもとにした染色体地図の作製などが示された．しかし，実験材料の主流であったショウジョウバエや植物のような二倍体生物では，減数分裂によって生じた卵子と精子の“任意の組合せ”の接合体を解析した結果として，遺伝的組換えが検出されたにすぎず，減数分裂における染色体のダイナミックな挙動を解析するために，アカパンカビや出芽酵母のような子嚢菌類がこの目的に叶う実験材料として用いられるようになったのである．栄養成長において半数体であるこれらの生物は，減数分裂の結果としてできる4個の半数体の細胞（四分子）のすべてを解析することができ，特にアカパンカビは，子嚢胞子が一列に並んでいるために，減数分裂による染色体の分配が直接反映される点において有効である．遺伝的組換えという現象は減数分裂の進行に当たって必須であり，菌類では減数分裂に関与する遺伝子を欠損した場合，有性胞子を形成することができない．遺伝的組換えの分子機構は，有性胞子を形成できない酵母の変異株の解析などによって詳細に解明されてきた．

2）キアズマ（Chiasma）

F.A.ヤンセンス（1909）は減数第一分裂の太糸期から中期にかけて染色体の結節構造を観察し，ギリシャ語のX（Chi，カイ）にちなんで「キアズマ」と名づけた．この構造は，複糸期から移動期にかけて二価染色体の4本の染色分体が明瞭に見分けられるようになる際に，相同な2本の染色体間での交叉像として観察される．キアズマは相同染色体の相対する相同な部分でそれぞれ切断が起こり，それぞれが相手染色分体と結合することで部分的な交換，つまり乗換えの結果として生じるとヤンセンスは考えた（キアズマ型説）．キアズマが乗換えの結果として生じるということは，組換えは必然的に非姉妹染色分体の部分的交換を伴うことになるが，このことは，クレイトンとマクリントックがトウモロコシを用いて，またスターンがショウジョウバエを用いて証明している．

3）ホリディモデル

遺伝的組換えにおけるDNAの挙動を説明しようとしたのがホリディモデルである．1964年にR. Hollidayによって提唱されたこのモデルを，図13.4.7を用いて解説する．対合した相同染色体にDNA一本鎖切断が入り，これが互いの末端に結合して十字架のように交叉したヘテロ二本鎖になる．この交叉をホリディ中間体（またはホリディ・ジャンクション）と称し，この交叉が移動することによって組換えが進行する．この構造を特異的に認識するエンドヌクレアーゼ（リゾルベース）によって交叉は切断・解消されるが，切断を受ける方向性によって2つの産物，すなわち交叉型の組換え体（crossover products），非交叉型の組換え体（noncrossover products）が生じる．ホリディモデルはさらに，最初の切断が一本鎖ではなくて二本鎖であること，一本鎖部分の削り込みがあること，修復合成があることなどの修正を経て，後述のような洗練された分子機構が提案されている．

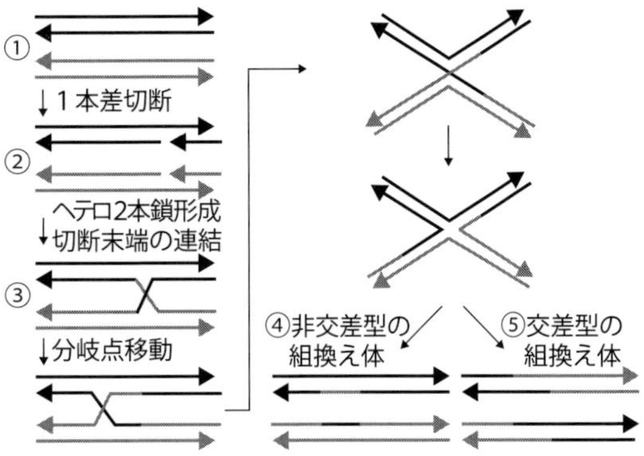

■図13.4.7　ホリディモデル[1)]

4）遺伝的組換えの分子機構

出芽酵母，分裂酵母において，減数分裂が進行しないために胞子形成ができない変異株の遺伝学的解析に基づく生化学的解析によって，遺伝的組換えにかかわる分子機構が明らかになりつつある．その機構はDNA二重鎖切断の修復における相同組換え修復と重複する部分が多い（図13.4.8）．減数分裂において組換えを開始するためにはDNA二本鎖切断の形成が必須であり，II型トポイソメラーゼと相同性を示すSpo11タンパク

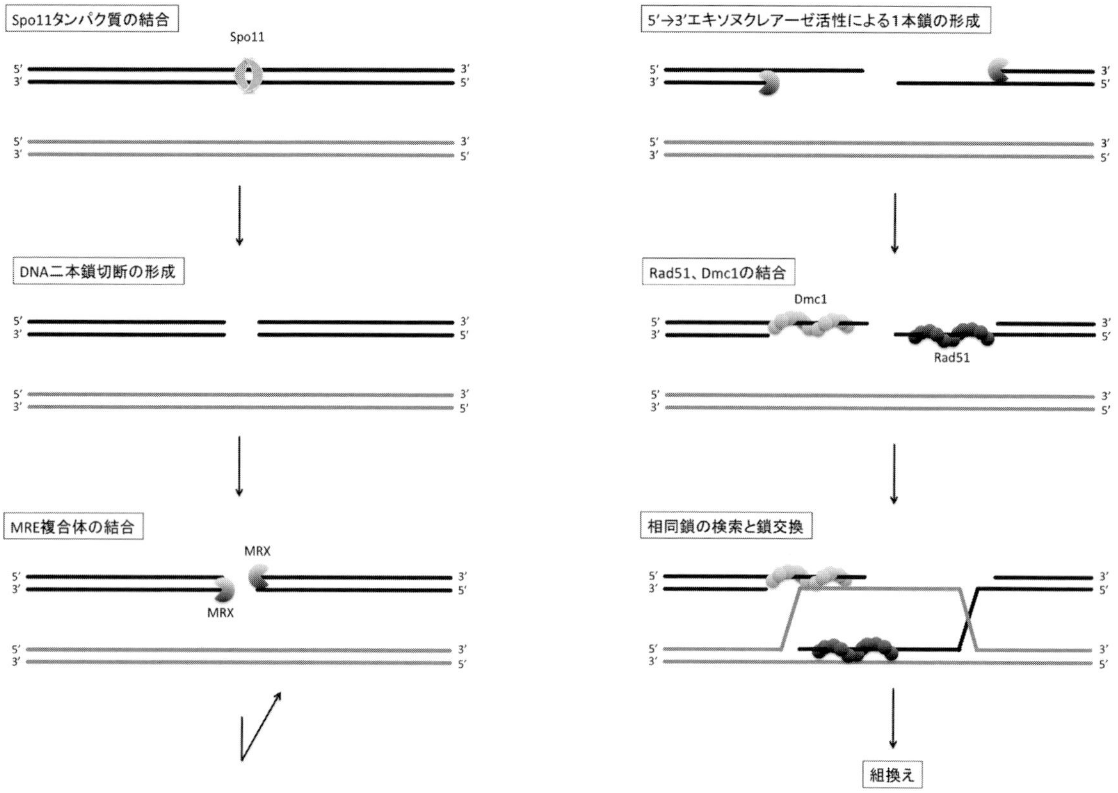

■図 13.4.8　遺伝的組換えの分子機構

質がこの反応を触媒する．Spo11 は減数分裂前の DNA 複製の際に，乗換えが起こりやすい部位（ホットスポット）に高頻度で存在することが示されており，II 型トポイソメラーゼ特有の DNA-タンパク質複合体を形成する[2]．他に Rec102, Rec104, Mei4, Mer2, Ski8, Mre11, Rad50, Xrs2 などのタンパク質が組換え開始には必要となる．Mre11, Rad50, Xrs2 は MRX 複合体（ヒトでは MRN 複合体）は，生じた DNA 二本鎖切断から，5′→3′エキソヌクレアーゼ活性により，一本鎖の DNA をつくり出す．一本鎖 DNA には組換えタンパク質 Rad51, Dmc1 が絡みつき，ヌクレオフィラメントという構造をつくる．この構造により相同鎖を検索し，部分的に形成される 3 本鎖 DNA 状態を介して鎖の交換が行われる．これを促進するのが Rad52, Rad54 タンパク質であり，前述のキアズマの本体であるホリデイ中間体の分岐の移動には Rad54 の活性がかかわっている．組換えの完結のためにはホリデイ中間体を解消しなければならない．このためには，リゾルベースというヌクレアーゼが作用し，Mus81, Eme1 複合体がその役割を担っている[3]．

5) アカパンカビの子嚢胞子の分離パターン

アカパンカビや出芽酵母のような子嚢菌のモデル生物は，1 個の母細胞から減数分裂の結果として生じた 4 個の娘細胞（四分子）をすべて解析することができる．

図 13.4.9 はアカパンカビおいて，子嚢胞子（アカパンカビではさらに 1 回の体細胞分裂を行うので 8 個の胞子）に染色体が分配される過程における，ある染色体上の対立遺伝子 A, a の挙動について図示したものである．図 13.4.9 では A または a 遺伝子と動原体の間で乗換えが起こっていない場合を①，起こった場合を②に表している．①のように，A/a 遺伝子と動原体の間で乗換えが起こっ

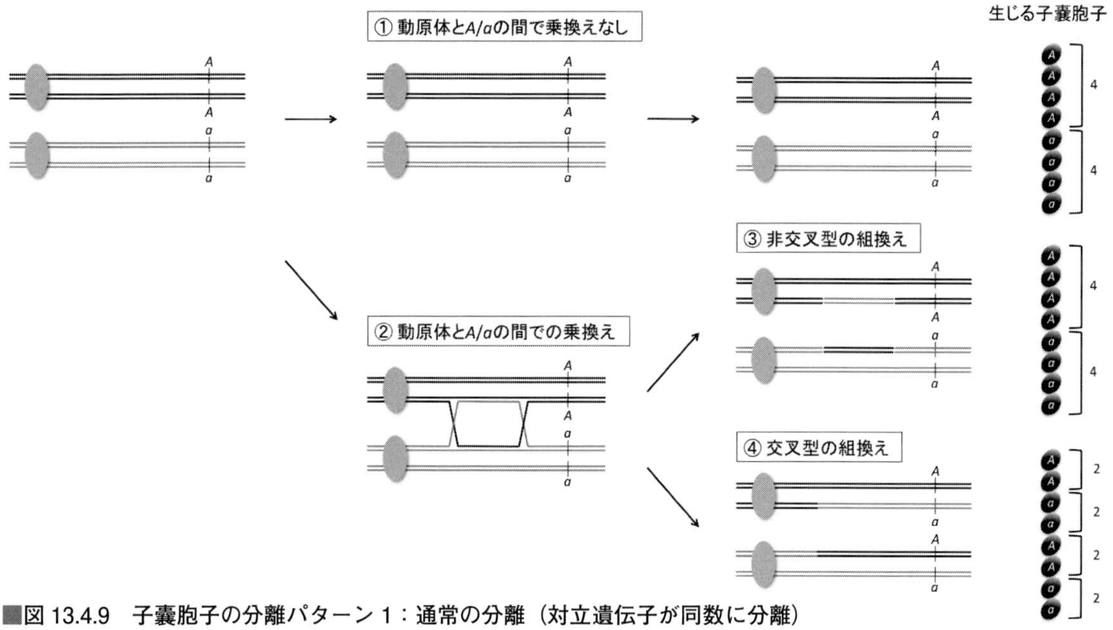

■図 13.4.9　子嚢胞子の分離パターン 1：通常の分離（対立遺伝子が同数に分離）

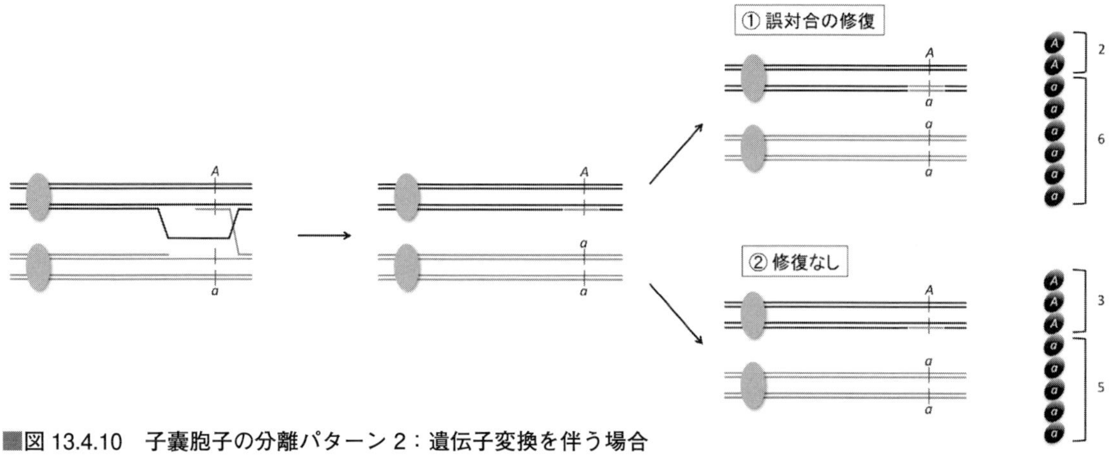

■図 13.4.10　子嚢胞子の分離パターン 2：遺伝子変換を伴う場合

ていない場合は，*AAAAaaaa* または *aaaaAAAA* のように整列した子嚢胞子が得られる．②のように，*A*/*a* 遺伝子と動原体の間で乗換えが起こった場合，ホリディ中間体の解消のしかたによって，2 通りに分かれる．非交叉型の組換えのときは，①に示した乗換えが起こっていない場合と同じ子嚢胞子が得られる（図 13.4.9）．交叉型の組換えのときは，図 13.4.9 のような *AAaaAAaa* になる他，*aaAAaaAA*，*aaAAAAaa*，*AAaaaaAA* のように 4 種類の配列が生じうる．図 13.4.9 の①および③は減数分裂の第一分裂において対立遺伝子が分かれるために第一分裂分離（first division segregation）といい，図 13.4.9 の④を第二分裂分離（second division segregation）という．第二分裂分離の起こった子嚢の半数の解析した子嚢の総数に占める割合が遺伝子間の距離（この例では動原体との距離）に相当する．

一般に，*A* と *a* は等しい数だけ生じるが，そのようにならない 8 個の胞子の整列パターンもある．メセルソンとラディングの組換えのモデル（図 13.4.10）を用いて説明すると，減数分裂での組換えの際に，遺伝子変換（後述）が生じた場合に，図 13.4.10 の①のように，*AAaaaaaa* となり，2*A*：6*a* という分離比になる．さらに，このとき修復（後述）が起こらず，ヘテロ二本鎖のまま体細胞分裂まで進行した場合は図 13.4.10 の②のように，*AAAaaaaa* となり，分離比が 3*A*：5*a* という一見不自然な比になる．また，7*A*：1*a* のような分離比もまれに観察される．これは二重の遺伝子変換と，最後の体細胞分裂においてミスマッチが修復されなかったことに起因する．遺伝子変換（Gene conversion）は次項で解説するように 2 つのモデルが提唱されている．

6）遺伝子変換

ある遺伝子がヘテロ接合（*A*/*a*）になっている生物では，減数分裂により生じる半数体細胞の比は通常 *A*：*a* が 2：2（アカパンカビでは 4：4）に分離する．しかし，まれにこの分離比からずれた分離比 3：1（同，6：2），または 1：3（同，2：6）を示すことがある．このように，対立遺伝子の一方が他方の対立遺伝子型に変換される現象については，2 つのモデルが考えられている．1 つは，組換え修復をベースにしている．乗換えの際に生じる DNA 二本鎖切断部位に *A* 遺伝子がきわめて近い場合に，エキソヌクレアーゼ活性によって DNA の片方の鎖が削られ，3′一本鎖 DNA 構造を形成して相同鎖に侵入する．相同鎖の *a* 遺伝子の情報をコピー（修復合成）することにより，結果的に *A* 遺伝子が *a* 遺伝子と置き換わるというモデルである．もう 1 つは，ホリディ中間体の分岐の移動と交叉の解消によって生じるヘテロ二本鎖部分に起因すると考えられる．*A* 遺伝子および *a* 遺伝子の由来のヘテロ二本鎖間の誤対合をミスマッチ修復が認識・修復し，いずれかの遺伝子に修復される（図 13.4.10）．遺伝子変換は非相互遺伝的組換え（non-reciprocal genetic recombination）とも呼ばれることがある．　　（畠山　晋・井上弘一）

＊引用文献

1）町田泰則ほか 編（2005）遺伝学事典，朝倉書店，東京，p190

2）Nishant KT, Rao MRS（2005）BioEssays 28 : 45-56

3）Matulova P, et al.（2009）J Biol Chem 284 : 7733-7745

＊参考文献

Davis RH（2000）Neurospora—contributions of a model organism, Oxford Univ. Press, New York

タマリン RH, 木村資生・福田一郎監訳（1988）遺伝学（上），原著第 2 版．培風館，東京，p36-59，103-144，266-269

Watson JD, et al.（2008）Molecular biology of the gene, 6th ed. Cold Spring Harbor Laboratory Press, New York, pp283-317

COLUMN 4　酵母の異数体の遺伝学的研究

染色体の異数性は染色体の基本数の整数倍からずれた数の染色体をもつ状態である．ヒトの自然流産における主要な原因の 1 つであり，がん細胞の多くが異数性をもつことから医学的にも重要な課題となっている[1, 2]．

酵母で異数体をつくるためには，二倍体細胞から薬剤処理等で染色体の脱落を誘発したり，三倍体の減数分裂から異数体胞子を作る方法が代表的である[3-5]．出芽酵母 *Saccharomyces cerevisiae* では核融合の突然変異体を利用して，少数の染色体のかかわる異数体をつくる方法もある[6]．*S. cerevisiae* と分裂酵母 *Schizosaccharomyces pombe* の両方の酵母で，さまざまなタイプの異数体の性質が調べられている[4-6]．かかわる染色体の種類によって異数体の性質が異なるのは当然であるが，異数体に共通の性質があることも明らかになってきている．すなわち，異数体は増殖能が低下するだけでなく，タンパク質合成系の遺伝子やストレス応答遺伝子の発現誘導，細胞内エネルギー生産量の亢進などが報告されている[6]．染色体の不安定性も異数体に共通の性質である可能性がある．*S. cerevisiae* の場合，1，2 本の染色体だけがダイソミックになった異数体は比較的安定であるとされているが[6]，細胞の生理的条件に大きく影響するようなレベルの遺伝子量のアンバランスをもたらす異数体では，染色体が不安定化していると考えられている．分裂酵母では異数性を保ったままコロニーを形成することはないし，出芽酵母でも大部分のタイプの異数体胞子から作られたコロニーは様々な染色体構成をもつ細胞が混ざりあっている[4,5]．さらに，日和見感染を起こす出芽酵母である *Candida albicans* は，病原性と関連した多様なコロニー形態の変化を起こすが，この現象も異数体における染色体の不安定性と関連することが示唆されている[7]．その後の遺伝学的解析の結果は，酵母の異数体では染色体が何らかの理由で不安定になるだけでなく，遺伝子突然変異率も上昇することを示している[8]．これはがんとの関係できわめて興味深い．なぜなら，多くの腫瘍細胞は異数性を示すが，その異数体は安定ではなく，高頻度の染色体分配異常（chromosome instability：CIN）が観察されるという現象などと類似するからである[9]．

Candida 酵母の異数性は宿主環境への適応と関連する可能性が考えられている[7]．*S. cerevisiae* においても，細胞質分裂突然変異体の復帰変異を解析する研究により，異数体の生成は進化の重要な推進力になる可能性が示唆されている[10]．異数性は微生物の生態的な多様性，進化の観点からも興味深い現象である．（丹羽修身）

＊引用文献

1）Therman E, Susman M (1993) Human chromosomes, 3rd ed. Springer, New York
2）Kops GJ, et al.（2005）Nat Rev Cancer 5 : 773-785
3）Kohli J, et al.（1977）Genetics 87 : 471-489
4）Campbell D, et al.（1981）Genetics 98 : 239-255
5）Niwa O, et al.（2006）Yeast 23 : 937-950
6）Torres EM, et al.（2007）Science 317 : 916-924
7）Rustchenko E（2007）FEMS Yeast Res 7 : 2-11
8）Sheltzer JM, et al.（2011）Science 333 : 1026-1030
9）Yuen KW, Desai A（2008）J Cell Biol 180 : 661-663
10）Rancati G, et al.（2008）Cell 135 : 879-893

13.4.3 突然変異誘発

突然変異は，DNA に損傷を与える処理（紫外線照射，放射線照射やさまざまな化学物質処理など）によって人為的に誘発することができる．ポストゲノム時代になり，特定の遺伝子機能を破壊あるいは低下させ，それがどんな表現型をもたらすのかを調べる「逆遺伝学」と対比して，突然変異体の表現型からその原因遺伝子を探し出すという従来の古典遺伝学を「順遺伝学」と呼ぶこともある．ここでは，古典遺伝学の出発点となる突然変異誘発の手法とその後のスクリーニングについて概説する．

1）突然変異誘発処理の対象

突然変異誘発の対象は，単相（*n*）・単核の細胞が望ましい．核が複相（*2n*）であったり，細胞中に複数の核が存在すると，劣性突然変異を見いだしにくくなる．糸状菌の場合，無性胞子である子嚢菌の分生子（conidia）や担子菌の分裂子（oidia）に単相（*n*）・単核の細胞があれば，それらは同質遺伝子的（アイソジェニック）であるので，突然変異誘発の対象として最適である．減数分裂の結果できる有性胞子の場合でも，単核であれば，劣性突然変異体を見いだしやすい．しかし，有性胞子の場合はアイソジェニックではないところが難点である．無性胞子や有性胞子が得にくい場合は，菌糸体をホモジナイザーで切断した菌糸片や菌糸体から調製したプロトプラストを突然変異誘発処理の対象にすることも可能である．

2）紫外線（UV）照射

滅菌水などに懸濁した処理対象の細胞を，たとえば 9 cm シャーレに入れてマグネチックスタラーを使って液を撹拌しながら，あるいはプレート培地上に播いて，致死率 90％前後になるように紫外線を照射する．子嚢菌の分生子などが疎水性の場合は，界面活性剤を加えて水に懸濁する．致死率を高くし過ぎると，1 ゲノム中に多くの突然変異が生じてしまうので，その後の遺伝解析によって突然変異の原因遺伝子を同定するのが困難になる．紫外線による突然変異は，可視光線（特に青色光）によって回復することが知られているので，紫外線照射時には暗黒あるいは赤色光中で操作し，照射後の培養も暗黒中で行う[1]．また，照射時に紫外線が皮膚や目に当たらないように注意する必要がある．

3）エチルメタンスルホネート（EMS）処理

EMSは溶液で市販されている揮発性アルキル化剤であるため，ドラフト内で操作を行う．ウシグソヒトヨタケ分裂子（oidia）の場合，0.6％EMSで28℃2時間処理すると致死率99％以上になる[1]．出芽酵母の単相細胞の場合，3％EMSで30℃1時間の処理で致死率40～70％になる[2]．EMS濃度，処理温度，処理時間は，菌の種類や対象とする細胞ごとに検討する必要がある．また，EMS処理後，EMSの反応を止めるために，チオ硫酸ナトリウム水溶液で細胞を洗う[1,2]．EMSの廃液およびEMSの付着した器具類は，5％チオ硫酸ナトリウム水溶液に漬けてEMSを中和しておく[2]．

4）*N*-メチル-*N'*-ニトロ-*N*-ニトロソグアニジン（NTG）処理

ウシグソヒトヨタケ分裂子の場合，10 mMリン酸緩衝液（pH 6.8）に最終濃度15 μg/mlでNTGを溶かし，28℃で20分間処理を行う．処理後は，余分な液を捨て，同上のリン酸緩衝液で1回洗う．致死率は95％に達する[1]．NTG処理の場合も，UV照射のときと同様に，突然変異の光回復を避けるために，暗黒あるいは赤色光中で処理操作・培養を行う．NTGもEMSも強力な発がん剤であるので，皮膚などに付けないよう取り扱いに細心の注意が必要である．

5）挿入突然変異誘発（insertional mutagenesis）

相同組換え頻度が低い菌類種では，細胞にPEG-Ca^{2+}法や*Agrobacterium*のT-DNA[3]を用いてプラスミドDNA等を導入すると，導入DNAがゲノムDNA中にランダムに挿入される．挿入先に遺伝子があると，遺伝子破壊型の突然変異が起こる．

DNA挿入による突然変異誘発は，突然変異した遺伝子に挿入DNAによる目印（tag）が入るので，「タギング（tagging）法」とも呼ばれる．挿入DNA中に大腸菌の選択マーカーと複製開始点があれば，プラスミドレスキュー法[4]によって挿入部位近傍のゲノムDNAを回収することができる．あるいは，挿入DNAの配列をもとにプライマーを設計し，inverse PCR法[5]やsemi-random PCR法[6]によって挿入部位近傍のゲノムDNAを増幅し，突然変異した遺伝子を同定することもできる．DNA導入効率を上げるとともに，ゲノム上の制限酵素切断部位へDNAを挿入するために，多量の制限酵素とともにDNAを導入するREMI（restriction enzyme-mediated integration）法[7]もよく使われる．

6）突然変異体のスクリーニング

栄養要求性など単相細胞で発現する形質に関する突然変異の場合には，突然変異の優性・劣性に関係なく容易に表現型を観察することができるが，接合後の細胞（ヘテロカリオンやダイカリオン，複相（2*n*）細胞）で発現する形質の場合には，突然変異誘発を行った接合後の細胞において直接劣性突然変異形質を観察することはできない．しかし，ウシグソヒトヨタケなどでは，交配型遺伝子（13.5.2項参照）の突然変異により，接合しなくても接合後の形質を発現するようになったホモカリオン株が得られている．このような株に突然変異を誘発することで，接合後の形質に関する劣性突然変異を容易に見いだすことができる[8]．

従来型の突然変異誘発を行った場合，DNA中の塩基の置換や欠失が生じることが多く，それによりタンパク質中のアミノ酸置換や欠失，あるいはペプチドの切り詰めが起こる．また，菌類の遺伝子ではイントロンが比較的短い（約50 bp～数百 bp）ため，突然変異によりスプライシングに異常が起こってイントロン領域が翻訳され，結果的にアミノ酸が付加されることも起こる[9]．このような場合，突然変異によりタンパク質の機能が完全には失われず，特定の条件でのみ突然変異形質が現れるということも起こる．そのため，温度感受性突然変異や復帰突然変異[10]は，従来型の突然変異誘発によって得られことが多いと思われる．（村口　元）

＊引用文献

1) 武丸恒雄 (1982) 微生物遺伝学実験法．共立出版，東京，pp241-278
2) 大矢禎一 監訳 (2002) 酵母遺伝子実験マニュアル．丸善，東京
3) de Groot MJA, et al. (1998) Nat Biotech 16 : 839-842
4) Sweigard JA, et al. (1998) Mol Plant Microbe Interact 11 : 404-412
5) Ochman H, et al. (1988) Genetics 120 : 621-623
6) Chun KT, et al. (1997) Yeast 13 : 233-240
7) Cummings WJ, et al. (1999) Curr Genet 36 : 371-382
8) Inada K, et al. (2001) Genetics 157 : 133-140
9) Muraguchi H, et al. (2008) Mol Genet Genomics 280 : 223-232
10) Matsuo T, et al. (1999) Mycoscience 40 : 241-249

13.4.4 遺伝地図の作成

1) 遺伝地図とは

減数分裂時に，対合した相同染色体間で部分的交換が起こる現象を交叉（crossing-over）と呼び，交叉によって親と異なる遺伝子の組合せが生じることを組換え（recombination）と呼ぶ．ホモ接合の染色体領域で交叉が起きた場合，減数分裂後の遺伝子の組合せは変わらない．それゆえに，この場合，交叉は実験的に検出することは困難である．交雑実験により検出可能なのは組換えの頻度（組換え価）である．

同一染色体上の離れた位置関係にある2つの遺伝子間において交叉が起こる頻度（交叉価）は，近接した場所にある場合に比べ高いことが予想され，交叉の頻度は染色体上の距離を反映していると考えられる．それゆえに，遺伝地図距離（genetic map distance）は交叉価の推定値として表される．しかし，上記のように，遺伝子間の交叉価を実験的に直接求めることは困難であるので，交雑実験によって組換え価（全配偶子中の組換え型配偶子の割合）を計算し，これをもとに遺伝地図距離を推定する．

複数の遺伝子間で遺伝地図距離を求めることで，それらの染色体上での相対的位置関係（配列順序や遺伝子間の距離）を決定することができる．この相対的位置関係を直線上に図示したものを遺伝地図（genetic map）あるいは連鎖地図（linkage map）と呼び，遺伝地図上に遺伝子を配置することをマッピングと呼ぶ．下に述べるように，近年では機能を有する遺伝子とは無関係にDNAの塩基配列の相違のみに依存するDNAマーカーがマッピングに多用されるようになった．

2) 分離世代

遺伝地図作成のためには，遺伝マーカー型が分離する集団（菌株系統）を養成することが必要であり，この集団のことを分離世代（mapping population）と呼ぶ．菌類では，有性胞子形成細胞（子嚢菌では子嚢，担子菌では担子器）から有性胞子を直接単離した四分子系統，あるいは，任意の有性胞子を単離した単胞子分離系統が，分離世代として利用される．前者は四分子分析[1]により動原体の位置を決定できるという長所を有するが，分離世代の単離に労力を要することから，後者の方法がとられることが多い．また，体細胞組換えを利用した遺伝解析のために，任意の分生子（conidiospore）を単離した菌株系統が利用されることもある[2]．

3) 遺伝マーカー

遺伝マーカーとして，従来，形態変異や栄養要求性，薬剤耐性などの突然変異遺伝子が利用されてきたが，近年ではDNAマーカーの利用が主流になっている．前者は，生物学的な機能を伴う遺伝子を直接マッピングすることができ，これらの遺伝子の単離に利用できるという長所がある．また，機能を有する遺伝子は種間で保存性が高く，遺伝地図の種間比較に利用可能である．一方，後

者は，作出および検出が容易であるため，多数の遺伝マーカーを分離世代において調査することができ，高密度の遺伝地図作成が可能となる．

DNAマーカーとしては，RFLP（restriction fragment length polymorphism）マーカー，RAPD（random amplified polymorphic DNA）マーカー，AFLP（amplified fragment length polymorphism）マーカー，SSR（simple sequence repeat）マーカーなどがあげられる[3]．

4）遺伝地図の作成

遺伝地図距離の単位はcM（centimorgan，センチモルガン）を用い，1%の交叉価分の距離を1 cMとする．ある遺伝マーカー間において，複数回の交叉（多重交叉）が起こらない短い距離の場合は，交叉価＝組換え価（モルガンの地図距離関数）となり，組換え価（%）をcM表記に変えて地図距離とすることが可能である．一方で，多重交叉を考慮に入れ地図距離を計算する「Haldaneの地図関数」や，干渉（ある区間で交叉が起こると，その近傍では交叉が抑制されるという現象）を考慮に入れた「Kosambiの地図関数」なども考案されており，広く利用されている．

遺伝地図の作成は，①分離世代における遺伝マーカー型の検出，②遺伝マーカー間の地図距離の計算，③遺伝マーカーのグループ化（連鎖群の決定），④遺伝マーカーの位置関係の決定，の手順により行われる[3,4]．②から④の計算はさまざまなコンピュータソフト（MapMaker/EXP ver. 3[4]，MAPL98[1]）により，自動あるいは半自動的に行うことができる．特に，MapMaker/EXP ver. 3は，さまざまな解析方法が組み込まれているため，多くの研究で利用されている．

多くの遺伝解析用のコンピュータソフトは，二倍体生物（核相：$2n$）における分離世代（戻し交雑世代，F_2分離世代など．核相：$2n$）から得られた遺伝マーカーの分離データに対する解析オプションを提供している．しかし，多くの菌類では分離世代の核相が単相（n）であり，二倍体生物の配偶子の核相と同じである．そのため，分離世代から得られたデータを，既存のコンピュータソフトでは，そのまま解析することができないことが多い．分離世代から得られた遺伝マーカーデータを，戻し交雑型データに変換するなどの工夫が必要である．

5）染色体と遺伝地図

従来から，菌類の染色体数は，光学および電子顕微鏡を用いた細胞遺伝学的手法や，パルスフィールド電気泳動を利用した電気泳動的核型解析により推定されてきた．しかしながら，前者は小さな染色体は観察することが困難であり，後者は染色体長が類似した非相同染色体は分離しにくいなどの短所がある．そこで，遺伝地図上のDNAマーカーをプローブとした電気泳動的核型へのサザン解析を通して，染色体と連鎖群との対応づけを行い，染色体数を推定している[5]．

遺伝地図距離は必ずしも染色体上の物理的距離を正確に反映するものではなく，交叉価も染色体の領域によって異なる．たとえば，ウシグソヒトヨタケ（*Coprinopsis cinerea*）では，遺伝地図距離と染色体上の物理的距離の比はさまざまな染色体領域において異なること（6 kb/CMから198 kb/CM）が報告されており，特にサブテロメア領域において組換え頻度が高いことが明らかになっている[6]．

菌類では相同染色体間で長さにおける多型を示す染色体長多型[7]という現象が知られている．染色体長多型が遺伝解析へ与える影響について詳細に調べられた報告は少ないが，染色体長多型の一因である相互転座（reciprocal translocation）により，相互転座切断点（breakpoint of the translocation）を挟む4個の遺伝マーカーの位置関係が直線状にならず，分岐・交差した位置関係を示すことが報告されている[5,8]．

6）遺伝地図の利用

DNA塩基配列の解析技術が飛躍的に向上し，

菌類でも多くの種のゲノムDNAの解読が進められている（13.1節参照）．ゲノムDNA解読において，遺伝地図が重要な役割を果たしてきた．ゲノムライブラリー—を作成し，それぞれのゲノムクローンの物理地図を作成後，ゲノムDNAの解読を行う階層化ショットガン法において，ゲノムクローンをつなぎ合わせるために遺伝地図が利用されている．

近年，基礎研究上あるいは実用上重要な形質にかかわるゲノム領域を特定するために，ゲノムDNA配列の利用，遺伝子転写産物・タンパク質の網羅的解析，遺伝子破壊などの逆遺伝学的手法など，さまざまな解析手法が開発されてきた．しかしながら，遺伝地図は，今後も重要な役割を果たすと思われる．たとえば，複数の遺伝子座により制御されていることが予想される量的形質遺伝子座（quantitative trait loci：QTL）の解析に遺伝地図が利用できる[9]．担子菌類である食用キノコにおける栽培形質（収量，形態，発生温度型，病害抵抗性）の多くは量的形質であり，これらのQTLの遺伝地図上の位置を推定できれば，そのQTLに連鎖するDNAマーカーを利用して，目的とする形質を有する菌株を選抜すること（marker assisted selection：MAS）が可能となり，栽培品種育成の効率化が期待される[10]．また，関心のある表現型にかかわる遺伝子座の遺伝地図上の位置を同定できれば，その遺伝子座に連鎖するDNAマーカーをもとにchromosome walking法などにより当該遺伝子を単離・解析すること（marker based cloning）が可能である．この方法により植物病原菌の非病原性遺伝子（avirulence gene）[11]や，キノコの形態形成にかかわる遺伝子[12]の単離・解析が報告されている．　**（寺島和寿）**

＊引用文献

1）大嶋泰治 編（1994）酵母分子遺伝学実験法（生化学実験法シリーズ39）．学会出版センター，東京
2）Bos CJ, et al.（1988）Curr Genetics 14 : 437-443
3）鵜飼保雄（2000）ゲノムレベルの遺伝解析．東京大学出版会，東京
4）Lander L, et al.（1987）Genomics 1 : 174-181
5）Tzeng TH, et al.（1992）Genetics 130 : 81-96
6）Stajich JE, et al.（2010）Proc Natl Acad Sci USA 107 : 11889-11894
7）Zolan ME（1995）Microbiol Rev 59 : 686-698
8）タマリン RH，木村資生・福田一郎 監訳（1988）遺伝学（上），原著第2版．培風館，東京，pp103-144
9）Liu BH（1998）Statical Genomics—Linkage, Mapping and QTL analysis—. CRC Press, Boca Raton
10）Larraya LM, et al.（2003）Appl Environ Microbiol 69 : 3617-3625
11）Linning R, et al.（2004）Genetics 166 : 99-111
12）Kamada T, et al.（2002）BioEssays 24 : 449-459

13.4.5 形質転換

形質転換とは，裸のDNAを菌類細胞に導入し，安定に保持させせることにより，遺伝的性質を変えることである．菌類細胞の形質転換系には，以下の3つの点について特徴がある．

1）外来DNA保持のしくみ

酵母では自己複製配列（autonomously replicating sequence：ARS）やセントロメア配列（*CEN*），*Aspergillus nidulans*では，*ama1*，*ans1*などの配列を利用した自立複製可能なベクターにより宿主染色体外に保持することが可能である．また，*CEN*，テロメア（*TEL*），ARSを構成要素とする酵母人口染色体（yeast artificial chromosome：YAC）が構築され，数百kbという巨大なDNAのクローン化に利用されている[1]．しかし，自立複製型ベクターが利用できる種は限られており，多くの種では外来DNAは宿主染色体への組込みにより安定的に保持される．組込み様式は「相同組換え」か「ランダムな挿入」のいずれかであるが，いずれの場合でも，DNAが挿入されるとその部分の宿主染色体上の遺伝子は破壊される．したがって，ランダムな挿入の場合には，形質転換体ごとにDNAが挿入された位置が異なり，異なる遺伝子型および表現型をもつ．ちなみに，遺伝子の機能解析のために相同性組換えを利用した遺伝子破壊株（ノックアウト変異体）が作製される．相同性組換え

の起こる頻度は，酵母では非常に高いが，糸状菌では，一般にランダムに挿入される頻度のほうが非常に高く目的の遺伝子破壊株が得られる頻度が非常に低い[2]．しかし最近，いくつかの糸状菌において相同性組換えの起こる頻度を高めた株が得られている（13.4.6 項の 2) 参照）．また，遺伝子機能解析のために，相同性組換えを利用した遺伝子破壊株に加えて，RNA 干渉法（RNA interference：RNAi）も利用されている[3]（13.4.6 項の 1) 参照）．

2) 細胞への DNA の導入方法

DNA は，酵母では酢酸リチウム処理という簡単な前処理で取り込ませることが可能であるが[4]，糸状菌には強固な細胞壁が存在するため，それを取り除いたプロトプラストに，ポリエチレングリコール（PEG）による処理やエレクトロポレーションにより導入される．プロトプラスト化の不要な DNA の導入法としては，発芽直後の胞子へのエレクトロポレーションや DNA を付着させた金属の微粒子を高圧ガスにより細胞の中に打ち込むパーティクル・ガン（遺伝子銃）法および細菌の感染力を利用したアグロバクテリウム法が使用される．

糸状菌の形質転換ではプロトプラスト-PEG 法が最も汎用されており，菌糸体あるいは胞子から調整したプロトプラストと DNA を PEG により凝集させて細胞内に導入する．浸透圧調整剤の入った寒天培地上でプロトプラストを再生させ，その中から形質転換体を選抜する．このとき，2 種類の DNA（選択マーカーと発現させたい遺伝子）を同時に導入することを共形質転換（同時形質転換 cotransformation）という．プロトプラスト - PEG 法の改良法として，プトロプラスト，DNA，PEG の混合物に制限酵素を加える REMI 法（restriction-enzyme-mediated integration）により 7 ～ 20 倍，一本鎖のキャリア DNA（50 μg 程度）の添加による方法で 50 倍程度，ヌクレアーゼ阻害剤であるアウリントリカルボン酸（urintricarboxylic acid）を添加する方法により約 40 ～ 1,800 倍の形質転換効率の上昇が期待できる[5-7]．

3) 形質転換体の選抜方法

表 13.4.1 および表 13.4.2 に示すように，導入するマーカー遺伝子には，薬剤耐性等の優性形質に転換するものと栄養要求性のような劣性形質を相補するものとがある[8-11]．劣性形質をマーカーとして用いる場合は，宿主にあらかじめ変異を導入しておく必要があり汎用性に欠けるため，ハイグロマイシン B 耐性をもたらす細菌由来のハイグロマイシン B ホスホトランスフェラーゼ遺伝子をマーカー遺伝子として利用した形質転換の報告が多い．この場合は，宿主に適合した菌類由来のプロモーターおよびターミネーターの間に薬剤耐性遺伝子を連結する．プロモーターは，宿主と同一種由来のものを用いると成功する確率がきわめて高いが，異種遺伝子のプロモーターを利用した形質転換の報告もある．

（会見忠則）

＊引用文献

1) Monaco AP, Larin Z（1994）Trends Biotechnol 12 : 280-286
2) Krappmann S（2007）Fungal Biol Rev 21 : 25-29
3) Nakayashiki H, Nguyen QB（2008）Current Opinion Microbiol 11 : 494-502
4) Romanos MA, et al.（1992）Yeast 8 : 423-488
5) Bowyer P（2001）Molecular and cellular biology of filamentous fungi. A Practical Approach（Talbot N, ed.）. Oxford Univ. Press, Oxford, pp33-46
6) Rikkerink EH, Ruiz-Diez B（2002）Appl Microbiol 92 : 189-195
7) Michielse CB, et al.（2005）Current Genetics 48 : 1-17
8) Fincham JRS（1989）Microbiol Rev 53 : 148-170
9) 本田与一（1996）木材研究・資料 32 : 6-15
10) Riach MBR, Kinghorn JR（1996）Fungal Genetics : principles and practice（Bos CJ, ed.）. Marcel Dekker, New York, pp209-233
11) Olmedo-Monfil V, et al.（2004）Methods Mlecul Biol, 267 : 297-313

＊参考文献

Aleksenko A, Clutterbuck AJ（1997）Fungal Genetics Biol 21 : 373-387
Choi T, et al.（2001）Critical Reviews in Biotechnology 21 : 177-218
De Backer MD, et al.（2002）Current Opinion Microbiol 5 : 323-329
de Groot MJ, et al.（1998）Nature Biotechnol 16 : 839-842

■表13.4.1 優性形質のマーカー

使用される薬剤	薬剤の作用機作	マーカーとなる遺伝子
benomyl, benlate	β-チューブリン重合阻害剤	変異型 β-tubulin遺伝子
carboxin	コハク酸脱水素酵素阻害	変異型 succinate dehydrogenase (iron-sulfur protein subunit) 遺伝子
oligomycin	ミトコンドリアATPase 阻害	変異型ATP synthase subunit 9
aureobasidin A	スフィンゴ脂質合成阻害	変異型 inositol phosphorylceramide (IPC) synthase 遺伝子
sulfonylurea	acetolactate synthase 阻害	変異型 acetolactate synthase
cycloheximide	ペプチド伸長阻害	変異型 ribosomal protein 遺伝子
acetamide	アセトアミドの資化性	acetamidase-(*amdS*) 遺伝子
pyrithiamine	Thiamine 生合成阻害	変異型 hiazole synthase 遺伝子
hygromycin B	タンパク質合成を阻害	細菌由来 hygromycin B phosphotransferase (*hph*) 遺伝子
G418, neomycin	タンパク質合成を阻害	細菌由来 neomycin phosphotransferase (*neo*) 遺伝子
bialophos	グルタミン合成酵素の阻害剤	細菌由来 phosphinotricin acetyltransferase (*bar*) 遺伝子
phelomycin, bleomycin	DNA切断	放線菌 (*Streptoalloteichus hindustanus*) 由来 bleomycin 耐性遺伝子 (*Sh ble*)

■表13.4.2 劣性形質のマーカー

宿主株の表現型	マーカー遺伝子（変異を相補する野生型遺伝子）	備　考
ウラシル要求性	orotidine-5′-monophosphate decarboxylase 遺伝子など	5-fluoroorotic acid 耐性変異株として変異株を分離
硝酸塩利用性	nitrate reductase またはnitrite reductase 遺伝子	塩素酸 ($KClO_3$) 塩耐性変異株として分離
酢酸利用性	acetyl-coenzyme A synthetase 遺伝子など	Fluoroacetate 耐性変異株として，酢酸利用性を欠く変異株を分離
ATP sulfurylase 欠損変異株	ATP sulfurylase 遺伝子	Selenate 耐性 および chromate 感受性変異株として分離
アデニン要求性	aminoimidazole ribonucleotide carboxylase1 など	最少培地上で増殖できない変異株から選抜
トリプトファン要求性	trifunctional protein 遺伝子[glutamine amido transferase, indole-3-glycerol phosphate synthase and *N*- (5′phosphoribosyl) anthranilate isomerase reactions] など	
ロイシン要求性	β-isopropylmalate dehydrogenase 遺伝子など	
リジン要求性	α-aminoadipate reductase 遺伝子など	
ヒスチジン要求性	Imidazole glycerolphosphate dehydratase 遺伝子など	
アルギニン要求性	ornithine carbamoyltransferase 遺伝子など	

Dehoux P, et al.（2005）European J Biochem 213 : 841-848
Honda Y, et al.（2000）Current Genetics n 37 : 209-212
Irie T, et al.（2001）Appl Microbiol Biotechnol 55 : 563-565
梶原　将（2001）蛋白質 核酸 酵素 46（3）: 276-282
Kapoor M（1995）Meth Molecul Biol 47 : 279-289
Kubodera T, et al.（2000）Biosci Biotechnol Biochem 64 : 1416-1421
Kuroda M, et al.（1999）Molecul General Genetics 261 : 290-296
Li G, et al.（2006）FEMS Microbiol Lett 256 : 203-208
水野貴之（2003）秀潤社，東京，pp47-74
Riggle PJ, Kumamoto CA（1998）Current Opinion Microbiol 1 : 395-399
Varadarajalu LP, Punekar NS（2005）J Microbiol Meth 61 : 219-224
Ward M, et al.（1988）Current Genetics 14 : 37-42

13.4.6 ポストゲノムにおける遺伝子の機能解析

1）RNAi 法

RNA interference（RNAi, RNA 干渉）は，1998 年に Fire らが線虫（*Caenorhabditis elegans*）においてセンス鎖とアンチセンス鎖の混合 RNA が，センスもしくはアンチセンスの単独 RNA より飛躍的に強い相同遺伝子の発現阻害効果を示すことを発見したことにより命名された現象である．この現象は，二本鎖 RNA（dsRNA）が引き金となって起こる一連の特異的な生化学反応により引き起こされることが明らかにされている（後述）．この反応を利用することにより対象遺伝子の発現を抑制する手法として確立された RNAi 法はポストゲノム時代における有力な逆遺伝学ツールとして多くの真核生物で利用されている．RNAi と類似した用語に RNA サイレンシングがあり，RNAi とほぼ同じ意味で使われることもあるが，RNAi は dsRNA の導入による遺伝子抑制技術，あるいはそれに特有の経路，RNA サイレンシングは，小分子 RNA が関与したより広い遺伝子抑制現象全般を指す意味で使用される傾向にある．

菌類における RNAi 研究の端緒は，1992 年にアカパンカビ（*N. crassa*）で発見された quelling という現象にまで遡る[1)]．quelling は，付加的な相同遺伝子の導入により，内在性遺伝子と導入遺伝子の両方の発現が抑制される（cosuppression 共抑制）現象であるが，quelling 変異株の遺伝学的な研究により，これには RNAi 経路が介在していることが証明された[2)]．その後，多くの糸状菌種におけるゲノム配列の解読や実験的な検証により，RNAi 経路はほとんどの真菌，卵菌類，また粘菌に至るまで広く保存されていることが示されている[3)]．しかし，子囊菌に属する出芽酵母（*Saccharomyces cerevisiae*）や担子菌のトウモロコシ黒穂病菌（*Ustilago maydis*）など一部の菌では RNAi 経路を失っていることも報告された．

（1）RNAi の機構

RNAi の主要経路は，ショウジョウバエや線虫を中心に明らかとされたが，糸状菌でもほぼ同等

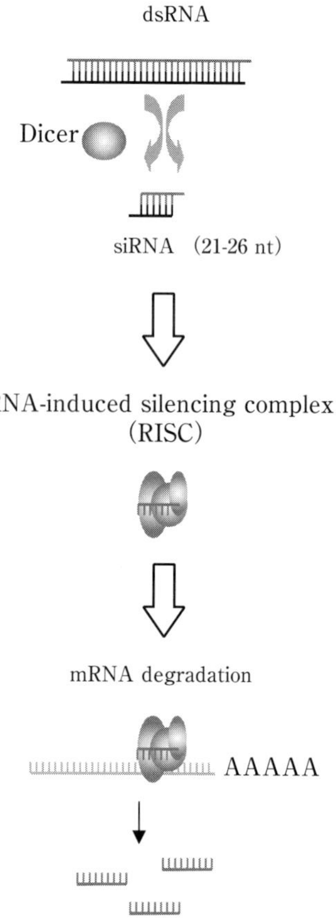

■図 13.4.11　RNAi の生化学的機構の模式図

の機構が保存されていると考えられている．細胞内に dsRNA が外部から導入されるか，あるいは細胞内の RNA 依存 RNA ポリメラーゼ（RNA-dependent RNA polymerase：RdRP）等の働きによって生成されると，RNaseIII ファミリーに属する Dicer と呼ばれる酵素の働きによって，siRNA（small interfering RNA）と呼ばれる 21～25 塩基程度の短い 3′突出型二本鎖 RNA に切断される．これが複数のタンパク質で構成される RNA induced silencing complex（RISC）と呼ばれる複合体に組み込まれ一本鎖となり，相同性のある mRNA を探索するガイド分子として働く．最終的に RISC によって認識された mRNA が分解されることにより特異的な遺伝子発現抑制が起こる（図 13.4.11）．アカパンカビでは，この経路に関与する主要な遺伝子として，RdRP である *Qde-1*，Dicer である *Dcl-2*，また RISC 構成要素のアルゴノート（Argonaute）タンパク質として *Qde-2* が同定されている．

RNAi 機構の生物学的な意義としてはウイルスや転移因子などに対する防御手段として進化してきたという仮説が提唱されているが，近年類似の現象が，形態形成，染色体再構成やヘテロクロマチン形成などの多様で高次な生命現象にもかかわることが示され，その進化的な起源について注目が集まっている．

(2) RNAi 法の菌類における応用とその特徴

これまでの真菌，卵菌類，また粘菌などにおける RNAi 応用例の多くでは，ヘアピン RNA を転写するコンストラクトが用いられている（表 13.4.3）．これは，プロモーターの下流に，対象遺伝子の順方向の断片と逆方向の断片を，間にイン

■表13.4.3 糸状菌および糸状菌様生物におけるRNAi

Species	RNAi のトリガー	形質転換法	引用文献
Ascomycota			
Neurospora crassa	homologous transgene	PEG-mediated method	Romano and Machino, 1992
N. crassa	IR*	PEG-mediated method	Goldoni *et al.*, 2004
Cladosporium fulvum	homologous transgene	PEG-mediated method	Hamada and Spanu, 1988
Magnaporthe oryzae	IR	PEG-mediated method	Kadotani *et al.*, 2003
Venturia inaequalis	IR	PEG-mediated method	Fitzgerald *et al.*, 2004
Aspergillus fumigatus	IR	PEG-mediated method	Mouyna *et al.*, 2004
Histoplasma capsulatum	IR	Electroporation	Rappleye *et al.*, 2004
Aspergillus nidulans	IR	PEG-mediated method	Hammond and Keller, 2005
Fusarium graminearum	IR	PEG-mediated method	McDonald *et al.*, 2005
Neotyphodium uncinatum	IR	Electroporation	Spiering *et al.*, 2005
Basidiomycota			
Cryptococcus neoformans	IR	Electroporation	Liu *et al.*, 2002
Coprinopsis cinerea	IR	Lithium acetate method	Namekawa *et al.*, 2005
Schizophyllum commune	IR	PEG-mediated method	de Jong *et al.*, 2006
Zygomycota			
Mucor circinelloides	homologous transgene	PEG-mediated method	Nicolas *et al.*, 2003
Mortierella alpina	IR	Microparticle bombardment	Takeno *et al.*, 2005
Oomycota**			
Phytophthora infestans	homologous transgene	PEG-mediated method***	van West *et al.*, 1999
P. infestans	homologous transgene	Electroporation	Latijnhouwers *et al.*, 2004
P. infestans	dsRNA	Lipofectin-mediated transfection	Whisson *et al.*, 2005
Myxomycete (Slim mold)**			
Dictyostelium discoideum	IR	Electroporation	Martens *et al.*, 2002

*IR, hairpin RNAもしくは inverted repeat RNA発現プラスミドによる
** 糸状菌様生物
***Lipofectinの添加

トロンなどのスペーサー配列を挟んで挿入し，そこから転写されたRNAのinverted repeat配列により分子内にステム構造（dsRNA）を生じさせる方法である．また近年，向き合う2つのプロモーターの間に対象配列を挿入し，センス鎖とアンチセンス鎖を両側のプロモーターから別々に転写させ，細胞内でdsRNAを形成させる原理のベクターも糸状菌で有効にRNAiを誘導することが示されている[4]．このタイプのベクターは一度のクローニングでサイレンシングコンストラクトを構築できる利点がある．一方，卵菌類である*Phytophthora infestans*では100〜300 bp長の合成二本鎖RNAをLipofectinを介してスフェロプラストに導入することによりRNAiが誘導可能であると報告された．また，*Aspergillus nidulans*では，siRNAを含む培地上で胞子を発芽させることでsiRNAを菌体内に吸収させRNAiを誘導する方法が報告されたが，現在のところ，他の菌類における成功例は報告されていない．

RNAi法は，従来の遺伝子破壊法に比べると実験操作が容易であり，相同組換え効率が低い菌類でも利用できる．また，逆遺伝学的手法であることから，特にゲノム配列が解読された種では迅速な遺伝子機能解析への応用に期待が寄せられている．RNAi法の長所としては，標的mRNAの分解が配列の類似性に依存して細胞質で起こるため，多重遺伝子ファミリーや菌類で頻繁に見られる多核状態でも，すべての相同遺伝子を同時に発現抑制することが原理的に可能である．また，RNAiによる遺伝子発現抑制は，機能の完全喪失ではないため，致死遺伝子にも適用できる利点もある．しかし，反面，RNAiによる不完全な遺伝子抑制は，各RNAi株で抑制程度も異なることが一般的であり，さまざまなレベルで残存した遺伝子発現の影響を考慮する必要がある．また，部分的な塩基配列の相同性でRNAiが引き起こされる例もこれまでに多数報告されており，標的遺伝子以外への非特異的な影響も完全に排除できない欠点も指摘されている．（中屋敷　均）

＊引用文献

1) Romano N, Macino G (1992) Mol Microbiol 6 : 3343-3353
2) Cogoni C, Macino G (2000) Curr Opin Genet 10 : 638-643
3) Nakayashiki H (2005) FEBS Lett 579 : 5950-5957
4) Nakayashiki H, Nguyen QB (2008) Curr Opin Microbiol 11 : 494-502

2) 遺伝子破壊

ここでいう遺伝子破壊とは，遺伝子組換え操作によって作製した遺伝子配列をもとに，ゲノム中の特定の遺伝子の構造を破壊した細胞を作製することである．ポストゲノム時代においては，塩基配列情報をもとにして，遺伝子破壊株を作製しその性質を解析することは，特定の遺伝子の機能を解明するための必須の技術である．これまでの遺伝学においては，突然変異体を取得しその性質を解析することで遺伝子の機能を明らかにしてきたが（順遺伝学），遺伝情報から特定の遺伝子を破壊し変異体を作製するこの方法は「逆遺伝学（reverse genetics）」的手法と呼ばれる．

遺伝子破壊の操作は，目的とする遺伝子（標的遺伝子）の塩基配列を欠損あるいは他の遺伝子による置き換え，分断により行う（図13.4.12）．まず，細胞を導入するマーカー遺伝子の両端に，染色体上の標的となる領域の外側と同じ塩基配列（たとえば，標的遺伝子の5′-UTRと3′-UTRの配列，できれば相同な配列は500塩基以上の長さが望ましい）を付加したDNA断片を作製する．このDNA断片を細胞内に導入する．その断片が両側の染色体との相同な塩基配列部分でそれぞれ遺伝子組換えを起こし，標的配列とマーカー遺伝子とが置き換った細胞を選別する．マーカー遺伝子が発現することで，導入DNA断片が染色体に挿入された細胞が選択される．目的の遺伝子の機能が完全に失われた変異体にする際には，標的遺伝子のコード領域をできるだけ大きく欠損させることや，図13.4.12のようにそのプロモーター配列と構造遺伝子部とで相同組換えを起こさせ，標的遺伝子の転写を起こらなくしてしまうことが有効となる．また，この手法を用いて，遺伝子の一部を別な配列に置き換えて産物の機能を変化させたり，標的遺伝子からの産物にタグを付加させたり，プロモーター部を入れ替えて発現量を変化させることも可能である．これらの方法は，標的となるDNA配列を狙って操作することから，遺伝子ターゲッティング（標的遺伝子組換え gene targeting）法と呼ばれる．

しかしながら，多くの生物種では，以下に説明する理由から細胞内に導入したDNA断片が標的遺伝子部分と置き換わる確率は非常に低い．導入されたDNA断片の染色体への組み込みには，DNA二本鎖切断修復にかかわる機構，すなわち主に相同組換えと非相同末端結合が関与する（図13.4.13）．相同組換えは，切断後に二本鎖の一方のDNA鎖が削られて生じる一本鎖部の配列にRAD51などのタンパク質が作用し，染色体上の相同配列を探し出しそれに合わせて鎖をつなぎ直すものである．この機構により，導入DNA断片は標的遺伝子部位に組み込まれると考えられる（遺伝子ターゲッティング，図13.4.14）．一方，非相同末端結合では，2つの切断末端にKUタンパク質が結合し切断した両末端を引きつけた後，非相同末端結合に特異的なDNAリガーゼ（LIG4）によりつなぎ合わせる．このように，非相同末端結合では2つの二本鎖DNA末端があればその機構が働くことになり，導入DNA断片は，たまたま切断を生じた染色体のいずれの位置にも挿入される（ランダム挿入，図13.4.14）．多くの生物では，後者の場合が多く，導入断片による遺伝子ターゲッティング細胞を得るには多くの労力と時間を要した．

この問題に関し，2004年，遺伝子導入の宿主として非相同末端結合能欠損株を用いる方法がアカパンカビで開発され，遺伝子破壊の高効率化がは

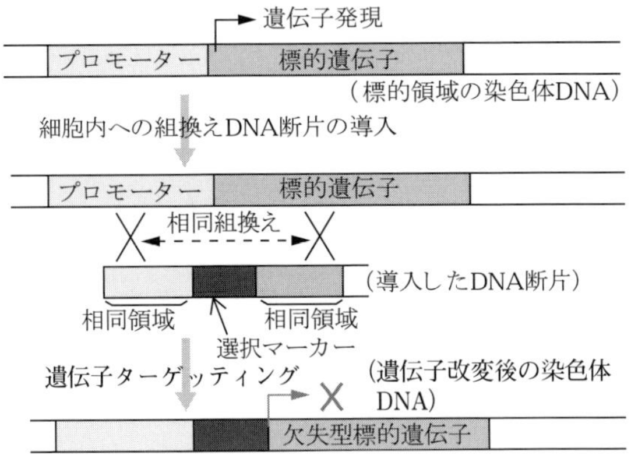

■図 13.4.12　相同組換えによる遺伝子破壊
2カ所の相同領域で相同組換えが起こると，標的遺伝子領域は導入DNA断片と置き換わり，標的遺伝子が破壊される．

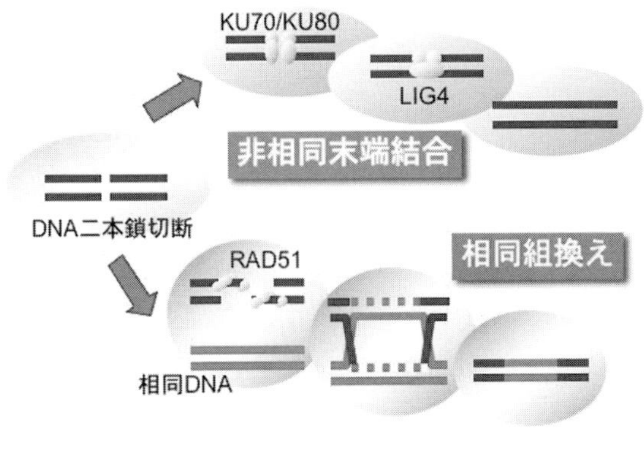

■図 13.4.13　DNAの二本鎖切断修復機構
二本鎖切断の主な修復機構は非相同末端結合と相同組換えであり，真核生物間でよく保存されている．

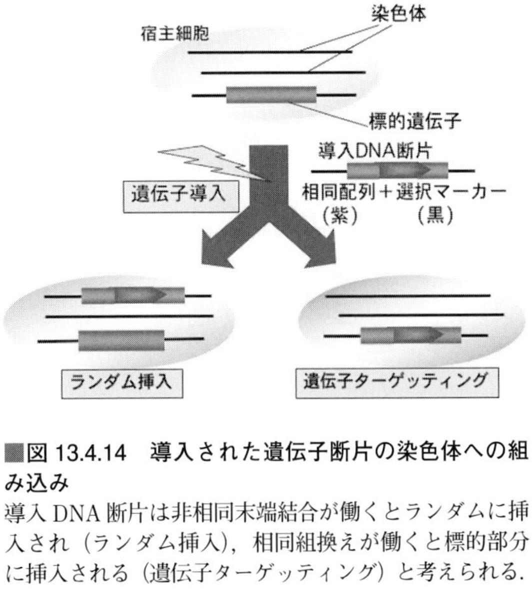

■図 13.4.14　導入された遺伝子断片の染色体への組み込み
導入DNA断片は非相同末端結合が働くとランダムに挿入され（ランダム挿入），相同組換えが働くと標的部分に挿入される（遺伝子ターゲッティング）と考えられる．

かられた[1,2]．非相同末端結合能欠損株では，導入断片の相同組換えによる遺伝子ターゲッティングが起こる一方で，非特異的なDNA断片の挿入であるランダム挿入が抑制されることになる．すでに，コウジカビをはじめとして20種類以上の糸状菌においてこの手法が有効であることが確かめられている．　　　　　　**(田中秀逸・井上弘一)**

＊引用文献

1) Ninomiya Y, et al. (2004) Proc Natl Acad Sci USA 101 : 12248-12253
2) Ishibashi K, et al. (2006) Proc Natl Acad Sci USA 103 : 14871-14876

＊参考文献

カペッキ MR (1994) 日経サイエンス 5 : 52-62

13.5 菌類特有の興味深い遺伝子・遺伝現象

13.5.1 RIP

1) RIPのあらまし

RIP (repeat-induced point mutation) とは，有性生殖過程において重複した配列が効率的に検出され突然変異が導入される過程である．アカパンカビでは，ゲノム内に約400塩基対以上の長さの重複配列があれば，重複している双方の配列に多数のC:GからT:Aへの突然変異が導入される．重複配列間に80%以上のヌクレオチドの同一性があればRIPが起こるとされている[1,2]．

2) RIP発生の過程

アカパンカビにおけるRIPの過程を，図13.5.1

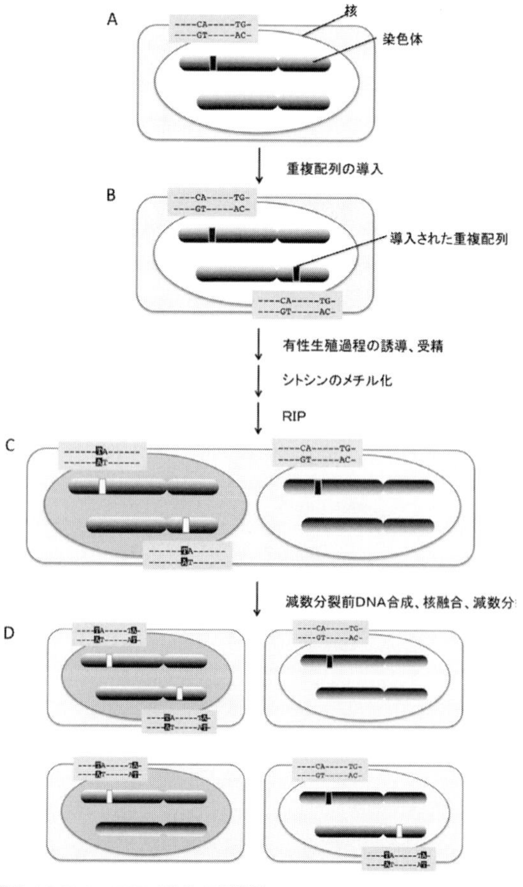

■図13.5.1　RIP発生の過程

を用いて解説する．まずアカパンカビがもともと有しているDNA配列（または遺伝子）と同一の配列をもつDNA（400塩基対以上）を細胞外から導入する．導入されたDNA断片は染色体にランダムに挿入される（図13.5.1B）．これにより，アカパンカビはゲノム内に重複するDNA配列を有することになる．アカパンカビの有性生殖過程を誘導し，異なる交配型の株との掛け合せを行って受精を成立させると，減数分裂前のDNA合成に先立って重複配列にRIPが起こる．ゲノム内の重複配列が検索され，双方の重複配列に含まれるジヌクレオチドCpA（"p"はヌクレオチド間のリン酸結合を表す）に対し，優占的にシトシンの5位のメチル化が生じる．このメチル化には，メチル基転移酵素がかかわる（後述）．その結果，CpAからTpAの塩基の置換が生じる（図13.5.1C，左側）．その後，減数分裂前DNA合成，核融合，減数分裂を経て，染色体が分配され，4種類の子孫が生じる（図13.5.1D）．こうした場合，遺伝子配列内の停止コドンTAA，TAGの割合が高くなるので，RIPによって遺伝子が不活性化される確率が高くなる．

重複配列の検索にかかわる因子および，検索の分子機構はいまだに不明であるが，RIPの際のシトシンのメチル化にかかわる遺伝子は次項のようにわかってきた．

3）RIPにかかわるメチル基転移酵素

シトシンのメチル化は真核生物においては普遍的な現象である．この現象はCpGアイランドと呼ばれる，シトシンとグアニンの割合が高い領域において優占的に起こる．ほ乳動物のDNAメチル基転移酵素（Dnmt3a，Dnmt3b）は，発生段階におけるシトシンのメチル化を担っており，遺伝子発現のON/OFF，ゲノム刷込みにおいて重要である[3]．アカパンカビにおけるメチル基転移酵素をコードする遺伝子*dim-2*（defective in methylation）も，シトシンのメチル化にかかわることが示されたが，RIPには関与していなかった[4]．その後，アカパンカビのBACクローンに含まれ，*Ascobolus immersus*のMIP（methylation induced premeiotically，後述）にかかわるメチル基転移酵素Masc1に相同なタンパク質をコードする遺伝子*rid*（RIP defective）を解析したところ，*rid*遺伝子破壊株はRIPを逃れることが示され，*rid*遺伝子はRIPにおけるシトシンのメチル化を触媒することが明らかとなった[5]．

4）遺伝子重複とRIP

2003年にアカパンカビの全ゲノム解析が公開され，他の生物のゲノムとの比較により，アカパンカビが特徴的なゲノム組成を有することが報告された[6]．

①遺伝子の重複，すなわち遺伝子ファミリーの割合が他の生物に比べて極端に少なく，約1万個のタンパク質をコードする遺伝子の中で，80％以上の相同性をもつ遺伝子が6対（12遺伝子）にすぎない．②遺伝子ファミリーのアミノ酸配列を用いた分子系統学的解析を行ったところ，アカパンカビに含まれるパラログの分岐がかなり昔に起こっていたと考えられる．③現存のアカパンカビには存在しないレトロトランスポゾンTad（Transposon from Adiopodoumé）の痕跡があり，RIPによる突然変異導入（C：GからT：Aのトランジション）によって不活性化されたと推測される．

遺伝子重複は，遺伝子進化において重要な役割を担っていると考えられているが，アカパンカビでは，RIPという機構を獲得したために，遺伝子重複が抑制されている．RIPは，トランスポゾンのような利己的な外来のDNA（selfish DNA）の無秩序な増幅によるゲノム破壊を防ぐ役割をしていると考えられる．

アカパンカビにおいても例外的にRIPを逃れるDNAの部分領域がある．そのひとつとは，第5染色体のNOR（nucleolus organizer region，核小体形成体領域）である[2]．この領域には数百コピーのリボソームRNAの遺伝子が含まれているにもかかわらず，どんなに交雑を繰り返しても不活性化しない．これは，これらの配列の間ではRIP現象が生じないことを意味している．したがって，このような領域には，RIPを逃れる何らかの要因が明らかに存在することを示唆している．ちなみに，リボソームRNA遺伝子をNORではない染色体のある部分に導入した場合，この部分に導入されたリボソームRNA遺伝子に対してはRIPが起きることが示されている．Selkerらは，RIPを逃れる部位がほかにもあることを指摘している．

5) アカパンカビ以外のRIP

アカパンカビでのRIPの発見に伴い，他の菌類においてもRIP，もしくはRIPに類似した過程が存在することが示されてきた．RIPは，*Magnaporthe grisea*, *Podospora anserina*, *Leptosphaeria maculans* においても起こることが実験的に確認されている．また *Fusarium oxysporum*, *Aspergillus fumigatus*, *Aspergillus nidulans* に含まれるトランスポゾン様の配列にはRIPの痕跡とも考えられる点突然変異が認められている．一方，*Ascobolus immersus*, *Coprinopsis cinerea*（*Coprinus cinereus*）ではMIP（methylation induced premeiotically）というRIPによく似た現象がある．RIPの過程と同様に，重複配列を導入した株と正常株との掛け合せを行うと，遺伝子の不活性化が起こった胞子が得られる．これは減数分裂前に重複配列の中にシトシンのメチル化を生じたことにより，遺伝子発現が抑制されたことによって起こる．RIPとの違いは，シトシンのメチル化が遺伝子の発現制御にのみ機能し，変異として固定されないことである[2]．

DNAのメチル化は動物，植物，菌類など真核生物に広く保存されている．菌類がゲノム中の重複配列を検索しメチル化し，さらにRIPにより変異を起こし，遺伝子を不可逆的に不活性化する過程を持っていることは，進化を考えるうえでも興味深い．

（井上弘一）

＊引用文献

1) Selker EU (2002) Adv Genet 46 : 439-450
2) Galagan JE, Selker EU (2004) Trends Genet 20 : 417-423
3) Okano M, et al. (1999) Cell 99 : 247-257
4) Kouzminova E, Selker EU (2001) EMBO J 15 : 4309-4323
5) Freitag M, et al. (2002) Proc Natl Acad Sci USA 99 : 8802-8807
6) Galagan JE, et al. (2003) Nature 422 : 859-868

13.5.2 交配型遺伝子

1) 接合菌

菌類における交配型（接合型）の概念は，Blakeslee[1]が1904年にケカビ目菌類で発見した自家不和合に端をなし，自家和合性にはホモタリズム（homothallism），自家不和合性にはヘテロタリズム（heterothallism）の造語を提案した．後者の交配に関し，異なる交配型を形態的には区別することができないため（+）と（−）と呼び，両者の菌糸先端が近づくと接合反応（有性生殖）を開始し最終的に接合胞子を形成することを観察している．このように，初期の菌類遺伝学において接合菌は重要な位置にあったが，その交配型遺伝子（接合型遺伝子）を同定した報告（実験材料はケカビ目のヒゲカビ, *Phycomyces blakesleeanus* Burgeff）は，Blakesleeの発見から100年以上たった2008年になってからである[2]．交配型遺伝子の同定が遅れた最大の理由は，形成された接合胞子はたいてい2カ月から長い場合1年を超える休眠に入ってしまい，しかも発芽率も高くないために遺伝分析に時間がかかることにあったと考えられる．

ヒゲカビはモデル接合菌と位置づけられ，JGI（Joint Genome Institute）が標準野生株NRRL1555（−）を用いて2005年より解析を始めて2007年1月に全ゲノム情報を公開したことが，接合菌における交配型遺伝子のはじめての同定において決定的な役割を果たした．子嚢菌や担子菌で蓄積した情報は，交配型遺伝子（mating-type : *MAT*）座にはつねに転写因子をコードする遺伝子が存在し，また，異なる交配型間における交配型遺伝子（座）の相同性は低い（idiomorphな関係）ことを示していた．これらにヒントを得たHeitmanらのグループは，ヒゲカビ全ゲノム情報を検索して，子嚢菌の*MAT*座と関連の見られる10種のhigh mobility group（HMG）ドメイン型転写因子をコードする遺伝子の存在を確認した．また同時に，*MAT*座に存在が知られるホメオドメイン型と*α*-ボックス型の転写因子は存在しないことを確認している．次に，10種のHMGドメイン型遺伝子のうち1つが交配型特異的に存在したことから，その遺伝子が座位する領域を*MAT*座と見なし，それぞれの交配型に対して*sexP*(*sex plus*), *sexM*(*sex minus*）と命名した．遺伝子の塩基配列から推定される両タンパク質のアミノ酸配列の相同性は予想通り高くない．菌類の進化の過程で早期に分岐した接合菌の交配型遺伝子が，ホメオドメイン型や*α*-ボックス型の転写因子ではなくHMGドメイン型転写因子をもつことは，HMGドメイン型転写因子が*MAT*座における祖先型であることを示唆している．*sexP*座と*sexM*座の両遺伝子が交配型遺伝子であることは次の2つの実験により確認されている．1つは，一個体に（+）と（−）の性質をもつ核の両方を併せ持つ性的ヘテロカリオンを利用した実験である．性的ヘテロカリオンは菌糸マット上に特徴的なコイル状の構造物（pseudophore）を形成することから見分けが容易であるが，その構造を形成する個体はすべて*sexP*と*sexM*の両方の遺伝子をもっていた．もう1つは，通常の交配実験で得られた子孫個体における性（交配型）と交配型遺伝子の存在との関係を調べた実験で，3つの異なる交配で得られて解析に供した合計233個体のすべてにおいて（+）株には*sexP*のみが存在し，（−）株には*sexM*のみが存在した．

*sexP*遺伝子を含む（+）*sex*（*MAT*）座は5.8 kb（UBC21株），*sexM*遺伝子を含む（−）*sex*座は3.5 kb（NRRL1555株）と推定され，またゲノム上において両遺伝子は逆向きで存在している．*sex*座の5′側にはトリオースリン酸トランスポーター，3′側にはRNAヘリカーゼが共通して存在しているが，さらに（+）*sex*座には小さな繰り返し配列が多く連続している領域が認められる．クモノスカビ（*Rhizopus oryzae*）（+）においても，5′および3′側にヒゲカビの場合と同じ近隣遺伝子を配置した*sexP*様配列の存在が認められることから，ヒゲカビで発見された*sex*座付近のゲノム構造は少なくともケカビ目では保存されている可能性がある．両交配型遺伝子の発現は確認されたものの，その機能と接合反応との関連の解明はこれからの研究課題である．（宮嵜　厚）

＊引用文献

1) Blakeslee AF（1904）Proc Am Acad Arts Sci 40 : 205-319
2) Idnurm A, et al.（2008）Nature 451 : 193-197

＊参考文献

Bergman K, et al.（1969）Microbiol Rev 33 : 99-157
Cerdá-Olmedo E, Lipson ED（1976）Phycomyces. Cold Spring Harbor Lab, New York
Idnurm A, et al.（2007）Sex in fungi. ASM, Washington DC, pp407-418
Wöstemeyer J, Schimek C（2007）Sex in fungi. ASM, Washington DC, pp431-443

2）出芽酵母（*Saccharomyces cerevisiae*）

（1）出芽酵母の生活史

出芽酵母は一倍体でも二倍体あるいはさらに高次の倍数体でも出芽によって栄養増殖する．出芽酵母の一倍体はa型あるいは*α*型のいずれか一方の接合型をもつ．a型の細胞と*α*型の細胞を混合すると両細胞が融合し二倍体(a/*α*)細胞を生じる．二倍体細胞に胞子形成を誘導すると，減数分裂の結果1つの二倍体細胞の内側に一倍体の胞子が4つできる．

（2）細胞型

出芽酵母は，接合型を示すa型あるいは*α*型（通常一倍体）と接合型をもたない細胞型（通常二倍体）のいずれかの状態をとる．これらの細胞型は*MAT*座の1対の対立遺伝子*MATa*および*MAT α*によって決定される．*MAT*座に*MATa*をもつ細胞をa型細胞，*MATα*をもつ細胞をα型細胞という．二倍体細胞では*MATa*と*MATα*が共存する．上記の3つの細胞型にはそれぞれに特徴的な遺伝子の発現がある，a型細胞ではa特異的遺伝子（asg）と一倍体特異的遺伝子（hsg）が，α型細胞ではα型特異的遺伝子（αsg）とhsgが発現し，二倍体細胞ではasg，αsg，hsgのどれも発現しない．

asgに属する遺伝子として，a型細胞が分泌するa-フェロモン遺伝子*MFA1*，α型細胞が分泌するα-フェロモンの受容体タンパク質の遺伝子*STE2*などが，*αsg*に属する遺伝子として，α-フェロモン遺伝子*MFα1*やa-フェロモンの受容体遺伝子*STE3*などが知られる．asgもαsgも一倍体でだけ発現する一群の遺伝子であるが，いずれの接合型でも発現する遺伝子hsgとは区別される．

(3) 接合型遺伝子の構造と機能

*MATα*遺伝子は*MATα1*と*MATα2*の2つの転写単位を含み，実際には2つの遺伝子からなる．*MATα1*がコードするタンパク質α1は*αsg*の転写のコアクティベーターとして働く．*MATα2*がコードするα2タンパク質はasgの転写のリプレッサーとして働く．これらの制御タンパク質によって，α型細胞に特徴的な性質が形成される．*MATa*遺伝子も実際には2つの遺伝子，*MATa1*と*MATa2*，からなる．両遺伝子ともa型細胞内で何もしていない．しかし，a型細胞にはα2タンパク質が存在しないのでasgが発現し，a型細胞を特徴づける遺伝子群が発現する．a1タンパク質は二倍体細胞内でその働きを現す．a1タンパク質はα2タンパク質と複合体を形成し，*hsg*の発現を抑制する．*MATα1*遺伝子の発現も抑制するので，a型細胞では*αsg*の発現もない．二倍体細胞中のα2タンパク質のうち，a1タンパク質と結合しないものは，*asg*の発現を抑制する．したがって，二倍体では，*asg*，*αsg*，*hsg*のいずれも発現しない．接合型遺伝子は接合反応に関与する多数の遺伝子を制御する上位の制御遺伝子である（図13.5.2）．

(4) 接合型の変換：カセットモデル

ホモタリック株と呼ばれる出芽酵母の菌株が知られている．この種の株では，一倍体の胞子クローンの中に二倍体が高頻度で現れる．ホモタリック株の胞子は一倍体の状態で接合型をもつが，増殖中に他方の接合型への変換が起こり，培養中の異なった接合型をもつ細胞間で接合が起こって二倍体が形成される．接合型変換に*HO*，*HMl*，*HMR*の3つの遺伝子が働く．*HO*は接合型遺伝子座の1カ所を切断するエンドヌクレアーゼをコードし，*HMl*と*HMR*は接合型遺伝子の発現しないコピーである．接合型の遺伝情報は第三番染色体上の3カ所（*MAT*座，*HMl*座，*HMR*座）にあり，*MAT*座の情報だけが発現できる．接合型の変換は*HMl*座あるいは*HMR*座にある接合型遺伝子が*MAT*座にあるものと交換されることにより起こる．この接合型変換を説明するモデルをカセットモデルという（図13.5.3）．　**（東江昭夫）**

3) 分裂酵母（*Schizosaccharomyces pombe*）

(1) 交配（接合）型

分裂酵母の接合型は，P（プラス）型，M（マイナス）型と呼ばれる．通常，一倍体で増殖し，栄養飢餓により異なる接合型の細胞間で接合し，二倍体の接合子を形成する．接合子は減数分裂/胞子形成を経て，一倍体細胞に戻る．

接合型特異性はマスター遺伝子である接合型遺伝子（*mat1*）により決定される．接合における細胞認識は，まずP型，M型細胞から分泌されるペプチドフェロモンとそれらを認識する7回膜貫通型の受容体により制御される．受容体はGタンパク質とカップルしており，さらに下流のMAPキナーゼカスケードを経て遺伝子発現に至り，接合機能が誘導される．発現誘導されるタンパク質には細胞表層の接着タンパク質があり，特異的細胞接着による凝集が起こる．凝集塊の中で1対1の細胞融合が起こり，核融合を経て接合子が形成される．減数分裂の開始も接合型遺伝子の支配を受け，*mat1*がヘテロザイガスな構成を取ることが

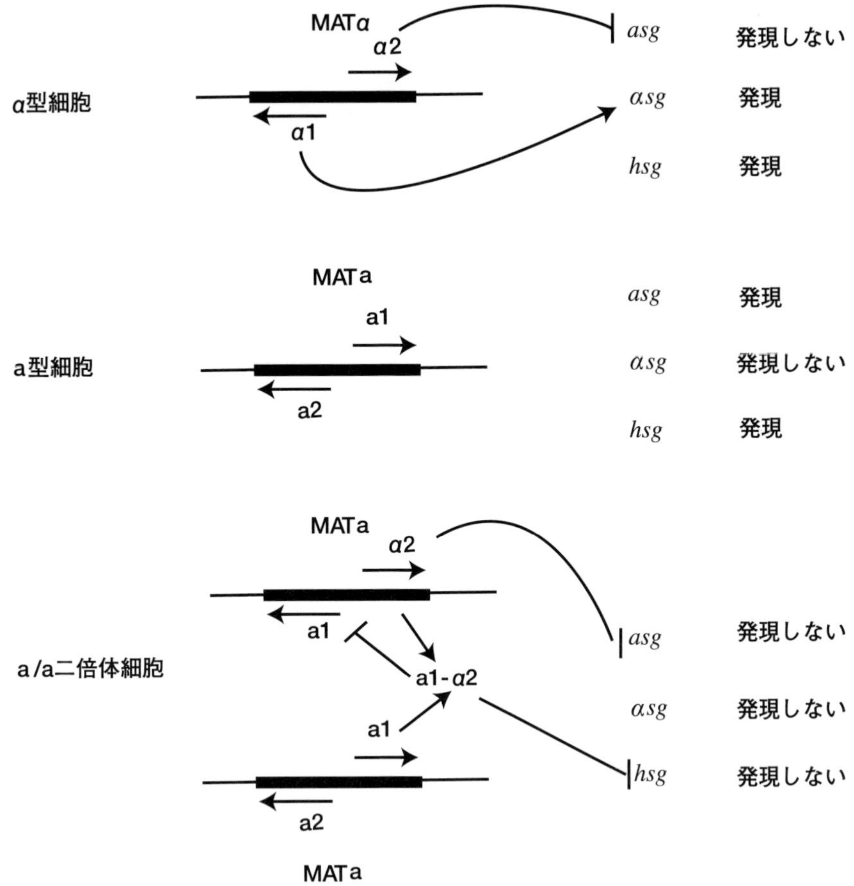

■図 13.5.2　接合型遺伝子による細胞型の決定

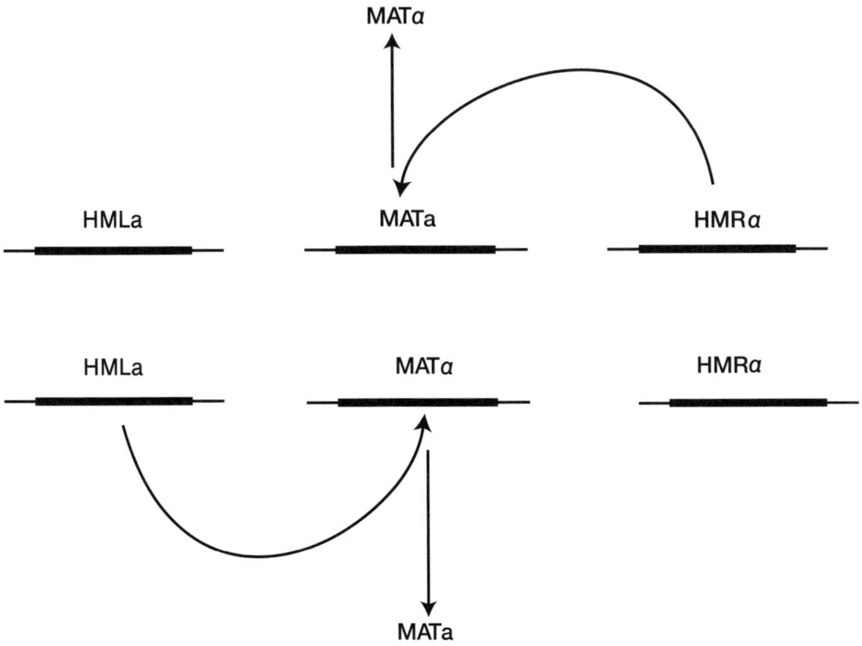

■図 13.5.3　カセットモデル

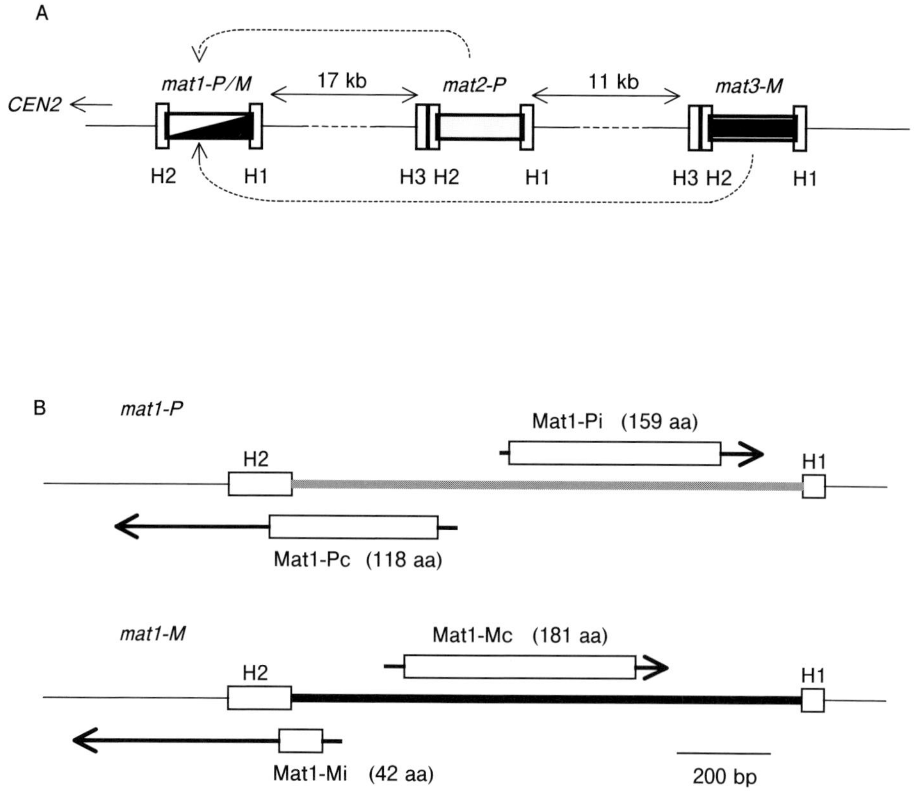

■**図 13.5.4　分裂酵母の接合型遺伝子座**（Kelly[3] より改変）
A：接合型遺伝子の変換．矢印（点線）は *mat2-P* または *mat3-M* カセットから発現可能な *mat1* 遺伝子への転移を示す．ボックス H1（59 bp），H2（135 bp），H3（57 bp）は相同配列を示す．*CEN2* は第２染色体のセントロメアを示す．
B：接合型遺伝子 *mat1-P* および *mat1-M* からの転写産物．転写の領域を直線とボックス（タンパク質コード領域）で表し，転写方向を矢印で示す．

必須である．

(2) 接合型遺伝子の構成

ホモタリック株（h^{90}）では接合型が頻繁に転換するため，クローン内で接合が起こり自動的に二倍体化する．第２染色体上の接合型遺伝子領域は *mat1*，*mat2*，*mat3* と３つの並んだ遺伝子から構成される（図 13.5.4A）．このうち *mat1* 遺伝子のみ発現し，*mat1-P*/*mat1-M* の対立遺伝子により細胞の接合型が決定される．*mat2-P*，*mat3-M* 遺伝子座には，それぞれ P 型および M 型を決定する情報カセットが保持されているが，ヘテロクロマチン構造をとるため発現しない．接合型転換は遺伝子変換（gene conversion）により，*mat2-P* もしくは *mat3-M* から *mat1* へのカセット転移により行われる[1]．接合型転換は２回の分裂で生じた４細胞の１つのみで起こる（one-in-four rule）．DNA 複製時に，*mat1* 遺伝子 DNA の鎖特異的な何らかの目印（インプリンティング）が生じ，次の複製時に遺伝子変換が起こるモデルが考えられている[2]．ヘテロタリック系統の P 型と M 型株は h^+ と h^- と表され，異なる接合型の株と混合されない限り接合しない．ヘテロタリック系統は *mat2-P*，*mat3-M* の欠失や遺伝子転移機能の欠損により生じたものである．出芽酵母で接合型転換の初期過程で働くエンドヌクレアーゼ（HO）は分裂酵母には存在しない．多くの菌類も HO 遺伝子をもたないので，HO ヌクレアーゼによる接合型転換機構は進化の歴史では比較的新しく獲得されたと推定されている[4].

(3) 接合型遺伝子の産物

接合型遺伝子 *mat1-P*, *mat1-M* からそれぞれ2種類の転写産物が両方向に転写される（図13.5.4B）. これらの遺伝子産物はアミノ酸配列と突然変異体の表現型解析からすべて転写因子として機能すると考えられる. *mat1-Pc*, *mat1-Mc* は構成的に転写され，タンパク質（Pc と Mc）はそれぞれP型，M型特異的な遺伝子の転写に働く. Mc と Pc は HMG ボックス DNA 結合ドメインをもつ転写因子である. 一方，*mat1-Pi* と *mat1-Mi* は窒素飢餓条件で誘導的に転写される. 減数分裂開始には Mi, Pi, Pc, Mc すべてのタンパク質が必要である. このことは接合型遺伝子座がヘテロザイガスでないと減数分裂に入れないことをよく説明できる. Mi はホメオボックスドメインをもつ DNA 結合タンパク質である. 接合型遺伝子が Mc と Pc のように HMG ボックスドメインをもつ転写因子をコードすることは菌類に共通した性質であり，真核生物における性（交配型）決定機構の起源が非常に古いことを示している.

（下田　親）

＊引用文献

1) Beach D (1984) Nature 305 : 682-688
2) Klar AJ (1990) EMBO J 9 : 1407-1415
3) Kelly M, et al. (1988) EMBO J 7 : 1537-1547
4) Butler G, et al. (2004) Proc Natl Acad Sci USA 101 : 1632-1637

4) 糸状子嚢菌

(1) ヘテロタリック[注]子嚢菌の交配型遺伝子

ヘテロタリック子嚢菌では，それぞれの種内に2つの交配型が存在し，異なる交配型の菌株間でのみ交配が起きる. 注意すべきは，交配型は雌雄を決定していないこと，すなわち，いずれの交配型の菌株も雌雄両方の機能を有しており（雌雄同体），異なる交配型の菌株が出会ったときに一方が雌として，他方が雄として機能することである.

菌株の交配型は1つの遺伝子座によって決定されていることが，*Neurospora crassa*, *Podospora anserina* や *Cochliobolus heterostrophus* などのヘテロタリック子嚢菌で明らかにされている. この遺伝子座は交配型遺伝子（*MAT1*）座と呼ばれる[1]. *MAT1* 座には2型（*MAT1-1* および *MAT1-2*）があり，そのうちのいずれをもつかによって交配型が決まる（図13.5.5）. ちなみに，この2型の間では塩基配列や染色体構造がまったく違うため，それぞれをイディオモルフ（idiomorph）と呼ぶことが提唱された[2].

MAT1 座の構造と機能は，たとえば *C. heterostrophus* では，MAT1-2 株ゲノムのコスミドライブラリーのクローンを1つずつ MAT1-1 株に導入して，ヘテロタリックからホモタリックへの変換を誘導する活性をもつクローンを取得，同様に MAT1-1 株コスミドライブラリーから MAT1-2 株をホモタリックにするクローンを取得し，次いで遺伝子構造解析，遺伝子破壊や遺伝分析を行うなど，多くの実験の積み重ねによって決定された[3]. 現在では，後述するように，*MAT1* 座の遺伝子（交配型遺伝子，mating type gene）の構造の部分的な保存性に基づく縮重 PCR 法の活用などによって，より簡便に *MAT1* 座を解析することができるようになった.

MAT1-1 および *MAT1-2* イディオモルフは，*C. heterostrophus* では約1 kb, *Gibberella fujikuroi* では約5 kb であるなど，種によってサイズが大きく異なり，また，遺伝子の方向もまちまちである. さらに，イディオモルフ上に1遺伝子のみをもつ種や複数遺伝子を持つ種があり，実に多様である（図13.5.5）. しかし，*MAT1-1* および *MAT1-2* イディオモルフが，それぞれ DNA 結合領域である alpha-box および HMG-box を有するタンパク質（MAT1-1-1 および MAT1-2-1）をコードする対立遺伝子をもつ点は共通している. このうち，MAT1-2-1 上の HMG-box はアミノ酸配列の類似性が種を超えて高いことが特徴であり，PCR による *MAT1* 遺伝子座解析のきっかけとなった[4]. また，この遺伝子構造の類似性に基づいて，

MAT1-1およびMAT1-2という交配型の統一呼称が提唱された[5]．

MAT1-1-1，MAT1-2-1とも，DNA結合領域を有していることから交配の初期調節因子であると考えられている．これらをコードする*MAT1-1-1*，*MAT1-2-1*遺伝子を破壊すると交配能を喪失する[6]．*MAT1*領域には，*MAT1-1-1*，*MAT1-2-1*遺伝子に加えて，メタロチオネイン様タンパク質をコードする遺伝子（*MAT1-1-2*）や，追加のHMG-boxをもつタンパク質をコードする遺伝子（*MAT1-1-3*や，*Magnaporthe oryzae*の*MAT1-2-2*）が見いだされる場合があるが，これらの交配能との関係は未知である[1]．また，*MAT1*領域の周囲には，決まってDNAリアーゼ（DNA lyase2，APN2）と膜貫通タンパク質（transmembrane protein，SLA2）をコードする遺伝子が，*MAT1*領域を挟む形で存在するが，それらの機能も未解明である[1]．

(2) ホモタリック[注1]子囊菌の交配型遺伝子

ホモタリック子囊菌の種内にはヘテロタリック種に見られるような2型の交配型菌株は存在しない．ホモタリック子囊菌は，条件さえ整えば，見かけ上交配することなく完全世代を形成する（13.4.1項の4）参照）．そのため，ホモタリック子囊菌の完全世代形成には交配型遺伝子が関与していないように見えるが，実際には，細胞ごとにどちらかの交配型を提示し，ヘテロタリック種と同様に異なる交配型の細胞間で交配が起きていると考えられている．

ホモタリック子囊菌では，単一の株が，ヘテロタリック種で見られる*MAT1*座の2つの遺伝子（*MAT1-1*および*MAT1-2*）に相当する領域を有している場合（図13.5.5，*Stemphylium* spp.，*G. zeae*など）と，*MAT1-1-1*と*MAT1-2-1*が融合した遺伝子領域（図13.5.5，*C. homomorphus*，*S. macrospora*）をもつ場合がある[1,7,8]．後者の中でも，*C. homomorphus*では，MAT1-1-1とMAT1-2-1の融合型タンパク質をコードするように遺伝子が融合しているのが特徴である（図13.5.5）[7]．この融合型タンパク質をコードする遺伝子は，構造解析の結果，近縁のヘテロタリックな*C. heterostrophus*の*MAT1-1-1*および*MAT1-2-1*と相同の2つの遺伝子間で乗換えが起こることで生じたと推測されている．

ホモタリック子囊菌*G. zeae*では，*MAT1-1-1*および*MAT1-2-1*が共存するが，*MAT1-1-1*，*MAT1-2-1*のうちそれぞれ1つを破壊した2種類の変異株が作出され，それらがもはやホモタリックな形質を示さないこと，また，変異株同士でヘテロタリックに交配することが報告されている[9]．

これらの事実から，子囊菌は元来ヘテロタリックであり，ホモタリック種は，ヘテロタリック種の交配型遺伝子の構造等の変化によって生じたと推定されている[7]．

(3) 不完全菌の交配型遺伝子

完全世代の形成が確認されていない菌を不完全菌と呼ぶ．子囊菌類に属すると推定される不完全菌の場合，交配しない原因としては，①交配型遺伝子座をもたない，②交配型遺伝子の機能不全，③種内あるいは群集内に交配パートナーが不在，④交配型遺伝子の下流で機能する完全世代形成関連遺伝子（群）の不全，⑤交配条件が未知である，などの可能性が考えられてきた．これまでに*Aspergillus oryzae*，*Bipolaris sacchari*，*Fusarium oxysporum*などの交配型遺伝子が，近縁ヘテロタリック種（それぞれ*A. flavus*，*C. heterostrophus*，*G. fujikuroi*）との相同性に基づく縮重PCRを利用して明らかにされ，分子生物学的手法による不完全菌の*MAT1*座の解析が可能になった．これまでの解析で，複数種の不完全菌がヘテロタリック子囊菌と相同な*MAT1*座および*MAT1-1-1*や*MAT1-2-1*遺伝子をもつこと，これらの遺伝子が発現し，本来の機能を有していること，種内に両交配型の菌株が存在すること，が明らかにされた[9,11]．したがって，上記の完全世代が形成されない原因のうち，①〜③が否定されている．

(4) 交配にかかわるシグナル伝達系と遺伝子

上述のように，交配型遺伝子産物は交配の初期調節因子として機能する．子囊菌酵母*Saccha-*

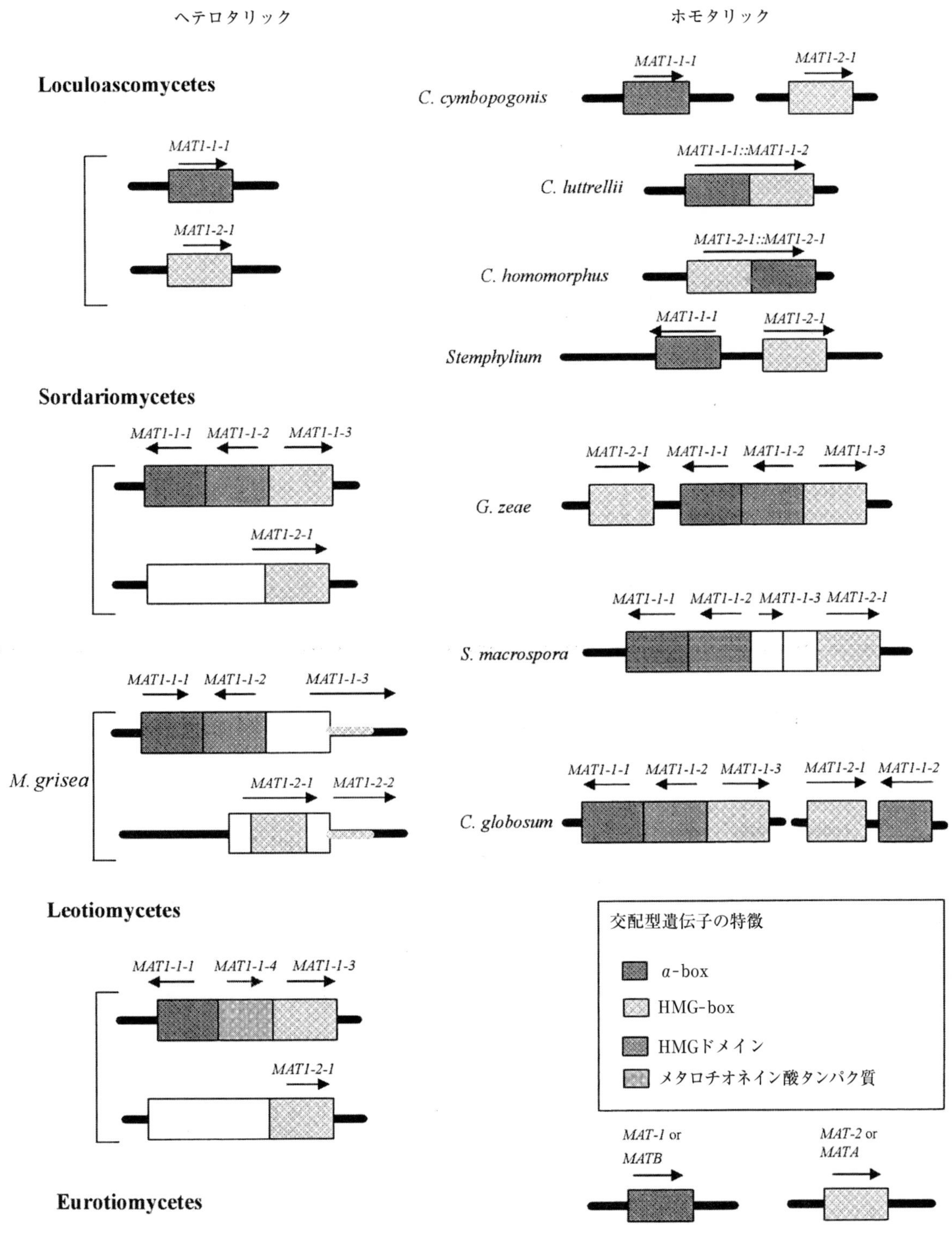

■図 13.5.5　子嚢菌の交配型遺伝子（MAT1）領域の一般的な構造
(Debuchy, Turgeon[1)], pp.297 より一部修正のうえ転載)

romyces cerevisiae を参考にすると，交配型遺伝子産物が，フェロモンやフェロモンレセプターの発現を調節し，細胞膜上に存在するフェロモンレセプターがフェロモンを受容すると，その信号が三量体Gタンパク質およびMAPKカスケードを経て，核移行調節因子であるSTE12のリン酸化を引き起こし，STE12が核内に移行して，有性生殖の遂行に関与する多数の遺伝子の発現を調節することが推定される[12]．近年，複数種の子囊菌において，シグナル伝達系関連遺伝子，フェロモン受容体遺伝子などが同定され，それらの破壊実験などが行われた．その結果，子囊菌の交配において，MAPKカスケードのみならず，cAMPを介したシグナル伝達系が重要な役割を担っている可能性が示唆された[13,14]．今後，交配にかかわるフェロモンの分泌・受容，その後のシグナル伝達機構について，交配型遺伝子産物との関連で解析が進み，子囊菌の交配メカニズムが明らかにされることが期待される．　（有江　力）

＊注

近年，子囊菌ではヘテロタリック（heterothallic）をself-incompatible（自家不和合性），ホモタリック（homothallic）をself-compatible（自家和合性）と呼ぶ場合が多くなっている．

＊引用文献

1）Debuchy R, Turgeon BG (2006) The Mycota I (Kues, Fisher, eds.). Springer, Berlin, pp. 293-323
2）Metzenberg RL, Glass NL (1990) BioEssays 12 : 53-59
3）Turgeon BG, et al. (1993) Mol Gen Genet 238 : 270-284
4）Arie T, et al. (1997) Fungal Genet Biol 21 : 118-130
5）Turgeon BG, Yoder OC (2000) Fungal Genet Biol 31 : 1-5
6）Shiu PK, Glass NL (2000) Curr Opin Microbiol 3 : 183-188
7）Turgeon BG (1998) Annu Rev Phytopathol 36 : 115-137
8）Yun SH, et al. (1999) Proc Natl Acad Sci USA 96 : 5592-5597
9）Yun SH, et al. (2000) Fungal Genet Biol 31 ; 7-20
10）Sharon A, et al. (1996) 251 : 60-68
11）Arie T, et al. (2000) Mol Plant-Microbe Interact 13 : 1330-1339
12）Elion EA (2000) Curr Opin Microbiol 3 : 573-581
13）Lengeler KB, et al. (2000) Microbiol Mol Biol Rev 64 : 746-785
14）D'Souza CA, Heitman J (2001) FEMS Microbiol Rev 25 : 349-364

5）病原性担子菌

植物や動物を宿主とする菌類の中でも，担子菌類には交配行動と病原性が緊密に関係するものが多い．そのため，これらの交配システムの研究は分子レベルで解明が進んでいる．

(1) クロボキン類の交配システム

トウモロコシ黒穂病菌（*Ustilago maydis*），オオムギ堅黒穂病菌（*Ustilago hordei*）およびソルガム糸黒穂病菌（*Sporisorium reilianum*）はいずれも担子菌門（Basidiomycota）クロボキン綱（Ustilaginomycetes）に属する植物病原菌である．これらの菌類は酵母様出芽増殖を行う半数体（monokaryon）が，以下に述べる交配型遺伝子に支配される和合性に基づいて接合し，二核菌糸（dikaryotic hyphae）を形成することにより，はじめて宿主への侵入能を獲得し，病原性を発揮することが可能となる．

(2) 四極性（tetrapolar）交配システム

トウモロコシ黒穂病菌（*U. maydis*）は，ウシグソヒトヨタケ（*Coprinopsis cinerea*）などの真性担子菌類と同様に，2つの交配型遺伝子座（*MAT* 座）をもつ．これらの *MAT* 座はそれぞれ *a* 座（*a* locus），*b* 座（*b* locus）と呼ばれている（図13.5.6）．これまで2個の *a* 座（*a1* 座，*a2* 座）および少なくとも19の *b* 座が見いだされている．*a1* 座および *a2* 座はそれぞれ4 kbまたは8 kbに及び，フェロモン前駆体遺伝子（*mfa1*，*mfa2*）およびフェロモンレセプタータンパク質遺伝子（*pra1*，*pra2*）がそれぞれコードされている．*mfa1* 由来のフェロモンはフェロモンレセプターPra2によって，*mfa2* 由来のフェロモンはPra1によってそれぞれ認識される．異なる *a* 座をもつ菌株を混合すると，それぞれのフェロモンが認識され，接合菌糸（conjugation tube）の伸長，細胞周期のG2期での休止（G2 arrest）が起こり，細胞の融合に

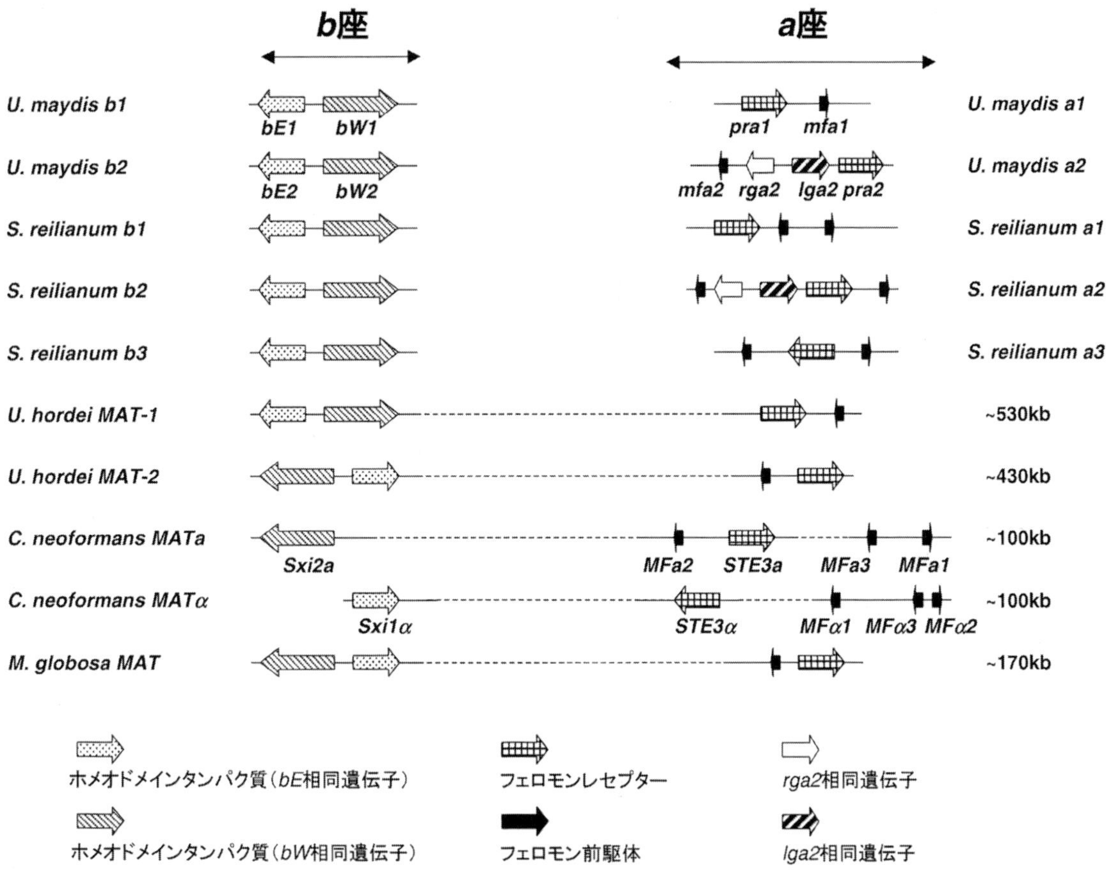

■図 13.5.6　病原性担子菌の交配型遺伝子座の構造

つながる．*a2* 座はこれに加え 2 個の遺伝子 *rga2*, *lga2* を余分にもっており，ミトコンドリア遺伝に関係していると考えられている．*b* 座にはそれぞれ 2 個のホメオドメイン転写因子遺伝子（*bE*, *bW*）がコードされているが，*b* 座の番号とともにそれぞれ *bE1*, *bE2*……，または *bW1*, *bW2*……と名づけられている．異なる *b* 座由来の bE タンパク質と bW タンパク質が結合しヘテロ二量体化（heterodimerization）すると転写活性を獲得し，二核菌糸の伸長および宿主への侵入，腫瘍（tumor）形成に至る．腫瘍の内部では冬胞子（teliospore）が形成され，子孫として放出される．なお，異なる *b* 座をもつ菌株による交配では，2 種類のヘテロ二量体がつくられるが，このうち一方が欠けてもその後の交配行動および病原性の発揮には影響はなく，それぞれのヘテロ二量体の機能に相違はないと考えられている．

ソルガム糸黒穂病菌（*S. reilianum*）も *U. maydis* と同様の交配システムを有し，3 種類の *a* 座と少なくとも 5 種類の *b* 座が確認されている（図 13.5.6）．

U. maydis のシステムとの大きな違いは，それぞれの *a* 座が自身以外のフェロモンレセプターに認識される 2 個のフェロモン前駆体遺伝子をもつことである．*b* 座の構造は *U. maydis* と同様であり，それぞれが 2 個のホメオドメインタンパク質遺伝子を含む．

いずれの菌においても *a* 座と *b* 座は異なる染色体上に座乗しているため，減数分裂を経ると独立して分離することから，結果として 4 種類の異なる交配型の子孫株が産み出される．

(3) 二極性 (bipolar) 交配システム

オオムギ堅黒穂病菌 (*U. hordei*) では，*U. maydis* や *S. reilianum* が保持する *a* 座と *b* 座が互いに近接し1つの *MAT* 座として振る舞う (図13.5.6)．それ以外に交配に関与する遺伝子座が存在しないことから，減数分裂後に産み出される子孫株の交配型は2種類のみに限られる．*MAT* 座は2種類が知られており，それぞれ *MAT-1* 座，*MAT-2* 座と呼ばれる．それぞれの長さは530 kb，430 kb ほどであり，いずれもその両端近傍に *a* 座に相当するフェロモン前駆体，フェロモンレセプター遺伝子コード領域，および *b* 座に相当する2個のホメオドメインタンパク質遺伝子コード領域が座乗するとともに，およそ50個のタンパク質コード遺伝子が存在すると考えられている．しかし，遺伝子の順序や方向などの構造は *MAT-1* と *MAT-2* とで大きく異なり，*MAT* 座内での組換え (recombination) を防いでいると思われる．また，*MAT-1* 座に含まれる遺伝子の9割以上が *U. maydis* の *a* 座および *b* 座の周辺領域に存在することから，四極性交配システムから二極性への進化を示す痕跡と考えられている．

(4) ヒト病原性真菌の交配システム

クリプトコックス症の起因菌であるクリプトコックス・ネオフォルマンス (*Cryptococcus neoformans*) は担子菌門・異型担子菌綱に分類される．本菌は通常出芽酵母として生育するが，異なる交配型遺伝子をもつ菌株同士を混合することにより有性世代を形成する (13.4.1項の4) 参照)．クロボキン類のように有性世代形成が宿主植物への感染性と強くリンクしていることを示す証拠はないが，交配により産出される担子胞子は動物への感染性を有しており，ヒトへの感染源の1つと考えられている．本菌の *MAT* 座は *MAT*a，*MAT*α の2種類が知られており，それぞれおよそ100 kb に及ぶ (図13.5.6)．構造的には同じく二極性交配システムをもつ *U. hordei* とよく似ており，*MAT* 座の両端にフェロモン前駆体 (*MFa1*〜*3*，*MFα1*〜*3*)，フェロモンレセプター (*STE3a*，*STE3α*)，ホメオドメインタンパク質 (*Sxi1α*，*Sxi2a*) をコードする遺伝子がそれぞれ位置している．一方，それぞれの *MAT* 座にフェロモン前駆体遺伝子が3コピー存在すること，ホメオドメインタンパク質遺伝子が1個ずつしかコードされていないことが本菌の *MAT* 座において非常に特徴的である．それぞれの *MAT* 座にはいくつかの例外を除き，ほぼ同じタンパク質コード遺伝子が含まれるが，その並びや順序はまったく異なり，*MAT* 座内での組換えを防ぐ要因と考えられる．

癜風菌(てんぷうきん)として知られるマラセチア・グロボーサ (*Malassezia globosa*) は有性世代こそ知られていないが，クロボキン綱に含まれる担子菌酵母である．近年のゲノム解析の結果，およそ170 kb におよぶ領域に *a* 座 (フェロモン，フェロモンレセプター)，*b* 座 (2個のホメオドメイン転写因子) と思われる配列が含まれていることが明らかになり (図13.5.6)，二極性交配システムの存在を示唆するものと考えられている．　　(清水公徳)

＊参考文献

Hsueh Y-P, Heitman J (2008) Curr Opin Microbiol 11 : 517-524

Bakkeren G, et al. (2008) Fungal Genet Biol 45 : S15-S21

6) 真正担子菌

真正担子菌類の交配システムには，互いに異なる性 (交配型) をもつ一核菌糸 (monokaryotic hypha) 株間の交配によってはじめて二核菌糸 (dikaryotic hypha) が形成され有性生殖過程が進行するヘテロタリズムと，他の株と交配することなく有性生殖が行われるホモタリズムがある．前者は，交配型が別々の染色体に座位する2つの交配型遺伝子座 (*MAT* 座) により決まる四極性ヘテロタリズムと単一の *MAT* 座により決まる二極性ヘテロタリズムに区別される．

(1) 四極性ヘテロタリック菌の *MAT* 座

四極性ヘテロタリック菌の2つの *MAT* 座は，それぞれ *A*, *B* と呼ばれ，いずれも複対立性を示す．自然界での *A* および *B* 座の対立遺伝子特異性の数は多く，ウシグソヒトヨタケ（*Coprinopsis cinerea=Coprinus cinereus*）ではそれぞれ 164 と 79，スエヒロタケ（*Schizophyllum commune*）では 339 と 64 であると推定されている [1]．

2つの *MAT* 座の対立遺伝子特異性が同じ一核菌糸株同士を交配しても，菌糸体コロニー間で菌糸融合は行われるが，その後の交配反応はまったく起こらない．しかし，両座とも互いに異なる株を交配（和合性交配）すると，菌糸融合に続いて菌糸内の核移動が相互に起こり，特徴的なかすがい連結（clamp connection）を有する二核菌糸が形成される（かすがい連結を形成しない菌種もある）．2つの *MAT* 座のうち一方だけが異なる株間の交配（半和合性交配）では，交配反応が部分的に起こる．すなわち，*A* 座だけが異なる場合は，2つのコロニーの接触部に，次端細胞と融合しない偽クランプ（pseudoclamp）をもつ菌糸が形成される．一方 *B* 座だけが異なる場合は，コロニー間で核移動が起こるが二核菌糸は形成されない．こうした *MAT* 座の組合せと交配反応の関係から，*A* 座は二核菌糸におけるクランプ細胞の形成と二核の共役分裂を制御し，*B* 座は二核化のための核移動とクランプ細胞の次端細胞との融合を制御していることがわかる [1]．

A 座の分子構造と機能は，ウシグソヒトヨタケにおいて詳しく調査されている．*A* 座の構造は株により多少異なるが，原型は3つのパラログからなると考えられている．*A* 座は7キロベース隔てられた，*α*，*β* と呼ばれる2つのサブ座からなるが，パラログの1つは *α* サブ座に，残る2つは *β* サブ座にある（図 13.5.7）．各々のパラログは，2つの遺伝子をもち，それぞれ HD1，HD2 と呼ばれる2つのホメオドメインタンパク質をコードする．HD1 と HD2 は，出芽酵母（*Saccharomyces cerevisiae*）の交配型タンパク質 MAT*α*2と MATa1 のオルソログである [2]．二核菌糸では，1つの *A* 座からの HD1 と対立遺伝子特異性の異なる *A* 座からの HD2 が1つの菌糸細胞内に共存し，HD1 と HD2 の間でヘテロ二量化が起こる．ヘテロ二量体は，二核菌糸におけるクランプ細胞の形成と二核の同調分裂を誘導する転写因子として働く．3つのパラログは機能的に重複しており，3つのうち一組で対立遺伝子特異性が異なれば和合性となる．各々のパラログの対立遺伝子特異性は3～10種あり，進化の過程でパラログ間で組換えが起こり，100 を超える多数の対立遺伝子特異性が生じたと考えられている [3]．スエヒロタケは *A* 座の分子構造が最初に解析された菌であるが，この菌では *α* と *β* サブ座がかなり離れており，現在のところ *α* 座についてのみ解析がなされている．*α* サブ座の構造はウシグソヒトヨタケと同様である．

B 座の原型は，ウシグソヒトヨタケの場合，*A* 座と同様，3つのパラログをもつと考えられている（図 13.5.7）．おのおののパラログは，フェロモン受容体をコードする1つの遺伝子とフェロモン前駆体をコードする2つの遺伝子からなる．受容体は *S. cerevisiae* の7回膜貫通型受容体 STE3 のホモログであり，フェロモンは，*S. cerevisiae* の a 因子に類似する 11～14 のアミノ酸からなるリポペプチドである．3つのパラログは機能的に重複しており，1つのパラログにおいて対立遺伝子特異性が異なりフェロモンと受容体が反応すれば，核移動およびクランプ細胞の次端細胞との融合が誘導される．各々のパラログの対立遺伝子特異性は数種あり，進化の過程でパラログ間の組換えが起こり，*B* 座に関して 79 にも及ぶ対立遺伝子特異性が生まれたと考えられている．スエヒロタケの *B* 座は *α* と *β* のサブ座に分かれており，その距離は菌株によって異なっている．*α* には，フェロモン受容体をコードする1つの遺伝子とフェロモン前駆体をコードする2つの遺伝子があり，*β* にはフェロモン受容体をコードする1つの遺伝子とフェロモン前駆体をコードする8つの遺伝子がある．

最近，ウシグソヒトヨタケやスエヒロタケに加え，いくつかの四極性ヘテロタリズム菌についても *MAT* 座の分子構造が調査されている．

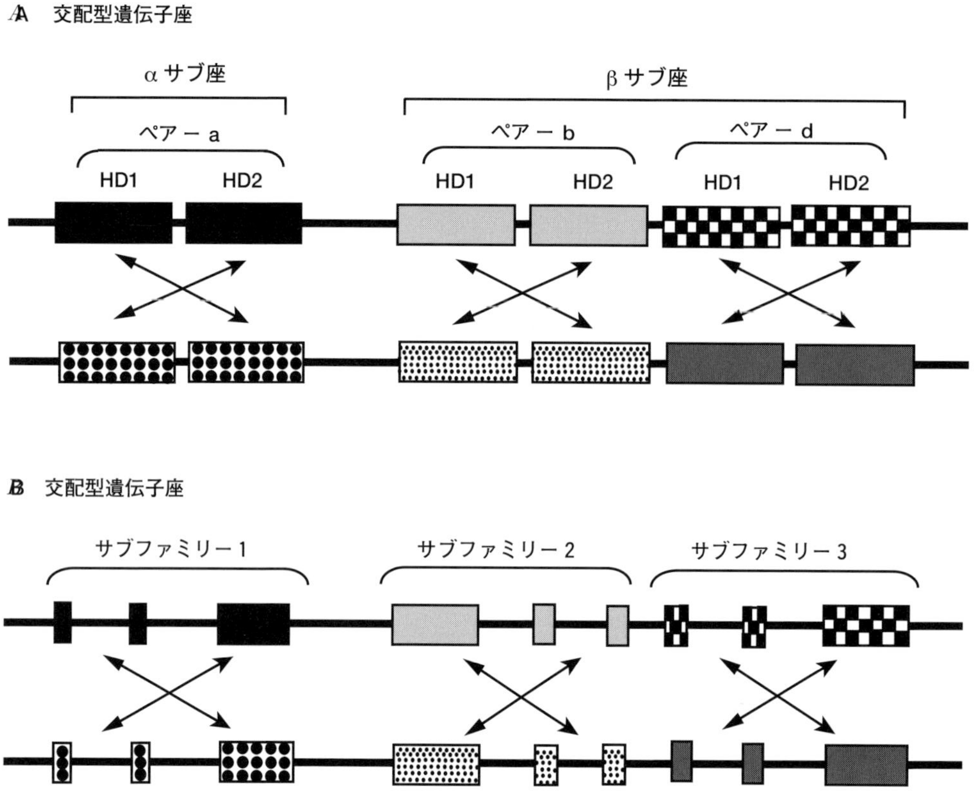

図 13.5.7　ウシグソヒトヨタケの *A* 及び *B* 交配型遺伝子座の構造
A：矢印は，交配時に HD1 と HD2 がヘテロ二量体を形成する組み合わせを示す．B：大きな四角はフェロモン受容体遺伝子を，小さい四角はフェロモン遺伝子を表す．また，矢印は，フェロモンと受容体が反応する組合せを示す．

(2) 二極性ヘテロタリック菌およびホモタリック菌の MAT 座

ナメコや *Coprinellus disseminatus* などの二極性ヘテロタリック菌は，四極性ヘテロタリック菌の *A*，*B* 座のうち，*B* 座が交配型を決定する役割を失って生じたと考えられている．また，ホモタリック菌は四極性ヘテロタリック菌から生じたものであり，二極性ヘテロタリック菌はホモタリック菌への移行期のものではないかと推測されている[1]．

（鎌田　堯）

＊引用文献

1) Raper, JR (1966) Genetics of sexuality in higher fungi. Ronald Press, New York
2) Kües U, Casselton LA (1992) Trend Genet 8 : 154-155
3) May G, Matzke E (1995) Mol Biol Evol 12 : 794-802

＊参考文献

Casselton LA, Challen MP (2006) The mating type genes in the basidiomycetes. Growth, differentiation and sexuality (The mycota I. Kües U, Fischer R, eds.). Springer, Berlin, pp 357-374

Casselton LA, Kües U (2007) The origin of multiple mating types in the model mushrooms Coprinopsis cinerea and Schizophyllum commune. Sex in fungi : molecular determination and evolutionary implications (Heitman J, et al., eds.) . ASM Press, Washington DC, pp 283-300

James TY (2007) Analysis of mating-type locus organization and synteny in mushroom fungi : beyond model species. Sex in fungi : molecular determination and evolutionary implications (Heitman J, et al., eds.). ASM Press, Washington DC, pp 317-331

13.5.3 形態形成にかかわる遺伝子

1）菌糸生長にかかわる遺伝子

糸状菌は糸状の形態をした細胞，つまり菌糸を伸ばすことによって生育する．この糸状の細胞形態は，菌糸がその先端を一定方向に伸ばす先端生長によって形づくられる．菌糸の先端生長は，極性生長の典型例の1つであり，その機構の解析が精力的に行われている．

比較的に菌糸生長速度の速い糸状菌の菌糸先端の細胞質側には，小胞が集まってできたSpitzenkörper（先端小体）と呼ばれる構造があり，この構造の菌糸内での位置は，菌糸生長の方向づけをするかのように，生長方向の変化に先立って変わる．このことから，極性生長の方向性を決めるうえでSpitzenkörperが重要な役割を果たしていると考えられている．Spitzenkörperの機能に関係して，vesicle supply center（VSC）モデルが提唱されている．このモデルでは，菌糸先端付近にVSCの存在を想定し，菌糸先端が生長するために必要なものはVSCから小胞輸送によって供給され，このVSCが一定方向に移動することによって菌糸型の形状が形成されると仮定している．このモデルによるコンピュータシミュレーションで描かれる仮想菌糸細胞内でのVSCの位置は，実際の菌糸細胞内のSpitzenkörperの存在部位とよく一致することから，実際にSpitzenkörperがVSCとして機能しているという仮説が考えられている．しかし現在のところ，Spitzenkörperの形成にかかわる因子についてはほとんど未解明である．

菌糸が先端生長を行うためには，①極性を形成・維持するしくみ，②生長にかかわる因子を生長部位に輸送するためのしくみ，③菌糸先端の細胞壁合成などの生長にかかわる因子が必要である．このうち③については細胞壁合成にかかわる遺伝子の項（13.5.8項）を参照されたい．以下，菌糸生長のしくみについて遺伝子・分子レベルの研究が最も進んでいる糸状菌*Aspergillus nidulans*で得られた知見を中心に述べるが，近年の多数の糸状菌ゲノム配列の解析結果によると，以下に述べる遺伝子の多くは糸状菌の間で保存されているので，他の糸状菌においても類似の機構が存在する可能性が高い．

上記①については，菌糸先端に集まるタンパク質として菌糸先端の形質膜に局在するTeaR（以下，特に断らない限りは遺伝子，遺伝子産物名は*A. nidulans*のものを用いた）が受容体として働きTeaRと相互作用するTeaAを含んだ複合体が微小管（後述）依存的に先端に運ばれてきてTeaRと結合することにより極性を確立するというモデルが考えられている．TeaR，TeaAをコードする遺伝子*teaR*，*teaA*のオルソログは糸状菌には広く保存されているが，*teaR*のオルソログは出芽酵母*Saccharomyces cerevisiae*には存在せず，分裂酵母*Schizosaccharomyces pombe*のゲノム中にも低いホモロジーをもつ遺伝子（*mod5*）が存在するのみである．*teaA*のオルソログは*S. pombe*，*S. cerevisiae*のゲノム中に存在するがその保存性は低い．

上記②については，細胞骨格の2つの要素である微小管（microtubule）とアクチンフィラメント（actin filament）が，それぞれのモータータンパク質とともに先端生長にかかわる因子の輸送を担っていることが明らかとなっている．微小管はα-チューブリンとβ-チューブリンのヘテロ二量体が重合して繊維状となったものであるが，*A. nidulans*においては，α-チューブリンは*tubA*と*tubB*の2つの遺伝子に，またβ-チューブリンは*benA*と*tubC*の2つの遺伝子にコードされている．一方，アクチンフィラメントはアクチンタンパク質が重合して繊維状になったもので，*A. nidulans*のアクチンは*actA*にコードされている．*A. nidulans*の場合，微小管上を走るモータータンパク質であるキネシンは*kinA*，*kipA*，*uncA*などがコードしており，ダイニンはその重鎖を*nudA*がコードしている．アクチンフィラメント上を走るモータータンパク質であるミオシンをコードしている遺伝子は*myoA*，*myoB*，*myo V*の3個存在する．*A. nidulans* において，菌糸の先端生長に必要な細胞壁合成などにかかわるタンパク質は細胞質で合成後，キネシン等のモータータンパク質によって微小管に沿って菌糸先端近くまで運ばれた後，ミオシンによってアクチンフィラメントに沿って細胞表層まで運ばれるというモデルが提出されている．このモデルの詳細については Taheri-Talesh らの論文を参照されたい[1)]．

このほか，細胞内における極性の確立に必要なものとして，酵母 *S. cerevisiae*，ほ乳類においてアクチンフィラメント形成を誘導する低分子量 G タンパク質 Cdc42 をコードする遺伝子のオルソログ *cdc42*（*modA* とも呼ばれる），また *S. cerevisiae* には存在しないがほ乳類などでアクチンフィラメント形成においてやはり重要な役割を果たす低分子量 G タンパク質 Rac1 をコードする遺伝子のオルソログ *racA* が *A. nidulans* においても極性の確立に関与することが示されている．*cdc42* の変異は *A. nidulans* において単独ではそれほど大きな形態変化はもたらさないが，酵母 *S. cerevisiae*，*S. pombe* 等においてそのオルソログは単独で細胞極性の確立において中心的役割を果たす遺伝子である．しかし *A. nidulans* においては *cdc42*，*racA* の変異が同時に存在すると合成致死を示すことが示唆されており，これら 2 つの遺伝子は菌糸の先端生長の機構において重複した機能をもつことが推定される[2)]．このように，*cdc42*，*racA* のオルソログの極性の確立への関与の仕方は菌の種類によって異なる．さらに *Cdc42* のエフェクターとして働くタンパク質としてアクチンフィラメントの重合を直接制御するタンパク質 formin をコードする *sepA*，*S. cerevisiae* において極性の決定に重要な役割を果たすことで知られる polarisome の構成因子の 1 つである Spa2 をコードする遺伝子のオルソログ *spaA* がアクチンフィラメントの形成を介して極性の確立に寄与することが示されている．また，アクチンの形成・局在にかかわる *cdc42*，*sepA* などの遺伝子の変異株では，菌糸の極性確立に関して微小管の重合阻害剤に対して超感受性になることが示されている．このことから，少なくとも *A. nidulans* では，菌糸の極性確立においてアクチンフィラメントの極性形成と微小管の極性形成が相互依存的に行われていると推定されている．

上に述べた以外にも極性形成にかかわる遺伝子は多数知られており，それらについては Harris らの総説に詳述されている．

A. nidulans 以外にもトウモロコシの病原菌である *Ustilago maydis* において菌糸生長にかかわる遺伝子の研究が盛んに行われている．*U. maydis* の菌糸生長に関する研究は Steinberg の総説に詳述されている．

（堀内裕之）

＊引用文献

1) Taheri-Talesh N, et al.（2008）Mol Biol Cell 19 : 1439-1449
2) Virag A, et al.（2007）Mol Microbiol 66 : 1579-1596

＊参考文献

Bartnicki-Garcia S（1999）Fungal Genet Biol 27 : 119-127
Fischer R, et al.（2008）Mol Microbiol 68 : 813-826
Harris SD, et al.（2009）Fungal Genet Biol 46 : S82-S92
Park HO, Bi E（2007）Microbiol Mol Biol Rev 71 : 48-96
Rittenour WR, et al.（2009）Fungal Biol Rev 23 : 20-29
Steinberg G（2007）Eukaryot Cell 6 : 351-360
Taheri-Talesh N, et al.（2012）PLoS ONE 7 : e31218

COLUMN 5　酵母をモデル生物としたスピンドルチェックポイントの研究

細胞分裂の過程で DNA の複製と分配は一定の時間的・空間的秩序の中で進む．この過程に何らかの異常や不具合がある場合にはその進行を停止あるいは減速させてその異常や不具合を解消する機構があり，一般に細胞周期チェックポイントと呼ばれる[1)]．DNA 複製の異常や DNA 損傷に対するチェックポイントとともに，染色体の分配異常を防ぐためのスピンドルチェックポイントがその代表的なものである[2, 3]．複製された染色体はコヒーシン複合体と呼ばれる因子によって接着されており，スピンドル極から伸びた微小管が姉妹染色分体上の微小管結合部位（キネトコア）と結合して両極方向への力が発生すると，キネトコアと微小管の複合体の中に張力が発生することになる．微小管が結合していなかったり，両極方向に正しく引っ張られていないために「張力」が発生していないキネトコアにはスピンドルチェックポイント因子が集積し，有糸分裂の進行を阻害するシグナルをだす[4]．このため，有糸分裂中期ですべての染色体が正しく「両極性」の配向をするまで，姉妹染色分体の分離が起こらない．この阻害において後期促進複合体（anaphase promoting complex：APC）と呼ばれる因子の活性制御が中心的な重要性をもつ．APC はタンパク質のユビキチン化因子であり，その標的の一つはコヒーシンの成分を分解するプロテアーゼの活性化を抑制するタンパク質である．すなわち，スピンドルチェックポイントはコヒーシンの分解を阻害して，姉妹染色分体の分離を防ぐ役割を果たしている[5, 6]．APC は有糸分裂期からの脱出を促進する機能や，有糸分裂の後期でスピンドルチェックポイント機能の再活性化を防ぐ役割ももつことがわかっている[7]．

スピンドルチェックポイント因子の遺伝学的同定において，酵母はモデル生物として大きな貢献をしてきた．ベンズイミダゾール系の微小管重合阻害剤によりスピンドルの形成が阻害されても有糸分裂の進行が停止しないという，スピンドルチェックポイント欠損表現型をもつ突然変異体が分離され，*MAD1*, *MAD2*, *MAD3*, *BUB1*, *BUB3* および *MPS1* という真核生物の中で高度に保存されている 6 つの遺伝子が同定された[8-10]．これらの遺伝子のほかにも，キネトコアの形成に関与する遺伝子などがスピンドルチェックポイントに必要なことも明らかにされた[2-6]

（丹羽修身）

＊引用文献

1) Hartwell LH, Weinert TA (1989) Science 246 : 629-634
2) Lew DJ, Burke DJ (2003) Annu Rev Genet 37 : 251-282
3) Cleveland DW, et al. (2003) Cell 112 : 407-421
4) Pinsky BA, Biggins S (2005) Trends Cell Biol 15 : 486-493
5) Uhlmann F (2001) Curr Opin Cell Biol 13 : 754-761
6) Petronczki M, et al. (2003) Cell 112 : 423-440
7) Palframan WJ, et al. (2006) Science 313 : 680-684
8) Li R, Murray AW (1991) Cell 66 : 519-531
9) Hoyt MA et al. (1991) Cell 66 : 507-517
10) Weiss E, Winey M (1996) J Cell Biol 132 : 111-123

2) 無性胞子形成にかかわる遺伝子

無性胞子とは菌類細胞の形態が一部変化し減数分裂を伴わずに形成される胞子のことで，胞子嚢胞子（sporangiospore, 接合菌門），分生子（conidium, 子嚢菌門），分裂子（oidium，担子菌門）などが区別される．またアカパンカビ（*Neurospora crassa*）のように多核の大分生子（macroconidium）と単核の小分生子（microconidium）の 2 種類を生じるものもある．以下，最もよく解析されている *Aspergillus nidulans* の分生子形成にかかわる遺伝子を中心に述べる．

A. nidulans は通常は一倍体として無性的に増殖を繰り返しており，その無性生活環では，まず，分生子が発芽して菌糸を形成する．菌糸の栄養生長がある程度進むと，菌糸の一部が柄足細胞（foot cell）として分化し，そこから空気中に分生子柄（stalk）を伸ばす．分生子柄はある程度伸びたところで先端が膨らみ頂嚢（vesicle）を形成する．さらに頂嚢からメトレ（metula），フィアライド（phialide）という長円形の細胞を順次出芽によりつくり出し，フィアライドの頂点から分生子を出芽により連続して生産する．分生子の形成は空気との接触，光の存在，グルコースの欠乏，窒素源の欠乏などによって誘導されることが明らかにされているが，これらすべての条件が必要不可欠ではない．分生子形成に働くシグナル伝達系にかかわる遺伝子については分生子形成に影響を与えるさまざまな変異株を用いて解析されており，図 13.5.8 のモデルが示されている．このなかで，*brlA* によってコードされる転写因子 BrlA が中心

的な働きを行い，*brlA* → *abaA* → *wetA* の順で転写制御にかかわる遺伝子の発現とタンパク質の活性化が起こり，それぞれの下流に位置するさまざまな遺伝子の発現が順々に活性化される．この機構が複雑な分生子形成器官の構造形成から分生子形成までを掌っていると考えられている．またこれら遺伝子産物の機能を修飾するタンパク質として *stuA*，*medA* 遺伝子にコードされるタンパク質が存在する．*brlA* のオルソログは *N. crassa* など *Aspergillus* 属以外の糸状菌では見いだされていないが *abaA* は TEA/ATTS タイプの転写因子をコードしており，そのオルソログは出芽酵母 *Saccharomyces cerevisiae* においても偽菌糸（pseudohypha）形成にかかわる転写因子をコードする *TEC1* として知られており，広く保存されている．*stuA* も APSES と呼ばれるタイプの転写因子をコードしており，そのオルソログは *S. cerevisiae* をはじめとする子嚢菌類の生物に広く保存されており形態形成などにかかわる．*medA* のオルソログは *S. cerevisiae*，*Schizosaccharomyces pombe* などの酵母には存在しないが，子嚢菌門，担子菌門，接合菌門の糸状菌，二形性を示す酵母（*Candida albicans* など）などに広く存在する．植物病原菌である *Fusarium oxysporum* においても *medA*，*stuA* のオルソログの機能解析が行われており，分生子形成に関与することが明らかにされている[1, 2]．

上記の *brlA* から *wetA* に至る経路は，分生子形成を制御する中心的経路であるが，この経路を活性化するシグナル因子とその伝達にかかわる遺伝子に関しても解析が行われており，*fluG*，*sfgA*，*flbA*，*flbB*，*flbC*，*flbD*，*flbE*，*fadA* などの遺伝子が明らかにされている．このうち *fluG* の遺伝子産物は分生子形成の誘導に必要な菌体外因子の生産にかかわっており，*sfgA* は *fluG* の下流で分生子形成に対して抑制的に働くことが推定されている．*flbB* ～ *flbE* は *sfgA* の下流，*brlA* の上流で働くことが示されており，このうち *flbB*，*flbC*，*flbD* はその構造から転写因子をコードしていると推定されている．*flbB* と *flbE* は複合体を形成して菌糸先端に局在することも示されている

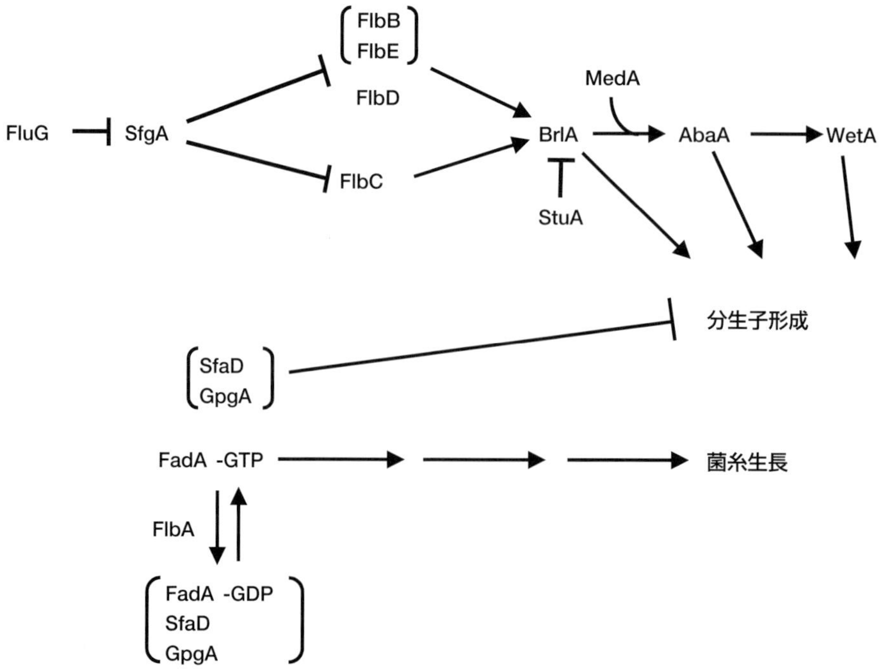

■図 13.5.8　分生子形成にかかわるシグナル伝達系のモデル
図中カッコで表したものは複合体形成を示す．→は促進を．⊣は抑制を示す．

が，これらの遺伝子産物がどのような機能を担っているかの詳細については未解明のままである．*fadA* は三量体 G タンパク質の α サブユニットをコードしており，この遺伝子産物 FadA は GDP 結合型では β サブユニットの SfaD，γ サブユニットの GpgA と複合体を形成し不活性な状態にあるが，GTP 結合型の活性化状態では SfaD，GpgA と解離し分生子形成に抑制的に働くことが示されている．また SfaD も分生子形成を阻害する機能をもつことが示唆されている．*flbA* は RGS（regulator of G protein signalling）をコードしており，GTP 結合型 FadA の GDP 結合型への変換を促進することにより FadA の機能を制御することが推定されている（図 13.5.8）．また *flbA* ～ *flbE*，*fluG*，*sfgA* の多くはそのオルソログが子嚢菌門に属する菌類中で保存されているが，酵母 *S. cerevisiae* には存在しない．

A. nidulans では光の存在下では無性胞子形成が誘導され，暗黒下では有性胞子の形成が誘導されることが知られている．以前から *veA* 遺伝子の産物がこの光に対する反応に関与することが知られていたが，*veA* 遺伝子産物には転写因子とアミノ酸レベルでの相同性はなく，またこれまで知られていた光受容体との相同性もないことから，ほかのタンパク質と相互作用することによりその機能を発揮していることが予想されていた．実際，*A. nidulans* のファイトクロム（phytochrome）である FphA と直接に結合することが明らかになった．さらに *N. crassa* において青色光の受容体で複合体を形成していることが知られる WC-1，WC-2 をコードする遺伝子の *A. nidulans* におけるオルソログ *lreA*，*lreB* についてもその機能が解析されており，これらの遺伝子産物は FphA，VeA と複合体を形成して存在することが示されている．このうち LreB はその C 末端側に核移行シグナルと転写因子と相同性を示す領域を保持しており，この複合体が光に反応して核内で他の遺伝子の転写を制御することが推定されている [3]．

（堀内裕之）

＊引用文献

1）Ohara T, et al.（2004）Genetics 166 : 113-124
2）Ohara T, Tsuge T（2004）Eukaryot Cell 3 : 1412-1422
3）Purschwitz J, et al.（2009）Mol Genet Genomics 281 : 35-42.

＊参考文献

Adams TH, et al.（1998）Microbiol Mol Biol Rev 62 : 35-54
Yu JH, et al.（2006）Eukaryot Cell 5 : 1577-1584
Harris SD, et al.（2009）Fungal Genet Biol 46 : S82-S92
Krijgsheld P, et al.（2013）Stud Mycol 74 : 1-29

3）子実体形成

（1）子嚢菌類の子実体

子嚢菌の交配型遺伝子（13.5.2 項 4）参照）は，有性生殖の制御において最上位で働く調節遺伝子であり，有性生殖過程で見られる子実体形成に直接的あるいは間接的にかかわる．

交配型遺伝子の下流で働く遺伝子については，ヘテロタリック核菌アカパンカビ（*Neurospora crassa*），ホモタリック核菌 *Sordaria macrospora*，ホモタリック不整子嚢菌 *Aspergillus nidulans* などについて精力的な研究が行われ，フェロモン生産とその受容・伝達にかかわる遺伝子や転写因子をコードするいくつかの遺伝子が子実体形成にかかわっていることが明らかとなっている．

アカパンカビは，フェロモンをコードする遺伝子を 2 つとフェロモン受容体をコードする遺伝子を 2 つもち，それらの発現は交配型遺伝子の支配下にある．これらの遺伝子を破壊すると受精が起こらず，子嚢殻の形成が開始しない．フェロモン受容体は G タンパク質共役型（GPCR）であり，この受容体と共役する G タンパク質の 3 つのサブユニット α，β，γ をそれぞれコードする 3 つの遺伝子のいずれかを破壊すると，雌性不稔となる．また，サイクリック AMP シグナル伝達経路で働く GPCR をコードする遺伝子 *gpr-1* を破壊すると，原子嚢殻の正常な形態形成が阻害される [1]．ホメオドメイン転写因子をコードする *bek-1* 遺伝子の破壊株も *gpr-1* の破壊と同様の表現型を示す [1]．また，MAP キナーゼカスケードおよびその下流で働くタンパク質をコードする遺伝子のノックアウトによっても，原子嚢殻形成が阻止される[2]．また，ラムノガラクツロナーゼをコードする *asd-1* 遺伝子や GATA 型ジンクフィンガー転写因子をコードする *asd-4* 遺伝子の働きが子嚢胞子の形成に必要である[3]．

S. macrospora はホモタリック菌であるが，子嚢殻の形成にフェロモン・シグナルが不可欠である．ゲノム内にはフェロモン受容体と共役する G タンパク質の α サブユニットをコードする遺伝子が 3 つ存在するが，そのうちの 1 つ *gsa1* が，子嚢殻形成に特に重要な役割を演ずる[4]．また，G タンパク質の下流でエフェクターとして働くアデニルシクラーゼや STE12 転写因子をコードする遺伝子の働きが子嚢殻形成に必要である[4]．また最近，フェロモン・シグナルにかかわる遺伝子のほかにも，ヒストンシャペロンをコードする *asf1*[5] など，子実体形成にかかわる遺伝子が次々と報告されている．

A. nidulans もホモタリック菌であるがやはりフェロモン様の分子が閉子器の形成に影響を及ぼす．この菌はアカパンカビと同様，フェロモン受容体をコードする遺伝子を 2 つもち，両方の遺伝子を破壊すると子実体が形成されない．またキイロタマホコリカビ（*Dictyostelium discoideum*）のサイクリック AMP 受容体に類似する GPCR をコードする *gprD* を破壊すると，閉子器形成が促進される[6]．*A. nidulans* では，閉子器を形成しない突然変異の原因遺伝子として，*nsdA*，*nsdB*，*nsdC*，*nsdD* の 4 遺伝子が同定されている．このうち *nsdD* は GATA 型ジンクフィンガー転写因子をコードする[7]．また，アカパンカビにおいて RIP や MIP にかかわるタンパク質 DNA メチルトランスフェラーゼをコードする遺伝子とよく似た *dmtA* 遺伝子を破壊すると，造嚢糸のかぎ形構造をつくらず，有性生殖の初期段階で停止し，未成熟の閉子器が形成される[8]．DNA メチルトランスフェラーゼが有性生殖の初期過程にかかわっていることは，*Ascobolus* でも示唆されている[9]．また，*A. nidulans* の有性生殖を誘導する経路に光応答タンパク質をコードする *veA* 遺伝子がかかわっていることが知られている[10]．

(2) 真正担子菌類の子実体

真正担子菌類の有性生殖過程における子実体形成の遺伝的機構の研究には，モデル生物であるスエヒロタケとウシグソヒトヨタケに加え，いくつかの食用菌が用いられている．

交配型遺伝子（13.5.2 項の 6) 参照）には，フェロモンとフェロモン受容体をコードする遺伝子が座位する *MAT-B* と，2 種類のホメオドメインタンパク質，HD1 と HD2 をコード遺伝子が座位する *MAT-A* があり，いずれも子実体形成の前提となる二核菌糸の形成を制御していることから直接的あるいは間接的に子実体形成にかかわっているといえる．

MAT-B 座の遺伝子がコードするフェロモン受容体は G タンパク質共役型であり，フェロモンシグナルは MAP キナーゼカスケードにより下流へと伝達されると考えられている．しかし，MAP キナーゼカスケードの下流で働く遺伝子については明らかでない．

MAT-A 座の遺伝子がコードする HD1 と HD2 は，二核菌糸におけるクランプ形成と二核の同調分裂を制御する．ウシグソヒトヨタケにおいて，*MAT-A* 座の下流で働く 2 つの遺伝子，*clp1* と *pcc1* が同定されている．*pcc1* は HMG 転写因子であり，この遺伝子を破壊した一核菌糸は交配することなくクランプ細胞を形成することから，交配前の一核菌糸においてクランプ細胞の形成を抑制していると考えられる．一方，*clp1* は，プロモーター領域に *S. cerevisiae* の MATα2と MATa1 のヘテロ二量体が結合する hsg モチーフ（$GATGX_9ACA$）に類似した（$GATGX_{11}ACA$）をもつ．HD1 と HD2 はそれぞれ MATα2と MATa1 のホモログであり，HD1-HD2 ヘテロ二量体は *clp1* の発現を誘導する．また，*clp1* の破壊株では HD1-HD2 ヘテロ二量体の存在下でもクランプ細胞を形成しない．これらの事実から，*clp1* は，

MAT-A 座の標的遺伝子であり，Clp1 タンパク質はPcc1 タンパク質による抑制を解除することによりクランプ連結の形成を誘導するという仮説が考えられている．ウシグソヒトヨタケはヘテロタリック菌であり，通常，和合性交配によってはじめて二核菌糸が生じ子実体が形成されるが，交配することなく子実体を形成する株がいくつか分離されている．そのような株はいずれも *pcc1* 遺伝子に変異をもっていることが判明している[11]．また最近，SWI/SNF クロマチンモデリング複合体の一構成要素をコードする *Cc. snf5* の破壊によりクランプ形成が阻止されることから，二核菌糸形成の過程にSWI/SNF クロマチンモデリングが関与する遺伝子発現調節が行われていることが示唆されている[12]．

二核菌糸から子実体が形成される過程は複雑であり，いくつもの素過程からなっている．ウシグソヒトヨタケでは，①二核菌糸の栄養成長から子実体形成へと切り替わり，子実体形成の最初の段階である小さな菌糸塊（<0.2 mm）が形成される過程，②菌糸塊が細胞分化を伴って成長し傘や柄の組織・器官を分化した子実体原基になる過程，③担子器内での減数分裂に続いて担子胞子が形成される過程，④胞子を効率よく飛散するために柄の伸長および傘の展開そして最後に自己溶解が起こる子実体成熟の過程に区別することができる．また，子実体原基は顕著な光形態形成を示し，適切な光条件下では子実体成熟過程へと移行するが，暗黒下では上部の傘と柄の組織が未熟なまま原基下部が徒長を続け，子実体成熟過程へ移行することはない．

ウシグソヒトヨタケの子実体形成の初期過程には，暗黒で誘導される一次菌糸塊の形成と光により誘導される一次菌糸塊から二次菌糸塊への移行が知られている．一次菌糸塊の形成にかかわる遺伝子は同定されていないが，一次菌糸塊から二次菌糸塊への移行過程には，膜に結合した不飽和脂肪酸をシクロプロパン脂肪酸に変換するシクロプロパン脂肪酸合成酵素をコードする *cfs1* 遺伝子がかかわっていることが示されている[13]．二次菌糸塊は，数日のうちに，上部の柄と傘の組織と下部の基部からなる子実体原基になるが，この過程にかかわる *ich1* 遺伝子が同定されている．*ich1* が変異すると，上部の傘と柄の組織が分化せず基部のみからなる異常な原基が形成される．子実体原基の光形態形成にかかわる 2 つの遺伝子，*dst1* と *dst2* が同定されており，2 つのうちいずれかが突然変異を起こすと光感受性を失い，光を与えても徒長した原基を形成する．*dst1* は，アカパンカビの青色光受容体をコードする wc-1 のホモログであり，*dst2* はFAD 結合ドメインをもつタンパク質をコードしている．また，アカパンカビの青色光受容において WC-1 は WC-2 とヘテロ二量体を形成することが知られているが(13.5.4 項 1)参照)，ウシグソヒトヨタケの WC-2 ホモログをコードする遺伝子（*Cc. wc-2*）の破壊によっても光感受性が失われ，徒長原基が形成される．子実体成熟過程での柄の伸長にかかわる遺伝子は，8 個の遺伝子（*eln1* ～ *eln8*）が同定されている．このうち *eln2* は P450 酵素をコードし，*eln3* と *eln6* は互いによく似た 2 種類のグリコシルトランスフェラーゼをコードし，*eln8* はセプチンをコードしていることが判明している．また，減数分裂にかかわる多くの遺伝子が同定され分子レベルで解析されている．また，傘の展開と自己溶解にかかわる HMG1/2 様の転写因子をコードする *exp1* 遺伝子が同定されている[13]．また，ガラクトシド結合レクチン（ガレクチン）をコードする 2 つの遺伝子 *cgl1* と *cgl2* が子実体形成過程で異なった発現パターンを示すことが知られている．

スエヒロタケでは，G タンパク質の α サブユニットをコードする遺伝子のうちサイクリック AMP 型のもの（*ScGP-A*，*ScGP-C*）に優性活性化変異を導入すると，二核菌糸からの子実体形成が抑制される．Ras については，活性化により子実体形成が抑制されるとする報告と促進されるとする報告がある．また，ある特定の一核菌糸株に導入すると子実体形成を誘導する遺伝子として

frt1 が同定されている．*frt1* はP-loopモチーフをもつ核酸結合タンパク質をコードする．また，子実体の組織内での通気を確保するハイドロフォビンをコードする *SC4* 遺伝子が知られている．また最近，スエヒロタケのゲノムにおける全転写因子遺伝子の検索と遺伝子破壊実験により，7つの転写因子遺伝子（*hom1, hom2, bril, fst3, fst4, c2h2, gat1*）による子実体発生制御モデルが提唱されている[14]．

食用菌シイタケでは，zinc-bindingモチーフをもつタンパク質をコードする *priA*，Zn（II）2Cys6 zinc clusterのDNA結合モチーフをもつ *priB*，c-Myb DNA結合モチーフをもつ *Le. cdc5*[15]，細胞間の接着に関係するArg-Gly-Asp（RGD）をもつタンパク質をコードする *mfbA* などが子実体原基内で特異的に発現する遺伝子として同定されている．また，タウマチン様タンパク質をコードする *tlg1* 遺伝子が子実体の老化とシイタケに含まれる抗がん物質レンチナンの分解にかかわっていることが示されている[16]．（鎌田　堯）

＊引用文献

1）Krystofova S, Borkovich KA（2006）Eukaryot Cell 5 : 1503-1516
2）Li D, et al.（2005）Genetics 170 : 1091-1104
3）Feng B, et al.（2000）Biochemistry 39 : 11065-11073
4）Kamerewerd J, et al.（2008）Genetics 180 : 191-206
5）Gesing S, et al.（2012）Mol Microbiol 84 : 748-765
6）Han KH, et al.（2004）Mol Microbiol 51 : 1333-1345
7）Han KH, et al.（2001）Mol Microbiol 41 : 299-309
8）Lee DW, et al.（2008）PLoS ONE 3 : e2531
9）Malgnac F, et al.（1997）Cell 91 : 281-290
10）Fisher R（2008）Science 320 : 1430-1431
11）Murata Y, Kamada T（2010）Mycoscience 50 : 137-139
12）Ando T, et al.（2013）Fungal Genet Biol 50 : 82-89
13）Liu Y, et al.（2006）Genetics 172 : 873-884
14）Ohm RA, et al.（2011）Mol Microbiol 81 : 1433-1445
15）Miyazaki Y, et al.（2004）Biochim Biophys Acta 1680 : 93-102
16）Sakamoto Y, et al.（2006）Plant Physiol 141 : 793-801

＊参考文献

Engh I, et al.（2010）Eur J Cell Biol 89 : 864-872
Kamada T（2002）BioEssays 24 : 449-459
Kamada T, et al.（2010）Fungal Genet Biol 47 : 917-921
Kües U（2000）Microbiol Mol Biol Rev 64 : 316-353
Muraguchi H, et al.（2008）Fungal Genet Biol 45 : 890-896
Palmer GE, Horton JS（2006）FEMS Microbiol Lett 262 : 1-8
Pögeler S, et al.（2006）Fruiting-body development in Ascomycetes. Growth, differentiation and sexuality（The mycota I. Kües U, Fischer R, eds.）. Springer, Berlin, pp325-355

13.5.4 シグナル受容・応答にかかわる遺伝子

1）光受容

菌類は，胞子を効率よく形成・飛散するために，環境シグナルとして青色光，赤色光および近紫外光を利用する．これまでに青色光と赤色光の受容体をコードする遺伝子は同定されているが，近紫外光受容体の遺伝子は明らかではない．

（1）青色光受容体遺伝子

菌類の青色光受容体遺伝子は，最初にアカパンカビで同定された．アカパンカビでは，カロチノイド合成は青色光により誘導されるが，この過程に欠損を示す突然変異の原因遺伝子として *white collar-1*（*wc-1*）と *white collar-2*（*wc-2*）の2つが知られていた．*wc-1* 遺伝子のクローニングと詳細な解析により，WC-1タンパク質が青色光受容体であることが明らかにされた．WC-1は，LOVと呼ばれる発色団結合ドメインを1つ，ジンクフィンガーDNA結合ドメインを1つ，転写活性化ドメインを2つ，核移行シグナルを1つ，PASと呼ばれるタンパク質間相互作用ドメインを2つもつタンパク質である（図13.5.9）．LOVドメインは，青色光を吸収するフラビン発色団の1つFADを結合する．WC-2タンパク質は，ジンクフィンガードメイン，転写活性化ドメイン，核移行シグナル，PASドメインをもつが，発色団結合ドメインはもたない（図13.5.9）．WC-1とWC-2はPASドメインを介してWC複合体を形成する．このWC複合体は光依存的に集合し光応答性遺伝子のプロモーターに結合して転写を調節する．

アカパンカビでは，WC-1に加えて，もう1つの青色光受容体VIVIDが知られている．VIVIDは，1つのLOVドメインのみをもつ186アミノ酸

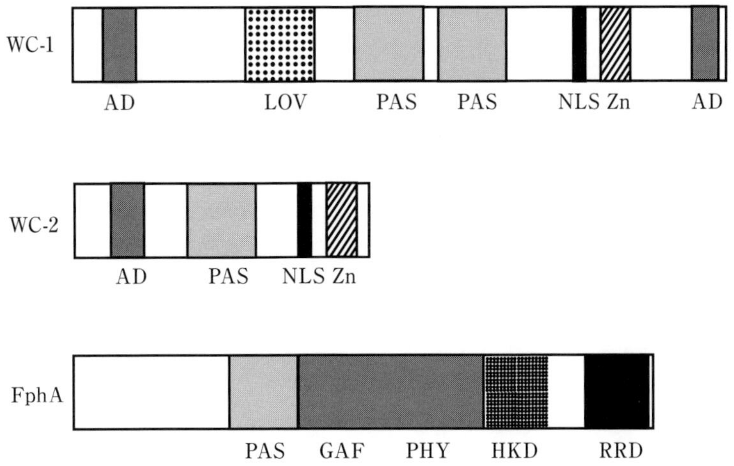

■図 13.5.9　アカパンカビの青色光受容体 WC-1 と WC-2，および *Aspergillus nidulans* の赤色光受容体 Fph1 の分子構造

AD : activation domain, LOV : light, oxygen and voltage domain, PAS : Per-Arnt-Sim domain, NLS : nuclear localization signal, Zn : zinc-finger domain, GAF : small ligand binding domain, PHY : phytochrome domain, HKD : histidine kinase domain, RRD : response-regulator domain.

からなる小さなタンパク質であり，光強度の変化を感知することが推定されている．

wc-1，*wc-2* に類似した遺伝子は，アカパンカビ以外の子嚢菌，担子菌，接合菌においても同定されており，WC 複合体による光の感知と応答の仕組みは太古に獲得されたものと考えられている．しかし，菌類の進化の過程で少し改変されているようである．トリュフとして知られる子嚢菌 *Tuber borchii* の *wc-1* ホモログは転写活性化ドメインを欠いており，転写因子として働いていない可能性がある．また，真正担子菌ウシグソヒトヨタケや異型担子菌 *Cryptococcus neoformans* では，WC-1 はジンクフィンガードメインをもたないことが示されている．これらの菌では，WC-2 がジンクフィンガードメインをもつので，WC 複合体の中の WC-2 ジンクフィンガードメインにより光応答性遺伝子のプロモーターに結合すると考えられている．接合菌類では *wc-1* 類似の遺伝子が複数個存在している．接合菌 *Phycomyces blakesleeanus* は *madA* と *wcoA* の 2 つの *wc-1* 類似遺伝子をもつ．MADA タンパク質は，LOV ドメインを 1 つ，ジンクフィンガードメインを 1 つ，PAS ドメインを 2 つもち，LOV ドメインあるいはジンクフィンガードメインが変異すると，胞子嚢柄の屈光性などに関して光不感受性となる．WCOA の働きに関しては現在のところ明らかでない．*Mucor circinelloides* は *wc-1* 類似の遺伝子を 3 つ（*mcwc-1a*，*mcwc-1b*，*mcwc-1c*）もつ．3 つのうち *mcwc-1a* と *mcwc-1c* の遺伝子産物はいずれも LOV ドメイン，PAS ドメイン，ジンクフィンガードメイン，核移行シグナルをもつが，*mcwc-1b* は 5 つのドメイン・シグナルのうちジンクフィンガードメインと核移行シグナルを欠く．*mcwc-1c* をノックアウトすると光によるカルチノイド合成の誘導が阻止される．一方，*mcwc-1a* をノックアウトすると屈光性が失われる．したがって，*mcwc-1a* と *mcwc-1c* はそれぞれ異なる光伝達経路を制御していると考えられる．

vivid のオルソログはアカパンカビ以外の子嚢菌 *Hypocrea jecorina*（*Trichoderma reesei*）でも同定されているが，担子菌類や接合菌類では見つかっていない．

(2)　赤色光受容体遺伝子

子嚢菌 *Aspergillus nidulans* において，赤色光

は無性胞子形成を促進し有性生殖を抑制することが知られている．赤色光による有性生殖の抑制効果は近赤外光により打ち消される．これらのことはフィトクロームの関与を示唆する．実際に，*A. nidulans* を含むいくつか子嚢菌，*Ustilago maydis* や *Cryptococcus neoformans* などの異型担子菌のゲノム内にはフィトクロームをコードする遺伝子が存在する．菌類におけるフィトクロームの構造は，植物よりもバクテリアのものに類似している（図 13.5.9）．*A. nidulans* のフィトクローム遺伝子 *fphA* の産物 FphA はビリベルジンを結合する．*fphA* をノックアウトすると赤色光による有性生殖の抑制効果がほとんど見られなくなることが示され，FphA がフィトクロームとして働いていることが証明されている．現在のところ，*A. nidulans* 以外の菌におけるフィトクローム遺伝子の働きは明らかでない．

（3）その他の光受容体候補の遺伝子

クリプトクロームは DNA フォトリアーゼから進化した青色光受容体であり，高等真核生物の成長，発生などを制御する．子嚢菌や担子菌のゲノムにもクリプトクロームをコードすると推定される遺伝子が存在するが，現在のところ，それらが光受容体として働いているという確実な証拠は得られていない．*A. nidulans* の *cryA* 遺伝子は，光修復活性に加えて光依存の発生過程で調節的な働きをしていることが示されている[1]．

レチナールを結合するオプシンをコードする遺伝子は，子嚢菌や担子菌のゲノムに存在する．アカパンカビの *nop-1* 遺伝子がコードするオプシン NOP-1 の機能について調査が行われているが，現在のところ光受容体としての働きは明らかでない．

（鎌田　堯）

＊引用文献
1）Bayram Ö, et al.（2008）Molec Biol Cell 19：3254-3262

＊参考文献
Avalos J, Estrada AF（2010）Fungal Genet Biol 47：930-938
Bayram Ö, et al.（2010）Fungal Genet Biol 47：900-908
Chen C-H, et al.（2010）Fungal Genet Biol 47：922-929
Corrochano LM（2007）Photochem Photobiol Sci 6：725-736
Corrochano LM, Carre V（2010）Fungal Genet Biol 47：893-899
Herrera-Estrella A, et al.（2007）Mol Microbiol 64：5-15
Idnurm A, et al.（2010）Fungal Genet Biol 47：881-892
Kamada T, et al.（2010）Fungal Genet Biol 47：917-921
Purschwitz J, et al.（2006）Curr Opin Microbiol 9：566-571
Schmoll M, et al.（2010）Fungal Genet Biol 47：909-916

2）ストレス応答

菌類は，浸透圧ストレス，酸化ストレス，ヒートショックや DNA ダメージなどさまざまな環境ストレスを感知し，特定の遺伝子群を発現して応答する．基本的な応答メカニズムは生物に共通しており，菌類では酵母などのモデル菌を中心に研究が進んでいる．

（1）ストレス応答シグナル伝達経路

ストレス応答 MAP キナーゼ（stress activated protein kinase：SAPK）を構成因子とするシグナル伝達経路が，菌類のストレス応答の中心的な役割を担っている（図 13.5.10）[1]．出芽酵母の Hog1，分裂酵母の Sty1，アカパンカビの OS-2 などが SAPK にあたる．SAPK は MAP キナーゼカスケードを構成しており，MAPKK キナーゼが MAPK キナーゼをリン酸化し，さらにリン酸化された MAPK キナーゼが SAPK をリン酸化（活性化）する．出芽酵母では主に浸透圧ストレスに応答するが，分裂酵母やアカパンカビなど多くの菌類では，浸透圧ストレスのみでなく，酸化ストレスやヒートショック，DNA ダメージなど多様なストレス応答に重要な役割を果たしている．この MAP キナーゼカスケードは，ヒスチジンキナーゼをセンサーとする His-Asp リン酸リレー系によって制御されている．His-Asp リン酸リレー系は，細菌の環境応答の中心的な役割を果たしているが，真核生物では，細胞壁をもつ菌類や植物に限られている．出芽酵母のヒスチジンキナーゼ Sln1 は浸透圧センサーとして機能しており，特定のヒスチジン残基が自己リン酸化され，分子内のアス

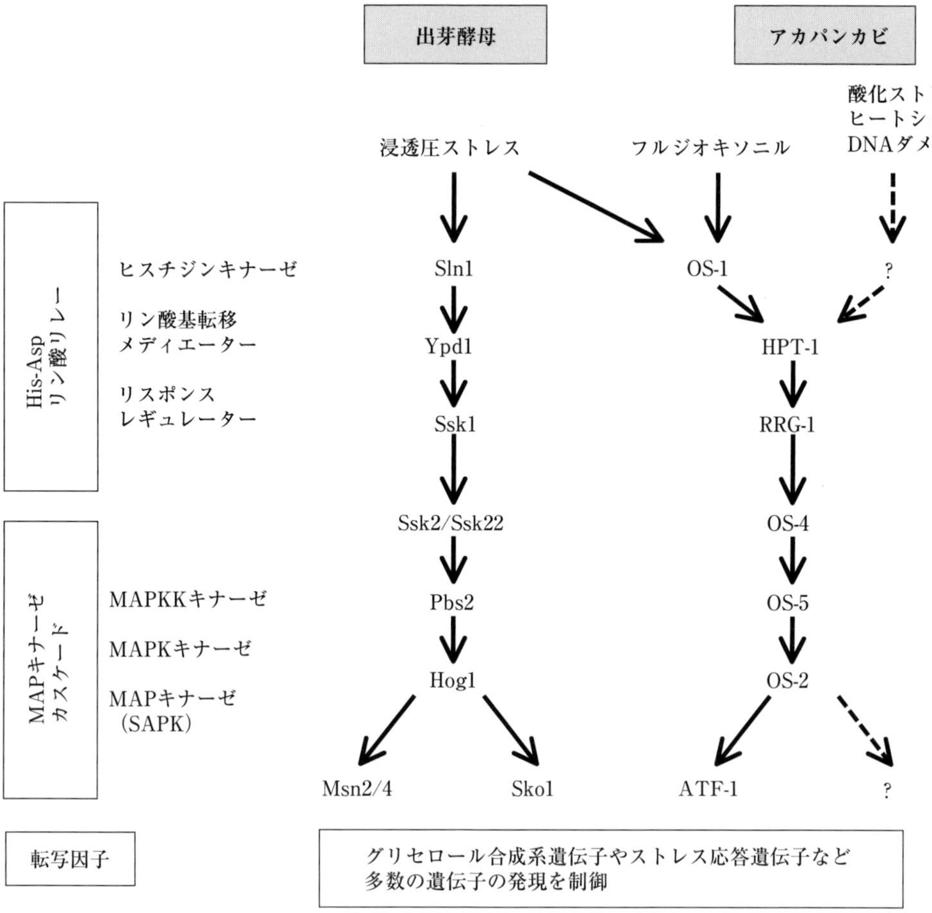

■図 13.5.10　出芽酵母とアカパンカビのストレス応答シグナル伝達経路

パラギン酸残基へとリン酸基が移る．そのリン酸基がさらにYpd1（リン酸基転移メディエーター）のヒスチジン残基，Ssk1（リスポンスレギュレーター）のアスパラギン酸残基へとリレーされ，Ssk1がMAPキナーゼカスケードを調節する．活性化されたHog1は，Msn2/4やSko1などの転写因子をリン酸化する．Msn2/4は標的遺伝子のプロモーターのSTRE（stress response element：CCCCT）配列に，Sko1はCRE（cAMP responsive element：TGACGTCA）配列に結合する．これらの転写因子によりグリセロール合成系酵素などの遺伝子発現が誘導され，細胞内にグリセロールを蓄積して外部の浸透圧ストレスに応答する．出芽酵母のヒスチジンキナーゼ遺伝子は*SLN1*のみであるが，アカパンカビや麹カビなどの糸状菌は十数種のヒスチジンキナーゼ遺伝子をもつことが知られている．多くの糸状菌では，浸透圧ストレスと殺菌剤フルジオキソニルがOS-1型のヒスチジンキナーゼを経由してSAPKを活性化するが，酸化ストレスやヒートショックは，OS-1非依存的にSAPKを活性化する（図13.5.10）[2)]．

（2）酸化ストレス

好気的に生育する生物はつねに酸化ストレスにさらされており，活性酸素を消去するスーパーオキシドディスムターゼ（SOD）やカタラーゼなどの酵素をもっている．SODには活性中心の金属が異なる酵素種があるが，菌類は，ミトコンドリアにMn-SODを，細胞質にCu/Zn-SODをもつ．Cu/Zn-SODが欠損すると，パラコートなどの活性酸素発生剤に高い感受性を示すと同時に，突然変異率が高くなる．糸状菌は分化に伴いカタラーゼ分子種を使い分けている．アカパンカビの無性胞子にはCAT-1が，増殖中の菌糸にはCAT-3が存在する．無性胞子には大量のCAT-1が蓄積されており無性胞子の安定性に寄与している．なお，酸化ストレスに応答してCAT-3が，ヒートショックに応答してCAT-2が誘導される．また，CAT-1は，OS-2の下流のCREB型転写因子ATF-1によって制御されている[3]．

AP-1型の転写因子が酸化ストレスに応答することが知られており，チオレドキシン，チオレドキシン還元酵素，グルタチオン合成酵素やグルタチオン還元酵素などの遺伝子発現を調節する[4]．出芽酵母のYap1は，C末端側にあるシステイン残基に富むCRD（cysteine-rich domain）ドメインが直接酸化ストレスを感知している．分裂酵母のPap1は，上述のSAPKによる制御も受けている．さらに，Pap1の過剰発現は，スタウロスポリンやシクロヘキシミドなどに耐性になるが，これは，Pap1が特定のABCトランスポーターを制御していることに起因する．ABCトランスポーターは，ATPのエネルギーを利用して，生体物質や薬剤の輸送にかかわっている．1種類のABCトランスポーターが構造の異なる化合物を輸送することが知られており，医真菌や植物病原菌の多剤耐性の原因となっている．

(3) ヒートショック

細胞をいきなり高温にさらすと死滅するが，温和なヒートショック処理をした後に，高温処理すると生存率が高くなることが知られている．これは，ヒートショックにより，特定のタンパク質群が誘導され細胞を保護するためである．ヒートショックタンパク質（heat shock protein : HSP）は，HSP70，HSP60やHSP90などのファミリーに属するものが知られている．これらの多くは，分子シャペロンとして働いており，熱により変性したタンパク質を正常に戻す役割と，変性タンパクをユビキチン標識して，巨大なタンパク質分解酵素複合体であるプロテアソームに送り分解する役割を担っている．なお，HSPは，エタノールや重金属などさまざまなストレスでも誘導される．出芽酵母では，ヒートショックにより誘導される遺伝子群の多くは，熱ショックエレメント（HSE，nGAAnnTTCn）配列に結合する転写因子Hsf1とSTRE配列に結合する転写因子Msn2/4によって主に制御されている[5]．

菌類のストレス応答は，基本的に共通の機構を利用しているが，複数のストレスに共通する部分と特定のストレスに限定される部分が複雑に絡みあっている．さらに，菌種によるさまざまな多様性も生まれている．また，ストレス応答は，単に外部環境の変化に緊急的に対応するだけでなく，細胞周期，アポトーシス，細胞壁の再構築，糖代謝，二次代謝産物生産，無性生殖や有性生殖への分化，体内時計など多様な分化に伴う調節にも深くかかわっている．

（藤村　真）

＊引用文献

1) Chen RE, Thorner J (2007) Biochim Biophys Acta 1773 : 1311-1340
2) Noguchi R, et al. (2007) Fungal Genet Biol 44 : 208-218
3) Yamashita K, et al. (2007) Genes Genet Syst 82 : 301-310
4) Herrero E, et al. (2008) Biochim Biophys Acta 1780 : 1217-1235
5) Yamamoto N, et al. (2008) Eukaryot Cell 7 : 783-790

＊参考文献

篠崎一雄ほか (2001) 環境応答・適応の分子機構. 共立出版, 東京

13.5.5 生物時計にかかわる遺伝子

1) 普遍性と共通モデル

生物リズム（biological rhythm）は内因的な周期現象で，周期の長さによりさまざまなものが知られているが，概日リズム（circadian rhythm 約24時間周期）に限って説明する．3つの判定基準，自由継続性（free-running 外部環境の周期変動のない状態でも起こること）・同調性（entrainment，自

律的リズムが他の振動に同調すること）・温度補償性（temperature-compensation 周期が温度の影響をほとんど受けないこと）を満たしたものだけが真の概日リズムとされる．原核生物である藍藻（シアノバクテリア）からアカパンカビ，緑藻クラミドモナス，高等植物，ショウジョウバエ，マウス，ヒトまで光を感受するさまざまな生物で概日時計（circadian clock）の報告がある[1]．

概日時計の中心部分は転写翻訳のフィードバックループ（transcription-translation feedback loop）からなると考えられているが，入力系，中心振動体，出力系が相互に影響を及ぼしあう，多重制御を受けている．この調節には時計タンパク質のリン酸化，脱リン酸化が重要な役割を果たしている．動物（昆虫，哺乳類）では共通の時計遺伝子が見られるが，植物，動物，菌類，シアノバクテリアでは相互にまったく異なった遺伝子が時計遺伝子（clock gene）として働いている[3]．また，転写翻訳がまったく起こらない条件でも時計タンパク質のリン酸化，脱リン酸化による自律振動リズムが継続することが報告されているなど単純ではない[4]．

2）菌類内での保存性

菌類では子嚢菌アカパンカビの分生子（無性胞子）形成に概日リズム（周期 21.6 時間）が見られる．Frequency（FRQ），White Collar-1（WC-1），White Collar-2（WC-2）が中心的役割を担っていると考えられている．WC-1 は青色光の光受容体かつ転写因子としての機能ももつ（13.5.4 項の 1 参照）．概日時計の機構は WC-1 と WC-2 がヘテロダイマー（White Collar Complex：WCC）を形成し *frq* 遺伝子の転写調節部位に結合することにより転写を活性化する．FRQ タンパク質は WCC の活性を阻害することで自身の転写を自己抑制することによりフィードバックループが一巡する．この間，活性化 / 阻害には FRQ，WC-1，WC-2 のリン酸化が重要である．しかしながら frq 遺伝子を欠失した株でも概日リズムが見られるとの報告があり，FRQ を必要とするフィードバックループ以外にも FRQ-less oscillator（FLO）の存在が示唆されている[2]．

詳しく調べられているアカパンカビと対照的に子嚢菌以外の菌類では 3 つの基準を満たしまさに概日リズムであるとされる現象の報告自体がない．菌界内での相同遺伝子の塩基配列の比較から酵母では青色光受容，生物時計にかかわる遺伝子ともに失われているが，その他の菌類では WC-1 は広く保存されている．FRQ，WC-2 も WC-1 ほどではないが保存されている[2]．　　　　（中堀　清）

＊引用文献

1）Brunner M，Schafmeier T（2006）Genes Dev 20：1061-1074
2）Dunlap JC，Loros JJ（2006）Curr Opin Microbiol 9：579-587
3）Harmer SL（2009）Ann Rev Plant Biol 60：357-377
4）Naef F（2005）Mol Syst Biol 1：2005.0019

＊参考文献

岩崎秀雄・近藤孝男（2001）細胞工学 20：801-807
Harmer SL（2009）Ann Rev Plant Biol 60：357-377

13.5.6 病原性にかかわる遺伝子

地球上に存在している糸状菌類は 10 万種にものぼると考えられているが，動物あるいは植物に病原性（pathogenicity）を発揮できるものはわずかである．これはもともと腐生生活を営んできた糸状菌が病原性を発揮できるよう進化してきたという経緯による．病原性にかかわる能力は，病原菌の感染過程に沿って見ると次のような階層に分けられる．

まず①侵略力（aggressiveness）は宿主細胞への接着（adhesion），認識（sensing），侵入（invasion）する能力を総称し，病原菌として必須の能力である．これに加えて，②宿主防御機構に打ち勝つ力，③宿主環境に適応する能力，④宿主の発病にかかわる病原力（virulence）などがあり，それらの多様さから病原菌独自の病徴（symptom）が発現される．これらの能力にかかわる因子は病原性因子（pathogenicity factor）と呼ばれている．

これら病原性にかかわる遺伝子について，個々の病原菌の例を示しながら解説する．

1）侵略力

（1）接　着

病原菌は感染を成立させるまで，宿主表面に接着し続けなければならない．動物真菌の *Candida albicans* では，複数の糖タンパク質，すなわち，アグルチニン様タンパク質をコードする ALS 遺伝子ファミリー，Arg-Gly-Asp（RGD）配列を含んだインテグリン様タンパク質遺伝子 *INT1*，さらにマンナンタンパク質遺伝子 *HWP1* などが宿主細胞接着にかかわっている．また，後章で述べられるハイドロフォビン遺伝子 *RODA* も疎水性面への接着に重要であることが明らかにされている．

（2）認識・侵入

病原菌は宿主など生育に適した環境に到着したことを察知すると，感染成立に適した形態変化を引き起こす．動物真菌の *C. albicans* では血清成分や高温（37℃）により酵母型増殖から菌糸型増殖へ変換する（二形性 dimorphism）．植物病原菌の *Ustilago maydis*（黒穂病菌）では，担子胞子がフェロモン応答，あるいは栄養飢餓・酸性条件下で菌糸生長し，異なる菌糸間の交配による二次菌糸（secondary hyphae）を形成し侵入する．これら二形性変換を制御するシグナル伝達経路として，MAPK 経路，cAMP-PKA 経路などの関与が明らかにされている．興味深いことに，二形性変換を導く cAMP 制御機構は両者間で逆転しており，*C. albicans* では菌糸型増殖を，*U. maydis* では酵母型増殖を誘導する．

一方，植物病原菌の植物への侵入様式はさまざまであり，気孔などの自然開口部より侵入するタイプと胞子から発芽した菌糸の先端に付着器（appressorium）等を形成して宿主細胞壁を貫穿し侵入するタイプがある．この貫穿能力には，物理的圧力や酵素分解が関与している．*Magnaporthe oryzae*（いもち病菌）は付着器内部にグリセロールを蓄積し，外界との浸透圧の違いにより強い膨圧を生成して侵入の推進力を得ている．成熟付着器の形成には，MAPK，cAMP-PKA 経路が関与することが明らかとされている．また，メラニン化にかかわる酵素遺伝子群（*PKS*）は，付着器の細胞壁を強化し高い膨圧を生じるために重要な機能を果たしている．酵素分解による侵入では，植物病原菌の分泌するクチナーゼ，キシラナーゼ，ペクチナーゼなどが植物細胞壁成分を分解する．これらの遺伝子は多重遺伝子族を形成している場合が多く，1つの遺伝子欠損で病原力を失うことは少ない．また，*Alternaria alternata* Japanese pear pathotype（ナシ黒斑病菌）では，活性酸素生成酵素である NADPH オキシダーゼ（*Nox*）が宿主侵入に重要な役割を担っている．

2）宿主防御機構に打ち勝つ能力

（1）宿主特異的毒素（host specific toxin : HST）

植物病原菌には胞子発芽液中に特定の植物（種/品種）に毒性を示す HST を分泌するものがある．これらは HST の作用により植物抵抗性を抑制し，壊死を引き起こす．ナシ黒斑病菌の HST である AK 毒素生合成にかかわるデカトリエン酸合成遺伝子（AKT）が明らかとなり，また，*A. alternata* apple pathotype（リンゴ斑点落葉病菌）の生成する AM 毒素，*Cochliobolus carbonum*（トウモロコシ北方斑点病菌）の生成する HC 毒素生合成には，それぞれ環状ペプチド合成遺伝子（*NPS*）ファミリーが関与することが判明している．

また，このほかに *Mycosphaerella pinodes*（エンドウ褐紋病菌）において，植物組織を壊死させることなく防御反応を宿主特異的に抑制するサプレッシン（supprescin）が分子同定されている．

（2）防御反応をキャンセルする遺伝子

動物の真菌症においては，さまざまな酵素が宿主防御タンパク質を分解する機能を果たしている．*C. albicans* では，分泌性アスパラギン酸プロテアーゼ secretory aspertic protease（SAP）遺伝子，ホスホリパーゼ（phospholipase）遺伝子群などがディフェンシンなどの抗菌性タンパク質の不活性化にかかわる．また，酸化ストレス環境に耐えるための抗酸化酵素遺伝子群 *Cat1*，*Sod1*，*Aox1* の活性制御も関与している．

植物病原菌は，植物が生産する多様な抗菌性物質を解毒する酵素を保有している．*Corynespora casiicola*（トマト輪紋病菌）のトマチナーゼ遺伝子はトマトのサポニン（トマチン）の分解，*Nectria haematococca*（エンドウ根腐病菌）の Pisatin demethylase 遺伝子はエンドウのファイトアレキシン（ピサチン）の分解，*Claviceps purpurea*（麦角病菌）のカタラーゼ遺伝子（*cpCAT1*）は過酸化水素の分解にそれぞれ関与している．

また，*Sclerotinia sclerotiorum*（菌核病菌）は，シュウ酸を分泌して宿主細胞内の pH を下げ，感染組織を宿主防御応答にかかわる活性酸素レベルが上昇しない環境に改変する．シュウ酸合成には MAPK, cAMP-PKA 経路の活性化が関連している．

3）宿主環境に適応する遺伝子

動物真菌症の感染時に，*Cryptococcus neoformans* はラッカーゼ遺伝子 *LAC1* を活性化させて夾膜を形成し，*Blastomyces dermatitidis* は α-グルカン合成酵素遺伝子の活性化により細胞壁組成を変化させ，宿主環境に対する耐性を獲得する．また，*C. neoformans* は，カルシニューリン A 遺伝子（*CNA1*）の活性化により，動物体内の弱アルカリ・高 CO_2 濃度環境に適応した個体へ変化することができる．

植物病原菌 *Fusarium oxysporum f.* sp. *melonis*（メロンつる割病菌）の *Fow1* は，ミトコンドリア局在性キャリアタンパク質をコードする病原性遺伝子である．興味深いことに，いもち病菌 *fow1* 破壊株は，葉への病原性は保持していたが，根への病原性が失われた．*Fow1* は導管環境に適応するために重要な病原性遺伝子であると考えられる．

4）病原力

（1）宿主を発病させる能力

植物病原菌では，先述した細胞壁分解酵素，宿主特異的毒素，非特異的毒素がそれぞれの病原菌に特有の病徴を引き起こす．さらに，*Gibberella fujikuroi*（イネばか苗病菌）は植物ホルモンのジベレリンを生産し，イネが徒長する特有の「ばか苗」症状を誘発する．ジベレリン生合成には P450 monooxygenase 遺伝子群が関与している．一方，接合菌に属する *Rhizopus* sp.（苗立枯病菌）の毒素であるリゾキシンは，細胞内共生細菌 *Burkholderia* sp. の保有するポリケチド合成遺伝子により合成されているという興味深い事実が明らかとなった．

（2）非病原力遺伝子

植物病原菌の保有する遺伝子産物により，宿主植物の抵抗性反応が惹起され，病原菌が感染できない場合がある．これは宿主植物が病原菌を感知するセンサーである抵抗性遺伝子（R gene）を発達させたためであり，R gene に対応する病原菌遺伝子を非病原力遺伝子（avirulence gene）と呼ぶ．いもち病菌ではプロテアーゼをコードすると考えられる *AVR-Pita*，上述の NPS 遺伝子ファミリーに属する *AVR-ACE1* などが明らかとなっている．また，*Rhynchosporium secalis*（オオムギ雲形病菌）では植物毒性を有する *NIP1* が非病原力遺伝子である．これらに共通性は見いだされないことより，非病原力遺伝子の起源は病原菌から宿主環境の改変を試みて宿主に送り込まれるさまざまなエフェクター（effector）分子産生遺伝子であり，宿主がエフェクターを認識する抵抗性遺伝子を獲得した結果，それら遺伝子がわれわれに非病原力遺伝子として認識されるに至ったと考えられる．

（池田健一・土佐幸雄）

＊参考文献

Borges-Walmsley MI, Walmsley AR (2000) Trends in

Microbiology 8 : 133-141
久保康之・辻　元人（2004）糸状菌の病原性遺伝子（島本功ほか 編）．秀潤社，pp64-73
山口英世（2007）真菌の病原因子．病原真菌と真菌症（山口英世 編）．南山堂，東京，pp53-65

13.5.7 ハイドロフォビン遺伝子

ハイドロフォビン（hydrophobins）は，100～150 アミノ酸残基からなる分泌タンパク質で，会合体を形成し，糸状菌だけに存在する．ハイドロフォビン遺伝子の塩基配列相同性は低く，遺伝子を分離するのは容易ではない．しかし，当該遺伝子が菌類のある発生段階で高発現し，多量の mRNA の生産が見られる場合はこの限りではない．スエヒロタケ（*Schizophyllum commune*）には少なくとも 4 つの遺伝子 *cDNA*，*SC1*，*SC3*，*SC4*，*SC6* があるが，*SC3* は気中菌糸の形成時に特異的な cDNA ライブラリーの中から，ほかは子実体形成時に特異的な cDNA ライブラリーの中から分離された[1]．遺伝子 cDNA の分離が困難な場合は，直接にハイドロフォビンを分離し，解析することになる．

1）ハイドロフォビンの構造的特徴と分子特性

ハイドロフォビンは共通して 8 個のシステイン残基を含み，これらはすべてジスルフィド結合にかかわっている．また，8 個のシステイン残基はある程度の保存性をもって分布している．ハイドロフォビンはクラス I と II に区別される[2-4]．図 13.5.11 に，クラス I の代表例としてスエヒロタケ SC3[2-4] の，クラス II としてオランダニレ病の病原菌 *Ophiostoma ulmi* 由来の cerato-ulmin（CU）[5] の構造的特徴が示してある．図中＋と－はそれぞれに荷電したアミノ酸残基を示す．II は I に比べて不安定な会合体を形成するが，これまで担子菌キノコからは分離されていない．I はシステイン残基以外にも極性・非極性アミノ酸残基の分布に共通性をもち，類似の疎水性-親水性パターンを示す．しかし，全体的なアミノ酸配列は生物種で異なり，同じ生物種の中でもハイドロフォビンごとに異なる．

たとえば，SC3 を疎水性と親水性環境の境界面におくと，タンパク質単量体は会合し，SDS に不溶性の両親媒性の膜を形成する．この膜は非常に安定で，2%SDS 溶液中で煮沸しても変化しない．100% トリフルオロ酢酸（TFA）あるいはギ酸中では単量体へと解離するが，酸を除くとまた元に戻る．したがって，純度の高いクラス I ハイドロフォビンは，2%SDS 熱湯液不溶性で 100% TFA 可溶性のタンパク質として得られる[4]．このような分子特性は広範囲にわたる β-シートの形成によ

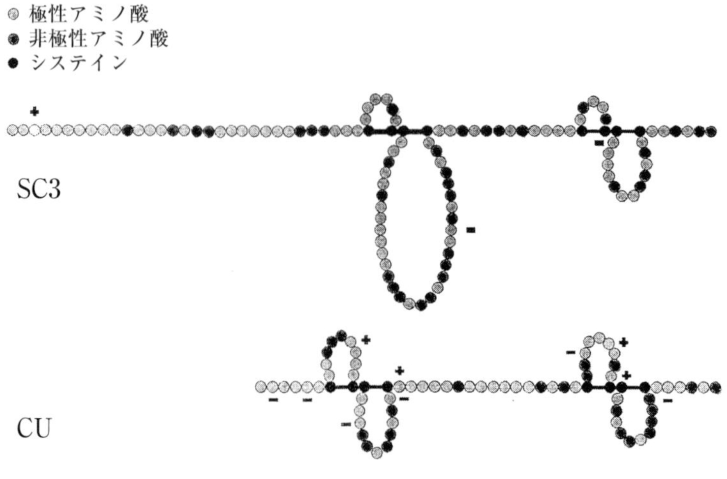

■図 13.5.11　ハイドロフォビンの構造的特徴（Wessels[4] より許可を得て引用）

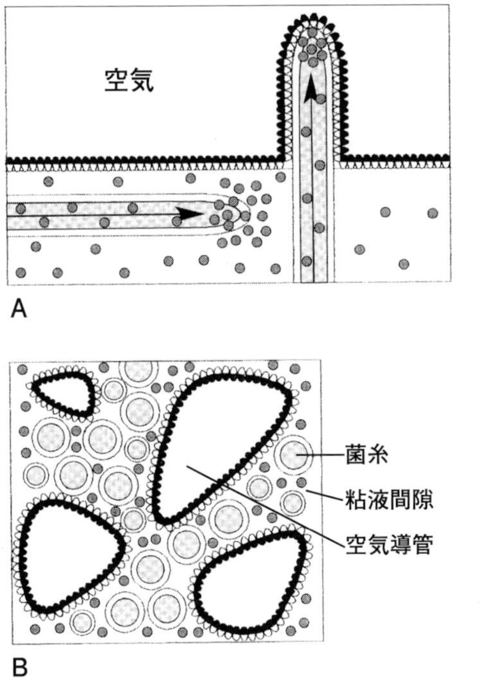

■図 13.5.12　ハイドロフォビンの気中菌糸構造の形成（A）および子実体内での気体導管の形成（B）における役割を表すモデル（Wessels[3] より許可を得て引用）

るものである[4]．他方クラス II ハイドロフォビンは 60% エタノールおよび SDS に可溶性である[2]．

2）ハイドロフォビンの機能

（1）気中菌糸構造の形成と安定化

SC3 は，スエヒロタケの一核・二核菌糸の気中菌糸構造の形成にかかわっている．図 13.5.12A に示すように，液体中で増殖している菌糸が単量体のハイドロフォビンを分泌する．その量が増えてくると，液体と空気との境界面に層を形成し，表面張力を低下させる．これが液体中で先端生長している菌糸から枝分かれした菌糸が気中へと立ち上がるのを容易にし，気中に出た菌糸の先端から分泌されるハイドロフォビンが会合して気中菌糸の表面に疎水性の層を形成し，構造を安定にする[2-4]．他方，アカパンカビ（*Neurospora crassa*）[2] や *Aspergillus nidulans*[2] においては，クラス I ハイドロフォビンが胞子を乾燥状態にして胞子が凝集するのを妨げ，飛散しやすくしている．

（2）担子菌子実体における空気導管および地衣における空間の形成と維持

発生段階の子実体中には，図 13.5.12B に示すように，空気導管が数多く走っている．ハイドロフォビンは会合して空気導管を疎水的にコートし，毛管現象により吸い上げられた水を管から追い出し，空気を子実体全域に送り込んでいる[3,6]．同様のことがツクリタケ（*Agaricus bisporus*）の ABH1[3] やシイタケ（*Lentinula edodes*）の Le.HYD1[7] で示されている．

地衣は乾燥と湿気の規則正しいサイクルにさらされているが，湿った条件下においてのみ代謝活性を示す．したがって，地衣では湿った条件下でも空気で満たされた空間が必要であるが，ハイドロフォビンは疎水性膜を形成して地衣にこの空間を提供している[4,8]．

（3）病原菌感染の誘導

イネに感染しいもち病を引き起こすカビ（子嚢菌）*Magnaporthe oryzae* の発芽管が自身の分泌したハイドロフォビン MPG1（クラス I）により疎水的にコートされ，イネの疎水的な葉の表面と疎水結合で密着することが感染の最初の段階である[4,9]．ついで，発芽管の先端が大きく膨らみ付着器が形成され感染が終了する．　（宍戸和夫）

＊引用文献

1）Mulder GH, Wessels JGH（1986）Exp Mycol 10：214-227
2）Wessels JGH（1996）：Trends Plant Sci（Review）1：9-15
3）Wessels JGH（1999）Fungal Genet Biol 27：134-145
4）Wessels JGH（2000）Mycologist 14：153-159
5）Yaguchi M, et al.（1993）Dutch elm disease research, cellular and molecular approaches. Springer, New York, pp152-170
6）Van Wetter M-A, et al.（2000）Mol Microbiol 36：201-210
7）Nishizawa H, et al.（2002）Biosci Biotechnol Biochem 66：1951-1954
8）Scherrer S, et al.（2000）Fungal Genet Biol 30：81-93
9）Talbot NJ, et al.（1993）Plant Cell 5：1575-1590

13.5.8 細胞壁合成にかかわる遺伝子

菌類の細胞は堅い細胞壁で覆われており，子嚢菌門に属する出芽酵母 *Saccharomyces cerevisiae* ではグルコースが β-1,3 結合でつながった β-1,3 グルカン，β-1,6 結合でつながった β-1,6 グルカン，マンノースを主成分とする多糖であるマンナンが細胞壁の主要構成成分である．*S. cerevisiae* では *N*-アセチルグルコサミン（GlcNAc）が β-1,4 結合でつながってできたキチンの含量は低いが，子嚢菌門，担子菌門に属する糸状菌ではキチンは β-1,3 グルカンとともに細胞壁の主要構成成分である．一方，接合菌門に属する糸状菌の細胞壁主要構成成分はキチンと，キチンの脱アセチル化物であるキトサンである．細胞壁合成に直接または間接的にかかわる遺伝子の数は *S. cerevisiae* で数百から千のオーダーに上ることが知られているが，本項では主にこれら細胞壁の主要構成多糖の合成に直接かかわる酵素の遺伝子について述べる．

1）キチン合成酵素をコードする遺伝子

キチン合成酵素は UDP-GlcNAc を基質として GlcNAc を連結する反応を触媒する酵素であり，膜を数回貫通する膜タンパク質として形質膜に局在してキチンの合成を行うと考えられている．菌類のキチン合成酵素はその構造から現在 I ～ VII の 7 つのクラスに分類されており，このうちこれまでに見つかっているクラス V に属するキチン合成酵素すべてとクラス VI（このクラスをクラス VII と呼ぶ場合もあるので注意を要する[1]）に属するキチン合成酵素の一部は，キチン合成酵素ドメインの N 末端側にアクチン繊維のモータータンパク質ミオシンと相同性をもつドメインを有する．

酵母 *S. cerevisiae* は，それぞれクラス I，II，IV に属する酵素をコードする 3 種の遺伝子，*CHS1*，*CHS2*，*CHS3* をもつ．*CHS1* の遺伝子産物は，母細胞と娘細胞が分離する際，キチンを主要構成成分とする一次隔壁のキチナーゼによる切断が行き過ぎた場合にそれを修復する役割をもつ．*CHS2* の遺伝子産物は一次隔壁の形成，*CHS3* の遺伝子産物（Chs3p）は母細胞と娘細胞の間に形成されるキチンリングや細胞壁全体のキチンの合成などを担っている．Chs3p にはその活性を制御するサブユニット Chs4p の存在が知られており，これをコードする遺伝子を *CHS4/SKT5* と呼ぶ．Chs4p は Chs3p を母細胞と娘細胞の間の付け根の部分に局在化させるのにも必要である．これら遺伝子の機能については Lesage と Bussey (2006) の総説に詳述されている．

糸状菌は一般に 8 ～ 10 種のキチン合成酵素遺伝子をもつ．子嚢菌門の *Aspergillus nidulans* には 7 つのクラスに属するキチン合成酵素をコードする 8 種のキチン合成酵素遺伝子が存在する．これらの遺伝子産物は菌糸先端生長，隔壁形成，分生子形成器官の分化においてさまざまな機能をもつことが明らかにされている．またイネのいもち病菌として知られる *Magnaporthe oryzae* のクラス VII に属するキチン合成酵素が付着器の形成に重要な役割をもつこと，*Fusarium oxysporum* のクラス V，VI に属するキチン合成酵素，*Colletotrichum graminicola* のクラス V キチン合成酵素，*Botrytis cinerea* のクラス I キチン合成酵素等が植物への感染に必須であることが，おのおのの遺伝子破壊株の解析により明らかにされている．これら以外にも，ヒトに対する病原菌である *Aspergillus fumigatus* において，クラス III，V に属するキチン合成酵素をコードする遺伝子の破壊株はマウスを用いたモデル実験で感染力が低下することが示されている．

2）β-1,3 グルカン合成酵素

S. cerevisiae には β-1,3 グルカン合成酵素の触媒サブユニットをコードする 2 種の遺伝子 *FKS1*，*FKS2* があり，それぞれがコードする遺伝子産物の相同性はアミノ酸レベルで 88％にのぼる．これらの遺伝子産物は膜を 16 回貫通するタンパク質であり両遺伝子の二重破壊株は致死となる．これら遺伝子の発現は生育条件で異なり，グルコース

存在下では主に*FKS1*が発現する．β-1,3グルカン合成酵素の制御サブユニットは*RHO1*にコードされており，低分子量Gタンパク質の1つである．*FKS1*の遺伝子産物Fks1pは分泌経路を通って細胞表層へ輸送されるが，分泌顆粒中でRho1pと会合し，細胞表層においてRho1pのGDP-GTP exchange factor（GEF）であるRom2pにより活性化される．*S. cerevisiae*には上記*FKS1*，*FKS2*のほかに*FKS3*という遺伝子が存在する．その遺伝子産物はFks1p，Fks2pと相同性を有し子嚢胞子の細胞壁合成に関与する．*FKS1*のオルソログは*A. nidulans*，*A. fumigatus*，*M. oryzae*などの糸状菌ではそれぞれ1個存在し，それらのコードするタンパク質のアミノ酸配列は互いによく保存されている．*A. fumigatus*におけるオルソログ（*AfFKS1*）は生育に必須でその遺伝子産物は*RHO1*のオルソログである*AfRHO1*の遺伝子産物と複合体を形成することが示されている．

3）α-グルカン合成酵素遺伝子

酵母*Schizosaccharomyces pombe*，*Aspergillus*属糸状菌等の細胞壁には，グルコースがα-1,3またはα-1,4結合でつながったα-グルカンが存在する．*S. pombe*には，5種のα-グルカン合成酵素と考えられる遺伝子（*ags1*，*mok11*～*14*）が存在する．*ags1*は生育に必須であり，その遺伝子産物Ags1がα-1,4グルカン合成にかかわることが示されている．*mok11*～*14*は子嚢胞子形成にかかわる．*A. fumigatus*においても*ags1*のオルソログ*AGS1*～*3*がクローニングされ，機能解析がなされている．*AGS1*と*AGS2*の破壊株では菌糸に分岐が多く，分生子（無性胞子）の形成効率も低下する．*AGS3*の破壊株では分生子の細胞壁構造が変化しておりマウスへの感染効率が増加する．

4）その他

*S. cerevisiae*においてはβ-1,6グルカン，マンナンタンパク質の細胞壁中の含量も高く，これらの合成にかかわる遺伝子の解析も行われている．詳細についてはLesageとBussey（2006）の総説を参照されたい．またムコール亜門の細胞壁の主要構成成分であるキトサンはキチンからキチン脱アセチル化酵素によってつくられる．キチン脱アセチル化酵素については数種の菌類から遺伝子が単離されているが*S. cerevisiae*において子嚢胞子の細胞壁合成にかかわっていることが示されている以外，その役割は現在のところほとんど未解明である．

5）細胞壁の構造の維持にかかわる遺伝子

菌類の細胞は常に外界の環境の変化に応じて遺伝子発現を変化させることにより，環境に適応する機構を備えているが，細胞壁も環境変化への適応機構の一端を担うことが近年*S. cerevisiae*を中心として明らかにされた．この場合，中心となるシグナル伝達経路としては，細胞壁の変化を感知するタンパク質として形質膜上にWsc1p～Wsc3p，Mid2pが存在し，それらが刺激を感知するとRom1/2p→Rho1p→Pkc1p（プロテインキナーゼC）→Bck1p（MAPKKK）→Mkk1/2p（MAPKK）→Slt2p（MAPキナーゼ）とシグナルが伝達され，最終的に転写因子であるRlm1p，Swi4pが活性化して細胞壁の構造維持にかかわるさまざまな遺伝子の転写を活性化する．この機構についてはLevinの総説に詳述されている．糸状菌においてもこれらをコードする遺伝子のオルソログが存在し，類似の機構が存在することが明らかにされつつある．　**（堀内裕之）**

＊引用文献

1）Amnuaykanjanasin A, Epstein L（2006）Protoplasma 227：155-164

＊参考文献

de Groot PWJ, et al.（2009）Fungal Genet Biol 46：S72-S81.

Horiuchi H（2009）Med Mycol 47：S47-S52

Lesage G, Bussey H（2006）Microbiol Mol Biol Rev 70：317-343

Levin DE（2005）Microbiol Mol Biol Rev 69：262-291

Orlean P（2012）Genetics 192：775-818

13.5.9 細胞壁分解にかかわる酵素とそれらの遺伝子

菌類の細胞壁は，90％以上が多糖によって構成されており，主成分はグルコースが*β*-1,3 結合した主鎖に*β*-1,6 結合でグルコース側鎖が結合した*β*-1,3/1,6-グルカン（一般的に菌類*β*-グルカンと呼ばれている）であることが知られている[1]．自然界で*β*-グルカンは，キチンおよび*α*-グルカン，マンナンやキシランなどの他の糖成分と複雑に絡み合って細胞外マトリックスを形成することで，外界からの防御や菌体の補強，さらに種々分解酵素の局在への関与などの多様な機能を発揮すると考えられている．一方で菌類は，細胞増殖や栄養成長時，外敵の侵入や自己溶解といったさまざまな局面でこれらの細胞壁多糖を分解する酵素を生産することが知られている[2]．これらの多くは糖質加水分解酵素（glycoside hydrolase : GH）に属し，反応特性から Enzyme Commission（EC）番号では EC3.2.1.x（x は酵素の種類によって決まる数字）に分類されている．このような反応特性による分類に加えて，最近ではアミノ酸配列の疎水性クラスターの規則性に基づく解析（hydrophobic cluster analysis）によって GH をファミリー分けすることが一般的となっており[3,4]，Carbohydrate-Active Enzymes（下線部をつなげて CAZy と略される）サーバ上にデータベースとして公開されている（http://www.cazy.org/fam/acc_GH.html）．同じファミリーに属する酵素は同じ加水分解機構（立体保持型または立体反転型，図 13.5.13）を有することが，ほとんどの GH ファミリーにおいて知られていることから，現在では各酵素の反応特性による分類とアミノ酸配列から決まる GH ファミリーを併記することが推奨されている[5]．

そこで本項では，さまざまな*β*-グルカン分解酵素の酵素機能と GH ファミリーの関係が明確にされており，また全ゲノム配列情報が公開されている担子菌 *Phanerochaete chrysosporium*[6] が生産する*β*-1,3/1,6-グルカナーゼ（ラミナリナーゼと総称される）について以下に詳述する．

1）GH ファミリー 3：β-グルコシダーゼ

GH ファミリー 3 に属する*β*-グルコシダーゼは，当初 *P. chrysosporium* のセルロース分解性培地から精製された[7]ことから，セロビオース（グルコースが*β*-1,4- 結合した二量体）をグルコース二分子に加水分解する酵素（*β*-glucosidase, EC 3.2.1.21）と位置づけられてきた．さらに，本酵素をコードする cDNA がクローニングされて明らかになった推定アミノ酸配列から，本酵素は GH ファミリー 3 に属する活性ドメインに加えて，糖質結合モジュールファミリー 1 に属するセルロース結合性ドメインを有することが明らかとなった[8]．しかしながら，本酵素（BGL3A）の基質特異性を詳細に調べたところ，セロビオースと比較してラミナリオリゴ糖（*β*-1,3 結合）を効率よく分解することが判明し[9]，さらに本酵素をコードする遺伝子が他のセルロース分解酵素遺伝子と異なる炭素応答性を示すことが明らかとなった[10]ことから，現在では本菌の細胞壁*β*-グルカンの分解に関

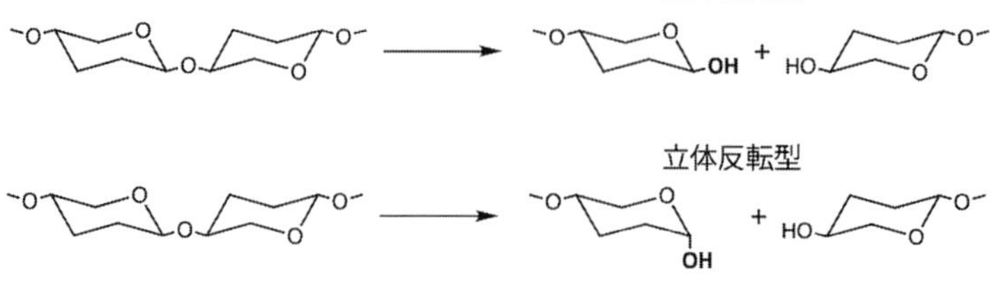

■図 13.5.13 立体保持型（上）および反転型（下）酵素によるグリコシド結合の開裂様式[注]
グリコシド結合が加水分解されるとき，その結合と同じアノマー構造を有する糖が生産される反応機構を立体保持型，異なるアノマーが生産される反応機構を立体反転型という．

与する酵素 (glucan1,3-β-glucosidase, EC 3.2.1.58) であると考えられている注1.

GH ファミリー 3 に属するタンパク質をコードする遺伝子は，出芽酵母 *Saccharomyces cerevisiae* のゲノム中には存在せず，分裂酵母 *Schizosaccharomyces pombe* 全ゲノム配列中にも 1 つ存在するのみであるが，*Aspergillus* 属の糸状菌（*A. nidulans, A. niger, A. oryzae*）や *P. chrysosporium* では，推定 20 程度の遺伝子が存在するとされており，これまでに明らかとなった機能も β-グルコシダーゼだけでなく β-キシロシダーゼ，β-アセチルヘキソサミニダーゼ，α-アラビノフラノシダーゼなどの活性が報告されている.

GH ファミリー 3 に属する酵素は立体保持型であることが知られているが，*P. chrysosporium* 由来 BGL3A は，セロビオースに加えてソホロース（β-1,2 結合），ラミナリビオース，ゲンチオビオース（β-1,6 結合）などのグルコースの二量体を基質とでき，その中ではラミナリビオースに対する反応効率が高いことが報告されている[9]．さらに，ラミナリオリゴ糖を基質として用いた場合は，重合度（degree of polymerization：DP）が大きくなるにつれて活性が高くなり，DP 約 25 のラミナリンがラミナリペンタオース（DP=5）と同程度の反応効率を示すことから，本菌の細胞壁分解にかかわる酵素であると位置づけられるようになった[9]．またメタノール資化性酵母を用いて異宿主発現された BGL3A[11] が，高濃度のラミナリビオースを基質とした際に顕著な糖転移活性を示し，その結果としてグルコースがラミナリビオースの非還元末端側グルコース残基の 6 位に結合した 6-*O*-グルコシルラミナリビオースを生成することから，加水分解活性だけでなく，本酵素の糖転移活性が細胞壁に与える影響に関しても調べる必要性が指摘されている[12].

2) GH ファミリー 5：ラミナリナーゼ

Copa-Patio らは，*P. chrysosporium* が生産する β-グルコシダーゼと β-キシロシダーゼ両方の活性を示す酵素の 1 つが，セロビオースやキシロビオース（キシロースが β-1,4 結合した二糖）よりもラミナリビオースに対する活性が高く，さらにラミナリンを効率よく加水分解することを見いだした[13]．この中で報告されている本酵素の N 末端アミノ酸配列（Arg-Asn-Pro-Iso-Asn-Ala-Gly-Phe-）を用いて，*P. chrysosporium* 全ゲノム配列データベースに対してホモロジー検索を行うと，シイタケ（*Lentinula edodes*）由来で β-1,3-グルカンの非還元末端からグルコース単位で加水分解をするエキソ-β-1,3-グルカナーゼ（Exg1）[14] と非常に高い相同性をもつタンパク質であることから，本酵素が Exg1 と同様に GH ファミリー 5 に属する酵素であると考えられている．*S. cerevisiae* は，GH ファミリー 5 に属するタンパク質をコードしていると考えられる遺伝子をゲノム中に 5 つ保持しているが，そのうちの少なくとも 3 種類（Exg1, Exg2，および Ssg1）が β-1,3-グルカンの分解にかかわる酵素と考えられている．一方，*P.*

表13.5.1　*P. chrysosporium* が生産するラミナリナーゼの比較

GHファミリー	3	5	16	55
加水分解様式	エキソ型	エキソ型	エンド型	エキソ型 （エンド型*）
加水分解様式	立体保持型	立体保持型	立体保持型	立体反転型
特徴	基質特異性が広い	キシロース残基を加水分解できる	側鎖部分を認識して主鎖の分解が起こる	側鎖を飛ばしながら加水分解する

*GHファミリー55にエンド型の酵素に関する報告がある[25]が，定かではない

chrysosporium を含む多くの糸状菌では 15 程度の GH ファミリー 5 遺伝子をゲノム中に有しているが，自身の細胞壁の分解にかかわると考えられる遺伝子はいずれも数個である．本酵素が他のファミリーの β-1,3-グルカナーゼと異なる点としてあげられるのは，キシロビオースやキシランといったキシロース残基を含む基質に対して活性を有する点である．これまでにもキシロースが担子菌類の細胞壁成分として含まれていることが報告されている[15]ことから，そのような細胞壁に含まれるキシロース残基の代謝と本酵素の関連を調べるべきであろう（表 13.5.1）．

3）GH ファミリー 16：ラミナリナーゼ

P. chrysosporium をラミナリンを単一の炭素源として培養すると，分子量が約 36 kDa のラミナリン分解活性を有するタンパク質を生産する[16]．本酵素の N 末端アミノ酸配列（Xxx-Thr-Tyr-His-Leu-Glu-Asn-Asp-Tyr-Val-Gly，ただし Xxx は不確定アミノ酸）を，前述のように本菌全ゲノム配列データベースにおいてホモロジー検索にかけると，GH ファミリー 16 に属する β-グルカナーゼに対して相同性をもつタンパク質の末端であることがわかる．*S. cerevisiae* では GH ファミリー 16 に属するタンパク質をコードしている遺伝子が 5 個発見されているが，それらがコードするタンパク質のうちの 4 個（Kre6，Utr2，Crh1 および Crr1）が細胞壁分解もしくは細胞壁の組替えにかかわる酵素であると考えられており，本ファミリーに属する酵素の大部分が細胞壁分解にかかわる酵素であるといえる．しかしながら，糸状菌では 15 程度の GH ファミリー 16 遺伝子がゲノム中に存在しており，細胞壁以外のさまざまな糖質の分解に関与する酵素遺伝子が含まれることから，糸状菌の場合は他の GH ファミリーと同様，自身の細胞壁を分解する酵素系から自然界のさまざまな糖質を分解する系を獲得し，その過程で本ファミリーに属する酵素のさまざまな基質特異性を獲得していったと考えられる．

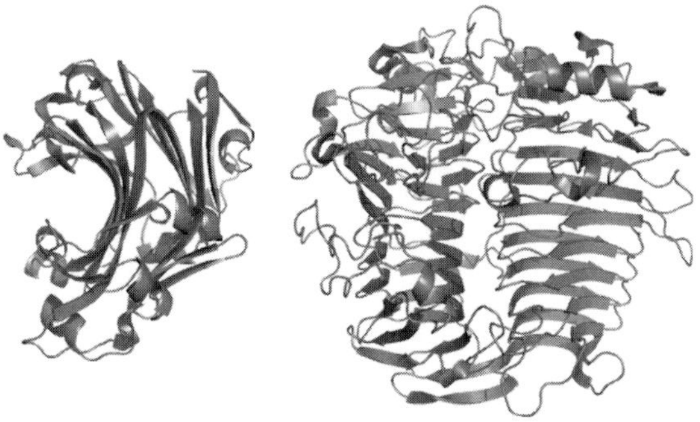

■図 13.5.14　*P. chrysosporium* が生産する GH ファミリー 16（Lam16A，PDB：2CL2，左）および 55（Lam55A，PDB：3EQN，右）の結晶構造

P. chrysosporium 由来から GH ファミリー 16 に属するラミナリナーゼをコードする cDNA をクローニングし，酵母を用いた異宿主発現系に導入・発現して得られる組換え酵素（Lam16A）は，高いラミナリン分解活性を有する．GH ファミリー 16 に属する酵素の加水分解機構は立体保持型であるが，Lam16A の特徴は，ほかの GH ファミリーに属する酵素の多くが β-1,3-グルカンの非還元末端側からグルコースを切り出すエキソ型の酵素（glucan 1,3-β-glucosidase, EC 3.2.1.58）であるのに対して，DP の大きい β-グルカンをランダムに加水分解するエンド型の酵素（endo-1,3-β-glucanase, EC 3.2.1.39）である点である．ラミナリヘプタオース（DP=7）を基質として，得られる生成物の重合度を薄層クロマトグラフィーおよび糖分析用クロマトグラフィーによって調べると，反応時間とともに DP が減少するという典型的なエンド型酵素の特徴が観察される．さらにラミナリンを基質として用いた場合は，β-1,6 結合したグルコース側鎖を有する部分は分解できず，6-*O*-グルコシルラミナリトリオースを蓄積することが知られている[16]．最近本酵素の結晶構造が明らかにされ，他の GH ファミリー 16 に属する酵素と同じ折りたたみ構造（β-ジェリーロール）をしていることが報告されている（図 13.5.14）[17]．活性中心は Glu115（求核触媒残基）と Glu120（酸／塩基触媒残基）であることが，他の GH フ

ァミリー16の酵素との立体構造の比較から推定されている．最近，6-*O*-グルコシルラミナリトリオースとの複合構造も明らかにされ，本酵素が側鎖である*β*-1,6-グルコシドを認識して主鎖を加水分解する機構が推定されている[18]．

4）GH ファミリー 55：ラミナリナーゼ

Lam16Aのときと同様，ラミナリンを単一の炭素源として*P. chrysosporium*を培養すると，分子量約83 kDaのラミナリン分解活性を有する酵素を生産する．前述のようにN末端アミノ酸配列（Leu-Gly-Ser-Thr-His-Ser-Ser-Pro-Leu-Thr-His-Gly-）を解析することで，本酵素がGHファミリー55に属する*β*-1,3-グルカナーゼと高い相同性を示すタンパク質であることがわかる．本酵素をコードする遺伝子をクローニングし，推定されるアミノ酸配列を解析すると，本酵素は2つの類似したドメインが直列につながった構造であることがわかる．RigdenとFrancoは，GHファミリー55に属する酵素の2つのドメインが*β*-ヘリックスと呼ばれる折りたたみ構造であることを他のGHとの比較から予想している[19]．

ある種のラミナリナーゼが，*β*-1,3/1,6-グルカンの側鎖部分を飛ばしながら加水分解する性質を有することは古くから知られていたが，それらのタンパク質をコードする遺伝子がクローニングされた例がなかったことから，このような活性を示す酵素の多くがGHファミリー55に属することは最近まで明らかにされていなかった．筆者らの知る限り，GHファミリー55において活性とアミノ酸配列の相関が確認されたのは*Aspergillus saitoi*由来のエキソ-*β*-1,3-グルカナーゼが最初である[20, 21]．最近になっていくつかの酵母や糸状菌などのゲノム情報が明らかとなった結果，本ファミリーに属する酵素をコードする遺伝子は酵母には存在せず，糸状菌に特徴的な酵素であるといえる．

最近*P. chrysosporium*由来GHファミリー55ラミナリナーゼ（Lam55A）をコードする遺伝子がクローニングされ，酵母によって発現された組換え酵素の活性が詳細に調べられた[22, 23]．その結果，ラミナリペンタオース（DP=7）および6-*O*-グルコシルラミナリトリオースを基質としたとき，Lam55Aによってグルコースおよびゲンチオビオースが生成されたことから，本酵素が非還元末端側から主鎖一残基分を切り出すエキソ型の酵素であり，生成物が*α*-アノマーであったことから本酵素が立体反転型の加水分解機構を有し，さらにゲンチオビオース単位（側鎖）を飛ばしながら加水分解をすることが確認された．さらに，本酵素の結晶構造が明らかにされ，2つの*β*-ヘリックスドメインが隣り合ってあばら骨の様な位置関係を取ることが明らかとなり，活性中心は2つのドメインの境界部分にあることが判明した（図13.5.14）．さらに活性中心付近にはゲンチオビオース単位を取り込むことができるポケット構造が存在したことから，側鎖を飛ばしながら加水分解をするという本酵素の機能がこのような構造に起因すると考えられた．

5）その他の*β*-グルカナーゼおよびキチナーゼ

現在，*β*-1,3/1,6-グルカナーゼが含まれるGHファミリーは，上述の4ファミリーに加えてGHファミリー17，72，81がある．*P. chrysosporium*全ゲノム配列の解析から，GHファミリー17および72に属する酵素をコードすると推定されている遺伝子が存在することが知られているが，いずれも酵素の機能は調べられていない．また，最近坂本らによってシイタケの子実体から発見されたThaumatin（植物由来甘みタンパク質）様タンパク質が，*β*-1,3-グルカナーゼ活性をもつことが報告されている[24]が，その相同遺伝子が*P. chrysosporium*のゲノムにも見つかっている．

これまでにCAZyサーバに登録された菌類のキチナーゼは，GHファミリー18に属するタンパク質のみである．全ゲノム配列情報から*P. chrysosporium*はGHファミリー18に属するキチナーゼをコードすると考えられる遺伝子が12個あると報告されている[6]が，遺伝子のクローニングやタンパク質の詳細な特徴づけが行われた例はない．しかしながら，細胞壁多糖の代謝を考えるときにβ-グルカンの分解と同様キチンの分解も重要であることから，今後研究の進展が期待される．

（五十嵐圭日子・鮫島正浩）

＊注1

EC 3.2.1.58（glucan 1,3-β-glucosidase）は本来β-1,3-グルカンの非還元末端からα-グルコースを生成する酵素，すなわち立体反転型の加水分解酵素と定義されているが，EC分類の中にβ-グルコースを生成する立体保持型のエキソ型β-1,3-グルカナーゼが存在しないことから，双方の酵素が慣例的にこのカテゴリーに分類されている．

＊引用文献

1）Latge JP（2007）Mol Microbiol 66 : 279-290
2）Adams DJ（2004）Microbiology 150 : 2029-2035
3）Henrissat B（1991）Biochem J 280 : 309-316
4）Henrissat B, Davies G（1997）Curr Opin Struct Biol 7 : 637-644
5）Henrissat B, et al.（1998）FEBS Lett 425 : 352-354
6）Martinez D, et al.（2004）Nature Biotechnol 22 : 695-700
7）Lymar ES, et al.（1995）Appl Environ Microbiol 61 : 2976-2980
8）Li B, Renganathan V（1998）Appl Environ Microbiol 64 : 2748-2754
9）Igarashi K, et al.（2003）J Biosci Bioeng 95 : 572-576
10）Yoshida M, et al.（2004）FEMS Microbiol Lett 235 : 177-182
11）Kawai R, et al.（2003）Biosci Biotechnol Biochem 67 : 1-7
12）Kawai R, et al.（2004）Carbohydr Res 339 : 2851-2857
13）Copa-Patino JL, Broda P（1994）Carbohydr Res 253 : 265-275
14）Sakamoto Y, et al.（2005）Curr Genet 47 : 244-252
15）Smiderle FR, et al.（2006）Phytochemistry 67 : 2189-2196
16）Kawai R, et al.（2006）Appl Microbiol Biotechnol 71 : 898-906
17）Vasur J, et al.（2006）Acta Crystallogr D Biol Crystallogr 62 : 1422-1429
18）Vasur J, et al.（2009）FEBS J 276 : 3858-3869
19）Rigden DJ, Franco OL（2002）FEBS Lett 530 : 225-232
20）Kasahara S, et al.（1992）J Ferment Bioeng 74 : 238-240
21）Oda K, et al.（2002）Biosci Biotechnol Biochem 66 : 1587-1590
22）Ishida T, et al.（2009）J Biol Chem 284 : 10100-10109
23）Kawai R, et al.（2006）Biotechnol Lett 28 : 365-371
24）Sakamoto Y, et al.（2006）Plant Physiol 141 : 793-801
25）de la Cruz J, et al.（1995）J Bacteriol 177 : 6937-6945

＊参考文献

Adams DJ（2004）Microbiology 150 : 2029-2035
Henrissat B, Davies GJ（1997）Curr Op Struct Biol 7 : 637-644
Latge JP（2007）Mol Microbiol 66 : 279-290

13.5.10 二次代謝産物合成にかかわる遺伝子

菌類である糸状菌（カビやキノコ）はさまざまな二次代謝物質を生産することが一般に知られていたが，近年の多数の糸状菌のゲノム解析によって多くの二次代謝系の遺伝子が見いだされ，遺伝子の上からもこれが裏づけられた．二次代謝物質には抗生物質や医薬として有用なものが多いことから，糸状菌の二次代謝系の解析と利用に興味が集まっている．二次代謝は生物の生育に必要な普遍的な代謝とは異なり，放線菌，糸状菌，キノコ，植物など，一部の生物種のみに多く見られ，いずれかの遺伝子の変異によって合成能を失っても，ほとんどの場合通常の生育能には影響がない．また発芽や胞子着生など，分化の段階の限られた時期にのみ合成されることが多いことも知られている．一般的に，二次代謝は植物や動物に感染性を有する糸状菌に多い傾向がある．植物への感染に必須と考えられる代謝産物も報告されているが，ほとんどの二次代謝物の生理機能は明らかではない．

二次代謝物を合成する菌にとっての生理機能は不明ではあっても，ヒトの生活やほかの生物の生育に影響をもつものが多く，約百年にわたって産業とかかわりをもってきた．1929年にAlexander Flemingによって*Penicillium*属のアオカビ（*P. notatum*）からペニシリンが発見されたことに象徴されるように，抗生物質として有用な化合物が多い．ある統計では，1993年から2001年までの間だけでも1,500以上の分子が同定されたが，半分以上が抗細菌，抗真菌，抗腫瘍としての作用が

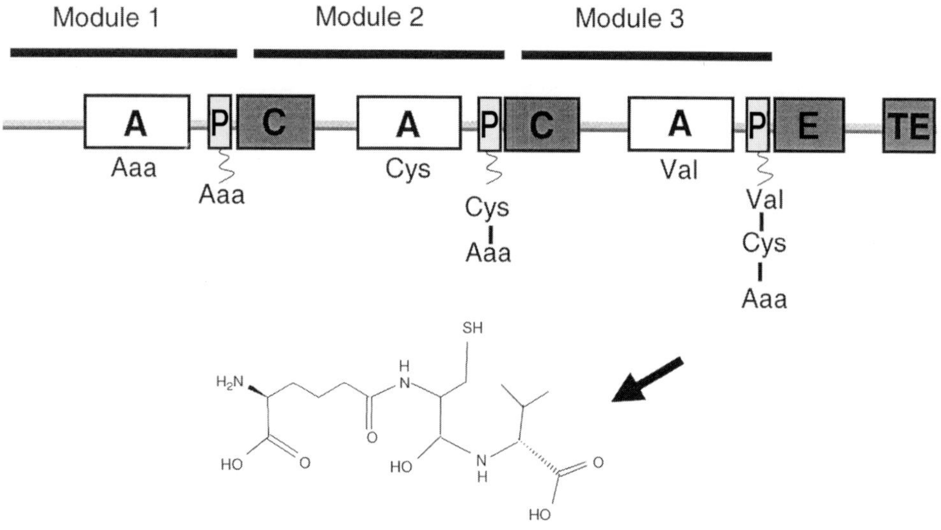

■13.5.15　ペニシリンの合成に使われる GRPS のモジュール構造
それぞれのモジュールにある A ドメインに，アミノアジピン酸，システイン，バリンが結合し，順次結合されることでペニシリンの前駆体となる物質が合成される．

報告されている．医学分野でも，スタチン系の化合物は，HMG-CoA 還元酵素の働きを阻害するものとして，高コレステロール血症の薬として利用されている．シクロスポリン（cyclosporin）は免疫抑制剤として，臓器移植後の拒絶反応の抑制に利用される．このように糸状菌の二次代謝物は医薬としても利用されている．その一方で，*Aspergillus flavus* が生産するアフラトキシンは自然界で最強の発がん性をもつ物質ともいわれるマイコトキシンである．このほかにも植物ホルモンであるジベレリンを合成し，感染した植物の生長を異常に促進するものがあるなど，機能にも多様性がある．

1）二次代謝の分類

代表的な二次代謝の合成反応では，ポリケチド（polyketides），非リボソームペプチド（non-ribosomal peptides），テルペン（terpens），インドール系アルカロイド（indole alkaloids）と呼ばれるものがあげられる．これらの代表的な化合物の合成にかかわる遺伝子が特定され，研究されている．ポリケチドではスタチン，アフラトキシン，非リボソームペプチドではペニシリン，テルペンとしてはジベレリン，アルカロイドとしてはエルゴタミンなどがよく研究されている．ポリケチド，非リボソームペプチドの骨格構造に当たる段階の合成にかかわる遺伝子には特徴的な構造が見られる．ポリケチド合成酵素（polyketide synthetases），非リボソームペプチド合成酵素（non-ribosomal peptide synthetases）は，それぞれ PKS，NRPS と略されて呼ばれることが多く，研究例も多い．

NRPS の反応ではアミノ酸が前駆体となり，これらが直鎖状に縮合して骨格構造であるオリゴペプチドが形成される．前駆体として使われるアミノ酸はタンパク質を構成する 20 種類には限られず，いままでに 100 以上が知られている[1]．タンパク質と同様にアミノ酸からペプチドが合成されるが，リボソームでの合成とは反応機構は異なる．この酵素 NRPS は，複数のドメインから構成されるモジュール単位がつながった“マルチドメイン・マルチモジュール”の構造をしている．合成されるペプチドの長さはさまざまであるが（通常はアミノ酸数個程度），縮合する骨格の長さに対応した数のモジュールがつながっている（図 13.5.15）．抗生物質のペニシリンは，NRPS 反応で合成される代表的な化合物であるが，初発の段階は3つのアミノ酸（アミノアジピン酸，システイン，バリン）の縮合反応である．この縮合反応を触媒する遺伝子は3つのアミノ酸に対応して3つのモジュール単位からなる．それぞれのモジュールは，一般的にC, A, Pと略される3つのドメインから構成される．それぞれCondasation/peptide-bond formation, Adenylation, Pantothenylation/peptidyl carrierを略したものであり，アミノ酸は最初にAドメインに結合してアデニル化を受けた後，Pドメインで4′-phophopantetheine cofactorに結合し，次にC末側モジュールのCドメインでそれまでにできているペプチドと結合される．このようにしてモジュールを経るごとに前駆体であるアミノ酸が1つずつ付加されていき，最後に位置するTE（thioesterase）ドメインで酵素から切り離される．最初のモジュールにはCドメインが必要なく，またTEドメインは最後だけでよい．合成される様子は，ラインを通って合成する組立て工場によく似ている．それぞれのモジュールで付加されるアミノ酸は，主にAドメインの基質特異性によって決まり，NRPSのN末からどのモジュールが並んでいるかで，生産物ペプチドの配列は決定されている．ただし現状では，Aドメインの基質特異性を，その一次構造から決定できるほどには構造と機能相関は理解できていない．ゲノム配列が明らかにされ，一次構造が知られた多くのNRPSも，ほとんどはどんな産物の合成に使われているかわからない．CとAのドメインは，それぞれ単独で500アミノ酸程度あり，単独のモジュールで通常1,000アミノ酸残基を超える．ペニシリンの合成にかかわるNRPSは3,500残基以上からなるタンパク質である．

PKSの場合は，補酵素A（coenzyme A）と結合したアセチルCoA，マロニルCoA，メチル・マロニルCoAが前駆体となり，これらが直鎖状に縮合して骨格構造が形成される．糸状菌のポリケチド合成はtype Iと呼ばれる合成酵素PKSが使われる．これはマルチドメインからなるモジュールが並び，前駆体が順番に結合して骨格が伸長していく点ではNRPSと同様である．

各NRPSによって結合されるアミノ酸の数が異なるように，それぞれの酵素でモジュールの数は異なる．さらにメチル化や異性化など，修飾反応を触媒するドメインが挿入されることも多い．このようにしてNRPSやPKSは，相同なドメインを組み合わせたモジュール構造をとりながら，多様な化合物の骨格となる構造をつくっている．それぞれのドメインは特徴的な配列モチーフをもっているため，標準的なモチーフ検索ソフト（HMMERなど）と配列モチーフのデータベース（Pfamなど）を用いて見つけることができる．一方，遺伝子によって組み合わされるドメインの種類や数が異なるため，NRPSを全長の配列検索（Blastなど）でアライメントする方法では局所的な相同性が多数同定され，遺伝子構造全体を理解するのは難しい．

インドール系アルカロイドの合成は，ジメチルトリプトファン合成酵素（DMATS）によりトリプトファンの変換からスタートする．NRPSやPKSのようなモジュール構造は取らないが，配列のモチーフから関与する遺伝子が特定できる．

2) ゲノム科学とのかかわり

一般に二次代謝にかかわるとされるPKS, NRPSは植物病原菌に多いことが指摘されている．ほとんどの遺伝子は，何の化合物の合成にかかわるかは明らかではないが，ゲノムの解明が進むにつれ，糸状菌遺伝子のモチーフ解析から，予想以上に二次代謝関連遺伝子がある点が注目を集めている[2]．また，真核生物では機能的に関連した遺伝子がクラスターを形成する傾向はないが，二次代謝の遺伝子群は例外的にクラスターを成していることが多い．たとえばペニシリン合成にかかわる遺伝子は，NRPSとその後の反応を触媒する遺伝子2つが染色体上に並んでいる．またアフラトキシン産生にかかわる一連の20個程度の遺伝子がクラスターをなしている．したがって，二次代謝産生にかかわる遺伝子群は，モチーフを利用して主要な遺伝子を同定し，その周辺の遺伝子群の配列の特徴を解析することで，一連の遺伝子群を推定することが可能である．たとえばJ. Craig Venter研究所では，ゲノムから推定した二次代謝遺伝子群をリストするプログラムSMURFを開発している．ゲノム解析によって，二次代謝遺伝子のクラスターは，染色体末端のテロメアに隣接した領域（サブテロメア領域）に位置することが多いこともわかってきた．

二次代謝の合成にかかわる遺伝子群は主に水平伝播によって他生物から獲得されたと推測されている．水平伝播によって二次代謝物質の生産性を獲得するためには，必要な2～20程度の遺伝子をすべて獲得する必要があり，選択圧によってすべての遺伝子が同時伝播しなかったものは淘汰され，結果的にこれらの遺伝子がクラスターを形成しているとの考え方がある．一方，サブテロメア領域は組換えや変異が起こりやすいとされているが，遺伝子重複などでサブテロメア領域に生じた機能的に重複した遺伝子に変異が蓄積し，新たな機能をもった遺伝子が生じたのではないかともいわれている．二次代謝系遺伝子の生成のメカニズムの解明には，多数の生物種の比較ゲノム解析やゲノム進化学による解析が有効であろう．

二次代謝系遺伝子のクラスターの形成やサブテロメア領域への偏在は，これら遺伝子群の発現制御とかかわっている可能性がある．最近，*A. nidulans*からLaeAという二次代謝系遺伝子の発現に広く影響を及ぼす転写制御因子が発見された．この翻訳産物はヒストンの修飾にかかわっていると予測されており，クラスターの形成は，クロマチン構造の変換によって，一連の遺伝子群の発現を制御するために優位性があるのではないかと推測されている．また，一般に染色体末端付近の転写発現は中央付近に比較して低く，微量で生理活性を有する物質の生産には問題は少ないであろう．今後，二次代謝遺伝子の生い立ちや役割に関して，さまざまな角度から研究が進められていくと想像される．　　　　**（小池英明・町田雅之）**

＊引用文献

1）Sieber SA, et al.（2005）Chem Rev 105 : 715-738
2）西村麻里江ほか（2008）化学と生物 46 : 32-40

＊参考文献

Keller NP, et al.（2005）Nat Rev Microbiol 3 : 937-947
瀬戸治男（2006）天然物化学．コロナ社，東京

Ⅵ 生　態

序：菌類の生態

一滴の水，ひとつまみの土，植物の表面や内部，人の肌の上，どこにでも菌類は存在している．菌類は微小であるため，局所的であっても利用できる環境があれば生息する．菌類は，酵素を分泌し体外で消化して栄養を得る．成長しても個体として一定の形態を示すことはない．最後には，胞子をつくって新たな場所を求めて散布する．しかし，自然界では一種の菌類が単独では存在せず，他種多様の菌類が，自分の住み場所を確保するために闘っている．生態学（ecology）はギリシア語の oikos（= 家）と logos（= 科学）とを組み合わせたものであり，棲み場所の科学ということになる．菌類についても生息場所を巡って，物理的環境条件，基質条件などについてさまざまな適応や生物同士の関係が認められる．

菌類の生息場所として，まず身近にあげられるのは陸上の環境である．おなじみのシイタケに代表される担子菌類は，枯死木やリターを棲み場所として分解生活を送っている．担子菌の子実体は目立つが，同時的に子囊菌系の菌類による分解も行われている．特に，あらかじめ内生菌として木の葉に存在していたグループは，落葉とともにいち早く活動を始める．土壌中にも多種多様な菌類が生息している．平板希釈法で分離される多くの菌類は，土壌菌や腐性菌としてひとくくりにされるが，実際の土壌中には植物の葉，根，枝などの細片や節足動物の死骸や糞などが渾然一体となって存在している．分離培養された各菌種が何を基質にしていたのかは生態解明の基本的な問いである．

水中でも多くの菌類が植物性，動物性の有機物を分解して生息している．水という流体中での適応はどのようになっているのであろうか．あるグループでは泳ぐ胞子（遊走子）を形成する．遊走子をもたない菌類では，テトラポット型の胞子の形成や，膜状の構造を胞子表面にもつものが多く，水流で発生する泡にとらえられやすい構造になっていると考えられている．泡にとらえられれば一定の場所にとどまることができ，新たな基質に出あう可能性が高まると考えられる．特にテトラポット型の胞子形成は，接合菌，子囊菌系不完全菌を問わず認められ，収斂現象とも考えられる．また，汽水域に生息する菌類では，生理的な特徴として塩分に対する適応度が広いなど，菌類は水系でも種々の適応を示す．

枯死木やリターを分解して生活する際には基質（棲み場所）に抵抗されることはないが，生きた生物に感染して生活を行う場合，菌類は基質からの抵抗（生体防御反応）に対抗する必要が生じる．そこに，相互作用が生まれる．植物や昆虫に菌類が感染して病気を起こすことはよく知られている．特に農作物の病気では，しばしば甚大な被害が起きる．そこで，抵抗性をもつ品種の育種が行われる．昆虫の場合も同様に，昆虫の免疫系に病原菌が打ち勝つことによって病気が進行する．その一方，長い進化の過程で病原性をなくし，生きた生物体の内部において相利共生状態となった菌類や，特定の昆虫に常時もち歩かれ，巣で増殖できる代わりに幼虫の餌になっている菌類もある．これらの場合，菌類は生息場所の確約ができていることになる．菌類とそれ以外の生物との関係は，感染できる，できないだけにとどまらない．

成熟した菌類は，次の生息場所を求めて次世代の胞子（胞子嚢胞子，担子胞子，子嚢胞子，分生子など）をつくる．大量の胞子を形成する種もあれば，植物体からその実に菌糸が感染して胞子をつくらずとも分布を拡大するグループもある．胞子は，通常あまり耐久性はないが，種類によっては細胞壁の厚い休眠胞子や接合胞子，そして，菌核などを形成し，場合によっては数十年以上の耐久性をもった構造で分散する．冬虫夏草の一種では，菌に侵された昆虫の死体が一種の菌核として機能し，数年間にわたり，新しい子実体を毎年形成する例などもある．ある種の地衣類の葉状体上では，粉状の構造が形成されて剝がれ落ち，無性的に散布される．次世代の生産の方法は，それぞれの菌の生息場所や基質によると考えられ，散布される構造体と方法，散布の周期や散布量に特徴があると考えられる．

菌類ははっきりした個体を認識できないが，地域や環境ごとに，優先的な種や特徴ある種組成を示す．いったんある場所に定着することができたときに，どの程度「個体」として扱いうるのであろうか．それを認知できたとき，同所的に生息する菌類を「群集」としてとらえることはできないであろうか．さらに，群集は一定しているわけではなく，基質の分解過程や生息地の攪乱（動物の遺体により局所的に窒素が多くなる等）など，時間の経過とともに変化すると考えられる．それらを考えるためには，事象の記録を基本に，１枚の葉のような小さいレベルから段階ごとのスケールアップが必要である．最終的には，気候帯的なレベルでの個体群の把握は菌類ではどのようにとらえられるのであろうか．

スケールアップの結果，理想的には生物地理的な分布論にまで発展することができるかもしれない．一方，世界各地から標本を収集してDNAを解析して類縁関係を探り，大陸間で菌類の類縁関係を比較する生物地理学的研究や，寄主植物の系統関係と寄生菌類の系統関係について，二者の樹形図の形態を比較し両者の共進化を解明する研究が，現在発展している．さらに植物病原菌類の場合には，寄主と菌種の寄主特異性に対する遺伝子的な解析も進んでいる．近縁な２種の植物に感染できる機構，またはできない機構の解明により，菌の地理的分布と種分化の仕組みがより明らかになっていくと思われる．

第Ⅵ部は，菌類が，どのように生活の場所を得るかという闘いについて角度を変えて記述した部である．微小であり，体外消化により養分を得て，個体として特定の形態をもたないという特徴をもった菌類が，いろいろな場所を住処にして生態系の一員として役割を演じていること，そしてそれらをわれわれがどのようにとらえているかが述べられている．

（佐藤大樹）

14 生息圏

14.1 陸　系

海中で出現した菌類の陸上進出は，植物や動物が上陸した古生代シルル紀より早く，シアノバクテリアや真核の藻類と地衣のような共生体として上陸していたと考えられる．化石証拠から古生代デボン紀には現存するすべての門の菌類に類似した形態や生活環をもった菌類が存在していたと推測されている．そして，初期の陸生菌類はおそらく他の生物に寄生あるいは共生的な生活様式であったと推定されている．

やがて，陸上で植物が繁茂しバイオマスが増大するようになると，植物遺体からヘミセルロース，セルロース，リグニン，キチンなど難分解性のバイオポリマーが安定的に供給されるようになり，それらを分解・吸収し，呼吸と菌体合成の材料として利用する腐生という生活様式が出現し，菌類は陸上生態系において植物や動物の遺体の初期分解者としての地位を確立したと考えられる．

その後，菌類は動植物と共進化しながらさまざまな環境に進出することにより，現在見られる高い種多様性を獲得してきたと推定される．そして，現在までの既知種の大半は陸域から記載され，海水や汽水域からはごく少数しか記載されていない．

菌類は従属栄養生物でその生存に光を必要としない．そのため，陸域において栄養分が存在し成育できる環境であれば寄生，共生，腐生のいずれかの生活様式により生息できる．森を例にとれば樹冠の生葉や小枝，幹などの気中，それらが枯死して堆積する土壌表層の有機物層（O 層），そして土壌中の生根や枯死根，微小動物やその遺体などに広く分布している．

陸上の菌類はその生息場所によって葉圏菌類（phyllosphere fungi），リター菌類（litter fungi），土壌菌類（soil fungi），根圏菌類（rhizosphere fungi）と呼ばれる．　　　　　　　　　　　　（徳増征二）

14.1.1 土壌に生息する菌類

土壌は母材（岩石，火山噴出物）起源の無機物と生物（主に植物の根）起源の有機物から構成されている．

土壌からは菌類界のすべての門とクロミスタ界の卵菌門に属するきわめて多様な菌類が記録されている．地表は氷雪地帯，極端な乾燥地帯あるいは噴出したばかりの溶岩や火山礫堆積地などを除き程度の差はあれ植物が成育しており，地中には植物が水や栄養塩吸収あるいは繁殖のための根や地下茎が存在する．それらは，生きている，枯死しているにかかわらず，菌類の生息場所かつ栄養の供給源（基質）となっている．枯死した根や地下茎あるいは土壌動物の遺体を基質としている腐生性の接合菌類や不完全菌類を一般に土壌菌類（soil fungi）と呼んでいる．

土壌菌類として記録された種には菌糸や散布体が透明あるいは明色をしている種が多いが，これには後述する広く用いられている分離方法と深く関連している．それらの多くは未分解あるいは分解初期の基質を微小生息場所とし易分解性の有機物を分解して生活する一般に糖依存菌類（sugar fungi）と呼ばれる菌類で，活動と休眠を短時間で繰り返す菌群である．これに対して，不定形で難分解の腐植物質を分解して生活する菌類（土壌固有型）の存在が推定されるが，現在までのところ確実に土壌固有型であるという種は知られていない．

土壌菌類の観察・分離法

土壌が不透明で菌類が微生物サイズであるので，菌類を土壌中で直接探して採集することは非常に困難である．また，土壌中における菌類の生息場所はきわめて多様で，生活様式も腐生，共生，寄生の種類が混在し，さらに遊走子を形成する菌群も生息している．通常，土壌菌類の研究は土壌から菌を分離して純粋培養株を確立し，改めて培養し同定するという手順で行われる．

このため，対象菌群の特徴に応じて観察・分離方法を選択する必要がある．

(1) 直接法

土壌中の菌類の動態を知る目的で，調査時点で活動している菌種を知る方法がいくつか開発されている．菌糸移植法は軽く水洗した土壌から実体顕微鏡下で菌糸や大形の休眠胞子などを探し，ピンセットなどで取り出し滅菌水で洗浄してから培地上で成育させる方法である．しかし，この方法は非常に手間と時間がかかるため，一般には行われていない．

(2) 間接法

ごく少量の土壌を栄養寒天培地の表面に塗布あるいは培地内に分散包埋し，土壌に生息する菌類を成育させてコロニー形成に導き，滅菌針などを用いてコロニーの一部または胞子形成したコロニーから胞子を取り出し，新しい培地に移植，成育させる方法で，平板法と総称される．

最も普及している方法は，土壌を滅菌水で段階的に希釈して寒天平板上に塗布あるいは包埋する希釈平板法である．この方法で寒天平板上に形成されるコロニーの大半は土壌中に存在する胞子嚢胞子，分生子などの無性胞子起源である[1]．このため，分離できる種類は菌糸や散布体が透明あるいは明色で，大量に無性胞子を形成し，栄養寒天培地上で成育の速い菌群に著しく偏る傾向がある．頻度，種多様性とも高い出現菌群はアオカビ属（*Penicillium*），コウジカビ属（*Aspergillus*）などの不完全菌類で，次いでケカビ属（*Mucor*）やクモノスカビ属（*Rhizopus*）などのケカビ目菌類が多い．一方，有性胞子の接合胞子，子嚢胞子，担子胞子起源と考えられる種が発見されることは一部を除きまれである．その原因として，胞子密度が小さいこと，発芽困難な種が多いこと，平板上での競争による成長阻害などがあげられる．また，子嚢菌類と担子菌類は分離平板上や純粋培養で胞子形成させられない種が多く，仮に分離されても不稔菌糸として処理されてしまう確率が高い．

この希釈平板法の欠点を緩和するため，1平板当たりの土壌量を増やす（土壌平板法），土壌に加熱や薬品による前処理を施す，培地組成に工夫を凝らすなどが試みられてきた．土壌平板法では希釈平板法による出現菌に菌寄生菌類，線虫寄生あるいは捕食菌類などが加わるので土壌中における生物関係を推定することがある程度可能である．また，長期間平板を乾燥させずに保つことができれば成育の比較的遅い不完全菌類や子嚢果を形成する子嚢菌類も分離できる．一方，多様な種が繁茂する平板で生殖器官を発見して分離するのには熟練が必要という短所がある．土壌を70%エチルアルコールで短時間処理する方法と65℃前後の温水中で15分以上加熱する方法は子嚢菌類の選択的分離方法として評価が高い．しかし，いずれの平板法も試料を採取した時点に菌糸で活動している種類を分離できる可能性はきわめて低い．

(3) 洗浄法

土壌試料採取時点で土壌中の根や枯死根あるいは動物の遺体などで生活している菌類を分離するため，土壌中からそうした微小生息場所を拾い出し，付着している散布体を洗浄することで減少させ寒天平板上におき成長してくる菌を分離する方法である．この方法では生息場所と菌種の関係を知ることができ根表面生息菌類の研究などに用いられている．また，洗浄により平板上での胞子起源のコロニーが減少するので，通常の平板法と比較して菌糸成長の遅い分離しにくい菌を発見しやすくなる．なお，洗浄法には土壌を篩で粒径別に分け洗浄して粒子を平板法で処理する方法もある．

(4) その他の方法

土壌中に生息する遊走子を形成する腐生性の卵菌類やツボカビ類は通常の平板法では分離が難しい．これらの菌の分離には，釣り餌法が広く用いられている．すなわち，シャーレやアイスクリームカップなどの容器に少量の土壌を入れ，そこに多量の滅菌水を注入して作製した土壌水に加熱滅菌したアサの実やマツ花粉などを添加する．こうすることで土壌中に含まれていた卵胞子，厚膜胞子，菌芽などが発芽して放出される遊走子が釣り餌に到達，成育するので分離できる．

14.1.2 リターに生息する菌類

地表に落葉や枯死枝など未分解な有機物が堆積している層をO層（organic horizon，有機物層）と呼ぶ．冷温帯以北の周年落葉する針葉樹林では厚いO層が発達し，O層では上部から分解の進行に対応した亜層が識別できる．すなわち上部から，落下後間もない落葉や枯枝からなる落葉層（リター層，litter horizon），活発な分解が行われている発酵層（F層，fermentation horizon），ほとんど腐植化し粉状になった有機物からなる腐植層（H層，humus layer）が観察できる．年1回落葉する落葉樹林では樹種によってO層の厚さはさまざまであるが一般に薄く亜層の発達は悪い．

菌類は菌糸の先端成長により未分解な個所へ移動でき，植物遺体の細胞壁も貫通できるのでO層における初期分解の主役となっている．一般に腐生性の菌類は活力にあふれた若い葉や小枝の内部に侵入することはできない．そうした緑葉や枝の表面では滲出してくる栄養分や粉塵を利用して生活する酵母や酵母様の菌類が生息している．しかし，葉や小枝が老衰すると条件的寄生菌類と主に風散布や昆虫などに運ばれる散布体を形成する限られた種類の腐生菌類が侵入を開始し，落下直前・直後の枯葉や枯れ枝で優占するようになる．しかし，葉や枝が落下しO層の表面に堆積するとすぐに落葉層あるいは発酵層に生息する菌類が侵入する．樹上からの菌類の多くはO層の表面付近で散布体を形成して再び樹上へと分散し，やがてO層からの種類と交代する．この落葉枝分解初期に主役を演じるO層に生息する菌類をリター菌類（litter fungi）と総称し，多くは不完全菌類，子嚢菌類，担子菌類である．ただし，担子菌類は分離しても同定が難しく不稔株として処理されることが多い．

O層の上部は直接大気と接しているので温度や湿度の変動が激しく，また日光に直接曝されることも多い．落葉枝の表面に生息しているリター菌類に菌糸や散布体が厚膜でかつ褐色に着色している種類が多いのは有害な紫外線から身を護るためといわれている．また，リター生息不完全菌類には多細胞性で分散に適応したと推定されるさまざまな形態の分生子や剛毛様の菌糸（seta）を形成するものが多い．

リター菌類は落葉枝の表面でコロニー形成すると，その褐色の菌糸により基質は黒化する．そのため屋外でリター菌類の存在をある程度知ることができるので，そうした落葉枝を採集してプレパラート標本を作製することも可能である．しかし，効率的にリター菌類を観察・分離するのには，基質を表面活性剤水溶液や滅菌水で洗浄後素寒天あるいは貧栄養の寒天培地平板上で培養する方法が適している[3)]．

なお，リター環境に適応したと思われる種には分離しても発芽困難，あるいは純粋培養しても成育速度が遅く，胞子形成に長期間を要するものが少なくない．

不完全菌類や子嚢菌類に続いて腐生性の担子菌類が落葉枝に侵入しセルロースやリグニンの分解をさらに進行させ，最終的に腐植を生成する．また，分解後期になると新しい落葉枝が積もることにより，温度や湿度が表面より安定してくるので，土壌菌類も落葉枝の断片や腐植に侵入するようになる．この基質分解の進行に随伴する菌類の種交代を菌類遷移（fungal succession）と呼ぶ．この遷移は生態系遷移の中に埋め込まれたサブシステムの1つであり，生態系遷移と区別して基質上の遷移（substratum succession）と呼ばれる．

（徳増征二）

14.1.3 枯死木に生息する菌類

森林内における倒木や落枝などの粗大木質リター（course woody debris）の現存量はおおむね5～50 t/haとされ，森林生態系内の生物遺骸の中では大きな割合を占める．これらの大部分を占める材部は主にセルロース，ヘミセルロースおよびリグニンにより形成され，難分解性である．また枯死木の材は，窒素やリンなどの含有量が極端に少ない特異な基質でもある．したがって，これらに生息する菌類相は，落葉リターに生息する菌類相とは大きく異なっている．

1）材の変色にかかわる菌類

枯死木や伐倒木の初期生息者には，単糖類，でんぷんや脂質など比較的分解の容易な物質を利用する菌類が含まれ，その多くは子嚢菌類に属している．これらの菌は材の構成成分であるセルロースやリグニンをほとんど分解しないため，通常は材の強度はほとんど低下しない．しかしなかには材を青色や灰色等に染める種も多く，用材の変色が問題になることがある．

その代表的な菌群として材の青変（blue stain）を起こす青変菌（blue stain fungi）があげられる．*Ceratocystis* や *Ophiostoma* などがその代表属であり，これらの属には樹木の枯損にかかわる重要な病原菌も含まれている．ほかにも，*Alternaria* や *Cladosporium* など暗色の菌糸や分生子をもつ糸状菌やいわゆる黒色酵母（black yeast）にも材の変色にかかわる菌が含まれている．これらの菌糸の細胞壁はしばしば厚壁で，メラニン色素を含み暗色である．

2）材の腐朽にかかわる菌類

材の腐朽（分解）に関与する菌には，白色腐朽菌（white rot fungi），褐色腐朽菌（brown rot fungi），および軟腐朽菌（soft rot fungi）がある．白色腐朽菌は材中のセルロース，ヘミセルロースおよびリグニンを分解，白色腐朽（図14.1.1）を起こす．腐朽が進展すると，腐朽材は多くの場合類白色で繊維質になる．材中に小孔が形成される腐朽型を特に白色孔状腐朽（white pocket rot, 図14.1.2）という．白色腐朽菌の多くは担子菌類に属するが，*Xylaria*，*Hypoxylon* などの子嚢菌類の一部も含まれている．

褐色腐朽菌は材中のセルロースおよびヘミセルロースを分解，褐色腐朽（brown rot，図14.1.3）を起こす．リグニンもある程度低分子化するものの分解は限定的で，結果として腐朽材中の残留リグニン量が多くなり，腐朽材は褐色になる．褐色腐朽菌はいずれも担子菌類に属している．

白色腐朽菌と褐色腐朽菌には互いに形態的特徴が類似した種が含まれており，かつては腐朽型の異なる種が同属に含められたこともあった．しか

■図 14.1.1 白色腐朽材

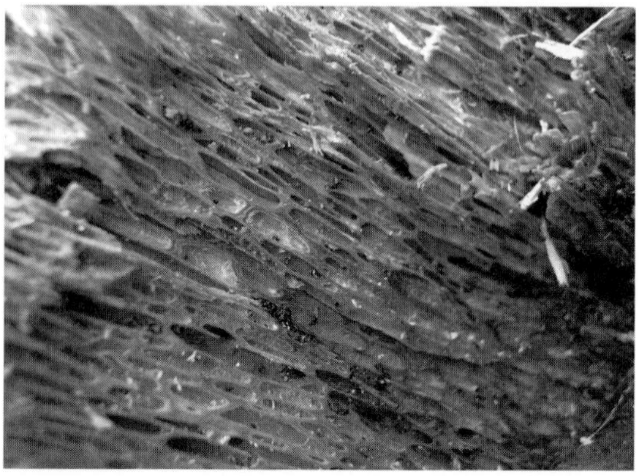

■図 14.1.2 白色孔状腐朽材

■図 14.1.3　褐色腐朽材

■図 14.1.4　A：クジラタケ（白色腐朽菌）とB：ホウロクタケ（褐色腐朽菌）
形態的に類似し同属に含められたこともあるが，現在クジラタケはタマチョレイタケ科，ホウロクタケはツガサルノコシカケ科と別科に分類されている．

し，これらの多くは分子系統学的手法により遠縁であることが明らかにされ，近年では別属に分類されるのが一般的である（図 14.1.4）．

軟腐朽（soft rot）は担子菌類の生育に不適当な多湿条件下で見られる腐朽で，*Chaetomium* や *Humicola* など主に子嚢菌類が関与している．褐色腐朽と同様，主にセルロースとヘミセルロースが分解される．

3）枯死木生息菌の遷移

樹木が枯死あるいは倒木後の早い時期に侵入する菌として，可溶性糖類などを利用する子嚢菌類を中心とした非腐朽菌があげられる．これらはフェノール化合物などを分解することにより，ほかの菌の侵入を容易にすると考えられている．また，一部の腐朽菌も遷移の初期に侵入し，速やかに子実体を形成，胞子を散布する．これらは主に攪乱依存型戦略（ruderal strategies，新たな資源に早い時期に到来し，より競合的な種の出現前に消失する）をとるといえる．

一方，生立木の心材を腐朽する心材腐朽菌（heart rot fungi）は，しばしば倒木後も材中にとどまり，ひきつづき材を分解する．生立木の心材中は，水分条件や酸素分圧が多くの菌の生育環境としては適当でないが，心材腐朽菌はこうした環境に適応した，環境耐性型戦略（stress-tolerant strategies）をとっている．

これに対して，遷移の中～後期に優占する種の多くは広範な環境で生育可能であり，より競争的な競合型戦略（combative strategies）をとる．遷移中期には特に多様な腐朽菌が認められ，同一倒木上に 20 種に及ぶ子実体が発生することもある．遷移後期には *Mycena*，*Pluteus* などのハラタケ類や，*Antodiella*，*Ceriporia* など比較的軟質な多孔菌類等の発生が顕著になる．最終的には，通常土壌やリターに生息する菌，さらには菌根菌などの侵入が認められる．

4）木材腐朽菌の宿主選択性

木材腐朽菌には針葉樹・広葉樹を問わずに発生する種もある一方で，特定の属ないしは数属の樹木に発生が偏る種も多い．人工的に接種をすれば本来の宿主以外の材に対しても腐朽力を示すなど，多くの植物病原菌に見られる宿主特異性とは大きく異なる．地域個体群によって宿主範囲が異なることもあり，宿主樹種選択性のメカニズムはよくわかっていない．

樹種だけでなく，樹木の部位によっても発生する種は異なる．クロサルノコシカケ（*Melanoporia castanea*），ホウネンタケ（*Abundisporus pubertatis*），ネンドタケモドキ（*Phellinus setifer*）の3種はいずれもナラ類やクリに発生するが，クロサルノコシカケは大径木の樹幹，ホウネンタケは小径木の樹幹や枝，ネンドタケモドキは小枝に発生し，三者が競合関係になることはない．（服部　力）

＊参考文献

Boddy L, Heilmann-Clausen J (2008) Basidiomycete community development in temperate angiosperm wood. Ecology of saprotrophic basidiomycetes (Boddy L, et al., eds.). Academic Press, Amsterdam

Rayner ADM, Boddy L (1988) Fungal decomposition of wood. Its biology and ecology. John Wiley, Chichester

Schmidt O (2006) Wood and tree fungi. Biology, damage, protection, and use. Springer, Berlin

高橋旨象（1989）きのこと木材．築地書館，東京

14.1.4 特殊な環境に生息する菌類

多くの菌類は温度，水分，pHなどの環境要因に対して比較的広い成育範囲を示す．

土壌のようなわれわれには一様と見える生息場所も微生物である菌類にとっては多様な微小生息場所の集合体であり，その中には温度条件，水分，塩分濃度から多くの菌類にとって成育が難しい微小生息場所や基質が存在する．一部の菌類は，このような極限環境下でも成育できる，あるいはこうした環境での成育に特化している．分離平板を高温で培養，あるいは高い糖濃度の分離培地を使用することにより，世界中のほとんどの地域の土壌からこうした生理的特徴をもつ菌を分離することができる．一般に好○○菌と呼ばれるものの多くは，極端な物理・化学的特性に適応した生理的特徴をもつ種が，特殊な分離法によって高頻度で分離されたものである．

ここでは温度環境および水分環境が特殊な環境に出現する菌類の例を示す．

1）温度環境

菌類の大半は成育可能温度域が5～35℃で最適温度域が25～30℃の中温性菌（mesophiles）である．しかし，氷点付近あるいはそれ以下でも成育できる低温耐性菌（psychrotolerant）や40℃以上でも成育できる高温耐性菌（thermotolerant）が存在する．これらは成育可能温度域がやや低温あるいは高温に偏るが中温域でも成育できる．一方，成育可能温度の上限が20℃以下で最適温度が10℃以下の好冷菌（あるいは低温菌 psychrophiles）や，成育可能温度の下限が20℃以上の菌で上限が50～60℃の好熱菌（高温菌 thermophiles）も存在する．

低温耐性菌類は夏が短くかつ気温も低い極地やツンドラあるいは高山などで高頻度に分離される．一方，高温耐性菌類は熱帯地域で多く見られるが，他に火山周辺の地温の高い場所や温泉，体温の高い鳥類の巣などからも頻度高く発見できる．また，サイロ内の植物，堆肥など発酵によって自家発熱する環境でも普通に見られる．

2）水分環境

水分含量が非常に低い基質や溶質濃度が高い基質では水ポテンシャルが非常に低くなり，発芽，成長に水分活性が25℃で0.85 aw以上を必要とする大半の菌類は水を得られず成育できない．しかし，子嚢菌類の酵母とアオカビ属やコウジカビ属の一部の種は0.85 aw以下の水分活性の環境で発芽，成育できる．こうした水利用が制限された環境で成育できる菌類に乾燥耐性菌（耐乾性菌，xenotolerant）および高張耐性菌（耐高浸透圧性菌，osmotolerant）がある．両者は主な出現基質の違いで分けられているが，生理的に大きな違いはなく，両方に含まれる種も存在する．

高張耐性菌類の代表としては砂糖菓子，蜂蜜，

ジャム，シロップ，果汁など溶質濃度が高い食品から分離される酵母類やコウジカビ属菌などがあり，酵母類には水分活性が0.6 aw台で成育するものも知られている．高張耐性菌類の多くは高濃度の食塩に対して耐性が弱いが，酵母類には高い糖濃度と塩濃度両方に耐性をもつグループが存在し，味噌や醤油の熟成に重要な役割を果たしている．

乾燥耐性菌類の代表としてはコウジカビ属とアオカビ属に属する一部の種があげられる．耐乾燥性という点ではコウジカビ属種がアオカビ属種に勝っている．温帯の土壌から乾燥耐性菌類の分離を試みると，アオカビ属種がコウジカビ属種より普通に分離される．これは両者の成育温度と乾燥耐性の違いによる．すなわち，後者は前者より高温域かつより低い水分活性の環境においてはじめて前者との競争に勝てると推測されている．

乾燥耐性菌類はしばしば乾燥貯蔵している穀物や食品上に蔓延し，穀物や食品の劣化を引き起こす．また，この菌群には穀粒にはびこる際に強力なカビ毒を生産する種が含まれていて，食糧の安全確保という観点からその防除は重要である（8.1節参照）．

（徳増征二）

＊引用文献

1）Warcup JH (1955) Trans Br Mycol Soc 38 : 298-301
2）Harley JL, Waid JS (1964) Trans Br Mycol Soc 48 : 104-110
3）徳増征二（1980）微生物の生態 7（微生物研究会編）．学会出版センター，東京，pp. 129-144

＊参考文献

Dix NJ, Webster J (1995) Fungal Ecology. Chapman & Hall, London
Domsh KH, et al. (2007) Compendium of soil fungi, 2nd ed. IHW-Verlag, Eching
Ellis MB, Ellis JP (1997) Microfungi on land plants : An identification handbook, new enlarged ed. Richmond Publishing, Slough

COLUMN 6 氷雪菌類の生態

［氷雪菌類とは］低温環境に生きる菌類を，菌糸成長温度域により好冷菌（psychrophile）と耐冷菌（psychrotolerant）に分ける．Dictionary of the fungi（10版）では，10℃以下で増殖し，増殖適温が20℃以下のものを好冷菌，20℃以上のものを耐冷菌としている．しかし，多種類の好冷・耐冷菌の温度反応は連続している．また採集環境からの類推による報告も多い．菌類は生活史の中に通常複数のステージをもち，各ステージの温度反応を評価することが重要である．

雪腐病菌（snow mold）は，積雪下で越冬性植物に対して病原性を示す多様な分類群である．その大半は菌糸成長から耐冷菌とされる．子嚢菌 *Sclerotinia borealis*，担子菌 *Typhula ishikariensis* が好冷菌として知られているが，*S. borealis* の菌核発芽は25℃でも認められる．また卵菌 *Pythium iwayamai*，*P. okanoganense* の遊走子放出は15〜10℃以下で起こることから，これらも好冷菌である．さらに生物間の相互作用は，温度反応に影響を及ぼす．20℃に増殖適温をもつ耐冷菌 *S. nivalis* は，3℃以下でのみ病害を示す．これは温度上昇に従い活動的になる土壌細菌との競合の結果，本菌の生育が抑制されるためである．この生態から本菌を好冷菌と見なすことができる．生活史や生態的特徴を考慮すれば，菌類の低温への適応は細菌とは異なっている．このため雪氷圏（地球上で雪や氷が存在する地域）から採集され，採集地で活動する菌類を氷雪菌類（cryophilic fungi）

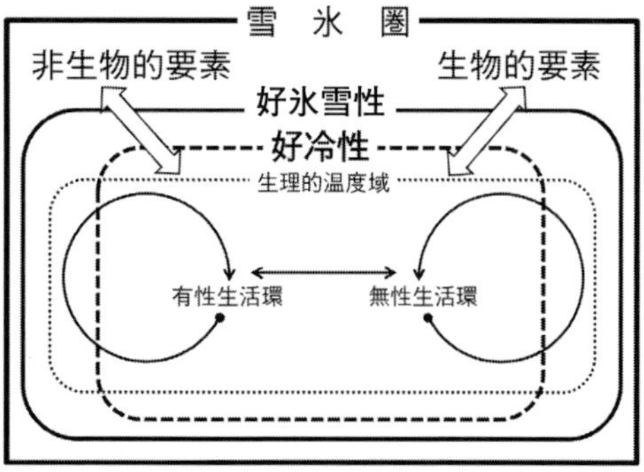

■図 氷雪菌類の概念
好氷雪性は雪氷圏を好む菌類の性質．雪氷菌は生活環の一部が好冷性（低温を好む性質，20℃以上で生育できない）を外れる場合がある．

と定義する.

［氷雪菌類の適応戦略］雪腐病菌は，菌核・卵胞子などの耐久器官によって高温期を生存し，積雪環境に適応したとされる．積雪下で栄養増殖する雪腐病菌は，致死的な細胞内凍結を起こす土壌凍結に対してさまざまな適応を示す.

P. iwayamai の菌糸・遊走子は単独では凍結により死滅するが，宿主となる越冬性植物に感染させると凍結耐性を示す．これは周囲が凍結しても未凍結状態を保つ宿主細胞内に侵入することによる．*S. borealis* の菌糸は耐凍性をもち，さらに凍結状態で成長が促進される．これは，凍結による高濃度の溶質を含む未凍結水を菌糸成長に利用できることによる．*T. ishikariensis* の菌糸も凍結耐性をもつが，凍結状態で成長が抑制される．このため雪腐病担子菌は，凍結阻害活性をもつ不凍タンパク質（antifreeze protein：AFP）を分泌する．AFP は細菌から動植物までその存在が知られており，細菌・担子菌・藻類と一部動物の AFP 遺伝子は相同性が高く，水平伝搬により移動したとされる. 異なる先祖種をもつ雪腐病菌は，異なる戦略により積雪下の特殊環境に適応している.

南極産菌類では担子菌以外に卵菌・サカゲツボカビ類・コウマクキン類・子嚢菌が AFP をもつ．子嚢菌 *Antarctomyces pyschrotrophicus* の AFP は，担子菌 AFP と同じ遺伝子ファミリーに属するものの，アミノ酸配列の相同性は低かった．子嚢菌 AFP 遺伝子は，担子菌 AFP 遺伝子と同じ先祖タンパク質から分岐し，独自に進化した可能性がある．菌類内で最大の種数をもつ子嚢菌は，担子菌と比較してより多様な機構で凍結環境に適応している．また，担子菌酵母 *Leucosporidium antarcticum* は凍結環境性で霜柱状の特殊なコロニーを形成し，旺盛に増殖を示すなど，雪腐病担子菌にはない性質をもつ．氷雪菌類の生理生態を俯瞰するには，今後さらなる研究が必要である.

（星野　保）

＊参考文献

Hoshino T, Matsumoto N (2012) Fungal Biol Rev 26 : 102-105
Hoshino T, et al. (2009) Mycoscience 50 : 25-38
星野　保ほか (2012) 生物科学 63:222-229
Matsumoto N (2009) Microbes Environ 24: 14-20
Yumoto I, ed. Cold-adapted Microorganisms Biodiversity/Physiology/Bioactive substances. Horizon Scientific Press, Norfolk, in press.

14.2 水　界

水界にもさまざまな菌類が生息している．ここでいう水界とは，河川，池沼などの淡水域のほか，海水域や海水と淡水が入り混じった汽水域，さらには，雨が降った後の水たまり，落葉リターの間の水の層，葉面の上の朝露など，微量で一時的な水も含む．菌類の中には，ツボカビ類のように，また偽菌類のメンバーのように，鞭毛を使って泳ぐ遊走子をもち，水中を生来の棲みかとしている菌群がいる．一方，陸上で進化し，陸上生活を営んでいた菌類が二次的に陸上から水界に降りて水生環境に適応進化したものがいる．このような水界の原住民と二次的侵入者を併せて一般に水生菌と呼ぶ.

このように，水生菌とは，上述のように水界に生息する菌群（生態群）をまとめた呼び方であり，系統的にはさまざまな分類群に所属する菌群が含まれる．菌類の分類群のうち，ツボカビ類や偽菌類の卵菌類，サカゲツボカビ類，ラビリンチュラ類は遊走子によって水中を泳ぎ，分散，増殖する機能を備えており，いわば本来の水生菌である．それに対して，接合菌類，子嚢菌類，担子菌類，不完全菌類（アナモルフ菌類）は本来陸上生活を営む菌類であり，その中の一部のものが二次的に，いわばクジラのように，陸上から水界に降りて水生菌となっていった.

水生菌には，水中での胞子形成，水を利用した胞子の分散，水中の基質への定着などに水界への生態的適応が見られるが，その適応の仕方はさまざまである.

以下に，水界を淡水と海水（汽水を含む）に分けて，そこに生息する水生菌の代表的な菌群について概説する．（中桐　昭）

14.2.1 淡水に生息する菌類

1）鞭毛菌類（ツボカビ類，偽菌類）

鞭毛菌類はいずれも鞭毛をもつ胞子（遊走子）によって水中で能動的に移動できる．ツボカビ類の遊走子は，動物の精子と同様に後方を向いた1本の尾型鞭毛をもつ（図14.2.1A）[1]．ただし，草食動物の消化管内に生息する嫌気性のツボカビ類には，複数の尾型鞭毛をもつ種も含まれる[1]．卵菌類の遊走子はソラマメ形をしており，側方から前方に向かって生える両羽型鞭毛と後方に向かって生える尾型鞭毛の2種類の鞭毛をもつ（図14.2.1B）[2]．一部の卵菌類では，遊走子嚢から逸出した遊走子は前端から2本の鞭毛が生える洋梨形をしており（一次遊走子または副遊走子，図14.2.1C），ソラマメ形の遊走子（二次遊走子または主遊走子，図14.2.1B）との二形性を示す[2]．サカゲツボカビ類の遊走子は前方に向かって生える両羽型鞭毛のみをもつ（図14.2.1D）[3]．一部のツボカビ類の遊走子は，遊泳するのに十分な水がない環境ではアメーバ運動を行い，仮足によって湿潤な基物上を這うように移動することができる[4]．遊走子の分散には，上記の遊泳やアメーバ運動のほか，水流による受動的な移動も大いに関与している[4]．

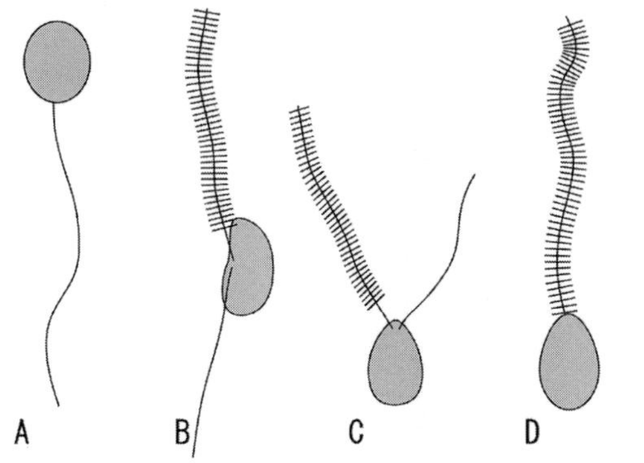

■図14.2.1　ツボカビ類と偽菌類の遊走子の模式図
A：ツボカビ類，B：卵菌類（二次遊走子または主遊走子），C：一部の卵菌類（一次遊走子または副遊走子），D：サカゲツボカビ類．

淡水中の鞭毛菌類は，大部分が花粉や落葉・落枝などの植物質や水生動物の遺骸や抜け殻を分解して生活する腐生菌である．一方で寄生菌も多く，種によって藻類，他の菌類，コケ植物，維管束植物，線虫やワムシなどの微小無脊椎動物，水生昆虫の幼虫など幅広い生物を宿主とする[1, 2]．脊椎動物に寄生する鞭毛菌類は比較的少ないが，ミズカビ目の卵菌類は魚類に寄生して養殖漁業に損害を与える．

遊走子は水中の糖類やアミノ酸の濃度を感知することができ，正の化学走性によって宿主生物や動植物遺骸に向かって遊泳する[4, 5]．また，一部のツボカビ類の遊走子は光を感知することもでき，光走性を示す．これは，宿主となる植物プランクトンや，明るく溶存酸素が豊富な水面近くの環境へ到達するための適応と考えられている[4]．

近年，ツボカビ類の遊走子が動物プランクトンに捕食されることが明らかとなった[6]．鞭毛菌類は他の水生生物の食糧としても重要な役割を担っているようである．（稲葉重樹）

2）水生糸状菌類

河川や池沼の水に浸った落葉や落枝などの植物遺体には，それらを分解・利用する糸状菌類が生息している．主な菌群は不完全菌類（アナモルフ菌類）であり，約300種が知られているが[7]，子嚢菌類，そしてわずかながら担子菌類や接合菌類も知られている．淡水域に生息する不完全菌類は，水中での分散に適応した形態の分生子をつくること，水中で胞子形成を行うことなどの特徴を備え，水生不完全菌と呼ばれる．水生不完全菌の最も大きな特徴は分生子の形態にある．分生子は多細胞からなり，主軸から四方に枝を出したり分枝を繰り返し，テトラポッド型など三次元立体的な形状となるもの，糸状，S字状となるものなどあり（図

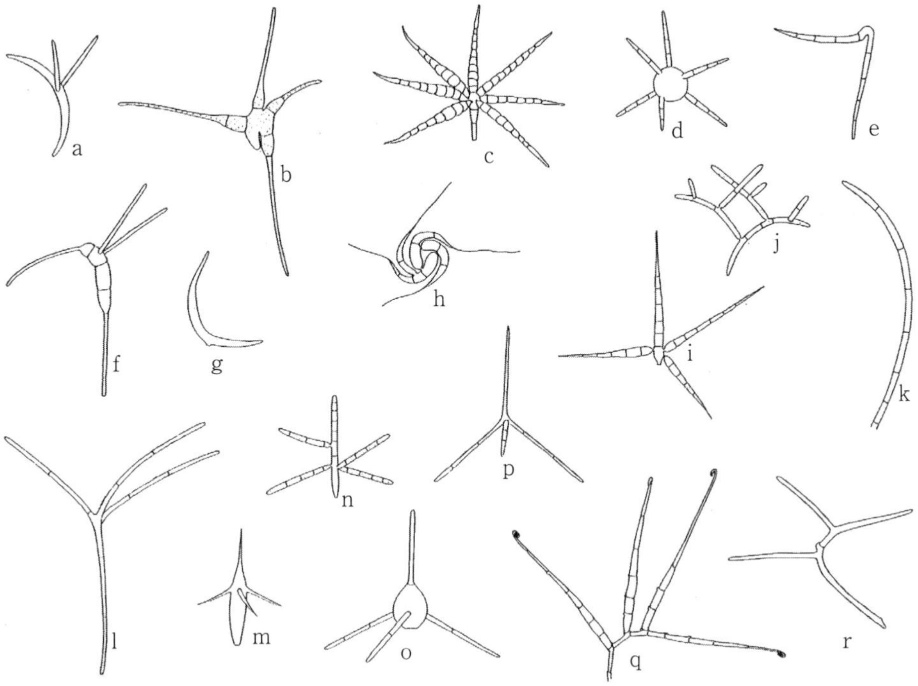

■図 14.2.2　さまざまな水生不完全菌の分生子（Carmichael et al.1980 を改変）
a：*Alatospora acuminata*, b：*Campylospora chaetocladia*, c：*Flabellospora verticillata*, d：*Brachiosphaera tropicalis*, e：*Condylospora spumigena*, f：*Culicidospora aquatica*, g：*Lunulospora curvula*, h：*Gyoerffiella rotula*, i：*Triscelophorus acuminatus*, j：*Varicosporium elodeae*, k：*Anguillospora longissima*, l：*Tetrachaetum elegans*, m：*Jaculispora submersa*, n：*Dendrospora erecta*, o：*Actinospora megalospora*, p：*Lemonniera aquatica*, q：*Ingoldiella hamata*, r：*Taeniospora gracilis*.

14.2.2)，いずれも水中での胞子の沈降速度を減じたり水の流れを受けやすくして，水中をより長く浮遊して遠くに運ばれることに役立っている．特に, このような形状の胞子は水面の吸着層 (surface film) にトラップされやすいため, 渓流の垂水（たるみ）にできる泡には大量の水生不完全菌の分生子が集積されている（図 14.2.3）．そのため，渓流の泡はその水系の水生不完全菌類相を把握するための試料として，また，多くの種を分離・培養するための分離源として利用できる．一方，このような形態の分生子は，新たな基質に定着する際には錨（いかり）の役目を果たすとともに，分生子の各枝の先端から粘性物質を滲出して基質に接着するなど，流れのある水中での基質への定着に適応した性状をもっている．

水生環境に進出した子嚢菌類には，水に浸かっ

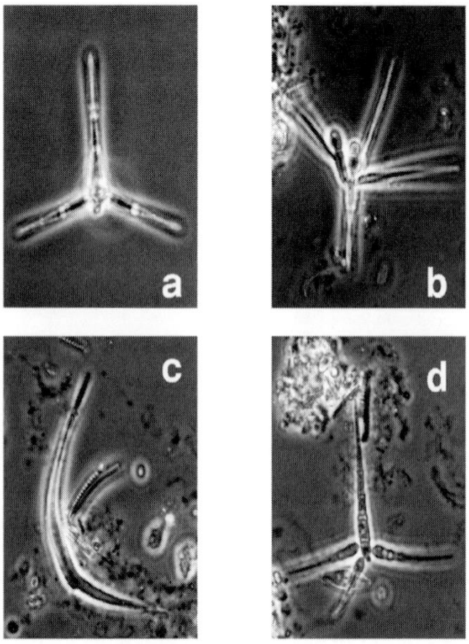

■図 14.2.3　渓流の泡の中の水生不完全菌の胞子
a：*Lemonniera aquatica*, b：*Tetracladium marchalianum*, c：*Lunulospora curvula*, d：*Triscelophorus acuminatus*.

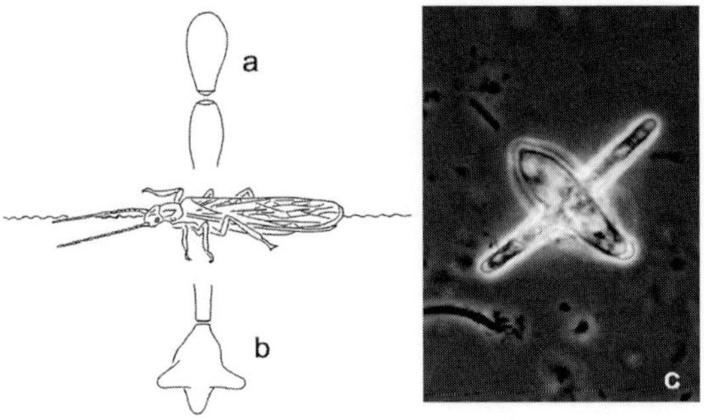

■図 14.2.4　水生昆虫カワゲラに寄生する接合菌綱ハエカビ目 *Erynia plecopteri*

a：死んだカワゲラの体から空中に形成される射出胞子，b：水中にはテトラポッド型の水中胞子が形成される，(Descals and Webster[9] を改変)，c：渓流の泡にトラップされていた *Erynia rhizospora* の飛行機型の水中胞子．

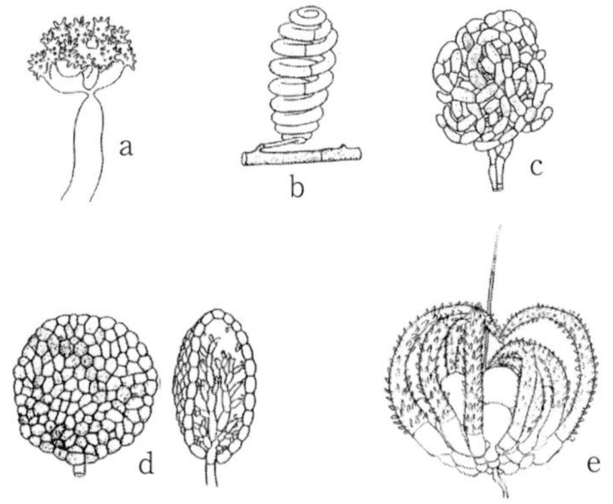

■図 14.2.5　半水生菌（好気水生菌）の分生子

a：*Candelabrum spinulosum*，b：*Helicoön sessile*，c：*Spirosphaera floriformis*，d：*Beverwykella pulmonaria*，e：*Peyronelina glomerulata*．

た木材や水辺の湿ったさまざまな植物基質に生息するものが多い．ソルダリア目，プレオスポラ目などを中心にさまざまな系統の子嚢菌類が淡水域に生息している．子嚢殻を半ば基質に埋もれたように形成し，子嚢殻内部で形成された子嚢胞子を開口部（孔口）を通して空中に射出，もしくは水中に分散させる．子嚢胞子のまわりには鞘（sheath）と呼ばれる付属物を備えるものが多い．この鞘は水中で大きく膨潤して粘性をもち，子嚢胞子が基質に定着するのに役立っている．

担子菌類で淡水域に生息する菌としては，*Limnoperdon incarnatum* が知られている．この種は，水中の植物遺体に生育し，閉鎖型（腹菌類型）の担子器果を水面に浮かせて形成するが，担子胞子は非射出性，卵形で，特に水中での分散に適応しているようには見えない[8]．

接合菌類では，水生昆虫の腸管に寄生するトリコミケス綱菌類と，水辺の昆虫に寄生する接合菌綱ハエカビ目の *Erynia* 属菌などごく少数の菌類が水界に進出したようだ．後者は水面に浮かぶ虫の死体から水中にテトラポッド型の胞子をつくるとともに，水面より上には射出性の胞子をつくるなど，興味深い生態をもつ[9]（図 14.2.4）．

これら水生糸状菌の生態系の中での役割としては，水中に落ちた落葉など植物遺体の分解者としての働きが大きいが，落葉を摂食して成長する水生昆虫などの動物にとっては，水にさらされて養分が溶出した栄養価の低い落葉を，菌糸を蔓延させることにより菌体タンパクを含む栄養価の高い利用可能な食物へと変換してくれる，いわば生産者的働きも担っている[10]．

3) 半水生菌（好気水生菌）

湖沼の水辺などの止水に堆積・腐植した植物遺体などには，上述した河川や湖沼の水中の基質にいる菌類とは異なる菌群が生息している．これらは不完全菌類の一群で，半水生不完全菌と呼ばれる菌類である．硫化水素が発生しているようなやや嫌気的な環境にも生育できる耐性があるが，分生子を形成する際には分生子を水面から出して大気中で形成する．このことは，水生不完全菌の多くが水の中で分生子形成が誘導されることと対照的である．分生子は，その菌糸が，らせんをまいて渦巻き状や樽型となったり，細かな分枝を繰り返して全体として球状になったり，いずれも立体的で内部に空気を抱く構造をしている（図 14.2.5）．この分生子は，成熟して菌糸から離脱すると，水面に浮かび分散する．これまでに約 90 種が知られており，そのほとんどが子嚢菌のアナモルフであるが，最近，王冠型の分生子をつくる *Peyronelina glomerulata*（図 14.2.5e）が，フウリンタケ型担子菌のアナモルフであることが明らかになった[11]．

4）微小な水環境に生息する菌類

河川や池沼に限らず，湿った林床のリター層の落葉にも水生不完全菌が生息していることが知られている．降雨の後，リターに浸み込んだ雨水に反応して分生子を形成する．微小な菌類にとっては，落葉の間にたまるわずかな水でも，胞子形成を誘導するのに十分なのだろう．試しに，リターをとってきて大きめのビーカーに入れ，水を注いで攪拌するかエアーポンプで泡立てた後に，水面の浮遊物を顕微鏡で覗いてみると，水生不完全菌の分生子が観察される[12]．この水生不完全菌は，雨の後，林床から流れ出る水に分生子をのせて河川に運び，分生子を分散させるのであろう．

また，生きている植物の葉の表面に生息し，朝露や霧，雨粒のようなわずかな水に反応して胞子を形成する菌類も知られている．これらは不完全菌類の一群で，やや褐色を帯びた菌糸をもつものが多いが，水生不完全菌によく似た三次元立体的な分生子を形成し，水が乾く前にすばやく分生子を分散させる．このような菌群は，陸棲水生不完全菌と呼ばれている[13]．分生子は形成初期から，菌糸から離脱しやすく，しばしば未完成の状態で分離される．これは，朝露など消失しやすいわずかな水を利用できる間に素早く胞子を分散させるためであろうと推測されている．水により分散した分生子が再び植物体上に戻るには，大気の流れによるのであろう．分生子も菌糸と同様，褐色を帯びるものが多いが，これは葉面での生息および空中へ飛散する際の乾燥や光に耐えるための適応であろう．

（中桐　昭）

14.2.2 海水および汽水に生息する菌類

1）海生鞭毛菌類

海水環境に生息するツボカビ類は研究が遅れており，これまで，藻類に寄生して生息する種など比較的少数が知られているにすぎない[14,15]．一方，海水および汽水域に生息する鞭毛菌類としては，偽菌類である卵菌類およびラビリンチュラ類がよく知られている．卵菌類のうち，*Lagenidium*, *Haliphthoros* などは，魚類，甲殻類，軟体動物などの養殖水産動物に病害を起こすことから，水産業にとって病原菌として重要である[16]．また，植物の落葉などに腐生的に生息する *Halophytophthora* は，作物の病原菌として知られる *Phytophthora* や *Pythium* と系統的に近い生物であるが，主にマングローブ汽水域に生息して水中に落下したマングローブ落葉に速やかに遊走子で定着侵入し，初期分解者として働く（図 14.2.6）[17]．また，ラビリンチュラ類の *Labyrinthula* は，紡錘型の滑走細胞が細胞外質ネット（ectoplasmic net）内を滑走しながら，他の菌類の菌糸，酵母細胞，珪藻などの藻類の細胞，細菌類の細胞を消化吸収して生育

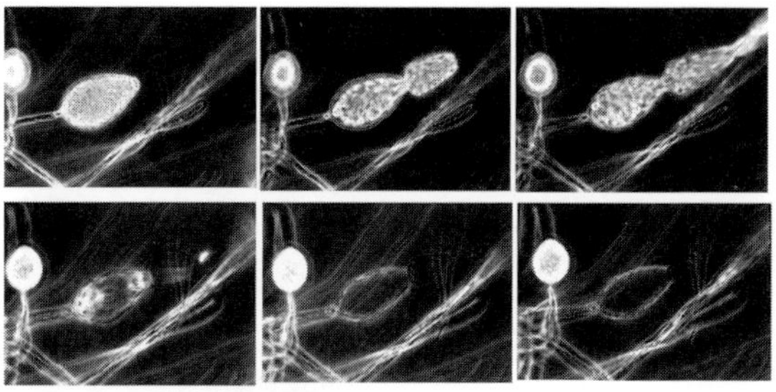

■図 14.2.6　海生卵菌 *Halophytophthora vesicula* の遊走子嚢からの遊走子の放出

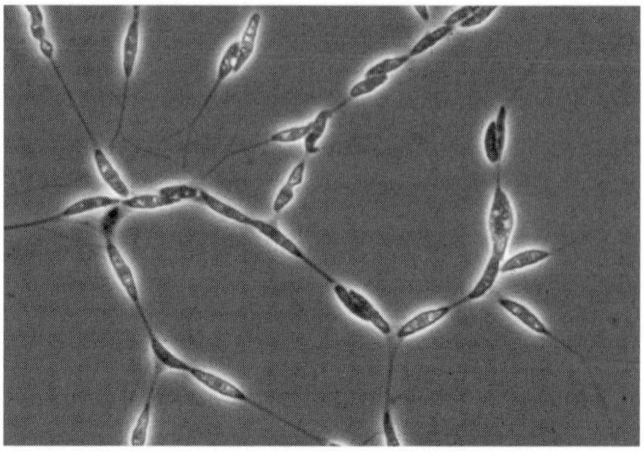

■図 14.2.7　*Labyrinthula* sp.
紡錘型の滑走細胞が細胞外質ネット内を滑走する

する（図 14.2.7）．同じくラビリンチュラ類のヤブレツボカビ類（Thraustochytrids）は動物・植物プランクトンの死骸や海水中の有機物に，細胞外質ネットからなる仮根を伸ばして栄養を吸収して生育する．ヤブレツボカビ類は海産魚類の稚魚の生育にとって必要なドコサヘキサエン酸（DHA）やエイコサペンタエン酸（EPA）などの高度不飽和脂肪酸を合成して細胞内に蓄えることが知られており，これを捕食する動物プランクトンの餌となっている．このように，ヤブレツボカビ類は海の生態系の中で，光合成を行う植物プランクトンを出発点とする食物連鎖とは別個の，プランクトンの死骸などの有機物を出発点とする食物連鎖（有機物→ヤブレツボカビ類→動物プランクトン→魚類）の生産者として重要である[18]．

なお，淡水域には，ヤブレツボカビ類は存在していないが，その生態的ニッチェを埋めるように，ツボカビ類がプランクトンの死骸の分解に関与し，不飽和脂肪酸やコレステロールの供給者として機能している[6]のは，興味深い．

2）海生糸状菌類

海で生活史をまっとうする菌群は海生菌と呼ばれ，海水の塩分に適応し，海水を利用した胞子分散を行うという特徴を備える．海生菌として（汽水域に生息するものも含め），子嚢菌 970 種，担子菌 11 種，不完全菌 74 種が知られている[7]．生態的には，河川から流入する流木や打ち上げられた海藻および海草などの植物基質を分解したり（腐生），生きている海藻に寄生したり（寄生），また，微細藻類と共生して地衣のような生活を営むものなど（共生）さまざまである．

形態的特徴としては，淡水産水生菌と同様に，水中での浮遊，分散や基質への定着に適応した形態の胞子をもつことがあげられる．たとえば海生子嚢菌 *Corollospora* 属菌は，海浜に打ち上げられた流木などの植物遺体を分解して生息しているがその子嚢胞子は，胞子最外層の膜が剝がれてできるリボン状の付属物（アペンデッジ，appendage）をもち（図 14.2.8），海水中での浮遊に適応している．子嚢殻は分解基質となる植物遺体の上にはつくらず，砂粒や貝殻などの上につくるが，子嚢殻の壁は黒色炭質で厚くて硬く，子嚢胞子の放出孔がある突起部分が子嚢殻基部に位置しており（図 14.2.9），砂粒の間隙でも子嚢殻は容易には破壊されない．このほかの海生子嚢菌も，その子嚢胞子にさまざまなタイプの付属物を備えており（図 14.2.10），海水を利用した胞子分散を行っている．

■図 14.2.8　海生子嚢菌 *Corollospora luteola* の子嚢胞子（SEM 写真）
胞子最外層が縦に裂けて，剝がれてできるリボン状のアペンデッジを胞子中央部と両端にもつ．

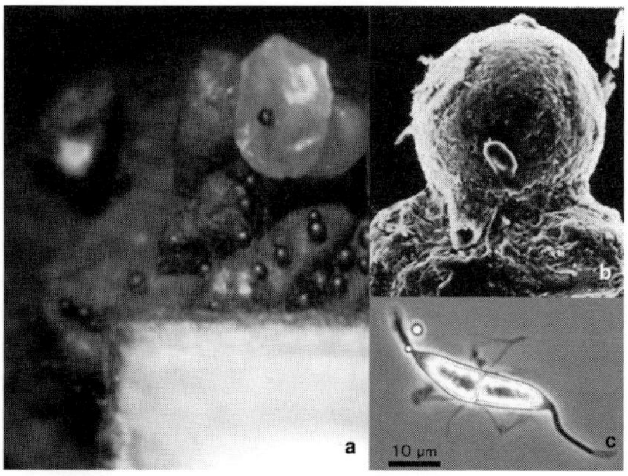

■図 14.2.9　砂粒の上に形成された *Corollospora maritima* の子嚢殻と子嚢胞子
a：基質となっている木材から菌糸を砂粒に伸ばし，その上で子嚢殻を形成する．b：子嚢胞子放出孔は子嚢殻基部に開口する．c：アペンデッジをもつ子嚢胞子．

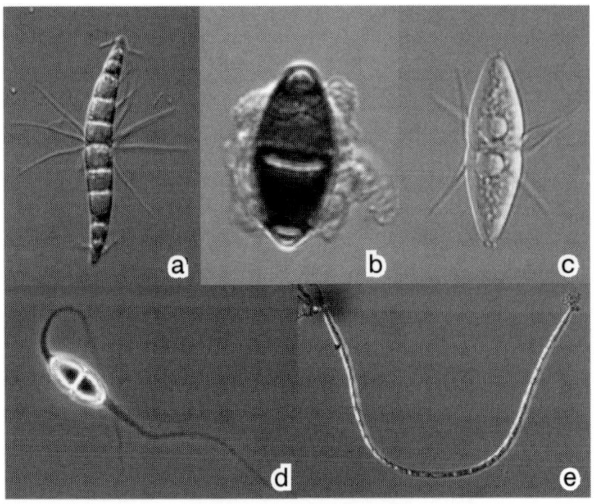

■図 14.2.10　さまざまな海生子囊菌の子囊胞子
a. *Corollospora pulchella*：胞子最外層が剝がれてできるリボン状のアペンデッジをもつ，b. *Carbosphaerella leptosphaerioides*：胞子最外層が繊維状にほぐれるアペンデッジをもつ，c. *Halosphaeriopsis mediosetigera*：胞子最外層がらせん状に剝がれてできるアペンデッジをもつ，d. *Marinospora longissima*：胞子全体を覆う粘性物質と両端から長く伸びるアペンデッジをもつ，e. *Lulwoidea lignoarenaria*：多細胞糸状の子囊胞子の両端に粘性物質をつくる小室をもつ．

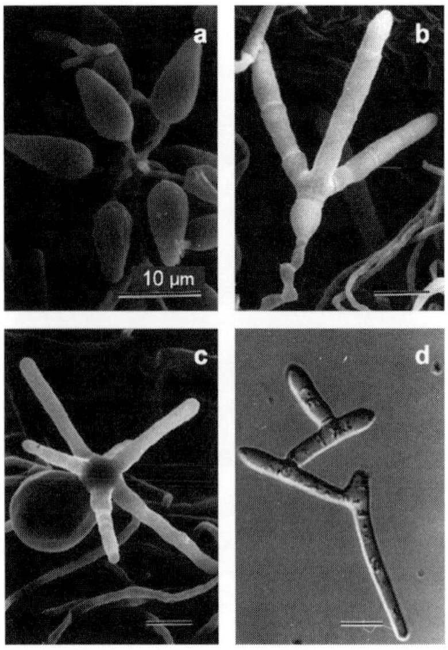

■図 14.2.12　海生不完全菌の分生子
a:*Asteromyces cruciatus*，b:*Clavatospora bulbosa*，c:*Orbimyces spectabilis*，d：*Varicosporina prolifera*.

最近の分子系統解析によって，子囊菌の中の複数の異なる系統群がそれぞれ独立に海に降りたことが明らかになっている[19]．

一方，担子菌は，海に進出したものは 11 種とごくわずかであるが，*Digitatispora* 属のように担子胞子がテトラポッド型であるものや，*Nia* 属のように担子胞子にアペンデッジをもつものがいる．いずれも海水による分散に適応したものであろう．*Nia* の子実体（担子器果）は，腹菌類に見られるような球状で閉鎖型の構造（図 14.2.11）をしており，子実層を水の影響から保護している．なお，海に生息する担子菌には，いわゆるキノコ型の子実体をつくるものはなく，*Nia* のような閉鎖型もしくは *Digitatispora* のような基質に貼りつく背着性の担子器果をつくるもののみである．近年の分子系統解析により，*Nia* は陸生で木材の上に風鈴状（カップ状）の子実体をつくるフウリンタケ型菌類から進化した菌類であることが推定されている[20]．

海生の不完全菌類も，約 70 種と少数ながら生息しており，その分生子は水生不完全菌と同様にテトラポッド型，S 字型などが見られ（図 14.2.12），水中での分散，基質への定着に適応している．海生子囊菌をテレオモルフにもつ種もいるが，これまでに 13 種が知られているの

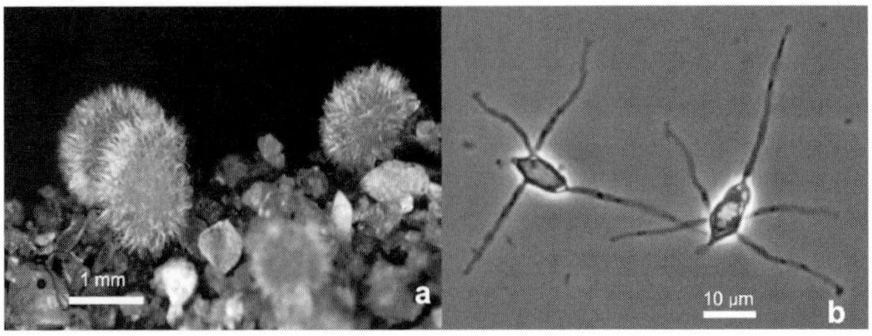

■図 14.2.11　海生担子菌 *Nia vibrissa*
a：砂粒の上につくられた閉鎖型の担子器果，b：アペンデッジをもつ担子胞子（2 個）．

みである[21]．

14.2.3 水生菌の適応と進化

1）淡水水生菌

水生不完全菌にはこれまでに約300種類が知られているが，そのほとんどは子嚢菌のアナモルフであり，担子菌のアナモルフはわずかに15種ほどである．テレオモルフである子嚢菌世代が明らかにされているものは約30種あり，ビョウタケ目，ソルダリア目，プレオスポラ目などさまざまな系統の子嚢菌類のアナモルフが水界に進出していることがわかっている[22,23]．これらの子嚢菌世代は，子嚢殻を水辺の湿った植物基質に形成するものが多い．また，子嚢胞子は多くの場合，子嚢先端から大気中に放出される射出性であり，陸生子嚢菌の性状を保っている．つまり，子嚢胞子と分生子とで，それぞれ陸上分散と水中分散というように，胞子分散の役割分担をしているといえる．担子菌のアナモルフでも子嚢菌と同様に分枝した分生子をつくるが，その分生子の細胞隔壁部に，担子菌特有の菌糸構造であるかすがい連結（クランプコネクション）をもつことが特徴である（図14.2.2q,r）．

その担子菌世代のテレオモルフが明らかになっているものは6種あるが，すべて材表面に膏薬状（背着生）の子実体（担子器果）をつくり，射出性の担子胞子をつくる広義のコウヤクタケ科菌類である．このように，担子菌においても，子嚢菌と同様に，テレオモルフは陸上分散，アナモルフは水中分散と，胞子の分散における役割を分担させているようだ．

2）海生菌

海水域にも約1,000種と海生菌の大部分を占める多くの子嚢菌類が進出したが，アナモルフをもつ種は13種とわずかである．つまり子嚢胞子に付属物を備えるなど，主にテレオモルフによって海水中での胞子分散に適応しているといえる．それに対して，担子菌類は淡水域と同様に海水域でも11種とごくわずかな種しか水界に適応することに成功していない．なお，これまでに知られている海生不完全菌はすべて子嚢菌のアナモルフであり，担子菌のアナモルフは知られていない．このように海水域では，子嚢菌においても担子菌においても，テレオモルフで適応し，テレオモルフの胞子が海水中での胞子分散の役割を担っているといえる．

上述のように淡水域ではアナモルフの胞子が水中での分散の主体となっているのに対し，海生菌では反対の状況になっていることは，菌類の陸生から水界への適応進化を考える上で興味深い．

（中桐　昭）

*引用文献

1) Barr DJS（2001）The Mycota, VII Part A. Springer, Berlin, pp93-112
2) Dick MW（2001）The Mycota, VII Part A. Springer, Berlin, pp39-72
3) Fullerm MS（2001）The Mycota, VII Part A. Springer, Berlin, pp73-80
4) Gleason FH, Lilje O（2009）Fungal Ecol 2 : 53-59
5) Walker CA, Van West P（2007）Fungal Biol Rev 21 : 10-18
6) Kagami M, et al.（2007）Hydrobiologia 578 : 113-129
7) Shearer C, et al.（2007）Biodivers Conserv 16 : 49-67
8) Nakagiri A, Ito T（1991）Can J Bot 69 : 2320-2327
9) Descals E, Webster J（1984）Trans Br Mycol Soc 83 : 669-682
10) Graca MAS, et al.（1993）Oecologia 96 : 304-309
11) Yamaguchi K, et al.（2009）Mycoscience 50 : 156-164
12) Bandoni RJ（1974）Trans Mycol Soc Jpn 15 : 309-315
13) 安藤勝彦（1992）日本菌学会会報 33 : 415-425
14) Johnson TW Jr, Sparrow FK Jr（1961）Fungi in Oceans and Estuaries. Carimer, Weinheim p.668
15) Jones EBG, et al.（2009）Fungal Diversity 35 : 1-203
16) 畑井喜司雄（2009）日本菌学会第53回大会講演要旨集, pp13-14
17) Nakagiri A（2002）Fungi in marine environments. Fungal Diversity Press, Chiang Mai, pp1-14
18) Kimura H, et al.（1999）Ecol Prog 189 : 27-33
19) Schoch CL, et al.（2006）Mycol Res 110 : 257-263
20) Hibbett DS, Binder M（2001）Biol Bull 201 : 319-322
21) Chatmala I, et al.（2002）Fungi in marine environments. Fungal Diversity Press, Chiang Mai, pp59-68

22）Belliveau MJ-R, Bärlocher F（2005）Mycol Res 109 : 1407-1417
23）Sivichai S, Jones EBG（2003）Fungal Diversity Res 10 : 259-272

14.3 環境要因と地理的分布

従属栄養生物である菌類は，利用できる有機物の有無によって分布が制限される．一般論として腐生菌類は生物由来の有機物が存在する場所であれば，それが固体でも液体でも原則として生息可能である．事実，その生息圏は生理的に生息できない場所，たとえば氷雪に覆われた極寒の両極地などを除くほとんどの陸域と海域に広がっている．陸域では土壌やその表面を覆うO層が主な生息場所である．海では陸から有機物の供給を受ける沿岸域から貧栄養の外洋域まで，また，表層水から深海水までが生息圏となっている．しかし，高度な活物栄養菌類（biotrophic fungi，寄生菌類や共生菌類）は宿主あるいはパートナーの存在が生息の必要条件で，それらの生息圏に分布が限定される．

一方，菌類の栄養摂取法は固定したものでなく，環境や相手によって条件的寄生，条件的腐生といった栄養摂取をとることがある．それで，菌類には腐生から高度な活物栄養（寄生，共生）までのさまざまな段階の栄養摂取法が知られている．

14.3.1 環境要因と分布成立プロセス

菌類の分布研究では，大形の動植物で重要視される大陸移動や大規模な気候変動やそれに伴う分類群の移動，分化など地史，進化史に関連した歴史的な要因より，気候，土壌，利用できる宿主や基質の分布などの現在の要因との関係が従来より重視されてきた．

その第一の理由として，菌類の多くは胞子などの散布体の空間的散布能力がきわめて高いことがあげられる．図14.3.1に腐生菌類の分布域決定プロセスを図式的に示した．菌類の大半は風，水，動物散布で散布体を受動的に散布する．散布体である胞子や分生子はきわめて小さいので非常に遠方まで到達することができる．たとえば風散布の種の分生子は極点まで到達している．一方，湿性の胞子を形成し水散布と推定される土壌生の種が両極地から温帯，熱帯を問わず広く分布している．このことから風散布だけでなく水や動物散布の種の散布体も時間の経過とともに放散し，よほど越えがたい地理的障害などがないかぎり，地史的にはきわめて短い時間で地球上の生息可能な地域に到達できると考えられる．事実，腐生菌類の多くは南北両半球，あるいは異なる大陸の同じ気候環境の生息場所から記録される．こうしたことから菌類の散布体到達範囲は地球上のほぼ全域と考えてよく，散布体の散布方法や能力が実際の分布を決定する第一義要因とはなっていないといえる．

図 14.3.1 で，腐生菌の一種（仮に A 種）の散布体到達域の中で，A 種が生理的に成育できる範囲が A 種の潜在的な分布域である．そして，潜在的分布域の中に他の要因が成育に適した場所があれば，胞子は発芽し，コロニー形成できる．菌類の生息場所は小さくかつ短命であることが多いが，発芽から胞子形成までの時間が相対的に短い種はこうした環境も効率よく利用する．このため，熱帯で普通に見られる種が寒帯で記録されることも珍しくない．A 種がコロナイズした生息場所で成育期間中に耐久性のある有性胞子や厚膜胞子を形成し，成育に不適な時期をしのぐことができればその場所に分布できることになる．図 14.3.1 で示すように一般的腐生菌は分布中心があり，そこを頂点とした正規分布に近い分布パターン，すなわち生態的最適域で最も密度が高くなるが分布の北限や南限は明瞭でない分布パターンを示す．

しかし高度な活物栄養菌では，図 14.3.2 で示すように宿主あるいはパートナーの分布が最も重要な分布制限要因となる．散布体の到達域は腐生菌類と同じく地球全体と考えられる．その中で菌類が生理的に成育可能な場所が潜在分布域である．このタイプの菌では宿主の存在が第一義的な分布制限要因となるので，図 14.3.2 では潜在分布域を宿主の分布域の中に含めてある．しかし，実際には菌の潜在分布域が宿主の分布域を包含する場合もある．このため，作物のように宿主を自然分布域の外で栽培するとこれらを宿主とする活物栄養菌も出現，定着する現象が起こる．潜在分布域の中で生態的最適域が実際の分布域であるが，分布パターンは宿主の分布パターンに依存して変化するので，正規分布に近いパターンを示すとは限らない．他方，宿主の南限や北限などは比較的容易にわかるので，菌のそれらも認識できる．

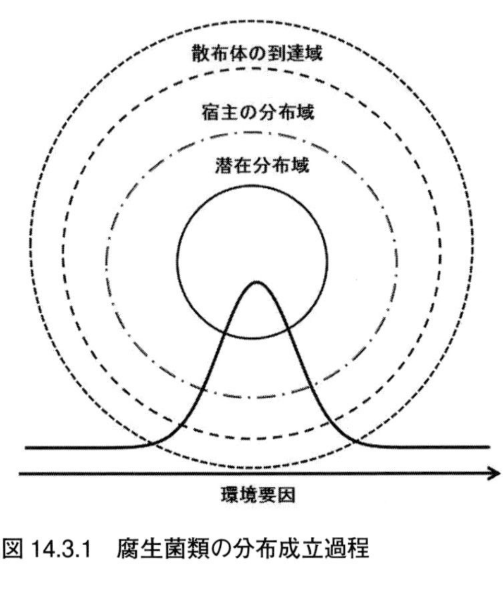

■図 14.3.1　腐生菌類の分布成立過程

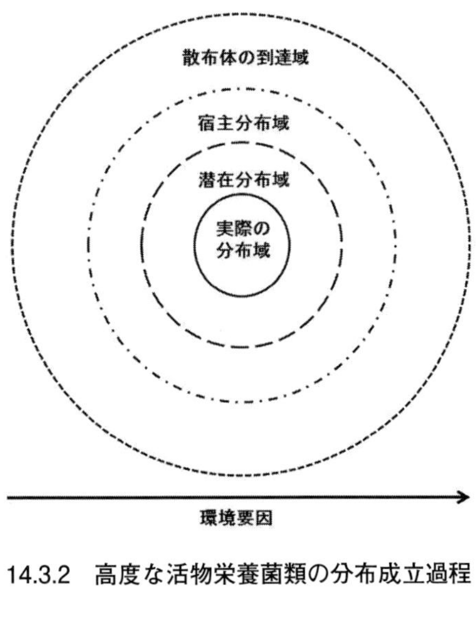

■図 14.3.2　高度な活物栄養菌類の分布成立過程

14.3.2 菌類分布研究の問題点

菌類の分布研究は，分類学的にも生態学的にもさまざまなレベルと空間スケールで行われてきた．しかし，大形の生物で研究が進んでいる生物地理学あるいは生態地理学で対象としてきた関東地方，日本列島，アジア大陸あるいは地球全体といった相対的に広い空間スケールでの分布研究は大幅に立ち遅れている．

立ち遅れた原因の第一は，菌類が維管束植物，脊椎動物，節足動物とともに陸域で高度に多様化した多細胞レベルの生物であるのにサイズ的には微生物であることである．微生物に共通する「見えない」ことに起因するさまざまな問題が調査の妨げとなる．加えて生殖器官，栄養体とも形態的収斂が著しく種や属の同定が難しい，培養によって同定基準となる生殖器官を誘導することが難しい種が少なくない，いまだ多くの未記載種が存在する，個体性がはっきりせず寿命概念が当てがたいという菌類特有の問題が研究をさらに難しいものにしている．

現在，分布研究の事例が多いのは土壌菌類と肉眼的大きさの子実体を形成する「キノコ」，そして作物や樹木の病原菌である．

土壌菌類では古くから土壌断面の異なる層間，同じ林の中のプロット間あるいは隣接する植生間といった狭い空間スケールでの分布研究が数多く行われてきた．こうした狭い空間では，種の分布調査そのものが容易で，その分布パターンを決定している要因も少なくかつ要因との関係も推定しやすい．しかし，調査空間が広くなると考慮しなければならない要因も多様になるので分布調査しても，パターンの推定も要因解析も難しくまた誤差が大きくなる．そのため，土壌菌類の多くの種で分布は汎世界的であるかのような漠然とした結論しか得られていない．

一方，肉眼で発生が確認できるキノコの仲間の分布研究は維管束植物のそれに準拠して行えるので，広域も含めさまざまな空間スケールで調査が行われている．すなわち，子実体を発見したら場所を記録し，子実体を採集し，標本を作製して同定する，あるいは現場で同定する．その記録に基づいて発見場所を地図上にプロットすることにより分布図が得られる．しかし，仮に調査場所に対象種の菌糸体が存在しても季節や天候などの環境要因によって子実体の発生が左右され，また子実体そのものが短命なことが多いので調査時に子実体に遭遇できない確率が高い．このため，対象種の子実体が採集できた場所にその種が生息していることは保証できるが，採集されなかった場所に生息しないと断言できない．この点は維管束植物の採集データと意味が大きく異なる．そこで，正確な分布域を知るためには頻繁な現地訪問が要求され，研究者にとって大きな負担となる．欧州ではアマチュアの協力も得て，大規模な分布調査が行われたことがあり，多くの種の分布図が公表されている[1]．しかし，採集品の同定の精度について疑問が投げかけられることもあり，キノコの分布研究が簡単でないことを示唆している．

植物病原菌類で植物の地上部器官に特徴ある病斑を生じる種では，病斑を生じた宿主の分布から菌の分布域を推定することができる．この場合も近縁な種や系統的に離れた種が似た病斑を形成する場合があり，分布域を知るためには正確な同定が必要である．

14.3.3 地理的分布の調査・解析法

生物の地理的分布の研究では，最初に分布図を描き，分布域や分布中心を把握し，なぜそうした分布パターンを示すに至ったかを解析し考察する．菌類も原則として調査データに基づき分布図を作成するが，子実体の大きさや生息場所の違いによってデータの取り方や地図化の方法が異なる．なお，近年では下記の手法に加えて，リターや空気中等の環境DNAを解析するといった手法も取り入れられつつある．

1）大形菌類

肉眼的な大きさの子実体を形成する菌類，すなわちキノコと総称される担子菌類や子嚢菌類の一部では，子実体を発見した場所を記録し採集，同定する．14.3.1 項で述べたように菌類に関しては子実体が発見できなかった場所に対象種が分布しないと断言できないという問題がある．

大形の菌類の分布図は維管束植物の分布図作成と同様，子実体を発見した場所を地図上にプロットすることにより作成される．維管束植物の場合は，最も外側の採集地点を線でつなげば，その内側が対象種の実際の分布域ということになる．しかし，菌類では子実体を発見できなかった場所を即分布域外と断定できないので，外側のプロットをつないだ線が分布限界だといえない．おそらく分布域がその線の外側に広がっている種も多いと考えられる．また，子実体の発生数が菌糸体の分布密度と必ず比例するという保証がない．このため，分布パターンと環境要因との関連を解析するには同じ場所を長期間頻繁に訪れて観察・採集する必要がある．

2）植物病原菌類

宿主特異性の強い，病斑がはっきりしている植物病原菌類の分布は，宿主の分布域内で罹患した葉や茎を注意深く念入りに探すことにより明らかにできる．一方，立ち枯れ病のように原因菌が複数考えられる場合は，病原菌を分離して正確に同定する作業が必要である．

3）微小菌類

微小菌類においても大形菌類と同じ方法で，世界地図のような小縮尺の地図を用いて近縁の種や属の記録地点を点で記入する方法により，気候帯レベル（熱帯，温帯）での違いを示すことがある．しかし，菌の分布域は植物などに比べて広域であるから，単純な記録の有無だけで気候帯レベルの違いを認識できる種類はきわめて限られる．このため微小菌類は調査方法や結果の表現について，工夫が要求される．

土壌菌類では，平板法が最も普通に用いられる分離方法で（14.1.1 項参照），その結果に基づき植生学で用いられているものに準じるいくつかの測度が計算され分布研究に用いられている．

頻度は，調査対象種が出現したサンプル / 総サンプル数× 100 で計算される．土壌の場合，調査する空間のスケールによってサンプルの単位を平板単位，試料単位，場所単位を適宜採用する．

希釈平板法では通常 1 つの土壌サンプルの希釈液から複数の平板を作製する．

調査対象種のコロニー数 / 全コロニー数× 100 の値は狭い空間でのその種の胞子密度を反映している．総平板数に対する調査対象種が出現した平板数の割合は，コロニー数に基づく値の代用として利用できる．

マクロな環境が同じ調査地，たとえば同じ植物群落から複数の土壌サンプルを採集した場合，総サンプル数に基づく頻度はその菌類群集における調査対象種の集中の程度（密度）を表現できる．この場合 1 試料から多数の平板を容易に作製できる土壌平板法が適した調査方法である．サンプル数に基づく頻度は，植生調査表のように地点を土壌水分や有機物含量などを基準にして並べ比較することにより，環境と個々の種あるいは菌類相の関係などを研究することができる．この方法は景観が同じ植生内で認められる異なる環境の場所間，同一の地域における遷移系列上の異なる植生間など主な分布制限要因が同じと考えられる地域内における分布調査・研究に適用できる．しかし，主な分布制限要因が異なる森林帯間や気候帯間では相互比較が難しくなる．

リターに生息する微小菌類の分布研究では腐朽中の落葉枝を直接検鏡して子実体を形成している種を記録する直接的な方法や落葉枝を洗浄して表面に付着している散布体を除去してから培養する方法が採用されている．これらの方法で出現する種の大半は，サンプルを採集した時点において落葉枝に菌糸状態で存在していたものである．したがって，出現しなかった地点には分布していない可能性が高い．このため，リター菌類では出現しなかった場所を白丸などで出現場所と区別して地図上に示すことにより，分布圏外や分布中心を読み取ることができる[2]．ただし，採集時点の菌糸の活動状態は採集季節，菌の生態的特徴によって異なる．

リターを構成する成分で小形の葉や細い枝，果実など個体性の明瞭なものがある．こうした基質を植生調査における方形枠のように考えることにより，頻度や密度に当たる測度を求めることができる．マツ科の多くの属は分布域が広くかつさまざまな気候条件下に適応放散しているので，それらの腐朽中の針葉を基質とするリター菌類を用いることにより，微小菌類の分布パターンと気候要素の関係の解析が試みられている[3]．

14.3.4 地球温暖化と菌類

近年地球温暖化が顕著になり，それに伴う地球環境変動が起こりつつある．この変動に関して陸域生態系おいて第一次分解者としての機能をもつ土壌菌類やリター菌類がどのような反応を示すかを知ること，あるいは生態系において多様な生物と寄生，共生関係を結び，系が円滑に機能するために重要な役割を演じている菌類，たとえば菌根菌や植物病原菌類がどのような挙動をとるのかを知ることは，今後の影響予測やその対策に非常に重要な情報と認識されるようになった．しかし先述のように，そうした予測や対策の基礎的な情報となる菌類の広域的な分布に関する研究はまだまだ低調である．

温暖化に伴う環境変化の中で菌類の広域分布に最も影響を及ぼすと考えられているのが温度要因の変化で，特に年平均気温の上昇が重要であるとされる．温暖化が菌類の分布に及ぼす影響として他の生物同様地理的分布域の極方向への拡大が第一にあげられる．高緯度地方の夏の昇温は菌類の活動を活発かつ長期化させ，この地域に大量に蓄えられている有機物の分解を促進し，二酸化炭素排出量が増加することにより温暖化をさらに促進する要因となると警戒されている．また，生物間の移動速度の違いから，菌根菌や植物病原菌が従来接することのなかった宿主やパートナーと遭遇することが予測され，その結果，新しい病気の発生や共生相手喪失による絶滅など生態系全体のバランスが大きく損なわれる可能性が危惧される．また，熱帯や亜熱帯地域では乾季雨季の長さや雨量に影響が現れるので，同様な生態系の混乱が生じると予測できるが，現段階ではこれら地域における温暖化が菌類に及ぼす影響に関する研究はほとんどない．また，温暖化による海水面の上昇は沿岸部に生息する生物にとって脅威であり，菌類もその例外ではない．仮に海面上昇が予想外に低くても宿主やパートナーが海で前途を絶たれ，随伴する菌類がそれらとともに絶滅に追い込まれる可能性はきわめて高いとされる．　**（徳増征二）**

＊引用文献

1) Lange L (1974) Dansk Bot Art 30 : 7-105
2) 徳増征二 (1983) 微生物の生態 9 (微生物生態学会編). 学会出版センター，東京，pp137-149
3) 徳増征二 (2006) 日菌報 47 : 41-50

＊参考文献

Arnolds EJM (2007) The Mycota IV, 2nd ed. (Kubicek CP, Druzhinina IS, eds.). Springer, Berlin. pp105-124
Frankland JC, et al. (1995) Fungi and environmental change. Cambridge Univ. Press, Cambridge
Wicklow DT (1981) Biology of conidial fungi, Vol. 1 (Cole GT, Kendrick B, eds.). Academic Press, New York, pp417-447

COLUMN 7　地球温暖化と菌類

地球温暖化と都市のヒートアイランド現象に伴って高等菌類（キノコ）に２つの現象が観察される．すなわち，熱帯性のキノコの北上と，秋に発生するキノコの発生時期の遅れである．

● 日本列島を北上するオオシロカラカサタケ

熱帯性の毒キノコであるオオシロカラカサタケ（*Chlorophyllum molybdites*）は 1937 年に東京府立川町（現東京都立川市）で川村清一氏により日本で最初に採集され，命名された．1970 年代に四国で中毒が数件発生したが，ほとんど注目されなかった．1980 年代に中毒がかなり頻発するようになり，2000 年以降は西日本では普通に見かけるキノコとなった．それに伴い，中毒も増加している．2008 年には大阪市，千葉市，広島県呉市で中毒が発生し，生で食べ意識喪失（のち回復，退院）した１名を含め７名が中毒を起こした[1]．

本菌は近畿地方では 1980 年に最初に大阪府高槻市に侵入し，82 年に大阪市へ進出，91 年に京都市，94 年に神戸市へと次第に周辺部に生育地を拡大していることが確認された[2]．このことを横山は 1995 年に日本菌学会第 39 回大会で発表した．それが新聞に報道[3]されると，読者の方から各地の発生状況がよせられ，現在，27 都府県（約 250 地点）に分布することが確認された（本菌のデータはすべて 2010 年７月現在のものである）．

以下に本菌が分布する 27 都府県と最初に発生が記録された年を年代順に記す．都府県名の後の括弧内は，その後の県内における分布状況である．

1937 年東京都（小笠原を含む）．1972 年徳島県．1974 年香川県．1980 年大阪府．1987 年高知県．1988 年京都府（京都市以南），兵庫県（池田市以南：瀬戸内側）．1991 年千葉県．1995 年滋賀県（神崎郡五箇荘町以南），奈良県（北部），栃木県（小山市）．1996 年群馬県（佐波郡赤堀町）．1997 年愛知県，熊本県，大分県．1998 年石川県，三重県．1999 年静岡県．2000 年鳥取県，山口県．2001 年岡山県（瀬戸内側），茨城県．2002 年福岡県，佐賀県．2004 年沖縄県，埼玉県．2009 年和歌山県．

■図　オオシロカラカサタケ（2012 年 10 月 9 日，横山撮影．口絵 32 参照）

熱帯性の本菌が温暖化に伴い九州，四国から本州の中国，近畿へと生育地を拡大し，本州を北上中である．現在，日本における分布の北限は，日本海側では石川県七尾市付近，太平洋側は群馬県付近である．

同様な例としては，コガネキヌカラカサタケ，ハマキタケ，ヤコウタケ，シイノトモシビタケなどがあるのではといわれている．

● 秋のキノコの発生時期の遅れ

ノルウェーで 1940～2006 年に採集され，博物館に保管の標本 34,500 点を解析した結果，1980 年以降は秋に発生するキノコが，以前に比べ 12.9 日遅れて発生することが確認された[4]．

日本の秋に発生するキノコも，秋の低温と降雨がキノコの発生を左右する．秋に低温になる時期が遅れると，原基形成が遅れ，キノコ発生も遅れると考えられるが，日本ではまだほとんど研究されていない．筆者の住む滋賀では，従来からマツタケをはじめ秋のキノコは 11 月３日の文化の日頃が最盛期といわれてきたが，最近は 11 月中，下旬がよく採れる．

（横山和正）

＊引用文献

1）横山和正・権守邦夫（2009）中毒研究　22：240-248
2）横山和正（1995）自然環境科学研究 8：13-21
3）朝日新聞（1995）朝日新聞 9 月 18 日夕刊
4）Kauserud H, et al.（2008）Proc Natl Acad Sci USA 105：3811-3814

15 生物間相互作用

序

菌類は，自分で栄養をつくることができず，基質に従属した生活様式をもつ．基質は生物の遺体や無生物に限らず，生きた生物を基質にしている場合も多い．菌類とその生きた基質，すなわち植物，動物，菌類，これらとの間にさまざまな，そして独特の生物間の相互作用が生じる．菌類の立場で相互作用を単純化するならば，相手から搾取する場合，相手に搾取される場合，そして，どちらでもなく同所的に存在している場合にまとめられるだろう．どちらでもない場合というのは，関係が消極的であるという意味ではなく，共生をはじめ種々の状態を便宜的に一括りにしたものである．

菌類と植物については，最も一般的に目につく相互関係である．本章では植物病原菌，菌根，エンドファイト，植物生育促進菌類，地衣類などについて取り扱う．まず，菌類が相手から搾取する代表例は植物病原菌類である．作物の収量に重大な被害を引き起こすため，植物病理学という歴史的にも古い農学上の大きな一分野が確立している．病原菌は，根，茎，葉，花，果実いろいろな部位に感染し，季節，地域，そしてその植物が感受性か抵抗性かによりさまざまな相互作用が起きている．植物の病気については「人間・社会編 III.6.2 節」も参照されたい．どちらでもない場合として共生関係があげられる．共生の例として，近年，各種の菌根の研究が発展してきた．菌根は一般に寄主植物と養分のやり取りを行い相利共生と見なされることが多いが，なかには共生した植物の根の組織の一部を破壊する例，すなわち菌類が搾取する立場にある場合も存在する．その一方，ランは発芽するためには菌類の関与が必要であり，ある種のランでは根に共生した菌類を消化して成長することが知られていることから，菌類は植物に支配されて搾取される側になっている．すなわち，菌根を相利共生という単純なまとまりでくくることはできない．さらに，土壌菌や根圏に生息する菌類には，植物の生長を促進し病気を抑制するグループの存在が知られている．他方，エンドファイトは，特にイネ科に感染した場合にはその植物が食われにくくなることから相利共生と考えられる．地衣類も古くから相利共生とされているが，体制的には菌類が藻類から搾取している状態ととらえる考え方もある．さらに，地衣類には藍藻類との共生体もあることから，菌類は原核生物とも共生関係をもつという視点も忘れてはならない．

動物と菌類の関係はどうであろうか．15.2 節では主として節足動物を対象とした相互関係として，病気と捕食，節足動物の活物寄生菌，菌食者と菌類，菌栽培昆虫，菌の擬態を紹介する．菌類が昆虫を搾取するのは罹病させるときと捕食についてであり，搾取される場合は菌食者に食われる場合である．それ以外はどちらでもない場合であるが，事例のそれぞれが特徴的である．昆虫を寄主として，ツボカビから子嚢菌まで広範囲の菌類がさまざまな昆虫に感染して病気を引き起こしている．昆虫の病気で，生態的に目立つ現象として，ある昆虫が大発生したときの菌類による流行病があげられる．大発生を収束させる菌はどのような分類群なのだろうか．他方，昆虫以外の微小動物にも病気や食う・食われるの関係が存在している．土壌動物の線虫やクマムシにも寄生菌や捕食菌があり，菌類の寄主として最小単位であるアメーバを餌食にする菌類さえ数十種類知られている．一方，昆虫に病気を引き起こさずに昆虫の体表や腸壁に付着生活している菌類がいる．これらの菌類は，次の個体への感染のために胞子や付着部位が特殊化している．菌類が搾取される例として，節足動物の餌となる場合があげられる．近年菌食性の昆虫やダニ類についての研究が進展し，どのように節足動物が餌資源としての菌類に反応しているかについて記述した．一方，菌類も単に食べられてしまうだけではなく，それに対抗している場合も明らかになってきている．ただし，菌類が，強い匂いの子実体を形成して胞子分散のために積極的に昆虫を集めている場合があることは，搾取とは別につけ加える必要がある．さらには，菌類は昆虫にとってきわめて有用な餌資源であるため，昆虫が独自に菌類を栽培するまでに至った例が知られている．分類学的に離れた昆虫類で同様の現象が起きていることは興味深い．この状態は，昆虫に飼いならされて，それぞれの菌類が昆虫の餌として特殊化した状態をもつ場合である．これらの例は，昆虫の体外で農業的に飼いならされた例であるが，昆虫の体内でも，菌類が飼いならされて存在している場合が知られている．昆虫と菌類の相互作用の最後に，菌類が他の生物のように擬態する例を紹介する．菌核を，同所的に生活している昆虫の卵の形と大きさに似せて，その昆虫に卵と勘違いさせて運搬させるという巧妙な例である．

最後に菌類対菌類においても相互に種々の関係があげられる．菌類間の競合，菌寄生，菌類間の共生を取り扱う．同種別種にかかわらず，菌類のコロニーとコロニーが出あった場合には，その境界で競合が起きる．物理的に相手のコロニーの上を覆う例や，代謝産物による対抗が行われている．菌寄生は，菌が菌から搾取することになる．子実体表面を覆い隠して寄主の成長を完全に妨げ，自分の子実体を形成する場合，寄主の完成した子実体を保存したまま，さらに自分の子実体を形成する場合などの例があり，微小菌類では，菌糸が菌糸に絡みついて寄生し，内容物を吸収して相手菌糸を殺す例がある．さらに，どちらでもない場合として，菌類間が共生する例をあげる．

相互関係が生じるためには，菌類ともう一方の生物が出あわなければならない．菌類を見渡すと，どの分類群の中にも植物と関係をもつグループ，昆虫と関係をもつグループ，菌類と関係をもつグループが存在している．昆虫やその他の動物に比べると，菌類は自分で動くことができないか，あっても移動能力はきわめて乏しい．相手の生物とどのように出あうかということは最も重要な問題である．胞子や菌糸でじっと待ち受ける場合，相手の生活環に合わせて子実体を形成し胞子感染させる場合から，より確実に親から卵へ垂直感染させる場合，同様に種子の中に菌糸が入り込む場合，さらには，昆虫が菌を運ぶ構造を発達させ，確実な関係が形成されている場合まで存在する．菌類がもつ，基質に対する可能性の大きさには驚くばかりである．

（佐藤大樹）

15.1 植物と菌類

15.1.1 植物病原菌（植物寄生菌）

菌類は，主に生態学的には「分解者」として，植物や動物の遺体などを分解し，有機物を栄養源として利用することで繁栄を遂げてきた．一方で，生きている植物や動物に感染し，そこから直接栄養を獲得することは，菌類にとって魅力的であり，「寄生者」へと進化するものも誕生した．特に，植物に寄生し病気を引き起こす菌類は，植物病原菌と呼ばれている．このような菌類は，菌界（the kingdom of fungi）全体から見るとごくわずかな数だが，植物の病気全体のうち約 80% は菌類によるものだといわれている．ここでは，いくつかのキーワードをもとに植物病原菌とはどのような菌類かを概説する．

1）植物と病原菌の軍拡競争

本来，すべての植物は，動物とは異なるが先天的な抵抗性をもっている．このために，ほとんどの菌類は生きた植物に寄生することができない．数多く存在する菌類の中で植物病原菌がごくわずかしかいない理由はここにある．しかし，菌類の中には，植物の抵抗性を打破する能力を進化させるものも現れる．このような，ごく一部の菌類が植物病原菌へと進化すると考えられる．一方で，宿主植物の中にも，この病原菌に対する新たな抵抗性を進化させるものが現れる．その結果，病原菌はふたたび宿主植物に感染することができなくなる．いわゆる「赤の女王仮説」としても有名なように，宿主植物と植物病原菌の間には，(1) 植物側が「抵抗性」を進化させる，(2) 病原菌側がそれを打破する「病原性」を進化させる，(3) 植物側がまたそれを打破する「抵抗性」を進化させる，という激しい軍拡競争の歴史があるといえる．

具体的な例をあげてみよう．植物は，病原菌の侵入を物理的に防ぐために，厚い細胞壁を発達させている．それに対応するために，菌類は，進化の過程で付着器という特殊な器官を発達させ，強力な物理力により細胞壁を突き破ることができるようになった．さらに，菌類はセルラーゼやペクチナーゼのような多様な細胞壁分解酵素やその分泌制御を発達させ，化学的にも細胞壁を分解する能力を高めている．また，多くの植物は抗菌物質を蓄積し，菌の侵入から身を守っていることが知られている．その一方で，菌類の中には，抗菌性物質の分解酵素を発達させることで，こうした植物に寄生できるよう進化したものもいる．ここであげた例は，植物がもともと備えている（病原菌の存在の有無にかかわらずつねに発動している）抵抗性反応で，「静的抵抗性」と呼ばれている．

しかし，「静的抵抗性」だけでは，すべての菌類の侵入を食い止めることは難しい．そのため植物は，病原菌の侵入をすばやく感知し，必要な防御応答を爆発的に発動する「動的抵抗性」を進化させた．病原菌が静的抵抗性を打破し侵入を開始すると，宿主植物はまず，病原菌の分泌する化学物質（エリシターと呼ばれる）を手がかりにして，病原菌の存在をすばやく感知する．次に植物は，大量の活性酸素の放出（オキシダティブバーストと呼ばれる）をはじめとして，さまざまな防御応答を能動的に行い，病原菌を撃退することが知られている．しかし，この強力な「動的抵抗性」に対しても，ある種の植物病原菌は，サプレッサー（またはエフェクター）と呼ばれるタンパク質を宿主植物に送り込み，動的抵抗性の発動を抑制することができると考えられている．

現在，植物に感染することのできる菌類は，植物との激しい軍拡競争の末に，いまのところ勝利をおさめているきわめて特殊な菌類であるといえるであろう．

2）病原菌とはいったい何か？

さて，ここまでは，植物がさまざまな防御応答を発達させており，それを打破することのできる一部の菌類だけが植物病原菌となりうることを見

■図 15.1.1　植物病原菌の寄生性ならびに栄養摂取様式

てきた．しかし，植物に感染することのできる菌類が，すべて植物病原菌と呼ばれるわけではない．そこには，「共生菌」と呼ばれるものや，「そのどちらとも呼べないもの」も多く含まれている．次項で述べる菌根菌などの「相利共生菌」は，植物に対する感染能を有しているが，病原菌とは呼ばない．

まずは，植物菌類の生活様式を分類してみよう（図 15.1.1）．菌類はその生活環をどのように過ごすかによって腐生菌，条件的寄生菌，条件的腐生菌，および絶対的寄生菌に分けられる．また，栄養取得様式によって腐生栄養（saprotrophy，生命活動のない資源だけを利用する），殺生栄養（necrotrophy，宿主やその組織の一部を殺してから，腐生的に栄養摂取する），活物栄養（biotrophy，宿主や共生者の生きた細胞からのみ栄養を得る）などに区分できる．本来の菌類の姿は，おそらく，腐生栄養性の腐生菌であろう．そのような腐生菌の中から，植物の抵抗性を打破し，感染することのできる菌類が誕生する．そうした初期の寄生菌の多くは，宿主植物を殺すことにより栄養を取得する殺生栄養性であると推測できる．このような殺生栄養性の植物寄生菌のほとんどは，植物病原菌と呼べるだろう．しかし，宿主を次々殺して栄養をとる作業を繰り返すのではなく，できるだけ長く宿主を生かしたまま栄養を取得できるように適応進化するものも現れてくる．このような一部の寄生菌が，宿主の細胞を殺すことなく栄養を取得する，半活物栄養性や活物栄養性となると考えられる．次に述べる“菌根”などで見られる菌類と宿主の相利共生的な関係はこのような病原菌と宿主の関係を経て進化してきたと考えられる．このような活物栄養性や半活物栄養性など，宿主植物への依存度の高い菌類の生態学的な分類は難しい．

たとえば，活物栄養性の絶対寄生菌であるうどんこ病菌は，農業上重要な植物病原菌であるが，宿主植物の生きた細胞の存在なしには生きていくことさえできない．また，興味深いことに，うどんこ病菌に軽微に罹病した植物では他の病害に対する抵抗性が増す（抵抗性誘導）ことも知られている．これは，うどんこ病菌の感染によって宿主の抵抗性が活性化し，他の病原菌の侵入に対しても働くためと考えられている．病原菌と宿主の関係を栄養取得関係から見ると確かに微生物の寄生としかとらえられないだろう．しかし生態学的見地からは宿主は寄生者を養うコストを払い，より破壊的な病原菌に対する保険をかけているともとらえられないだろうか．

この節の冒頭でも述べたが，植物に病気を引き起こす菌類だけが植物病原菌と呼ばれている．では，植物の病気とは一体どのような状態であろうか．植物病理学の教科書には「絶え間ない刺激により植物の生理機能が乱れている過程を病気という」などと定義されているが，一般的には，「植物が健康でない状態」と理解されている（健康の定義は病気でない状態，ではあるのだが）．「不健康」「健康」な状態をどうとらえ，どこで線引き（分類）・定義するかは難しく，一義的に決められるものでもない．同じように，「病原菌」や「共生菌」といった生態学的な分類は，必ずしも断続的に明確に分けることのできるものではなく，連続的に続いているもの，あるいはある微生物と宿主との相互関係のある一面だけを取り上げているものと理解するべきだろう．病原的な要素をもつ共生菌

や，共生的な要素をもつ病原菌もたくさんいるのだ．　　　　　　　　　（田中千尋・泉津弘佑）

＊参考文献

大木　理（2007）植物病理学．東京化学同人，東京
杉山純多編（2005）菌類・細菌・ウィルスの多様性と系統（バイオディバーシティー・シリーズ4）．裳華房，東京
佐久間正幸編（2008）植物を守る（生物資源から考える21世紀の農学3）．京都大学出版会，京都
Smith JM（1989）Evolutionary Genetics. Oxford Univ. Press, Oxford

15.1.2 菌　根

1）外生菌根

担子菌門ハラタケ亜門，子嚢菌門のいくつかの綱，ならびにケカビ亜門アツギケカビ科（Endogonaceae）に属す菌類が関与する菌根の1形態であり，マツ科，ブナ科，フタバガキ科，フトモモ科，ナンキョクブナ科などの細根部で見られる．外生菌根菌は1万種のオーダーに達し，植物と共生する菌類の中で最も大きな生態群の1つである．

外生菌根は，上記樹木の細根（長根と側根に分化した根系を形成する種では主に側根）において，菌糸体が根の表面を覆う菌鞘組織（fungal sheath, fungal mantle）が形成され，かつ，菌糸が根の皮層（または表皮）細胞間隙へ侵入し，薄層状に分岐発達したハルティヒネット（Hartig net）が形成されることで定義される．ハルティヒネットは平面的には迷路状あるいは掌状に見える．このハルティヒネットを通じて菌と植物の間で栄養交換がアポプラスティックに行われ，菌から植物へ窒素（主にアミノ酸態），リン，その他ミネラル，水等が，植物から菌へと炭素（単糖類）が供給され，両者は共生関係にある．外生菌根菌の炭素源のほとんどは菌根から供給される糖類に依存し，外生菌根性植物が必要とする土壌栄養の大部分は菌根菌に依存している（図15.1.2）．

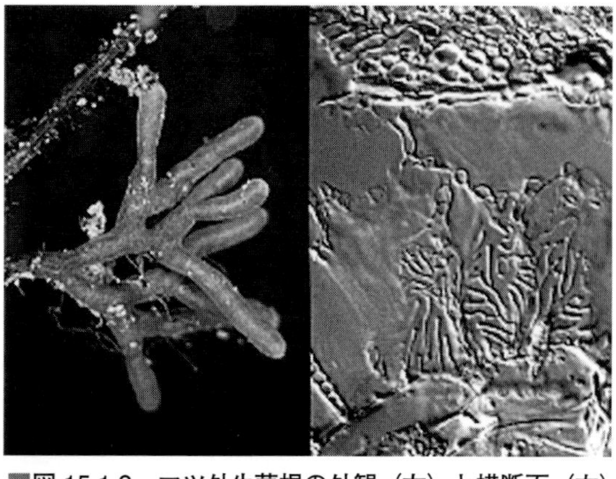

■図15.1.2　マツ外生菌根の外観（左）と横断面（右）

外生菌根形成では，宿主特異性があり，たとえばヌメリイグチ属（*Suillus*属）のほとんどの菌種はマツ科樹木とのみ外生菌根を形成する．一方，複数の植物の科にまたがって菌根を形成する菌種も多く知られるが，南北両半球固有の植物のどちらとも共生できる菌種は少ない．しかし，外生菌根形成には，植物寄生菌や病原菌でしばしば見られる菌と植物の1対1の種間関係はほとんどない．外生菌根は，森林生態系で重要な役目を果たしており，樹木の成長促進にとどまらず，稚樹の生残能上昇や，根系を病原微生物から保護する役目を担う．このため，造林分野では，苗木への適切な菌根菌接種（主に子実体の胞子）が有効な場合が多い．また，森林土壌における最大の微生物バイオマスとなる場合があり，炭素循環をはじめとする物質循環や食物連鎖においても鍵を握ることになる．さらに，重金属汚染土壌への植林に際しても，菌根形成により樹木の重金属耐性を高めることができる．

外生菌根菌には培養可能な種があり，無菌植物に培養菌糸体を接種する菌根合成法（mycorrhizal synthesis）が知られ，菌根形成に関する生理・生化学的研究や，食用キノコ類の菌根苗作出などに用いられる．オオキツネタケ（*Laccaria bicolor*）では，すでにゲノム解読が終了し，共生機構に関する分子的研究が進められている[1]．

（山田明義）

＊引用文献

1）Martin F, et al.（2008）Nature 452 : 88-92

＊参考文献

Smith SE, Read DJ（2008）Mycorrhizal symbiosis, 3rd ed. Elsevier, Amsterdam

2）内外生菌根

（1）定　義

内外生菌根（ectendomycorrhiza）は，主にマツ科の針葉樹の根に，ある種の子嚢菌類が定着して形成された菌根の形態の1つである．外見上，外生菌根に似るが，細根表面を覆う薄い菌鞘，細胞の間に侵入する発達したハルティヒネットに加えて，表皮細胞と皮層細胞の内部に，菌糸の侵入が見られるのが特徴である（図 15.1.3）[1]．特に，老化した外生菌根との区別をするために，細胞内への菌糸侵入とハルティヒネットが，同時に存在することの確認が重要であろう．同じく細胞内菌糸をもつ菌根タイプのアーブトイド菌根とは，かかわる菌と植物の違いから，分けて定義づけられることが多い．

（2）菌根形成にかかわる菌

内外生菌根形成にかかわる菌は，有性世代が確認できなかったため，E-strain もしくは *Mycelium radicis-atrovirens* と呼ばれるグループに属する菌として扱われてきた．また，近年ほとんど用いられなくなった菌根の区分である偽菌根を形成するとして扱われた菌と一部重複する．現在では，有性世代の発見や分子生物学的手法の利用により，子嚢菌類に属する菌であることがわかっている．その主な菌は，チャワンタケ目（Pezizales）またはズキンタケ目（Leotiales）に属する，*Wilcoxina mikolae, Wilcoxina rehmii, Sphaerosporella brunnea, Cadophora finlandica*（syn. *Phialophora finlandica*），*Chloridium paucisporum* などである[2]．一方で，内外生菌根菌のうちのいくつかの菌は，宿主植物や環境条件が異なれば，外生菌根を形成することが知られている．

（3）宿主植物

内外生菌根を形成する植物は，針葉樹であるマツ科の植物とされる．マツ科のマツ属（*Pinus*）とカラマツ属（*Larix*）だけを内外生菌根を形成する明確な宿主とする見解もある[3]．しかし，これまでに実験条件下での確認が行われている植物種は限られる．野外で採取されたサンプルの場合，健全な内外生菌根とは異なり，外生菌根が老化したために細胞内への菌糸の侵入を許している場合があると考えられ，これらは内外生菌根とは区別するべきであろう．一方で，内外生菌根菌が，マツ属，カラマツ属に加えて，トウヒ属や広葉樹のカバノキ属などに，外生菌根を形成することも確認されている．

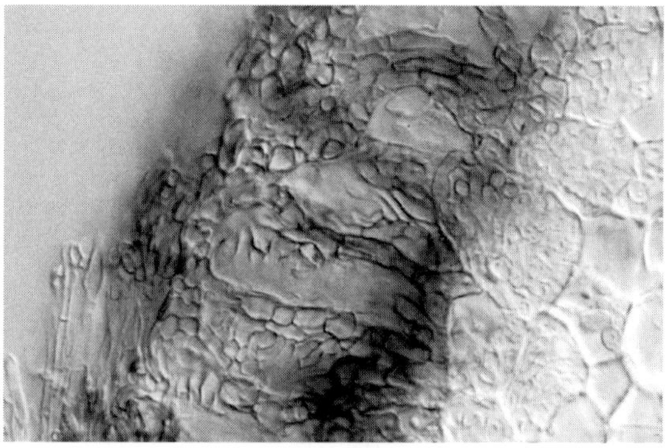

■図 15.1.3　内外性菌根の横断面

（4）生態と機能

内外生菌根の機能に関する研究例は少なく，明確な相利共生関係が結ばれているのか否かは明らかになっていない．伐採跡のような攪乱地に定着した宿主植物から内外生菌根形成の報告がなされており，何らかの利益を宿主植物に与えていると推測される．また，苗畑のような人為的な環境下でも，内外生菌根の形成が多く見られる．そのため，内外生菌根菌は施肥や農薬散布などの行われる環境に耐性をもつ可能性があり，応用的な利用ができるかもしれない．　　　　（橋本　靖）

＊引用文献

1）Scales PF, Peterson RL（1991）Can J Bot 69 : 2135-2148
2）Yu TE, et al.（2001）Mycorrhiza 11 : 167-177
3）Peterson RL, et al.（2004）Mycorrhizas: Anatomy and cell biology. NRC Research Press, Ottawa

＊参考文献
Smith SE, Read DJ（2008）Mycorrhizal Symbiosis, 3rd ed. Academic Press, New York

3）アーバスキュラー菌根

グロムス菌門（Glomeromycota）の菌により形成される菌根をアーバスキュラー菌根（AM）と呼ぶ. AMを形成する宿主植物にはイネ科, マメ科, ナス科, ユリ科, ウリ科, キク科, バラ科, ミカン科などが含まれる. 非宿主植物としてアブラナ科, アカザ科, タデ科, マメ科の*Lupinus*属などがある.

土壌中のAM菌の胞子が発芽し, これから伸張した外生菌糸が根の表面に付着器を形成し, 根の内部に侵入する. 内生菌糸は根の細胞内に樹枝状体（arbuscule）と呼ばれる菌糸が細かく分岐した構造を形成する（図15.1.4）. 菌は樹枝状体で植物側から糖（グルコース）を受け取り, これによりさらに外生菌糸を伸張させる. 菌糸の直径は1～10 μm程度で, 伸張速度は菌種により異なり0.2～3 mm/日である. 外生菌糸は根の表面から25 cm以上離れた土壌にまで到達し, 土壌中の菌糸密度は0.06～40 m/g土壌で, 菌種により異なる. このように根の周りのリン酸欠乏領域を超えて広範囲に微細な外生菌糸が伸張するため, AMを形成した植物は, 形成していない植物に比べてより多くの無機養分（特にリン酸）と水分を吸収することができる.

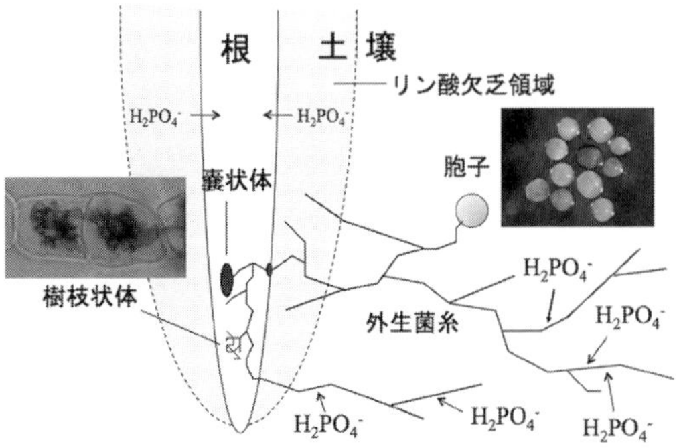

■図15.1.4　アーバスキュラー菌根菌の外生菌糸によるリン酸吸収

外生菌糸は土壌中からリン酸イオンを吸収する. 外生菌糸に吸収されたリン酸はポリリン酸になり液泡内に蓄えられ内生菌糸へ輸送される. 樹枝状体でポリリン酸はリン酸に加水分解され, 菌と植物との間のアポプラストへ放出され, さらに植物のリン酸トランスポーターにより吸収されると考えられている.

土壌中のリン酸濃度が植物の生育制限要因となっている条件下では, AM菌によるリン酸吸収の促進が植物の生育促進となって現れる. 可給態リン酸濃度が低～中の土壌ではAM形成した植物の生育が形成していない植物の生育より大きくなる. 可給態リン酸濃度の上昇に伴いこの差は小さくなり, 可給態リン酸が十分にある土壌では両者の生育の間には差が認められない. AM依存性は一般的には樹木＞野草＞牧草＞畑作物の順に高くなる. これは肥料が投入されない自然生態系でのAM菌の重要性を示している.

リン酸以外の無機養分について, 外生菌糸はアンモニウムと硝酸を吸収することが知られている. また亜鉛と銅の吸収がAM形成した植物で形成していない植物より大きくなることがいくつかのAM菌と宿主植物の組合せで報告されているが, 外生菌糸によるこれらの吸収機構については不明である.

外生菌糸同士は吻合によりつながり, 根の周りの土壌に外生菌糸ネットワークが形成される. マメ科作物とイネ科作物の混作では, 単作と比べてイネ科の窒素吸収と生育が改善される. これは菌糸ネットワークによるマメ科からイネ科への窒素の輸送によるものであると考えられている.

（俵谷圭太郎）

4）エリコイド菌根

（1）エリコイド菌根の誕生

エリコイド菌根はAPG植物分類体系のツツジ目のうちツツジ科やイワウメ科で見られる菌根である[1]. エリコイド菌根性植物はhair rootと呼ばれる直径100 μm以下の非常に細い根が発達し,

共生者のエリコイド菌根菌はその根の表皮細胞中に菌糸コイルを形成することで植物と共生している．この共生関係は約1億4000万年前の白亜紀前期に生まれたと推測されている[2]．

ツツジ科植物の進化の流れを菌根共生の点からみると，アーバスキュラー菌根性のドウダンツツジ亜科からアーブトイド菌根性のシャクジョウソウ亜科やイチゴノキ亜科が分化し，エリコイド菌根形成能力を獲得した後に，イワヒゲ亜科やツツジ亜科，ジムカデ亜科，ステフィリエア亜科，スノキ亜科という多様性に富むグループが生まれたと考えられている[3]．

(2) エリコイド菌根菌の多様性

エリコイド菌根菌の多くは有機物分解能力を有する子嚢菌やそのアナモルフであることから従来hair rootや菌糸コイルから分離した株に基づき多様性が評価されてきた[3]．一部の属を除き形態情報に基づく種同定が困難であったため近年では積極的に分子情報が用いられている．普通種の1つである *Rhyzoscyphus ericae* と同定されてきた種では分子情報に基づき現在では複数の種を含む *R. ericae* aggregate として扱われている[4]．

分離・培養を介さずに根から直接DNAを抽出し多様性を評価する方法も近年さかんに行われており，分離法では確認されなかった担子菌の *Sebacina* 属が高頻度で出現することが明らかにされている[5]．

また，ツツジ科植物はさまざまな植生タイプに生育しており，エリコイド菌根菌の多様性はそれらの違いに影響を受けることが報告されている[6]．

(3) エリコイド菌根の機能

一般にエリコイド菌根菌は多様な有機物分解酵素を有し，有機物の分解によって得られた無機養分を植物に供給することができる[3]．また，エリコイド菌根菌の中には重金属イオンが植物体へ転送するのを抑える能力を有する種が知られている[7]．さらに，エリコイド菌根性植物とそれ以外の植物との間で菌根菌の菌糸を介したネットワークが存在する可能性があると推測されている．このような特徴は，エリコイド菌根性植物が他の植物が生育できない厳しい土壌環境に定着できている理由として考えられている[7]．

(4) 地球温暖化とエリコイド菌根

ツツジ科植物が優占する北極圏地域では，気温と二酸化炭素濃度が上昇すると光合成量とエリコイド菌根形成量が増す一方，葉の窒素含有量が減るといわれている．つまり，窒素循環におけるエリコイド菌根の役割に変化が見られる可能性があると予測されている[8]．（広瀬　大）

＊引用文献

1) Wang B, Qiu YL (2006) Mycorrhiza 16 : 299-363
2) Cullings KW (1996) Canadian J Botany 74 : 1896-1909
3) Smith SE, Read DJ (2008) Mycorrhizal symbiosis, Academic Press, London
4) Hambleton S, Sigler L (2005) Studies Mycology 53 : 1-27
5) Allen TR, et al. (2003) New Phytologist 160 : 255-272
6) Bougoure DS, et al. (2007) Molecul Ecol 16 : 4624-4636
7) Cairney JWG, Meharg AA (2003) European J Soil Sci 5 : 735-740
8) Olsrud M, et al. (2004) New Phytologist 162 : 459-469

5) アーブトイド菌根

(1) 定　義

ツツジ科（Ericaceae）内の2つの亜科の数属の植物がつくる菌根は，菌鞘と，表皮細胞周囲のハルティヒネットの発達，および表皮細胞内への菌糸侵入によって特徴づけられ，アーブトイド菌根（arbutoid mycorrhiza）として区分されている．細胞内菌糸をもつことから内外生菌根に区分することも可能であるが，構造的特徴やかかわる菌の種が，ほかの内外生菌根をつくる植物や，ツツジ科の他の植物とは異なり，独立して区分することが多い．

(2) 宿主植物

ツツジ科に属する *Arbutus*（イチゴノキ）と *Arctstaphylos*（クマコケモモ）の2属，また，シャクジョウソウ亜科，イチヤクソウ連（Pyroleae）の数属の植物において，アーブトイド菌根が見られる．*Arbutus* と *Arctstaphylos* が本邦に自生していないことから，このアーブトイド菌根をイチヤクソウ型菌根と呼ぶこともある．これらの植物は主に林縁や林床部に生育する灌木もしくは草本である．これらのつくる菌根は，外見上，発達した枝分かれも見られ，外生菌根に似るが，細胞内にコイル状の菌糸の侵入が見られる点で異なる．また，イチヤクソウ連の植物のつくる菌根は，*Arbutus* と *Arctstaphylos* と比べ，菌鞘の発達が少ないとされる種が多い．その細胞内菌糸は，表皮細胞内部のほとんどを占めるほどになる（図15.1.5）．

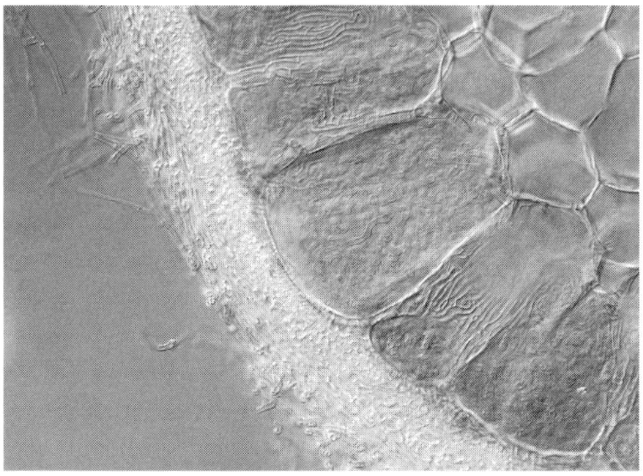

■図 15.1.5　ベニバナイチヤクソウの菌根横断面

(3) 菌根形成にかかわる菌

一般に高木性樹木と共生する外生菌根菌が，灌木の *Arbutus* と *Arctstaphylos* に対しては，アーブトイド菌根を形成することが知られる．そのため，これらの菌は，主に外生菌根性の担子菌と一部の子嚢菌であると考えられる．また，これら植物の菌に対する特異性は低いと考えられる[1]．一方，草本植物であるイチヤクソウの仲間の菌根も，外生菌根菌が定着していることが明らかになってきている[2,3]．このように，アーブトイド菌根だけを形成する菌は多くないと思われ，このタイプの菌根は，植物側の要因によって形成されていると考えられる．

(4) 生態と機能

本邦では自生していない *Arbutus* と *Arctstaphylos* は，世界的に見ると，亜寒帯から温帯域，北米およびヨーロッパ大陸の沿岸部などの植生構成種として重要な地位を占める．そのため，これらの植物と共生するアーブトイド菌根菌は，生態系を構成する重要な要素であると考えられる．たとえば，北米のカリフォルニア海岸部では，*Arctstaphylos* の群落内でダグラスファーの実生が生育し，その際，両者は多くの菌根菌の種を共通して定着している[4]．このように林の外縁部や林床のアーブトイド菌根性植物の存在が，攪乱時などの外生菌根菌の種多様性の維持に貢献し，優占樹木の定着に一役買っている可能性がある．一方，林床性の草本植物であるイチヤクソウの仲間も，生育している林の優占樹木種と共通した外生菌根菌を定着させていると考えられる．この共通した菌根菌を経由して，部分的に菌従属栄養生活をしている可能性が示され始めている[2,3]．　（橋本　靖）

＊引用文献

1）Molina R, Trappe JM（1982）New Phytol 90 : 495-509
2）Tedersoo L, et al.（2007）Oecologia 151 : 206-217
3）Zimmer K, et al.（2007）New Phytol 175 : 166-175
4）Horton TR, et al.（1999）Can J Bot 77 : 93-102

＊参考文献

Smith SE, Read DJ（2008）Mycorrhizal symbiosis, 3rd ed. Academic Press, New York

6) モノトロポイド菌根

モノトロポイド菌根（monotropoid mycorrhizas）は，根端表面に形成される菌鞘（mantle），表皮細胞の間隙に形成されるハルティヒネット（Hartig net），菌鞘やハルティヒネットに由来する菌糸の表皮細胞への侵入という点で特徴づけられる[1]．表皮細胞内で認められる菌糸は菌糸ペグ（fungal peg）と呼ばれ（図 15.1.6），宿主植物によってその貫入方向が接線方向か放射方向かで異なる．この菌糸ペグは宿主植物の不定形の原形質細胞膜に覆われ，菌根菌からの栄養享受の場とされる細胞膜の表面面積を増大させるための形態変化と考えられている．シャクジョウソウでは，その生育段階によって菌糸ペグの界面の構造的変化が示され

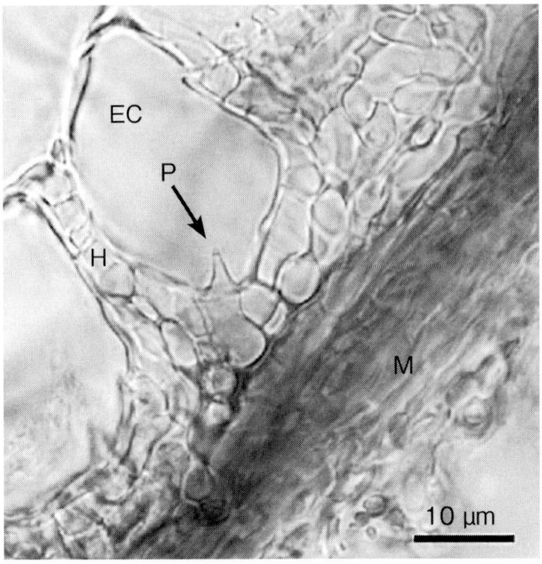

■図 15.1.6 ギンリョウソウに形成されたモノトロポイド菌根（大河内瞬氏撮影）
EC：表皮細胞，H：ハルティヒネット，M：菌鞘，P：菌糸ペグ．

ている[2]．

この菌根を形成する植物は，ツツジ科（Ericaceae）のシャクジョウソウ亜科（Monotropoideae；植物分類学上，シャクジョウソウ科（Monotropaceae）とされることもある）に属しており，世界に10属分布する[3]．いずれの種も葉緑素をほとんど，もしくはまったく保持していないことや，地下部形態が一般に塊状の根系（root ball）で各根の分岐はきわめて乏しい点で共通している[1]．そのため，この仲間は腐生植物と記載されることがあるが，無葉緑性の菌従属栄養植物（myco-heterotrophic plants），すなわち植物に定着する菌根菌に養水分を依存している[4]．日本には，シャクジョウソウ，ギンリョウソウモドキ，ギンリョウソウが分布している．

菌根の形成にかかわる菌根菌は，いずれも担子菌類の比較的少数の科で構成されており[5]（表15.1.1），宿主植物種の地理的分布によらず，定着する菌は特定の属か種に限定的である[6,7]．このことから，モノトロポイド菌根共生系における菌根菌の宿主特異性は他の菌根系に比べてきわめて高い[8]．さらに，シャクジョウソウ亜科の種子は微小で，蓄積養分が少ないため，その生育はラン科植物と同様，菌根菌の感染，定着による共生発芽を通して維持されると考えられている．多くの宿主植物では種子の無菌操作が困難であるため，細胞レベルから生態レベルにおける宿主特異性の維持機構の多くは不明であるが，いくつかの宿主植物では種子発芽の段階から菌根菌の宿主特異性が存在すると示唆されている．

特定されている菌根菌のすべては，樹木に外生菌根（図15.1.2参照）を形成する種と分類学的に同一である．シャクジョウソウは，菌根菌の菌糸を介して周辺樹木の光合成産物を獲得すること

■表 15.1.1 モノトロポイド菌根を形成する植物とその定着する菌根菌[5]

植物名	菌根菌
Allotropa virgata	*Tricholoma magnivelare*
Cheilotheca	?
Hemitomes congestum	*Hydnellum* spp.
ギンリョウソウモドキ（*Monotropa uniflora*）	Russulaceae
シャクジョウソウ（*M. hypopitys*）	*Tricholoma* spp., Suilloid
ギンリョウソウ（*Monotropastrum humile*）	Russulaceae, Thelephoraceae
Monotropsis odorata	*Hydnellum* spp.
Pityopus californicus	*Tricholoma* spp.
Pleuricospora fimbriolata	*Gautieria monticola*
Pterospora andromedea	*Rhizopogon* spp.
Sarcodes sanguinea	*R. ellenae, R. subpurpurascens,* Suilloid, Cantharellaceae

が炭素，リンの放射性同位体元素の分析から示されている[9]．こうした樹木とその近傍に生育する下層植物，もしくは樹木実生を菌根菌の菌糸がつなぐことを菌根ネットワーク（mycorrhizal mycelial network）と呼び[10]，生態系内の物質循環に果たすネットワークの機能的意義は安定同位体比の解析を通して調査が行われている．

（松田陽介）

＊引用文献
1）Matsuda Y, Yamada A（2003）Mycologia 95 : 993-997
2）Duddridge JA, Read DJ（1982）New Phytol 92 : 203-214
3）Wallace GD（1975）Wasmann J Biol 33 : 1-88
4）Leake JR（1994）New Phytol 127 : 171-216
5）Smith SE, Read DJ（2008）Mycorrhizal symbiosis, 3rd ed. Academic Press, San Diego
6）Cullings KW, et al.（1996）Nature 379 : 63-66
7）Matsuda Y, et al.（2011）Mycorrhiza 21 : 569-576
8）Bidartondo MI（2005）New Phytol 167 : 335-352
9）Björkman E（1960）Physiol Plant 13 : 308-327
10）Simard SW, Durall DM（2004）Can J Bot 82 : 1140-1165

7）ラン菌根

（1）形態と機能

ラン科植物は特定の菌類とラン菌根を形成し，菌根菌との共生に強く依存した生活を営んでいる．ランの種子は非常に小さく，胚乳をもたない．このため自然条件下では種子発芽の際に菌根菌の定着を受け，菌から炭素化合物を含む栄養素の供給を受けないと成長することができない．発芽種子および幼植物体（プロトコーム）の細胞内には菌根菌の菌糸コイルの形成が見られ，この菌糸コイルはやがて変質して溶菌する．プロトコームの成長促進は菌糸コイルの変質前から認められることが報告されているが，溶菌の際に放出される炭素化合物がランに利用されている可能性も否定できず，その際の供給量も大きいかもしれない．

親個体の地下組織（根あるいは根茎）の細胞内にもラン菌根は形成される．ラン科植物には，葉緑素を欠失して光合成能力を失った種が多数存在するが，これらは世代を通じて菌根菌からの炭素化合物の供給に依存する菌従属栄養植物として知られている．ラン科植物の根は太くあまり分枝しない．一般にこのような形態の根をもつ植物はリンなどの土壌養分の吸収に際して菌根菌への依存度が高いことが知られているが，ラン菌根においても菌根菌からランへのリンおよび窒素の供給が実験的に確認されている[1,2]．

（2）ラン菌根を形成する菌類

ほとんどは担子菌類に属し，その多くは不完全菌類のリゾクトニア属菌（*Rhizoctonia*）である．このうち，完全世代（テレオモルフ）としては，*Ceratobasidium* 属および *Thanatephorus* 属（Ceratobasidiaceae），*Tulasnella* 属（Tulasnellaceae），*Sebacina* 属（Sebacinaceae）の3科4属が報告されている．一方，近年普及した分子生物学的手法を用いた研究は，他のさまざまな分類群の菌類をランの菌根菌として同定している．サカネラン連（*Neottieae*）に属するランでは，キンラン属（*Cephalanthera*），サカネラン属（*Neottia*），サンゴネラン属（*Corallorhiza*）などのように，樹木に外生菌根を形成する菌類（イボタケ科（Thelephoraceae），ベニタケ科（Russulaceae），ロウタケ科（Sebacinaceae）など）が菌根菌として同定されているものがあり[3,4]，樹木の光合成産物が菌根菌の菌糸を通じてランに与えられる三者共生の関係が示唆されている．また，カキラン属（*Epipactis*）のランでは外生菌根形成能を有するセイヨウショウロタケ属（*Tuber*）などの子囊菌類も菌根菌として報告されている[5,6]．サカネラン連のランには無葉緑のものも多く，これらは樹木の光合成産物という安定的な炭素源の獲得に成功したことが進化的背景にあると考えられる．一方，ナラタケ属（*Armillaria*），ナヨタケ科（Psathyrellaceae）などの腐生性（寄生性）の菌類が無葉緑ランに共生する事例も知られている[7-9]．ランと菌根菌の関係には宿主特異性が見られる場合が多いが，生育ステージや環境条件によって特異性のレベルが変化する事例が知られており[10,11]，その関係は一筋縄ではとらえられないことも多い．概して，光合成

ランよりも無葉緑ランにおいて，特定の菌類に対して高い特異性が見られる．（大和政秀）

*引用文献

1) Smith SE (1966) New Phytol 65 : 488-499
2) Cameron DD, et al. (2006) New phytol 171 : 405-416
3) Taylor DL, Bruns TD (1997) Proc Natl Acad Sci USA 94 : 4510-4515
4) McKendrick SL, et al. (2002) New Phytol 154 : 233-247
5) Bidartondo MI, et al. (2004) Proc R Soc Lond B Biol Sci 271 : 1799-1806
6) Selosse MA, et al. (2004) Microbial Ecol 47 : 416-426
7) Kusano S (1911) J Coll Agric Univ Tokyo 4 : 1-66
8) Hamada M (1939) Jpn J Bot 10 : 151-212
9) Yamato M, et al. (2005) Mycoscience 46 : 73-77
10) Masuhara G, Katsuya K (1994) New Phytol 127 : 711-718
11) Bidartondo MI, Read DJ (2008) Mol Ecol 17 : 3707-3716

*参考文献

Rasmussen HN (2002) Plant Soil 244 : 149-163
Dearnaley JDW (2007) Mycorrhiza 17 : 475-486
大和政秀・谷亀高広 (2009) 日菌報50 : 21-42

8) エントローマ菌根

エントローマ菌根はAgererとWallerによって最初に記載されたタイプの菌根で，①細根の先端部に菌鞘を形成し，外部形態は棍棒形で先端部が特に球形になることもある，②根の先端部の根幹，頂端分裂組織，表皮，皮層が消失する，③植物組織が消失した領域に菌糸が侵入する，といった形態的特徴により定義づけられる（図15.1.7参照）[1,2]．外生菌根を特徴づけるハルティヒネット形成は明瞭には認められない．*Entoloma clypeatum*, *E. saepium* など，主に春に発生し，バラ科植物とニレ科植物と共生しているとされてきたイッポンシメジ属菌がこのタイプの菌根を形成する．いまのところ，菌根合成には成功していないが，野外に存在する菌根の形態観察などから得られた知見は以下の通りである[2]．

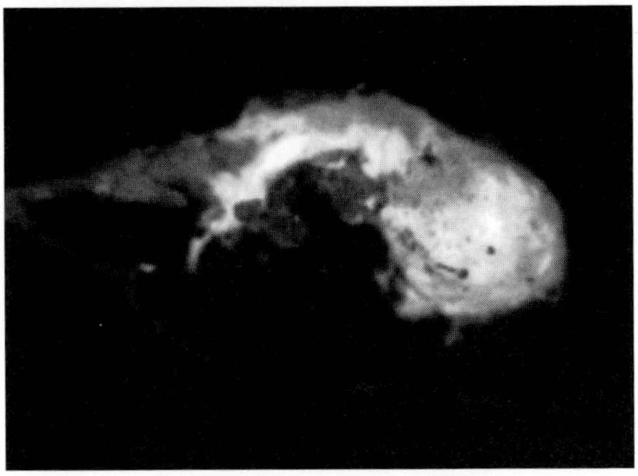

■図15.1.7 エントローマ菌根の外部形態

細胞レベルでは菌が根の一部の細胞を破壊し，寄生的に振る舞うことが考えられるが，侵入した菌糸は中心柱周囲で崩壊していることから，皮層細胞を破壊しながら中心柱まで達すると菌糸自体も活性を失うものと解釈できる．菌根は子実体発生時期にその直下に高頻度で見つけることができるが，それ以外の時期には頻度が下がる．イッポンシメジ属菌が植物に感染しても樹勢が弱ることはないが，これは菌根が寄生的な振る舞いを行う期間がごく短いことと相関している可能性が高い．菌根表面に厚壁胞子が観察されており，感染していない期間でも土壌中に感染源が残っているものと考えられる．子実体近くの実生にはエントローマ菌根が形成されているが，これを土ごと別の場所に移植して，1年後根系を観察したところ，再び同じタイプの菌根が見つかっている．

（小林久泰）

*引用文献

1) Agerer R, Waller K (1993) Mycorrhiza 3 : 145-154
2) 小林久泰 (2005) 茨城県林技セ研報 27 : 1-39

9) その他の菌根

(1) キャベンディッシオイド菌根

キャベンディッシオイド（Cavendishioid）菌根は中南米に分布するツツジ科スノキ亜科（Vaccinioideae）に属する*Cavendishia nobilis*ではじめて見つかったため名づけられた菌根型である[1]．これまでスノキ亜科の植物はエリコイド菌根を形成すると報告されていたが，本菌根は菌鞘やハルティッヒネットをもち，根の細胞内に菌糸コイルを形成するという点ではアーブトイド菌根に似ている．しかし，菌根を形成する根は他のスノキ亜科の植物と同様に細く，細胞間隙に見られる菌糸は細く，細胞内に見られる菌糸が太くなるという点でアーブトイド菌根と異なるため，別の菌根型として提唱されたものである．その後，ツツジ科のアンデス山系に分布するグループ（Andean clade）に属する15種はすべてこの形態の菌根を形成することが確かめられた[2]．菌根菌は分子系統解析の結果，多くは担子菌類のロウタケ目（Sebacinales）に属するものであるが，一部は子嚢菌類のズキンタケ綱に属する菌も見つかっている．

(2) 苔類（コケ植物）の菌根

苔類はコケ植物で根をもたないため菌根の定義には当てはまらないが，菌類との共生という観点からここで言及する．苔類のいくつかの種類では，種類によってさまざまなタイプの菌類が共生していることが報告され，それぞれアーバスキュラー菌根菌，ツツジ科のエリコイド菌根菌，樹木の外生菌根菌と共生するとされてきたが，苔類の系統樹と統合することで，菌類との共生関係が整理された[3]．苔類の系統樹で最も基部に位置するゼニゴケなどのグループは地上生で，すべてグロムス菌類と共生し，樹枝状体や嚢状体を形成する．樹木への着生形態を示すグループは菌類とは共生しない．着生形態を示すグループから再度地上生へと進化したスジゴケ科の苔類は担子菌類の *Tulasnella* と共生する．茎葉体をもつウロコゴケ目（Jungermanniales）は地上生または着生であるが，担子菌のロウタケ（*Sebacina*）の仲間やツツジ科にエリコイド菌根を形成することで知られる子嚢菌の *Hymenoscyphus ericae* aggregate と呼ばれる菌類と共生する．このうち，ウロコゴケ目の共生構造についてはジャンガーマニオイド（Jungermannioid）菌根という名前が提唱されたが[4]，一般には受け入れられていない．

（岩瀬剛二）

＊引用文献

1) Setaro S, et al.（2006）New Phytol 169 : 355-365
2) Setaro S, et al.（2006）Mycol Progress 5 : 243-254
3) Kottke I, Nebel M（2005）New Phytol 167 : 330-334
4) Kottke I, et al.（2003）Mycol Res 107 : 957-968

COLUMN8 菌従属栄養植物の生態

菌従属栄養植物（myroheterotrophic plants）とは，担子菌門，子嚢菌門およびグロムス菌門に含まれる菌類に生育に必要な養分を依存し成育する植物を指す[1]．全世界に11科87属，約400種が知られ[1]，このような植物はかつて腐生植物（saprophytic plants）と呼ばれてきた．ツツジ科シャクジョウソウ亜科（Monotropoideae）の植物は全種が菌従属栄養植物で樹木に外生菌根を形成する菌種と菌根共生することでモノトロポイド菌根を形成し生育することが知られている．菌根共生の相手は植物の分類群ごとに決まっておりたとえばギンリョウソウ（*Monotropastrum humile*）およびギンリョウソウモドキ（*Monotropauniflora*）はベニタケ科（Russulaceae）と，シャクジョウソウ（*Monotropa hypopitys*）はキシメジ科（Tricholomataceae）キシメジ属（*Tricholoma*）の菌種と菌根共生することが解明されている[2]．

リンドウ科（Gentinaceae），ヒメハギ科（Polygalaceae），ホンゴウソウ科（Triuridaceae），ヒナノシャクジョウ科（Burmanniaceae），コルシア科（Corsiaceae）などの菌従属栄養植物は菌根菌の分子同定や地下組織における菌根の観察所見などからアーバスキュラー菌根菌と菌根共生することが明らかにされている[3]．菌従属栄養植物と菌根共生するアーバスキュラー菌根菌はすべて Morton and Benny[4] によって提唱された *Glomus* グループAに含まれる[3]．ヒナノシャクジョウ科 *Afrotrhismia* 属植物は，植物側の種分化の分岐年代が *Glomus* グループA内における種分化の分岐年代の後に起こっていることが示唆されており，菌根菌側，植物側それぞれの種分化に相関があることが示されている[5]．一般に，アーバスキュラー菌根菌への植物側の特異性は低いことが知られており，菌従属栄養植物がもつ菌根菌への特異性は例外的といえる．

ラン科は170種もの菌従属栄養植物が知られており[1]，菌従属栄養植物全種数の約半数近くに及ぶ．菌従属栄養性ラン科植物にラン型菌根を形成する菌種は，樹木に外生菌根を形成するものと，落葉落枝を分解し生育する腐生菌とに大別でき，菌根共生する外生菌根菌には，ベニタケ科，イボタケ科（Thelephoraceae），ロウタケ目科（Sebacinales），フウセンタケ科（Cortinariaceae）などの菌種がある[6-9]．また，腐生菌と菌根共生する菌従属栄養植物はラン科以外では確認されておらず，これらはヒトヨタケ科（Coprinaceae）やキシメジ科ナラタケ属（*Armillaria* spp.），クヌギタケ属（*Mycena* spp.）などの菌種と菌根共生する[10-12]．腐生菌と菌根共生するラン科植物はツチアケビ属（*Galeola* spp.）やイモラン属（*Eulophia* spp.）のように，亜科レベルで離れて存在する事例もあるが[11,12]，一方で，タシロラン属（*Epipogium* spp.）のように同属内でも種ごとに外生菌根菌と菌根共生する種と腐生菌と菌根共生する種が混在する事例もある[9,10]．ラン科植物の菌根共生系は系統ごと，場合によっては種ごとに独立して獲得されることもある形質であると考えられる．（谷亀高広）

＊引用文献

1) Leak RJ（1994）New Phytolog 127 : 171-216
2) Bidartondo MI（2005）New Phytolog, 167 : 335-352
3) Smith SE, Read D（2008）Mycorrhizal symbiosis, 3rd ed. Academic Press, New York
4) Morton JB, Benny GL（1990）Mycotaxon 37 : 471-491
5) Merckx V, Bidartondo MI（2008）Proc Roy Soc 275 : 1029-1035
6) Taylor DL, Bruns TD（1997）Proc Natl Acad Sci USA 94 : 4510-4515
7) Taylor DL, Bruns TD（1999）Molecul Ecology 8 : 1719-1732
8) Taylor DL, et al.（2003）Am J Botany 90 : 1168-1179
9) Roy M, et al.（2009）An Botany 104 : 595-610
10) Yamato M, et al.（2005）Mycoscience 46 : 73-77
11) Cha JY, Igarashi T（1996）Mycoscience 37 : 21-24
12) Ogura-Tsujita Y, et al.（2008）Proc Roy Soc 276 : 761-767

15.1.3 植物の内生菌／エンドファイト（一般）

1）葉内内生菌

内生菌，あるいはエンドファイト（endophyte / endophytic fungi）とは，広い定義を取るならば，「生活史の少なくとも一時期に植物の生きた健全な組織の内部に無病徴で生息している菌」のことである．以前は植物組織の内部は無菌状態に近いという考え方が一般的だったため，菌が存在した場合でも雑菌の日和見感染や病原菌の潜在感染と見なされていた．しかし，樹木の葉を中心とした一連の研究で内生菌の常在性と普遍性が明らかになったこと，また，後述のグラスエンドファイトとその重要性が発見されたことにより，これら健全組織内の菌が特別にカテゴライズする意味のあるグループであると認識されるようになった．ここでは内生菌と表記するが，エンドファイトと呼称する場合も多い．なお，定義については分野や研究者によって異なるので注意が必要である．地上部だけでなく地下部の組織内に常在する菌も対象となるが，菌根菌は通常含めない．

1970年代後半以降，内生菌はさまざまな陸上植物で見いだされている．まず北米の針葉樹ダグラスファーの針葉の組織内に特定の菌が無病徴かつ普遍的に感染していることが証明され[1]，続いて欧州や北米のさまざまな樹種で同様に地上部組織内に糸状菌が常在していることが明らかにされた．その後，世界的に調査が進み，針葉樹やブナ科，イネ科などをはじめきわめて多種多様な植物で内生菌の存在が確認され，内生菌の普遍性はますます明確なものとなっている．なお，分類群的には不完全菌や子嚢菌が多い．

一方，北米やニュージーランドで問題になっていたウシやヒツジの中毒症状の原因が，牧草に感染しているバッカクキン科の菌類であることが同時期に解明された[2]．さまざまなイネ科草本の組織内に感染していることからグラスエンドファイトと呼ばれるこれら一群の菌は，アルカロイド系の有毒物質を産生しており，これが中毒の原因となっていた．グラスエンドファイトは家畜のみならず昆虫や植物病原菌などに対しても顕著な死亡率上昇や成長抑制などの効果を及ぼすことが明らかになり，さらに宿主の成長促進や耐乾性向上などの作用があることも示されたため，注目を集めた．なお，植物の病害虫に対して拮抗的作用をもつ内生菌はグラスエンドファイト以外にも報告されており，そういった例では内生菌は植物の相利共生者と考えられる．

内生菌の生態学的特性については研究例が蓄積しつつあり，個々の菌の生活史や個体群・群集の時空間的変動などに関しては詳細な研究も行われている．一方，生態系における内生菌の位置づけについてはいまだ不明確な点が多い．上述のような植物保護作用について取り上げられることが多かったが，初期分解者としての役割や弱い寄生菌との関連も注目されている．

近年は熱帯地域での多様性や有用物質生産に関する研究が注目されている．また，植物組織内に存在する糸状菌以外の微生物も「エンドファイト」として認識されるようになってきており，とりわけ窒素固定細菌や放線菌は注目されている．

（畑　邦彦）

＊引用文献

1）Bernstein ME, Carroll GC（1977）Can J Bot 55 : 644-653
2）Bacon CW, et al.（1977）Appl Environ Microbiol 34 : 576-581

＊参考文献

二井一禎・畑　邦彦（2000）落葉分解に関与する植物の内部共生菌―見えざる共生者・内生菌とその生態学的位置づけ―．森林微生物生態学（二井一禎・肘井直樹 編著），朝倉書店，東京，pp27-39
Redlin SC, Carris LM（1996）Endophytic fungi in grasses and woody plants. APS Press, St. Paul

2）ダークセプテイトエンドファイト（根内内生菌）

ダークセプテイトエンドファイト（根内内生菌）（dark septate endophytes : DSE）は，さまざまな植物の根系に，病徴を示すことなく定着している菌の総称である．これらの菌の多くは，黒褐色で隔壁のある菌糸をもっていることから，このように呼ばれている（図 15.1.8）．

本書ではエンドファイトの１つとして取り扱っているが，菌根の１つの区分として扱われることも多い．また，DSE として知られる菌が，植物内生菌以外の形で検出されることも多いことから，dark septate fungi として扱われることもある．

DSE とされる菌は，主に子嚢菌類に属するとされる．その多くが不稔性であったため，*Mycelium radicis-atrovirens* と呼ばれる多様な種を含むグループの菌として分類されていた．また，内外生菌根や，近年ほとんど用いられなくなった菌根の区分である偽菌根を形成する菌として扱われた菌と一部が重複する．最近は，DSE としてまとめて扱われることが多い．この DSE とされる菌では，有性世代の発見や分子生物学的手法により同定された，主要な種が知られている．すなわち，*Chloridium paucisporum, Leptodontidium orchidicola, Phialocephala fortinii, Cadophora finlandica*（*Phialophora finlandica*）が，その主な種である[1]．なお，これらの菌のいくつかは複合種であると考えられ，さらに複数の種に分けられると考えられる．このうち *P. fortinii* は，比較的多くの基礎的な研究例がある．本菌の培養菌株は黒褐色となり，その菌糸は細く透明のものと，太く褐色で壁が厚く表面にイボ状の突起をもつものがある．5℃ 程度の低温下においた培地上では，分生子を形成することもある（図 15.1.8）．一方，DSE とされる *P. fortinii* や *P. finlandia* などの菌が，さまざまな樹木に外生菌根を形成すること，また，生きた根系以外の基質から検出されることも知られている．

DSE の宿主植物は多様で，木本，草本を問わずさまざまな植物の根系から見いだされており，こ

■図 15.1.8 シラカンバ細根の DSE（上）と *Phialocephala fortinii* の分生子柄（下）

れらの宿主特異性は低いと考えられる[1]．一般的な菌根菌と共生関係にある多くの植物も，これら DSE による定着を受けている．同一の根系に菌根菌と DSE が，同時に存在することも珍しくない．そのため，染色した根でアーバスキュラー菌根の観察を行う際や，表面の洗浄や滅菌処理した外生菌根から菌の分離を行う際などに，DSE が出現することもある．DSE の生育環境は多様であり，高山・亜高山帯や寒冷地の植物で多くの研究例があるが，より温暖な環境に生育する植物からも普通に検出される．DSE が定着している根の内部につくる微小菌核は（図 15.1.8），根の枯死後に土壌中などで生き残り，新たな根への感染源として働くと考えられる．

DSE はさまざまな生態系に存在するが，その機能に関する研究例は多くない．宿主生育への影響を調べた研究では，一般的な菌根で見られるような明確な相利共生的関係を示す例は少なく，各種生態系での役割は明確ではない．これらの菌は，土壌中のさまざまな有機体養分を利用できると考えられ，養分条件の悪い環境下では，その重要性がより高いかもしれない[2]．一方，これらの菌は畑作物の根系にも存在するため，応用的な側面からの研究も行われている．（橋本　靖）

＊引用文献

1) Jumpponen A, Trappe JM (1998) New Phytol 140 : 295-310
2) Caldwell BA, et al. (2000) Mycologia 92 : 230-232

＊参考文献

Jumpponen A, Trappe JM (1998) New Phytol 140 : 295-310
Junpponen, A (2001) Mycorrhiza 11 : 207-211
Smith SE, Read DJ (2008) Mycorrhizal Symbiosis, 3rd ed. Academic Press, New York

15.1.4 植物生育促進菌類

植物の根や根圏から分離される細菌や菌類の中には植物の生育を顕著に促進するものがあり，このような微生物は植物生育促進根圏細菌（plant growth-promoting rhizobacteria：PGPR）[1] とか植物生育促進菌類（plant growth promoting fungi：PGPF）[2] とか呼ばれている．PGPF は，*Fusarium* 属菌，*Penicillium* 属菌，*Phoma* 属菌，*Trichoderma* 属菌，2 核 *Rhizoctonia* 属菌，*Rhizopus* 属菌および sterile fungi といった一般的に腐生菌と考えられる種に分類され，コムギ，キュウリ，ダイズなどの生育を促進する．

PGPF の植物生育促進機構としては，①微生物による植物生長ホルモンの産生，②土壌中の有機物の分解，③土壌中の有害微生物の抑制，などが考えられてきたが，これらのうち②と③が植物生育促進の主な機構であることが明らかになってきている．すなわち，ある種の PGPF はインドール酢酸，アブシジン酸，ジベレリンなどの植物生長ホルモンを産生するが，一般には PGPF の生長ホルモンの産生と生育促進効果との間には関連性が認められない．一方，多くのPGPFは土壌中の有機物をアンモニア態窒素など植物に取り入れやすい形に分解（ミネラリゼーション）する能力に優れており，その結果，分解物を植物が吸収，利用することにより，植物の生育が促進される[3]．

また，PGPFは植物の生育を阻害する土壌中の不定性病原菌（indefinite pathogen）を抑制することで植物の生育を促進する．さらに，PGPFは不定性病原菌のみならず各種の主要な土壌病原菌をも抑制することから有望な生物防除エージェント（biological control agent：BCA）であると見なされている[3]．PGPFの発病抑制のメカニズムとしては，①菌寄生，②抗菌物質の産生，③感染部位の競合，および④抵抗性の誘導，が知られているが，これらのうちPGPFの発病抑制機構は③の感染部位の競合と④の抵抗性の誘導で説明されることが多い．

感染部位における競合が発病抑制の重要な機構と考えられているのは，PGPFの多くが植物の根面に定着する能力がきわめて高いことからくる．たとえば，PGPFである*Phoma*属菌をコムギにあらかじめ接種しておくと，コムギ根の表層あるいは外部皮層に蔓延し，コムギ立枯病菌（*Gaeumannomyces graminis* var. *tritici*）の皮層内への感染が阻害される．PGPFの多くは，菌糸は表皮細胞内に入り込むが皮層部では細胞内には入らずに細胞間隙を進展するなど，内生菌（endophyte）の性質をもっている．植物に内生する菌は土壌中の微生物間の競合や変化の激しい土壌環境条件の影響を受けにくい利点をもち，安定した生物防除効果をもたらすBCAとして期待できる．

PGPFの病害抑制機構には植物への全身抵抗性の誘導（induced systemic resistance：ISR）も深くかかわっている[3, 4]．植物の根を2分割し，片方にPGPFを，もう片方に病原菌を接種するなど物理的にPGPFと病原菌を隔離した系を用いても土壌病害に対し抑制効果が得られる．また，PGPFを土壌に接種することで地上部病害をも抑制する．有用微生物によって発現するISRは植物・病原体相互作用の結果として発現する全身獲得抵抗性（systemic acquired resistance：SAR）とは異なるシグナル伝達経路を介するとされてきた．すなわち，SARではサリチル酸（SA）とその下流に位置する制御因子NPR1を経由して抵抗性反応を発現するのに対し，ISRではSAに依存せずにジャスモン酸（JA）とエチレン（ET）に依存しNPR1を経由して抵抗性反応を発現するのが基本的経路であるとされていた．しかし，研究が進むにつれPGPRやPGPFのISRに関与するシグナル伝達経路はマルチプルなケースが多く，JA/ETシグナル伝達系ばかりでなく，SARで知られているSAシグナル伝達系が関与する例も多いことが明らかになっている[2]．現在，BCAとしてのPGPFによる植物への抵抗性誘導に関するより詳細な分子機構の解明が行われている．

（百町満朗）

＊引用文献

1）Kloepper JW, et al.（1980）Nature 286 : 885-886

2）百町満朗（1994）植物防疫　48：252-257

3）Hyakumachi M, Kubota K（2004）Fungi as plant growth promoter and disease suppressor. Agriculture, food and environmental biotechnology applications（Mycology series 21, Arora DK, ed.）. Marcel Dekker, pp101-110

4）百町満朗（2008）土壌伝染病談話会レポート　24：59-69

15.1.5 地衣類

地衣類は菌類（mycobiont）と藻類（photobiont）からなる複合生物で，藻類は光合成による炭水化物を菌類に提供し，一方，菌類は藻類に快適な環境を整えているといった共生関係が成り立っている．

1）地衣類における菌類と藻類

地衣類と共生する藻類には緑藻類とシアノバクテリア（藍藻，この項では藻類の1つとして取り扱う）がある．その組合せには3つある．1つは緑藻類を共生藻とする緑藻共生地衣であり，地衣類の約85%を占める．緑藻共生地衣の色は光が当たる面（背面）の直下に生育する緑藻の色を反映して，緑色のものが多い，次にシアノバクテリアを共生藻とする藍藻共生地衣であり，地衣類の約10%を占める．藍藻共生地衣の背面の色はシアノバクテリアの色を反映して，藍色，深緑色，褐色，黒褐色のものが多い．地衣体中にあるシアノバクテリアは窒素固定を行っている．3つ目はシアノバクテリアと緑藻と共生するタイプである．緑藻が主体であり，シアノバクテリアは頭状体に局在する．頭状体には地衣体の外側にある外部頭状体と内部にある内部頭状体の2種類がある．

(1) 菌類と藻類の組織構造

地衣類は菌類と藻類が共生しているわけだが，肉眼で菌類と藻類がどう共存しているのか見えるわけではない．多くの地衣類は図15.1.9左に示すように層状構造を示す．藻類層は菌糸と藻細胞がからみ合った組織構造で，皮層，髄層は菌糸のみからなる．このように多層構造を示す地衣類を異層地衣と呼ぶ．一方，藻類層と髄層が区別できないものもあり，同層地衣（図15.1.9右）と呼び，シアノバクテリアを共生することが多い．

(2) 菌類と藻類の組合せの多様性

地衣類を構成する菌類はいつも1つの特定の藻類と共生すると考えがちであるが，実は生育環境により多様な選択をしていることがわかった．すなわち，以下のような例が知られている．①同じ種でも地理的に離れた場所に生育しているものは異なる藻類を含む．②同じ種でも生活環の異なるステージでは含まれている藻類は異なる．③地衣類の上でもう1つの菌類が寄生し，間接的に宿主である藻類を共有しているが，生育するに従って，宿主から藻類を奪い新たな地衣体を形成する．筆者らは北半球に分布するキウメノキゴケの日本産の共生藻と欧州・米国産の共生藻が遺伝的に異なっていることにより，①が事実であることを確認した．

構成する菌類が遺伝的に同一でありながら，共生する藻類が緑藻とシアノバクテリアでまったく異なる形態を示すことが知られている．この不思議な現象はフォトシンビオディーム（photosymbiodeme）と呼ばれている．この現象は20世紀になって発見された．それはそれまで属が異なる2つの種と思われていた葉状地衣（*Sticta*）と樹枝状地衣（*Dendriscocaulon*）の合体した奇妙な地衣類である．2つの地衣体に連続した菌糸があり，さらに遺伝的にも同一であることが確かめられ，最終的に同種であると判断された．共生する藻類のために形態が異なる型をフォトモルフ（photomorph）と呼ぶ．この例として *Sticta canariensis* は緑藻型（2種類），シアノバクテリア型（1種類）と緑藻型にシアノバクテリア型が合体した2種類の合計5つの多様なフォトモルフをもつ．James は渓谷の下部の湿潤な場所に樹枝状のシアノバクテリア型が生育し，上部の乾燥した場所に葉状の緑藻型，中間にその合体型

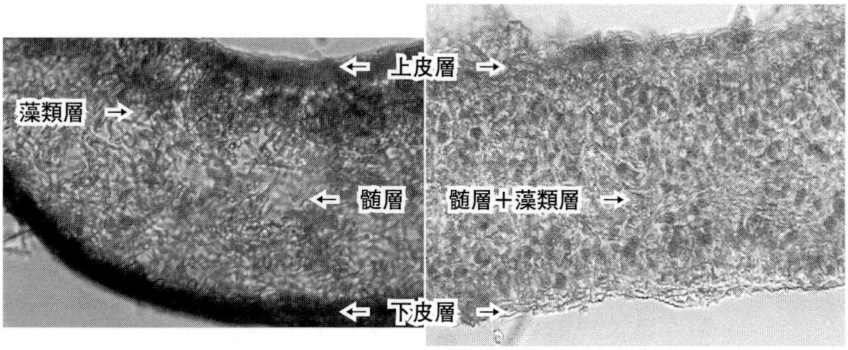

■図 15.1.9 葉状地衣類の地衣体横断面
左：異層地衣キウメノキゴケ，右：同層地衣トゲカワホリゴケ．

が分布し，環境の湿潤度に応じて共生する藻類が替わることを明らかにした．吉村ら[1]はこの現象を試験管の中で確かめた．緑藻とシアノバクテリアを共生藻としてもつヒロハツメゴケの微小片を寒天培地上で培養し，得られた再形成体は最初シアノバクテリア型であった．培養が経過し培地が乾燥するに従って，緑藻型へ変化することを明らかにした．

(3) 地衣体再形成，再合成

地衣学を志す研究者の多くは，実験室で地衣体を再形成したいことや菌類と藻類の組合せを替えた新しい地衣体をつくり出したい夢をもっていた．Ahmadjian[2]は1962年にその夢を実現させた．彼は *Cladonia cristatella* を用いて分離し単独で培養した菌と藻をポットの土壌上に広げ，乾燥，湿潤を交代させながら地衣体再生（再合成，resynthesis）に成功した．彼はさらに別種の藻との組合せでは再生しないことも明らかにした．吉村ら[1]はツメゴケ科地衣類の微小片を用いて初めて試験管の中での地衣体再形成に成功した．

2) 藻類から菌類へ

(1) 炭素態

共生藻が光合成で得た炭水化物のほとんどは菌類に移動することが，^{14}C を用いた実験により確かめられている．その場合，共生藻の種によって移動する炭素源は異なる．たとえば，共生藻が緑藻の *Myrmecia* や *Trebouxia* ではリビトール，*Trentepohlia* ではエリスリトールであり，共生藻がシアノバクテリアの *Nostoc* や *Scytonema* ではグルコースが菌類に移動する．移動した炭素源は菌類でマンニトールに変換され貯蔵される[3]．

(2) 窒素態

シアノバクテリアを共生藻とする地衣類では，前述の光合成による炭水化物の移動に加えて窒素化合物のシアノバクテリアから菌類への移動が確認されている．頭状体をもつヒロハツメゴケでは ^{15}N 同位体と関連酵素実験からニトロゲナーゼにより大気窒素はアンモニアとなり，グルタミン合成酵素によりグルタミンに取り込まれ，種々のアミノ酸に変化し，菌類に移動すると考えられている[4]．その結果，シアノバクテリアを共生藻とする地衣類は多いものでは乾燥重量の4%の窒素を含んでいる．緑藻を共生藻とする地衣類は一般的に1%以下であるのでその差は歴然としている．シアノバクテリアを共生藻とする地衣類はそれらの多くが生育する針葉樹林帯や火山の堆積物地帯では，大気中の窒素固定に大いに貢献していると考えられている．

3) 菌類から藻類へ

(1) 防御物質

地衣類は地衣成分と呼ばれる地衣類特有の化合物を含む．地衣類全体で1,000種以上の化合物が単離されている．それら地衣成分の役割は明確ではないが，外来生物や有害な紫外線，紫外線照射により生成した酸化物質から地衣類を防御する役割を担っていると考えられている．地衣類は生育が遅く，カビや細菌，昆虫，植物の攻撃を受けやすい．それらの生育を抑える物質の研究は，まず細菌について1950年代に始まり，以後細菌以外の生物に対する生育阻害の報告が多く認められる．地衣類は色素を含む種類が多い．色素は概して昆虫に対して有毒である．これらの結果は総説にまとめられている[5]．驚くべきことには，通常地衣成分の量は乾燥地衣体中の10%にも及ぶ．総説によると生育抑制物質の多くは芳香族化合物である．したがって，それらは有害な紫外線から地衣類を守る役割も同時に担っている．地衣体には抗酸化物質が存在することも明らかになっている．

(2) 水分：乾燥への備え

共生藻は光と水がなければ光合成をすることができない．菌類は皮層の厚みを変化させたり，メラニン色素や紫外線吸収物質を蓄積したりして，藻類に必要な光の量を制御している．地衣類には植物のような根はなく，必要な水を常時確保する手段をもっていない．そこで，地衣類の菌類は水分の貯蔵庫としての役割を担っている（図

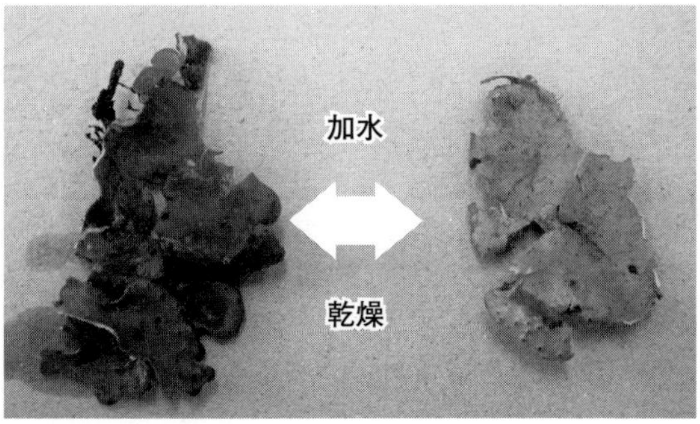

■図 15.1.10 地衣類の水分膨張

15.1.10）．菌類はマンニトールを蓄積し乾燥から地衣類を守っている．また，疎水性の地衣成分が菌糸と藻細胞の外壁をコーティングしていることがわかっている．これは雨水など水分が地衣類に供給された場合に速やかに藻細胞に届けられるように効率的な組織体制が構築されていると考えてよい．乾燥時からわずかの時間で藻の光合成が復活する理由の1つでもある．（山本好和）

＊引用文献

1）Yoshimura, et al.（1994）Cryptogamic Botany 4：314-319
2）Ahmadjian V（1962）Amer J Bot 49：277-283（1962）
3）Richardson DHS（1973）The Lichens, Academic Press, New York, pp249-288
4）Rai AN（1988）Nitrogen metabolism. CRC Handbook of Lichenology, CRC Press, Boca Ration, pp 201-237
5）山本好和（2001）植物の化学調節 35：169-172

＊参考文献

Nash TH III（2008）Lichen biology. Cambridge Univ. Press, Cambridge
Purvis W（2000）Lichens. The Natural History Museum, London
山本好和（2007）地衣類初級編．三恵社，名古屋
吉村　庸（1974）原色日本植物図鑑．保育社，大阪

15.2 動物と菌類

15.2.1 病気と捕食

1）節足動物の病原菌

昆虫やクモ，ダニなども菌類の感染を受けて病気になり致死する．病原となる糸状菌類は，ツボカビ門，接合菌門，子嚢菌門とその無性世代にわたる一方，担子菌類の昆虫病原菌は *Septobasidium* などごく限られている．昆虫病原菌類は，野外における単発的な感染の他に，昆虫が大発生したときには流行病を引き起こし，それを終焉させる天敵としての機能を果たしている場合がある．室内ではカイコ，そしてミツバチ等の有用昆虫にも菌類病は発生する．この部分については人間・社会編の「6.1.7 昆虫の病気」を参照されたい．

（1）ツボカビ類

コウマクノウキン門のボウフラ菌属（*Coelomomyces*）は蚊の幼虫（ボウフラ）を感染致死させる．ボウフラ菌属は n 世代がケンミジンコ，$2n$ 世代がボウフラに感染するという寄主の交代を行うことが最大の特徴である．ケンミジンコの体内で増殖して形成された＋または－の性をもつ n 世代の遊走子は，寄主の死体内またはその外部で接合し，接合子は泳いでボウフラの体表に付着する．クチクラを貫通した後，寄主体内では細胞壁をもたずプロトプラスト状態で不定形に増殖するが，最終的には細胞壁の厚い長球形の休眠胞子嚢を形成する．休眠胞子嚢内では，減数分裂により核相 n の遊走子が形成される．条件がそろうと休眠胞子の長軸方向に裂開し，＋または－の性をもった次世代の遊走子が放出され，新たなケンミジンコの感染が起きる[1]．

（2）卵菌類

卵菌類は，現在真菌類からは除外され偽菌類と呼ばれているが，クサリフクロカビ属の *Lagenidium giganteum* はボウフラに感染性が知られている[2]．遊走子がボウフラに付着の後，発芽管がクチクラを破り，体内では不定形の袋状に増殖する．ボウフラ菌と異なり寄主の交代がなく，培地上で培養できることからボウフラに対するバイオロジカルコントロールの資材としての研究が行われている．

(3) 昆虫疫病菌

ハエカビ門（Entomophthoromycota）[10] には昆虫やダニに流行病を引き起こすグループが存在し，昆虫疫病菌類と呼ばれている．トノサマバッタの大発生を終焉させる流行病を引き起こす菌類として報道されることが多いが，身のまわりのアブラムシ類やハエ類にも流行病が見つかる．ハエカビ門は6科からなる．昆虫疫病菌はこのうち3科から200種以上知られており，次の冬虫夏草や硬化病菌と並ぶ，最も代表的な昆虫病原菌類のグループである．代表的な属として，ハエカビ科（Entomophthoraceae）の *Entomophthora*, *Entomophaga*, *Erynia*, *Zoophthora*, ネオジギテス科（Neozygitaceae）の *Neozygites*，アンキリステス科（Ancylistaceae）の *Conidiobolus* などがあげられる（図15.2.1）．分類の基準として，分生子や接合子の形態的特徴，そして，核の数や仁の状態が用いられる．

ハエカビ門の胞子は，胞子形成細胞の先端が膨張し隔壁で区切られて形成される分生子である．胞子嚢胞子ではない．分生子は能動的に射出されるため，死体を取り囲んで積もっていることが多く hallo（光背）と呼ばれる．分生子が寄主昆虫と遭遇できなかった場合は発芽管ではなく分生子から直接に第2，第3の分生子を形成して射出が繰り返される場合や（*Entomophthrora*, *Conidiobolus*），一次分生子は分散のみに関与し，感染用の二次分生子が形成される種もある（*Zoophthora*）．さらに，寄主が水生昆虫の場合には，水に接した死体の腹面に，水生不完全菌のようなテトラポット型の分生子が形成される種がある（*Erynia*）．有性生殖による接合胞子のほか，接合せずに単為接合胞子を形成する種も知られ，両者を合わせ休眠胞子（resting spore）と呼ぶ．

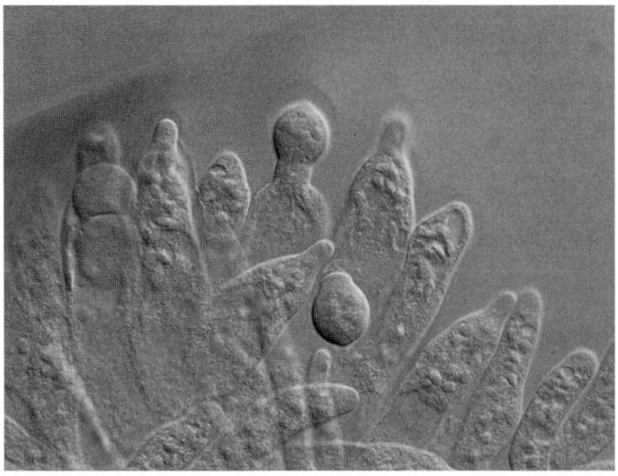

■図 15.2.1　ハエカビ *Entomophthora musucae*

感染は経皮的であり，体内ではプロトプラスト状態，または短菌糸（分節菌体，ハイファルボディ（hyphalbody））の状態で酵母状に増殖する．寄主が死亡するとその体節間より菌糸を出現させて分生子形成を行う．一方，流行病の後期には休眠胞子が形成される場合が多い．分生子の寿命は短く水平伝播源となるのに対して，休眠胞子は寿命が長く，翌年または数年後の感染源となる[3]．昆虫疫病菌類は多岐の昆虫に寄生するが，寄主特異性が高い．*Conidiobolus coronatus* は通常の培地で容易に培養ができる一方，その他の菌の培養はきわめて困難か，特殊な培地や技術を必要とする．

(4) 冬虫夏草類とその無性世代

子嚢菌類のボタンタケ目には500種以上の昆虫病原菌類が含まれている．代表属は *Cordyceps*, *Torrubiella* であったが，近年分子系統解析により再整理された[4]．日本からは記録種数が多く，既知種の約3割が記録されている．冬虫夏草とは冬には昆虫で夏には草（キノコ）になることに由来する．日本では旧 *Cordyceps* 属の種を指す場合，虫生のシンネマも含める場合など広くとらえられているが，中国では「冬虫夏草」とは *Ophiocordyceps sinensis* の固有名詞である．新分類体系では，旧麦角菌科（Clavicipitaceae）の *Cordyceps* 属とその類縁菌類が，狭義のノムシタケ科（Cordycepitaceae），麦角菌科（Clavicipitaceae），オフィオコルディケプス科（Ophiocordycpitaceae）の3科に再編さ

■図 15.2.2 サナギタケ（*Cordyceps militaris*）

れた．ノムシタケ科は再定義された狭義の *Cordyceps* 属からなり，サナギタケ（*C. militaris*）を含む（図 15.2.2）．再定義された麦角菌科には，麦角菌 *Claviceps* 属と新属 *Metacordyceps* からなる．そして，冬虫夏草科には，中国の冬虫夏草 *Ophiocordyceps sinensis* と地下生菌ツチダンゴ（*Elaphomyces*）に寄生する属 *Elaphocordyceps* を含む．

2013年から菌類も1種1学名を使うことになり,有性・無性世代の先取権を含めて新たな学名の整理が行われているが（1.7.6 項参照），冬虫夏草類の無性世代として, *Beauveria*, *Isaria*, *Metarhizium* などが知られている．*B. bassiana*, *I. farinosa*, *I. japonica*, *M. anisopliae* は野外で頻繁に見つかり，*B. bassiana*, *M. anisopliae* はカイコの硬化病菌として人間・社会編の 6.1.7 項に詳しい．また，天敵微生物として害虫の防除のためにも使われている．糸状菌による昆虫の病気は，ほとんどが経皮感染で始まる．ここでは *M. anisopliae* を例にあげる．分生子から伸びた菌糸は，クチクラ上に付着器を形成する．続いて，付着器からクチクラに向かいペグが形成され，クチクラを物理的，化学的に貫通する．血体腔に侵入後，菌糸は短菌糸（分節菌体，ハイファルボディ）と呼ばれる酵母状の構造に変化して増殖し，寄主を殺す．昆虫疫病菌の場合よりも短菌糸は小型である．また，デストラキシン（destruxin）やボーベリシン（beauvericin）のようなマイコトキシンが産生される場合もある．菌糸が充満した死体からは，体節間膜より菌糸が伸び出て分生子が形成される．また，サナギタケにおいては接種により実験的に有性世代を得ることに成功している[5,6]．一方，病原性を失い，血体腔内で共生状態になった子嚢菌系昆虫病原菌由来の酵母状構造の存在が知られている[7]．一般に冬虫夏草類の無性世代の分離と培養は，一部を除き昆虫疫病菌と比較すると容易である．

冬虫夏草や昆虫病原菌一般の生活史については未解明の点が多いが，冬虫夏草類による流行病が知られている．ブナアオシャチホコ（蛾）が大発生したときには，サナギタケが天敵として個体数を激減させている例がある[8]．さらに，最近 *B. bassiana* が昆虫を寄主とするのみならず植物の内生菌として存在していることが明らかになってきた[9]．

（佐藤大樹）

＊引用文献

1）Couch JN, Bland CE（1985）The genus Coelomomyces. Academic Press, New York
2）福原敏彦（1991）昆虫病理学．学会出版センター，東京
3）Weseloh RM, Andreadis TG（1997）J Invertebr Pathol 69 : 195-196
4）Sung GH, et al.（2007）Studies Mycol 57 : 5-59
5）原田幸雄ほか（1995）日本菌学会会報 36 : 67-72
6）Sato H, Shimazu M（2002）Appl Entomol Zool 47 : 85-92
7）Fukatsu T, Ishikawa H（1996）Insect Biochemist Molecul Biol 26 : 383-388
8）鎌田直人（2000）森林微生物生態学（二井一禎・肘井直樹 編著）．朝倉書店，東京，pp216-227
9）Arnold AE, Lewis LC（2005）Insect-fungal associations. Oxford Univ. Press, Oxford, pp97-118
10）Humber RA（2012）Mycotaxon 120 : 477-492

＊参考文献

Keller S, ed.（2007）Arthropod-pathogenic Entomophthorales : biology, ecology, identification. Europian Science Foundation, Strasbourg

国立科学博物館 編（2008）菌類のふしぎ―形とはたらきの脅威の多様性．東海大学出版会，秦野

岡田斉夫 編（1993）天敵微生物の研究手法（植物防疫特別増刊号）．植物防疫協会，東京

Vega FE, Blackwell M 編，梶村 恒ほか 訳（2007）昆虫と菌類の関係―その生態と進化―．共立出版，東京

2) 小動物の寄生菌類と捕食菌類

これらの菌類が寄生するのは顕微鏡的サイズの小動物で，主に原生動物のアメーバ類，線形動物のセンチュウ類と袋形動物のワムシ類である．この仲間は内部寄生菌類と捕食菌類とに分けられる．前者は胞子によって寄生し，栄養を吸収する菌糸体または菌体を宿主体内のみに発達させるのに対し（図 15.2.3），後者は，菌糸体は腐生的であるが，そこに小動物を与えると，菌糸でできたわななどでそれを捕える（図 15.2.4，15.2.5）．どの種も原生動物，卵菌類，ツボカビ類，接合菌類，子嚢菌類とその無性世代，担子菌類とその無性世代のいずれかに分類される．水道水寒天培地（TWA，水道水 1,000 m*l* に寒天粉末 15 g を加えて煮てつくる）をつくって腐葉土などを載せておくと 2 ～ 3 週間で平板上に現れる．

(1) アメーバ内部寄生菌類

接合菌の *Endocochlus* 属や *Cochlonema* 属がよく出現する[1]．どの種も分生子は長さが 10 ～ 20 μm の長紡錘形である．分生子の側壁がアメーバと接触すると，菌は細い菌糸状のペグを生じて侵入し，カタツムリ形の菌体を形成する．例外もあるが，菌体は 1 ～数回，二又に分枝して成長する．分生子柄は成長開始部付近に生じ，*Endocochlus* 属の場合は寒天上を伸びながら分生子をほぼ一定の間隔に生じる．分生子のみが培地上に直立する．それに対して *Cochlonema* 属の分生子柄は直接空気中に高く伸び，一斉にくびれて多数の分生子が鎖状に連なる．もし，近くに性の異なる菌体があると両者から伸びた配偶子嚢が接合し，接合胞子を形成する．最近，この菌類に関する総説が発行された[2,3]．

(2) センチュウ内部寄生菌類

寒天培地上に最もよく出現するのは子嚢菌の無性世代である不完全菌の *Drechmeria coniospora* である．アファノフィアライド（aphanophialide）から次々と生産される分生子は長円錐形（長さ約 5 ～ 8 μm）で，寄生されたセンチュウのまわりには無数の分生子が散在する．細くなった先端にできる球形のノブでセンチュウのクチクラに付着し，そこから体内に侵入する．直径 2 ～ 3 μm の小さい分生子をつくる *Verticillium* 属の各種や，*Nematoctonus tylosporus* や *N. leiosporus* など担子菌の無性世代にある種も *D. coniospora* と同じ方法で寄生する．また，原生動物ストラメノパイル類の *Myzocytiopsis humicola* や *Haptoglossa heterospora* も胞子先端にできた粘着ノブで寄生する．ただし，後者の場合付着時間は数秒間で，その間に鉄砲細胞と呼ばれる胞子が小胞子を撃ち込むことが知られている[4]．

付着ではなく，分生子がセンチュウによって飲み込まれて寄生する種もある．不完全菌の *Harposporium* 属の各種がそれである．'harpo-' は鎌形の意味である．分生子が鎌のように細長く，しかも先端が鋭くとがっているのでこの名がついた．誰もが刺さって寄生すると考えたが，刺さることはけっしてなく，センチュウがそばを食うように細い分生子を飲むのである．飲み込まれた分生子はカーブした側壁の凸部から芽を出し，体内に菌糸体を形成する．飲み込まれて寄生するタイプは接合菌類にも存在する．*Euryancale* 属がそれである[5]．この属は陸生であり，また菌糸が無隔壁であることなどから接合菌とされたが，実際接合胞子がのちに発見された[6]．センチュウ内部寄生菌類については Barron[7] が詳しく紹介した．

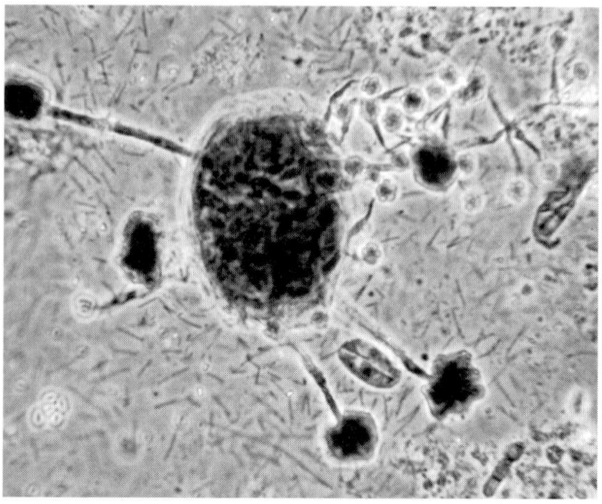

■図 15.2.3 *Rotiferophthora tagenophora*（×1000）

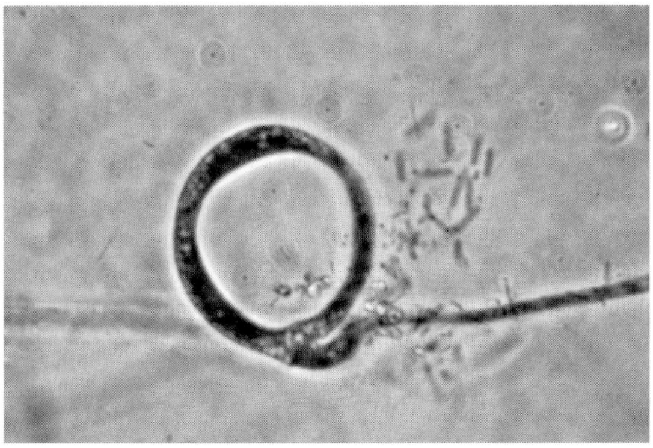

■図 15.2.4 *Drechslerella dactyloides* のわな

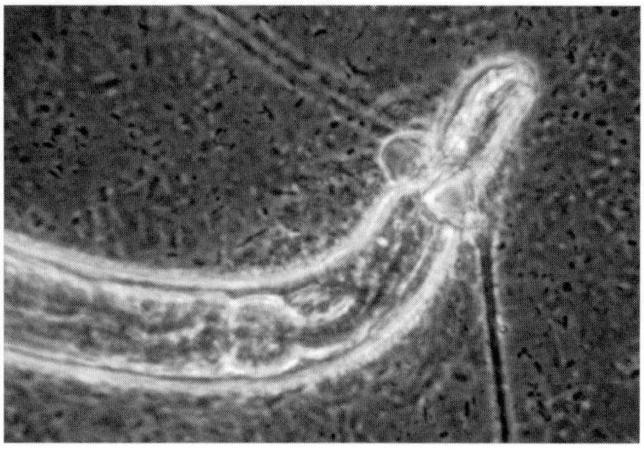

■図 15.2.5 わなに捕捉されたセンチュウ

(3) ワムシ内部寄生菌類

ワムシには被甲をもって泳ぐタイプと，被甲がなく，ヒルのように伸縮してはうタイプとがある．不完全菌の *Rotiferophthora tagenophora*（図15.2.3）はヒル型ワムシに寄生する[8]．分生子やフィアライドを輪生する分生子柄を見ると菌はありふれた *Verticillium* 属とよく似ているし，寄生されたワムシは小さく，かつ丸くなってしまうので，この菌を見つけることは難しい．しかし，よく見ると死んだワムシからは水中に数本の分生子柄が伸び，多細胞で褐色の厚壁胞子をつけている．

(4) アメーバ捕食菌類

よく知られているのは接合菌の *Acaulopage* 属，*Stylopage* 属と *Zoopage* 属の各種である[1]．いずれも細い無隔壁の菌糸を伸ばしており，その上を通過するアメーバを捕食する．菌は侵入後吸器（haustorium）をつくる．吸器は数回分枝するが，それぞれがよく伸びる場合とほとんど伸びない場合とがあり，伸びるか伸びないかは菌の種によって決まっている．これら3属のうち顕微鏡の視野の中で最も目立つのは *Zoopage* 属である．内部寄生菌の *Cochlonema* 属の場合と同じく分生子の鎖が培地から高く，長く伸びており，観察者の鼻息で激しく揺れるからである．しかし，初心者には変わった分生子をつくる *A. tetraceros* のほうが目立つかもしれない．分生子は倒円錐形で小さく，ごく短い柄の上に1個だけつくられるのであるが，先端の広いところにふつう4本の細い角をもっているのである[1]．担子菌の無性世代にある *Dactylella tylopaga* もアメーバを捕食する[9, 10]．培地上を伸びる菌糸には楕円形のノブができており，これと接触したアメーバを捕える．次に述べるセンチュウ捕食性の *Dactylella* 属の各種はいまでは *Dactylellina* 属か，あるいは *Gamsylella* 属に移されたが[11]，この種は担子菌であるのでまだ最初につけられた名称が生きている．最近，この菌類に関する総説が発行された[2, 3]．

(5) センチュウ捕食菌類

接合菌の *Cystopage cladospora* は菌糸の至るところでセンチュウを粘着して捕捉する．栄養を1，2本の菌糸を伸ばして吸収するが，翌日にはその菌糸もセンチュウも細胞壁とクチクラを残して消滅する．センチュウを捕える能力が高く，1本の菌糸に無数のセンチュウがついていることもまれではない．しかし，センチュウ捕食菌というと子嚢菌の無性世代の *Arthrobotrys* 属，*Gamsylella* 属，*Drechslerella* 属，*Dactylellina* 属など，わなをつくってセンチュウを捕える種が有名である[11]．それぞれがつくるわなは，カーブした短い菌糸でできた三次元的な粘着網，直線的な短い菌糸でできた二次元的な粘着網，3細胞の菌糸でできた収縮輪，同じく3細胞でできた非収縮輪である．これらの中で最も有名なわなは *D. dactyloides* などの収縮輪である（図15.2.4, 15.2.5）．電子顕微鏡でないと見えないが，輪の内側の細胞壁には1本の切れ目ができており，輪に入ったセンチュウが切れ目を破ると3細胞が瞬時に膨張し，センチュウを絞め殺す．切れ目の内側には膨張することを見込んでもう1つ別の細胞壁が折りたたまれて入っているのである．センチュウ捕食菌類についてはBarron[7]が詳しく紹介した．

(6) ワムシ捕食菌類

腐葉土ではなく，渓流に沈んだ落ち葉などを寒天培地に載せ，培地とほぼ等量の水を加えておくと水生の捕食菌が出現する．接合菌の*Zoophagus insidians*は最もよく知られたワムシの捕食菌である．あまり分枝せずに長く伸びた無隔壁の菌糸には長さ100 μmほどの，長さのそろった短い菌糸が無数ついており，その先端部に触れたワムシを捕捉する．このワムシは被甲型のワムシである．ワムシはタマネギの表皮の7×7 mm程度の小片を入れると増殖できるが，増殖に成功すればこの菌をいつまでも培養できる．渓流ではなく，汚れた水中の落ち葉を使うと*Z. insidians*とよく似た不完全菌の*Lecophagus*属の各種を発見できる[12]．これらの菌の菌糸には多数の隔壁が存在する．

（犀川政稔）

＊引用文献

1) Drechsler C (1935) Mycologia 27 : 6-40
2) 犀川政稔 (2011) 日本菌学会会報 52 : 19-27
3) 犀川政稔 (2012) 東京学芸大学紀要自然科学系 64 : 55-76
4) Hakariya M, et al. (2002) Mycoscience 43 : 119-125
5) Saikawa M, Katsurashima E (1993) Mycologia 85 : 24-29
6) Saikawa M, Sato H (1986) Trans Brit Mycol Soc 87 : 337-340
7) Barron GL (1977) The nematode-destroying fungi, Canadian Biological Publications, Guelph
8) Drechsler C (1942) J Wash Acad Sci 32 : 343-350
9) Drechsler C (1935) Mycologia 27 : 216-227
10) Saikawa M, et al. (1994) Mycologia 86 : 474-477
11) Scholler M, et al. (1999) Sydowia 51 : 89-113
12) Morikawa C, et al. (1993) Mycol Res 97 : 421-428

15.2.2 節足動物の活物寄生菌

1) ラブルベニア（体表）

節足動物の体表で宿主に対してほとんど影響を与えず寄生生活を営む菌類は，いままでに2,000種以上が記載されており，潜在的にさらなる種類が存在すると考えられている．その中で大多数を占めるラブルベニア類（Laboulbeniomycetes）は，種類数の点で特に進化的に成功したグループといえる．その他昆虫体表からいくつかの寄生菌，たとえば*Antennopsis, Muiogone, Termitaria*などが報告されているが，それらの正確な分類学的位置は不明なままである．

(1) ラブルベニア類の分類

ラブルベニア類Laboulbeniomycetesは子嚢菌門（Ascomycota），チャワンタケ亜門Pezizomycotinaに属する独立した綱である．その中に1つの亜綱ラブルゲニア亜綱Laboulbeniomycetidaeが含まれ，2つの目Laboulbenialesとピキシディオフォラ目Pyxidiophoralesが含まれる．Laboulbenialesには4つの科，Cerato-mycetaceae，Euceratomycetaceae，Herpomycetaceae，Laboulbeniaceaeがある．2007年の時点で計146属，2,050種が記載されている．また，Pyxidiophoralesには1科，Pyxidiophoraceae，5属22種が記載されている．

(2) 形態的特徴

Laboulbenialesの場合，子実体は黒色の吸器を基部に備え，褐色の子嚢殻と複雑な修飾菌糸からなる（図15.2.6）．子嚢は少なく，こん棒状で，早期に消失し，通常4胞子性．子嚢胞子は無色，細紡錘形で1隔壁を有する．子嚢胞子の一端には付着器を有し，もう一方の端の細胞が発達し子実体

■図15.2.6 *Laboulbenia* sp.

になる．

Pyxidiophoralesでは，子実体は菌糸体から発達し，無色～淡褐色の子嚢殻を有し，Laboulbenialesと類似の形態の子嚢，子嚢胞子を有する．アナモルフは菌糸体から発達する*Gabarnaudia*，もしくは*Chalara*型で*Pleurocatena*属と呼ばれる．過去*Acariniola*, *Thaxteriola*はLaboulbenialesに含まれていたが，現在Pyxidiophoralesの子嚢胞子と考えられている．

(3) 生　態

Laboulbenialesは絶対寄生菌であり人工培養は困難である．宿主となる節足動物は，ダニ類，等脚類や，網翅目（ゴキブリ類），甲虫目（鞘翅類），革翅目（ハサミムシ類），双翅目（ハエ類），異翅目（カメムシ類），膜翅目（ハチ，アリ類），等翅目（シロアリ類），食毛目（ハジラミ類），直翅目（バッタ類），総翅目（アザミウマ類）などの昆虫類など多岐にわたるが，ラブルベニア類全体の約7割の種類は甲虫を宿主としている．

ラブルベニアには3つの特異性，宿主特異性，性特異性，部位特異性が存在する．まず，宿主となる節足動物は単一種，もしくは同一属の近縁種に限定されている．また，宿主の雌のみにしか感染しない例が報告されている．さらに，ある宿主の体表の特定部位にのみ感染する部位特異性があり，ハエ類に寄生する*Stigmatomyces*の場合，オスの脚，もしくは前胸の腹側部，メスの胸背板もしくは腹部背側部に感染が限られている．

Pyxidiophoralesの子嚢胞子はダニ類のうち，特に昆虫に便乗するダニ上で確認されている．また子嚢殻は新鮮な糞もしくは樹皮下で見つかっている．菌寄生性であり，単独培養は基本的に困難な種類が多く，一部の種類でしか培養菌株が得られていない．　**（升屋勇人）**

※参考文献

Kirk PM, et al., eds. (2008) Dictionary of the fungi, 10th ed. CABI, Wallingford

Vega FE, Blackwell M 編，梶村　恒ほか 訳 (2007) 昆虫と菌類の関係―その生態と進化―．共立出版，東京

Weir A, Blackwell M (2005) Fungal Biotrophic parasites of insects and other arthropods. Insect-fungal associations, ecology and evolution (Vega FE, Blackwell M, eds.). pp119-145, Oxford Univ. Press, New York

2) トリコミケテス（腸壁付着）

節足動物の腸内に付着生活する生態的特徴をもつ菌群が，かつて，接合菌門トリコミケテス綱（Trichomycetes）としてまとめられていた．旧体系を含めてそれぞれの特徴を記述する．トリコは毛髪の意味である．

(1) 分類学的，形態的特徴

旧トリコミケテス綱はHarpellales, Asellariales, Eccrinales, Amoebidialesの4目からなった[1]．Harpellalesは単胞子性の離脱性の胞子嚢であるトリコスポア（trichospore）を（図15.2.7）および接合子[1]を，Asellarialesは分節胞子と接合子[2]を形成する．これら2目は接合菌として例外的に菌糸に隔壁をもつ．Eccrinales，Amoebidialesの菌体は分枝せず，1本の毛髪状か袋状であり，胞子嚢胞子を形成する．後者2目はプロティスタであることが判明し，菌類から除外された[3,4]．

(2) 生活史

Harpelallalesは水生昆虫（カゲロウ，カなどの幼虫），Asellarialesは等脚目，Eccrinalesはヤスデやカニなど，Amoebidilallesは水生昆虫やミジンコなどが寄主となる．肛門から排出された胞

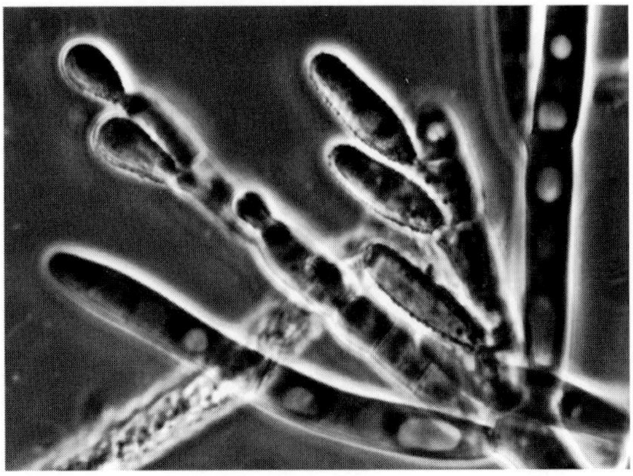

■図15.2.7　*Smittium culisetae*のトリコスポア形成

子が次の感染源になり経口感染する．節足動物の腸は前腸，中腸，後腸からなり，発芽した菌体はホールドファスト（holdfast）と呼ばれる付着器により，各種が部位特異的に付着する．しかし，例外的な場合を除き感染による致死は起きない．また，脱皮とともに菌体も同時に脱ぎ捨てられる．そこで脱皮間隔の短い寄主に感染するHarpellalesでは，瞬間的な発芽能力と迅速な付着能力を発達させており，さらに成虫の卵巣を介した垂直感染も報告されている[5]．一方，脱皮間隔の長い寄主に感染するEccrinalesでは，肛門から排出される胞子のほかに，同一機種の腸内で発芽する胞子をつくり，自己感染を引き起こして増殖を図っている．Amoebidiallesは例外的に寄主の体表に付着生活する種を含み，生活環の中にアメーバの時期を持つ．

(3) 系統関係

分子系統解析による，前述2目の除外のほか，さらに，旧接合菌綱も解体され，接合菌類全体が系統関係再編の過程にある．旧トリコミケテス綱は，現在Harpellales, Asellarialesの2目が，Kickxellomycotina亜門の下に，綱なしの状態で置かれている．　**（佐藤大樹）**

＊引用文献

1) Lichtwardt RW (1986) The Trichomycetes, fungal associates of Arthropods. Springer, New York
2) Valle LG, Cafaro MJ (2008) Mycologia 100 : 122-131
3) Benny GL, O'Donnell K (2000) Mycologia 92 : 1133-1137
4) Cafaro M (2005) Mol Phylogen Evol 35 : 21-34
5) Lichtwardt RW (1996) Trichomycetes and the arthropod gut. The Mycota, Animal and Human Relations (Howard D, Miller D, eds.). Springer, New York, pp315-330

＊参考文献

Misra JK, Lichtwardt RW (2000) Illustrated genera of Trichomycetes : fungal symbionts of insects and other arthropods. Science Publishers, Enfield
Misra JK, Horn BW, eds. (2001) Trichomycetes and other fungal groups. Science Publishers, Enfield
佐藤大樹 (2002) 日菌報 43 : 79-82
佐藤大樹・出川洋介 (2008) 菌類のふしぎ：形と驚異の多様性（国立科学博物館 編），東海大学出版会，秦野，pp30-40

15.2.3 菌食者と菌類

1) ダ　ニ

ダニの原始的な生息場所は腐植や土壌中と推測されている．ダニの単系統性はおおむね支持されているが，比較的大型の動物食中心のグループと，小型の食植生（菌食を含む）グループとに分かれる．動物食グループにも菌食が出現し，マダニ類やカタダニ類を除く4つの大きな亜目，ケダニ亜目，トゲダニ亜目，コナダニ亜目，ササラダニ亜目には菌食者が含まれる．ダニはいわゆる口器として鋏角と触肢が発達した顎体部をもつ．胴体部は単純で明確な分節をもたない．脚は基本的に幼虫期に2対，若虫期以降は4対だが，フシダニのように終生2対の例外もある．液体のみならず菌糸や胞子のような固体の摂食も可能である．

(1) 菌食ダニの食性

菌食のダニの食性は，胞子，菌糸から子実体食まで幅広い．さらに，バクテリア食（主にヒゲダニ科）のグループも存在する．それぞれの食性に適応した形態が発達しており，主に子実体を摂食するダニの鋏角は，短く頑丈である．ケダニ亜目のマヨイダニ科やカザリダニ科には子実体にすむものがあり，胞子や菌糸を食べるほか，同居する昆虫や線虫を摂食するものもいる．コナダニ亜目はもともと菌食である．菌の媒介によりしばしば害虫化しているが，特定のキノコの管孔の中にひっそり暮らすダニもいる．オバネダニの一種はPDA培地で培養したシイタケ菌糸を栄養源にできず，また菌糸はこのダニの卵に巻きついて孵化できなくしてしまう．ところがこのダニはシイタケ菌床ブロックの表面や，子実体を摂食して害虫化する．土壌中の分解者として知られるササラダニの中にもツブダニのように菌食者が含まれる．ササラダニで今日一般的な腐植食は，菌食から進化したと考えられる．

(2) 媒介者としてのダニ

ダニの多くは胴体や脚の表面に多数の毛をもち，そこには胞子が付着している．トゲダニ亜目の異気門類には菌食のダニが多いが，そのうちホコリダニでは体表面に胞子ポケットをもつものがいる．また菌の側で適応進化した例では，ダニに便乗する子嚢胞子が付着に適した形態を呈する．コナダニ科の多くは菌食性で菌糸も胞子も摂食する．排泄物中の胞子は4割程度が発芽可能だった．ケナガコナダニはキノコ栽培施設内で胞子を摂食したり毛に付着させたりして，新しい培養器に害菌を媒介している．

(3) 菌とダニと昆虫

体が小さく移動能力に欠けるダニは，分散にさまざまな方法を用いる．その中で最も普通なのが，昆虫への便乗である．たとえばキノコのように短命でパッチ状の資源を利用する場合は，同じ子実体に暮らす昆虫に新鮮なキノコに運んでもらう．昆虫が天敵を捕食するダニを運ぶという相利共生もあるが，ほとんどはハビタットが同じという理由だけでダニが一方的に昆虫に乗り込む片利共生である．さらに樹皮下穿孔性キクイムシ，キクイムシ共生菌，青変菌，ダニ，センチュウの間には相利共生（例：菌食ダニと青変菌，キクイムシと共生菌，センチュウ食のダニとキクイムシ），片利共生（便乗ダニとキクイムシ），捕食などを含む対立関係（センチュウ食のダニとセンチュウ，青変菌とキクイムシ，青変菌とキクイムシ共生菌，ダニとキクイムシ共生菌？）など，複雑な相互関係が成立している．（岡部貴美子）

＊参考文献

Krantz GW（1979）Ann Review Entomol 24 : 121-158
OConnor BM（1984）Fungus-insect relationships. Columbia Univ. Press, New York. pp354-381
岡部貴美子（2010）日本森林学会誌（総説）91：473-480
Walter DE, Proctor HC（1999）Mites. CABI Publishing, New York

2) 昆　虫

(1) 昆虫の餌資源としての菌類の重要性

昆虫は木材の主要な成分であるセルロースやリグニンを分解することができないため，ほとんどの昆虫は木材を栄養源として直接的に利用することができない．菌類はこれらを分解するが，菌糸の集合体である子実体には，キチンやグルカンなどの多糖類が乾重の40～50％を，タンパク質が20～40％を脂質が1～11％を占める．これらに対する分解酵素が体内で働くならば，菌類は昆虫にとって良質な資源である[1]．

(2) 子実体の餌資源としての特徴

上述のように，大型の子実体（キノコ）は昆虫にとって餌資源としての価値が高い．その一方，種内における発生量の季節性や年次変動，および発達から腐敗に伴う質の変化や，種間での発生時期や質の違いがあるため，質，量ともに時空間的変動が大きく，昆虫にとって利用しにくい資源であると考えられている[2]．

(3) キノコ食昆虫の多様性とその維持機構

主要なキノコ食昆虫は双翅目や鞘翅目，鱗翅目，粘管目である．一般にハラタケ科やイグチ科，ベニタケ科といった軟質で短命な子実体には双翅目が，タコウキン科やタバコウロコタケ科のような硬質で長命な子実体では鞘翅目が主に見られる．

キノコ食昆虫群集ではきわめて多様な種が共存しており，たとえば，ハラタケ目とイグチ目の子実体184種から18科120種の双翅目が記録されている[3]．このような多様性が維持される機構の1つに，資源分割がある．これは，同一の資源を種間で異なる方法で利用することで競争を回避する機構である．たとえば，同種の子実体を幼虫期に摂食するショウジョウバエと甲虫の間では，甲虫は子実体の出現直後から利用するのに対し，ショウジョウバエは老熟子実体を利用するといった現象が認められる[4]．ただし，集中分布モデルにより説明される共存機構の方が，資源分割よりも相対的に重要である例も多い[5]．

(4) 子実体を介した菌と昆虫の相互作用

子実体には毒性を示すさまざまな化学物質が存在し，たとえば，テングタケ属のもつαアマニチンは，子実体を餌資源として利用しない昆虫に対して毒性をもつ[6]．

一方，昆虫が胞子分散を行う例もある．胞子が風によって分散しない，スッポンタケ目の一部では昆虫の胞子分散に対する寄与が大きいものと考えられる[7]．ただし，風散であるハラタケ科やタコウキン科では，昆虫の寄与は小さいものと思われる[8]．しかしながら，現在のところ相互作用に関する研究例は少なく，実証的なデータに乏しい．

（山下　聡）

＊引用文献

1）Martin MM（1979）Biol Rev Cam Philos Soc 54 : 1-21
2）Hanski I（1989）Insect-fungus interactions. Academic Press, London, pp25-68
3）Hackman W, Meinander M（1979）Ann Zool Fenn 16 : 50-83
4）Yamashita S, Hijii N（2007）Ann Entomol Soc Ame 100 : 222-227
5）Takahashi KH, et al.（2005）Oikos 109 : 125-134
6）Jaenike J, et al.（1983）Science 221 : 165-167
7）Tuno N（1998）Ecol Res 13 : 7-15
8）Yamashita S, Hijii N（2007）McIlvainea 17 : 51-57

＊参考文献

相良直彦（1989）きのこと動物―ひとつの地下生物学．築地書館，東京

3）動物に対する防御

菌類は動物の餌となっているばかりではなく，被食に対する防御機構を進化させている．さらに，その防御に対抗して菌類を摂食する動物も存在する．

（1）化学的防御

菌類が産する化学物質（芳香族化合物，テルペノイド，アルカロイド，ペプチド，青酸化合物など）には動物に対し毒性，忌避作用，摂食阻害作用を示すものがあり，その一部は防御物質と考えられている[1]．たとえば，コウジカビ属のアスペルギルス・ニドゥランス（*Aspergillus nidulans*）では，二次代謝産物を生産できない変異があるとトビムシに食われやすくなる．また，オポッサムは毒キノコを食べて中毒すると，その後そのキノコを避けるよう学習する．

匂いは濃度や感知する相手によって生態的意味が異なる．香気成分 1-オクテン-3-オール（1-octen-3-ol）はハエやトビムシを誘引するが，濃度によっては別のトビムシやナメクジに対して忌避作用や摂食阻害作用を示す[2]．

傷を受けてから活性化する防御機構もあると考えられる[1]．傷つけたヘラタケはトビムシに忌避される．チチタケ類は傷つくと乳液が滲み出し，さらに化学反応により辛味成分が増える例もある．

（2）物理的防御

構造的な特徴も防御となりうる．綿毛状の菌糸体は微小昆虫に食われにくい．ケダマカビ属の子嚢果を覆う装飾毛は昆虫に対する防御であると考えられている．スギエダタケの子実体表面に密生する毛状の分泌細胞はトビムシに対し致死効果と捕食回避効果をもつ（図 15.2.8）[3]．化学的防御を伴っている可能性もある．

■図 15.2.8．スギエダタケ子実体上に見られるトビムシの死体（左）と殺虫細胞（右）

（3）行動的防御

ある種の菌糸成長は，行動的防御のように見える[4]．トビムシの摂食により，菌糸体の成長がゆっくり広がる面状から速く伸びる線状に切り替わる例がある．これは，トビムシがいる場所から新たな生息場所への「避難」と解釈できる．その他，ダニの卵はシイタケの栄養菌糸に覆われると孵化しなくなる．この「覆いつくし」も防御と考えられている．

（4）動物の対処・対抗

動物は菌類が防御している部位を避けて食べる

場合がある．子実体表面に殺虫作用があるスギエダタケの内部を食べるトビムシがいる．また，防御物質に対して生理的耐性をもつ場合もある．キノコ食性のハエは他のハエよりもキノコ毒に対し耐性が強い[5]．

（中森泰三）

＊引用文献

1）Spiteller P（2008）Chemistry 14 : 9100-9110
2）Sawahata T, et al.（2008）Mycorrhiza 18 : 111-114
3）Nakamori T, Suzuki A（2007）Mycol Res 111:1345-1351
4）Boddy L, Jones TH（2008）Ecology of saprotrophic basidiomycetes. Academic Press, Amsterdam, pp155-179
5）Tuno N, et al.（2007）J Chem Ecol 33 : 311-317

＊参考文献

Boddy L, Jones TH（2008）Ecology of saprotrophic basidiomycetes. Academic Press, Amsterdam, pp155-179
Spiteller P（2008）Chemistry 14 : 9100-9110

COLUMN9 屋久島の野生ニホンザルの菌食について

屋久島のサルは本土のサルに比べ小型で体毛が長く，ヤクザルと呼ばれ，ニホンザルの亜種とされる（*Macaca fuscata yakui*）．温暖な気候にめぐまれ多様な樹種からなる屋久島の照葉樹林内には，1年中果実がみのり，サルの食料となる．屋久島では春，夏，秋の年3回果実がみのり，特に夏のアコウの果実生産が膨大で，8～12月にはサルの主要な食料となる．この期間サルは食事時間の2/3以上，果実をとるために使うので果実食期と呼ばれる．果実食期（8～12月）には果実を2/3，残り1/3は樹木の葉と昆虫，キノコなどが利用される．夏になると昆虫が増え，8月には果実や葉より，イスノキにつく昆虫の幼虫を採食する時間が多くなるという観察例もある．1～7月は果実が減るので，サルは若葉を食べる割合が増え葉食期と呼ばれる．しかし，この間も春～初夏にかけて結実するヤマモモの果実はよく利用される．葉食期（1～7月）にはサルは葉を2/3，残りの1/3は果実や昆虫，キノコなどを食べる．アフリカのゴリラもキノコを食べた事例が報告されているが，屋久島のサルのように食事に占める6%の菌食は世界的にも高い割合といえる．キノコには毒キノコが一定割合で存在することから，サルが毒キノコを避けて菌食しているかどうかは非常に興味深い．しかし，現在のところ，サルが食べている菌類の種類はほとんど解明されていない．われわれは2008年から屋久島西部の半山地区の海岸に近い照葉樹林を中心に調査を行っている．この地区は屋久島で最もサルが多く分布し，照葉樹林の中でサル本来の姿を観察できる唯一の場所である．2008年9月は軟らかいキノコが比較的多かった．カワリハツを母親が食べ，残りを子猿が食べたりするところが観察された．キチャハツやムラサキホウキタケはサルが手にとったが捨てた．ガンタケは手にとって臭いをかいで捨てたといった行動が見られた．また，サルの排泄直後の糞に含まれる菌類のDNAの配列を解読し，Blast Searchを行ったところ，以下のキノコが検出されてきた．ヤナギマツタケ，タマゴタケ，イタチタケ，ムササビタケ，シロワタアワタケ，*Russula* sp., *Auricularia* sp. など多数の菌類が検出された． 2009年9月では，調査地が非常に乾燥し，サルノコシカケ類ばかりが目についた．サルはゴンズイの枯木上に発生したトキイロヒラタケを食べていた．また，樹皮上に生えていた *Tremella* sp. をかみ切って食べたり，*Russula* sp. を食べるところも観察された．枯れた幹の表面についた不明の菌をかじったり，こすりとって食べる行動が複数回見られた．マスタケをちぎってなめた後，川に投げ捨てたり，*Agaricus* sp. と *Russula* sp. をかじって，捨てたりする行動も観察された．糞からはキアミアシイグチ，ヤナギマツタケ，ヒビワレシロハツ，チギレハツタケ近縁種，*Russula* sp., *Crepidotus* sp., オオスルメタケ，*Auricularia* sp. など多数のキノコが検出され，発生しているキノコの量の割にサルは多種多様なキノコを食べていることがわかった．2年間の観察からわかってきたこととして，サルの好きなキノコと，そうでないキノコがあるようである．今後，サルがどのようにしてキノコの食毒を見分けているのか，親ザルの経験がどのように子ザルに伝わるのか，なども解明できたらと考えている．

（佐藤博俊・横山和正）

15.2.4 菌栽培昆虫

1) アンブロシア甲虫

コウチュウ目ゾウムシ科に属するナガキクイムシ亜科（Platypodinae）とキクイムシ亜科（Scolytinae）は，菌類と密接な関係をもっている．特に，菌類を培養して食物とする一群があり，養菌性キクイムシあるいはアンブロシア甲虫と呼ばれている．アンブロシア（ambrosia）の語源は，ギリシア神話における「神の食べ物」である．ナガキクイムシ亜科のほぼ全種，キクイムシ亜科の約半数が養菌性であり，世界で約3,400種，日本で約320種が知られている．

(1) 菌類の栽培様式

衰弱木の辺材部を基本的に繁殖源とし，成虫が坑（孔）道と呼ばれる巣を形成する．掘り進みながら，木屑を排出し，坑道の内壁に菌類の胞子を接種する．成虫は，坑道内で産卵し，幼虫の成育が終わるまで同居する．接種した菌類が繁殖できるよう，管理しているものと推察されている．坑道の入口を木屑あるいは自らの体で封鎖する場面がある．坑道内の温度や湿度を調節している可能性もある．

成虫は，菌類を貯蔵・運搬するための器官である菌嚢（mycangium, pl. mycangia）を備えている．その存在部位は，キクイムシの種によって異なり，口腔，前胸背，前胸側板，前・中胸背，基節窩，翅鞘などさまざまである．多くの場合，体膜が袋状に変形した構造である．体内に収納されており，通常は開口部が認識できない．ただし，外骨格に小孔を有するキクイムシも存在する．坑道内の菌類を菌嚢内へ取り込むが，飛翔分散する時期には，特定の菌種のみが大量増殖する．付属する分泌腺は，そのために存在することが示唆されている．

菌嚢が退化した種もあり，特殊な生態をもつ．このグループは，他種の養菌性キクイムシの坑道にみずからの坑道を隣接させ，菌類を引き入れて培養する[1]．養菌窃盗性（mycocleptism）と呼ばれている．

(2) アンブロシア菌の定義と分類

アンブロシア甲虫と関係する菌類は，アンブロシア菌と総称されている．つまり，アンブロシア菌そのものは，分類学的に規定されたグループではない．ただし，有性世代が判明したものの多くは，子嚢菌に属する．系統的に異系で，さまざまなグループが含まれる．これらは*Ascoidea, Dipodascus, Endomyces, Endomycopsis, Ambrosiozyma*などの酵母類と，*Ambrosiella, Raffaelea, Phialophoropsis*などの非酵母類に分けられる．また，植物寄生菌として知られる*Fusarium*属菌の一種で，アンブロシア菌と考えられているものがある．

初期の研究で，キクイムシの成育にとっての重要性に基づき，主要アンブロシア菌（primary ambrosia fungi）と副次的アンブロシア菌（auxiliary ambrosia fungi）にカテゴリー化することが提案された[2]．しかし，この取扱いは便宜的なもので，分離頻度データだけでは判定が難しい場合がある．実際に証明するためには，分離菌をキクイムシに与えて摂食効果を見ることも必要である．

(3) アンブロシア菌の形態的特徴

はじめて同定されたアンブロシア菌は*Monilia*属菌とされた．数珠状に連鎖した細胞，いわゆるモニリオイドチェーン（Monilioid chain）等の形態的特徴に基づいていたのである．実際には*Monilia*属菌とはまったく異なる，さまざまな系統に属するグループに分けられる．しかし，モニリオイドチェーンが多くの種類で共通する形態的特徴となっている．特に*Ambrosiella*属菌は，よく発達したモニリオイドチェーンをキクイムシの坑道壁に形成する（図15.2.9）．また，多くの種類が出芽・分裂し，酵母状に生育する．菌嚢内では，ほとんど胞子のみである．これらの特徴は，キクイムシに利用されるための形態的収斂と考えられる．

最近の研究で，*Ambrosiella*属菌の基準種である*A. xylebori*がフィアロ型の分生子を形成することが明らかにされた[3]．また，*Raffaelea*属菌は

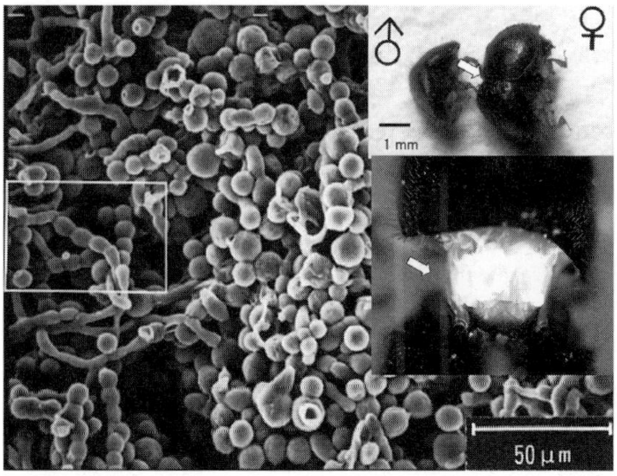

■図 15.2.9. クスノオオキクイムシ（右上）とその坑道内で繁殖している *Ambrosiella* 属菌
白枠内：モニリオイドチェーン，白矢印：菌嚢 mycangia（♀成虫体内）.

アネロ型からシンポジオ型の分生子形成様式であることがわかってきた[4]．

(4) アンブロシア菌の系統

分子系統解析の結果によれば，*Ambrosiella* 属菌は系統的に大きく2つのグループに分けられる[5]．1つはセラトシスティス科（Ceratocystidiaceae)，もう1つはオフィオストマ科（Ophiostomataceae）である．両科には，内樹皮を摂食するキクイムシの随伴菌も多く含まれている．このことから *Ambrosiella* 属菌は，系統とは無関係にキクイムシの共生菌へと進化したと考えられる．一方，*Raffaelea* 属菌は，そのほとんどがオフィオストマ科に含まれる．特に，*Leptographium* 属アナモルフを有する *Grosmannia* 属菌に近縁である．ただし，上記の *Ambrosiella* 属の数種とともにクレードを形成していることから，今後，分類学的整理が必要である．

（梶村　恒・升屋勇人）

＊引用文献
1) Hulcr J, Cognato AI (2010) Evolution 64 : 3205-3212
2) Batra LR (1966) Science 153 : 193-195
3) Gebhardt H, et al. (2005) Mycol Res 109 : 687-696
4) Gebhardt H, Oberwinkler F (2005) Antonie van Leeuwenhoek 88 : 61-66
5) Cassar S, Blackwell M (1996) Mycologia 88 : 596-601

＊参考文献
遠藤力也（2012）日本森林学会誌 94 : 326-334
梶村　恒（2000）森林微生物生態学．朝倉書店，東京，pp179-195
梶村　恒（2006）樹の中の虫の不思議な生活―穿孔性昆虫研究への招待―．東海大学出版会，秦野，pp161-186
梶村　恒ほか (2007) 昆虫と菌類の関係―その生態と進化―．共立出版，東京，pp317-359
梶村　恒（2010）昆虫と自然 45（14）: 17-20
升屋勇人・山岡裕一（2010）日本森林学会誌 91 : 433-445

2) シロアリ

菌栽培性のシロアリは，キノコシロアリ亜科（Macrotermitinae）に属する *Odontotermes* 属，*Microtermes* 属，*Macrotermes* 属，*Ancistrotermes* 属および *Hypotermes* 属など（10属）であり，アフリカからアジアにかけての熱帯地域に分布している[1, 2]．これらのシロアリは菌園（fungus comb）と呼ばれる独特の巣（図 15.2.10）を地中もしくは地上の塚内につくり，その中で共生菌を栽培している．

(1) 菌　園

菌園はシロアリが外部で摂食してきた植物質のほぼ未消化の排泄物からできており，共生菌は菌園を分解し栄養源として菌体を増殖させ，表面に菌糸塊（mycotêtes）を形成する[3]．*Macrotermes* 属の中には断片化した葉，茎または材を直接巣にもち込み菌園をつくるものもある．キノコシロアリは他の食材性シロアリのように体内に植物質を分解吸収できる消化システムをもたないため，菌園上に形成された菌糸塊を餌とする菌食性である．菌園はキノコシロアリの体外消化器官ともいえる[2]．

(2) 菌の種類と生理的特徴

キノコシロアリと共生するのはもっぱら *Termitomyces*（オオシロアリタケ）属菌（キシメジ科）であり，約40種がキノコシロアリに随伴して分布している．特定の *Termitomyces* 属菌と共生するキノコシロアリとの組合せにおいて特異性は認められないが，つねにキノコシロアリの巣から子実体を発生し（図 15.2.10)，熱帯地域で

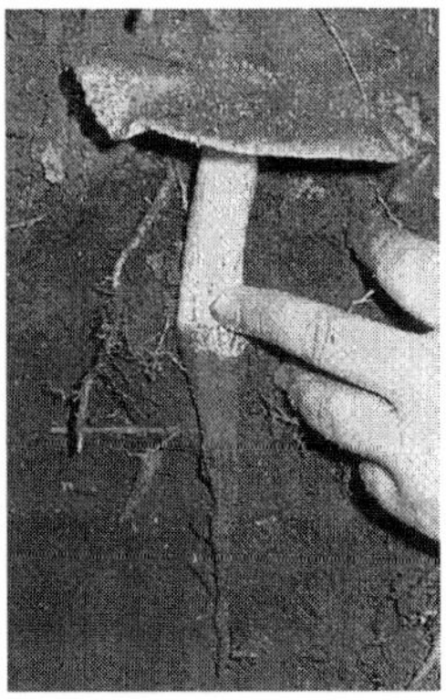

■図 15.2.10　キノコシロアリの菌園から発生する *Termitomyces eurrhizus*
偽根が菌園につながっている．

は美味な食用キノコとして珍重されている．*Termitomyces* 属は強力ではないが木質分解活性を示し，同じく地中にて木質を分解している *Lyophyllum*（シメジ）属と近縁であろうと考えられている[4]．菌園の成分分析から，*Termitomyces* 属は木質中のリグニンを部分的に分解しながら，セルロースやヘミセルロースを分解吸収しているようである．キノコシロアリは体内に木質消化システムをもたないはずであるが，腸内からはセルラーゼ活性が検出される[3]．摂食された *Termitomyces* の菌体は補助的な消化酵素の供給源ともなっている．人工培地上において純粋培養することは可能であるが，その菌糸成長は非常に遅く，これまでキノコの人工栽培には成功していない．

（玉井　裕）

＊引用文献

1) Kambhampati S, Eggleton P (2000) Taxonomy and phylogeny of termites. Termites : evolution, society, symbiosis, ecology (Abe T, et al., eds.). Kluwer Academic, Dordrecht, pp1-24
2) 安部琢哉 (1989) シロアリの生態．東京大学出版会，東京，pp84-108
3) Rouland-Lefevre C (2000) Symbiosis with fungi. Termites : evolution, society, symbiosis, ecology (Abe T, et al., eds.). Kluwer Academic, Dordrecht, pp289-306
4) Froslev TG (2003) Mycological Research 107 : 1277-1286

＊参考文献

安部琢哉 (1989) シロアリの生態．東京大学出版会，東京，pp84-108

Kambhampati S, Eggleton P (2000) Taxonomy and phylogeny of termites. Termites : evolution, society, symbiosis, ecology (Abe T, et al., eds.). Kluwer Academic, Dordrecht, pp1-24

Rouland-Lefevre C (2000) Symbiosis with fungi.Termites : evolution, society, symbiosis, ecology (Abe T, et al., eds.). Kluwer Academic, Dordrecht, pp289-306

3) キバチ

「木」を食べるハチ（キバチ）は，その幼虫が木の幹の辺材部を主に食べて生活する．キバチは，一般に目にするミツバチやスズメバチ などの胸部と腹部の間が細くくびれたハチ（細腰亜目）とは異なり，胸部と腹部の間がくびれていないハチ（広腰亜目，キバチ科）に属し，多くの種が北半球の温帯林に生息する．キバチ科は，針葉樹を加害するキバチ亜科と広葉樹を加害するヒラアシキバチ亜科に分類される[1]．

(1) 共生菌と材変色

キバチに属する多くの種類は，共生菌を体内の菌嚢（mycangium, pl. mycangia）に保持し，産卵の際にその菌を木の材内に接種する．キバチの幼虫にとってこの共生菌がどのように働くか完全にはわかっていないが，キバチの幼虫は共生菌の働きによって材を餌として成長することができるということはわかっている．

スギ・ヒノキ林などで普通に見られるキバチ亜科のニホンキバチとヒゲジロキバチは，雌成虫が腹部の菌嚢に共生菌キバチウロコタケ（*Amylostereum laevigatum*，図 15.2.11）の菌糸を保持し，産卵の際にスギやヒノキの樹幹に接種する[2]．この共生菌が接種された材は，淡褐色〜褐色に変色し，材の経済的価値を低下させる．ニホンキバチ，ヒゲジロキバチと共生菌によるスギとヒノキの材変色被害は，九州〜東北地方まで広く見られる[3]．

■図 15.2.11　ニホンキバチやヒゲジロキバチと共生するキバチウロコタケの子実体

(2) キバチと共生菌の関係

キバチ亜科昆虫と関連があるキバチウロコタケ属(*Amylostereum*)菌は，担子菌類(Basidiomycetes)，ウロコタケ科（Stereaceae）に属し，世界的に5種，*A. areolatum, A. chailletii, A. ferreum, A. laevigatum, A. sacratum* が報告されている[4]．これら5種の中で *A. areolatum, A. chailletii, A. laevigatum* は，キバチ亜科の昆虫と共生することが確認されている[5]．

一方，エノキに寄生するヒラアシキバチ亜科のヒラアシキバチは，担子菌類のミダレアミタケ（*Cerrena unicolor*）と共生することが知られている[6]．

（田端雅進）

＊引用文献

1）竹内吉蔵（1962）膜翅目・キバチ科．北隆館．東京
2）Tabata M, Abe Y（1997）Mycoscience 38 : 421-427
3）宮田弘明ほか（2001）森林防疫 50 : 105-113
4）Boidin J, Lanquetin P（1984）Bull Soc Mycol France 100 : 211-236
5）Tabata M, et al.（2000）Mycoscience 41 : 585-593
6）Tabata M, Abe Y（1995）Mycoscience 36 : 447-450

15.2.5 菌の擬態

昆虫の隠蔽的擬態や警告色の擬態，カッコウの托卵（たくらん）のための卵擬態，訪花昆虫の雌に擬態した花をつけ，送粉者を誘引するランなど，擬態はさまざまな動物や高等植物に見られる現象である．実は菌類にも巧みな擬態をするものが存在する．最近，実態の解明が進んでいる「シロアリの卵に擬態するカビ」を紹介する．

1）シロアリ卵擬態菌核菌ターマイトボール

シロアリの働き蟻は，女王の産んだ卵を運んで山積みにし，世話をする習性がある．このようにしてできる卵塊の中に，シロアリの卵とは異なる褐色の球体「ターマイトボール」（図 15.2.12）が多数見られる．この球体は，*Fibularhizoctonia* 属（完全世代名は *Athelia* 属）の菌核菌の一種がつくる菌核（sclerotium）で，物理的および化学的にシロアリの卵に擬態している[1]．卵塊中にターマイトボールが存在する現象は，ヤマトシロアリ属のシロアリにきわめて普遍的に見られる．日本のヤマトシロアリ *Reticulitermes speratus* や米国の *R. flavipes* をはじめ，現在までに日米で7種のヤマトシロアリ属のシロアリから見つかっているが，寄主のシロアリ種間で保有する菌核菌の遺伝子（ITS 領域の塩基配列）に有意な差はなく，ホストレース化は生じていない[2]．

最近，筆者らは亜熱帯気候の西表島において採集調査を行い，高等シロアリに属するタカサゴシロアリ *Nasutitermes takasagoensis* の巣内の卵塊中からも大量のターマイトボールを発見した[3]．この菌を単離培養し遺伝解析を行った結

■図 15.2.12　シロアリ卵擬態菌核菌ターマイトボール
卵塊中の透明な俵型のものがシロアリの卵，褐色の球体がターマイトボール．

果，*Trechispora* 属の未記載種の菌核菌であり，ヤマトシロアリ属が保有するターマイトボール *Fibularhizoctonia* 属とは系統的には比較的遠縁の菌であった．つまり，シロアリの卵に擬態して巣の中に運搬させるというカビの戦略は，温帯のヤマトシロアリ属で１回，亜熱帯のテングシロアリ属で１回，少なくとも２回独立に進化したことが明らかになった[3)]．

2）卵擬態メカニズム

シロアリは卵の形とサイズと，卵認識フェロモンによって卵を認識する[1,4)]．シロアリの卵は俵型をしているが，ワーカーが運搬する際にはつねに短径の側をくわえてサイズを認識する．この菌核菌はシロアリの卵の短径と厳密に同じサイズの菌核をつくる[4)]．また，物理的にはサイズだけでなく，シロアリの卵と同じように滑らかな曲面をもたなければ卵として保護されない．ターマイトボールは他の近縁な菌核菌と比べても，非常に滑らかな表面構造をもち，固い外皮をもたないため，乾燥耐性をほとんど失っている．卵塊中にある限り，シロアリのグルーミングを受けて菌核はまったく保湿され生存を保証されている．シロアリの卵認識フェロモンは卵と唾液の共通成分である抗菌タンパク質のリゾチーム[5)]と，セルロース分解酵素の１つ β-グルコシダーゼ[6)]であるが，この菌核菌は β-グルコシダーゼを生産して，卵に化学的にも擬態している[6)]．

3）シロアリとの相互作用

シロアリは抗菌活性のある糞や唾液を巣の内壁に塗って，さまざまな微生物の侵入から巣を守っている．この菌核菌にとって，シロアリの巣内はいわば競争者フリーの環境となっている．卵に擬態することによって巣内に入り込んだ菌核菌は，一部が巣内で繁殖し，新たに形成された菌核はさらに卵塊中に運ばれる．卵塊中の卵よりも菌核の数の方が多いこともしばしばある．コロニーによっては卵塊中の90％以上が菌核で占められているものもあり，これらを卵と同じように毎日グルーミングすることは，シロアリにとっては大きなコストとなっている．また，低頻度ではあるが，ターマイトボールが卵塊中で発芽し，周囲の卵を死亡させることも観察されている[4)]．一方，シロアリがターマイトボールを摂食することはなく，栄養的なプラスの効果はない．短期的な相互作用を見る限り，両者の関係はターマイトボールの卵擬態によるシロアリへの寄生である[4)]．昆虫と菌類の相互作用の多様性を象徴する現象として注目され，その進化プロセスの解明が進められている．

（松浦健二）

＊引用文献

1）Matsuura K, et al.（2000）Ecol Res 15 : 405-414
2）Yashiro T, Matsuura K（2007）Ann Entomol Soc Am 100 : 532-538
3）Matsuura K, Yashiro T（2010）Biol J Linn Soc 100 : 531-537
4）Matsuura K（2006）Proc Roy Soc B Biol Sci 273 : 1203-1209
5）Matsuura K, et al.（2007）PLoS ONE 2 : e813. doi : 10.1371/journal.pone.0000813
6）Matsuura K, et al.（2009）Current Biology 19 : 30-36

＊参考文献

Matsuura K（2003）Symbionts affecting termite behavior. Insect Symbiosis（Bourtzis K, Miller TA, eds.）. CRC Press, Boca Raton, pp131-143

15.3 菌類と菌類

15.3.1 菌類間の競合

1) 菌類間の競合現象の発見

菌類間の拮抗現象についての最初の記述はCayley（1923）による嫌触現象（aversion）に関するものであろう．彼女は*Diaporthe perniciosa*（anamorph：*Phomopsis mali*）のヘテロタリズム（heterothallism）の研究過程で，単胞子分離株を対峙培養（dual culture）すると両コロニーの間にどちらの株も菌糸を伸長しない部分が生じることを見いだした．その後，嫌触現象は，①1つの被子器から得られる胞子間で生ずる場合（intra-perithecial）と，②地理的に異なる地域から分離された菌株や植物に対する病原性などを異にする菌株（レース）の間で起こる場合（inter-racial）があることが明らかにされた．少し遅れて，Weindling（1932）はカンキツ苗立枯病の病原菌解明の過程で，二次侵入者である*Trichoderma lignorum*（後の報文では*Gliocladium fimbriatum*，あるいは*Trichoderma viride*などとして扱われている）が*Rhizoctonia solani*などの土壌病原菌と競合することを発見し，このような菌を土壌に投入することにより植物病原菌を制御（生物防除，biological control）できる可能性を示した．

日本でも，田中（1925）が胞子を形成しない白絹病菌*Sclerotium rolfsii*（teleomorph：*Athelia rolfsii*）のレースの識別を目的として，寄主植物や採取地を異にする菌株間での対峙培養を行い，嫌触現象が生じるか否かで判別できることを報告した．彼は，この嫌触領域は新鮮な空気を流すことによって消失することから，揮発性の抗菌物質によって起こると推定した．また，西門（1928）は*Helminthosporium*属の菌株間の嫌触現象を調査して，本属の場合には嫌触現象によるレースの類別は困難であると結論したが，*Helminthosporium*属菌が細菌との対峙培養で強い生育阻害を受けることを観察している．Flemingによるペニシリンに関する最初の報告（1929）と同時期に日本でもこのような現象の記述があったことはあまり知られていない．その後，西門は拮抗微生物による作物病害防除研究を日本ではじめて企画し，大島らが*T. lignorum*によるタバコ白絹病防除の実用化を成功させた[1]．

微生物間の競合現象はこのようにして発見されてきたわけであるが，元来微生物は自らの生存場所を確保し，養分を得るために周囲の微生物と競い合っているはずである．ペニシリンの発見を契機に，微生物間の競合現象は化学的な面から注目されて，数多くの生理活性物質が単離されてきた．その場合には，生理活性物質が競合現象においてどのようなあるいはどの程度の意味をもっているかよりも，薬剤としての作用の強さや選択性が重要視される．一方，競合現象発見のきっかけとなった生殖のような生物学的に興味ある拮抗現象の解明は，これまで限られた研究者によって進められてきたが，近年分子生物学の発展により新たな展開を迎えている．

2) 種間の競合現象

(1) 生物防除－拮抗微生物の農業への応用

菌類間の競合現象で最も多くの研究が行われているのは植物病原菌と拮抗菌の関係であろう．拮抗菌の作用メカニズムとしては，抗生（antibiosis），競合（competition），寄生（parasitism）・捕食（predation），植物の抵抗性誘導（induced systemic resistance）などがあるが，ここでは競合現象に関係する抗菌物質と菌体外酵素について述べる[2]．

Weindlingは現象の発見の後，さらに研究を進め*T. lignorum*が生産する抗菌物質gliotoxin（**1**）（図15.3.1）を明らかにした．その後viridin（**2**），alamethicins（**3**）などさまざまな構造の抗菌活性を有する代謝産物が多数単離構造決定されている[3]．

抗菌物質が実際に生物防除において役割を果たしていることは，親株と抗菌物質非生産変異株との防除効果の比較によって証明されている．たとえば，*Pythium* によるワタ苗立枯病に防除作用を示す *Gliocladium virens* が抗菌物質 gliovirin (4) を生産すること，その生産能を失った変異株には防除作用がなくなること，が報告されている．なお，この変異株は *R. solani* に対する防除作用は有していることから，本菌の *Pythium* と *Rhizoctonia* に対する防除機構は異なることが明らかである．

生物防除作用を有する *Trichoderma* 属菌が揮発性の抗菌物質を生産することや，ココナッツ様の特徴的な芳香を発することは，古くから経験的に知られていた．この香気成分は 6-*n*-pentyl-2-pyrone (5) と同定され，本物質が抗菌活性を有し実際に機能していることが，*Trichoderma koningii* の pyrone 生産株のみが *Rhizoctonia* 属菌による根腐病を抑制し，生物防除作用と寄生能やキチナーゼなど溶菌酵素生産性とは関連がなかったことにより，証明されている．

しかし，*in vitro* で発見された抗菌物質が実際の生物防除の場で働いていることが確認されている例は多くない．抗菌物質のような二次代謝産物の生産性は培養条件によって大きく変わるので，拮抗菌の作用機構が抗生であることを証明するためには，上述のように変異株との作用の比較や拮抗菌が施用された土壌中に抗菌物質が生産されているかを確認する必要がある．また，二次代謝産物の生産は菌株特異的である．たとえば *T. viride* の場合，gliotoxin を生産する系統と viridin を生産する系統が，また，*G. virens* には gliotoxin を生産する系統と gliovirin を生産する系統が知られている．したがって，拮抗微生物による病害防除における作用機構については，菌株ごとに確認する必要がある．

拮抗菌が菌体外に分泌するキチナーゼやグルカナーゼなど糸状菌の細胞壁溶解酵素も病原菌との拮抗に重要な働きを果たしている．これら酵素の生物防除への寄与に関しては酵素遺伝子が解明され，その発現制御が可能になったことにより進展した．たとえば，*Trichoderma longibrachiatum* の β-1,4-endoglucanase 過剰発現体は *Pythium ultimum* によるキュウリの病害を親株より強力に抑制した．*Trichoderma harzianum* のエンドキチナーゼ破壊株（他のキチンやグルカン溶解性酵素の発現は変わらない）を作製したところ，変異株の灰色かび病菌 *Botrytis cinerea* に対する拮抗能は顕著に低下したが，*P. ultimum* に対しては親株と同程度，*R. solani* の場合は親株よりも生物防除能が向上するという結果が得られており，同じ菌でも相手によってその作用が異なることを示している．

最近は生物防除には複数の効果が相乗的に作用しているとの見方が主流になってきた．たとえば，*G. virens* のエンドキチナーゼは gliotoxin による *B. cinerea* の生育阻害に相乗的に働いたとの報告がある．また，*T. harzianum* による alamethicin 類似の抗菌物質 trichorzianines と溶菌酵素の生産は *B. cinerea* の細胞壁によって誘導されること，trichorzianines はキチナーゼや β-1,3-グルカナーゼと相乗的に胞子発芽や菌糸伸長を阻害することが明らかにされている．

(2) キノコ栽培における競合

ほだ木でのキノコ栽培では栽培キノコと他の微生物との競合が起こる．この場合も生物防除の場合と同様に，養分の奪い合い（競合）や菌寄生菌類の発生，抗菌物質や溶菌酵素の分泌などが明らかにされている．たとえば，*Trichoderma polysporum* からはシイタケ菌 *Lentinus edodes* の生長阻害物質として trichopolyn 類 (6) が単離されている．溶菌酵素の生産菌としては *T. harzianum* が知られており，β-1,3-グルカナーゼとキチナーゼを生産している．これらの酵素は *Trichoderma* 菌がキノコ類と接触すると生産が増大する．

一方，シイタケ菌 *L. edodes* も抗菌物質を生産したり，細胞壁にフェノール性化合物を蓄積・重合させて菌糸の物理的強度を増すなどの抵抗性反応を示す．これらの抵抗性反応は *Trichoderma*

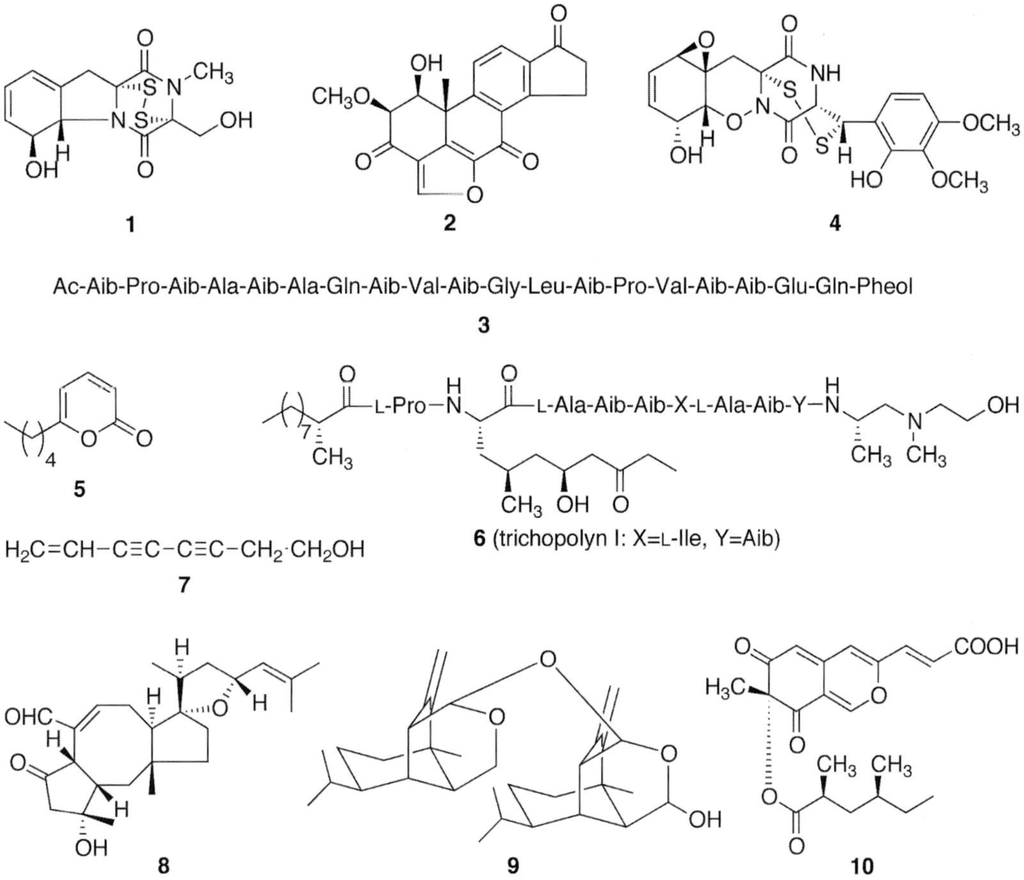

■図 15.3.1　菌類間の競合にかかわる抗菌物質

菌の侵入や *Trichoderma* 菌が生産する抗菌物質によって促進される．*L. edodes* の生産する抗菌性物質は lentialexin (7) とその類縁化合物である．Lentialexin は *Trichoderma* の侵入を受けた場合にだけ生産されることから，植物が微生物の侵入を受けたときに生産する抗菌物質ファイトアレキシンに倣ってマイコアレキシン（mycoalexin）と称することが提案されている．

3) 種内の競合現象

(1) レース間の嫌触現象（異なる地域で分離された菌株間での嫌触現象）

アワのごま葉枯病菌 *Cochliobolus setariae* (anamorph: *Bipolaris setariae* = *Helminthosporium setariae*) NBRC 6387 株と 6635 株は，それぞれの株を平板培地に 2 点接種して培養すると同一菌株の 2 つのコロニーは境目がわからなくなるまで菌糸が伸長するが，異菌株間には明瞭な生育阻害帯が見られる．西門が発見したこの現象を，丸茂らは両株が互いに相手の生育を抑制する物質を生産分泌しているためであると考え，その生育抑制物質を嫌触因子（aversion factor）と名づけた．そして，6387 株が生産する嫌触因子は ophiobolin A (8)，6635 株の生産する因子は prehelminthosporol と prehelminthosporal の bisacetal 化合物 (9) であることを明らかにした．これらの化合物は自身の生育を阻害する濃度の 1/4 〜 1/170 で相手菌の生育を阻害した．

イネのにせいもち病菌 *Cochliobolus lunatus* (anamorph：*Curvularia lunata*) の場合には，

NBRC 5997株が他の菌株の生育を抑制するが，NBRC 5997株の生育は他の菌株によっては抑制されない半嫌触（half aversion）と呼ばれる現象を示した．NBRC 5997株が生産する嫌触因子として lunatoic acid A（**10**）が単離構造決定された．Lunatoic acid Aは同種の他菌株の生育は3～12 μg/m*l* で阻止したが，自身や他の真菌の生育抑制には100 μg/m*l* を要するというきわめて高い選択性を示した．

C. lunatus NBRC 5997株によって生育阻害を受けた菌株の菌糸を顕微鏡で観察すると，細胞壁が肥厚し，著しく分節して膨潤した厚膜胞子（clamidospore）様の細胞になっていた．また，NBRC 5997株自身もコロニー全体が同様な細胞になっており，菌糸の伸長が遅くなったのはこのように細胞分化が起こったためであることが明らかになった．Lunatoic acid Aはアンモニアなどのアミンと容易に反応することから azaphilone（aza：窒素，phile：好む）と呼ばれる化合物の1つである．そこで，lunatoic acid Aと類似の糸状菌代謝産物の厚膜胞子様細胞形成活性が調べられた結果，化合物のメチルアミンとの反応性と厚膜胞子様細胞形成活性との間に相関があることが明らかになった[4]．この形態変化は，不和合性の菌糸が出合ったときの回避反応なのかもしれない．

(2) 遺伝学的性質が異なる細胞間での嫌触現象

①担子菌におけるバラージ現象：*Coprinus cinereus* や *Schizophyllum commune* のような四極性ヘテロタリズムの担子菌では交配型 *A*，*B* がともにヘテロの場合に有性生殖が成立するが，*A* ヘテロ，*B* ホモの組合せの株を対峙培養した場合にはコロニー間に気中菌糸の形成が貧弱で嫌触現象のように見える帯が生じる現象が起こり，バラージ反応（barrage reaction 障壁性）と呼ばれている．*B* 遺伝子座にはフェロモン（pheromone）と7回膜貫通型のフェロモン受容体の遺伝子がコードされていて，そのフェロモンは，二極性ヘテロタリック担子酵母 *Rhodosporidium toruloides* や *Tremella* の接合を制御するフェロモンと類似の，ファルネシル基を有するオリゴペプチドであると推定されている[5]．

バラージ現象は，キノコの品種維持の検定や新品種の確立の指標として利用されている．すなわち，保存している品種とその種コマを接種したほだ木から採取した菌糸，ほだ木から発生した子実体から分離した菌糸を1枚のシャーレ上の3点に接種して，拮抗現象が生じなければ変異や他の品種による汚染もないことが証明できる．また逆に，新しく育成した品種を既存の品種と対峙培養して嫌触反応が確認されれば，新しい品種と認められる．

②遺伝子型の異なる子嚢菌株間における嫌触現象：子嚢菌の有性生殖にもフェロモンが関与していることが明らかになっているが，Cayley が発見した intra-perithecial な株間での嫌触現象の原因究明は，筆者の知る限り，進んでいない．

4) 酵母のキラー現象

ある種の酵母は異なる菌株や種の酵母の生育を阻害する．この現象はキラー現象（killer phenomenon）と呼ばれ，Bevan と Makower（1963）により *Saccharomyces cerevisiae* ではじめて報告されて以来，10属50種を超える酵母で確認されている．キラー現象はタンパク質毒素であるキラートキシン（killer toxin）の分泌により起こり，その生産は二本鎖RNAやDNAプラスミドにより支配されている場合と染色体遺伝子支配の場合がある．キラートキシンの構造は単量体，ヘテロ二量体，三量体などのものが知られており，サブユニットの分子量は5～100 kDa と大きな幅がある．また，その作用機構もDNA合成阻害，イオンチャネルの形成，細胞壁の合成阻害など多岐にわたっている．キラー性を優良酵母に付与して醸造に用いたり，キラー性酵母を利用して家畜飼料のサイレージ発酵における真菌汚染を防ぐ試みが行われている．同様の現象は細菌においても認められており，その場合は毒素タンパク質をバクテリオシン（bacteriocin）と呼ぶ．

このように，菌類の拮抗現象は自らの生存場所を確保する，栄養分を得る，よりよい子孫を残す等，さまざまな目的で，また，抗菌物質，酵素などを利用した多様なメカニズムで起こっていることが明らかになってきた．**（夏目雅裕）**

＊引用文献

1）大島俊市（1968）土と微生物 10：25-29
2）Punja ZK, Utkhede RS（2003）Trends Biotechnol 21：400-407
3）Sivasithamparam L, Ghisalberti EL（1998）Secondary metabolism in *Trichoderma* and *Gliocladium*, *Trichoderma* and *Gliocladium* vol.1 (Kubicek CP, Harman GE, eds.). Taylor & Francis, London, pp139-191
4）Natsume M, et al.（1988）Agric Biol Chem 52：307-312
5）Kües U（2000）Microbiol Mol Biol Rev 64：316-353

＊参考文献

丸茂晋吾（1981）同種菌の生産する生育制御物質．殺菌剤（深見順一ほか 編, 農薬実験法 2）．ソフトサイエンス社, 東京, pp357-382
百町満朗 監修（2003）拮抗微生物による作物病害の生物防除．全国農村教育協会，東京，pp105-213
鈴木チセ（2006）農林水産技術研究ジャーナル 29：27-31
武丸恒雄（1991）きのこの交配—その基礎と応用．きのこの基礎科学と最新技術（きのこ技術集談会編集委員会 編）．農村文化社，東京，pp43-48
時本景亮（1991）食用きのこの病理学．きのこの基礎科学と最新技術（きのこ技術集談会編集委員会 編）．農村文化社，東京，pp168-176

15.3.2 菌寄生

菌寄生菌（mycoparasite）は，活物寄生（biotroph）的に，もしくは殺生（necrotroph）的に他の菌類から栄養分を吸収する菌類であり，広義では地衣類や偽菌類に対する寄生菌も含む．活物寄生には，宿主細胞内で生育するタイプ（intracellular biotroph），宿主細胞内外に吸器（haustorium）等の器官をつくるタイプ（haustorial biotroph），宿主の細胞壁に小孔を開けて細胞質を融合するタイプ（fusion biotroph）がある．殺生には，宿主を外部から攻撃するタイプ（contact necrotroph）と宿主細胞内に菌糸を侵入するタイプ（invasive necrotroph）がある．腐生，共生，殺生などの生活様式が条件や時期等で変化するものがあるのは植物寄生菌と同様である．また，寄生する対象は，子実体，菌糸，菌核，胞子などさまざまである．菌寄生菌は分類学的に多岐にわたり，子嚢菌類ボタンタケ目（Hypocreales）と担子菌類シロキクラゲ目（Tremellales）に特に多く含まれる．

1）生物防除材としての菌寄生菌

土壌中に菌核を形成する難防除植物病原菌を制御する目的で，菌核に寄生する殺生菌が利用されている．菌核病菌（*Sclerotinia sclerotiorum*）に対しては *Coniothyrium minitans*, *Talaromyces flavus*, *Trichoderma harzianum* や *T. virens* などが使用されている．リゾクトニア菌（*Rhizoctonia solani*）に対しては *Trichoderma* 属菌, *Verticillium biguttatum* や *Arthrobotrys* 属菌などが使用されている．また，絶対寄生性の植物病原菌を制御する目的で，胞子に寄生する殺生菌が利用されている．さび病菌に対しては *Eudarluca caricis*, *Lecanicillium muscarium*, *L. dimorphum* などが，うどんこ病菌に対しては *Ampelomyces quisqualis*, *L. muscarium* などが使用されている．さらに，カカオてんぐ巣病菌（*Crinipellis perniciosa*）の防除として，*Cladobotryum amazonense* など数種の菌寄生菌が利用されている．いずれの場合も湿度など，菌寄生菌の生育適正環境によって結果が左右される．

2）種　類

偽菌類である卵菌門では，フハイカビ属（*Pythium*）の特定の種が土壌生の多くの真菌類に寄生する．また，全実性の種には，同じ卵菌類やツボカビ類に寄生するものが知られている．

（1）ツボカビ門

全実性のツボカビ類には，卵菌類や他のツボカビ類，まれに接合菌類等を宿主とする活物寄生菌が知られている．これらは，遊走子の状態で宿主細胞に吸着し，細胞壁を欠いた状態となって宿主細胞内で増殖する．分実性の *Caulochytrium* 属や *Sparrowia* 属には，宿主の菌糸や卵胞子に着生して吸器様の仮根をつくって外部寄生する活物寄生菌が知られている．

(2) 接合菌類

アメーバ捕食菌や線虫捕食菌を多く含むトリモチカビ目（Zoopagales）やディマルガリス目（Dimargaritales）には，接合菌ケカビ目（Mucorales）を主な宿主とする絶対活物寄生菌が知られている．これらの菌は，付着器（appressorium）をつくって宿主の菌糸に侵入し，宿主細胞内に吸器を形成する．ケカビ目には，他の接合菌類やハラタケ目の子実体に寄生する殺生菌が知られている．

(3) 子囊菌門

ラブルベニア綱（Laboulbeniomycetes）

ピクシディオフォラ科（Pyxidiophoraceae）の種は菌寄生を行う．ラブルベニア類の大部分を占める昆虫寄生菌と同様に，これらの菌寄生菌も宿主に付着して目立った影響を与えない活物寄生菌である．

フンタマカビ綱（Sordariomycetes）

ボタンタケ目（Hypocreales）の大部分は殺生的な菌寄生菌であり，他に植物寄生菌や昆虫寄生菌が含まれる．以下に代表的なものをあげる．ボタンタケ科（Hypocreaceae）の *Hypocrea* 属菌は腐朽材上に多く見られ，アナモルフの *Trichoderma* 属菌はシイタケの害菌としても知られている（図15.3.2）．また，*T. harzianum* と *T. virens* は多犯性の菌寄生菌として多くの植物病原糸状菌に対する生物防除剤として利用されている．*Hypomyces* 属菌は，ハラタケ亜綱（Agaricomycetidae）の子実体の表面を覆って子実体形成菌糸層（subiculum）を形成する．*Podostroma* 属にも子実体形成菌糸層を形成する種が知られる（図15.3.3 A）．ネクトリア科（Nectriaceae）の *Cosmospora* 属は主にクロサイワイタケ目（Xylariales）などの子囊殻に寄生する種が多い．ビオネクトリア科（Bionectriaceae）のアナモルフ *Clonostachys* 属菌や *Sesquicillium* 属菌などは，多犯性の殺生菌である．Ophiocordycipitaceae

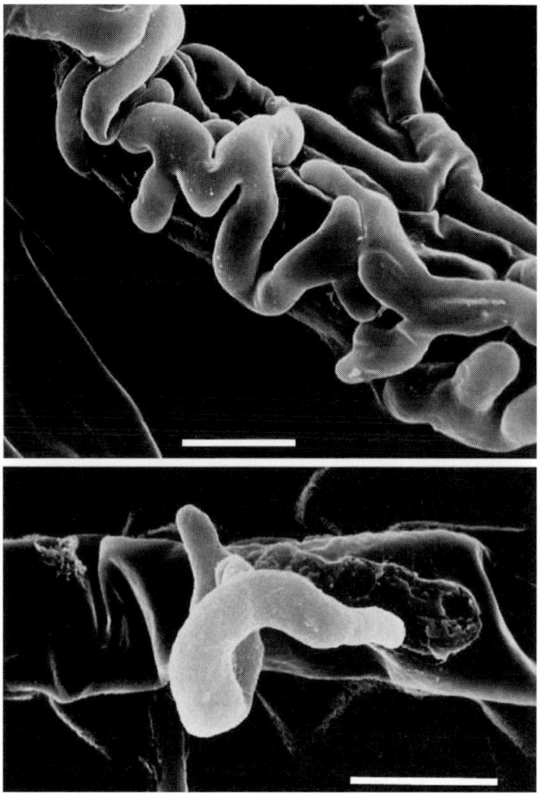

■図15.3.2　シイタケ（*Lentinula edodes*）の菌糸に巻き付き（上），細胞壁を溶かして菌糸内に侵入する（下）*Trichoderma viride* の走査電子顕微鏡写真
スケールバーは5 μm（写真提供：菌蕈研究所）．

科の *Elaphocordyceps* 属には昆虫のセミの幼虫に寄生する種とともに，地下生のツチダンゴ属（*Elaphomyces* spp.）の子実体に寄生して目立った子実体を形成する種が知られている（図15.3.3 B）．広義の *Cordyceps* 属には大部分の昆虫寄生菌のほかに，バッカクキン（*Claviceps* 属菌）の菌核に寄生して子実体を形成する *Tyrannicordyceps* 属菌が知られている．メラノスポラ目（Melanosporales）に含まれる *Melanospora* 属やアナモルフ *Gonatobotrys* 属などの多くの菌は，宿主の菌糸に付着してプラズモデスマータ様の細胞質間を連絡する微細孔を穿ち，子囊菌などに活物寄生する．

クロイボタケ綱（Dothideomycetes）

プレオスポラ目（Pleosporales）には，うどんこ病菌の寄生菌アナモルフ *Ampelomyces quisqualis*

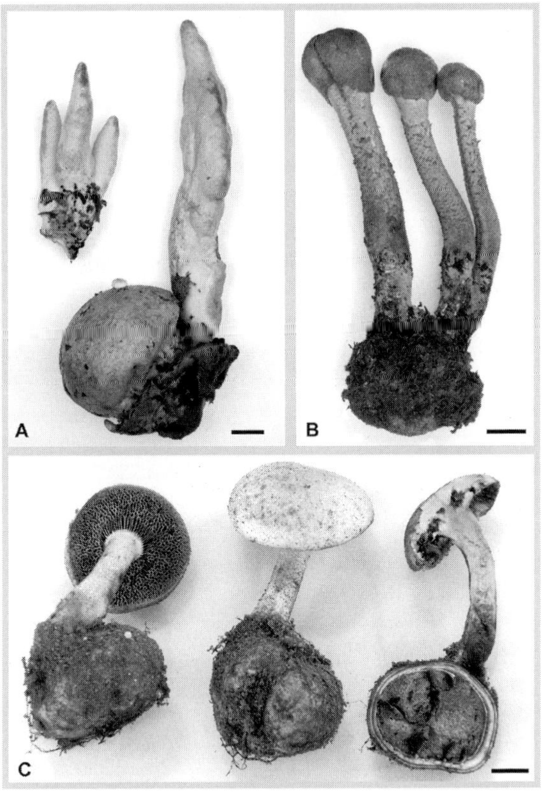

■図 15.3.3 A：スッポンヤドリタケ（*Podostroma solmsii*）．スッポンタケ類（*Phallus* sp.）の未熟な子実体上に子実体形成菌糸層を形成する．B：タンポタケ（*Elaphocordyceps capitata*）．ツチダンゴ類（*Elaphomyces* sp.）に寄生して子実体を形成する．C：タマノリイグチ（*Xerocomus astraeicola*）．ツチグリ類（*Astraeus* sp.）に寄生して子実体を形成する スケールバーは 1 cm（写真提供：吹春俊光）．

や，さび病菌の寄生菌 *Eudarluca caricis* などの殺生菌が含まれる．アナモルフ *Sporidesmium sclerotivorum* は，菌核病菌の菌核に吸器様の器官をつくって寄生する．Tubeufiaceae 科には，カイガラムシ寄生菌とともに，すす病菌やさび病菌など葉上菌に対する寄生菌が多く含まれる．

オリビリア菌綱（Oribiliomycetes）

アナモルフ *Arthrobotrys* 属菌には線虫捕食菌を多く含むとともに，土壌菌に対する殺生菌も多く知られている．これらは，線虫捕食と同様に宿主の菌糸に巻き付いて殺生する．

ズキンタケ綱（Leotiomycetes）

ビョウタケ目（Helotiales）の *Unguiculariopsis* 属菌は主に子嚢菌類の子実体や地衣類に寄生し，その上に子実体を形成する．

(4) 担子菌門

クロボ菌亜門（Ustilaginomycotina）

菌寄生菌は知られていない．アナモルフ酵母の *Tilletiopsis* 属と *Pseudozyma* 属は生理活性物質を生産し，同所的に生育するうどんこ病菌に対する拮抗阻害作用がある．

プクシニア菌亜門（Pucciniomycotina）

宿主は子嚢菌か担子菌に限られ，腐生菌とされていた多くの種が菌寄生能をもつことがわかってきた．ミクロボトリウム菌綱（Microbotryomycetes）の *Colacogloea* 属菌など多くの菌や，クリプトミココラクス菌綱（Cryptomycocolacomycetes）の *Cryptomycocolax* 属菌は，コラコソーム（colacosome）という特殊な細胞小器官を形成する[1]．コラコソームは宿主との接触面に多数形成され，接触面から宿主菌糸の細胞壁に穿入する．このことにより，寄生菌と宿主菌糸が密着する．紫紋羽病菌（*Helicobasidium* spp.）のアナモルフ *Tuberculina* 属菌は単相世代のサビ病菌にのみ寄生する．その寄生方法は生殖活動と類似し，宿主との接触面で宿主細胞の細胞質と直接融合する[2]．さらに，いくつかの分類群（Classiculales, Cystobasidiales, Spiculogloeales）は，後述する吸器様の器官（tremelloid haustorial cells）を形成し，菌寄生を行う[2]．

(5) ハラタケ亜門（Agaricomycotina）

シロキクラゲ綱（Tremellomycetes）

シロキクラゲ目（Tremellales）には木材腐朽菌とともに，*Tremella* 属，*Trimorphomyces* 属，*Syzygospora* 属などに多くの活物寄生菌が知られている．これらの寄生は，吸器様に変形した細胞（tremelloid haustorial cells, haustorial branches）を通じて行われる．この細胞は，かすがい連結（clamp connection）部分に形成され，球状の基部と糸状に伸びた管をもつ（図 15.3.4）．この糸状の管が宿主の細胞壁を貫入して吸器様に成長し，細胞膜に微細孔を開けて宿主の細胞質と直接

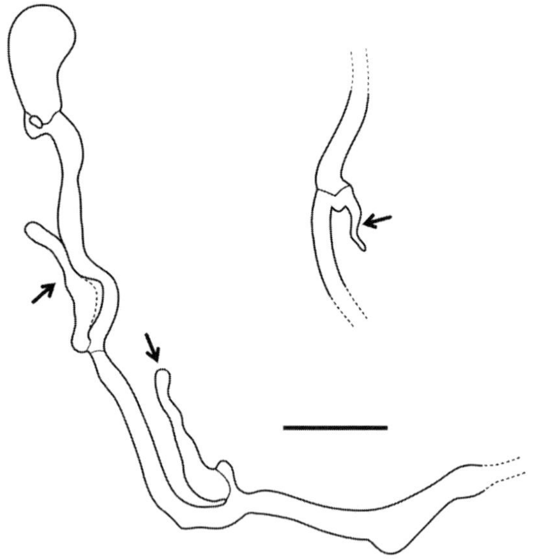

■図 15.3.4　*Tremella globispora* の吸器様細胞 (haustorial branch, tremelloid haustorial cells)
二核菌糸のかすがい連結部分に，単核の細胞（矢印）が形成される．スケールバーは10 μm（原図：青木孝之）．

融合する．同様の吸器様器官は，クリプトコッカス症を起こす *Cryptococcus neoformans* の有性世代 *Filobasidiella neoformans* も形成することから，フィロバジディア目（Filobasidiales）の種の多くは菌寄生能があると考えられている．

ハラタケ綱（Agaricomycetes）

ハラタケ目（Agaricales）のヤグラタケ属（*Asterophora*）やカブラマツタケ属（*Squamanita*），また，イグチ目（Boletales）の少数の種が，他の子実体に寄生して大型の子実体を形成する（図 15.3.3 C）．その他，木材腐朽菌のスエヒロタケ（*Schizophyllum commune*）は線虫捕食菌やリゾクトニア菌などの菌糸に巻き付いて破壊的に侵入する殺生菌でもある．このほかにも実験的に殺生菌であることが確かめられている木材腐朽菌が知られているため，木材の腐朽段階によって腐朽菌の種類が遷移する現象と関連している可能性がある．

（田中栄爾）

＊引用文献

1）Sampaio JP, et al.（2003）Mycological Progress 2 : 53-68

2）Bauer R, et al.（2006）Mycological Progress 5 : 41-66

＊参考文献

Elad Y, Freeman S（2002）Biological control of fungal plant pathogens. The Mycota XI agricultural applications（Kempken F, ed.）. Springer, Berlin, pp93-109

Gams W, et al.（2004）Fungiclous fungi. Biodiversity of fungi : Inventory and monitoring methods（Mueller GM, et al., eds.）. Academic Press, New York, pp343-392

Jeffries P, Young TWK（1994）Inter fungal Parasitic Relationships. CAB International, Wallingford

15.3.3　菌類間の共生

生物の共生は，共生するそれぞれの生物種が異なる生理的，生態的特性をもっているような場合に発達する．菌類同士の共生も当然，存在しているものと考えられている．しかし，シロアリとシロアリタケのように限られた生物種間における強固な相互依存的共生例が知られているわけではない．

近年，微生物の生息様式として微生物コンソーシアムが注目されている．微生物コンソーシアムとは異なる種類の微生物がそれぞれの生態的・生化学的機能を相補し協同体として緩やかに共生しているようなものをいう．たとえば分解途上にあるブナ落葉からは104種もの落葉生息菌類が見いだされている[1)]．

さらに，ブナ枯死材の内部では，多様な木材腐朽菌類が空間的に区分された領域を占有し，コロニーを形成することによって共存している[2)]．

このような多様な菌類の共存が，基物の分解に影響を及ぼしているものと考えられている．木材腐朽菌類では異なる2種の菌糸体が接触した部分で呼吸代謝活性が増大することが知られている（Boddy et al., 1989）．より多くの菌類種を用いて，菌類の種多様性が分解機能に及ぼす影響を確かめるための操作実験も数多く行われている．

たとえば，Jiang et al.（2008）は1985～2007年に行われた12実験の結果をまとめた．これらの実験では，2～43種の菌類を選んで落葉などの

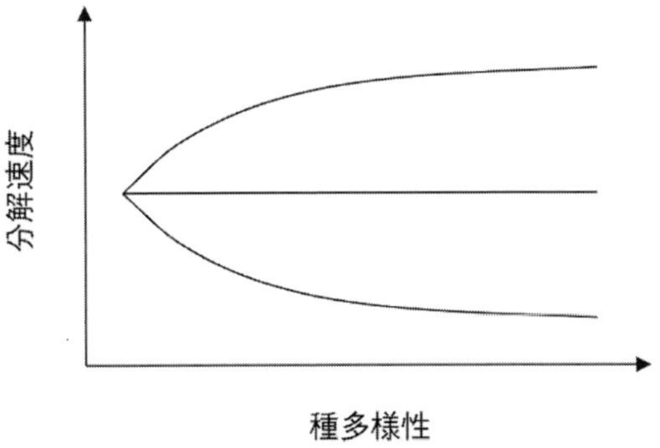

■図 15.3.5　菌類の種多様性と分解機能との間に認められる関連性の 3 タイプ

基物に接種し，種数の増加に伴って基物の分解速度がどのように変化するのか調べられた．

その結果，7 例で種の増加に伴って分解速度が増加したが，2 例で分解速度が減少し，残る 3 例で分解速度に変化が認められなかった（図 15.3.5）．分解速度が増加ないし減少する研究例では，比較的種数の少ない段階で分解への効果が頭打ちとなる傾向が認められている．

すなわち，基物のスムーズな分解には複数種の菌類種の共存が有利であり，その群集内では，機能相補による緩やかな共生が存在していると考えられる．

（大園享司・田中千尋）

＊引用文献

1）Osono T, Takeda H（2001）Ecological Research 16：649-670
2）Fukasawa A, et al.（2005）Mycoscience 46：209-214

＊参考文献

Boddy L, et al.（1989）FEMS Microbiology Ecology 62：173-184
Jiang L, et al.（2008）Oikos 117：488-493

16 繁殖体の散布戦略

序

菌類の繁殖体（propagulum, propagule）としては，単一の細胞から二分裂や出芽（budding）によって生じた細胞，胞子（spore），菌糸あるいは菌糸体の断片，菌核（sclerotium），および菌糸束（mycelial strand, mycelial cord）などがある．地衣類（lichen）の繁殖体である粉芽（soredium）と裂芽（isidium）も，広い意味では菌類の繁殖体といえる．

繁殖体は，概念的にいえば，個体または個体群の量的増加手段のことであるが，その機能を生物学的に整理すると次のようなことになる．

①厳しい環境で生き残ること，②種の生き残りのために自己と同じ新しい個体を生産すること，③種の移動や生息域の拡大のために生息地から離れた新しい場所に個体を定着させること，④ヘテロタリック（heterothallic，性的異質接合性）な種において和合性のある配偶子（gamete，半数性の胞子など）として有性生殖にかかわること，⑤有性繁殖体を周辺の環境に散布して遺伝的に多様な個体を異なった環境に定着させること．

菌類は，個体の状態や環境に応じて効率的に繁殖するために，多様な繁殖体を生産する．繁殖体には，性の有無から見て無性繁殖体と有性繁殖体がある．一般に，種の繁殖には，過程が単純で，一度に多くの繁殖体を速やかに生産することができ，かつシーズン中に何回でも生産できる無性繁殖の方が効率的である．しかし，無性繁殖では，遺伝子の突然変異が起きない限り遺伝的に同一の個体，クローン（clone）のみが生産され，遺伝的に多様な個体を生産することはできない．一方，有性繁殖は無性繁殖に比較してコストのかかる繁殖様式であり，多くの菌類では1年に1回起こるのみであるが，有性繁殖体の形成の際には2つの和合性の半数性核の合体と引き続く減数分裂を通して1本の染色体レベルでも1組の染色体セットのレベルでも新しい多様な遺伝子型をもった繁殖体が形成される．さらには，それらの接合により遺伝的にさらに多様な個体が形成される．遺伝的に多様な子孫を形成することができるということは，絶えず変動する地球環境への種の適応・生き残りということを考えると根本的に重要な意味をもっている．ほとんどの菌類では，必ずしも同時にではないが，有性的にも無性的にも繁殖することができる．

無性繁殖には次のような方法がある．

①菌糸や菌糸体が新しい個体に成長することのできる断片に分断化する．酵母のような単細胞の個体が，②2個の娘細胞に分裂する，あるいは③新しい個体に成長することのできる芽を出す．④無性的な分生子(conidium)，厚壁胞子(chlamydospore)，分節型胞子(arthrospore)，胞子嚢胞子(sporangiospore)および分裂子（oidium）を形成する．

有性繁殖は，一般に，和合性のある半数性の核をもった細胞の融合，核の融合による二倍体の核の形成，減数分裂による半数性の核の形成，半数性の核をもった有性胞子の形成，有性胞子の発芽による半数性の細胞の形成，和合性のある半数性細胞の接合という過程を経て行われる．

生産された繁殖体は，能動的に，あるいは風，水，動物などの力を借りて受動的に散布される．多くの菌類の胞子は数～10 μm 前後の大きさで，1個の個体あるいは胞子形成器官により莫大な数が生産・散布される．この事実は，胞子がある場に着地し，発芽して菌糸体を形成し首尾よくその場に定着できる機会がいかに小さいかという事実を反映している．

（堀越孝雄）

16.1 繁殖体の構造と耐久性

ここでは，胞子，菌核，菌糸あるいは菌糸体の断片，菌糸束あるいは根状菌糸束，粉芽，および裂芽の構造や耐久性について述べる．

1) 胞　子

風・水・動物などによって散布され，分散を任務とする胞子をゼノスポア（xenospores；xenos，ギリシャ語で外来のものの意）といい，分生子，胞子嚢胞子，担子胞子（basidiospore）などがこれに当たる[1,2]．一方，その場所にとどまり成長に適さない条件で生き残ることを任務とする胞子をメンノスポア（memnospores；memnon，ギリシャ語で固定した，持続するの意）といい，厚壁胞子が代表的な例である[1]．ゼノスポアもメンノスポアも無性的あるいは有性的に生産される．種によっては1個の菌糸体上に1種類以上のゼノスポアを生産し，もしこれらが異なった方法で散布されると，種の分散の機会は増すことになる．多くの種は，ゼノスポアとメンノスポアを生産する．形態的に異なる胞子が同一の菌糸体上に形成される場合を多型性（pleomorphic）という．

胞子は，一般に単細胞で10 μm前後の大きさであるが，ある種の菌類の多室胞子（phragmospore）やクロボキン（smut）の胞子団（spore ball）などのように多細胞あるいは胞子の集合構造をとる場合もある．しかし多細胞構造をとる場合も，すべての細胞が1個あるいはそれ以上の発芽管を生じるので，実質的には単細胞胞子の集合であると考えることができる．

一般に，ゼノスポアは薄い壁をもち，軽く，限定された貯蔵物質しかもっていない[1]．したがって，ゼノスポアの定着がうまくいくかどうかは発芽後外部から適当な炭水化物と窒素源を十分摂取できるかどうかにかかっている．

ゼノスポアの代表的な例である分生子は細胞質が分断されて形成されるのではなく，胞子形成細胞の先端あるいは側部に外生的に形成されるので付加的な壁には囲まれていない．分生子は分散性にはすぐれているが，貯蔵物質も少なく有性胞子に比較して生存期間は短い．

担子胞子の壁の層構造は種によって大きく異なっており，2，3，6層構造のものなどが報告されている[2]．貯蔵物質も，脂質を主とするものや，グリコーゲン（glycogen）を主とするものが知られている[2]．

メンノスポアは壁が厚く，しばしば貯蔵脂質を含んでおり，耐久性がある[1]．このような繁殖体は，時間的・空間的に不連続で短命な栄養資源，特に土壌中の栄養資源に生息する菌類の生き残りにとってとりわけ重要である．

メンノスポアの代表例である厚壁胞子は，飢餓や基質中のC/N比が小さい場合のような成長が制限されている条件下で，菌糸体の菌糸の末端あるいは中途の細胞に貯蔵脂質が蓄積され，さらにもともとある細胞壁の内側に厚い壁が内張りされることによって形成される[2]．また，厚壁胞子は，*Fusarium*属の多細胞の大分生子（macroconidium）において，環境条件が大分生子を構成する各細胞の発芽に不都合なときに一部の細胞から形成される[1,2]．このようにして形成された厚壁胞子は，他の薄い壁の分生子が土壌微生物によって分解されてしまうようなときにも，分解されずに生き残ることができる[2]．一般に，厚壁胞子にはそれらを生じた菌糸からの分離や分散のための特別な仕組みはなく，菌糸が崩壊したときに分散される．

接合菌類（zygomycetes）の接合胞子（zygospore）や子嚢菌類（ascomycetes）の子嚢胞子（ascospore）などの有性的に形成された構造もメンノスポアとして機能する．これらの胞子は，ときに脂質やトレハロース（trehalose）などの糖の形で多量の貯蔵物質を含んでいる[2]．さらに，*Neurospora tetrasperma*の子嚢胞子のように内壁（endospore）・胞子壁（epispore）・胞子外壁（perispore）という3重の壁で囲まれているもの，接合胞子のようにしばしば外側にいぼ状の突起を有する厚い細胞壁で囲まれているものもあり，厳しい環境条件を生きのびることができる[2]．これらの胞子は分散されずに形成された場にとどまり，種の生き残りのためにはたらく．また，接合胞子は発芽する前に成熟しなければならず，そのための長期の休眠期間を必要とする[1]．

胞子は，発芽しない状態でどのくらいの期間生き残ることができるのだろうか．菌類の胞子は何年間も，特に乾燥・低温条件下では，休眠することが知られている．極端な例では4500年前の氷河の氷柱試料から*Cladosporium cladosporioides*の生きた胞子が，また他の氷柱試料からも何種類かの菌類の生きた胞子が採取されたことが知られている[2]．サビ胞子についても，何日も生残して遠く離れた場所に感染を広げることが知られている[3]．担子胞子中のアミロース（amylose）などのデンプンが，酸素の胞子中への透過障壁となることにより胞子の休眠に関与しているという報告がある[2]．アミロースなどを取り除くと休眠が解除されるという．いずれにせよ，胞子の中の貯蔵物質は少ないので，乾燥，低温などの条件により代謝活性が低くおさえられた状態でない限り生き残れる時間はそれほど長くはなく，早晩エネルギー物質の枯渇が起こり死に至ると考えられる．自然条件下での未発芽の胞子の生き残り時間についての正確な情報はほとんどないのが現状である．

胞子がある場所に着地し，偶然好適な環境に際会して発芽しても，胞子の中の貯蔵物質は早々に使い果たされてしまうので，菌糸体を形成し，首尾よくその場に定着するためには発芽後の早い段階から外部の栄養資源を効率よく摂取しなければならない．その際，周囲の細菌や菌類と厳しい栄養資源の獲得競争をくり広げることになる．栄養資源を獲得することができないと，発芽したとしてもそれ以上は成長できず，やがて貯蔵物質を使い果たしてついには死に至るだろう．

細菌，放線菌や菌寄生性の菌類が生きている胞子の細胞壁に穴をうがち，胞子の内部に侵入して胞子を破壊する様子も観察されている[1]．植物リターや土壌に生息するトビムシ，ダニや線虫などの多くの菌食性動物による消費も，胞子の高い自然損耗に寄与する要因である[1]．

胞子によっては細胞壁にメラニン（melanin）が蓄積することにより着色しているものがあり，このメラニンの蓄積が生き残りを促進すると考えられている[1]．事実，野生型の着色した胞子と同種の無色の変異体の胞子の生き残り時間を測定すると，前者の方がはるかに長い時間生き残ることができるという．着色した胞子の生き残り時間が長くなるのは，壁の中にキチン-メラニン複合体が形成されて分解に対する抵抗性が増すことによるものと考えられている[1]．壁分解能をもつ精製キチナーゼとグルカナーゼを実験的に菌糸に作用させると，着色種の無色変異体も含めた無色の菌糸は容易に分解されたが，着色系の菌糸に対しては分解効果は見られなかったという[1]．大気の上層を数千 km も移動するサビキンの夏胞子は，壁に蓄積されたメラニンによって紫外線の有害な作用から保護されていると考えられている[2]．

カロテノイド（carotenoid）の酸化的重合によって形成されるスポロポレニン（sporopollenin）は，微生物の攻撃に対して抵抗性のあるもう１つの褐色色素である[1]．この物質は，花粉粒の壁にはきわめてありふれたものであり，土壌中で花粉が非常に長期間生き残ることができるのはこれが存在するためであると考えられている．この物質は，*Neurospora crassa* の子嚢胞子や *Mucor mucedo* の接合胞子の細胞壁中にも見いだされており[1]，現在わかっているよりもより広範囲に菌類胞子中に存在すると考えられている．

いずれにせよ，上に述べたような胞子の高い損耗率は，生産される胞子の莫大な数によって埋めあわされているのである．

2）菌　核

子嚢菌類，担子菌類（basidiomycetes），アナモルフの菌類（anamorphic fungi）の比較的少数の種，特に *Rhizoctonia* 属や *Sclerotinia* 属の種と

バッカクキン（*Claviceps purpurea*）などの植物病原性の種が菌糸体コロニー中に菌核をつくる[2]．1本の菌糸が局所的に無数に枝分かれしてできる場合，あるいは何本かの菌糸から枝分かれした菌糸がより集まってできる場合などがあり，さまざまの方法で形成される[1]．より集まった菌糸は分泌されたグルカン（glucan）中にうめ込まれ，偽柔組織構造をつくり，固い[2]．菌糸がより集まる際に，土壌粒子などをまき込むことがある．多年生であり，種によって形や大きさがさまざまで，小は数細胞からなる顕微鏡的スケールのものから，大はフットボールのサイズになるものまである[2]．ある種の菌核は，内部にいくつかのはっきりした領域あるいは組織が確認でき，周囲はメラニン化した外層（rind）によって保護されている[1,2]．別の種の菌核は外層をもたず，内部もあまり組織分化していない．菌核は，成熟するにつれて脱水され，ポリリン酸，グリコーゲン，トレハロース，タンパク質，脂質などの貯蔵物質を蓄積する[2]．

菌核は，厚壁胞子と同じように，飢餓や基質中のC/N比が小さいなどの菌類の生育に不適な条件下で，菌類の生き残りに対する潜在能力が最高に高まったときに形成される[1]．菌類の古い培養から抽出した酸性のモルフォゲン（morphogens）を与えることにより*Sclerotium rolfsii*の菌核生成を促進することに成功したという報告もある[1]．

菌核の1つの機能は種の繁殖であり，好適な環境条件下では発芽して新しい菌糸体を形成し，種によってはさらに子実体などの繁殖構造を形成するものもある．菌核のもう1つの機能は種の生き残りをはかることである．多くのタイプの胞子よりも長く，何年間も生き残る潜在能力を有している．たとえば，*Verticillium*属の菌核は，土壌中で約14年間も生き残ったという[1]．一般的に，低温や湿潤条件は菌核の生き残りに不適である[1]．また，土壌中での生き残りは有機物含量が高いと低下し，植物性の基質を土壌に添加することは植物病原菌類の菌核個体群を減少させる一法であるという[1]．放線菌や菌類により定着されることは自然条件下での菌核の活性喪失の主な原因の1つである．

*Rhizoctonia tuliparum*の菌核からは抗細菌活性をもつ未同定のピロン（pyrone）類の抗生物質（antibiotic）が見いだされており，ある種の菌核はこのような抗生物質を含んでいるものと思われる[1]．しかし，乾燥器で低温乾燥させて抗生物質を破壊した菌核の土壌中での生き残りが，無処理あるいは風乾菌核の生き残りよりも優っていたという報告もあり[1]，このような物質は菌核の長期間の生き残りにあまり役立っていない可能性もある．

ほとんどの菌核は，外層の菌糸の細胞壁にメラニンが蓄積することにより着色しており，このメラニンの蓄積も生き残りを促進するように思われる[1]．

3）菌糸あるいは菌糸体の断片

自然界では，何らかの原因で菌類の生息地が物理的な攪乱を受けたときに，分断された菌糸あるいは菌糸体の断片が移動先で新しい菌糸体コロニーをつくるための感染源になっているものと思われる．われわれが実験室で古い培地上の菌糸体コロニーを新しい培地に移植する際には分断化された菌糸体の小片を用いているが，この方法はまさに菌糸や菌糸体の断片から新しい菌糸体を形成することができるという菌類の性質を利用しているのである．

4）菌糸束と根状菌糸束

菌糸束と根状菌糸束（rhizomorph）の主な機能は水や栄養の通路となることであるが，もう1つの重要な機能は，古い菌糸体コロニーから菌糸束や根状菌糸束を飛び石伝えにのばして好適な新しい生息場所を探しあて，その場に新しい菌糸体コロニーを確立するための橋頭堡を築くことにある．さらに，スッポンタケ（*Phallus impudicus*）などは，菌糸束を形成して栄養の獲得場所から離れたところに子実体を形成する．

菌糸束は，担子菌類や子嚢菌類によく見られ，ツクリタケ（*Agaricus bisporus*）の菌糸束はわれわれに最もなじみ深いものである．多くの木材腐朽菌類や菌根菌も菌糸束をつくる．並行に走る菌糸が束状に集合した未分化な構造で[2]，頂端の生長点をもたないことで根状菌糸束とは区別される．ある生息地で栄養資源を消費しつくした菌糸体コロニーが，周辺の栄養の乏しい地帯を横断して新たな栄養資源を探索するときにつくられる．新たな栄養資源にたどりつくと，菌糸束構造は失われ養分吸収のための菌糸体が形成される[2]．

一方，根状菌糸束は担子菌類や子嚢菌類の限られた種がつくる．ナラタケ（*Armillariella mellea*）の根状菌糸束がよく知られている．直径が0.5～2 mm，ときに5 mmの高度に分化した根状の菌糸の集合構造であり[4]，直径1 mmの根状菌糸束は1,000本以上の菌糸からできているという[2]．頂端に生長点を有し，中心コアは粘質物質にうめ込まれた無色で薄い細胞壁をもつ大型の細長い細胞からできており，外層はメラニン色素を含んだ暗色の厚い細胞壁をもつ小形の細胞からできている[2]．中心のコアの部分が水や栄養物質の輸送路であり，根状菌糸束はこの輸送路をもっているために菌糸よりもはるかに速く伸長成長することができるという[4]．ナラタケは，この根状菌糸束を使って樹木の根系から根系へと感染を広げる．根状菌糸束は生育に不都合な環境条件下では休眠状態で長期間生き残ることができる．

5）粉 芽

地衣類を構成する共生光合成体（photobiont. 藻類あるいはシアノバクテリアの場合がある）のいくつかの細胞を共生菌体（mycobiont）の菌糸が包んだ小さな粉末状の顆粒で，皮層（cortex）をもっていない[2]．地衣類の葉状体（thallus）上の全面に形成されるか，あるいは分化した粉芽群として形成される．

粉芽は通常疎水性であり，雨滴の作用で葉状体から離脱した後は風によって分散され，次に述べる裂芽よりも広範囲の分散に適していると考えられている[2]．分散されて適当な場所に着地した粉芽は，その場所が生育に好適ならば葉状体を再生する能力を有している．

地衣類の多くの共生菌体は胞子を生産し，胞子は共生光合成体とは別々に分散される．分散された共生菌体の胞子は新しい場所に着地して発芽・定着し，その後で再び共生光合成体と共生関係を結ぶことができる[4]．そのような意味では，最初から共生状態で分散される粉芽は，より効率的な地衣類の繁殖体であるということができる．事実，粉芽を形成する地衣類と形成しない近縁の地衣類とで，形成するものの方がより広い分布域をもつことが知られている[4]．

6）裂 芽

地衣類の葉状体上に直接生じる皮層の突起で，共生光合成体と共生菌体を含み，いぼ状，円筒（柱）状，こん棒状，鱗片状，さんご状，単純な突起，枝分かれしたものなどさまざまな形をとる[3]．この突起は，やがて風，雨滴，動物などの作用で葉状体から離脱して，それが形成された葉状体が死滅すると置き換わるなど，粉芽よりもよりローカルな場所での栄養繁殖体として働く．

ある種の固着地衣類（crustose lichen）は，数百年からときに数千年生きているといわれているので，粉芽や裂芽もかなり長期間生き残れる可能性がある[3]．

（堀越孝雄）

＊引用文献

1）Dix NJ, Webster J（1995）Fungal ecology. Chapman & Hall, London

2）Webster J, Weber RWS（2007）Introduction to fungi, 3rd ed.. Cambridge Univ. Press, Cambridge

3）Kirk PM, et al.（2008）Dictionary of the fungi, 10th ed. CAB International, Wallingford

4）Alexopoulos CJ, et al.（1996）Introductory mycology, 4th ed. John Wiley, New York

16.2 散布様式

菌類はさまざまな方法により，繁殖体の散布を行っている．ここでは特にその仕組みがよくわかっている担子菌類の有性胞子を中心に，その形成器官である子実体からの離脱，その後の移動，定着の戦略について解説する．

1）胞子の射出

担子菌類の担子胞子は担子器に形成される．担子器にはステリグマ（sterigma）という槍状の小柄が通常4本存在し，担子胞子はその先端に生じる．担子胞子は成熟するとステリグマから順次撃ち出されていくが，この現象を射出という．担子胞子の射出は次のような順序で起こると考えられている（図16.2.1）．

まず胞子の基部にブラーの小滴（Buller's drop）といわれる液滴が生じる（図16.2.1a）．この液滴の生成は，胞子の基部の特定の部位にマンニトールと六炭糖が分泌され，そこに周囲の水蒸気が凝結することにより開始する[1]．いくつかの種の子実体では子実体表面からの水分の蒸発により，周囲の気温よりも最大で4.6℃も子実層の温度が低くなっていることがわかっており，そのことにより凝結が促進されていると考えられている[2]．その後，液滴はさらなる水蒸気の凝結により成長し

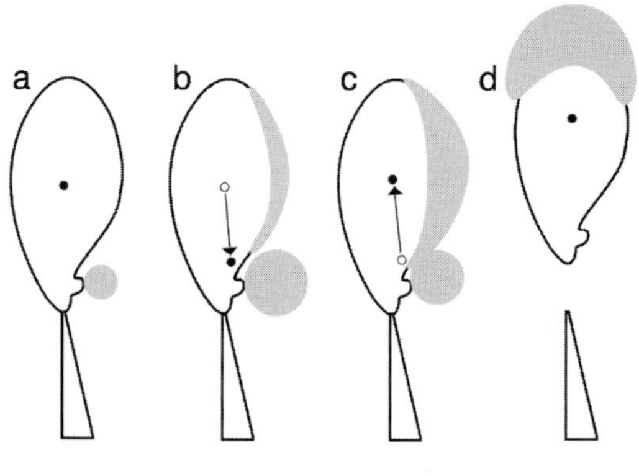

■図16.2.1　担子胞子の射出
矢印は重心（黒丸）の移動を表す．

（図16.2.1b），同様に胞子表面に形成された液体のフィルムと接触し瞬間的に融合して（図16.2.1c），融合前に比べて液体の表面積が収縮・減少するのと同時に，融合液滴は胞子先端に移動する（図16.2.1d）．これらのことにより，液体における自由エネルギーが減少し，胞子の重心の移動が急激に起こり，胞子が射出されると考えられている．担子胞子の射出については諸説があり，重心移動によるものではなく静電気的な反発力によるものとする説もある．

子嚢菌類の胞子は子嚢と呼ばれる袋状の器官の内部に形成される．典型的には子嚢は棍棒あるいは円筒形をしている．その内部は多糖類を含む液体で満たされており，胞子の成熟に伴ってそれらが分解して低分子の糖になるが，それに伴って，内部の浸透圧が上昇し，周囲から吸水をするために圧力がかかり胞子が射出される．子嚢上部にふたが存在する有弁子嚢の場合は，内部の膨圧によりふたが外れ内部の子嚢胞子が一気に射出されると考えられている．一方，子嚢にふたのない無弁子嚢の場合では，子嚢の先端に筒状の孔があいており，内部の子嚢胞子が順次そこに押し込められて射出される．

2）風による胞子散布

担子菌類の子実層から射出された胞子は，ひだや管孔，刺状の構造の間の空間を抜けて落下する．この際，胞子の水平方向の動きは，対面の子実層に衝突する前に重力により阻止され，ついには垂直下方に向かって落下する．柄，傘，子実層の向重力性の配置も胞子の自由落下を助けている．子実体の柄は，傘を空気の静止した境界層（地面から数cmの層）をつき抜けてその上に位置するように支えており，胞子が風によって散布されやすくなる配置をとっている．ひだや管孔などの隙間を通って落下してきた胞子が，傘の下面から外に出て急に卓越風にさらされると，胞子の多くは押し戻され子実層に付着してしまうことになる．しかしながら，釣り鐘型の子実体モデルを用いて傘

の周辺の風速を測定した実験では，傘の直下において周辺よりも緩やかな流れの気流が生じることがわかっており，このことにより，ひだなどの間から落下してきた胞子が逆流することなく散布されるものと考えられている[3]．

一方で野外においては，胞子のほとんどはそれらが形成された子実体の直下に落下し長距離の散布はほとんどされないという報告もされている．

3）さまざまな胞子散布様式

風による散布の他にも，菌類はさまざまな様式で胞子を散布している．特に胞子が地下で形成される場合や，塊状，あるいは粘性のある物質に包まれている場合では，風散布以外の手段がとられる．

塊状の胞子の放出には，能動的な放出と受動的な放出が存在する．能動的な放出の代表的なものとしては，“大砲キノコ（artillery fungus）”，または“砲弾キノコ（cannonball fungus）”と呼ばれるタマハジキタケ（*Sphaerobolus stellatus*）によるものがある[4]．この菌の未熟な子実体は直径1～2 mmの球形をしているが，成熟すると殻皮頂部が星型に裂開し，内部から1個の胞子塊（glebaまたはperidiole）が放出される．この胞子塊は最大で5～6 mも弾き出される．胞子塊には担子胞子と，ゲムマ（gemma）という無性胞子が多数含まれている．これらの2つのタイプの胞子は，この菌の糞生，および材上生という2つの生態的な特性に適応したものである．放出された胞子塊が周辺の植物体に付着し，ウシなどの植食性ほ乳類に食べられた場合，その消化管における比較的高い温度条件とタンパク質分解酵素が刺激になり担子胞子が発芽し，糞生菌として散布される．植食者によって摂食されず，さらに木材などの植物基質上に付着した場合，ゲムマがその基質上でそのまま発芽し生育する．

タマハジキタケにおける胞子放出の仕組みは子実体の組織学的研究から明らかになっている（図16.2.2）．裂開前の成熟した子実体の殻壁は6つの層から構成されており（図16.2.2a），外側の3層は子実体が裂開した際に外皮となる（図16.2.2b）．次の2層は裂開した後，内膜となる（図16.2.2b）．最も内側の層は裂開までに自己分解して潤滑液となり，子実体が裂開すると中心にある胞子塊が内膜上でその潤滑液中に緩やかに浸かった状態となる（図16.2.2b）．能動的な放出にかかわるのは外側から5番目の層（内膜の内側の層）であり，グリコーゲンを含む細長い柵状の細胞からなっている．子実体の裂開には2～3時間かかり，裂開後5～6時間で胞子塊が放出されるが，それまでに能動層のグリコーゲンはグルコースに変換される．グルコースの存在により高い浸透圧が生じ，柵状の細胞が膨張し，高い圧力が生じる．外皮の裂片は外側に向かって開き続けるが，その過程のある時点で内膜に生じた圧力が突如として解放され，内膜が反転し胞子塊が放出される（図16.2.2c）．外皮と内膜は裂片の先端部分のみでつながっており，それ以外の部分から外皮と内膜の間に空気が流入することで内膜の急激な反転が容易になっている．

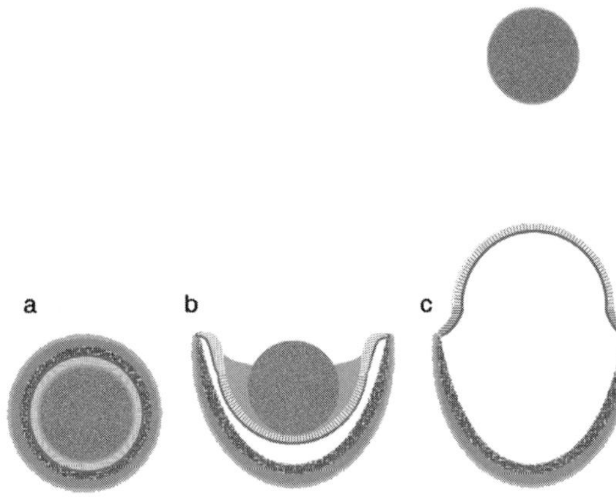

■図 16.2.2　タマハジキタケにおける胞子塊の放出

タマハジキタケと同じ腹菌類のチャダイゴケの仲間は受動的な胞子放出を行う．このキノコは“鳥の巣キノコ（birds nest fungi）”と呼ばれており，子実体は径5～10 mmのコップ状の形態をしている（図16.2.3）．内部には碁石型のペリディオール（peridiole）と呼ばれる小塊が複数含まれる．

■図 16.2.3　チャダイゴケ類の子実体と内部のペリディオール

ペリディオールは厚い外皮で覆われており，内部に多数の胞子が存在している．これらのペリディオールは雨滴により弾き出され，周囲へ飛散，付着する．ペリディオール自体に粘着性がある属もあれば，それ自体にはないが先端に粘着性をもった尾をもつ属も存在する．いずれにしてもその粘着力により，草本をはじめとする周囲の基質に付着する．その後，付着した草本とともに草食動物に摂食されると消化管内でペリディオールの外皮が分解され，内部の胞子が糞とともに排出され広範囲に散布される．また一般的な糞生菌も動物により散布されているといってもよく，やはり消化管を通ることにより，胞子発芽が促進されている場合が多い．

4）ほ乳類による胞子散布

上記のような場合以外に，ほ乳類により子実体が摂食され胞子が散布される関係には次のようなものがある．北米に分布するオオアメリカモモンガ（Northern flying squirrel, *Glaucomys sabrinus*）はキノコ食者であるが，同時に胞子散布者としても機能している．それ以外の小型ほ乳類についても多くの研究がなされ，ショウロ（*Rhizopogon*）属をはじめとする地下生菌（hypogeous fungi）の胞子散布に寄与していることがわかっている．たとえば，北アメリカのポンデローサマツ（*Pinus ponderosa*）林に生息するアーベルトリス（*Sciurus aberti*）は夏期の食物源としてキノコ類，特に地下生菌を利用している．その糞を接種源としてポンデローサマツの苗木に接種試験を行った実験では，接種の6カ月後に*Rhizopogon, Sclerogaster, Sedecula, Glomus* 属の菌による菌根形成が確認され，このリスによって胞子散布が行われていると考えられる[5]．

またアーバスキュラー菌根を形成する *Glomus* 属菌はグロムス門（Glomeromycota）に属しているが，その胞子もほ乳類により散布されている．オレゴンハタネズミ（*Microtus oregoni*）の排泄直前の糞を取り出して調べると，*Hymenogaster parksii*，および *Glomus macrocarpus* の胞子が確認された[6]．そのうち *G. macrocarpus* についてはその胞子からの発芽が実験的に確かめられ，このような小型ほ乳類による胞子散布が行われていることが立証されている．

大型のほ乳類もキノコの胞子散布に寄与している．米国のオレゴン州の海岸砂丘における調査から，オグロジカ（black-tailed deer, *Odocoileus hemionus*）によるキノコの胞子散布が植生遷移の初期段階において重要な役割を果たしていることが示唆されている[7]．新しいオグロジカの糞をコントルタマツ実生に接種すると，主にヌメリイグチ（*Suillus*）属，ショウロ属が優占して菌根が形成されたが，1年を経た古い糞を用いた場合ではショウロ属が優占した．オグロジカはこのように森林から離れた場所に胞子を散布し，植生遷移の初期における菌根形成に寄与していると考えられている．このような初期遷移場所における大型動物による胞子散布は，後退しつつある氷河先端部やセントヘレンズ火山などにおいても研究されている．

オーストラリアのユーカリ林に生息する森林性の有袋類であるネズミカンガルー類（Potoroidae）もキノコ，特に地下生の外生菌根菌の胞子散布に寄与している[8]．ネズミカンガルー類の場合，外生菌根性の地下生キノコが主要な食物源となっており，年間を通して摂食している．このような菌食者による活動により宿主植物の近傍に効率よく胞子が散布されることになるが，さらにそれらの糞を土壌中に埋設する糞虫類の活動により糞に含まれている胞子が宿主植物の根の近くに位置することになる．このことは散布後の菌根形成に大きく寄与していると考えられる．ネズミカンガルー類にはその尾の基部の体毛について移動する糞虫が存在しており，それらはネズミカンガルーの排泄時にその糞へと移動し，糞を速やかに地中に引き込むことが知られている．

5) 鳥による胞子散布

鳥類も胞子散布者として機能していると考えられている[9]．*Phaeangium lefebvrei*（= *Picoa lefebvrei*）は北アフリカから中東にかけて分布する地下生菌であるが，その子実体はスナヒバリ（*Ammomanes deserti*）をはじめとする数種のヒバリ類，スナバシリ（*Cursorius cursor*），ノドグロイワヒバリ（*Prunella atrogularis*），ヤツガシラ（*Upupa epops*）などの鳥類に掘り出され被食されることがわかっており，それらの鳥が胞子散布者として機能している可能性は高い．またニュージーランドのノーフォーク島，ロード・ハウ島には*Gigasperma* 属，*Nivatogastrium* 属，*Notholepiota* 属，*Thaxterogaster* 属，*Tympanella* 属，*Weraroa* 属に属する多くの固有のセコチオイド菌類（secotioid fungi）が分布している．これらの菌の子実体はいわゆる腹菌類と同様に傘が開かず内部で胞子が成熟するが，有柄であり地上生で鮮やかな色彩，芳香を有している．人間の入植前にはこれらの島には陸生の有袋類，真正ほ乳類は存在していなかったため，これらのキノコの胞子散布はトカゲ類や鳥類，特に絶滅種のモアが担っていたものと考えられている．モアに近縁のヒクイドリやエミューもキノコを摂食することが知られている．

6) 昆虫，無脊椎動物による胞子散布

担子菌類のスッポンタケ科に属するキノコは特異的な臭いをもつグレバ（gleba）を形成することが知られており，その臭いで昆虫類を誘引し胞子散布を行っている[10]．従来，誘引された昆虫の体表面に粘着性のあるグレバが付着し胞子散布されるものと考えられていたが，現在ではグレバが摂食され，胞子が糞として排泄されることにより散布されることがわかっている．キヌガサタケ（*Dictyophora indusiata*）とマクキヌガサタケ（*D. duplicata*）について調べられた例では，それらの子実体には甲虫目やハエ目などに属する多くの種が誘引されていたが，その体表面にはほとんど胞子は付着していなかった．一方，実験的にグレバを摂食させたショウジョウバエ（*Drosophila*）類とイエバエ類の個体を解剖した結果では，その直腸内に非常に多くの胞子が存在しており（個体当たりショウジョウバエ類で 35,000 ～ 240,000 個，イエバエ類では 1,680,000 個），それらの胞子の培地上での発芽率も高かった．このように摂食された胞子の多くは消化されずに排泄され，新たな場所で発芽し定着するものと考えられる．特に広食性のショウジョウバエ類が多く誘引されることから，これらの昆虫が機会的にグレバを摂食することにより，胞子散布がなされているものと考えられる．

担子菌類のマンネンタケ科に属するコフキサルノコシカケ（*Elfvingia applanata*）の胞子散布にも，昆虫類が大きくかかわっていることが判明している[11]．このキノコは世界的に広く分布する多年生の木材腐朽菌である．その胞子は風により散布されると考えられているが，胞子は厚い二重膜構造のマンネンタケ型であり，実験的には非常に発芽率が低いことが知られている．このキノコの子実体にも多くの昆虫が誘引されるが，その昆虫群集においては，狭食性のキノコショウジョウバエ（*Mycodrosophila*）属が優占している．誘引されてきたキノコショウジョウバエ類の体表面には多数の胞子が付着している．またその解剖結果では，その直腸内に多いものでは 46,700 個もの胞子を保持していることがわかっており，それらの排泄物中にも多くの胞子が確認されている．ま

たこれらのキノコショウジョウバエは異なった発生場所の子実体間を移動したり，倒木の下部で静止しているのが観察されている．これらの事実から，このキノコにおいては風による胞子散布よりも，これらの昆虫により効率的に胞子散布がなされている可能性が考えられている．またその消化管を通ることにより，胞子表面の外膜が除去され発芽しやすくなっている可能性もあり，植物における種子と種子散布者のような相互関係が存在していることも考えられる．

ラシャタケ属の一種（*Tomentella sublilacina*）は広く世界的に分布する菌根菌であり，成熟した森林での優占種である．この菌は背着生の子実体を形成し担子胞子を射出するが，落葉層や土壌中で子実体がつくられるため，風による胞子散布はほとんど望めない．この菌の胞子散布について調査された結果では，多くの土壌動物が関係していることが判明している[12]．その胞子はダニ，トビムシ，ヤスデ，甲虫，ハエ類の幼虫に摂食され，その排泄物中にも胞子が多く含まれている．核を特異的に染色する蛍光色素のDAPIによる分析では高率で胞子の生存が確認されており，これらの節足動物による摂食が胞子散布に寄与しているものと考えられる．またそれらの動物の捕食者であるムカデ，サンショウウオ等の排泄物中にも胞子は存在していたが，生存率は低かった．しかし胞子の生存率が低くても含まれている胞子数が膨大であるならば，このような食物連鎖を通した胞子散布も，特に長距離の場合において重要であると考えられる．またこの菌の胞子には棘が存在しており，それにより胞子食者やその捕食者の体表面に付着していることも観察されている．（津田　格）

＊引用文献

1）Webster J, et al.（1995）Mycol Res 99 : 833-838
2）Husher J, et al.（1999）Mycologia 91: 351-352
3）Deering R, et al.（2001）Mycologia 93 : 732-736
4）Ingold CT（1972）Trans Br Mycol Soc 58 : 179-195
5）Kotter MM, Farentinos RC（1984）Mycologia 76 : 758-760
6）Trappe JM, Maser C（1976）Mycologia 68 : 433-436
7）Ashkannejhad S, Horton TR（2006）New Phytologist 169 : 345-354
8）Johnson CN（1996）Trends Ecol Evol 11 : 503-507
9）Simpson JM（2000）Australasian Mycologist 19 : 49-51
10）Tuno N（1998）Ecol Res 13 : 7-15
11）Tuno N（1999）Ecol Res 14 : 97-103
12）Lilleskov EA, Bruns TD（2005）Mycologia 97 : 762-769

16.3　散布周期と散布量

周期的に散布される繁殖体の代表的なものは胞子であり，また周期性や散布量について比較的よく研究されているのも胞子についてであるので，ここでは胞子の周期的な散布と散布量について述べる．大気中の胞子などの動態についての研究は，さまざまな捕集方法を組み込んだ連続的に作動する定量的な採取装置の使用によって飛躍的に発展した[1,2]．

陸生菌類は，多くの場合気流によって受動的に散布される胞子を生産する．それらはやがて徐々に降下しあるいは降雨により洗い流されて地表に到達する．子嚢菌類や担子菌類の有性胞子の多くは能動的に射出され，乱気流をつかむことができるとより遠くまで散布される．

淡水中にも，水中の落葉や落枝などに定着している水生不完全菌類の，四射形や針形などの変わった形をした分生子が存在する[2]．また，海水中にも子嚢菌類のさまざまな付属構造をもった胞子が存在する．

1）散布周期

大気中の菌類の胞子の種類や数は，発生源からの距離，立地，1日の時間帯，天候，季節などによって異なる．時間帯，天候，季節などが影響するのは，少し長いスパンで見ると胞子の放出が菌糸体コロニーの季節的な生育に関係しているからであり，短いスパンでは胞子形成器官からの胞子の放出が湿度・温度・光・風などの因子，すなわち1日の時間帯や天候の影響を受けるためである．ここでは，胞子の散布と水分との関係について整理した後に，胞子の散布の季節的な周期性，1日の時間帯における周期性，および天候との関係について述べることにする．

胞子の散布と水分との関係について見ると，大気中の湿度が間接的に胞子形成器官からの胞子の放出にかかわっている場合と，雨滴などが直接的に胞子の放出にかかわっている場合がある．

Botrytis, *Cladosporium*, *Drechslera* などのアナモルフな菌類の分生子の放出は，大気の湿度に依存していると考えられている[1]．また，ほとんどの子嚢菌類の子嚢胞子の放出は子実層への十分な水分の供給に依存しており，担子胞子の担子器からの射出も水分によって活性化される[2]．材や樹皮に生息する子嚢菌類や担子菌類の皮質やゼラチン質の子実体の多くは湿度が低いときには乾燥して胞子の放出を止めるが，湿り気をおびると胞子を放出し始めるという[2]．

Venturia の胞子や粘質物につつまれた *Colletotrichum* の分生子などの放出には雨やしずくのはねが重要であるという[1]．降下する雨滴によって生じた衝撃波が大気中への地上生菌類の胞子の飛散にかかわっているとする説もある[2]．ホコリタケ（*Lycoperdon*）属の子実体では，薄いしなやかな防水性の外皮が雨滴やしずくによっておしひしがれると，子実体頂部の孔口から空気と一緒に何百万という胞子がぷっと放出される[1,2]．また，雨滴はコップ型のチャダイゴケ（*Cyathus*）属の子実体から担子胞子を含んだ小塊粒（peridiole）を1 m以上もはね飛ばすという[1]．

風も胞子の放出に関係があり，分生子が分生子柄から離脱するためには，少なくとも0.4〜2.0 m/s の風速が必要であるという[1]．

季節的な周期性について見ると，大気中の胞子数は，温帯地域では冬季に減少するなど大きな季節変動を示すが，熱帯地域では雨季と乾季で影響を受けるものもあるが一般に1年を通して多いという[1]．生育中の穀物は，大気中の菌類の，特に植物病原性菌類の，胞子の大きな供給源であり，大気中の胞子数は穀物の生育時期によって大きな影響を受ける．大気中の *Alternaria* などの分生子の数は，春に越冬した菌糸体コロニーが分生子を形成し始めるのとともに徐々に増加し，晩夏と初秋に最高のレベルに到達するという[3]．サビキン *Hemileia vastatrix* の夏胞子は，数千 m の上空をアフリカから南米まで風にのって移動することが知られている[4]．また，コムギのサビキン*Puccinia graminis*の夏胞子は，毎年春先から初夏にかけてメキシコ湾岸の諸州から北米やカナダのプレーリー地帯まで移動するという[4]．

1日の時間帯との関係について見ると，夏の暖かい日，大気中のある菌類の胞子数は午後の早い時間に最大になったが，別の種の胞子数は異なった時間に最大になり，1日における胞子の放出パターンは，種によって相当異なるようである．散布が乾燥によって促進される乾性胞子の数は，午後に最大になるという[3]．*Cladosporium*の分生子は，世界中のほとんどの地域で日中最も数が多い胞子であるが，温暖で乾燥したシーズンには*Alternaria*の分生子によって，湿潤なシーズンには*Curvularia*や*Drechslera*によって取って代わられるという[1]．放出に水分が必要な子嚢胞子，担子胞子（basidiospore），*Sporobolomyces*などの射出胞子の数は，夜間から早朝に最大数に達する[3]．

天候との関係については，大気中の胞子の数は，降雨によって変化する．たとえば，降雨直後胞子数は増加するが，その後分生子などの軽い胞子は洗い落とされて激減し，一方，子嚢胞子などの数は放出が降雨により促進されるために増加するという[1]．

2）散布量

大気中には，子嚢菌類や担子菌類の有性胞子も浮遊しているが，ほとんどは地表や葉上に生息している腐生菌（saprophyte）や一部は動物や植物の寄生菌（parasite）の分生子などの無性胞子である．ペトリ皿の寒天培地を短時間大気に暴露した後に培養すると，もっぱら*Acremonium, Alternaria,* コウジカビ（*Aspergillus*），*Aureobasidium, Cladosporium, Curvularia, Epicoccum, Fusarium, Geotrichum, Nigrospora,* アオカビ（*Penicillium*），*Phoma, Pithomyces, Stemphylium, Zygosporium*などのアナモルフな菌類のコロニーが寒天培地上に検出されるが，これは大気中に浮遊する胞子の多くがこれらの菌類の無性胞子だからである．

近年は建築様式の変化などにより室内環境が温暖・湿潤化したために，室内の大気中にはぼう大な数の*Cladosporium*，アオカビ，コウジカビなどの菌類の分生子がただよっており，しばしばヒトの喘息の原因になる．

大気中の菌類の胞子の数は，1 m^3当たり200個未満から200万個にも達するという[1]．われわれは呼吸をするたびにこれらの胞子を吸い込んでいることになる．大気中の胞子数は地上からの高度が増すにつれて指数関数的に減少するが，一部の胞子は大気の上層数千mにまで達し，ある種のサビキンの夏胞子のように大陸間を数千kmも移動するものも知られている[1]．

淡水中にも水生不完全菌類の分生子が1～2万個/*l*も存在するという[4]．

多くの担子菌類の子実体の傘の下面はひだ状，管孔状，網目状，針状などを呈するが，これは一定の菌糸量で胞子を生産する場である子実層の面積をできるだけ広くとるという進化の帰結である．その結果，子実体の傘の下面の投影面積と子実層の面積の比は，ひだ状の構造の場合で数～数十に，ヒダナシタケ目（Aphyllophorales）に属する菌類の管孔の場合は数百にも達する[5]．生産される胞子の数も，ひだをもつ1個の子実体で1日当たり1億～数十億個，総数で1億～百数十億個に達する．管孔をもつ1個の子実体では，1日当たり1億～数百億個が，総数で数十億～数兆個の胞子が生産される[5]．

胞子が子実体内部に形成される菌類について見ると，カナダで採取された巨大ホコリタケ（puff-ball）の子実体は直径2.64 m，重さ22 kgで，10^{25}個以上の胞子を生産したという[6]．　（堀越孝雄）

＊引用文献

1）Kirk PM, et al.（2008）Dictionary of the fungi, 10th ed. CAB International, Wallingford
2）Ingold CT（1973）The biology of fungi. Hutchinson, London

3) Dix NJ, Webster J (1995) Fungal ecology. Chapman & Hall, London
4) Webster J, Weber RWS (2007) Introduction to fungi, 3rd ed. Cambridge Univ. Press, Cambridge
5) 堀越孝雄・鈴木　彰 (1990) きのこの一生. 築地書館, 東京
6) Watling R (2003) Fungi. Smithonian Books, Washington

17 菌類の空間分布と群集の遷移

17.1 空間分布

地球上のさまざまにな環境に対応して異なる生物群集が成立している．これらの生物群集を分類し，その分布を環境要因と関連づけて考察することは，生物地理学の主要な課題である．菌類の群集についても，同様に，種々の環境に対応した群集が発達することは容易に想像できるし，菌類群集についても生物地理学的研究が進められているのは当然のことである．ただ，微生物である菌類にとって，世界はあまりにも広大であるので，調査の目的により，さまざまな規模で研究が進められている．もちろん，地球規模での研究もあるが，ヨーロッパ大陸とか北米大陸といった広域のものから，森林内に一定の方形区を設けたものや葉面上における分布といった小さなものまでさまざまなものがあり，個々の事例の詳細は各論でふれることになる．

いずれにしても，これらの研究で，まずはじめになされなければならないことは，対象とする生物を正確に同定し，それがどこに，どの程度の現存量で，どの程度の空間的な広がりをもって生息するかを示すことである．この作業は，肉眼で観察することができるような植物の分布を扱う場合でも困難が伴うが，菌類の分布を論じる場合には，菌類の特性に起因するさらに多くの困難が存在している．

微小菌類を対象とする場合，その同定は，菌糸といわれる栄養体では形態的特徴が乏しいため，通常は，胞子の形成様式と形態によっている．したがって，これらの分布の研究は，土壌，落葉や落枝，あるいは糞といった基質からそれらを分離培養し，胞子形成を誘導することに始まる．しかし，多くの種は容易に胞子を形成することがまれであるので，ある立地に生息する菌類相を十分に明らかにすることは難しい．さらに，希釈平板法，土壌平板法といった分離法によって，得られる結果が異なることもしばしば経験する．一方，子実体の形成する大型の菌類を対象とする場合，子実体の分布は，扱う種の分布について貴重な情報をもたらすものの，その形成は年により，あるいは，季節により変動するので，ある時の調査において分布が認められないといっても，それが生息しないことの証明にはなりえない．

菌類の分布を位置づけることに関してもいくつかの問題が存在している．通常，広域スケールの調査結果は，対象とする菌が採集された地点を地図上に点を打つことにより示されることが多いが，この点の密度は，菌類研究の活性の高さを示しているだけのことかもしれない．地図上で点のない地域は，対象の菌が生息していないのでなく，単に，調査が進んでいない場合もしばしばある．

さらに，自然界に生息している菌類の実体は，形状の不定で，しかも，基質に埋没している菌糸体であるので，個体を識別することも容易でないし，その分布の広がりを特定することは，担子菌が侵入した切り株に見られるような隣接する菌糸間に形成される黒色の帯線を応用するなど特別の場合を除き，きわめて難しい．

上述のような問題が包含されているものの，分布と環境要因の関連について幾多の知見が蓄積されている．広域スケールの研究についていえば，20 世紀初頭には，菌類の分布は大陸をまたいで分布する汎世界的なものであろうと考えられていた．地球規模で調査された担子菌および子嚢菌の分布は，汎世界的に分布する菌が存在する一方で，ある特定の地域に特有の菌が存在することを明らかにしている．これらの地域に局在する種の分布は，気候，菌類の基質となる高等植物の分布，大陸移動などの地史的な事象との関連で説明されている[1].

一方，微細なスケールでの研究では，種の分布と環境要因との関連を詳細に解析する試みがなされている．特に，葉圏に分布する菌については精力的な研究が行われており，葉への感染と定着を，葉の厚さ，葉中の窒素濃度，あるいは他の生物との相互作用などの環境要因や林内の微気候との関連での解析が進んでいる[2].

また，さまざまな調査スケールにおいて，生態遺伝学的研究が進行している．これらの研究では，遺伝的不均一性の空間分布様式，つまり，遺伝的に変異した個体やその集合体である個体群の空間分布様式をもとに，種分化，繁殖戦略，種内および種間競争を解析しようとするものである．個体性の乏しい菌類では，個体に相当するものとして，ジェネット（genet，クローン成長する同一の遺伝子型をもった菌糸体の集合）を取り扱うことになるが，従来，このジェネットの認識は，分離株を平板状で二者培養し不和合性を確認することによっていたが，現在，RFLP（random fragment length polymorphism）や RAPD（random amplified polymorphic DNA）などの技術はジェネット解析の有力な手段となっている[3].

さらに，情報技術の進歩も菌類の分布に関する研究に新しい局面をもたらしている．近年の西欧諸国を中心とした国際協力のもとに，参加国における菌類全般におよぶ分布の地図作りが進んでおり，これらの結果は，データベース化され Web 上に公開されている[4]．これらの取り組みは，近年多くの研究者の興味を引いている生物多様性の分布パターンの解析，菌類の進化に関する系統地理学的解析，絶滅危惧種の選定，また，その保護のための施策の立案に貢献すると思われる．

（小川吉夫）

＊引用文献

1）Arnold EJM（1997）Environmental and microbial relationships（The mycota 4）. Springer, Berlin, pp116-131

2）大園享司（2009）日菌報 50 : 1-20

3）Burnett（2003）Fugal populatios and species. Oxford Univ. Press, Oxford, pp65-79

4）Mnter DW（1996）A century of Mycology. The press Syndicate of the University of Cambrige, Cambrige, pp321-382

＊参考文献

Ramsdale M, Rayner ADM（1997）Environmental and microbial relationships（The mycota 4）. Springer, Berlin, pp15-30

徳増征二（2000）新・土の微生物．博友社，東京，pp39-70

17.1.1　小スケールにおける個体群の分布

基質内の種の分布と個体群形成

自然界ではさまざまな菌種が多様な基質上に定着し個体群を形成している．酵母もしくは菌糸体という顕微鏡スケールで生活する菌類では大型の生物と異なり野外環境において肉眼で基質内での種の分布を確認することは難しい．従来，基質上に形成された子実体や病徴，基質から培養された菌株に基づき，種の分布が明らかにされてきた．近年では，基質から直接 DNA を抽出し，種特異的な分子マーカーを用いることにより，従来の方法より高精度に種の分布を推定することができる．ところで，個体群の形成過程を明らかにするためには，個体を認識することが必要である．しかし，菌類では個体の定義が一般的に難しい．ここではラメットやジェネットを個体とし，その集まりを個体群と扱う．個体の識別は，従来，生理学的マーカーである分離菌株を用いた自家不和合性反応がよく用いられてきたが，近年では，マイクロサテライトマーカーのような DNA マーカーが用いられることが増えてきている．

ここでは，種の分布や個体群形成を把握しやすい，落葉や木材，根に定着する菌を例に示したい．

1）*Lophodermium pinastri* の基質上での個体群形成

Lophodermium pinastri は，マツ葉ふるい病菌として知られる子嚢菌の一種である．本菌は，マ

ツの落葉上に子実体を形成，胞子を分散させ，樹上の生葉に感染する．葉が枯死するとともに菌糸成長し，再び子実体形成するという生活環を有する．落葉上では他個体や他種と対峙した際に，帯線を形成する．この特徴から，帯線と帯線で挟まれた長さを測定することにより個体のサイズや針葉当たりの個体数を測定することができるため，本菌は個体群形成のプロセスを評価する格好の材料といえる．滋賀県のマツ林では，サイズ当たりに形成する子実体数が季節で違いが見られない一方，コロニー数は季節間で相違が見られることが明らかにされている[1)]．

2) *Phialocephala fortinii* の植物根内におけるジェネット分布

基質上におけるジェネット（個体）の分布を知ることは，菌種ごとの生活史を理解する助けになる．不完全菌の仲間の *Phialocephala fortinii* は，植物根に内生する代表的な種である．本菌は無性生殖の種であるにもかかわらず，わずか 10 cm ほどのドイツトウヒの生根中に，遺伝的マーカーにより識別された 6 タイプものジェネットが生息していることが明らかにされている．このような知見は，より広域の空間スケールでの分布パターンを理解する上でも重要である[2)]．

3) シハイタケの腐朽材上におけるジェネット分布

シハイタケ（*Trichaptum abietinum*）は，新規の針葉樹枯死材に定着する担子菌の一種である．ノルウェーのドイツトウヒ枯死材を対象としたジェネット分布の調査では，直径 2 m 長さ 10 m ほどの材上に 1 m 以下の小さなサイズのジェネットが多数生息していることが明らかにされている．このような特性は資源利用の点で本菌が先駆的な種であることを反映している[3)]．

4) 基質上における病原菌の定着プロセス

基質上において病原菌の菌体量をモニタリングすることは，病理学的に重要な課題である．近年，分子生物学的手法を利用して基質中における菌糸の定着を定量的に評価する技術が開発されている．ドイツトウヒの根株心腐病菌のマツノネクチタケ（*Heterobasidion annosum*）を材料にした研究では，本菌に特異的なプローブを作成後，複数の遺伝子を同時に定量化するマルチプレックス・リアルタイム PCR 法を行うことにより高精度に定着プロセスを評価できることが示されている[4)]．

＊引用文献

1) Hirose D, Osono T（2006）Mycoscience 47 : 242-247
2) Sieber TN, Grünig CR（2006）Microbial Root Endophyte, 107-132
3) Kauserrud H, Schumacher T（2003）Mycologia 95: 416-425
4) Hietala A, et al.（2003）Appl Environ Microbiol 69 : 4413-4420

＊参考文献

Burnett J（2003）Fungal populations and species, Oxford Univ. Press, New York

17.1.2 中スケールにおける個体群の分布

地域スケールでの種の分布と生活史

1つの森林内および山系内という空間スケールにおける種の分布は，種の生活史特性を明らかにする上で有益な情報を提供する．しかし，従来の子実体発生を手掛かりとした分布研究では限界があり，一部の病原菌等を除き，多くの菌種では生活史さえ明らかにされていないのが現状であった．このような状況は，近年の分子生物学的手法の普及により変わりつつある．この手法により，通常肉眼で確認することができない菌糸の分布を明らかにすることが容易になり，雑多な菌が生息する土壌中でさえ，特定の菌種の分布を確認できるようになった．また，マイクロサテライトマーカーのような特異性と多型性が高い DNA マーカーを用いることにより，個体（ジェネット）の識別や遺伝的多様性の記載も可能になった．集団遺伝学的解析を行えば，遺伝子流動をもたらす分散と定着，すなわち移住のプロセスを解明することができる．結果，近年ではさまざまな生態群に属する種で繁殖パターンや種個体群の維持プロセスのような生活史特性の推測が行われている．

以下では，落葉分解菌や木材腐朽菌，菌根共生菌という生態群を材料とした研究例を紹介する．

1）標高傾度に伴う *Lophodermium pinastri* の定着量の変化

1つの山系内の異なる標高間で菌類の定着パターンを比較することにより，温度変化など気候的要因が及ぼす影響を評価できる．ヨーロッパの例では，幅広い標高に生育しているヨーロッパアカマツの葉上に生息する *Lophodermium pinastri* を材料とし，標高が増すとともに葉への定着量と子実体の形成量が増加することが知られている．このような結果は，本菌の子実体形成による分散と定着には気候的要因が大きく関与していることを示している[1]．

2）Armillaria 属菌のジェネット分布

根腐病菌として知られる *Armillaria* 属菌は，根状菌糸束が発達しており，巨大なジェネットを形成することが知られている．ヨーロッパアルプスの約 3 km^2 にわたる調査では，ムゴマツの根腐病菌である *A. ostoyae* では 37 ha の大きさのジェネットの分布が確認された．このジェネットは 2000 年近く存続してきたと推測されている[2]．

3）ベニハナイグチの繁殖パターン

ベニハナイグチ（*Suillus pictus*）はゴヨウマツ類に特異的に共生する菌根共生菌であり，本菌の分布は宿主の生育する環境に限定される．DNA マーカーを用いることにより土壌中における本菌のジェネット調査が可能になり，本菌のジェネットは宿主根系で長期間にわたり存続，菌糸成長により分布を拡大することが明らかにされた．さらに，10 km ほどの同一山系内では胞子の風散布により宿主の局所集団間で頻繁に遺伝子流動が生じており，遺伝的多様性を維持しているとされている[3,4]．

4）*Rhizopogon* 属菌の繁殖パターン

Rhizopogon 属菌は地中から半地中に子実体を形成し，小動物による動物散布により胞子を分散させる菌根共生菌である．本属菌では，約 5 km ほど離れた集団間で有意な遺伝的分化が生じていることが明らかにされている．また，本属菌では種間に繁殖パターンの相違が見られることが知られている．たとえば，*R. vinicolor* と *R. vesiculosus* とでは，後者の方がより菌糸成長による繁殖を好む傾向があるとされている[5]．

＊引用文献

1）van Maanen A, et al.（2000）Mycological Res 104 : 1133-1138
2）Bendel M, et al.（2006）Mycological Res 110 : 705-712
3）Hirose D, et al.（2004）New Phytologist 164 : 527-541
4）Hirose D（2007）Ph D thesis, Univ. of Tsukuba
5）Kretzer A, et al.（2005）Molecular Ecology 14 : 2259-2268

＊参考文献

Burnett J（2003）Fungal populations and species. Oxford Univ. Press, New York
Lowe A, et al.（2004）Ecological Genetics, Blackwell, Oxford

17.1.3 大スケールにおける個体群の分布

気候帯規模，あるいは大陸横断規模での分布パターン

菌類は微生物であるが，大型の生物と同様に地理的分布にパターンが見られる．たとえば，植物病原菌や腐生菌では気温勾配に沿った明確なパターンが見られる．従来，菌類の地理的分布に関する研究は，子実体の発生に基づき分布の有無や発生頻度を記載することに重点が置かれデータが蓄積されてきた．近年では，中立な遺伝子をターゲットにした遺伝的多型を検出するための分子マーカーを利用した DNA レベルでの研究が多く行われている．中でも，分子系統と集団遺伝学に

基づき種内多型の地理的構造を明らかにすることを目指した系統地理学的研究の発展はめざましい．集団間での遺伝的分化や遺伝的組成の変化を明らかにすることにより，分布形成における歴史的要因を評価することが可能となり，種がたどってきた歴史の推測が積極的に試みられている．このような研究は，種分化のプロセスの解明にもつながることが期待されるため進化学的にも注目されている．地理的分布の形成には歴史的要因に加え繁殖様式や資源利用様式，種間競争関係といった生態的特徴も密接に関係しているため，今後は多面的にその形成過程を推測することが期待されている．

以下では，異なる生態群を材料とした系統地理学的研究の具体的な研究例を紹介する．

1) ベニハナイグチの地理的分布の形成過程

本邦でベニハナイグチが宿主とするゴヨウマツやハイマツは後氷期以降の地球温暖化の影響を受け現在の地理的分布が形成されたことが知られている．本邦における27集団を対象とした，本菌の集団遺伝学的解析から，集団間の遺伝的距離に見られた傾向が宿主のそれと類似していることが明らかにされた．一方，遺伝的多様度に見られる傾向は，宿主のそれとは異なる結果が得られた．これらの結果から，本菌の現在の地理的分布パターンは宿主の後氷期以降の分布変遷と本菌の繁殖様式の両方の作用に影響されて成立したと推測されている[1]．

2) スエヒロタケの長距離分散の有無

スエヒロタケ（*Schizophyllum commune*）は，汎世界的に分布する木材分解菌である．地球規模での系統地理学的研究では，大西洋や太平洋を越えた遺伝子流動はほとんどないと推測されている．また，カリブ海周辺の集団において，子実体と空中で採取された胞子に基づき遺伝子流動の直接的評価を行った結果，カリブ海をまたいだ遺伝子流動はほとんどないことが明らかになった．この結果は，この周辺に吹く貿易風の影響を受けていると推測されている[2]．本菌の長距離分散のプロセスを解明するには地球規模での要因を考慮していく必要がある．

3) *Histoplasma capsulatum* の系統地理

Histoplasma capsulatum はヒストプラズマ症を引き起こす医真菌であり，本邦では輸入真菌の1つとしてとして知られている．地球規模での本菌の系統地理学的調査から，本菌には8つの系統的グループがあり，そのうちの7つは地理的位置に対応していることが明らかにされている．この結果から，これまで3つに分けられていた変種は系統的には意味がないことも示された．さらに，タンパク質をコードしている遺伝子の塩基置換率から，本菌の放散は300万～1300万年前の間にラテンアメリカで始まったと推定されている[3]．

4) ナミダタケの地球規模での分散過程

木材腐朽性の担子菌類のナミダタケ（*Serpula lacrymans*）は，家屋に腐朽被害をもたらす害菌として知られている．本菌は，遺伝的によく分化した2つの変種に分けられる．すなわち，北米とアジアに天然分布する var. *ahastensis* と世界中に分布する var. *lacrymans* である．害菌として問題なのは後者である．この変種についての系統地理学的調査により，害菌として問題となるゲノタイプはアジアからヨーロッパや北米，南米，オセアニアに移住したことが明らかとなった．本邦に関しても，大陸アジアからもち込まれたと考えられている．このような状況は木材の輸送など人間活動により急速に分散したと推定されている[4]．

（広瀬　大）

＊引用文献

1) Hirose D（2007）Ph D thesis, Univ. of Tsukuba
2) James TY, Vilgalys R（2001）Molecular Ecology 10 : 471-479
3) Kasuga T, et al.（2003）Molecular Ecology 12 : 3383-3401
4) Kauserud H, et al.（2007）Molecular Ecology 16 : 3350-

3360

＊参考文献

Burnett J (2003) Fungal populations and species. Oxford Univ. Press, New York

Frankland JC, et al. (2006) Fungi and environmental change. Cambridge Univ. Press, Cambridge

17.1.4 小スケールにおける群集の分布

基物内における種の分布と群集形成

1枚の落葉の上には，表面に付着して生活するカビや，組織の内部に入り込んで構造成分であるリグニンやセルロースを分解するキノコなど，多くの種類の菌類からなる菌類群集が形成されている．この菌類群集は場所ごとに大きく変化することが知られている．群集の種組成や種の豊かさ(種数）などを指標として，その規則性を見いだしたり規則性の原因を明らかにする試みがなされている．

さまざまな空間的なスケールにおいて，菌類群集の変化パターンが認められているが，ここでは菌類が定着基物として利用する葉や材といったmmからcmという比較的小さなスケールでの空間分布と，分布パターンを生み出す要因について，実例を紹介しながら見てみよう．

1）エンドファイトの葉内分布

生活環のある時期に植物に何ら害を及ぼすことなく組織内部に生息する菌類はエンドファイトと呼ばれる．エンドファイト群集の構成種には1枚の葉の中で特徴的な分布パターンが認められる場合がある．マツ針葉では，枝に近い基部側ほど*Phialocephala* sp.が多く分布し，逆に葉の中央から先端部ほど*Leptostroma* sp.が多く分布することで両種が共存している．*Phialocephala* sp.は枝から菌糸によって，また*Leptostroma* sp.は気中胞子によって，それぞれ葉に感染すると考えられている．このように種ごとの葉への感染様式の違いから，葉内での分布パターンの違いが説明されている[1]．

2）生物間相互作用と分布

菌類群集のすべての構成種は，他種の菌類とさまざまな関係をもちながらコロニーを維持して個体群を存続させ，共存している．このような関係は生物間相互作用と呼ばれる．生物間相互作用は種のアバンダンスに正または負の影響を及ぼすことで，群集構造とその空間的な分布を変化させる．

ヨーロッパのモミ林の林床有機物には，2種の担子菌類*Mycena galopus*と*Marasmius androsaceus*が主に生息する．*Marasmius androsaceus*は*M. galopus*よりも速やかに落葉層と腐植層の両方に定着できる能力をもつ．ところが自然条件下では，*M. androsaceus*は主に落葉層に，*M. galopus*は主に腐植層に分布しており，垂直方向で住み分けている．このような分布パターンが生み出される要因の1つとして，トビムシによる*M. androsaceus*菌糸の選択的な摂食がある．腐植層に主に分布するトビムシが*M. androsaceus*を摂食することにより菌類種間での競争が緩和され，腐植層での*M. galopus*の定着と，林床における*M. androsaceus*と*M. galopus*の共存が可能となる[2]．

3）菌類群集と木材の腐朽

林床にある広葉樹の枯死材の断面を観察する

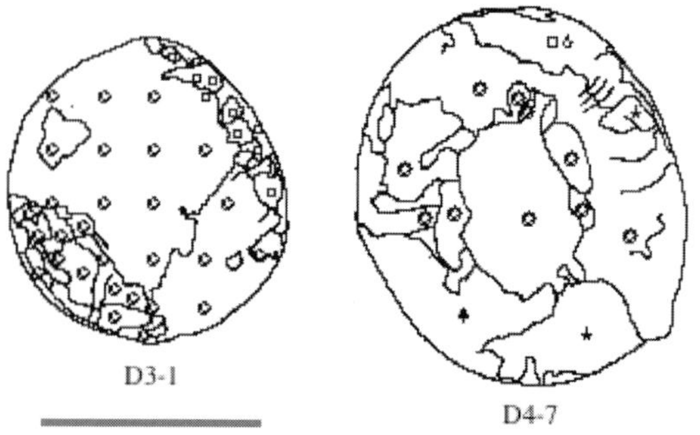

■図17.1.1　ブナ枯死材の2断面に観察された帯線と分離された菌類

シンボルは菌類の分離点と種を示す．◎ツキヨタケ，□*Trichoderma* spp.，♣未同定担子菌類sp.1，★胞子未形成菌株，☆アラゲニクハリタケ．バーは10 cm.

と，黒い線（帯線と呼ばれる）で囲まれた領域がしばしば観察される（図 17.1.1）．黒い線で囲まれた個々の領域は同種ないし別種の木材腐朽菌のコロニーひとつひとつと対応している．適合性のない同種の菌類の菌糸体同士，あるいは別種の菌類の菌糸体同士が接触すると，このような黒い帯線が出現することが実験的に確かめられている．それぞれのコロニー内部では菌類種による有機物の分解が進行するため，材内部では菌類コロニーの分布パターンと分解活性に対応した，化学組成のモザイクが生み出されている．枯死材の内部では，多様な菌類が菌糸間の相互作用を介して，微小なスケールで分布し共存している．材内部での菌類群集の分布パターンは，材内部での腐朽パターンの異質性を生み出しており，材全体の腐朽プロセスに影響を及ぼす[3]．

＊引用文献

1）Hata K, et al.（1998）Canadian Botany 76 : 245-250

2）Newell K（1984）Soil Biol Biochem 16 : 227-233

3）Fukasawa A, et al.（2005）Mycoscience 46 : 209-214

＊参考文献

Cooke RC, Rayner ADM（1984）Ecology of saprotrophic fungi. Longman, London

Dix NJ, Webster J（1995）Fungal Ecology. Chapman & Hall, London

17.1.5 中スケールにおける群集の分布

菌類は従属栄養生物であるため，その空間的な分布は菌類が食物資源，住み場所資源として利用する基物の空間的な分布に依存する．

たとえば，マツの針葉落葉に特異的に定着する *Lophodermium pinastri* の林分内での空間分布は，その林分におけるマツの空間分布により規定されている．マツの純林では *L. pinastri* は林床に一様に分布しうるが，マツが点在する林分ではマツ落葉はマツ個体の付近に落下するため，空間的には分布は遍在することになるであろう．ただしマツ純林にマツ落葉が一様に存在する場合でも，局所的な環境条件，たとえば強い乾燥や日射などにより *L. pinastri* の定着量が低下することで，環境ストレスへの耐性が高い別の種が出現して落葉上で共存する場合もあるかもしれない．

ここではそのような基物の空間分布パターンに着目し，樹冠内や林分内での分布といった m から km までの中程度のスケールでの菌類群集の空間分布と，分布パターンを生み出す要因について，実例を紹介しながら見てみよう．

1）ミズキ葉圏菌類の樹冠内分布

冷温帯の落葉広葉樹であるミズキは特徴的な傘型の樹冠を有しており，地表面からの距離や幹からの距離が異なる葉のグループ（葉群）を容易に区別できる（図 17.1.2）．このためミズキは樹冠内における微小環境の空間的な異質性と葉に生息する菌類の空間的な分布との対応関係を把握するのに好適な材料といえる．生きた葉に生息する菌類は，葉組織内から出現するエンドファイトと葉面から出現するエピファイトに大別されるが，ここでは両者を合わせて葉圏菌類と呼ぶ．まずミズキの葉圏菌類は，樹冠内のどの部位でも頻繁に出現する種と，樹冠内において空間分布に偏りが認められる種とに大別された．後者のうち *Epicoccum nigrum* は樹冠下部よりも上部で出現頻度が高く，逆に *Clonostachys rosea* は下部で出現頻度が高

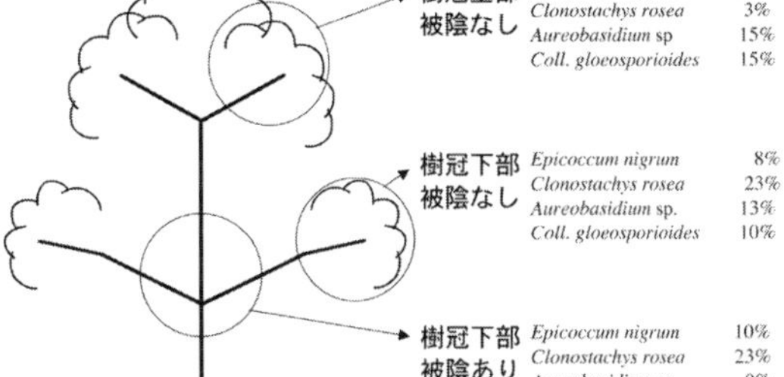

■図 17.1.2. ミズキ樹冠の模式図と樹冠内の 3 位置から採取した葉における葉圏菌類の分離頻度

かった．次に同じ樹高にあるが，幹からの距離が異なる部位で比較すると，*Aureobasidium* sp. は幹近くよりも樹冠外側で出現頻度が高かったが，逆に *Colletotrichum gloeosporioides* は幹近くで出現頻度が高かった．樹冠内の光環境の異質性に伴う葉面の微小環境の変化や，葉の物理的・化学的な性質の変化，さらには胞子の供給源となる地表面からの距離といった要因が，葉圏菌類の群集の樹冠内分布に影響を及ぼす可能性がある[1]．

2）林縁効果

森林の周縁部では，林縁からの距離に応じた微小環境の傾度が認められる．この環境傾度に対応した生物の分布パターンが認められており，林縁効果と呼ばれる．カナダ太平洋岸のダグラスモミ林では，皆伐に代わる森林施業法として小林分がパッチ状に伐採されるようになり，これに伴って林分境界に林縁部が多数出現している．林分境界線と直角に交わるように林縁部に設定された，成熟した林分内から皆伐地に至る全長 60 m のトランセクト上では，ダグラスモミ落葉上の微小菌類の種の豊かさは成熟林からの距離に比例して低下した．優占種のうち *Trichoderma polysporum* と *Penicillium citrinum* の出現頻度も成熟林からの距離に伴って減少していた．樹冠のない皆伐地での直射日光や乾燥などの環境ストレスや，土壌生物相の変化に伴う腐食食物連鎖の変化が，微小菌類における林縁効果を生み出すと予想される[2]．

3）斜面に沿った水分傾度

斜面上に発達する森林では，乾燥した斜面上部から湿潤な下部に至る土壌水分傾度に伴って植物群落が変化する．カナダ太平洋岸のダグラスモミ林でもこのような斜面に沿った植生変化が認められる．ダグラスモミの針葉落葉を材料とした研究により，落葉に生息する微小菌類においても水分傾度に沿った群集の変化が観察された．森林斜面の下部では *Penicillium glabrum* や *P. citrinum* が優占するが，上部に向かってこれらの種は減少し，かわって上部では *Trichoderma koningii* や *T. viride* が優占した．菌類群集の種の豊かさと落葉層の含水率との間には正の相関関係が認められており，斜面位置での水分環境の違いが菌類群集の分布パターンに影響すると考えられる[2]．

＊引用文献

1）Osono T, Mori A（2004）Mycoscience 45 : 161-168
2）大園享司（2006）カナダ・ブリティッシュコロンビア州の針葉樹林において植物遺体の分解にかかわる菌類の生態と機能的多様性．京都大学教育研究振興財団助成事業成果報告書

＊参考文献

マッカーサー，RH 著，巌 俊一・大崎直太 監訳（1972）地理生態学：種の分布にみられるパターン，蒼樹書房，横浜

17.1.6 大スケールにおける群集の分布

地球上の生物には大陸規模，あるいは気候帯規模での地理的な分布パターンが認められている．動物や植物では地域ごとに特徴的な生物相のまとまりが認められており，生物区系として知られる．また高山では標高傾度に沿って気候条件が変化し，それに伴う生物相の推移が認められる．これらの分布パターンを生み出す要因として，気候条件の違いや，地質学的なプロセス，生物間の相互作用などがあげられる．

菌類は小型の散布体（胞子）をもつため広域分布の種が多いことが予想されるが，その大陸規模・気候帯規模での地理的な群集の分布パターンや，それを生み出す要因についてはあまりよくわかっていない．ここでは km から数千 km といった広域的なスケールでの菌類群集の空間分布と，分布パターンを生み出す要因について，実例を紹介しながら見てみよう．

1）わが国での微小菌類の分布

最大で 180 km 程度離れた関東地方の 9 地点で採取したモミの針葉落葉からは，*Anungitea*

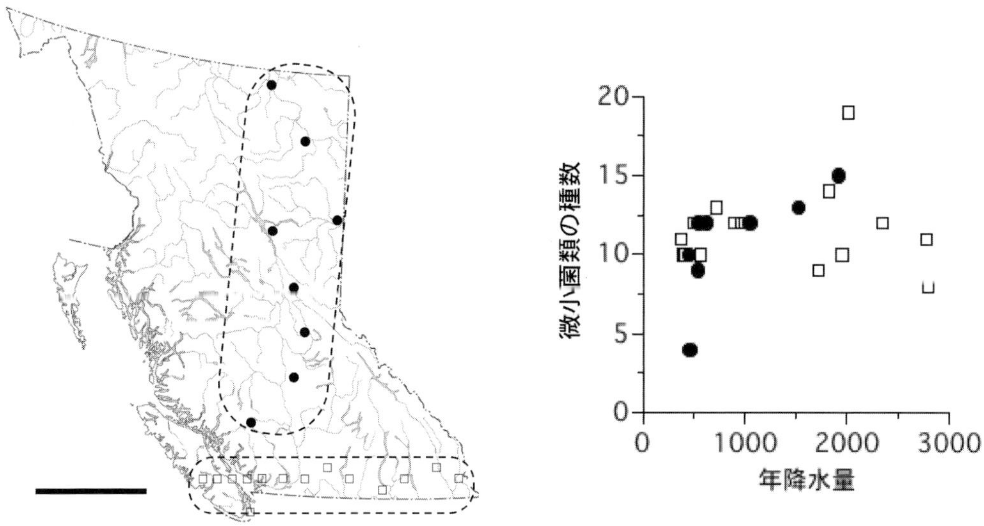

■図 17.1.3　カナダ国ブリティッシュコロンビア州における微小菌類の分布と年降水量との関係．針葉落葉の採取地点（左）と微小菌類の種数と採取地点の年降水量との関係（右）
□：ダグラスモミ，●：トウヒ属（エンゲルマントウヒとシロトウヒ）．バーは 300 km．相関係数 R は，ダグラスモミが 0.06（p>0.05），トウヒ属が 0.70（p<0.05）．

continua や *Chaetopsina fulva* など 108 分類群の微小菌類が分離された．*Anungitea continua* はどの地点でも比較的高頻度で出現したのに対し，*C. fulva* は年平均気温の高い地点で多く出現する傾向が認められた．各地点で得られた微小菌類の種数も，年平均気温の高い地点ほど多くなる傾向が認められた[1]．

マツ類の針葉落葉を材料として，本邦全域（北緯 24 ～ 45°）の 245 地点を対象に行われた広域的な研究でも，年平均気温が高いほど出現する平均種数が多い傾向が認められている[2]．ここでは群集を構成する菌類相も変化しており，たとえば *Sporidesmium goidanichii* は年平均気温が 5 ～ 24℃の地点から出現し，14.5℃の暖温帯域に分布の中心をもつ[3]．同じくマツ類の針葉落葉に生息する *Parasympodiella longispora* は，年平均気温が 16℃となる本邦南岸線以南に集中して分布する[4]．このように菌類は「どこにでもランダムに分布している」のではなく，空間軸上に一定のパターンで分布していることが明らかになりつつある[4]．

2）カナダ国での微小菌類の分布

カナダ国の大平洋岸に位置するブリティッシュコロンビア州では，海岸部から大陸性気候の卓越する内陸部に向かって年降水量が低下し気温の年較差が大きくなる．米国との国境線に近い北緯 49.0 ～ 49.5° 上の 15 地点では年降水量は 370 ～ 2,786 mm，最暖月と最寒月の月平均気温の差が 11.8 ～ 27.5℃と大きく異なるにもかかわらず，採取したダグラスモミの針葉落葉上の微小菌類の種数は地点当たり 8 ～ 14 種であり，気候条件との関連性は認められなかった．一方，内陸部の盆地や亜高山帯で優占するトウヒ属の針葉落葉では，北緯 50.4 ～ 58.6° の 8 地点で微小菌類の種数と年平均気温，年降水量との間に正の相関関係が認められた（図 17.1.3）．

さらに広域的な大陸横断規模のスケールでは，カナダ国の大平洋岸（ブリティッシュコロンビア州）から大西洋岸（ニューブランズウィック州）に至る 5 地点において，実験的に設置したダグラスモミの針葉落葉上の微小菌類相が調べられた．調査地点は最大で約 4,000 km 離れているにもかかわらず，地点間での微小菌類相の類似度は，各地点で隣接する成熟林と皆伐地との間の類似度よりも大きかった．大陸規模での気候条件の違いよりも，森林伐採に伴う環境条件の局所的な変化が微小菌類の分布に影響しているといえる[5]．

（大園享司）

＊引用文献

1）Iwamoto S, Tokumasu S（2001）Mycoscience 42 : 273-279
2）徳増征二（1996）日菌報 37 : 105-110
3）Tokumasu S（2001）Mycoscience 42 : 575-589
4）Tokumasu S（1987）Trans Mycol Soc Jpn 28 : 19-26
5）徳増征二（2006）日菌報 47 : 41-50
6）大園享司（2006）カナダ・ブリティッシュコロンビア州の針葉樹林において植物遺体の分解にかかわる菌類の生態と機能的多様性．京都大学教育研究振興財団助成事業成果報告書

＊参考文献

Treseder KK, Cross A（2006）Ecosystems 9 : 305-316

17.2　菌類群集の遷移

陸化した湖沼や溶岩台地あるいは放棄された畑地や山火事の跡地などの裸地において，時間の経過につれて植物群落が安定した永続性のある極相に向かって変化していく現象がしばしば認められる．この植物群落の発達過程は遷移（succession）といわれ，北米大陸の植物群落を研究していた F. E. Clements（1916）によって集大成されたものである．

菌類群集についても植物群落におけるのと同じように，時系列に沿って立地と群集の相互作用を通しての群集の交代という現象が認められ，遷移という用語のもとで扱われている．

ただし，菌類群集について考える場合，その群集の時間に伴う変化を，植物群落の遷移系列に沿ったものとしてマクロに把握する場合と，リター（落葉や枯れ枝）あるいは糞などの個々の基質上で起こる菌類群集の変化としてミクロに把握する場合の2通りの考え方がある．前者の視点からの遷移は，seral succession と呼ばれ，後者の視点にたった遷移は substratum succession と呼ばれる．

微小菌類の seral succession については，Flankland[1] の海岸砂丘における植物群落の遷移とそれに伴う腐生性の菌類群集の遷移についての研究など少数の研究があるのみである．砂丘は，表土に植生が定着していない状態では卓越風の影響を受けて移動するが，植生の発達により固定されたものに変化していく．したがって，この過程で，植物群落と菌類群集の遷移が認められる．

遷移の研究において，遷移に伴って，種の多様性，生物量，生産量といった群集の特性がどのような変遷をたどるかを明らかにすることは，主要な生態学の研究課題である．植物群落の遷移についていえば，植物群落においては，種の多様性は草本の時代から低木時代という遷移の中間の時期で最大となる．生物量は極相となり種の交代がな

くなった後でもかなり後期まで増加し続ける．また，生産量は，草本時代から低木時代を経て高木の極相林が形成されるまで増加し続け，極相林で安定する．砂丘の植物群落の遷移に伴う菌類群集の遷移については，菌類群集の生産量についてのデータはないものの，多様性や生物量は植物群落におけるのと同様の推移をたどる．しかし，菌類群集の遷移について一般化するほどの研究の蓄積があるわけでもないし，また，植物群落の遷移についても多くの例外が存在している．

一方，菌類群集の基質上での遷移については，各論でふれるように種々の菌群についての調査が蓄積している．これらの基質遷移は基質が分解し尽くされたところで終わることになり，極相に達することはない．この点で，植物群落の遷移とは大きく異なっている．

どのような環境要因が群落の遷移という現象を駆動しているのであろうか．Tilman[2] は，植物群落の遷移を，その構成種個々の生理的特性（光強度と成長速度の関係および窒素濃度と成長速度の関係）に基づいて，resource dependent growth isocline 解析という独創的な方法で説明している．菌類群集の遷移についていえば，Garrett[3] が competitive saprophytic ability と inoculum potential という2つの包括的な生理的特性をもとに新たな基質でのコロニーの確立について論じている．今日，生理的な特性を実験的に調べてそれを遷移という現象に結びつけようとする試みはほとんどないが，構成種の生理的特性に基づいて，野外で観察される現象を説明しようとする取組みはますます重要となるのではないかと思われる．

Clementsの提唱した遷移という概念には，彼の自然観が込められてる．彼は，生物共同体を恒常性が維持される1つの生命体（有機体）としてとらえていたので，遷移という現象を，あたかも動物の個体が幼児から成熟した大人にまで成長するように，植物群落も最終的には平衡のとれた極相に向かって不可逆的に成長するものと考えていた．しかし，遷移は，散布体の立地への到達，そこでの聚落の確立，他者との競争，繁殖のための戦略などが複雑に絡みあう確率論的過程なので，Clementsがいうような遷移系列が常に出現するわけではない．たとえば，極相林が開かれた後に始まる二次遷移では，土壌中に残存する種子や根茎をもとに，極相がすぐに復活する場合がある，競争上優位な種が，真っ先に裸地に侵入すれば，そのまま極相を構成することもある．Clementsのいう遷移系列が認められるのは，交代する種の間に，明確な競争的ヒエラルキーが存在する場合のみである．菌類の基質遷移において，そのようなヒエラルキーが存在し，一定の方向性をもって進むのか否かを結論づけるほど研究が十分に進められているとはいえない．　(小川吉夫)

＊引用文献

1) Flankland JC (1981) The fungal community : Its organization and role in ecosystems. Marcel Dekker, New York, pp403-426
2) Tilman D (1988) Dynamics and structure of plant communities. Princeton Univ. Press, Princeton, 213-239
3) Garrett SD (1950) Biol Rev 25 : 220-254

＊参考文献

Flankland JC (1992) The fungal community : Its organization and role in ecosystems, 2nd ed. Marcel Dekker, New York, pp383-400

鈴木　彰 (2000) 新・土の微生物．博友社，東京，pp71-98

17.2.1 腐生菌の遷移

植物群落の遷移は，何らかの原因で裸地形成されると，時間の経過につれて安定した極相に向かって変化していく動的な現象を示している．生物の遺体や排泄物に含まれる有機物をエネルギー源とする腐生性の菌類についても，落葉や糞などの新たな基質が利用し尽くされるまでの過程で，菌類群集の交代という，植物群落の遷移に類似した現象が認められる．ただし，これらの菌類群集の遷移は，基質が利用し尽くされたところで終わるので，高等植物群落の遷移におけるように永続性

■表 17.2.1 菅平（長野県）におけるアカマツ落葉の分解に伴う菌類遷移

	内生菌	外生菌
樹上の生葉，衰弱葉に侵入している菌 （第一次落葉分解菌）	White sterile fungus 不稔性の白菌 (SU MA LA) *Aureobasidium pullulans* (SU)	*Cladosporium cladosporioides* (MA LA SP SU) *Aureobasidium pullulans* (MA LA SP SU) *Alternaria alternata* (MA) *Cladosporium herbarum* (SU)
第二次落葉分解菌（第 1 波）	*Verticicladium trifidum* (MA SU) *Aureobasidium pullulans* (LA) *Ceuthospora* sp. (SP) *Chaetopsina fulva* (SU)	*Thysanophora penicillioides* (MA SP SU) *Trichoderma koningii* (MA SU) *Trichoderma longipilis* (LA SU) *Septonema ochraceum* (SR)
第二次落葉分解菌（第 2，3 波）	*Selenosporella curvispora* (MA LA SP) Rhizomorph-forming fungi (SP LA) *Trichoderma koningii* (LA)	*Verticillium psalliotae* (MA) *Umbelopsis isabellina* (MA SP) *Umbelopsis ramanniana* (MA SP) *Penicillium citrinum* (MA) *Thysanophora penicillioides* (LA) *Trichoderma koningii* (LA) *Chloridium viride* var. *chlamydosporis* (LA) *Sporidesmium omahutaense* (LA) *Chalara* sp. (LA) *Penicillium brevicompactum* (LA) *Trichoderma polysporum* (SR)

Tokumasu[2, 3] より作表
カッコ内の MA，LA，SP，SU は，おのおの，中秋，晩秋，春，夏に落葉した針葉に出現することを示す．
第二次落葉分解菌によりさらに落葉分解が進むと，菌類相は落葉生息担子菌や土壌菌に移り変わっていく．

のある極相に至ることがないという点で異なっており，基質遷移（substratum succession）として区別される．

自然界において，菌類の利用できる基質は種々雑多で，おのおのの基質における遷移で出現する菌類群集のすべてが明らかになっているわけではない．しかし，リター（落葉・落枝）を基質とする腐生菌の遷移は，取扱いが比較的容易なことから，研究がよく進んでおり，これらの知見に基づいて，葉の分解に伴う腐生菌の基質遷移について一般的な像を描くことが可能である．

葉の分解に伴う遷移は，葉が衰退した状態で枝についているときや，落下途中で他の葉や枝に引っかかっているときから始まる．これらの葉に生息するのは，弱い寄生性をもつ菌や，初期のリグニン分解菌である．寄生性の菌は葉が死亡すると消失してしまうが，落下途中の枝で侵入した菌は葉が地上に落ちた後でもしばらく分解に関与する．葉が地上に落ちてから真っ先に侵入する菌は第一次落葉生息腐生菌といわれる菌群で，単糖，小糖およびデンプンをもととして生息する糖依存性の菌群である．ただし，これらの菌群はセルロース分解能をもっているが，天然では葉の生産した糖に依存していると考えられている．糖類が消費されるにつれて，第二次落葉生息腐生菌が優占するようになる．これらの菌群は優れたセルロース分解能を有している．第一次および第二次落葉腐生菌の働きで落葉が壊れやすくなり，粉々になる頃になると担子菌や土壌菌が出現するようになる[1]．ただし，遷移は時間を座標にとった生態傾度（ecocline: 環境の連続変化とそれに沿った群集の連続的変化を統合した概念）であるので，基質上での腐生菌の遷移は，ある相からある相へ劇的に変化するのではなく，徐々に徐々に変化することになる．

例として，長野県上田市菅平高原におけるマツ落葉の分解に伴う菌類の遷移[2, 3]を示しておく（表 17.2.1）．マツ落葉の菌類による分解過程の特長は，葉の内部で分解に関与する菌と葉の表面でそれにかかわる菌とが異なることである．また，マツは年間を通して葉を落とすが，落葉に侵入する菌は気温等のさまざまな環境要因の影響を受けるので，弱い寄生性あるいは初期のリグニン分解性の菌群 → 糖依存性菌群 → セルロース分解性菌群と推移することは同じでも，出現する菌は，落葉の時期により異なる．内生菌の場合，老衰した生葉や，枝から離れて途中の枝に留まっている落葉に侵入するのは不稔性の菌である（菌類の同定は胞子の形成様式や形態に基づくので不稔性のこの菌は同定することができない）．一方，外生菌では，これに相当する菌は，*Cladosporium cladosporioies, Aureobasidium pullulans,* などである．葉が地上に落下すると真っ先に侵入する菌は，内生菌では *Verticicladium trifidum, Aureobasidium pullulans, Ceuthospora* sp. や *Chaetopsina fulva* で，また，外生菌では，*Thysanophora penicillioides* や *Trichoderma koningii* などである（第二次落葉分解菌の第1波）．引き続き，これらの菌と交代して優占する菌は，内生菌では，*Selenosporella curvispora* や *Trichoderma koningii* 等で，外生菌では *Verticillium psalliotae, Umbelopsis isabellina* 等である（第二次落葉分解菌の第2, 3波）．*Aureobasidium pullulans* や *T. koningii* のように，針葉表面でコロニーを確立した菌が，針葉内部に侵入するため，針葉表面で優占していたものが，針葉内部で遅れて優占することもある．

（小川吉夫）

＊引用文献

1) Garrett SD (1956) Fungi and soil fertility. Pergamon Press, Oxford
2) Tokumasu S (1998a) Mycoscience 39 : 409-416
3) Tokumasu S (1998b) Mycosciense 39 : 417-423

＊参考文献

鈴木　彰 (2000) 新・土の微生物 (6)，博友社，東京，pp 71-98
徳増征二 (1978) 遺伝 32 : 45-50

17.2.2 共生菌の遷移

共生菌の遷移についてよく知られている事例として，植生遷移と菌根菌との関係があげられる．大規模な噴火や山体崩落を起こした地域では，土壌の窒素化合物含量がきわめて微量であり，そのような環境下では，窒素固定能を兼ね備えたシアノバクテリアなどが最初に地表に定着し，それを追う形で維管束植物の定着，すなわち菌根共生系が始まり，いくつかの遷移段階を経て極相植生に至る．

極相植生のもとで主な菌根菌群を比較すると，ツンドラや高山植生下ではアーバスキュラー菌根菌，*Phiarocephala* 属などの内生菌，あるいは外生菌根菌がモザイク状に優占し，寒地草原や乾地草原ではアーバスキュラー菌根菌が，ヒースランドではエリコイド菌根菌がそれぞれ優占する．樹木植生帯では外生菌根菌の優占度が増し，冷・温帯林ではしばしば優占するが，熱帯域では再びアーバスキュラー菌根菌の優占度が大きくなる．このようなパターンは，大局的には気候・土壌条件に応じて形成される．なお，ツンドラや高山植生下では，地衣共生が維管束植物の植生にまさる場合もある．

菌根の多様性が最も高い可能性のある温帯域では，一次遷移の進行により草地でのアーバスキュラー菌根菌の優占から，森林の成立とともにしだいに外生菌根菌の優占へと移行するパターンが一般的である．しかし極相林においても局部的な植生攪乱は常在し，厳密には非平衡状態にあるため，森林内においてもアーバスキュラー菌根菌の優占するパッチがある．また，倒木が折り重なり有機物が多く堆積すると腐生菌類の優占も生じ，そのような場所では腐生菌共生系のラン菌根が優占しうる．

沿岸砂丘におけるモデル研究から，攪乱強度と土壌 pH の2つのパラメータをもとに植生遷移に応じて菌根菌の優占度が変化し，強度な攪乱のもとでは荒れ地戦略型のアーバスキュラー菌根菌が，強酸性土壌のもとではストレス耐性戦略型のエリコイド菌根菌が，平均的な環境下では競合能

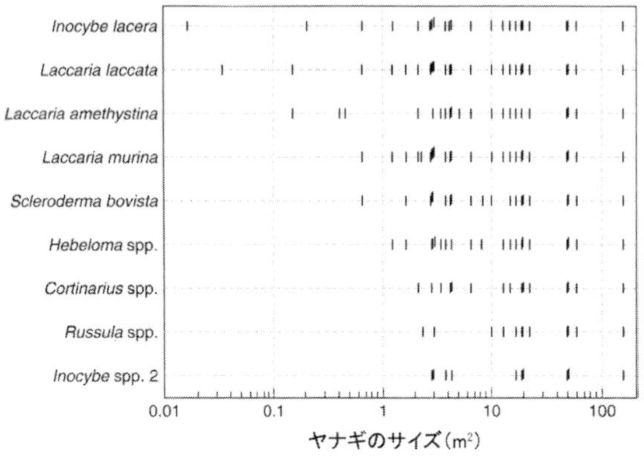

■図 17.2.1 ミヤマヤナギの灌木が樹齢とともにサイズ（地上被覆面積 m2）を拡張させる間に子実体遷移の調査により示された外生菌根菌の加入[4]

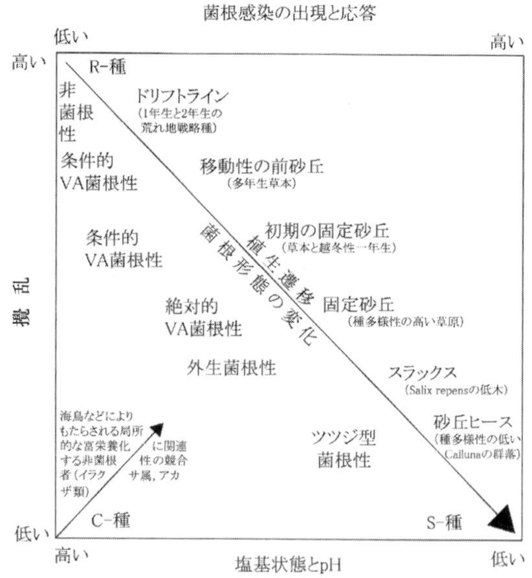

■図 17.2.2 攪乱の減少ならびに pH と土壌塩類の利用性および土壌有機物の増加の基軸に沿って沿岸砂丘で生ずる菌根群集の遷移を示す模式図[1]

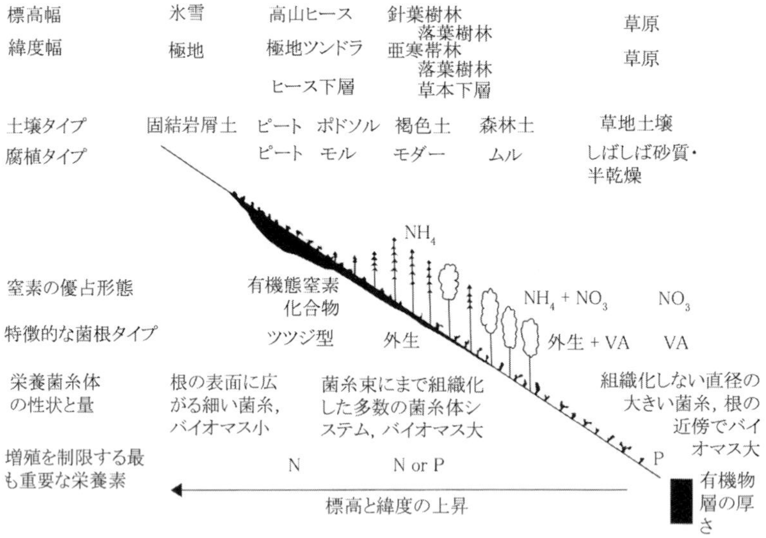

■図 17.2.3 標高または緯度と土壌ならびに菌根タイプとその栄養菌糸体の間で仮定される関係式の模式図[2]（VA＝アーバスキュラー）

にまさる外生菌根菌が，それぞれ主役になることが示されている．

植生一次遷移にかかわる菌根菌の遷移パターンについては，土壌中の養分動態に関連して説明される場合もある．有機物含量が少なく，窒素の硝化が速やかに生じている一次遷移初期にはアーバスキュラー菌根菌が優占し，森林の成立により有機物堆積が増すとともに有機態窒素やアンモニア態窒素も増加しかつ pH は低下する傾向になると，しだいにそのような土壌環境に適応した外生菌根菌の優占度が増す．低温で分解速度が遅い環境下では，有機物蓄積が過剰になり pH がさらに低下すると，腐生能にまさるエリコイド菌根菌の優占度が増すことになる．熱帯域の森林で必ずしも外生菌根菌が独占的にならず，むしろアーバスキュラー菌根菌が普遍的なのは，有機物分解が速く進

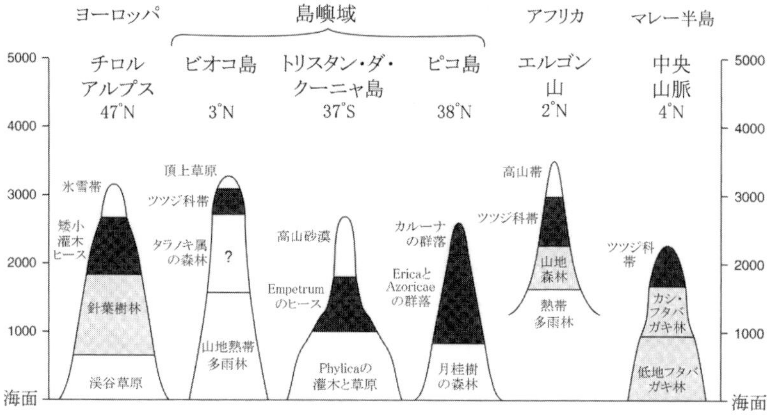

■図 17.2.4 特有の植物群生タイプに応じて優占する菌根タイプが分離していることを強調した主要なバイオームの単純化した世界分布パターン[3)]

菌根タイプ：黒い影の部分はツツジ型，灰色の影の部分は外生，影なしは VA．フタバガキ林では，林冠と下層植生の主要な植物に VA 菌根性も存在する．

行することとも関係する．

植生一次遷移の進行と外生菌根共生の機序について富士山で行われた詳細な研究より，荒原に最初に定着するヤナギのパッチサイズと外生菌根菌の多様性，ヤナギ幼実生の生残率と菌根化率，子実体の生産性と植物葉当たりの窒素・リン酸含量には，いずれも正の相関が認められ，菌根共生が一次遷移に重要な役割を果たすことが示されている．さらに，ヤナギのパッチ内に限定して定着するカンバやカラマツの菌根菌は，ヤナギの根系上においては後から定着してくる K- 戦略的な菌種であり，菌根菌の遷移が植生遷移に直接重要な役割を果たすことも明らかにされている．

英国で草地にカンバを植林する二次遷移の実験では，樹木の生長に関係して菌根菌の種組成が明瞭に遷移することが詳細に記録された．移植後に根系で優占し子実体も多数発生させたアセタケ属やワカフサタケ属などのジェネラリスト種は，樹木の生長とともに根系の先端域に限定して分布し，幹に近い根系上では，それらに代わってチチタケ属やヤマイグチ属などのスペシャリスト的な側面をもち合わせた種が見られるようになった．前者は胞子接種が容易であり r- 戦略的である．さらに，林冠鎖した林分における菌類相データも総合すると，樹木の生長とともに菌根菌の多様性は増加し，林冠閉鎖後は多様性が徐々に減少し，K- 戦略的な種が増加することも明らかにされた．

このように，共生菌の遷移についても，荒れ地戦略型菌群の初期定着から，環境の安定化・成熟化とともに競合戦略型菌群の増加が進み，特殊な環境因子の固定化や攪乱の常在化が見られる環境ではストレス耐性戦略型の菌群が優占する．すなわち，環境を特徴づける測定可能な因子を明確にし，共生菌の生存戦略の基本パターンを当てはめることで，共生菌遷移の進行を予測し，植生回復の研究分野で応用することも可能と考えられる．

（山田明義）

＊引用文献

1）Read DJ（1993）Adv Plant Patho l9 : 1-31
2）Read DJ（1989）Proc Royal Soc Edinburgh 96b : 80-110
3）Read DJ（1984）The ecology and physiology of fungal mycelium（Jennings DH, Rayner ADM）, Cambridge Univ. Press, Cambridge, pp215-240
4）Nara K, et al.（2003）New Phytol 158 : 193-206

＊参考文献

Allen MF（1991）The ecology of Mycorrhizae. Cambridge Univ. Press, Cambridge

Smith SE, Read DJ（2008）Mycorrhizal symbiosis, 3rd ed. Elsevier, Amsterdam

van der Heijden MGA, Sanders IR（2003）Mycorrhizal ecology, Springer, Berlin

17.2.3 大型菌類の空間分布と攪乱

1）空間分布

菌類群集の群落構造に関しては，地上生の大型菌類では，地上部の子実体の発生位置のマッピングと一部の発生菌のシロ（キノコの菌糸が占有する場所とそこにできる微生物社会，shiro）の存在位置を直接観察することによって対応関係を推察し，栄養菌糸体の空間分布の推察が行われてきた[1]．シロ以外では，腐生菌でもオオホウライタケ（*Marasmius maximus*）のように発達した密な栄養菌糸体を形成する菌,ナラタケの仲間（*Armillaria* spp.）のように発達した根状菌糸束（rhizopmorph）を形成する菌，ツエタケ（*Oudemansiella radicata*）のように偽根（pseudorrhiza）が発達する菌[2]，青変菌（ロクショウグサレ菌，blue stain fungus）のように生息部を青緑色に変えるなど特有の色を呈する菌など，他菌の栄養菌糸体との相違の認識が容易な菌で研究が行われてきた．しかし，多くの場合菌種間の栄養菌糸体の肉眼的な識別は困難であり，子実体の発生位置と栄養菌糸体の分布範囲の関係が正確に把握されている菌種は限られている．菌蕈類の子実体は発生状況から孤生，群生，叢生，束生に大別されている．また，菌蕈類の子実体の発生位置をマッピングした結果を $\overset{*}{m}$-m regression 法で解析することによって，菌蕈類の子実体の大部分は集中分布するが，その他，ランダム分布や均一分布するものも存在することが明らかにされている[3]．しかし，これらはいずれも栄養菌糸体の分布パターンを直接，反映したものにはなっていない．栄養菌糸体の大きさや形はさまざまであり，ナラタケの仲間のように数 ha に達するものから数 cm^2 の菌種が存在することが知られている．木材腐朽菌やリター菌では，腐朽材中の栄養菌糸体，菌糸束（mycelial strand），帯線（zone line）などの形態観察から空間分布が調査されており，各菌の空間分布が基物の分解に伴い変動すること，得られた栄養菌糸体などの分布パターンと生殖器官の出現部位が必ずしも一致しないことが明らかにされている．栄養菌糸体等の形態観察からでは，栄養菌糸体の発達が悪い菌種や帯線形成を伴わない菌種間では栄養菌糸体の分布パターンの詳細の把握は困難である．同種の異なるジェネット（genet）間の分布パターンは，一見，1つの栄養菌糸体に見える基質中やシロ中の各所からランダムに栄養菌糸体を分離・培養し，得られた菌株間の交配試験や対峙培養での栄養菌糸体間の交雑特性から，調査されてきた．たとえば,カワラタケ（*Trametes versicolor*）など数種の木材腐朽菌では，1つの腐朽材上に発生している子実体が，数個の異なるジェネット由来であることが，腐朽材から発生した子実体から分離・培養した菌株間の交配試験によって確認されている[4]．外生菌根菌の異なるジェネットのシロでは融合が生じることが報告されている[5]．一方，微小菌類では，たとえば葉のディスク片などを用いて基質からの局所的な分離培養と洗浄法を組み合わせることによって葉における菌類の空間分布を，葉の部位別に，新葉から落葉まで時間を追って調査する試みが行われている[6]（17.2.1 項参照）．

幸い，最近の分子生物学的手法の発展により，土壌や基物中の各菌種の菌体の分布位置が確認できるようになりつつあるが，現在のところこれらの手法では，増殖中の菌体と休眠中の胞子が区別なく1検体として検出されるため，栄養菌糸体の肉眼的な確認下での菌種や同一菌種内のジェネットの確認などの利用に限定されざるをえない．子実体の発生位置を基点とする栄養菌糸体の調査によって，同時期に子実体レベルで見ると同所的に発生する菌種も，大部分は栄養菌糸体の増殖位置を空間的に見ると上下に棲み分けていると推察されているが，アミタケ（*Suillus bovinus*）とオウギタケ（*Gomphidius roseus*）のように同所的に共生している可能性のあるものもあり[7]（15.3.3 項参照），今後の検討課題となっている．

2）攪　乱

さまざまな攪乱（disturbance）によって特定の

菌類が発生（野外で菌類の生殖器官が基質表面に出現すること，occurrence）することが知られている．このように攪乱に伴い増殖する菌類群集としては，林地や草地の焼け跡，すなわち，高熱による攪乱跡に発生する生態菌群の焼け跡菌（pyrenophilous fungi）や林地や草地の動物遺体や排泄物の分解跡[8]，すなわち，高 pH を伴う高濃度の窒素化合物による攪乱跡に発生する生態菌群の腐敗跡菌（postputrefaction fungi）が有名である[9]．腐敗跡菌の大部分は分解後に高 pH を伴うアンモニウム態窒素化合物の散布によって発生するため，化学生態菌群の1つとしてその生態学的特徴からアンモニア菌と呼ばれているが，地下性動物の巣内の排泄所内から発生する一部の菌のようにアンモニウム態窒素化合物の散布によってはその発生が確認されていない菌種も含まれている[9]．焼け跡菌や腐敗跡菌は，栄養様式（nutritional mode）から見ると腐生菌と菌根菌の両者が知られているが，攪乱後，最初に腐生菌が一定の順序で発生し，ついでに菌根菌が発生する．その後，菌類相（mycobiota）は，攪乱以前の菌類相にしだいに戻っていく[8]．このような生殖器官の一定順序の移り変わりも遷移と呼ばれているが，かならずしも栄養菌糸体の侵入・増殖順序を反映したものでなく，植物生態学でいう遷移や微小菌の遷移とは異なる概念である[6]．攪乱跡に発生する菌類には，そのほか，引っかき跡に発生する菌類群集やアンモニアおよびアンモニウム化合物以外の各種薬品処理跡に発生する菌類群衆も報告されている[8]．アルカリ性化合物処理によって発生する菌類群集は，焼け跡菌として知られているものが多く含まれているが，そのほか，亜硝酸態化合物，各種の酸，各種の炭水化物などの化学物質処理によって発生する菌群集が存在する．これら大部分の菌群集の自然史については現在のところ不明であり，特定の生態菌群名はつけられていない．自然史的に見てこれらの菌類群集をどのように位置づけるかは今後の課題となっている．上記のように攪乱跡に発生する菌類は，いずれも攪乱跡に遷移的に特定の時期にきわめて高い頻度で，ときには攪乱跡一面に生殖器官を発生することが知られているため，攪乱に伴い菌相は単純化すると推察されているが，攪乱後のそれぞれの時期における各菌種の栄養菌糸体の大きさ，形，その空間分布や動態についてはまったく知られていない．

（鈴木　彰）

＊引用文献

1) 衣川堅二郎・小川　眞 編（2000）きのこハンドブック．朝倉書店，東京
2) 相良直彦（1982）植物と自然 16（11）: 10-12
3) Fukiharu T, Kato M（1997）Mycoscience 38 : 37-44
4) Frankland JC, et al., eds.（1982）Decomposer basidiomycetes : Their biology and ecology. Cambridge Univ. Press, London
5) 堀越孝雄・二井一禎 編（2003）土壌微生物生態学．朝倉書店，東京
6) 日本土壌微生物生物学会 編（2000）生態的にみた土の菌類（新・土の微生物 6），博友社，東京
7) 小川　眞 編（1987）見る・採る・食べる：きのこカラー図鑑―生態図解つき・日本のきのこ 350 種．講談社，東京
8) Sagara N（1992）Experimental disturbances and epigeous fungi. The fungal community―Its organization and role in the ecosystem―, 2nd ed（Carroll GC, Wicklow DT, eds.）. Marcel Dekker, New York, pp427-454
9) Sagara N, et al.（2008）Soil fungi associated with graves and latrines : Toward a forensic mycology. Soil analysis in forensic taphonomy―Chemical and biological effects of buried human remains―（Tibbett M, Carter DO, eds.）. CRC Press, Baca Raton, pp67-107

＊参考文献

Boddy L, et al., eds.（2008）Ecology of saprotrophic basidiomycetes, Academic Press, London

Cooke RC, Rayner ADM（1984）Ecology of saprotrophic fungi, Longman, London

Dighton J, et al., eds（2005）The fungal community―Its organization and role in the ecosystem, 3rd ed. Taylor & Francis, Boca Raton

二井一禎・肘井直樹 編（2000）森林微生物生態学，朝倉書店，東京

小川　眞（1978）遺伝，32（11）: 14-20

小川　眞（1980）菌を通して森をみる，創文，東京

相良直彦（1976）アンモニア菌類の増殖―“処理”による地上生菌類の実験生態学的研究―．微生物の生態（3）―増殖をめぐって―（微生物生態研究会 編）．学会出版センター，東京，pp133-178

18

生物地理的分布と種分化

序

生命はいまから三十数億年前に地球上に誕生し，その後，分化，放散を繰り返しながら現在のような多種多様な地球上の生物群が生み出されてきた．地球上における現在の生物の分布がどのようにして成立したのかを考えることは，生物学の中で最も魅力的な研究課題である．

たとえば，現代人の祖先はいまからおよそ15万年前に東アフリカの1地域から，地球上に広がって現在のような多様な人種が成立したと考えられている．これは，分子系統学の発達に伴っていまから30年ほど前に出された学説であり，当初は多くの反論があったが，現在ではほぼ正しいと考えられている．

ダーウィンは1859年に出版された「種の起源」の中で，第12章と第13章の2章を生物地理の説明に当てている．生物地理学をさらに魅力的な学問領域にしたのは，20世紀末に急速に発展したプレートテクトニクスと分子系統学であろう．分子系統学により，生物の系統関係が従来とは比べものにならないほど明確になり，これに大陸の分裂の歴史を融合することにより，多くの魅力的な研究成果が生まれた．

特に，南半球のゴンドワナ大陸の分裂の歴史とゴンドワナ起源の生物（たとえばナンキョクブナ）の進化，生物地理学に関する研究成果が多く報告されている．

菌類の生物地理学の発達は，動物や植物よりもかなり遅れて始まった．

これは，①菌類の多くのグループが胞子によって長距離分散が可能であり，動物や植物に比べて地理的な障壁を容易にクリアできると考えられていたこと，②形態が単純であるため地域ごとの違いが明瞭ではなく，広い地域に均等に分布すると考えられていたことなどが原因であったと考えられる．

しかし，近年の分子系統学の発達により，菌類においても従来考えられていたよりもはるかに地域的な差異があることが明らかになってきた．

また，形態的な違いがなくても，遺伝的な違いを明瞭に検出することが可能になったことにより，21世紀に入って菌類の生物地理的な研究成果が続々と発表されるようになった．

それでも，動物や植物と比べると，菌類生物地理学に関してこれまでに蓄積された知見は断片的である．今後の研究成果の発展を期待したい．

（高松　進）

18.1 卵菌類の地理的分布と種分化

卵菌類の生息場所は水生のものから陸生のものまでさまざまである．水生の種の中には淡水だけでなく，汽水や海水といった浸透圧が高く，その変動もあるような環境中でも生息できる種がある．生息地域について見ると熱帯から北極・南極圏まで広く分布しており，卵菌類のいない場所はないほどである．

栄養利用面から見ると腐生性のものから寄生性，寄生性の中には宿主なしでは生育できず人工培養のできない絶対寄生性の種もある．絶対寄生性の種については宿主との共進化の可能性も考えられている．宿主は，線虫，甲殻類，魚類，ほ乳類，藻類，植物，菌類と広範囲にわたり，病原菌として重要な種もある．病原菌として特に有名な種は，ツユカビ（Peronosporales）目に属する *Phytophthora*

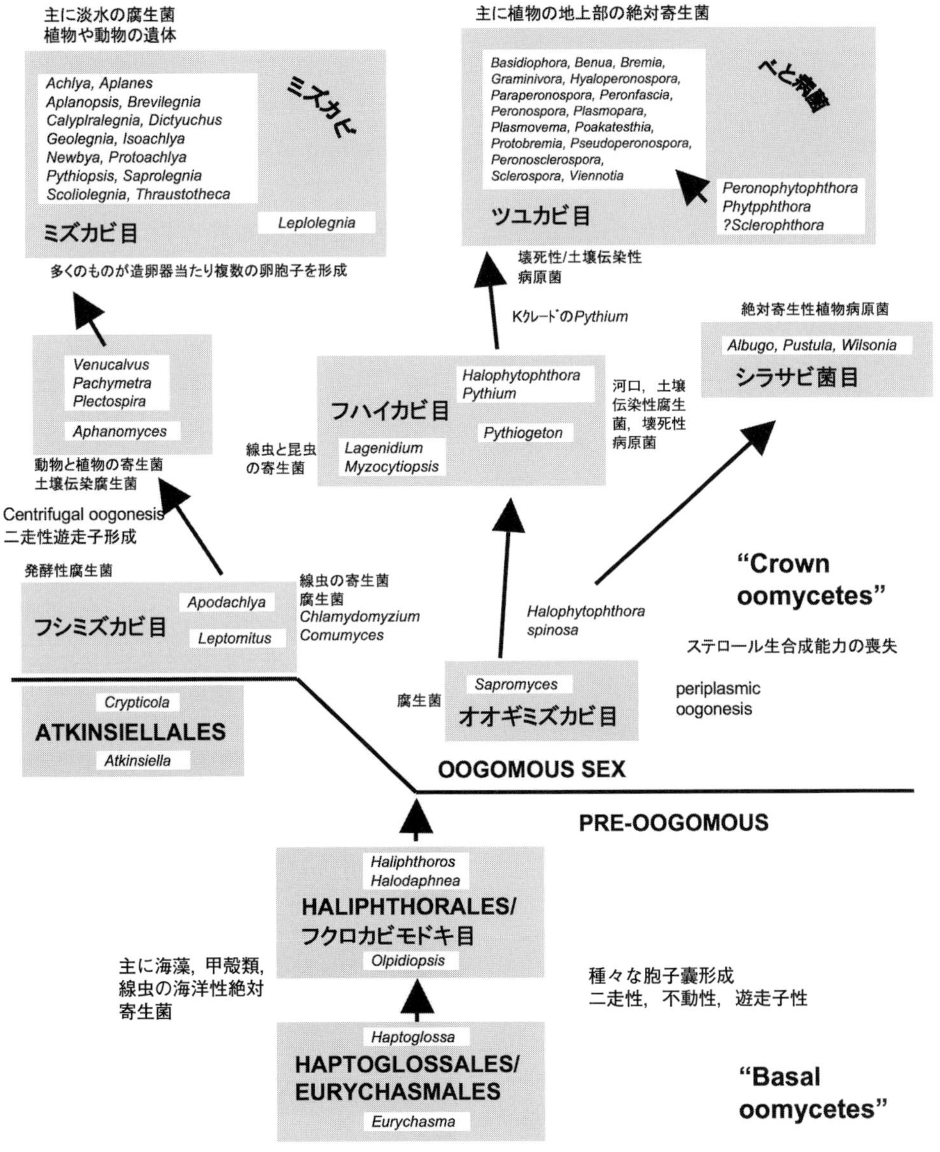

■図 18.1.1　塩基配列データに基づく卵菌類内の主要な目間の系統関係の概略図
（Beakes, Sekimoto[1] を改変）

infestans である．本菌は19世紀にアイルランドでジャガイモに大きな被害をもたらし，収穫がほとんどできなくなった．アイルランドではジャガイモが主食であったため，80～100万もの人が飢餓で亡くなり，200万人以上の人が移民として新大陸に移動したとされている．

地理的分布と種分化に関して，Beakes, Sekimoto[1] は興味深い考察をしている（図18.1.1）．彼らは分子系統だけでなく，生息場所，形態，寄生性に基づいて卵菌類の系統解析を行い，卵菌類を原始的な“Basal oomycetes”とより進化の進んだ“Crown oomycetes”に分け，それぞれに目を配置している．今後の主流となる考え方であると思われ，ここではこの体系に基づいて卵菌類を見ることとする．

“Basal oomycetes”で注目すべきところは，ほとんどが海洋生の絶対的寄生菌であることである．また，菌糸状の菌体を形成することなく全実性であり，フクロカビモドキ（Olpidiopsidales）目の *Olpidiopsis* 属の一部の種を除くすべての種は有性器官を形成せず，無性器官として胞子嚢および遊走子を形成する．“Basal oomycetes”の中で卵菌類の起源に位置するEurychasmales目は褐藻寄生性，Haptoglossales目は海洋性線虫寄生性である．これらは，いずれも変形体を形成して感染する．系統樹で次にくるHaliphthorales目と，フクロカビモドキ目は海藻や甲殻類に寄生している．このほかに“Basal oomycetes”に含まれているAtkinsiellales目は双翅目など昆虫の幼虫に寄生する仲間であり，他の目とは少し異なる生息場所をもっている．

“Crown oomycetes”は，造卵器と造精器の有性生殖により卵胞子を形成する能力を獲得している．これは卵胞子による耐久生存能力を獲得したことを意味しており，大きな進化のステップである．これにより“Crown oomycetes”には腐生生活をする種や寄生と腐生をうまく使い分け生息域を広げている種が多くある．“Crown oomycetes”のもとにある目はオオギミズカビ（Rhipidiales）目とフシミズカビ（Leptomitales）目であり，オオギミズカビ目からは2つの方向に進みシラサビ菌（Albuginales）目とフハイカビ（Pythiales）目に分かれる．フハイカビ目はさらにツユカビ目へと進化が進んでいる．この流れを見ると，海洋生→淡水生→陸生への進化がうかがわれる．中間に位置するフハイカビ目の *Pythium* 属は水生から陸生まで幅広い種を含んでいる．*P. porphyrae* は海洋生で，海苔の養殖において赤ぐされ病を引き起こす重要病原菌である．これに対し，*P. helicoides* は陸生で，バラなどに根腐病を引き起こし，卵胞子により土壌伝染するとともに水が多い条件では遊走子により水媒伝染する（図18.1.2）．また，*P. intermedium* は作物に病原性をもつがそれほど強くなく，一般的には森林土壌中の腐生菌である．この種は遊走子を形成せず，その代わりに無性器官として菌糸が膨潤したHyphal swellingを豊富に形成して増殖し土壌に適応している．陸生の最たるものはツユカビ目の *Peronospora* 属など多属にわたるべと病菌である．これらは各種作物の葉などに感染し，病斑部に分生子を形成して空気伝染するとともに分生子は遊走子を放出して雨滴により水媒伝染もする．また，シラサビ菌目の *Albugo* 属に白さび病菌があり，各種作物の葉に感染し，分生子を形成し，分生子は遊走子を放出して発芽する．これらツユカビ目とシラサビ菌目の種はともに，不適環境になると有性器官として

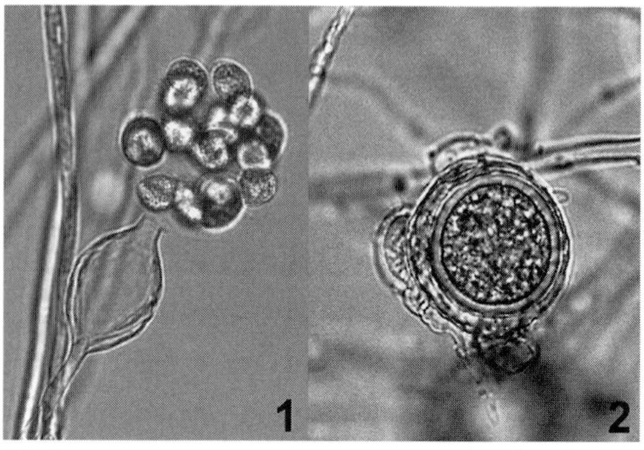

■図18.1.2 *Pythium helicoides* における胞子嚢からの遊走子形成（1）および造卵器と造精器の受精による卵胞子形成（2）

卵胞子も形成するといった巧妙な生活史をもっており，卵菌類の中でも最も進化の進んだものの1つと考えられる．以上のようにオオギミズカビ目から派生してきた種は水から陸へと生息場所を変えながら進化していると考えられる．

一方，線虫寄生菌や腐生菌を含むフシミズカビ目からの進化は，目としてはまとまらないが動植物の寄生菌や土壌腐生菌である *Aphanomyces* 属，*Venucalvus* 属，*Pachymetra* 属，*Plectospira* 属からミズカビ目に進化したと考えられる．先の水生のオオギミズカビ目から派生したツユカビ目では生息場所を陸生までたどり着いているのに対して，ミズカビ目は淡水生の腐生菌や魚類の病原菌であり，海水から淡水まで進化させた状態で止まっている．しかし，ミズカビ目は無性器官として遊走子を形成するとともに（図18.1.3），有性器官として1つの造卵器当たり複数の卵胞子を形成する唯一の目であることからほかより進化が進んでいると考えられている（図18.1.4）．　（景山幸二）

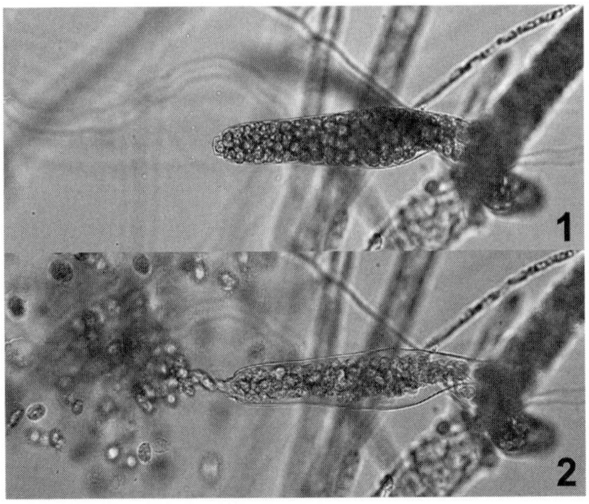

■図 18.1.3　*Saprolegnia* sp. における胞子嚢からの遊走子放出

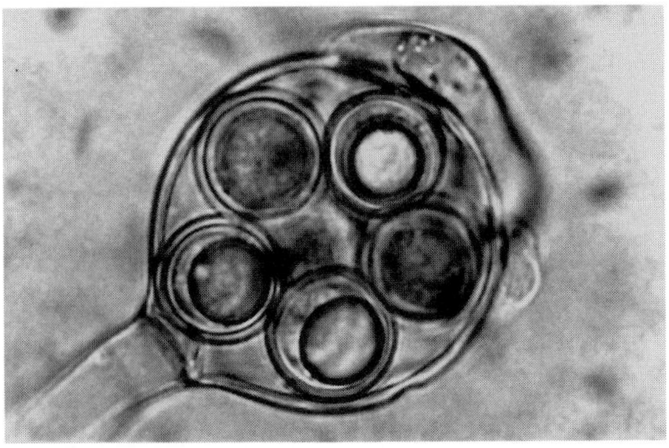

■図 18.1.4　*Achlya* sp. における造卵器内に多数の卵胞子形成

＊引用文献

1) Beakes GW, Sekimoto S (2009) The evolutionary phylogeny of oomycetes-insights gained from studies of holocarpic parasites of algae and invertebrates. Oomycete genetics and genomics (Lamour K, Kamoun S, eds.). Wiley-Blackwell, Hoboken, pp1-24

18.2 子嚢菌類の地理的分布と種分化

18.2.1 盤菌類

1）盤菌類とは

盤菌類は，子嚢菌系のいわゆるキノコの一群をなすものである．盤菌類の子嚢果の外形や大きさは多様で，無柄の薄い皿形から，いろいろな長さの柄のついた杯状・深い腕状や，複雑な頭部をもつものまで，さまざまな形態が含まれる．しかし，すべてに共通することは，ライフサイクルの少なくとも一部で，子嚢が並ぶ層（子実層）を裸出することである．この特徴によって，古典的な分類体系では盤菌類はしばしば綱レベルで分類されてきた．しかしながら，今日の分子系統学的研究の成果は子嚢盤の形態が原始的な形質であり，盤菌類が多系統的な分類群であることを示している．このことは，「子実層の露出」という特徴それだけでは，分類群としての基準になりえないことを示している．しかしながら，子嚢果に注目した分類は便利なため，盤菌類という呼び方は依然として存在している．ここでは，古典的なまとまりとして盤菌類とされた菌類を材料とした地理的分布と種分化に関する研究をまとめる．

盤菌類の多くは，土壌，材，糞，植物残渣上などに発生し，有柄あるいは無柄の杯状の子嚢盤を形成する．しかし，一部のもの（チャワンタケ目の一部．以前は塊菌目としてまとめられた）は，地表ではなく，地下に埋没して発生する．これらの菌類はいわゆるトリュフとして知られるもので，団子のような類球形の子実体を形成し，子嚢は子実層中か組織中に散在し，成熟しても外に露出することはない．これらの菌は，チャワンタケ目の菌類が地下での生活に適応したものと考えられる．また，植物基質内に埋没した形で子嚢盤を形成するものも含まれる．生態的には，腐生・寄生・共生のすべてのモードをもっている．多くの盤菌類は，腐生菌として植物残渣に発生する．しかし，基質には選択性が認められるものも多い．生きた植物に発生するものも多く，これらは植物病原菌としても知られている（ビョウタケ目やリチスマ目に含まれる）．菌根を形成し，植物と共生するものも知られている（チャワンタケ目の一部の菌とビョウタケ目の一部）．盤菌類の一部には，アナモルフが知られている．アナモルフには，水生不完全菌，半水生不完全菌類など，特徴的な生態群も含まれる．

2）検　出

盤菌類の子嚢盤は大小さまざまであるため，微小な盤菌類について調査する場合は，採集（検出）にも十分な注意が必要がある．また，基質（ホスト生物とその部位）特異的なものや，発生に季節性があるものが多いので，時期と方法を検討する必要がある．しかし，盤菌類の検出に関しての研究は多くない．生物の検出において代表的なものは，プロット（適当な大きさの矩形区）を設けて（場合によっては，さらにそれを細かく分けてサブプロットとして）調査することであるが，これをランダムに設けたり，トランセクト（調査横断線．観測点が直線に沿って配置され集まったもの）に沿って設けるなどの方法がある．Cantrell[1] は，熱帯地方において両者の比較によって盤菌類を採集し，トランセクトに沿って設けたプロット内のサブプロットを複数調査することによってより多くの種をカバーできることを示している．

3）地理的分布と種分化

盤菌類およびそのアナモルフ（不完全時代）の分布には，主に次のような因子がかかわると考えられる．

（1）基質（ホスト）の種類およびその分布：多くの盤菌類は，基質特異性を示し，特定あるいは一定の範囲の基質にしか発生しない．そのため，ホストとなる植物の分布は菌の分布を決める因子となりうる．特に，生きたホストの上に発生する場合には，ホストの分布は決定的な因子となる．

(2) 環境因子：基質の選択範囲が広い腐生的に生育する種においては，基質の種類は二次的な重要性をもつようになる．そのため，生育環境を左右する温度，雨量などの環境因子の組合せである気候などが重要となる．

(3) 散布の様式と散布体の耐久性：多くの盤菌類は，子嚢盤から強制的に胞子が射出され，これが気流に乗って分布域を広げる．しかし，水辺に適応した盤菌類においては子嚢胞子に粘着性のアペンデージが観察されたり[2]，糸状の胞子が形成され，気流よりも水流を散布の原動力とするものも少なくない．また，ひとたび移動に成功しても，そこが次の生活史をまっとうできるような環境でない場合，好ましい環境になるまで耐久する必要がある．

盤菌類の中には，水生不完全菌型のアナモルフをもつものが少なくない．これらは，テレオモルフ，アナモルフのそれぞれで異なる散布モードをもち，散布体はそれぞれに応じた耐久性をもつ可能性があり，分布域を広げる上で重要な因子である．

多くの盤菌類は，他の子嚢菌類や担子菌類と同様に多数の胞子を散布するが，上記のような要因によって，その分布は制限されることが多い．広域に分布する菌類においては，しばしばその分布域や環境に応じて遺伝的な変異が生じていることが知られている．近年の研究は，分子生物学的な方法によって，同種内の遺伝子多形を検出し，それを系統学的に解析するとともに，地理的な情報と合わせて解析する生物系統地理学的な研究がさかんとなっており，盤菌類についてもこのような方法が適用されている．

針葉樹に寄生する *Gremmeniella abietina* のスカンジナビア半島周辺集団においては，雪に埋まる木の下部の小枝に生息するタイプと，雪に埋まらない上方の樹冠に近い大きな枝に生息するタイプが識別され，両者の間に子嚢盤形成時期の差が見られる．さらに，数百 km 離れた地域に生息する変種である *G. abietina* var. *cembra* は両者と実験室内で交配でき，子嚢胞子を形成する能力があることが知られている．しかし，その感染力は低く，自然界ではこの交配が生じているとは考えにくい．このことは，*G. abietina* が環境の変化に適応して2つのタイプに分化し，さらに地理的に離れることによって種分化しつつあることを示唆している[3]．

大きな地理的変化に伴う進化の研究例としては，瀬戸口[4]による研究がある．ナンキョクブナ *Nothofagus* は現在37種が南米，オーストラリア，ニュージーランド，ニューカレドニア，ニューギニアに隔離分布するが，このうち11種に *Cyttaria* が種特異的に寄生する．*Nothofagus* の分布の起源はゴンドワナ大陸に求められるため，両者は大陸の分断による菌と宿主の間の共進化の関係を知る上で貴重な材料となる．18S rDNA 領域と ITS 領域をもとにした *Cyttaria* の系統樹は，*Nothofagus* の系統樹とおおむね一致し，*Lophozonia* 亜属（南米，ニュージーランド，タスマニア，オーストラリア），*Nothofagus* 亜属（南米）と寄生関係が見られる一方，*Fuscospora* 亜属（ニュージーランド，南米）および *Brassospora* 亜属（ニューギニア，ニューカレドニア）には寄生しないことが明らかとなり，*Nothofagus* の移動を追った *Cyttaria* の種分化が示唆される．

Murat[5] らは，西ヨーロッパ地域で得られた188試料の *Tuber melanosporum* の ITS 領域を解析し，分布頻度が地点によって差がある10種類のハプロタイプが検出されることを示した．そして，集団遺伝学的解析によって，南フランスのマシーフ・サントラール（中央山塊）をはさんで，大きく2群に分けられること，この起源は，氷河期におけるイタリア北部のレフュージア（refugia）から菌根共生するパートナーとなる広葉樹が分布域を広げた過程に伴うものであることを示唆した．

多犯性の植物病原菌として知られ，腐生的にも生育する *Sclerotinia sclerotiorum* については，Carbone と Kohn[6] が米国全土から採集された385株もの菌株について，IGS および核内のタンパク質遺伝子領域を用いて解析し，各株の遺伝子多形を最節約的に解析したネットワークが採集地域と密接な関係があることを示した．さらに，近縁種まで解析に含めることによって，*S. sclrerotiorum* およびその地域集団が成立する過程を推定している．

日本国内については，Hosoya et al.[7] の研究がある．これは，ブナ殻斗に特異的に発生する *Dasyscyphella longistipitata* を国内の広範囲から採集し，その遺伝的変異をITS領域に基づいて解析した結果，地理的分化をした集団は検出できず，国内全域が遺伝的に連続した集団であることを示したものである．

上記のように，さまざまな視点で，盤菌類の地理的分布と種分化の問題が解き明かされている．Burnett[8] は，種分化の過程を次のように分類している．

(1) 異所的種分化（allopatric speciation）：距離的に離れることによって，最終的に生殖的に交流がなくなる種分化．

(2) 同所的種分化（sympatric speciation）：同所あるいは重複した分布域において何らかの理由で2つの集団において生殖的な交流がなくなる種分化．

(3) 突発的種分化（abrupt speciation）：倍数化あるいは染色体の異常によって生殖的隔離が生じること．

これらのうち，前二者は種分化に先立つ集団の分布に注目しているが，最後の項目は，実際に種分化が始まる際の現象に注目している．一見，同所的に見える場合でも，菌類の生育に占める場所は，きわめて微小なため，きわめて狭い範囲においても種分化が起こる可能性がある．新たな環境に到着した散布体がそこに定着しようとする場合，与えられた環境は菌の定着にとっての選択圧となって作用する可能性があり，このことが遺伝的多様性をもたらす場合がある．（細矢 剛）

＊引用文献

1) Cantrell SA (2004) Carribb J Sci 40 : 8-16
2) Shearer CA (1993) Nova Hedwigia 56 : 1-33
3) Hellgren M, Högberg N (1995) Can J Bot 73 : 1531-1539
4) 瀬戸口浩彰 (2005) ゴンドワナ大陸の分断に伴うナンキョクブナ属植物—子嚢菌類キッタリアの共進化．菌類・細菌・ウイルスの多様性と系統（杉山純多 編）．裳華房，東京，pp155-156
5) Murat C, et al. (2004) New Phytol 164 : 401-411
6) Carbone I, Kohn LM (2001) Mol Ecol 10 : 947-964
7) Hosoya T, et al. (2010) Mycoscience 51 : 116-122
8) Burnett J (2003) Fungal populations and species. Oxford Univ. Press, New York

＊参考文献

エイビス JC 著，西田 睦・武藤文人 監訳 (2008) 生物系統地理学—種の進化を探る．東京大学出版会，東京

18.2.2 小房子嚢菌類

小房子嚢菌類（クロイボタケ綱）の地理的分布については，特定の地域（たとえばスウェーデン[1]）や特定の生態群（たとえば淡水菌[2]）などで限定的に知られているものの，まとまった知見がない．植物寄生種であれば，宿主植物の分布が菌の潜在的分布である可能性が高い．よって今後地理的分布の研究が進むことにより，集団の地理的隔離による種分化の例も明らかとなってくるであろう．ここでは植物寄生種の同所的種分化と考えられる事例について述べる．

1) 宿主特異性

マメ科植物に宿主特異的に寄生する *Ascochyta*（テレオモルフ，*Didymella*）属菌は，葉に褐斑病（ascochyta blight）を引き起こす植物病原菌として知られている．多くの種はヘテロタリックであるが，交配型の異なる菌糸体の対峙により培養下でも有性時代の形成を誘導できるため，生物学的に種の定義を検討できるという利点がある．本菌群は人間によるマメ科植物の栽培地域拡大に付随して，宿主植物の原産地である中東から罹病種子とともに世界的に広まった．ソラマメ（*Vicia faba*）およびヒラマメ（*Lens culinaris*）に寄生する本属菌は，それぞれ *A. fabae* f.sp. *fabae* および

A. fabae f.sp. *lentis* とされ種内の分化型レベルで区別されてきた．それは両者の宿主植物がそれぞれ異なるものの，表現型にほとんど差がないことや，培養下で両者間の交雑が可能なためである．しかし，両者間の雑種には有性胞子の形成数やサイズなどに形態的異常が認められ，さらにはソラマメにもヒラマメにも感染できないといった接合後障壁と思われる現象が見られる．つまり両者間には遺伝子流動を妨げる隔離障壁が存在する．これらのことから現在では，*A. fabae* f.sp. *lentis* を単独種の *A. lentis* として認識するようになっている．

Ascochyta 属菌のうち，ソラマメ寄生種（*A. fabae*）とエンドウ寄生種（*A. pisi*）は近縁であることが分子系統解析の結果から判明している．この近縁種同士もまた培養下で交配可能であるが，*A. fabae* × *A. lentis* の種間雑種で見られたような遺伝的異常は確認されない．すなわち生存力のある正常な有性胞子が形成される．しかし，この異系交雑により形成される雑種のうちソラマメおよびエンドウへ感染できるものはごく少数しかなく，寄生菌としての能力は著しく制限される．宿主に感染できずまた宿主上で繁殖できないといった適応度の欠損は，これらの種間における強力な隔離障壁として働くこととなる．

以上のように，宿主特異性は集団の同所的分布をさえぎる隔離障壁として機能するだけではなく，集団の遺伝的隔離をもたらす接合後障壁として機能し，ついには宿主特異的 *Ascochyta* 属菌の種分化促進に重要な役割を果たしていると考えられる[3]．

2）ホスト・ジャンプ

Phaeosphaeria 属菌は単子葉（特にイネ科）植物を宿主とする植物寄生菌であり，およそ200種が世界的に広く分布する．分子系統解析の結果は，高山に生息する種（*P. oreochloae, P. alpine, P. padellana, P. dennisiana*）が単系統群であることを示唆している．高山生の本属菌は，耐寒性や耐乾性を増すために子実体を暗色化・厚壁化させ，生活環の単純化をはかるためにアナモルフ形成を省略するなど，高山環境への高度な適応が見られる．これらの種はスイス・アルプスの酸性岩地に同所的に生息するイネ科植物を宿主とするが，*P. dennisiana* のみは双子葉植物（ナデシコ科）に寄生する．本属菌のほとんどが単子葉植物（特にイネ科植物）を宿主とすることから，あるイネ科植物寄生種がナデシコ科植物へとホスト・ジャンプしたことで *P. dennisiana* への種分化が始まったものと考えられている[4]．以上のようにホスト・ジャンプを種分化の要因とする事例は，ほとんどの種が被子植物寄生性である *Botryosphaeria* 属菌でも知られている．すなわち，本属に少数しかいない裸子植物寄生種は，被子植物から裸子植物へのホスト・ジャンプを通じて種分化したものと推測されている[5]．

3）疫学的種分化

Leptosphaeria maculans（アナモルフ，*Phoma lingam*）はアブラナ科植物に根朽病（black leg または stem canker）を引き起こす．本病の発生が深刻化したのは世界各地でナタネ類の栽培が本格化した20世紀中盤以降であり，現在ではアジアを除く世界各地のナタネ類栽培地域に蔓延している．本菌には従来からアブラナ科植物に対する病原性の違いにより強毒型と弱毒型とが認識されてきたが，病原性の違いに加え両者間の形態的な違いや不和合性に基づき，弱毒菌は別種の *L. biglobosa* とされた．この弱毒菌を含む *L. maculans*-complex にはさらに宿主植物や分布の違いによって区別される計7つのサブグループが存在し，それらは亜種（または種）に相当すると考えられている．

従来から知られる典型的な強毒菌は *L. maculans* ‘brassicae’，弱毒菌は *L. biglobosa* ‘brassicae’ と呼ばれ，いずれもアブラナ科植物に特異性をもち，罹病種子とともに世界に広く分布していった．ポーランドでは，1990年代まで *L. biglobosa* 'brassicae' しか報告されていなかったが，近年では*L. maculans* 'brassicae' も見つかるようになっている．同じような現象はチェコやハンガリーでも確認されており，*L. maculans* 'brassicae' は弱毒種と置き換わりながら，全体として西ヨーロッパから東へと分布を拡大している傾向にある．両種は同じ地域に分布することが多く，ときには同一の宿主個体上で同時に発生することから，*Ascochyta* 属菌の例で見られたような宿主特異性に起因して生殖隔離が起こり，やがて種分化に至ったという経緯は考えにくい．そこで両種の種分化機構として2つの仮説がたてられている．

少数例ではあるが両種のうちの片方のみしか分布していない地域があり（たとえばロシアや中国からは*L. biglobosa* 'brassicae' しか報告されていない），このような地理的隔離を第一要因として種分化が起こったという考えがその1つである．

もう1つは両者の同一宿主内における生態学的ニッチの違いに注目した疫学的種分化（epidemiological speciation）という考えである．少なくとも西ヨーロッパの場合，*L. maculans* 'blassicae' は初秋に有性胞子を飛散させて初期葉病徴の主な原因となり，根頭部に定着するのに対し，*L. biglobosa* 'blassocae' は晩冬に有性胞子を形成し，成熟を終えた宿主植物の茎上部に定着する．両者に見られる有性胞子の成熟・飛散に関するタイミングのずれは異なる生態学的ニッチへの定着につながり，微小地理的な生殖隔離によって両者は種分化したと推測されている[6,7]．

同じく近縁種が同所的に存在する例としてバナナに寄生する*Mycosphaerella fijiensis*（black Sigatoka病菌）と*M. musicola*（yellow Shigatoka病菌）があげられる．これら2種の種分化に関しては，主な3つの仮説がある．

第1の説はどちらかの種または両種が異なる宿主上で進化し，それが最近になって栽培バナナへとホスト・シフトすることで病原となったという考えである．第2の説は両種は地理的に異なる集団から進化したという考えで，地理的分布から*M. fijiensis* はニューギニア・ソロモン諸島の二倍体野生バナナ寄生種が起源であり，*M. musicola* はおそらく東南アジアが起源であると推測されている．この地理的に隔離された異なる宿主上の集団が，三倍体の栽培バナナの病原菌となり，農業活動による宿主の分布拡大とともに最近になって世界中に広がった可能性がある[8]．第3の説として，*L. maculans*-*L. biglobosa* に見られたような両近縁種間の生態的違い，たとえば*M. fijiensis* は無性胞子（雨媒型であり分散力は限られる）よりも有性胞子（風媒型であり広範囲に分散可能）を大量に形成するが，*M. musicola* はその逆であること，に注目する見解もあるが[9]，種分化との関係は明らかではない．

4）宿主植物の栽培化

宿主植物の栽培化が菌の宿主特異性を高め，それに続く種分化促進の要因となることもある．コムギに葉枯病を起こす*Mycosphaerella graminicola*（アナモルフ，*Septoria tritici*）は，中東のコムギ野生種上に生息していた祖先的*Mycosphaerella* の集団を起源とし，中東の「肥沃な三日月地帯」においてコムギ祖先種の栽培化が始まった約1万年前にコムギへの感染を始めた．菌が栽培コムギに対して徐々に適応していったことに加え，栽培コムギと野生コムギの寄生菌集団間における遺伝子流動がしだいに減少していき，宿主特異的な*M. graminicola* の同所的種分化が起こった．そして本種はコムギの栽培地域拡大とともにその分布域を世界的に広げたと考えられている．本菌に近縁であり共通祖先をもつとされていた*Septoria passerinii*（オオムギ寄生種）は，ムギ類の栽培化と同時に種分化したわけではなく，それよりもかなり以前に種分化していたことも示唆されている[10]．

以上のように小房子嚢菌類で知られている種分化は，いずれも宿主特異性の高い植物病原菌類の事例がほとんどであり，腐生菌類の種分化機構については今後解明すべき大きな課題といえる．一般的に腐生菌類は宿主に依存することなく世界的に広く分布していると考えられているが，単一種と考えられていた普遍種が実際は複数の隠蔽種からなることを示唆する研究例も多い．それぞれの種について分類学的な再検討を加えることにより種を正確に把握し，分布や生態に関する知見を蓄積していくことが重要であろう．　(田中和明)

＊参考文献

1) Eriksson OE (2009) The non-lichenized pyrenomycetes of Sweden. Umeå University, Sweden
2) Vijaykrishna D, et al. (2006) Fungal Divers 23 : 351-390
3) Peever TL (2007) Eur J Plant Pathol 119 : 119-126
4) Câmara MPS, et al. (2002) Mycologia 94 : 630-640
5) Wet JD, et al. (2008) Mol Phylogenet Evol 46 : 116-126
6) Rouxel T, Balesdent MH (2005) Mol Plant Pathol 6 : 225-241
7) Mendes-Pereira E, et al. (2003) Mycol Res 107 : 1287-1304
8) Goodwin SB, Zismann VL (2001) Mycologia 93 : 934-946
9) Gudelj I, et al. (2004) Phytopathology 94 : 789-795
10) Stukenbrock EH, et al. (2007) Mol Biol Evol 24 : 398-411

18.2.3　ウドンコカビ目菌類

ウドンコカビ目はウドンコカビ科1科からなり，世界で17属約700種が知られている．これら17属は，5つの連とウドンコカビの系統樹で基部に位置する *Parauncinula* および *Caespitotheca* の2属に分けられる（図18.2.1）．そのすべては植物の絶対寄生菌であり，植物寄生菌以外のウドンコカビは知られていない．ウドンコカビは各種の経済的に重要な栽培植物に寄生し，葉や茎に小麦粉をまぶしたような粉状のカビを生じることから，その病害はうどんこ病と呼ばれる．ウドンコカビの宿主植物は被子植物に限られ，裸子植物やシダ類に寄生したという報告はない．被子植物の中でも，宿主の大部分は双子葉植物に属し，単子葉植物ではイネ科の一部に集中している．したがって，ウドンコカビは被子植物の，特に双子葉植物に寄生する植物寄生菌であるといえる．世界で約1万種の宿主植物が知られており，そのうち日本では約1千種の植物に発生する．17属のウドンコカビ属のうち，13属は表皮寄生性（吸器と呼ばれる養分吸収器官を植物の表皮細胞に挿入し，菌糸や分生子，分生子柄などの器官は植物の外部に露出する寄生形態）を示し，3属は半内部寄生性（気孔から侵入し葉肉細胞に吸器を形成するが，その他の器官は植物の外部に露出する），残り1属のみが内部寄生性（気孔から侵入し菌糸は細胞間隙を伸長し菌糸の一部および分生子柄のみが外部に露出する）を示す．

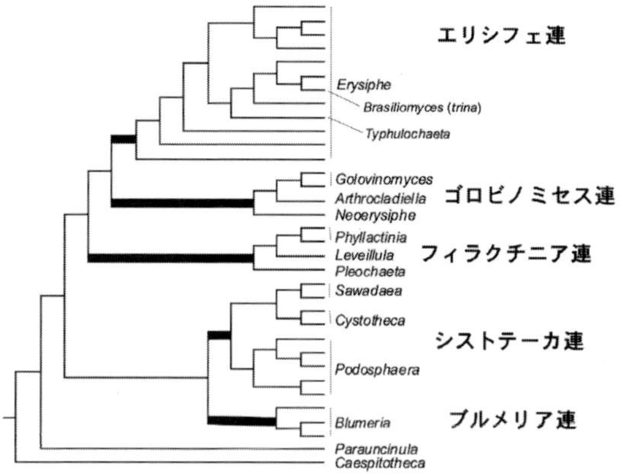

■図18.2.1　ウドンコカビ目の系統関係の概念図

1) ウドンコカビの属と地理的分布

ウドンコカビは北はグリーンランドやアイスランドから南は南米大陸のフエゴ島まで，南極大陸を除くすべての大陸に分布する．しかし，地球上に均等に分布するのではなく，北半球の温帯地域に多く分布し，熱帯および南半球ではそれに比べて少ない．これは，熱帯および南半球ではウドンコカビの研究者が少ないために，相対的に調査が進んでいないことが一因と考えられる．しかし，宿主植物から見ても，熱帯，南半球に分布する植物科ではウドンコカビの宿主はないか，あってもきわめて少ない．これに対して，宿主植物が多いのは，クルミ科，ヤナギ科，カバノキ科，ブナ科，ニレ科，カエデ科，スイカズラ科など北半球の温帯に分布する植物科である．このことから，ウドンコカビの分布の中心は北半球温帯地域にあるといえる．

ウドンコカビの17属は，①種数が10以上で宿主植物科数が50以上の大きな属，②種数，宿主植物科数とも5以下の小さな属，および③その中間的な属の3つのグループに大別できる（表18.2.1）．1番目の大きな属は一般に地球上に広く分布するが，グループごとに多少の偏りが見られる．特に目立つのは*Leveillula*属で，西，中央アジアが分布の中心である．*Leveillula*属は，ウドンコカビの中で最も新しく出現した内部寄生性の属であり，半砂漠地帯のような乾燥条件に適応して進化したと考えられている．*Erysiphe*属*Erysiphe*節や*Golovinomyces*属など草本寄生性のグループはヨーロッパで宿主植物数が多く，*Erysiphe*属*Uncinula*節や*Phyllactinia*属など木本寄生性のグループは東アジアに多く分布する傾向にある．中間的な属のうち，*Blumeria*属はヨーロッパ，西・中央アジア，北米で宿主植物数が多く，東アジアではそれに比べて少ない．これに対して*Sawadaea*属は東アジアに多く分布する．種数，宿主植物科数とも5以下の小さな属は*Brasiliomyces*属を除いて，木本寄生性であり，分布はある特定の地域に限られる．遺存分布によるものが多いと考えられる．*Parauncinula*属と*Typhulochaeta*属は主にブナ科のコナラ属に寄生し，分布はほとんど東アジアに限定される．*Caespitotheca*属はウルシ科の*Schinoppsis*属に寄生し，アルゼンチンの熱帯，亜熱帯地域にのみ分布する．*Cystotheca*属の主要な2種のうち，*C. wrightii*が常緑カシ類に寄生し東アジアのみに分布するのに対し，*C. lanestris*は北米と東アジアに隔離分布する．*Pleochaeta*属は，ニレ科に寄生する一種が東アジアからヒマラヤにかけて分布し，その他の数種が北米南部から南米にかけて分布する．ウドンコカビの閉子嚢殻の隔壁細胞は通常数層からなり，宿主植物がいない冬の間，内部の子嚢胞子（有性胞子）を寒さから保護する耐久生存のための器官であると考えられている．*Brasiliomyces*属は，この隔壁細胞が薄い1層の細胞層だけからなる特異なウドンコカビである．表18.2.1では本属は5種が記録されているが，Index Fungorumでは8種が記録されており，それぞれ種ごとに米国カリフォルニア州，ハワイ，中南米，台湾，タイ，インド，南アフリカなどの熱帯，亜熱帯の限定された地域に分布する．宿主は，*B. trinus*のように常緑カシ類に寄生するものから，マメ科，アオイ科の草本，低木に寄生するものなどさまざまである．*Brasiliomyces*属は多系統群であり，熱帯，亜熱帯地域に適応して異なる祖先から進化したと考えられる．

2）分布の拡大

多くの植物病原菌類と同様，栽培植物に寄生する多くのウドンコカビが地球規模で分布を拡大しつつある．その記録が比較的明瞭に残っているのは研究者が多いヨーロッパである．うどんこ病は葉だけでなく果実にも寄生してブドウの品質を直接的に低下させるため，ブドウの重要病害となっている．病原菌である*Erysiphe necator*は1834年に北米で記載されたが，1845年にヨーロッパではじめて確認され，1852年にはヨーロッパから地中海沿岸にかけて分布が拡大した．スグリのうどんこ病菌*Podosphaera mors-uvae*は1834年に北米で記載され，20世紀はじめには西ヨーロッパと日本に分布を拡大した．ライラックうどんこ病菌*E. syringae*は1834年に北米で記載され，北米原産の菌であるが，北米からヨーロッパに分布を拡大し，20世紀半ばまでにヨーロッパの各地で発生するようになった．さらに，1990年代には東アジア原産の別種のライラックうどんこ病菌*E. syringae-japonicae*がヨーロッパに侵入し，1990年代末までにヨーロッパに広く分布するようになった．このほかに，最近東アジアからヨーロッパに分布を拡大したと考えられる菌として，*E. palczewskii, E. vanbruntiana, E. arcuata, E. kenjiana*が報告されている．また，北米原産でヨーロッパに分布を拡大した菌として，*E. azaleae,*

■表 18.2.1　ウドンコカビの属ごとの種数，宿主植物数，地理的分布および宿主範囲

属　名	種数[1]	宿主植物[2]		世界 9 地域における宿主植物数[2]								主な宿主		
		科数	種数	ヨーロッパ	西・中央アジア	南アジア	東アジア	北米	南米	アフリカ	オセアニア	高木	低木	草本
種数，宿主数ともに多い属														
Erysiphe	(360)													
Erysiphe 節	97	82	2411	1213	519	109	451	451	105	158	102	△	△	◎
Microsphaera 節	150	63	1149	346	151	12	314	436	26	15	32	◎	◎	△
Uncinula 節	113	47	528	124	50	28	235	124	28	29	5	◎	○	×
Golovinomyces	35	58	2283	1108	446	76	287	685	60	108	77	×	×	◎
Leveillula	14	70	992	282	578	160	37	14	21	155	18	×	△	◎
Phyllactinia	32	68	699	159	120	59	214	217	24	32	3	◎	○	×
Podosphaera	(72)													
Sphaerotheca 節	(57)													
Magnicellulatae 亜節	23	40	1110	426	155	69	291	228	18	45	85	×	×	◎
Sphaerotheca 亜節	34	28	806	395	151	13	124	215	18	20	28	×	○	◎
Podosphaera 節	15	13	250	84	52		82	111	8	7	14	◎	○	×
中間の属														
Blumeria	1	1	732	379	202	6	62	289	20	38	21	×	×	◎
Neoerysiphe	6	7	336	154	127	8	54	127	6	17	4	△	△	◎
Sawadaea	7	3	82	22	18	1	47	14	0	1	5	◎	×	×
種数，宿主数ともに少ない属														
Arthrocladiella	1	1	5	4	3	0	2	2	0	1	1	×	◎	×
Brasiliomyces	5	3	10	0	0	0	0	4	5	1	0	○	○	○
Caespitotheca	1	1	3	0	0	0	0	0	3	0	0	◎	×	×
Crystotheca	3	1	61	0	0	7	21	34	1	0	0	◎	×	×
Parauncinula	2	1	4	0	0	0	4	0	0	0	0	◎	×	×
Pleochaeta	5	3	24	0	1	3	8	3	9	3	0	◎	×	×
Queirozia	1	1	1	0	0	0	0	0	1	0	0	◎	×	×
Typhulochaeta	4	4	19	1	2	0	14	1	0	0	0	◎	×	×
不完全世代属														
Oidium	89													
Oidiopsis	4													
Ovulariopsis	5													
Streptopodium	3													

1：ウドンコカビの種数はLIAS（http://www.lias.net）のリストを集計し，算出した．　2：Amano（1986）のリストをもとに，現在の分類体系にあわせて再集計した．

E. flexuosa, E. elevata, E. symphoricarpi が報告されている．

日本においても，ピーマンのうどんこ病菌 *Leveillula taurica* が1966年に初めて報告されたのをはじめ，ニンジン，ベゴニア，アジサイ，ダイズ，シュッコンカスミソウ，カーネーション，ムラサキツメクサ，プラタナス，パセリ，トマトなど多くの栽培植物でウドンコカビが新たに発見され，それらの多くは海外からの侵入菌によるものと考えられる．うどんこ病はウリ類の重要病害の1つである．ウリ類のウドンコカビとして，欧米では *Podosphaera fusca* と *Golovinomyces orontii* の2種が知られている．このうち日本では *P. fusca* のみが知られ，*G. orontii* は発生しないと考えられてきた．しかし，2002年に神奈川県で *G. orontii* と考えられるウドンコカビが発見され，数年のうちに全国で本菌によるうどんこ病が全国的に発生するようになった．現在では，*P. fusca* とともに *G. orontii* が普通に発生するようになっている．（高松　進）

＊参考文献

Amano（Hirata）K（1986）Host range and geographical distribution of the powdery mildew fungi. Japan Scientific Societies, Tokyo

Bélanger RR, et al., eds.（2002）The powdery mildews. APS, St. Paul

Braun U（1987）Beih Nova Hedwigia 89 : 1-700

Glawe DA（2008）Annu Rev Phytopathol 46 : 27-51

野村幸彦（1997）日本産ウドンコ菌科の分類学的研究．養賢堂，東京

Spencer DM, ed.（1978）The powdery mildews. Academic Press, London

18.3 担子菌類の地理的分布と種分化

18.3.1 サビキン

1）寒冷地・乾燥地適応，生活環短縮と種分化

維管束植物に寄生する生体栄養性の担子菌であるサビキンは，長世代型生活環に最多で4胞子世代に形態的・生理的に異なる精子，さび胞子，夏胞子，冬胞子，担子胞子を形成する．すべての胞子世代を同一種類の宿主植物上で経過する同種寄生性と精子・さび胞子世代と夏胞子・冬胞子世代を系統的に異なる宿主植物上で経過する異種寄生性の生活環をもつ種がある．長世代型サビキンの多くは温暖な気候帯に分布するが，宿主植物が生育できる期間の短い極地や高山帯などの寒冷地域あるいは乾燥地域では，栄養繁殖胞子であるさび胞子と夏胞子を形成しない短世代型生活環をもつサビキンが多く認められる．

多くの短世代種は寒冷地・乾燥地に適応し，長世代・異種寄生性の祖先種から分化したものと考えられている．すなわち，短世代種には長世代・異種寄生性の種と系統的近縁さが推定できるものがあり，それらは「関連種」といわれてきた．系統関係推定の根拠は，短世代種の冬胞子世代が長世代種の精子・さび胞子世代の宿主植物に形成され，短世代種の冬胞子堆の形成様式が長世代種のさび胞子堆形成様式と同様で，両種の冬胞子形態が類似していることにある．この「関連種」の進化的由来の説明は，「トランチェルの法則」として知られており，ここではさび胞子・夏胞子世代の欠失と長世代種さび胞子堆の短世代種冬胞子堆への機能変化が想定されている[1,2]．「トランチェルの法則」に示される生活環の進化的短縮と種分化は，最近の分子系統学的解析によって *Puccinia coronata, P. hemerocallidis, Uromyces pisi* などの種群で実証されるようになった[2,3]．

2）地理的分布と地域固有種の由来

生態的絶対寄生菌であるサビキンは，宿主植物の分布域の変化と種分化に依存して，その分布域の拡大や縮小あるいは移動を行うとともに，種分化をしてきたと考えられる．したがって，大陸間や地域間でのサビキンの近縁固有種の分布やサビキン相の類似と相違の分析や考察には，宿主植物の歴史生物地理学的考察も必要になる．

サビキンは担子菌類での最大単系統群であり，約7,000種が記載・命名されているが，歴史生物地理学的観点から地理的分布パターンを解析するのに適切な系統関係と分布にかかわる情報が集積されているとはいえない．既知の約7,000種は，現存する種の約14%に過ぎないと推定されている．また，サビキン調査地域の地理的広がりと分類学的検討の進展の程度は，サビキン研究者の地理的分布と研究の歴史的な偏りを大きく反映している．

数少ない大陸間のサビキン相と地域固有種の比較研究として，植生と植物相で固有性の高い南部アフリカ地域（スワジランドとレソトを含む南アフリカ共和国，ナミビア，ボツワナ）のサビキン相研究[4]をあげることができる．南部アフリカ地域で分布の確認された29属（+4不完全属）546種のうち，344種（63%：全546種に対する割合，以下同様）がアフリカ固有種で，225種（41.2%）が南部アフリカ地域に固有である．南部アフリカの豊かで固有性の高い植物相に反して，サビキンの総数と固有種数が少なく，維管束植物に対するサビキンの割合が1：38.5にとどまっている（一般的に，ある地域に生育している維管束植物に対するサビキンの割合は1：4～1：20といわれている）．特に，南部アフリカ地域の植物相を特徴づけるハマミズナ科，ツツジ科，ヤマモガシ科，サンアソウ科などの多種を擁する科の植物に寄生するサビキンが著しく少ない（ハマミズナ科では1：288）．これらの植物は乾燥地帯に生育するが，乾燥条件がこれらの植物へのサビキン胞子の感染確率を著しく低下させることと，乾燥が長い進化時間におけるサビキンの宿主変更と種分化の可能性を低下させたことが，南部アフリカ地域での相対的に貧弱で固有種の少ないサビキン相の原因と考えられている．

南部アフリカ地域に分布するサビキンのうち，広域に分布するのは197種である．隔離分布する71種のうち，4種（0.7%）がオーストラリアとニュージーランドに分布している．いっぽう，ニュージーランドに分布が確認されている20属（+3不完全属）234種のうち90種（約38%）が固有種である[5]．南部アフリカ地域とニュージーランド，オーストラリアで固有種の割合が高く，相互に共通している種がきわめて少ないこと，およびオーストラリアに特徴的な*Uromycladium*属サビキンが南部アフリカ地域はもとより，近隣のニュージーランドにも自然分布していないことは，各地域でのサビキンの種や属の分化がゴンドワナ大陸の地理的分断の後に生じたことを示唆している．今後，それぞれの地域に分布する近縁固有種の系統解析が進むことによって，大陸の分割という地史的現象がサビキンの種や属の分化にどのように関係しているのかが明らかになるであろう．

日本に分布するサビキン763種のうち143種(完全属のみ，約19%）が固有種で，その割合が低いことと，北東アジア，東アジアおよび東南アジアの大陸や島嶼部との共通種が多いことは，日本列島がユーラシア大陸の東端で，地史的には最近に成立したことに由来するものと考えられる．

各大陸および大陸の各地域での固有種の分布は，地理的分断による異所的種分化によるものと説明されるのに対して，海洋島のサビキン固有種の分布は，跳躍的に分散した祖先個体（個体群）からの分化と考えられる．ハワイ諸島では74種のサビキンの分布が確認されている．そのうち22種（約30%）が自生種で，13種（約18%）が固有種である[6]．総サビキン数が少なく，自生種と固有種の割合も少ないことは，地史的には新しい島々であることと，直近の大陸から約3,700 kmも離れていることに由来する．ハワイ諸島の地史的由来が明らかであることと，ハワイ諸島に固有のいくつかのサビキン種では，その祖先種を推定することができるために，ハワイ諸島固有のサビキンは跳躍的分散による大陸祖先種から種分化したことを実証するためのよい材料になる．たとえば，マメ科 *Acacia* 属（あるいは *Racosperma* 属）に寄生するサビキン *Racospermyces* 属には 6 種が知られており，オセアニア，東南アジアおよびハワイ諸島に隔離分布する．オセアニアと東南アジアに広く分布する *R. digitatus* はハワイ諸島にも分布するが，ハワイ諸島には固有種 *R. koae* と *R. angustiphyllodius* が分布している．また，*Racospermyces* のいずれかの種から由来したと推定されるハワイ諸島固有の短世代型 *Endoraecium* 属の 2 種がある．宿主植物の分類学的関係とサビキンの地理的分布パターンは，祖先的な *R. digitatus* の跳躍的分散によるハワイ諸島への分布拡大，*R. digitatus* からの *R. koae* と *R. angustiphyllodius* の種分化，さらに二次的に *E. acaciae* と *E. hawaiiense* が分化したことを示唆している．今後，分子系統解析によって，オーストララシアでの *Racospermyces* 属の種分化と祖先種の跳躍的分布によるハワイ諸島での *Racospermyces*-*Endoraecium* 種群の進化的由来が明らかになるであろう[注]．

3）種分化の過程

基質特異性の高い腐生菌や宿主特異性の高い植物寄生菌では，新たな基質や宿主への適応が同所的種分化をもたらすことが古くから示唆されてきており，最近では理論的な検討も進められている．生態的絶対寄生菌であるサビキンは，地理的分断に由来する異所的種分化だけではなく，むしろ宿主変更に伴う生殖的隔離が種分化をもたらす同所的種分化が普遍的であるとも考えられる．また，サビキンは宿主植物と共進化（共種分化）してきたものと考えられてきたが，宿主植物の抵抗性遺伝子とサビキンの寄生性にかかわる遺伝子が相互に選択要因となって，個体群や種が分化するという厳密な意味での共進化は，農業生態系での栽培穀物のサビ病菌，*Puccinia graminis*, *P. recondita*, *P. striiformis* などのレース分化で明らかにされているにすぎない．サビキン自然集団の遺伝的構成と種分化については，現象的なレベルでの推定が行われている段階にある[3]．

サビキンの系統パターンと宿主系統パターンが

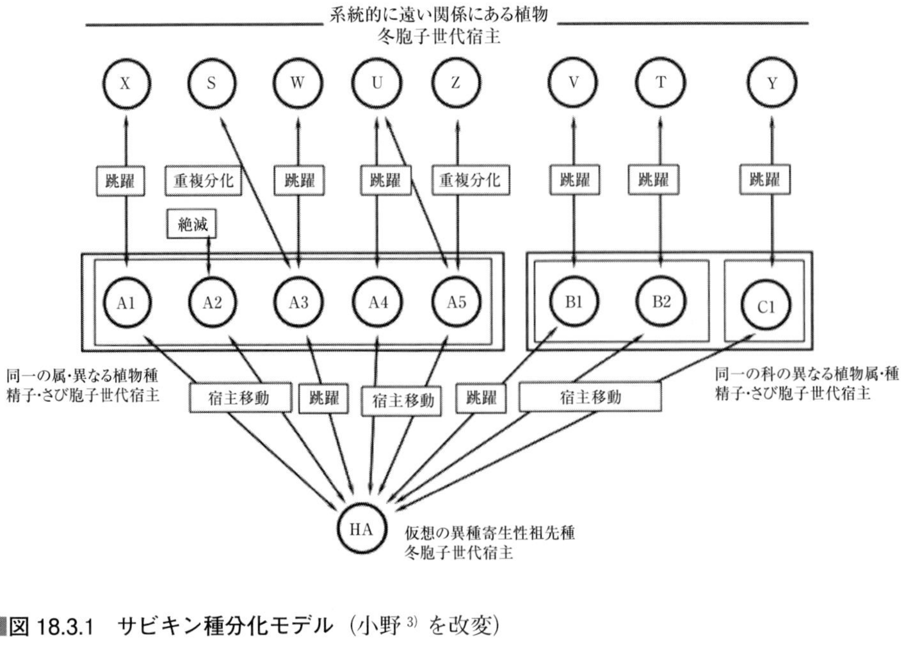

■図 18.3.1　サビキン種分化モデル（小野[3] を改変）

一致しても，それが必ずしも宿主植物とサビキンのそれぞれの遺伝的変異が選択要因となって共進化が起こっていることの根拠になるわけではない．その一致の多くは，宿主の種分化に追随したサビキンの種分化であると考えられている[7]．また，異種寄生性サビキンの宿主範囲と生活環の解析や分子系統解析によって，同一の生活圏に分布する近縁の植物に宿主変更をしたり（宿主移動），または系統的に必ずしも近縁ではない植物に跳躍的に宿主変更する（宿主跳躍）ことによって，サビキンの種分化が起こっていることが示唆されている．小野[3]は，これまでの宿主特異性と生活環分化に関する研究に基づいて，宿主跳躍と宿主植物の種分化に追随する宿主移動によるサビキン種分化モデルを提案している（図 18.3.1）．

このような種分化は同所的にも側所的に起こると考えられ，宿主跳躍や宿主移動を可能にする遺伝的変異が，結果として新たに分化した個体群の内的生殖隔離機構の発達をもたらし，それぞれの生活環を異にする個体群が独立種へと進化するものと考えられる．地理的分断や跳躍的分散による隔離分布によって引き起こされる異所的種分化においても，必然的に宿主植物の変更を伴うことになり，図 18.3.1 のモデルは異所的種分化にも適用できるものと考えられる．　**（小野義隆）**

＊注

本項脱稿後に，*Racospermyces digitatus* の分類学的再検討についての論文（Berndt R（2011）Mycological Progress 10 : 497-517）が公表された．

＊引用文献

1）Ono Y（2002）Mycoscience 43 : 421-439
2）Shattock RC, Preece TF（2000）Mycologist 14 : 113-117
3）小野義隆（2008）なぜ生活環研究なのか：サビキン分類学での意義．日菌報 49 : 1-28
4）Berndt R（2008）Mycol Res 112 : 463-471
5）McKenzie EHC（1998）New Zealand J Bot 36 : 233-271
6）Gardner DE（1993）Can J Bot 72 : 976-989
7）Roy BA（2001）Evolution 55 : 41-53

＊参考文献

Avice JC（2001）Phylogeography. The history and formation of species. Harvard Univ. Press, Cambridge
Burnett J（2003）Fungal population and species. Oxford Univ. Press, New York
Giraud T, et al.（2008）Fung Gen Biol 45 : 791-802
平塚直秀（1955）植物銹菌学研究．笠井出版社，東京
Myers AA, Giller PS（1998）Analytical biogeography. An integrated approach to the study of animal and plant distribution. Chapman and Hall, London
Taylor JW, et al.（2006）Phil Trans R Soc B 361 : 1947-1963

18.3.2　大型担子菌類

ここで扱う分類群はいわゆるキノコと呼ばれる，肉眼で容易に確認できる程度の大きさの子実体を形成するグループであり，担子菌門のハラタケ亜門（Agaricomycotina）またはハラタケ綱（Agaricomycetes）に相当する．微小菌に比べて子実体の発見がしやすく，そのため生物地理学的な研究には適していると考えられる．しかしキノコの実体は目に見えない胞子や菌糸であり，また子実体の発生を確実に予測することは難しいため，地理的分布や種分化を解明することは容易ではない．他の生物（動物や高等植物）と比べても，大型担子菌類の生物地理学的研究はまだまだ立ち遅れているのが現状である．

1）分布パターンの比較

動物や植物に比べると，菌類（大型担子菌類も含む）には複数の大陸にまたがって分布するような，広域分布種がほとんどであると信じられていた時期がある．これは菌類が微生物であり，微小な胞子によって生殖し分布を拡大するため，大陸間などの遠距離分散が容易に起こると考えられていたからである．しかし分類学の発展に伴い，いくつかの特有の分布パターンが明らかにされてきた．Hongo, Yokoyama[1]は日本と周辺諸国のキノコ相を比較することにより，分布パターンを 9 つに分類した．そのうち汎存種（cosmopolitan species）としてスエヒロタケ *Schizophyllum commune* など 10 種があげられており，汎存種の

大部分が腐生菌であることを指摘しているのは興味深い.

Hongo, Yokoyama は同時に, 東アジアと北アメリカに隔離分布 (disjunct distribution) する種の存在を指摘しており, 特に東アジアと北米東部に共通して分布する種としてベニハナイグチ *Suillus pictus*, ルリハツタケ *Lactarius indigo* など数種があげられている. 同様の隔離分布は他の生物群にも見られ, 特に植物では60属以上で確認されている. 実際に, 世界各地のキノコ相を統計的に比較した結果, 東アジアと北米東部の間では, 他地域と比べて類似度が有意に高いことが示唆されている[2]. しかし, 遺伝的には上記のような分布パターンを示す種は同一種ではなく, 必ずしも近縁関係にもないことが, 植物の研究同様, 示されている.

もう1つ, 菌類の分布パターンを比較する際に問題となるのが, 固有種 (endemic species) の存在である. これは, ある程度世界的にキノコ相が明らかにされていないと, ある種が固有であるという証明もできないからである. たとえば, ドクササコ *Clitocybe acromelalga* は日本固有種であるとされていたが, その後の研究で韓国にも存在するとの指摘がなされている. より広範囲を見ても, 温帯アジアに存在するコウヤクタケ科 (Corticiaceae) の20%以上が固有種であるといわれているが, いまだに500種以上が未知種であるというデータもある. 全世界では50,000種以上の大型菌類が存在し, そのうち30,000種以上が未知種であるという推定を考慮に入れると, 世界の大型担子菌類の分布パターンを比較するためには, 各大陸・地域をさらにくまなく調査する必要があるであろう.

2) 菌根性大型担子菌類の生物地理

大型担子菌類の30%以上は外生菌根性であると推定されている. この共生系において植物・菌類間の関係にはある程度の特異性が見られるため, 外生菌根性の大型担子菌類の分散と定着は, 特定宿主の存在に依存していると考えられる. つまり宿主樹木の存在が, 分散・定着の制限となっている可能性がある. 実際に, 外生菌根性菌類は大陸ごとに固有種を有することが示唆されている. また, 宿主植物と菌類が共進化してきた可能性も指摘されており, 外生菌根性菌類の生物地理学的研究は近年盛んになりつつある.

北半球を中心に分布する分類群としては, ヌメリイグチ属 *Suillus*, キシメジ属 *Tricholoma*, テングタケ属 *Amanita* などに詳しい研究がある. ヌメリイグチ属は, 一部に例外はあるものの, マツ科 Pinaceae のみと菌根共生をする. マツ科樹木は北半球 (およびスマトラ) にのみ分布するため, 共生菌であるヌメリイグチ属の分布域もその範囲を出ない. 系統的にも, ヌメリイグチは宿主であるマツ科の属 (マツ属 *Pinus*, トガサワラ属 *Pseudotsuga*, カラマツ属 *Larix*) に対応したクレードを形成することが知られており, おそらくマツ科植物と共進化してきたのであろう. 世界最古の外生菌根の化石 (約5000万年前) はマツ属の根であり, 共生菌はヌメリイグチ属である可能性も指摘されている. ただし, このような外生菌根の宿主・菌類間の関係に共進化が見られるのは, むしろ例外的なことであり, 多くの研究は, 菌類が宿主を頻繁にシフトしながら進化してきたことを示唆している. 宿主のシフトは時に数年から数十年という短期間で起こる場合があり, ニュージーランドでは人間によってもち込まれたベニテングタケ *Amanita muscaria* が, もともとの宿主であるマツ属だけでなく, ニュージーランドに自生するナンキョクブナ属 *Nothofagus* と菌根共生をすることが確認されている[3].

全世界的に分布する外生菌根菌については, その分散および定着能力の低さ, という仮定に基づき, 遠距離分散ではなく大陸の分断 (vicariance) が種分化の主要因であると考えられてきた. 南北両半球に分布する外生菌根菌を扱った生物地理の研究は限られるが, ヒステランギウム目 Hysterangiales[4], アセタケ科 Inocybaceae[5], コ

ツブタケ属 *Pisolithus* という系統的にまったく異なる大型担子菌類の研究はすべて，現在の分布が大陸の分断だけでは説明できないことを示している．これは宿主特異性が見られる外生菌根菌においても，遠距離分散が種分化における重要な要因であることを示唆している．なお，ヒステランギウム目においてはゴンドワナ大陸（Gondwana）起源で北半球への移動[4]，アセタケ科においては旧熱帯区（Palaeotropics）起源で南北温帯地域への拡散[5]，という異なる生物地理パターンが示されている．オーストラリアとニュージーランド間の遠距離分散については比較的詳細に研究がなされており，コツブタケ属においては，オーストラリアからニュージーランドへの複数回の遠距離分散が起こったことが指摘されている．

3）腐生性大型担子菌類の生物地理

腐生菌は一般的に特定の宿主や基質への依存度が少なく，特に風で胞子を分散させる多くの地上生の腐生性担子菌類においては，遠距離の分散・定着が比較的頻繁に起こっている可能性がある．すなわち，腐生菌は菌根菌に見られたような，明確な系統地理パターンを示さないのではないかと予想され，広域分布種も多く存在するのではないかと考えられるのである．これは，上記の通り，汎存種の大部分が腐生菌である，という指摘とも矛盾しない．ただし，このような議論はほとんどの場合，形態学的種概念（morphological species concept）に基づいたものであり，隠蔽種（cryptic species）が存在することや，非単系統群を対象としている可能性などが考えられる．真の意味で汎存種というものが存在するか，などの問題については，今後とも分子系統学的な手法を中心として，より詳細な検討が必要であろう．

全世界的に分布する分類群としてはスエヒロタケ属 *Schizophyllum*[6]，ヒラタケ属 *Pleurotus*，シイタケ属 *Lentinula*，ナラタケ属 *Armillaria*，マンネンタケ属 *Ganoderma* などに詳しい研究がある．興味深いことに，スエヒロタケ属，ヒラタケ属，シイタケ属の３グループにおいては，東アジアからアフリカまでを含む旧世界（Old World）クレードと，南北アメリカ大陸からなる新世界（New World）クレードが姉妹群を形成するという構図が見て取れる．同様のパターンは動物や植物でも見られるが，外生菌根菌では確認されていない．腐生性と外生菌根性という生態的な違いが，生物地理パターンの違いに反映されている可能性もあるが，今後はより多くの分類群を対象として比較検討していく必要があるであろう．なお，いずれの研究においても，大陸間の遠距離分散が起こったことが示唆されており，やはり大陸の分断による影響は否定できないものの，分散が種分化に大きな影響を与えたことは明らかである．

4）大型担子菌類の生物地理研究の問題点

DNA の塩基配列情報が比較的簡単に入手できるようになり，分子系統樹が多くの論文で発表されている現在でも，大型担子菌類の生物地理に関する研究は十分になされていないのが現状である．これには，上記の通りサンプリングの難しさや，形態に基づいた分類の不確かさ，といった問題が絡んでいるのは明らかである．しかし，それらと同じくらい大きな問題として，対象とする分類群の起源（分岐年代）を推定することが困難であることがあげられる．直接的には化石情報に基づいた推定，また間接的には分子時計（molecular clock）に基づく推定が考えられるが，そのいずれの情報も大型担子菌類においては不足している．

大型担子菌類の生物地理的研究において，分子時計を使用した研究は非常に限られており，わずかにシイタケ属，マンネンタケ属，アセタケ科[5]などの研究で見られる程度である．これらの研究にしても，系統樹の補正（calibration）は対象とする分類群に化石が存在しないため，遠縁の外群（outgroup）に存在する化石情報を利用するか，他の分類群の研究で推定された塩基置換率（substitution rate）に基づくほかはなく，推定された分岐年代の正確さには疑問が残る．大型担子菌類の最古の化石としては，白亜紀（Cretaceous）の地層から琥珀に閉じ込められた状態で発見された *Palaeoclavaria* や *Archaeomarasmius*[7] があるが，それらと現存する分類群との類縁関係は不明である．

（保坂健太郎）

＊引用文献

1）Hongo T, Yokoyama K（1978）Mem Shiga Univ 28 : 76-80
2）Wu QX, Mueller GM（1997）Can J Bot 75 : 2108-2116
3）Bagley SJ, Orlovich DA（2004）NZ J Bot 42 : 939-947
4）Hosaka K, et al.（2008）Mycol Res 112 : 448-462
5）Matheny PB, et al.（2009）J Biogeogr 36 : 577-592
6）James TY, et al.（2001）Genetics 157 : 149-161
7）Poinar GO, Brown AE（2003）Mycol Res 107: 763-768

＊参考文献

Crisp MD, et al.（2001）J Biogeogr 28 : 153-281
Mueller GM, et al.（2007）Biodivers Conserv 16 :1-111
Lumbsch TH, et al.（2008）Mycol Res 112 : 423-484

人間・社会編

I

資　源

序：菌類資源

菌類は，食品や医薬品の生産などさまざまに人間社会に利用されている．一方，菌類による食品の汚染や腐敗，カビ毒生産，また，ヒトの病原菌，動植物の病害菌など，負の影響を与える菌類もいる．これら多様な性状の菌類を資源としてうまく利用し，また，的確に制御するためには，まずはその対象となる菌類を科学的に正しく理解することから始めなければならない．

菌類を正しく同定してその菌類がどのような菌群に属する生物なのかを知ることは，その菌類の属性など基本情報を得る意味で重要である．

また，もしその菌が未記載種であれば命名規約に則って正しく分類，命名することも必要となってくるであろう．菌類の培養株を用いて，その性状や生産物を利用することはよく行われる．培養株を得るためには，自然界に生息する菌類を採取して，さまざまな方法を用いて菌株として分離，培養することが必要である．

このようにして得られた菌株は，その性状が失われないような方法で，安全に，しかも長期に安定して保存されなければならない．さらには，このように保存された菌株が，多くの研究者が必要なときに自由に入手できるように，公共の菌株保存機関で保管され，分譲提供される体制が整っていることが必要である．

本章では，菌類を資源として利用するうえで，基本的な事柄である，菌類の同定法，その証拠となる標本の作製法，菌株の分離培養法，保存法，さらには有用性を求めて行われる育種について解説する．

（中桐　昭）

1 菌類資源

1.1 菌類の分類と命名

菌類の種をその形態・生理・生態・遺伝子などの形質をもとに識別し，さらに上位または下位の分類群（タクソン）への類別を行って，菌類集団の種類構成を秩序立てて認識すること，またはその体系を分類（classification）という．しかし，他の生物群と同様に，種をいかに認識するか（や種分化の様式）が重要な問題であり，現実的には歴史的・技術的背景により菌群ごとに種の概念が異なることが多い．分類の手順はおおむね以下のとおりである．①特徴を記録する（記載，description）．②既知の分類群と比較検討して種名（種の学名）を調べる（同定，identification）．③他の分類群との類縁関係や分類体系を検討する（分類の根幹部）．④新分類群の学名発表（命名，nomenclature）や新たな分類体系を提案する．一般に，初期段階の分類は生物群ごとに識別しやすい形質・特徴を任意に用いる人為分類から始ま

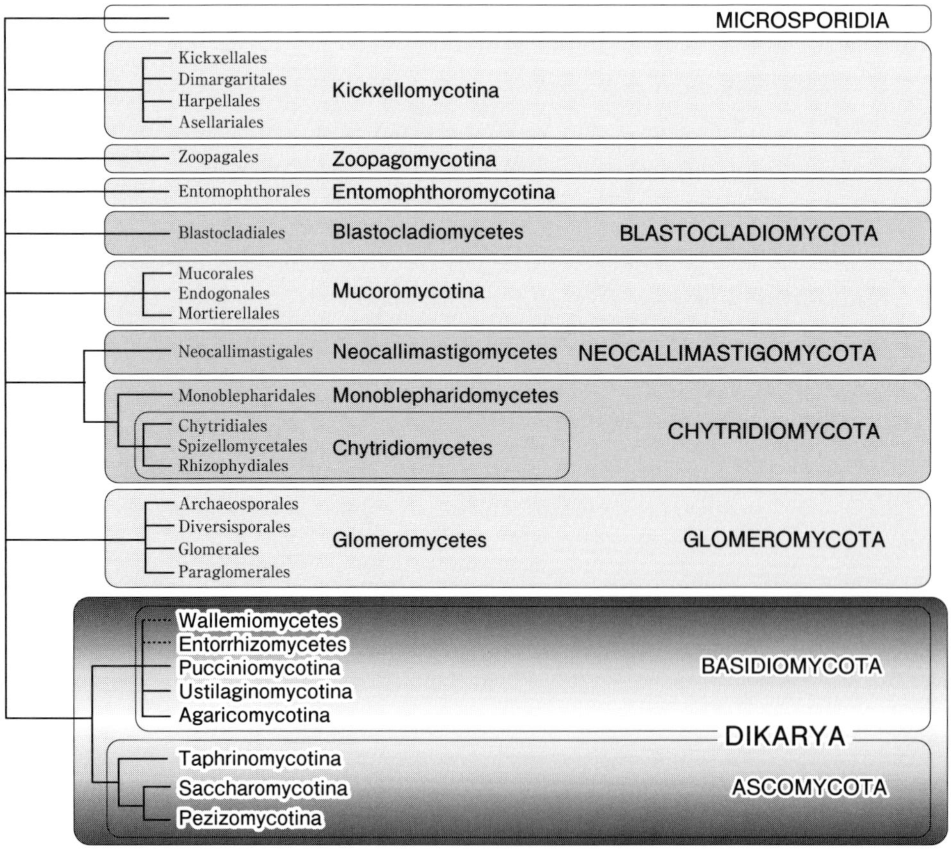

■図 1.1.1 菌界（Kingdom Fungi）の系統と分類：AFTOL 体系（Hibbett et al.[3] より改変）
 ：従来の接合菌門（Zygomycota）． ：従来のツボカビ門（Chytridiomycota）． ：子嚢菌門（Ascomycota）と担子菌門（Basidiomycota）を含む新しい亜界 Dikarya で，二核菌糸により特徴づけられる．いわゆる“高等菌類”をさす．枝長は遺伝的距離を反映しておらず，また破線は所属位置不確定を示す．分岐群の支持値は原著の表 1～表 3 を参照．なお，微胞子虫類（Microsporidia）はメルボルン規約では菌類から除外された．

るが，究極的には統一的な特徴を用いた系統（進化）を反映した自然分類に近づけることが目標である．推定可能な系統関係を反映した菌界の高次分類体系の一例を示す（AFTOL 体系；図 1.1.1）[3]．なお，分類学（taxonomy, systematics）とは，一般に，生物分類に関する原理と命名法の研究を行って，生物間の類似あるいは推定の系統関係を反映した分類体系を構築する学問といえる．

生物学における命名，命名法，命名規約とは，生物に学名をつけること，命名の体系，そして命名の規則をそれぞれ意味する．植物（命名規約上，菌類と地衣類も含む），動物，細菌などの生物群ごとにその体系と命名規約が異なる．菌類を含む植物の種名は「属名＋種形容語（種小名）」からなる二名法を採用している．菌類の種名を含むすべての分類階級の学名は国際植物命名規約（International Code of Botanical Nomenclature）に従って命名されてきたが，2011 年 7 月にオーストラリア・メルボルンで開催された第 18 回国際植物学会議においてこの規約が，英文名称の変更を含め（International Code of Nomenclature for algae, fungi, and plants；和文名称は現時点では未定），以下の点について大幅改正された：電子出版の容認；新種発表時のラテン語必須の撤廃；菌類学名の発表時における MycoBank などへの事前登録の要求；統一命名法への完全移行など[2, 6, 8, 9]．ウィーン規約[5]から改正されたメルボルン規約[7]（http://www.iapt-taxon.org/nomen/main.php）は 2012 年末に出版予定であるが，一部の規約を除き，メルボルン会議以後はこの新しい規約にただちに従って新分類群などが命名されなくてはならない[6]．なお，正しい学名（正名，correct name）として

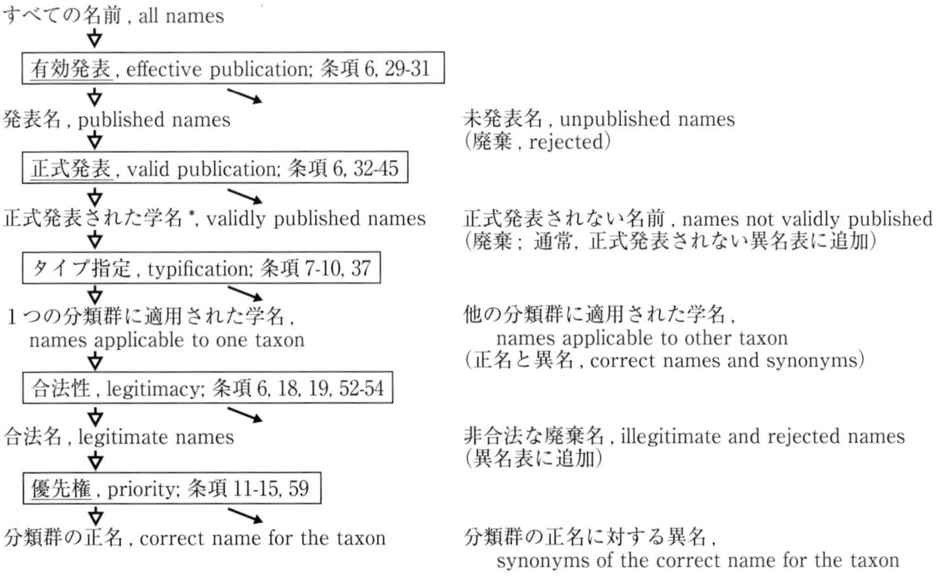

■図 1.1.2 学名に対する命名規約によるフィルター（The nomenclatural filter ; Jeffrey[4], Hawksworth[1] より改変）

囲み線：命名規約によるフィルター（ウィーン規約[5]に準拠）．数字はウィーン規約の関連項目を含む代表的な条項（条文）番号を示し，また用語和訳はその日本語版[10]に基本的に従った．なお，メルボルン規約での改正に関係するフィルターは下線を付し，本図で示す条項（条文）番号とその内容が現行規約では変更されていることを表した．

括弧：該当するカテゴリーの名称や学名に対する対応などを示す．

*：学名（scientific name）とはラテン語として表記された，世界共通の生物の名前であるが，命名規約（メルボルン規約 第 12.1 条）では正式に発表されたものだけを学名と定めている．なお，規約原文中では，とくに指示しない限り，“name”という言葉を「学名」の意味で用いている（同第 6.3 条）．

認められるためには，命名規約で定められたいくつかの条件をクリヤーしなければならない．その命名規約によるフィルターについて，Jeffrey[4] と Hawksworth[1] を参考に，ウィーン規約を用いて図示する（図 1.1.2）．また，菌類の命名法や命名規約に関する和文の優れた参考文献として籐本（1996），杉山（1998）などがある．

（岡田　元）

＊引用文献

1）Hawksworth DL（1974）Mycologist's handbook. Commonwealth Mycological Institute, Kew
2）Hawksworth DL（2011）MycoKeys 1 : 7-20
3）Hibbett DS, et al.（2007）Mycol Res 111 : 509-547
4）Jeffrey C（1973）Biological nomenclature. Edward Arnold, London
5）McNeill J, et al.（2006）International code of botanical nomenclature（Vienna code）. A.R.G. Gantner Verlag KG, Ruggell
6）McNeill J, et al.（2011）Taxon 60 : 1507-1520
7）McNeill J, Turland NJ（2011）Taxon 60 : 1495-1497
8）岡田　元（2011）日菌報 52 : 82-97
9）大橋広好・永益英敏 編（2007）国際植物命名規約（ウィーン規約）2006 日本語版．日本植物分類学会，新潟

＊参考文献

杉山純多（1998）付録（B）命名法体系の基礎と菌類命名の動向．コーワン微生物分類学事典（コーワン ST 著，Hill LR 編，駒形和男ほか 訳）．学会出版センター，東京，pp446-480

1.2 菌類標本

1.2.1 形態学的標本

与えられた地域のすべての生物のリスト，あるいはリストアップすることをインベントリー（棚おろし，目録づくり）というが，標本は，このインベントリーを証明する物的証拠（証拠標本 voucher specimen）であるとともに，未記載・未記録の生物を記載するうえでの基準あるいは証拠となるものである．特に，命名規約の点からは，新種の記載の際に引用された標本はタイプ標本と呼ばれ，それ以外の標本とは一線を画した価値をもっている．標本は，通常は標本庫にて維持管理されている．博物館や植物園ではさまざまな様態の標本を維持・管理しており，研究者のリクエストに応じてその貸し借りなどの管理を行っている．菌類の標本を維持管理している世界および日本の主な標本庫を表に示す（表 1.2.1 および 1.2.2）．

証拠標本としての標本の価値は，菌株保存施設における「生きた菌」を維持するのに対比される．たとえば，多くの子嚢菌類や担子菌類などいわゆるキノコを形成する菌類や不完全菌類などの一部は，培養すると不稔の菌糸しか形成しなくなるため，菌株を維持するばかりでなく，標本を維持することが重要となる．標本の由来および利用過程を図 1.2.1 に示す．

1）標本のつくり方から見た標本の分類

菌類の標本は，作製の方法によって，乾燥標本，液浸標本に大別される．前者は熱風，冷風，凍結乾燥などの方法によって標本を乾燥したもの，後者はさまざまな保存液中に標本を浸したものである．いずれの標本でも，生時の形態（外形・微小形態）を維持するのがよい方法とされるが，作製法には一長一短があり，すべての面で新鮮時の形態を完璧な形で維持した標本を作製することは現在では不可能である．また，菌類によってもその

成長段階によっても作製法には適・不適がある．微小なキノコやカビなどの顕微鏡的構造を観察する上では冷風乾燥が最も適しており，大型のキノコの外形を維持する上では凍結乾燥法が適していることが多い．できた乾燥標本は，定期的に薫蒸することが望ましい．また，ゼラチン質や肉質などの部分が多いキノコの外形をとどめるには，液浸標本が適していることが多い．液浸標本の場合，保存液（アルコールあるいは5～10%ホルマリン）を定期的に交換・追加することが必要である．保存液の表面に流動パラフィンを重層し，観察時に除去するようにすると管理の手間が省ける[1)]．

2）様態から見た標本の分類

菌類の標本の多くは小型であるか，大型のものでも切り分けることによって小型化できることが多い．植物に発生した標本は，植物標本の要領で押し葉にしたり，乾燥したりすることができる．

表 1.2.1 世界の代表的な菌類標本庫

略　称	機関名	所在地
B	Botanischer Garten und Botanisches Museum Berlin-Dahlem, Zentraleinrichtung der Freien Universität Berlin	Germany. Berlin
BM	The Natural History Museum	U.K. England. London
BO	Herbarium Bogoriense	Indonesia. Cibinong
BONN	Botanisches Institut und Botanischer Garten der Universität Bonn	Germany. Bonn
BP	Hungarian Natural History Museum	Hungary. Budapest
BPI	U.S. National Fungus Collections	U.S.A. Maryland. Beltsville
BR	National Botanic Garden of Belgium	Belgium. Meise
C	University of Copenhagen	Denmark. Copenhagen
CAN	Canadian Museum of Nature	Canada. Ontario. Ottawa
CBS	Centraalbureau voor Schimmelcultures	Netherlands. Utrecht
CUP	Cornell University	U.S.A. New York. Ithaca
DAOM	Agriculture and Agri-Food Canada	Canada. Ontario. Ottawa
E	Royal Botanic Garden Edinburgh	U.K. Scotland. Edinburgh
F	Field Museum of Natural History	U.S.A. Illinois. Chicago
FH	Harvard University	U.S.A. Massachusetts. Cambridge
FR	Senckenberg Forschungsinstitut und Naturmuseen	Germany. Frankfurt
G	Conservatoire et Jardin botaniques de la Ville de Genène	Switzerland. Genève
GZU	Karl-Franzens-Universitaet Graz	Austria. Graz
H	University of Helsinki	Finland. Helsinki
IMI	CABI Bioscience UK Centre	U.K. England. Egham
K	Royal Botanic Gardens	U.K. England. Kew
L	National Herbarium Nederland, Leiden University branch	Netherlands. Leiden
LE	V. L. Komarov Botanical Institute	Russia. Saint Petersburg
LINN	Linnean Society of London	U.K. England. London
LPS	Universidad Nacional de La Plata	Argentina. Buenos Aires. La Plata
M	Botanische Staatssammlung München	Germany. München
NY	New York Botanical Garden	U.S.A. New York. Bronx

■表 1.2.1　(続き)

略　称	機関名	所在地
NYS	New York State Museum	U.S.A. New York. Albany
O	Botanical Museum	Norway. Oslo
ORE	University of Oregon	U.S.A. Oregon. Eugene
OSC	Oregon State University	U.S.A. Oregon. Corvallis
PAD	Universit・degli Studi di Padova	Italy. Padova
PC	Muséum National d'Historie Naturelle	France. Paris
PDD	Landcare Research	New Zealand. Auckland
S	Swedish Museum of Natural History	Sweden. Stockholm
TRTC	Royal Ontario Museum	Canada. Ontario. Toronto
U	Nationaal Herbarium Nederland	Netherlands. Leiden
UPS	Uppsala University	Sweden. Uppsala
W	Naturhistorisches Museum Wien	Austria. Wien
Z	Universität Zürich	Switzerland. Zürich

■表 1.2.2　日本の代表的な菌類標本庫

略　称	機関名（和文）	機関名（英文*）
CBM	千葉県立中央博物館	Natural History Museum and Institute
INM	茨城県立自然博物館	Ibaraki Nature Museum
JCM-H	理化学研究所バイオリソースセンター 微生物材料開発室　ハーバリウム	Herbarium, Microbe Division / Japan Collection of Microorganisms, RIKEN BioResource Center *
KPM	神奈川県立生命の星・地球博物館	Kanagawa Prefectural Museum of Natural History
KYO	京都大学総合博物館	Kyoto University
MUMH	三重大学 大学院 生物資源学研究科 植物感染学研究室	Lab. of Plant Pathology, Graduate School of Bioresources, Mie University*
NBRC	製品評価技術基盤機構　生物遺伝資源部門 バイオテクノロジー本部（略称：NITE 生物遺伝資源センター）	National Institute of Technology and Evaluation, Biological Resource Center（NBRC）
OSA	大阪市立自然史博物館	Osaka Museum of Natural History
SAPA	北海道大学総合博物館菌類標本庫	Hokkaido University Museum
TFM	森林総合研究所	Forestry and Forest Products Research Institute
TI	東京大学総合研究博物館	University of Tokyo
TMI	日本きのこセンター菌蕈研究所	Tottori Mycological Institute
TNS	国立科学博物館　植物研究部	National Museum of Nature and Science
TSH	筑波大学生命環境科学研究科菌類標本庫	Mycological Herbarium, Graduate School of Life and Environmental Sciences, University of Tsukuba*
TUMH	鳥取大学菌類きのこ遺伝資源研究センター	Tottori University
YAM	山口大学農学部	Yamaguchi University
HHUF	弘前大学農学生命科学部菌類標本室	Hirosaki University

*が付いたものは Index Herbariorum に収載されていないもの（担当者への聞き取りに基づいた）．その他の表記は，Index Herbariorum による英文表記に従った．

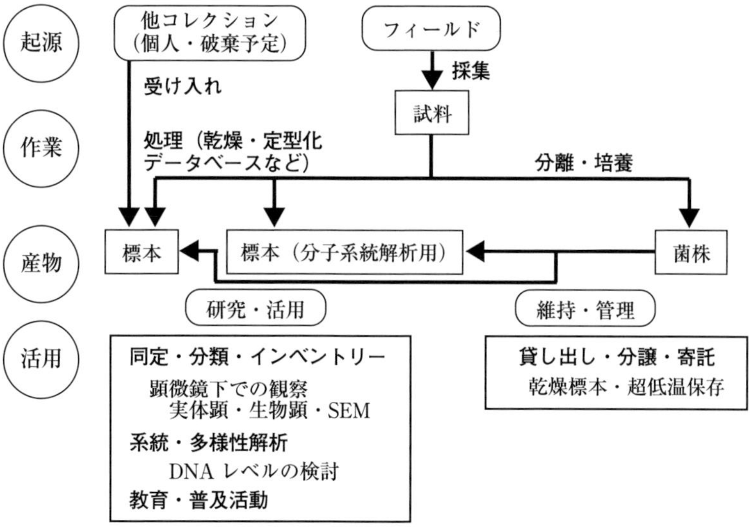

■図 1.2.1　標本入手と処理の過程と利用法

あまり立体的でない場合には，多くの場合には紙を折ってできた封筒（パケット）に入れられる（パケット型標本）．このような標本は，それぞれをカードのように扱い，並べ替えたりすることが簡単である．また，パケット型標本はより大型の台紙に貼って，操作することもある．立体的な構造を維持するためには箱に入れる（箱型標本）が，箱の大きさによっては，並び替えなどの維持管理は容易ではないこともあり注意を要する．国立科学博物館では，パケット型標本は，菌の分類の順あるいは番号順に並べているが，箱型標本は，保管場所（アドレス）を管理している．いずれの場合でも，標本の様態は極力同じように作製することが操作上の利便性を向上する．

3）タイプ標本

標本は，その価値の点からも分類できる．標本庫においてはタイプ標本（新種の記載に引用された標本）は，最も重要とされ，管理場所なども別にされることが多い．タイプ標本には，ホロタイプ，アイソタイプ，シンタイプ，パラタイプなどの種類があり，命名規約によって規定されている．このほか，特殊な標本としてはエキシカータ（Exciccata．何らかのテーマによってまとめられ，複数部が出版物として発行される標本のセット）があり，これら以外の標本（一般標本）に比べて標本の価値が高いと考えられる．

4）標本の貸し借り

機関同士の貸し借りとなるもので，研究者個人への貸し出しは行わないのが通常である．機関の担当キュレーターに正式には手紙で申し込むことが通常である．なお，標本の貸し出し日数は機関によって決められており，それを上回って借用している研究者がある機関は，その機関の他の研究者からの依頼が断られることもあるため，借用期限は厳守する．また，貸し借りの手続きは機関によって決められている．

5）データベース

標本情報は，データベース（情報を特定のデータ項目ごとに抽出し，閲覧できるようにしたもの）にまとめられ，公開されることが多い．世界各地の主要なハーバリウムではデータが充実している（たとえば，ニュージーランドの Landcare Research, http://nzfungi.landcareresearch.co.nz/html/mycology.asp や USDA，http://nt.ars-grin.gov/fungaldatabases/specimens/specimens.cfm）．地球規模生物多様性情報機構（Global Biodiversity Information Facility：GBIF．http://www.gbif.

org/）などの国際プロジェクトでは，地球規模で生物多様性を理解するため標本情報を集積し，公開している．その際にはDarwin coreと呼ばれるデータ項目の一覧（http://gbif.ddbj.nig.ac.jp/gbif_search/darwincore.html）が標準となる．これには，国立科学博物館の菌類標本データベースも準拠している(http://db.kahaku.go.jp/webmuseum/).将来はこれを事実上の国際標準として，データベースが構築されていくものと考えられ，新たなデータベースの構築の際には，参照することが望ましい．

＊引用文献

1) Sato H, et al.（2011）Mycoscience 52 : 354-355

＊参考文献

土居祥兌（1989）キノコ・カビの生態と観察，増補改訂版．築地書館，東京
国立科学博物館 編（2003）標本学．東海大学出版会，秦野
日本植物分類学会（2011）国際植物命名規約（ウィーン規約）2006日本語版．日本植物分類学会，新潟

COLUMN 10 ジャガイモ疫病が示した標本を保存することの意味

欧米には，博物館，古文書館，美術館などで何でも保存しておくという頑なな思想があり，菌類標本や植物病理標本なども，各地のHerbariumに保存されている．英国のRoyal Botanic Gardens Mycological Herbarium（KEW）と米国のUS National Fungus Collection（BPI）には19～20世紀にかけて英国，フランス，アイルランド，南北アメリカ大陸で採集されたジャガイモやトマトの疫病の乾燥標本も保存されている．変わったところでは，1843年に世界で最初に設立されたロザムステッド農事試験場には，開場以来の土壌とジャガイモなどの乾燥標本が試験区ごとに毎年保存されている．

Phytophthora infestans（Mont.）de Baryによるジャガイモ疫病は1843年にはじめて米国において確認された後，1845年にカナダ，ベルギー，英国とアイルランドで確認され，その後全世界に瞬く間に広がった．1845年から5年間，ヨーロッパ全域でジャガイモの疫病が大発生し，大飢饉が発生した．今日でもジャガイモやトマトの疫病は世界の重要病害となっている．

*P. infestans*は，1950年代にメキシコ中央部のToluca Valleyで卵胞子と交配型A2が発見されるまで，A1菌のみで無性的に繁殖すると考えられていた．しかし，1984年にスイスでA2菌が発見されると，その数年後には世界各地でA2菌の報告が相次いだ．明らかに短期間のうちに世界中で交配型の置換えが起きていた．わが国でもA2菌が1987年に報告されると，1989年以降，1990年代後半までA1菌が影を潜めてしまった[2]．現在では，以前と系統の異なるA1菌も再び増加しており，さまざまな系統がメキシコから移動し，各地で急速に広まったと考えられている．

コーネル大学のGoodwinらは，5大陸20カ国で1980年代を中心に採集された*P. infestans*分離株を用い，RFLP解析を行った[1]．その結果，130菌株のうち83%にあたる108菌株が単一系統であった．この系統はUS-1系統あるいはIb mtDNA haplotypeを有する系統と呼ばれ，1980年代には交配型A1のIb haplotypeが世界中に分布していたことが示唆された．このことから，Goodwinらは，交配型A1のIb haplotypeが1843年以前にメキシコから米国に持ち込まれ，1845年にヨーロッパに侵入し，さらに世界中に広がったと推測し，Ib haplotype系統こそがジャガイモ飢饉を引き起こしたと主張した[1]．かくして，ジャガイモ飢僅を引き起こした系統は，*P. infestans*の遺伝的多様性の非常に大きいメキシコが起源であることが定説となった．

しかし，Ib haplotype系統がジャガイモ飢僅を引き起こしたという直接的な証拠はなく，さらに，Ib haplotypeは現在メキシコで確認されていないことから，それがメキシコ起源であることに長い間疑問がもたれていた[4,5]．

ノースカロライナ大学のRistainoらはKEWとBPIの標本からDNAを抽出し解析を試みた．その結果，ジャガイモ飢饉を引き起こした病原菌がIb haplotypeでなかったことが明らかになった[4,5]．その後の研究により，19世紀にはIa haplotypeが支配的であったが，20世紀初頭に

Ib haplotype 系統が世界中に分布したことが示唆された．さらに，20 世紀中頃の中南米の標本からは Ia，Ib ともに検出されるなど，Goodwin らが考えた以上に多様で，交配型 A1，A2 もメキシコ以外での存在も推論された．彼らはジャガイモ飢饉の系統の起源を中南米に求めている[3]．最近，Ristaino らはロザムステッド農事試験場の標本から DNA を抽出し，系統群の変遷を明らかにしようとしている（2008 年国際植物病理学会）．

Ristaino らは現存する生物の情報からだけで系統の追跡を行う危険性と，過去に保存された標本の重要性を指摘した．過去の病原菌の分布や遺伝的多様性の変化を把握することは，長いスパンでの病原菌個体群変動の予測につながるかもしれないし，地理的起源を明らかにすることで，抵抗性品種育成のための新たな遺伝資源の探索にも役立つであろう．（植松清次・川西剛史）

＊引用文献

1）Goodwin SB, et al.（1994）Proc Natl Acad Sci USA 91 : 11591-11595

2）Kato M, et al.（1998）Ann Phytopathol Soc Jpn 64 : 168-174

3）May KJ, Ristaino JB (2003) Mycol Res 108 : 471-479

4）Ristaino JB（2006）Outlooks Pest Manag 17 (5) : 1-4

5）Ristaino JB, et al. (2001) Nature 411 : 695-697

1.2.2 分子系統解析用標本

菌を生かした状態で維持することを目的にした「菌株」に対し，その形態をとどめるため，「標本」では基本的には菌を殺すのが通常である．しかし，近年は，分子系統学的研究の目的で，標本の一部を破壊し DNA 抽出することも多くなってきた．通常の乾燥標本や液浸標本はこの目的を考慮しないため，DNA を安定な状態に保存した分子系統解析用標本が配慮されるようになった．

1）保存法

菌糸体や子実体の一部をそのまま，水あるいは緩衝液中に入れて，あるいは凍結乾燥してクライオチューブ中で超低温保存（－80℃以下）することが多い．代表的な緩衝液組成は，次のとおりである．X2 CTAB 緩衝液：hexadecyltrimethylammonium bromide (CTAB) 4.0 g, 100 mM Tris pH 8, 20 mM EDTA，1.4 M NaCl．これ以外にもいろいろな組成の DNA 保存用の保存液がある．

また，DNA を吸着することができる繊維で構成された FTA カード（ワットマン）に組織の一部（キノコのヒダなど）を強く擦りつける方法も有効であることが多い．DNA 抽出用の標本については，形態学的アプローチを可能にするための証拠標本を残しておくことが多い．

2）標本の利用

防虫目的の薫蒸を行わない欧米の標本庫で保管されている標本は，通常の乾燥標本であっても，かなり古い標本から DNA を得ることができる場合がある．これに対し，日本の標本庫の場合，薫蒸処理によって DNA が断片化することが多く，DNA の回収は難しいことが多い．最近は，分子系統解析を目的としている場合，別途許可が必要となる場合があるため，借り受けた標本から無断で DNA を抽出することは控え，事前にキュレータに許可を得るべきである．また，標本庫の名前を論文中の謝辞に盛り込み，標本庫へ出版物の別刷りを送る，などの事後手続きも必要である．

（細矢　剛）

1.3 菌類の同定

1.3.1 キノコの同定

キノコとは，本来，菌糸を本体とする菌類がつくる大型子実体（胞子形成器官）（fruit-body, fruiting body, carpophore, sporophore）を指すが，派生して大型子実体を形成する菌類に対する総称としても，キノコ（あるいはキノコ類）という名称が用いられている．ここでは後者の意味でキノコという用語を用い，胞子形成器官としてのキノコに対しては子実体という用語を用いる．

1）子実体に関する情報

同定（identification）とは，既知のものと照らし合わせて，調査対象のものがそれと同一であるか否かを判断することであるが，キノコの同定においては子実体に関する情報がきわめて重要である．なぜなら，キノコの種（species）や属（genus）は主に子実体に関するさまざまな特徴によって定義づけられているからで，これらの特徴には形態に関するものを主として，そのほかに生態，生理・生化学に関するものなどが含まれる．

2）種の記載と標本

1つの種や属の特徴を記述したものを記載文あるいは単に記載（description）というが，主要な特徴に限定して記述したものは特に記相文（diagnosis）と呼ばれる．種の記述のもとになっているのは観察された標本（specimen）で，種名の報告のもとになった標本がタイプあるいはタイプ標本（type, type specimen）であり，キノコではタイプは通常1あるいは複数個の子実体からなる．属の場合は1つの種がタイプである．新種を発見し，名前をつけて報告する場合には，国際植物命名規約（International Code of Botanical Nomenclature：ICBN）のいくつかの規定に従わなければならないが，タイプの指定とその保存先の明記はその中の重要な規定となっている．これは，タイプが種名の与えられた菌を識別あるいは同定するための基準としてきわめて重要であることよる．タイプはつねに学名に付随し，文献においてある学名のもとに種や属についての特徴が記述されていれば，原報告以外においてもその記述はタイプにつながっていることを意味する．したがって，私達が同定作業の過程において文献を調査し，同定を目的とするキノコと文献における種や属の記述との比較検討を行うことは，間接的にタイプとの比較検討を行っていることになる．

キノコに関する文献では，種や属などの分類群（taxon）に応じて，子実体に関するさまざまな特徴が記述されているが，その特徴が同定を目的とするキノコとよく符合するか否かによって，種や属の異同が判断される．したがって，文献における記述の正確性は同定を大きく左右する．キノコの同定では図譜や図鑑類が用いられることが多いが，専門家によって書かれたあるいは監修された信頼性の高いものを少なくとも2つ以上参照し，特徴の比較を行うことが好ましい．

3）生態的特徴

キノコの同定に当たっては子実体に関するさまざまな情報が必要であるが，これらの情報の中には採集した子実体だけからは得られないものも含まれる．特に重要なのは，生態に関する情報で，発生地（林地，草原，畑地，湿地など，林地であれば林相，どのような樹種の付近など）や発生基質（倒木，落葉，腐植，他の生物など，倒木や落葉であればそれらの樹種，腐れの状態など），発生の仕方（地下生あるいは地上生，単生，群生，束生など）などで，これらは発生地において観察し記録しておく必要がある．

4）子実体の特徴

子実体からの情報は肉眼的特徴および顕微鏡的特徴に関するもの，生理・生化学的な特徴に関するものなど多岐にわたるが，同定に必要な情報（種や属を特徴づける形質）はどのような状態の子実体からでも得られるわけではない．

たとえば，①胞子が成熟していない未熟なもの，あるいは逆に成長が進み古くなったもの，②異常な状態で発生したもの（極端な乾燥下，長雨条件下など），③破損した不完全なもの，④変質あるいは変形した（採集後長時間高温下や乾燥下におかれたものなど）ものなどは観察に不適当である．観察には成熟の各段階を示す，新鮮な，完全子実体が必要である．

キノコによっては新鮮な子実体の匂いや味，傷を付けたときの変化（変色の有無やその色，経時的変化，分泌物の有無，その量や色，色の経時的変化）などの生理・生化学的特徴も重要で，これらは採集した子実体を家や研究室に持ち帰ってからでも観察できるが，できるだけ新鮮なもので観察するのが好ましく，時間的に余裕があれば採集時にただちに行うとよい．

5）肉眼的特徴

同定において重要な肉眼的特徴は，キノコのグループによって異なるが，子実体の形や色，大きさ，肉質（柔軟，皮質，木質，炭質，ゼラチン質あるいは寒天質など），表面の状態（粘性，ビロード状，粉状などの性質，付着物あるいは模様などの有無，あればその状態）などに関する特徴は，ほぼすべてのグループに共通して重要である．肉眼的特徴の中には，子実体の生育段階や発生時の環境によって変化するものがあるので（特に色や表面の状態），条件に応じた特徴の把握が必要である．マツタケやアミタケによって代表され，キノコ狩りの対象となる種類が多いハラタケ類（agarics）あるいはイグチ類（boletes, boleti）のキノコでは，胞子が落下堆積してできた胞子紋（spore print）の色や，傘（pileus, cap）の裏側に発達するひだ（gills, lamellae）や管孔（tubes）部分の柄（stipe, stalk, foot）に対する付き方が種や属を同定する上で重要である．また，ハラタケ類の一部では，試薬（苛性カリ水溶液，アンモニア，アニリン，硫酸第一鉄，グァヤク脂など）を子実体の肉に作用させたときの色の変化が特徴の1つとして同定に役立つが，このように，同定に用いられる肉眼的特徴はキノコのグループによって一様ではない．

6）顕微鏡的特徴

大型な子実体をつくるキノコでは，経験を積むことによって，肉眼的特徴のみに基づいてかなりの数の種類を同定することが可能であるが，肉眼的特徴においてきわめて類似しているもの，小型な子実体をつくるもの，同定者にとって未知のものなどについては顕微鏡的な特徴を知ることが不可欠である．また，同定の最終的な確認にも顕微鏡的観察は必要である．

顕微鏡観察には少なくとも対物レンズに×100の油浸レンズを備え，総合倍率1千倍以上を確保できる光学顕微鏡が必要である．顕微鏡観察では頻繁に胞子や子実体を構成するさまざまな構造物の大きさを測定する作業を行うが，そのためには接眼マイクロメーターやその単位を決定するための対物マイクロメーターが備品として必須である．また，キノコのグループによっては細胞壁や細胞内容物の化学的性質を調査するために特殊な試薬（苛性カリ水溶液，アンモニア水溶液，メルツァー液，コットンブルー，クレシールブルー，スルホベンズアルデハイドなど）を必要とすることがあり，これらは前もって作製しておかねばならない．苛性カリ水溶液（3～5%）およびアンモニア水溶液（10%）は試料のマウント液としても一般的なもので，乾燥標本の観察ではよく使われる．細胞壁やその模様などの染色にはフロキシンやコンゴレッドの1%水溶液を苛性カリやアンモニアのマウント液と併用して使用することが多い．また，ヨウ素およびヨードカリを含むメルツァー液も，染色を兼ねたマウント液としてよく用いられる試薬である．

同定に必要な顕微鏡的特徴は，キノコのグループによって異なるが，すべてのグループに共通するものとしては，胞子とそれを形成する細胞の特徴である．キノコのほとんどは担子菌類（basidiomycetes）と子嚢菌類（ascomycetes）に属するが，この違いは，胞子がどのようなつくられ方をするかによって区別される．すなわち，担子菌類のキノコでは子実体において，胞子がこん棒状あるいは球状などの細胞の外につくられ（多くのものでは細胞上に小柄 sterigma と呼ばれる突起を生じ，その先端に胞子をつくる），一方，子嚢菌類では胞子が円筒状あるいは楕円状～球状などの細胞の中につくられる．これらの胞子形成細胞をそれぞれ担子器（basidium，複 basidia），子嚢（ascus，複 asci），また，そこでつくられる胞子をそれぞれ担子胞子（basidiospores），子嚢胞子（ascospores）というが，これらの形態や構造，性質はキノコを大まかなグループに分けるうえできわめて重要である．したがって，キノコの同定に当たってはまずこれらを調べ，目的とするキノコが担子菌類かあるいは子嚢菌類であるか，次いでそれらのどのようなグループに該当するものであるかを決定することが必要である．

担子器や子嚢は，通常，子実体の一定の場所につくられ一般に単層状に並んでいるが，この層のことを子実層（hymenium），子実層がつくられている場所を子実層托（hymenophore）という．子実層には胞子形成細胞である担子器や子嚢のほかに，それらに混じって胞子をつくらない不稔な細胞（嚢状体 cystidium，剛毛体 seta，側糸 paraphysis など）が存在することがあるが，その存在の有無，もしあれば，存在様式（単独あるいは束状になど），頻度，発生位置，形，大きさ，壁厚，色素および付着物の有無，細胞壁や内容物の試薬に対する反応などの特徴が種類や属を調べるのに重要である．

キノコの同定では，胞子が形成される場所である子実層や子実層托，および胞子そのものに関する種々の形態学的特徴に加えて，子実体の外皮（傘や柄をもつものではそれらの表面，お椀形のものではその外面など）や肉組織（trama）の解剖学的構造（異質，等質，整型，錯綜型，散開型など），肉組織を構成する菌糸の組成（hyphal system）（1菌糸型 monomitic，2菌糸型 dimitic，3菌糸型 trimitic など）などの特徴も，キノコのグループによって重要度は異なるが，調査する必要がある．

7）キノコを形成する主要なグループ

先に述べた肉眼的特徴および顕微鏡的特徴に基づいて，キノコを形成する主要なグループを便宜的にとりまとめると以下のようである．これらのグループの多くは，現在の菌類分類学では系統的にまとまった分類群として認められていないが，実用的には大変便利な分類である．

8）主要なキノコのグループとその特徴

（1）子嚢菌類

1．盤菌類（discomycetes）（図 1.3.1，1～8）
子実体は典型的にはお椀形～皿形であるが，形は変化に富む（有柄で傘状に分化した頭部をもつもの，しゃもじ形～棍棒形，花びら状，あるいは球状など）．子実層はお椀の内側，頭部の表面など，子実体の表面に露出してつくられる．

多くは地上生，まれに地下生（子実体は一般に球形～類球形，子実層はキノコの内部につくられている）．一般に子嚢および生態的特徴に基づいて以下の3グループに分けられることが多い．

①**チャワンタケ類**（*Peziza* and its allies）（基礎編の図 6.1.3 1）：胞子は子嚢頂部の蓋が開いてあるいは頂部が裂けて外に放出される．

②**ビョウタケ類**（*Leotia* and its allies）（基礎編の図 6.1.3 2, 3）：胞子は子嚢頂部の溝を通って放出される．

③**セイヨウショウロ類**（*Tuber* and its allies; truffles）（基礎編の図 6.1.3 6）：地下生．子嚢は子実体内部につくられ，胞子は子嚢壁が崩壊して外に放出される．

2．核菌類（pyrenomycetes）（図 1.3.1，9～16）
子実体の形は変化に富むが，多くは棒状～棍棒状，球状あるいは円盤状など，まれに膜状．子実層は子実体内の小室内に生じ，外界には露出しない．地上生．キノコで見られる主要なグループには次のようなものがある．

①**マメザヤタケ類**（*Xylaria* and its allies）（基礎編の図 6.1.3 7）：子嚢は頂部に光輝性のリングがあり，それはヨードカリ液で青く染まる．子嚢胞子は一般に黒色，1 細胞で，通常発芽裂口をもつ．子実体は一般に炭質で硬く，多くは棒状～棍棒状，球状，あるいはマット状．多くは材上生．

②**ボタンタケ類**（*Hypocrea* and its allies）（基礎編の図 6.1.3 10,11）：子嚢は頂部でわずかに肥厚し，特別な構造物をもたない．子嚢胞子は 2 細胞で，いぼ状の突起をもつ．子実体は肉質，棒状，円盤状～膜状．材上生あるいは他菌の子実体上に生じる．

③**バッカクキン類**（*Claviceps* and its allies）（基礎編の図 6.1.3 13）：子嚢は頂部で著しく肥厚し，細長い．子嚢胞子は糸状，多細胞．子実体は肉質，昆虫やクモ類の成虫あるいは幼虫，蛹から，他菌（地下生のツチダンゴ類）の子実体から，あるいは菌核から生じる．

3. 不整子嚢菌類（plectomycetes）（図 1.3.1，17，18）（基礎編の図 6.1.3 4,5）：子実体は一般に地上生で棒状，小枝状，あるいは筆状など．ときに地下生で球状．子嚢は胞子が成熟すると細胞壁が消失し，地上生のものでは通常子実体頂部の，また地下生のものでは球状の子実体内部の菌組織中に散在し，子実層をつくらない．ホネタケ類，マユハキタケ類，ツチダンゴ類（地下生）など日本産は約 15 種．成熟の進んだ子実体では胞子のつくられる場所が粉状となり，外観的に担子菌類の腹菌類のものに類似する．

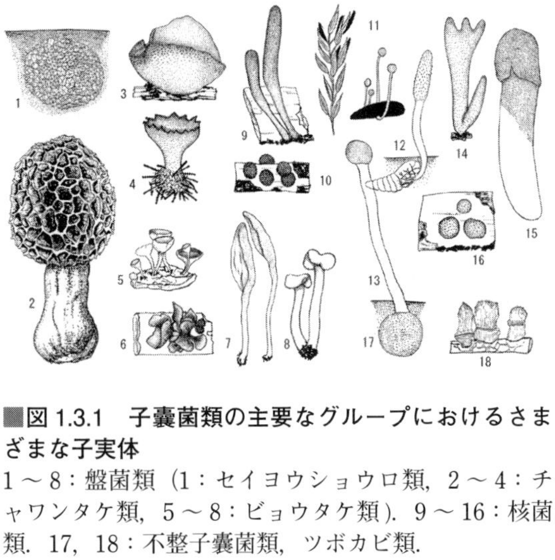

図 1.3.1 子嚢菌類の主要なグループにおけるさまざまな子実体
1～8：盤菌類（1：セイヨウショウロ類，2～4：チャワンタケ類，5～8：ビョウタケ類）．9～16：核菌類．17，18：不整子嚢菌類，ツボカビ類．

（2）担子菌類

1. 異担子菌類（heterobasidiomycetes）（図 1.3.2，1～5；図 1.3.3，1）　担子器が多室か，または胞子が発芽によって二次胞子を形成する．子実体は一般にゼリー状，膠質，あるいは多少軟骨質で，乾燥すると著しく収縮し硬くなる．多くは材上生．

2. 同担子菌類（homobasidiomycetes）（図 1.3.2，6～28；図 1.3.3，2，3）　担子器は 1 室．胞子は発芽によって菌糸のみを生じる．担子菌類のキノコの大部分を含む大きなグループで，担子胞子の担子器からの離脱様式の違いによって 2 つのグループに分けられる．

①**菌蕈類（帽菌類）**（hymenomycetes）（図 1.3.2，6～20；図 1.3.3，2）：胞子は子実層が外界に露出して成熟し，担子器から射出され，堆積して胞子紋をつくる．ハラタケ類，イグチ類，サルノコシカケ類，ホウキタケ類，アンズタケ類，ハリタケ類など，キノコ狩りの対象になる多くの種がここに含まれる．

②**腹菌類**（gasteromycetes）（図 1.3.2，21～28；図 1.3.3，3）：胞子は子実体内部で成熟し，担子器から射出されない．ショウロ類（地下生），ホコリタケ類，スッポンタケ類，チャダイゴケ類などが含まれる．スッポンタケ類では爬虫類の卵を思わせる菌卵が割れ，異臭を放つ胞子塊をつけた子実体本体が姿を現す．

参考文献には，キノコ類の一般的な観察方法，同定に当たって調査すべき肉眼的および顕微鏡的特徴，用語，観察に必要な試薬とその調整法，主要なグループにおける属などについて解説したもの，また，日本産の一般的なキノコの種類につい

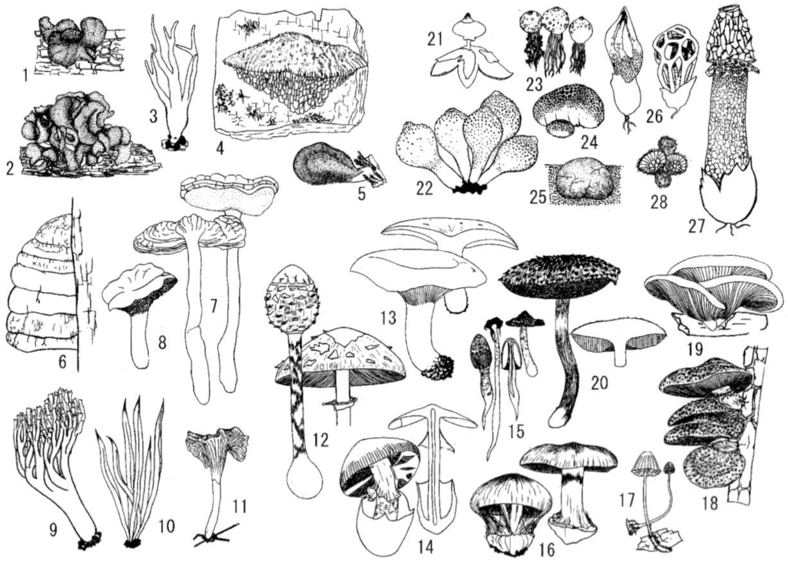

■図 1.3.2 担子菌類の主要なグループにおけるさまざまな子実体
1 ～ 5：異担子菌類．6 ～ 28：同担子菌類（6 ～ 20：菌蕈類，21 ～ 28：腹菌類）．

て記載あるいは図説したものをあげた．これらの多くでは上記のような分類でキノコが整理されている．

実際の同定に当たっては，肉眼的特徴および顕微鏡的特徴(胞子形成細胞である担子器や子嚢，そこで形成される胞子の形態的特徴や試薬に対する反応）から，まず同定を目的とするキノコが上にあげた大まかなグループのいずれに該当するかを判断する．次いで，それぞれのグループごとに同定に必要な観察項目を調査して，それらが同定を目的とするキノコでは実際にどうなっているのかを観察記録する．文献（図鑑類やモノグラフなど）における種および属の記載が，調査した子実体の観察記録とよく合致すれば，調査した子実体を生じたキノコはその種あるいは属と判断してよい．文献だけからでは十分な情報が得られない，また，その記述等に疑問がある場合には，タイプ標本あるいはそれに準ずる標本と比較検討する．

（長澤栄史）

■図 1.3.3 担子菌類の主要なグループにおけるさまざまな担子器
1：異担子菌類．2，3：同担子菌類（2：菌蕈類，3：腹菌類）．

＊参考文献

Ainsworth GC, et al. (ed) (1973) The fungi, IVA. Academic Press, New York
Ainsworth GC, et al., eds. (1973) The fungi, IVB. Academic Press, New York
Dennis RWG (1978) British Ascomycetes. J Cramer, Vaduz
Gilbertson RL, Ryvarden L (1986) North American polypores, Vol. 1. Fungiflora, Oslo
Gilbertson RL, Ryvarden L (1987) North American polypores, Vol. 2. Fungiflora, Oslo
Hansen L, Knudsen H, eds. (2000) Nordic Macromycetes, Vol.1. Ascomycetes, Nordsvamp, Copenhagen
Hansen L, Knudsen H, eds. (1997) Nordic Macromycetes, Vol.3. Heterobasidioid, Aphyllophoroid and Gastromycetoid basidiomycetes, Nordsvamp, Copenhagen
池田良幸（2005）北陸のきのこ図鑑．橋本確文堂，金沢
今関六也・本郷次雄（1957）原色日本菌類図鑑．保育社，大阪
今関六也・本郷次雄（1965）続原色日本菌類図鑑．保育社，

大阪
今関六也・本郷次雄 編著（1987）原色日本新菌類図鑑（I）. 保育社，大阪
今関六也・本郷次雄 編著（1989）原色日本新菌類図鑑（II）. 保育社，大阪
伊藤誠哉（1955）日本菌類誌 2（4）. 養賢堂，東京
伊藤誠哉（1959）日本菌類誌 2（5）. 養賢堂，東京
勝本 謙（2010）日本産菌類集覧. 日本菌学会関東支部，船橋
川村清一（1954-1955）原色日本菌類図鑑 1-8. 風間書房，東京
Knudsen H, Vesterholt, J, eds.（2008）Funga Nordica: Agaricoid, boletoid and cyphelloid genera. Nordsvamp, Copenhagen
Largent DL（1977）How to identify mushrooms to genus I: Macroscopic features. Mad River Press, Eureka
Largent DL, Thiers HD（1977）How to identify mushrooms to genus II : Field identification of genera. Mad River Press, Eureka.
Largent DL, et al.（1977）How to identify mushrooms to genus III : Microscopic features. Mad River Press, Eureka
Largent DL, Baroni TJ（1989）How to identify mushrooms to genus VI : Modern genera. Mad River Press, Eureka
Liu B（1984）The Gasteromycetes of China. J Cramer, Vaduz
Pégler DN, et al.（1993）British truffles. A revision of British hypogeous fungi. Royal Botanic Garden, Kew
Singer, R（1986）The Agaricales in modern taxonomy, 4th ed. Koeltz, Koenigstein
Spooner BM（1987）Helotiales of Australasia. J Cramer, Vaduz
Stunz DE（1977）How to identify mushrooms to genus IV : Keys to families and genera. Mad River Press, Eureka
Zhao JD, Zhang XQ（1992）The polypores of China. J. Cramer, Berlin

1.3.2 カビの同定

カビの同定に役立つ文献として宇田川・室井[1]による解説書がある．属レベルまで見当をつけた後，種名を決定するまでの方法としては，小林ら[3]の解説が参考になる．同定したいカビが植物寄生菌であれば，植物病名目録[4]に記載されている宿主ごとの菌種とその菌に関する参考文献をチェックすることで，比較的容易に種名決定に至ることがある．この方法で同定できなかった場合は，その菌が日本では未発見種であることも考えられるため，USDA のデータベース（http://nt.ars-grin.gov/fungaldatabases/index.cfm）などで，宿主の属名をたよりに検索していく方法がある．また，Ellis and Ellis[5]による同定書には宿主植物ごとに寄生する菌が並べられており，形態的情報と豊富な図版もあるため，同定の際には非常に参考となる．植物寄生菌以外の場合も，この本の図版をたよりに所属の検討をつけられることがかなりある．以上のほか，分類群ごと（たとえば不完全菌類[6]，子嚢菌類[7]）や生態群ごと（糞生菌[8]や土壌菌[9]）の図鑑類にある図版と対象菌の形態的特徴を比較しながら，とりあえず属までの見当をつける．はじめの段階では検索表を使うより，単純に「絵合わせ」をしていくほうがよい結果が得られる場合が多い．属の候補がいくつか見つかったら，各属に関する文献を Dictionary of the fungi[10]で探す．ここでは多数の種を取り扱っているモノグラフ的な重要文献が，属ごとに紹介されている．また Index Fungorum（http://www.indexfungorum.org/Names/Names.asp）で当該属の記載種数をチェックすることも重要である．属内に同じ著者によって同じ年に命名された種が複数あれば，その著者による論文には複数の新種が記載されているはずであり，当該属の定義や類縁種との区別が整理して解説されている可能性がある．属が確定したら，Index Fungorum に記載されている各種の原記載論文を NACSIS Webcat（http://webcat.nii.ac.jp/）で所蔵確認しながら収集し，種レベルでの同定を進めていく．Cyberliber（http://www.cybertruffle.org.uk/cyberliber/）では，入手困難な古い文献を閲覧することもでき便利である．正確に同定するためにはタイプ標本あるいはそれに準じる標本を，ハーバリウムから借用し形態比較することが望ましい．標本借用の手続きについては土居[2]によって詳しく解説されている．

（田中和明）

＊引用文献

1）宇田川俊一・室井哲夫 訳（1983）カビの分離・培養と同定．医師薬出版，東京

2) 土居祥兌 (1989) キノコ・カビの生態と観察, 増補改訂版. 築地書館, 東京
3) 小林享夫ほか (1992) 植物病原菌類図説. 全国農村教育協会, 東京, pp608-610
4) 日本植物病理学会 編 (2000) 植物病名目録. 日本植物防疫協会, 東京
5) Ellis MB, Ellis JP (1997) Microfungi on land plants, enlarged ed. Richmond, Slough, England
6) 椿 啓介ほか (1998) 不完全菌類図説—その採集から同定まで—. アイピーシー, 東京
7) Dennis RWG (1978) British Ascomycetes. Cramer, Vaduz
8) Bell A (2005) An illustrated guide to the coprophilous Ascomycetes of Australia. CBS, Netherlands
9) 渡邊恒雄 (1993) 土壌糸状菌. ソフトサイエンス社, 東京
10) Kirk PM, et al. (2008) Dictionary of the fungi, 10th ed. CAB International, Wallingford

1.3.3 酵母の同定

酵母は, 以下の2点でカビとキノコとは異なる. すなわち, ①酵母は通常, 形態が乏しい単細胞であり, 出芽あるいは分裂によって増殖し, クリーム状のコロニーをつくるが, 毛状の気菌糸および子実体をつくらない. ②酵母の発見が発酵現象とかかわっていたことから, 伝統的に分類・同定に生理生化学的性状が適用されている. そのため, 基本的に培養株が分類・同定の対象となる.

同定とは, 未知の分離株を既存の分類体系と比較照合して学名を決定することであるが, 酵母での既存分類体系といえば, 分類・同定の標準書とされる The Yeasts, A Taxonomic Study[1] にある分類体系である. 同定しようとする酵母株が純粋培養株であることが重要である. 通常, 酵母を分離する際に単一なコロニーを得るために数回の単離操作 (single colony isolation) が行われる. ただし, ヘテロタリックな種を対象としていた場合, 単離操作の過程で片方の交配型細胞のみを分離していることがあること, 分類に用いられる形質が単離操作や保存操作によって失われることがありうることを念頭に入れておくべきである.

酵母においては, 同定手法が標準化され, それに基づいて, 基本的にすべての酵母種が同定できる. 同定実験方法は The yeasts, a taxonomic study[1] の標準法または Yeasts : characteristics and identification[2] の方法に準拠して行う. 後者は, 前者の分類体系に準拠して, 生理生化学的性状のみに基づいて同定する方法論を基礎としている.

1) 一般的な同定手順

同定の対象となる酵母株が単一なコロニーであることを確認する. 形態学的性状, 生理生化学的性状および化学分類学的性状を調べる. 属の鑑別に用いられる指標は以下のものがある. 形態学的性状として, 栄養増殖の様式と栄養細胞の形態, 有性生殖の様式と有性生殖器官の形態がある. 生理生化学的性状として, アルコール発酵の有無, 硝酸塩の資化性, 酸の産生, カロチノイド色素の生成, イノシトールの資化性, デンプン様物質の産生がある. 化学分類学的性状として, ユビキノン系, 菌体または細胞壁糖組成がある. 種の同定に用いられる指標としては以下のものがある. 炭素化合物の資化性 (34～47種類程度が用いられる), 窒素化合物の資化性 (6～8種類程度が用いられる), 最高生育温度, ビタミン要求性, シクロヘキシミド耐性, 多酸性などがある. 鑑別表 (diagnostic table) や二分法検索表が同定の助けになる. 標準書の検索表に従って, 既知の属および種を検索する. 種内の株間の性状の変異 (variation) を考慮した上で, 既知種と一致すれば, その既知種の学名に決定することができる. 一致しなければ, 類似する既知種の候補を絞り, 候補にあがった既知種の基準株との異同を DNA 交雑実験によって種同定を行う. 65～70% 以上から 100% の類似度を示せば, 既知種の学名に決定できる[3]. 推定される同定候補種, 類似種の基準株および参考株は微生物系統保存機関 (カルチャーコレクション, 微生物資源センター) から入手して比較する必要がある.

2）リボソームRNA遺伝子（rDNA）の塩基配列に基づく同定法[4, 5]

26S rDNAのD1/D2領域やITS（Internal Transcribed Spacer）領域の塩基配列が種特異的であることに基づいて，種を同定する方法で，最近になり一般的に適用されている．1）で述べたDNA交雑実験に代わる方法でもある．これらの塩基配列はDDBJ，GenBankなどの遺伝子データバンクに登録されているので，そこの検索プログラムによって，近縁な種名と株名が類似度に基づいて候補としてリストされる．近縁な種の基準株の塩基配列と比較し，解析することによって，種同定を行うことができる．以下に同定手順を示す．

単一コロニーであることが確認された酵母分離株から核DNAを抽出・精製し，PCR法によって26S rDNAのD1/D2領域，ITS領域などの遺伝子領域を増幅する．増幅されたPCR産物を精製後，シーケンス反応を行い，シーケンサーを用いてその塩基配列を決定する．得られた塩基配列を遺伝子データバンクのBLASTホモロジー検索を行って，類似度の高い塩基配列をもつ既知種の基準株を検索する．分離株の塩基配列と既知種の基準株の塩基配列をアライメントした後，同一塩基配列および1または2個の塩基置換数であれば，ほとんどの場合，既知種の学名に決定することができる．

（鈴木基文）

＊引用文献

1）Kurtzman CP, et al.（2011）The yeasts, a taxonomic study, 5th ed. Elsevier, Amsterdam
2）Barnett JA, et al.（2000）Yeasts : Characteristics and identification, 3rd ed. Cambridge Univ. Press, Cambridge
3）Kurtzman CP（1987）Stud Mycol 30 : 459-468
4）Kurtzman CP, Robnett CJ（1998）Antonie van Leeuwenhoek 73 : 331-371
5）Fell JW, et al.（2000）Int J System Evol Microbiol 50 : 1351-1371

＊参考文献

長谷川武治 編著（1984）微生物の分類と同定〈上〉, 改訂版. 学会出版センター，東京
鈴木健一朗ほか 編（2001）微生物の分類・同定実験法. シュプリンガー・フェアラーク東京，東京

1.3.4 地衣類の同定

地衣類を同定するための形態形質の検査には，他の菌類とは違った手法が使われる．また，化学成分を同定することも，地衣類を同定するうえで重要となる．

1）外部形態の観察

観察試料は，原則として乾燥状態のものを用いる．

外部形態の形質の中で，色彩は重視される．特に含有する化学成分などによるものであるが，その判定は必ず乾燥状態で行う．たとえば，代表的な葉状地衣であるウメノキゴケの仲間では，黄色色素であるウスニン酸が上皮層に含まれるか否かは属，あるいは種を判別する重要な形質となるが，湿った状態では本化学成分を含む種も含まない種も総じて緑っぽく見え，判別が困難となるからである．

外部形態の観察は，肉眼および実体顕微鏡下で行う．実体顕微鏡は，10～40倍程度のズーム式のものがよい．大形の葉状地衣，樹状地衣であれば，多くの種が，外部形態の観察のみによって同定できる．

葉状地衣では，地衣体の表側と裏側とを観察する必要があることが多い．特に慣れない段階では，裏側の観察が科の所属を決めるのに重要である．したがって標本も，裏側の偽根などの構造がよく見えるように，基物やゴミを取り除いておく必要がある．

2）内部形態の観察

痂状地衣の場合には，外見のみからの区別は難しいので，子器の切片を作製し，各組織を観察する必要がある．以下の要領[1]で行う．

炭素鋼の両刃カミソリを2つに割った片割れの，片側をラジオペンチ等で折り角度70°ほどの鋭利

な先端を出し，これを柄に付け，切片作製用のカミソリとする．鋭利な先端付近が刃こぼれしたら，再び先端を折り刃を柄にセットしなおす．

このカミソリを用い，よく乾燥させた試料を，厚さ20～30 μmほどで実体顕微鏡下にて切り出す．これを精密ピンセットか面相筆の先端でスライドグラス上に移す．カバーグラスにGAW液(グリセリン：エチルアルコール：水＝1：1：1) を滴下し (半滴程度がよい)，このカバーグラスを裏返して，試料の上にかぶせ，穏やかに熱し，わずかに気泡が出たら停止し，冷めたら生物顕微鏡にて観察する．熱する火器は，アルコールランプでは火力が強すぎるので，芯を細くしたミクロアルコールランプを用いるか，手工芸用の半田ごての一種を用いると都合よい[2)]．このGAW標品で，子器の各組織，子嚢胞子などを観察する．

無色透明の菌糸組織や菌糸を観察するには，GAWの代わりにラクトフェノールコットンブルーで封入したプレパラートを用いると，細胞質が青く染まり観察しやすい．また，子嚢や子器の組織，あるいは髄層のヨード反応の観察には，ルゴール液を用いる．

これらの方法は葉状地衣，樹状地衣の観察にも使用できるが，同定のため必要となる例は少ない．

3) 化学成分の分析

多くの地衣類は，デプシド，デプシドーンに代表される地衣成分と呼ばれる二次代謝産物を多量に含み，その成分構成が種間で相違することが多いため，古くから分類形質として利用されている．地衣類同定のために用いられる手法としては，①呈色反応，②顕微結晶法，③薄層クロマトグラフィー (TLC) がある．

①呈色反応[3)] では，以下の試薬を用いる．K液(水酸化カリウム10%水溶液)，C液 (さらし粉の飽和水溶液)，P液 (パラフェニレンジアミンのエチルアルコール溶液)．これらを試料に滴下して色の変化を判定することを，それぞれK反応，C反応，P反応という．また，K液の滴下の数秒後にC液を滴下すると，KC反応となる．図鑑には葉状地衣では，たとえば「地衣体K＋黄色，髄層K＋赤，C－，KC－，P－」などと記述される．この「地衣体」は，地衣体の表面に試薬を滴下し，変色を観察することを意味し，「髄層」の場合は，カミソリで表側の上皮層と藻類層をそぎ取り，むき出しにした髄層に試薬を滴下する．

②顕微結晶法[3)] に使用される試薬は，GE (グリセリン：氷酢酸＝1：3)，An (グリセリン：エチルアルコール：アニリン＝2：2：1)，oT (グリセリン：エチルアルコール：o-トルイジン＝2：2：1)，KK (5%水酸化カリウム水溶液：20%炭酸カリウム水溶液＝1：1) である．抽出用の試料としてウメノキゴケの場合には1 cm^2程度を切り出し，実体顕微鏡下でピンセットを用いて夾雑物を取り除く．スライドグラス上に試料を置き，十分なアセトンを注ぎ静置し，乾燥後に試料を取り除き，スライドグラス上に析出したアセトンエキス (地衣成分) をカミソリの刃などで集め，別のスライドグラス上に置く．カバーグラスに試薬を滴下し，裏返してサンプルの上にかぶせる．GEの場合は熱し (内部形態の切片封入と同様)，しばらく静置後観察する．An，oTの場合は通常は熱さず，数分間静置後に観察する．KKも熱さず，しばらく静置後観察する．KK以外では，数時間後に結晶が出現することもありうるので，一度観察した後にも，保存しておく．ウメノキゴケ1 cm^2の試料で，GE，An，oTの3種類の試薬による結晶法に用いるのに十分なアセトンエキスを得ることができる．また，同一試料で，アセトンによる抽出は3回程度まで可能である．

③薄層クロマトグラフィーでは，薄層プレート (Merck silica gel 60 F254)，展開槽，展開溶媒，発色剤 (10%硫酸)，噴霧器，オーブンを用いる．試料は，ウメノキゴケでは5 mm四方程度のクリーニングしたものを用い，外径10 mm×長さ50 mm程度の試験管に入れ，試料が十分浸るくらいのアセトンを注ぎ，静置する．プレートは下から2 cmに，両脇2 cmを開け1 cm間隔で鉛筆で始点

を記し，17 レーン（20 × 20 cm プレートの場合）を確保する．ガラス細管を用いて試験管からアセトンエキスを始点に数回スポットし，プレートの準備を完了する．タンクに展開溶媒をセットし 30 分から 1 時間静置の後，タンクにプレートをセットする．40 ～ 50 分後，展開溶媒が始点より 10 cm 以上（展開距離）上がったら手早く取り出し，終点を鉛筆で記す．室温でよく乾燥後，ドラフト内で 10％硫酸を噴霧し，130℃であらかじめ熱したオーブンで数分間焼くと，それぞれの地衣成分が特異な発色を示しスポットとして現れる．成分の同定は，スポットの Rf 値（始点からのスポットの距離／展開距離）と発色により判定するが，微妙な条件により Rf 値は変化するので，必ず想定される地衣成分を同一プレート上にコントロールとして置き，スポット同士を直接比較する．また，成分の見当があらかじめつかない場合には，アトラノリンとノルスチクチン酸をコントロールとし，Rf クラス（Rf 値による階級分け）と発色から，成分を推定する（コントロール 2 成分の Rf 値が許容範囲を外れる場合には，Rf クラスは使えない）[4,5]．展開溶媒により各成分の Rf 値は異なるので，標準の 3 溶媒 A（トルエン：ジオキサン：酢酸＝ 180：45：5），B′（ヘキサン：メチル tert-ブチルエーテル：蟻酸＝ 140：72：18），C（トルエン：酢酸＝ 170：30）[6] を用いて比較するとより効果的である．

さらに，高速液体クロマトグラフィー（HPLC）による地衣成分同定も行われている[7]．標準のカラムと溶媒を用いて分離したときのリテンションタイム（Rt）と，画分の UV スペクトルから同定する．

（原田　浩・木下靖浩）

＊引用文献

1）中村俊彦ほか（2002）校庭のコケ（野外観察ハンドブック）．全国農村教育協会，東京，pp154-157
2）原田　浩（2005）日本地衣学会ニュースレター 60 : 213-214
3）吉村　庸（1974）原色日本地衣植物図鑑．保育社，大阪，pp296-314
4）Culberson CF（1972）J Chromatography 72 : 113-125
5）Culberson CF, Johnson A（1982）J Chromatography 238 : 483-487
6）Kranner I, et al.（2002）Protocols in Lichenology, culturing, biochemistry, ecophysiology and use in biomonitoring. Springer, Berlin, pp281-295
7）Yoshimura I, et al.（1994）Phytochemical Analysis 5: 197-205

＊参考文献

中村俊彦ほか（2002）校庭のコケ（野外観察ハンドブック）．全国農村教育協会，東京
吉村　庸（1974）原色日本地衣植物図鑑．保育社，大阪

1.3.5　偽菌類の同定――原生生物界

1）アクラシス菌類の同定

アクラシス菌類は，その栄養生活相が微生物を捕食するアメーバ状細胞であること，微小な子実体を形成して胞子散布で繁殖することなど，その生活史がタマホコリカビ類（細胞性粘菌類）や原生粘菌類に似かよっている．また，生育場所も重なっているため，アクラシス菌類を野外から分離するには，タマホコリカビ類や原生粘菌類と同様な方法が用いられてきた．ここでは，一般的な分離，培養法を述べる．基質には通常，タマホコリカビ類や原生粘菌類，変形菌類，真菌類が混在しているので，より微小なアクラシス菌類を分離するためには，基質の量や培地の濃度などを適宜調整し，アクラシス菌類以外の生物の混入や生育を抑える必要がある．また，分離，培養の過程で，形態的に非常によく似ているタマホコリカビ類や原生粘菌類，変形菌類と見分ける必要がある．

アクラシス菌類はさまざまな動物の糞や植物遺体，生木樹皮などに生育しており，ジュズダマカビ *Acrasis rosea* L. S. Olive & Stoian. などいくつかの種は世界中に広く分布していると考えられている．アクラシス菌類を野外から分離するためには，その生育が見込める基質を 30 分程度蒸留水に浸し，通常，ごく薄い干草浸出液寒天培地（hay infusion agar）などの栄養価の低い培地上に，少

量の基質を置いて湿室培養を行い，子実体形成を促す．基質によって生育する種類が異なることが知られており，たとえば，ジュズダマカビは空中リター（aerial litter，地面に落ちずに樹上や草本上に付いたままになっている枯れ枝や果実，花序など）に多く，一方，*Guttulina rosea* Cienk.（= *Pocheina rosea*（Cienk.）Loeblich & Tappan）は生木樹皮に，*Guttulinopsis vulgaris* E. W. Olive はウシやウマの新鮮な糞にそれぞれ多く見られる．他の微小な生物の混入を抑えるため，湿室培養は，基質の量を少量にし，数多く試みる必要がある．アクラシス菌類が生育している基質では，2～4日後には，基質上や寒天上に累積子実体（sorocarp，多くのアメーバ状細胞が集合し，融合することなく，積み重なって形成される子実体）が形成される．こうして得られた累積子実体の胞子を，餌となる細菌を塗り広げた培地に移して二員培養を行う．餌とする細菌には，通常，*Escherichia coli* や *Enterobacter aerogenes* が用いられる．ジュズダマカビの場合，胞子は約1日で発芽し，生まれたアメーバ状細胞は，餌を摂取して増殖を始める．アクラシス菌類のアメーバ状細胞は，1つの透明な葉状仮足をもつリマックス型（limax type）であり，比較的小型で糸状の仮足を複数もつタマホコリカビ類や原生粘菌類，変形菌類のアメーバ状細胞（粘菌アメーバ）とは形態的に区別できる．子実体形成に先立って，アメーバ状細胞が集合して偽変形体状となるが，タマホコリカビ類に見られるような独特の細胞の流れ（cell streaming）を起こすことはなく，ナメクジ状の移動体となることもない．培養の2，3日後には，累積子実体が見られるようになる．胞子とその基部の柄となった細胞では形態的な差があるものが多いが，柄細胞も生きており，発芽する能力を保持している．この点は，柄が死んだ細胞からなるタマホコリカビ類や，非細胞性の子実体を形成する原生粘菌類や変形菌類とは異なる．アクラシス菌類では，累積子実体をその培地ごと，冷蔵庫内（8℃ほど）で保管し，1カ月ごとに植え変えることで株を維持できる．また，累積子実体をシリカゲルに埋め込み，乾燥状態にして4℃に保つことで，1年以上保存することができる．こうして得られた培養株を用いて，同定を行う．

アクラシア菌類は，累積子実体の形態に基づいて，3科に分類されている．アクラシス科（Acrasidae）では，累積子実体の胞子と柄細胞は形態的に区別できる．一方，コプロミクサ科（Copromyxidae）とグッツリノプシス科（Guttulinopsidae）では胞子と柄細胞に形態的な差はない．さらに，グッツリノプシス科は，粘液状となって広がった偽変形体上に累積子実体を形成するという特徴で他の科と区別される．コプロミクサ科は，ミトコンドリアに管状クリステをもち，板状クリステをもつ他のアクラシス菌類とは異質であり，その分類学的位置づけは疑問視されている．（松本　淳）

＊参考文献

Alexopoulos CJ, et al.（1996）Introductory mycology, 4th ed. John Wiley, New York

Olive LS（1975）The Mycetozoans. Academic Press, New York

2）細胞性粘菌類の同定

細胞性粘菌の種類を同定するには，下記に示す方法により培養し，子実体形成過程およびその形態を観察する必要がある．近年では，交配，分子系統解析，そして化学成分も重要となりつつある．

（1）培養条件

餌であるバクテリアには，通常大腸菌 *Escherichia coli* または *Klebsiella aerogenes* が用いられる．高栄養培地でこれらバクテリアを37℃で培養した後，回収して滅菌水に懸濁する．分離株の胞子塊をガラスシャーレにつくった無栄養寒天培地に接種し，そこにそのバクテリア懸濁液を滴下する．20～25℃で培養すると，おおむね良好な子実体形成を行う．比較的涼しい地域から分離された株は20℃で，比較的暖かい場所から分離された株は25℃で良好な子実体形成を行う傾向がある．プラスチックシャーレを用いると，大型の

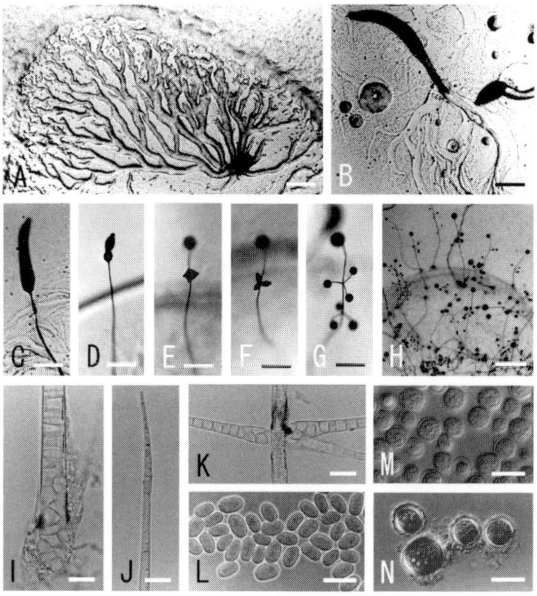

■図 1.3.4 シロカビモドキ (*Polysphondylium pallidum*) の形態

A：集合流，B：集合体，C：移動体（柄を形成しながら移動する），D ～ F：輪生枝の形成過程，G：子実体，H：多数の子実体，I：柄の基部，J：柄の先端部，K：分枝の基部，L：胞子，M：ミクロシスト，N：マクロシスト，スケールバー：A ～ G：200 µm，H：1 mm，I，K：20 µm，J, L, M：10 µm，N：25 µm.

子実体を形成する種類では，静電気によってフタに胞子塊が付いたり，胞子塊が形成される前に柄の形成過程でフタについてしまうことがあったりする．光条件も重要である．斜めから光が当たると，培地上で柄を形成しながら這いまわる種が認められる．種や株によっては，顆粒状または粉末状の活性炭を培地上に播くか培地に入れておくことにより，より良い形態の子実体が形成される場合がある．3 ～ 10 日培養すると，多くの種類で子実体が形成される．

以下に形態の観察方法を，主にシロカビモドキ（*Polysphondylium pallidum*）を例として説明する．

(2) 集合体の観察

集合体または偽変形体を観察する際，倒立顕微鏡を用いることが望ましい．胞子塊をバクテリアの懸濁液に十分に混ぜてから無栄養寒天培地に滴下する．粘菌アメーバは餌がなくなると，一部の粘菌アメーバが分泌する集合物質によって周囲の粘菌アメーバが集合する．集合する際，細胞が接着し，集合流（stream）をつくる種が多い．集合流に明瞭な放射状の流れをつくって集合し，その集合中心からのみ子実体を形成するタイプ（図 1.3.4A, B）と放射状の流れの途中にも二次的に中心ができ，それぞれの中心から子実体を形成するタイプが認められる．それ以外に，集合流が認められず，三々五々に集まって子実体を形成するタイプや三々五々に集まった後に二次的に集合中心ができるタイプがある．集合体が移動する場合，ふつう柄をつくりながら移動する（移動体，図 1.3.4C）が，キイロタマホコリカビ（*Dictyostelium discoideum*）および *D. polycephalum* は例外的に柄をつくらずに移動する．

(3) 子実体の観察

アキトステリウム科の粘菌アメーバは胞子細胞にのみ分化する．一方，他の細胞性粘菌のそれは胞子細胞と柄細胞に分化し，胞子塊とそれを支える柄からなる子実体を形成する（図 1.3.4G ～ K）．柄を形成する過程で柄細胞は空胞化して死んでいく．子実体の大きさは種によるが，1 mm から数 cm に達する．

子実体形成パターンとしては，単生型，群生型，密生型，そして分生子柄束様型がある．また，柄の形成には次の 4 つのパターンがある．①まったく分枝を形成しない，②不規則に分枝を形成する，③単散花序様分枝を形成する，④ムラサキカビモドキ属においては，柄をつくりながら途中で細胞塊を残していき，そこから複数の小さな子実体のような分枝（輪生枝）を形成する（図 1.3.4D ～ H, K）．

胞子塊の大きさはシャーレ内の湿度の影響を受けやすい，つまり，水分を吸って大きくなったり，逆に乾燥していると縮小したりする．胞子塊の色はほとんどの種類が白色系統である．ムラサキタマホコリカビ（*D. purpureum*）やムラサキカビモドキ（*P. violaceum*）のように紫系統の色を示す種，キイロタマホコリカビのように黄色系統の種などがある．

柄の長さや太さ，柄の先端と基部の構造も重要である．柄の先端部が一列の細胞で構成されるか，または複数列で構成される．先端が糸状，鋭尖形（図 1.3.4J），棍棒形，鈍形，球頭形，一方，柄の基部が円錐形，円形，棍棒形（図 1.3.4I），鋭尖形，掌形のいずれかの形になる．

胞子の形において，類球形の胞子を有する種類はアキトステリウム科のほとんどとタマホコリカビ科の数種である．それ以外の多くの種は楕円形の胞子を有する（図 1.3.4L）．さらに，楕円形胞子の両端に存在する顆粒，いわゆる極顆粒（polar granules）には，目立たない，あまり凝集しない，凝集する，という 3 つのパターンがあり，種によってそのいずれかを示す．それが凝集する種は系統的にまとまっている．胞子の長さ，幅，およびその比率も同定の重要なポイントである．

また，粘菌アメーバは増殖条件が悪い場合に，セルロース性の細胞壁を有する，類球形のミクロシスト（microcyst）と呼ばれる休眠体（図 1.3.4M）を形成する種がある．

(4) 交　配

細胞性粘菌の有性生殖は現在までに約 20 種で知られている．交配型（mating type）の同じまたは異なる細胞が融合して，まわりの未融合細胞を集合させ，捕食して大きくなる．この現象は共食い（cannibalism）であり，自己犠牲による生存戦略である．最終的には融合細胞はおおむね 3 層からなる細胞壁に覆われたマクロシスト（図 1.3.4N）を形成し休眠状態に入る．ある期間を経て減数分裂の後，多数の粘菌アメーバが産生される．多くの種が 2 つの交配型を有しているがキイロタマホコリカビは 3 つ，*D.giganteum* は 4 つ有している．ホモタリック種や株の存在が知られている．こうした交配関係を調べることによって同一種であるか否かを判別する 1 つの手段となりうる．実際，シロカビモドキとその近縁種において交配関係を考慮した分類学的研究がなされている[1]．

(5) 系統解析

rDNA 遺伝子や ITS（internal transcribed spacer）などの塩基配列がさまざまな種で明らかになりつつある．系統解析によって，分類に重要な形態形質がわかる場合もある．今後，種同定の 1 つの手段となりうる[2]．

(6) 化学成分

集合物質は，走化性物質またはアクラシン（acrasin）とも呼ばれる．環状 AMP（cAMP）がキイロタマホコリカビの集合物質として有名であるが，それ以外に葉酸や新規物質グロリン（glorin）を用いる種もある．さらに近年，新規の生理活性物質が次々と発見されている．同一種であるか否かを判別する 1 つの証拠となりうるかもしれない．

（川上新一）

＊引用文献
1) Kawakami S, Hagiwara H（2008）Mycologia 100 : 111-121
2) Romeralo M, et al.（2010）Protist 161 : 539-548
＊参考文献
阿部知顕・前田靖男 編（2012）細胞性粘菌：研究の新展開：モデル生物・創薬資源・バイオ．アイピーシー，東京
Hagiwara H（1989）The taxonomic study of Japanese dictyostelid cellular slime molds. National Science Museum, Tokyo
Raper KB（1984）The dictyostelids. Princeton Univ. Press, Princeton
杉山純多 編（2005）菌類・細菌・ウイルスの多様性と系統．裳華房，東京
漆原秀子（2006）細胞性粘菌のサバイバル．サイエンス社，東京

3) 変形菌類の同定

変形菌類の同定は，子実体の形質を精査して行われる．そのため，野外調査では，植物遺体を目視によって精査して，子実体を探索する．生木樹皮や草食動物の糞などに生育する微小な種類については，実験室内で簡易な湿室培養法（moist chamber method）を用いて子実体形成を促し，実体顕微鏡下で精査する．湿室培養は，次のように行う．採集した基質の大きさや量に合わせて，シャーレやタッパーなどの蓋付容器を用意し，その底に，濾紙あるいはキッチンペーパーを敷く．キッチンペーパー上に基質を重ならないように並

べ，基質が浮かばない程度まで蒸留水を入れる．蓋をして，1日静置した後，余った水をピペットなどで取り除き，蓋をする．これを，1週間くらいは毎日，その後は3～5日おきに基質上の変形体の出現の様子を見ながら観察する．湿室培養法は，野外で採集した変形体の子実体形成を促すときや，原生粘菌類の採集にも応用できる（後述）．変形菌類の子実体は，湿ったままの状態では，色や表面の形態的特徴が現れないので，乾燥標本を作製して同定する．採集した子実体は，通常は，それが付着している基物（木片や枯葉，枯枝など）ごと厚紙製の小箱に納めて乾燥器内で乾燥し，ラベルを付けて，乾燥標本とする．

変形菌類の同定のために重要な，胞子嚢壁や胞子嚢内部の細毛体や軸柱などの立体的な構造や色彩は，実体顕微鏡下での観察に基づいて記載されている場合が多い．子実体の胞子嚢や柄，変形膜の外観を観察するとともに，先細のピンセットや柄付針を用いて胞子嚢を解剖し，内部の形態も観察する．たとえば,ホネホコリ属（*Diderma*）では,胞子嚢壁が何層で構成されているかが重要な形質であり，ウツボホコリ属（*Arcyria*）では，胞子嚢裂開後の細毛体の伸長の程度や胞子嚢からの外れやすさが重要である．微小な種類や内部の構造が繊細な種類については，生物顕微鏡観察用のプレパラートを作製しながら観察を行う．標本から子実体を1個，あるいは，大型の子実体であれば，その一部をピンセットを用いて取り外し，スライドガラス上にあらかじめ滴下しておいた3%水酸化カリウム水溶液液滴中に入れて，実体顕微鏡下で観察する．十分に成熟した子実体であれば，やがて胞子嚢がやや膨張する．先細のピンセットや柄付針を用いて胞子嚢を開くと，胞子があふれ出てくる．胞子嚢を解剖し，さらに胞子を十分に拡散させて，内部を観察する．水酸化カリウム水溶液の代わりに，洗剤液（水50 m*l*当たり，市販の透明な中性洗剤液5，6滴を加えたもの）もよく用いられる．古い標本などで，胞子が変形している場合でも，水酸化カリウム液や洗剤液を用いることで，ある程度復元することができる．こうして解剖した試料は，余分な胞子を液ごと濾紙などで取り除いた後にカバーガラスをかければ，一時プレパラートとして使用できる．保存用に半永久プレパラートとしたい場合には，ホイヤー液（アラビアゴム30 g，蒸留水50 g，抱水クロラール200 gを常温で2，3日かけて溶かし合わせたものに，グリセリン20 gを加えた封入液）が用いられる．

前記のように作製した試料の水酸化カリウム液あるいは洗剤液を濾紙などで，できるだけ吸い取り，95%エタノール液を滴下する．エタノール液が乾ききる前に，ホイヤー液を滴下して，カバーガラスをかけ，静置して固化させる．スライドウォーマーなどを用いて熱を加えれば，固化する時間を短縮できる．こうして固化したプレパラートは温水で溶かすことができるため，再封入が可能である．

生物顕微鏡では，各構造の表面形態および光学切片を観察する．胞子嚢内に見られる細毛体は変形菌類子実体に独特の構造であり，その形態は科・属レベルの同定のために重要な情報である．たとえば，ケホコリ目（Trichiales）では，細毛体内部構造（中空／中実），形状（網状／糸状），表面形態（平滑／疣状紋／半環状紋／螺旋紋など）が重要な識別形質となる．胞子は，変形菌類子実体中で唯一，原形質を含有しており，その表面形態や大きさは，種・変種レベルの識別形質として重要である．

原生粘菌類は，変形菌類に類似して，鞭毛細胞や変形体を形成する種類があり，肉眼的な大きさになるツノホコリ属（*Ceratiomyxa*）などは，かつては変形菌類に含められていた．しかし，大型のツノホコリ属以外は，微小な種類が多く，子実体の構造も単純であるため，変形菌類とは違い，培養を行い，生活環全体にわたって観察して，同定される．原生粘菌類の生息場所は，植物遺体や果実，花，樹皮，土壌，糞など多岐にわたっている．特に，空中リター（aerial litter，落下せずに植物上に残っている枯死部）に多い．これらを基質として，通常，ごく薄い干草浸出液寒天培地（hay infusion agar）や素寒天培地など，栄養価の低い培地に少量の基質を用いて，湿室培養を行う．変形菌類と同様の湿室培養法を用いても，子実体は得られる可能性があるが，真菌類や変形菌類，その他の原生生物などの生育が障害になり，見つけにくい場合が多い．得られた原生粘菌は，細胞性粘菌類と同様に，大腸菌などを餌とした二員培養法で培養する．室温で培養しても，早いものでは3日ほどで子実体形成するが，1カ月以上を要する種類も知られている．

原生粘菌類は，鞭毛細胞の有無，顕著な変形体の有無によって，3科に分類されている．すなわち，鞭毛細胞をもたないプロトステリウム科（Protosteliidae），鞭毛細胞を形成し顕著な変形体は形成しないカボステリウム科（Cavosteliidae），鞭毛細胞と変形体の両方を形成するツノホコリ科（Ceratiomyxidae）である．これらにはさらに，子実体の形状，胞子嚢当たりの胞子の数などを識別形質として，16属35種が知られている．

（松本　淳）

＊参考文献

Alexopoulos CJ, et al.（1996）Introductory mycology, 4th ed. John Wiley, New York

Gray WD, Alexopoulos CJ（1968）Biology of the Myxomycetes. The Ronald Press, New York

萩原博光ほか（1995）日本変形菌類図鑑．平凡社，東京．

Olive LS（1975）The Mycetozoans. Academic Press, New York

山本幸憲（1998）図説日本の変形菌．東洋書林，東京．

4）ネコブカビ

ネコブカビ門の菌類は，すべて絶対寄生菌であり，人工培養ができない．観察・同定は感染宿主材料において行う．いずれの種も細胞内寄生性であるから，宿主病変部組織の細胞内を観察する．

観察の一例をアブラナ科植物根こぶ病菌（*Plasmodiophora brassicae*）について述べる．本菌の第一次変形体と第二次遊走子嚢集団（遊走子嚢堆）はアブラナ科植物の根毛と根の表皮細胞内に，第二次変形体と休眠胞子塊（休眠胞子堆）は根のこぶ組織の皮層と中心柱の細胞内に存在する．

前者については，根を酢酸カーミンまたはコットンブルーで染色し，根毛内を光学顕微鏡で観察する．第二次遊走子嚢は球状で径約4.5～5.0 μm，多数が集塊を形成している（図1.3.5）．個々の遊走子嚢内には4～8個の第二次遊走子が分化し，これらは成熟とともに土壌中に泳出する．第二次遊走子は長短2本のむち型鞭毛を有し，第一次遊走子（図1.3.6）と同形である．

後者については，根のこぶ組織の徒手切片または樹脂包埋切片を作製し光学顕微鏡で観察する．第二次変形体は，若いこぶ組織に多く，大小さまざまで不整形，外表に宿主細胞質のデンプン粒（ア

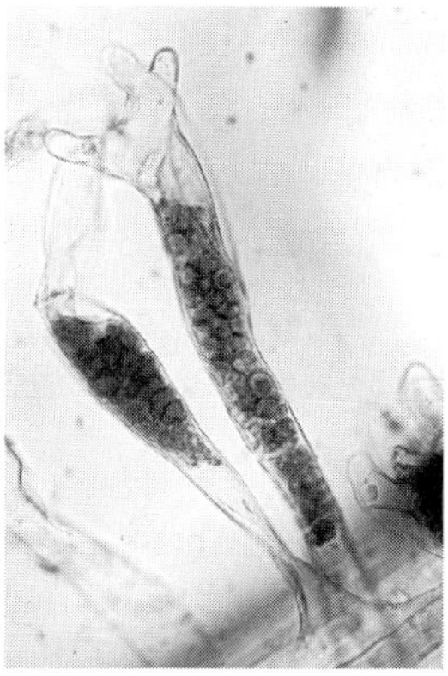

■図1.3.5　根毛細胞内の第二次遊走子嚢集団

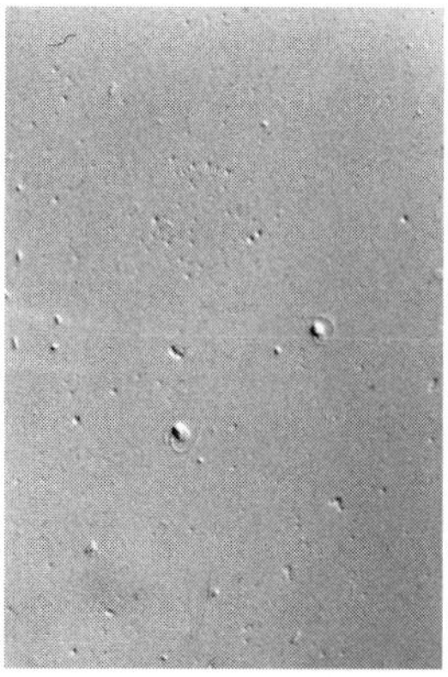

■図1.3.6　休眠胞子から生じた第一次遊走子（第二次遊走子も同形）

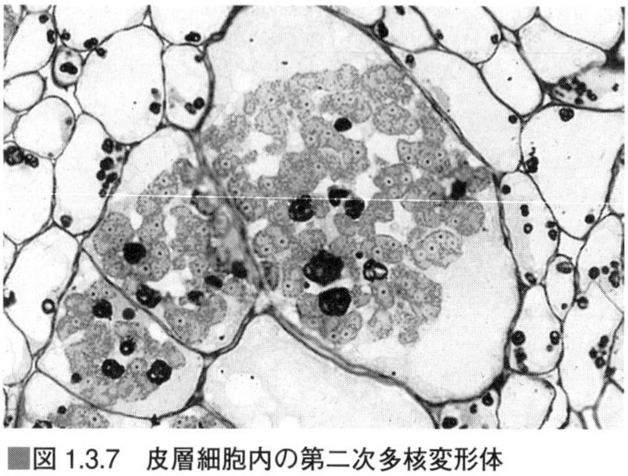

■図1.3.7　皮層細胞内の第二次多核変形体

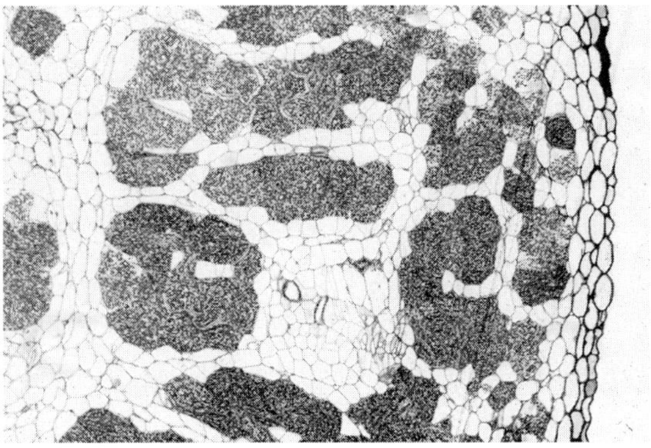

■図 1.3.8 皮層組織における休眠胞子塊

ミロプラスト内）が添絡している（図 1.3.7）．生組織の徒手切片では，宿主細胞から遊離した変形体が切片周囲にしばしば観察される．これらの変形体は浸透圧により正球状を呈し，内部には激しく運動している多数の微小顆粒が観察されるので確認が容易である．休眠胞子は，ほぼ球形で径約 3 μm，老化・変色したこぶ組織に多く観察され，多数が宿主細胞内に充満している（図 1.3.8）．本菌は，ジャガイモ粉状そうか病菌（*Spongospora subterranea* f. sp. *subterranea*）とは異なり胞子球を形成しない．　（田中秀平）

＊参考文献
Braselton JP (2009) Plasmodiophorids Home Page (0http://oak.cats.ohiou.edu/~braselto/plasmos/), Ohio University, Athens
Karling JS (1968) The Plasmodiopholaes. Hafner, New York

1.3.6 偽菌類の同定──クロミスタ界

1）卵　菌

卵菌類では，菌体の形態と無性生殖器官である遊走子の形成様式が重要な同定形質となる（図 1.3.9）[1]．また，寄生菌の場合は，宿主生物の種類も重要な指標となる．菌体は，全体が生殖器官へと分化する全実性のものと，栄養器官と生殖器官の分化が見られる分実性のものに大別される．全実性の種はかつてクサリフクロカビ目（Lagenidiales）にまとめられていたが，現在ではこの目は多系統群であることが明らかとなっており複数の目に分割されている[1]．分実性のものには，仮根をもつ基底細胞とそれから生じる菌糸からなる菌体をもつオオギミズカビ目（Rhipidiales）と，菌糸体が発達する目とがある．菌糸体が発達する目では菌糸が比較的太く，成長につれて径が太くなる傾向のあるミズカビ目（Saprolegniales），菌糸が比較的細く成長につれて太くならないフハイカビ目（Pythiales），菌糸に規則的な狭窄部（くびれ）があるフシミズカビ目（Leptomitales），陸上植物の寄生菌で菌糸が無限成長しないツユカビ目（Peronosporales）が区別される．遊走子の形成様式では，遊走子嚢内部の細胞質が分割して遊走子になって開口部（逸出孔）から泳ぎ出す場合と，細胞質が開口部から放出されて球嚢（vesicle）という構造を形成し，その内部で細胞質の分割と遊走子形成が行われる場合があり，重要な同定形質となる（図 1.3.9）．ミズカビ目の遊走子形成様式はきわめて多様で，重要な属レベルの同定形質となる．ツユカビ目の各属は，従来は胞子嚢柄の形状や分岐パターンによって区別されてきたが[2]，

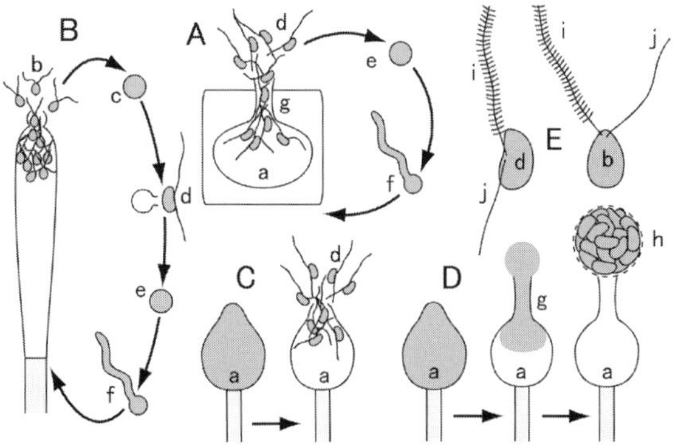

■図 1.3.9 卵菌類の無性生殖
A：フクロカビモドキ（*Olpidiopsis*）属（宿主細胞内に全実性菌体を形成），B：ミズカビ（*Saprolegnia*）属（菌糸の先端に遊走子嚢を形成），C：エキビョウキン（*Phytophthora*）属（遊走子は遊走子嚢から逸出する），D：フハイカビ（*Pythium*）属（遊走子は球嚢内部で形成される），E：遊走子.
a：遊走子嚢，b：一次遊走子，c,e：シスト，d：二次遊走子，f：発芽，g：逸出，h：包嚢，i：羽型鞭毛，j：尾型鞭毛.

近年では吸器の形状が重視される[3]．また，有性生殖器官の形成様式や形態も重要である[1]．

卵菌類は分類群によってDNA塩基配列情報の蓄積程度に差があり，塩基配列情報に基づく分類群の推定は困難である．ただし，リボソームRNA遺伝子の大サブユニットの5′末端に位置するD1/D2ドメインの塩基配列は比較的多くの卵菌類でデータが蓄積されている[3-5]．また，フハイカビ目やツユカビ目の農作物に深刻な被害を与える植物病原菌では分子系統学的研究が盛んに行われており，リボソームRNA遺伝子のITS領域やミトコンドリアDNA上のチトクロームオキシダーゼ遺伝子の部分配列情報（*COX1*, *COX2*）[6-8]や，一本鎖DNA高次構造多型(single-strand conformation polymorphism：SSCP）解析法が種の推定に有効である[9]．（稲葉重樹）

＊引用文献

1) Dick MW（2001）The Mycota, VII Part A. Springer, Berlin, pp39-72
2) 小林享夫ほか 編（1992）植物病原菌類図説．全国農村教育協会，東京
3) Voglmayr H, et al.（2004）Mycol Res 108：1011-1024
4) Riethmüller A, et al.（1999）Can J Bot 77：1790-1800
5) Riethmüller A, et al.（2002）Mycologia 94：834-849
6) Lévesque CA, de Cock AWAM（2004）Mycol Res 108：1363-1383
7) Martin FN, Tooley PW（2003）Mycologia 95：269-284
8) Voglmayr H（2003）Mycol Res 107：1132-1142
9) Gallegly ME, Hong C（2008）*Phytophthora*：Identifying species by morphology and DNA fingerprints. APS Press, St. Paul

＊参考文献

Dick MW（2001）Straminipilous fungi. Kluwer Academic Publishers, Dordrecht

Karling JS（1981）Predominantly holocarpic and eucarpic simple biflagellate phycomycetes. J. Cramer, Vaduz

Sparrow FK（1960）Aquatic Phycomycetes, 2nd ed. Univ. of Michigan Press, Ann Arbor

2) ラビリンチュラ菌

ラビリンチュラ菌門は目あるいは科のレベルで2つの分類群に分けられている．一方の狭義のラビリンチュラ類には*Labyrinthula*属だけが含まれている．この属の生物は，紡錘形の細胞が外質に包まれ，外質が網状のコロニーを形成するという他の生物には見られない特徴を有するため，属の同定は比較的容易である．しかし，この属は少なくとも10種が記載されているが，細胞の大きさ，コロニーの色調，細胞壁の厚さ，遊走細胞の形成される数などの種の分類基準は，種間における形質の重なりも多く見られ十分に整理されているとはいえない状況である[1-3]．

もう一方のヤブレッツボカビ類には，従来の体系では以下の6属が記載されていた．*Althornia*属，*Aplanochytrium*属，*Japonochytrium*属，*Schizochytrium*属，*Thraustochytrium*属，*Ulkenia*属．これらの属は，栄養細胞の二分裂による増殖，アメーバ状細胞や不動胞子の形成，外質ネットの形成，外質ネットの包嚢の形成などの形態的形質の有無によって分類されていた．しかし，近年の分子系統解析結果は*Schizochytrium*属および*Ulkenia*属が多系統群であることを明確に示したため，各系統群を形態的形質と化学分類学的形質の組合せによって特徴づけることで，分類学的再編成がなされた．すなわち，*Schizochytrium*属は*Aurantiochytrium*属と*Oblongichytrium*属を加えた3属に分割され，*Ulkenia*属は*Botryochytrium*属，*Parietichytrium*属，*Sicyoidochytrium*属を加えた4属に分割された[4, 5]．このときに着目された形質は，外質ネットの発達の度合い，遊走細胞の形態，遊走細胞やアメーバ細胞の放出後の細胞壁の残存の有無，遊走細胞形成時の細胞分裂様式，カロテノイド色素（βカロテン，カンサキサンチン，アスタキサンチン）の有無，高度不飽和脂肪酸（アラキドン酸，エイコサペンタエン酸，ドコサペンタエン酸，ドコサヘキサエン酸）の組成比などである（属の検索表，図1.3.10参照）．また，ヤブレッツボカビ科の基準属である*Thraustochytrium*属は，他の属の特徴を有しない場合はこの属に分類されてきたという経緯もあり，多系統群であることが示されて

1．栄養細胞は紡錘形で，外質ネットの内側で滑り運動をする	ラビリンチュラ科 *Labyrinthula* 属
1．栄養細胞は球あるいは卵形で，外質ネットに埋没しない	ヤブレツボカビ科
2．栄養細胞は外質ネットによる運動性があり，不動胞子を形成する	*Aplanochytrium* 属
2．栄養細胞は基本的に運動性がない	3
3．栄養細胞は外質ネットをもたない	*Althornia* 属
3．栄養細胞は外質ネットをもつ	4
4．栄養細胞は外質ネットに包嚢をもつ	*Japonochytrium* 属
4．栄養細胞は外質ネットに包嚢をもたない	5
5．菌体は栄養細胞の連続する二分裂によって増殖する	6
5．菌体は1個の遊走子嚢あるいはアメーバ細胞に変体する	8
6．群体は小さく，外質ネットもあまり発達しない	*Aurantiochytrium* 属
6．群体は大きく，外質ネットもよく発達する	7
7．細長い遊走子を形成し，カンサキサンチンとβカロテンを産生する	*Oblongichytrium* 属
7．遊走子は卵形で，βカロテンを産生する	*Schizochytrium* 属
8．菌体は1個の遊走子嚢を形成する	*Thraustochytrium* 属
8．菌体はアメーバ細胞に変体する	9
9．群体は小さく，外質ネットもあまり発達しない	10
9．群体は大きく，外質ネットもよく発達する	11
10．遊走子は引きちぎられるような分裂を経て形成される	*Sicyoidochytrium* 属
10．遊走子形成では引きちぎられるような分裂を経ない	*Ulkenia* 属
11．アメーバ細胞が放出された後に細胞壁が残る	*Parietichytrium* 属
11．細胞壁は融解してアメーバ細胞が放出される	*Botryochytrium* 属

図 1.3.10　ラビリンチュラ菌類（2 科 12 属）の検索表

いるため，今後は分類学的な整理をする必要があると思われる．

ヤブレツボカビ類の種は，基本的に形態的形質によって分類されている．ただし，この生物群に見られる形態的特徴は可塑性が高く，培養条件などによっては異なる分類群に当てはまる形質が見られることも報告されている．Raghukumar[6]は，比較的自然条件に近い，滅菌海水に松花粉を加えたものを基準となる培地として，そこで現れる形態を分類学的形質として重要視することを提案している．また，炭素源の資化性などもおそらく種レベルで異なっていることが示唆される比較結果も報告されているが，補助的な形質として扱われている[7]．

（本多大輔）

＊引用文献

1) Bigelow DM, et al.（2005）Mycologia 97 : 185-190
2) Muehlstein LK, et al.（1991）Mycologia 83 : 180-191
3) Porter D（1990）Phylum Labyrinthulomycota. Handbook of Protoctista（Margulis L, et al., eds.）. Jones and Barlett, Boston, pp 388-398
4) Yokoyama R, Honda D（2007）Micoscience 48 : 199-211
5) Yokoyama R, et al.（2007）Micoscience 48 : 329-341
6) Raghukumar S（1988）Trans Br Mycol Soc 90 : 627-631
7) Honda D, et al.（1998）Mycol Res 102 : 439-448

1.4 菌類とインベントリーとレッドデータブック

20世紀後半以降，人間活動による自然環境の破壊，改変によって多くの生物が急速に絶滅の道を歩んでいる．生物の相互作用によって構築された生態系にも危機が及び，さらに事態を難しくしている．菌類においても例外ではない．このような現状を把握し，保全・生態系管理を行うための重要なツールがインベントリーとレッドデータブックであり，菌類分野での整備は菌類研究者が責任を負う課題である．

インベントリーは，本来経済活動の用語で，「商品の在庫目録，財産目録」，あるいは「財産目録づくり」そのものをさす．転じて生物多様性分野では「ある生態系に，どのような生物がどのくらいいるのか」を調べる研究，または生物目録を意味する．まさに生物をある地域の資源としてとらえ，その在庫量を把握する活動にほかならない．生物資源の質と量を把握することは，絶滅危惧種の選定，つまりレッドデータブックをつくるうえで非常に重要である．

生物間相互作用の象徴的な存在でもある菌類は，原生林から海岸や湿原，里山などさまざまな生態系で変化の指標のように絶滅危惧種として検出されやすい．このため，保全管理上も菌類レッドリストは重要な意味をもつ．レッドデータブックは自然環境行政の根拠情報となるからである．

維管束植物などでは，分布情報や個体数をもとにした絶滅確率の計算など充実した基礎情報の上で科学的な検討がなされているが，菌類においては，多くの研究者が協力し不十分な情報の中で検討する現状にある．レッドデータブックでの菌類の「絶滅」とは繁殖器官である子実体が50年観察されていない（環境省版），など実用上の定義である．継続的なインベントリー（モニタリング）があってこそ重要な意義をもつ．

服部[1]は今後の国内でのインベントリーに向けた取り組みとして，①国内既知種の把握，②地域インベントリーの作成，③特定分類群のインベントリー，④ホットスポットでの全分類群生物多様性インベントリー（ATBI）を例示している．勝本[3]は①の具体的成果であり，また②についても千葉県，あるいは丹沢地域などで具体的取り組みと成果が刊行されている．またホットスポットとしては近年南西諸島や小笠原での調査や目録刊行もなされている．

インベントリーの検証可能性，資源としての活用可能性を保証するものとして，自然史博物館（標本庫）[2]と，モニタリングされた保全地域の重要性を見逃してはならない．これらと組み合わせたインベントリーはより信頼性と価値が高まる．標本は，証拠であるだけでなく分類群の再検証やDNA利用などを可能にする．野外に生存する個体群に結びつけられていれば生態系内での機能を検証できる．宿主や胞子散布者など他の生物との多様な関係を観測できるほか，接種原として維持されていることから，生物資源として高い価値をもつ．これらを実際に活用するためにはコスタリカでの取り組みのように自然公園付属研究所などモニタリング機関が必要となるだろう．

インベントリーは継続性や資金など研究者個人や一組織が担える活動のレベルを超えている．資源活用面からも生物多様性の保全からも，長期的な展望の体制構築が必要である．職業研究者・アマチュアの協力のもとでの取り組みが求められる課題であろう．国・地方を含む広範なサポートのもとに着実に進める必要がある． **（佐久間大輔）**

＊引用文献

1）服部　力（1999）日菌報 40：54-57
2）吹春俊光（1999）日菌報 40：49-53
3）勝本　謙（2010）日本産菌類集覧．日本菌学会関東支部，千葉

1.5 分離培養

菌類は他の生物がつくり出した有機物を酵素で分解してエネルギーを得る従属栄養生物（heterotroph）であり，その生活環境によって，主に生物遺体を糧として生育する腐生菌（saprobe）と生きている生物に依存する寄生菌（parasite）に大別される．しかし，この区別は厳密なものではなく，同じ菌類が状況により腐生性や寄生性の性質をより顕著に示すものである．腐生菌・寄生菌を問わず，菌類は酵素を菌体外に分泌し，その働きによりセルロースやタンパク質などの炭素源や窒素源を分解し，低分子化したそれらの構成体を菌体内に吸収して成長増殖に利用する．この“吸収”という栄養摂取法が菌類の特徴の1つである．

さまざまな栄養要求性をもった150万種ともいわれる菌類の多くを培養保存し，天然と同じ性質を培地上で再現することはきわめて難しい．しかし，一般論としては，目的とする菌類と試料（分離源）の生理や生態などの特性を参考にし，炭素源・窒素源・ビタミンなどの培地成分，pH，培養温度，発芽刺激処理などの培養に関する要素について創意工夫することが分離培養の成功につながるであろう．なお，分離法は直接分離法と選択分離法にしばしば大別され，さらに細分されるが，実際には複数の分離法の原理を組み合わせることが多い．また，分離法の名称もさほど定まってはいない．ここでは，分離培養法についてやや大まかなくくりで述べ，さらにいくつかの菌群においてその最適な方法について概説する．（岡田　元）

＊参考文献

青島清雄ほか 編（1983）菌類研究法．共立出版，東京

Atlas RM（2010）Handbook of microbiological media, 4th ed. CRC, Boca Raton

坂崎利一ほか（1986）新細菌培地学講座（上），第2版．近代出版，東京

分離法

1）直接法

試料採集時に成熟した状態で存在する菌類の胞子や子実体を，主として実体顕微鏡の落射照明下で微小な柄付き針などにより適当な培地に直接移植して分離培養する方法である（図1.5.1）．基質から立ち上がった新鮮な子実体や胞子柄の先端に形成された胞子は細菌の汚染がないので，清浄な分離針で目的とする胞子（塊）のみを捕集し，生育可能な培地に単離すれば容易に分離培養できる．粘性の胞子塊は火炎滅菌してから冷ました針をそのまま使用するが，*Penicillium* のような乾いた胞子に対しては分離用の培地片を針先に少量つけ，胞子をそれで捕集し，1プレート当たり3～5カ所ほど分離する．分離操作は無風の一般実験室で行えば十分であり，無菌室などは必要としない．また，筆者は分離時に寒天培地プレートを裏返して使用し，落下菌による汚染を予防している（培養時は正置する）．必要に応じて，シャーレを適当なテープやパラフィルムでシールするのも汚染防止に役立つ．胞子を分離することがほとんどであるが，発芽の悪い菌では子実体や胞子柄などを針でとることもあり，また，菌核や基質表面に付着した胞子などはミクロマニプレーター（単胞子分離法）を用いたり，滅菌水で簡便に希釈洗浄する（希釈法）などして分離する．ただし，天然

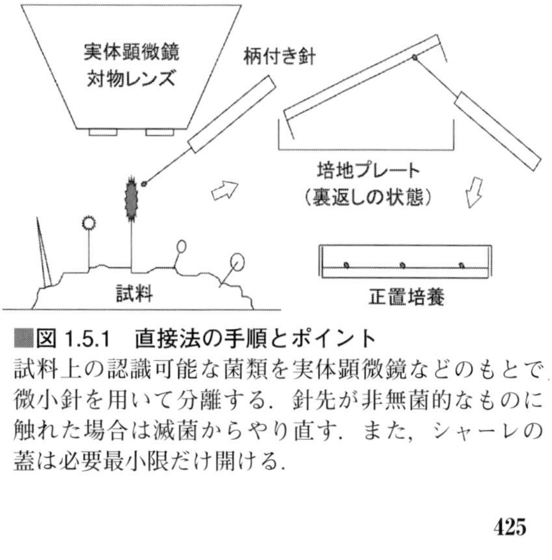

■図1.5.1　直接法の手順とポイント
試料上の認識可能な菌類を実体顕微鏡などのもとで微小針を用いて分離する．針先が非無菌的なものに触れた場合は滅菌からやり直す．また，シャーレの蓋は必要最小限だけ開ける．

基質上で旺盛に胞子形成している菌でも，特殊な栄養要求性や休眠などの生理的要因のため，培地を工夫しても発芽しないものや途中で成長が止まってしまうものが非常に多い．直接法の基本技術は，他の分離法を用いる際にも釣菌の最終段階で使用することが多いので，確実に習得しなければならない．

2）湿室法

本法は湿度を保てる容器に試料を入れ，遷移系列に応じて出現してくる成熟した菌類を分離するものであり，きわめて応用範囲が広い．また，微小菌類の未熟な子実体や胞子を追熟させる目的にも使われる．胞子などは直接法に準じた方法で分離する．湿室容器としては大小のシャーレ・腰高シャーレ・シール容器などさまざまなものが使われ，通常，底に濾紙や水苔などを敷き，滅菌水を適量加えて保湿する．試料は落葉･枯枝･動物糞（肉食動物の糞は不適；図 1.5.2）などさまざまなものに応用できる．

注意したい点：密閉した湿室容器は空気の流れや水分蒸発が少ないため，子実体などの形態が野外で成熟したものとかなり異なることがある．子実体を追熟させる場合は湿室に保つ時間を必要最小限とし，子実体の異常な発達や目的外の菌類の生育を極力抑えることが重要であろう．また，高湿条件では試料から菌食性のダニが出現することが多く，管理が悪いと実験室にダニが蔓延して深刻な被害を被るので細心の注意が必要である．ダニによる汚染を防ぐ対策としては，実験台や実体顕微鏡の清掃はいうまでもないが，殺ダニ剤や殺菌剤で堀をつくった 2 重の大型バットに湿室容器を入れてできるだけ隔離するなどが考えられる（図 1.5.3）.

■図 1.5.2　糞生菌用の湿室の一例
腰高シャーレに水苔を入れて湿室とし，その上に濾紙を敷いてウサギなどの草食動物の糞をのせる．

■図 1.5.3　糞生菌用湿室容器の保管例
殺ダニ剤で堀をつくった 2 重の大型バットに湿室容器を入れ, 光が入るようにガラス板で蓋をして培養する．

3）土壌平板法

直接法では確認できない菌類の胞子や休眠構造を多量に含む土壌を用いた平板法で，土壌の接種方法としては直接接種・混釈・塗抹・希釈がある（図 1.5.4）．もちろん，土壌以外の試料にも応用できる．土壌の種類と乾燥状態，培地，培養温度などによって分離できる菌種が異なり，特に希釈する場合は薬剤などによる前処理（熱アルコール法など）を工夫すると選択分離が可能となる．混釈する場合は固化寸前まで冷めた寒天培地を試料に注ぐが，これでもある程度の熱処理が加わるものと考えられる．土壌平板法では生育が速く胞子形成のよい菌種が分離されることが多いが，一方では希釈倍率の高い試料からはまれな菌が出現することがある．土壌をプレート中央に直接接種する方法は一般的にはあまり用いられないが，素寒天や栄養濃度の低い寒天培地を用いると線虫などの微小動物捕捉菌類の観察に適している．なお，実体顕微鏡だけでなく，通常の光学顕微鏡の下でもタングステン針のような微小針を用いて，目的とする菌を確実に釣菌できる技術を習得すべきであ

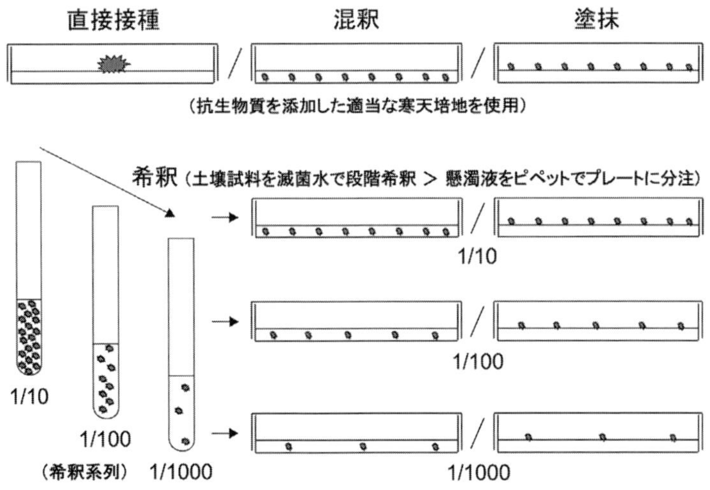

■図 1.5.4 土壌平板法の種類と手順
土壌試料は目的に応じて直接接種，混釈，塗抹，あるいは希釈する．

る．

土壌希釈平板法の一例：①乾燥重量1gの土壌試料を粉砕し，滅菌水9 mlに懸濁する（10倍希釈）．②その土壌懸濁液1 mlを滅菌水9 mlに加える要領で，100倍・1000倍などの希釈系列を作製する．③各希釈液1 mlを滅菌ピペットによりシャーレに分注し，固化寸前の適当な寒天培地を流し込んで混釈する（または，寒天培地上に希釈液をまき，コンラージ棒で均一に塗布する）．④適当な温度で培養し，出現菌を1カ月程度定期的に検鏡分離する．なお，中性付近で細菌の発育を抑えるクロラムフェニコール，糸状菌や酵母の生育を抑えて菌類の分離を容易にするローズベンガル，糸状菌や細菌の生育を抑えて酵母の分離を容易にするプロピオン酸ナトリウムなどがしばしば培地に添加される．

4) 単胞子分離法

単胞子分離の簡便法としては，胞子を滅菌水で希釈してプレートアウトし，余分な水分を乾燥させた後に，胞子が適度に分散している部分から目的の胞子1個を寒天培地小片ごと微小針で分離する方法がある．場合によっては，発芽しかけた胞子を分離するのもよい．胞子の希釈は，①試験管に小分けした滅菌水，あるいは寒天培地や三穴ホールスライドグラスなどに滴下した滅菌水を用いる方法，②寒天培地上に画線する方法，③菌の性質を利用して落下または射出させる方法（落下法の項を参照）などがあり（図 1.5.5，図 1.5.7），これらを組み合わせることもできる．単胞子の分離は，微小針（電解研磨したタングステン針など）を用いて高倍率の実体顕微鏡や顕微鏡（対物レンズ 4×/10×）の下で培地小片ごと切り出すか，あるいはミクロマニプレーター，ニクロムループ，キャピラリー（パスツールピペットの先端を熔かして引き伸ばす）などを適宜用いる．

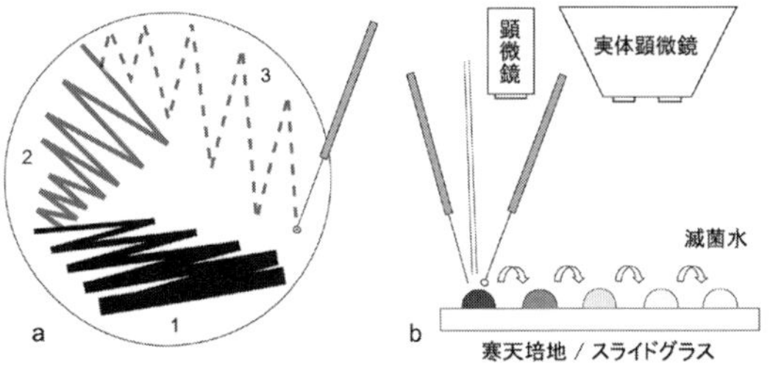

■図 1.5.5 簡単な単胞子分離法の手順
a:ニクロムループなどで画線して単胞子（や単コロニー）を得る．希釈系列を用いる際，疎水性胞子は表面活性剤を添加した滅菌水で懸濁するとよい．b：寒天培地またはスライドグラスの上に滅菌水（+抗生物質）を滴下し，柄付き針・キャピラリー・ループなどを用いて胞子を希釈・洗浄する．

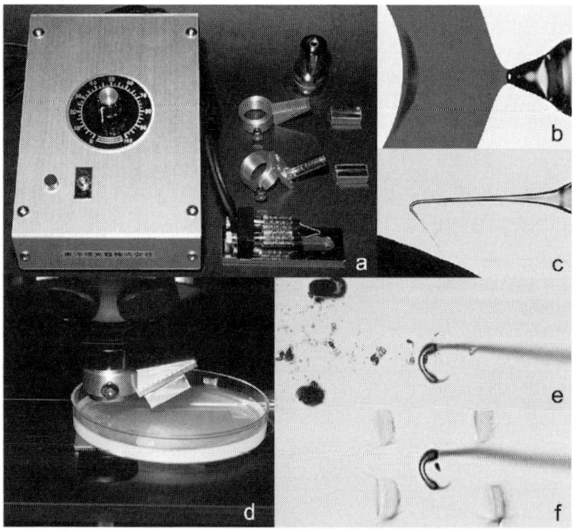

■図 1.5.6　Skermann 型簡易ミクロマニプレーター（東洋理光器（株），東京）と操作手順の概要

a：装置セット．b,c：顕微鏡のメカニカルステージ上で電熱ニクロム線を用いて微小ガラス針（かぎ針）を作製する．d:ガラス針を対物レンズ 10 ×に斜めにセットし，針先にピントを合わせて固定する．試料を端に塗布した寒天培地プレートをメカニカルステージにのせ，試料にピントを合わせる（かぎ針の先端が寒天培地表面の試料に接する）．この状態で培地プレートをメカニカルステージにより前後左右に微動させると，ガラス針によって目的の胞子を清浄な培地表面上で引き回すことができ，汚染物がしだいに除去されて単胞子分離が可能となる．e：*Alternaria*, *Cladosporium*，細菌などが混在した試料から *Alternaria* の分生子を徐々に純化する．f：純化された *Alternaria* の 1 個の分生子．最後に，四隅をガラス針でマークする（寒天培地を傷つける）．寒天プレートをステージからはずし，マークした部分を適当な方法で切り出して新たな寒天培地に移植培養する．

ミクロマニプレーターは Zeiss，Leica 製などがあるが，菌類の単胞子分離を行うためには小型で安価な Skermann 型簡易ミクロマニプレーターで十分である[1]（図 1.5.6）．むしろ，後者は，菌類の胞子を清浄な寒天培地表面上で転がすことにより，複雑な立体構造を備えた胞子に付着した細菌などを除去し，簡便に単胞子分離株を得られる点で優れている．なお，単胞子分離に限ったことではないが，分離した胞子が発芽する過程をシャーレの裏面または蓋の上から顕微鏡（4 × /10 × または長焦点の対物レンズを使用）で確認することが，分離株の信頼性を高めるうえで重要である．

＊引用文献

1）椿　啓介（1978）日菌報 19 : 237-239

5）胞子落下法

ハエカビやミズタマカビの仲間，多くの子嚢菌類・担子菌類とそれらのアナモルフは，メカニズムは異なるが成熟した胞子や胞子嚢を能動的に射出する性質をもっている．この性質を利用して，より清浄な分離源としての胞子塊を選択的に捕集する簡単な方法が胞子落下法である．先に述べたように，胞子がまばらに寒天培地表面に広がるように工夫すれば単胞子分離も可能である．本法では生育の速い *Mucor* や *Trichoderma* などの生育を格段に抑えることができる．ただし，一般的な培地や条件を用いても胞子が発芽しないことがあることは他の分離法の場合と同様である．なお，エアーサンプラーなどで捕集できる空中菌類（風媒などの受動的な分散様式の菌種が多い）も特に試料が古くなると本法でも分離できるが，これらについてはここでは触れない．

胞子落下法の一例：盤菌類の子嚢盤や担子菌類の子実層，あるいは生葉や稲わらなどの天然基質をシャーレの蓋に貼りつける（図 1.5.7）．その際，

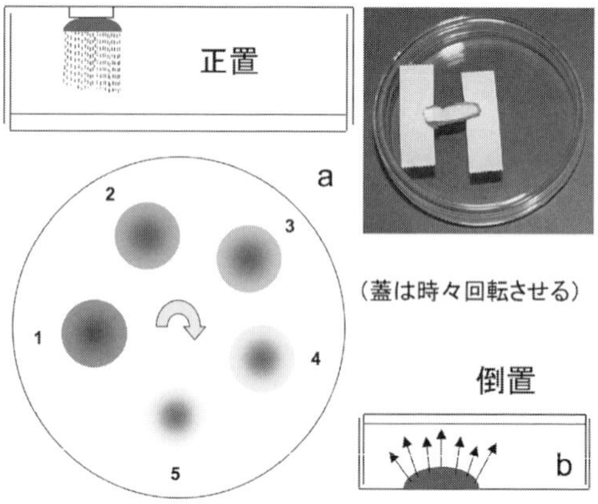

■図 1.5.7　胞子落下法の手順

a：新鮮な子実層や基質を適当な方法でシャーレの蓋に貼りつけ，落下または射出される胞子や胞子嚢を寒天培地上で選択的に捕集する．蓋を回転させると適度な胞子密度が得られる．b：射出力が強い菌類に対しては試料と培地を倒置するとよい．

試料が小型で軽量ならば接着剤としてワセリンや寒天培地片を用い，また吸湿して落下したり，垂れ下がって培地に接触しそうな試料は接着テープでしっかりと貼り付ける．試料は蓋の中央ではなく，やや端に貼り付け，何らかの胞子が落下・射出され始めたら，蓋を徐々に回転し，落下する胞子の密度を調節すると分離しやすくなる（蓋をそのまま新しい培地に移し替えてもよい）．また，射出法とでも呼ぶべきものであるが，糞生菌類やハエカビなどは胞子や胞子嚢の射出力が強いので，シャーレを倒置し，上部の培地面でそれらを捕集するのもよい． （岡田　元）

6）釣菌法

釣菌法（baiting method）は，菌類の基質に対する嗜好性，要求性，走性などを利用した選択分離法の1つである．釣菌法は酵母や細菌の分離に用いられる集積培養法（enrichment culture）と共通点が多いが，集積培養には液体の培養液を用いるのに対し，釣菌法には固体の物質を用いることが多い．分離源となるものは土壌，水，海砂などさまざまであり，そこに釣餌（bait）と称される基質を添加して分離源に含まれる特定の菌（菌群）の胞子形成や菌糸体の成長を促すことで，目的の菌（菌群）を選択的に増殖させて分離しやすくする．釣菌法は，分離源を実験室にもち帰って行う場合と，野外で行う場合がある．実験室内で分離源として土壌や砂を用いて実験を行う場合，湿室法と組み合わせて使うことが多い．野外で実施する際は，野生動物に食べられないように，釣餌を目の細かいネットなどに入れる．

釣餌としては，毛髪，生葉，落葉，材，花，昆虫，海藻，セロファン，化学物質など，あらゆるものが使われる．目的の菌が好む基質がわかれば，それを釣餌にする．目的の菌が自然条件下で生えている基質を観察することや，目的の菌の既知の分離源を知ることは，好適な餌を選ぶ大きな手がかりとなる．使用する釣餌の状態も生体／死体，乾燥したもの／しないもの，滅菌したもの／しないものなど，目的とする菌の性質や実験の目的などによってさまざまである．たとえば土壌から昆虫病原菌を選択的に分離したい場合には，市販のミールワームやハチミツガの幼虫の生体を釣餌として使い，一部の接合菌類を分離したい場合には，乾燥サクラエビや乾燥ミジンコを使う（図 1.5.8）．

釣菌法で菌を単離するときには，釣餌上やその

■図 1.5.8　節足動物の生体／死体を釣餌とした釣菌法の例

周辺に形成された菌の胞子を実体顕微鏡や光学顕微鏡下で拾い，純粋な菌株を確立する．菌類の一般的な分離方法である希釈平板法に比べ，釣菌法ではより自然に近い状態での菌類の生育が再現され，また平板法に比べ分離源の量を多く使用するため，希釈平板法ではあまり分離できない菌を得られるという利点がある．他方，この釣菌法では胞子形成をしない菌は分離しにくいという欠点がある．この欠点を解消するため，取り出した釣餌を粉砕後，滅菌水に希釈して培地に塗布するなどの二次処理を行うこともある．　**（栗原祐子）**

＊参考文献

栗原祐子ほか（2008）日菌報 49：47-52
椿　啓介（1998）不完全菌類図説―その採集から同定まで―．アイピーシー，東京
Zimmermann G（1986）J Appl Entomol 102：212-215

7）子実体分離法

子実体分離法は，大型の子実体を形成する担子菌類と子囊菌類で最も一般的に行われる分離法である．微小菌類の子実体分離法については別頁を参照されたい．

（1）ハラタケ型の軟質菌の分離法

傘と柄を有すハラタケ型の子実体では，滅菌したメス等により傘中央の内部組織を無菌的に切り出して寒天平板培地に移植する方法が広く用いられる．柄の内部組織を分離に供する場合もあるが，雑菌汚染率が高く分離率も低い傾向にある．子実層が内皮膜に覆われている子実体では，子実層を含む傘の組織片を分離に供すると有効な場合が多く，子実層分離法とも呼ばれる．

子実体が比較的小型の場合や，傘組織が薄く操作が難しい場合には，胞子落下法も用いられる．子実層（ヒダ，管孔）を含む傘の一部，または傘全部を，ワセリンあるいは両面テープ等で平板培地の蓋の内側に貼り付け，その蓋を平板培地にかぶせて適度な時間（数時間～一晩）静置し，担子胞子を培地表面に落下させる（胞子落下法）．その後，胞子を含む培地小片を別の培地へ移植し培養を試みる．

特に胞子分離が目的の場合，子実層を含む傘組織の一部を無菌的に切り出して平板培地上に接種し，シャーレの蓋をして隙間を閉じたのち，上下逆にして適度な時間（数時間～一晩）静置し，胞子をシャーレ蓋の裏面に落下させ，この胞子で懸濁液を作製し新たな培地へ接種する．

（2）その他の軟質菌の分離法

ショウロやニセショウロのような球形の子実体では，内部組織を無菌的に切り出して平板培地上に接種する．ホウキタケ型の子実体では子実体基部の内部組織を無菌的に切り出して培地上に接種するか，表面汚染の少ない枝の先端部を無菌的に切り取って培地に接種する．キクラゲ類では，胞子落下法が用いられる．

（3）硬質菌の分離法

傘組織の厚いサルノコシカケ類の場合，子実層の少し内側の菌糸組織を無菌的に切り出して平板培地上に接種する．傘組織の薄い種や背着生の種では，胞子落下法が用いられる．

（4）培養操作の留意点

培地に接種した子実体組織や担子胞子から目的とする菌糸が伸長することを見定めるため，接種後 1 週間は毎日実体顕微鏡下で菌糸伸長の有無やその様子を観察する．このため，分離操作には寒天平板培地を用い，試験管斜面培地は特別な用途の場合に限る．分離に用いる栄養培地には，ポテト・デキストロース・寒天（PDA）培地や麦芽寒天培地をはじめとする種々の組成が用いられるが，菌根菌の場合には炭素源に単糖類を含む培地を用いることが多い．

（5）雑菌汚染対策

野外調査時に分離操作を並行する場合や，分離に使用する子実体の状態がよくない場合（鮮度低下，過湿など）には，細菌汚染や糸状菌汚染の率が高くなるため，あらかじめ抗生物質やベノミル剤をそれぞれ添加するとよい．クリーンベンチ外で分離操作を行う場合には，空中浮遊性雑菌の混入を防ぐため，子実体片をまず素寒天培地に接種

し，後日，クリーンベンチ内で別の栄養寒天培地に移植するか，最初の段階で試験管斜面培地を用いる．

＊参考文献
山田明義（2001）日菌報 42 : 177-187

8）菌根釣菌法

ここでは，外生菌根菌の分離法について，子実体分離法以外について説明する．

外生菌根菌は一般に分離培養が難しいため，反復的な分離操作が必要となる場合が多い．また，外生菌根菌の子実体発生は季節的に限定される一方，菌根は通年で存在する場合が多く，実験操作が季節的に制約される側面が少ない．このため，外生菌根菌の分離培養では，菌根から直接分離を行う意義は大きい．また，外生菌根菌には，菌根の状態（すなわち宿主植物との共生状態）で維持管理することが比較的容易な種もあり，そのような場合には管理条件下のある一定状態の菌根を分離操作に利用できる．

ここでは，以下に菌根分離法と，その分離操作への試料供試を目的とした菌根釣菌法について触れる．

(1) 菌根分離法

野外条件下等において自然感染により形成された外生菌根を分離に供試する場合には，採取後できるだけ速やかに分離操作を行う．採取後，数日程度なら冷蔵保存も可能であるが，その間，菌根の洗浄などは行わず土壌等を含んだままとし，菌根の乾燥や加湿に注意する．

採取した菌根は水道水を張ったシャーレに移して軽く土壌を脱落させ，状態のよい菌根チップを選別し，洗浄法とともに表面殺菌法を適宜組み合わせて分離操作を進める．分離に用いる菌根チップと同一形態と思われる菌根チップを 10 本程度選別し，プレパラート標本（形態分析用）と凍結標本（DNA 分析用）を作製する．

分離培養に際しては，担子菌キノコ類の培養用の培地が併用できるが，単糖類を必ず含む栄養培地を用い，雑菌汚染を回避するためにあらかじめ抗生物質添加培地も併用するとよい．

分離された菌が目的とする菌根菌であるかどうか判別の難しい場合もあり，その際には，培養株と凍結標本の DNA 比較を行って両者の同異を確認し，さらに菌根合成法により菌根形成能を確認することが望ましい．

(2) 菌根釣菌法

劣化により分離培養が難しくなった外生菌根菌の子実体，野外で収集した外生菌根，あるいは外生菌根菌の感染源を含む土壌などを接種源として，宿主植物に外生菌根を形成させ，その形成された菌根を分離に供試することができる．

イグチ目のヌメリイグチ属（*Suillus*）やショウロ属（*Rhizopogon*），ヒドナンギウム科のキツネタケ属（*Laccaria*）などでは，担子胞子を含む子実体をミキサーで破砕して子実体懸濁液を調製し，滅菌土壌を詰めたポットで生育する無菌根のマツ根系に接種すると，2～3 カ月後には外生菌根形成が確認でき，分離培養に供試できる．

子嚢菌系不完全菌の *Cenococcum geophilum* では，外生菌根や菌核を接種源として宿主植物の根系に菌根を形成させることが可能であり，形成された菌根を分離培養に用いることができる．

また，培養の困難な担子菌のベニタケ属（*Russula*）やアセタケ属（*Inocybe*）においても，菌根や担子胞子を接種源として宿主植物に外生菌根を形成させることができ，この共生状態で，菌株同様に長期的な維持管理が可能である．

（山田明義）

＊参考文献
山田明義（2001）日菌報 42 : 105-111
山田明義（2001）日菌報 42 : 177-187

9）アーバスキュラー菌根菌胞子分離法と培養法

アーバスキュラー菌根菌（Glomeromycetes）の純粋分離培養法はまだ確立していない[1]ため，

土壌中に形成される胞子（直径 50 ～ 500 μm）および胞子果（sporocarp）を実体顕微鏡下で 1 つずつ拾って単離し，滅菌土壌に表面殺菌した宿主植物の種子を植え，発芽した実生の根に接種し，胞子を増殖する培養方法が一般的である．以下，ウェットシービング・デカンティング法（wet sieving and decanting method）と遠心方法を組み合わせた方法を紹介する．

(1) 胞子の分離法

材　料

200 ～ 300 g 採取試料，3 ～ 5 l 用丸いバケツなどの容器，標準ふるい（ふるいの目開き：1.7 mm，106 μm，38 μm），100 ml 用ビーカー，500 ml 用洗浄瓶，スイングロータ型遠心機，40％（w/w）ショ糖液，薬さじ，50 ml ふた付き遠沈管（ポリプロピレン製），アルミホール，時計皿（直径 6 cm），先細ピンセット，柄付き針，パスチュールピペット，90 mm シャーレ，落射照明型実体顕微鏡．

方　法

①容器に試料を入れ，容器の 1/3 ～ 1/2 まで水を加える（図 1.5.9 ①）．容器の底の土が浮くまで手などでよく攪拌する．その後，10 ～ 30 秒間懸濁液の土を少し沈殿させ，石などのようなふるいを損傷する不純物を取り除く．ふるいの目開きが最大のふるいが最上になるよう重ね，懸濁液の上澄みを最上のふるいからゆっくりと溢れないよう注ぎ込む．土はなるべく注ぎ込まないように注意する．土が残った容器に再び水を注ぎ，採取試料に含む有機物や植物性残渣がなくなるまでこの操作を 5，6 回繰り返す．

②ふるいを重ねたまま，1.7 mm のふるいの残留物を指先で擦ったり，つぶしたりして細かくし，再び水を注ぐ．次に 106 μm のふるいの残留物を図 1.5.9 ②のようにふるいを傾けてふるいの縁の 1 カ所に集め，水を少し加え，土壌粒子を沈殿させ，有機的残留物の上澄みのみ 38 μm のふるいに注ぐ．これを 2, 3 回繰り返す．最後に，洗浄瓶を用いて傾けた 38 μm のふるいの残留物を 1 カ所に丁寧に寄せ集め，ふるいを左右に動かしながら上澄み液のみを 100 ml ビーカーに流し込む（図 1.5.9 ③）．必要に応じこれも 2, 3 回繰り返す．

③ビーカーの液を攪拌し，遠沈管に分注し，4,000 ～ 5,000 rpm で 10 分間遠心する．次に，上澄み液を捨て，ショ糖液を加え，薬さじで攪拌し，2,000 ～ 2,500 rpm で 1 分間遠心する．上澄み液を 38 μm のふるいに流し込み，よく水洗し，図 1.5.9 ③のようにふるいの残留物をシャーレに移す．

④実体顕微鏡のステージにアルミホイルをひき，その上にシャーレを静置する．20 ～ 25 倍でシャーレ内の胞子を柄付き針やピンセットで寄せ集め，先を細くしたパスツールピペットで胞子を吸い取り，時計皿に単離する．その後，別の時計皿に形態や色が類似する胞子ごとに分ける．

注意事項

・粘土質が多い土の場合，①のように攪拌した採取試料の懸濁液をまず，38 μm のふるいに少しずつ注ぎ，指先で軽く土を擦りながら流水で粘土質の粒子を洗い落とす．濾過した水の濁りがなくなるまで続ける．よく洗った採取試料を①のように重ねたふるいに注ぎ，胞子を分離する．

■図 1.5.9　ウェットシービング・デカンティング法の作業順序

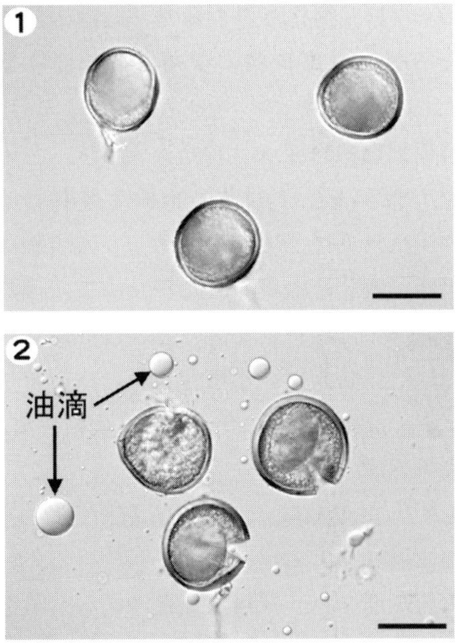

■図 1.5.10　生物顕微鏡下のアーバスキュラー菌根菌（*Glomus clarum*）の胞子の確認方法（スケールバーは100 μm）

・実験目的によって③をせずに，②から④へ直接進むこともできる．

・実体顕微鏡下では胞子は一般的球形，亜球形，楕円形で表面が平滑で光沢がある．確認方法として，最初胞子と思われる胞子を単離し，プレパラートを作製し，生物顕微鏡下で観察する（図1.5.10①）．次に胞子内容物があることを確認するため，カバーグラスを軽く押しながら胞子をつぶすと，胞子壁の１カ所が割れ，油滴が流出（図1.5.10②）すれば，本菌の胞子の可能性が高い．本菌の同定や胞子・菌根形態はINVAMのホームページ（http://invam.caf.wvu.edu/index.html）などを参考にするとよい．

(2) 菌根菌の培養法

材　料

滅菌土壌（例：焼き赤玉（小粒）＋砂(7：3)），500～1,000 m*l*円筒形の容器，“サンバック”(Sigma社)，袋の密閉用具“しめらんぼう L”（清水産業株式会社)，“パラフィルム M”(幅 4 in.)(American National Can 社)，キムワイプ，種子表面殺菌した実生（例:キュウリ，ムラサキツメクサ，ネギ），

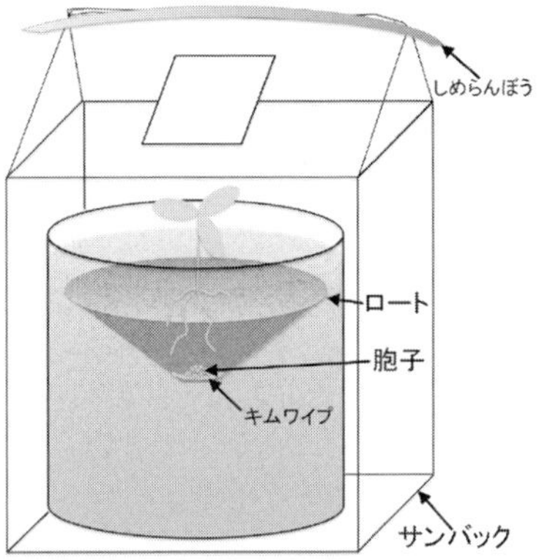

■図 1.5.11　菌根菌の培養（胞子増殖）容器

先細ピンセット，パスツールピペット，はさみ．

方　法

採取試料から分離した形態が同様の胞子 50～200 個を集め，接種に用いる．1 時間オートクレーブ滅菌した土を十分冷やしてから円筒形容器の2/3まで詰める．次に，パラフィルムから直径 10 cm の円を切り抜き，円錐形になるように半径分の切れ込みを入れる．円錐形に丸め，円錐先端から約 1 cm のところを扇形に切り，ロートをつくる（図 1.5.11）．土入りの容器に中央にロートを静置できるように真ん中の土を脇に盛り上げる．パラフィルムのロートを入れ，ロート内の底部に 2 cm × 2 cm の正方形のキムワイプを敷き，その上にピペットで時計皿から吸い取った胞子をのせる．余っている滅菌土壌でロートを埋める．ロートの中央に無菌実生 1～5 本を植える．この容器をサンバックに入れ，しめらんぼうで口を止める（図 1.5.11）．

注意事項

・この方法で胞子が増殖した場合，単胞子分離菌株も成功する可能性が高い．単胞子分離菌株の場合，胞子１個を直接実生の根に付着したまま，植える．また，土を使わず，毛状根に表面殺菌した胞子を接種して増殖も成功している．

（阿部淳一）

＊引用文献

1) Williams PG (1996) Mycological Research 94 : 995-997

＊参考文献
Brundrett M, et al. (1996) Working with Mycorrhizas in forestry and agriculture. ACIAR, Canberra
Cranenbrouck S, et al. (2005) Methodologies for in vitro cultivation of arbuscular mycorrhizal fungi with root organs. In vitro culture of mycorrhizas (Soil Biology, vol 4. Declerck S, et al., eds.). Springer, Berlin, pp341-375
土壌微生物研究会 編(1997) 新編土壌微生物実験法, 養賢堂, 東京, pp297-311
Williams PG (1992) Axenic culture of arbuscular mycorrhizal fungi. Methods in microbiology (Norris JR, et al., eds.), vol 24. Academic Press, London, pp203-220

10) ラン菌根分離法

ラン科植物では，一般に根もしくは地下茎の皮層細胞内に菌根菌の感染が見られる（図1.5.12）．細胞内の菌糸塊（菌毬，ペロトン peloton）は黄～茶色を呈するため，染色することなく低倍率の光学顕微鏡で観察することができる．感染初期の菌糸はコイル状を示すが（図1.5.13左），時間とともに菌糸が消化され，やがて塊状となる

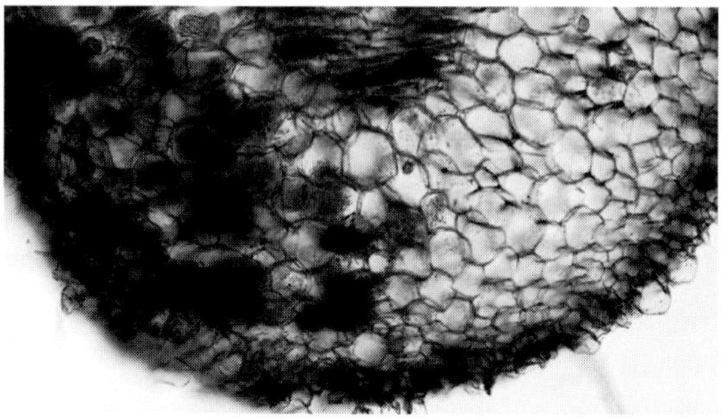

■図 1.5.12　ネジバナの菌根の横断面（左側が菌根菌感染組織，右側が非感染組織）

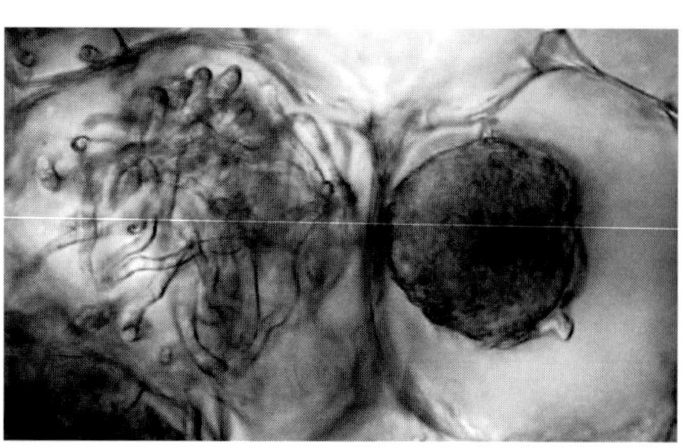

■図 1.5.13　コイル状（左）および塊状（右）の菌糸塊

（図1.5.13右）．消化された菌糸からは分離が難しく，なるべくコイル状の菌糸を含む部位を用いる．

(1) 感染部位の探索

ランの根や地下茎などの組織を採取し，洗浄後，カミソリで徒手切片を作製し，光学顕微鏡で観察する．新しく形成された根にはまだ菌糸が感染していないことが多く，一方，古い根では菌糸がすでに消化されている場合が多い．菌糸を含む部位をよく洗浄後，長さ5 mm程度の断片を取る．

(2) 感染組織の消毒

切り出した組織は，滅菌水で数回洗浄するか，次亜塩素酸ナトリウム溶液や70％エタノールなどで殺菌処理をし，滅菌水で洗浄する．消毒液の濃度や処理時間は，菌根組織の状態により適宜調節する必要がある．

(3) 培　養

ポテトデキストロース寒天培地，酵母エキス寒天培地，改変Melin-Norkans寒天培地などが用いられる．培地には，バクテリアの発生を抑えるため，ストレプトマイシンなどを添加しておく．①薄くスライスした組織を培地に置床する方法，②菌根組織を数滴の滅菌水中で砕き，けん濁液を培地に滴下する方法や，③前述のけん濁液を空のシャーレに滴下し，50℃程度に保温した培地を流し込みプレート化する方法などがある．あらかじめシャーレの裏から顕微鏡下で菌糸塊を探索し，印を付けておくとよい．数日間培養すると菌糸の伸長が確認できる．菌糸塊から伸長した菌糸の先端部分を切り取り，継代用培地に移植後，20℃暗黒下で培養する．必要に応じて複数回の継代培養を行い，菌株を純化する．

ランに感染している菌根菌の種類は，ツラスネラやケラトバシディウムなどを含むリゾクトニアと呼ばれていた担子菌類が最も普遍的である[1]．これらの菌類は比較的容易に分離することができるが，キンラン属など一部の地生ランにおいては，外生菌根性の菌が感染している場合があり[2]，分離が困難とされる．　（辻田有紀）

＊引用文献
1）Rasmussen HN（2002）Plant and Soil 244 : 149-163
2）Dearnaley JDW（2007）Mycorrhiza 17 : 475-486

＊参考文献
青島清雄ほか（1983）菌類研究法．共立出版，東京
Currah RS, et al.（1997）Fungi from orchid mycorrhizas. Orchid biology : Reviews and perspectives, VII（Arditti J, Pridgeon AM, eds.）. Kluwer Academic Publishers, Dordrecht, pp117-170
加古舜治（1988）図解ランのバイオ技術．誠文堂新光社，東京
Rasmussen HN（1995）Terrestrial orchids from seed to mycotrophic plant. Cambridge Univ. Press, Cambridge

11）地衣類の分離法

地衣類は菌類と藻類による共生生物であるため，地衣体組織には菌・藻両方が含まれている．このため，組織片からの培養では菌・藻共存の共生培養となるため，地衣構成菌（地衣菌）を分離培養するためには，単なる組織培養とは異なる方法が必要である．代表的な方法として，胞子培養法と，山本によって確立された組織培養法がある．

（1）胞子培養法

胞子培養法は古くから行われており，子器と呼ばれる有性生殖器から胞子を放出させ，培地上で無菌的に発芽させる方法である．1960 年代に Ahmadjian によって集大成されている[1, 2]．この方法により，約 500 種の地衣菌について培養が行われているが，(a) 子器をつくらない（胞子をつくらない）地衣類には適用できないこと，(b) 子器をつくる地衣類であっても，約半数は胞子を放出させることが困難で，さらに放出された胞子も約半数が発芽増殖しないこと[2]，(c) 放出された胞子に地衣菌以外の雑菌が付着しているケースがあり，地衣菌を単離するには多数のサンプルをつくり，雑菌汚染が生じていないサンプルを選別する作業が必要である，などの留意点がある．

（2）組織培養法

山本によって確立された組織培養法[3, 4]は，子器をつくらない地衣類に対しても適用でき，長期冷凍保存された地衣体でも培養可能な方法である．

まず地衣体から小片を切り出し，1 時間程度流水洗浄したのち，クリーンベンチ内で地衣体小片を乳鉢で磨砕し，フィルターを用いて 150 ～ 500 μm の微小片を収集する．微小片を集めたフィルターを実体顕微鏡下に置き，滅菌した竹串で微小片を 1 つずつ拾い上げ，あらかじめ試験管に作製しておいた寒天斜面培地に植え付ける．培地には，麦芽・酵母エキス培地[5]などが用いられる．この後，15 ～ 20℃の暗所にて約 6 カ月培養すると培養物コロニーが得られる．培養物コロニーは地衣菌・共生藻からなっているため，このコロニーを切り出し，滅菌水 1 ml とともに乳鉢で磨砕後，麦芽・酵母エキス寒天平板培地上に広げ，15℃，暗所で 3 カ月ほど培養し，生成された地衣菌のみのコロニーを切り出すことで地衣菌を単離することができる．同様の方法で共生藻の分離培養も行うことができる．この方法により，300 種以上の地衣菌の分離培養が行われているが，(a) ある程度大きな組織片が必要なため，小さな地衣類には用いにくい，(b) 地上生の地衣類では雑菌汚染が発生しやすい，(c) 一部の地衣類では微小片からの増殖，コロニー生成ができない，などの課題もある．

以上，2 つの方法を紹介したが，いずれの方法についても長所・短所があり，培養対象とする地衣類の特徴を考慮して適切な方法を選択するべきである．

（小峰正史）

＊引用文献
1）Ahmadjian V（1973）The lichens. Academic Press, New York, pp635-660
2）Ahmadjian V（1993）The lichen symbiosys. John Wiley, New York, pp8-15
3）山本好和・山田康之（1985）組織培養 11：258-262
4）山本好和（1994）バイオインダストリー 11：145-152
5）Ahmadjian V（1961）Bryologist 64：168-179

＊参考文献
Yoshimura I, et al.（2001）Methods in lichenology, Springer, Heidelberg

1.6 菌株保存

1.6.1 保存方法

菌株は，死滅しないように，また，その性状が変異しないように，安全にしかも長期に保存されることが必要である．菌類培養株の主な保存方法としては，継代培養法，流動パラフィン重層法，凍結法，乾燥法などがある．それぞれ長所短所があるが，菌株に変異を起こしにくく，より長期間安定して保存できるのは，乾燥法と凍結法である．ただし，乾燥法は，糸状菌の場合，培地上で十分量の胞子を形成する菌株にのみ適用でき，胞子を形成しない培養株，たとえば，アナモルフをもたず，培養すると菌糸のみのコロニーとなる担子菌類の多くの種などには適用できないとされている．また，胞子を形成しても，大きな細胞の胞子（たとえば，*Fusarium* の大分生子，*Monacrosporium* の分生子など）は乾燥に対して弱く，適用できない場合が多い．このような菌株にも適用できるのが凍結法であり，培養できるほとんどの菌株に適用できる．しかし，凍結に対する感受性に幅があり，鞭毛菌（ツボカビ類，卵菌類など）のようにプログラムフリーザーを用いて冷却速度を制御して凍結する必要がある菌種もあり，菌株に応じた対応が必要である．また，一部の菌根性担子菌には，凍結保存後の生残性が著しく低い菌種や保存期間が長くなるにつれて生残率が低下する菌種があり，そのような菌株に対しては，継代培養法や流動パラフィン重層法を選択することになる．

1）継代培養法

植え継ぎによって菌株を維持する方法で，菌株を定期的に新しい試験管斜面寒天培地に移植し培養物を保存する方法である．最も容易な方法であるが，定期的な植え継ぎを行う手間と，植え継ぎの際の菌株の取り違え，雑菌の混入，さらに菌株の変異が起こる危険性が高い．しかし，短期間の保存や凍結法や乾燥法を用いることができない菌株にとっては有効な保存法である．通常，試験管寒天培地の斜面いっぱいにコロニーが広がった頃に 4 ～ 5℃で冷蔵することによって，植え継ぎ間隔を数カ月に延ばすことができるものが多いが，菌種によっては早期に死滅するもの，自身が生産して培地中にたまった代謝産物によって死滅するものがあり，植え継ぎ間隔は種ごとに検討が必要である．また，菌種によっては，低温により死滅するものもあるので，一律に冷蔵保存は適用できないことにも注意する必要がある．

2）流動パラフィン重層法

試験管斜面寒天培地に培養した菌体の上に，滅菌した流動パラフィンを重層することによって酸素供給を制限して生育速度を抑え，植え継ぎの間隔を延ばす方法である．流動パラフィンは 121℃で 30 分以上のオートクレーブ滅菌したものを使う．菌株を生育させた斜面培地上に，寒天上端より上部 1 cm くらいの高さまで流動パラフィンを重層し，10 ～ 20℃で保存する．保存可能な期間は菌株によりまちまちであるが，10 年以上生存する菌株も多い．ただし，流動パラフィンの量が少なくて培地の一部が液面からわずかでも露出していると，保管中に寒天培地が乾燥して菌が死滅するので注意が必要である．また，試験管の保管場所の湿度が高い場合には，雑菌の菌糸が試験管外壁を這って試験管のシリコン栓の隙間から内部に侵入するので注意が必要である．

3）乾燥法

菌体から大部分の水分を取り去って細胞の活動を停止させることにより保存する方法で，凍結乾燥法（freeze drying, lyophylization）および L-乾燥法（liquid-drying）の 2 つの方法が主に使われる．真菌類の場合，小型の胞子を大量に形成する菌株に対して適用できる方法である．酵母や細菌では，栄養細胞でも適用できる．凍結乾燥法は，保護剤に懸濁した胞子液をガラスアンプルに分注し，－50～－80℃フリーザー内で凍結させた後，真空凍結乾燥機にかけて，水分を減圧昇華させて乾燥させる方法である．一方，L-乾燥法では，保護剤に懸濁した胞子液を凍結することなく，真空下で乾燥させる方法である．保護剤としては，3%グルタミン酸ナトリウムを0.1 Mリン酸カリウム緩衝液（pH 7.0）に溶かしたものが糸状菌類一般に用いられる．L-乾燥法の場合，凍結乾燥機に2～3時間かけて，真空度0.1 torr以下まで乾燥させる．凍結乾燥の場合は乾燥に要する時間がより長い（一晩程度）．微生物の保存性は，両方法で大差はないが，凍結乾燥法では，凍結障害を受けやすい菌種には不適である．乾燥したアンプルは，真空漏れがないことを確認した後，冷蔵保管する．菌の保存性は菌種や保管条件にもよるが，良好に保管されれば，30年以上，おそらく半永久的に保存できる可能性がある．冷蔵庫での保管で十分であるし，室温にも耐えるので，次の凍結法に比べて，保管や輸送に便利であり，停電やフリーザーの故障などのリスクにも強いため，菌株を保存する方法として第一選択となる．

なお，乾燥法によって作製したアンプルの保存性を推定する方法が開発されている．これは，作製したアンプルを37℃という過酷な条件で4週間（細菌の場合は2週間）保管した場合の菌の生残数と，4℃で20年以上保管した場合の生残数とがほぼ等しいことが明らかにされたことに基づいて開発された方法で，加速保存試験と呼ばれている[1]．作製した糸状菌や酵母アンプルのうちの1本を37℃で4週間保管後に生残試験を行うことにより，長期間冷蔵保存した後の菌の生残性を推定することが可能である．

4）凍結法

胞子や菌糸体を凍結保護剤の溶液に浸漬し，凍結して保存する方法である．胞子を形成しないために乾燥法が適用できない菌株もこの方法によって長期間安定して保存することができる．保存温度が低いほど保存の安定性が高く，－80℃以下での保存が望ましい．ただし，長期間の保存中に生残率が低下する菌株もあるので，そのような菌株はより低温の液体窒素タンク気相下（－170～－150℃）で保存すべきである．なお，－20～－40℃のフリーザーが用いられることもあるが，この温度帯は氷の結晶状態が変化することによる細胞障害が起こり，保存性が悪いとされている．凍結保護剤としては，10～15%グリセロール水溶液または7～10%ジメチルスルホキシド（DMSO）水溶液が用いられている．鞭毛菌など凍結にやや感受性の高い菌種にも使える保護剤として，10%グリセロール＋5%トレハロース水溶液がある．保存容器はねじ口でインナーキャップ式の凍結保存用チューブ（容量2 m*l*）が適している．寒天平板培地で培養したコロニーから滅菌済みストローなどを用いて直径7 mm程度のディスクを寒天ごと切り出し，2個ずつ保護剤入りのチューブに入れる．チューブは4℃で半日～2日ほど置いた後，－80℃超低温フリーザーに入れて凍結保存する．復元する際は，30～40℃の温浴で急速解凍し，新たな培地に寒天ディスクを載せて培養する．

なお，鞭毛菌（ツボカビ類や卵菌類）は，凍結感受性が高く，凍結する際に冷却速度を制御することが必要な菌種が多い．そのような場合は，プログラムフリーザーを用い，室温～－40℃は1℃／分，－40～－100℃は2℃/分の冷却速度で凍結した後，液体窒素タンクで保存するのが望ましい．

保存性は菌種によって大きく異なるが，－80℃で保管した腐生性の子嚢菌類，担子菌類の菌株は15年以上生存しており，より低温で安定した温度環境であれば，恐らく半永久的な保存が可能と考えられる．また，保存性（生残率）を左右する要因としては，凍結前培養の培地，保護剤，冷却速度，保存温度，解凍方法，復元培地などさまざまあり，凍結感受性の菌株に対しては，これらを検討して対処することになる．

菌類の保存法には，上記のほかにもさまざまあるが，いずれも一長一短がある．可能であれば，1つの方法だけでなく，別の方法でも保存し，お互いのバックアップを担わせることが望ましい．

＊引用文献

1）坂根　健ほか（1996）Microbiol Cult Coll 12 : 91-97

＊参考文献

中川恭好（2006）微生物の保存方法―微生物管理の実際―．防菌防黴誌 34：95-103

農林水産省農林水産技術会議事務局 編（1987）微生物の長期保存法―農林水産関係―．農林水産省農業技術研究所，p.183

1.6.2 菌株保存機関

カルチャーコレクション（culture collection）または，生物遺伝資源センター（Biological Resource Center）と呼ばれる菌株保存機関は，研究に使われた菌株，分類の基準となる菌株（タイプ株），およびさまざまな有用性が見いだされた菌株を，貴重な遺伝資源として長期間生きたまま，そして性状をできるだけ維持するように適切な方法で保存，管理する．公的な保存機関では，寄託者から菌株を預かって保管する菌株受託業務とともに，培養して増やした保存標品を，希望する第三者に分与する菌株分譲業務も行っている．なお，利用者が菌株を寄託する方法としては，上記のような第三者への分譲を認める一般寄託のほか，第三者への分譲に一定の条件をつける制限つき寄託や，まったく分譲を認めない安全寄託などがある．現在わが国には，大学等の保存施設も加えて20を超える公的保存機関があるが，そのうち，菌類の培養株を多く保存し，分譲している主な機関を表1.6.1に示す．また，海外の主要な保存機関を表1.6.2に示す．

微生物を用いた基礎・応用研究の発展には，研究材料である菌株が長期間安全に保存され，それを誰もが研究，開発などに利用できるように提供されるしくみが整っていることが必要であり，それを担うのが公的保存機関である．また，国際植物命名規約（勧告8B；ウィーン規約2006）では，菌類の新種を命名記載する際には，できる限りその新菌種の培養株を得て，菌株を少なくとも2カ

表 1.6.1　国内の主な菌株保存機関

機関略号	機関名	連絡先
IFM	千葉大学真菌医学研究センター	http://www.pf.chiba-u.jp/ tel. 043-226-2789
JCM	理化学研究所バイオリソースセンター微生物材料開発室	http://www.jcm.riken.jp/JCM/JCM_Home_J.html tel. 048-467-9560
NBRC	製品評価技術基盤機構バイオテクノロジー本部生物遺伝資源部門	http://www.nbrc.nite.go.jp/ tel. 0438-20-5763
NIAS (MAFF)	農業生物資源研究所ジーンバンク	http://www.gene.affrc.go.jp/micro/index_j.html tel. 029-838-7013

表 1.6.2　海外の主な菌株保存機関

機関略号	機関名	連絡先
ATCC	American Type Culture Collection 日本代理店：住商ファーマインターナショナル	http://www.atcc.org/
NRRL	US Department of Agriculture, Agriculture Research Service Culture Collection (NRRL)	http://nrrl.ncaur.usda.gov/
CBS	Centraalbureau voor Schimmelcultures	http://www.cbs.knaw.nl/
MUCL	BCCM/MUCL (Agro)Industrial Fungi & Yeasts Collection	http://bccm.belspo.be/about/mucl.php

■表 1.6.3 国内の国際寄託当局として指定されている特許生物寄託機関.

機関略号	機関名	連絡先
IPOD	産業技術総合研究所 特許生物寄託センター	http://unit.aist.go.jp/pod/ci/index.html tel. 029-861-6075
NPMD	製品評価技術基盤機構 バイオテクノロジー本部　特許微生物寄託センター	http://www.nbrc.nite.go.jp/npmd tel. 0438-20-5580

IPOD は 2012 年 4 月以降に，NPMD に統合が進められ，2013 年 4 月に NPMD に一元化された.

所の菌株保存機関に寄託するべきであると明記されており，これは，2011 年に制定された国際藻類菌類植物命名規約（メルボルン規約）においても同様である．このように，分類学のような基礎的な研究においても，研究の裏づけとなる菌株を保管する保存機関の役割は大きい.

微生物を用いた特許を申請する際には，特許庁の認める特許生物寄託機関にあらかじめその菌株を寄託して，菌株の登録番号を取得する必要がある．この特許微生物寄託制度により，特許が公開された際に，第三者が寄託機関に申請してその菌株を入手することができ，特許の検証や比較研究などに用いることができる．なお，国際特許申請にかかわるブダペスト条約で指定された国際寄託当局は国内にもあり（表 1.6.3），ここに菌株を寄託すれば，すべての条約加盟国への特許出願のための菌株寄託として有効になる．　**（中桐　昭）**

1.7 育 種

1.7.1 選 抜

菌類の育種では分離した有用微生物を，突然変異の誘発，プロトプラスト融合，交配（交雑），遺伝子操作（分子育種）などの手法で遺伝的に改変し，その中から有用な菌株を選抜（スクリーニング）する．

突然変異の誘発は，放射線（γ線，X線）や紫外線（UV）照射のような物理的な処理や，化学変異誘起剤（*N*-methyl-*N'*-nitro-*N*-nitrosoguanidine：NTGなど，ethyl methanesulfonate：EMSなど）により，致死率95～70％の条件で，酵母細胞，胞子，プロトプラストなどを処理するが，変異の起こる場所はランダムであり，変異処理後，目的の形質をもつ菌株を選抜する必要がある．通常，変異処理には一倍体細胞が使われるが，二倍体であることが多い実用酵母においても，ヘテロ接合体の喪失（loss of heterozygosity）が起こるため，劣性形質の変異株が取得可能である．

プロトプラスト融合は，有用な形質をもつ2つの菌株のプロトプラストをポリエチレングリコール処理や電気パルス（エレクトロポレーション）により融合させる．酵母では，核と細胞質の融合株（fusant）と細胞質のみの融合株（cytoductant）が取得できる．種内の融合であれば倍数体の作製も可能である．しかし，多くの菌類の種間融合の場合，近縁種（同属間等）では，成功例が報告されているが，遠縁の種間融合は，特に担子菌類のキノコでは困難である．細胞融合では，融合株として得られた菌株の中には，もう一方の菌株のDNA（染色体）を部分的にゲノム内に取り込んだ形質転換体も含まれる．したがって，プロトプラスト融合は，全ゲノムDNAを使った形質転換と考えることもできる．

育種した有用菌株の選抜は，酵素活性，種々の物質の生産性，さまざまな培養条件（温度，pH，培地成分など）における増殖能などを指標に選抜を行う．選択培地などは，種々の有用微生物の分離法などの書籍を参考にすることができるが，スクリーニング方法の確立が成功までの道程の大部分を占めることはいうまでもない．

＊参考文献

江口文陽・檜垣宮都（1995）木材学会誌 41：342-348

梶山直樹・森永 力（1986）日本醱酵工学会大会講演要旨集，昭和61年度（19861117），p21

協和発酵東京研究所 編（1986）微生物実験マニュアル．講談社サイエンティフィク，東京，p288

Lalithakumari D (2000) Fungal protoplast : A biotechnological tool. Science Publishers, New Hampshire, p184

清水建一（1990）化学と生物 28：800-809

杉山純多ほか 編（1999）新版微生物学実験法．講談社サイエンティフィク，東京，pp126-156

牛島重臣（1991）Cell Science 7 : 219-228

山里一英ほか 編（2001）微生物の分離法，復刻版．R & Dプランニング，東京，p910

1.7.2 交 配

人工的な交配（交雑）により遺伝的な変異を生み出す交配（交雑）育種は，動植物を含め，最も汎用されており，菌類では有性の生活環が明らかな種である *Saccharomyces cerevisiae* などの子嚢菌類酵母や種々の食用キノコ類の育種に利用されている．典型的な菌類の生活環では，和合性の交配型をもつ一倍体（haploid）株同士が二倍体（diploid）を形成し，有性生殖器官形成および減数分裂を経て，一倍体の有性胞子を生じる．有性胞子が発芽により子孫である一倍体株が得られる．この一倍体の菌株の中から，有用菌株を選抜するが，キノコの中には有性胞子の段階で二倍体（二核）であるものや，酒造酵母の場合では二倍体の菌株が交配して四倍体を経由し二倍体の子孫を生じる場合もある．

一般的に不完全菌類では交配育種はできないが，麹菌の仲間や *Penicillium chrysogenum* などの準有性的生活環（parasexual cycle）が知られている種では，交雑が可能である．準有性的生活

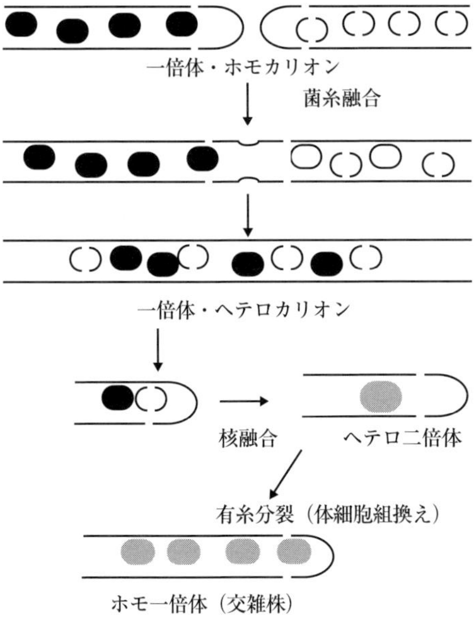

■図 1.7.1　準有性的生活環の模式図（Schardl and Craven[1] を一部改変）

環では，ホモカリオンの菌糸がヘテロカリオン化しヘテロ二倍体が形成され，有糸分裂および染色体交差（体細胞組換え）が起こった後，一倍体化する（図 1.7.1）．したがって，有糸分裂および染色体交差が起こった一倍体株は，親株とは異なる形質をもっている可能性がある．

＊引用文献

1）Schardl CL, Craven KD（2003）Molecular Ecology 12 : 2861-2873

＊参考文献

赤田倫治ほか（2005）バイオサイエンスとバイオインダストリー 63 : 27-30

微生物研究法懇談会 編（1975）遺伝学的研究法．微生物学実験法，講談社サイエンティフィク，東京，288-357

北本　豊（2006）木材学会誌 52：1-7

黒瀬直孝（2003）清酒酵母一倍体の分離と利用．清酒酵母の研究─90 年代の研究─（清酒酵母・麹研究会 編）．日本醸造協会，東京，pp75-79

篠原　隆（2003）有用ワイン酵母の育種．清酒酵母の研究─90 年代の研究─（清酒酵母・麹研究会 編）．日本醸造協会，東京，pp161-167

1.7.3 遺伝子操作

基礎研究としての菌類の遺伝子操作技術の発展はめざましいが，その使用に当たっては，法律および倫理的な側面から多大なコストをかけて遺伝子組換え生物の拡散防止に努めなければならない．したがって，付加価値の高い酵素や医薬品などの製造で組換え菌類の利用が期待されている．

特に哺乳動物のタンパク質生産の宿主として菌類が有用なのは，動物細胞培養と比較し，増殖が速く培地器材が安価であり，原核生物にはないタンパク質の翻訳後修飾機能をもつことである（表 1.7.1）．哺乳動物のタンパク質の多くは，プロセシングや糖鎖付加などにより機能が発現する．そのため，大腸菌を宿主とした場合では活性のあるタンパク質は得られなくても，菌類細胞内では活性のあるタンパク質が得られる可能性が高い．ただし，付加される糖鎖が人型のものでないために，*in vivo* での不安定性や免疫原性をもつ可能性も

■表 1.7.1　各種細胞を宿主とした異種タンパク質の生産（Nevalainen et al.[1] の Table 1 を改変）

性　質	大腸菌	糸状菌	酵　母	昆虫細胞	動物細胞	植物細胞
増殖速度	～数日	～1 週間	～1 週間	1 週間	数週間	数カ月
培地価格	安価	安価	安価	高価	高価	高価
翻訳後修飾						
リフォールディング	要	要／不要	要／不要	不要	不要	不要
N 結合型糖鎖						
非ヒト型糖鎖	無	有	有	有	有	有
シアル酸	無	不含	不含	不含	含	不含
その他特徴	無	哺乳動物型コア	高マンノース含有	非ヒト型	非ヒト型	非ヒト型
O 結合型糖鎖，リン酸化，アセチル化，アシル化	無	有	有	有	有	有

指摘されており，改良が試みられている．また，菌類はタンパク質を分泌生産することができるのも特徴である．現在，麹菌の仲間や酵母*S. cerevisiae*, *Pichia pastoris* と *P. methanolica* などが宿主として汎用されている．カルタヘナ法では，従来法である突然変異の誘発，プロトプラスト融合，交配育種により育種された生物は「遺伝子組換え生物等」に当たらないが，セルフクローニング（同種の核酸のみを用いて加工する技術）により育種した菌株も「遺伝子組換え生物」に該当しないため，今後の利用の拡大が期待される．

（会見忠則）

＊引用文献

1) Nevalainen KM, et al. (2005) Trends Biotechnol, 23 : 468-474

＊参考文献

Gerngross TU（2004）Nat Biotechnol 22 : 1409-1414
五味勝也（2002）カビ起源の異種タンパク質生産の現状．キノコとカビの基礎科学とバイオ技術（宍戸和夫 編著），アイピーシー，東京，pp324-326
Hamilton SR, Gerngross TU（2007）Current Opinion in Biotechnol 18 : 387-392
Meyer V（2008）Biotechnology Advances 26 : 177-185
文部科学省ライフサイエンスの広場，http://www.lifescience.mext.go.jp/bioethics/
Wildt S, Gerngross TU（2005）Nat Rev Microbiol 3 : 119-128

Ⅱ 利用

序：菌類の利用

菌類は酒造りや食品としてのキノコなど，人類による長い利用の歴史をもっている．細胞壁をもち，全体として運動能力をもたないという特徴から，古くは植物の一部に含まれる生物群であると認識された時代が長く，いまでも，博物学の世界では植物に似たあるいは付随する生物であるという位置づけである（科学博物館における研究部の位置を見ればわかる）．また，食用キノコをとってみれば，どちらかといえば肉よりは野菜としての範疇に入る取扱い方である．しかし，現在では植物よりも動物に近く，動物とともに１つの生物群をつくり，自然生態系においても分解者として重要な役割をもつ生物群であることが認識されるようになってきている．このような菌類と人類との最初の接点はどのようなものであったのであろうか．おそらく，食料としての野生キノコ，あるいは酒であろうと思われる．キノコの食用利用は13000年前のチリの遺跡から食用キノコが発見されているとされるが，確かな証拠としては紀元前数百年の中国である．キノコは柔らかく遺跡として残りにくいことから，実際はかなり古くから食料として利用されていたと考えられる．一方，世界で最も古い酒は中国で紀元前7000年頃の出土品の分析データや，紀元前5400年頃のイランで発見された遺跡の壺からワインの名残が発見された例がある．また，バビロニアやエジプトでもワインが飲まれていた記録がある．このようにして人類はアルコールを手に入れ，ワインだけでなく，ビール，日本酒，紹興酒等の醸造酒に加えて焼酎，ウオツカ，ウイスキー，ブランデーなどの蒸留酒を発明し，現在，世界中に蔓延するアルコール中毒患者をつくり出してきたのである．わが国は，日本の気候風土をうまく利用し，独特の並行複発酵技術に基づく日本酒や味噌，醤油，かつお節などの伝統的発酵食品，いまでも，アジアの各国で大量に販売されている化学調味料を生み出したさまざまなアミノ酸発酵技術，独特のおが屑を利用したキノコの菌床ビン栽培技術，第二次世界大戦後の抗生物質生産における世界の医薬品産業界のリードなど，世界に冠たる菌類利用技術開発の歴史をもつ国である．たとえばキノコの菌床ビン栽培技術は京都の伏見において森本彦三郎氏が1920年代にエノキタケの栽培に成功し[1]，それが改良されて現在のキノコの工場生産を可能にしたものである．

菌類は真核生物であり，生態系において分解者として位置づけられる高い分解能力をもつだけでなく，植物と共生して菌根を形成し，植物生育にとってなくてはならない役割を果たしていたり，主として植物に病気を起こす病原菌として働くなど，植物や動物，微生物等の他の生物群には見られない特殊性を有し，その特殊性に基づいた利用方法や利用形態が発明発見され，技術開発が行われてきた歴史がある．

この第Ⅱ部では，①キノコや最近利用が進みつつあるマコモタケなどの菌類関連食品，呈味成分，食品成分，保存，調理などを含む食品としての菌類利用，②農林業，緑化園芸産業，食品産業，キノコ産業，医薬健康産業，化学産業，環境関連産業における菌類利用などのいわゆる利用という項目で扱われる項目以外に，基礎的項目として，③指標生物としての菌類利用，④モデル生物としての菌類利用についても含めて解説を行う．

マコモタケやウィトラコーチェなどの菌類の寄生により変形した植物はわが国ではまだあまり一般的ではないが，特にマコモタケは特定の地域から徐々に広まりつつある．キノコについてはいまでも東北などの一部の地域では野生キノコの採集がさかんであるが，全国的には特定の季節に出回るマツタケを除けばシイタケやエノキタケなどの栽培キノコのみが利用されているにすぎない．しかし，品目としてみれば，ヒラタケの生産量が激減し，ブナシメジ，マイタケ，エリンギなどの比較的新しく導入された品目の生産量が増えているなど，キノコ産業を取り巻く状況はつねに変革し技術開発もさかんである．医薬健康産業を見れば，天然物のスクリーニングを基礎として一大産業に発展したわが国の抗生物質産業も世界の巨大医薬産業メーカーが天然物探索から撤退するなど，大きな変革の波に飲み込まれているのは間違いない．そのほか，他の産業と比較して規模は小さいが菌類の特性をうまく利用した分野として，農林業や緑化園芸への利用も行われている．化学物質を使わずに生物を使って他の生物の成長や発育をコントロールする自然にやさしい生物利用が「エコ」のイメージとともに増えつつある．さらに，2011 年 3 月に発生した東北大地震の影響で顕在化した原子力発電所由来の放射能，あるいは放射性核種の問題がある．ある種のキノコに放射性セシウムが蓄積しやすいという特性は指標生物としてキノコが利用できるだけでなく，野生キノコ，栽培キノコを利用する際の危険性も包含するものである．最後に，モデル生物であるが，分子生物学の発展に伴い，ヒトやイネを含む多くの生物種で DNA の全塩基配列の解読が進み，遺伝子の特定や解析が進められている．菌類も例外ではなく，コウボ，カビ，キノコでも全 DNA の塩基配列の取得が終了したものも増えつつある．そのような生物種をモデル生物として，基礎的な生物学だけでなくさまざまな産業での利用が進められてきている．以上のように，第Ⅱ部ではさまざまな観点や分野における菌類の利用をできるだけ網羅する形で解説する．

（岩瀬剛二）

＊引用文献

1) 吉見昭一 (1979) 森の妖精—キノコ栽培の父・森本彦三郎—. 偕成社，東京

2 菌類食品

序

菌類食品はその国の気候風土，民族の嗜好性，産物などを背景として発達してきた．これらは微生物の働きを利用した発酵食品がその中心であるが，その歴史は人類の歴史と同じほど古い．

発酵＝「fermentation」はラテン語で「湧く」という意味の「fervere」を語源としており，アルコール発酵のとき，炭酸ガスが泡のように盛り上がる姿から名づけられたようである．メソポタミア地方ではつぶしたブドウの皮や種子，茎を発酵させてワインが造られていたのに続き，紀元前17世紀〜14世紀頃のギリシャでも自然発酵させるワイン造りが行われていた．また，紀元前3500年頃の遺跡「モニュマン・ブルー」にも，パンの発酵を利用した酒造りの過程が，絵と文字で記録されている．ビールの製造は紀元前3000年以前のエジプトにさかのぼる．

日本では縄文・弥生時代に行われていた発酵は「口かみ」という方法で，口中でかんだ米または脱穀と飯米を混ぜ，唾液に含まれる消化酵素で分解させてできたブドウ糖を，空気中に浮遊する酵母によってアルコール発酵を行わせる方法であった．それが，さらに弥生時代後期には米飯にカビが生えたもの，いわゆる麹カビを原料とする発酵に利用され，酒の他，醤油の原型である「ひしお」，味噌の原型である「未醤」などが造られるようになった．

パン種，ブドウ酒あるいはビール中に微生物が発見されたのは1680年，オランダのAntony van Leeuwenhockが自ら組み立てた顕微鏡を使って観察したのが最初である．1859年フランスのLouis Pasteurはアルコール発酵は酵母によって行われることを実験的にはじめて立証した．また，彼はぶどう酒の腐敗を防止するため低温で殺菌する方法，いわゆるパスツリゼーション（日本ではそれより200年ほど前，すでに清酒の殺菌に経験的にではあるが“火入れ”と呼ばれる低温殺菌法が用いられていた）を開発した．さらに，1876年Robert Kochは微生物の純粋分離法を発見・開発し，有用微生物や病原微生物の単離と微生物の特定に大きく貢献し，微生物分野の研究は著しい発展を遂げることになった[1)]．

ところで，菌類とは細菌，放線菌（下等微生物）を除いた酵母，カビ，キノコ類およびクロレラ，あさくさのりなどの一般藻類を含めた高等微生物をいう．高等微生物のうち，菌類そのものを直接食用にしているものはカビ，酵母ではほとんどなく，大部分はそれらの菌や生産される酵素を利用した発酵食品である．藻類では，あさくさのりなどは江戸時代に隅田川下流域で養殖され，すでに浅草などで販売されており，そのまま食用菌類となるが，食用となる菌類食品の大多数はキノコ類である．

食用キノコ類のシイタケ（*Lentinula edodes*），マッシュルーム（ハラタケ，*Agaricus bisporus*）およびフクロタケ（*Volvariella volvacea*）は数百年以上も前から栽培されてきたと推定される．マッシュルームは家畜の糞，腐植，土の混ざり合ったような場所に生えるが，ヨーロッパではこの性質を利用し，発酵堆肥を使った栽培法が考案され，農牧畜民族であった諸国で農業の一部として発展してきた．また，フクロタケは高温多湿で栄養になる稲わらの豊富な熱帯アジア・モンスーン地帯で栽培化され，東南アジア，中国南部，アフリカなどに栽培が広がった．一方，シイタケは樹木が豊富で四季のある日本が中心であった．平安時代には広葉樹の倒木に発生した野生のシイタケが採取され，鎌倉時代になるとシイタケを大陸に輸出したという記録が残されている．それが，江戸時代になってはじめて，長木法や蛇の目栽培法による人工栽培が行われるようになった[2]．さらに，明治から大正，昭和の時代に進み，胞子（菌糸）液接種法や埋め木（埋めほだ）法，純粋培養種菌接種法が発達してきた．シイタケ生産が飛躍的に安定化したのは，森喜作による木片種菌の発明（1943年）で，原木を用いた種駒種菌の接種によって生産が安定化し，確実にキノコを発生させることができるようになり，今日のキノコ産業の礎を築くことになった[3]．

また，マッシュルームは第二次世界大戦前に森本彦三郎によって，おが屑と米糠などの栄養物の混合体の上にキノコを発生させる菌床栽培法の基本が考案された（1937年）．戦後はこの方法が多種類のキノコ生産に応用されるようになり，革新的な技術の進歩した工場生産システムで大量に人工生産されるようになり，日本は今日世界有数の食用キノコ生産国になった．

酵母について見ると，アルコール発酵酵母（*Saccharomyces cerevisiae*）が最もよく知られ，多種類のお酒の製造に不可欠であるが，漬物や味噌，醤油醸造では耐塩性酵母が活躍する．また，酵母はビタミンB群や呈味成分のイノシン酸，食品の乳化や安定化剤として重要な多糖デキストランの発酵生産にも利用されている．*Candida* 酵母は食飼料酵母として糖蜜を原料に大量生産され，発酵乳や乳酸菌飲料でも乳酸菌とともに酵母が利用されている．また，最近では生酵母を使った発酵生パンの製造にもアルコール発酵酵母が使われている．

一方，カビ類を利用した食品には，酒類をはじめ，調味料，漬物など，多くの種類の発酵食品が存在する．これらの発酵食品は，自然界に生息する微生物による自然発酵から始まったといわれている．したがって，発酵食品はその地方の気候風土によく合った方法でつくりだされ，伝統的な食品として今日まで受け継がれてきている．カビを利用した食品は日本をはじめ，中国，韓国，台湾，タイ，マレーシア，インドネシア，フィリピンなどの東アジア諸国で見られ，その他の国ではフランスでチーズに青カビ（*Penicillium* 属）が利用されている以外，その利用例はほとんどない．また，使用されるカビの種類を見ても，日本では主に黄麹カビ（*Aspergillus oryzae*）が使われ，その他の草色カビ（*Asp. glaucus*，かつお節の製造）や黒麹カビ（*Asp. niger*，焼酎麹カビ）など，*Aspergillus* 属である．これに対し，日本以外の東アジアの国々では，クモノスカビ（*Rhizopus* 属），毛カビ（*Mucor* 属），ユミ毛カビ（*Absidia* 属）などが利用されている．さらに，日本では撒麹（ばらこうじ）として米にそのままカビを生やして利用するが，ヒマラヤ地方から中国，韓国，東南アジア一帯では生原料を粉にひき，練り固めたものにカビを生やした餅麹（へいきく）が主流である．大和時代に中国や朝鮮からの帰化人によって当然餅麹を用いた方法が，日本に伝えられていたと考えられるが，気候風土や米と麦の収穫時期，カビの生育適温，発酵食品製造環境の違い，民族の嗜好性などが原因でそれが発達しなかったと考えられる[4]．

第2章ではこれらの高等微生物が関与する菌類食品を中心に解説する．　**（寺下隆夫）**

＊引用文献

1）山口和夫・山口辰良（1968）最新応用微生物学入門．技報堂出版，東京，pp1-2
2）日本特用林産振興会 HP，きのこ—健康とのかかわりを科学する
3）衣川堅二郎・小川　眞 編（2000）きのこハンドブック，朝倉書店，東京，pp1-2
4）村尾澤夫ほか（1987）くらしと微生物．培風館，東京，pp72-76

2.1 キノコ

キノコは古くから食材として親しまれてきた．日本書紀にキノコが登場している．そして万葉集や古今和歌集で，キノコについて詠まれており，マツタケの話題が見られる．平安時代の今昔物語でも，キノコの話が記されている．一例をあげると，「尼僧たちが山で迷子になり，空腹になりキノコを見つけ，食べたところ踊りだした」「藤原氏が谷底に落ちた際に，キノコの大発生を見つけて喜んで抱えていた」「比叡山の僧侶が，キノコ中毒になりながら御経をあげた」などである．キノコが親しまれ，食用として，また幻覚材料として用いられていたようである．平家物語，宇治拾遺物語，古今著聞集などにもキノコが登場している．そのほかの古い料理書にも，ヒラタケやシイタケなどのキノコ類がさかんに食材として取り扱われている．豊臣秀吉が聚楽第に後陽成天皇の行幸を仰いだ折にもシイタケが振る舞われている．また朝鮮出兵時に肥前での懐石料理にシイタケやショウロの料理が含まれていた．親交の深かった前田利家の館を訪れた折にも，シイタケ料理が振る舞われた．江戸時代では，数々の料理本にキノコ料理が紹介され，井原西鶴や松尾芭蕉もキノコについて触れている．「松茸や知らぬ木の葉のへばりつき」など数種からキノコ狩りの様子がしのばれる．いずれも山野に自生する野生キノコを食べていたわけであるが，希少価値のある相当な贅沢品であったことが想像される．

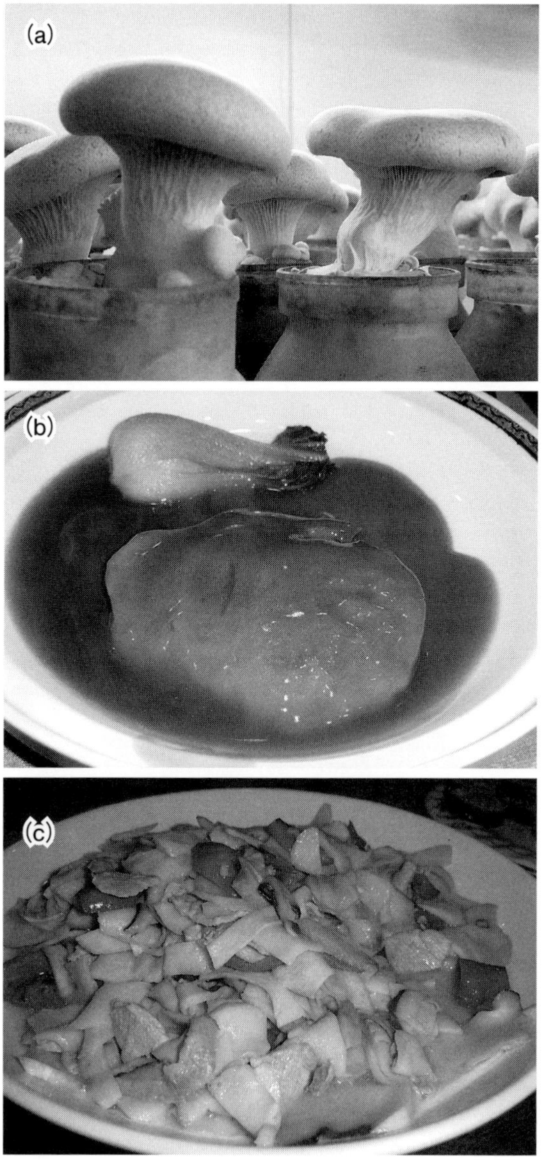

■図 2.1.1　バイリング *Pleurotus nebrodensis*
(a) 菌床栽培，(b) 中国料理（長春），(c) 炒め物．

食文化の多様化が進む中でキノコなどの菌食も認められ，人工栽培されるキノコは15種以上になり，年々生産量が増加している．腐生菌である木材腐朽菌と腐植菌のうちから，栽培キノコが多く選抜されている．エリンギやバイリングのように脚光を浴びている新しい栽培キノコが登場してきた（図 2.1.1）．食卓にキノコが上らない日がなくなりつつある．食用キノコのうち，東西栽培キノコの代表種はシイタケとマッシュルーム（ツクリタケ）である．それぞれ木材腐朽菌と腐植菌で，栽培形態も異なっている．東はシイタケで，わが国は江戸時代（1600年代），中国では宋時代（1200年代）からそれぞれ独自の栽培技術が工夫，改良されてきた．その学名：*Lentinula edodes*（Berk.）Pegler「レンチニュラ・エドデス」に「江戸です」が冠せられているほどで，わが国が栽培技術，生産量をリードし続けてきた．シイタケは「shiitake」として万国共通語になるまで

■図 2.1.2　シイタケ *Lentinula edodes*
(a) 原木栽培，(b) 菌床栽培，(c) 海老詰め.

に至っており，生産量が世界第2位のキノコである．伝統的な原木栽培にかわって，施設栽培型の菌床栽培が普及して約8割を占めるようになっている（図 2.1.2）．シイタケ特有の香りであるイオウ化合物のレンチオニンを好まない欧米人もたまに見うけられるが，大半はシイタケを好んで食べる．菌床栽培のものは原木栽培に比べ，香りがうすいのも受け入れられた一因かもしれない．西はツクリタケで，1700年代にフランスで栽培が安定

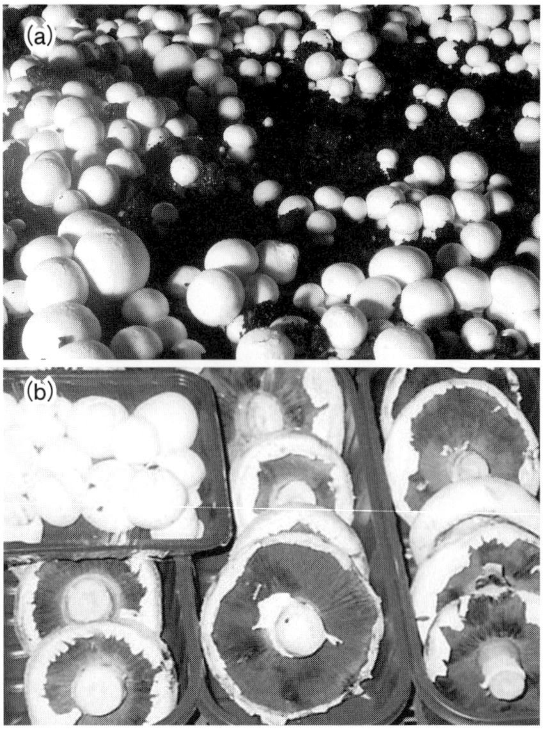

■図 2.1.3　ツクリタケ *Agaricus bisporus*
(a) 大規模なコンポスト栽培（英国），(b) 市販されているサイズの比較.

化された．ムギワラに厩肥を混ぜたコンポストで栽培される．西洋でキノコといえばこのツクリタケ：*Agaricus bisporus*（Lange）Imbach を指すほど一般的に親しまれて，キノコの意であるマッシュルーム（Mushroom）と呼ばれている．現在は，フランス，オランダ，米国をはじめ世界的に栽培され世界一の生産量を誇っている．欧米では，傘の開いたヒダが黒褐色化した完熟子実体が好んで食べられている（図 2.1.3）．最近はグローバリゼーション化されてきているため，わが国でもサラダに生のツクリタケが添えられ，欧米ではシイタケのグリルや和え物などに調理される．これらに次いで食べられているのはフクロタケ（*Volvariella volvacea*）である．稲わら，厩肥，綿実粕などの農産廃棄物を利用して栽培される．生育環境が高温多湿であるので，施設を用いない自然環境を生かし，タイ，中国南部，台湾などが主産地である（図 2.1.4）．

■図 2.1.4 フクロタケ *Volvariella volvacea*
(a) 屋外での栽培（タイ，カンチャナブリ），(b) 炒め物．

野生キノコにも美味なものが多い．人工栽培ができないので，天然の野生キノコを食べることになる．わが国は南北に長いため，亜熱帯から亜寒帯にまでまたがっている中で，国土の約7割が森林に覆われている．そのため，照葉樹林や落葉広葉樹林・針葉樹林などに恵まれている．まわりを海に囲まれており，降雨による適度な湿度が保たれている．特徴ある四季の中で気象の変化があり，キノコの発生にはふさわしい風土となっている．キノコの種類も南方系から北方系のものまで多様である．野生キノコの種類は多く約 4,000～5,000 種あるとされているが，このうち 2,000 種近くが同定され，約1割の 200 種が食用になることが認められている．そのうちの数十種は，特に食感に優れ広く親しまれている．

マツタケとホンシメジが最も好まれ，「匂いマツタケ，味シメジ」は有名である（図 2.1.5）．ま

■図 2.1.5 マツタケ *Tricholoma matsutake*
(a) 集荷（韓国，慶州北道），(b) 鍋物，(c) 茶碗蒸し，(d) フライ．

■図 2.1.6 美味な野生キノコ
(a) タマゴタケ *Amanita hemibapha*, (b) ハナイグチ *Suillus grevillei*, (c) ハナイグチの煮物（中国，吉林），(d) チチタケ *Lactarius volemus*.

た一般的に，アミタケ，ハツタケ，ハナイグチなどが好まれており，タマゴタケは美味で「キノコの皇帝」と称されるほどである（図 2.1.6）．興味深いのは，チチタケが栃木県の人々に特に好まれている点である．このキノコは，渋みのある乳液を分泌し，子実体はボソボソした感じで，油炒めがよく合う調理法である．栃木県ではチチタケを「最高級」と評価し汁物のダシとして珍重しており，わざわざ中国から輸入しているほどである．わが国は世界的に見てもスラブ系，ラテン系と並んで，キノコを珍重する民族といえる．

ヨーロッパではトリュフ，ヤマドリタケ（セップ），アンズタケ（ジロール）が好まれる（図 2.1.7）．ヤマドリタケ（フランス：セップ，ドイツ：スタインピルツ，イタリア：ポルチーニ）はとても珍重されて，希少価値の高い高級食材として人気が高い．傘の直径 20 cm，柄の長さ 20 cm にも達する大型のキノコで，特に柄の部分は肉がしまって，コリコリとした食感でとてもおいしい．新鮮なものをグリル焼きや，スライスしてパスタやスープに入れると濃厚な旨味が出る．乾燥品や瓶詰が市販されており，よく利用されている．東アジアでも野生キノコが珍重されており，生鮮品として露店で売られ，乾燥品も多く見られる（図 2.1.8）．韓国では，コウタケが珍重されている．香りが強い野生キノコで，肉類と一緒に調理すると独特の酵素の働きで繊維質が柔らかくなる（図 2.1.9）．中国では，特にアミガサタケ（羊肚菌）が珍重され最高ランクに位置づけられている（図 2.1.10）．コウタケやアミガサタケは，それぞれの国々では，マツタケより上位にランクされている．「コウタケご飯」や「アミガサタケのスープ」などはおいしい．アングロサクソン系は，キノコ狩りはさかんで「フォレー」「ヴァンデルング」など頻繁に野外活動は行っているが，野生キノコを口に運ぶことはまれである．また，シロアリのアリ塚に発

■図 2.1.7　野生キノコ
(a) マーケット（フランス），(b) セップ，(c) セップの乾燥品，(d) 瓶詰めや缶詰（セップ：ヤマドリタケ，ジロール：アンズタケ）.

■図 2.1.8　野生キノコ販売
(a) 韓国，江原道，(b) 中国，吉林省.

■図 2.1.9　コウタケ *Sarcodon aspratus*
(a) モンゴリナラ林での発生（韓国，忠清北道），(b) 鍋物．

■図 2.1.10　アミガサタケ
Morchella esculenta

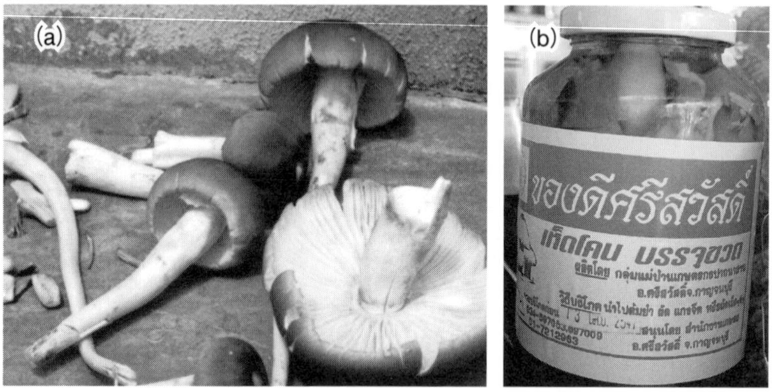

■図 2.1.11　オオシロアリタケ *Termitomyces eurrhizus*
(a) 子実体（ケニア），(b) 瓶詰め（タイ）．

■図 2.1.12　トリュフ *Tuber* sp.

生するオオシロアリタケは珍味として知られている (図 2.1.11)．そして，トリュフはフォアグラ，キャビアと並んで 3 大珍味といわれるほどであり，フランス産の黒トリュフやイタリア産の白トリュフは有名で，わが国でも同属のものが発見されている (図 2.1.12)．　　　　**(大賀祥治)**

＊参考文献

江口文陽・大賀祥治・渡辺泰雄（2003）キノコを知ろう・キノコに学ぼう・キノコと暮らそう．インタラクティブ学習ソフト CD-ROM，NPO ぐんま

今関六也・大谷吉雄・本郷次雄（1988）山渓カラー名鑑・日本のきのこ．山と渓谷社，東京

Ohga, S（2000）Influence of wood species on the sawdust-based cultivation of *Pleurotus abalonus* and *Pleurotus eryngii*. J Wood Sci 46 : 175-179

大賀祥治（2004）キノコの生育と栽培．九州大学農学部演習林報告 85 : 11-46

大賀祥治 (2004) キノコの正体と文化．キノコ学への誘い (大賀祥治編)．海青社，大津，pp9-20

大賀祥治（2005）キノコ学の将来．木材学会誌 51 : 55-57

Stamets, P（2000）Growing gourmet and medical mushrooms. Ten Speed Press, Berkeley

2.2 その他（マコモタケ，ウィトラコーチェ，イワタケなど）

1）マコモタケ

マコモタケは黒穂菌（smut fungi, *Ustilago esculenta*）に寄生され，マコモ（真菰）の茎部が肥大化した食用部のことである．マコモは東アジア原産のイネ科マコモ属の多年草で，わが国でも全国に分布している．稲苗と同様に植え付けると，成長し分割して茎は 20 ～ 30 cm, 丈は 2 m にも達する（図 2.2.1）．

■図 2.2.1 マコモの栽培

夏過ぎに寄生した黒穂菌の影響で根元部分の茎が肥大してくる（図 2.2.2）．外皮を剝き白色の部分をマリネ，フライ，炒め物などで食べる（図 2.2.3）．中国では高級食材とされ，ベトナム，カンボジア，タイなど広く食用とされている．食感はタケノコやアスパラガスに類似しており，低カロリーで食物繊維が豊富である．最近は，中山間地などの休耕田を利用しての栽培例が見られる．

■図 2.2.2 黒穂菌 *Ustilago esculenta* に感染され肥大した新芽（マコモタケ）

■図 2.2.3 マコモタケの料理
(a) マリネ，(b) フライ，(c) 炒め物．

2）ウィトラコーチェ

ウィトラコーチェ（corn smut, Huitlacoche, Cuitlacoche,

■図 2.2.4 黒穂菌の一種である *Ustilago maydis* が感染したトウモロコシ（ウィトラコーチェ）

■図 2.2.5 メキシコで市販されているウィトラコーチェ

■図 2.2.6 ウィトラコーチェの缶詰

Ustilago maydis）は黒穂菌に感染したトウモロコシの呼び名（アステカ語でトウコロコシのキノコ）で，黒く肥大化した粒である（図 2.2.4）.

メキシコ料理が知られており，トルティーヤ包み，パン塗り，クレープの材料として用いられる（図 2.2.5）．缶詰にもなっており，メキシコのキャビア，トリュフと呼ばれ珍品として知られている（図 2.2.6）.

■図 2.2.7 イワタケの乾燥品

3）イワタケ

イワタケ（*Umbilicaria esculenta*（Miyoshi）Minks）は地衣類イワタケ科イワタケ属で，菌類と藻類が共生したものである（図 2.2.7）．標高 800 m 以上の山地で断崖絶壁の岩場に垂直面に張り付くように臍状体で着生し，藻類の光合成で生育する．石英質の岩盤の南面に群生することが多い．生長が遅く，10 cm ほどになるのに 10 ～ 15 年かかる．収穫の困難さや希少な存在であるために，わが国では，秘境で幻の食材とされている．乾燥品が一般的で，水戻しをして，流水でよくもみ洗いしてから調理する．淡白な味と歯ごたえが特長で，食物繊維が豊富な食材である．酢の物，天ぷら，煮物などで食べる（図 2.2.8）.

■図 2.2.8 イワタケ料理
(a) 酢の物，(b) 天ぷら.

イワタケの食習慣は，16 世紀末に「本草綱目」とともに中国から伝えられたとされ，江戸時代に食材としての記録が見られる．中国では「石芝」

■図 2.2.8（続き）
(c) 卵とじ，(d) 煮物.

と呼ばれ，韓国では，宮廷料理の1つである神仙炉（シンソンロ）での食材として用いられる.

（大賀祥治）

2.3 呈味成分

われわれは古くから菌類を食品として利用してきた．特に東アジアにおける食文化においては，キノコや，酵母や麹を用いた発酵食品が伝統的に存在している.

キノコは日本でも古くから親しまれている食材の1つであるが，その食品としての位置づけは野菜に近く，その栄養特性としては栄養価よりも，旨味，香り，歯切れなどの嗜好性に特徴がある．キノコは菌体そのものを食品として扱うため，菌体に含まれる成分がその嗜好性にかかわり，キノコ全般にわたって，糖アルコールや少糖，遊離アミノ酸が呈味成分としてあげられる.

一方，キノコ以外の菌類については菌体を直接食品として扱うことは少ないが，前述のように発酵食品製造に欠かせないため，特に酵母や麹が生産する成分が発酵食品の呈味性に与える影響は大きい.

2.3.1 キノコの呈味成分

キノコは菌体そのものを食品と取り扱うため，菌体に含まれる成分がそのまま呈味成分となる．キノコに全般的に含有される呈味成分としては先述のような糖類（図 2.3.1）や遊離アミノ酸類があげられる．キノコに含まれる糖類としてはマンニトールのような糖アルコールや，ペントザン，菌糖とも呼ばれる二糖類であるトレハロースなどがあげられ，これらを多く含有するキノコは味がよいとされる．特にトレハロースはキノコの保水性や冷凍耐性などにも関与していることが報告されており，これらの糖類を含むことにより，味だけでなく食感にも影響し，キノコ全般の嗜好性の向上にも関与しているといえる.

キノコの旨味に関与するとされているアミノ酸としては，アスパラギン酸，グルタミン酸，アラニン，アルギニン，ヒスチジン，バリンなどが

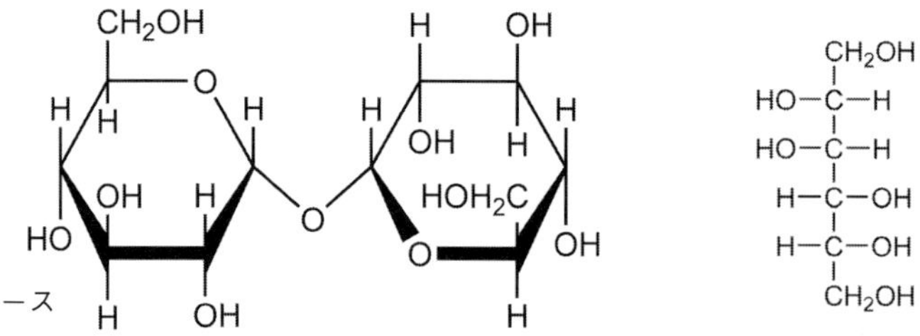

■図 2.3.1 キノコの呈味性糖類

あげられる．特に，日本において，古くから主要なキノコとして食され，料理の出汁を取る際にも使用されるシイタケ（Shiitake mushroom；*Lentinula edodes*）の遊離アミノ酸は，70%をグルタミン酸が占める．

また，キノコ由来の呈味成分として特徴的なものに，シイタケ，特に干しシイタケ由来の重要な旨味成分として知られる5′-グアニル酸ナトリウム（5′-GMP）があげられる（図 2.3.2）．5′-GMPは60℃以上の加温で生成することが知られている．日本人は5′-GMPやかつお節・煮干の呈味成分である5′-イノシン酸（5′-IMP）のような核酸系の呈味成分と，コンブの旨味成分であるグルタミン酸ナトリウムと組み合わせることにより旨味やこくが強くなることを知っており，こういった味の相乗作用を利用した調理法を利用することで，少量で非常に強い旨味を与えることができる．

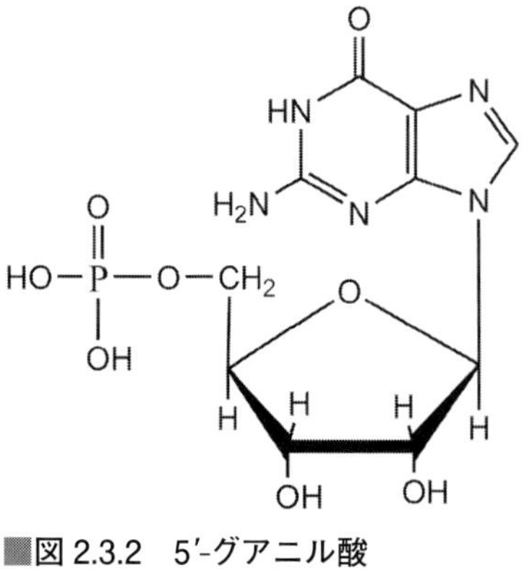

■図 2.3.2 5′-グアニル酸

2.3.2 その他の菌類が生産する呈味成分

先述のように，キノコ以外の食用菌類の代表例としては発酵食品の製造に不可欠である酒精酵母などは最終的には菌体そのものも食品の構成成分として摂取される場合が多いが，呈味成分の多くはこれらの菌類の代謝生産物もしくは分泌する酵素により生産される化合物である．

食品に関与する菌類として最も重要なものの1つとしてあげられるのがアルコール発酵を行う酵母であるが，アルコール発酵酵母以外にも，廃糖蜜・亜硫酸パルプ廃液・木材糖化液などを培養源として菌体を大量調整した食用・飼料用酵母がある．*Candida utilis* などがよく使われ，家畜飼料用に用いられるだけでなく，酵母菌体に含まれるリボ核酸を取り出してイノシン酸などの核酸系調味料の原料としても利用されている．

清酒の製造工程は，麹が分泌するアミラーゼ類が米のデンプンから発酵性の糖類を生産し，それを酵母がアルコールに変換するという2段階の反応により構成される．ここで，酵母を用いず麹のみでもち米のデンプンを糖化したものが甘酒である．もち米のデンプンはアミロペクチンの含量が多いため，麹のアミラーゼを作用させることにより甘味の成分として高濃度の麦芽糖が生じる．

味噌や醤油などの麹菌による発酵食品に含まれるアミノ酸は麹菌（*Aspergillus* 属や *Rhizopus* 属）の生産するタンパク質分解酵素により穀物のタンパク質が分解されて生成される．現在は，大豆を主原料とした従来通りの製法に加えて，マグロ，カツオなどの魚介エキスやニワトリ，ブタ，ウシなどの畜肉エキス，さらには小麦粉など，タンパク質の豊富な穀物を原料として利用して，タンパク質分解酵素でアミノ酸やペプチドを生成させる方法も幅広く行われている．ここで用いられるタンパク質分解酵素は細菌由来のものや菌類（特にカビ）由来のものが利用されるが，一般的に細菌由来のプロテアーゼ製剤によりタンパク質を分解すると苦みの生成が強く，調味料の製造には不向きとされる．一方，カビ由来のプロテアーゼを用いると苦みの生成が少なく，呈味性が向上することが報告されている．

このほかにも *Penicillium candidum*，*P. camemberti*，*P. roqueforti*，*Geotrichum candidum* などのカビはチーズの熟成に用いられており，ブルーチーズやカマンベールチーズに特有の刺激味などの熟成味の生成にはこれらの菌類の存在が不可欠である．

（白坂憲章）

＊参考文献

Carroll R (2002) Home cheeze making. Storey Publishings, North Adams, pp9-26

藤本健四郎ほか（2007）健康からみた基礎食品学．IK コーポレーション，東京，pp82-94

五明紀春・三浦理代（2009）スタンダード食品学，IK コーポレーション，東京，pp140-143

香川芳子 監修（2010）五訂増補食品成分表．女子栄養大出版，東京

2.4 食品成分

菌類を食品として見た場合，菌類の菌体そのものを食品として利用している例は，キノコである．キノコ以外のカビや酵母はこれらの菌類がもつ糖質やタンパク質の分解能力を利用して食品製造に利用したものがほとんどであり，菌体そのものを食品として利用している例は少ない．現在，キノコ類においてはシイタケ，エリンギのように大々的に栽培され，身近なものになっているものもあれば，トリュフ，マツタケなどのように栽培が難しく，高級食材として扱われているものもある．

酵母はブドウ糖，ショ糖を発酵によってエタノールに変換する．この能力はビール，ワインなどの醸造に用いられている．また，カビや酵母はチーズをつくるために重要な役割を果たしている．日本酒，焼酎，醤油，味噌など，日本古来の発酵食品では，コウジカビを穀物に培養し，繁殖させた麹を用いて醸造を行う．

2.4.1 β-グルカン類

前項でも述べたが，キノコの食品としての位置づけは栄養価よりも，旨味，香り，歯切れなどの嗜好性に特徴がある．キノコの食感はキノコ全般に分布が知られており細胞壁を構成するキチン質やβ-グルカンによるところが大きい．特にβ-グルカン類はキノコの種類によってその構造が異なっていることが知られている．中でも，シイタケのレンチナン，スエヒロタケのシゾフィランなどのように免疫賦活活性が認められ，抗がん剤として医薬品登録されているものもある．そのほかにも多様な構造のβ-グルカンとその抗腫瘍活性に関する報告が多くあるがその効果については今後の検証を待たねばならない．

キノコ以外でも酵母は細胞壁成分としてβ-グルカンを多く含むため，乾燥酵母はβ-グルカンを著量含有する機能性食品の素材としても利用されて

いる.

2.4.2 香気成分

1-オクテン-3-オール（1-octen-3-ol）はキノコの香りの基礎となる香気成分であり，キノコ全般において検出される．この化合物は脂肪酸であるリノール酸（9,12-オクタデカジエン酸；18 : 2$n-6$）から脂肪酸ペルオキシドの生成を経た複数のステップを経て生合成されることが報告されているが，その生合成経路はいまだ完全には同定されていない．この化合物は光学活性体であり，(R)-(−)体が典型的なキノコの芳香を示す．この香りは10 ppm程度ではわずかな金属臭を示し，1 ppm以下になると材木様臭，樹脂臭がする．これらの香気について日本人は好むが，外国人はむしろ不快なにおいとする場合が多い．マツタケにおいてはこの香りに加え桂皮酸メチルがマツタケ独特の特徴的な香気を与えている（図2.4.1）．

シイタケの特徴的な香気成分であるレンチオニンは，レンチニン酸にγ-グルタミルトランスフェラーゼおよびCS-リアーゼが作用することにより生成される（図2.4.2）．

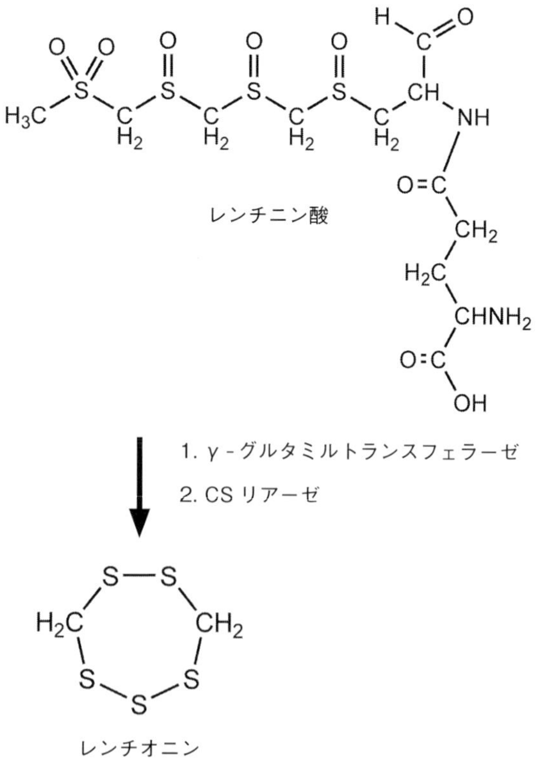

■図2.4.2 シイタケの香気成分の生成

アンズタケや新鮮なマッシュルームにはベンズアルデヒドが含まれており，特にヨーロッパにおいてアンズタケはそのアンズ様芳香によって「マイヤーピルツ」として珍重されている．

一方，酵母が関与する発酵食品においては酵母によるアルコール発酵の間に，酵母により産生されるイソアミルアルコールや酢酸イソアミルの量や比率は酒類の官能に強く影響する．またシェリー酒の特徴的な香気は *Saccharomyces oviformis*，*S. boyanus* のような産膜酵母が生産することが知られている．

醤油や味噌などの麹による発酵食品の香気は主として *Aspergillus* 属の菌類が産生するとされるが，醤油においては *Candida versatilis* や *C. etchellsii* などの後熟酵母が4-エチルグアヤコールや4-エチルフェノールなど醤油特有の香気成分を生成することが，また，味噌の場合にはこれら以

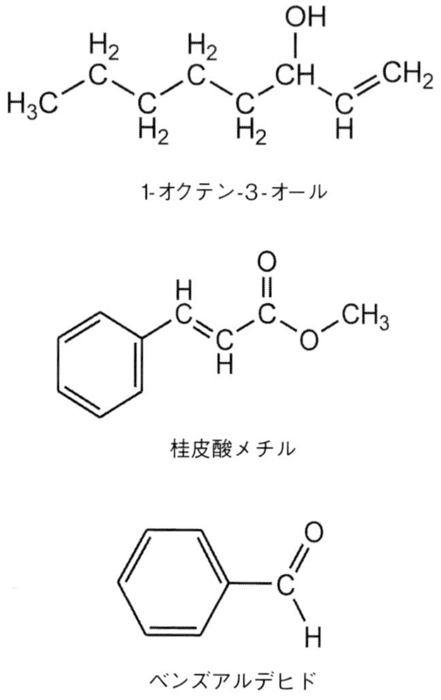

■図2.4.1 キノコの香気成分

外に*Pichia miso*，*Debaryomyces* 属，*Hansenula* 属の酵母も熟成に関与することが知られている．

2.4.3 エルゴステロールとビタミンD

エルゴステロールは植物全般に分布する化合物であるが，キノコには特に多く含まれる．特にキノコに含まれるエルゴステロールは，紫外線に暴露されることによりビタミンD活性を示すエルゴカルシフェロール（ビタミン D_2）に変換されるため，キノコはビタミンDを多く含む食品の1つである（図 2.4.3）．

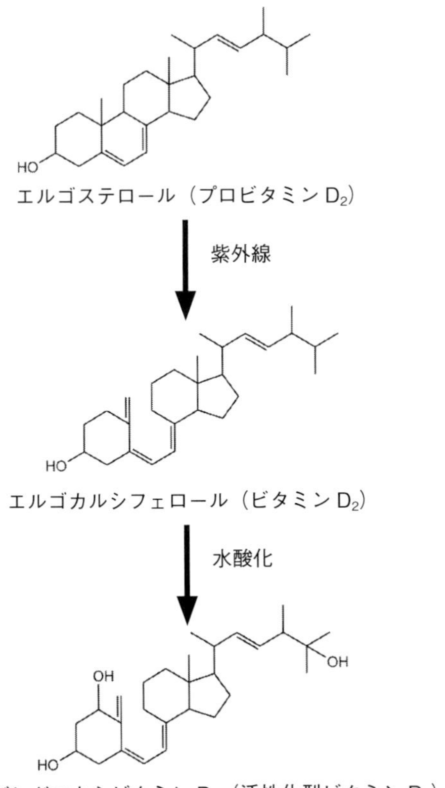

■図 2.4.3　エルゴステロールからのビタミンDの生成

2.4.4 糖類

トレハロース（Glc 1α ← 1α Glc）は菌糖とも呼ばれる二糖類であり，前節（2.3 呈味成分）にも述べたようにキノコの呈味成分の1つとしてあげられる．トレハロースには強い細胞保護効果が知られており，トレハロースを多く含むキノコは乾燥や凍結による障害から菌糸や子実体を保護する働きも報告されている．

麹菌のアミラーゼを利用して製造される飲料に甘酒があり，アミロペクチン含量の高いもち米のデンプンを麹のα-アミラーゼで処理することにより高濃度の麦芽糖が生成する．

コーカサス地方原産で日本でもヨーグルトキノコとして一世を風靡したケフィアは，発酵の際に乳酸菌（*Lactococcus cremoris*，*L. kefiranofasiens* など）と酵母（*Saccharomyces cerevisiae* など）が共培養されることにより，ケフィアに特有のケフィール粒（ケフィラン）と呼ばれる粘質多糖を菌体外に生産することが知られている．

2.4.5 アミノ酸類

前節（2.3 呈味成分）でも述べたが，アミノ酸はキノコ類の呈味成分として重要である．キノコの旨味に関与するとされているアミノ酸としては，アスパラギン酸，グルタミン酸，アラニン，アルギニン，ヒスチジン，バリンなどがあげられる．特に，日本において，古くから主要なキノコとして食され，料理の出汁を取る際にも使用されるシイタケ（Shiitake mushroom；*Lentinula edodes*）の遊離アミノ酸は，70% をグルタミン酸が占める．

γ-アミノ酪酸（GABA）は神経伝達抑制性の非タンパク性のアミノ酸の一種である．乳酸菌によるグルタミン酸からの変換によるGABA発酵が一般的に知られるが，真菌にも *Aspergillus oryzae*，*Saccharomyces cerevisiae*，エノキタケ（*Flammulina veltipes*）などでグルタミン酸脱炭酸酵素（GAD）の活性が知られており，グルタミン酸からγ-アミノ酪酸（GABA）を生成することが報告されている．特にエノキタケは他の食用キノコに比べて著量のGABAを蓄積することが知られている．

味噌や醤油などの麹菌による発酵食品に含まれ

るアミノ酸は，麹菌の生産するタンパク質分解酵素により穀物のタンパク質が分解されて生成される．

2.4.6 色素成分

食用キノコの中には，タモギタケ（*Pleurotus cornucopiae*）やトキイロヒラタケ（*Pleurotus djamor*）などのように鮮やかな黄色やピンク色を示すものもある．特にタモギタケの黄色は水溶性であるため鍋などの調理には向かないが，熱によって色が失われないため天ぷらにすると色が消えず鮮やかな食卓の彩りとなる．トキイロヒラタケのピンクは色素タンパクによるものであることが報告されている．

2.4.7 有害成分

日本においては30種類ほどの毒キノコが知られており，毎年相当数の中毒者が報告されている．その多くは知識のない人が知らずに食べてしまった場合や，シイタケなど非常にポピュラーなキノコと間違えて摂取してしまったことにより起こっている．しかし，一方で，スギヒラタケによる急性脳症のように，これまで問題なく食品として取り扱われてきたものに急に中毒症状が現れるものもあり注意が必要である．菌類の有害成分の詳細は後章を参照されたい．

キノコの毒成分としてはファロトキシン類，アマトキシン類などが知られる．また，通常では中毒性は見られないが，ヒトヨタケ類やホテイシメジなどはアルデヒドデヒドロゲナーゼの阻害活性をもつコプリン（図2.4.4）を含むため，これらのキノコを食べてから24時間以内にアルコールを摂取した場合，またはアルコール摂取後にキノコを摂取すると顔面紅潮，血圧低下などの中毒症状が発現するため，摂取に際しては注意が必要である．

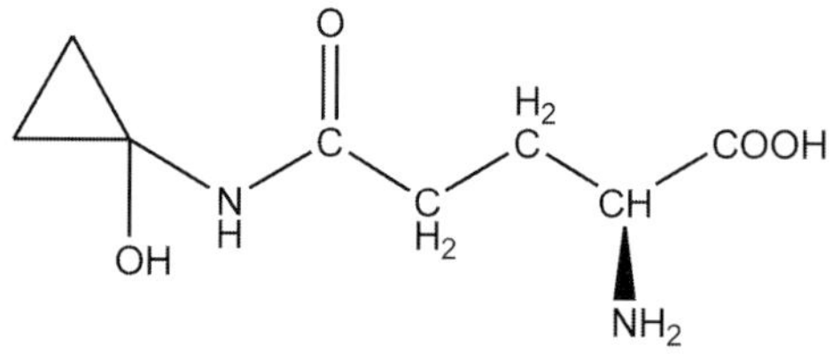

図2.4.4　コプリンの構造

また，最近はシイタケに非常に形状の類似したツキヨタケなどが，これまでに分布が確認されていなかった地域でも確認されるようになってきており，採集には十分な注意が必要であろう．

一方，製造に菌類が関与する食品ではないが，食品の安全性に対してはカビの生産する毒素であるマイコトキシンが大きな問題である．マイコトキシンは*Aspergillus flavus* や *A. parasiticus* などの麹菌に近縁のカビにより生産される．これらは家畜の飼料に繁殖し，大規模な家畜の中毒死を起こした報告があり，急性毒性のみならず発がん性も重大な問題である．近年，東南アジアからの加工用の輸入米にカビが汚染していた例もあり，マイコトキシン汚染には十分に注意する必要がある．

2.4.8 その他の食品成分

独特のヌメリが特徴的なナメコのヌメリ成分はムチンと呼ばれる糖を多量に含む糖タンパク質（粘液糖タンパク質）の混合物でありアポムチンと呼ばれるコアタンパクが，無数の糖鎖によって修飾されてできた分子量100万～1,000万の巨大分子の総称である．コアタンパクの主要領域は大半がセリンかスレオニンからなる10～80残基のペプチドの繰り返し構造であり，このセリンまたはスレオニンの水酸基に対し，糖鎖の還元末端の*N*-アセチルガラクトサミンがα-*O*-グリコシド結合（ムチン型結合）により高頻度で結合している．ムチンを構成する糖の種類は，一般的に*N*-アセチルガラクトサミン，*N*-アセチルグルコサミン，ガラクトース，フコース，シアル酸などである．糖鎖はムチンの分子量の50%以上を占め，ムチンのもつ強い粘性や水分子の保持能力，タンパク質分解酵素への耐性など，さまざまな性質の要因となっている．

そのほか，ヒラタケには食抑制効果を示すレクチンやシイタケ，マイタケにはコレステロール低下作用を示すエリタデニンが報告されている．さらに，マイタケからは抗腫瘍活性を示すマイタケD画分が得られている．（白坂憲章）

＊参考文献

藤本健四郎ほか（2007）健康からみた基礎食品学．IKコーポレーション，東京，pp82-94

五明紀春・三浦理代（2009）スタンダード食品学．IKコーポレーション，東京，pp140-143

香川芳子 監修（2010）五訂増補食品成分表．女子栄養大出版，東京

2.5 保　存

キノコ類は森林の恵みとして，また，貴重な食糧源として古くから人々に利用されてきた．四季折々にさまざまなキノコを産するが，それぞれのキノコの発生時期はきわめて短く，軟質なキノコは傷みやすく採取と利用の時期は限られている．このような性質のキノコ類は，生活の知恵によってその保存方法が工夫され今日まで活かされている．本節では，伝統的なキノコの保存方法とその技術背景，近年の新しい保存技術について説明する．

2.5.1 乾燥保存

キノコの乾燥保存の代表は乾シイタケである．シイタケ（*Lentinula edodes*）の旧属名 *Lentinus* はラテン語の lentus（柔軟で丈夫な）の意で名づけられ，種小名の *edodes* は，江戸の地名といわれている．1875年に東京で買い求めた乾シイタケが学名の由来となっている．食材としてのシイタケは，乾シイタケとして乾燥品で流通，消費されていた．

シイタケのように繊維質が多く乾燥しても比較的収縮が小さく崩れにくく水戻ししやすいキノコは，天日や熱風で含水率10％程度に乾燥し保存される．しかも，乾燥することによる菌糸擬組織の外傷や40～60℃の乾燥温度によって，レンチオニンやグアニル酸が生成，蓄積して特有の風味を醸し出す特徴が生かされ利用されている．シイタケの一般的な乾燥工程を図2.5.1に示した．シイタケの乾燥で注意がいるのは，比較的低温で風量を多くして時間をかけることである．乾燥を速めるため高温処理するとキノコ自身の体内酵素で自己消化を起こしてキノコの組織が液化し煮子になり品質を傷めてしまう．

軟質で柔らかいキノコや自己消化性の強いものでは，スライスした状態で乾燥されている．たと

シイタケをヒダを下にして重ならないようにエビラに並べる（キノコの水分の多いものは，乾燥初期は低温にして余剰の水分を飛ばす） → 30～40°C の送風によって柄と傘の付け根の乾燥遅れを除き乾燥させる（約 10 時間かかる．乾燥が進めば 50°C まで徐々に昇温すれば乾燥時間が短くなる） → 50～60°Cでキノコの水分値10%程度に仕上げる．乾燥ムラに注意．光沢があり，傷みのないものが良い

■図 2.5.1 シイタケの乾燥方法

えば，ポルチーニ（セップ）と呼ばれているヤマドリタケ，ヤマドリタケモドキ，イロガワリなどのイグチ属の柔らかいものや，ツクリタケ（マッシュルーム）やアガリクスなどの自己消化性の強いものの例があげられる．

シイタケのように多くのキノコでは，乾燥による保存性の向上とともに特有の風味が付与される場合がある．生のアミガサタケを茹でて食しても弾力のあるテクスチャーはあるが風味に乏しい．しかし，乾燥処理をすることで独特の風味が出てくるため食用キノコとして欧米では人気が高い．また，キノコの水戻しが容易で形状をあまり重視しないキクラゲ，アラゲキクラゲ，シロキクラゲなどのキクラゲ類は，生産品のほとんどが乾燥品として流通している．

近年では，各種の乾燥技術がキノコや酵母などの菌類にも応用されるようになった．真空凍結乾燥（フリーズドライ）は，ナメコのような粘質液に覆われたものが適しており，復元時の食味がよいためインスタント食品の乾燥具材として用いられている．酵母のような乾燥粉末になるものは，噴霧乾燥（スプレードライ）やドラム乾燥などが用いられる．

2.5.2 塩蔵保存

野菜や水産物のように，キノコ類も古くから塩蔵して保存されてきた．寒冷地では秋季に山で採取したキノコをカメに入れて塩蔵し，長い冬の期間に少しずつ利用する貴重な食糧源であった．塩蔵されるものの多くは自家消費でキノコの種類も多種が混ざった状態のものが多い．多種のキノコの中にはベニテングタケのような毒キノコも東欧や日本の地方によっては塩蔵された事例があるが，塩蔵によって完全に解毒するわけでないので食品としては問題がある．ただ，ベニテングタケの事例のようにどんなキノコでも塩漬けされてきたと理解できる．塩蔵は，食塩によって食品の水分活性を低くして細菌やカビの増殖を抑える効果を利用することで，一般細菌は水分活性 0.9 以下，普通のカビは 0.8 以下で増殖できないためこの値を最低水分活性値と呼んでいる．塩蔵は乾燥処理のように収縮や崩れが生じないため，小さなキノコや柔らかい組織のキノコも利用でき，キノコから出てくる水分と添加した食塩で食塩水となって貯蔵中，空気接触がなくなって酸化を防ぎ，また，キノコに多く含まれる酵素を不活性化し，生キノコの品質をあまり変質させず長期保存することができる．比較的短い期間の保存であれば，利用時に塩抜きせずにそのまま利用できる佃煮や塩にかえて糖類や調味液を用いた食品も水分活性を抑えた同様の技術で日持ちが可能である．

2.5.3 殺菌保存

ほとんどのキノコは，食べる前に加熱調理することになるので，あらかじめ加熱殺菌して保存性を高め製品として流通しているものが多い．びん詰や缶詰，耐熱性のプラスチック袋材などが容器として用いられ，ホットパックやレトルト殺菌して製造されている．加熱によって汚染微生物を滅菌し，容器内の空気を加熱によって除去し品質の劣化を防いでいる．

水煮やオイル漬けのような素材から調味してそのまま提供できる製品まで，多くのものが殺菌保存されている．栽培キノコでは，マッシュルーム

やナメコの缶詰やエノキタケのびん詰が一般的である．

2.5.4 低温保存

キノコは収穫されても生きているため常温保管すると収穫後も開傘，成長する．また，キノコ本来の短命な性質で激しく劣化して商品価値をなくしてしまう．このため，栽培キノコは鮮度保持技術が開発されてきた．生鮮キノコは多くの野菜類と同様に，栽培収穫後速やかに予冷させた後，保冷車で輸送され小売店のチルドケースで販売されるようになった．低温（10℃以下：チルド温度帯）におくことによってキノコの呼吸を抑制し鮮度維持が図られている．また，保管中の乾燥による劣化を防ぐため保湿とともにCO_2やO_2濃度を適正化しやすい各種の鮮度保持包材が提供され使われている．20～25℃の温度帯で生シイタケを保管すると数日で摺面が褐変してくる．これはポリフェノールオキシターゼによって生じてきていることが明らかになっているが，高濃度CO_2低濃度O_2の条件ではエチルアルコールが生成してポリフェノールオキシターゼ活性を抑制することが知られている．エチルアルコールの生成が多いと品質上よくないが褐変化抑制効果との相関で，適正な包装用のフィルムが選択されている．同様にマッシュルームの褐変化にもポリフェノールオキシターゼが作用していることが知られている．担子菌菌糸体の細胞壁の構成グルカンを見ると，菌糸体内側のR-グルカンは，β1-3，1-6結合で構成したグルカンで，外層のS-グルカンは，α-1-3結合の単鎖で構成されており，最外層のWS-グルカンは水溶性である．新鮮な生シイタケを試料に熱水抽出される多糖をβ-グルカンとα-グルカンに分画定量し，保存の経時変化を調べると，β-グルカンの減少に比べてα-グルカンの減少率が大きくなる．これは，保存中にシイタケが減少したグルカンを呼吸に消費したと考えられ，しかも菌糸体の細胞壁外層部のS-グルカンやWS-グルカンを多く分解していると考えられている．このため，保存期間が長くなるとキノコの組織を形成している菌糸間の結着が緩くなり，軟化やボソボソした状態に劣化する．低温保存する場合も管理温度や保存期間には留意が必要である．

近年では，冷凍食品の流通が多くなるに従いキノコ類も冷凍保存されて提供されている．キノコは軟質で冷凍によって組織が崩れやすく，高品質に維持するためには冷凍技術の開発が必要で一般的には冷凍しやすいキノコの種類が限られている．冷凍保存しやすいキノコは，ブナシメジ，エリンギ，マツタケなどの繊維質なものが解凍後の離水や軟化などの変質が少ない．また，シイタケのように冷凍後の解凍によってキノコの食感は変化してしまうが，凍結時の氷結晶化によって菌糸が損傷して，香りやグアニル酸が生成して旨みを増すものもある．冷凍処理をする場合，生鮮キノコをそのまま処理する場合と煮沸処理などのブランチングを行ったのち冷凍する場合がある．マッシュルームは，海外から冷凍品として輸入され国内で缶詰加工して流通しているものが多い．

（山内政明）

＊参考文献

赤野　林（1975）シイタケの栽培と経営．誠文堂新光社，東京，pp188-196

中村克也 編（1987）キノコの事典．朝倉書店，東京

菅原龍幸 編（2006）キノコの科学．朝倉書店，東京

食品設備・機器事典編集委員会（2002）食品設備・機器事典．産業調査会事典出版センター，東京

露木英男・田島　真 編著（2008）食品加工学第2版．共立出版，東京

2.6 調 理

多種多彩なキノコ類は，さまざまな調理，料理法が考案されてきた．伝統的なものから新しい料理まで多様である．キノコ特有の香りや食味を活かしたもので，焼き物，煮物，和え物，鍋物や炊き込み，酢の物，揚げ物，佃煮などに利用されている．料理のレシピなどは多くの著書があるので参照していただきたい．ここでは，特徴的なキノコの調理について紹介する．

キノコを素材として扱う調理はほとんどの場合，加熱して用いられている．これは，キノコが一般の食材に比べて多くの加水分解酵素をもっており失活させるため，また，食物繊維を多く含み消化不良を起こしやすいためといわれている．また，生キノコは傷みやすく細菌による二次汚染を受けやすいため加熱調理が望ましい．生食されるものは，欧米でスライスしてサラダに使われているマッシュルームがあるが，まれな利用法である．一方，キノコは加熱調理によってグアニル酸などの旨味成分や香りが生成し，料理の風味を向上させている．また，茹でこぼしによって，キノコ独特の雑味を除去し食べやすくしているものも多い．

シイタケの例では，収穫のステージ（蕾～開傘）によって風味が変わってくる．蕾には遊離アミノ酸が多く含まれ，開傘すると遊離アミノ酸は減少するがグアニル酸の生成が多くなる．グアニル酸の生成はヒダが多く，次いで傘部，最も少ないのが柄部である．栽培キノコを購入する場合も調理や料理の目的にあった品質のものを選ぶべきと思われる．

1）コウタケの調理法

コウタケの炊き込みご飯は格別の風味があって地方によっては，祭りの食事にも供される．若い子実体をそのまま焼いて酒の肴にすることもある．収穫したキノコを水で晒して乾燥すると図

■図 2.6.1　コウタケと乾燥品

2.6.1 のように黒変する．水戻ししてあく汁は捨てる．このように十分にあく抜きしたものを炊き込みご飯などに用いる．

2）マイタケの調理法

多くのキノコは，タンパク質分解酵素（プロテアーゼ）を含んでいるが，マイタケはその活性が高く調理には必ずマイタケを加熱して酵素を失活した後に用いる．生マイタケを練りこんだハンバーグがドロドロになったり，生マイタケを直接，茶碗蒸しにいれると固まらなかったりする．一方，強いプロテアーゼ活性を利用して醸造品の速醸に利用する研究も行われている．

3）チチタケの調理法

キノコは，ボソボソした食味で佃煮にして口当りの悪さは改善できる．このキノコが好まれるのは，よい出汁が出てうどんとの煮込みは著名である．同じチチタケ属のハツタケも同様にキノコの

食感は悪いが，出汁が好まれている．

4）アミタケの調理法

赤色のトキイロヒラタケや黄色のタモギタケなど生のキノコは鮮やかな色をしていても調理で加熱すると脱色してしまうキノコは多い．しかし，アミタケは黄褐色の傘色であるが加熱によって赤紫色になって鮮やかである．なめらかな食感が好まれる．

5）トリュフの調理法

香りを特別に重用される．トリュフスライサーで薄片状にして料理に振りかけたり，細かく刻んで料理に用いられる．特に卵料理と相性がよくオムレツは有名である．生卵（殻付）をトリュフとともに袋に入れて，一夜置くと，卵に香りが移り濃厚な味わいになるほどに香りの強いキノコである．

（山内政明）

※参考文献

農林水産消費安全技術センター（1995）木とくらし（キノコその 2）

菅原龍幸 編（2006）キノコの科学．朝倉書店，東京

寺下隆夫ほか（1990）日食工誌 37：528-532

3

産業利用

3.1 農林業・緑化園芸産業

3.1.1 土壌改良資材（VA 菌根菌）

VA 菌根菌（あるいはアーバスキュラー菌根菌）はグロムス菌門（基礎編 1.7.3 項参照）に属し，植物の根に共生する菌根菌（基礎編 15.1.2 項参照）の一種であり，宿主となる植物の養分吸収，特にリンの吸収を助ける作用などがあり，土壌改良資材として作物・緑化植物などの生産増進へ利用されている．

VA 菌根菌は，直径 50 ～ 500 μm の菌類としてはきわめて大型の胞子を土壌中へ形成する．胞子から発芽した菌糸は植物根に遭遇すると，根表面に付着器を形成し，根内部へ侵入する．菌糸は細胞間隙を伸長し，細胞内に貫入し，細かく分岐した菌糸からなる樹枝状体（arbuscule），および菌の種類によっては球状に肥大した袋状の器官・嚢状体（vesicle）を形成する．樹枝状体を形成する菌根菌の意味で，アーバスキュラー菌根菌という呼称が広く用いられているが，嚢状体も含めて共生特異的な器官の頭文字をとって VA 菌根菌と呼ばれることも多い（基礎編 1.7.3 項参照）．わが国では，本菌を用いた土壌改良資材が「VA 菌根菌資材」という名称で市販されている．

1）VA 菌根菌の機能と土壌改良資材としての利用

VA 菌根菌が宿主である植物へ及ぼす効果として，①リン吸収の促進，②リン以外の養分（亜鉛など）の吸収促進，③水分（乾燥）ストレス抵抗性向上，④病害抵抗性向上，⑤過剰養分（マンガンなど）の吸収抑制，などがある．特に，リン吸収の効果は顕著であり，リン肥料の節減につながることが期待されている（図 3.1.1）．

■図 3.1.1　イチゴ幼植物に対する VA 菌根菌の接種効果
リン酸肥沃度の低い黒ボク土を用い *Glomus* sp. を接種．

こうした VA 菌根菌の機能を作物栽培に利用しようとする試みは，世界各国で 1970 年代から進められ，作物への接種資材としての応用が進められている．また荒廃地の緑化修復などへの応用も進められている（次項参照）．

わが国においては，1980 年代後半から実用化研究が進められ，農業用の VA 菌根菌資材が市販されている．VA 菌根菌資材はリン酸肥料などの節減につながることから，1996 年には，微生物資材としては，はじめて地力増進法に定める政令指定土壌改良資材の 1 つとして認められた．本政令に定める資材として市販する場合は，品質表示義務を負うことになっている（＊地力増進法は，農耕地土壌の地力を増進するための各種施策や土壌改良資材の品質表示を定めた法律である）．

2）接種資材の製造

VA 菌根菌は絶対共生微生物であり，宿主である植物と共生することなしに増殖することはできない．そのため，接種資材として用いる VA 菌根菌の増殖のためには，宿主植物の栽培が必須である．接種資材調製のためには，殺菌した培土に VA 菌根菌を接種して宿主となる植物を栽培し，培土中にVA菌根菌の胞子を形成させる．培土から接種源となる胞子や菌根菌が共生している根断片などを抽出し，担体となるピートモスなどの資材と混合調製して接種資材とする．また，無機質資材を植物の支持体として用い，培養液を用いて植物を栽培する方法などもある．無機質資材としては，砂，多孔質資材，炭などが用いられている．多孔質資材の場合には，VA菌根菌の菌糸や胞子が多孔質資材の中に入り込んで生育するため，宿主植物を栽培した後，培地を乾燥させると，そのまま接種資材として利用できる利点がある．また，国外では毛状根を宿主として*in vitro*でVA菌根菌の胞子の培養製造が進められている．この資材はきわめて高価なため，その用途は研究用に限定される．

接種菌として作物生産に有効な菌株を選抜することが，資材の有効性を高めるためにきわめて重要である．菌の種類や菌株によって作物に対する生育効果は異なっており，土壌条件（たとえば，酸性土壌），環境要因（たとえば，乾燥地帯）を考慮し，それに応じた菌株を選抜する必要がある．わが国の農耕地土壌のように，可給態リン酸の集積している環境では，可給態リン酸濃度がある程度高くても作物根へ共生し，作物の生育を促進できるような菌株が選抜され，用いられている．また，一般的に，VA菌根菌は一般的に宿主特異性を示さないが，弱いながらも宿主となる作物との親和性が存在するようであり，作物の種類によって有効な菌の種類は異なっている．その点を考慮した作物別の資材も市販されている．

3）利用の実際

VA菌根菌の機能を十分に発揮させるためには，生育初期にVA菌根菌を作物根に十分に共生させることが重要である，そのため，育苗時に培土に接種資材を混合し，その培土によって育苗をする方法，あるいは，苗を圃場へ定植する際に定植溝に接種する方法がとられることが多い．VA菌根菌は比較的高価な資材であり，少ない量で効率よく作物へ共生させることが重要であり，大規模に栽培される一般畑作物への接種は現実的ではない．また，栽培期間の短い作物よりも，栽培期間の長い作物，永年性の果樹などへの接種が有効である．

VA菌根菌はリン酸肥沃度の高い土壌では共生が阻害されるため，低～中程度のリン酸肥沃度の圃場でないとその効果は期待できない．またVA菌根菌は宿主特異性が低く，多様な作物へ共生するが，アブラナ科・アカザ科などの一部の作物はVA菌根菌と共生できない．また好気性菌類であるので水稲への効果は期待できない．

多くの農耕地土壌には土着のVA菌根菌が生息している．そのため，高価なVA菌根菌接種資材を用いるより，この土着のVA菌根菌の機能を活用することが有効な場合もある．畑作物の栽培において連作障害を避けるためにさまざまな作物を交互に作付ける輪作体系がとられる．こうした輪作において，ナタネ（アブラナ科）やテンサイ（アカザ科）のような菌根菌と共生しない（非菌根性）作物の後作に，菌根菌に依存性の高い（菌根性）作物であるトウモロコシや小豆を作付けると，生育が抑制されることがある．こうした生育抑制は，非菌根性作物の作付けによるVA菌根菌の密度の低下による．菌根性のヒマワリを前作として栽培することによって，土着のVA菌根菌の密度を高め，後作の菌根性作物の生育を改善できる．

（齋藤雅典）

※参考文献

齋藤雅典（2000）VA菌根菌の利用と資材化．微生物の資材：研究の最前線（鈴井孝仁ほか 編），ソフトサイエンス社，東京，pp57-70

Saito M, Marumoto T（2002）Plant Soil 244：273-279

齋藤雅典（2005）土壌養分の代謝に関わる微生物の有効利用―菌根菌の有効利用について―．環境保全型農業推進における土壌・養分管理技術．農業食品産業技術研究機構．http://www.naro.affrc.go.jp/ET/h17/pdf/14-04.pdf

3.1.2 緑化用資材

緑化用資材とは，草や木を植えて緑化を行う際に用いられる資材のことで，植物，土壌，肥料などのさまざまなものがあげられる．ここでは緑化用資材として菌類が用いられている例を紹介する．そのようなものには，緑化用植物を対象とし，植物体内や根，葉などに共生して成育促進や病虫害耐性や環境ストレス耐性を増大させるもの，植物根圏土壌中に存在して成育促進などの効果を示すもの，非緑化対象生物である雑草防除，害虫防除などの用途がある．以下に利用目的に応じた菌類の性質を解説する．緑化用資材としての実際の利用に際しては，効果やコストだけでなく，環境への影響も考慮した使用方法を確立する必要がある．

1) 菌根菌 (3.1.4 項を参照)

根に共生し，菌根を形成する菌は菌根菌と呼ばれ，さまざまな植物に形態の異なる共生組織（菌根）を形成し，土壌中に存在する窒素，リン，ミネラル，水などの養水分を集めて植物に供給することで，植物の成育促進作用を示す．また，根の組織の周囲を菌糸体が覆うことで病原菌に対する抵抗性が増大し，乾燥，凍結などのさまざまな環境ストレス耐性が増大する場合が多い．菌根は形態や対象植物の種類によって7種類に大きく分けられ，その働きもさまざまである．この中で緑化に関係するものは，アーバスキュラー菌根，外生菌根，エリコイド菌根の3種類であり，それぞれアーバスキュラー菌根菌（VA 菌根菌），外生菌根菌，エリコイド菌根菌資材と呼ばれている．そのうち最も資材化が進み，商業的に利用されているのは，アーバスキュラー菌根菌である（3.1.1 および基礎編 15.1.2 項を参照）．草本から木本まで最も幅広い植物に菌根を形成するグループであり，比較的宿主特異性が低いため，他の菌根菌と比較して用途を広げることが容易である．外生菌根菌は主として樹木のみに外生菌根を形成し，マツ科，ブナ科，カバノキ科，ヤナギ科，フタバガキ科，ユーカリ属などに菌根を形成する（基礎編 15.1.2 項を参照）．対象樹種ごとに共生する菌類の種が異なり，またその効果も異なることから，商業的に成り立つ資材化は困難であり，中では宿主範囲の比較広いコツブタケの資材化が進んでいる程度である．また，海外ではマツタケと並んできわめて高価な食用菌根菌として名高いトリュフ（黒トリュフは *Tuber melanosporum*）の資材化が行われ利用されているが，マツタケの資材化はいまだに成功していない．エリコイド菌根菌はツツジ科のツツジ属などの植物に菌根を形成する菌で主として *Hymenoscyphus ericae* aggregate と呼ばれるグループの子嚢菌類に属する菌類である．これも対象とする植物種によって菌類は宿主範囲を異にするが，外生菌根菌ほど限定されないため，資材化は比較的容易であるが，日本では比較的普遍的に存在する菌類であるため，需要は高くないと考えられる．エリコイド菌根を形成する換金作物としてはブルーベリーがあり，冷涼な気候の地域で栽培が行われている．菌根を形成しづらい非菌根性植物も存在し，アブラナ科，アカザ科，ナデシコ科，イラクサ科，イグサ科，カヤツリグサ科等である．

2) エンドファイト (3.1.5項，基礎編15.1.3項を参照)

根または根以外の植物組織内に成育し，特別な構造体を形成しない菌類はエンドファイト（内生菌）と呼ばれ，はじめは家畜に中毒を起こす毒素を生産する菌としてイネ科植物の中で見つけられた．イネ科のエンドファイトが最もよく調べられており，根を除くほとんどの植物体内に成育し，植物細胞内には入らず細胞間隙に存在して植物には危害を加えず，植物から栄養の一部を得て成育している．エンドファイトに感染した植物は多くの害虫，線虫，あるいは病害菌に対して抵抗性を示し，その作用はアルカロイド類の産生に起因すると考えられている．また乾燥などの環境ストレス耐性も示す．エンドファイトと宿主植物の間には親和性が見られ，エンドファイトごとに利用可能な適用範囲が決まっている．また，ゴルフ場等の緑化用での使用には問題ないが，家畜毒性などを示す種類があるので利用には注意が必要である．

3）植物根圏菌類（基礎編 15.1.4 項を参照）

植物の根圏にはさまざまな微生物が成育し，その中には植物成育促進根圏細菌や植物成育促進菌類も含まれている．植物成育促進菌類としては，トリコデルマ属やリゾクトニア属の菌類などが知られている．成育促進機構としては，植物成長ホルモンの生産，植物成育促進根圏細菌による鉄キレート活性の高い物質（シデロフォア）の生産，感染の場や栄養をめぐる競争による有害微生物の抑制などが報告されている．拮抗微生物に関する研究と利用もさかんで，病原菌の成育を抑える働きをするさまざまな抗生物質を生産する細菌や菌類が取り上げられている．また，トリコデルマ属の菌などでは，病原菌の菌糸に巻き付いて死滅させる働きも報告され，ナラタケ菌に冒された樹木の治療などで利用されている．

4）雑草防除

雑草（緑化対象外植物）防除を目的とした菌類は，これまで紹介してきた菌類とは異なり，直接植物に寄生したりして病気を起こし死滅させる能力をもつ，いわゆる植物病原菌に属する菌類である（基礎編 15.1.1 項参照）．植物病原菌は高い宿主特異性を示すため，対象とする雑草以外には影響を示さない特徴をもつ．これまでに資材化されているものには担子菌類のサビ病菌やさまざまな糸状菌がある．

5）病虫害防除（3.1.3 項を参照）

病害防除に関しては，エンドファイト等の植物体内に共生する菌類，土壌病原菌に対する拮抗微生物，ウイルスなどの利用が考えられている．虫害防除については作物を対象とした研究例が多く，ウイルス，病原細菌，病原糸状菌，病原原生動物，病原性線虫，共生微生物などの利用が考えられている．昆虫病原糸状菌の利用は1834年のカイコの病気発見から始まったが，合成殺虫剤の開発により，一時利用されなくなった．その後，合成殺虫剤の環境汚染および薬剤抵抗性害虫の出現などの問題により再度利用されるようになってきた．日本では，樹木の害虫であるキボシカミキリやゴマダラカミキリに効果のある *Beauveria brongniartii* やサツマイモネコブセンチュウに効果のある *Monacrosporium phymatopagum* などが利用されている．また，アフリカのサバクトビバッタに対する *Metarhizium flaovoviride* の利用も試みられている．

（岩瀬剛二）

＊参考文献

鈴木孝仁ほか（2000）微生物の資材化—研究の最前線—．ソフトサイエンス社，東京

3.1.3 生物防除

生物防除（biocontrol）は，生物の機能を用いて有害な生物を防除または，抑制する技術の総称である．ここでは，作物生産を阻害する病害虫・雑草に対し，糸状菌を用いた防除について概観する．生物防除は，農業における環境負荷の低減という大きな世界的な流れに対応して，化学農薬の使用を低減させ，環境と調和のとれた着実な農業生産の確保を図る目的がある．こうした動きを促進するため，日本では持続農業法（略称）や有機農業推進法が成立している．

一般に，化学合成農薬や化学肥料を大きく低減する栽培法（特別栽培）は，高度な技術を要することから広く普及するに至っていない．また，化学農薬を利用する慣行農法に比べ生産性が低下するため，効果の高い生物学的な防除手法，特に微生物を用いた防除技術の開発が強く求められている．

一方，化学農薬に対する抵抗性害虫や耐性菌が出現して効果が限定的となっていることから，一部を生物防除剤に代替させる動きもある．病害虫

をより精緻に管理する総合的病害虫・雑草管理(IPM) システムの中に組み込むことのできる，効果の高い生物防除剤の開発が重要となっている．

1) 期待される微生物防除剤

全国の県が発行している，病害虫防除基準から生物防除剤に期待されている項目や米国で推奨されている生物防除剤の特徴をあげると以下の通りで，微生物防除剤はその目的に十分合致している．

(1) 抵抗性が出現しにくく，IPM システムに組み込み，防除の最適化が図られる．

(2) 目的の病害虫を選択的に攻撃するため，生態系を乱すおそれが少ない．

(3) 収穫時に作物に残留しないため，散布回数の自由度が確保される．

(4) 人畜，魚介類に対して危害がない．水や土壌や作物への汚染や残留性がない．

2) 微生物農薬の開発状況と今後の展望

生物農薬の中の微生物農薬は，かなり研究が進んでいるが，実用レベルに達したものは少なく，化学農薬の代替えにはほど遠い状況である．米国の環境保護局 (EPA)[1] の Biopesticide に登録されている糸状菌は，殺菌剤として，*Ampelomyces quisqualis*, *Aspergillus flavus*, *Coniothyrium minitans*, *Gliocladium virens*, *Muscodor albus*, *Pseudozyma flocculosa*, *Pythium oligandrum*, *Trichoderma harzianum*, *T. polysporum*, *Verticillium Isolate* などがある．これらの特徴は，土壌中や植物上で優先して増殖し，病原菌に対する競合，寄生，抗菌物質の生産による抗生作用，抵抗性の誘導などの多様な作用を単独，複合的にもち，直接的，間接的に病原菌の増殖を抑制している．

日本では，表 3.1.1 に示すように，4 種の糸状菌殺菌剤が上市された[2]．*Trichoderma atroviride* (*asperellum*) SKT-1[3] 株は，最初イネの馬鹿苗病

表 3.1.1 日本で登録および研究された微生物防除剤

種別	菌種	対象病害虫	病原菌に対する作用	備考
殺菌剤	*Trichoderma atroviride* (*asperellum*) SKT-1 株	イネ馬鹿苗病，いもち病，もみ枯細菌病，苗立枯細菌病，褐条病，苗立枯病（リゾープス菌）	場の占有，寄生，抵抗性誘導	登録（国産株）
	Trichoderma lignorum	タバコ白絹病，立枯病	寄生	過去に登録（国産株）
	Talaromyces flavus Y—9401株	イチゴうどんこ病，炭疽病，イネ褐条病，馬鹿苗病，いもち病，苗立枯細菌病，もみ枯細菌病，苗立枯病	場の占有，寄生	登録（国産菌株）
	非病原性 *Fusarium oxysporum*	サツマイモつる割病，多くの*Fusarium oxsporum*に起因する病害，水耕栽培等における不定性病原菌	抵抗性誘導	研究，過去に登録（国産株）
殺虫剤	*Beauveria bassiana* GHA株	コナガ，コナジラミ類，アザミウマ類，マツノマダラカミキリ	寄生	研究，登録（導入株）
	Beauveria brongniartii	カミキリムシ類	寄生	研究，登録（国産株）
	Verticillium lecanii	コナジラミ，ミカンキイロアザミウマ	寄生	登録（導入株）
	Paecilomyces fumosoroseus st. Apopka97	コナジラミ類，ワタアブラムシ	寄生	登録（導入株）
	*Paecilomyces tenuipes T-1*株	コナジラミ類，多くの害虫	寄生	登録（国産株）
除草剤	*Drechslera monoceras*	ヒエ	寄生	登録（国産株）

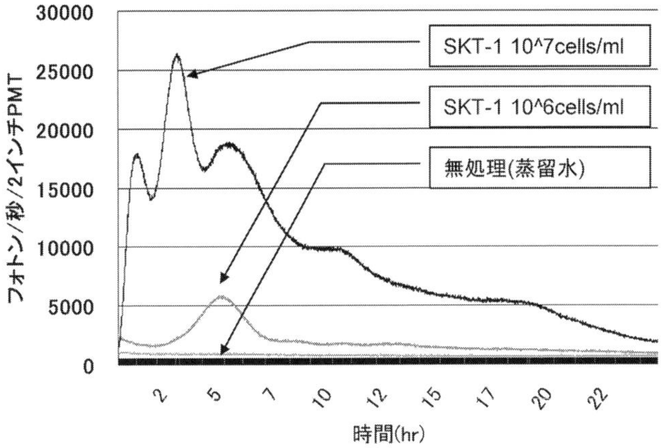

■図 3.1.2 光電子増倍管を用いた *T. atroviride* による生体防御応答発光（バイオフォトン）の評価（未発表）

を対象に研究が進められた．イネ種子周辺での強い増殖機能と同時に，馬鹿苗病菌に対して寄生性をもち，いもち病やイネ籾枯細菌病などの細菌病に対しても効果が高く，殺菌スペクトラムが広い．また，種子処理終了後，本菌を除去しても効果が持続し[4]，図 3.1.2 のように，サツマイモやダイコン切片に対し，強い生体防御応答発光[5]を示すことから，植物に対する抵抗性誘導作用ももつものと推定される．

このように本菌は，病原菌に対して寄生（溶解），競合，抵抗性誘導など複数の作用点を同時にもっており，化学農薬を凌駕する高い防除効果を示す菌株の特徴として大変興味深い．イチゴの炭疽病，うどんこ病に対しては，*Talaromyces flavus* Y-9401 株[6]は，特別栽培での体系防除に組み込む微生物農薬として期待されている．非病原性 *Fusarium oxysporum* は，植物に抵抗性（免疫応答）を誘導して防除効果が発揮される．サツマイモつる割病[7]やミツバ，ネギ，サラダナ等の水耕栽培では，根部病害に対しきわめて高い防除効果が見られている（図 3.1.3）．

EPA に登録された糸状菌は，殺虫剤として *Beauveria bassiana*（白きょう菌，黄きょう菌），*Lagenidium giganteum*, *Metarhizium anisopliae*（黒きょう菌），*Paecilomyces fumosoroseus*（赤きょう菌）がある[1]．*B. bassiana* は菌株により寄生性が異なり，スペクトラムの広い系統や，ハエやアリに高い病原性を示す菌株が開発されている[9]．また，*L. giganteum* は人間の病原体を伝搬する特定種の蚊に寄生性があり，公衆衛生上の利用価値があるとされる．そのほか，*Nomuraea rileyi*（緑きょう菌），

■図 3.1.3 定植時の *Fusarium oxysporum* 処理による不定性病原菌による根部腐敗防止，成長促進効果

■図 3.1.4 *Paecilomyces fumosoroseus* に感染させたコナジラミ（多湿条件下で，きわめて高い感染力をもつ）

Hirsutella thompsonii, Entomophthorales（疫病菌），*Cordyceps* spp.（冬虫夏草）などが，研究または一部利用されている．

日本では[2]，表3.1.1の *B. bassiana* GHA株や *P. fumosoroseu* Apopka97株のように輸入菌株を利用したものが多かったが，最近は，カミキリムシに寄生性の高い *B. brongniartii*[8] や温室栽培でTYLCYウイルスを媒介して問題となっているコナジラミ類に対する *Paecilomyces tenuipes* T-1株が登録[2,10]され，国産菌株の開発も進んでいる．また，*Bcauvcria* 属，*Mctarhizium* 属，*Paecilomyces* 属の中には，甲虫目，鱗翅目，半翅目など，比較的広範囲の害虫に強い病原性を示す系統があり[8]，化学農薬を代替えする農薬としての利用に大きな期待がある．

昆虫病原糸状菌は，一般に多湿条件下で効果を発揮することから，日本では，世界最大の面積（約35,000 ha）をもつ温室内での利用に適していると考えられる．なお，広義の冬虫夏草菌類は，微生物防除に利用できる菌株の宝庫と考えられる．

2011年昆虫，動物の自然免疫機構の解明に関してノーベル賞が与えられ，動物，昆虫，植物間で類似した，生体防御機構が存在していることが明らかにされている．たとえば，昆虫病原菌の *B. thuringiensis* は，トマトの青枯病に対する高い防除効果が得られ[11]，植物側でも強い異物認識を持つ結果と考えられる．たとえばタマネギのケルセチンは，植物が病原菌に攻撃されたときに生成される防御物質（ファイトアレキシンと呼ばれる）であるが，人にも自然免疫系を活性化する作用があることから，植物・昆虫・動物間の自然免疫系の類似性，普遍性あるいは特異性を最大限に利用した実用レベルの研究開発が待たれる．

なお，殺線虫剤として *Myrothecium verrucaria*（死菌），*Paecilomyces lilacinus* がEPAに登録され最近では，*Rhizobium etli* の線虫に対する抵抗性誘導作用が注目されている[12]．日本における登録はない．微生物除草剤の開発はIR-4プロジェクトなどで進められたが，現在 *Phytophhtora palmivora, Colletotrichum gloeosporioides, Puccinia thlaspeos, Chondrostereum purpureum, Alternaria destruens* がEPAに登録されている．これらは，毒素生産性や感染性が高く，特定植物の除草剤として利用される．日本では，糸状菌として唯一 *Drechslera monoceras* が開発され，水田で問題となるヒエの除草剤として登録されている．

水田への化学除草剤や有機農業で利用される除草目的の有機物の投下は，水生昆虫や貝類，魚類に対する負荷が大きく，微生物除草剤の開発が真に必要な分野である．農業生産における，環境負荷の低減や消費者に対する安全・安心が強く求められていることから，我々は，徹底した研究を通じて，IPMシステムの核となる微生物防除剤の新たな方向を開拓する必要がある．　**（牧野孝宏）**

＊引用文献

1) http://www.epa.gov/oppooool/biopesticides/ingredients/index.htm
2) http://www.acis.famic.go.jp/searchF/vtllm001.html
3) 永山孝三ほか (2007) 日本農薬学会誌 32：164-169
4) 熊倉和夫ほか (2003) 日植病報 69：393-402
5) Makino T, et al. (2005) Biophotonics. Springer Science+Business Media, New York, pp205-218
6) 野沢英之ほか (2004) 関東東山病害虫研究会 51：37-42
7) 小川　奎・駒田　旦 (1984) 日植病報 50：1-9
8) 堤　隆文・山中正博 (1996) 日本応動昆誌 40：145-151
9) 西東　力 (2006) バイオコントロール 9：16-22
10) Shimizu S, et al. (2006) United States Patent 7033586. Insecticidal Paecilomyces tenuipes strain FERM BP-7861
11) Hyakumachi M (2013) Microbes Environ 28 : 128-134
12) Martinuz A, et al. (2012) Phytopathology 102 : 107-123

＊参考文献

百町満朗・對馬誠ほか 編（2009）微生物と植物の相互作用．ソフトサイエンス社，東京

鈴井孝仁ほか編（2000）微生物の資材化・研究の最前線．ソフトサイエンス社，東京

牧野孝宏（2004）農薬の環境科学最前線．ソフトサイエンス社，東京，pp315-327

3.1.4 菌根菌

菌根はその形態的な違いから7種類に分けられ

ている．産業的利用の観点からは，そのうちアーバスキュラー菌根を形成するアーバスキュラー菌根菌，外生菌根を形成する外生菌根菌，エリコイド菌根を形成するエリコイド菌根菌，ラン菌根を形成するラン菌根菌の4種類に絞られる．このうち，アーバスキュラー菌根菌（3.1.1，3.1.2項，基礎編15.1.2項），外生菌根菌（3.1.2項，基礎編15.1.2項），エリコイド菌根菌（3.1.2項，基礎編15.1.2項）については，他の項を参照されたい．ここでは，園芸利用の観点からラン菌根（基礎編15.1.2項参照）およびラン菌根菌の利用について紹介する．

すべてのラン科植物は種子が小さくて貯蔵養分をもたないため，種子発芽とその後の初期生育のために菌類の感染を必要とする．しかし，人工的な培地で種子を発芽させ，ある程度の大きさの植物体まで無菌的に生育させる技術が開発され，多くのランが比較的安価に流通するようになってきた．フラワーショップで入手可能なコチョウランやカトレア等はそのような種類で，樹木の幹に付着する着生ランである．ラン科は分化が進み，きわめて多様な種類が生育しているが，絶滅に瀕している種も少なくない．その多くは地上に生育する地生ランであるが，無菌発芽ではうまく生育しない種が多く，また発芽には特定の菌類との共生を必要とする．

さらに，問題を複雑にするのは，そのようなランの菌根菌が樹木には外生菌根を形成して菌根菌の菌糸が樹木の根とランの根をつなぎ，樹木の光合成産物の一部をランに供給するような関係が確立されている場合である．緑葉をもち光合成を行うランではキンラン（*Cephalanthera falcata*）[1]やオオバノトンボソウ（*Platanthera minor*）[2]がそのような関係をもっており，鉢植えのような樹木との関係を断った状況では永続的な生育は望めない．このようなランの場合は，菌根菌資材の導入よりも，生育地の確保ならびに自然生育地を模した環境への移植による保全が必要である．

一方，タシロラン（*Epipogium roseum*）は無葉緑ランの一種で栽培が困難と思われていたが，種子発芽から開花まで菌根菌との共生培養を用いて成功している[3]．タシロランの菌根菌はイヌセンボンタケなどのイタチタケ科の菌で[4]，すべて木材腐朽性の腐生菌である．このランの生育地には多くの落ち葉や落枝が見られており，それらの木質資材を栄養源として生育した菌類がタシロランに養分を供給することでタシロランが生育していることが明らかになっている．このランの場合はイヌセンボンタケなどのイタチタケ科の菌を菌根菌資材として利用することが可能であるが，やはりランと菌との関係は特異性が高いため，幅広い宿主範囲をもつような菌類の資材化は困難であると考えられる．

（岩瀬剛二）

＊引用文献

1) Yamato M, Iwase K (2008) Ecol Res 23 : 329-337
2) Yagame T, et al. (2012) New Phytol 193 : 178-187
3) Yagame T, et al. (2007) J Plant Res 120 : 229-236
4) Yamato M, et al. (2005) Mycoscience 46 : 73-77

3.1.5 エンドファイト

エンドファイト（endophyte）とは，植物組織内で共生的に定着している微生物全般を指し，ギリシャ語の“*endon* (within)+*phyton* (plant)”に由来する．植物組織内生菌とも訳されるが，エンドファイトと呼称されることが一般的である．エンドファイトという用語は，最初，De Bary により“any organisums occurring within plant tissues（植物組織内に生ずるすべての微生物）”と定義されたが，現在では，「その生活環の少なくとも一部において，宿主植物に害作用を及ぼすことなく植物組織内に定着し相利共生関係を確立することができる微生物」と一般的に見なされている．したがって，エンドファイトには糸状菌のみならず細菌，放線菌なども含まれるが，本項では糸状菌エンドファイトに関して記述する．なお，エンドファイトの定義は植物根組織における共生菌である菌根菌（mycorrhiza）を包含するが，一般的には両者は別々に取り扱われる．

エンドファイトが感染した宿主植物では，病徴など可視的な異常が観察されないため，その存在は看過されがちであった．しかし，自然界に存在する大部分の植物において，エンドファイト／菌根菌の存在が認められるという事実が徐々に明らかになり，植物生態系に及ぼすこれら共生菌の重要性が注目されている．また，人間生活とのかかわりにおいても，重篤な家畜中毒の原因として，他方，害虫耐性牧草の開発育種への貢献に関して，関心が寄せられている．特に，エンドファイトに代表される相利共生微生物を植物栽培に積極的に利用しようとする試みは，持続的社会構築に向けた環境に優しい農業の確立への気運の高まりとともに，今後，発展が期待される分野である．

エンドファイトが宿主植物に賦与する有用機能としては，耐虫性，耐病性，耐乾性などの生物および非生物ストレス耐性，収量増加などが見いだされている．しかし，後述する耐虫性を例外として，応用レベルでの検討は途上であり，また詳細な機構が明らかとなっていない事例も多く，今後の研究展開が必要とされる．

1）エンドファイトの植物組織からの分離・培養および同定

植物組織からのエンドファイトの分離は，通常，表面殺菌を強く行った組織片を培地上に置床した後，比較的長期間の培養により生育してきた菌体を分離，培養することにより行う．このような手順により分離された微生物はエンドファイトと見なされるが，多くの場合，それら分離菌が実際に植物組織内で共生的に生育していることが確認されているわけではなく，また，再接種実験も通常困難である．純粋培養されたエンドファイトの属および種レベルにおける同定は，従来，形態学的検討が主であったが，近年では，リボソームRNA 遺伝子の ITS 領域などのシークエンス解析に基づく分子系統学的検討によりなされることが多い．

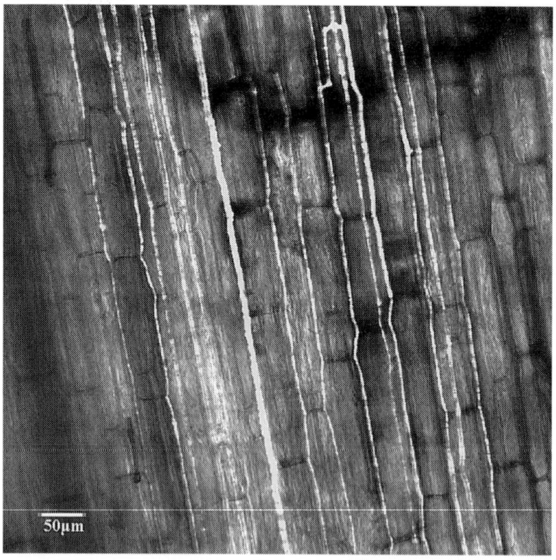

■図 3.1.5　植物組織中におけるエンドファイト菌糸の伸展．GFP 発現エンドファイトを用いた観察像（原図：Forester V, Johnson L, Johnson RD, AgResearch Ltd., ニュージーランド）（口絵 29 参照）

2）エンドファイトの種類と生活史

多種多様な菌類が多くの植物からエンドファイトとして分離されている．その中で生活史や植物との相互作用が詳細に解析されている代表的な菌類が，牧草，芝などイネ科植物において見いだされる *Epichloë/Neotyphodium*（ネオティフォディウム・エンドファイト）である．*Neotyphodium* 属エンドファイトは胞子形成をせず菌糸の状態で種子のデンプン層内に潜在しており，種子発芽および幼苗の生育とともに菌糸進展する（図 3.1.5）．その後，宿主の種子形成に伴い，菌糸も種子内まで伸長移行し，感染種子となる．したがって，本菌は生活環のすべてを植物組織内で完結しており，感染種子を播種することにより，生活サイクルを反復させることが可能である．なお，本菌の菌糸は植物体内で細胞間隙を主に進展するため，宿主に対し細胞に直接侵入することによる壊死など害作用を及ぼさない．

3）植物-エンドファイト相互作用の分子機構

エンドファイトの基本属性である「共生」とは，相互作用におけるどのような分子基盤に成り立っているのであろうか？ 現代の植物-微生物相互作用研究においては，宿主と共生・寄生者の関係を相利共生から寄生までシームレスな連続体としてとらえる見方が有力である．植物と微生物間のバランスは微妙に調整されたものであり，最終的なアウトプットが共生関係であろうとも，寄生関係との多くの類似点が見出される．一例をあげれば，共生関係にあるはずのエンドファイトの感染は，宿主植物に明確な抵抗反応を誘導しており，共生菌は宿主体内でけっして見逃されているわけではない．共生菌を寄生菌と区別する要因の解明は以前より重要視されてきたが，近年の分子生物学的解析手法の発展により，その実体が徐々に明らかにされつつある．

共生関係から寄生関係への転換に関して，エンドファイトにおける変異体が有用なツールとなっている．ペリニアルライグラスを宿主とする *Epichlöe/Neotyphodium* エンドファイトにおいて遺伝子タギング法を利用して，共生関係が打破された変異体が取得された．本変異体における原因遺伝子を解析した結果，活性酸素（ROS）生産系に関与する NADPH オキシダーゼ遺伝子 *NoxA* が共生関係確立に重要であることが証明された．さらに，*NoxA* 制御にかかわる p67phox 遺伝子 *NoxR* および低分子量 G タンパク質遺伝子 *RacA* もまた共生関係樹立にかかわることが明らかとなった．この結果から，宿主植物体内におけるエンドファイトの進展を ROS 生産にかかわる *NoxA* 遺伝子がネガティブに制御しており，ROS 生産により過剰な生育が抑制されることが共生関係確立に重要であると考察されている．

現在，比較ゲノミクス手法に基づくエンドファイト遺伝子および宿主のエンドファイト反応性遺伝子の網羅的解析が進行している．このような研究の発展を通して，エンドファイト共生の分子機構が包括的に解明され．共生菌と寄生菌を分かつ要因に光が当たることが期待される．

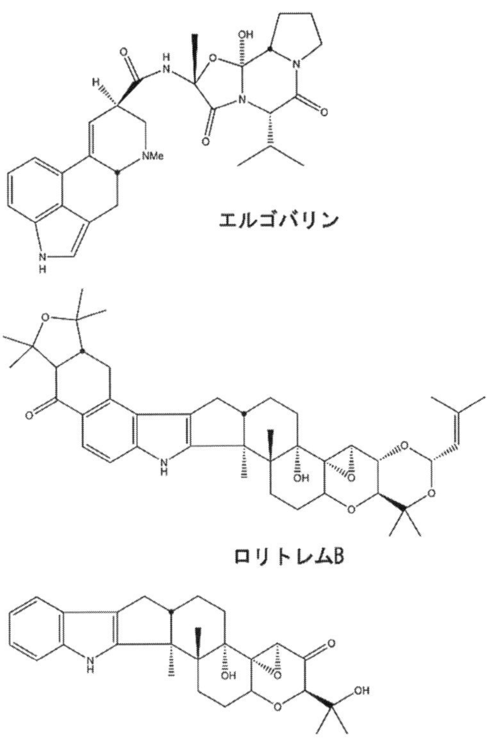

図 3.1.6 エルゴバリン，ロリトレム B およびパキシリンの化学構造
(原図：Lane G, AgResearch Ltd.)

4) エンドファイトと人間社会

(1) イネ科牧草エンドファイト

イネ科植物に寄生する *Neotyphodium* 属エンドファイトは，特に家畜中毒との関連において人間生活と深くかかわってきた．歴史をさかのぼると，新約聖書中にドクムギ（*Lolium temulentum*）に関する記述が認められるが，これは本菌の感染によって生産される麦角アルカロイドが原因と考えられる．当然ながら，当時，エンドファイトの関与は知られておらず，植物毒性とエンドファイトの関連が明らかになったのは比較的近代である．1970 ～ 1980 年代にかけて，米国およびニュージーランドで大きな問題となった家畜の中毒症状の原因究明により，エンドファイトの有毒性が一挙に衆目を集めることとなった．米国では，家畜，特にウシが牧草であるトールフェスク

(*Festuca arundinacea*) を摂食することにより，体重低下，筋肉のふるえ，壊疽などフェスク・トキシコーシス (fescue toxicosis) と呼ばれる中毒症状を示した．原因となったトールフェスクからは，*N. coenophialum* が分離され，本菌が生産するエルゴペプチンアルカロイド「エルゴバリン (ergovaline)」(図 3.1.6) が中毒の主因であることが明らかにされた．一方，ニュージーランドでは，主要な牧草であるペレニアルライグラス (*Lolium perenne*) を摂食したヒツジにおいて，ふらつき，痙攣など重篤な神経障害 (ライグラス・スタッガー ryegrass stagger) が 1900 年初頭より知られていた．この原因は長らく不明であったが，1980 年代に至り，ペレニアルライグラス中で共生しているエンドファイト *N. lolii* が生産するインドールイソプレノイド「ロリトレム B (lolitrem B)」(図 3.1.6) に由来することが明らかにされた．本毒素の作用機構については，発病ヒツジの脳においてグルタミン酸などアミノ酸神経伝達物質の放出を促進すると報告されている．また，同様の症状を誘起するロリトレムの前駆物質であるパキシリン (paxillin) (図 3.1.6) は，γ-アミノ酪酸のアンタゴニストとして作用するといわれている．なお，*N. lolii* は上述のエルゴバリンも生産する．

強い動物毒性を示すエルゴバリン，ロリトレムを生産する *Neotyphodium* 属エンドファイト感染植物体が，野外で優占系統となり家畜中毒を引き起こした背景には，これらエンドファイト保菌植物の示す生物的あるいは非生物的ストレス耐性がある．*N. lolii* 保菌牧草は，ニュージーランド牧畜地域において Argentine stem weevil (ゾウムシの一種) による食害を回避できる傾向が高く，圃場において優占的に生育した．また，米国での *N. coenophialum* 保菌トールフェスク集団は，乾燥耐性を示した結果として比較的乾燥した牧草地域に拡散したと考えられている．

このように，イネ科牧草へのエンドファイト感染の影響は，畜産業的見地と植物個体側にたった見方では相反する．エンドファイト保有植物の環境に対する適応度がアップすることは，植物生産の立場からは推奨されるべき応用技術につながる可能性を有する．また，*Neotyphodium* 属エンドファイトは感染牧草中で，前記の家畜毒性化合物に加え，低動物毒性でありながら昆虫に対する神経毒であるロリンアルカロイドおよび昆虫の摂食障害を誘起するペラミンアルカロイドを生産する．そこでニュージーランドにおいては，家畜毒性を示さず，かつ害虫防除など宿主に対して有益な機能を賦与するエンドファイトとライグラス系統の組合せを求めて，徹底的なスクリーニングが行われた．その結果，ペラミン生産能を保持するため害虫耐性を発揮しながらも，家畜毒性を欠失したエンドファイト系統 (AR1) が見いだされ，現在，市場に流通している．同様に，米国におけるトールフェスク被害を克服する系統 (AR501) も開発され，実用化に至っている．

エルゴバリンはその構造から生合成過程に非リボソームペプチド生合成酵素 (nonribosomal peptide synthetase：NRPS) が関与すると推定され，*N. lolii* よりエルゴバリン生産に関与する NRPS 遺伝子 *lpsA* が degenerate PCR 法によりクローニングされた．*lpsA* 遺伝子ノックアウト (KO) 系統はエルゴバリン生産能を完全に失活したが，宿主牧草には野生株と同様に感染した．また，ロリトレムはインドールジテルペン構造を有することから，同様に degenerate PCR 法を用いて生合成遺伝子 *ltmM* などがクローニングされ，毒素生産能欠失系統が遺伝子 KO 法により作出された．これらの人為的に作出された遺伝子組換え系統は，家畜毒性代謝産物のみを特異的に欠失させているため応用上有益であると考えられる．ただし，遺伝子組換え体の圃場への放出を含むため，実際の農業現場への適用には至っていない．

日本国内では，飼料用イタリアンライグラス (*L. multiflorum*) において，エンドファイト (*N. uncinatum*) 感染品種「びしゃもん」が 2008 年に品種登録されており，今後の応用発展が期待される．

(2) 他のエンドファイト

多くの植物種においてエンドファイト分離が試みられた結果，*Alternaria* や *Fusarium* 属菌など植物病原菌の仲間を含む非常に多数のエンドファイトが見いだされた．これらエンドファイトの一部では，病害抵抗性誘導能を有することも明らかになっている．また，植物の地上部だけでなく根部に生息するエンドファイトも見いだされた．これらのうち，ハクサイ根部に定着する *Heteroconium chaetospira* は，宿主の生育促進，耐病性賦与に関与していることが明らかになり，特に難防除性の土壌病害制御における活用が期待されている．

地球上に存在する大多数の植物が潜在的に保有しているエンドファイトは，生物間相互作用における共生の分子基盤解明への手がかりになるとともに，応用面では植物生産の向上を果たすための重要なツールとなりうる．また，植物を中心とした自然生態系への理解と植物進化の道筋を探るうえでも，エンドファイトの存在は看過できない．生物多様性の維持という観点からも，エンドファイトの重要性は今後よりいっそう強調されると思われる．

(児玉基一朗)

＊参考文献

成澤才彦（2009）内生菌類による誘導抵抗．微生物と植物の相互作用―病害と生物防除―（百町満朗・對馬誠ほか編）．ソフトサイエンス社，東京，pp167-173

Schardl CL, et al.（2004）Annu Rev Plant Biol 55 : 315-340

Schulza B, Boyleb C（2005）Mycol Res 109 : 661-686

菅原幸哉・柴　卓也（2009）エンドファイトの活用による病害抵抗性牧草の開発について．植物防疫 63 : 574-577

3.2 食品産業

3.2.1 アミノ酸発酵など

炭素源と窒素源を用いて，微生物により多量のアミノ酸を生産する方法を一般に「アミノ酸発酵」と呼ぶ．アミノ酸発酵の端緒となったのはL-グルタミン酸の発酵生産であるが，アミノ酸の菌体外蓄積は細菌には比較的普遍的に認められ，さまざまなアミノ酸の発酵生産法が開発され工業化されている．一方，菌類も当然ながらアミノ酸を自ら合成する能力は有しているが，上記のアミノ酸発酵に用いられている細菌類のように合成したアミノ酸を菌体外に蓄積する能力をもつものが少ないため，アミノ酸発酵に利用されている例は少ない．

本項では，微生物を利用したアミノ酸の合成法としてのアミノ酸発酵を，①直接発酵法，②前駆体添加法，③酵素法に大別し，概略を述べる．

1) 直接発酵法によるアミノ酸の発酵生産

直接発酵法は微生物を培養するだけで菌体外にアミノ酸が蓄積することを利用する方法であり，栄養要求性の変異株や代謝アナログ耐性変異株などの代謝変異株を用いることにより，最終生産物に至るまでのさまざまな代謝中間体の発酵生産が可能となる．この方法で生産される代表的なアミノ酸はL-グルタミン酸であり，代表的な菌株である *Corynebacterium glutamicum* をはじめとして複数の細菌が工業生産に利用できる菌株として知られている．酵母やカビをはじめとする菌類も当然のことながらこういったアミノ酸の生合成能を有するが，先に述べたごとく過剰に生合成したアミノ酸を菌体外に蓄積する能力をもつものが少ないため，菌類を用いて直接アミノ酸発酵を行う例はほとんど見受けられない．

2) 前駆体添加法によるアミノ酸の発酵生産

前駆体添加法は目的とするアミノ酸の前駆体を

添加して微生物を培養することにより目的とするアミノ酸を蓄積させる方法であり，直接発酵法ではアミノ酸の生合成にフィードバック調節がかかってしまう場合に利用される．シキミ酸経路を経て合成されるL-トリプトファンは，アントラニル酸を生合成の中間体としており，酵母 *Hansenula anomala* にアントラニル酸をトリプトファンの生合成前駆体として加えることによりL-トリプトファンの生産が可能となる．

3）酵素法によるアミノ酸の生産

微生物の生育を伴わず，酵素の変換反応を利用してアミノ酸を前駆体から生産する方法は酵素法と呼ばれ，この方法もアミノ酸発酵の範疇に入れられている．それらの方法は原理的に，①酵素のアミノ酸合成能を利用する方法，②酵素のアミノ酸分解能を利用する方法，③酵素によるタンパク質，ペプチドの分解能を利用する方法などがあげられる．

酵素のアミノ酸合成能を利用した方法として有名なものに，細菌 *Erwinia herbicola* 由来のチロシンフェノールリアーゼ（β-チロシナーゼ）を用いたピロカテコール，ピルビン酸，アンモニアからのL-DOPAの合成反応があげられる（図3.2.1）．菌類の酵素を用いた例としては酵母 *Rhodosporidium toruloides* 由来のフェニルアラニンアンモニアリアーゼによる，桂皮酸とアンモニウムイオン（NH_4^+）からのL-フェニルアラニン合成が知られている．

酵素のアミノ酸分解能を利用した例としては，細菌 *Pseudomonas dacunhae* 由来のL-アスパラギン酸-β-デカルボキシラーゼによるL-アスパラギン酸の脱炭酸によるL-アラニンの合成が工業的に利用されている．菌類の酵素を利用したものとしては *Aspergillus oryzae* 由来のメチオニンアシラーゼを用いたラセミ体アセチルメチオニン（DL-アセチルメチオニン）の分解によるL-メチオニンの合成が知られている．この他にも，味噌や醤油の発酵中もろみにおいて，麹菌（*Aspergillus oryzae*）が分泌するグルタミナーゼは，L-グルタミンを加水分解して呈味成分であるL-グルタミン酸を生成することが報告されている．また，工業化されてはいないが *Aspergillus oryzae*，*Saccharomyces cerevisiae*，エノキタケ（*Flammulina velutipes*）などはグルタミン酸脱炭酸酵素の活性をもち，グルタミン酸からγ-アミノ酪酸（GABA）を生成することが報告されている（図3.2.2）．

一方，発酵調味料である味噌や醤油は麹菌（*Aspergillus* 属や *Rhizopus* 属）のタンパク質分解酵素によるタンパク質の分解を利用して製造されている．現在は，大豆を主原料とした従来通りの製法に加えて，マグロ，カツオなどの魚介エキスやニワトリ，ブタ，ウシなどの畜肉エキス，さらには小麦粉などタンパク質の豊富な穀物を原料として利用し，タンパク質分解酵素でアミノ酸やペプチドを生成させる方法も幅広く行われてい

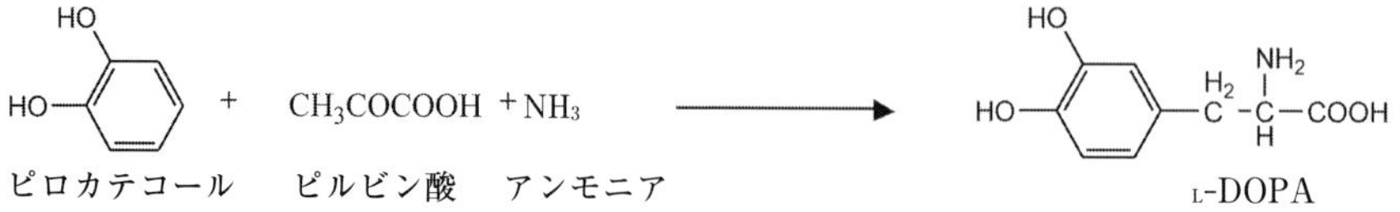

■図3.2.1 チロシンフェノールリアーゼを用いたL-DOPAの合成

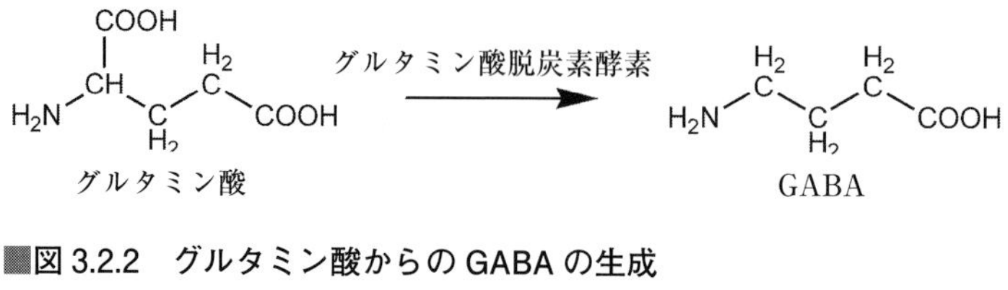

■図3.2.2 グルタミン酸からのGABAの生成

る．ここで用いられるタンパク質分解酵素は細菌由来のものと菌類（特にカビ）由来のものが利用されるが，一般的に細菌由来のプロテアーゼ製剤でタンパク質を分解すると苦みの生成が強く，調味料の製造には不向きとされる．一方，カビ由来のプロテアーゼを用いると苦みの生成が少なく，呈味性が向上することが報告されている．これは細菌とカビ類のつくるプロテアーゼの基質特異性の違いを示している．　（白坂憲章）

＊参考文献

村尾澤夫・荒井基夫（2000）応用微生物学．培風館，東京，pp175-192
日本酵素協会 編（2009）日本産業酵素小史．日本酵素協会，千葉，pp77-107
照井堯造ほか（1962）醱酵工學雑誌 40（3）：120-124
上島孝之（1995）産業用酵素．丸善，東京，pp29-53

3.2.2 発酵食品

1）酒類（アルコール飲料）

（1）清酒（日本酒）

清酒は日本古来の代表的なアルコール飲料で，その起源は神話の時代にさかのぼる．8世紀初頭の「大隅国風土記（おおすみのくにふどき）」や「古事記」には米を噛んでは吐き，噛んでは吐き，壺に集めて糖化・発酵させる「くちかみの酒」の記述がある．また，すでに約400年前には，“三段掛け”，“酒袋によるしぼり”，“火入れによる殺菌”など，現在に近い優れた技術の原型が開発されていたことが記されており，当時は朝廷，僧坊を中心につくられていた．しかし，室町，江戸，明治時代へと進むにつれて全国的に製造されるようになり，1920年には7,000 kl，1979年には1,580,000 klが生産されるようになった[1,2]．

清酒は蒸した米に *Aspergillus oryzae*（黄麹菌）を接種して麹づくり（製麹（せいきく））を行い，この麹菌の生産するアミラーゼによって米デンプンの糖化を行いつつ，糖化させたブドウ糖をアルコール発酵酵母，*Saccharomyces cerevisiare*（清酒酵母）によって発酵させてつくられる．清酒はこの糖化とアルコール発酵の工程が1つの桶の中で同時進行的に行われる微妙で独特な方法であり，この方法を並行複発酵法と呼んでいる．並行複発酵法では，デンプンは麹菌の生産するアミラーゼによってブドウ糖などの糖分に，糖分は酵母によりアルコールと炭酸ガスに，タンパク質はアミノ酸に分解され発酵が進行するが，糖がアルコールになるにつれて順次デンプンから糖が供給され，アルコール発酵が進行する．そのため，約20%という高濃度アルコール飲料を蒸留操作をすることなく製造することができる．蒸米に種麹を散布し，麹室（こうじむろ）で菌を繁殖させてつくる清酒の「麹づくり」（製麹）には「麹ぶた法」や「床こうじ法」をはじめ，いくつかの方法があるが，現在ではほとんど機械化された「機械製麹法」が用いられている．また，アルコール発酵のための「酒母づくり」にも，乳酸菌を利用した「生酛づくり」や「山卸廃止酛（山廃酛）」，乳酸菌のかわりに市販の乳酸を用いてつくられる「速醸酛」，乳酸と酵母で直接つくる「酵母仕込み」などの方法があるが，近年では「酒母づくり」の約80%が雑菌汚染の心配が少なく，短期間でできる速醸酛で行われている．

図3.2.3は清酒の製造工程の概略を示したものである．酒づくりは，まず「酒母づくり」から始まる．蒸米に麹と水を加え，純粋培養した清酒酵母を接種し，酵母の高濃度純粋培養菌液を14～21日かけてつくられる．酒母ができると，これに麹と蒸米と水を混ぜたものを3回に分けて4日間で順次添加し，モロミを仕込む．このモロミは15～40日間本発酵を行い熟成モロミになる．この熟成モロミを搾っており引き（沈殿物の除去）したのち，変質・腐敗を防止するため，50～60℃で火入れ（パスツリゼーション）を行って貯蔵・熟成され，酒質を調整後清酒ができ上がる．白米1,500 kgからアルコール分20%の清酒が2.7 klできるが，多くの場合30%アルコールを添加して20%アルコールの清酒を総量で8.1 klにすることから，3倍増醸と呼ばれている[1]．

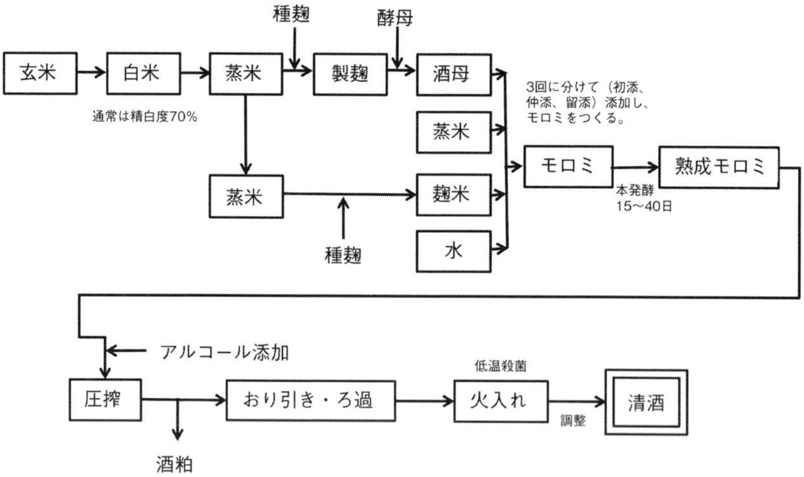

■図 3.2.3 清酒（日本酒）の製造工程の概略

しかし，近年では食生活の欧米化や生活スタイルの多様化に伴い，アルコール飲料に対する嗜好も多様化し，ビールやワイン，焼酎など，軽い酒が好まれる傾向になり，清酒の消費量は最盛期の約半分程度にまで落ち込んでいる[2]．

(2) 焼　酎

焼酎はわが国独特の蒸留酒であり，14〜15世紀頃，タイから琉球（現在の沖縄）を経て16世紀の中頃に，キリスト教や鉄砲とともに，鹿児島に蒸留技術が伝えられ，鹿児島から全国に広まったと考えられている[4]．

焼酎は，清酒と同様の並行複発酵法によってつくられるが，麹カビを用いてつくった焼酎麹を糖化しながら酵母でアルコール発酵させたものを蒸留し，アルコール濃度を高めてつくる蒸留酒である．しかし，麦芽や果実を原料としないことから，ウイスキーやブランデーと区別される．わが国の焼酎は酒税法上，製造方法によって甲類焼酎と乙類焼酎に分けられている．甲類焼酎は新式焼酎とも呼ばれ，糖蜜などを発酵して，精密な連続式蒸留機で蒸留して得た95%の精製アルコールに水を加えるか，またはそれに乙類焼酎を少量混ぜて

COLUMN 11　Domestic fungi（麹菌は日本の国菌である）

日本の食文化は麹なしには語ることができないほどで，麹は古くから清酒，焼酎をはじめ，味噌，醤油，味醂，米酢，甘酒や熟鮓，漬物（麹漬け）などの製造に用いられてきた．麹は米や麦，大豆などの穀物を蒸して種麹（*Aspergillus oryzae*）を付け，麹菌を繁殖させたものをいうが，麹カビはデンプンやタンパク質分解能力に優れており，安心・安全な有用カビとして古い歴史をもっている．

2004年東北大学名誉教授一島英治が日本醸造協会誌第99巻第2号の巻頭随想において「麹菌は国菌である」と提唱したことに基づき，2006年10月12日の日本醸造学会大会で黄麹を含む麹菌（*Asp. oryzae*）は「日本の国菌」に認定することが宣言された[4]．宣言によれば，麹菌とは，*Asp. oryzae*（和名：ニホンコウジカビ），*Asp. sojae*（和名：ショウユコウジカビ）および*Asp. awamori*（アワモリコウジカビ）の3種をさしている．認定の理由には，①食品としても安全性が確かめられている，② 2003年，麹菌の全遺伝子配列がわが国産官学の研究グループにより明らかにされた，③今後醸造のみならず，新しいバイオ産業に広く使われる可能性がある，といった点があげられた．

（寺下隆夫）

香味を付けてつくられる．甲類焼酎はホワイトリカーとも呼ばれ，現在市販されている焼酎の大部分はこれに属している．一方，乙類焼酎はサツマイモ，米，麦，ソバなどの穀類，黒糖，酒粕を原料として用い，麹菌によって原料のデンプンを糖化させたのち，酵母でアルコール発酵を行い，生成したアルコールを旧式の単式蒸留機で蒸留してつくられる．旧式焼酎や本格焼酎とも呼ばれ，成分が複雑でそれぞれ特徴をもった味わいのある焼酎である[1)]．主な乙類焼酎の種類，原料とそれぞれの焼酎の特徴について表 3.2.1 に示した．

乙類焼酎の製造には一般に生酸能の強い黒麹菌（*Aspergillus awamori, Asp. saitoi*），白麹菌（*Asp. luchuensis, Asp. kawachii*）が使用される．気温の高い地方で，安全にモロミを発酵させるためには生酸能の強い菌を使用する方が有利である．黒麹菌のつくる酸は主として，クエン酸であるが，ほかにコウジ酸，グルコン酸，ギ酸，シュウ酸の生成も認められている．また，最適 pH が低い耐酸性で，糖化型のアミラーゼに富んでいる．

(3) ワイン，ブランデー，ビール，ウイスキーなど

世界最古の酒であるワインは，ブドウ果汁（赤ワインでは果皮および果梗を一緒に加える場合もある）に純粋培養したワイン発酵酵母（*Saccharomyces cerevisiae*）を加え，発酵してつくられる．この際，亜硫酸（メタ重亜硫酸カリウム）が防腐・雑菌防止の目的で添加される．発酵終了後は樫樽に入れて熟成させる．ワイン製造には多数のブドウ品種が使用され，世界各地で優れた品質の特徴あるワインが生産されているが，日本においても近年の食の西洋化とともにその消費量は大きく増加している．また，ブランデーはワインを蒸留し，熟成させたものであるが，紀元前にすでに錬金術師によってワインがつくられていたヨーロッパでは 12 世紀になってさかんになった．フランスのコニャック地方やアルマニャック地方のブランデーが有名である．

一方，ビールは世界中で最も多く飲まれているアルコール飲料である．ビールは大麦を原料に水を撒いて発芽させた麦芽が生産する麦芽アミラーゼによって大麦デンプンを糖化させアルコール発酵原料を調製する．この点，清酒のように米を原料に黄麹菌を接種してつくる米麹菌由来のアミラーゼで米デンプンを糖化するのとは対照的である．ビールではこの糖化液をビール発酵酵母で発酵させてつくられる．

また，ウイスキーはビールの製法とは異なるが，原理的にはビールを蒸留し，集めたアルコール分

表 3.2.1　主な乙類焼酎（本格焼酎・旧式焼酎）の種類

種　類	原　料	特　徴
イモ焼酎	サツマイモ（5）と麹米（1）	鹿児島県，宮崎県，伊豆七島が産地，全乙類焼酎の 60% を占める．蒸したイモの香りがある
米焼酎	蒸米（2）と麹米（1）	熊本県球磨郡で生産される球磨焼酎が有名である．特有の芳香と軽い甘味がある
麦焼酎	麦（2）と米（1）または麹米（1）	長崎県壱岐の島の特産，いまは大分県など各地で生産されている．味，香りともカラッとしていて万人向きの焼酎
そば焼酎	そば（2）と麹米（1）	宮崎県で生まれた焼酎，特有の甘味があり，口当たりがよい
黒糖焼酎	黒糖と麹米（1）	現在では奄美大島のみで製造，黒糖の香りがあり，ラム酒に近い香りがする
泡盛	麹米	沖縄県の特産品で，タイ米を原料としている．黒麹菌（アスペルギルスアワモリ）で麹をつくり，南蛮がめに入れて熟成される
白糖焼酎	白糖	清酒用米を精白した際に生ずる白糠を蒸し，二次モロミ用に用いる
粕取焼酎	酒粕	清酒粕を温湯にとき，残存するデンプンを糖化発酵後，蒸留してつくる．特有の強い芳香をもつ

を樽に詰めて熟成させたものである．したがって，これらの酒類では真菌類としてはアルコール発酵酵母だけが関与し，カビ類はまったくといっていいほど関与していない．

(4) その他の蒸留酒

ラム酒はサツマイモ，糖蜜，サトウキビのしぼり汁を原料とし，発酵蒸留し，樽で熟成させた蒸留酒である．発酵時には，*Saccharomyces*, *Schizosaccharomyces*, *Torula* などの酵母とバクテリアが関与する．蒸留のとき，製品に香りを付けるために木の葉または樹皮（三葉草，アカシアなど）を用いるのが特徴である．西インド諸島およびカリブ海沿岸地域が主産地である．ウオツカは大麦を原料として発酵させ，パテントスチルで蒸留し，アルコールを85%以上にしてから，水で40%まで下げた後，白樺炭の層を通してろ過した無味・無臭の酒である．ロシアで生まれたが現在はむしろ米国のほうが生産量は多い．テキーラは欄（リュウゼツラン）の樹液や基部を原料とした酒であるが，原料を室に入れて微生物による多糖類の分解を行わせた後，この汁液を自然発酵後，蒸留を繰り返し，アルコール濃度を55%まで高め，樫の樽に2年以上詰めて熟成させてつくられる．また，ジンは大麦，麦芽，ライ麦，トウモロコシを原料に，ネズの実などの香料物質を添加して蒸留したもので，熟成させずにただちにびんに詰めてつくられる．

(5) 乳酒（アルコール発酵乳）

ケフィア（Kefir）はコーカサス地方で牛乳や羊乳から，クミス（Koumiss）は中央アジア，シベリア地方で馬乳からつくられる．決まった土地に定住していない遊牧民は穀物のアルコールをつくることができないので，乳の酒を利用する．ケフィアは小麦を乾燥させたケフィア粒をスターターとして用いるが，これには乳酸菌と *Saccharomyces kefir* などの酵母を含んでいる．一方，クミスは馬乳から調製したスターターを殺菌して馬乳に加えて乳酸発酵させるが，アルコール含量はいずれも1～2%程度と低い．

(6) みりん

焼酎と米麹，蒸したもち米を混合し，1～2カ月熟成させる．主として調味料として用いられるが，飲料用には焼酎を加えた「本直し」（関東地方では柳蔭と呼ばれる），みりんと焼酎に蒸し米をつけ込んで熟成後，すりつぶした白酒などがある．

(7) 甘　酒

米飯や粥に米麹（*Asp. oryzae*）を加えて，60℃前後で糖化してつくられる．温めて飲むほか，漬物や淡口醤油に加え甘味料として用いられる．

(8) 中国の酒

大別すると，啤酒（ビール），葯酒（薬酒），配制酒（リキュール），果酒（果実酒），白酒，黄酒などがある[1)]．このうち，白酒や黄酒は独特の製法による代表的な中国の酒である．白酒は日本の焼酎に相当する酒であるが，高梁などの原料穀物を固体のまま発酵させ，蒸留する．デンプンの糖化は麯子（キョウシ）と呼ばれる麹で行うが，主として *Mucor*, *Rhizopus* の生産酵素類が糖化作用を行うと考えられている．一方，黄酒は醸造酒で，年を経たものを老酒（ラオチュウ）と呼ぶ．もち米を使用し，麦麹でつくられる．麦麹には *Rhizopus*, *Mucor*, *Aspergillus* などが生え，これらの菌の生産するアミラーゼによって糖化する．紹興酒も黄酒の1つである．また，紅酒は台湾で製造される再製酒の一種で，もち米を蒸してこれに紅（粬，アンカ，紅麹）を加えて発酵させたものに米酒を添加してつくられる．

2) 大豆発酵食品

(1) 醤　油

醤油[1, 5)]は味噌と並ぶ日本の代表的発酵調味食品であるが，その起源は中国大陸から渡来した醤（ひしお）と考えられている．それが，江戸時代以降，日本人の味に合うように製造法が改良され，現在に至っている．

製造法のあらましを述べると，大豆または脱脂大豆を蒸して，煎って粗く砕いた小麦と混ぜて麹菌（*Asp. oryzae*, *Asp. sojae*）を接種し，25

～30℃で42～45時間培養して麹をつくる．これを食塩水につけ込みモロミを調製して6～8カ月間熟成させる．この間に大豆や小麦中のタンパク質が分解されてアミノ酸となり，耐塩性乳酸菌（*Pediococcus halophilus*）や耐塩性酵母（*Saccharomyces rouxii, Torulopsis versatilis*）が増殖して香り成分を生成する．これを布袋に入れて圧搾し（生醤油），火入れ，おり引きしてつくられる．

醤油には，大豆と小麦でつくった麹を原料とする普通醤油と，大豆だけの麹を原料とする溜り醤油がある．普通醤油はさらに比較的色と味の濃い濃口醤油と，色が薄く甘めの淡口醤油に分けられる．淡口醤油は関西料理，特に，京料理の器と料理の色合いが引き立つように，ヒガシマル醤油が開発した醤油である．また，化学的に製造したアミノ酸醤油（化学醤油）や脱脂大豆の塩酸分解液と小麦麹を加え，1～2カ月熟成させる半化学醤油のほか，再仕込み（再製）醤油，白醤油，減塩醤油，濃厚甘味調味液，味液加工醤油などがある．

(2) 味 噌

味噌[1,5]の起源は中国で古くから知られている醤（ひしお）や鼓（し）とされ，これらが朝鮮を経由して日本に伝来し，あるいは直接遣唐使によって伝えられ，日本的に改良され，日本独自の大豆発酵食品が誕生し，やがて味噌と呼ばれるようになった．中国からの伝来以来約1300年の間に，各地の産物や気候風土，食習慣によって，地方色豊かな多くの種類の味噌が生み出された．

農林水産省の味噌品質表示基準によると味噌の酒類は米味噌，麦味噌，豆味噌，調合味噌に分けられている．米味噌は，蒸した大豆と米麹（*Asp. oryzae*）を食塩水で仕込んだもので，麦味噌は，大麦または裸麦の麹と蒸した大豆で仕込んだもの，豆味噌は，蒸した大豆でつくった麹だけを食塩と仕込んだものである．また，調合味噌はこれらの味噌を配合，あるいは混合した麹を用いたもの，または上述以外の穀物を原料として用いたものと定められている．国内における消費量の約80%が米味噌であるが，味噌モロミの発酵中に作用する微生物は醤油モロミの場合と同様で，耐塩性乳酸菌と耐塩性酵母（*Saccharomyces rouxii*）および後熟酵母（*Torulopsis versatilis*）である．味噌は，また前述のような原料の違いのほか，味（甘味噌，甘口味噌，辛口味噌）や色（白味噌，淡色味噌，赤味噌，赤褐色味噌）で区別される．味噌は種類が豊富で，食塩濃度も5～14%と幅広く，醸造期間も1～3週間と短い速醸味噌から，約2年間を費やす長期熟成味噌（豆味噌）まであるが，日本人の食生活に不可欠で，栄養維持に重要であるばかりでなく，近年，健康機能性食品として注目されている．

また，味噌には上述の普通味噌のほかに，なめ味噌（惣菜として食べる味噌），強化味噌（カルシウムやビタミンを添加した味噌），経山寺味噌（味噌に塩漬したキュウリ，ナス，レンコンなどを加えて，重石をおき，2週間ほどの後，ショウガやシソなどの香辛料を加えて約半年ほど熟成させ，砂糖や水あめを加えてつくる），比志保味噌，低食塩化味噌，乾燥味噌などがある．

(3) 乳 腐

乳腐[1]は古くから中国，台湾でつくられている大豆発酵食品である．まず，豆腐をつくり，この豆腐に*Mucor*属（*M. hiemalis, M. silvaticus, M. prainii*）や*Rhizopus*属（*R. chinensis*）のカビ種菌を接種して，カビ菌糸で十分に豆腐の表面を覆ってから，20%程度の食塩水に漬け込んだ後，酒や味噌，醤油のモロミに漬け込んで熟成させてつくられる．乳腐の味や品質は使われるカビの種類と漬け込むモロミの種類によって異なる．いわば豆腐のモロミ漬けのようなもので，なめらかでねっとりした組織と，やや塩味の強いチーズに似た風味をもっている．欧米ではsoy bean cheeseまたはvegetable cheeseと呼ばれている．また，紅醤乳腐，紅乳腐では紅麹菌（*Monascus*）が使われているので，鮮やかな紅色の乳腐ができる．

(4) 豆腐餻（とうふよう）

沖縄でつくられているが，塩漬けにした豆腐を脱水し，もち米麹（*Asp. oryzae*）と紅麹カビ（*Monascus* 属）を混ぜた発酵液に浸漬し，カビ付けをした発酵食品である．

(5) テンペ

テンペはインドネシアで数百年前からつくられている大豆発酵食品である．テンペの年間の推定消費量は35万トンから40万トンで，日本における味噌の消費量にほぼ匹敵する．

その製法は，浸漬・吸水させ，種皮を除いた大豆を蒸煮し，バナナの葉に包んで30℃で2～3日発酵させてつくられる．製品は白色の菌糸で全体が1つの塊のように包まれており，これを薄く切って食塩水につけてから油で揚げて食べるか，細かく砕いてスープに入れることもある．テンペの発酵菌は *Rhizopus oligosporus*, *R. oryzae*, *R. arrhizus* および *R. stolonifer* であるが，中でも *R. oligosporus* が主要な発酵菌で最も重要である．

(6) オンチョーム

オンチョーム（Ontjom）もインドネシアの伝統的な発酵食品の1つである．オンチョームはラッカセイまたはこれから油を搾った残りの落花生粕に *Neurospora sitophila*（桃黄色の胞子をもったカビ）を培養・発酵させた食品である．発酵が進むにつれて甘いフルーツのような芳香を放ち，きれいな胞子の色とともに食欲をそそる．製品は菌糸が内部まで深く侵入し，肉質をしめているので，薄く切っても崩れることはなく，植物油で炒めたり，砕いてスープに入れたりして食べる．蒸し大豆に本菌を生育させたものもオンチョームと呼ばれている．

3) 水産発酵食品（かつお節）

かつお節[6]の原型は平安時代の「延喜式」に出てくる鰹魚（かたうお）というもので，魚を干した保存食であった．今のカツオ節は燻してから乾燥し，カビ付けをしたものであるが，これは江戸時代に始まったことが記録されている．かつお節はわが国の特産品で，おそらく世界一硬い食品であるが，タンパク質に富み（75%）保存性がよい．主として鹿児島県，高知県，静岡県で製造されている．

製法は，脂のあまりのっていないカツオを煮熱し，85℃の乾燥炉で1時間ほど乾燥させる．この操作を毎日繰り返して8回程度行い，燻煙のタール分をかつお節に付着させる．表面を削って成型後，カビ付け庫に入れてカビ付けを行う．カビ付けはかつお節製造の最も重要な工程で，自然に繁殖するカビを利用するが，一般にかつお節カビといわれるカビは *Aspergillus glaucus* で，タンパク質分解力が弱く，脂肪の分解力の強い，しかも，水分の少ないところでよく生育する性質のカビで，カビ付けの目的は，余分な水分と脂肪を除き，有害菌の侵入と香味の低下を防ぐことにある．かつお節の主要呈味成分はイノシン酸であるが，これにグルタミン酸をはじめ各種のアミノ酸が相乗的に作用し，コクのある上品な旨味を呈する．

4) その他の食品

(1) 乳酸菌発酵食品

発酵乳は哺乳類の乳を乳酸菌または酵母によって発酵させ特殊な風味を与えた乳製品である．主体は乳酸菌による乳酸発酵であるが，酵母によるアルコール発酵を同時に行うものがあり，これらのアルコール発酵乳には酒類の項で述べたケフィアやクミスがある．

(2) チーズ

乳製品のうち，微生物を利用してつくられる最も代表的なものはチーズである．チーズは殺菌した原料乳に乳酸菌のスターターを加え，さらにレンネットを加えてカードを形成させ，これからホエーを分離，脱水し，食塩を加えて発酵熟成させ製品とする．チーズに利用される真菌類としては，ナチュラルチーズのロックホールチーズ（アオカビチーズ）では粉砕したカードを詰めるとき，*Penicillium roqueforti* を添加することによって熟成中にチーズ内にこの菌が繁殖し，青緑色の美しい大理石模様がつくられる．また，カマンベールチーズ（シロカビチーズ）は，*Penicillium camemberti* の培養物を加え，チーズ表面にシロカビを増殖させ，灰白色の薄いフェルト状の層をつくる．これらのチーズではカビの分泌するリパーゼの作用で，脂肪分解が起こり，カプリン酸，カプロン酸などの遊離脂肪酸を生じ，さらにβ酸化によってメチルケト酸になって特有の刺激臭と風味を与える．

(3) 発酵パン

パンは小麦粉に食塩と水を混ぜこねた生地をパン酵母で発酵させ，焼き上げたものである．パン酵母（*Saccharomyces cerevisiae*）のアルコール発酵による炭酸ガスの発生を利用してパンが膨らむので，ベーキングパウダー（ふくらし粉）を用いて炭酸ガスを発生させてもパンはできる．しかし，風味からいって，酵母で発酵させたパンが普遍的である．酵母はパンだねとして培養されたパン用の純粋培養酵母が用いられるが，これには生酵母（圧搾酵母）と乾燥酵母があり，それらを小麦粉に加えて水とともにねって生地をつくり発酵させる．近年の食の欧風化でパンの消費は著しく増加し，一大パン産業に発展したことから，自然界の植物や野菜，果実から分離される新規なアルコール発酵酵母を用いて香味に優れたパンづくりが研究されている．

(4) 漬け物

漬け物は食塩の防腐作用を利用した保存食品であり，漬け物に関係する微生物は，その漬け物の食塩濃度と関係が深い．真菌類のうち，漬け物の熟成（香味の付与など）に関与する微生物は耐塩性の酵母類（*Torulopsis*, *Hansenula*, *Debaryomyces*, *Saccharomyces*, *Pichia*, *Zygosaccharomyces* など）のみである．カビはほとんど関係しないが，酒粕漬け，麹漬け，モロミ漬けなどは *Asp. oryzae* でつくった麹を利用した漬け物である．

（寺下隆夫）

＊引用文献

1) 村尾澤夫ほか(1987)くらしと微生物．培風館，東京，pp 21-76
2) 小泉武夫(2002)「発酵は力なり」食と人類の知恵．NHK 人間講座．日本放送出版協会(6～7月)，東京，pp59-73
3) 井上　喬(1997)やさしい醸造学．工業調査会，東京，pp253-257
4) 一島英治(2004)日本醸造協会誌 99：83
5) 中野政弘ほか(1995)発酵食品．光琳，東京，pp30-77
6) 小泉武夫(1997)麹カビと麹の話．光琳，東京，pp42-44

3.2.3 菌類加工食品

菌類のうち，主にキノコや酵母などは，食材としての嗜好性や保存性の向上，コンビニエンス性を目的に数多くの加工食品が提供されている．また，健康機能性が明らかにされることによって，子実体や菌糸体の抽出エキスや製剤化されたサプリメントやドリンク剤，健康茶などさまざまな健康食品が販売されるようになった．

1) キノコ

嗜好性，貯蔵性，利便性を主に食材として利用されている．主要な栽培キノコの生産高を表 3.2.2 に示している．2007 年の生鮮キノコの生産量は，総計 444,600 トンに上っている．主要な消費性向は生鮮品主体であって，調理素材としての乾燥品や缶詰も利用されている．わが国では，乾シイタケを除けば生鮮品の消費利用が多く大半を占めている．一方，ヨーロッパのドイツでは，2006 年の統計によれば年間約 30 万トンの消費があり消費形態は生鮮品と缶詰がほぼ半々で加工品が多く消費されており流通や消費動向の違いがうかがわれる．わが国での加工食品としては，伝統食材の佃煮や醤油漬等の外に調理済み食材としてレトルトパウチのカレーや冷凍食品の中華材料，インスタント食品の具材などに利用されてきている．一方，加工品には輸入品や生鮮品出荷ロスの安価な原料も使われるが他の食材に比べて原料原価が高いため，調理済み食材としての加工利用が進まないことも課題となっている．そのような市場背景もあって健康食品ジャンルでのキノコ利用が進んでいる．

健康食品は，比較的高い価格設定が可能である

表 3.2.2 キノコ類の生産（2007 年農水省統計資料）

品　目	生産量（トン）	品　目	生産量（トン）
乾しいたけ	3,565.9	まつたけ	51.1
乾しいたけ（生換算値）	24,961.3	ぶなしめじ	108,995.6
生しいたけ	67,154.8	まいたけ	43,606.6
しいたけ計	92,116.1	きくらげ類	114.8
なめこ	25,817.8	エリンギ	38,265.1
えのきたけ	129,770.0	たもぎたけ	526.2
ひらたけ	3,023.7	その他計	2,332.8
		きのこ類総計	444,619.8

ためキノコの健康機能性を活かした開発がさかんになっている．健康食品の効能を表示することは薬事法で厳しく取り締まられている．現在では効能表示を認めているものとして，健康補助食品，栄養機能食品，特定保健用食品があり，それ以外は健康食品や機能性食品といっても一般食品に位置づけられている．菌類でこれらの健康機能性を認められているものは，健康補助食品として（財）日本健康・栄養食品協会（JHNFA）の認証するシイタケ食品，マンネンタケ食品，酵母食品の3種類に限られ，また，厚生労働省が認証する特定保険用食品としては，ブナハリタケエキス（イソロイシルチロシン）を配合した3種類の清涼飲料水がある．キノコの健康機能としてその成分や効能は研究成果が得られているものもあるが，現状は認証を受けているものはほんの一部で多くは一般食品であることを承知しておく必要がある．しかし，一般食品であっても健康性や機能性のデータが続々発表される中で多くの健康食品ジャンルのサプリメントやドリンク剤などが販売されている．このうち国立健康・栄養研究所が健康食品の安全性・有効性情報として提供しているものは，シイタケ，マッシュルーム，冬虫夏草，アガリクス，マイタケ，メシマコブ，ヤマブシタケ，マンネンタケ，カバノアナタケの9種である．キノコを粉砕しペースト化したものや乾燥粉末，キノコの抽出エキスを配合し，さらに健康機能が知られる素材との組合せや栄養剤を加えたものが商品化されている．

2）酵　母

自然界には子嚢菌門，半子嚢菌綱に分類される酵母が数多く存在するが，酵母食品に利用されるのは発酵，醸造に用いられる *Saccharomyces* 属で yeast と呼称され，発酵食品の製造過程で得られるものを利用している．食品酵母としてはビール（*S. uvarum*），ワイン（*S. ellipsoideus*），日本酒（*S. cerevisiae*），醤油（*S. rouxii*），パン（*S. cerevisiae*）などがあるが，副産物として得られる生産量が多いビール酵母の利用が進んでいる．酵母そのものの成分として，高タンパクで食物繊維（β-グルカンを含む），ビタミン，ミネラルが多く，アミノ酸をバランスよく含んでいる．乾燥ビール酵母をそのまま製剤化したエビオス錠（商品名：アサヒフードアンドヘルスケア㈱）は昭和初期から販売されている．乾燥ビール酵母の組成を表 3.2.3 に示す．また，酵母エキスとして風味調味料の利用も多い．BSE（狂牛病）発生時のブイヨンや牛畜産物の安全性が問われたときに，ほかのタンパク加水分解物とともに酵母エキスの需要が多くなった．

次に，酵母の高タンパク質に着目して，かつては，バイオマス（single cell protein）として石油酵母（*Candida* sp.）が注目された．石油酵母を培養し飼料化して，または直接食糧の増産を試みる研究開発がなされたが原料を石油とするため資源

■表 3.2.3 乾燥ビール酵母の主要栄養成分値（100g 中）

一般組成	タンパク質	53.0 g	アミノ酸	リジン	3.8 g
	脂質	3.7 g		イソロイシン	2.3 g
	糖質	0.0 ～ 3.0 g		ロイシン	3.5 g
	エネルギー	310.0 kcal		メチオニン	0.8 g
ビタミン	ビタミン B1	10.0 mg		フェニルアラニン	2.1 g
	ビタミン B2	3.0 mg		スレオニン	2.5 g
	ビタミン B6	2.4 mg		トリプトファン	0.7 g
	ニコチン酸	37.0 mg		バリン	2.7 g
	葉酸	1,500.0 μg		シスチン	0.5 g
	パントテン	4.0 mg		チロシン	1.5 g
	イノシトール	400.0 mg		ヒスチジン	1.2 g
	ビオチン	105.0 μg		アルギニン	3.0 g
	コリン	320.0 mg		アラニン	3.5 g
ミネラル	カルシウム	210.0 mg		アスパラギン酸	5.0 g
	鉄	5.8 mg		グルタミン酸	6.2 g
	カリウム	2000 mg		グリシン	2.2 g
	マグネシウム	270.0 mg		プロリン	1.9 g
	ナトリウム	100.0 ～ 220.0 mg		セリン	2.7 g
	リン	2,000.0 mg	核酸	RNA	3.9 g
	銅	0.3 mg		DNA	0.1 g
	亜鉛	5.8 mg	食物繊維		30.0 g
	マンガン	0.63 mg			
	セレン（セレニウム）	92.0 μg	総グルタチオン		0.3 g

天然物のため，含有値に多少の変動がみられる場合がある．
成分表はアサヒフードアンドヘルスケア株式会社のホームページから転載．

保護と安全性の問題からその取組みはほとんど見られなくなった．しかし，同様の試みは，原料を石油から農産加工や食品粕類のような安全性の高い原料を使って研究されている．たとえば，りんご搾汁残渣を用いて高タンパク飼料をつくる研究で，りんご搾汁残渣に加水して麹菌（*Aspergillus oryzae*）と酵母（*Candida utilis*）を混合培養すると原料組成に対してタンパク質 11 倍，粗脂肪 3.6 倍，可溶無窒素物が 1/3 になって飼料化が可能な栄養組成になった事例の報告もなされている．

（山内政明）

＊参考文献

農林水産省（2007）平成 19 年度特用林産基礎資料：きのこの生産量
農林水産省（2007）平成 19 年度農林水産物貿易円滑化事業のうち品目別市場実態調査結果 5，ドイツ：きのこ
斉藤知明（2002）平成 14 年度青森県工業試験研究機関事業報告書：139-148

3.2.4 菌類酵素

発酵という現象が菌類および微生物による作用であるとわかった後，科学者はさらにその能力に注目した．それらの生物が何らかの触媒因子をもつと考えるようになり，つまりその生体触媒が酵素ということになる．酵素を表す enzyme という語は，ギリシャ語の$\varepsilon\nu\ \zeta\upsilon\mu\eta$（in yeast）に由来しており，酵母の中にある活性をもつ作用因子として名づけられたものである[1]．のちに，酵素が触媒機能をもつタンパク質であるということが判明しても，初期の発酵因子としての概念が名前に残っていることになる．

酵素はあらゆる生物において合成されているが，菌類・微生物の場合，細胞外にさまざまな酵素を分泌するため，産業的な利用において重要な生物となる．菌類・微生物起源の酵素の有利な点は以下の点である．①微生物・菌類は増殖が速い

■表 3.2.4 産業用酵素の利用分野

生産物／製品名		使用酵素
食品工業	ブドウ糖	α-アミラーゼ，グルコアミラーゼ
	マルトース	β-アミラーゼ，イソアミラーゼ
	異性化糖	グルコースイソメラーゼ
	シクロデキストリン	シクロデキストリングルカノトランスフェラーゼ
	機能性オリゴ糖	β-フラクトフラノシダーゼ，β-ガラクトシダーゼ，キシラナーゼ
	トレハロース	マルトオリゴシルトレハロースシンターゼ，マルトオリゴシルトレハローストレハロハイドロラーゼ，トレハロースシンターゼ
	チーズ	レンニン，微生物レンニン
	パン製造	α-アミラーゼ，キシラナーゼ，プロテアーゼ，リパーゼ
	食品機能改良	トランスグルタミナーゼ，ホスホリパーゼ
	酒，ビール，ウイスキー	α-アミラーゼ，β-グルカナーゼ，キシラナーゼ，プロテアーゼ
	果汁，ワイン	ペクチナーゼ，セルラーゼ，アミラーゼ，グルコアミラーゼ
化学工業	洗剤	プロテアーゼ，リパーゼ，セルラーゼ，α-アミラーゼ
	繊維加工	セルラーゼ，プロテアーゼ，ラッカーゼ
	パルプ	リパーゼ，キシラナーゼ
	アクリルアミド	ニトリルヒドロラターゼ
医薬工業	酵素製剤	プロテアーゼ，アスパラギナーゼ，ウロキナーゼ，スーパーオキシドジスムターゼ，アミラーゼ，セルラーゼ，リパーゼ
	医薬合成中間体	ジヒドロピリミジナーゼ，ペニシリンアミダーゼ
	臨床分析キット	コレステロールオキシダーゼ，グルコースオキシダーゼ，ウリカーゼ
その他	遺伝子工学用	制限酵素，DNAリガーゼ，DNAポリメラーゼ

産業用酵素の市場，Bio industry18：56-61 (2001) に一部加筆

ため，短時間に多量の酵素を生産することが可能となる．②人工的にコントロールした培養が可能で生産管理が容易である．③生産菌に人為的変異株作製や遺伝子組換えを行うことにより生産性を高めることが可能である．

菌類および微生物の生産する酵素の利用は，食品加工，医薬関連，環境関連など多岐にわたっている（表 3.2.4）．産業用酵素は細菌類から製造されているものが多いが，菌類に特徴的な酵素もあり，産業用酵素としてのシェアも高い．ここでは主に菌類の生産する酵素による食品加工について，いくつかの例を紹介する．

1) セルラーゼによる食品加工

セルラーゼはセルロースを分解する酵素の総称であり，基質であるセルロースに対する作用機構から，エンド-1,4-β-D-グルカナーゼ（endo-1,4-β-D-glucanase：EG），セロビオヒドロラーゼ（exocello- biohydrolase = cellulose 1,4-β-cellobiosidase：CBH），β-D-グルコシダーゼ（β-D-glucosidase：BG）に分類されている．EG はセルロース分子鎖の中央部分をランダムに分解し，CBH は非還元性末端からセロビオース単位で切り出す酵素である．こうして EG および CBH により生成したセロオリゴ糖をグルコースにまで加水分解するのが BG である．しかし，セロオリゴ糖に対する EG と CBH による分解位置パターンの研究結果から，必ずしもエンド・エキソ型分解を行っているとはいえないことが判明し，エンド型・エキソ型という分類は妥当性をもたなくなってきた．近年，セルラーゼタンパク質の疎水性アミノ酸配列のクラスタ構造に基づく二次元的解析法により分類が行われるようになった．その結果，セルラーゼは，糖質加水分解酵素ファミリー（glycosyl hydrolase family）のファミリー 1, 3, 5, 6, 7, 12, 45, 61 などに分類されており，作用機構が異なる酵素も同じファミリーに分類されるようになった．

セルラーゼを生産する菌類・微生物は多数報告されており，産業利用においては *Trichoderma reesei*，*Trichoderma viride*，*Aspergillus niger* 由来のセルラーゼが重要である．これらの酵素は，省エネルギー・低コストという視点から，植物バイオマス中の多糖類の糖化への利用が期待されている．糖化により生成したグルコース（ぶどう糖）は，発酵原料としてさまざまな物質の生産に利用されるが，近年特にバイオエタノールの原料として注目されている．ただし，実際には，原料となる植物バイオマスに前処理を行わなければ，基質であるセルロースに対するセルラーゼのアクセシビリティが低いため効率的な糖化は期待できない．前処理としては，脱リグニン処理，磨砕・粉砕処理，蒸煮・爆砕処理，マイクロ波処理，超臨界流体処理などが検討されている．

食品加工には多方面にわたって利用されているが，セルラーゼ単独で効果を現す場合は少なく，ペクチナーゼやヘミセルラーゼ類との相乗効果となっている場合が多い．果物や野菜ジュースを製造するときに，これらの酵素を使って処理すると細胞壁の分解が促進し，抽出効率が向上する．搾汁に対しても酵素処理すると混入している繊維が分解され濁りが除去できる．酒類の製造にも利用されており，醸造における穀類の液化・糖化時の粘度低下への応用などがある．特にビール製造時には，大麦中のβ-グルカンの分解により麦汁の粘度を低下させ，作業効率を向上させるとともにエキス分をも向上させるメリットはよく知られている．また，野菜や果物からペースト・乾燥粉末・ベビーフード・スープなどを製造するときにセルラーゼを使用すると，裏ごしの損失が少なく，品質の優れた栄養価の高い製品を製造できる．甘藷デンプンの製造，大豆タンパク質の抽出のためにも使用される．これもセルラーゼによりデンプンやタンパク質を含む細胞の細胞壁を分解し，抽出効率の向上を行うものである．

2）キシラナーゼによる食品加工

キシラナーゼは，植物細胞壁を構成するヘミセルロースの1つであるキシランを分解する酵素である．キシランは，β-1,4 結合したキシロースを主鎖としアラビノフラノースやグルクロン酸などを側鎖にもつ多糖類であり，陸上植物の細胞壁中にセルロースの次に多く含まれている．キシランの効率的な分解には，主鎖であるβ-1,4-キシランを分解する酵素であるエンド-β-1,4-D-キシラナーゼ（endo-1,4-β-D-xylanase），β-D-キシロシダーゼ（β-D-xylosidase）以外に，側鎖を分解するα-L-アラビノフラノシダーゼ（α-L-arabinofuranosidase），α-グルクロニダーゼ（α-glucuronidase），アセチルキシランエステラーゼ（acetylxylan esterase）などが必要となる．キシラナーゼ製剤はセルラーゼと同様，*Trichoderma reesei*，*Trichoderma viride*，*Aspergillus niger* 由来の製剤が産業的に利用されている．

キシラナーゼは，食品加工においてはパン製造に利用されている．小麦粉やライ麦粉にはヘミセルロース（キシラン）が数%存在している．これらはパンの製造のためのグルテン構造の形成を阻害する．このためキシランを特異的に分解することで，ふっくらとしたパンができあがり，焼き立ての感じが長持ちするようになる．また，ビール製造時における大麦糖化液の濾過効率の向上にも使用されている．

キシラナーゼは植物バイオマスからキシロオリゴ糖の製造にも利用されている．キシロオリゴ糖は整腸作用のある機能性オリゴ糖であり，健康飲料やジュース，健康食品に使われている．植物バイオマスを化学的に加水分解すると，オリゴ糖が生成した状態で反応を停止することは困難であり単糖キシロースまで分解されるため，酵素的な製造法が効率的である．

3）ペクチナーゼ

ペクチンは，セルロース・ヘミセルロースとともに高等植物に含まれている多糖類で，野菜や果物にも多く含まれている．ペクチンはガラクチュロン酸がα-1,4結合した酸性多糖類であり，カルボキシル基の60～75%がメチルエステル化している．ペクチンを加水分解する酵素がペクチナーゼと総称されている．ペクチナーゼには，加水分解酵素であるエンドポリガラクチュロナーゼ（endopolygalacturonase），β脱離酵素であるエンドポリガラクチュロン酸リアーゼ（endopolygalacturonate lyase），メチルエステルを開裂するペクチンエステラーゼ（pectinesterase）などが含まれる．

ペクチナーゼも *Aspergillus* 類由来の製剤が多く使われている．食品加工の用途として，ジュースの製造時の澄明化に用いられている．果実の搾汁中には多量のペクチンが混ざっているが，コロイド粒子として存在するため粘調な混濁液となり，遠心分離や濾過で透明果汁を製造することが困難になる．搾汁を酵素処理すると，コロイド粒子のペクチンが分解され，相互に静電気的に凝集して沈殿を生じ，濾過を行うことにより透明果汁となる．野菜ジュースの製造でも，ペクチナーゼとセルラーゼの併用により，粉砕液の粘度が低下するとともに残渣が減少し，液化効率が向上する．

ワインの製造にもペクチナーゼが使用される．白ワイン製造の場合，搾汁時にペクチナーゼを使うと果汁の回収効率が向上し，ワイン原液の収率向上が可能となる．一方，赤ワインの場合は白ワインとは異なり，ブドウ果実を搾らずに破砕してから除梗し果皮や果肉の混ざったままの果汁を発酵させるが，発酵の段階でペクチナーゼを使用すると果皮からポリフェノールなどの有効成分が効率よく溶出してくる．

このようにペクチナーゼはジュースやワインの製造時に使用されているが，ペクチナーゼ処理を行うと，ペクチン中のメチルエステル分解も進行し，人体に有毒なメチルアルコール濃度が高くなることが報告されている．

4) トレハロース合成酵素

トレハロースとはグルコースが1,1-グリコシド結合した二糖である．トレハロースは，上品な甘味を呈するだけではなく，高い保水力をもち，品質保持効果を発揮することから，さまざまな食品や化粧品に使われる．細菌，酵母，キノコ，藻類，コケ，シダ，エビ，昆虫などに存在する．従来，トレハロースは酵母細胞からの抽出により製造されていたが大量生産には向いていなかった．キノコ子実体にトレハロースは多く含まれており[2)]，子実体の大きさを考慮すると有用な生産生物となりうるが，現在のところキノコ子実体からの製造は行われておらず，またキノコ由来の酵素を用いた製造法はまだ確立されていない．

新たな方法として，細菌由来の酵素系を用いた大量生産法が確立された[3)]．これは，マルトオリゴシルトレハロースシンターゼ（malto-oligosyltrehalose synthase）とマルトオリゴシルトレハローストレハロハイドロラーゼ（malto-oligosyltrehalose trehalohydrolase）を共存反応させることにより，平均重合度20以上のアミロースから効率的なトレハロースの生産を行うというものである．さらに，*Pseudomonas* 属細菌由来のイソアミラーゼ（glucose isomerase = D-xylose ketoisomerase）を添加することにより，デンプンから80%以上の収率でトレハロースの生産が可能となった．この酵素製造法が現在工業的に利用されている．

5) レンニン（レンネット）

チーズ製造の際に乳凝集のため利用されるレンネット（rennet）は，タンパク質凝固酵素レンニン（rennin = chymosin）を含む製剤である．レンネットは乳のタンパク質であるカゼイン（κ-カゼイン）に特異的に反応し，コロイドを分解して凝固させる酵素である．レンネットは哺乳中の仔牛の第4胃から調製されるため，供給が不安定であり，価格変動も激しかった．近年，ケカビの一種 *Mucor pusillus* がレンネットに類似したプロテアーゼを生成することが見いだされ，この酵素製剤が，微生物レンネット（mucor rennin = mucorpepsin）として実用化されている．また，担子菌類からも凝乳活性をもつプロテアーゼが検索され，ウスバタケ（*Irpex lacteus*）由来の酸性プロテアーゼがレンネットとして使用できることが報告されている[4]．

6）ラッカーゼ入りガム

ラッカーゼ（laccase）は白色腐朽担子菌類が生産するリグニンを分解する酵素の1つである．産業的には，デニム生地の風合いを変えるためにインディゴ漂白用酵素として使用されているが，最近食品添加物として使われるようになった．ラッカーゼをガムに添加することにより口臭が予防できる[5]．これは，酵素であるラッカーゼをカプセルに封入してガムに加え，ガムを咀嚼している間に口腔内でローズマリー抽出物と反応させる．これによりローズマリー抽出物が酸化され活性化し，口臭の原因となる臭気成分を捕捉するというものである．

7）フェルラ酸の利用

草本系バイオマスに多く含まれるフェルラ酸は，抗酸化作用や紫外線吸収能，抗菌作用，抗がん作用など多くの機能が認められており，化粧品，食品，医薬品への利用が期待されている．バイオマス中に含まれるフェルラ酸の量は，およそ稲わら 0.5 g/kg，米ぬか1～4 g/kg，小麦ぬか（ふすま）4～7 g/kg，バガス（サトウキビ絞りかす）12 g/kgであり，現在廃棄されているこれらのバイオマスの成分を有効活用する点で期待される．

フェルラ酸は遊離した状態でバイオマスに含まれているだけではなく，トリテルペンアルコールや各種植物ステロールとエステル結合してγ-オリザノールとして含まれていたり，また細胞壁多糖（主にキシラン）とエステル結合している量も多い．現在フェルラ酸は米ぬかピッチを原料として化学抽出により生産されているが，環境学的視点から酵素抽出が期待される．フェルラ酸エステラーゼ（feruloyl esterase：FAE）は，フェルラ酸エステルを加水分解する酵素の総称である．*Penicillium* 属由来のFAEにより，小麦ふすまや甜菜かすからフェルラ酸の遊離が可能となるが，セルラーゼやキシラナーゼなど細胞壁多糖分解酵素の相乗作用によってより効率的な生産が可能となる．

また，フェルラ酸からフレーバーとしてバニリンを酵素的に合成する方法が提示されている[6]．この方法はバクテリアである *Pseudomonas fluorescens* の生産する酵素類により，フェルラ酸からバニリンを生産する方法である．しかし，植物バイオマスを原料とする場合は，より効率的な生産のためには堅固な細胞壁を破壊することが必要であり，セルラーゼやヘミセルラーゼとの併用が必要となる．こうした視点から考えると，シュタケ（*Pycnoporus cinnabarinus*）やスエヒロタケ（*Schizophyllum commune*）などフェルラ酸からバニリンへの変換能力をもつ木材腐朽性担子菌由来の酵素製剤を利用すると，単一の酵素製剤によるバイオマスからのバニリン製造が可能となるかもしれない．

（辻山彰一）

＊引用文献

1）西澤一俊・志村憲助（1984）新・入門酵素化学．南江堂，東京
2）吉田　博（1991）きのこの基礎科学と最新技術．農村文化社，東京，pp 94-108
3）山下　洋（2002）Bio Industry 19：18-23
4）Kobayashi H, et al.（1985）Agr Biol Chem 49：1611-1619
5）大森俊昭ほか（2004）特許公開 2004-321077
6）Narbad A, et al.（2001）U.S. Patent 6323011

＊参考文献

一島英治ほか（1999）Bio Industry 16：5-77
井上國世ほか（2002）Bio Industry 19：5-71
村尾沢夫・荒井基夫（1993）応用微生物学，改訂版．培風館，東京，pp 262-273
村尾沢夫ほか（1987）セルラーゼ．講談社，東京
宍戸和夫 編（2002）キノコとカビの基礎化学とバイオ技術．アイピーシー，東京

3.3 キノコ栽培

3.3.1 キノコの種類と栽培方法

1）木材腐朽菌・腐生菌の栽培

(1) 原木栽培

最も多く栽培されているのはシイタケであり，ナメコ，ヒラタケ，ヌメリスギタケ，タモギタケ，マイタケ，マンネンタケなどが原木を使用して栽培されている．

長木（長さ1m以上）栽培と短木（15～40 cm）栽培があり，前者はシイタケ，ナメコなど，後者はヒラタケ，ヌメリスギタケ，マンネンタケなどである．長木栽培において，シイタケに適正な原木含水率は36～38%（湿量基準）であり，クヌギやコナラが3割程度紅葉した時期に伐採した後40～60日間の葉枯らしを行い，玉切りして種菌（種駒菌，鋸屑菌，形成菌など）接種を行う．その時期に温度の確保が難しい所では集積して20～40日程度保温・保湿を行い種菌の活着・繁殖を促す．その後は地上1m前後に組んで（鳥居伏せ，ヨロイ伏せ，井桁伏せ，懸垂式）原木を乾燥枯死させながら菌の繁殖を促す．菌が十分蔓延した後比較的空中湿度が高く，直射光の当たらない明るい場所に移して子実体を発生させる．生シイタケを目的とした場合は浸水や散水により水分供給や低温刺激を与えて子実体形成を促す．子実体発生時期は品種によって異なり，高温菌は5～9月，中低温菌は10～11月と3～4月，低温菌は11～3月である．

ナメコは原木を乾燥させない方がよく，伐採・玉切り後短期間内に種菌を接種して，低く地上に並べる，もしくは半分程度埋める方法をとる．子実体の発生は11～12月が主であるが，早生菌は10月から発生が見られることもある．

短木栽培では，原木を殺菌する方法と，しない方法があるが，マイタケやマンネンタケなど殺菌する場合は，原木を培養袋に入れ，殺菌釜で殺菌後鋸屑種菌を接種して袋を閉じ菌を蔓延させた後，袋から出して地中に埋設するなどして子実体を発生させる．ヒラタケ，ナメコ，ヌメリスギタケなど無殺菌の場合はそれぞれの原木木口に種菌を塗布し，数個の原木でサンドイッチ方式に挟み込む．これらを集積して菰（こも）などで被覆し，菌の活着蔓延を促す．菌蔓延後の子実体発生は前者と同様である．

(2) 菌床びん栽培

オガコやコーンコブミール，綿実かすなどの基材に米ぬかやふすまなどの栄養材を添加して混合し水分調整を行った培地をびんに詰めて殺菌する．無菌的に種菌接種後，培養・発生を行うもので，ほとんどの場合施設を利用した空調栽培である．培地は含水率約65%，pH 5.5～6.5，炭素・窒素比（C/N比）20～40程度のものが良好とされる（シイ

■図 3.3.1 ブナシメジ施設栽培

■図 3.3.2 ヌメリスギタケ菌床びん栽培

タケは～60）．エノキタケ，ブナシメジ，ナメコが代表的で，マイタケ，タモギタケ，ヤマブシタケなどでもこの方式がとられる．ほとんどの場合びん16本が入るコンテナを単位に，これらを積み上げて培養し，菌掻き，注水などの発生処理後，棚に並べて子実体を発生させる．周年的に栽培できるが施設費など初期投資額が大きい．設定する培養温度や子実体発生温度はキノコの種類によって異なるが，おおむね培養温度20～23℃，発生温度14～16℃である．エノキタケは全体的に低く，特に子実体の芽を揃えるための抑制工程を必要とし，ここでは5℃前後の低温下におく．

(3) 菌床袋栽培

びん栽培と同様の培地を培養袋（通気フィルター付きのポリプロピレン製袋）に1.5～2.5 kgを固めて詰め，表面に種菌を無菌的に接種し袋を閉じて培養する．ほとんど空調施設で行い，菌蔓延後は袋を破って子実体を発生させる．シイタケ，マイタケはこの方法が主である．シイタケはこの方法の培養によって培地表面が褐色に硬化し，その外側に原基を形成する，発生は袋から褐変した培地を取り出して行う．散水や浸水によって3～5回の発生を促す．マイタケは原基形成部分の袋に切れ目を入れそこから子実体を出させる．

(4) 箱栽培，コンテナ栽培，プランタ栽培，林床利用栽培

とろ箱栽培は，前述のびん栽培などに用いる菌床をとろ箱に詰める．殺菌する場合としない場合がある．種菌接種後シートでくるみ，ビニールハウス内などで培養を行う．原基形成後シートを剝がし，子実体を形成させるという季節栽培である．また，主に袋栽培方法で培養したブロックを袋から取り出し，コンテナやプランタあるいは林床に掘った穴に入れ込み，土や堆肥で被覆する方法で季節栽培を行う方法がある．前者は現在少なくなっているが，ナメコ栽培の一部で行われている．後者の培養ブロック埋め込みは，ハタケシメジ，ニオウシメジ，キヌガサタケで行われる方法である．

(5) コンポスト栽培

ツクリタケ（マッシュルーム），カワリハラタケ（ヒメマツタケ），フクロタケなどの栽培法であり，培地は馬厩肥の敷きわらが基本であるが合成培地が利用されることもある．発酵熱や生蒸気吹きつけによる殺菌を行う．多くは棚の上に一定の厚さでこの培地を敷き，ベッド状の菌床とする．C/N比は30～35が適している．種菌は穀粒種菌がよく利用され，培地に混合して活着させる．菌糸蔓延後，子実体形成にはピートモスなどによる覆土（厚さ3～4 cm）を行う．2～3週間後から収穫できるようになり，5～8回収穫することができる．

（金子周平）

＊参考文献
古川久彦 編（1992）きのこ学．共立出版，東京
金子周平（1995）きのこの科学 2：51-56
金子周平（2003）日本応用きのこ学会誌 11：183-192
北本　豊・葛西善三郎（1968）日本農芸化学会誌 42：260-266
大森清寿・小出博志 編（2001）キノコ栽培全科．農文協，東京
大政正武ほか（1992）きのこの増殖と育種．農業図書，東京
中谷　誠ほか（2001）日本応用きのこ学会誌 9：175-180
農村文化社 編（1991）きのこの基礎科学と最新技術．農村文化社，東京

2) 菌根菌の栽培

植物と共生する菌根菌のうち，子実体をつくるものは外生菌根菌（ectomycorrhizal fungi：ECM菌）で，担子菌類と子嚢菌類に属している．外生菌根菌のほとんどには以下のような共通した特徴がある．

①一般的に使用される培地上では胞子が発芽しにくい．②菌糸の成長が遅い．菌糸の培養ができない種もある．③二糖であるスクロースを分解できない．高分子多糖を分解する能力もないか，あっても低い．④人工環境下で子実体をつくらない．

これらの問題点は．菌根菌がライフステージのすべてにおける重要な機能の発現をホスト樹木に依存していることを示している．菌根菌を栽培す

るにはこれらの問題を解決するか，ホスト樹木をうまく利用して回避しなければならない．現在行われている，あるいは実証されている栽培には以下のようなものがある．

(1) 林地栽培

ホスト植物が生育している林地での菌根菌栽培である．20～30年生のアカマツ林内を清掃することにより，飛来した胞子を感染しやすくしてマツタケのシロ（地中のコロニー）の数を増やすことができる．環境整備した林内に胞子を人工的に散布することも有効で，*Suillus* 属のアミタケとハナイグチでは胞子懸濁液の散布によって早ければ翌年から子実体発生量が増加する．

シロを形成しているマツタケ菌糸をいったんアカマツの苗木に感染させ，この苗木（感染苗）を移植してマツタケを発生させた例があるが，移植後の再感染率が低く実用化されていない．培養菌糸体の林地接種は，腐生菌の種菌接種に相当するもので，繁殖力の旺盛なホンシメジではシロの形成や子実体の発生が報告されている．しかし，他の菌根菌での成功例はなく，その理由として，栄養分の豊富な培地で純粋培養された菌糸体を栄養分が少なく競合微生物の多い土壌中に移すのに無理のあることが考えられる．

(2) 鉢栽培

ポットなどに植えたホスト植物に胞子や培養菌糸を接種する方法で，鉢と鉢土をあらかじめ滅菌する，寄主の根をよく洗って付着している害菌を除く，他の菌根菌の菌根が付いていない取り木苗を使う，といった手法がとれるので，林地接種よりも接種の成功率は高いと思われる．ホンシメジではアカマツを植えた植木鉢から子実体を発生させた例がある．この栽培法は菌根形成や子実体発生の条件の解明には適していても，キノコの量産には向かない．

(3) 室内栽培

菌根菌はホスト植物のない純粋培養下での子実体形成，いわゆる人工栽培が難しいとされてきた．純粋培養下で成熟した子実体形成の可能な種は，小型の子実体をつくる *Boletus* 属の数種[1, 2]，ホンシメジ，ナガエノスギタケとその近縁種などわずかである．

ホンシメジは商用栽培されている唯一の菌根菌で，菌根菌であるにもかかわらずデンプン分解力が強く，そのため大麦粒を主成分とする培地を用いることによって腐生菌の菌床栽培とほとんど同じ工程による栽培ができる[3]．ほかに栽培が可能なナガエノスギタケなどもデンプンをよく利用することから，まだ栽培化されていない菌根菌でも，同様の能力をもつ種であれば栽培ができるものと推定される．デンプン分解力が強いという特徴は，菌類が最も多く必要とする炭素源を浸透圧の上昇を気にせずに大量に与えられるという栽培上の大きな利点とは別に，それらのキノコが糖質の資化性以外の能力，たとえば子実体形成についても腐生菌に近い性質をもっていることを示している可能性もある．

マツタケやトリュフなど，ホストへの依存性が高く腐生的な能力をあまり残していないと見られる菌根菌の栽培化には，子実体形成に関与する遺伝子や代謝系の解明，ホストとやりとりされる物質の同定などが不可欠である．また，それらの種の中でも腐生的能力を温存している菌株や子実体形成をブロックしている部分が機能しなくなった変異株の選抜，胞子を発芽させる方法の開発とそれを利用した交配育種による培養の容易な菌株の作出などの遺伝学的手法による研究も重要と考えられる．

（太田　明）

＊引用文献

1) Godbout C, Fortin JA (1990) Mycol Res 94 : 1051-1058
2) Debaud JC, et al. (1995) Mycorrhiza. Springer, Berlin, pp79-113
3) 太田　明 (1998) 日菌報 39 : 13-20

＊参考文献

小川　眞（1992）野生きのこのつくり方．全国林業改良普及協会，東京，pp79-169
大森清寿・小出博志（2001）キノコ栽培全科．農文協，東京，pp226-236

3.3.2 品種登録と識別

1) 品種登録

品種登録（registration of variety）は，農林水産植物を対象とし，国内では種苗法，国際的にはUPOV条約（植物新品種保護国際条約）に従って行われる．種苗法の目的は，新品種保護のための品種登録制度，指定種苗の表示に関する規制などを定めることで，品種育成の振興と種苗の流通の適正化をはかり，わが国の農林水産業の発展に寄与することである．キノコは菌類で植物でないが農林水産植物のその他政令で定める植物として定義されているため種苗法の適用が受けられる．キノコの品種登録制度は1978年の種苗法の改正で始まる．品種登録の出願が可能な種は施行令で定められる．

キノコでは，2013年3月現在，シイタケ，エノキタケ，ナメコ，ヒラタケ，ブナシメジ，マイタケなど，32種が定められている．品種登録を受けるには農林水産省に出願し，出願公表，審査，品種登録，登録料の納付の手続きを経ることになるが，品種登録を受ける品種（登録品種）は次の5つの要件を満たす必要がある．

①区別性（distinctness，重要な形質によって，既存品種と明確に区別できること），②均一性（uniformity，同一世代において，その形質が十分な均一性を保持していること），③安定性（stability，繰り返し増殖させた後においても形質が安定していること），④未譲渡性（出願前に当該品種が譲渡されていないこと），⑤名称の適切性（品種の名称が登録商法や既存の品種の名称との関係などで紛らわしいものでないこと）．

出願品種の審査は，種苗審査官と現地調査員により，審査基準に従って行われる．上記①～③の要件はDUSテストと呼ばれ，栽培試験を行い判断される．品種登録を受けると育成者権が発生し，その有効期間は登録日から25年であるが，権利維持のためには毎年の登録料の納付等が必要である．また，登録品種は，種苗管理センターに寄託し保管しなければならない．育成者権者は，登録品種およびその登録品種と特性により明確に区別できない品種，ならびに従属品種（登録品種と特性により明確に区別できる品種であるが，変異体の選抜，戻し交雑，遺伝子組換えなどにより，登録品種の主たる特性を保持しつつ特性の一部を変化させて育成された登録品種）を業として利用する権利を専有することができる．育成者権の侵害に対して，育成者権者は侵害の行為の原因となった種苗，収穫物等の廃棄，その他の侵害の防止に必要な差止請求，および損害の賠償請求ができる．たとえば，登録品種の種苗が育成者権者の許諾なしに国外で用いられて収穫物が生産，輸入された場合や，国内で育成者権者の許諾なしに用いられて収穫物が生産，市場に出た場合，育成者権者はそれらの収穫物の輸入や出荷の差止，ならびに，損害賠償の請求ができる．また，これらの収穫物からつくられる加工品にも育成者権が及ぶ．

2) 品種識別

キノコの品種識別（identification of varieties）の目的は，市販キノコ，栽培キノコ，輸入キノコ，ならびに，それらの加工品の品種名を明らかにすることよりも，品種登録されている登録品種であるかどうかを調べ，種苗法で保護されている育成者権の侵害の有無を調べることにある．品種（variety）は，農林水産植物の農業形質（agronomic traits）などの表現型の同一性を指標とする分類単位で種より下位の単位であるが，遺伝子やDNA塩基配列が完全に同一である集団を前提とする分類単位ではない．このため，品種識別は品種登録出願品種（出願品種）の特性を定めている各キノコの審査基準に照らして行われる．登録品種は，登録品種名をもち，登録期間中は品種の区別性，特性の均一性，安定性を満たしているものと見なすことができるため，DUSテストなどで検体の特性を登録品種の特性と比較して調べることで，検体と登録品種との異同を識別できる．たとえば，シイタケの原木栽培審査基準[1]では，菌糸の性状として品種登録されている類似品種との間で対峙培養試験を行い帯線形成の有無，菌糸皮膜形成の有無，気中菌糸の状態，菌糸密度，菌叢表面の色を調べる．温度適応性として高・低温度性，菌糸生長最適温度，菌糸体の生長温度を調べる．菌傘の特性として平面と側面そして肉の形，大きさ，色，厚さ，肉質を，菌傘の鱗皮として付着部位，大きさ，色を，また子実層托の形状および色として形，並び方，幅，密度，色をさらに菌柄として形，長さ，菌傘の直径と菌柄の長さとの比率，太さ，菌傘の直径と菌柄の太さとの比率，表面の色合い，毛の色，毛の有無，肉質を調べる．栽培特性として子実体の発生時期，子実体の発生型，浸水発生の適否，浸水発生の場合の水温，子実体の発生温度，子実体の発生最盛期までの期間，原木適応性，子実体の乾物率，子実体1個の平均乾重，ホダ木1 m^3 当たりの乾重や5年間の年別収量の比率などの収量性を調べる．検体の特性の値が，既存の登録品種のものと有意に異なると判断できる場合（各特性は10階級に区分されており2階級以上異なる場合），異なる品種として識別される．

この方法は品種識別法としては完全ではあるが，検体が生きた菌糸体（菌株）や子実体（キノコ）であることや比較対照する登録品種（対照品種）が入手可能なことが必須なうえに，時間や経費がかかるため，つねに変動する流通品や，菌糸の分離ができない加工品の調査などには適さなかった．このため，新たな品種識別法の開発が必要となった．DNA 識別法は，そのような方法の1つである．菌株の DNA 識別法は，染色体 DNA やミトコンドリア DNA の菌株間での多型を指標として菌株の異同を識別する方法である．AFLP（amplified fragment length polymorphism）法，RAPD（random amplification of polymorphic DNAs）法，RFLP（restriction fragment length polymorphism）法，SCAR（sequence characterized amplified region）マーカー法等は，キノコ菌株の DNA 識別法として利用される．これらの方法を品種の識別法として利用するためには，つねに対照品種を検体と同時に試験し比較することが必要となるが，対照品種が揃わない品種については識別できない欠点や，品種の特性である農業形質と DNA 識別法で利用される DNA 指標の対応関係が十分に調べられていない現状，さらには，どこまでの同一性をもって同一品種と識別するかなどの一般的な合意がないため，これら DNA 識別法で得られた結果は，品種識別においては，あくまで判断材料の1つとしての位置づけでしかない．そのほか，シイタケでは，リボゾーム RNA の遺伝子領域にある IGS1（intergenic spacer 1）の DNA 塩基配列が各品種で決定され，そのデータベースが DDBJ（DNA Data Bank of Japan）などで公開されているため，対照品種がなくても IGS1 の DNA 塩基配列が決定できれば，品種の推定が可能な品種識別法が開発されている．この方法の長所は，①対照品種の揃えられない諸外国においても品種推定法として利用できること，②品種登録では，一般に知られている未登録品種の登録や，過去の登録品種の再登録はできないが，古い登録品種や流通品種を保存管理する体制はないため，国内であっても，これら審査に必要な対照品種を十分に揃えられない現状がある．このような場合であっても，育成者権者が IGS1 の DNA 塩基配列を登録，公開していれば，品種推定が可能となることである．一方，流通するキノコには登録品種のほかに，種菌製造業者による通称品種名がつく品種があるが，登録品種以外の品種については品種を識別する基準が存在しないため，品種の類縁関係を推定できるのみで，品種識別はできない．

（馬場崎勝彦・金子周平）

＊引用文献

1）全国食用きのこ種菌協会（1996）平成 6-7 年度修行特性分類調査報告書きのこ（しいたけ）．pp1-22，平成 7 年度「農林水産省農産園芸局種苗課」種苗特性分類調査委託事業

3.3.3 キノコの病気

病気を何らかの「生理機能の異常」と定義すると，感染性のある微生物やダニなどの虫，あるいはウイルスによってキノコが害を受けている状態と，キノコ自身の内因性の障害によって，キノコが正常に発生しない状態の2種類に分類できる．後者は，一般に「劣化」と呼んで区別される．

1）劣　化

劣化は主にエノキタケ，ナメコで問題となった．エノキタケの劣化は，菌糸が分泌する酵素，ラッカーゼの減少とリンクしている．ラッカーゼの減少とともに，子実体生産量が減少する．しかし，なぜラッカーゼ生産量が減少してしまうのかは，明らかになっていない．原因となる細菌，カビ，ウイルスは発見されていない．遺伝的変異ではないエノキタケ自身の生理的な変化による．

2）病　害

キノコの感染性の病気の原因となるものは，細菌，リケッチア，糸状菌，ダニやハエなどの昆虫類，線虫，そしてウイルスがある（図3.3.3(1)）．栽培施設から検出された微生物は不完全菌類，子嚢菌類，接合菌類，酵母，変形菌類，担子菌類，細菌，放線菌など100種類を超えている．また，病名が登録されているものは数十種類ある．国内外で最も報告例が多いのは，トリコデルマ属菌であり，日本では主にシイタケの病害菌として知られる．キノコの細菌病は，ほとんどがシュードモナス属菌による．しかし，このような雑菌や虫による病気は，徹底した培地の滅菌，無菌状態での種菌の接種，清浄な栽培環境に心がければ，防ぐことが可能である．

今まで感染経路が明らかになっていないものに，キノコのウイルス病がある．欧米では，ツクリタケがウイルスによって大きな被害を受けている．韓国ではヒラタケのウイルス病が大きな問題になった．国内の事例では，純白系エノキタケの突発的褐変を引き起こす*Partitivirus*属の菌類ウイルスの存在が明らかになった．シイタケ菌床の褐変不良は，ウイルス病の疑いが強い．シイタケの奇形には，ウイルスが関与しているものがある．菌類ウイルスは菌糸の外から感染する能力はなく，菌糸間融合によって，菌糸の中を移行・感染していく．しかし，元株はウイルスフリーである

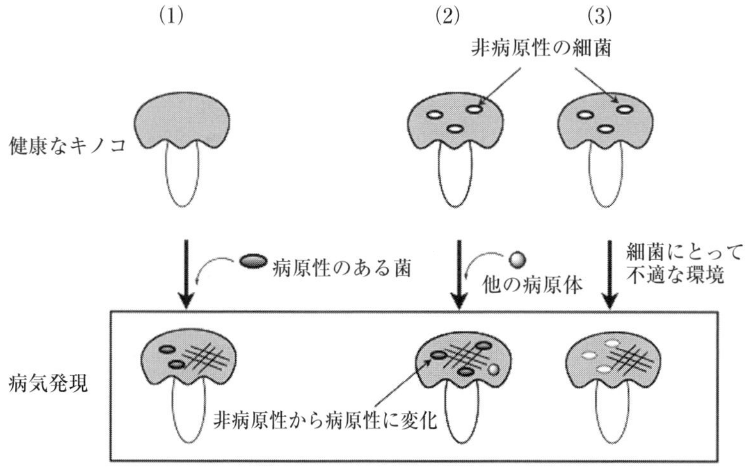

図3.3.3　キノコの病気の発現モデル
(1) キノコに病原菌が感染し，病気が発現する．(2) 普段は共生関係の細菌が，他の微生物が感染したことによって病原性を発揮するようになり，その結果，キノコの病気が発現する．(3) 普段は共生関係の細菌が，細菌の生育に不適切な環境におかれることによって死滅し，病原性を発揮するようになり，キノコの病気が発現する．

のにもかかわらず，また他の菌類に接触した可能性がないのに，栽培キノコがウイルス感染することがある．最近開発されたウイルス遺伝子診断方法を用いたところ，栽培施設内の虫から菌類ウイルスが検出された．よって，虫がウイルスを媒介している可能性が高い．

3) キノコの病気の難しさ

キノコに，分離した細菌を再接種しても症状が再現されないことがままある．また，キノコの病気の原因物質として精製された化学物質が，病状を再現しないこともある．たとえば，ツクリタケの褐変を引き起こす細菌，*Pseudomonas tolaasii*，から分離した毒素をツクリタケに接種した場合と，*P. tolassii* を直に接種したときでは症状の現れ方に違いがある．

また，病状が再現されたからといって，実は接種前のキノコが完全に目的の菌に非感染でない限り，厳密にはコッホの原則は成立したとはいえない．そのために，あらかじめ病原体を特異的に検出する手法を確立しておくことが重要である．病原体の特異的な検出方法としては，遺伝子情報をもとに遺伝子診断法が一般的である．いったん，遺伝子診断法が確立すれば，研究に役立つだけでなく，種菌の検査や，栽培現場で菌糸を検査することができるようになる．遺伝子診断法が確立していれば，病原菌を分離・培養する必要はない．また，栽培施設内に生育している微生物を日常的にチェックし，特に病害を引き起こす可能性のあるものを排除することが可能になる．

しかし，野外で生息しているキノコはさまざまな微生物に囲まれている．それにもかかわらず，多くは健全なキノコを発生させている．自然界では，種々の微生物が絶えず拮抗関係にある．一方，キノコの栽培環境は，微生物間の拮抗関係がほとんど生じない条件になっている．このため，病害菌にとっても競争相手のいない好都合な環境であり，いったん機会を与えれば爆発的な増殖を許してしまう．さらに，他の微生物に触れずに育つ栽培キノコも，本来の抵抗性を発揮しない状態になっていると考えられる．弱毒化した病原菌にあえて触れさせるなどして，キノコに抵抗性を獲得させる栽培方法の開発は，今後の課題であろう．

4) キノコの病気の新しい仮説

キノコは普段，他の微生物にまったく感染していないであろうか．

ツクリタケを滅菌した土壌で覆土しても，子実体を形成しない．覆土中にシュードモナス菌が存在していることが必要である．また，ヒラタケにもシュードモナス菌が住みついており，子実体形成時にはその数が増えているという．菌根菌は植物と共生関係を築くが，自分自身，共生細菌を保持しているという報告がある．こういった細菌は，普段キノコの菌糸から検出されることはないし，キノコの異常の原因にもならない．キノコは，単に細菌の住処になっているだけのようである．

このように，キノコと細菌との間に，穏やかな共生関係が成立している間は病気の症状は起きない．が，新たに別の細菌や糸状菌が感染すると，共生細菌が抗菌性を発揮して病原化し，その結果キノコに害を及ぼす場合もあるのではないであろうか（図 3.3.3 (2)）．実際，ウイルスを人為的に感染させると，キノコ内で発現量が増す細菌由来の遺伝子があることをつきとめている．これは最近になって明らかになった事実であり，今後の実験的な裏づけが必要である．

また，環境をいかに清浄にしても防げないキノコの病気もあることがわかってきた．たとえば，ブナシメジの吐水症状は，普段，穏やかな共生関係を築いている細菌が，生存に適さなさい条件におかれると病原化してしまうことによる（図 3.3.3 (3)）．この場合，原因となる細菌はブナシメジに住みついているので，環境をいくら清浄にしても，細菌の生存に適さない嫌気的，低温の条件になると，病状が発現してくる．一方，同条件下でこの共生菌に非感染のブナシメジを栽培すると，吐水症状はまったく起こらない．人間が大腸菌 O157

に感染すると，抗生剤で菌が死滅した後に病状が悪化する場合がある．これは，死んだ菌によるエンドドキシン作用によるといわれているが，ブナシメジの吐水症状も，死滅した細菌によって引き起こされる新しいタイプのキノコの病気といえる．

（馬替由美）

＊参考文献

Flecther JT, Gaze RH（2008）Mushroom pest and disease control. A colour handbook. Manson Publishing, London

古川久彦・野淵　輝（1986）栽培きのこ害菌・害虫ハンドブック．全国林業改良普及協会，東京

長野県 監修（1995）菌床きのこ栽培障害事例集．長野経済事業農業協同組合連合会，長野

日本植物病理学会 編（2004）日本植物病目録．日本植物防疫協会，東京

岡部貴美子（2006）森林総合研究所報告 5：119-133

馬替由美編（2010）栽培きのことウイルス：その周辺．第12回日本きのこ学会ワークショップ

COLUMN 12　キノコを利用する線虫

菌類の大型子実体である「キノコ」は菌食性の動物にとって魅力的な食物源である．微小な線虫や昆虫類などから大型のほ乳類に至るまでのさまざまな分類群の動物がキノコを食べている．まばらに存在する栄養菌糸と違いキノコは菌糸が塊になっており，摂食効率のよい食物源である．しかしながら，多くのキノコは一年のうちの限られた時期に短期間しか発生せず，しかも発生する場所も限定されている．このように，キノコは時間的，空間的に偏在しているため菌食者にとっては利用しづらい資源でもある．

鳥類やほ乳類は発達した羽や脚などの運動器官を用いて，そういった時空的障壁を乗り越えてキノコを探索し利用している．同様に発達した運動能力と強固な外骨格を兼ね備えた昆虫類もキノコを効率よく利用している．昆虫類の場合，探し当てた成虫がキノコを摂食する場合もあれば，そこに産みつけられた次世代の幼虫が摂食する場合もある．

一方，線虫類にも菌食性線虫が数多く存在している．菌食性線虫のほとんどは土壌や植物遺体内にひろがる栄養菌糸を摂食しているが，中にはキノコ内部に棲息し，その組織を摂食している種も存在している．しかし線虫は一般に運動能力がそれほど高くなく，乾燥や高温，紫外線等に弱い．そういった特徴をもつ生物が時空的に偏在する資源であるキノコをどのように利用しているのだろうか．

キノコの内部に棲息し利用している代表的な線虫としては，*Iotonchium* 属線虫があげられる．*Iotonchium* 属の線虫はこれまでに 11 種が記載されており，いずれも担子菌類の子実体から検出されている．そのうち生活史が判明しているのは 5 種のみであり，1 種が北米において[1]，4 種が日本国内において発見されている[2-5]．この属の線虫はその生活史にキノコに棲息する菌食世代とキノコバエ科昆虫に寄生する昆虫寄生世代の 2 つの世代をもっている．*Iotonchium ungulatum* はヒラタケやウスヒラタケなどのヒラタケ属菌の子実体に虫えい状の「こぶ」を生じさせる病原線虫として知られている[2]（図 1）．こぶの内部には菌食世代の雌線虫（菌食性雌線虫）が棲息している．それ以外の種の菌食性雌線虫は宿主菌の子実体組織内に棲息している[1, 3-5]．生活史の詳細がよくわかっている *I. ungulatum* から想定される *Iotonchium* 属の生活史は以下のとおりである（図 2）．菌食性雌線虫は単為生殖により，子実体組織内，あるいはこぶ内部で卵を産下する．ふ化した幼虫は昆虫への感染ステージの雌線虫（感染態雌線虫）と雄線虫へと発育する．子実体の崩壊時にこれらの線虫は子実体を離れていくが，同時

■図 1　こぶが生じたウスヒラタケ子実体

■表 *Iotonchium* 属線虫が関係するキノコと昆虫

	宿主菌	宿主昆虫
I. californicum	フミヅキタケ (オキナタケ科)	イグチナミキノコバエ (キノコバエ科)
I. ungulatum	ヒラタケ属 (ヒラタケ科)	ナミトモナガキノコバエ (キノコバエ科)
I. cateniforme	フウセンタケ属 (フウセンタケ科)	*Exechia dorsalis* (キノコバエ科)
I. laccariae	キツネタケ属 (キシメジ科)	*Allodia laccariae* (キノコバエ科)
I. russulae	ベニタケ属，チチタケ属 (ベニタケ科)	*Allodia bipexa* (キノコバエ科)

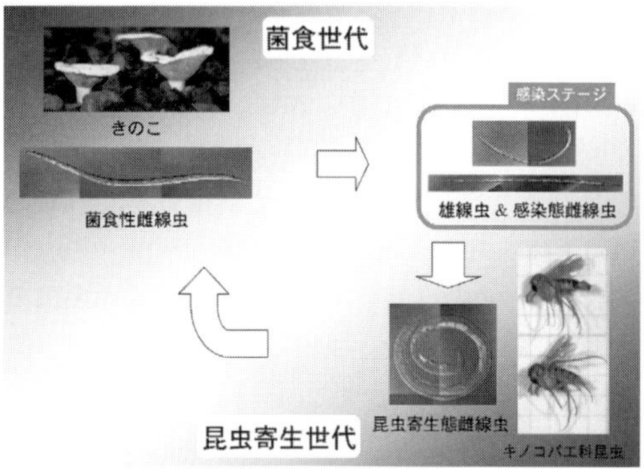

■図2 *Iotonchium* 属線虫の生活史

に子実体組織に食入していたキノコバエ科昆虫の幼虫も子実体を離れ，周辺の落葉層や土壌中で蛹化する．その蛹化時のキノコバエの体内に，交尾を終えた感染態雌線虫が侵入する．宿主キノコバエが成虫になる頃には，昆虫体内に侵入した感染態雌線虫は昆虫寄生態雌線虫へと成熟し，多数の卵を産下する．そしてふ化した幼虫が宿主キノコバエの生殖器官に侵入し，宿主の産卵行動時に新しい子実体に産みつけられ，菌食性雌線虫へと成熟するのである．

これまでに生活史の判明している *Iotonchium* 属線虫の宿主昆虫は，いずれもキノコバエ科昆虫である（表）．一方，宿主菌の分類群は線虫の種ごとにまとまっているが，属全体としては幅広い分類群にわたっている．このことから，*Iotonchium* 属のそれぞれの種が宿主として利用する菌の範囲は宿主キノコバエの食性により決まっているものと思われる．いずれにしても，*Iotonchium* 属線虫はキノコバエ科昆虫と密接な関係をもつことでキノコを利用している線虫群であるといえる．*Iotonchium* 属線虫以外にも，さまざまな分類群，食性の線虫がキノコから検出される．たとえば細菌食性線虫も検出されているが，それらはキノコの分解に伴って増殖する細菌などの微生物を摂食しているものと考えられる．これらの線虫は土壌や腐朽木などの基質から偶発的にキノコに侵入している可能性もあるが，頻繁にキノコから検出される場合はキノコ利用昆虫に運ばれている可能性が高いと考えられる．また，昆虫寄生線虫の一種が，宿主昆虫が食物源とするキノコの内部でその幼虫期を過ごしている例もある．

これらの線虫の多くは肉眼では観察しにくく，さらにキノコの内部に棲息しているため，これまでほとんど知られてこなかった．調査が進めばさらに数多くのキノコ利用線虫が発見され，キノコを取り巻く他の生物との相互関係も一層明らかになってくるものと思われる．　(津田　格)

＊文献
1) Poinar GO (1991) Rev Nematol 14 : 565-580
2) Tsuda K, et al. (1996) Can J Zool 74 : 1402-1408
3) Tsuda K, Futai K (1999) Jpn J Nematol 29 : 24-31
4) Tsuda K, Futai K (2000) Jpn J Nematol 30 : 1-7
5) Tsuda K, Futai K (2005) Nematology 7 : 789-801

3.3.4 育種（選抜，交配など）

全国食用キノコ種菌協会のキノコ種菌一覧には200種類を越える品種が掲載されている．シイタケやナメコをはじめとして交配育種された品種は増える傾向にあるが，まだ野生菌株の中から直接優良菌株を選抜したり，栽培の過程で生じた変異体を分離したものも多い．

育種の主目標は収穫量，子実体発生温度特性，早晩性，子実体の形態などである．収穫量などの多数の遺伝子に支配される形質については，組合せ能力の高い交配親を見つけ，交配菌株の中から新品種が選抜される．少数の遺伝子に支配される形質については，遺伝性の解析による育種の効率化が比較的容易である．

1）子実体の発生温度と形態

子実体の発生温度は重要な形質であり，品種によって大きく異なる．たとえば，シイタケのホダ木栽培における子実体の発生型は，主として夏季の高温期に発生するもの（H型），秋から発生するもの（M型），晩秋から発生するもの（ML型），冬と春にのみ発生するもの（L型）などに分けることができ，H型はML型およびL型に対して優性である[1)]．

子実体の形態にもさまざまな変異がある[2)]．白色（アルビノ）の品種（菌株）は，アラゲキクラゲ，エノキタケ，ナメコ，ヒラタケ，ブナシメジなどで，担子胞子をほとんどあるいはまったく形成しないものは，エリンギ，ウスヒラタケ，シイタケ，ヤナギマツタケなどで開発されている[3)]．エリンギおよびヤナギマツタケの無胞子変異を除き，これらの多くは単一の劣性遺伝子支配である．なお，無胞子品種が必要な理由は，栽培従事者が胞子を吸引することでキノコ肺などの健康被害を生じることや，胞子の拡散によって自然生態系が遺伝的に侵蝕されること，有色胞子が美しさを損なう場合の欠点除去などにある．

2）生理・生態的性質

（1）材腐朽力，リグニン分解力

材腐朽力は早晩性や水分要求性などを左右し，菌株間差異がある．廃菌床や廃ホダ木をアルコール生産，家畜の餌などに再利用する試みもなされているが[4)]，その成否には材腐朽力やリグニン分解力が影響する．シイタケでは，リグニン分解力が高い菌株による腐朽材はセルラーゼ処理による糖化率が高いことが認められているが，交配親一核菌糸体の材腐朽力やリグニン分解力は交配によって得られた二核菌糸体に必ずしも反映されない[5)]．

（2）病害菌耐性

トリコデルマはキノコ栽培で最も大きな被害をもたらす病害菌で，溶菌酵素や毒素を生産してキノコ菌糸を殺す．キノコ側にもトリコデルマの侵入に対抗する力があり，シイタケやムキタケでは

表 3.3.1 シイタケ交配菌株の抗菌性物質生成

交配組合せ	交配株数	抗菌性物質生成量（抗菌性単位，平均値）				
		物質1	物質2	物質4	物質5	合計
強耐性株自家交配	39	2.35	0.76	0.11	0.50	3.71
弱耐性株自家交配	48	0.87	0.26	0.08	0.21	1.43
強耐性株 × 弱耐性株	15	2.34	0.75	0.17	0.45	3.71
親株（強耐性）	1	1.98	0.54	0.02	0.32	2.87
親株（弱耐性）	1	0.64	0.21	0.10	0.17	1.12

交配菌株の菌糸体を液体表面培養し，濾過液の抗菌性物質濃度を調査した．
抗菌性単位：トリコデルマ・ハルチアナムの胞子発芽を50％阻害する濃度

耐性の度合に菌株間差異が確認されている．シイタケの場合，複数の抗菌性物質を生産してトリコデルマに対抗することが知られ，エノキタケも同様の抗菌性物質を生産する[6]．トリコデルマ強耐性株と弱耐性株との交配試験では，強耐性が弱耐性に対して優性であり，抗菌性物質の生産性も優性遺伝する傾向がある（表3.3.1）[7]．このほか，アデニン要求性の突然変異体や致死遺伝子をヘテロに有するシイタケ菌株はトリコデルマ耐性がきわめて弱いとの報告もある．

3）新しい育種目標

最近は健康機能性に関する成分を多く含有する品種，食味に優れた品種などの開発も試みられている[8]．シイタケの抗腫瘍成分「レンチナン」やコレステロール低下成分「エリタデニン」の含量を高める品種の育成，タモギタケの旨味成分含量を考慮した品種開発などである．また，従来は栽培が困難とされたホンシメジなどの菌根性キノコについても，栽培が比較的容易な菌株の選抜が行われている．

（時本景亮）

＊引用文献

1）長谷部公三郎ほか（1990）菌蕈研報 28：317-323

2）Tokimoto K（2006）Horticulture in Japan 2006（the Japanese Society for Horticultural Science ed.）. pp201-206

3）村上重幸（2009）農工通信 3 号：2-7

4）日本林業技術協会 編（1998）きのこ廃菌床等の畜産的利用に関する調査研究報告書

5）時本景亮ほか（1987）防菌防黴 15: 441-447

6）Noemia K, Ishikawa, et al.（2005）Mycoscience 46：39-45

7）Tokimoto K, Komatsu M（1995）Can J Bot 73: s962-s966

8）松本晃幸（2009）育種学研究 11：122-126

＊参考文献

最新バイオテクノロジー全書編集委員会 編（1992）きのこの増殖と育種．農業図書，東京

3.3.5 遺伝子操作

キノコの最初の形質転換の報告は，プロトプラスト-ポリエチレングリコール（PEG）法によるネナガノヒトヨタケ（*Coprinopsis cinerea*）の形質転換であった．このとき，トリプトファン要求性がマーカーとして利用された．以後，この技術を用いて，キノコの分子生物学が飛躍的に発展した．現在では，ハイグロマイシンB耐性遺伝子やカルボキシン耐性遺伝子などの優性マーカーを利用したプロトプラスト-PEG法による形質転換が多く報告され，ヒラタケ（*Pleurotus ostreatus*），シイタケ（*Lentinula edodes*）といった腐生性の食用キノコや菌根性食用キノコであるホンシメジ（*Lyophyllum shimeji*）などの15種以上のキノコで報告されている．本法での形質転換効率は，アラゲカワラタケ（*Coriolus hirsutus*）で約10,000 transformant／μg DNA，aurintricarboxylic acidや一本鎖キャリアーDNAを添加したヒラタケの形質転換において，約200 transformant／μg DNA程度である．これまでの報告では，1回の形質転換で$5 \times 10^6 \sim 1 \times 10^7$個以上のプロトプラスト数が使用されているが，得られる再生可能なプロトプラスト数が形質転換の成否に大きく関与する．プロトプラスト化の効率は種，株により大きく異なることがあるため，すべての菌株で形質転換できるわけではない．そこで，プロトプラスト化を必要としない方法として，アグロバクテリウム法が使われるようになってきた．アグロバクテリウム（*Agrobacterium tumefaciens*）は，接触した菌類や植物の細胞に自分の細胞内にもつプラスミド上のT-DNAに挟まれた領域を相手の細胞に送り込む性質をもち，送り込まれたT-DNAはランダムに宿主の染色体上に組み込まれる．アグロバクテリウム法による形質転換は増殖のよい腐生性のキノコより，マツタケ（*Tricholoma matsutake*）などの，増殖が遅く，プロトプラスト化が困難な菌根性キノコでの報告が多い．しかし，アグロバクテリウム法によると，一度の操作で得られる形質転換体の数は少なく，数株程度である．そのほかに，プロトプラスト化を必要としない方法として，パーティクル・ガン（遺伝子銃）法による形質転

■表 3.3.2 形質転換されたキノコ種

プロトプラスト法（REMI などの変法を含む）		*Agrobacterium* 法	パーティクル・ガン法
Agaricus bisporus	*Lyophyllum shimeji*	*Agaricus bisporus*	*Lyophyllum decastes*
Agrocybe aegerita	*Pholiota nameko*	*Hebeloma cylindrosporum*	*Paxillus involutus*
Coprinellus congregatus	（*P. microspora*）	*Hypholoma sublateritium*	*Pisolithus tinctorius*
Coprinus bilanatus	*Pleurotus citrinopileatus**	*Laccaria bicolor*	*Pleurotus ostreatus*
Coprinus cinereus	*Pleurotus florida*	*Omphalotus olearius*	*Suillus bovinus*
（*Coprinopsis cinerea*）	*Pleurotus ostreatus*	*Paxillus involutus*	*Suillus grevillei*
Coriolus hirsutus	*Schizophyllum commune*	*Suillus bovinus*	
Flammulina velutipes	*Trametes versicolor*	*Suillus grevillei*	
*Ganoderma lucidum**		*Tricholoma matsutake*	
Lentinus edodes		*Tuber borchii***	

*: Electropolation, not PEG, **: Ascomycetes.

換の報告もあるが，高価な装置が必要である（表3.3.2）．

以上のような，キノコの遺伝子操作技術の進歩により，キノコの分子遺伝学等の基礎研究が発展し，それを利用して，さまざまな機能をもつキノコの分子育種ができるようになってきた．しかし，食を考えた場合，消費者は“組換えキノコ”を許容できないであろうし，また，組換えキノコの担子胞子の飛散は，遺伝子組換え生物の拡散防止の観点からも容認しがたい．これまでのところ，分解者としてのキノコがもつ特異な機能であるリグニンやダイオキシンなどのような芳香族環をもつ複雑な有機化合物の分解能力を強化することを目的とした研究が報告されるにとどまっている．例として，リグニンペルオキシダーゼ，マンガンペルオキシダーゼ，ラッカーゼなどのリグニン分解に関与する酵素遺伝子をヒラタケ，ネナガノヒトヨタケ，アラゲカワラタケなどのキノコ細胞に導入し，芳香族環をもつリグニン様の化合物の分解活性の向上を報告している．また，細菌由来キシラナーゼ遺伝子を組み込んだキシラン高分解性キノコやラットのチトクローム P450 cDNA をアラゲカワラタケに組み込んだ形質転換体を使ってダイオキシン分解に成功した例がある．このような，キノコのもつ多様な有機物分解能力をさらに分子育種することにより，食用以外のバイオ燃料などの生産への応用が期待されている．そのほかにキノコは，さまざまな薬用効果をもつ生理活性物質を生産することが知られている．それらの生理活性物質のほとんどはタンパク質ではなく，β-グルカンや二次代謝産物であり，1遺伝子の導入では生産性の顕著な向上は期待できないと考えられている．そこで，今後，複数（多数）の遺伝子を同時に導入するような分子育種技術開発が求められる．また，同種の核酸のみを用いて加工する技術（セルフクローニング）により育種し，食用や自然環境中で使用可能な「遺伝子組換え生物」に該当しないような菌株の開発も今後の課題である．

（会見忠則）

＊参考文献

川合正允（2000）キノコの化学成分と薬理学的効果．きのこハンドブック（小川　眞・衣川堅二郎 編）．朝倉書店，東京，pp352-375

北本　豊（2006）木材学会誌 52：1-7

梶原　将・宍戸和夫（2002）有用菌株の育種とその利用．キノコとカビの基礎科学とバイオ技術（宍戸和夫 編著）．アイピーシー，東京，pp275-325

本田与一（2002）有用菌株の育種とその利用．ヒラタケ，キノコとカビの基礎科学とバイオ技術（宍戸和夫 編著）．アイピーシー，東京，pp324-326

本田与一（1996）木材研究・資料 32：6-15

Lalithakumari D（2000）Fungal protoplast : A biotechnological tool. Science Publishers, New Hampshire, pp1-54

Orihara K, et al.（2005）Appl Microbiol Biotechnol 69 : 22-28

宍戸和夫（1999）化学と生物 37 : 790-797

Tsukihara T, et al.（2006）Appl Microbiol Biotechnol 71 : 114-120

Tsukihara T, et al.（2006）Biotechnol 126 : 431-439

3.3.6 産業廃棄物利用

食用キノコ菌床栽培は培地基材，栄養材を混合して培地を調製する．培地基材に使われているオガコは，もともとは製材工場の廃棄物であった．栄養材に使われている米ぬか，ふすま，コーンブランは穀類の脱穀ぬかである．食用キノコの菌床栽培，それ自体が農業廃棄物を有効利用している．しかし，キノコ生産が増大するに伴い製材工場で排出される鋸屑等では不足し，専用工場でオガコが生産されるようになり，さらにトウモロコシの穂軸粉砕物であるコーンコブミールや綿実粕が使用されるようになった．

昨今，食用キノコ菌床栽培において，生産性の向上，生産コストの削減が求められ，培地材料（培地基材，栄養材，栄養補助剤）に対する産業廃棄物の利用が積極的に検討されるようになった．

1）培地基材

コーンスターチ製造時に排出されるトウモロコシ種実の皮であるコーンファイバー（以下 CNF と略）は培地基材として有用である．CNF は，エノキタケ，ヒラタケ，ヒマラヤヒラタケ，ブナシメジ栽培ではスギオガコの代替材として，ナメコ栽培ではブナオガコの代替材として 10 ～ 30％置換すると，収量が 1.05 ～ 1.3 倍に増加する．シイタケ栽培ではダケカンバオガコを 25％置換すると子実体が大型化し，タモギタケ栽培ではトドマツオガコを 25 ～ 75％置換すると収量が 1.2 ～ 1.6 倍に増加する．

小豆粕は漉し餡の製造工程で生じる廃棄物である．小豆粕はヒラタケ，エノキタケ栽培でスギ，エゾマツオガコを 25 ～ 75％置換すると収量が 1.2 倍に増加する．小豆粕で栽培したエノキタケは遊離アミノ酸のアラニン，グリシンが増加し，甘くなる．ナメコ栽培ではブナオガコを 20 ～ 50％置換すると収量が 1.2 倍に増加し，子実体は大型化する．小豆粕は培地基材として有用であり，和菓子メーカー，ナメコ生産者により実用化されている．

ビートパルプはテンサイを原料にした製糖工程で生じる廃棄物である．エノキタケ栽培でエゾマツオガコを 50 ～ 75％置換すると収量が 1.1 倍に増加し，子実体は含水率が減少して品質が向上する．

コーヒー製造時に生じるコーヒー残滓についてナメコ，ナラタケ栽培で検討され，それぞれブナ，ダケカンバオガコの代替材として利用できる可能性がある．

2）栄養材

オカラは大豆加工食品を製造する工程で生じる廃棄物である．オカラは窒素成分を多く含有するが，単独の栄養材としては不適である．低分子糖類を多く含有する米ぬかやふすまと混合することによりキノコ菌糸体に資化されやすい栄養材になる．ヒラタケ栽培では米ぬかを 40 ～ 80％置換すると 1.6 ～ 1.8 倍の収量になる．ナメコ栽培では，ふすまを 30 ～ 50％置換すると収量は 1.2 倍に増加する．

CNF は栄養材としても有用であり，ヒラタケ，タモギタケ栽培でフスマを 50％置換すると収量は 1.5 倍前後に増加する．CNF の熱水抽出物には食用キノコの菌糸体成長，子実体形成に促進作用がある．

ビール粕はビール醸造工程で生じる廃棄物であり，大麦の糖化麦汁搾り粕である．ビール粕は栄養材として有用である．シイタケ栽培ではコーンブランあるいはふすまと混合すると収量が増加し，子実体は大型化する．ナメコ，ヒラタケ栽培ではふすま，コーンブランと混合すると収量が増加し，栽培日数が短くなる．ハタケシメジ栽培では栄養材として米ぬか，ふすまに比べてビール粕が有効である．ビール粕はビール醸造企業により，キノコ栽培用栄養材として商品化されている．

エリスリトールは甘味性ぬかアルコールであり，生産工程で生じる使用済み酵母は，ヒラタケ栽培で米ぬかを 25 ～ 75％置換すると収量が 1.3 ～ 1.4 倍に増加する．

焼酎粕は焼酎製造工程で生じる廃棄物である．

焼酎粕はシイタケ，ヤマブシタケ栽培で利用できる可能性が示唆されている．

オカラや小豆粕は排出時では高含水率であるため乾燥コストがかさむ．しかし，オカラと小豆粕を混合して乾燥するとコストが軽減される．オカラ・小豆粕混合物はブナシメジ，ウスヒラタケ栽培で有用であり，米ぬかを全量置換できる．

3）栄養補助剤

栄養補助剤は，培地調製時に栄養材以外に数％程度添加して生産性の向上をはかる培地資材である．

亜硫酸パルプ廃液固形成分は食用キノコの成育に促進作用を示し，エノキタケ，ヒラタケ栽培で培地に1％添加することで収量は1.2～1.3倍に増加する．

カラマツ製材鋸屑からアラビノガラクタンを調製する過程で生じるカラマツ水抽出物（以下KWEと略）は食用キノコ菌糸体成長と子実体形成に促進作用を示す．KWEを1～5％添加することでヒラタケ，エノキタケの収量は1.1～1.3倍になる．

カニ殻粉末はシイタケ栽培で0.5～1％添加すると収量，発生個数が増加する．

カキ殻，ホタテ貝殻，卵殻粉末は，ヌメリスギタケ，ブナシメジ，シイタケ栽培で1～4％添加すると収量が増加し，シイタケでは子実体中のカルシウム含有量の増加が確認されている．

＊参考文献

阿部正範（2004）徳島県森林林業研報 3：10-14
赤松やすみ・金子周平（2005）日本きのこ学会第9回大会講演要旨集，p83
荒井康恵ほか（2003）日本応用きのこ学会誌 11：17-23
Arai Y, et al.（2003）J Wood Sci 43：437-443
Arai Y, et al.（2004）Mushroom Sci Biotechnol 12：171-177
衛藤慎也・坂田　勉（2003）広島県林技セ研報 35：1-4
原田　陽ほか（2003）日菌報 44：3-8
稲葉和功ほか（1981）木材学会誌 27：231-236
稲葉和功ほか（1982）木材学会誌 28：169-173
金子周平ほか（2005）日本きのこ学会第9回大会講演要旨集，p36
森川東太（1994）日本林学会東北支部会誌 46：237-238
新田　剛ほか（2007）日本きのこ学会第11回大会講演要旨集，p51
大久保秀樹ほか（2008）日本きのこ学会第12回大会講演要旨集，p50
大政正武ほか（1995）ビール粕の処理技術の開発事業報告書（第2年度）．菓子総合技術センター，pp7-19
佐藤　拓ほか（1996）きのこ技術集談会第8回年会講演要旨集，p71
関谷　敦（1998）日本応用きのこ学会誌 6：101-106
宜寿次盛生ほか（2004）北林産試場報 18：7-12
高畠幸司（1997）富山林技セ研報 10：1-53
高畠幸司（1998）日本応用きのこ学会誌 6：167-170
高畠幸司（2002）日本応用きのこ学会誌 10：199-204
高畠幸司ほか（2003）日本応用きのこ学会誌 11：71-78
高畠幸司・作野友康（2004）富山林技セ研報 17：10-13
高川健三（2006）平成18年度食品リサイクルモデル推進事業報告書．高川栄泉堂，金沢，pp1-16
寺嶋芳江（1992）農業および園芸 67：37-45
寺下隆夫ほか（1997）日菌報 38：243-248
富樫　巌ほか（1996）きのこの科学 3：15-19

3.3.7　廃培地利用

1）キノコ栽培への利用

食用キノコ生産の大部分は菌床栽培によって行われ，栽培後排出される廃菌床は収穫したキノコの2倍量生じる．廃菌床を産廃として処理すればコストがかさみ経営を圧迫する．一方で栽培資材であるオガコはキノコ生産の増大に伴って需要が伸び，オガコ不足が深刻化している．さらに環境問題への関心も高まっている．そこで，生産コストの低減ならびに資源循環型社会構築への寄与を目的に廃菌床のキノコ栽培への利用が本格的に検討されるようになった．

(1)　廃菌床の特徴

廃菌床をオガコの代替材として利用する場合，廃菌床は培養済みであることがオガコと大きく異なる．そのため廃菌床では，キノコ菌糸体が培地中に存在し，菌糸体由来の代謝産物，菌体外酵素が蓄積されている．また，菌床栽培の培地は培地基材と栄養材を混合して調製されるが，それぞれの培地の構成成分は菌糸体により部分分解された状態になっている．このようなことから，廃菌床はオガコに比べて窒素ならびに有機酸含有量が多くなってC/N比，pHが低くなる．

廃菌床中には栽培したキノコ以外に微生物としてカビ，細菌類が混入し，廃菌床の微生物相は刻々変化する．キノコ栽培において，栽培キノコ以外の微生物はすべて害菌であり，廃菌床を利用すると害菌遭遇のリスクが大きくなる．このことは廃菌床を利用する上での最も大きな障害である．しかし，正常に子実体形成した廃菌床のみを使用し，常法で滅菌処理すれば害菌による汚染は容易に回避できる．

正常に子実体形成した廃菌床には子実体形成促進物質が含まれ，そのような廃菌床を培地に使用することで，収量が増大し，劣化株の正常化回復が認められている．また，培地調製時に栄養材と廃菌床中の酵素類によってキノコ菌糸体に吸収されやすい低分子グルカンが生じ，収量が増大する．このように廃菌床を利用することによる特有の利点が明らかになってきた．

(2) キノコ栽培事例

ヒラタケ栽培にはナラタケ，ナメコ廃菌床，タモギタケ栽培にはツバナラタケ廃菌床，ヤマブシタケ栽培にはマイタケ，ナメコ，シイタケ，ブナシメジの各廃菌床が有用であり，ヤマブシタケ廃菌床は2度目までリサイクル利用が可能である．また，シイタケ，マイタケ廃菌床は，培地基材に混合するとマイタケ栽培に利用可能となる．

廃菌床は堆積処理することにより堆肥化し，阻害成分が除去されるため，ハタケシメジ栽培ではヒラタケ，ナメコ廃菌床が，シイタケ栽培ではエノキタケ廃菌床が堆積処理により利用可能となる．

シイタケ原木栽培の廃棄ホダ木を粉砕することでオガコの代替材として有用になり，シイタケ，ヒラタケ，タモギタケの各菌床栽培に利用可能である．

(高畠幸司)

＊参考文献

Akamatsu Y (1998) J Wood Sci : 44 : 417-420
中谷　誠ほか (2001) 日本応用きのこ学会誌 9 : 175-180
Ohga S, et al. (1993) Mokuzai Gakkaishi 39 : 1443-1448
更級彰史ほか (2008) 宮城県林試成果報告 17 : 1-16
高畠幸司 (2008) 平成19年度林業試験場成果集．富山県林業技術センター，pp1-12
高畠幸司ほか (2008) 木材学会誌 54 : 327-332
寺下隆夫ほか (1997) 近畿大農紀要 30 : 33-40
富樫　巖 (1995) 木材学会誌 41 : 956-962
馬替由美・大原誠資 (2003) 平成15年度研究成果選集．森林総研 : 54-55

2) 堆肥利用

廃培地利用の最も一般的な形態は，有機質肥料として利用する形態である．木質系バイオマス資源の中でも廃培地は，キノコの酵素により難分解性物質が比較的分解されており，堆肥化にも適した材料である．また，適切な堆肥化を施された廃培地の農地への施用は，単に窒素源の代替物以上の付加価値を有している．すなわち，収量，品質の向上を作物にもたらすことが可能である．ここでは，廃培地利用の留意点を一般的な視点から述べる．

(1) 廃培地の種類

廃培地は，①ホダ木由来，②木粉菌床培地由来（広葉樹，針葉樹オガコを培地基材とするもの），③植物残渣菌床培地由来（綿実かす，コーンコブミールなど植物残渣を培地基材とするもの），④堆肥培地由来の4種に大別できる．国内で主として利用可能なものは，②および③の菌床培地由来のもので，大多数は針葉樹，広葉樹を培地基材としたものである．ホダ木由来の廃培地（廃ホダ）は，林地で栽培されることから利用されることは少ない．ツクリタケ，フクロタケ，およびヒメマツタケなどの腐生菌では，稲わら，麦わら，バガス（サトウキビ絞りかす），サトウキビ茎葉などを堆肥化して培地とするため，堆肥化処理などを施さずとも施用が可能だが日本国内での栽培量は少ない．廃培地の発生量（2004年度，絶乾重量換算）は，菌床由来30万トン，ホダ木由来13万トンと推計されている[1)]．

(2) 廃培地のC/N比

堆肥の利用においてC/N比は，窒素飢餓などの懸念から最も注意すべき項目で，C/N比30～40が適正値とされている．廃培地のC/N比は一般的に高く，エノキタケが41～56，ヒラタケが48～64，タモギタケが47～65との報告がある[2]．また，菌床表面と中心部でも大きく異なる．シイタケでは，周辺部41，中心部109との報告がある[3]．

(3) 廃培地のpH

廃培地のpHは一般的に低い．エノキタケ：5.2～5.4，ヒラタケ：4.5～5.0，タモギタケ：4.6～5.2[2]，シイタケ：周辺部3.9，中心部3.6[3]との報告があり，使用に当たっては酸性土壌対策を考慮する必要がある．

(4) 廃培地の堆肥化

廃培地を利用する場合は，高C/N比を改善するために，半年～1年程度野積，切返し処理を行い，堆肥化をする例が多い．堆肥化の留意点としては，窒素肥料や鶏糞など副資材を使用したC/N比の調整，雑草種子，病害虫卵殺滅のために，適切な発酵温度の維持（60℃以上）と数回の切返し作業が推奨されているが，コストと労働力の点から，必ずしも十分には実施されていない．

(5) 廃培地の施用量

一般的な廃培地の施用量は，10アール当たり，2～3トンであるが，使用する廃培地の性状により，適宜増減する．

(6) 廃培地施用の効果

腐生菌（ヒメマツタケ）廃培地利用の効果として，作物の増収，ビタミン，ミネラル，アミノ酸含量の増加，結実不良（成り疲れ）の軽減が報告されている[4]．また，病害虫に対する抵抗性向上も報告されている．

（吉本博明）

＊引用文献

1) 松村ゆかりほか（2006）第56回日本木材学会大会研究発表要旨集（CD-ROM）：PT026
2) 吉田兼之・高橋弘行（1994）北海道林産試場報 8：21-27
3) 橋本光宏（1999）徳林総研報 37：25-27
4) 吉本博明（2006）Bio Industry 23, 12：77-85

＊参考文献

西尾道徳（2007）堆肥・有機質肥料の基礎知識．農山漁村文化協会，東京

3) 昆虫飼育

(1) カブトムシ・クワガタムシと菌類

雑木林の近くにシイタケ（*Lentinula edodes* (Berk.) Pegler）の廃菌床やシイタケ栽培の終了した原木を積んでおくと，その中に大きなカブトムシの幼虫が育っていることがある．また，シイタケの廃菌床を利用したカブトムシの幼虫の養殖場も知られている．カブトムシの幼虫は堆肥の中にもよく見られ，腐葉土の中でも生育する．カブトムシの幼虫は菌類によって腐朽の進んだ植物遺体（リグノセルロース）を食する性質をもつようである．一方，クワガタムシの幼虫はカワラタケ（*Coriolus versicolor* (L.:Fr.) Quél.)），ニクウスバタケ（*Coriolus brevis* (Berk.) Aoshi.）などのキノコが発生した朽ち木の中に見られ，こちらは菌の種類に対して嗜好性がある．1990年代に入って，オオクワガタの大型個体に高値がつき話題となったが，カワラタケの発生したクヌギ（*Quercus acutissima Carruthers*）などの広葉樹の朽ち木の中に幼虫や越冬中の成虫がいることが知られるようになり，これらの朽ち木が破壊されてしまうことが問題となっている．

(2) 菌類を利用した飼育法

1999年植物防疫法の改正によって，多くの外国産昆虫の生体輸入が解禁された．これに伴い，カブトムシ・クワガタムシについても多くの種が輸入可能となり，外国産カブトムシ・クワガタムシの飼育がブームとなった．昔は飼育が難しかったクワガタムシの幼虫についてもさまざまな飼育用品が販売され，産卵から羽化までの飼育が一般家庭でも容易に行えるようになった．クワガタムシの雌は菌類に腐朽された材に産卵する性質があるため，クヌギやコナラ（*Quercus serrata* Thunb.）の原木の腐朽材，カワラタケの発生した原木などが産卵木として市販されている．幼虫については，

広葉樹オガ粉の培地にヒラタケ(*Pleurotus ostreatus* (Jacq.:Fr.) Kummer) などを培養した菌糸瓶を用いた飼育技術が開発され，いくつかの昆虫用品メーカーから幼虫飼育用の菌糸瓶が市販されている．この菌糸瓶の中で幼虫を飼育すると，やがて蛹化と羽化が行われ，中から成虫を取り出すことができる．カブトムシについてはクヌギなどの広葉樹のオガ粉を腐朽させたもの，あるいは小麦粉を添加して発酵させたものなどが幼虫飼育マットとして販売されている．この飼育マットの中にシイタケの菌床を埋め込んでおくと幼虫は飼育マットよりも菌床を好んで食し，成長が促進される[1]．

(大和政秀)

＊引用文献

1) 大和政秀ほか (2007) カブトムシ幼虫の成長を促進する方法及び資材．特開 2007-312686

＊参考文献

吉田賢治 (1999) 楽しく育てるクワガタムシ．成美堂出版．東京

吉田賢治 (2004) 世界のクワガタムシ・カブトムシ最新図鑑．成美堂出版．東京

3.4 医薬健康産業

3.4.1 概 略

創薬の曙はおそらく有史以前，類人猿の時代の医食同源の天然素材にまでさかのぼるが，記録にあるものでは，ギリシャ時代の医学の祖，ヒポクラテス（紀元前 460 ～ 370）によって使われたヤナギの葉や樹皮にある鎮痛作用であろう．西欧，中東そして中国の生薬では，天然素材そのものあるいは混合物であるそのエキスが医薬品として利用されてきた．19 世紀になると有機化学の発達に伴い，エキスから単一の薬効成分が同定されるようになった．その最初の例が同じくヤナギの葉に端を発するアスピリンである．アスピリンは世界初の錠剤として 1900 年にバイエル社から販売された．

このように植物など天然物エキスに含まれる効能のある化合物の単離精製・構造決定，その物質の有機合成という筋道が 19 世紀から 20 世紀の薬学の歴史である．ジギタリスから得た心不全の特効薬ジギタリス，ケシ由来の麻酔薬モルヒネ，キナ属の樹皮から得られる抗マラリア薬のキニーネ，麻黄から得られた喘息治療薬エフェドリン，ウシの副腎皮質から単離したホルモンで気管支拡張薬アドレナリン，ヘビ毒に端を発した降圧剤カプトプリル，セイヨウイチイの樹皮から抽出された抗がん剤タキソールなどいずれも同様である．このうち，エフェドリンとアドレナリンは日本人科学者の功績である．エフェドリンは漢方として用いられてきた麻黄から長井長義が 1885 年に単離した[1]．アドレナリンはヒトの副腎皮質ホルモンでもあり，高峰譲吉と上中啓三が 1900 年に世界に先駆けて発見した 20 世紀初の夢の新薬である[2]．

微生物が創薬の探索源として脚光を浴びるのは 20 世紀半ばのペニシリンの発見からで（それ以前にも微生物代謝産物の研究は行われてはいたが），

1940年から1980年は抗生物質の時代でもある．この時期には主として放線菌が探索された．ラトガース大学のセルマン・ワクスマン，微生物化学研究所の梅沢浜夫や北里研究所の大村智がこの分野で大きな貢献をしている．1980年から2000年はポスト抗生物質の時代ともいえるが，この時期にはいわゆる抗細菌抗生物質以外の物質，すなわち抗がん剤，抗カビ抗生物質，酵素阻害剤や受容体拮抗薬・作動薬などその他の生理活性物質を求めて，放線菌および，特に菌類が探索源として用いられた．

ここまで人類が寿命を延ばすことができた1つの理由は抗生物質の発見と今日の利用にある．免疫機能が十分に備わっていない乳幼児はもとより，高齢者や手術後の患者を感染症から救ってきた立役者が抗生物質である．しかしながら細菌の中には，自分自身の生き残りのために，抗生物質への感受性を巧みに変化させることでいわゆる耐性菌へと己を変化させるものがいる．これにより，人類と病原細菌のいたちごっこが繰り返されてきた．この項目では抗生物質からポスト抗生物質の時代の主として菌類を探索源として行われた天然物創薬の成功例や今世紀に入ってからの注目すべき発見を概観する．　　　　（奥田　徹・刑部泰宏）

＊引用文献

1）の原博武（2009）この人 長井長義（Creative Book 首都圏人）．ブッキング
2）飯沼和正，菅野富夫（2000）高峰譲吉の生涯～アドレナリン発見の真実（朝日選書）．朝日新聞社，東京

3.4.2 抗生物質

1）抗細菌抗生物質

ここではカビが生産する抗生物質発見の歴史から，実用化された化合物の例，特にβラクタム抗生物質について触れる．

（1）ペニシリンの発見

1927年，フレミング（ロンドン，セントメリー病院）が黄色ブドウ球菌（*Staphylococcus aureus*）の実験途中で，机の上に放置してあった

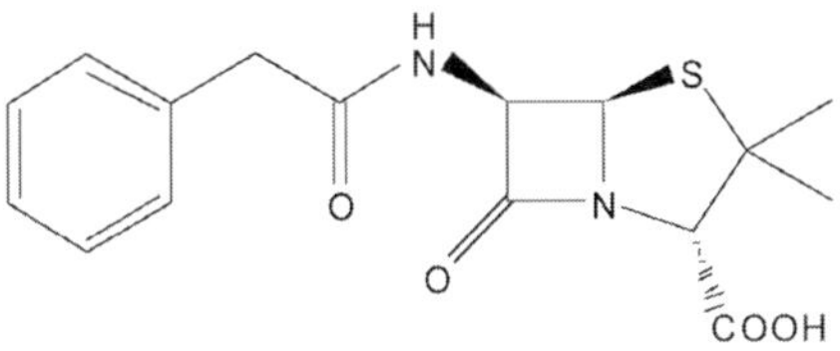

■図 3.4.1　Penicillin G

S. aureus を培養していた寒天平板上にアオカビが侵入し，*S. aureus* が溶菌しているのを発見した．フレミングはこのアオカビ（*Penicillium notatum*，フレミングの生産菌の現在の学名は *P. rubens* だが，よく知られている *P. chrysogenum* もペニシリンを生産する）の作用を研究し，1929年に発表したがほとんど注目されなかった．フレミングはこの抗菌活性成分をアオカビの学名にちなんでペニシリン（penicillin）と名づけ，活性成分の単離を試みたが，この物質は不安定で分離，精製ができなかった．その後，10年経過した1938年，フローリーとチェイン（オックスフォード大学）はペニシリンに興味を抱き，研究が再開され活性物質の単離およびその有効性が証明された（Penicillin G, 図 3.4.1）．第二次世界大戦が始まり，戦時下の英米が協力して大量生産を成功させた．効率よくペニシリンを大量に生産させるための菌株の改良や，培養条件の検討を国家戦略の1つに位置づけ，そのプロセスが確立された．その結果，実用化されたペニシリンは大戦中に多くの負傷者を感染症から救うことになった．その功績を称え1945年にフレミング，フローリー，チェインにノーベル医学・生理学賞が授与された．

（2）セファロスポリンCの発見

ペニシリンの実用化成功を機に，世界的に微生物からの抗生物質探索に拍車がかかり始めた．1945年ブロッツ（イタリア，サルディーニャ島，カリアリ大学）は水の自浄作用の研究中にカリアリの排水口の海水からカビ（*Cephalosporium acremonium*，現在の学名は *Acremonium chrysogenum*）を分離した．このカビはグルコース・デンプン培地上でグラム陽性細菌，陰性細菌の両方に抗菌活性のある物質を大量に生産した．

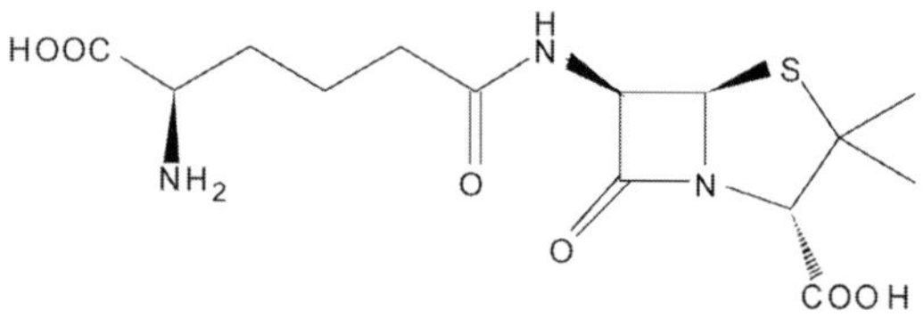

■図 3.4.2　Penicillin N

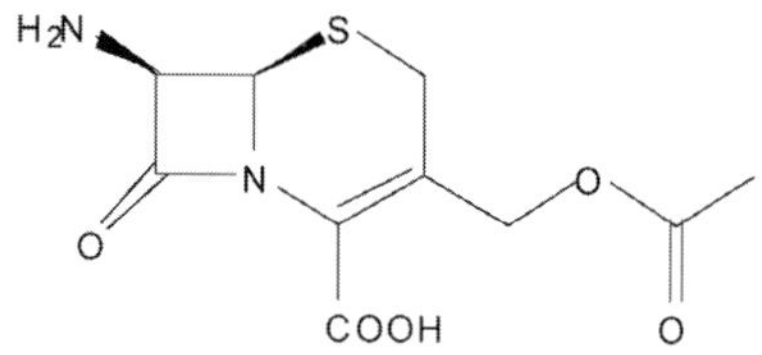

■図 3.4.4　7-ACA

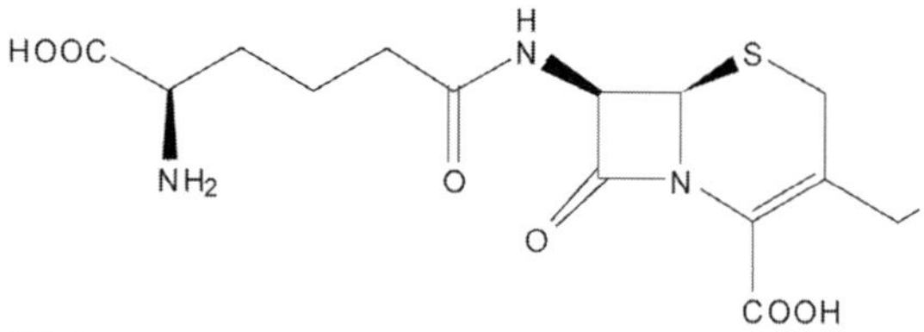

■図 3.4.3　Cephalosporin C

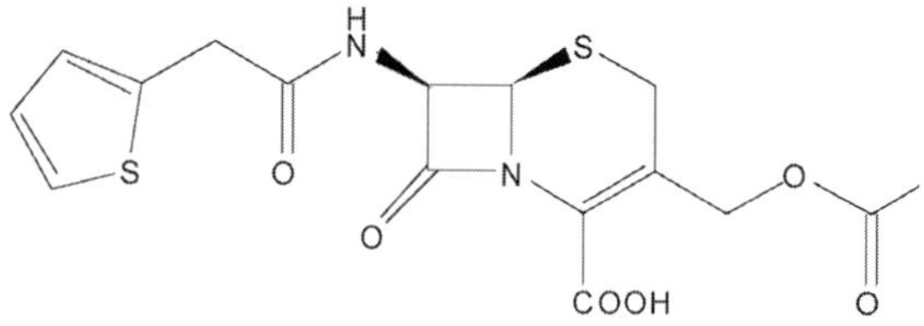

■図 3.4.5　Cephalothin (Cefalotin)

その粗精製物を実際に臨床で使用した結果，特に腸チフス患者での有効性が高いことがわかった．しかし活性成分の単離ができなかったブロッツは，ペニシリンを開発したフローリーに単離精製の協力を仰いだ．その結果，このカビの培養液からステロイド骨格をもったセファロスポリンP，およびβラクタム環をもつペニシリンN（図3.4.2），さらに1953年にセファロスポリンC（図3.4.3）の発見に至った．

(3) セファロスポリンCの特徴と改良

セファロスポリンC（Cephalosporin C）は広範囲の抗菌活性をもっており，ペニシリンと同じβラクタム環を有し，類似の活性をもつだけでなく，マウスの感染治療実験でペニシリン耐性の黄色ブドウ球菌感染症にも有効であった．その当時から病院ではβラクタム環を開環，加水分解する酵素，ペニシリナーゼ産生黄色ブドウ球菌（いわゆる薬剤耐性菌）の蔓延が重大な臨床上の問題となっており，ペニシリンの生物活性を維持しつつ，そのような欠点を除いた抗生物質が望まれていた．

その後，セファロスポリンCは，ペニシリナーゼで分解されるペニシリンNと同じD-α-アミノアジピル基の側鎖をもっているが，セファロスポリンCの側鎖を変えることでグラム陽性菌に対して抗菌活性の高い化合物の創出が可能と考えられた．また合成研究を推進するためには潤沢な原体供給が欠かせないが，セファロスポリンCの大量生産菌株（8,650株）の発見という大きな成果も後押しし，化合物研究が促進され，6-アミノペニシラン酸（6-APA）の取得方法を参考に，D-α-アミノアジピル基を高効率で加水分解する方法が開発された．1960年にはセファロスポリンCの基本骨格である7-アミノセファロスポラン酸（7-ACA，図3.4.4）を得ることに成功した．これにより大量の7-ACAが得られ，多数の誘導体が合成され，第1号のセファロスポリン誘導体としてセファロチン（Cefalotin，またはCephalothin，図3.4.5）がリリー社から登場し，その後のセファロスポリン全盛期の幕開けへと続くことになった．

(4) 日本でのペニシリン（碧素）の歴史とその他のβラクタム抗生物質

1943年陸軍軍医学校の軍医少佐，稲垣克彦がドイツの医学雑誌に掲載されていた「抗菌物質による化学療法」の論文に興味をもち，東大伝染病研究所の梅沢浜夫に翻訳を指示したことに端を発する．ペニシリンは広島，長崎の原爆負傷者にも使用された．

終戦の混乱が続く1946年，明治製菓社は焼け残ったシラップびんを利用してペニシリンの表面培養を開始し，大型タンクによる深部培養法を導入するなど，生産技術は飛躍的な進歩を遂げた．ペニシリン以外でも放線菌が生産するストレプトマイシン，クロラムフェニコール，テトラサイクリン，エリスロマイシンなどの抗生物質の発見と実用化により，抗生物質の探索源は菌類から放線菌へと移っていった．こうして抗生物質による化学療法の全盛期が到来した．1960年代には日本は新規抗生物質の発見数が世界でもトップクラスになり，日本のお家芸の1つとなった．

1970年以降βラクタム抗生物質では興味深い発見が相次いだ．1つは新しいセフェム系抗生物質，たとえばセファマイシンC（cephamycin C）が *Streptomyces* spp. から，デアセトキシ・セファロスポリンCが菌類と放線菌の両方から見つかったこと，もう1つは *Actinosynnema mirum*（当初は *Nocardia uniformis* とされた）のノカルディシンA（nocardicin A），*S. clavuligerus* からのクラブラン酸（clavulanic acid，ビーチャム社），*S. cattleya* の生産するチエナマイシン（thienamycin，メルク社），*Pseudomonas acidophila* の生産するスルファゼシン（sulfazecin，武田薬品工業社）などまったく新しい骨格のβラクタム抗生物質が発見されたことである．すなわち，菌類に特異的な代謝産物と思われていたβラクタム抗生物質が放線菌からも細菌からも発見され，しかも構造はペネム系，カルバペネム系，モノバクタム系と多様になった．これらのうちいくつかは実用化されている．

（刑部泰宏・奥田　徹）

＊引用文献

1) 中島祥吉 (2008) Pharmatech Japan 24：123-128

2）抗カビ抗生物質

菌類の感染症治療薬は，細菌やウイルスに比べて選択肢が少ない．この理由は，①患者数が多い白癬菌（*Trichophyton* や *Microsporum* など）の感染は生死を左右する病気ではないため患者自身の逼迫感が低く，②内臓を冒し重篤化する侵襲性の真菌症は医療現場ではまれで，必ずしも需要が大きくなかったためだろう．しかし，高度医療の普及や高齢化に伴って深在性真菌症は増加傾向にある．日本国内では *Candida albicans*, *Aspergillus fumigatus*, *Cryptococcus neoformans* に代表されるように常在菌の日和見感染が大半を占めるが，海外渡航の機会が増えるにつれて *Coccidioides* や *Histoplasma* などの原発性真菌の感染も懸念される．この項では菌類由来の抗生物質を中心に，抗カビ剤の開発の歴史を振り返る．

（1）初期の抗カビ抗生物質の探索

グリセオフルビン（griseofulvin）は1939年に *Penicillium griseofulvum* の菌体から見いだされた．グリセオフルビンは白癬菌の細胞の微小管に結合し，有糸分裂を阻害して殺菌するが，*Candida*, *Aspergillus*, *Cryptococcus* には無効である．ケラチンと結合する特徴があり，経口投与した薬剤

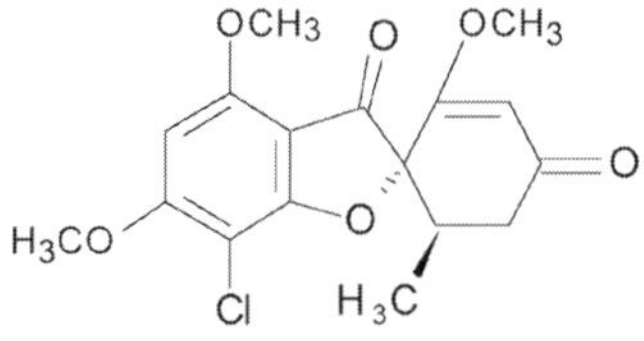

グリセオフルビン

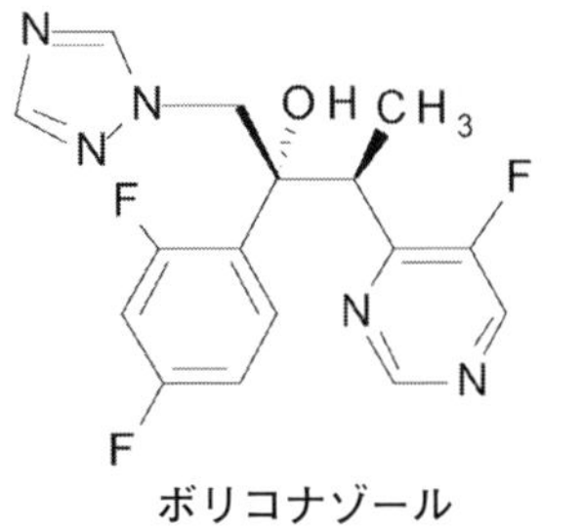

ボリコナゾール

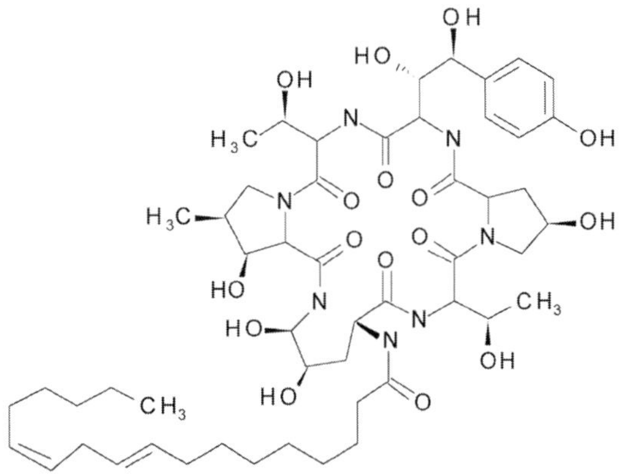

エキノカンジン

図 3.4.6　抗カビ抗生物質

が皮膚角質層に蓄積することから，難治性爪白癬症の治療に使われる．

1950年代にポリエンマクロライド（polyene macrolides）系と呼ばれる環状ポリエン構造の抗カビ抗生物質が*Streptomyces*属放線菌の培養液から多数単離された．これらは菌類の細胞膜に含まれるエルゴステロールと結合し，膜に小さな穴を開けて物質透過機能に障害を起こす．アンフォテリシン（amphotericin B）は多くの種類の病原真菌に強い殺菌性を示し，注射剤は深在性真菌症の治療薬として重要である．一方で毒性が強く，腎臓や循環系に副作用を起こすので注意を要す．アンフォテリシンは分子量が大きく経口吸収されないため，ナイスタチン（nystatin）とともに口腔や消化管の感染治療にも使われる．トリコマイシン（trichomycin）には抗原虫活性もあり，カンジダ症，トリコモナス症の外用薬として市販されている．

1962年に植物病原菌のライグラス斑点病菌*Helminthosporium siccans*からプレニルフェノール系化合物のシッカニン（siccanin）が，1964年には*Pseudomonas*属細菌の培養液からピロールニトリン（pyrolnitrin）が発見された．いずれも菌類の呼吸系を阻害し，抗白癬菌外用薬として国内で上市された．

(2) 合成抗真菌剤の開発

1960年代からは抗真菌剤の合成研究が活発になった．核酸アナログの5-フルオロシトシン（5-fluoro cytosine）は菌類の核酸合成を阻害する．安全性が高く，経口投与による血中濃度や組織移行性も良好だが，耐性菌の出現が早いために補助剤として他の薬と併用される．

現在最もよく使われる真菌症の治療薬は1970年以降に次々と創製されたアゾール（azoles）系の合成抗真菌剤である．生体膜を構成するステロールが，菌類ではエルゴステロール，動物はコレステロールである点に着目して開発された．作用機序はシトクロムP450と結合してエルゴステロールの生合成を阻害することによる．アゾールは窒素1分子以上を含む複素5員環で，1位と3位に2分子含むイミダゾール（imidazoles）と3分子含むトリアゾール（triazoles）が誘導体合成に用いられる．阻害の効果は静菌的（増殖抑制）であるが副作用が少なく，経口投与可能な化合物もある．そのため軽度の深在性真菌症の治療に大きく貢献している．

1980年に合成されたアリルアミン（arylamine）系のテルビナフィン（terbinafine）はエルゴステロール生合成酵素のスクワレンエポキシダーゼを阻害する．白癬菌に対する殺菌作用が強く，グリセオフルビンと同様に爪や髪に蓄積するため，外用薬と経口剤が開発されている．

(3) リポペプチド系抗カビ抗生物質

菌類と動物の細胞で最も異なる点は細胞壁の有無であり，より安全性の高い抗カビ抗生物質を開発するために，細胞壁合成阻害剤が探索された．菌類の細胞壁は主にグルカン，キチン，マンナンの3種類の多糖体で構成され，特にβ-1,3-グルカンは含有量が多い．1979年に*Aspergillus nidulans*の培養液から6個のアミノ酸と脂肪酸アシル側鎖からなるリポペプチド骨格のエキノカンジン（echinocandins）が発見された．エキノカンジンはβ-1,3-グルカンの生合成を特異的に阻害し，新たな抗カビ抗生物質として期待を集めたが，溶解性の低さと脂肪酸側鎖による溶血作用のために開発が難航した．1990年代にエキノカンジンの類縁化合物として，分岐型脂肪酸を側鎖にもち溶血作用が低いニューモカンジン（neumocandins，メルク社）と環状ペプチドに硫酸基を備えて水溶性に優れたFR901379（藤沢薬品工業，現アステラス製薬）が単離された．ニューモカンジンはスペインの池の水から分離された暗色分生子形成菌の*Glarea lozoyensis*が，FR901379は落葉層の土壌から得られた分生子果不完全菌類*Coleophoma empetri*が生産する．リポペプチド系抗カビ抗生物質は多様な系統の菌類が生産するが，硫酸基をもつリポペプチド化合物は*Coleophoma*属の菌種からよく発見される．エキノカンジン類はそれぞ

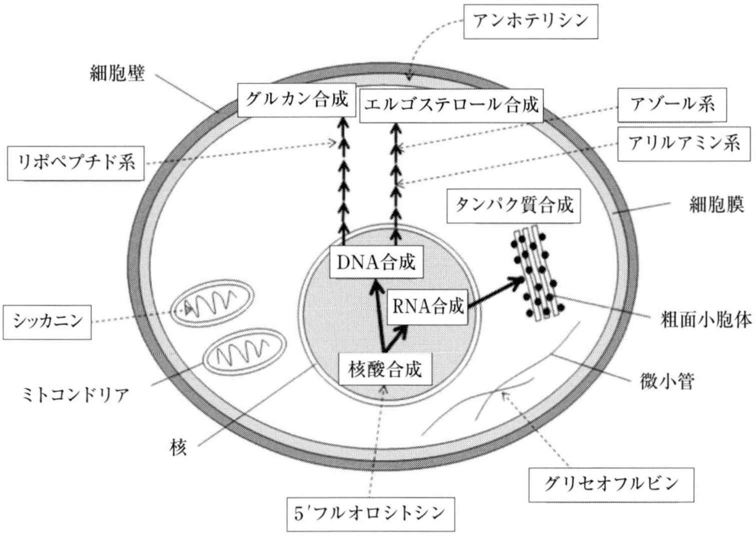

■図 3.4.7 抗カビ抗生物質の作用機作

れ構造変換を経て，アニデュラファンギン（anidulafungin），カスポファンギン（caspofungin），ミカファンギン（micafungin）として上市された．*Candida* や *Aspergillus* に有効で，重篤な深在性真菌症の治療薬として使用されている．

（4） その他の抗カビ抗生物質

土壌子嚢菌の *Sordaria araneosa* から翻訳伸長因子 EF-2 を阻害するソルダリン（sordarin）が，*Arthrinium phaeospermum* からグルカン合成酵素を阻害するグリコリピド系のパプラカンジン（papulacandin）が，*Aureobasidium pullulans* からデプシペプチドのオーレオバシジン（aureobasidin）が，*Streptomyces* 属放線菌からキチン合成酵素の阻害剤であるポリオキシン（polyoxins）やニッコーマイシン（nikkomycins）が発見され，開発研究が行われた．ごく最近の例として，*Candida albicans* のヘテロ接合体を用いた CaFT（*Candida albicans* fitness test）によって，メルク社で発見された新規作用機作，RNA polyadenilation を阻害する抗カビ剤，*Fusarium larvarum* の生産するパルナフンジン（parnafungin）がある．抗カビ抗生物質として発見されたサイクロスポリン（cyclosporins）は，後にその免疫抑制活性に注目されて開発された．抗カビ抗生物質は他の生理活性作用を併せもつ例も多く，興味深い．

（鶴海泰久）

＊参考文献

田中信男・中村昭四郎（1992）抗生物質大要—化学と生物活性，東京大学出版会，東京

横田　健・平松啓一（1999）新・微生物学と抗生物質の基礎知識，薬業時報，東京．146pp

Vicente MF, et al.（2003）Clin Microbiol Infect 9 : 15-32

3） 抗がん剤

世界中で 14,000 から 15,000 種存在するキノコのうち，約 700 種類のキノコで薬理作用が知られているが，実際には約 1,800 種類にのぼると見積もられている[1)]．そのうちいままでに抗腫瘍活性が報告されているキノコとその成分の例を表 3.4.1 に示す[2, 3)]．表からわかるようにいままでにわかっているキノコに含まれる抗腫瘍活性物質の大部分は，キノコの細胞壁の構成成分に由来する β グルカンである．これらは腫瘍細胞に直接働くのではなく，免疫賦活作用を通した抗腫瘍活性であるといわれている．

真菌類の細胞壁は，普遍的にマンナンや β グル

■表 3.4.1 キノコに含まれる抗腫瘍物質[2,3]

和名	学名	抗腫瘍物質
アガリクス	*Agaricus blazei*	直鎖状 β-(1→6)-D-グルカンなど
エノキタケ	*Flammulina velutipes*	糖 70% タンパク多糖体 糖 10% 以下タンパク 90% 以上からなる糖タンパク質（proflamin）
カバノアナタケ	*Inonotus obliquus*	ヘテログルカン，β-(1→6) 分岐 β-(1→3)-D-グルカン， ラノステロール，イノトディオール，エルゴステロール， エルゴステロールパーオキサイド
カワラタケ	*Coriolus versicolor*	多糖 80〜62%，タンパク質 20〜38% の多糖およびタンパク質からなる多糖複合体（PSK，クレスチン）
キクラゲ	*Auricularia auricula-judae*	β-(1→6) 分岐 β-(1→3)-D-グルカン
シイタケ	*Lentinula edodes*	β-(1→6) 分岐 β-(1→3)-D-グルカン (lentinan)
スエヒロタケ	*Schizophyllum commune*	β-(1→6) 分岐 β-(1→3)-D-グルカン (schizophyllan)
チョレイマイタケ	*Polyporus umbellatus*	水溶性多糖類
ハタケシメジ	*Lyophyllum decastes*	多糖体
ハナビラタケ	*Sparassis crispa*	β-(1→6) 分岐 β-(1→3)-D-グルカン
ヒラタケ	*Pleurotus ostreatus*	β-(1→6) 分岐 β-(1→3)-D-グルカン
ブクリョウ	*Wolfiporia cocos*	直鎖状 β-(1→3)-D-グルカン（pachymaran, carboxymethylpachymaran）
ブナシメジ	*Hypsizygus marmoreus*	β-(1→6)-D-glucan，エルゴステロール， エルゴステロールパーオキサイド，ポリテルペン
マイタケ	*Grifola frondosa*	β-(1→6) 分岐 β-(1→3)-D-グルカン (Grifolan) β-(1→3) 分岐 β-(1→6)-D-グルカン (MD-fraction)
メシマコブ	*Phellinus linteus*	糖 39.3%，タンパク質 49.4% からなる糖タンパク複合体 （α-(1→3)-D-グルカン）
霊芝	*Ganoderma lucidum*	β グルカン多糖体，トリテルペノイド

カンを含有しており，ヒトや動物の免疫系は，これら細胞壁多糖を特異的に認識するさまざまな受容体分子を使って真菌類に対する防御反応として自然免疫と獲得免疫を誘発することがわかってきている[4,5]．真菌類の細胞壁 β グルカンに対する免疫細胞の受容体としては，TLR2（toll-like receptor 2），Dectin-1，CR3（complement receptor 3），Sc (scavenger receptors)，LacCer (lactosyl-ceramide) が知られている．キノコも真菌類に属することから，キノコ β グルカンが有する免疫賦活作用による抗腫瘍活性は，ヒトが真菌類に対する防御作用として有している自然免疫作用によるものと考えられる．

キノコおよびキノコ由来抗腫瘍物質のヒトに対する治験例は，近年国内外で増えてきてはいるが，現時点ではまだマウスやラットを用いた動物試験結果に比べて，それらすべてがヒトの腫瘍に対して確かに有効であるという結論に達するまでの十分なデータがあるとはいいがたい．その要因の1つに，目的とする抗腫瘍物質そのもののキノコ子実体内での動態がわかっておらず，試験に用いるキノコ，あるいはそれから抽出される抗腫瘍物質そのものの品質上の問題があげられる．

たとえば，シイタケに含まれる抗腫瘍物質であるレンチナンでは，菌株や栽培条件，子実体の生育段階，子実体収穫後の保存条件件によってシイタケに含まれるレンチナンの量が著しく影響を受けることが明らかになっている[6,7]．今後キノコが有する抗腫瘍性作用を研究する場合，特にヒトに対する有効性を調べる試験を行うに当たっては，前述のことを考慮した原料を用いられることが望まれる．

（西堀耕三）

＊引用文献

1) Chang ST, Miles PG (2004) Mushrooms: cultivation, nutritional value, medicinal effect, and environmental impact, 2nd ed. CRC Press LLC, Boca Raton, pp39-52

2) 河岸洋和監修（2005）きのこの生理活性と機能．シーエムシー出版，東京
3) 水野　卓・川合正允 編著（1992）キノコの化学・生化学．学会出版センター，東京
4) 安達禎之・大野尚仁（2006）真菌誌 47：185-194
5) Chen J, Seviour R（2007）Mycol Res 111：635-652
6) 森林総合研究所（2007）森林総合研究所交付金プロジェクト研究成果集 19：54-59
7) Minato K, et al.（1999）J Agrc Food Chem 47：1530-1532

＊参考文献

Akramiene D, et al.（2007）Medicina 43：597-606
Borchers AT, et al.（1999）Proc Soc Exp Biol Med 221：281-293
Borchers AT, et al.（2004）Exp Biol Med 229：393-406
Borchers AT, et al.（2008）Exp Biol Med 233：259-276
国立健康・栄養研究所（2009）「健康食品」の安全性・有効性情報：「健康食品」の素材情報データベース，<http://hfnet.nih.go.jp/contents/indiv.html> Accessed 2010 Jan 10
Memorial Sloan-Kettering Cancer Center（2009）About herbs, botanicals & other products. <http://www.mskcc.org/mskcc/html/11570.cfm> Accessed 2010 Jan 10
Wasser SP（2002）Appl Microbiol Biotechnol 60：258-274

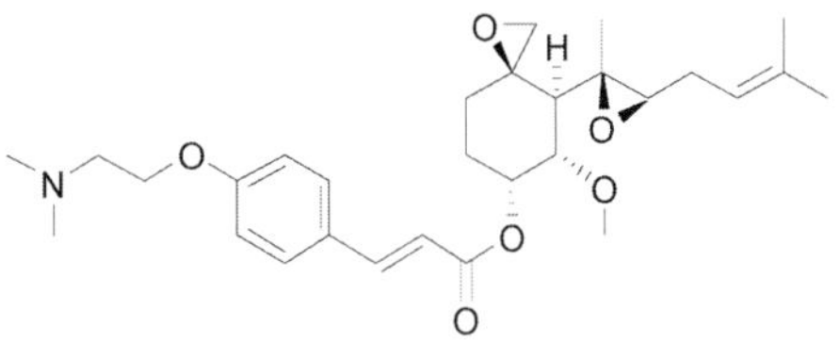

CKD - 732

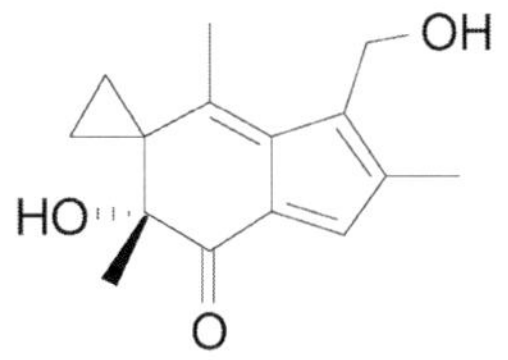

irofulven

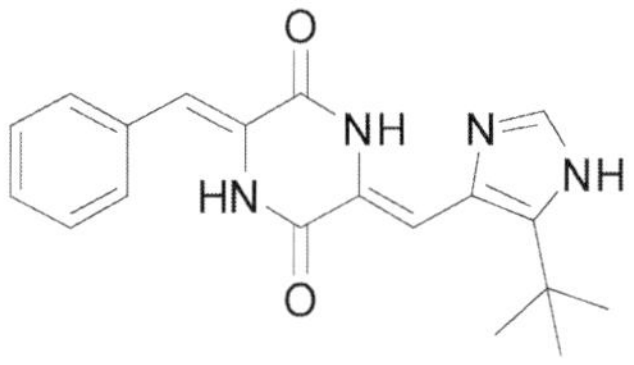

NPI - 2358

図 3.4.8　抗がん作用を有する菌類由来の低分子化合物

4）抗がん剤（低分子化合物）

菌類が生産する低分子化合物の中には，多数の抗がん作用を有するものが見いだされている．それらは真核細胞内の DNA の複製や転写，シグナル伝達系，タンパク分解系などの阻害や細胞のアポトーシス誘導，血管新生阻害などのさまざまな生体作用にかかわるものであることが明らかとなっている．

CKD-732, PPI-2458 はともに *Aspergillus fumigatus* が生産する fumagillin から誘導体化された化合物で MetAP2 に作用して血管新生を阻害する活性をもつ．irofulven は *Omphalotus* 属が生産するセスキテルペン illudin S から派生した化合物で細胞のアポトーシスを誘導する．NPI-2358 は海洋産 *Aspergillus* sp. 由来の halimide をもとに合成された化合物で微小管の重合阻害活性をもつ（図 3.4.8）．*Cordyceps militaris* などが生産するアデノシン誘導体 cordycepin は抗がん作用と関係する種々の薬理活性が知られている．これら 5 化合物は，抗がん剤として臨床試験が行われている．

その他，*Chaetomium globosum* などが生産する radicicol（Hsp90 阻害剤），*Fusarium* sp. 由来の apicidin（ヒストン脱アセチル化酵素阻害剤），*Apiospora montagnei* 由来の TMC-95A（20S プロテアソーム阻害剤），*Penicillium* sp. 由来の andrastins（ファルネシルトランスフェラーゼ阻害剤），*Cercospora* spp. 由来の cercosporin（プロテインキナーゼ C 阻害剤），*Aspergillus fumigatus* 由来の fumitremorgin C（乳がん耐性タンパク質阻害剤），*Chaunopycnis alba* 由来の telpendole E（キネシン Eg5 阻害剤），*Dothiorella* sp. 由来の cytosporone B（Nur77 受容体作動薬）などが抗がん活性を有する菌類由来の低分子化合物として知られている．

さらには，植物体の含有成分として見いだされ

た抗がん剤あるいはその原料となる低分子化合物が，植物体内から分離された菌類によっても生産されるという発見が相次いでいる．イチイ属植物由来のtaxolは，*Pestalotiopsis microspora*などのイチイ属植物の内生菌に加え，イチイ属とは無縁の植物から分離された多種類の内生菌にその生産性が認められるという報告があり近年注目を集めている．また，カンレンボクやクサミズキ属植物に含まれるcamptothecinはカンレンボクから分離された*Fusarium solani*，メギ科のポドフィルム属植物などに含まれるpodophyllotoxinは*Phialocephalla fortinii*，deoxypodophyllotoxinは*Aspergillus fumigatus*にそれぞれ生産性が認められている．

（岩本　晋）

＊参考文献

Lam KS（2007）Trends Microbiol 15 : 279-289
Miller K, et al.（2008）Recent Pat Anti-Cancer Drug Discovery 3 : 14-19
Paterson RRM（2008）Curr Enzyme Inhib 4 : 46-59

3.4.3 高脂血症薬

血液中の脂質は，コレステロール，リン脂質や中性脂肪などからなり，集合体としてのリポタンパク質の形で存在している．高脂血症は，血液中の脂質の値が必要量よりも異常に多い状態であり，冠動脈硬化による虚血性心疾患（狭心症，心筋梗塞）において，重大な危険因子の1つとされる．菌類から見いだされてきたスタチン（statins）は，強力な血中コレステロール低下作用を示し，高脂血症の重要な薬として位置づけられている．

1）スタチン

生体内でコレステロールは二十数段階の反応を経て生合成されるが，HMG-CoA（3-hydroxy-3-methylglutaryl-CoA）還元酵素はその経路の律速酵素である．この酵素を阻害し，血中コレステロールの低下作用を示す薬剤は，スタチンと呼ばれる．世界最初のスタチンであるML-236Bは，1976年に*Penicillium citrinum*　SANK 18767を生産菌として報告された[1]．ML-236Bは，1976年にビーチャム社より報告された抗真菌物質コンパクチン（compactin）と同一化合物であった[2]．しかし，ビーチャム社は本化合物の血中コレステロールの低下作用については気づいておらず，特許出願もされていなかった．

その後，1979年には，ML-236Bよりメチル基が1個多い類縁化合物モナコリンK（monacolin K）が*Monascus ruber*を生産菌として報告され[3]，1980年にメビノリン（mevinolin）（モナコリンKと同一化合物）が*Aspergillus terreus*を生産菌として報告された[4]．

菌類から見いだされてきた化合物は，長年の研究開発を経て，1987年にはメルク社がロバスタチン（lovastatin, 商品名：Mevacor®），1989年には三共（現 第一三共）がML-236Bナトリウム塩を水酸化したプラバスタチン（pravastatin, 商品名：メバロチン®，Mevalotin）を高脂血症薬として発売した（図3.4.9）．その後，ML-236Bなどを参考に化学合成されたスタチンも発売され，世界各国で使用されている．

■表3.4.2　スタチンやその類縁構造をもつ化合物の生産菌

子嚢菌門 Ascomycota **ユウロチウム目 Eurotiales** *Aspergillus* 　*A. terreus* *Eupenicillium* 　*Eupenicillium* sp. *Paecilomyces* 　*P. viridis* 　*Paecilomyces* sp. *Penicillium* 　*P. brevicompactum* 　*P. citrinum* 　*P. cyclopium*	**その他の目** *Doratomyces* 　*D. nanus* *Gymnoascus* 　*G. umbrinus* *Monascus* 　*M. pilosus* 　*M. pubigerus* 　*M. purpureus* 　*M. ruber* 　*M. vitreus* *Phoma* 　*Phoma* sp.
ボタンタケ目 Hypocreales *Hypomyces* 　*H. chrysospermus* *Trichoderma* 　*T. longibrachiatum* 　*T. pseudokoningii*	**担子菌門 Basidiomycota** **ハラタケ目 Agaricales** *Pleurotus* 　*P. ostreatus* 　*P. sapidus* 　*Pleurotus* sp.

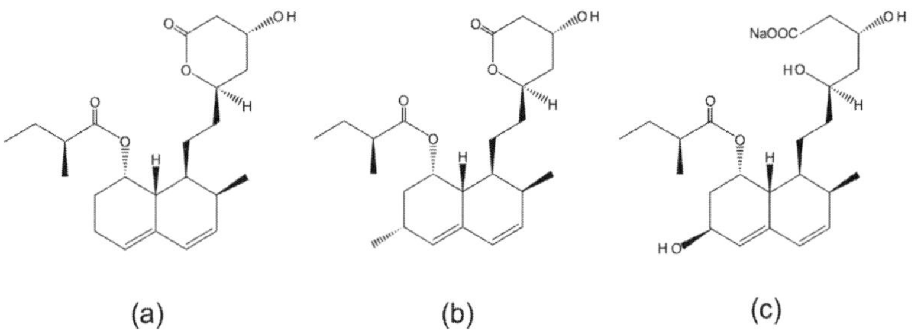

■図 3.4.9 スタチンの構造
(a) メバスタチン (mevastatin)：ML-236B，コンパクチン，(b) ロバスタチン：メビノリン，モナコリン K，商品名 Mevacor®，(c) プラバスタチン：商品名メバロチン®．同一化合物に対して，スタチンとしての名称，発見時につけられた名称や商品名としての名称がある．

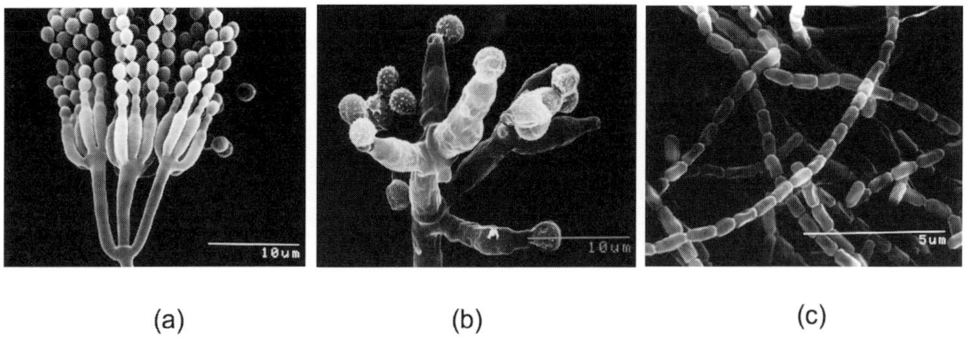

■図 3.4.10 プラバスタチンの生産にかかわる菌株
(a)ML-236B の生産菌 *Penicillium citrinum* SANK 18767，(b)ML-236B の工業生産に使われる No.41520，(c)ML-236B をプラバスタチンに変換する放線菌 *Streptomyces carbophilus*.

2) スタチンの生産菌

ML-236B，メビノリンやその類縁構造をもつ化合物の生産菌として，*Penicillium* 属，*Monascus* 属，*Aspergillus* 属菌を含む多様な菌類が報告されている[5)]（表 3.4.2）．

3) プラバスタチン

プラバスタチンの工業生産は，*P. citrinum* による ML-236B の発酵生産と，放線菌 *Streptomyces carbophilus* による ML-236B からプラバスタチンへの変換培養を組み合わせた 2 段階発酵にて行われる（図 3.4.10）．

プラバスタチンは，ML-236B の関連化合物の評価過程で，イヌの尿中代謝物から見いだされ，強い阻害活性と臓器選択的阻害活性を有していた．取得が困難な本化合物を確保するため，微生物変換が検討され，効率よく ML-236B を変換する放線菌 *Streptomyces carbophilus* が見いだされてきた．変換反応機構の研究により，放線菌の二成分系 P-450 の関与が明らかになった[6)]．

ML-236B の発酵生産で使われる No.41520 株は，元株 SANK 18767 株の変異株であり，単胞子分離，紫外線照射，NTG（*N*-methyl-*N'*-nitro-*N*-nitrosoguanidine）処理やナイスタチン処理を繰り返し行い改良された[7)]．ML-236B の生産性が向上した No.41520 株は，元株と比べて菌学的性状が大きく変化しており，高濃度グリセリンを入れた培地でのみよく生育し，分生子が成熟しても青色への変化はなく白色で，ペニシリ（penicilli）は不定型を示す（図 3.4.10）．

ML-236B の生合成に関与する 9 つの遺伝子（ポリケタイド合成酵素，耐性酵素や転写因子などをコード）は，生産菌のゲノム上でクラスターを構成している．No.41520株は，各生合成遺伝子の発現量が顕著に増加しており，元株SANK 18767に対して500倍のML-236B生産能を有している[8]．

4) その他のコレステロール低下剤

HMG-CoA還元酵素以外の標的に着目した，コレステロール低下剤の探索から見いだされてきた化合物の1つに，*Sporormiella intermedia* などの菌類が生産するザラゴジン酸（zaragozic acids）がある[9]．ザラゴジン酸は，コレステロール生合成経路の酵素であるスクアレン合成酵素の強い阻害剤であり，高脂血症薬として期待されていたが，毒性のため研究は中止された．（田中一新）

＊引用文献

1) Endo A, et al. (1976) J Antibiot 29 : 1346-1348
2) Brown AG, et al. (1976) J Chem Soc Perkin Trans 1 : 1165-1170
3) Endo A (1979) J Antibiot 32 : 852-854
4) Alberts AW, et al. (1980) Proc Natl Acad Sci USA 77 : 3957-3961
5) Manzoni M, Rollini M (2002) Appl Microbiol Biotechnol 58 : 555-564
6) Serizawa N, Matsuoka T (1991) Biochim Biophys Acta 1084 : 35-40
7) Hosobuchi M, et al. (1993) Biosci Biotech Biochem 57 : 1414-1419
8) Abe Y, et al. (2004) J Gen Appl Microbiol 50 : 169-176
9) Bergstrom JD, et al. (1993) Proc Natl Acad Sci USA 90 : 80-84

＊参考文献

遠藤　章（2006）自然からの贈りもの．メディカルレビュー社，東京
遠藤　章（2006）新薬スタチンの発見．岩波書店，東京
岸田有吉ほか（1991）薬学雑誌 111 : 469-487
日本農芸化学会 編（1994）今話題のくすり．学会出版センター，東京，pp69-85

3.4.4 免疫抑制剤

菌類はさまざまな生理活性物質を生産し，抗生物質の発見以来，放線菌と並んで医薬品探索の重要なソースとして利用されている．半世紀にわたる探索研究の歴史においてヒトの免疫に作用する化合物が数多く発見され，それらは科学や医療の進歩に大きく貢献してきた．特に臓器が機能不全に陥ったときの有効な治療法である臓器移植が今日のように移植医療として確立したのは，菌類をはじめとする微生物代謝物から優れた免疫抑制剤が生み出されて，拒絶反応をコントロールできるようになったためである．

免疫抑制剤は作用機序と生物学的性状から，①代謝拮抗剤，②T細胞機能抑制剤，③副腎皮質ホルモン剤，④抗体などの生物製剤に分類される[1]（表3.4.3）．代謝拮抗剤は，リンパ球の核酸合成阻害を機序とする薬剤で，1950年代に拒絶反応を抑制する薬剤としてはじめて用いられたアザチオプリン（azathioprine）などが含まれる．近年，アザチオプリンに代わって，菌類代謝物のミコフェノール酸（mycophenolic acid）から合成されたミコフェノール酸モフェチル（mycophenolate mofetil）が登場し，臨床現場で多用されるようになっている．T細胞機能抑制剤は，生体中の異物認識にかかわるT細胞の活性化阻害を機序とする薬剤で，現在主力の免疫抑制剤である．中でもカルシニューリン阻害剤と称されるサイクロスポリン（ciclosporin，菌類代謝物）とタクロリムス（tacrolimus，放線菌代謝物）は，強力な拒絶反応抑制効果を示し，移植医療に欠かせない重要な薬剤である．今日の臓器移植ではサイクロスポリンかタクロリムスを軸に，ミコフェノール酸モフェチルなどの代謝拮抗剤，副腎皮質ホルモン剤，抗体などを併用する方法がとられており，微生物を起源とする薬剤が臨床の現場で中心的に使用されている領域である．

以下に菌類由来の薬剤について解説し，放線菌など他の微生物由来の薬剤についても紹介する．

1) 菌類由来の薬剤

(1) サイクロスポリン

サイクロスポリン（国際一般名：ciclosporin,

■表 3.4.3 免疫抑制剤の種類と代表的な薬剤

	一般名	製品名	由 来
代謝拮抗剤	アザチオプリン	イムラン，アザニン	化学合成品
	ミゾリビン	ブレディニン	菌類代謝物
	グスペリムス	スパニジン（デオキシスパガリン）	細菌代謝物（半合成）
	ミコフェノール酸モフェチル	セルセプト	菌類代謝物（半合成）
T 細胞機能抑制剤	サイクロスポリン	サンディミュン，ネオラル	菌類代謝物
	タクロリムス	プログラフ	放線菌代謝物
	シロリムス	ラパマイシン	放線菌代謝物
	エベロリムス	サーティカン	放線菌代謝物（半合成）
副腎皮質ホルモン剤	プレドニゾロン	プレドニン	化学合成品
生物製剤	抗リンパ球グロブリン	アールブリン	ポリクローナル抗体
	抗 CD3 抗体	OKT3	モノクローナル抗体

英国一般名：cyclosporin, 米国一般名：cyclosporine, その他 cyclosporin A とも表記）は，1970 年代はじめにノルウェーのハルダンゲル高原の土壌より分離された菌類の培養液中から抗真菌剤として発見された[2]．1972 年に免疫抑制作用を有することが明らかとなり[3]，1978 年から行われた臨床使用で腎移植での優れた有効性が示された．本薬剤の登場によって臓器移植の成績は向上し，1980 年代には世界中の施設で臓器移植が行われるようになって症例数が増加し，臓器移植が医療として定着した．本薬剤の出現は手詰まりだった拒絶反応抑制への道を開き，この後の新しい免疫抑制剤開発研究への布石となった．化学構造は 11 個のアミノ酸からなる環状ペプチド化合物であり，いくつかの *N*-メチル化アミノ酸残基のほか，珍しい L-α-アミノ酪酸と *N*-メチル化ブテニルトレオニンを含んでいる（図 3.4.11）．T 細胞活性化阻害の機序は，種々のサイトカイン遺伝子の発現に関与する NFAT を核内移行させる役割を担うカルシニューリンの脱リン酸化を阻害することによるものである．

生産菌は当初 *Trichoderma polysporum* と同定されて発表されたが，後に Gams が 1971 年に提唱した *Tolypocladium inflatum*[4] に帰属することが判明した．1983 年に Bissett は，*T. inflatum* が 1916 年に記載された *Pachybasium niveum* と同種であることを示し，新組合せ *Tolypocladium niveum* を提唱した[5]．しかしながら，産業上の重要性が考慮され，混乱を防ぐために *T. inflatum* の種名が公式に残されることになり，現在ではサイクロスポリン生産菌の正式名称は *Tolypocladium inflatum* とされている．これまでに本生産菌は，米国，スウェーデン，カナダ，ノルウェー，ネパールなど世界各地のさまざまな環境の土壌から分離されている．1996 年に Hodge らは，*T. inflatum* が昆虫寄生菌 *Cordyceps subsessilis* のアナモルフ（無性世代）であることを明らかにした[6]．また，*Fusarium* 属菌や *Neocosmospora* 属菌からもサイクロスポリンの生産が報告されており，さまざまな類縁化合物の報告もあることから，菌類の多くの属が関連物質生産能を有しているようである．

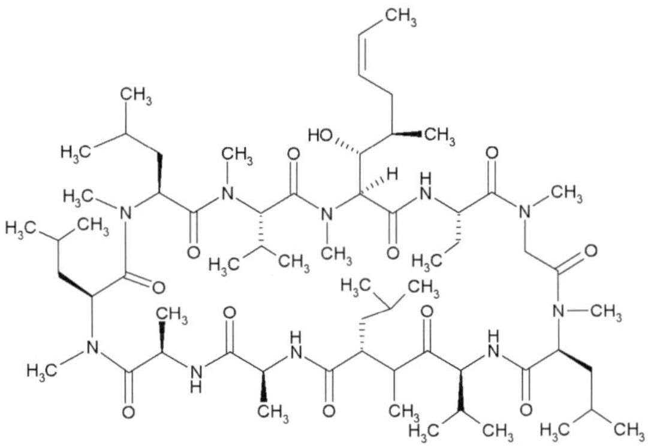

■図 3.4.11 サイクロスポリンの化学構造

(2) ミコフェノール酸モフェチル

ミコフェノール酸は1968年に発見された *Penicillium brevicompactum* によって生産される化合物で[7], 抗細菌, 抗真菌, 抗ウイルス, 抗腫瘍作用があることが知られていた. 経口吸収性が悪く薬剤として実用化されなかったが, 製剤化の工夫により*N*-モルホリノエチルエステルであるミコフェノール酸モフェチル (mycophenolate mofetil, 図3.4.12) の形で免疫抑制剤として医療に導入された. これは服用後, エステル結合が切断されてミコフェノール酸に代謝されるプロドラッグである. 本薬剤はイノシン一リン酸デヒドロゲナーゼの特異的阻害薬であり, 核酸合成を阻害することによってリンパ球の増殖阻害作用を示す.

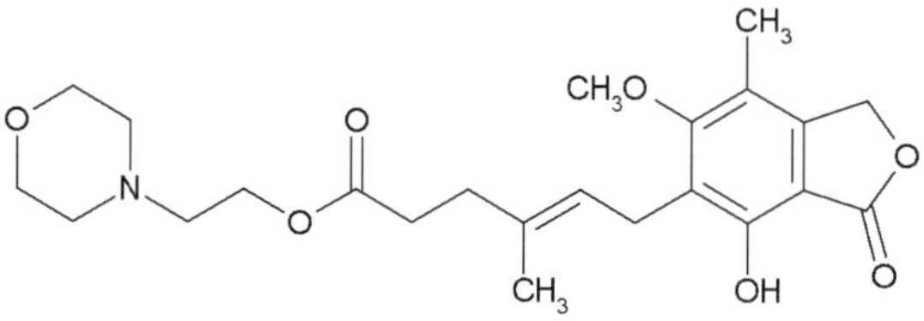

図3.4.12 ミコフェノール酸モフェチルの化学構造

(3) ミゾリビン

ミゾリビン (mizoribine) は, 1974年に *Eupenicillium brefeldianum* の代謝物として単離報告された核酸系の化合物である (発見当時の一般名は現在の製品名である "bredinin" であった)[8]. 当初は抗菌剤として報告されたが, その後培養リンパ球の増殖阻止作用が明らかになり, 免疫抑制剤として開発された. 補助的薬剤として他の免疫抑制剤とともに併用療法で使用される. 作用点は, ミコフェノール酸モフェチルと同じである.

(4) FTY720

FTY720は, 冬虫夏草として知られるツクツクホウシ蝉の幼虫に寄生する子嚢菌 *Isaria sinclairii* の培養ろ液より単離された化合物ISP-1[9] をもとに化学合成により創製した免疫抑制剤である. 作用機序が既知の薬剤と異なることから, 臓器移植での拒絶抑制を目的とし, サイクロスポリンとの併用での臨床が進められたが, 既存の薬剤以上の効能が見られず, 最近領域の方向転換がはかられた.

2) 放線菌と細菌由来の薬剤

放線菌や細菌からも有用な免疫抑制剤が創出されている. タクロリムス (taclorimus, FK506) は放線菌 *Streptomyces tsukubaensis* の生産するマクロライド化合物で, サイクロスポリンと同様の作用機序で, より強力な免疫抑制活性を示す. ラパマイシン (rapamycin) も放線菌 *Streptomyces hygroscopicus* の生産するマクロライド化合物であるが, 作用点はサイクロスポリン等とは異なり, 細胞内情報伝達分子であるmTORに結合して細胞増殖シグナルを阻害することにより免疫抑制作用を示す. 近年, ラパマイシンの合成誘導体であるエベロリムス (everolimus) も臨床で使用されている. グスペリムス (gusperimus) は *Bacillus laterosporus* の生産するスパガリン (spergualin) の15位の水酸基が脱離した化合物で, 他の免疫抑制剤とまったく異なる作用機序をもつ.

菌類代謝物などに由来する優れた免疫抑制剤の登場によって臓器移植の成績は向上してきたが, 副作用や抵抗力の低下など, 解決されなければならない課題も多い. 理想の免疫抑制剤を生み出すための研究が現在も精力的に行われており, 実績のある微生物代謝物には非常に大きな期待がかけられている. 将来有望な薬剤を創出するためには, 最新の分子免疫学的アプローチに加えて, 希少菌類を含む未開拓資源の利用技術を開発することが重要となるであろう.

(永井浩二)

*引用文献

1) 落合武徳・磯野可一 (1998) 免疫抑制剤とそのメカニズム. 腎移植における免疫抑制療法 (高橋公太 編). 日本医学館, 東京, pp 3-19
2) Dreyfuss M, et al. (1976) Eur J Appl Microbiol 3 : 125-133
3) Ruegger A, et al. (1976) Helv Chim Acta 59 : 1075-1092
4) Gams W (1971) Persoonia 6 : 185-191

5) Bissett J (1983) Can J Bot 61 : 1311-1329
6) Hodge KT, et al. (1996) Mycologia 88 : 715-719
7) Williams RH, et al. (1968) J Antibiot 21 : 463-464
8) Mizuno K, et al. (1974) J Antibiot 27 : 775-782
9) Fujita T, et al. (1994) J Antibiot 47 : 208-215

3.4.5 その他の医薬品

前述のとおり，天然物創薬の分野で成功を収めた医薬品は，多くが抗がん剤・抗カビ剤を含む抗生物質，高脂血症薬，免疫抑制剤である．その主たる探索源，微生物ではその分類群によって抗生物質を含む活性領域が異なることが知られている．1929年に発見されたペニシリンは菌類の代謝産物で，抗生物質の代表例であったが，第二次大戦後の抗生物質の大半は，原核生物の放線菌類が生産菌である．また細胞毒性を主体とする抗がん剤もほとんどが放線菌の生産物である．しかし，1980年代以降，創薬スクリーニングの標的が狭義の抗生物質からその他のいわゆる生理活性物質にシフトすると，生産菌も放線菌から菌類へと広がった[1]．中でも免疫抑制剤は放線菌と菌類両方から見つかったが，高脂血症薬として発見されたものは菌類由来に限られ，グルカン合成阻害剤としての抗カビ抗生物質も菌類のみから報告されている．

主たる生理活性物質で成功したものは上記の高脂血症薬と免疫抑制剤が中心である．しかし数は少ないが，それ以外の領域でも興味深い物質が発見され，現在臨床開発中の医薬品候補もある．

Xanthofulvin（図3.4.13）は，最初八丈島の落葉から分離された*Eupenicillium* sp. の生産するキチン合成阻害活性を示す抗カビ抗生物質として，Roche社で発見された[2]．その後住友製薬（現大

■表3.4.4　Journal of Antibiotics（1947-1997）に掲載された新規活性物質の年度別傾向

活性／報告年	1947～57	1958～67	1968～77	1978～87	1988～97	合　計
抗細菌	59	67	294	475	310	1,205
抗カビ	23	27	103	124	251	528
抗ウイルス	10	7	32	13	78	140
抗原虫	6	8	40	44	89	187
抗がん	31	54	103	327	474	989
農業畜産用	3	18	33	46	93	193
生理活性物質	0	0	55	148	603	806
その他	1	3	26	85	131	246
合　計	133	184	686	1,262	2,029	4,294

■表3.4.5　Journal of Antibiotics（1947-1997）に掲載された新規活性物質の生産菌別傾向

活性／生産菌	細　菌	放線菌	菌　類	その他	合　計
抗細菌	191	934	49	31	1,205
抗カビ	49	277	160	42	528
抗ウイルス	9	97	23	11	140
抗原虫	3	146	37	1	187
抗がん	35	801	116	37	989
農業畜産用	4	139	47	3	193
生理活性物質	44	410	344	8	806
その他	14	176	46	10	246
合　計	349	2,980	822	143	4,294

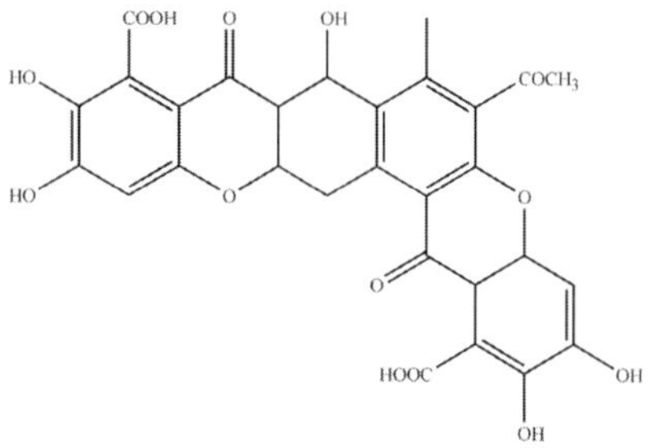

■図 3.4.13　セマフォリン阻害剤．Xanthofulvin (SM-216289)

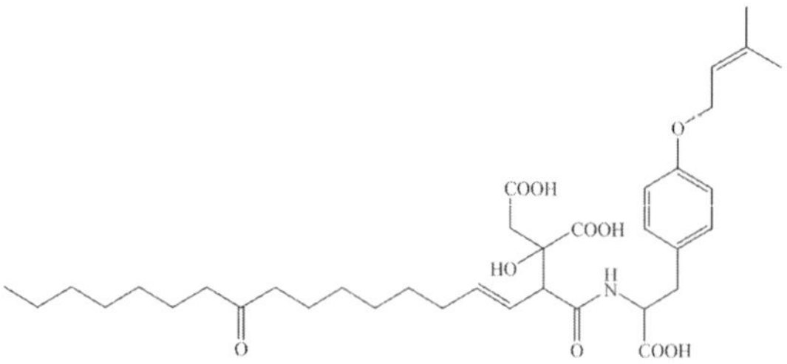

■図 3.4.14　C 型肝炎ウイルス阻害剤．NA255

日本住友製薬）では，大阪の土壌から分離した *Penicillium* sp. からセマフォリン阻害剤 SM-216289 として再発見された[3]．セマフォリンは中枢神経細胞の強い伸長阻害因子であり，損傷した神経細胞が再生するときに，この反発性ガイダンス分子の一種，セマフォリン 3A（Sema3A）が発現し中枢神経の再生を阻害する．そこでセマフォリン阻害剤 SM-216289 は脊髄損傷再生剤となりうるとされた．

NA255（図 3.4.14）は，鎌倉の落葉から分離された *Fusarium incarnatum* から，中外製薬が単離精製した C 型肝炎ウイルス阻害剤で，スフィンゴ脂質代謝に作用してウイルスの複製を阻害する[4-6]．抗ウイルス剤の開発は一般的には困難であるが，世界的に問題になっている C 型肝炎の治療薬のリード化合物として期待され，その誘導体が臨床第 1 相後期まで進んだ．

Fujita ら（1994）は台湾の冬虫夏草の一種 *Isaria sinclairii* から免疫抑制活性をもつミリオシン（myriocin, 図 3.4.15）を発見した．吉富製薬（現田辺三菱製薬）はこれをリード化合物として，もとの構造とはかけ離れた FTY720（fingolimod）

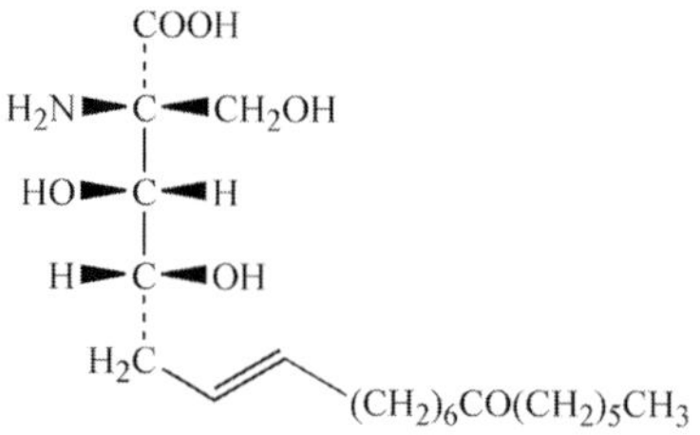

■図 3.4.15　臓器移植用に開発されたが，最近多発性硬化症治療薬として上市された fingolimod のリード化合物．myriocin

を合成，T 細胞に直接作用する免疫抑制剤として，ノヴァルティス社で臨床試験を行ったが，既存の薬剤を超える効能は見いだされなかった．しかし開発の過程で，単剤低用量で多発性硬化症に対し，優れた効果があることが判明し[7]，オーファンドラッグの多発性硬化症治療薬フィソゴリモドとして上市されている．

＊引用文献

1）八木澤守正（2000）バイオサイエンスとインダストリー 58 : 89-94
2）Masubuchi M, et al. (1992) Antifungal agent, its preparation and microorganism therefor. Eur Pat Appl 0527622A1.
3）Kumagai K, et al. (2003) J Antibiot 56 : 610-616
4）Sakamoto H, et al. (2005) Nat Chem Biol 1 : 333-337
5）青木正宏ほか（2005）抗 HCV 作用を有する化合物の製造方法．特願 2005-188765
6）加藤秀之ほか（2008）日本農芸化学会 2008 年度大会講演要旨集 2A01p05
7）Landers P. (2010) MS drug's epic journey from folklore to lab, drawing on ancient Chinese medicine, research on fungus and insects yields potential relief for multiple sclerosis. Health & Wellness. The Wall Street Journal, Tuesday, Juen 22 D2.

3.4.6 将　来

1990 年代以降，ハイスループット・スクリーニング（HTS），ゲノム科学，抗体医薬，RNAi など新技術への傾倒，研究開発費の高騰と新薬パイプラインの先細り，そして生物多様性条約など天然物創薬に不利な潮流がある．2025 年までに抗体医薬，核酸医薬，再生医療，ワクチンなどが売上高の32〜48%を占めるといわれており[1]，ますますこの傾向に拍車がかかりそうである．海外の大手製薬企業は相次いで自社内の天然物創薬を断念する方向にある．最後の砦メルク社は2008年にマドリッドの天然物創薬の拠点CIBEを閉鎖，米国国内で最後まで残っていたワイス社はファイザー社に吸収合併され，事実上，米国の大手製薬企業自社内で低分子天然物創薬に取り組むところはなくなった．このような状況下でわが国でも，お家芸であった天然物創薬は縮小化の一途をたどっている．

ところが天然物創薬関連の欧米のベンチャー企業は新技術を導入しながら，大企業，政府機関と三つ巴になってニッチ産業の役割を果たしている．大企業や政府機関は低分子化合物ライブラリや生物資源の囲い込みを行っているように見受けられる．一方，オランダ，ドイツ，英国，デンマークなどではいずれも国家施策，もしくは公的機関がOMICS網羅的解析のプラットフォーム構築を行うか，コンソーシアムを組んで，微生物の利用をめざしさまざまなデータベースの基盤整備が行われている．

天然物創薬の今後を占う上で成功の鍵は4つある．①探索源：まだ探索されたことのない微生物を探す，すなわち多様性に富んだ微生物の探索，分離法開発，未培養の微生物を培養する技術革新，生合成遺伝子をもとに探索する，分子系統樹に基づきcryptic speciesを探索．②生合成遺伝子の発現：すなわち新たな培養法や培地の開発，徹底的な培養，探索した遺伝子を別のホストにクローニングして発現させる，眠っている遺伝子を起こすなど．③アッセイ系：天然物創薬にとってフレンドリーなアッセイ系を開発する．抗生物質，高脂血症薬，免疫抑制剤など天然物創薬にあった領域に注目するならば，新しい作用機作をめざす合目的的システムが必要である．これについては後述する．④天然物化学の分野：すなわち効率よく代謝産物を取捨選択する方法の確立，既存の二次代謝産物を再度探索する，これまで成功した酵素阻害剤などは多くが弱い抗カビ活性を有するので，「弱い抗カビ活性」を対象とするあるいは抗カビ活性をもつ既知物質を探索するなどが考えられる．

グラナダに設立されたNPO法人メディナ基金の手法はきわめて興味深い．すなわちバクテリアの世界で使われる希釈・消滅法による菌株の徹底的な分離を半自動で行い，マイクロプレートで培養する．ついで生育してきた菌株をディープウェルプレートで培養し，培養物を半自動的に抽出，抽出物を簡単なプレスクリーンにかけて取捨選択し，再培養して二次アッセイを行う．新規抗生物質発見のためには新しい作用機作を有する物質を効率よく取捨選択しなければならない．そのような方法にハプロ不全（haplo insufficiency）変異株とマイクロアレイを用いた*Candida albicans* fitness test[2]や特定の遺伝子の欠失破壊あるいはマーカー遺伝子の発現量の差で抗カビ剤の作用機作を推定する方法がある[3]．長谷川[1]による2025年の時点の予測でも売り上げの60%は低分子化合物であり，そのヒントは天然物にある．

（奥田　徹）

＊引用文献

1) 長谷川閑史（2007）第7回ライフサイエンス・サミット要旨集：pp82-84
2) Xu D, et al. (2007) PLos Path 3 : e92 835-846
3) Machida M, et al. (2010) Selection of target gene for anti-fungal agent and method for predicting function of the target gene. WO/2010/061638

3.5 化学産業

3.5.1 酵 素

1) セルロース，ヘミセルロース，リグニンの分解酵素

植物の細胞壁は多糖であるセルロース（cellulose），ヘミセルロース（hemicellulose）および芳香族化合物の重合体であるリグニン（lignin）によって主に構成されている．これらの成分は，植物細胞壁中で互いに独立して存在しているわけではなく，強固なマトリックス（複合体）を形成しているため，化学的に非常に安定であり分解もされにくい．しかしながら，担子菌類や子嚢菌類の一部は，これら植物細胞壁構成成分を分解する菌体外酵素を持ち合わせており，そのような酵素を用いることで効率よく植物細胞壁を分解し栄養源としている．ここでは，植物細胞壁中のセルロースおよびヘミセルロースを分解する酵素群とリグニンを分解する酵素に関してその概略を説明するとともに，その応用に関して触れたい．

(1) 植物細胞壁の多糖を分解する酵素

植物細胞壁に含まれる成分のうちで最も多いセルロースは，澱粉と同様にグルコースが数千から数万分子つながってできた物質である[1]．セルロースはグルコースが β-1,4 結合することによって剛直な繊維状分子となり，数十本から数百本のセルロース分子が水分子を追い出しながら結晶化し，束になってミクロフィブリル（microfibril，微細繊維）を形成している．さらにセルロースミクロフィブリルの周りは，ヘミセルロースが衣のように覆うことで植物の繊維部分を形成する．セルロースが疎水的に繊維を構築するのに対して，ヘミセルロース分子は水との親和性も高いため，セルロースと比較して一般的に酸やアルカリによる分解性も高いことが知られている．その一方で，セルロースが単純なグルコースのポリマーであるのに対して，ヘミセルロースはさまざまな種類の単糖からなる複合多糖であるため，分解するためにはヘミセルロースの構造多様性に適応したさまざまな酵素を使用しなければならない．このセルロースの難分解性とヘミセルロースの多様性に対応するために，進化の過程で菌類はさまざまな酵素を獲得してきた[2, 3]．

植物細胞壁中に存在するセルロースにおいて最も極端な違いを与えるのが結晶（セルロースⅠとも呼ばれる）と非晶の差である．植物細胞壁中のセルロースは結晶化度が約 70％程度であると考えられているので，セルロースの存在率を考えると植物体の実に 1/3 ～ 1/5 が結晶性セルロースである．一方で，セルロースがヘミセルロースやペクチンなどの他の多糖の存在，もしくは何らかの物理的な要因によって結晶性セルロースにならなかったものを非晶性（アモルファス，amorphous）セルロースと呼ぶ．非晶性セルロースの場合は，比較的分子が分散しやすい状態にある．言い換えると水分子が入り込みやすい状態にあるため，結晶性セルロースと比較して酵素による分解性は著しく高い．セルロースを加水分解する一群の酵素はセルラーゼと呼ばれるが，ほぼすべてのセルラーゼが非晶性のセルロースを分解できるのに対して，結晶性セルロースを分解できる酵素が限られる理由は，このような分解性の違いによるところが大きい．結晶性セルロースを分解する酵素と非晶性セルロースを分解する酵素は，このような基質の性質に適応した形をもつことが知られている．図 3.5.1A に示すように，結晶性セルロースを壊す酵素は一般的にトンネル型の構造をしてセル

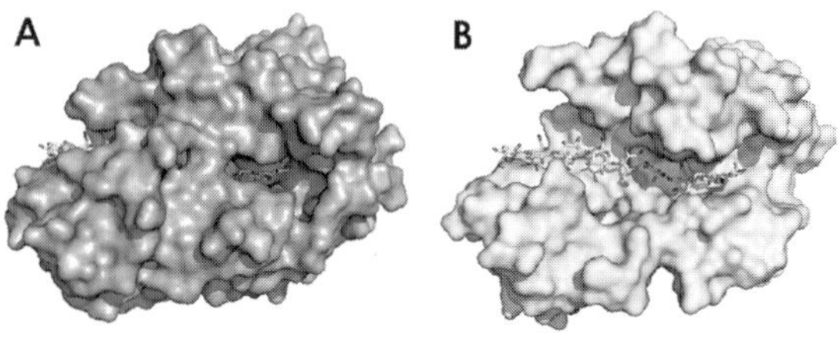

■図 3.5.1　セルロース分解性のカビである *Trichoderma* 菌が生産するエキソ型（A：セロビオヒドロラーゼⅠ）およびエンド型（B：エンドグルカナーゼⅠ）セルラーゼの活性ドメイン

ロース鎖をなるべく離さないような構造をしているのに対して，非晶性セルロースを加水分解する酵素は図 3.5.1B のように分散したセルロースを取り込みやすい形をしている．

(2) リグニンを分解する酵素

リグニンは，基本構成単位であるフェニルプロパンユニット（phenylpropane unit）がラジカル重合して合成された天然のプラスチックであり，木本植物の二次細胞壁中に多く含まれることが知られている．天然においてリグニンは最も分解性が低い化合物であるが，ある種の担子菌のみが地球上で唯一リグニンを分解することができる生き物である．担子菌類は，植物がリグニンの生合成のために用いる酵素と同じ種類の酸化還元酵素（群）を生産して，その逆反応を利用して分解を行う．すなわち，植物がラジカルを利用して重合したリグニンを，担子菌はラジカルを利用して分解するのである．このような酵素にはヘム鉄を分子内に有し過酸化水素を利用するペルオキシダーゼ（peroxidase）[4] と，補欠分子族として銅を用い酸素を基質とするラッカーゼ（laccase）[5] という酵素があることが知られている（図 3.5.2）．さらにペルオキシダーゼにはリグニンペルオキシダーゼ（lignin peroxidase），マンガンペルオキシダーゼ（manganese peroxidase），それらのハイブリッドであるバーサタイルペルオキシダーゼ（versatile peroxidase）という酵素が知られている．これらの酵素はどれもラジカルを生成する反応を触媒し，生成されたラジカルがリグニンを攻撃することでリグニン分子の一部が活性化され，連鎖的にリグニンが分解されていくと考えられている．

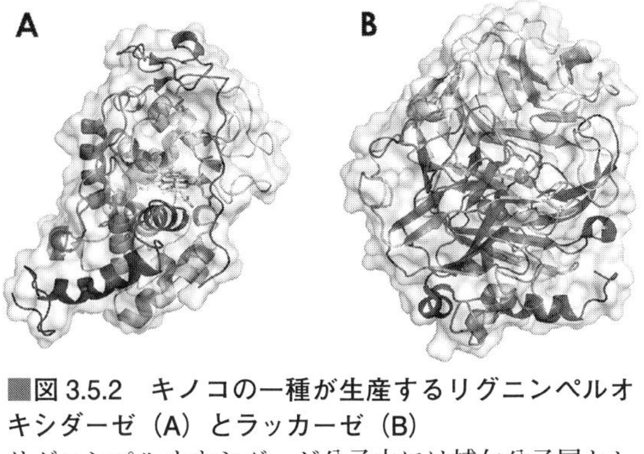

■図 3.5.2 キノコの一種が生産するリグニンペルオキシダーゼ（A）とラッカーゼ（B）
リグニンペルオキシダーゼ分子中には補欠分子属としてヘム鉄が含まれ，ラッカーゼ分子中には 4 つの銅原子がある．

(3) 植物細胞壁の分解酵素を用いた物質生産（バイオリファイナリー）

植物細胞壁を資化する菌類から得られる酵素は，酵素として安定なものが多いことから，最近では産業用酵素として利用されている．洗剤に入っている「酵素」は，日常最も頻繁に目に付く産業用酵素の 1 つであるが，その中にはセルラーゼが含まれる．同じような用途として，セルラーゼがジーンズのストーンウォッシュ加工にも使われている例があるが，どちらの場合も木綿などセルロースを含む繊維を膨潤させたり一部を分解したりすることで，汚れや染料を抜くために使用されることを考えると，溶け残った物を利用するための利用法と呼ぶことができる．

一方で，植物細胞壁から酵素によって構成単糖を抽出し，それらを発酵させてアルコールやプラスチック原料を得る試みが急速に進み始めている．これは「バイオリファイナリー（biorefinery）」と呼ばれる生化学的プロセスであり，特にこの手法によってつくられた燃料用エタノールを「バイオエタノール（bioethanol）」と呼ぶ[6]（3.5.5 項参照）．本プロセスは酵素糖化と発酵のプロセスからなり，一見すると「お酒」を造る工程と非常によく似ている．ところが，出発原料は普段私たちが口にしている澱粉ではないために，直接的に食料の価格への影響が少なく，さらに資源量がより多いセルロース系のバイオマスを原料として用いることから，将来的な利用が有望視されているプロセスといえる．太陽エネルギーや風力からの発電は，エネルギーを生み出すことはできるが物質（マテリアル）を生産することが難しい．そこで植物のようにすでに物質となっているものを，人間にとって使いやすいマテリアルに変換する（material to material）ことで，石油の消費を抑えることができる．糸状菌をはじめとする多くの微生物がもつバイオマス資化力を「酵素」という形で利用することで，低炭素かつ循環型の社会システムの構築が可能となるのである．

（五十嵐圭日子）

＊引用文献

1) Hon DNS (1994) Cellulose 1 : 1-25
2) 鮫島正浩・五十嵐圭日子 (2004) 木材学会誌 50 : 1-9
3) Shallom D, Shoham Y (2003) Curr Opin Microbiol 6 : 219-228
4) Hammel KE, Cullen D (2008) Curr Opin Plant Biol 11 : 349-355
5) Mayer AM, Staples RC (2002) Phytochemistry 60 : 551-565
6) Matsuda F, et al. (2011) Microb Cell Fact 10 : 70

2) タンパク質，デンプン，脂質分解酵素

(1) タンパク質分解酵素

タンパク質分解酵素（プロテアーゼ，protease）は，タンパク質のペプチド鎖をランダムに加水分解するエンドペプチダーゼ（endopeptidase, [EC 3.4.21 ～ 24]）とペプチド鎖の末端からアミノ酸を遊離するエキソペプチダーゼ（exopeptidase）（アミノペプチダーゼ（aminopeptidase, [EC 3.4.11]），カルボキシペプチダーゼ（carboxypepetidase, [EC3.4.16 ～ 18]）に大別される．

醤油，味噌の発酵熟成においては，原料大豆のタンパク質は麹菌（*Aspergillus oryzae*）のプロテアーゼによってアミノ酸，ペプチドに分解される．麹中に分泌された大量かつ多種類のプロテアーゼが協同的に作用し，醤油，味噌の醸造の根幹を担っている．*A. oryzae* 由来のプロテアーゼはよく研究され，酸性プロテアーゼ，アルカリプロテアーゼ，カルボキシペプチダーゼなどが単離され構造が明らかにされている．*A. oryzae* 由来プロテアーゼ製剤や *Rhizopus niveus* 由来のプロテアーゼ製剤は，タンパク質原料を分解して調味アミノ酸液の製造に用いられる．エンドペプチダーゼは，タンパク質をペプチドまでに分解するが，苦味ペプチドが生成する場合がある．そこで，苦味ペプチドの分解除去のため，アミノペプチダーゼ，カルボキシペプチダーゼを含む酵素製剤が用いられる．*A. oryzae* 由来プロテアーゼ製剤には苦味ペプチド分解活性の高いものが開発されている．また，*Rhizopus oryzae* 由来ペプチダーゼ製剤は苦味除去のために用いられる．

仔牛第四胃に存在するキモシン（chymosin）は凝乳活性をもち，チーズ製造に用いられる高価な酵素である．キモシンはカゼインタンパク質の Phe105-Met106 を切断することによって凝乳を開始する．キモシンと構造がきわめて類似しているプロテアーゼとしてカビ（*Rhizomucor pusillus*）由来の酵素ムコールレンニン（*Mucor* rennin）が発見された．ムコールレンニンは，キモシンと一次構造が類似していて凝乳活性を示すが，通常のプロテアーゼ活性が強い．そこで，キモシンの Try75 に相当するムコールレンニンの Tyr を Asn へ置換することによってプロテアーゼ活性を低下し，凝乳酵素としての性質を向上させた変異酵素作製が可能となった．

(2) デンプン分解酵素

糸状菌のデンプン分解酵素（アミラーゼ，amylase）は，加水分解様式と生成物によって α-アミラーゼ，グルコアミラーゼが知られている．アミラーゼは食品工業やデンプンを原料とした糖関連工業において，デンプン糖化工程の触媒としてきわめて頻繁に利用されている．工業利用の観点からデンプンやオリゴ糖に対する分解速度，最終生成物などの酵素反応特性が注目点となることが多い．

α-アミラーゼ（1,4-α-D-glucan glucanohydrolase [EC 3.2.1.1]）は，デンプンをエンド型の作用形式で加水分解する酵素である．カビの α-アミラーゼでは，*Aspergillus oryzae* 由来の酵素が最もよく研究されている．本酵素はタカアミラーゼ A と呼ばれ，麹から抽出された酵素製剤タカジアスターゼに含まれる酵素である．また酵素化学的に詳細に研究され，X 線結晶構造解析によりアミラーゼとして世界ではじめて立体構造が決定された．本酵素はデンプンを最終的にグルコース，マルトー

ス，マルトトリオース，α-リミットデキストリン（α-1,6-グルコシド結合を含む分岐オリゴ糖）にまで分解する．このほか，*Rhizopus niveus* 由来の市販アミラーゼ製剤から分離されたα-アミラーゼも研究されている．この酵素は液化デンプンに対する作用が細菌糖化型アミラーゼに似ており，液化デンプンに対する分解率は，タカアミラーゼAが30%であるのに対して，本酵素は40%と高い分解率を示すことが報告されている．

グルコアミラーゼ（1,4-β-D-glucan glucohydrolase［EC3.2.1.3］）は，デンプンの非還元末端からエキソ型作用でα-1,4グルコシド結合を加水分解し，グルコースを遊離する酵素である．デンプンのα-1,6分岐点に到達してもさらに分解することができ，理論的にはデンプンを100%グルコースに分解できる．しかし，実際には分解率70～80%で止まるものがある．*A. awamori* var. *Kawachii* 由来のグルコアミラーゼでは，プロテアーゼ作用によりグルコアミラーゼの生デンプン吸着部位が脱落し，デンプン分解率が低下することが報告されている．

工業的には，*R. niveus*，*R. delemar*，*A. niger* などのグルコアミラーゼが使用されている．異性化糖製造工業ではデンプン糖化工程で *Aspergillus* 属由来の酵素剤が利用されている．近年，製パン工業において，パンの老化防止のために麹菌（*A. oryzae*）由来のα-アミラーゼが用いられている．アミラーゼによりデンプンの一部が分解されると，再結晶化しにくくなり，老化防止効果があると考えられている．また，麹菌アミラーゼは，パン焼成時に短時間作用し，その後熱失活するため，製パンに適した性質を有している．清酒醸造では，米麹にバランスよく含まれたα-アミラーゼ，グルコアミラーゼが原料米を糖化し，酵母によるアルコール発酵が進行する．近年では，製麹量低減による労力や設備コストの節減，品質安定化の目的で，*A. oryzae* や *Rhizopus* 属アミラーゼ酵素剤が使用されている．

(3) 脂質分解酵素

脂質分解酵素（リパーゼ, triacylglycerol acylhydrolase［EC 3.1.1.3］）は，高級脂肪酸トリグリセリドのエステル結合を加水分解する酵素である．菌類のリパーゼは，1962年に岩井らによって *Aspergills niger* から単離され，はじめて結晶化された．その後，微生物由来のリパーゼが次々と研究され，*R. niveus*，*A. niger*，*Penicillium* 属，*Candida* 属などの酵素剤が実用化されている．これらは，脂肪成分消化の用途の酵素剤として市販されている．

Humicola lanuginosa 由来のリパーゼは，家庭用洗剤に用いられている酵素である．分子量35 kD，等電点（pI）4.4の糖タンパク質であり，最適pH 10以上，最適温度40℃である．家庭用洗剤の使用条件に適した性質を付与するため，変異型酵素の作製も行われている．

食品用途として以下の実用例がある．リパーゼは乳製品のフレーバー向上に効果があり，チーズ製造に仔牛胃のリパーゼが用いられてきた．乳脂を原料として *Rhizopus delemar* のリパーゼを作用させると，分解率20%に達したときに良好なバターフレーバーが得られることが明らかになり，これを利用してマーガリン，チーズ，ドレッシング，スキムミルク，乳酸飲料，アイスクリーム，キャンディーなどのフレーバー用として利用されている．清酒醸造にもリパーゼが用いられている．原料酒造米を *Candida cylindracea* リパーゼ溶液に浸漬すると，米トリグリセリドの脂肪酸が遊離し，蒸煮工程で不飽和脂肪酸を蒸散除去することができ，酵母による香気エステルの生成を高めた清酒の製造が可能となった．また，製パン工程にリパーゼを利用するとパンの膨らみが向上することがあきらかになり，製パン用リパーゼが用いられている．これは，グルテンに結合した小麦脂質がグルテンの構造形成を妨げていると推測され，リパーゼにより小麦脂質を分解することで，グルテンの組織化が促進されるためと考えられている．

（柏木　豊）

＊参考文献
岩井美枝子 (1991) リパーゼ—その基礎と応用. 幸書房, 東京
松澤 洋 編 (2004) 蛋白質工学の基礎. 東京化学同人, 東京
岡田茂孝ほか 編 (1999) 工業用糖質ハンドブック. 講談社サイエンティフィック, 東京
上島孝之 (1999) 酵素テクノロジー. 幸書房, 東京

3) 酵素変換法

微生物の生産する酵素を, 有機化合物などの変換反応触媒として利用する方法は酵素変換法 (enzymatic transformation), あるいは微生物変換法 (microbial transformation) と呼ばれ, 比較的新しい, 微生物を用いた物質生産法である. この方法では微生物は単に酵素の入った袋として認識され, その生命活動は物質生産的には重視されない. これに対して, 古来より行われてきた方法は発酵法 (fermentation) と呼ばれ, 味噌・醤油などの発酵食品をルーツとする微生物の生命活動と物質生産が密接に関連しているものである. つまり, 発酵法では微生物が活発に生命活動を行い, 炭素源や窒素源を細胞内に取り込み, それらを代謝して何らかの物質を生産するという過程が必要であるため, 微生物の生命活動と無関係なものは生産できない. 一方, 酵素変換法では, 微生物は単なる酵素の入れ物にすぎないので, 微生物の生命現象は酵素を得るために必要ではあるが, 実際の生産反応とは無関係である. すなわち酵素変換法では, 変換のもととなる化合物 (基質) が, 微生物細胞内で合成された酵素により, 1段あるいは数段の変換反応ののち目的物質として生産される. そのため, 酵素変換法の生産物は天然物質のみならず, 非天然物質をも対象とすることができ, 有機化学合成的な視点から応用されうる. 通常, 基質は生産物に近い構造をもち, 発酵法の原料 (炭素源や窒素源) と比較すると一般的に高価である.

酵素変換法は, 有機合成法と比較すると, 常温常圧の温和な条件下で高い触媒能を発揮することができるうえ, 基質特異性, 位置特異性および立体選択性などの反応特異性に優れている. そのため, 有機合成法で常用される保護・脱保護のプロセスを省いて合成過程が簡略化できるうえ, 反応条件維持のための大量の酸・塩基なども必要としない. 結果として, 排水量や有機溶媒使用量, エネルギー使用量などの環境負荷を低く抑えることができる環境調和型の生産プロセスであるといえ, グリーン (サステイナブル) ケミストリーあるいはホワイトバイオテクノロジーと呼ばれ, 注目されている.

歴史的には, 1950年代初頭にステロイド類の合成および変換に微生物菌体を触媒として用いる方法が成功を収めたのを契機に注目を集めた. その後, 微生物の培養法や遺伝学, 生化学および酵素化学の発展と相まって, 主に日本で開発されて工業的実用化に至ったものが多く, その成果を世界に発信してきた. この背景には, 世界に類を見ない数々の発酵伝統食品と, そこから得られた微生物およびその育種経験, 南北に長く起伏に富む国土がもたらす豊かな微生物資源がある. 1gの土中には通常約1千万から1億の微生物がいるといわれ, その中からスクリーニングによって, 目的とする酵素変換に必要な酵素を生産する微生物を探し出すのであるが, 日本はこの有用微生物探索技術に非常に優れているのである. 得られた微生物は培養条件や酵素の生産条件を至適化し, 酵素や遺伝子の特徴づけを行って触媒として評価する. さらに遺伝子組換えを用いた目的酵素高発現株の分子育種や進化工学的手法による酵素の改良 (高活性化や安定化) などが行われ, 工業レベルでの物質生産へとつながる.

汎用化成品の製造, 医薬品などのビルディングブロックとしてのキラル化合物 (光学活性な合成中間原料) の製造にも酵素変換法が利用されているが, その実例として以下に2種類をあげる.

(1) アクリルアミド

アクリルアミド (acrylamide) はビニル系ポリマーの原料モノマーであり, それを重合化したポリアクリルアミドは高分子凝集剤, 紙力増強剤として使用されている. 出発原料としてアクリロニ

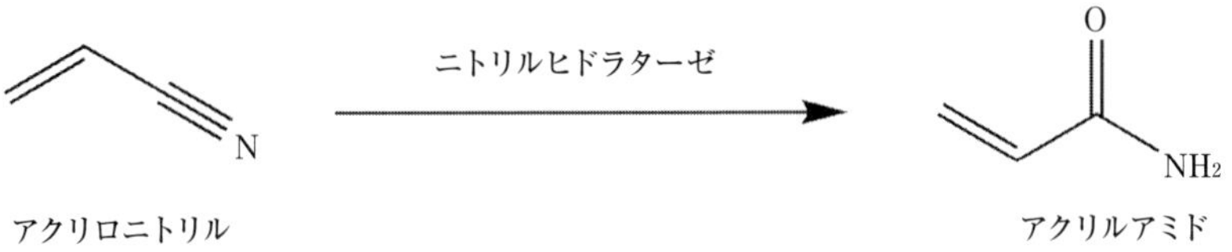

■図 3.5.3　ニトリルヒドラターゼによるアクリルアミド生産

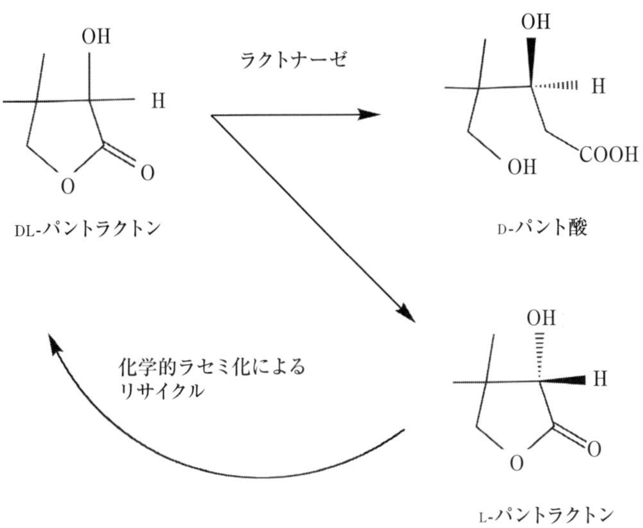

■図 3.5.4　DL-パントラクトンのラクトナーゼによる光学分割

トリルが使用され，年間生産量は約100トンに及ぶ．このうちの約50%が1980年代末から実用化された酵素変換法により製造されているが，これは酵素変換法を用いた大量生産型化成品生産の最初の例となっている．

アクリロニトリルからアクリルアミドへの変換（図3.5.3）には真菌や細菌が生産する酵素“ニトリルヒドラターゼ”を用いることができる．工業生産には，*Rhodococcus rhodochrous* J-1が生産する酵素が用いられている．この酵素は生産物アクリルアミドに対する耐性が非常に高く，副産物（アクリル酸）をほとんど生成することなく，菌体1g当たり7kgのアクリルアミド生産能を示す．

(2) D-パントラクトン

パントラクトン（D-pantolactone：PL）は光学活性アルコールの一種であり，ビタミンB群であるD-パントテン酸やD-パンテノール，コエンザイムAの合成に重要なビルディングブロックである．従来は，化学合成により得られるラセミ体混合物をもとに複雑な光学分割工程を経て製造されていたが，糸状菌 *Fusarium oxysporum* の生産するラクトナーゼがDL-パントラクトンから選択的にD-パントラクトンのみをD-パント酸に変換する（図3.5.4）ことから，この菌体をアルギン酸カルシウムに固定化したものを用いる生産方法が確立された．反応に使われなかったL-パントラクトンはラセミ化することにより再度基質として供することができるうえ，固定化菌体は繰り返し使用が可能であり，180回（半年）以上の使用後も生産効率は低下しない．この生産プロセスにより年間約3,000tのD-パントテン酸が生産されているが，CO_2排出量は従来法より約30%削減され，環境負荷軽減の成功例の1つにあげられている．

（島田良美・清水　昌）

＊参考文献
清水　昌（2007）バイオプロセスハンドブック．NTS, 東京，pp693-701
清水　昌（2008）微生物の事典（渡邉　信ほか 編）．朝倉書店，東京，pp151-154

3.5.2 化粧品（美白・アンチエイジング）

顔や毛髪などに塗布や噴霧して，清潔感を増し，容貌を美しく整える目的で使われる化粧品は，水と油性成分と界面活性剤を混和させた基剤，酸化防止や保湿のための品質保持剤，色素や香料，効能を加える生理活性成分などで構成される．紅・白粉・眉墨など過去の化粧品には天然の油脂・色材・鉱物が使われていたが，再現性や使用感の追求によって，現在は合成化合物がおもな原料である．一方，生理活性成分には植物抽出液や天然化合物，その誘導体が用いられ，一部の機能性物質は厚生労働大臣によって医薬部外品に指定されている（図 3.5.5）．

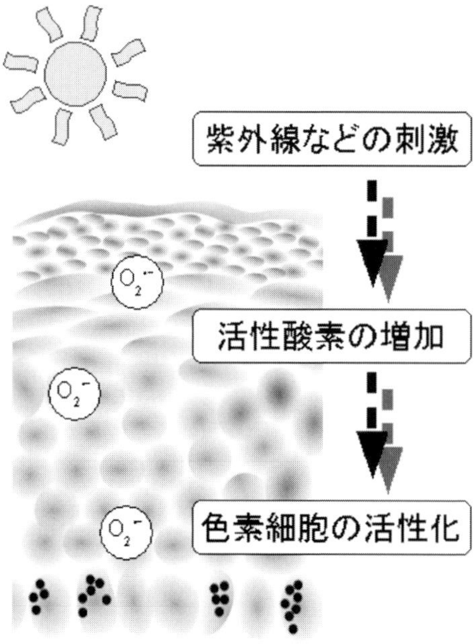

■図 3.5.5　皮膚組織における肌荒れや色素沈着の生成過程

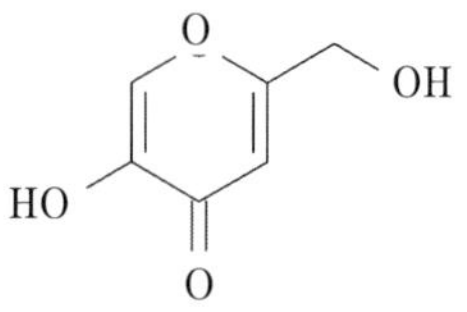

■図 3.5.6　コウジ酸の構造式

1）美白剤

シミやソバカスは，紫外線などの刺激を受けた表皮内の色素細胞（melanocyte）が活性化し，メラニンを過剰に合成した結果で生じる．アスコルビン酸（ビタミン C）はメラニンを還元して退色する作用をもつが，酸素と反応して速やかに分解するため，安定性と皮膚透過性を改善したさまざまな誘導体が製品に配合されている．

メラニン合成は，チロシナーゼによってチロシンから L-ドーパ，ドーパキノンを経て生成される．麹菌（*Aspergillus* 属）の代謝産物であるコウジ酸（1900 年に藪田貞治郎博士が麹から発見）は，強いチロシナーゼ阻害活性をもつことから，1988 年に医薬部外品の有効成分として美白効果が認可された（図 3.5.6）．一時期，肝臓がん誘発の可能性が指摘されたが，医薬部外品の用途における安全性が証明されて，販売も再開された．

2）アンチエイジング

日焼けやストレス，過度の運動は活性酸素の増加を促し，脂質破壊による皮膚細胞の損傷を招く．修復活動は加齢で衰えるため，抗酸化作用をもつ β-カロチンやビタミン類（アスコルビン酸やトコフェロール），コエンザイム Q（3.5.4 項の 2)を参照）が皮脂の酸化防止を目的に添加される．これらの物質は身近な食材でもあり，安心感を伴って広く普及している．

かさつきや肌荒れは，表皮の保水力が不足して角質が剝がれやすくなる状態である．*Aureobasidium pullulans* が生産するグルコースの重合体プルラン（pullulan）は無味無臭で水溶性・保湿性に富むことから，皮膚の保湿剤として使われる．乾燥状態で保湿作用と細胞保護効果があるトレハロースを含有する化粧品も多い．セラミド（ceramide）は保湿性が高いスフィンゴ脂質の一種で，角質細胞間脂質に多く存在し，加齢とともに生産量が減少する．肌荒れ回復やしわの減少を目的に配合されるが，近年は酵母や酢酸菌による発酵生産が研究されている．（鶴海泰久）

＊参考文献

日本化粧品技術者会 編（2003）化粧品辞典．丸善，東京
日本化粧品工業連合会 編（1999）コスメチック Q&A 事典．日本化粧品工業連合会，東京
日光ケミカルズ 編（1996）化粧品ハンドブック．日光ケミカルズ，東京

3.5.3 香料

香料はその用途から，芳香剤や化粧品など経口的に摂取されない製品に用いられる香粧品香料（フレグランス）と，各種食料品や歯磨剤，内服液など経口的に摂取される飲食物などに用いられる食品香料（フレーバー）に分類される．菌類には，キノコ，酵母，麹菌，乳酸菌など食材や発酵微生物として食用に利用されるものが多く，それらは主に食品香料の製造に用いられている．

1）食品香料への菌類の利用

食品香料の素材には，自然界にある原料から得られる天然香料と化学的方法で製造される合成香料があり，一般に複数の天然香料や合成香料の調合を通じて目的の香料がつくられる．日本では天然香料の原材料に用いられている基原物質が，厚生労働省生活衛生局長通知に例示されている．その中には，アンズタケ，コウタケ，シイタケ，ヒラタケ，マツタケ，酵母をはじめとする多くの菌類や，味噌，醤油，納豆，チーズ，発酵酒などの発酵食品が含まれており，菌類は香料の素材として重要な役割を果たしている．一方，合成香料はアセチレン，アセトン，イソプレンなどの石油化学製品やシトロネラ油などの天然精油を主な原料として各種化学反応により合成されるが，その反応の一部に菌類由来の酵素が利用されている．たとえば，乳脂肪からリパーゼで脂肪酸を遊離させることによりミルク香を強化した乳系香料が製造できるが，遊離脂肪酸の炭素数により香りの特徴が異なるため，菌類由来の基質特異性の異なるリパーゼの中から用途に最適なものが選択され使われている．また，菌類由来の酵素や菌体を光学活性のある香気分子の合成に利用する試みもなされている．キノコの代表的香気分子は1-オクテン-3-オール（1-octen-3-ol，マツタケオール）であるが，これには2種類の光学異性体，(R)-(−)-1-オクテン-3-オールと(S)-(+)-1-オクテン-3-オールがある．これらの香気特性は大きく異なり，前者が爽やかなキノコ様の香りをもつのに対し，後者はほこり臭いカビ様の臭いを呈する．天然のキノコに含まれる1-オクテン-3-オールのほとんどは（R）体であるため[1]，香料としては（R）体を特異的に合成する必要があるが，普通に化学合成すると（R）体と（S）体の等量混合物しかできない．そこで生体触媒としてキノコの菌体や酵素を用いて(R)体を選択的に合成する方法が検討されている．このような菌体や酵素を用いた香料製造の試みは，近年の食品における天然志向の高まりから今後ますます進展していくと思われる．

2）菌類における香気生成の意義

菌類側から見て，香気の生成には何の意味があるのであろうか．植物同様に自由に動けない菌類にとって揮発拡散する香気分子の生成は離れた仲間との情報交換の手段と考えられている．また，キノコが放つ1-オクテン-3-オールには昆虫の誘引作用があり[2]，誘引した虫に食べられた菌糸や付着した胞子は別の場所で増殖することができるため，香気の生成は生存範囲の拡大にも役立っている．さらに，虫の食べ残したキノコは摂食箇所で1-オクテン-3-オールをさかんに合成し，この物質の抗菌作用がキノコの腐敗防止に寄与している．

（城　斗志夫）

＊引用文献
1) Zawirska-Wojtasiak R (2004) Food Chem 86 : 113-118
2) Syed Z, Guerin PM (2004) J Insect Physiol 50 : 43-50
＊参考文献
牛腸　忍 (1996) フードケミカル 131 : 29-33

3.5.4 代謝物質

1) キチン・キトサンの生物活性と利用

キチン・キトサンは，それぞれ*N*-アセチル-D-グルコサミン，D-グルコサミンがβ-1,4-結合した多糖であり，真菌類の細胞壁に存在する（基礎編II 2.2節）．キチン・キトサンの特性や生理活性に関してはこれまでにも基礎的・応用的に多くの研究がなされ，関連する専門学会も組織されている[1]．また医用材料，化粧品，食品，農業など幅広い産業分野で利用されている．これら産業に利用されているキチン・キトサンの多くは甲殻類（カニの甲羅など）より調製され用いられている．ここでは，微生物由来のキチン・キトサンが高等動植物の生体防御機構において重要な役割を果たしていること，また，そうした場面におけるキチン・キトサンの認識機構および誘導される生体防御機構について述べる．

(1) MAMPs（微生物分子パターン）としての機能

高等動物・植物が外敵となる微生物から身を守るためには，微生物を非自己として識別し，生体防御機構を活性化する必要がある．微生物を分子レベルで認識する際の標的分子は，微生物を構成する特徴的な成分であり，高等動物・植物には含まれない成分が適している．このような微生物に固有な構成成分をMAMPs（microbe-associated molecular patterns），あるいはPAMPs（pathogen-associated molecular patterns）と呼ぶ．高等動物や植物は微生物由来のさまざまなMAMPsを認識して免疫応答を誘導することが知られており，キチン・キトサンはMAMPsとして機能する代表的な分子である．さまざまな菌類の細胞壁の主要成分であるキチン・キトサンは，哺乳類をはじめとする高等動物や植物には含まれないことから，自己・非自己を識別する分子パターンとして適しているといえる．

(2) 高等動物および植物における防御応答の誘導

キチン・キトサンやその誘導体，キチンオリゴ糖，キトサンオリゴ糖（それぞれNACOS，COSとも呼ばれる）は種々の動物系において先天性免疫（自然免疫）あるいは獲得免疫の活性化能を示すことが知られている[2]．たとえば，これらの分子がマクロファージ，NK細胞の活性化や各種インターロイキンの産生などを誘導することが報告されている．このような現象が実際に動物-微生物相互作用において重要な生物的役割を果たしているかどうか，現在も研究が進められている．

植物ではナノモルレベルのキチンオリゴ糖処理により，種々の生体防御機構（最近では植物免疫ともいう）が活性化されることが報告されている[3, 4]．たとえば抗菌性物質の合成として，低分子抗菌性物質ファイトアレキシン（phytoalexin）の合成，キチナーゼやグルカナーゼなどの抗菌性タンパク質の誘導がある．またリグニン合成や細胞壁糖タンパク質の架橋形成を介した細胞壁の強化などもあげられる．さらには植物体にキチンオリゴ糖などを添加することにより病原菌に対する抵抗性が向上するという報告もある．キトサンについても，主に双子葉植物で防御応答関連遺伝子の発現誘導など，植物免疫を活性化する報告が多数ある[3]．

(3) キチン・キトサンの認識機構

菌類細胞壁のキチンが植物に認識される際には，宿主のキチナーゼにより分解された産物を認識している場合が多いと考えられる．キチナーゼによるキチンの分解により，さまざまな重合度のオリゴ糖が産生されるが，これらは低分子化により水溶性や細胞壁の透過性が高められ，細胞表層受容体に認識されやすくなっていると考えられる．キチンオリゴ糖の高等動植物に対する生物活性は特徴的な重合度依存性を示すことが知られている[2, 4]．イネをはじめとした多くの植物では7～8量体以上のキチンオリゴ糖が非常に強い活性を示すのに対し，3量体以下のキチンオリゴ糖は活性を示さない．高等動物においても，さまざまな重合度のキチンが生物活性を有するという報告があり，サイズ分画したキチンを用いた実験により，特定の大きさのキチン粒子が強い免疫活性化を示す実験系が報告されている．この系で宿主のキチナーゼ発現量が変化した変異体を用いたところ，これに対応した応答性の変化が認められたことから，受容体が認識しやすいキチンを産生するのにキチナーゼが関与することが示唆された．このように菌類由来のキチンの認識には，宿主側のキチナーゼによる分解が関与していると考えられている．

キチン認識に直接かかわる分子として，複数の植物において以前から原形質膜上にキチン結合分子が存在することが見いだされていた．これまでに，イネよりCEBiP（chitin elicitor binding protein）が，シロイヌナズナよりCERK1（chitin elicitor receptor kinase 1）がキチン受容体として同定された[5, 6]．CEBiP，CERK1はいずれも原形質膜に局在する膜タンパク質であり，細胞外ドメインにLysMモチーフを有することが特徴である．またCERK1は細胞内にシグナル伝達にかかわると想定されるキナーゼドメインを有している．一方，高等動物では，現時点でキチンと直接結合する受容体は同定されていない．先天性免疫に重要な役割を果たすことが知られているToll様受容体を介した系が関与することを示唆する報告はあるが[2]，キチン認識機構の詳細は明らかでない．

植物のキトサンの認識に関しては，現時点でキトサンと相互作用する因子は明らかになっていないが，生体防御応答の活性化に比較的高濃度のキトサンを要する場合が多く，特異的な受容体が存在するのか，ポリカチオンによる細胞膜表面の攪乱による非特異的な効果なのか明確ではない．高等動物についても同様で，詳細な認識機構は不明である．

(4) キチンを介した防御応答をくぐり抜ける微生物の戦略

宿主のキチン認識機構や，キチナーゼによる細胞壁キチンの分解から逃れるために，微生物側も独自の戦略を有している．ある種の植物病原菌は分泌性のキチン結合タンパクAvr4が細胞壁のキチンに結合することで，キチナーゼによる分解から防御する．実際Avr4は病原性に影響を及ぼす因子として同定されている．また，感染の過程でキチンを含む細胞壁の組成を変化させるという報告もあり，これも宿主のキチンを介した認識機構から逃れるための戦略の1つと考えられる．このように微生物と宿主は，キチン認識を介した攻防の中で共進化を繰り返し，現在のシステムの形成に至ったと考えられる．これらの機構の解明は，キチン・キトサンを活用した病害抵抗性誘導剤や新規な病害抵抗性植物の開発につながるものと期待される．

（新屋友規・渋谷直人）

＊引用文献

1) キチン，キトサン研究会 編 (1995) キチン，キトサンハンドブック．技報堂出版，東京
2) Lee CG, et al. (2008) Curr Opin Immunol 20 : 684-689
3) Shibuya N, Minami E (2001) Physiol Mol Plant Pathol 59 : 223-233
4) 渋谷直人 (2002) Bio Industry 19 : 6-13
5) 賀来華江・渋谷直人 (2007) ブレインテクノニュース 120 : 18-22
6) Miya A, et al. (2007) Proc Natl Acad Sci USA104 : 19613-19618

2) 高度不飽和脂肪酸・コエンザイムQ

不飽和脂肪酸のうち，炭化水素鎖数が16～22程度で，複数の不飽和結合を分子内にもつものを高度不飽和脂肪酸（polyunsaturated fatty acid：PUFA）と呼ぶ．これまでの研究で，PUFAにはさまざまな生理活性があることが知られており，医薬品や健康食品として注目を集めている．PUFAは魚油やある種の植物油に多いことが知られていたが，微生物でも菌体内のトリアシルグリセロールの構成脂肪酸としてPUFAを生産し，代謝産物として菌体内に蓄積するものがあることがわかってきた．このような油脂蓄積性微生物は“油糧微生物”と呼ばれ，生産される油脂は，従来の

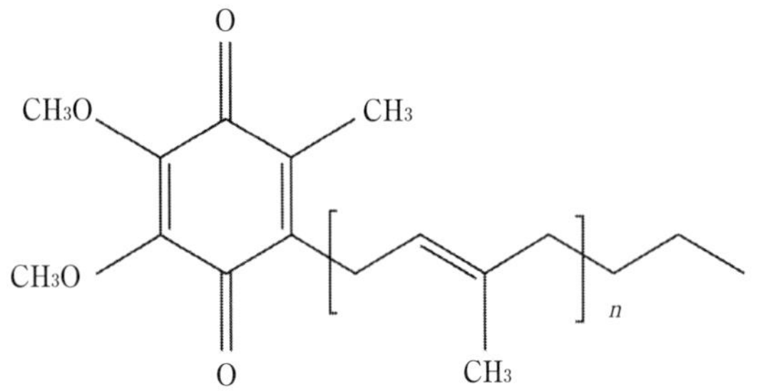

■図 3.5.7 コエンザイム Q
生物種によりイソプレノイド側鎖の数 (*n*) が異なる. ヒトでは n=10.

動植物からの油脂とは区別して“発酵油脂”あるいは“Single Cell Oil”と称される. 油糧微生物としては, *Mortierella* 属, *Mucor* 属糸状菌や海洋性藻類, ラビリンチュラ類などが知られているが, なかでも *Mortierella alpina* 1S-4 は, 単純な培地で旺盛に生育し, 高いアラキドン酸生産能を示すことからアラキドン酸の工業生産菌として使用されている. アラキドン酸は必須脂肪酸の一種であり, 脳の発育に重要な働きをしているため, 乳児用粉ミルクの栄養価を高める添加物として, あるいは健康食品として利用されている. *M. alpina* 1S-4 では PUFA 生合成経路の解明および形質転換法による菌株の育種も進んでおり, ジホモ-γ-リノレン酸生産株, ミード酸生産株などの有用生産株も育種されている.

コエンザイム Q とはユビキノンの別称であり, 動植物の体内に広く存在してそのエネルギー代謝 (特に電子伝達系) や抗酸化作用にかかわるビタミン様物質である (図 3.5.7). ヒトを含む高等動物では, そのイソプレン側鎖数は n=10 であり, コエンザイム Q10 と呼ばれる. コエンザイム Q は 1970 年代に軽中度うっ血性心不全に対する治療薬として日本ではじめて大量生産が始まったが, その後, 肝疾患, 免疫不全, パーキンソン病などの疾患や, アンチエイジングおよび健康維持, 美容などに対する効果が注目され, 健康食品・化粧品としての需要が拡大している. コエンザイム Q の工業的生産には 2 種類あり, 1 つめはタバコの葉から抽出したコエンザイム Q (n=3) の側鎖を化学合成により延長する方法である. この方法では, 天然型であるトランス型を立体選択的に合成できないため, 合成反応後にトランス型のみを精製する必要がある. もう 1 つの方法である酵母を用いた発酵法では, 菌体内で代謝産物として生合成されるコエンザイム Q はすべて天然型 (トランス型) であるため, 精製の手間が大幅に軽減される. 世界中のコエンザイム Q10 供給の大部分は日本企業によるものである. **(島田良美・清水 昌)**

＊参考文献

清水 昌 (2008) 微生物の事典 (渡邉 信ほか 編). 朝倉書店, 東京, pp158-160

3) トレハロース

トレハロース (trehalose) はグルコース 2 分子が α-1,1 結合した非還元性の二糖類である. 本糖は藻類, コケ, シダなどの植物, 細菌, 酵母, 甲殻類などに分布するが, 昆虫では飛翔のエネルギーとして, また, 酵母では貯蔵糖質として機能し, 多くの生物において乾燥や凍結, 浸透圧, 化学物質などのストレスに対する細胞の保護物質として機能する.

キノコ類では, エノキタケ[1] を対象に子実体形成過程における糖質代謝の検討から, 生育の主要基質が栄養菌糸中に蓄積されたトレハロースとグリコーゲン様物質であること, また, アミスギタケ[2] でも同様の結果が報告されている. トレハロースは子実体の生育時期によっても異なるが, 栄養菌糸, 子実体のいずれにも乾物量換算で数%から十数%含まれ, キノコに普遍的なことから菌糖と呼ばれている. 特に, エリンギなどでは乾物量の 20 〜 30%に達する.

トレハロースはトレハラーゼ (trehalose, Thase) によってグルコース 2 分子に加水分解されるが, トレハロースの分解はトレハロースホスフォリラーゼ (trehalose phosphorylase : Tpase) というもう 1 つの酵素も存在し, この酵素はグルコースと α 型のグルコース-1-リン酸に過リン酸分解する.

また，両酵素は分解だけではなく，トレハロースの合成反応も触媒する．トレハラーゼはシイタケ[3]から，トレハロースホスフォリラーゼはエノキタケ[4]をはじめ数種類のキノコから単離・精製され，それらの酵素学的性質が明らかにされている．

トレハロースは，従来培養した酵母菌体から抽出・精製されていたため高価で試薬としての利用に限られていたが，Murata et al.[5]によるデンプンからの酵素法による製造技術が確立され，グルコースやサッカロースのように安価になった．そのため，ストレス保護物質として，食品の劣化防止，味覚の増強や矯正効果，保湿効果成分として食品や化粧品に広く利用されるようになった．

寺下ら[6,7]はトレハロース培地で食用キノコ菌類を培養し，その菌糸体や子実体のストレス耐性と抗酸化性に及ぼす効果を検討した．その結果，細胞に最も不安定な条件である家庭用冷蔵庫（平均温度－16℃）に菌糸体を1～10日おき，再度新しい培地で培養するとグルコース培地で培養の菌糸体では死滅し再生しないものが多い中で，トレハロース培地で培養した菌糸体ではほとんどダメージがなく，活発に生育した．トレハロースのこの効果は菌糸体の熱処理耐性でも認められたが，耐性を示した菌糸体ではトレハロースの取り込みが確認され，菌糸体のトレハロース含量と菌糸の活力・菌糸再生との間には正の相関が認められた．有用キノコ類の人工栽培では，生育能力が旺盛で変異のない種菌の確保が重要であることから菌株保存へのトレハロースの利用が期待される．また，菌糸体のトレハロース含有量の増加は過酸化脂質生成抑制活性を顕著に上昇させた．そこで，寺嶋や筆者らはシイタケの菌床栽培で，トレハロースを子実体に取り込ませる方法を開発した．トレハロースを強化したシイタケでは味覚が向上し（官能検査結果），抗酸化性などの機能性が付与されることを報告した[8]．（寺下隆夫）

＊引用文献

1) Kitamoto Y, Gruen HE (1976) Plant Physiol 58 : 485491
2) 北本　豊ほか (1978) 日菌報 19 : 273-281
3) Murata M, et al. (2001) Mycoscience 42 : 479-482
4) Kitamoto Y, et al. (1988) FEMS Microbiol Lett 55 : 147-150
5) Murata K, et al. (1995) Biosci Biotech Biochem 59 : 1829-1834
6) 寺下隆夫ほか (2002) 日本応用きのこ学会誌 10 : 1-6
7) Terashita T, et al. (2003) Mycoscience 44 : 71-74
8) 寺嶋芳江ほか (2009) 日本きのこ学会誌 17 : 145-149

＊参考文献

寺下隆夫 (2006) FFI Journal 211 : 108-116

3.5.5 バイオエタノール

エタノールは主として酵母によって発酵生産されるアルコール類の一種で，酒類をはじめとする食品，医薬品，化粧品ならびに化学工業の分野で広く利用されている．近年，持続的循環型社会構築と地球温暖化防止（CO_2 ガス排出削減）に貢献する，石油に替わる新たな自動車用燃料バイオエタノールが注目を集めるようになってきた．植物原料由来のバイオエタノールを燃焼する際に放出される CO_2 はもともと植物が光合成により取り込んだものであるため，大気中の CO_2 量に影響を与えない（カーボンニュートラル，carbon neutral）．早くから積極的に取り組んできたブラジルではエタノール25％混合ガソリンE25，脱石油を推進する米国ではエタノール10％混合ガソリンE10がすでに流通し，100％エタノールまで対応したフレックス車（flexible fuel vehicle：FFV）も実用化している．一方，CO_2 ガス排出量世界第5位のわが国では2007年にようやくE3の導入が開始となり，2030年にE10の実現をめざす段階にある．現在，バイオエタノール生産国1位の米国ではトウモロコシ，2位のブラジルではサトウキビを原料とする．ここ数年の米国の急激な生産拡大政策に伴い，転作による小麦など他の穀物生産量が減少し，さまざまな方面へ影響を及ぼしたのは記憶に新しい．さて，CO_2 削減効果

（対ガソリン）の点から見た場合，デンプン系原料からのエタノール生産は20～40%と意外と伸びないのに対し，木質系バイオマスを使用した場合には70～90%有効と見積もられる．したがって，近い将来には食用や飼料作物と競合しない廃木材や草本類などの未利用資源やエネルギー作物へのシフトが世界的な急務である．特に，先進国の中で食料自給率が40%前後ときわめて低い日本では未利用バイオマスからの効率的な生産がより重要な課題となるであろう．

エタノール生産微生物として *Saccharomyces cerevisiae* に代表される酵母や *Zymomonas* 属細菌が知られているが，これらの野生株ではグルコースからの発酵能は優れているが，セルロースならびにリグニン分解力をもたないため，そこからエタノールを直接生産することはできない．そのため，遺伝子組換え技術による糖資化性の付与などが積極的に進められている．一般に，リグノセルロース系バイオマスを原料とする場合，前処理の後，糖化のための加水分解が必須で，その際に酸や酵素が用いられる．前者は中和処理コストと分解過程での発酵阻害物質の副生が問題となり，後者は依然としてコスト面に課題が残る．自然界での鉄筋コンクリートにたとえられる木質を発酵に利用しやすい単糖レベルまで分解することは難しく，非常にハードルが高い技術開発を要する．ところで，キノコは遺伝子組換えをせずとも元来そういう性質が安定的に備わっている．森林の分解者として働くキノコ由来の木材腐朽酵素類は，リグノセルロースの分解や変換に有望視される[1]．よって，酵母と同等のアルコール発酵能を併せ持つキノコが天然に実在すれば，環境やコストの両面で大きなアドバンテージとなる．ただし，カビ類ではエタノール生産菌[2]がいくつか報告されているけれども，キノコ類において有力なものは発見されておらず，そういう性質はほぼないと考えられてきた．そうした中，筆者らはこれまでに，白色腐朽菌に属するシロアミタケ *Trametes suaveolens*[3]，アラゲカワラタケ *Trametes hirsuta*[4]，カワラタケ *Trametes versicolor* をはじめ，褐色腐朽菌に属するオオウズラタケ *Fomitopsis palustris*[5] やマツオウジ *Neolentinus lepideus*[6] などで顕著な発酵能を発掘してきた．

表 3.5.1　主な糖質からエタノールへの変換

糖　質	エタノール収率（%）
グルコース	90
マンノース	87
フルクトース	89
セロビオース	91
マルトース	88
デンプン	86
キシロース	84

一例として表3.5.1に *T. versicolor* における各糖質から生産されるエタノールの収率を示す．単糖類のグルコース，マンノースおよびフルクトースのみならず，二糖類のセロビオースやマルトースに対しても，どれも90%前後の高い変換率であった．さらに，多糖類のコーンスターチからも酸や酵素で処理することなく良好な収率でエタノールを生産できた．一方，ヘミセルロースの主要な構成糖であるキシロースに対しても発酵可能なことを発見した．*N. lepideus* でも同様の性質を認め，白色および褐色腐朽菌の双方から新たにキシロース発酵能の存在が判明したことは大変興味深い．ちなみに，前述の酵母 *S. cerevisiae* などの野生株ではセロビオースやキシロースを発酵できない．このように，自然界に生息するキノコの一部は他の微生物には見られない幅広い発酵スペクトルを有していることが明らかとなった．

表 3.5.2　真菌類におけるエタノール収率

菌　株	エタノール収率 *
Trametes versicolor	0.46
Rhizopus oryzae [2]	0.43
Mucor corticolous [2]	0.43
Saccharomyces cerevisiae [2]	0.42

* g/g グルコース．

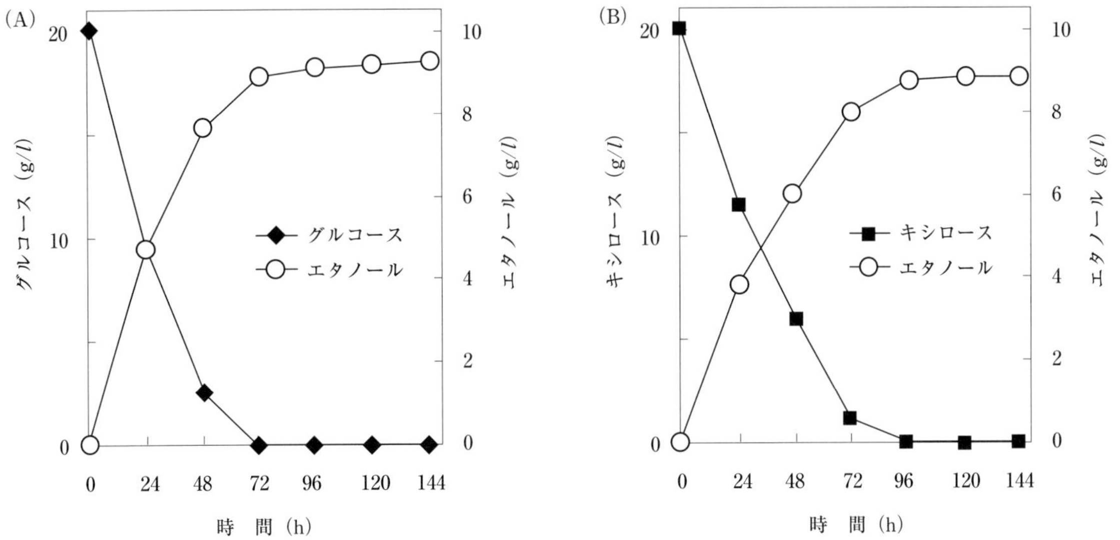

図 3.5.8 カワラタケによるエタノール生産の経時的変化

表 3.5.2 に主な真菌類とのグルコース 1 g 当たりのエタノール収率のデータを比較した．*T. versicolor* は既報のものと同等以上の優良なレベルにある．図 3.5.8 に *T. versicolor* における六炭糖グルコース (A)，五炭糖キシロース (B) を基質とした場合のエタノール生産の経時的変化を示す．どちらも速やかな消費とエタノールへの効率的な変換が行われている．当該発酵キノコではデンプンやセルロース成分からのエタノール生産が可能であったばかりか，稲わらや小麦ふすまからのダイレクトな生産も認められるなど，目的にかなう有望な発酵微生物と判断できる．今後，各種未利用資源を原料とし，多様な物質へと変換するバイオマスリファイナリーへの応用展開が期待される．

(岡本賢治)

＊引用文献

1) Sánchez C (2009) Biotechnol Adv 27 : 185-194
2) Millati R, et al. (2005) Enzyme Microb Technol 36 : 294-300
3) Okamoto K, et al. (2010) Biotechnol Lett 32 : 909-913
4) Okamoto K, et al. (2011) Enzyme Microb Technol 48 : 273-277
5) Okamoto K, et al. (2011) Enzyme Microb Technol 48 : 359-364
6) Okamoto K, et al. (2012) Enzyme Microb Technol 50 : 96-100

＊参考文献

大聖泰弘・三井物産 (2008) 図解 バイオエタノール最前線，改訂版．工業調査会，東京
Sánchez ÓJ, Cardona CA (2008) Biores Technol 99 : 5270-5295

3.5.6 地衣類の利用

地衣類は菌類と藻類による共生生物であり，地衣菌は共生藻が光合成によって生成する同化産物を栄養分として利用するとともに，共生藻を乾燥や紫外線など，藻類の生存に不都合な外部環境から防護する役割を果たす．地衣類は，このような環境耐性メカニズムや，共生藻との共生関係の維持，アレロパシーなどのさまざまな機能を「地衣成分」と呼ばれる特異な二次代謝産物によって実現していると考えられている．したがって，地衣成分は非常に多彩かつ有用な機能をもつことが示唆され，実際にも古代エジプトの時代から染料・香料・民間薬などに利用されているばかりでなく，現代においてもその利用価値はきわめて高いと考えられる．薬理活性の事例では，イワタケ (*Gyrophora esculenta*) に含まれる地衣成分であるジロホール酸 (gyrophoric acid) はコレステロールを低下させる機能をもち[1, 2]，アカウラヤイ

トゴケ（*Solorina crocea*）のもつノルソロリン酸（norsolorinic acid）やソロリン酸（solorinic acid）などは脳内アミン量を抑制するモノアミンオキシターゼを阻害することが知られている．このほかにも，チロシナーゼ阻害，キサンチンオキシターゼ阻害，メラノーマ増殖抑制などの薬理活性をもつ地衣成分が見つかっている[3]．

また，地衣類は共生条件下では，デプシド類，デプシドーン類，ジベンゾフラン類に属する地衣成分を産生するものが多いが，非共生条件下にある地衣菌では，キサントン類，アントラキノン類などに属する二次代謝物質を産生するものが現れる[4]．このため，地衣体から分離培養された地衣菌からは，天然地衣体から得られるものとは異なる，新たな機能を有した物質を得られる可能性がある．たとえば，オオツブラッパゴケ（*Cladonia cristatella*）は分離培養すると抗菌活性をもつクリスタザリン（cristazarin）と呼ばれる赤色色素を産生する[5]．このほか，多くの培養地衣菌から新しい化合物が見つかっており，さまざまな分野への活用が期待される．

さらに，特異な地衣成分や二次代謝産物を産生することから考えて，地衣菌はきわめて特殊な代謝機構をもつことが予想される．そこで，培養地衣菌をリアクターとしたバイオトランスフォーメーションへの利用も考えられる．一部の地衣類は，アセトンなどの有機溶剤に対する耐性をもつことも知られており[6]，一般的な生物細胞には毒性を示す基質でも変換できる可能性がある．具体的な成果については今後の研究を待たねばならないが，興味深い活用法であろう．　（小峰正史）

＊引用文献

1）金天　浩（1982）岩手医誌 34 : 521-526
2）金天　浩（1982）岩手医誌 34 : 531-534
3）山本好和（2000）植物の化学調整 35 : 169-179
4）Culberson CF, Elix JA（1989）Plnat Phenolics, Academic Press, London, pp509-535
5）Yamamoto Y, et al.（1996）Phytochemistry 43 : 1239-1242
6）Solhaug KA, Gauslaa Y（2001）Symbiosis 30 : 301-315

＊参考文献

Nash TH, ed.（2008）Lichen Biology, 2nd ed. Cambride Univ. Press, New York

3.6　環境関連産業（バイオレメディエーション）

1）環境汚染

化学工業の発展とともに化学的物理的に安定な物質の生産に力点がおかれてきた結果，多くの難分解性化合物が合成され，環境中に放出され続けてきた．全国各地の土壌・地下水や工場跡地から砒素，鉛，水銀，六価クロムなどの金属類やトリクロロエチレン（TCE）やテトラクロロエチレン（PCE），シス-1,2-ジクロロエチレン（*cis*-DCE）等の揮発性有機塩素化合物（CVOC）が検出され問題となっている．さらに硝酸・亜硝酸性窒素などが高い頻度で検出されている．農耕地においては残留性の有害農薬も問題であり，ときに作物から検出されることもある．環境省の資料によると，土壌における環境基準超過事例は2005年度末時点で2,573件，地下水に関しては2006年度末時点で3,212件が報告されている[1)]．

1950年代から世界各地の野生生物種に生殖，繁殖の異常が報告され，化学物質による内分泌攪乱作用の報告が相次ぎ，現在までに内分泌攪乱物質として総称される物質は70種近くに及ぶ．特に，残留性（難分解性），生物蓄積性，長距離移動性，毒性のすべての特性を有する物質として定義された残留性有機汚染物質（persistent organic pollutants：POPs）は，ダイオキシンやPCBをはじめとする12物質が対象となっており，2001年に採択された「残留性有機汚染物質に関するストックホルム条約」で国際的に協調してPOPsの削減，廃絶等を推進することとなっている（図3.6.1）．

有害物質による土壌，地下水の汚染は欧米諸国を中心に顕在化している．米国では1980年代初頭にスーパーファンド法が制定され土壌汚染にかかわる広範囲の関係者に対策修復費用を負担することが明記された．国内においても2002年に土壌汚染対策法が制定され，有害物質使用特定施設が設置されている敷地の土地所有者などは，当該施設の使用廃止時に土壌汚染状況を調査すること

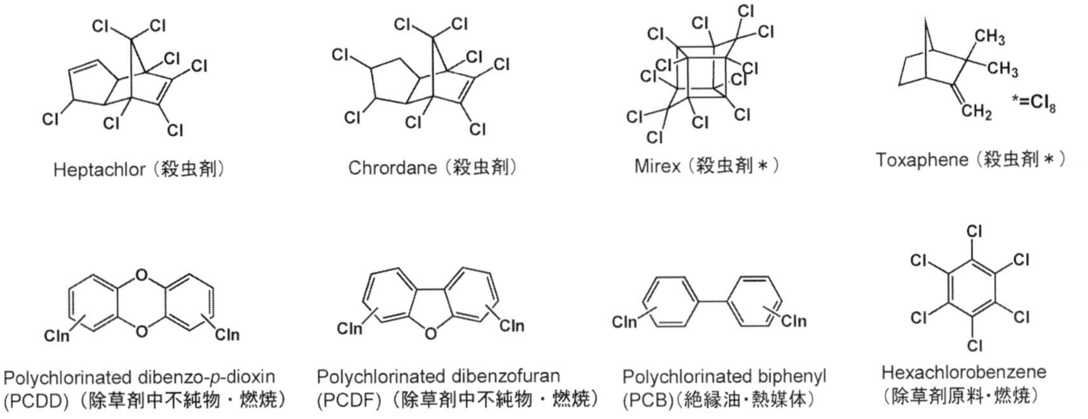

■図3.6.1　残留性有機汚染物質（＊日本国内での使用歴はない化合物）

が義務づけられている．このような背景から，さまざまな土壌浄化技術が提案，実用化されている．汚染土壌の修復には大きく分けて，①土地の掘削および土壌の入れ替えのような物理的手法，②処理剤による洗浄，抽出，分解といった化学的手法，③生物の浄化能力を利用した生物学的手法があげられるが，特に汚染が低濃度，広範囲である場合，生物を用いた環境浄化法であるバイオレメディエーションが，環境負荷の少ない安価な方法として提案される．

2）バイオレメディエーションとは

バイオレメディエーション（bioremediation）とは，生物（bio）の力を利用して有害物質に汚染された環境を修復（remediation）する技術のことであり，特に微生物を用いた環境浄化技術の総称である．1989年にアラスカで起きたエクソン・バルディーズ号原油流出事故では，4万 m^3 もの原油が流出し周辺環境に甚大な影響を及ぼし，流れ出した油の回収と洗浄に多大な労力が払われた．その際，窒素，リンを含む微生物の栄養剤が散布され，石油分解菌の活性化による石油の分解促進が確認された．このことからバイオレメディエーションが注目されるようになり，現在さまざまな汚染に対して研究が進められている．生物プロセスを適用した浄化過程は，身近なところでは下水やし尿などの排水処理における活性汚泥法がよく知られている．この生物学的排水処理プロセスの原理を有害化学物質で汚染された地下水，土壌および汚泥の処理に適用することがバイオレメディエーションである．

対象とする汚染化合物によって使用される生物種が異なり，微生物を用いる浄化法を一般にバイオレメディエーションと呼称し，植物を用いて重金属などの有害物質を根から吸収し汚染サイトから除去する環境浄化法をファイトレメディエーション（phytoremediation）と呼ぶ．バイオレメディエーション技術は微生物の利用法から大きく2種類の方法に分類される．1つは汚染サイトに栄養塩や空気，有機物などを投入し，汚染現場に元来生息している分解菌を活性化して浄化を進めるバイオスティミュレーション（biostimulation）である．もう1つは汚染現場に分解菌が生息しないときに，他の場所から分解菌を単離，培養して，汚染現場に注入し，浄化を進めるバイオオーグメンテーション（bioaugmentation）である．先に述べたエクソン・バルディーズ号原油流出事故で確認された効果はバイオスティミュレーションの有効性を示している．バイオオーグメンテーションは，POPsのような特に難分解性な有機化合物分解に力を発揮すると考えられ，新規な分解能力をもつ微生物の探索，開発が精力的に進められている．

3）バイオレメディエーション技術の現状

米国ではスーパーファンド法の制定以来，積極的に土壌浄化の問題に取り組んでいる．スーパーファンドサイト（同法に基づき浄化が義務づけられた区域）において1982～2005年度までに採用された汚染修復技術は977件であり，そのうち113件（11％）がバイオレメディエーションである[2,3]．バイオレメディエーションにも原位置技術と原位置外技術が存在するが，バイオスティミュレーションを基盤とした原位置浄化技術として土壌の不飽和帯（地下水によって飽和していない地層）に酸素を送り込むバイオベンディング，飽和帯（地下水によって飽和している地層）に対して井戸から高圧で酸素や空気と栄養塩溶液を注入するバイオスパージングなどが実用化され適用された[2]．国内においても，空気あるいは酸素および栄養塩類を地下水帯に注入し，揮発性汚染物質の気化による除去，ならびに分解微生物の活性化による揮発性ベンゼンの浄化技術が開発された．また，土壌・地下水帯の揮発性有機塩素化合物（CVOC）の浄化技術として水素供与体の注入による在来嫌気性微生物の脱塩素反応を促進する技術が実用化されている．一方，より浄化効率を上げるため，もしくはバイオスティミュレーションでは効果が得にくい難分解性汚染物質の浄化に，微生物製剤を注入するバイオオーグメンテーションの有効性が示されている．本法は外来から特定の微生物を導入するため，生態系や人に対する安全性に関する知見が少ないことが問題であったが，2005年3月に環境省および経済産業省と共同で「微生物によるバイオレメディエーション利用指針」が制定された．2006年にはクボタ社から提出されたテトラクロロエチレン，前田建設社のダイオキシンに関する浄化事業計画が，また，2008年には栗田工業社より塩素化エチレンに関する浄化事業技術がそれぞれ利用指針へ適合すると承認された．本ガイドラインが制定されたことで，今後もバイオオーグメンテーションを基盤とする技術の実用化が進むと考えられる．

4）分解菌探索と研究開発

上述したように，国内外を含めCVOCのように一部の汚染物質に対してはバイオレメディエーションが実用化されている一方で，POPsのように現在もバイオレメディエーションによる浄化が困難な化合物も存在する．これに対してバイオオーグメンテーションによる浄化法を確立するためには，第一に対象汚染物質を分解除去できる微生物を自然界から探索することが必要である．古くから分解菌の単離と分解経路についての検討，分解関連遺伝子，酵素の解析など基礎的な報告は数多く存在する．その報告の多くは細菌類であり対象物質を栄養源とした集積培養で達成される．しかしながら，特に高塩素化されて，疎水性の高いPOPsなどの汚染物質については好気的な分解が難しいとされる．現在，遺伝子組換え技術を用いた，分解能力の増強や新たな分解能力の付与に関する研究が多く行われている．しかしながら実際に環境中で使用するとなると，その生態系への影響など安全性が議論となり，パブリックアクセプタンスが得にくい状況にある．一方，真菌類による環境汚染物質分解の報告を見てみると，対象物質を栄養源として資化することがほとんどできないという不利な点はあるものの，細菌類による分解が困難な物質についても，分解可能であり，バイオオーグメンテーション技術の開発にとって有益な生物材料である．以下に，ダイオキシン，PCB，および有機塩素系農薬を例にあげ，真菌類を用いた難分解性環境汚染物質の分解について紹介する．

5）ダイオキシンおよびPCB

ポリ塩素化ジベンゾ-パラ-ジオキシン（polychlorinated dibenzo-*p*-dioxin：PCDD）ならびにポリ塩素化ジベンゾフラン（polychlorinated dibenzofuran：PCDF）は過去に大量散布された不純物混入の農薬，焼却灰，特定の工場が汚染の由来であり，人間の生産活動に伴う非意図的生産物である．一方，ポリ塩素化ビフェニル（polychlorinated biphenyl：PCB）は加熱や冷却用の熱媒体，コンデンサや変圧器の絶縁油，可塑剤，溶剤などとして意図的に製造され，幅広い分野で使用された環境汚染物質である．いずれも生分解性が低い物質であるが，好気性細菌による低塩素置換体の分解および嫌気性細菌による還元的脱塩素反応などが報告されている[3)]．真菌類については，木材腐朽菌の一種である白色腐朽菌による塩素化ダイオキシンの分解が多く報告されている．

Bumpusらは*Phanerochaete chrysosporium*を用いて2,3,7,8-tetrachlorodibenzo-*p*-dioxinを二酸化炭素まで分解することを示し[4)]，Valliらは*P. chrysosporium*の産生するリグニンペルオキシダーゼによって2,7-dichlorodibenzo-*p*-dioxinが分解されることを報告した[5)]．Takadaらによって*Phanerochaete sordida* YK624による4～8塩素置換されたダイオキシンの分解も示された[6)]．近年，白色腐朽菌*Phlebia lindtneri* GB-1024および*Phlebia brevispora* TMIC33929は数種の四塩素化ダイオキシンを水酸化することが示され，細胞内酵素であるシトクロムP450のダイオキシン分解への関与が提案された[7-9)]．白色腐朽菌以外の真菌類によるダイオキシンの分解も報告されている．*Acremonium* sp. 622 は octaCDD を還元的に脱塩素するとされ[10)]，*Cordyceps sinensis* A は塩素化ダイオキシンのエーテル結合を開裂するという報告もある[11)]．しかしながらこれら真菌類によるダイオキシンの分解は，関連酵素など分解メカニズムについて不明な点が多く，今後の研究展開が期待される．

ダイオキシンと同様に，白色腐朽菌による PCB の分解が 1985 年に Bumpus らにより示された．この報告では，3,3′,4,4′-tetrachlorobiphenyl が *P. chrysosporium* によって一部無機化されている[4)]．その後 1995 年に Yadav らは *P. chrysosporium* によるアロクロール 1242，1254 および 1260（市販されていた PCB 混合物）の分解を報告している[12)]．この報告によると *P. chrysosporium* による PCB の分解は特に低窒素条件（リグニン分解酵素を産生する条件）を必要とせず，高塩素置換体を多く含むアロクロール 1260 も分解可能であると述べている．また Thomas らおよび Dietrich らは PCB の塩素置換数が増えると *P. chrysosporium* による無機化率が著しく低下することを示している[13,14)]．一方，*P. chrysosporium* 以外の白色腐朽菌による PCB 分解の報告も見られる．Zeddel らは *Pleurotus ostreatus* と *Trametes versicolor* を用いて PCB 分解を試み，その分解能は *P. chrysosporium* よりも優れていると報告している[15)]．また，Seto らは *Grifola frondosa*（マイタケ）を用いて二から六塩素置換 PCB を分解できることを示した[16)]．Kamei らはダイオキシン分解菌の *P. brevispora* によるコプラナー PCB の分解を報告している[17)]．さらに Kubatova らは *P. chrysosporium*, *T. versicolor* および *P. ostreatus* を用いて Delor 103（市販されていた PCB 混合物）で汚染させた土壌の処理を行い，*P. ostreatus* で処理した場合のみ PCB の分解が観察されたと報告している[18)]．これらの報告はいわゆる食用キノコを含んでいるため，栽培時の廃菌床が利用可能であることから，実用化に期待がもたれる．

6）有機塩素系農薬

日本で 1970 年代半ばに製造・使用が禁止された有機塩素系農薬 6 種類（DDT，アルドリン，ディルドリン，エンドリン，クロルデン，ヘプタクロル）を含む 12 物質が POPs に指定されている．国内ではこれらの有機塩素系農薬は使用禁止後に埋設処理されたが，容器の破損による周辺環境の汚染が懸念されるとともに，使用歴のある農地土壌に残留していることが問題視されている．これらの問題の根本的な解決には，土壌中のこれら有害農薬の分解除去が必要である．しかしながら一般的に生分解性が著しく低いため，細菌類による分解が困難とされるが，一方では糸状菌類による分解の報告がある．

1970 年代前半の研究では，土壌真菌類である *Mucor alternans*, *Fusarium oxysporum* や *Trichoderma viride* により DDT が分解できることが示されている[19, 20)]．また，Bumpus らは，白色腐朽菌 *P. chrysosporium* を用いた分解試験の結果，^{14}C でラベルされた DDT が一部無機化されたと報告している[4)]．最近 Purunomo らは，木材腐朽菌の一種である褐色腐朽菌を用いた DDT の分解において，細胞外フェントン反応が関与していると報告している[21)]．DDT によく似た構造をもつ methoxychlor についても *P. chrysosporium* による 2 位の炭素の水酸化ならびに無機化が示されている[22)]．

アルドリンは微生物により酸化されてディルドリンに変化し蓄積する．1971 年に Bixby らは，*Trichoderma* 属菌がディルドリンを一部無機化することを示した[23)]．また，175 種類の細菌，真菌の土壌単離株のうち，91 菌株がディルドリンを無機化できると報告し，水可溶性の複数の中間代謝物が検出されている[24,25)]．さらに白色腐朽菌 *P. chrysosporium* によって，アルドリン，ディルドリン，ヘプタクロルの微量な無機化と生物変換が示されている[26)]．しかしながら，これらドリン系農薬の微生物分解に関する報告は非常に少ないため，今後の詳細な研究開発が望まれる．

リンデン（Lindane：γ-HCH：1α, 2α, 3α, 4α, 5α, 6β-hexachlorocyclohexane）は世界中で広く使用された殺虫剤であり，環境残留性が高く，動物や人への健康影響が懸念されている．細菌類による分解の報告も存在するが，真菌類では*P. chrysosporium*により，液体培地条件で，いくつかの極性物質への変換ならびにCO_2への無機化が示されている[27]．さらにTekeraらは亜熱帯性の白色腐朽菌株DSPM95を用いて，菌を固定化したpacked-bed bioreactor（固定床生物反応器）を作製し，リンデンの分解に成功している[28]．また，Rigasらは*Pleurotus ostreatus*および*Ganoderma australe*を用いて，攪拌式液体培養条件下でのリンデンの分解最適化条件の予測を行っている[29,30]．

有機塩素系農薬の土壌汚染は農耕地を中心として広がっており，栽培される作物への残留など直接的に食の安全とかかわっている．したがって安全性の高いバイオレメディエーションの適用は理にかなっており，今後の展開が期待される．

7）研究動向と課題

米国におけるスーパーファンドサイトの修復に採用された技術の動向を見てみると，2000～2002年には，原位置での浄化技術が48％であったのに対し，2002～2005年には60％に上昇している[2,3]．今後も原位置浄化技術のニーズが高まり，研究開発もさらに活発化すると予想される．また，バイオレメディエーションも全体の11％を占めており，重要な環境浄化技術として位置づけられる．国内においてもバイオオーグメンテーションの技術開発が進んでおり，今後もより分解活性の高い菌の選抜，単離，開発が求められる．揮発性有機塩素化合物など環境汚染物質の一部はすでに実用化のめどが立ち，今後は施工例の積み上げが必要であろう．一方で，POPsに代表されるような高度に塩素化され安定で，疎水性が高い汚染物質の浄化技術についてはバイオレメディエーション技術が確立されたとはいえない．最も大きな問題は，分解力の強い微生物がほとんど見つかっていないこと，および土壌粒子に汚染物質が吸着されることによりバイオアベイラビリティー（生物学的利用能, bioavailability）が低下することである．疎水性の高い汚染物質は土壌中無機鉱物や土壌有機物に強固に吸着し菌との接触を阻害するため，分解能力を十分に発揮できないことがある．長期間汚染され続けてきた土壌では特にこの傾向が強い．この問題により，実験室のフラスコレベルの試験で良好な結果を示す分解菌が見つかっても，実際に土壌と共存させると著しく分解力が低下するため，実用化への大きな壁となっている．これらの問題を解決するために，バイオサーファクタント等の可溶化剤の投入などが検討されている．また近年の研究開発の展開として，複合微生物系が注目されている．複数の分解菌，もしくは分解菌の生存に有利に働く微生物コンソーシアムを人工的に構築し，より効果の高いバイオオーグメンテーション用微生物製剤の開発が進んでいる．今後はさらに複合微生物系の構造と機能解析に関する基礎的検討の進展が期待され，実用化に向けて農学，工学，理学等複数の学術分野と産業界が融合して取り組むことが必要であろう．

（亀井一郎・近藤隆一郎）

＊引用文献

1）環境省（2005）平成20年版環境・循環型社会白書. pp153-340
2）U.S.EPA（2004）EPA-542-R-03-009
3）U.S.EPA（2007）EPA-542-R-07-012
4）Bumpus JA, et al.（1985）Science 228：1434-1436
5）Valli K, et al.（1992）J Bacteriol 174：2131-2137
6）Takada S, et al.（1996）Appl Environ Microbiol 62：4323-4328
7）Mori T, et al.（2002）FEMS Microbiol Lett 216：223-227
8）Kamei I, et al.（2005）Appl Microbiol Biotechnol 68：560-566
9）Kamei I, et al.（2005）Appl Microbiol Biotechnol 69：358-366
10）Nakamiya K, et al.（2002）J Mater Cycles Waste Manag 4：127-134
11）Nakamiya K, et al.（2005）FEMS Microbiol Lett 248：17-22.

12) Yadav JS, et al. (1995) Appl Environ Microbiol 61 : 2560-2565
13) Thomas DR, et al. (1992) Biotechnol Bioeng 40 : 1395-1402
14) Dietrich D, et al. (1995) Appl Environ Microbiol 61 : 3904-3909
15) Zeddel A, et al. (1993) Toxicol Environ Chem 40 : 255-266
16) Seto M, et al. (1999) Biotechnol Lett 21 : 27-31
17) Kamei I, et al. (2006) Appl Microbiol Biotechnol 73 : 932-940
18) Kubatova A, et al. (2001) Chemosphere 43 : 207-215
19) Anderson JPE, Lichtenstein EP (1970) Can J Microbiol 17 : 1291
20) Matsumura F, Boush GM (1968) J Econ Entomol 61 : 610-612
21) Purnomo AS, et al. (2008) J Biosci Bioeng 105 : 614-621
22) Grifoll M, Hammel KE (1997) Appl Environ Microbiol 63 : 1175-1177
23) Bixby MW, et al. (1971) Bull Environ Contam Toxicol 6 : 491-494
24) Jagnow G, Haider K (1972) Soil Biol Biochem 4 : 43-49
25) Korte F, Porter PE (1970) J Assoc Off Anal Chem 53 : 494-500
26) Kennedy DW, et al. (1990) Appl Environ Microbiol 56 : 2347-2353
27) Mougin C, et al. (1996) Pestic Sci 47 : 51-59
28) Tekera M, et al. (2002) Environ Technol 23 : 199-206
29) Rigas F, et al. (2005) Environ Int 31 : 191-196
30) Rigas F, et al. (2007) J Hazard Mater 140 : 325-332

＊参考文献

今中忠行 監（2002）微生物利用の大展開．環境浄化．エヌ・ティー・エス，東京，pp780-899

亀井一郎・近藤隆一郎（2008）ダイオキシン分解菌．微生物の事典（渡邉　信ほか 編）．朝倉書店，東京，pp593-594

矢木修身（2008）土壌・地下水汚染の浄化および修復技術．エヌ・ティー・エス，東京，pp47-58

COLUMN 13 ヒトヨタケ類のペルオキシダーゼの汚水浄化への応用

菌類の優れた分解能力を環境浄化に応用する試みは1980年代から始まっており，*Phanerochaete chrysosporium* などの白色腐朽菌を用いたパルプ廃液の生物的処理などが著名である．また，下水の活性汚泥処理工程における有機物分解にも菌類（主に酵母と土壌菌類）の積極的な関与が指摘されている．

多くの菌類はフェノール誘導体を基質とするチロシナーゼ，ラッカーゼ，ペルオキシダーゼといった酸化還元酵素を生産する．高い基質特異性と反応効率，そして大きな反応速度を特徴とする酵素反応は，多くの工業排水に含まれるフェノール類を除去することに非常に適している．酵素単体を利用する主な利点は基質の毒性に影響を受けず，短時間（数十分程度）で処理が終わることにある．酵素法の最大の欠点は酵素の生産費が大きいことであり，この点は環境浄化へ応用するには致命的である．ただし，菌類は培養が比較的容易なため，従来検討された植物由来の酵素に比べ，菌類由来の酵素は大規模生産に向いていると考えられる．そこで筆者らはより効率的な菌類のフェノール酸化還元酵素の製造法を検討した．

ネナガノヒトヨタケ［*Coprinopsis cinerea*（= *Coprinus cinereus*)］は高いペルオキシダーゼ生産能力をもつことが知られている．そこで14種38株のヒトヨタケ類のペルオキシダーゼの生産能力を振とう培養法を用いてスクリーニングしたところ，ネナガノヒトヨタケを含む5種15株（未同定株2株を含む）の培養液から酵素活性が見られた．これらの菌株に分類学および生態による明確な関連性は見られなかったが，5種中4種（*C. cinerea*, *C. lagopus*, *C. ecinospora*, *C. phlyctidospora*）はアンモニア菌であり，尿素散布により新たに得られた3株のヒトヨタケ類（*C. ecinospora* 1株, *C. phlyctidospora* 1株，未同定1株）すべての培養液からペルオキシダーゼ活性が見られた．このことから尿素散布法を用いればペルオキシダーゼを生産するヒトヨタケ類を効率的に採集できるのではないかと考えられる（ただし，すべてのアンモニア菌系の菌株の培養液から酵素活性が確認されたわけではない）．

さらに，スクリーニングにより選ばれた2種類（*C. cinerea* と未同定株）のヒトヨタケ類を用いてペルオキシダーゼ生産を試み，生産された酵素がフェノール水溶液および原油精製工場の脱塩水の処理に有効であることを示した．興味深いことに粗精酵素（培養液のろ過液）が精製された酵素と比べて，最大で18倍のフェノール除去効率

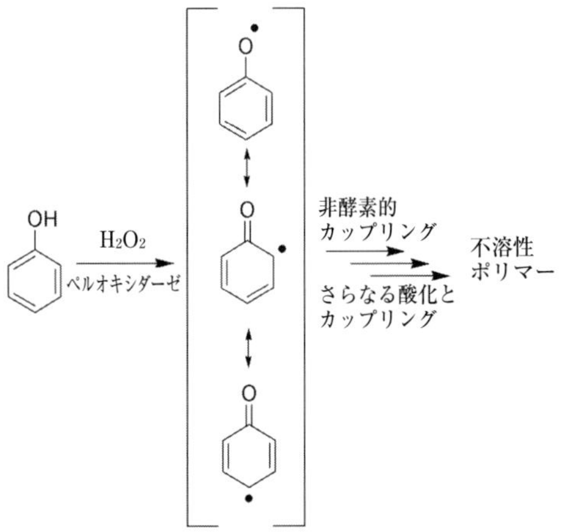

を示すことがわかった．この知見は酵素処理の運転費用を二重に下げることになり，非常に好都合であると考えられる（図）．

工業規模での汚水の酵素処理を実現するためには，さらに低コストで酵素を生産する必要がある．そのためには栄養豊富かつ安価な培地を工夫しなければならない．農業廃棄物，下水汚泥（バイオソリッド）などの廃物を炭素，窒素源に利用することが考えられる．また，従来認識されていたリグニン分解酵素よりも幅広い基質特異性をもつヒラタケ（*Pleurotus ostreatus*）やヤケイロタケ（*Bjerkandera adusta*）由来のハイブリッド・ペルオキシダーゼの存在が報告されている．これらを利用した新たな環境汚染物質の酵素処理装置の開発も待たれるところである． （池端慶祐）

＊参考文献

Ikehata K, et al.（2004）J Environ Eng Sci 3 : 1-19
Karam J, Nicell JA（1997）J Chem Technol Biotechnol 69 : 141-153
川合正允（1988）きのこの利用．築地書館，東京，pp127-135

4 指標生物

序

指標生物とは，ある地域の環境条件を調べる際に，そこに生息する生物を調べることで環境の実態を明らかにする方法（生物指標）において，ある条件に敏感な生物で生物指標として利用できる生物のことである．河川の汚濁における水生昆虫などがその例である．動物や植物と比較して個体の小さい菌類は指標生物としては利用しづらい生物である．特にキノコ類は発生する季節が限られるため，指標生物として取り上げられることは少ない．しかし，その中で地衣類は比較的長期にわたり生存し，特定の環境下でのみ生育したり生育が衰えたりするものが知られているため，指標生物として利用されている例が見られる．

また，東北太平洋沖地震後に顕在化した放射能汚染において，特定のキノコ類に大量の蓄積が見られることから，指標生物としての利用が考えられるようになってきている．もちろん，野生キノコの食用利用に警鐘を鳴らす意味も含まれているが．本章では，生態調査で利用される指標生物として，例は少ないが菌類の利用例を紹介する．

（岩瀬剛二）

4.1 地衣類

地衣類は菌類と藻類が共生している複合生物でその生存は，両者の微妙なバランスの上で成り立っている．したがって地衣類の分布や生育速度を調べることで，大きな環境変化から微小な環境変化，さらに長期にわたる環境変化などをとらえることができる．この特徴は地衣類固有のものである．その理由や利点としては以下が考えられる．

①地衣類が2万種，日本で約2千種の大きな生物群であること―指標生物として対象を種々選ぶことができる．

②多種多様な環境に生育していること―どんな環境にも耐えられるものがある．

③肉眼で容易に確認できること―調査が簡単に行われる．

④小さな存在であること―環境の変化を受けやすい．

以上のことは，地衣類が他の生物に比べ，環境指標生物として有用であることを示している．本節では地衣類が生育する環境を明らかにした上で，地衣類が環境指標生物して利用されている実例を紹介する．

4.1.1 地衣類が生育する環境について

1）植生分布

地衣類の分布は高等植物の自然分布（植生帯）に従うことが多い．熱帯から亜熱帯，温帯の常緑広葉樹林（照葉樹林帯）に生育する地衣類には痂状地衣が多い．林が暗く，日照は地衣にとっては不十分でそのため林縁や街路樹，公園，社叢林に多く着生する．また，田畑や人家の石垣にも多く見られる．ブナなど落葉広葉樹（夏緑樹林帯）の樹幹や樹枝，地上，岩上にも地衣類は生育する．ブナ林は地衣類にとって絶好の繁殖地であるが，伐採によってブナ林が縮小し，そのため地衣類にとっては危機的な状況になっている．針葉樹林帯（亜高山帯）では，針葉樹の樹幹や樹枝，地上，岩上に生育する．シアノバクテリアを共生藻とする地衣類により窒素が固定される．高山（帯）ではハイマツなど矮性低木林の地上や岩上に高等植物や蘚苔類とともに生育する．

2）極限環境

地衣類は他の植物が生育しにくい砂漠・海岸・極地・火山噴気地帯，石灰岩台地など種々の極限環境に適応分布して生育している．①地衣類は潮間帯を含む海岸にも生育できる．海面からの距離により生育できる地衣類は異なり，それぞれが帯状に群落を形成する．②一般的に地衣類は大気汚染，特に硫黄酸化物や窒素酸化物によって生育が阻害される．そのため都市化によって地衣類は減少し，汚染抵抗性のある特定の種類もしくはまったく地衣類が生存しない「地衣砂漠」現象が起こる．③火山に新しい溶岩が噴出してできる広大な大地が冷えて，最初に登場する生物は地衣類であることが知られている．そのため地衣類はパイオニアプラントと呼ばれる．また，火山の硫黄噴気口のそばにも地衣類の群落が見られる．強酸性雰囲気に適応して生育していると思われる．④砂漠は，乾燥と寒暖の差が大きい特徴がある．地衣類は地衣体の吸水しやすい構造と多糖類のような吸水成分を有するため微量の水分や湿度で生きていける．⑤南極や北極の極地では冬季に氷点下数十度となる期間が長期続く．それでも地衣類は乾燥と凍結の厳しい環境に耐えて生きている．

4.1.2 環境指標としての具体例

1）重金属蓄積（汚染）指標

地衣類は年間数 mm 程度の非常に遅い速度で生育し，さらに，その組織体制は水分を吸収しやすくなっている．そのため，外来物質をトラップし蓄積しやすい．一般的に地衣類を構成する菌類は重金属イオンに対して抵抗性を示す．培養保存株から無差別に選んだ 68 種の地衣菌株を 10 ppm の銅イオンが存在する寒天培地上で培養すると 65 種が良好な生育を示した．また，一部の地衣菌株，たとえば *Tremolecia atrata* は液体培養において，30 ppm の銅イオン存在下で，無処理区の 2 倍以上の増殖を示し，70 ppm で同等，100 ppm でも 20% 程度増殖した[1)]．地衣類が重金属を蓄積する機構は①イオン交換トラップ，②細胞間隙蓄積，③微粒子補足の 3 つが知られている．①は主にカルボン酸基やフェノール性ヒドロキシ基をもつ芳香族地衣成分との錯体形成，②は細胞壁に沈着しているメラニン色素と重金属イオンとの結合，③は菌糸網目構造によるものと考えられている[2)]．

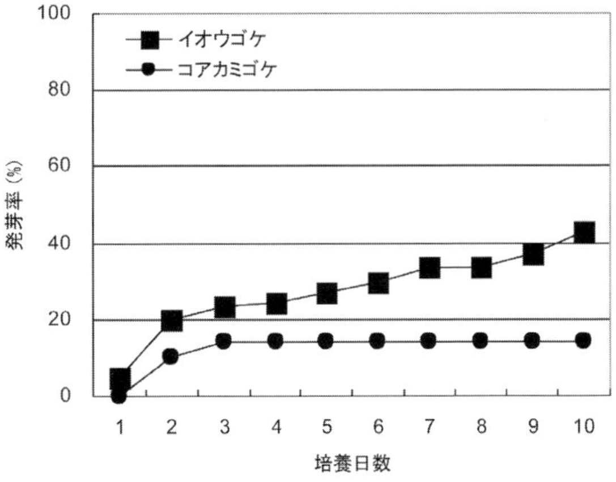

図 4.1.1　銅濃度 0.75 ppm 寒天培地上での地衣類の胞子発芽

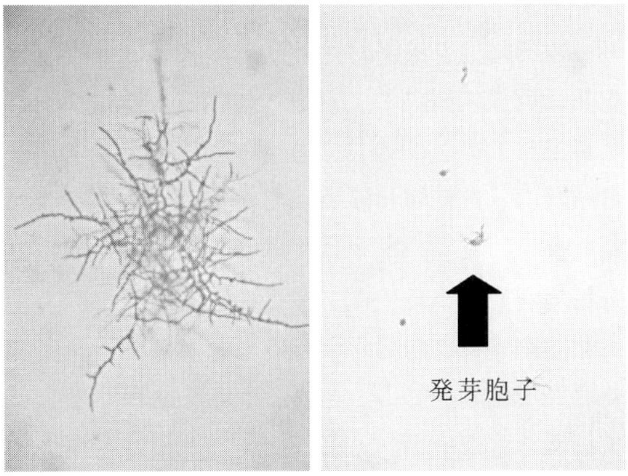

図 4.1.2　銅濃度 0.5 ppm 寒天培地上での地衣類の胞子発芽
左：イオウゴケ，右：コアカミゴケ．

秋田県の廃鉱山とその周辺において地衣類の分布調査と地衣類中の銅濃度を調べた．鉱山は約40年前に閉鎖されたが，飛散した銅など重金属の影響で植物の生育は押さえられている．精錬所の煙突からの距離が長くなると，土壌中の銅濃度は減少し，生育する地衣類の種類も変化することが明らかになった．汚染地域の地上で採集したイオウゴケと樹皮上で採集したコアカミゴケ（どちらもアカミゴケ類で近縁の地衣類）の胞子の発芽と銅濃度の影響を調べると明らかに地上で採集したイオウゴケが高い銅濃度でも発芽増殖が可能であった（図4.1.1および4.1.2）．Mikamiら[3]は群馬県安中精錬所周辺の土壌中のカドミウム濃度と分布地衣種数との関係を調べ，精錬所中心からの距離が長くなるにつれ種数や被覆面積が大きくなることを報告している．海外における研究では地衣体中のバナジウムと鉛の濃度が工場からの距離に比例して減少することが確かめられている．

2）乾燥指標

地衣類には前述したように砂漠に生える種のように非常に高温乾燥に強いものもあれば，水中あるいは河川中の岩に生えるように湿度を好む種もある．そのため，乾燥に強い種と弱い種の分布を調べることによってその地域の乾燥環境が明らかにできる．しかし，そのような研究はあまり多くない．

一般的にはシアノバクテリアを共生藻とする地衣類は乾燥に弱いことが知られている．カブトゴケ属とツメゴケ属はシアノバクテリアを共生藻とし，双方とも乾燥に弱い属であるが，カブトゴケ属は主に樹皮上，ツメゴケ属は主に地上とその生育場所が異なっている．地上よりは樹皮上の方が乾燥しやすく，両属の分布の違いを調べることで乾燥環境を確かめることができる．秋田県中央部で両属の分布を調べると，ツメゴケ属は全地域的に広汎な分布を示した．しかし，カブトゴケ属は奥羽山脈の脊梁部ならびに太平山北部の川沿いや谷に見いだされ，沿岸部や内陸低地ではほとんど見いだされなかった．脊梁部や太平山の北側は積雪が多く，特に川沿いや谷では湿潤な環境が保たれていることを示している．しかし，既知文献の分布情報ではカブトゴケ属も過去は広汎な分布を示していたので，秋田県中央部は近年温暖化と積雪の減少により乾燥化が進んでいることもわかった．

地衣類はその体の90%以上が菌類で占められている．そこで，地衣類の乾燥耐性は菌類が示すとの仮説のもとに高温乾燥に対する地衣菌の耐性を調べた．培養保存株から無差別に選んだ約40種の地衣菌株を40℃，2週間放置し，その後20℃で培養して増殖性を検討した．その結果，痂状の地衣であるホウネンゴケと *Trapeliopsis granulosa* が無処理区（対照区）と同等の増殖性を保持していたが，ほとんどの種がわずかではあるが増殖していた．このことは，多くの地衣菌が乾燥に対して耐性をもっていることを示している．

3）大気汚染指標

大英博物館で販売しているポスターには，二酸化イオウの濃度を横軸に高濃度では地衣類がほとんど生育しないかまたは少数が，一方，濃度が低くなるに従って多様な地衣類が出現することを示している．杉山[4]は清水市（現静岡市）の市街地におけるウメノキゴケの分布と二酸化イオウの濃度との関係を調べ，市街地中心の二酸化イオウ濃度の高い地域では生育せず，0.04 ppm以下の濃度の周辺地域で生育することを明らかにしている．彼らの研究以後，地衣類特にウメノキゴケやその仲間と大気汚染との関係を調べる研究が多く行われた．横浜市においても公害対策局主導のもとでウメノキゴケの仲間の分布調査が進められ，都市化が進むに従って，分布が抑えられることが明らかになっている[5]．また，小中学校でも授業の一環として地衣類を用いた精力的な環境調査が行われている．岡山市の中学生，西平・平尾は[6]，岡山市内52地域におけるウメノキゴケ類の分布と環境について調査を行い，道路の密度の結果と合わせウメノキゴケ類が二酸化イオウの指標植物として優れているとの結論を導き出している．さらに，二酸化イオウの濃度の低い場所でもウメノキゴケ類が少ないところもあることから，陽当たりや水分量も考慮する必要があることを明らかにしている．

4) その他

オランダや英国では過去の地衣類分布が明らかになっているので，現在の地衣類分布と比較して地衣類から温暖化傾向を明らかにしようとの試みが続けられている．　　（山本好和）

＊引用文献

1) Yamamoto, et al. (2002) Bibl Lichcnol 82：251-255
2) Brown DH, Beckett RP (1984) Lichenologists 16：173
3) Mikami H, et al. (1978) 群馬大学教養部紀要 12：113-119
4) Sugiyama K (1973) 蘚苔地衣雑報 6：93-95
5) 田中京子 (1990) 横浜植物会年報 19：18-22
6) 西平・平尾(1996)Bull Okayama Pref Nature Conservation Center 4：19-27

＊参考文献

吉村　庸 (1974) 原色日本植物図鑑．保育社，大阪
山本好和 (2007) 地衣類初級編．三恵社，名古屋

4.2 キノコ類による放射性核種集積

キノコ類がある種の放射性核種を集積することは比較的古くから知られていた．しかし，そのことが注目されたのは1986年4月に旧ソ連のチェルノブイリ原子力発電所で起きた大規模な事故（以下，チェルノブイリ事故）以降である．すなわち，事故によって環境中に放出された放射性核種のうち，放射性セシウム（Cs）が野生キノコに高濃度に含まれる例が多数報告された．

また，2011年3月の福島第1原子力発電所事故（以下，福島原発事故）後は，野生キノコや一部の栽培キノコ（原木シイタケなど）に基準値を超える放射性セシウムが見つかり，出荷制限や採取の自粛が行われている．

キノコ中の放射性セシウムに関する研究は，次の2つの面から重要である．第1にキノコを食用とする国では，キノコを通して人体に取り込まれる放射性セシウムの量を明らかにする必要があること．そして第2に，キノコを形成する菌類は森林中の物質循環に大きく関与しているため，放射性セシウムの挙動に関しても大きな役割をはたしている可能性があることである．

ここでは，菌類のうち特にキノコ（子実体）をつくるもの（主として担子菌類）に注目し，放射性セシウムの濃度，濃縮を左右する因子，環境中での放射性セシウムの移行にはたす役割などについて述べる．

1) 環境中の放射性核種

放射性核種は，自然放射性核種と人工放射性核種に大別される．このうち，人工放射性核種による地球規模の汚染という点で重要なのは大気中核実験とチェルノブイリ事故である．大気中の核実験は1945年に米国がはじめての実験に成功して以来500回以上行われ，放出された放射性核種は成層圏を経由して全世界に降下した．日本では，1963年に降下量の最大値が観測されている．一方，

チェルノブイリ事故によって放出された放射性核種は，発電所周辺を強く汚染したのみならず，ヨーロッパを中心に日本を含む世界各地に降下した．環境中に放出された放射性核種のうち多くのものは半減期が短く，放出後短期間のうちに減衰してしまう．比較的半減期が長く，環境中での挙動が重要視されている核種に放射性セシウム（半減期30.0年の^{137}Csと2.06年の^{134}Cs）がある．これまでに環境中に放出された放射性セシウム（^{137}Cs）は，大気中核実験から9.1×10^{17} Bq（1 Bqは1秒間に1個の原子核が自然崩壊するときの放射能），チェルノブイリ事故から7.0×10^{16} Bqである．

多くの放射性核種について環境中での挙動や人の被ばく線量の見積りに関する研究がなされた．特にチェルノブイリ事故の後，各種生態系における放射性セシウムの挙動に関してさまざまな研究が行われた．こうした中，森林生態系に取り込まれて土壌中に蓄積した放射性セシウムが，キノコに特異的に濃縮することが明らかとなった．

2）キノコ中の放射性セシウム濃度

チェルノブイリ事故の影響を受けた森林では，生態系を構成する生物中の^{137}Cs濃度は事故後明らかに高くなった．生物の中でも特にキノコ類と一部のシダ植物は周辺のその他の植物よりも高い値を示した．キノコ中の濃度は，たとえば，ニセイロガワリ *Boletus badius* の142,000 Bq/kg（乾）のように10万Bq/kgを超えるものも見られた．わが国が輸入食品の放射能限度として設定している値は370 Bq/kgであり，チェルノブイリ事故以降，この限度を超えて話題になったのはほとんどが輸入キノコであった．チェルノブイリ周辺地域では，食品からの被ばく線量を抑えるために，キノコの摂取を制限することも行われた．

福島原発事故以前の日本でも，キノコ中の放射性セシウムは同じ場所に成育する植物や他の食品に比べると高い傾向にあった．1989～1991年にかけて日本各地の野生キノコ124種（284試料）について，放射性セシウムと自然放射性核種であるカリウム（^{40}K：カリウム中の0.0117%）を分析した結果によると，中央値は^{137}Cs: 53，^{40}K：1,180 Bq/kg（乾）であった[1]．^{137}Csの濃度は試料によって大きく異なった．一方，^{40}Kの濃度は比較的一定で，生物的にカリウムの濃度がコントロールされていることが示唆された．^{134}Cs/^{137}Cs比を用いて求めたチェルノブイリ事故起源の^{137}Csの割合は低く，日本産のキノコ中の^{137}Csは，主として大気中核実験のフォールアウトに由来すると考えられた．

福島原発事故によって汚染した森林では，今後長期間にわたって野生キノコ中に高い濃度の放射性セシウムが見つかると考えられ，十分な注意が必要である．野生キノコ中の放射性セシウム濃度は，その場所への放射性セシウムの沈着量だけでなく，土壌中での放射性セシウムの深さ方向の分布，菌糸の位置，菌の種類などによって変わる（後述）．土壌中の分布が時間（年）とともに変化すると，キノコ中の濃度も変化することが報告されている．すなわち，事故当初大丈夫であったキノコが，数年後にも大丈夫であるという保証はない．

一方，キノコでは，従来から^{137}Cs濃度が高い傾向にあるため，福島原発事故の影響が小さい地域でも，比較的高い^{137}Csが検出される可能性がある．半減期が短い^{134}Csは事故以前にはほとんど検出されていなかったことから，^{137}Csと^{134}Csの比を調べることにより，福島原発事故由来の放射性セシウムか否かを判定することができる．

3）他の核種との比較

チェルノブイリから放出された他の放射性核種に比べて放射性セシウムはキノコに濃縮されやすい．たとえば，スウェーデンのキノコ中の^{90}Sr/^{137}Cs比として，0.001～0.021%が報告されたが，これはチェルノブイリからのフォールアウト中の比1%よりも2～3桁低い．同様の結果は，安定元素の分析によっても得られており，キノコは植物に比べると，ルビジウム，セシウム（アルカリ元素）をよく吸収し，カルシウム，ストロンチウム（アルカリ土類元素）は吸収しにくいことが明らかになっている．

環境中での挙動と人の被ばくへの寄与が注目されるその他の放射性核種，たとえば，トリウム，ウラン，プルトニウムなどはキノコには集積されにくい．

4）キノコを食べることによる被ばく線量

1993年にわが国で通常流通している食用キノコ約100試料を分析した結果によると，^{137}Cs濃度は全体的に低く，中央値は13.0 Bq/kg（乾）であった．これは，人工栽培に用いられる菌床や原木中の^{137}Cs濃度が低いためである．2000年に行われた調査ではこの値はさらに半分以下に減少していた．日本人が食用キノコを食べることにより^{137}Csから受ける実効線量は年間 4×10^{-5} mSv（放射線が人体に与える影響の程度を表す単位）以下と非常に低く，自然界から1年間に受ける線量2.4 mSvの約0.002%以下であった．この値は野生キノコばかり食べたとしても1.3×10^{-3} mSv程度である．ただし，他の食品中の^{137}Cs濃度が非常に低いため，日本人が食品全体から摂取する^{137}Csに対するキノコの寄与は約28%と高かった[2)]．

5）放射性セシウムの濃度を左右する因子

野生キノコ中の^{137}Cs濃度は菌根菌の方が腐生菌よりも高い傾向にある．一方で，実験室内で菌を培養すると腐生菌であるにもかかわらず子実体中に高濃度のセシウムを濃縮するものがある．したがって，菌根菌と腐生菌の濃度差は，菌の性質よりむしろそれぞれのグループが菌糸をはっている場所の違いに由来すると考えられる．1990年にわが国の野生キノコを菌糸の場所に従って分類した上で子実体中の濃度を比較した結果によると，土壌表層の菌で最大値を示した．土壌中の^{137}Cs濃度の最大値も表層にあり，キノコのピークと土壌のピークは一致していた．また，ヨーロッパの森林では，チェルノブイリ事故由来の放射性セシウムが土壌中を深さ方向に移動するにつれて，高濃度を示すキノコ群が変化することが観察された．これらのことから，菌糸の位置はキノコ中の^{137}Cs濃度を決定する重要な因子の1つである．

一方で，同じ位置に菌糸があっても，あるいは同じ条件で培養しても，種によって濃縮の程度は異なる．これまで，濃縮種として報告されているものには，たとえば，フウセンタケ属 *Cortinarius* spp.，ササタケ属 *Dermocybe* spp.，キツネタケ *Laccaria laccata*，ヒダハタケ *Paxillus involutus*，ニガイグチ *Tylopilus felleus*，ニセイロガワリ *Boletus badius* などがある．また，ワカフサタケ属 *Hebeloma* spp. のキノコは，わが国の調査でセシウム濃縮菌であることが明らかになっている．

また，土壌pHが低いと，キノコ中の^{137}Cs濃度が高い傾向にあること，カリウムの存在はセシウムの吸収を阻害することなどが報告されている．

福島原発事故の後，原木シイタケの汚染が広い範囲で報告されている．この原因としては，①原木の表面が事故によって放出された放射性セシウムによって直接汚染された，②原木を森林内に並べることによって，樹冠から降水で洗い落とされた放射性セシウムが原木や発生したシイタケを汚染した，③樹木の根や樹皮から吸収された放射性セシウムによって原木の内部が汚染された，などが考えられる．すなわち，使用する原木の汚染状況と栽培環境が考慮すべき重要な因子となる．菌床の利用に関しては，使用するオガ粉の汚染状況が重要である．上記のうち，事故の直後は①と②が重要であり，より長期には③の管理が必要になる．

キノコ中の放射性セシウムは柄よりも傘に，しかもひだに濃縮する傾向がある．菌糸におけるセシウムの吸収機構と菌体内での存在形態については，定量的な議論には至っておらず不明な点が多い．これまでに，^{137}Csの吸収はアルカリ元素の存在で減少し，Kチャンネルの関与が示唆されること，安定NMR測定結果からイオン系と非イオン系のセシウムの存在が示され，タンパク質などの高分子との結合は見られないこと，走査型電子顕微鏡＋エネルギー分散型X線分析装置（SEM-EDX）により細胞質内でのリンとの共存が示唆されること，などが報告されている．

6）バイオインディケーターとしてのキノコ

土壌の放射能汚染をモニターするためにキノコを用いる試みがなされている．たとえば，ニセイロガワリ *Boletus badius*（274試料）中の ^{137}Cs を分析することにより，ポーランド全土の汚染地図がつくられている．しかし，ヨーロッパと旧ソ連諸国のキノコ中の ^{137}Cs 濃度をレビューした結果によると，土壌からキノコへの移行係数（キノコ中の濃度／土壌中の存在量）は，ニセイロガワリ *Boletus badius* 一種に限っても3桁ほどの幅をもつ．すなわち，土壌の汚染を定量的に知る手段としては信頼性が低い．

放射性セシウムを測定することにより，菌糸の位置についての情報も得られる．$^{134}Cs/^{137}Cs$ 比，^{137}Cs/安定Cs比等について，土壌と子実体の値を比べることで，菌糸の位置を特定できることが報告されている．

7）森林での放射性セシウムの挙動にはたす菌の役割

キノコ中の放射性セシウムは，事故直後の状況を除くと，大気から直接沈着したものではなく，土壌などの培地に蓄積している放射性セシウムが菌糸を経由して子実体に濃縮されると考えられる．

森林に沈着した放射性セシウムは，時間とともに，土壌の腐植（F+H）層あるいはその直下の表層土壌に移行し，その場所に長期間とどまる．このような土壌中の深度分布は，チェルノブイリ事故の影響をほとんど受けていない日本の森林（福島原発事故以前）でも観察された．すなわち，大気中核実験由来の放射性セシウムが50年近く経過した現在でも土壌の表層にとどまっていることを示している．これは，放射性セシウムが比較的短期間のうちに森林の栄養塩サイクルに取り込まれることにより，植物などを含めた土壌表層付近を循環しているためと考えられている．チェルノブイリ事故から12年が経過したベラルーシの森林において，事故由来の ^{137}Cs と森林にもともと存在する安定セシウムが生物的循環の中でほぼ平衡状態になっていることが確認されている．

菌類の菌糸はこのような森林における放射性セシウムの循環と保持に関与していると考えられている．キノコ（子実体）周辺の菌糸のバイオマスを見積もり，菌糸が地上の子実体と同じ濃度の放射性セシウムを含むと仮定することで，土壌中の ^{137}Cs の30～40％が菌糸に保持されていると見積もられている．また，菌が放射性セシウムを含む有機物を分解することで，土壌中には植物などに利用可能な放射性セシウムが絶えず供給される．共生菌の存在によって植物への放射性セシウムの吸収が変化することも報告されつつある．

（吉田　聡）

＊引用文献
1) Yoshida S, Muramatsu Y (1994) Environ Sci 7 : 63-67
2) Ban-nai T, et al. (2004) J Radiat Res 45 : 325-332

＊参考文献
村松康行ほか（2001）放射線と地球環境—生態系への影響を考える．研成社，東京
吉田　聡（2012）原発事故による森林生態系への影響．東日本大震災後の放射性物質汚染対策（齋藤勝裕 監修）．エヌ・ティー・エス，東京

5 モデル生物としての菌類

序

ここで取り上げる11種の菌類は，それぞれ興味ある特徴をもち，対象となる研究において優れた“モデル生物種”である．それぞれの分類学上の特徴については基礎編の第1章を参照されたい．われわれ人間の生活には，菌類が深くかかわっており，その関連研究分野は，基礎生物学から遺伝学，生化学，発酵工学，農芸化学，薬理学，ヒトを含む動物に対する病原性・毒性，さらに農業分野での植物病理学など多岐にわたる．

キイロタマホコリカビ（*Dictyosterium discoideum*）は，原生生物界に属する菌類で細胞性粘菌の代表種であり，その生活環は独特である．一方，接合菌類に属するヒゲカビ（*Phycomyces blakesleeanus*）は，刺激受容のモデル生物として古くから使用されている．*Aspergillus* 属で日本人になじみ深いのは醸造などに使用されるコウジカビ（*Aspergillus oryzae*）であるが，基礎研究の場では掛け合わせによる遺伝学的解析が可能な *A. nidulans* がその属のモデル生物としてよく研究されている．植物病理学分野では，菌類が原因となる多数の植物病が知られており，それらはときに農作物へ甚大な被害をもたらす．植物病原菌のモデル生物として，子嚢菌類のイネいもち病菌（*Magnaporthe oryzae*），担子菌類のトウモロコシの黒穂病菌（*Ustilago maydis*）を紹介する．人体に侵入し病気を引き起こす医真菌についてはクリプトコックス属の *Cryptococcus neoformans* を取り上げた．担子菌のスエヒロタケ（*Schizophyllum commune*）は木材腐朽型のキノコであり，また，ウシグソヒトヨタケ（*Coprinopsis cinerea*）は，その名前が示すように子実体の形成速度が速いことなどからキノコの形態形成モデルとなっている．

菌類の中でも基礎生物学研究のモデル生物として広く貢献してきたのは，出芽酵母（*Saccharomyces cerevisiae*）と分裂酵母（*Schizosaccharomyces pombe*）の両酵母とアカパンカビ（*Neurospora crassa*）である．醸造やアルコール発酵にかかわる酵母は出芽酵母であり，人間生活との結びつきは有史以前にまでさかのぼる．さらに酵母は，実験室で容易に培養することができ，単細胞，単核の真核生物という点で扱いやすく，優れた研究材料となっている．一方，アカパンカビは突然変異株を用いた遺伝学の基礎研究において優れた実験材料である．最初に全ゲノムの情報が明らかにされた真核生物は出芽酵母で，1996年のことであった．その後，次々と菌類の全ゲノムの解析が進んでいる．Fungal Genome Initiative（http://www.broadinstitute.org/annotation/fungi/fgi/）を参照されたい．糸状菌として最初にゲノム解析が行われたのは *N. crassa* であったが，その後，*A. nidulans, M. grisea, U. maydis, C. neoformans, C. cinerea, S. commune* などでもゲノム解析が進められ，その情報は次々と公開されている．

ここにモデル生物として取りあげられた菌類は，他の多くの菌類を代表とするもので，ヒトを含めた全生態系への菌類の関与・重要性を理解していく上で鍵となる生物種といえる．それぞれの菌類のモデル生物としての特徴，有用性について以下に概説する．

（田中秀逸・井上弘一）

＊参考文献

R/J Biology 翻訳委員会 監訳（2007）レーヴン/ジョンソン生物学下，原書第7版．培風館，東京，pp599-616

Webster J, Weber RWS（2007）Introduction to Fungi, 3rd ed. Cambridge Univ. Press, Cambridge

5.1 キイロタマホコリカビ *Dictyostelium discoideum*

細胞性粘菌の代表種として，広く研究に用いられている．細胞性粘菌は土壌表層に棲息する真核微生物で，通常は単細胞アメーバとしてバクテリアを捕食しながら増殖しているが，飢餓を引き金として多細胞化し，胞子と柄細胞への細胞分化を伴う子実体を形成する．一方，暗条件と過剰な水分では有性生殖が誘導され，マクロシスト（macrocyst）を形成する（図 5.1.1）（詳細は基礎編 1.8.2 項参照）．この独特の生活環から，呑食作用，細胞分裂，走化性運動，細胞間コミュニケーション，細胞分化，形態形成，配偶子間相互作用といったさまざまな基本的生命現象の解析に魅力ある研究材料となっている．培養や人為的発生開始等の実験操作がきわめて容易であることに加えて，ゲノム，cDNA の情報が整備されており，新しく開発される分子生物学的手法がほとんど問題なく適用可能になるなど，モデル生物としての優れた特質を備えている．近年は病原微生物との相互作用についての研究も精力的に展開されている．

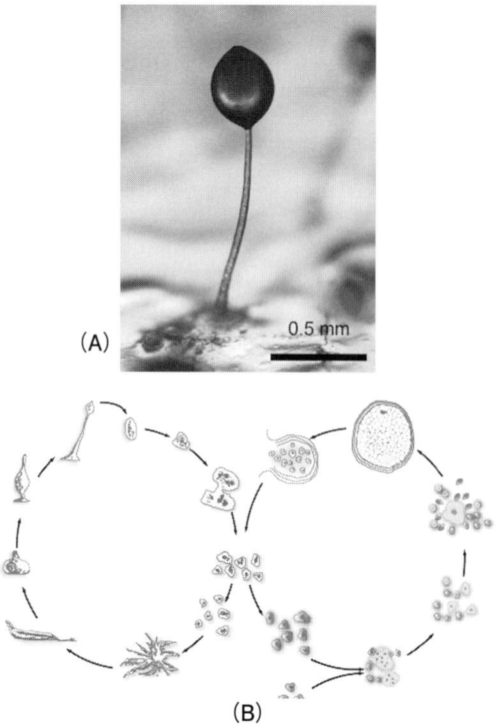

■図 5.1.1　キイロタマホコリカビの子実体（A）と生活環（B）
無性的生活環（B）ではアメーバが分泌する cAMP に対する走化性で細胞が集合する．cAMP はモルフォゲン（morphogen）としても作用する．また，有性的生活環における細胞集合にも使用される．

5.1.1 標準株と培養，テクノロジー

標準株としては，NC4 とそれに相補的な交配型の V12 が用いられてきた．餌となるバクテリアとともに栄養寒天培地上で 20 ～ 22℃で培養することにより，容易に維持できる．NC4 からはマクロピノサイトーシス（macropinocytosis）活性（細胞外の溶液や高分子・微粒子などを取り込む作用）が高いために無菌栄養培地で増殖可能な変異株（AX2, AX3 など）が得られていて，生化学的・分子生物学的解析に適していることから今日ではこれらの株が標準的に使用されている．エレクトロポレーション法による形質転換系が確立されており，相同組換えによる遺伝子破壊，強制発現，RNAi など，遺伝子操作にかかわる手法のほとんどが適用可能である．大腸菌とのシャトルベクターはゲノムへの挿入箇所による影響を排除でき，さらに導入遺伝子のコピー数を増やすことができるなどの利点がある．

5.1.2 ゲノムとリソース

有性生殖過程の一時期を除いて，生活環のほとんどが単相体である．マクロシストの発芽率が低いため有性生殖は遺伝解析に使用されていないが，簡便な遺伝子操作技術がこれを十分補完している．6 本の染色体に分かれた全長約 33.8 Mbp のコンパクトなゲノムで，遺伝子数は約 12,500 個と推定されている[1]．（A＋T）含率が 78％と高く，1 ～ 3 塩基の短いリピートが多い，多数の遺伝子ファミリーをもつ，などの特徴がある．また，ヒトの疾患に関係する遺伝子のオルソログ（orthologue）が

数多く見いだされている．

標準株と各種の変異株，遺伝子DNAなどの細胞性粘菌リソースは，ナショナルバイオリソースプロジェクトの中核拠点によって維持管理され，国内外の細胞性粘菌研究者はもとより，新しい実験系の導入や系統進化解析に興味のある新規ユーザーを支援するために，リクエストに応じて広く提供されている[2]．

（漆原秀子）

＊引用文献

1) Eichinger L, et al. (2005) Nature 435 : 43-57

2) Urushihara H (2009) Exp Anim 58 : 97-104

＊参考文献

阿部知顕・前田靖男 編（2012）細胞性粘菌：研究の新展開：モデル生物創薬資源・バイオ．アイピーシー，東京

Eichinger R, eds. (2006) *Dictyostelium discoideum* protocols (Eichinger L, Rivero F, eds.). Humana Press, Totowa

Kessin RH (2001) *Dictyostelium*—Evolution, cell biology, and the development of multicellularity. Cambridge Univ. Press, New York

漆原秀子（2006）細胞性粘菌のサバイバル：環境ストレスへの巧みな応答．サイエンス社，東京

5.2 ヒゲカビ *Phycomyces blakesleeanus*

5.2.1 発見・記載・系統

ヒゲカビを最初に記載したのはAgardhであり，いまから190年以上前の1817年にさかのぼる[1]．このとき，緑がかった巨大な胞子嚢柄（sporangiophore, 特に巨大を表現するときにはmacrophore）は“カビ”と思われずに“緑藻”の一種として*Ulva nitens*と命名された．1823年にKunzeはこの“緑藻”が“カビ”であることを認めて，*Phycomyces*属を与えた．1925年にはBurgeffが*P. nitens*を再検討し，*P. nitens* Kunzeと*P. blakesleeanus* Burgeffに分類した．両者は胞子の長径により区別され，前者は15～30 µm，後者は8～12 µmとされる．他に球形の胞子をもつ*P. microsporus* van Tieghemの記載等がある．日本では前出の2種が知られ，初認は1900年で，乾による東京小石川の白米店で穀屑を捨てたところに発生した記録（*P. nitens*）とされる[2]．

1904年Leonianが，Blakesleeの収集株をNRRL（Northern Regional Research Laboratory, 現ARS：Agricultural Research Service）に移管し，続いてカリフォルニア工科大学のDelbrückの研究室でそれらが積極的に利用される過程で多数の変異株が生み出された．現在研究に用いられている株のほとんどは*P. blakesleeanus* NRRL1555（－）株およびそれ由来の変異株である[1]．

5.2.2 ヒゲカビの特徴

ヒゲカビは，いわゆる“カビ”の中で特に大型の種として知られ，髪の毛の太さに相当する直径約100 µm，高さ10 cm以上にもなる胞子嚢柄を多数形成し，その頂端に多核の胞子を含む胞子嚢（sporangium）を1つつける（無性生殖，asexual reproduction）（図5.2.1左）．胞子嚢柄は隔壁のない多核体（ケノサイト，coenocyte）で

■図 5.2.1　ヒゲカビの無性生殖と有性生殖（原図：宮嵜）

直立無分枝の単純な形態であるが，光や重力，気流などに敏感に応答して屈性を示すことから,「刺激受容—情報伝達—応答反応」系を解析するためのモデルの1つになっている．なお，暗所では小型（高さ～3 mm ほど）の胞子嚢柄（microphore）も形成する．また，（+）と（−）の性をもち，接近した菌糸間において一連のダイナミックな形態形成（morphogenesis）を伴いながら接合（conjugation）により0.3～0.5 mm の接合胞子（zygospore）をおのおの1つ形成する（有性生殖 , sexual reproduction）（図 5.2.1 右）．培養には通常ポテト，デキストロース，寒天培地（PDA 培地）が用いられ，20℃付近が適温である．接合は光で阻害を受けるので，接合胞子の形成を見るには暗所で培養する．

変異株には大きく分けて，運動反応変異株，栄養要求性変異株，薬剤耐性変異株，形態的変異株，β-カロテン合成変異株が存在する．光屈性変異株（運動反応変異株）や β-カロテン合成変異株の解析により，そのプロセスにかかわる遺伝子数の推定や変異の生理特性が明らかにされ[3]，また，胞子嚢直下肥大変異株（形態的変異株）の解析により，光屈性における分光的作用の重要性が明らかにされてきた[4]．しかし，このような多彩な変異株がありながらその利用は十分でないのが現状である．現代の生物学的解析の要になる有効な形質転換系が開発されていないことが大きな原因と思われる．

5.2.3　ゲノム解析とトピック

ヒゲカビ研究の世界でもゲノム情報を解読するプロジェクトが発足し，2007年1月にはNRRL1555（−）株全ゲノムのデータベース（DB）がJoint Genome Institute より公開された．この成果に前後して，ヒゲカビ研究における魅力の源であった，光屈性変異の原因遺伝子 *madA*[5] および性決定遺伝子座（sex locus）[6] の同定が報告された．ゲノム DB の公開により，種々の変異遺伝子の同定など研究の進展が期待される．

現在日本において，ヒゲカビ野生株およびその変異株はISU（Ishinomaki Senshu University）コレクションで保存管理されている[1]．

（宮嵜　厚）

＊引用文献

1) 宮嵜　厚 (2008) 日本微生物資源学会誌 24 : 153-154
2) 出川洋介・酒井きみ (2004) 神奈川自然誌資料 25 : 75-78
3) Bergman K, et al. (1969) Bacteriological Rev 33 : 99-157
4) 大瀧　保 (2000) 日菌報 41 : 1-17
5) Idnurm A, et al. (2006) Proc Natl Acad Sci USA 103 : 4546-4551
6) Idnurm A, et al. (2008) Nature 451 : 193-196

＊参考文献

Cerdá-Olmedo E, Lipson ED (1976) Phycomyces. Cold Spring Harbor Lab, New York
伊藤澄夫 (1985) 生物観察実験ハンドブック（今堀宏三ほか編）．朝倉書店，東京，pp18-20
大瀧　保ほか (1994) 日菌報 35 : 111-125
大瀧　保・吉田香織 (1977) 採集と飼育 39 : 295-303

5.3 出芽酵母 *Saccharomyces cerevisiae*

Saccharomyces cerevisiae（以下，出芽酵母と呼ぶ）を有用なモデル生物にしている主な要因として以下のことがあげられる[1]．

①形質転換を指標にしたDNA導入法の確立[1]．

②宿主・ベクター系の開発・改良．これにより細胞内でプラスミドとして自律増殖する多コピーベクターおよび低コピーベクター，あるいは染色体に組み込まれるベクターなどを目的に応じて選択することができる．

③大腸菌遺伝学と出芽酵母遺伝学の融合．多くの出芽酵母ベクターは大腸菌と出芽酵母の両方の宿主で複製できるシャトルベクターにつくられているので，プラスミドの構築や増幅，さらに出芽酵母細胞からのプラスミドの回収も大腸菌を経由して容易に行われる．

④出芽酵母のゲノムの全塩基配列の決定と公開．この塩基配列情報から約6,000個のORFが推定されている（SDG http://www.yeastgenome.org/ 参照）．

出芽酵母の宿主・ベクター系を用いて種々の遺伝子機能解析法および検索法が開発された．塩基配列から推定されるORFが遺伝情報をもつかどうか，もつ場合にはどのような働きをもつかを調べる第一段階として，ORF機能を破壊した変異体をつくり，その表現型を調べることがなされる．出芽酵母では遺伝子の破壊法が効率的に行える．ツーハイブリド法[1]では基準とするタンパク質と物理的に相互作用するタンパク質をコードする遺伝子を同定することができ，多コピーサプレッサーの分離[2]によって，基準とする遺伝子と機能的に関連する遺伝子群を検索することができる．基準とする変異遺伝子と合成致死を示す遺伝子の検索[3]も可能である．

出芽酵母は一倍体の状態でも二倍体の状態でも安定に生育でき，生活環の制御も容易である．四分子解析など従来の遺伝学的実験法に大腸菌遺伝学や組換えDNA実験法が加えられて精密な遺伝子の機能解析が可能である．（東江昭夫）

＊引用文献

1) Hinnen A, et al. (1978) PNAS 75 : 1929-1933
2) Field S, Song O (1989) Nature 340 : 245-246
3) Bender A, Pringle JR (1991) Mol Cell Boil 11 : 1295-105

＊参考文献

Guthrie C, Fink GR, eds.（1991）Method Enzymol 194

5.4 分裂酵母 *Schizosaccharomyces pombe*

分裂酵母（fission yeast）は子嚢菌類に分類される真核微生物であるが，隔壁形成による二分裂により増殖する点で出芽酵母とは異なる．分子系統解析から，比較的早期に他の出芽酵母から分岐したと推定される．したがって，*Saccharomyces cerevisiae* に代表される出芽酵母と比較研究することにより真核生物に固有の性質を浮き上がらせることができる．分裂酵母は真核的な細胞構造をもち，遺伝子発現系などの基本的な生命過程も高等動植物と共通性が高い．さらに，イントロンをもつ遺伝子の頻度が高いことや，細胞周期の M 期における染色体の凝縮（chromosome condensation），複雑なセントロメア（centromere）や複製起点（replication origin）をもつ染色体構造をとる点などからも，*S. cerevisiae* より高等真核生物と近いのではないかと考えられる．このような理由から真核細胞のモデル生物として重用され，細胞周期の研究をはじめ生命科学の進歩に大きく貢献している．モデル生物としての分裂酵母の特徴を以下に列挙する．

①培養が容易で，取り扱いがたやすく，また病原性もなく安全である．成長が速いことに加え，短時間で有性生殖サイクルを回すことができる．

②遺伝学研究の実験生物として豊富な情報が集積している．薬剤などによる種々の突然変異体の単離，部位特異的変異の導入，遺伝子破壊（gene disruption）なども容易に行える．

③有性生殖（sexual reproduction）と無性生殖（asexual reproduction）の交代を人為的にコントロールできる．これを利用して優劣試験，相補性試験（complementation test），四分子解析（tetrad analysis）などの基本的な遺伝解析が行える．

④宿主・ベクター系が確立しており，さまざまな組換え DNA の基盤技術が確立している．*in vitro* で改変した遺伝子をプラスミドや染色体組込みにより形質転換し，機能解析することができる．

⑤ゲノムプロジェクトが完了し，豊富なゲノムワイドな情報が集積され，ネット上で利用できる．たとえば，英国サンガー研究所の GeneDB（http://www.genedb.org/genedb/pombe/index.jsp）などのサイトが有用である．

ゲノムサイズは約 12.5 Mbp で，染色体数は 3 と少ない．タンパク質コード遺伝子は確実なものに限ると 5,052 個である．2010 年にはゲノムワイドな遺伝子破壊が報告された．分裂酵母ゲノムの統計的なデータは次のウェブサイトでアップデートされているので，詳しくはこれを参考にされたい．

http://www.pombase.org/status/statistics

⑥突然変異株や DNA クローン，各種ライブラリーなどの遺伝資源（genetic resource）を収集，保存，配布するセンター（たとえばわが国のナショナルバイオリソースプロジェクト http://yeast.lab.nig.ac.jp/nig/）が活動しており，研究しやすい環境が整備されつつある．（下田　親）

＊参考文献

Egel R, ed.（2004）The molecular biology of *Schizosaccharomyces pombe*, Springer, Berlin

大隅良典・下田　親 編（2007）酵母のすべて，シュプリンガー・ジャパン，東京

5.5 アカパンカビ *Neurospora crassa*

アカパンカビは，真正子嚢菌類タマカビ目に属する糸状菌である．野生株では菌糸およびその先端がくびれることで生じる無性胞子（分生子 conidia）が濃いオレンジ色を呈する（図 5.5.1）．ゲノム解析の結果，約 9,800 の遺伝子をコードすると予想されている．ゲノムサイズは遺伝学の実験材料としてよく使用されているショウジョウバエの約 1/3 に当たる．アカパンカビは基礎研究分野において，遺伝学，分子生物学，細胞学，そして進化学などにおける研究材料として独特の性質を備えている．アカパンカビが一般に知られるようになったのは，Beadle と Tatum が代謝経路の各段階で働く酵素とそれをコードする遺伝子との関係を明らかにした「一遺伝子一酵素説（one gene one enzyme theory）」（1941 年）の実験材料として用いられたことによる．有性生殖では，異なる交配型（*A* と *a*）の一対の核が融合し，その後ただちに減数分裂に入り，さらにそれに続く 1 回の体細胞分裂を経て，独立した 1 つの袋（子嚢 ascus）の中に一列に並ぶ 8 つの子嚢胞子（ascospore）を形成する．これを利用して減数分裂過程での交叉（crossing over）の研究，染色体再配列（chromosome rearrangement）の解析などに使用された．また，無性胞子の形成が日周リズム（circadian rhythm）を示すことから概日リズム研究のすぐれた研究材料となっている．さらに，このカビにおいては 3 種の遺伝子サイレンシング機構「クエリング（queling），repeat-induced point mutations（RIP），meiotic silencing by unpaired DNA（MSUD）」が発見されている．ヒストンのメチル化を介した DNA メチル化制御機構も，他の生物に先んじてこのカビで見いだされた．またポストゲノム研究に必須である遺伝子ターゲッテング（gene targeting）や遺伝子置換（gene replacement）の技術も確立されている[1]．

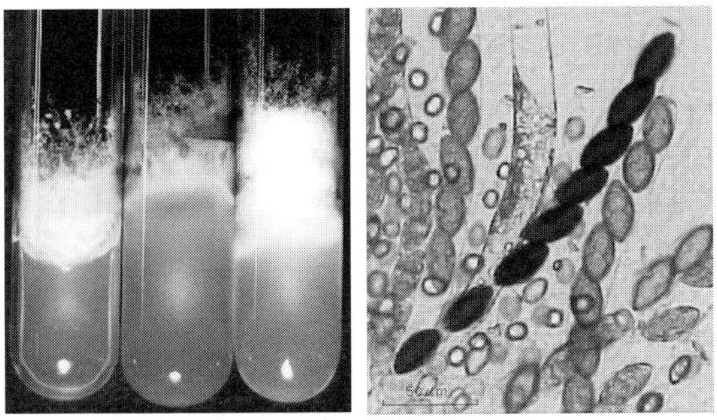

■図 5.5.1 アカパンカビの分生子（左側）と子嚢胞子（右側）

以下にモデル生物としてのアカパンカビの利点をまとめる．

①病原性や毒性がなく単純な組成の合成培地で培養，掛け合わせが可能である．

②ヘテロカリオン（heterokaryon）による相補性試験や掛け合わせなどによる遺伝学的解析が容易である．有性生殖で生じる半数体の子孫（子嚢胞子）は，そのひとつひとつが実体顕微鏡下で単離でき，順列四分子（ordered tetrad）としても，非順列四分子（unorderd tetrad）としても解析が可能である．

③生活環のほとんどは単相体（haploid）で，染色体数は 7 である．遺伝学的および物理的地図解析などが行われた．また，減数分裂や子嚢胞子形成における染色体の形態や動態の研究データも蓄積されている．

④ゲノムサイズは約 40 Mbp で，ゲノムには特別な場合を除き重複する DNA 配列はなく，トランスポゾン（transposon）は存在しない[2]．

⑤形質転換（transformation）実験も容易で，ゲノム上の特定の DNA 配列を標的にした特異的遺伝子置換，あるいは破壊が高効率で行える．そのほか分子生物学的研究のためのツールやゲノム解析方法も整っている．

⑥栄養成長，有性生殖期などにおいて異なる性質・形の細胞に分化する．その過程を研究するのに有効な形態的突然変異株が多数単離されている．

⑦株の保存が容易である．Fungal Genetics

Stock Center（FGSC, University of Missouri, Kansas City, Missouri, USA）を中心に1万株を超える突然変異体，染色体再配列変異体の保存がある．また，現在ゲノム情報に基づいた全遺伝子の破壊（KO）株の作製が進んでいる[3]．KO株はFGSCから分与される．

⑧アカパンカビに関したさまざまな情報は，Webを介して公開されている．詳細については以下のホームページを参照されたい．

- ストックセンター/FGSC： http://www.fgsc.net/
- アカパンカビ研究に関するホームページ：http://www.fgsc.net/Neurospora/neurospora.html
- アカパンカビゲノムデータベース：http://www.fgsc.net/Neurospora/NeurosGenome.htm.

（田中秀逸・井上弘一）

＊引用文献

1）Ninomiya Y, et al. (2004) Proc Natl Acad Sci USA 101 : 12248-12253
2）Borkovick K, et al. (2004) Micro Mole Bio Rev 68 : 1-108
3）Colot et al. (2006) Proc Natl Acad Sci USA 103 : 10352-10357

＊参考文献

Davis RH (2000) Neurospora—Contribution of a model organism—. Oxford Univ. Press, New York
Webster J, Weber RWS (2007) Introduction to Fungi, Third Edition, Cambridge Univ. Press, Cambridge

5.6 コウジカビ属の一種 *Aspergillus nidulans*

Aspergillus 属糸状菌の中にはコウジカビ（*A. oryzae*）のように日本酒，醤油などの醸造に使用される産業上有用な種も多数存在する一方，人間に対する病原菌 *A. fumigatus*，強力な発がん剤であるアフラトキシンの生産菌 *A. flavus*, *A. parasiticus* など人間の生活に対して有害なものも知られている．*Aspergillus* という属名はアナモルフ（無性世代）に対してつけられた属名（アナモルフ名，anamorph）であるが，*A. oryzae* などとは異なり *A. nidulans* はテレオモルフ（有性世代）が見つかっており，そのテレオモルフにつけられた名前（テレオモルフ名, teleomorph）は *Emericella nidulans* である（最近 *A. fumigatus*, *A. flavus*, *A. parasiticus* にも有性世代の存在が発見されそれぞれテレオモルフ名が新たに命名されている[1-3]）．*A. nidulans* は元来土壌中などで生育する糸状菌であるが，早くから有性世代が発見されていたため古典遺伝学的手法（掛け合わせ）を用いて遺伝学的解析が可能であったこと，無性胞子である分生子が単核であるため変異株が取得しやすいことなどの理由で糸状菌のモデル生物として研究に用いられてきた．遺伝学的情報の蓄積などにより種々の分子生物学的手法も糸状菌の中では早くから確立されてきた．*A. nidulans* はペニシリンを生産すること，アフラトキシン生合成における中間体を生産することなどから二次代謝産物の生合成経路の解析にも利用されている．

A. nidulans の掛け合わせの方法については Todd et al.[4] に詳述されている．*A. nidulans* ではこれまでに多種の変異株が分離され解析されているが，これら変異株は野生株とともに Fungal Genetics Stock Center（http://www.fgsc.net/）より入手可能である．*A. nidulans* の一般的な取扱い方についても同Webサイトより知ることができる．現在ではゲノム中の目的の部位に高効率でDNA断片を導入することが可能な株も開発され，

遺伝子破壊の手法を用いて個々の遺伝子の機能解析が比較的容易に行えるようになっている[5]．

A. nidulans の全ゲノム配列は *A. oryzae*，*A. fumigatus* とともに2005年に公開されている[6]．*A. nidulans* のゲノムサイズは30.1 Mbpで，そのゲノムには約10,900の遺伝子がコードされている．*A. nidulans* の個々の遺伝子に関する情報は *Aspergillus* Genome Database（http://www.aspgd.org/）より入手可能である．一方，*A. oryzae* のゲノムサイズは37.9 Mbpで，約12,000の遺伝子をもち，*A. nidulans* と比較して二次代謝にかかわる遺伝子，プロテアーゼ等の加水分解酵素遺伝子を多くもつことが明らかになっている[7]．

（堀内裕之）

＊引用文献

1) O'Gorman CM, et al. (2009) Nature 457 : 471-474
2) Horn BW, et al. (2009) Mycologia 101 : 423-429
3) Horn BW, et al. (2009) Mycologia 101 : 275-280
4) Todd RB, et al. (2007) Nat Protoc 2 : 811-821
5) Szewczyk E, et al. (2006) Nat Protoc 1 : 3111-3120
6) Galagan JE, et al. (2005) Nature 438 : 1105-1115
7) Machida M, et al. (2005) Nature 438 : 1157-1161

5.7 イネいもち病菌 *Magnaporthe oryzae*

いもち病は漢字で稲熱病と表記されることから知れるように，古くからイネの病気として甚大な被害を与えてきた植物病であり，化学農薬による防除が浸透した現在でも稲作における最重要糸状菌病害である．一方，いもち病は，イネに限らず，キビ，アワ，小麦，シコクビエなどのイネ科穀物やメヒシバ，エノコログサなどのイネ科雑草などにも発生する．これらはすべてイネ科植物いもち病菌が原因であるが，単離された各菌系はそれぞれ1つまたは少数の宿主植物にのみ病原性を示し，同菌には病原性の分化があることが知られている（図5.7.1）．

いもち病菌に関する最初の報告は，1880年のCookeによるメヒシバいもち病菌 *Pyricularia grisea* である．その後，1971年にHebertがメヒシバいもち病菌で完全世代の形成に成功し，そのテレオモルフ（teleomorph）は1977年にBarrにより *Magnaporthe grisea* と命名された[1]．この *M. grisea* がイネ科植物いもち病菌を代表する学名として一時広く使われたが，形態，病原性や交配に基づく生物学的な特徴は，イネ菌を含む栽培植物寄生菌がメヒシバ菌とは別種であることを示

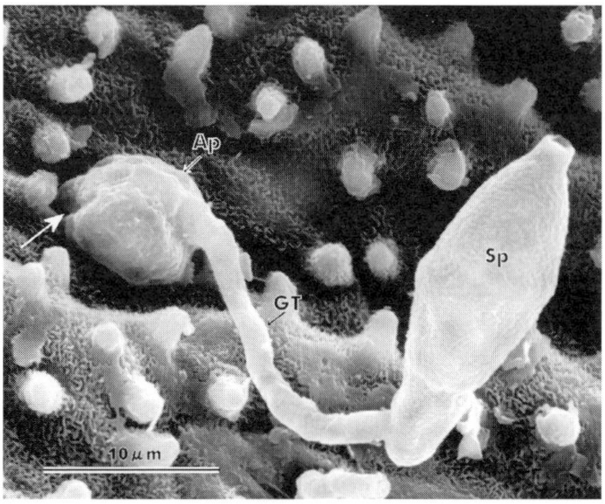

■図5.7.1　いもち病菌の分生胞子と付着器
Ap：付着器，GT：発芽管，Sp：分生胞子（写真は石川県立大学古賀博則氏提供）．

唆しており[2]，また，近年の分子系統解析もそれを支持したことから[3]，イネ菌，アワ菌，コムギ菌などの栽培植物寄生菌群を *M. grisea* と区別して *M. oryzae* と表記することが近年提案された．

イネいもち病菌は，植物-病原糸状菌相互作用のモデル系と目されており，植物病原性糸状菌として最初にゲノムが解読された[4]．本菌がモデル糸状菌となった主な理由としては，①重要植物病原菌であり経済的なインパクトが大きい，②培養が平易であり，形質転換系が利用可能である，③交配が可能な菌系が存在し，遺伝解析ができる，④病原性の分化があり，イネの抵抗性遺伝子との対応が遺伝的に明らかになっている，⑤宿主であるイネのゲノム配列が決定されている，などがあげられる．

リリース7によるアノテーションでは，イネいもち病菌のゲノムサイズは約 41.03 Mbp，遺伝子数が 12,827 個とされており，分類学的に近縁のモデル糸状菌であるアカパンカビのゲノムサイズ 41.0 Mbp，遺伝子数 9,730 個（2013 年 5 月現在のアノテーションに準拠）と比較するとやや遺伝子数が多い特徴がある．イネいもち病菌で遺伝子数の増大が見られた遺伝子群としては，二次代謝に関与するチトクローム P450，ポリケチド合成酵素，宿主の細胞壁分解に関与するクチナーゼ，キシラナーゼなどの加水分解酵素，また外界のシグナル認識にかかわる G タンパク質結合レセプターなどがあげられる[4]．また分泌タンパク質と想定される遺伝子が多いことも特徴であり，700 ～ 1,300 個の分泌タンパク質をコードすることが予測されている．植物病原菌の植物宿主との相互作用には，分泌性のエフェクタータンパク質（毒素，細胞壁分解酵素や非病原力遺伝子産物など）が重要な役割を果たすと考えられ，本菌の生理的な特徴とよく符合している．ここにあげたイネいもち病菌ゲノムの特徴は，ムギ類赤かび病菌などでも共通して認められる傾向にあり，腐生性糸状菌から植物病原菌への進化との関連は興味深い．

（中屋敷　均）

＊引用文献

1) Barr ME (1977) Mycologia 69 : 952-966
2) Kato H, et al. (2000) J Gen Plant Pathol 66 : 30-47
3) Couch BC, Kohn LM (2002) Mycologia 94 : 683-693
4) Dean RA, et al. (2005) Nature 434 : 980-986

5.8 トウモロコシの黒穂病菌 *Ustilago maydis*

黒穂（クロボ）病菌は，担子菌門黒穂病菌綱に属する植物病原菌で，トウモロコシに感染し主に雌穂に菌こぶを形成し収穫に悪影響を及ぼす．黒穂病菌を用いた研究は，植物防疫の観点のみではなく，菌類の宿主 - 病原菌相互作用のモデル系として，また，分子細胞生物学的な研究のモデル系として，特にヨーロッパを中心にさかんに展開されている．

5.8.1 生活環と病原性モデル

この菌の植物病原性は，その生活環と密接に関係している（図 5.8.1）．土壌などに棲息する厚膜胞子（chlamydospore）は，減数分裂を経て単核一倍体の小生子（sporidia）を形成し酵母型の生活環に入り，長軸先端近傍からの出芽によって増殖する．この菌にはa，b 2つの接合型があり，これらの両者が異なる個体間で接合が起こり，二核菌糸（dikaryon）を形成し糸状菌型の成長に移行する．この二核菌糸の形成は植物感染性に必須であり，植物体に到達すると細胞内に侵襲する．植物細胞内での増殖により菌こぶ（fungus-gall）

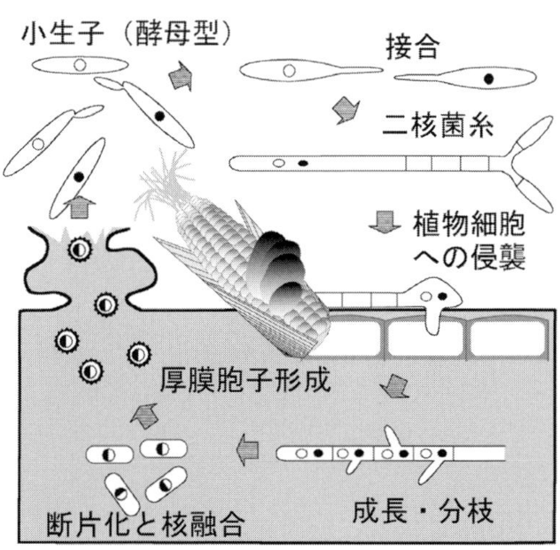

■図 5.8.1　黒穂病菌の生活環

を形成し，2 種の核の融合と菌糸の分断が起こり，それぞれに二倍体の核 1 つを含む厚膜胞子が形成される．

接合から菌糸型成長の誘導を実験室内で行う系が確立しており，接合型遺伝子を操作することにより，一倍体での菌糸成長も誘導することもできる．これらの系を用いた研究により，接合，菌糸形成，植物病原性は，プロテインキナーゼ A/MAP キナーゼのネットワークによって制御されていることが明らかになっており，これらのカスケードに関与する分子や病原性に関与する分子の同定も進んでいる．

5.8.2 分子細胞生物学モデル系

本菌種は，最も古くから分子細胞生物学的な研究のモデルシステムとして用いられてきた菌類の一種で，特に，DNA 組換え・修復に関する研究では，いわゆる「ホリディジャンクション（Holliday junction）」を介した組換え機構が，1960 年代にこの菌種を用いた研究を踏まえて提唱されたことがよく知られている．酵母型の生育様式が生活環に存在することが，本菌種の実験室での取扱いを容易にしており，相同的組換えによる遺伝子組換え技術，自律複製能をもつプラスミドによる遺伝子導入技術，多彩な誘導可能プロモーターを用いた遺伝子発現調節技術が確立している．

酵母型から菌糸型への生育相の転移は，細胞分化のモデルとしても重要であり，その制御機構に関する研究がさかんに行われている．糸状菌型の生育様式はまた，細胞の極性成長の制御機構に関する研究も可能とする．本菌の菌糸先端成長に関与する分子の多くが，高等動物の極性成長細胞である神経細胞の伸長に関与する分子と共通していることが報告されている．また本菌は，これまで知られている菌類の中では唯一，核分裂の際に染色体が核膜から脱する開放型（高等動物型）の分裂を行い，この過程に関与する分子の高等生物との共通性も指摘されている．酵母と比較して「より発達した生物系」としての特徴は，2006年に明らかにされた全ゲノム情報の検討からも示されており，酵母には存在しない高等動物との相同遺伝子が多数本菌のゲノム中にコードされていることがわかっている．（堀尾哲也）

＊参考文献

Feldbrügge M, et al.（2004）Curr Opin Microbiol 7 : 666-672
Kamper J, et al.（2006）Nature 444 : 97-101
Kronstad JW, ed.（2008）Fungal Genet Biol（Thematic Issue: Ustilago maydis）45 Suppl 1. Elsevier, Amsterdam
Munsterkotter M, Steinberg G（2007）BMC Genomics 8 : 473
Steinberg G, Perez-Martin J（2008）Trends Cell Biol 18 : 61-67

5.9 クリプトコックス属の一種（医真菌）*Cryptococcus neoformans*

クリプトコックス・ネオフォルマンス（*Cryptococcus neoformans*，テレモルフ *Filobasidiella neoformans*）は主としてエイズ発症や免疫抑制剤投与などによって免疫機能が低下した患者の肺，脳，髄膜などに感染しクリプトコックス症（Cryptococcosis）を引き起こす病原真菌である．アスペルギルス症やカンジダ症原因菌である *Aspergillus fumigatus* や *Candida albicans* と並んで，ヒト深在性真菌感染症三大原因菌の1つに数えられる重要な真菌である．

本菌は医真菌のモデルとして非常に優れた性質を有している．本菌は通常酵母として増殖するが，二極性の有性世代（teleomorph）をもつことが知られている．V8ジュース培地や干し草煎汁培地などの植物由来成分を多く含む培地を用いることで有性世代を容易に誘導することができるため，交配による古典的な遺伝解析が可能である．*A. fumigatus* は2008年になってはじめて二極性の交配型の存在と有性世代形成が報告されたが，遺伝学的解析への応用には至っていない．*C. albicans* では有性世代形成が確認されておらず，これらの病原真菌に比べて *C. neoformans* はこの点においてきわめて優れている．また，生活環のほとんどを単相（haploid）が占めるため，遺伝子破壊などによる遺伝子機能解析が比較的容易である．それに関連して，複数の栄養要求性マーカー遺伝子（たとえば *URA5*，*ADE2* など）および薬剤耐性マーカー遺伝子（ニューセオスリシン，G418，ハイグロマイシンなど）を用いた形質転換系が確立されている．一方で，安定的な複相株（diploid strain）作出，複相株から担子胞子形成を経ることによる単相株（haploid stain）取得の系も確立されており，必須遺伝子の同定も可能となっている．

また，本菌は実験動物を用いた病原性試験法も多数報告されている．最も一般的に行われるのは，マウス（mouse）を用いた試験法である．安価で遺伝的バックグラウンドが揃った系統が利用可能であることが魅力的な点である．ノックアウトマウスが次々と開発されていることも心強い．また，試験の目的に応じて静脈，気管，腹腔など接種法を選択することも可能である．一方，哺乳動物の中でも小型のため，外科的研究には不向きな面もある．そのほか，ラット（rat），ウサギ（rabbit），モルモット（guinea pig）を用いた研究例もあるが，これらはマウスに比べて大型のため，中枢神経系（central nervous system）における菌体の挙動や宿主細胞の応答の解析などに用いられることが多い[1]．哺乳動物以外の生物を用いた病原性試験法もいくつか報告されている．たとえば，ショウジョウバエ（*Drosophila melanogaster*）の体腔や体節に *C. neoformans* を接種する試験法，エレガンス線虫（*Caenorhabditis elegans*）の食餌に *C. neoformans* を混合し，消化管内に菌体を送り込む方法，ハチノスツヅリガ（*Galleria mellonella*）の幼虫に *C. neoformans* を接種する方法などが開発されている．いずれの試験法も哺乳動物に比べて倫理的問題が少なく経済的であり，ライフサイクルも短いことから取扱いの面での長所が多いが，免疫システム，感染様式が異なることや，ヒト体温すなわち37℃での試験が不可能あるいはきわめて困難であるといった短所も指摘されている[2]．

（清水公徳）

＊引用文献

1) Casadevall A, Perfect JR (1998) Animal models and veterinary aspects of Cryptococcus. Cryptococcus neoformans. ASM Press, Washington, pp325-350
2) Mylonakis E, et al. (2006) Heterologous hosts and the evolution and study of fungal pathogenesis. Molecular principles of fungal pathogenesis. ASM Press, Washington, pp215-225

5.10 スエヒロタケ *Schizophyllum commune*

スエヒロタケ（*Schizophyllum commune*）は全世界に分布する小型の木材腐朽菌である．森の枯れ木や庭の棒杭からきわめて普通に発生するほか，キノコでは例外的に人間への感染例（アレルギー性気管支肺真菌症）すら報告されており，多彩な環境への適応力がうかがい知れる．またスエヒロタケは培養も容易であり，胞子の発芽から子実体形成までの生活環がわずか2週間以内に完結するため，1世紀以上にわたって木材腐朽型のキノコにおけるモデル生物として用いられてきた（図5.10.1）．さらに他のキノコ類に先立ち研究初期段階において遺伝子導入手法が確立されていた[1]ことから，これまでにさまざまな分子生物学的解析が行われてきた．その例を以下に示す．

5.10.1 交配型遺伝子座の研究

スエヒロタケは典型的な四極性の交配型を示し，2つの単核菌糸体（monokaryon）が接合可能か否かはA遺伝子座，およびB遺伝子座によって決定される．A遺伝子座の本体がホメオドメインモチーフをもつ転写因子であること，B遺伝子座の本体がペプチドフェロモンとGタンパク質共役型レセプターであることはスエヒロタケ，およびウシグソヒトヨタケにおいて最初に確認された[2]．

5.10.2 細胞内情報伝達機構の研究

スエヒロタケにおいては交配型遺伝子座以外にも多くの遺伝子が，子実体形成や菌糸成長に関与するものとして同定されてきた[3]．それらの遺伝子の多くは細胞内情報伝達系に関与するGTP結合タンパク質（G-Protein）にかかわるものであり，ヘテロ三量体型G-Proteinαサブユニットである ScGP-1,2,（ScGPA-C），低分子量G-Proteinに分類される Ras，ScCdc42，ヘテロ三量体型G-Protein

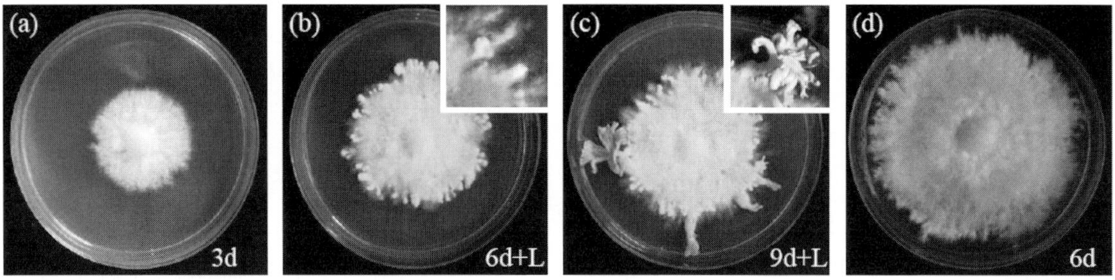

■図 5.10.1　スエヒロタケにおける子実体形成
（a）二核菌糸体を合成培地に植菌後，暗黒下で3日培養．（b）3日培養時点で光照射後3日培養．菌糸の伸長が止まり菌叢周縁に子実体原基が生じる．（c）光照射後6日培養．子実体が発生する．（d）二核菌糸体を植菌後，光照射せず6日間培養．菌糸はプレート辺縁まで伸長し，子実体原基は形成されない．

の活性を制御すると予想されるThn1，低分子量G-Proteinの活性を制御するGap1などが報告されている．またcAMP情報伝達系に関与すると予想されるA-kinaseも報告されている．

5.10.3　ハイドロフォービンの研究

ハイドロフォービン（hydrophobin）は疎水性/親水性環境の境界面で自己集合し両親媒性の膜を形成する，糸状菌類に特徴的な小タンパク質である．特にスエヒロタケにおいては，単核菌糸体ではハイドロフォービンSc3が，子実体形成時はSc1，Sc4が顕著に発現しており，気中菌糸や子実体の形成において重要な役割を果たしていることから，詳細な研究が行われてきた[4]．

5.10.4　その他

詳細な分子生物学的解析を行ううえでは，遺伝子破壊など，特定の遺伝子機能を停止させる技法が重要である．従来，キノコ類においては遺伝子破壊は困難（相同組換え効率が著しく低いことがその理由）とされてきたが，スエヒロタケにおいてはFrt1やGap1等，複数の遺伝子において遺伝子破壊実験が報告されている．また，遺伝子サイレンシング手法の成功例も報告されている．加えて近年JGI（DOE Joint Genome Institute）よりスエヒロタケH4-8株のゲノム情報が公開されたことから，スエヒロタケのモデル生物としての価値はさらに高まるものと思われる．　　　　（山岸賢治）

＊参考文献

1）Bartholomew KA, et al. (1996) Fungal genetics : principles and practice, Chapter 19. Marcel Dekker, New York
2）Kothe E (1999) Fungal Genet Biol 27 : 146-152
3）Palmer GE, Horton JS (2006) FEMS Microbiol Lett 262 : 1-8
4）Wessels JG (1997) Adv Microb Physiol 38 : 1-45

5.11 ウシグソヒトヨタケ *Coprinopsis cinerea*

真正担子菌ウシグソヒトヨタケは，交配型遺伝子（mating type genes），子実体形態形成，減数分裂（meiosis），その他を研究するためのモデルとして，長年，世界中で広く用いられてきた．各国で用いられた菌は，同一種であるにもかかわらず，研究者によって別の学名（*Coprinus cinereus, C. lagopus, C. macrorhizus f. microsporus*）が当てられ混乱をきたしたが，1979 年，D. Moore ら[1]により *Coprinus cinereus* に統一された．そして最近になって学名は *Coprinopsis cinerea* に変更され[2]，今日に至っている．

この菌は腐生菌であり，組成の簡単な合成培地で容易に培養することができる．二核菌糸（dikaryotic hypha）の成長速度は，直径 9 cm シャーレ内の寒天培地の中央に 1 点植えつけ，28℃で培養した場合，約 7 日で菌糸体が培地全体を覆う程度である．子実体形成の開始には光照射または低温処理が必要であり，子実体原基から成熟子実体が形成される過程では光照射に加え 2.5 時間以上の連続した暗期が必要である．二核菌糸を直径 9 cm シャーレ内あるいは試験管内斜面培地上，

■図 5.11.1　直径 9 cm シャーレ内寒天培地上に発生したウシグソヒトヨタケの成熟子実体（傘はまもなく自己溶解する）

12 時間ごとの明暗周期下，28℃で培養すると，約 10 〜 14 日で成熟子実体が形成される（図 5.11.1）．子実体形態形成の進行は速く，子実体原基（高さ約 1 cm）から成熟子実体（高さ約 10 cm）になる過程は，その名のとおり，“一夜”で完了する．また，この過程において減数分裂が行われるが，1 つの傘に約 10^7 個分化する担子器（basidium）できわめて同調的に進行する．そのため，形態形成や減数分裂の実験材料として有用である．

染色体数は n=13 であり，ゲノムサイズは 37.5 Mbp である．2003 年，米国のブロード研究所において全ゲノムが解読・公開され，約 13,000 個の遺伝子が推定されている（http://www.broadinstitute.org/annotation/genpme/coprinus_cinereus/MultiHome.html）．各染色体の詳細な連鎖地図[3]や，コスミドおよび BAC ゲノムライブラリーが作成されている．また最近，遺伝子ターゲティング（gene targeting）を効率よく行う実験系が確率され[4]，従来の古典遺伝学（順遺伝学）（forward genetics）だけでなく逆遺伝学（reverse genetics）の実験も効率よく行うことができるようになった．

一核菌糸（monokaryotic hypha）は，無性胞子（オイディア，oidium）を大量に形成する．オイディアは単相・単核の単細胞であり，突然変異誘発や形質転換の実験に好適である．

交配システムは，交配型遺伝子座 *A* と *B* により支配される四極性ヘテロタリズムであり，通常，和合性交配により二核菌糸が形成され，適切な環境条件のもとで二核菌糸から子実体が形成される．しかし *A* と *B* の両方に変異をもつ株（*Amut Bmut* 株）では，交配することなく二核菌糸を形成し子実体を発生する．また，一核菌糸におけるほど大量ではないがオイディアを形成する．このオイディアは単相・単核であるが，発芽すると交配することなく二核菌糸を形成し子実体を発生する．そのため，この株を利用することにより，有性生殖の諸過程に関する分子遺伝学的実験を効率

よく行うことができる.　　　　　　　　　　　　(鎌田　堯)

＊引用文献

1) Moore D, et al. (1979) New Phytol 83 : 695-722
2) Redhead SA, et al. (2001) Taxon 50 : 203-241
3) Muraguchi H, et al. (2003) Fungal Genet Biol 40 : 93-102
4) Nakazawa T, et al. (2011) Fungal Genet Biol 48 : 939-946

＊参考文献

Kamada T (2002) BioEssays 24 : 449-459
Kües U (2000) Microbiol Mol Biol Rev 64 : 316-353
Stajich JE, et al. (2010) Proc Natl Acad Sci USA 107: 11889-11894

III 有害性

序：菌類による被害

生態系の中で，菌類は分解者として重要な役割を果たしている．植物や動物の遺体を他の微生物や土壌中の小動物と共同して無機物へと分解し，再び生産者である植物が利用できる栄養に変換してくれる．この機能は，生態系で物質を循環させるためには欠かすことのできない重要な機能であるが，菌類は地面に落ちた果実，落葉，落枝と，人間が食糧として栽培し貯蔵していた果物や野菜，建造物の柱や壁，家具や工芸品，衣類や日用品とを区別してはくれない．このような人類が生活していくために必要な衣・食・住にかかわるもの，生鮮食品，植物基質や動物基質に由来する加工製品は菌類による分解を受け，汚染されたり質の著しい劣化，あるいは腐敗を引き起こし，われわれに甚大な被害を及ぼす．また，コンクリートや金属など生物基質とはゆかりのない物までも，影響を受けることがある．

菌類による被害は分解による汚染や腐敗だけではない．キノコ（菌類の子実体）の中には食品として食べられるものがある一方で，食べると中毒を起こすいわゆる毒キノコがある．カビの中にも毒素を生産するものがあり，食品にカビが生えた場合，カビが生産する毒素で食品が汚染され，それを食べた人間や家畜が中毒を起こすことがある．

また，菌類による被害は，植物基質，動物基質に由来する加工製品，すなわちすでに死んでいる生物基質の分解だけではない．生きている植物，たとえば，人間が栽培している作物や野菜，公園や森林の樹木に寄生して病気を起こし，植物体を衰弱させ生産物の質や量を低下させたり，植物体自体を枯死させることもある．人間や家畜，ペットなどの哺乳動物，鳥類，魚類，昆虫など，さまざまな動物にも病気を引き起こすほか，栽培キノコでさえ菌類による被害を被ることがある．

菌類は，人類にとって非常に利用価値の高い生物資源であるが，同時にこれらの驚異からわれわれが必要とする物を守らなければならない．そのためには，製品の汚染や劣化，動植物の病気を引き起こしている原因菌の種類とそれぞれの菌類がもっている機能，発生のメカニズムや環境等を知る必要がある．

本章では，人間や人間の生活にとって有害な菌類について，解説する．

（山岡裕一）

6 菌類による病気

序

菌類は，キノコ（担子菌類や子嚢菌類の子実体）を食品として直接利用するほか，発酵食品や薬品の生産に利用されるなど，さまざまな局面で人間生活のために役立っている．また，生態系では分解者として物質循環の中で重要な役割を演じている．しかしその一方で，人間や，人間にとって有用なさまざまな植物や動物に病気を引き起こし，人間生活に大きな被害を与えている．植物に病気を引き起こす病原体には，植物ウイルス，ウイロイド，ファイトプラズマ，細菌類，藻類，寄生植物，ダニ類，線虫類，菌類と，さまざまな生物が知られているが，菌類によって引き起こされる病気の数が圧倒的に多く，またその中には重要病害を引き起こすものも含まれている．2012年9月9日現在，農業生物資源ジーンバンクの日本植物病名データベース（http://www.gene.affrc.go.jp/databases-micro_pl_diseases.php）に登録されている植物病害は，11,000件以上におよび，そのうち，植物ウイルスによる病害が690，ウイロイドによるものが21，ファイトプラズマによるものが87，細菌・放線菌類によるものが751，藻類によるものが79，寄生植物によるものが1，ダニ・昆虫類によるものが29，線虫類によるものが793件である．それに対し菌類による植物病害の登録数は8,668件と圧倒的に多い．イネいもち病，ムギ類赤かび病，メロンうどんこ病，キク白さび病，サクラてんぐ巣病など，いずれも菌類による病害である．

有用植物の病気のうち，特に食用作物の病気による被害は人類に大きな影響を与えてきた．植物病理学の教科書で必ず取り上げられる世界的に有名な出来事として，19世紀の中頃にアイルランドで発生した *Phytophthora infestans* によるジャガイモ疫病の大発生による大飢饉があげられる．この飢饉により大量の餓死者がで，新大陸への移民を促進したといわれている．20世紀になって世界的流行病となった樹木病害，五葉マツ発疹さび病（white pine blister rust，病原菌：*Cronartium ribicola*），ニレ立枯病（Dutch elm disease，病原菌：*Ophiostoma ulmi*, *O. novo-ulmi*），クリ胴枯病（chestnut blight，病原菌：*Cryphonectria parasitica*）も菌類による病害である

近年ではダイズさび病菌（*Phakopsora pachyrhizi*）による被害が南米，北米で大きな問題になっている．この菌はもともと中国，日本などの東アジアとオーストラリアに分布していたが，インド，アフリカ，ハワイとしだいに分布域が拡大し，2001年には南米で発見された．それ以降，南米，特にブラジルとパラグアイのダイズ栽培に非常に大きな被害を与えている．2004年には米国にも侵入し，被害の拡大が心配されている．

このような植物病害の防除には，農薬の使用を避けることができないのが現状であるが，人間への安全性，環境への付加の影響が懸念されている．農薬の使用量を減らし安全かつ効率よく使用するとともに，さまざまな耕種的防除法，生物的防除法と組み合わせて，総合的病害虫防除（integrated pest management）を考える必要がある．そのためにも，病原菌を正しく同定し，その生態，生理に関する情報を把握し，防除法を検討することが重要である．

一方，人間の病気を引き起こす病原体も，ウイルス，細菌類，原虫，菌類とさまざまであるが，インフルエンザウイルス，肝炎ウイルス，HIVウイルスなどのウイルス類や，結核菌，チフス菌，コレラ菌などの細菌類の中に，重要な感染症を引き起こす病原体が多い．しかし，菌類の中にも重

要な感染症を引き起こすものもあり，治療が困難な場合もある．白癬菌による水虫やカンジダ属菌による表在性カンジダ症のような皮膚表面付近の病気がわれわれにとってなじみがあるが，それ以外にも体の深部に侵入し，生命の危険にさらされる感染症も存在する．また，他の病気などにより抵抗力が弱っているときには普段感染を受けないような菌類によって日和見感染を受け発症することもある．

ペットや家畜などの，人間以外の哺乳動物や鳥類にも寄生し，感染症を引き起こす菌類が存在する．人間にとって有用な資源動物の病気について，被害拡大を防ぐための適切な防除法の開発は重要な課題である．中には人間と共通の感染症を引き起こす菌類もあり，人間の病気の感染源となることもあるので注意が必要である．節足動物に寄生する菌類は，漢方薬（冬虫夏草など）として利用されたり，害虫の生物防除に利用されるなど（「3.1.3 生物防除」で紹介）人間にとって有用な生物と見なされることもあるが，カイコなどの人間にとって有用な資源生物に寄生し病気を起こす場合には，有害な病原菌として対応しなければならない．ペットや食糧として人間が利用している家畜，魚類，甲殻類に寄生する菌類についても同様である．

自然界に生息する動物の病気に関して問題とされる例は少ないが，近年の話題として，*Batrachochytrium dendrobatidis* によって引き起こされるカエルツボカビ症がある．中南米やオーストラリアでこの真菌による被害が著しく，多数の野生のカエルが死亡したといわれている，この菌による被害が2006年に日本国内でも確認され，日本のカエルが絶滅するのではないかと心配された．これまでに次々と被害は報告されたものの，幸い大流行の兆しはいまのところ見られていない．近年，海外からさまざまな動物，昆虫などがペットとして輸入されているが，それに伴う病原菌の輸入に関して十分な注意を払う必要がある．

本章では，植物，動物それぞれの病気について，宿主ごとにまとめて解説する．　**（山岡裕一）**

6.1 動物の病気

6.1.1 ヒトの病気（アレルギーを含む）

菌類がヒトや動物の組織内に侵入して発症した感染症を真菌症という．真菌症の分類は，原因菌の分類学とは関係なく，皮膚真菌症と深在性真菌症に大別される．このうち前者は表在性と深在性に，後者は日和見真菌症と輸入真菌症にそれぞれ類別される．菌類は6万以上の種が報告されているが，このうちヒトや動物に対して病原性が確認されているのはまれなものを含め500種あまりである．

1）表在性皮膚真菌症

感染が表皮（特に角質層），爪，毛髪，または扁平上皮粘膜の表層にとどまり，皮下組織や粘膜下組織に侵入しない真菌症を表在性皮膚真菌症という．本症を原因菌別に分類すると，主要なものは皮膚糸状菌症，表在性カンジダ症，皮膚マラセチア症に分類される．そのほか，まれな疾患として黒癬や *Aspergillus*，*Fusarium*，*Scopulariopsis* による爪，皮膚，眼，特に角膜の感染もある．

皮膚糸状菌症には，白癬，黄癬および渦状癬の3疾患が含まれる．このうち黄癬および渦状癬のわが国での報告例は皆無といってよく，白癬が慣例的に皮膚糸状菌症と同義語的に用いられている．主な原因菌は，*Trichophyton*（図6.1.1），*Microsporum*，*Epidermophyton* の3属で，有性型として *Arthroderma* 属が判明している．

表在性カンジダ症は，感染組織の違いによって皮膚感染型と粘膜感染型に分けられる．前者には爪感染も含まれる．原因菌としては，*Candida albicans* が圧倒的に多い．

皮膚マラセチア症には，癜風，マラセチア毛包炎，マラセチア性間擦疹，脂漏性皮膚炎などがある．いずれも，皮膚に常在する *Malassezia furfur* 群（近年，菌種の数が増加し現在10種以上が報告されている）の異常増殖が原因となる．

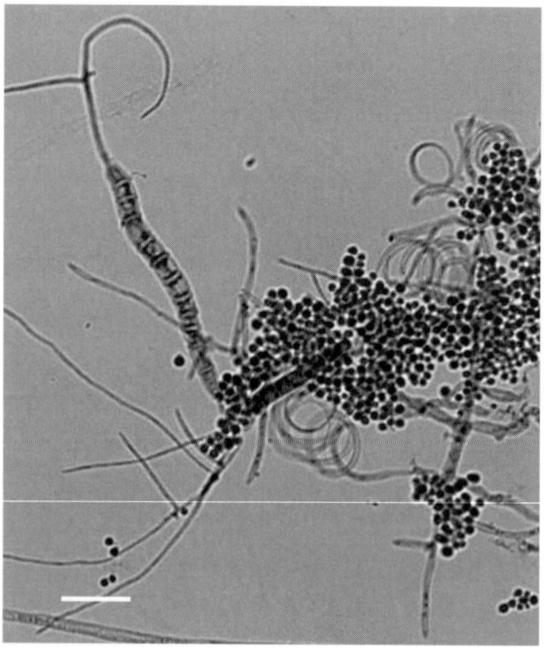

■図6.1.1 *Trichophyton mentagrophytes*（スケールは10 μm）

2）深在性皮膚真菌症

感染が表皮にとどまらず，皮下組織，まれに血流にのって脳などに侵入する真菌症を深在性皮膚真菌症という．主要なものはスポロトリコーシス，黒色真菌症である．

スポロトリコーシスの原因菌は，*Sporothrix schenckii* である．集落の色調，菌糸，分生子が黒褐色ないしそれに近い色調を示し，有性型の知られていない菌群を黒色真菌と呼び，一部の菌種が真菌症の原因となる．主な原因菌は，*Fonsecaea* 属，*Exophiala* 属などである．

3）日和見真菌症

血液悪性腫瘍，末期がん，HIV感染，臓器移植などのため，免疫能が著しく低下した患者に対する菌類による感染症（日和見感染症）をいう．原因菌の多くは，通常，腐生菌として土壌，植物，空気中など生活環境に常在する．

カンジダ症は，*Candida albicans*（図6.1.2）およ

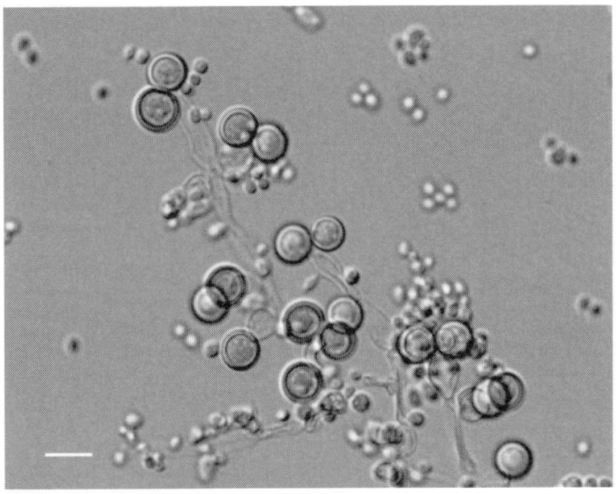

■図 6.1.2　*Candida albicans*（スケールは 10 µm）

■図 6.1.3　*Aspergillus fumigatus*（スケールは 20 µm）

び non-*albicans* と称される菌種（*C. parapsilosis*, *C. guilliermondii*, *C. tropicalis*, *C. kefyr*, *C. glabrata* など）によって引き起こされる．呼吸器，肝臓，髄膜，腹膜，内膜，泌尿器，眼などが侵される．

アスペルギルス症は，*Aspergillus* 属，主として *A. fumigatus*（図 6.1.3）によって生じる疾患の総称で，深在性真菌症の発生数としてはカンジダ症と並び多い．多くの場合呼吸器が侵されるが，いずれの組織，臓器も侵される可能性がある．

クリプトコッカス症で問題となる種は，*Cryptococcus neoformans*（図 6.1.4）であり，厚い莢膜（きょうまく）をもつことで乾燥に強い性質をもち，その乾燥菌体を吸入することで体内に侵入することが多い．肺だけに限局しない場合，血行性播種により全身感染や脳へ移行し強い病原性を示す．

接合菌症は Mucorales に属する菌種が原因と

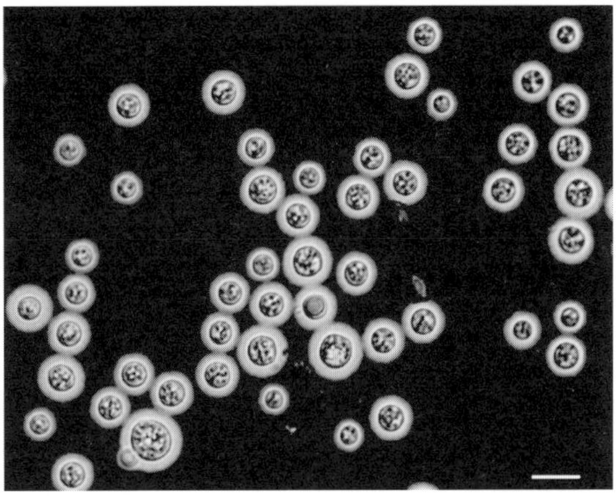

■図 6.1.4　*Cryptococcus neoformans*（スケールは 10 µm）

なるムーコル症と Entomophthorales に属する菌種が原因となるエントモフトラ症に分けられる．ムーコル症は接合菌症の大半を占め，肺，鼻，皮膚などが侵される．

これらに加えて，近年，日和見感染症として，*Pseudallescheria boydii* と関連無性型種，*Paecilomyces* 属，*Fusarium* 属，*Schizophyllum commune*（スエヒロタケ）などによる真菌症の報告があり，新興真菌症と呼ばれる．

4）輸入真菌症

ある特定の流行地域に生活あるいは滞在していた日本人もしくは外国人が，日本国内で発症した真菌症を輸入真菌症という．輸入真菌症は一般的に感染力が強く健常者でも感染する例が多く，検査中の感染事故が起こりやすいなどの特徴があり，通常の真菌症とは異なった取扱いが必要となる．現在，わが国において，輸入真菌症とされている疾患は，コクシジオイデス症，ヒストプラズマ症，パラコクシジオイデス症，マルネフェイ型ペニシリウム症，ブラストミセス症の５つである．

5）真菌によるアレルギー

生活環境中の菌類は，土壌，植物，ほこりなどに由来しているが，ダニ，花粉，ペットの毛などと並んで，喘息，気管支炎，過敏性肺臓炎など呼吸器領域のアレルギー疾患の原因となると考えられている．しかし，アレルゲンとなる菌種と抗原性との関係は明らかにされていない．現在，使用可能なアレルギー検査のための菌類アレルゲンも限られていて，多様な環境中のカビを十分に反映していない．

住環境では，台所，洗面所，浴室など湿度が高いところでは*Cladosporium*，*Aureobasidium*，*Phoma*，*Rhodotorula*などが，押入れ，家具の裏など空気の流れが悪く，ほこりがたまりやすいところでは*Aspergillus*，*Penicillium*，*Alternaria*などが主として検出され，アレルギーの原因となっている．このほか，好乾性のカビ，*Eurotium*，*Wallemia*などが問題となっている．（矢口貴志）

＊参考文献

De Hoog GS, Guarro J（2000）Atlas of clinical fungi, 2nd ed. Centraalbureau voor Schimmelcultures, Utrecht

宮治　誠（2007）病原性真菌ハンドブック．医薬ジャーナル，大阪

宮治　誠・西村和子（1993）医真菌学辞典，第2版．協和企画通信，東京

山口英世（2007）病原真菌と真菌症，改訂4版．南山堂，東京

6.1.2 哺乳動物の病気

真菌が関与してヒトを含めた動物に病気が起こる機序には，感染，アレルギー，中毒（マイコトキシン）がある．

1）真菌感染症の種類

真菌感染症（真菌症）は感染病巣の存在を中心に，表在性皮膚真菌症，深在性皮膚真菌症，深在性（内臓）真菌症に大別される．哺乳類の真菌症の多くはヒトにも感染するため，人獣共通感染症として注意が必要である．

2）表在性皮膚真菌症

表在性皮膚真菌症の定義については6.1.1項を参照．

(1) 皮膚糸状菌症：皮膚および皮膚に付属した被毛や爪などの角化した組織に侵入生息する明調な糸状菌群を呼称する．動物に感染する皮膚系状菌は，*Microsporum*（小胞子菌），*Trichophyton*（白癬菌）の2属である．症状として，皮膚の脱毛，紅斑，水疱，痂皮，落屑などの皮疹を主徴とする．

(2) マラセチア症：不完全菌門，不完全酵母綱（分芽菌綱），クリプトコックス目，クリプトコックス科に属し，現在13菌種が報告され，完全時代が発見されていないため担子菌系酵母に分類されている．脂質好性で，単極性分芽によって増殖する．球形，卵形，ピーナッツ状を呈する．動物の外耳炎，脂漏性皮膚炎，癜風，マラセチア性毛胞炎を引き起こし，さらにアトピー性皮膚炎の増悪因子と考えられる．

3）深在性皮膚真菌症

深在性皮膚真菌症の定義については6.1.1項を参照．感染が播種すると内臓真菌症に移行することもある．

(1) クリプトコックス症：主に問題となるのは*Cryptococcus neoformans*と*C. gattii*である．皮膚のびらん，潰瘍，皮下腫瘤などを呈し，肉芽腫性炎を起こしやすい（図6.1.5）．イヌよりもネコで発症が多い．動物においても日和見感染症の場合が多く，その場合は中枢神経や内臓真菌症に波及しやすい．

(2) カンジダ症：動物のカンジダ症の主な原因菌は，*Candida albicans, C. guilliermondii, C. krusei, C. tropicalis, C. glabrata*である．皮膚の

■図6.1.5 (a)　クリプトコックス症のネコの皮下腫瘤

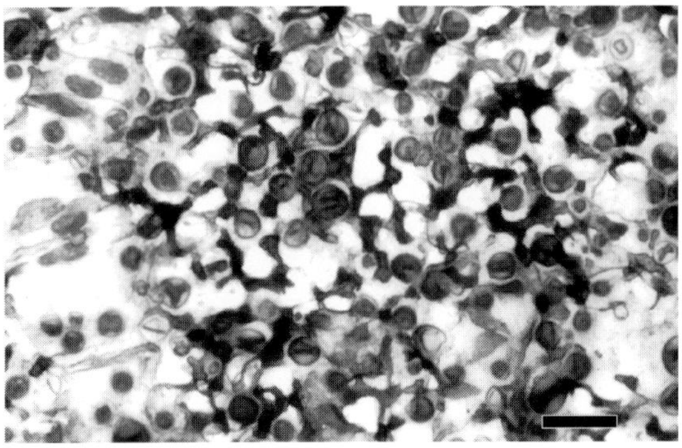

■図 6.1.5 (b) 同症例の皮下腫瘤から針吸引生検試料の塗抹標本
多数の *C. neoformans* が認められる（ライト染色）（スケールは 10 μm）

紅斑，膿疱，びらんなどが認められ，指（趾）間皮膚炎，口角炎，口唇炎，眼瞼炎などがある．また粘膜に常在するため，日和見感染の場合は粘膜カンジダ症として，口腔カンジダ症，カンジダ性食道炎などが認められ，ときには内臓真菌症に進行する場合もある．

(3) スポロトリクス症：二形成菌の *Sporothrix schenckii* による動物の皮膚のびらん，潰瘍，肉芽腫，リンパ管炎，鼻腔炎などが報告されている．

(4) 黒色真菌感染症：数種類の黒色真菌による皮膚の慢性肉芽腫性皮膚疾患で，イヌで皮下の黒色膿瘍や肉芽腫が報告されている．

(5) 真菌性菌腫（eumycotic mycetoma）：真菌によって菌糸の集塊を取り囲むような肉芽腫性炎症で，外界へ瘻孔を形成し顆粒（菌糸の集塊）を含む膿を排出する．イヌやネコで皮膚糸状菌やフサリウム，そのほかの真菌による報告がある．

(6) アスペルギルス症：*Aspergillus fumigatus, A. flavus, A. niger, A. terreus, A. versicolor* が主な原因菌である．爪病変，皮膚の潰瘍，肉芽腫，外耳炎などが認められる．

4) 深在性（内臓）真菌症

日和見感染症の場合が多く，その場合は播種して重篤になりやすい．

(1) アスペルギルス症：鼻腔炎，気管支炎，肺炎，喉嚢炎（ウマ），流産（ウマ，ウシ）．

(2) カンジダ症：消化器病，呼吸器病，泌尿器生殖器疾患，乳房炎（ウシ），流産（ウシ）．

(3) クリプトコックス症：呼吸器病，脳脊髄疾患，眼疾患，泌尿器生殖器疾患，乳房炎（ウシ）．

(4) 接合菌症：接合菌による感染症で多くはムーコル科（*Absidia, Mucor, Rhizopus, Rhizomucor*）の菌である．呼吸器，消化器，流産（ウシ，ウマ）．

(5) ヒストプラズマ症：*Histoplasma capsulatum* による呼吸器，消化器疾患を引き起こす．現在3亜種が知られているが，*H. capsulatum* var. *farciminosum* はウマの仮性皮疽の原因菌でイヌの感染報告例がある．

(6) コクシジオイデス症：*Coccidioides immitis* による呼吸器疾患で全身に波及し致命的となる．有病地は北米西南部の乾燥地帯である．

(7) ブラストミセス症：*Blastomyces dermatitidis* による呼吸器や骨関節などが障害される．北米，南米が有病地である．

(8) リノスポリジウム症：*Rhinosporidium seeberi* による鼻腔内の肉芽腫炎．

(9) ニューモシスティス症：*Pneumocystis carinii* による肺炎．

(10) その他：*Trichosporon, Rhodotorula, Penicillium, Paecilomyces, Schizophyllum, Pythium* などの感染症が報告されている．

5) 中　毒

真菌そのものまたは真菌の代謝産物を接種したことによって発現する障害を真菌中毒と呼ぶ．真菌由来の毒性物質をマイコトキシン（真菌毒素）と総称している．代表的なマイコトキシンとして，肝臓がんの原因となるアフラトキシン（*Aspergillus flavus* 産生）など十数種存在し，真菌に汚染された食料，飼料，生活環境が問題になっている．

＊参考文献

明石博臣ほか 編（1993）動物の感染症，第2版．近代出版，東京，pp248-258

6.1.3 鳥類の病気

鳥類全般として真菌症で多いのはアスペルギルス症とカンジダ症で，ほかにクリプトコックス症，接合菌症，メガバクテリウム感染，皮膚糸状菌症，ヒストプラズマ症などである．また汚染された飼料中に含まれるマイコトキシンも問題である．

1) アスペルギルス症

Aspergillus fumigatus, *A. flavus*, *A. niger*, *A. terreus*, *A. versicolor* が主な原因菌である．これらの菌は環境中に常在するため，感染性の分生子を吸入することによって気管支炎，気嚢炎（図6.1.6），肺炎などの呼吸器感染症を起こすことが多い．ほかに前眼房炎，中枢神経まで感染していることもある．飼育環境，ストレス，他の疾患に続発する場合が多い．

症状：元気・食欲の低下，体重減少，呼吸困難，鳴き声の変化．

診断：一般血液検査では，白血球増加が認められやすい．画像診断で，気管支，肺，気嚢の炎症像や肉芽腫による不透過像が認められる．

培養検査は，気管のスワブ，気管・気嚢洗浄物からの菌分離を行う．

ELISA による血清中のアスペルギルス特異抗原の検出または血清中の抗アスペルギルス抗体価測定が報告されている．

治療：アムホテリシン B，イトラコナゾール，フルコナゾール，クロトリマゾールなどの抗真菌薬が報告されている．詳しい投与量および投与法は文献を参照．感染病巣の外科的切除も報告されている．

予防：ストレスと多数の菌体を吸入することが感染要因なので，狭い環境での多数飼育を避け，菌が繁殖しないように清潔に保つ．

2) カンジダ症

鳥のカンジダ症の代表的な菌として，*Candida albicans*，*C. krusei*，*C. tropicalis*, *C. glabrata* も

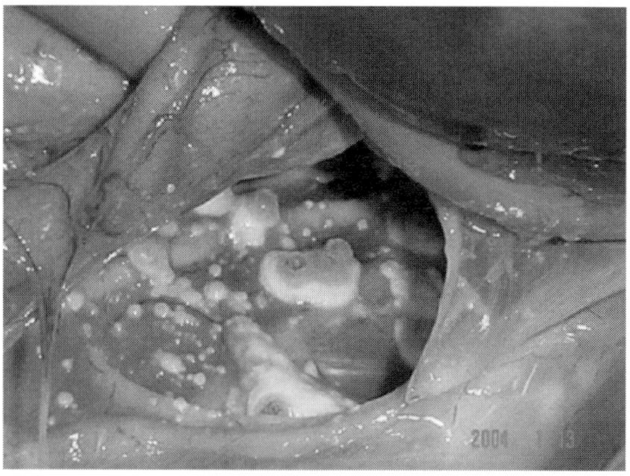

■図 6.1.6 (a) アスペルギルス感染による白鳥の気嚢炎
気嚢表面に多数の *Aspergillus fumigatus* の集落が認められる（柳井徳磨博士提供）．

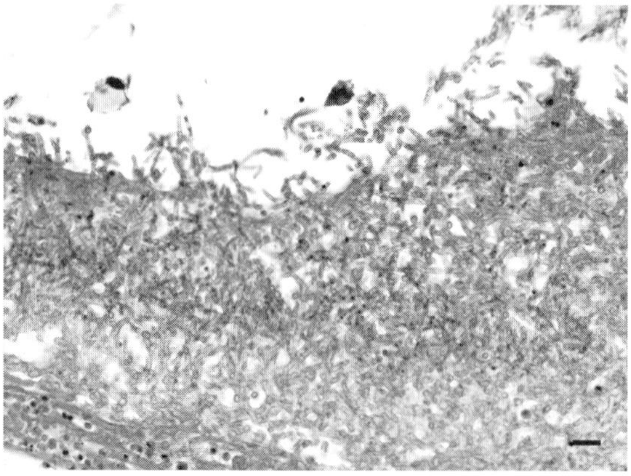

■図 6.1.6 (b) 同症例の病変部の病理組織像
分節を有した多数の糸状菌の塊が認められる（柳井徳磨博士提供，スケールは 50 μm）

報告されている．鼻腔，副鼻腔，上部消化管に常在するが，栄養不良，飼育環境の不良，長期の抗生剤投与による細菌叢の抑制などにより日和見感染すると考えられる．

症状：元気・食欲の低下，成長遅延，体重減少，下痢．

診断：感染病巣からの試料の直接検鏡を行い，多数菌体を検出する．分離培養を行い，また原因菌を特定する．血清診断も報告されている．

治療：アムホテリシン B，イトラコナゾール，ケトコナゾール，ミコナゾールが報告されている．詳しい投与量および投与法は文献[1,2]を参照．

3) クリプトコックス症

Cryptococcus neoformans および *C. gattii* による皮膚，上部気道，上部消化器に感染するが，中枢神経にも波及することがあるまれな感染症．感染病巣に肉芽腫性炎が起こりやすい．元気・食欲の低下，体重減少，呼吸困難などが認められる．感染病巣からの試料から墨汁標本を作製し，直接検鏡を行い菌体を検出する．また分離培養を行い，原因菌を特定する．アンホテリシンB，イトラコナゾール，ケトコナゾール，フルコナゾールが報告されている．

4) 接合菌症

接合菌による感染症で多くはムーコル科（*Absidia* sp.）の菌である．髄膜脳炎が報告されている．

5) メガバクテリウム感染

メガバクテリウム（*Megabacterium*）は，近年子嚢菌系酵母として *Macrorhabdus ornithogaster* として分類されている．元気消失，食欲低下，下痢などが認められる．診断法として前胃の粘液および糞便の直接検鏡で多数の菌体を検出する．

6) 皮膚真菌症

Microsporum 属および *Trichophyton* 属の皮膚糸状菌症による皮膚の痂皮形成，落屑，肥厚，脱毛が認められる．また *Candida* 属，*Rhodotorula* 属，*Aspergillus* 属，*Malassezia* 属，接合菌の真菌による皮膚炎も報告されている．

診断法は，皮膚の病変部位の痂皮や落屑を掻爬して，10％苛性カリ液に浸して角質を軟化させてから，直接検鏡して菌体を検出する．治療は抗真菌薬の塗布または内服させる．

＊引用文献

1) Harrison GJ, Lightfoot TL (2006) Clinical avian medicine, vol 2. Spix Publishing, South Palm Beach, pp691-704
2) Samour J 編，梶ヶ谷　博 監訳 (2003) FV21 エイビアン・メディスン―鳥類臨床のすべて―．インターズー，東京

6.1.4 は虫類・両生類の病気

は虫類・両生類の真菌症の多くは，飼育環境の不良，栄養不良，至適温度管理不良などのストレスや他の疾患に続発する場合が多い．皮膚，消化器，呼吸器が最も侵されることが多い．

1) 皮膚真菌症

主な病原菌としては *Cryptococcus*, *Geotrichum*, *Fusarium*，*Mucor*，*Penicillium*，*Trichoderma*，*Trichophyton* が報告されている．不潔で不適切な温度環境が感染誘因と考えられる．症状として落屑，皮膚の肉芽腫性炎および壊死が認められる．

診断法については，直接検鏡，病理組織検査，菌の分離同定が行われる．これら診断法は哺乳類と若干異なるので，以下に詳しく記載する．

(1) 直接検鏡：検体中に真菌の寄生形態が観察されれば，確定診断をすることができる．ただし寄生形態が似ている菌が多いため，菌種同定が不可能な場合がある．

皮膚真菌症の診断には，病変部位の落屑，うろこ，粘膜などを10～20％の苛性カリ（KOH）に浸して，試料を軟化させてから観察し，菌体を検出する．滲出液，生検試料のスタンプまたは塗抹標本などを無染色で観察したり，ライト染色，ギムザ染色，PAS染色（真菌細胞壁の多糖類を染色する）などを行い観察する．

クリプトコックスの検出には，莢膜を観察するために，墨汁標本を作製して観察する．

(2) 生検と病理組織学的検査：皮膚および皮下腫瘤の病変部位の一部または全摘出を行う．ただし甲羅は固いので生検が困難である．柔らかい皮膚の場合はトレパン（パンチ）で生検することができる．一般に皮膚を70％エタノールで消毒後，2％キシロカインで局所麻酔後，生検を行う．生検後，ナイロン糸などで縫合する．生検試料の一部を培養する場合は，滅菌水や滅菌生理食塩水で表面を洗浄してから，培養に供する．

確定診断が可能であるが，試料の固定，組織切

片の作製，染色などを行うため迅速診断には不向きである．染色には，PAS染色やGrocott染色を行うと菌体の確認が容易になる．

(3) 培養試料をクロラムフェニコールなどの抗生剤が添加されたサブローブドウ糖寒天培地上に接種する．は虫類・両生類は変温動物なので，寄生する真菌も動物寄生菌よりも比較的低温（20～24℃）で培養を行う．ただし，飼育環境温度が高温の場合は，28～30℃にて培養する．

治療として，ヨード剤の塗布やイトラコナゾールやケトコナゾール内服がある．また皮膚糸状菌症の場合には，グリセオフルビンの内服が報告されている．最近では，イトラコナゾールの注射薬を希釈して，薬浴させる方法が検討されている．

2) 真菌性肺炎

主に*Aspergillus*，*Beauveria*，*Cladosporium*，*Paecilomyces*を含めて多くの真菌感染の報告がある．症状として開口呼吸をしやすい．また水中で浮遊させると，体位が斜めになりやすい．肺の肉芽腫性炎症と壊死が認められる．診断として，画像で肺野の肉芽腫性炎症による腫瘤や炎症像を確認するとともに，気管支洗浄による菌体の検出や培養同定を行う．

3) 主な病原真菌と疾患

(1) ムコール感染：接合菌の*Mucor* sp.皮膚感染が多い．

(2) *Paecilomyces* sp.：全身性真菌症の報告がある．培養して雑菌の混入と間違えてしまう場合がある．

(3) *Candida albicans*：日和見感染すると考えられる．主に上部気道感染し，慢性の肉芽腫性病変を形成する．

(4) *Geotrichum* sp.：皮膚表面に常在していることが多いため，重度のストレス状態になると皮膚に感染すると考えられる．

(5) *Fusarium* sp.：土壌中などにたくさん生息しているため，水槽内の水が汚染され増殖すると，感染の危険性が高まる．皮膚の創傷部位から感染して，深部まで波及する場合がある．

(6) *Aspergillus* sp.：呼吸器と皮膚感染の場合が多い．

治療はナイスタチン，イトラコナゾール，ケトコナゾール内服を行う．（加納　塁）

＊参考文献

Jacobson ER, Cheatwood JL (2000) Seminars Avian Exotic Pet Med 9 : 94-101

Mafer DR (1996) Reptile medicine and surgery. Saunders Philadelphia, pp123-125

Mcartur S, et al. (2004) Medicine and surgery of tortoises and turtles. Blackwell Publishing, Oxford, pp186, 475

Wallach JD, Boever WJ (1983) Deseases of exotic animals. Medical and surgical management. Saunders, Philadelphia, pp1013-1015

6.1.5 魚類の病気

魚類の真菌病は，淡水魚では卵菌類が，海水魚では不完全菌類が原因菌となる．

1) ミズカビ病

ギンザケ，ヤマメ，ニジマスなどの冷水魚のミズカビ病は（図6.1.7）*Saprolegnia parasitica*が体表に繁茂することで生じる．*S. parasitica*は，水中に普遍的に生息する腐生的な*S. diclina*と比較すると，以下の点で異なる．すなわち，*S. parasitica*は，休眠胞子からの発芽様式が間接的であり（図6.1.8），胞子表面に長い鉤状毛を有するが，*S. diclina*では直接発芽を行い，短い鉤状毛を有する．*S. parasitica*はゲンマを多数形成する特徴を有する．また，麻の実培養で有性生殖器官を形成させて比較すると，*S. parasitica*は造卵器を形成することはまれであり，形成された場合には主に楕円形を呈し，卵胞子の内部構造は亜中心位である．

一方，*S. diclina*は造卵器の形状が球形で，短期間で多数形成され，卵胞子の内部構造は中心位で

■図 6.1.7 ニジマスのミズカビ病

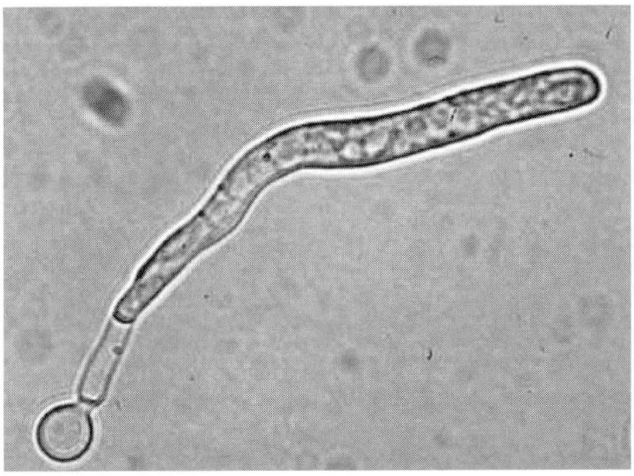

■図 6.1.8 休眠胞子からの間接発芽

ある．*S. parasitica* の休眠胞子の鉤状毛は魚類に寄生する際に役立つ構造である．ミズカビ病による魚類の死亡原因は，浸透圧調節が機能しなくなるためである．現在，有効な治療法は知られていない．

サケ科魚類やアユ卵では受精卵に発生するミズカビ病が問題となる．この病気の原因菌は水中に普遍的に生息している *S. diclina* に原因する．最初死卵に水中のミズカビが着生し，放置した場合には，健全な受精卵にも本病が蔓延し，最終的にふ化槽の受精卵は全滅することもある．発眼卵になると死卵を除去することで病気の蔓延を防止可能となるが，受精卵は触っただけで死亡することから死卵の除去作業は行えない．このため，以前はマラカイトグリーンがミズカビ病防除のために使用されたが，現在では，法律でその使用が禁止された．現在，新たに開発されたブロノポール製剤（水産用医薬品）がミズカビ病防除剤として使用可能である．

2）流行性肉芽腫性アファノマイセス症

流行性肉芽腫性アファノマイセス症（epizootic granulomatous Aphanomycosis : EGA）は最初日本の養殖アユで見つかった真菌病で（図 6.1.9），真菌性肉芽腫症と命名され，原因菌は *Aphanomyces piscicida* と命名された．その後，東南アジアのナマズやスネークヘッドなどの温水性魚類に流行し，米国や豪州などでも発生した．この際，原因菌は *A. invadans* と改められた．本病は，筋肉に菌糸が伸長し，そこで肉芽腫を形成するために体表が腫脹する病気で，感染力は強く，魚は死亡する．病魚に形成された肉芽腫は水中に落下することがあり，結果として潰瘍が形成されることがある．興味あることは，コイとテラピアは本病に耐性を有する点である．現在，本病の発生はアフリカでも確認されている．

なお，*Aphanomyces* 属菌に原因する病気は，日本では稚スッポンやシラウオなどでも確認されており，欧州では *A. astaci* に原因するザリガニのアファノマイセス症が著名である．

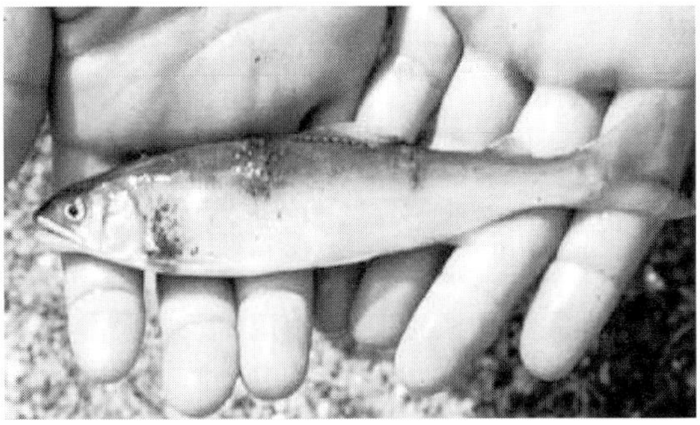

■図 6.1.9 罹病アユの外観

3）海産稚魚のオクロコニス症

海産養殖魚の稚魚（マダイ，オニオコゼ，シマアジ，カサゴ）に発生する真菌病で，原因菌は，最初米国のギンザケやニジマスから報告された *Ochroconis humicola* である．病徴は，病魚の背びれ基部や体表などに黒色を呈する潰瘍が形成される程度であるが，浸透圧の調節ができずに罹病魚は死亡する．やや大型の魚の場合，腎臓は腫大し，患部および内臓には淡褐色を呈する菌糸が繁殖している．本菌の形態的特徴は，分生子形成がシンポジオ型で，1隔壁2細胞性の分生子が分生子形成細胞の先端の小歯上に形成される．

＊参考文献

江草周三 監修（2004）魚介類の感染症・寄生虫病．恒星社厚生閣，東京，pp263-284
畑井喜司雄・小川和夫（2006）新魚病図鑑．緑書房，東京
畑井喜司雄ほか（2007）魚病学．学窓社，東京，pp83-90
小川和夫・室賀清邦 編（2008）改定・魚病学概論．恒星社厚生閣，東京，pp78-91

6.1.6　甲殻類，軟体動物などの病気

真菌症は，甲殻類では海生卵菌類と不完全菌類とが，スッポンでは淡水生卵菌類が原因菌となる．

1）甲殻類の卵菌症

原因菌は，卵菌類に分類される *Lagenidium*, *Haliphthoros*, *Halocrusticida*, *Atkinsiella* 属の菌類が病原菌となる．*Lagenidium* 属菌の特徴は，遊走子産生時に放出管の先端に小嚢（vesicle）を形成し，その内部に遊走子を形成することであり，*L. callinectes*, *L. thermophilum* などの種が報告されている．*Haliphthoros* 属菌の特徴は，菌糸の原形質が集合し，種々のフラグメント（fragment）を形成することで，そのフラグメントから放出管が伸長し，それらの内部で遊走子が産生されることで，*H. milfordensis* などの種が報告されている．*Halocrusticida* 属菌の特徴は，栄養体が菌糸状とならず嚢状となることで，放出管は遊走子嚢から複数本形成され，しかも放出管が分岐することもあり，また遊走子嚢となるゲンマを形成する種もある．本属の種として，*H. parasitica*, *H. okinawaensis* *H. panulirata* などが報告されている．*Atkinsiella* 属菌は1属1種で，*A. dubia* しか知られていない．本菌は透明感のある球根状の栄養体の集合体で，ガラス様の表面構造を有する．本菌は，遊走子嚢内で形成された遊走子が遊走子嚢内でいったん休眠し，この休眠胞子から遊出した遊走子が放出管を通って遊出するのを特徴とする．これらの菌の宿主はガザミ類やクルマエビ類などの“エビ・カニ類”の幼生で，いったん種苗生産場で発生すると全滅することが多い．原因菌は宿主の組織内でのみ繁殖する（図 6.1.10）全実性の菌であり，宿主内で成熟すると菌糸が組織体外に伸長し，その先端から遊走子を海水中に遊出させる．遊走子は直接ほかの幼生に感染する．通常，各菌は成体の鰓または筋肉組織内に寄生しており，産卵期には死卵内で繁殖していることもある．*Haliphthoros milfordensis* はクルマエビ成体の鰓に，*Pythium myophilum* は深海に生息する *Pandalus* 属に分類されるホッコクアカエビ，トヤマエビ，ホッカイエビの成体の主に鰓に，またはその幼生に寄生する．これらの卵菌類が成体の鰓で繁殖すると鰓黒症状を呈する．

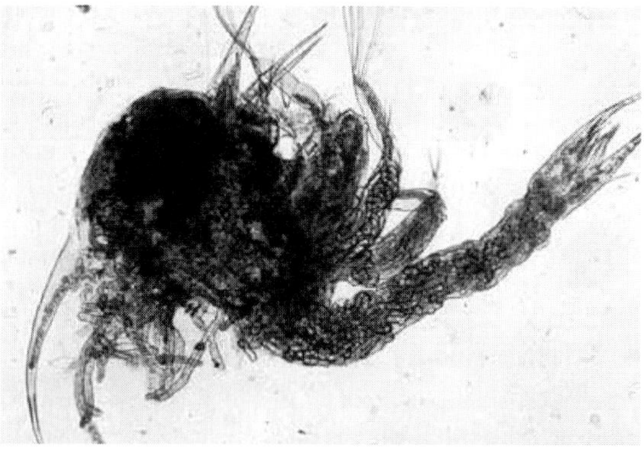

■図 6.1.10　ガザミ幼生の海生卵菌症

2）アワビの卵菌症

アワビ類の外套膜，筋肉部などに白色の結節が形成され，死亡する症例が報告されている．最初，長崎県のアワビから *Haliphthoros milfordensis* に起因する症例が報告されたが（図 6.1.11），その後，各地のアワビから同様に真菌症が見いだされた．近年，国産のメガイアワビや輸入アワビにこれまでに見られない卵菌に起因する病気が発生し，原

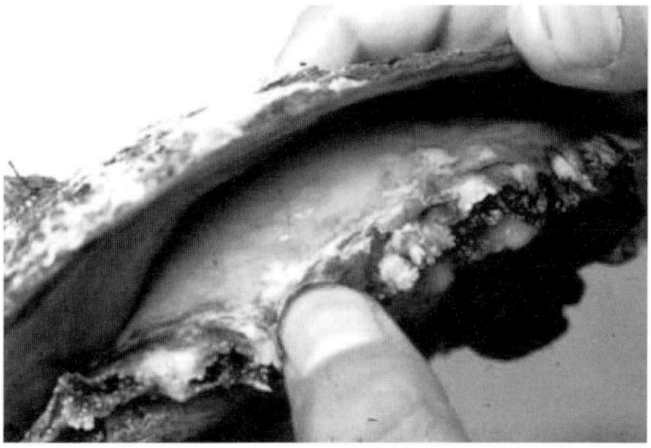

■図 6.1.11　アワビの海生卵菌症

因菌は新属新種の *Halioticida noduliformans* と命名された．その後，本菌はシャコ成体の鰓病の原因菌であることも判明した．

3）クルマエビのフザリウム症

養殖クルマエビに鰓が黒くなって死亡するフザリウム症（鰓黒病とも呼ばれた）が発生すると多大な被害を及ぼす．当初，原因菌は *Fusarium solani* だけであると思われていたが，その後，*F. moniliforme*, *F. oxysporum*, *F. graminearum* などに起因する症例も見いだされた．フザリウム症は，米国のクルマエビ類やロブスターなどからも報告があり，海産の甲殻類に広く知られている真菌症で，最近では魚類の病気としても報告されている．

4）スッポンのアファノマイセス症

本症は，ふ化後間もない国産の稚スッポンに見られる淡生卵菌症である．本症が発生した場合，稚スッポンは死亡するが，死亡率はさほど高くない．成長とともに認められなくなることから，稚亀のときだけに見られる病気である．患部を鏡検すると多数の無隔の菌糸が繁殖しているが，菌糸は表皮角質層と真皮に伸長しており，内臓諸器官には認められない．スッポンは日常的に皮膚呼吸を行うため，甲羅全体に菌が繁殖したことで呼吸困難に陥り死亡するものと思われる．白斑を示す患部からは純培養的に *Aphanomyces* 属の菌が分離される．この菌は形態学的特徴と系統解析の結果から *Aphanomyces* 属の新種であることが判明し，*A. sinensis* と命名された．　（畑井喜司雄）

＊参考文献

江草周三 監修（2004）魚介類の感染症・寄生虫病．恒星社厚生閣，東京，pp263-284
畑井喜司雄・小川和夫（2006）新魚病図鑑．緑書房，東京
畑井喜司雄ほか（2007）魚病学．学窓社，東京，pp83-90
小川和夫・室賀清邦 編（2008）改定・魚病学概論．恒星社厚生閣，東京，pp78-91

6.1.7 昆虫の病気（有用な昆虫）

昆虫も他の動物同様，菌類をはじめとするさまざまな微生物の寄生により病気を起こす．「害虫（pest insects）」「益虫（beneficial insects）」「ただの虫（neutral insects）」という概念は，人間の観点であり，昆虫あるいは病原菌にとっては，これらの区別はない．しかし人間の管理下で飼育されることの多い有用昆虫では野外昆虫の生活環と生態的に強く結びついたハエカビ門（Entomophthoromycota）が引き起こす疫病のような病気は発生せず，逆に，野外では腐生性であったりマイナーな菌が思わぬ重大な被害を起こすことがある．昆虫の菌類病についての詳細は基礎編 15.2 節を参照のこと．

1）カイコの病気

カイコ（silkworm, *Bombyx mori*）は古くから有用昆虫の代表であり，中国ではすでに紀元前 7 世紀には蚕病についての記述がある．カイコによく発生する菌類病は，不完全菌類（基礎編 1.7.6 項を参照）によるものが多い．

（1）硬化病菌類（muscardine fungi）

不完全菌類による「○殭（きょう）病」と呼ばれる病気の総称で，胞子の色と，死んで硬直するという意味の殭という漢字を合わせて名づけられている．死亡直後の死体が硬直し，その後，菌の種類に特徴的な色の胞子（分生子）が形成されるので，このような名前がついている．以下に養蚕で大きな被害を起こす 3 種をあげるが，これらは野外昆虫

においても普通種の病原菌である．なお，硬化病菌類にはこのほかにも多くの種類がある．

白きょう病・黄きょう病（white muscardine）：いずれも病原は*Beauveria bassiana*で，菌の系統により分生子の色や寄主特異性が異なる．各齢期の幼虫，あるいは蛹でも感染するが，老齢ほど発病までの時間は長い．病蚕は不活発で油のにじんだような病斑ができ，感染後数日～1週間で致死する．死後，高湿度下で白色の菌糸に覆われ，10日ほどで表面に黄白色の粉状の分生子を形成する．なお，日本の古い文献では，黄きょう病の病原菌を*Isaria farinosa*としているものも多いが，*I. farinosa*（=*Paecilomyces farinosus*）がカイコに病気を起こすことはまれで，黄きょう病と呼ばれる病気は，ほとんどが*B. bassiana*によるものである[1]．

緑きょう病（病名としての英語はない）：病原菌は*Nomuraea rileyi*で，秋に多く発生し，稚蚕にも感染するが3齢（3眠）期の発病が多い．病蚕は白きょう病より鮮明な病斑を形成し，死後保湿すると，白色の短い菌糸に覆われ，10日ほどで美しい淡緑色の粉状の分生子を形成する．

黒きょう病（green muscardine）：病原菌は*Metarhizium anisopliae*，主として夏秋季高温時に発生し比較的高温を好む．稚蚕壮蚕とも感染する．病蚕は白きょう病より鮮明な病斑を形成し，致死する．死後保湿すると，白色の短い菌糸に覆われ，10日ほどで暗緑色の分生子を形成する．横隣の分生子同士が同調して形成されるので，分生子は横方向に付着して層状に固まり，鱗状にはげ落ちる．

これらの硬化病は，病死虫に形成された胞子が蚕室や蚕具に残存したり，野外昆虫の病死体が桑とともに持ち込まれることが原因で発生する．湿度が高いと発生しやすい．予防には，蚕座周囲の湿度を低く保つとともに，消石灰などによる桑・蚕体・蚕座の消毒を行う．病蚕は新たな感染源になるので，早期に発見し焼却する．

(2) こうじかび病（*Aspergillus* disease）

文字どおりコウジカビ類（*Aspergillus*属）の菌によって引き起こされる病気の総称で，*A. oryzae*，*A. flavus*，*A. ochraceus*などが病原菌となる．稚蚕に発生することが多い．感染すると食欲不振，発育不良となり死に至る．死体を保湿すると褐色～黄緑色の分生子が形成される．死体は部分的に硬化するのみで，主に軟化・腐乱する．コウジカビ類は硬化病菌類に比べ，腐生性が強いのでどこにでも存在し，蚕室・蚕具の木材内にも侵入しているので，消毒しにくい．しかし最近は，稚蚕を共同飼育所の管理下で飼育し，養蚕農家には3齢～4齢で配蚕することが多いので，こうじかび病の発生は少なくなった．

2) ミツバチの病気

ミツバチ（honey bee, *Apis mellifera*）の主要な菌類病として，チョーク病（chalk brood）がある．病原菌は子嚢菌類不整子嚢菌綱のハチノスカビ（*Ascosphaera apis*）．幼虫期に感染，蛹の時期に全体に菌糸を伸ばして，白いチョーク状の塊となる．巣箱の置き場所が多湿だったり，蜂児を低温にさらすと，発症率が高まる．予防のためには，衛生管理と巣箱の置き場所の注意が必要．感染した死体を捨て，巣箱を通風のよい場所に置くと自然に沈静化するが，ひどい場合は，巣脾の焼却，薬剤（ユーコーラック），燻蒸（エチレンオキサイド）などの対策を講じる．

3) その他の飼育昆虫の病気

実験用に大量飼育された害虫，天敵昆虫，あるいはペット昆虫にも，不注意で菌類による病気が発生することがある．白きょう病（*Beauveria bassiana*）は一般に多くの種類の昆虫に感染する．カブトムシなど土壌中の甲虫幼虫には黒きょう病（*Metarhizium anisopliae*），また，人工飼料育されたチョウ目幼虫にはこうじかび病（*Aspergillus* spp.）が発生することがある．いずれも，予防のためには，清潔な飼育器具を用いる，通風をよくして過湿を避ける，密度を上げすぎないなどの注意が必要．また，病気が発生した場合は，死体はただちに取り除き，容器，餌を清潔なものと交換するとともに，昆虫はホルムアルデヒドには比較的強いので，パラホルムアルデヒドや少量のホルマリンなどとともに飼育することもできるが，人畜毒性もあるので注意． (島津光明)

＊引用文献

1) 青木襄児ほか (1975) 日蚕雑 44：365-370

＊参考文献

青木襄児 (2003) 改訂昆虫病原菌の検索．全国農村教育協会，東京

福原敏彦 (1991) 昆虫病理学増補版．学会出版センター，東京

Tanada Y, Kaya HK (1993) Insect Pathology. Academic Press, New York

6.2 植物の病気

6.2.1 作物の病気

1) 病徴と伝染方法

作物の病気 (disease) は病原体 (pathogen) の感染(infection)によって起こる伝染性(infectious)のものと生理病や栄養素欠乏などの非伝染性 (noninfectious) のものに大別される．作物の病気の 90％以上は伝染性であり，菌類 (偽菌類を含む，fungus, 複数形：fungi)，細菌 (bacterium, 複数形：bacteria)，ウイルス (virus)，ウイロイド (viroid) およびファイトプラズマ (phytoplasma) などが病原体として知られている．これらの病原体のうち，菌類によって起こる病気が最も多く，わが国で発生が報告されている作物 (100 種) の伝染性の病気 (1,168 種) のうち，77％は菌類によって病気が生じる[1]．

病原性を有する菌類 (病原菌：pathogenic fungus) は作物に侵入・感染して，生理的機能をみだすとともに組織の壊死などを起こして，病気を発生させ，萎凋，立枯れ，変色 (黄化・褐変など)，斑点，斑紋，条斑，腐敗などの病徴 (symptoms) を生じる．発生した病気は種子，土壌，空気などを介して伝染 (transmission，種子伝染，土壌伝染，空気伝染など) し，広まる (表 6.2.1)[2]．

2) 被 害

病気が発生すると，正常な作物の生産が阻害されるため，減収や品質悪化などの被害が生じる．たとえば，イネいもち病 (病原菌：不完全世代 *Pyricularia oryzae*, 完全世代 *Magnaporthe oryzae*) では，わが国の稲作農家は本病を防除するため，毎年数百億円の農薬を散布・施用しているが，水稲は本病により毎年，平年で約 2％，多発年で約 5％，減収している．作物の病気の多発生は，ときには社会的にも大きな影響を及ぼす．すなわち，1845 年にアイルランドなどで生じたジャガイモ疫

■表 6.2.1　主要な菌類による作物の病気と伝染方法

伝染方法	主要な病気
種子伝染	イネ：いもち病，ばか苗病，ごま葉枯病，ムギ類：黒穂病，斑点病 ダイズ：べと病，紫斑病，炭疽病
土壌伝染	イネ：苗立枯病，紋枯病，ダイズ：茎疫病，黒根腐病，白絹病 コムギ：立枯病，条斑病，ムギ類：雪腐病，株腐病 サツマイモ：つる割病，ジャガイモ：疫病
空気伝染	イネ：いもち病，ごま葉枯病，ムギ類：さび病，うどんこ病，赤かび病 ダイズ：炭疽病，菌核病

病（病原菌：*Phytophthora infestans*）の甚発生は，多くの餓死者を出した「ジャガイモ飢饉」の原因となり，アイルランド人の米国などへの移住を促した[2]．

3）発生予察

病気による被害を回避するため，わが国では，植物防疫法に基づき，各都道府県の病害虫防除所が，主要な作物の病気について，圃場での発生状況などを調査するとともに発生予察を行っている．作物の病気は病気を起こす病原体（主因），病気に罹る性質をもつ作物（素因）および病気が発生する環境条件（誘因）が合わさったときに生じる[2]．このため，発生予察を的確に行うには，これらの要因の解析が重要で，主要な作物の病気では，各要因の解析から発生予察が試みられてきた．たとえば，イネいもち病では，発生に大きな影響を及ぼす病原菌のイネへの侵入・感染条件が解析されるとともに，そのための判定基準が提示され，この解析や基準に基づき気象庁の AMeDAS システムの気象データを用い，広域的ないもち病菌の感染好適日を判定できるモデル BLASTAM が構築された．BLASTAM は現在，イネいもち病の発生予察に広く用いられている[3,4]．

4）農薬による防除

化学合成農薬は，作物の病気を予防・治療するため，広く施用されている．しかし，環境保全や農家の高齢化のため，省力的で散布回数が少ない農薬の施用が求められており，イネでは，このような要望に応え，移植前の育苗箱内の苗に 1 回施用するだけで長期にいもち病や紋枯病に対する防除効果が持続する薬剤が近年，開発された．また，農薬散布も粉剤や有人ヘリコプターを用いた散布から，周囲への農薬の飛散が少ない粒剤や無人ヘリコプターによる散布に近年変化してきている．なお，一部の化学合成農薬では，これらに耐性を示す病原菌（薬剤耐性菌）が発生し，大きな問題となっている．イネでは，このような薬剤耐性菌の発生の心配がない菌類の生物農薬（*Trichoderma atroviride*，*Talaromyces flavus*）や物理的な温湯消毒（60℃ 10 分間等浸漬）を用いた種子消毒が減農薬や無農薬栽培を中心に増加している[2]．

5）抵抗性品種による防除

作物品種の病害抵抗性は病原菌のレースによって変動する質的な真性抵抗性（true resistance）と，一般にそうでない量的な圃場抵抗性（field resistance）に大別され，一部の作物ではこれらの抵抗性を導入した品種が育成され，普及している．しかし，真性抵抗性遺伝子を単独に利用すると，これを侵害する病原菌のレース（pathogenic race）が数年で増殖し，無効になる事例が多い．そこで，特定レースの急激な増殖を抑制し，真性抵抗性を持続的に利用するため，イネではいもち病を対象に，真性抵抗性のみが異なり，他の形質が親品種「コシヒカリ」「ササニシキ」と同一な系統（これを同質遺伝子系統：isogenic line という）が育成され，これらを混合した多系品種（マルチライン，multiline）が新潟県，富山県および宮城県で栽培されている．近年，ゲノムレベルの遺伝解析の進歩に伴い，多数の病害抵抗性遺伝子の作物染色体上での座乗領域が特定されている．このような情報から抵抗性遺伝子と密接に連鎖するDNAマーカーがつくられ，このマーカーを利用した抵抗性品種の育成も行われている[3)]．

（小泉信三）

＊引用文献

1) 日本植物病理学会 編（2000）日本植物病名目録．日本植物防疫協会，東京
2) 「植物防疫講座第3版」編集委員会 編（1997）植物防疫講座第3版—病害編—．日本植物防疫協会，東京
3) 浅賀宏一ほか（2003）世界におけるいもち病研究の軌跡—21世紀の研究発展をめざして—．日本植物防疫協会，東京
4) 山中　達・山口富夫（1987）稲いもち病．養賢堂，東京

＊参考文献

大畑寛一（1989）稲の病害—診断・生態・防除—．全国農村教育協会，東京

6.2.2 野菜の病気

日本植物病名目録[1, 2)]によると，本邦においては，25科89作物（77種）の野菜に1,171の病害が記録されている（2008年12月現在）．そのうち菌類によるものが759，ウイルスによるものが128，ファイトプラズマによるものが16，細菌によるものが154，線虫によるものが114である．ここでいう菌類には，卵菌類（Oomycetes）8属46種と種未同定21菌株，変形菌類（Myxomycetes）4属5種，ネコブカビ類（Phytomyxea）1種，真菌（Fungi）97属235種と種未同定60菌株が含まれる．

1）卵菌類による野菜の病害

卵菌類8属のうち，*Albugo*属はアブラナ科作物に白さび病を起こす．その病徴は，花器，茎葉に白色の浮腫を形成し，ホルモン異常による奇形や栄養障害による萎凋，腐敗である．*Bremia*, *Peronospora*, *Plasmopara*, *Pseudoperonospora*の4属は6科33作物のべと病の病原であり，茎葉に水浸状病斑を形成し，病勢が進展すると腐敗に至る．葉裏の病斑上にカビを生じ，多量の分生子（conidia）を形成する．*Aphanomyces*属菌は，アブラナ科作物とホウレンソウの根部腐敗による立枯れ性の病害を起こす．*Pythium*属菌では，16科36作物において22種と種未同定10菌株による，根部腐敗や地際部からの茎葉の腐敗を病徴とする苗立枯病などの病害が報告されている．それに加え，スイカ，キュウリ，カボチャ，トマトでは*P. aphanidermatum*（Edson）Fitzp.による果実腐敗（綿腐病）が報告されている．*Phytophthora*属菌11種と種未同定9菌株については，根，果実に加えて地上部の茎葉の腐敗による病害が14科31作物で報告されており，一般的に疫病の病名がつけられている．*Pythium*と*Phytophthora*属菌による根部病害は養液栽培でも大きな問題となっている．

2）変形菌類とネコブカビ類による野菜の病害

変形菌類は植物への寄生性をもたず，土壌や作物体表面に繁殖し，作物との養水分の競合や通気不良により作物に障害を起こす．

ネコブカビ類の1種，根こぶ病菌*Plasmodiophora brassicae* Woroninはアブラナ科作物の根にホルモン異常による「こぶ」をつくらせ，地上部の生育不良をもたらす．

3）接合菌類による野菜の病害

真菌の接合菌類（Zygomycetes）では，4科6作物の*Choanephora*属菌による茎葉と果実の腐敗（こうがいかび病）と，*Rhizopus stolonifer*（Ehrenb.）Vuilleminによるメロン，ニガウリ，イチゴ，トウガラシ類の果実腐敗が報告されている．

4）担子菌類による野菜の病害

担子菌（Basidiomycetes）で完全世代（teleomorph）が見つかった野菜の病原菌は10属19種と種未同定1菌株である．そのうち*Aecidium*, *Coleosporium*,

Goplana, *Puccinia* の4属に含まれる12種と未同定1菌株のさび病菌は計5科14作物の茎葉表面に胞子堆（sori）を形成し，激しく発病すると葉などが枯れ上がる．*Thanatephorus cucumeris*（A.B. Frank）Donk は，その不完全世代（anamorph）*Rhizoctonia solani* J.G. Kühn と併せて，13科41作物に，地際付近の根，茎，葉の褐色病斑から腐敗に至る苗立枯病などの病原となる．他の *Rhizoctonia* 属菌2種と種未同定5菌株も同様の病徴を引き起こす．また，4作物の紫紋羽病菌 *Helicobasidium mompa* Nobuj. Tanaka，イチゴこむらさきしめじ病菌 *Lepista sordida*（Schumach.）Singer，クワイ火ひぶくれ病菌 *Doassansia horiana* Henn，ニンジンならたけ病菌 *Armillaria mellea*（Vahl）P. Kumm，ヤマノイモ小粒菌核腐敗病菌 *Typhula ishikariensis* S. Imai とネギ類黒穂病菌 *Urocystis cepulae* Frost も担子菌の完全世代である．紫紋羽病とこむらさきしめじ病の病徴は根の腐敗による地上部の萎凋や立ち枯れであり，ならたけ病と小粒菌核腐敗病では貯蔵中の根菜が腐敗する．火ぶくれ病では，茎葉表面がふくらみ，胞子堆を生じ，また塊茎がかさぶた状の組織異常を起こす．黒穂病では，罹病葉の内部に厚壁胞子（chlamydospore）が堆積し，葉が生育不良から枯死に至る．国内では完全世代未報告である担子菌 *Sclerotium rolfsii* Sacc. は多犯性で9科24作物の白絹病菌，*S. hydrophilum* Sacc. はハスの葉に腐敗病斑（葉腐病）を形成させる．ユリ科ネギ属5作物の茎地際部の腐敗から作物の立ち枯れとなる黒腐菌核病の病原菌である *Sclerotium cepivorum* Berk. は系統分類上，子嚢菌類とされる[3)]．

5）子嚢菌類による野菜の病害

上記以外の菌類病原は子嚢菌類（Ascomycetes）とその不完全世代に属すると考えられ，さまざまな病徴を引き起こす．果実，茎の腐敗を起こす主な病原として *Sclerotinia*, *Botrytis*, *Phomopsis*, *Penicillium*, *Fusarium* 属菌があげられる．そのうち，多犯性の *S. sclerotiorum*（Lib.）de Bary による病害は菌核病と呼ばれ10科28作物，*B. cinerea* Pers. による灰色かび病は13科25作物で報告されている．葉に褐色病斑を形成する主な病原は *Mycosphaerella*，*Phoma*，*Colletotrichum*，*Septoria*，*Alternaria*，*Cercospora*, *Corynespora* 属菌であり，多くの菌種で種間または種内での宿主特異性（host specificity）が認められている．根腐れを引き起こす代表的な菌種として，緩やかな宿主特異性をもつ *Fusarium solani*（Mart.）Sacc. とウリ科作物を侵す *Phomopsis sclerotioides* Kesteren があり，根の褐色腐敗では *Cylindrocarpon* と *Pyrenochaeta* 属菌，維管束（vascular bundle）に侵入して上部の萎凋を引き起こす菌種では *Fusarium oxysporum* Schltdl と *Verticillium* 属菌が代表的である．*F. oxysporum* による病害では根の褐色腐敗を伴う場合もある．*F. oxysporum* と *V. dahliae* Kleb. では種内での宿主特異性，さらには作物品種の抵抗性遺伝子に対応した病原性レースの分化が認められる．葉表面に菌叢を形成する病害では，宿主特異性が強い *Erysiphe*，*Leveillula*，*Sphaerotheca*，*Oidium*，*Oidiopsis* 属菌によるうどんこ病が代表的であり，双子葉類（Dicotyledoneae）の9科32作物で報告されている．

（窪田昌春）

＊引用文献

1）日本植物病理学会 編（2000）日本植物病名目録．日本植物防疫協会，東京

2）日本植物病理学会 編（2008）日本植物病名目録追録．http://www.ppsj.org/pdf/misc-tsuiroku081212.pdf

3）Xu Z, et al.（2010）Mycologia102 : 337-346

＊参考文献

岸國 平 編（1998）作物病害事典．全国農村教育協会，東京

小林享夫ほか 編（1992）植物病原菌類図説．全国農村教育協会，東京

農林水産技術会議事務局 編（2001）農林水産研究文献解題 No.26 野菜の病害．農林統計協会，東京

農林水産技術会議事務局 編（1976）農林水産研究文献解題 No.4 野菜病害編．農林統計協会，東京

6.2.3 花きの病気

わが国で栽培される花きは非常に多岐にわたり，概算で400科，1,500属，5,000種，20,000品種ほどと推定されている（長岡，2003）．これに対し病害の記録目録である「日本植物病名目録」（2000）で記録された“草本花き”である草花は68科，275種類で，記録された病害数は1,307種類であった．病原別ではウイルス161（12%），細菌121（9.3%），菌類820（63%），ウイロイド2（0.2%），ファイトプラズマ22（1.7%），センチュウ179（14%），ダニなど2（0.2%）となっている．本目録の最新追録（2008）では同じく草花の項目で155種類，314病害が追加された（表6.2.2）．ここから花き病害の報告は近年飛躍的に増加しているとはいえ，記録されている病害数そのものは栽培種類数に比べ非常に少ないことがわかる．これは花き分野において病害発生が少ないと見るよりも，研究・報告が花きの種類数に追いついていないと見るべきである．

わが国の花き病害は現時点においても新病害が次々と発見・報告されている．これはもともと花きの種類が多いにもかかわらず，非食用，経済的重要度から研究・報告が後回しにされる傾向があることや，現在もさまざまな花きが新規性という観点から海外からどんどん輸入され，四季のある国内で，原産地とは異なる栽培環境で周年生産をめざして栽培されるため，さまざまな障害が年々歳々発生するためと考えられる．

要するに花き病害ではいまだ分類・同定のすんでいない病害が多数あり，それ故，病原学的研究がいまだに主流をなしているといえる．なお，病原に占める菌類病の割合は約60%で他の園芸作物や水稲・畑作物と大きく変わることはない．

同じ園芸作物である野菜病害や果樹病害と比較して異なる点として以下があげられる．

①抵抗性育種が実施されている品目が少ない．またはわからない．

②抵抗性台木による回避もほとんどない．

③永年性の花きではいったん汚染するとその除去は非常に困難である．

④登録薬剤が少ない．またはない品目が多い．

⑤要防除水準が非常に高い．

ここでは紙数の関係もあるので代表的切り花であるキク，バラ，カーネーション，ユリ，トルコギキョウなどの主要病害を扱うことで花きの菌類病害を概観したい．

1）花き類灰色かび病 *Botrytis cinera*・ユリ葉枯病 *Botrytis elliptica*，チューリップ褐色斑点病 *Botrytis tulipae*

Botrytis cinerea は宿主範囲が非常に広いため，栽培環境が本病の発病適温である低温多湿条件になれば，ユリ科以外のほとんどの花きで発生すると考えられる．葉や花弁に斑点や枯損症状を起こす．スターチスなどでは地際部で発病するため株枯れも起こす．患部に大量の胞子を形成し，二次伝染する．腐生性が強く花がらが最初の発病部位であることが多いため花き栽培ではつねに問題となる．一方，ユリ科の灰色かび病菌は種が異なり，

表6.2.2 日本有用植物病名目録所収の花き部門（草本花き）の変遷[3]

書　名	発行年	登載草花数	登載病害数
日本有用植物病名目録第2巻第1版	1965	102	441
日本有用植物病名目録第2巻第2版	1980	148	701
日本有用植物病名目録第2巻第3版	1993	181	896
日本植物病名目録	2000	275	1,298
日本植物病名目録（第2版）CD版	2012	324	1,647

いずれも日本植物病理学会編．

ユリではB. *elliptica*（葉枯病），チューリップではB. *tulipae*（褐色斑点病）が病原菌となる．いずれの菌も菌核（sclerotium）を形成しこれが第一次伝染源となる．完全時代が見つかっている場合もあるが，ほとんどは不完全時代だけで生活史を全うする．

2）キク白さび病菌 *Puccinia horiana*[2,4]

キク最大の難防除病害である．本菌は担子菌類に属するが，さび病菌は通常，形態的，機能的に異なる最大で5または6種類の胞子世代を有するが本菌の場合，冬胞子（teliospore）と担子胞子（basidiospore）のみを形成する短世代型の生活環をもつ．また異種寄生性もなく，絶対寄生菌であることから，キクという作物に完全に依存して，その伝染環を全うしている．冬胞子の発芽条件は湿度90％以上，15～23℃とされる．第一次伝染源は外観健全保菌苗の持ち込みと考えられる．リュウノウギクなどキク科雑草への寄生性も若干認められるが，伝染環に果たす役割は大きなものではないとされる．

3）バラうどんこ病 *Sphaerotheca pannosa*

現在の施設栽培のバラでは最大の難防除病害となった．本病は完全時代の名前で呼ばれることが多いが，わが国ではまだ完全時代は見つかっていない．したがって伝染は患部に形成された分生子の蔓延による．冬季や夏季はうどんこ症状は認められないことが多いが，菌糸の状態で植物体表面に残存し，不良環境下を乗り切っていると考えられる．バラ栽培では品質保持の観点からつねに20～25℃の温度を保つように管理されるため，本病が多発しやすい条件となっている．

4）カーネーション萎凋病 *Fusarium oxysporum* f. sp. *dianthi*

カーネーションのみに病原性をもつ分化型による土壌伝染病である．レースの存在（国内はほとんどレース2とされる）や抵抗性その他の生態について明らかにされたが[1]，現在でも難防除病害の筆頭である．本病抵抗性は圃場抵抗性のため，6月中下旬定植，翌年の5月中旬の採花終了という暑い夏を越すというわが国の一般的な作型では抵抗性が必ずしも発揮されず，また発病後の対策はないため，隔離栽培や土壌消毒等で対応している．

5）トルコギキョウ青かび根腐病 *Penicillium* sp.

土壌中の青かびの一種が立毛中の植物を立枯れ・枯死させる唯一の病害である．根がまだら模様に黒変し，黒変部に青かびが着生する．発生には多分に環境要因，特に土壌肥料成分の影響を受け，肥料過多が本病の多発要因とされる．背景にはトルコギキョウの合理的な施肥基準や温度管理などが完成していないなど栽培条件の不備が示唆されている．

そのほか，白絹病，菌核病などは野菜と同じく多犯性のため，多くの花きで発生するが，前述の理由で必ずしもすべてが報告されているわけではない．

（築尾嘉章）

＊引用文献

1）Baayen RP (1988) Fusarium wilt of carnation. Centrum voor Wiskunde en Informatica, Amsterdam
2）森田 儔 編 (1990) 原色菊の病害虫防除．国華園出版部，大阪
3）日本植物病理学会 編 (2000) 日本植物病名目録．日本植物防疫協会，東京
4）内田 勉 (1983) 山梨県農業試験場研究報告 (特別報告) 22-105

＊参考文献

堀江博道ほか (2001) 花と緑の病害図鑑．全国農村教育協会，東京

6.2.4 果樹の病気

永年性作物である果樹は，一年生作物と異なり，長雨などを契機にいったん病気が蔓延すると，そ

の影響が翌年，翌々年まで続く場合が多い．また，果実を贈答用に利用する消費者からは，味ばかりでなく外観もきれいな高品質果実の生産が求められる．このような情勢の中，果樹産地では，病気の蔓延防止や高品質果実生産および防除に要する労力軽減のため，各樹種ごとに病害虫防除暦を作成し，主に薬剤防除により各種病害の発生軽減に努めている．果樹に発生する病気には，大きく分けて菌類病，細菌病，ウイルス病がある．また，菌類病の中には空気伝染性病害，雨媒伝染性病害，枝幹病害，土壌伝染性病害および虫媒伝染性病害が存在する．

菌類病 [1, 2]

(1) 空気伝染性病害

代表的なものとしては，ナシやリンゴの赤星病（rust），ブドウ，リンゴ，ナシ，カキのうどんこ病（powdery mildew）などがある．これらの病害は，空気伝染するため被覆栽培に切り替えても問題となることから，被覆栽培園では唯一防除しなければならない病害となっている．ナシ赤星病菌（*Gymnosporangium asiaticum*）の担子胞子（basidiospore）などは，約 2 km 遠方からも飛散してくることから，ナシ産地の中には県条例で園の周辺 2 km 以内に中間宿主（intermediate host）のビャクシン類の植栽を制限している自治体もある．本病の耕種的防除としては，ビャクシン類を伐採することが最も有効である．薬剤防除については，黒星病（scab）との同時防除を兼ねてジフェノコナゾール剤などの DMI 剤を散布する．かつてはナシの重要病害であったが，予防効果，治療効果に優れた DMI 剤の登場で，現在はほとんど問題となっていない．この点はうどんこ病も同様である．

(2) 雨媒伝染性病害

病気としては，疫病，べと病（downy mildew），炭疽病（anthracnose），そうか病（scab）および黒星病などがある．これらの病気は被覆栽培の導入で被害を軽減できる．このため，西南暖地のブドウ産地などでは，雨媒伝染性病害の発生抑制のため，被覆栽培の導入がかなり進んでいる．また，果樹では炭疽病菌（*Colletotrichum gloeosporioides*）による病気が多数知られており，その中でも特に問題となっているのがカキ炭疽病（anthracnose）とブドウ晩腐病（ripe rot）である．伝染源はカキは罹病枝，ブドウは菌が潜在感染した結果母枝（bearing branch）や果梗残存部（stem end）および巻ひげ（tendril）である．このことから，耕種的防除としては，剪定時に果梗残存部や巻ひげを極力除去することが有効である．薬剤防除については，カキは 5～8 月にかけてマンゼブ剤などを，ブドウは 5～6 月にアゾキシストロビン剤などを散布する．そうか病を引き起こす *Elsinoe* 属菌による病気としては，カンキツそうか病とブドウ黒とう病がある．カンキツは発芽初期～幼果期に，ブドウは展葉直後～新梢伸長期にジチアノンフロアブル剤などを散布し，被害軽減を図っている．また，*Venturia* 属菌によるナシやリンゴの黒星病に対しては，伝染源である罹病落葉の処分とともに，ジフェノコナゾール剤などの DMI 剤を散布する．なお，近年，ナシ黒星病菌（*Venturia nashicola*）において，DMI 剤に対する耐性菌の発生が報告されていることから，今後の発生動向に注意が必要である．

(3) 枝幹病害

枝幹に発生する病気としては，ナシやリンゴの胴枯病（canker），腐らん病（valsa canker），ブドウの枝膨病（swelling arm），つる割病（phomopsis cane and leaf spot）およびナシ輪紋病（ring rot）などがある．枝幹病害の多くは，病原菌が枝の付傷部から侵入後，木質部深くまで侵すことが多いことから，発病後の対策としては病斑部除去以外に有効な対策が少ないため，難防除病害に位置づけられている．また，伝染源が年間を通して樹上に存在することから，いったん病気を蔓延させると，翌年や翌々年まで問題となる可能性が高い．難防除の枝幹病害であるブドウ枝膨病（病原菌：*Diaporthe kyushuensis*）では，まず，分生子が無傷の新梢緑枝部に感染し，黒色病斑を形成する．病原菌は，新梢の登熟（ripening）前までは黒色病斑部内にとどまっているが，枝の登熟開始とともに新梢節部の射出髄（ray tissue）に進展し，増殖する．病原菌の増殖による枝幹内部の枯死を補うため，周囲の健全な組織が大きくなり，翌年以降に枝膨れ症状を呈するようになる．このように，枝幹病害については，生育の早い段階から感染が起こっている場合があることから，予防散布や罹病枝の除去が特に重要となる，*Botryosphaeria* 属菌によるナシ輪紋病では，枝の皮目（lenticel）を侵入門戸とし，3～4カ月の潜伏期間を経て枝にイボを形成する．また，果実には幼果期に果点（dot）から侵入し，収穫期以降に果実腐敗を引き起こす．枝幹病害の病原菌である *Diaporthe* 属菌や *Botryosphaeria* 属菌については，枝幹部を侵すとともに果実腐敗も引き起こすことから経済的被害が大きい．

(4) 土壌伝染性病害

土壌病害としては，*Rosellinia necatrix* によるナシやリンゴおよびブドウの白紋羽病（white root rot）や *Helicobasidium mompa* によるリンゴの紫紋羽病（violet root rot）などがある．果樹栽培では樹1本の生産性が高いことから，枯死樹の発生は経済的被害が大きい．白紋羽病にはフルアジナムフロアブル剤の定植時土壌かん注処理の効果が高いものの，発病樹に対する有効な防除対策がないことから，難防除病害として恐れられている．

(5) 虫媒伝染性病害

虫媒伝染性の果樹の病気には，キクイムシ類が媒介するイチジク株枯病（病原菌：*Ceratocystis ficicola*）がある．虫媒伝染する病害は，媒介虫の移動分散により容易に発生地域が拡大するため，いったん蔓延すると根絶はかなり困難である．キクイムシ類によって媒介される株枯病菌の子嚢胞子粘塊（ascospore masses）は，虫の体表に付着しやすい性質を備えている．本種は前翰（fore wing）に子嚢胞子を付着させ，4月と7～8月の2回，枝の付傷部や主幹地際部などに飛来，穿孔し，本病を伝播している．防除対策としては，本種が穿孔する直前に，ガットサイドSなどの樹幹塗布剤を処理するのが有効と思われるが，本病は厚膜胞子（chlamydospore）により土壌伝染も行うため，総合的な防除対策を実施する必要がある．

また，近年，各種菌類病の診断，同定において，光学顕微鏡等による観察やPDA培地などによる組織分離（tissue culture）とともに，各種菌類病の種に特異的なプライマーを利用したPCR法による遺伝子診断が，精度，迅速性，簡便性の点でよく利用されている．（梶谷裕二）

＊引用文献

1)「植物防疫講座第3版」編集委員会 編（1997）植物防疫講座第3版病害編．日本植物防疫協会，東京，pp301-357

2) 日本植物病理学会 編（1995）植物病理学事典．養賢堂，東京，pp624-638

＊参考文献

岸國 平 編（1998）日本植物病害大事典．全国農村教育協会，東京

北島 博（1989）果樹病害各論．養賢堂，東京

是永龍二・小泉銘册 編（2001）ひと目でわかる果樹の病害虫第一巻（改訂版）ミカン・ビワ・キウイフルーツ．日本植物防疫協会，東京

日本植物病理学会 編（2000）日本植物病名目録．日本植物防疫協会，東京

坂神泰輔・工藤 晟 編（2003）ひと目でわかる果樹の病害虫第二巻（改訂版）ナシ・ブドウ・カキ・クリ・イチジク．日本植物防疫協会，東京

坂神泰輔・工藤 晟 編（2003）ひと目でわかる果樹の病害虫第三巻（改訂版）リンゴ・マルメロ・カリン・モモ・スモモ・アンズ・プルーン・ウメ・オウトウ・ブルーベリー・ハスカップ．日本植物防疫協会，東京

山口 昭・大竹昭郎 編（1986）果樹の病害虫．全国農村教育協会，東京

米山勝美ほか（2006）植物病原アトラス―目で見るウイルス・細菌・菌類の世界―．ソフトサイエンス社，東京

6.2.5 樹木の病気

森林には多種多様な微生物が生息し，森林生態系における物質循環や環境形成に寄与しているが，微生物の中には樹木に病気を起こす種も多く存在する．健全な森林では病原微生物は低密度に

保たれているが，人工林のように樹種構成が単純な林分では，ときとして一部の病原微生物が増殖し，大規模な森林病害が発生する．

樹木に病気を起こす病原体として，ウイルス，細菌，およびファイトプラズマなどがあるが，病気の9割以上は菌類によって病気が発生する．樹木も人間同様，多くの病気に罹り，樹体に種々の症状が発生する．葉にできる斑点性病害，枝に発生する枝枯性病害，幹に発生する胴枯性病害および根系組織が侵される土壌病害に大別される．中でも，菌類によって発生する枝枯性病害や胴枯性病害は樹木特有の病気であり，緑化樹木はもとより，人工林や天然林に対しても多大の被害を与えている．

1）胴枯性・枝枯性病害の種類

樹木の幹や枝の樹皮を侵す病気を，それぞれ胴枯性病害および枝枯性病害と呼び，草本植物にはない樹木特有の病気である．胴枯性病害および枝枯性病害の病原菌には，ウイルスや細菌などもあるが，重要な病気の多くは菌類によって引き起こされる．胴枯性病害および枝枯性病害は，発病後の病患部の形成と進展過程から，大きく3つのグループに大別される．

1つは幹や枝に永年がんしゅ（perenial canker）をつくり病斑が慢性的にゆっくり進展するグループで，病患部が標的のような形態になるが，樹体が枯れることはない．永年がんしゅを形成するグループは，広葉樹ではネクトリアがんしゅ病（*Nectria* spp.），針葉樹ではラクネルラがんしゅ病（*Lachnellura* spp.）が代表的な病害で，ほとんどの病原菌は子嚢菌類に属する．

2つめのグループは，病原力が強く，急性的に病斑が拡大するため，巻き枯らしによる胴枯・枝枯を起こすグループである．このグループの病原菌は樹皮内部に菌体を形成し，その頂部が盛り上がって表皮に現れ，いぼ状ないし，さめ肌状の病徴を呈する．広葉樹では黄色胴枯病（*Cryphonectria* spp.），さめ肌胴枯病（*Botryosphaeria* spp.），腐らん病（*Valsa* spp.）などがある（図6.2.1）[1)]．

3つめのグループは，ヒノキやヒバといった針葉樹に発生する病害で，漏脂病（resinous stem canker）といわれている．病原菌は*Cistella japonica*という子嚢菌類で，本菌に感染すると，幹から恒常的

■図6.2.1 キリ腐らん病菌（*Valsa paulowniae*）によって発生した胴枯性病害
材部が露出し，腐朽へと進展する．激しく侵されると立枯れを起こす場合がある．

■図6.2.2 漏脂病菌（*Cistella japonica*）によって発生したヒバの溝腐症状
本菌に侵されると，形成層が枯死するとともに樹幹に陥没が発生し，腐朽へと進展する．立枯れは生じないが，材価は低下し，経済的損失は甚だしい．

に樹脂（ヤニ）が流れ続け，その後，樹幹の形成層が枯死し，溝腐状態に進展する病気である（図6.2.2）[2]．本病に罹ると，木材としての価値が低下し，林業生産上，深刻な問題となる．

2）胴枯性・枝枯性病害の発生機構

胴枯性病害および枝枯性病害を起こす病原菌の多くは条件的寄生菌であり，通常は樹木の表面あるいは枯死組織に定着していて，樹木の活力が環境の影響によって衰えた場合に，宿主内に侵入して病斑を形成するものである．したがって，胴枯性病害および枝枯性病の発病と環境因子（寒さ・乾燥・風）の間には密接な関係がある．生きた樹皮組織に侵入した菌糸体は，健全部との境界にコルク組織ができるため侵入を阻止される．しかし，コルク層の防御壁をのりこえた菌糸体は樹幹形成層に達し，形成層を破壊することによって幹が陥没し，その結果，永年がんしゅ病や溝腐病（stem sap rot）へと進展する．　　　　**（窪野高徳）**

＊引用文献

1）横沢良憲ほか (1989) 日林東北支誌 32 : 216-219
2）Suto Y (1997) J For Res 2 : 59-65

＊参考文献

千葉　修（1975）改訂樹病学．地球社，東京
伊藤一雄（1974）樹病学体系Ⅱ．農林出版，東京
小林享夫 編著（1986）樹病学概論．養賢堂，東京
鈴木和夫（1999）樹木医学．朝倉書店，東京

6.2.6 腐朽病害

樹木が生きているうちに木部（木材）が分解する現象を腐朽病害，あるいは生立木（せいりゅうぼく）腐朽，材質腐朽病などと呼んでいる．腐朽病害（wood decay in trees）では樹木の死んだ組織，すなわち木部細胞の細胞壁が分解されるので，生きた細胞が侵される寄生性病害とは異なるが，広い意味で樹木の病害として扱われる．腐朽病害の被害は，樹齢が高くなるに従って増加する．腐朽病害の原因は木材腐朽菌と呼ばれる一群の菌類で，そのほとんどは担子菌類に属する．中でもヒダナシタケ目（Aphyllophorales）と呼ばれてきた，いわゆる硬質菌類に木材腐朽力を有する種が多いが，ハラタケ目（Agaricales）などの軟質菌類や，クロサイワイタケ目（Xylariales）など一部の子嚢菌類にも木材腐朽力を有する種が存在する．

1）腐朽病害の発生部位

樹木の腐朽病害の被害形態はその発生部位から，幹の比較的上部や枝が腐朽する幹腐朽（stem rot）と，幹の地際部や根部が腐朽する根株腐朽（root and butt rot）に大きく分けられ，原因となる木材腐朽菌をそれぞれ幹腐朽菌，根株腐朽菌と呼んでいる．どちらの腐朽を起こすかは木材腐朽菌の種によってほぼ決まっているが，コフキタケ（*Ganoderma applanatum*）のように両者の中間的な腐朽を起こす例もある．腐朽病害は森林で恒常的に発生しているが，人工林に発生すると経済的損失をもたらすので問題となる．人工林の腐朽病害としては，カラマツの根株腐朽や幹腐朽，ヒノキの根株腐朽，スギの根株腐朽などがある．近年は都市部の緑化樹において，ベッコウタケ（*Perenniporia fraxinea*）やコフキタケによる腐朽被害が増加し，問題となっている．特に街路樹では，被害木が強風により倒伏して事故が発生する危険性があるため，腐朽被害の早期発見技術や対処法が検討されている．

また，腐朽病害では心材部が被害を受ける心材腐朽（heart rot）と，辺材部が被害を受ける辺材腐朽（sap rot）に区分される．樹木の腐朽病害の大部分は心材腐朽であり，辺材腐朽は少ない．辺材部に腐朽が発生しにくいのは，辺材部が通導組織のため含水率が高く酸素が欠乏していることや，放射柔細胞などの生きた細胞が存在するので，防御組織として働くためと考えられている．辺材腐朽では辺材部全体が一様に腐朽するのではなく，部分的に腐朽して被害部は縦に陥没するので，しばしば溝腐症状を呈する．このような辺材

腐朽の例として，モミサルノコシカケ（*Phellinus hartigii*）によるモミ類の溝腐病や，チャアナタケモドキ（*Fomitiporia* sp.）によるスギの非赤枯性溝腐病が知られている．

2）腐朽病害の発生機構

腐朽病害は健全な樹木には感染しにくく，木部に達する傷，枯枝，枯死根などが存在すると感染が起こりやすい．幹腐朽では枯枝や幹・枝の傷から木材腐朽菌が幹に侵入し，上下方向に腐朽が進展する．特に広葉樹では枝や幹の腐朽は多く，カワラタケ（*Trametes versicolor*）やカイガラタケ（*Lenzites betulina*）などはさまざまな樹種に発生する．一方，チャカイガラタケ（*Daedaleopsis tricolor*）やカワウソタケ（*Inonotus mikadoi*）はサクラ属樹木に多く発生し，幹や枝の腐朽を起こす．針葉樹にも幹腐朽はしばしば発生するが，特にチウロコタケモドキ（*Stereum sanguinolentum*）は，間伐された丸太の搬出時に残存木に付けられた傷から侵入することが多いので，丁寧な施業が必要である．

根株腐朽の場合，地際部の傷や枯死根から最初に感染すると考えられている．欧米に分布する *Heterobasidion annosum* は，新たに間伐された伐根の表面に付着した胞子が発芽・侵入して根部を腐朽させ，根系の接触を介して健全な隣接木に感染することが知られている．根系を介する感染は，わが国の南西諸島に分布し南根腐病を起こすシマサルノコシカケ（*Phellinus noxius*）やヒノキなどの針葉樹の根株腐朽を起こすキンイロアナタケ（*Perenniporia subacida*）などで確認されている．またナラタケ（*Armillaria mellea*）や近縁種は，土壌中にしばしば根状菌糸束（rhizomorph）を形成し，隣接木に感染することが知られている．しかし，針葉樹の根株腐朽を起こすカイメンタケ（*Phaeolus schweinitzii*）やハナビラタケ（*Sparassis crispa*）では，根系を介した感染は確認されていない（図 6.2.3）．

図 6.2.3　ハナビラタケによるカラマツの根株腐朽

3）木材腐朽菌と寄生性

木材腐朽菌の大部分は腐生性であるが，中にはナラタケ類やベッコウタケのように寄生性を有する種（条件的寄生菌 facultative parasite）が存在する．これらの種は木部の腐朽を起こすだけではなく形成層も侵すので，樹木を衰弱・枯死させることがある．寄生性を有する根株腐朽菌には，*H. annosum* や，ナラタケ類，シマサルノコシカケ，ベッコウタケ，子嚢菌類のオオミコブタケ（*Kretzschmaria deusta*）などが知られている．モミサルノコシカケやチャアナタケモドキのような辺材腐朽菌も，辺材部の肥大成長を阻害するので，寄生性を有すると考えられる．木材腐朽菌の中で樹木の生きた組織を侵して樹勢を弱らせるのは白色腐朽菌に限られ，褐色腐朽菌が樹木を衰弱させたり枯死させた例は知られていない．

（阿部恭久）

＊参考文献

Butin H（1995）Tree diseases and disorders. Oxford Univ. Press, Oxford

ゴルファーの緑化促進協力会 編（2007）緑化樹木腐朽病害ハンドブック．日本緑化センター，東京

Tainter FH, Baker FA（1996）Principles of forest pathology. John Wiley, New York

6.2.7 その他の病気（野生植物の病気）

栽培植物同様，野生植物も病気にかかることがある．しかし一般的には有用資源として利用されている植物以外の病気が詳しく研究される例は少ない．しかし，野生植物の病気について情報を集めることは有用資源植物の病害防除の上でも大変重要である．そもそも，植物寄生菌は，人間にとって有用な植物と野生植物とを区別してくれない．有用植物か雑草かは人間の勝手な都合で決めたものであり，それまで邪魔者扱いされていた雑草や誰も見向きもしなかった野草が，ある日突然有用植物になる可能性もある．植物病原菌の寄生性の分化や系統関係を明らかにするためにも，野生植物の病気に関する研究は必要である．また，以下にあげる例のように，現時点で有用植物とされている植物の病気を直接防除するうえでも，野生植物の病気に関する研究が重要なこともある．

1）異種寄生性さび病菌

さび病菌の中には生活環を完了するために系統上関係のない2種の植物を必要とする異種寄生性（heteroecious）の種が存在する．それぞれの宿主植物を，夏胞子・冬胞子世代宿主，精子・さび胞子世代宿主と呼ぶ．またその2つの宿主のうち有用ではない方の宿主を，一般に中間宿主（alternate host）と呼ぶ．たとえば，コムギ赤さび病菌（*Puccinia triticina*）は，コムギ上で夏胞子・冬胞子世代を，キンポウゲ科の草本植物（カラマツソウ属など）上で精子・さび胞子世代を過ごす．また，マツ類葉さび病菌（*Coleosporium* spp.）は，アカマツなどの針葉上で精子・さび胞子世代を過ごし，夏胞子・冬胞子世代は種によって異なり，ノコンギク，シロヨメナなどのキク科草本，ボタンヅル，ツリガネニンジン，シソ，キハダ，サンショウなど，さまざまな草本や樹木が利用されている．シソ，キハダ，サンショウを栽培している農家にとっては，むしろアカマツを中間宿主と呼ぶことになる．植物病害防除の1つの方法として生活環を断ち切り新たな感染を防ぐ方法があるが，有用植物の病害を防ぐために，周囲から中間宿主を除去することが効果を発揮する場合もある．ヨーロッパや北アメリカでは，コムギ黒さび病（*Puccinia graminis* f. sp. *tritici*）の防除のため，中間宿主であるメギ科，メギ属（*Berberis*）の，ヘビノボラズの仲間をコムギ畑の周りから除去した．春先の伝染源を減少させるほか，新しい病原性レースの出現を抑制することができたといわれている．また，五葉松の葉さび病防除のため中間宿主であるヨツバヒヨドリバナを周辺から除去することで感染を制御した例もある[1]．

2）宿主範囲の広い病原菌

植物病原菌の中には，宿主特異性が高く，感染できる宿主の範囲が狭いものもあるが，反対に比較的広い範囲の植物を宿主とできるものも存在する．絶対寄生菌（obligate parasite）であるさび病菌は，一般に宿主範囲が狭いが，ダイズさび病菌のようにきわめて広い例もある．日本では，ダイズのほかに，クズやツルマメが夏胞子・冬胞子世代宿主となり，相互接種により感染することが確認されている[2]．Ono et al.[3] によると自然感染により17属31種，接種試験結果も含めると26属60種のマメ科植物が宿主となり，野生のマメ科植物が感染源となることが知られている．

1990年代はじめに，鉢植えのカランコエに突如さび病が発生し問題となったことがある．これは同じベンケイソウ科の野生植物であるキリンソウやベンケイソウを宿主とする短世代型のさび病菌 *Puccinia benkei* が感染し引き起こされた病害であると考えられている[4]．

また，うどんこ病菌でも，カラスウリに発生した *Oidium* 属 *Reticuloidium* 亜属菌が，キュウリをはじめとするウリ科植物6属9種と花き類6種類に病原性を示すことが確認されており[5,6]，カラスウリが感染源として重要であることが示されている．

野生植物の病害についてまとめた文献は少ない

が，以下の参考文献を参照されたい．（山岡裕一）

＊引用文献

1) 佐保春芳 (1963) 日本林学会誌 45 : 20-24
2) Sato T, Sato S (1982) Soybean Rust Newsl 5 : 22-26
3) Ono Y, et al. (1992) Mycological Research 96 : 825-850
4) 山岡裕一ほか (1997) 日植病報 63(1) : 51-56
5) 星　秀男ほか (2009) 日植病報 75 : 204
6) 鍵和田　聡ほか(2009) 日植病報 75 : 204

＊参考文献

岸國　平 編 (1998) 作物病害事典．全国農村教育協会，東京

日本植物病理学会 編 (2000) 日本植物病名目録．日本植物防疫協会，東京

日本植物病理学会 編 (2008) 日本植物病名目録追録．http://www.ppsj.org/pdf/misc-tsuiroku081212.pdf

月星隆雄ほか (2002) 日本野生植物寄生・共生菌類目録．農業環境技術研究所資料 26：1-169．http://kinrui.niaes.affrc.go.jp/index.html

7 菌類による劣化

序

地球上における最も古い住民は微生物である．細菌の先祖は約40億年前に出現し，真菌は約21億年前に地球上に現れている．一方，哺乳類は1.5億年前，人類の祖先に至ってはほんの5万年前の出現である．そのような地球上における超新参者（人類）が，大昔より住んでいる住民（微生物）から多くの影響を受けるのは当然であり，その影響にはよい影響も悪い影響もある．その新参者が利用する各種の素材もまた微生物による影響を受けるのは当然である．

地球上の生物を大きく分けると，太陽光を利用してデンプン，繊維，タンパク質，脂肪などの素材を生産する植物と，それらを捕食する動物，さらに，その植物や動物を分解する微生物に3分類できる．微生物が植物や動物を分解処理しなければ，この地球上は植物や動物の遺体の山状態になるであろう．ゆえに，微生物による物質の分解は，地球上における物質循環において必須の作用である．しかし，人が社会生活を行っていくとき，この微生物による分解作用が好ましい作用でないことも多い．ここでは，人類にとって好ましくない微生物による分解作用について述べるが，微生物にとっては，自分たちの生活を守っているだけであることを自覚しておきたい．

上記の考え方に立てば，木材，繊維類，食品，さらにそれらを素材とする文化財などは，微生物の格好の分解対象である．では，コンクリートや金属類はどうであろうか．

約27億年前に地球上に出現した藍藻類は，その代謝過程で酸素を発生した．水中に溶け込んだ酸素は，水中に溶存した金属イオンと反応し酸化物として沈殿した．それが現在，われわれが利用している鉱脈の起源である．言い換えれば，金属は微生物がつくったともいえる．そのため，微生物と金属とは切っても切れない関係であり，多くの微生物が金属表面に付着・成育し，それを劣化する．人類がつくりだした強力な建築材料であるコンクリートさえも，従来地球上に存在したもので構成されており，微生物にとっては顔なじみの素材であり，劣化・分解の対象物となる．

ゆえに，現在の地上に存在する物質すべてが，微生物により劣化させられ，分解させられるものであると認識するのが妥当であろう．ここでは，そのような事例について紹介し，解説する．

（米虫節夫）

7.1 住居の汚染と劣化

人は，年齢や職業などで居住場所が異なっても，1日の大半を閉鎖空間（建物，電車，車，航空機および地下街など）で生活している．特に屋外での仕事をもたない高齢者および乳幼児，病人，主婦などは，1日の大部分を居住空間（住居）あるいは同じ部屋で過ごすことが多い．したがって，住環境内の真菌汚染はわれわれの健康を蝕む可能性を有する大きな要因となる．

身近な室内空気汚染源としては，タバコの煙，建材や内装材から放散する化学物質（ホルムアルデヒドなど），ハウスダスト，微生物（微生物由来物質）などがある．これらの物質が，がん，心臓病，シックハウス症候群，化学物質過敏症，喘息，アレルギー，感染症および悪臭による不快感などの要因になっている[1, 2]．

われわれの生活環境（住環境）にはさまざまな微生物が存在し，住居の汚染と劣化に関係する．ここでは，住居内で問題となる汚染（微生物汚染）などについて解説する．

7.1.1 住居内での汚染場所

住居内で微生物（菌類）の汚染が問題となる場所として最も重要なところは浴室である．次いで，トイレ，台所，玄関，居間などの順である．これらの居住空間で真菌（カビ）が気になる場所について検討した小島の報告（小島が2002年に実施したアンケート調査，Web調査，N=1,267，複数回答）を図7.1.1に示す[3]．アンケート調査では，浴室が77.3％と最も多かった．次いで，洗面所（11.0％），キッチン（10.9％），玄関・靴が10.5％，寝室・寝具が6.4％，押入れ・クローゼットが5.1％，トイレが2.4％，リビングが2.1％と続く．

さらに住居内の各部屋の部位や対象物について，カビが気になる理由を調査した結果，浴室，洗面所，キッチンなどの水まわりの意識が高く，その理由として，「なんとなく不衛生」「汚れが見える」の回答率が高かった．一方，リビングおよび寝室についてはカビ意識が低い傾向が見られたが，窓まわり，エアコン，寝具などポイント的に意識が高い部分も認められた．

玄関では下駄箱の「においがする」とカビ臭さが指摘され，洗濯機では「なんとなく不衛生」と「アレルギーや病気になりそう」の回答率が高かった．

多くの家庭のすべての部屋から黒色や緑色のカビ汚れとなりやすい *Cladosporium* と *Penicillium* が高い割合で検出されている．床，壁，イス，ドアなどでは *Cladosporium* の検出割合が最も高

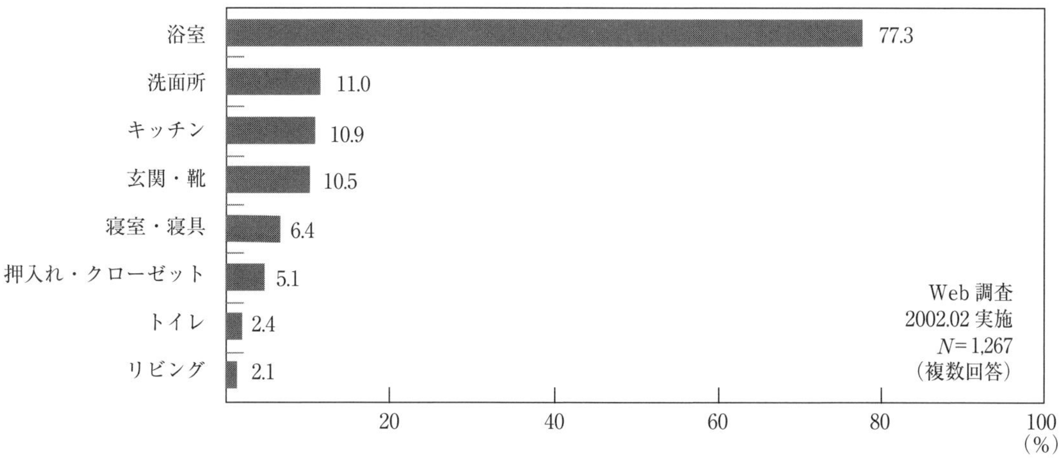

■図 7.1.1　家庭内でカビが気になる場所

く，浴槽や浴槽のふた，洗面器など乾きにくい場所では，*Rhodotorula* の検出頻度が高かった[3]．

次に，阿部は，住まいの汚染源であるカビの現状をカビ指数｛基準センサー菌である *Eurotium herbariorum* J-183 を基準気候 25℃，RH 93.6％で培養し，菌糸伸長曲線を作成する．この伸長曲線（h）を応答（ru）に置き換えて，菌糸長と応答の関係を表す標準曲線とし，この標準曲線を用いて，環境曝露後に測定したセンサー菌の菌糸長から応答（ru）を見積もり，この値を暴露期間（週間）で割って算出｝で評価している．カビ指数が最も高かった箇所は，浴室で，次いで，トイレ，玄関，洗面所，北東室の北東隅の壁であった．この5カ所が外気よりもカビ指数が高かった箇所である．水まわりと北側の外階段に面した部分でカビ指数が高く，カビが生えやすい環境になっている．南北を比較すると北側の方が南側よりもカビ指数が高く，また同じ場所の上下を比較すると下部の方が上部よりもカビ指数が高くなっている．カビが生えやすいことが経験的に知られている箇所でカビ指数が高い値になっている．また，住居では年平均カビ指数が 5.8 以上の箇所は築4年目でカビ汚染が目視された．具体的な対策を講じないと住居の劣化につながる現象である．断熱により壁面温度の低下を防止すれば冬季の壁面でのカビ汚染の防止が可能であり，外気の湿度が高い夏季は室内を除湿することによりカビ汚染が防止できる．いずれにしてもカビ指数を実測あるいは予測することで，カビ防止対策の効果を評価でき，強いては住居の劣化防止につながるものと思われる[4]．

7.1.2　室　内

小島は浴室内の床，壁，イス，ドアなどでは *Cladosporium* の検出される割合が最も高く，浴槽や浴槽のふた，洗面器など乾きにくい場所では，*Rhodotorula* の検出頻度が高かったと報告している．浴室における *Penicillium* の平均菌数は比較的高いものの検出率は低く，これは *Penicillium* が *Cladosporium* に比べて好乾性であることが1つの要因ではないかと推定している．また，好乾性の *Aspergillus* も検出される割合は低かった．逆に，好湿性の *Rhodotorula* などの酵母類は，菌数並びに検出率とも高かった[3]．

濱田は，浴室内のカビおよび酵母数の季節変動について検討している．その結果，夏の平均値は，壁の上部では 1,946/cm^2 に対して，冬の場合は 2,115/cm^2 と，類似した値であるが，平均酵母数は夏に比べて冬には浴室内のいずれの部分でも2倍前後増加していた．冬の浴室の方が結露しやすく，より乾燥しにくいことと関係しているからであろう．

また，浴室の壁の上部のカビ数は，夏の値と冬の値との間に正の相関が認められ，浴室内は温度条件などが，カビにとってかなり安定した環境であり，カビ汚染の著しい浴室では，年中汚染に悩まされることになる．一方，浴室の壁面の細菌汚染は，酵母と同様に夏より冬に多い[5]．これら微生物による汚染は素材の劣化につながるおそれがあり，具体的な対策が必要である．

さらに，濱田は，浴室の微生物汚染を予防するには，床が十分乾燥するほどの乾燥が必要であると述べている．温水はカビ取り剤に比べて殺菌効果は小さいが，簡単で浴室の生地を傷めない長所があり，風呂掃除の際は，水やぬるま湯ではなく，適温のシャワーのお湯を使用するのがコツである．さらに，乾燥しやすい浴室は，微生物汚染の予防に有効であり，このためには，付着した水滴が速く流れ落ちやすい壁にするなどの素材の工夫や有効な換気設備が必要である[5]．

7.1.3　玄　関

玄関は，人が屋外からもち込む微生物で汚染される．たとえば，靴由来（靴の外側・裏側に付着した微生物の持ち込み），衣類や靴下由来の微生物等があげられる．これら微生物の持ち込みによる微生物汚染を受ける箇所として，まず第一にゲタ箱があげられる．汚染並びに劣化の防止対策として，ゲタ箱内の湿度をある程度下げる目的も兼ねて，こまめにゲタ箱を開放するか，あるいはつねにゲタ箱の扉を少し開けておくことにより，ゲタ箱内部に必要以上の水分の滞留を防ぐことが重要である．微生物（特にカビ）の異常な増殖は，その場所の素材劣化につながるので，こまめな対策が必要である．

7.1.4 居住空間（リビング，寝室）

リビングや寝室は，調査結果ではカビ意識がほとんど認められなかった空間であるが，浴室と同等程度の浮遊菌が認められる[3]．リビングや寝室のカビ対策も重要な事柄である．

7.1.5 住居の劣化

現在の日本の住居内には，湿度などの点でカビが増殖しやすい条件のそろった場所が数多く存在する．特に浴室はカビの増殖に最適な条件がそろっている場所である．カビの増殖は，徐々にその場所の劣化をもたらす．したがって，住居の劣化を防止するためにはカビを含めた微生物が多量に増殖できない環境づくりが大切である．

近年の日本における住環境や生活スタイルの変化は，真菌や細菌などの微生物にとって生育しやすい環境になっている．さらに，一部の微生物は，住まいの外観を損ねたり，材質を傷めるだけでなく，健康に影響を及ぼす可能性も示唆されている．これら住居内を汚染並びに素材を劣化させる可能性が高い微生物の制御は生活環境を守る意味でも重要な事柄であり，今後とも継続した対策が望まれる．

そのためには，居住空間の湿度をある程度下げる対策が重要であり，古い様式の日本住宅ではそのような配慮がなされていた．温故知新に従い，旧来の建築様式のよい点を評価し，その上で快適な生活が営まれる新しい住宅建設が望まれる．

（坂上吉一）

＊引用文献
1）環境科学フォーラム 編（2001）室内空気汚染のお話．財団法人日本規格協会
2）環境科学フォーラム 編（2002）クリーンルームのおはなし．財団法人日本規格協会
3）小島みゆき（2007）防菌防黴 35：745-753
4）阿部恵子（2007）防菌防黴 35：667-675
5）濱田信夫（2006）防菌防黴 34：81-88

COLUMN 14 洗濯機のカビ

洗濯機には，しばしば著しいカビ汚染が見られる．このような場合には暗色のカサブタ状の汚れが洗濯物に付着し，カビ臭のすることが多い．洗濯物に付着したカビはアレルギー性皮膚炎の原因になる可能性があると思われる．

全自動洗濯機の脱水槽と洗濯槽の間は隙間が小さく，乾燥しにくいために，カビ汚染が多く見られる．洗濯頻度の高いほど，家族数の多いほど内部の湿った状態が長く続き，また，洗濯機の周辺の環境がより湿っているほど，カビ汚染は著しい．予防には洗濯機内部の乾燥が重要である．

洗濯機内部のカビによる汚れは脱水槽裏側の上部，すなわち洗濯水を入れたときの水面付近に最も多く，下部で少ない．洗剤に含まれる界面活性剤の付着も，カビ汚染と同様に，脱水槽の上部に多い．また，界面活性剤の付着量の多い洗濯機ほどカビ汚染も多い傾向が見られる．界面活性剤が洗濯機のカビ汚染を助長していると思われる．カビが脱水槽上部に多いのは，洗剤の泡が洗濯水の水面より上の部分に付着し，その泡がすすぎでも洗い流されずに残るためである．

洗濯機に多い暗色のカビは，洗剤を使う浴室，台所，洗面所等の水まわりでもよく見られる．一方，壁面や押入れ，結露した窓など，住宅の他の部分に見られるカビとは種類が異なる．また，粉石けんを使用している洗濯機と，合成洗剤を使用している洗濯機では，汚染しているカビの種類が少し異なる．粉石けんの場合は多くの種類のカビが見られるのに対して，合成洗剤の場合にはスコレコバシディウム（*Scolecobasidium*）（図 1）

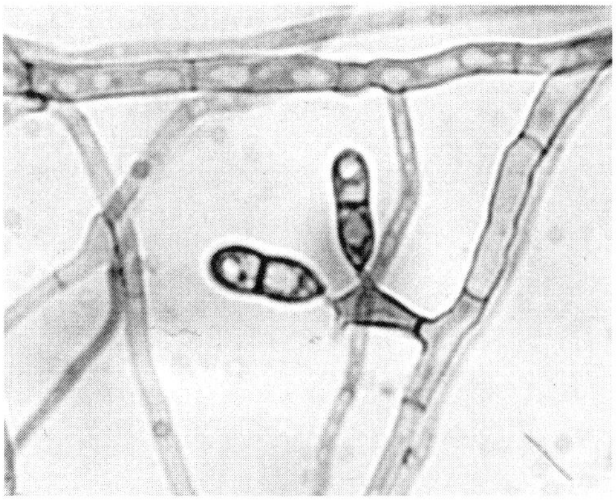

■図1　スコレコバシディウム（x400）

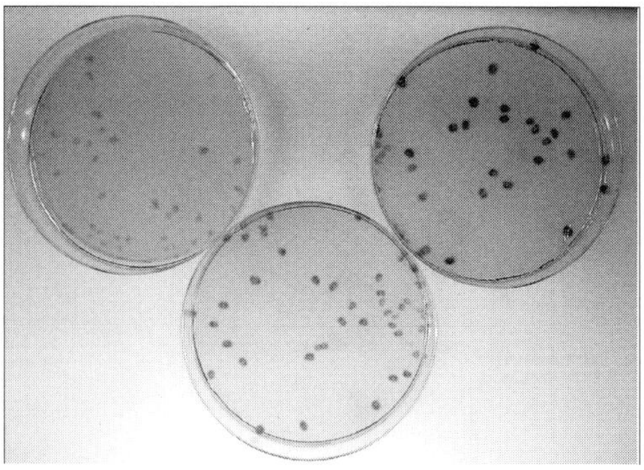

■図2　スコレコバシディウムの生育に対する界面活性剤の影響
0.01%（左），0.05%（中央），0.25%（右）．

という特定のカビが優占している．

洗濯機から分離したスコレコバシディウムと，室内塵から分離したクロカワカビ（*Cladosporium*）を，合成洗剤の主成分である非イオン界面活性剤の培地で培養した．クロカワカビの場合，0.01%，0.05%，0.25% のいずれの濃度の培地でも，まったく生育しない．一方，スコレコバシディウムの場合，いずれの濃度の培地でも生育する．比較すると，コロニーは 0.25% でより大きく，色も濃かった（図2）．合成洗剤の場合に多いスコレコバシディウムは，界面活性剤を栄養にしている．0.25% の界面活性剤は合成洗剤の使用含量の約 20 倍であり，付着し濃縮された界面活性剤をカビは利用しているのである．

近年，日本でも洗濯乾燥機が普及するようになった．毎日内部を乾燥させればカビ汚染は防げる．しかし，実際には乾燥機能を使用する頻度は必ずしも高くなく，カビ汚染予防の決め手になっていない．また，節水型にもかかわらず，それに見合うように洗剤量を減らさない場合が多いのも，カビ汚染の抑制を妨げている．

（濱田信夫）

＊参考文献

濱田信夫（2006）防菌防黴 34：411-416
濱田信夫（2010）防菌防黴 38：243-249

7.2　衣類の汚染と劣化

洗濯物の汚れは，皮脂汚れおよびタンパク質の汚れが原因である場合が多い．これら有機物による汚れを栄養として種々の微生物が増殖し，衣類の汚染が生じる．また，汚染に関係する微生物の増殖過程で，代謝により産生する有機物由来のにおい発生が問題となることも多い．特に高温多湿の日本では，衣類の汚れを介して微生物の増殖，中でも，真菌（カビ）の増殖が問題となる場合が多い．

また，本来衣類を清潔にするために用いる洗濯機自体の汚染が大きな原因となり衣類の汚染が起こる可能性も高いとされており，近年，洗濯機のカビ汚染問題は大きな社会的問題として取り上げられている．本節では，衣類の汚染について取り上げるとともに，衣類・繊維の劣化について，強制的に土壌汚染させた場合の汚染状況などの報告事例を交えて解説する．

7.2.1　衣類の汚染

洗濯機のカビ汚染を取り上げた濱田の報告を中心に，以下解説する[1]．

洗濯機に多く見られる黒色のカビは，壁面や室内塵，浮遊カビなどであり，住宅の他の部分に多く見られるカビとは種類が大きく異なる．とりわけ，*Exophiala* は石けんやシャンプーを使用している浴室でもよく見られ，洗濯機と浴室では，検出頻度の高いカビの種類が比較的似ている．

また，洗剤成分とカビ汚染の関係は，界面活性剤が暗色のカビの栄養になり，洗濯機のカビ汚染を促進していると思われる．なお，付着した界面活性剤の量は，カビ数の分布と同様に，脱水槽の上部に最も多く平均 308.3 μg，続いて洗濯槽の下部などに多かった．これらの微生物は，洗濯機を通じて衣類にも付着することが想定される．その後の衣類の取扱い状況（保管状態）にも左右されるが，条件しだいでは微生物の増殖も考えられ，ひいては微生物汚染の温床になることが想定される．

また，濱田は洗濯機のカビ汚染については，洗剤が大きく寄与すると考えている[2]．脂肪酸アミド系界面活性剤は，洗濯洗剤，シャンプーや台所洗剤などに増泡剤として添加されている．脂肪酸とペプチド結合したこれらの界面活性剤は，カビに対して阻害的に作用すると報告されている．なお，カビ生育阻害作用のある非イオン，両性および陽イオン界面活性剤には，含窒素型界面活性剤が多く，カビの増殖を抑制する立場から，洗剤としてこれらを使用することにより洗濯機の汚染を抑える方向に働くことが想定され，衣類の洗濯機による汚染の低減につながるものと考えられる．

7.2.2 土壌由来の微生物による衣類の劣化

近年，アウトドアでの活動が活発になってきた．また，児童などは野外で土壌に接する機会が多い．その際，土壌などが付着する可能性が大きい．土壌中には微生物が多く存在し，これらの微生物により衣類（繊維製品）が劣化（微生物側から見れば分解）する可能性がある．以下，これらの点について事例を交えて解説する．

角田らは，各種の試料系を好気的および通性嫌気的条件においた土壌に埋没させ，土壌中に生育する微生物が試料系の劣化に及ぼす影響について検討し，以下の結果を得た[3]．

好気的条件においた土壌（微生物）による綿繊維の劣化では，細菌よりも糸状菌（カビ）の果たす役割が大きい．また，毛織物の土壌（微生物）による劣化では，好気的条件下で顕著に進行するが，通性嫌気的条件においた場合の進行は，きわめて緩慢な傾向である．綿繊維についても同様な傾向が見られたが，劣化の程度は，毛織物に比較してかなり低かった．綿繊維の土壌（微生物）による劣化への影響は，通性嫌気的条件においた場合が好気的条件においた場合よりも強い傾向である．また，ナイロン，ポリエステルおよびアクリル繊維では，好気的および通性嫌気的のいずれの条件においた土壌でも，6 カ月間の埋没による劣化への影響はきわめて少なかった．

角田らは土壌（微生物）懸濁液を使用し，繊維の劣化（布の厚さ，白度および引張り強度）に及ぼす，温度条件について検討している．その結果，白度は 36℃ の保存布が 28℃ の場合よりも低下が大きかったが，布の厚さおよび引張り強度については，顕著な変化はなかったと報告している[4]．

また，角田らは繊維の劣化防止に及ぼす洗剤などの効果を調べ，毛織物の劣化は供試土壌に合成洗剤を加えることにより強く阻止されたが，粉石けんでは劣化の阻止は認められなかったと報告している[5]．

さらに，角田らは糸状菌，放線菌および細菌により段階的に劣化した各繊維の試料を作製し，これらの試料について電子顕微鏡および X 線回析を行い，繊維の形態変化および微細構造の変化から土壌微生物による劣化現象を比較検討した．その結果，繊維の微生物劣化における形態変化は，繊維の膨潤，表面層の浸食・脱落，フィブリル（小繊維を意味する．セルロール系の繊維などでは，バイオピーチなどの加工で，表面に微起毛を起こし，ソフト感，落ち感をだすことをフィブリル化させるという）の露出・分離に至る変化の過程の中で，特に表面層の脱落の仕方に繊維と微生物の種類により差異のあることを観察している．また，

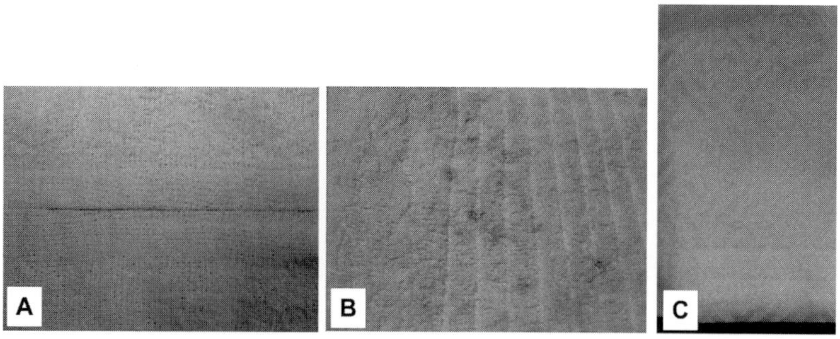

■図 7.2.1　繊維のカビ汚染事例
A：バスタオル，B：布巾，C：半襟.

劣化繊維の微細構造の変化を広角X線回析で調べ，いずれの繊維も劣化前と比較して，干渉環上の干渉点の長さやとどまり，幅などにはほとんど変化が見られず，繊維に対する微生物の酵素反応は非結晶領域の範囲にとどまり，結晶領域にはほとんど及ばないと報告している[6].

一方，村松は衣類の布の種類（綿，ポリエステル）によるカビの発育状況を調べ比較的早期（2カ月目）に布表面に目視により胞子形成を認めたカビは *Aureobasidium, Alternaria, Cladosporium* および *Penicillium* であったと報告している．なおカビの目視による発育は綿のほうが速く，合成繊維ポリエステルは遅く，*Cladosporium* 以外は目視ではほとんど発育は観察されなかった[7]．発育速度はカビの種類により異なるが，長い年月をかけて繊維などの衣類を劣化させることは明白である．村松はまた，カビ汚染の度合いは布の成分，吸湿性，織り構造による通気性などにより差が認められることを報告している．すなわち，布の場合目視により3週間以降からカビの汚染を認めることができるとしている．なお，生地でのカビ発生事例を図 7.2.1A ～ C に示す．カビ汚染対策は，湿度の多少に関係なく，日頃から繊維の劣化を防ぐ手段として重要である[7].

なお，微生物による繊維の劣化については，弓削の報告[8]や高島の成書[9]があるので参照されたい.

（坂上吉一）

＊引用文献
1) 濱田信夫（2006）防菌防黴 34：411-416
2) 濱田信夫 (2008) 生活衛生 52：245-250
3) 角田幸雄ほか (1984) 防菌防黴 12：171-176
4) 角田幸雄ほか (1984) 防菌防黴 12：213-218
5) 角田幸雄ほか (1988) 防菌防黴 16：9-16
6) 角田幸雄ほか (1992) 防菌防黴 20：571-575
7) 村松芳多子 (2009) かびと生活 2：32-35
8) 弓削　治 (1983) 防菌防黴 11：639-644
9) 高島浩介 (2002) かび検査マニュアルカラー図譜．テクノシステム，東京，pp460-465

7.3 コンクリート，金属などの劣化

「コンクリートや金属材料が，微生物で劣化する！　それ，本当ですか？」という問いを発するのが，微生物の専門家ではない多くの人の共通認識であろう．コンクリートや金属材料は，紙や木材などの有機物と異なり，微生物の「餌（栄養）」になるとは考えにくい．しかし，以下の説明を読んでいただければ，コンクリートや金属材料の微生物による劣化が本当に起こるということがわかり，微生物の底知れない力とその影響力の大きさを理解できるであろう．

7.3.1 コンクリートの劣化

1）建築資材としてのコンクリート

コンクリートは安価で強度があり，施工しやすいことから，現在，最も優れた建築資材の1つとして，個人住宅はもちろんのこと，公共施設や橋梁，ダム，トンネル，港湾設備などで汎用されている．しかしながら，温度，湿度，紫外線などの条件が整うと微生物が繁殖することがあり，ひいてはコンクリート表面を汚し，腐食し，ついには手で崩せるような状態にまでなり，建造物を破壊することが知られている．

2）コンクリートに生息する菌類

コンクリートに生息する微生物としては，表面に生息するカビ類，藻類，地衣類およびコケ類のほか，コンクリート中に生息する *Desulfovibrio* 属の硫酸還元菌[1]，*Thiobacillus* 属の硫黄酸化細菌，好酸性硫黄酸化細菌や好酸性鉄酸化細菌があげられる[2]．表面に生息する微生物は建造物の美観を損なうという点で問題視され，コンクリート中に生息する微生物は腐食に直接関与することから，それぞれ菌種の同定，生態や腐食メカニズムの解明が精力的に進められている．

このようなコンクリート表面を汚す菌類としては，*Aspergillus, Alternaria, Cladosporium* 属などが多く検出されるが，これらが単独で汚染されている場合は少なく，藻類や地衣類と複合して生育することが多い[3]．

3）微生物によるコンクリート腐食のメカニズム

新しいコンクリートの表面は強アルカリ域（pH 12～13）であるが，風化により空気中の二酸化炭素と接触して中性域となり，さまざまな微生物（細菌，菌類，藻類），地衣類，高等植物が生育できるようになる[4]．特に，硫黄酸化細菌が硫化水素を酸化して硫酸を生じ，コンクリート表面が酸性域（$pH<5$）となり，さらに好酸性硫黄酸化細菌や好酸性鉄酸化細菌の繁殖を招いて，生じた多量の硫酸によりコンクリート腐食が起こるというメカニズムが研究者に支持されている[2]．

一方，菌類の寄与についてはまだよく知られていないが，*Botrytis, Mucor, Penicillium, Trichoderma* 属によって生産されるクエン酸やシュウ酸がケイ酸塩を可溶化する結果として石造物の風化が起こることが知られている．また，*Aspergillus flavus* は少なくとも実験室では岩石に含まれるリン酸塩を溶解することが報告されており，*Penicillium* や *Acremonium*（*Cephalosporium*）による鉄の錯体化も，実験室レベルで実証されていることから，実際の石造物でも起こりうると考えられている[4]．

4）コンクリート腐食の対策

空気中には微生物を含むさまざまな微粒子が浮遊しており，これが気流に乗って建築物の壁面に衝突し，その結果，付着する．そのとき，建築物の壁面の状態が微生物の生育に適していれば，増殖を開始する．建築物に付着，増殖する微生物のうち，特に被害が甚大であるのは藻類と菌類であり，このうち，菌類は従属栄養菌が多いので，建築物の抗菌剤使用の主目的はその栄養源を断つことにある[5]．したがって，コンクリート腐食の防止対策としては，コンクリートに抗菌剤を配合しておくこととコンクリートの表面に抗菌性あるい

は汚染防止機能をもった材料を塗布，張り付け，被覆することが考えられる．

日本で販売されている抗菌建材に使用されている抗菌剤の9割は，無機系である．中でも，銀系抗菌剤を使用したものが多いが，ニッケルや銅などの金属担持物も使用され，近年では光触媒系の抗菌建材が開発され，普及することが期待されている[6]．

いずれの抗菌剤についても，すべての微生物や藻類，地衣類およびコケ類にまで効果があるとは限らず，対象とする微生物種に適したものを選択する必要がある．コンクリート表面に塗布する材料としては，外部からの水分の浸透が抑制でき，かつコンクリート表面が平滑化される材料が有効であると考えられる．このような材料としては，シリコン系，アクリル系，ポリウレタン系，ポリエステル系などの薬剤を含む浸透性吸水防止剤がよい[3]．

建築資材のうち，劣化が起きやすいのが，木材，塗料，布クロス，畳などで，特に吸湿性に富み，栄養分の豊富な木材が特に腐敗しやすい．したがって，鉄筋コンクリート製の建物でもどこかに木材が使われているように，ビルの真菌発生は，工事中，引渡し後，使用目的（住居，工場，病院など）にかかわらず，免れないものと考えられる．このため，現在の建物建設において，防菌防黴施工は必須のものとなっており，その基本的な考え方は，前調査（現況分析，汚染菌同定，抗菌剤の選定と使用など），施工（胞子飛散防止，カビ除去，塗装など），後管理（浮遊菌確認，半年・1年後点検など）からなる[7]．いずれにせよ，微生物，抗菌剤，建築学の専門家が協力して，この防菌防黴施工に取り組むことが肝要であろう．

7.3.2 金属の劣化

1）金属材料の腐食

金属の腐食は従来，物理化学的，電気化学的機構に基づくという固定観念があったが，近年，微生物学的作用が無視できないことが明らかになり，関連する研究・調査報告が多く行われている．中でも，鉄，銅合金，アルミニウムなどの金属は，腐食の原因に微生物が大きく関与していることが実証されている．そのほかの金属も微生物腐食の可能性は考えられるが，詳細は明らかになっていない．

金属の腐食は，腐食環境により水溶液による湿食と高温ガスによる乾食に大別される．さらに，腐食現象から，全面腐食，孔食，すき間腐食，粒界腐食，応力腐食割れ，電位差腐食，エロージョン・コロージョン，酸化の8つの腐食形態に分けられる[8]．このうち，微生物腐食が関係するものとして，全面腐食，孔食の事例が報告されている[9]．

2）金属腐食に関与する菌類

金属の中でも特に鉄鋼の腐食は電気化学的な要素に起因しているが，実際上，微生物が腐食を増減させている場合が多い．この金属腐食に関与する微生物には，細菌，酵母，カビ，藻類，原生動物などさまざまな生物が含まれる．中でも環境が菌の増殖に適している場合は細菌の寄与は大きいが，菌類の場合はきれいな水でも汚水でも，*Aspergillus, Alternaria, Fusarium, Geotrichum, Penicillium, Trichoderma* 属といった種類のカビ類が検出される．これらのカビはスライムをつくり，循環式の冷却器や下水還元水を用いる工業用水では，その形成はさかんになり，部分腐食の大きな原因となっている[10]．また，細菌とカビが協同する現象も知られており，カビが有機酸を生成し，硫酸還元菌の生育環境を創出することに貢献していると考えられている．この硫酸還元菌は鉄酸化細菌や鉄細菌が生成する「錆こぶ」内部で生息することにより，両細菌の共生が金属腐食には重要な役割を果たしている[11]．

アルミニウムの腐食については，ジェット燃料のアルミニウム製タンクの微生物腐食に関する研究から，細菌とともに2種類のカビ，*Aspergillus niger, Cladosporium resinae* が関与していることが知られている[10]．

3）微生物による金属腐食のメカニズム

微生物による金属腐食の初期段階は，バイオフィルムの形成である[11]．まず，金属材料の表面への各種イオンや有機物が付着しconditioning filmという層を形成する．次にこの層を足場に細菌細胞が付着し，可逆的な付着からしだいに不可逆的な付着の状態となる．付着した微生物細胞はそのまま増殖するとともに細胞外多糖を生産し，しだいに二次元的な増殖から三次元的な増殖に変化していき，ついには可視的なサイズの微生物高次構造物，すなわちバイオフィルムを形成する．バイオフィルムと金属表面の間では，酸素や他の物質が消費されて局部電池のような状態になり，また微生物の代謝産物の作用によりpH，酸化還元電位などの環境条件が変わることから，金属腐食が起こる．このような微生物の作用による金属腐食を微生物誘起腐食という．

4）金属腐食の対策

微生物誘起腐食の対策としては，バイオフィルムの形成を抑制するような金属材料，金属コーティング剤，殺菌消毒剤の開発さらにカソード防食法のような方法が考えられる．抗菌性の金属材料としては，銅，銀などを合金にしたステンレス鋼が開発されており，金属コーティング材としては，酸化チタンや銀のような金属被覆のほかセメントモルタルのような無機被覆，プラスチック被覆に加え，各種の塗料があげられる．殺菌消毒剤はいわゆるスライムコントロール剤と同義であり，バイオフィルムの付着防止と原因微生物の殺菌の機能を有するもので，各種の塩素系殺菌剤や過酸化水素のような酸化性のものや非酸化性のものがある．カソード防食とは，金属腐食が電気化学的な過程であることから，金属表面をカソードとして，通電によりカソードの電位を変化させて腐食を消滅させるものである．

以上のような金属の微生物腐食対策の有効性を評価し適切な方法を選択するには，その効果の判定法や検査法が確立されることが必要である．現在のところ，そのような方法を規定する規格として，MIL，ISO，JIS規格などがある．ただ，どの方法を選択するかはケースバイケースであり，試験しようとする製品の使用目的，使用期間，使用状況などを見極めたうえで，複数の方法で総合的に評価するのがよいといえる[10]．

2008年，米国環境庁（EPA）が，銅合金の抗菌活性を認めることとなり，金属関係者の中では，銅含有鉄鋼材料の開発や，その抗菌活性の研究が急に活発に行われるようになってきた．また，金属材料やセラミックスなどの実用材料の微生物による劣化とその対策については成書も出ている[12]．

（前田拓也）

＊引用文献

1）山中健生（2004）微生物が家を破壊する．技報堂出版，東京
2）山中健生（2000）化学と生物 38（5）：330-333
3）大島　明（1999）無機マテリアル 6：558-561
4）Allsopp D, et al.（2004）Introduction to biodeterioration, 2nd ed. Cambridge Univ. Press, Cambridge
5）井上嘉幸 監・編（2000）防菌防黴剤の技術．シーエムシー出版，東京，pp.117-118
6）村田義彦（1999）無機マテリアル 6：555-557
7）日本防菌防黴学会 編（1986）防菌防黴ハンドブック．技報堂出版，東京，pp.68-94
8）長野博夫ほか（2004）環境材料学．共立出版，pp.7-21
9）腐食防食協会 編（2004）エンジニアのための微生物腐食入門．丸善，東京，pp.38-39
10）日本材料科学会 編（2001）微生物と材料，裳華房，東京
11）日本微生物生態学会・バイオフィルム研究部会 編（2005）バイオフィルム入門．日科技連出版社，東京，pp.65-92
12）HACCP 対応抗菌環境福祉材料研究会（代表：兼松秀行）編（2010）安心・安全・信頼のための抗菌材料．米田出版，市川

COLUMN 15 菌根菌が岩石を食べる？

Jongmans et al.[1] は，北欧などのポドゾル土壌のＥ層の長石と角閃石の粒子表面に，外生菌根菌の菌糸によって穿たれたと思われる直径3〜10 µmで一端が丸みをおびたトンネルが存在することを観察した．トンネルの太さと形が菌糸に合致すること，トンネルに実際に菌糸が存在する場合があること，さらに鉱物粒子を貫通している菌糸が観察されることなどから菌糸が実行犯であると考えられたわけである．Jongmans et al.[1]は，このような菌類を「Rock-eating fungi 岩を食べる菌類」と呼んだ．

さらに，ポドゾル土壌の鉱質土壌層は有機物含量が低く腐生菌類には生息しにくい環境であること，スウェーデン北部のポドゾル土壌で見出される外生菌根菌の少なくとも50%は鉱質土壌層に生息していること[2]などから，鉱質土壌層でトンネル形成に関与した菌類は外生菌根菌であると考えられるようになった．実際に，ヨーロッパ，北米，アジア，オーストラリアなどの土壌を調べたところ，トンネルが形成されていた鉱物粒子はほとんどが外生菌根性の針葉樹林が発達している温帯，北方帯のポドゾル土のものであり，また酸性褐色森林土のものもあったという[3]．また，エリコイド菌根菌も多量の低分子有機陰イオン（low molecular weight organic anions：LMWOAs）を産生する能力を有するので，トンネル形成に関与している可能性がある．その後，外生菌根菌が風化にかかわっていることを示す観察や室内実験の結果が次々と報告されるようになった[4,5]．

これらの研究結果[4,5]から，菌根菌による風化は，菌糸と岩石の接触と溶解された栄養塩の菌体への直接の転移によって起こるのはごく一部であり，ほとんどは，菌根菌によるプロトンの分泌，有機酸の産生，発生したCO_2による土壌溶液の酸性化，分泌した有機配位子などと塩基性カチオンとの複合体形成などによって間接的に起こることが示唆されている．低分子有機陰イオンなどの産生には実際的な炭素費用がかかるので，宿主植物から有機化合物の供給を受けることができる外生菌根菌は，腐生菌類などに比べて利点を有するともいえる[6]．このような事実は，栄養塩制限条件下で鉱物粒子から直接塩基性カチオンを溶解・吸収し，それらを植物に運搬するという，植物栄養における外生菌根菌の新しい役割を示唆する．

菌根菌による風化の定量的な評価については，現状では，野外で外生菌根菌が関与する風化を他の風化プロセスと区別すること，菌根菌と腐生菌のバイオマスを区別して定量することなどが難しいので困難である．したがって，野外の菌根菌の生物量，有機酸の分泌量，有機・無機の酸による風化速度，非生物的・生物的な全プロセスによる風化速度などについての文献値や室内実験で得られた値を利用し，さらにはいくつかの仮定をおいたうえで評価しなければならないというのが現状である[7]．現時点でいえることは，外生菌根菌菌糸による鉱物表面のトンネル形成はプロトンなどによる表面風化ほどは重要ではない，両プロセスを通じての風化に対する寄与率は，数%ほどである，というようなことであろうか[8,9]．いずれにせよ，精度の高い推定を行うためにはさらなるデータの蓄積が必要である．（堀越孝雄）

＊引用文献

1) Jongmans AG, et al. (1997) Nature 389 : 682-683
2) Rosling A, et al. (2003) New Phytol 159 : 775-783
3) Hoffland E, et al. (2005) Plant nutrition for food security, human health and environmental protection (Li CJ, et al., eds.). Tsinghua Univ. Press, Beijing, pp802-803
4) Balogh-Brunstad Z, et al. (2008a) Geochim Cosmochim Act 72 : 2601-2618
5) Balogh-Brunstad Z, et al. (2008b) Biogeochem 88 : 153-167
6) Hoffland E, et al. (2004) Front Ecol Environm 2 : 258-264
7) Van Schöll L, et al. (2008) Plant Soil 303 : 35-47
8) Smits MN (2005) Ph D thesis, Wageningen Univ.
9) Smits MN, et al. (2005) Geoderma 125 : 59-69

7.4 文化財の汚染と劣化

多くの文化財は，微生物による分解や劣化が起こりやすい有機物によりつくられている．そのため，これらの保存には細心の注意が必要である．よく知られている正倉院は，高温多湿の環境に対処するため校倉造りという独特の建築技法により，その中におかれた文化財を保存してきた．そのおかげで，毎年秋「正倉院展」において，その一部分が公開され，多くの参加者に感銘を与えている．まさに日本人の英知といえよう．一方，千数百年の長い眠りから目覚めた高松塚古墳の万葉美人たちは，国宝でありながらカビ汚染に対するまずい対応により無残な結果となってしまったのは記憶に新しい．壁画の発見当初からカビの専門家が保存対策チームに加わっておれば，あのような結果にならなかったであろう．誠に残念である．

ここでは，文化財とは何かから論をはじめ，その微生物による汚染・劣化，さらにはその対策について解説するとともに，一項をもうけて，高松塚古墳の壁画問題をカビ汚染の見地から考察した．

7.4.1 文化財と生物劣化

文化財保護法第2条第1項は「文化財」について次のとおり規定している．

この法律で「文化財」とは，次に掲げるものをいう．

(1) 建造物，絵画，彫刻，工芸品，書跡，典籍，古文書その他の有形の文化的所産で我が国にとって歴史上又は芸術上価値の高いもの（これらのものと一体をなしてその価値を形成している土地その他の物件を含む）並びに考古資料及びその他の学術上価値の高い歴史資料（以下「有形文化財」という）．

(2) 演劇，音楽，工芸技術その他の無形の文化的所産で我が国にとって歴史上又は芸術上価値の高いもの（以下「無形文化財」という）．

(3) 衣食住，生業，信仰，年中行事等に関する風俗慣習，民俗芸能，民俗技術及びこれらに用いられる衣服，器具，家屋その他の物件で我が国民の生活の推移の理解のため欠くことのできないもの（以下「民俗文化財」という）．

(4) 貝づか，古墳，都城跡，城跡，旧宅その他の遺跡で我が国にとって歴史上又は学術上価値の高いもの，庭園，橋梁，峡谷，海浜，山岳その他の名勝地で我が国にとって芸術上又は観賞上価値の高いもの並びに動物（生息地，繁殖地及び渡来地を含む），植物（自生地を含む）及び地質鉱物（特異な自然の現象の生じている土地を含む）で我が国にとって学術上価値の高いもの（以下「記念物」という）．

(5) 地域における人々の生活又は生業及び当該地域の風土により形成された景観地で我が国民の生活又は生業の理解のため欠くことのできないもの（以下「文化的景観」という）．

(6) 周囲の環境と一体をなして歴史的風致を形成している伝統的な建造物群で価値の高いもの（以下「伝統的建造物群」という）．

すなわち，歴史上，芸術上，学術上，観賞上などの観点から価値の高い有形文化財，無形文化財，民俗文化財，記念物，文化的景観，伝統的建造物群の6種類が，指定等の有無にかかわらず「文化財」に該当する．これらのうち，真菌などの生物被害が予想されるのは，主として有形文化財である．これらの素材は，木材，繊維，金属，鉱物など多彩であるが，すべての素材が生物劣化する．文化財を劣化させ被害を生じさせる生物としては，真菌のみではなく，細菌，藻類，地衣，草木，昆虫，鳥類，動物，水生動物など，多くの生物が関与しているが，ここでは真菌に絞って紹介する．真菌を含めた文化財の生物劣化については，新井の解説が参考になろう[1-4]．

7.4.2 文化財のカビ汚染と劣化

文化財の真菌，特にカビによる劣化は，古くから認められており，その被害は素材のいかんを問わず多彩である．古い記録では，1920（大正9）年の法隆寺壁画保存方法調査報告[1,5]にも見いだされ，壁面および壁面の内部に見られる厚さ1mm程度の黒い層が，*Cladosporium* によるものと判定している．

刀剣上にできるミミズがはったようなサビについては，大槻が研究し好稠菌 *Aspergillus glaucus* var. *tonophilus* と同定した．この菌は刀剣上をミミズがはうように徐々に繁殖し，その菌糸の両側に代謝生成物と空気中の水分によってできる帯状の有機酸の鉄塩が生成され，それが刀剣のサビの原因だとした有名な報告がある[1,6,7]．

後の7.6節でも述べられるが，木造建築物は真菌類，特にキノコ類による被害を受けやすい．1949（昭和24）年に行われた薬師寺金堂の被害調査では，ナミダタケ *Merulius lacrymans* による本尊台座後方円柱の被害が報告されている[1,8]．根津神社（東京都文京区）の楼門は，1961（昭和36）年に漆塗装をして半解体修理工事を終了したが，1975（昭和50）年に顕著な木材腐朽が発見され，原因菌はオガサワラハリヒラタケ *Gryodontium versicolor* と同定されている[3]．日光大猷院二天門も漆塗装されているが，黒変する現象が見られた．この原因は，法隆寺壁画と同じ *Cladosporium* sp. によるものと同定されている[3]．

重要文化財に指定されているものの多い木造彫刻類の修理に，合成樹脂が使われることが多くなり，その表面に *Aspergillus glaucus* group や *Eurotium* に属する絶対好稠性菌が生成することが多くなっている[4]．

国宝姫路城や長崎の大浦天主堂の漆喰壁も著しい黒変現象が見られ，黒変部位からは *Cladosporium* が分離されている．この原因は近年の酸性雨により，漆喰壁の中和が加速されたことによるといわれている[4]．広域公害の影響を受けたものである．

絵画，古文書などの紙質類文化財の多くに，褐変現象が発生する．日本では“星”，欧米では“Foxing”といわれ，よく知られた現象である．この原因も真菌によるものであり，*Aspergillus penicilloides* と *Eurotium herbariorum* に属する菌であることが新井らにより解明されている[4]．冠水した書籍類では，微生物による被害が急速に起こるが，それに関係する菌は，*Penicillium, Trichoderma, Cladosporium, Stachybotrys, Myrothecium* など多彩である[1]．

日本画や書などの表装に用いられる糊は，「古糊」といわれ，製造後数年間，縁の下などに保存されたものである．この古糊を用いて修復すると，昆虫や糸状菌による被害を受けにくいといわれている．10年物の古糊を分析したところ *Strigmatomyces* が検出されている[1]．これは，カビの産生する物質が昆虫などの発育を阻害しているからと推測されており，カビ汚染の有効利用ともいえる．

7.4.3 国宝高松塚古墳壁画のカビ汚染

1972（昭和47）年3月，奈良県明日香にある高松塚古墳の石室が発掘され，極彩色の壁画が1300年の眠りから覚め，現代人の前に姿を現した．中でも石室内西壁北側の漆喰に描かれた女子群像のすばらしさが注目され，飛鳥美人と騒がれた．1973年には古墳が国の特別史跡に指定され，さらに1974年には壁画が国宝の指定を受けた．しかし，いくつかの事由により発生したカビ汚染のために，2005年6月に壁画保存のための解体が決定し，2007年4月から6月にかけて解体作業が行われ，壁画は修理施設に移管され，修理作業が行われることになったのは周知のとおりである．この一連の流れは，毛利によりまとめられ[9]，さらに飛鳥美人を見にくくした犯人である真菌汚染については，高鳥がまとめている[10]ので，詳しく知りたい人は是非参照されたい．

高松塚古墳壁画保存について毛利のまとめた表によれば，1972年の壁画発見後，その年に「高松塚古墳総合学術調査会」と「高松塚古墳保存対策調査会」があいついで発足し活動を始めたが，1976年にはカビ発生の記録があり，翌年にはカビ処理がされている．その後，何回もカビ発生と処理がなされていたが，2004年の「壁画の劣化報道」までは，公表されることなく大きな問題にされなかった．2004年になりカビの再発生があり，収まることのない状況が続いた．そこで「国宝高松塚古墳壁画恒久保存対策検討会」が設置された．壁画発見後，この年まで各種の委員会は歴史学者や美術史家が中心であり，カビ対策の専門家はそれらの委員会には参加していなかった．ここにある意味で壁画保存に失敗し，解体に至った大きな原因がある．

一般に，古墳は通常温度12～17℃，相対湿度90％以上という条件下にあり，発掘される前は，土中で安定な保存条件を保っていたと見られている[1)]．新井らは，未発掘古墳の壁面には真菌類の繁殖が認められないという事実に着目し，その原因究明を行っている[2)]．発掘前の古墳石室内の空気を採集・分析して，通常の大気には含まれていない成分としてある種のアミン類を検出した．古墳の埋蔵環境から考えて，存在する可能性のあるアミン類について防菌防黴効果を検討したところ，低濃度のモノ・ジ・トリメチルアミン，プロピルアミン，ブチルアミン，アリルアミンなどに防菌防黴効果を認めている．すなわち，発掘直後の古墳石室内には，埋葬された遺体に起因する低級アミン類が，他の気体成分と石室内に共存し，かつ周辺土壌に浸潤して，気化と土壌中への溶解を繰り返している．ところが，一度発掘された古墳は，未発掘時の安定した石室内環境の均衡が失われ，防菌防黴効果がなくなり，真菌類繁殖に適した温湿度条件下で，急速に真菌類が繁殖すると考えられる．

高松塚古墳も上記のような平衡状態が破られ，壁画の模写や学術調査のために石室内に入った人達がもち込んだ真菌類が急速に繁殖した．そこで，さしあたりの対策はとられたが見えるところのみの防黴対策だったゆえに，石室を構成する石の裏側にまで真菌が繁殖し，そこを基地として石室内壁画に断続的に真菌繁殖が起こったと考えられる．

古墳内で検出されている真菌は主に *Penicillium* 属のものであり，それ以外にも *Cladosporium*, *Doratomyces*, *Fusarium*, *Mucor* さらに *Trichoderma*, なども検出されている．高鳥は，2004年石室内の調査をして *Penicillium* はすでに常在化しており，それ以外に，*Fusarium*, *Trichoderma*, *Acremonium*, *Verticillium*, *Cylindrocarpon* などのカビのほかに，酵母，細菌，放線菌も見いだしたと報告している．

高松塚古墳の事件は，真菌関係者特に微生物制御に関係している研究者が，古文化財などの分野にも関心をもち，積極的に活動しなければならないことを示した事例ではなかろうか．

7.4.4 文化財のカビ汚染対策

文化財に特化したカビ汚染防止対策などはなく，一般的な方法が用いられている．大きく分類すると，物理的対策と化学的対策に分けられる．

物理的対策では，除湿，温度制御（低温保存）が最もよく用いられている．清浄空気の送風も物理的対策に入ろう．化学的対策の中心は消毒剤による殺カビ処理であり，アルコール製剤がその速効性により多用されている．ハロゲン剤やオゾンも効果的であるが，文化財そのものに対する負の作用から考えると使用に際しては一考を要する．以前は，エチレンオキシドやメチルブロマイドなどによるガス燻蒸も行われていたが，オゾン層破壊の原因となるとのことで，最近は，用いられていない．

一度カビが生えると，文化財の表面に色素斑が残るなどの影響が出るので，カビを発生させないような保存方法が望まれる．最も大事なことは，除湿と温度管理ではないだろうか．予防に勝る制御方法はないと心得たい．

川上と杉山[11]は，文化財のカビ・害虫対策などについての興味深い事例などを紹介しているので参考にされたい．

（米虫節夫）

＊引用文献

1) 新井英夫（1974）防菌防黴 2（3）：107-114
2) 日本防菌防黴学会 編（1986）防菌防黴ハンドブック．技報堂出版，東京，pp.298-310
3) 新井英夫（1988）防菌防黴 16（6）：297-303
4) 新井英夫（2003）防菌防黴 31：672-678
5) 文部省（1920）法隆寺壁画保存方法調査報告．大正 9 年 3 月 31 日
6) 大槻虎夫（1962）遺伝 16（6）：25-28
7) Ohtsuki T（1943）Proc Impe Acad Jpn 19：312-316
8) 江本義数（1963）古文化財之科学 No.17：1-7
9) 毛利和雄（2007）高松塚古墳は守れるか：保存科学の挑戦（NHK ブックス），NHK 出版，東京
10) 高島浩介(2007) 防菌防黴 35(10)：655-666
11) 川上裕司・杉山真紀子 (2009) 博物館・美術館の生物学―カビ・害虫対策のための IPM の実践―．雄山閣，東京

7.5 食品のカビ汚染と劣化

食品の安全性が大きな社会問題になっている．食品の安全性で，一番大きな課題は微生物汚染による食中毒であり，食品添加物や残留農薬ではない．また，食中毒の主たる原因は，細菌によるもので，真菌による食中毒は少ないが，カビ汚染は肉眼で認識可能なため苦情の原因となることが多い．ここでは，カビ汚染と酵母汚染に分けて，食品の劣化について述べる．

7.5.1 食品のカビ汚染

カビの生育は，栄養，水分活性，温度，酸素，pH の 5 つの因子に影響される．食品は，微生物の発育に必要な栄養を備えているので，多くの場合，水分と温度さえあればいつでも出現すると考えておかなければならない．しかも，カビは細菌と比較して大変低い水分活性でも生育するので注意が必要である．

諸角[1]は，市販食品（多くは，乾燥食品と加工食品）のカビ汚染について調査を行い，*Penicillium*, *Aspergillus*, *Eurotium*, *Wallemia* などの貯蔵カビと，*Cladosporium* が多くの食品から，優勢に検出されたと報告している．

藤川ら[2]は，1987 年から 2002 年までの 16 年間に東京都で取り扱った真菌による苦情事例 562 事例を分析し，調査結果を発表している（表 7.5.1）．カビの苦情は，菓子類が 184 件と最も多く，次いで嗜好飲料 144 件，穀類 59 件，水産物 40 件，果実 33 件，野菜 22 件，乳・乳製品 19 件，複合調理食品 18 件，豆・ナッツ類 14 件，食肉・卵 11 件，調味料 8 件などの順である．菓子類や惣菜・佃煮類などのやや水分活性の低い食品では，*Eurotium* や *Wallemia* などの好乾性カビおよび *Penicillium*，*Cladosporium* などの発生が，清涼飲料水では *Penicillium*，*Cladosporium* および *Aureobasidium* の発生例が多いとしている．

■表 7.5.1　苦情食品の内訳となったカビ・酵母（属名で記載）（藤川ほか[2)] を改変）

大分類	事例数	小分類	事例数	主要起因菌（事例数）
菓子	184	和菓子	99	*Cladosporium* (37), *Wallemia* (32), *Penicillium* (27)
		洋菓子	85	*Cladosporium* (30), *Penicillium* (22), *Eurotium* (18)
嗜好飲料	144	茶飲料	53	*Cladosporium* (25), *Penicillium* (11), *Aspergillus* (3)
		ミネラルウォーター	35	*Penicillium* (10), *Acremonium* (4), *Cladosporium* (3)
		ジュース	27	*Penicillium* (10), *Cladosporium* (9), *Aureobasidium* (3)
		炭酸飲料	11	*Candida* (3), *Penicillium* (2), *Cladosporium* (1)
		その他	10	*Penicillium* (3), *Aureobasidium* (2), *Cladosporium* (1)
		アルコール飲料	5	*Penicillium* (3), *Phoma* (1), *Cladosporium* (1)
		コーヒー	3	*Aspergillus* (1), *Cladosporium* (1), *Monilia* (1)
穀類	59	米	20	*Penicillium* (9), *Eurotium* (7), *Aspergillus* (7)
		パン	12	*Aspergillus* (7), *Penicillium* (3), *Pichia* (1)
		めん類	8	*Penicillium* (3), *Cladosporium* (2), *Arthrinium* (1)
		米飯	7	*Penicillium* (3), 死菌 (5 : *Penicillium, Cladosporium*)
		モチ	7	*Cladosporium* (4), *Aspergillus* (2)
		寿司	5	*Hanseniaspora* (2), *Candida* (2), Other yeast (1)
水産物	40	乾燥品	11	*Eurotium* (7), *Penicillium* (2), *Wallemia* (2)
		練り製品	10	*Penicillium* (6), *Cladosporium* (4), *Alternaria* (2)
		生鮮品	4	*Cladosporium* (1), *Eurotium* (1), *Mucor* (1), *Candida* (1)
		佃煮	3	*Penicillium* (1), *Eurotium* (1), *Pichia* (1)
		海藻	3	*Candida* (2), *Aureobasidium* (1), *Phoma* (1)
		その他	9	*Penicillium* (7), *Aspergillus* (1), *Pichia* (1)
野菜類	22	ジュース類	11	*Penicillium* (7), *Aspergillus* (1), *Alternaria* (1)
		加工野菜	10	*Candida* (4), *Penicillium* (3), *Cladosporium* (1)
		生野菜	1	*Alternaria* (1)
果物類	33	乾燥品	15	*Penicillium* (6), *Aspergillus* (4), *Wallemia* (2)
		ジャム	11	*Aspergillus* (2), *Penicillium* (2), *Eurotium* (2)
		生もの	5	*Penicillium* (2), *Fusarium* (1), *Botrytis* (1)
		シロップ漬け	2	*Penicillium* (2)
乳製品	19	チーズ	11	*Penicillium* (5), *Cladosporium* (5), *Aspergillus* (1)
		ヨーグルト	8	*Penicillium* (3), *Cladosporium* (2), *Candida* (2)
複合調理食品	18	惣菜類	8	*Penicillium* (3), *Cladosporium* (3), *Rhizopus* (2)
		パイ・トースト類	6	*Penicillium* (3), *Cladosporium* (3), *Wallemia* (1)
		スープ・その他	4	*Penicillium* (2), *Cladosporium* (2), *Alternaria* (1)
豆類・ナッツ類	14	煮豆	6	*Penicillium* (4), *Candida* (2)
		豆腐	5	*Cladosporium* (3), *Penicillium* (2), *Hanseniaspora* (1)
		スナックなど	2	死菌 (2 : *Penicillium, Aspergillus*)
		味噌	1	*Isstchenkia* (1)
肉・卵	11	加工品	9	*Penicillium* (3), *Cladosporium* (2), *Rhodotorula* (1)
		生肉	1	*Rhodotorula* (1)
		卵	1	*Cladosporium* (1)
芋類	9	乾燥芋	9	*Wallemia* (6), *Eurotium* (6), *Cladosporium* (5)
調味料	8	酢　めんつゆ	8	*Penicillium* (4), Other fungi (2)
その他	1	キノコ抽出物	1	*Penicillium* (1)

苦情の理由は，カビ汚染ではなく「異物」として届けられる例が約 8 割を占めていたという．これは，カビの菌糸体が肉眼ででも認識されることによるためであろう．このうち，喫食された例は 156 例で，うち 34 例に嘔吐，一過性の下痢，悪心などの軽度な傷害が認められている．

どちらにせよ，食品類を汚染するカビ類では *Penicillium*, *Aspergillus*, *Eurotium*, *Wallemia*, *Cladosporium*，などが，優占種である．

7.5.2 食品の酵母汚染

糖類を多量に含む食品では，酵母による変敗も起きやすい．変敗現象は，固体食品では酵母の菌体が付着することによる斑点生成，アルコール発酵，ガス発生，エステル形成，酸生成，異臭生成などが多い[3]．アルコール発酵を行う酵母には，*Saccharomyces cerevisiae*，*Torulopsis glabrata*，*Schizosaccharomyces pombe* などがあり，アルコール発酵を起こさない酵母には，*Saccharomyces rosei*，*Candida utilis*，*Hansenula nonfermentans*，*Kluyveromyces marxianus*，*Kluyveromyces fragilis* などが知られている．果実，豆類および野菜などの加工食品では，原材料に由来する酵母も多く，これら加工品の変敗原因菌としては，*Saccharomyces*，*Debaryomyces*，*Endomyces*，*Hansenula*，*Pichia*，*Candida*，*Kloeckera*，*Torulopsis*，*Trichosporon* などがある．また，野菜類などに多い変敗酵母は，*Debaryomyces hansenii*，*Pichia membranifaciens*，*Pichia anomala* などがある．漬物類では，産膜酵母 *Debaryomyces*，*Hansenula*，*Pichia* などが有名である．

酵母は，保存料に対して抵抗性のあるものが多く，安息香酸，ソルビン酸，プロピオン酸などで，発育を止められない酵母も多い．また，脱酸素剤を使用した包装食品においても，酸素透過性の少ない包装フィルムが開発され，食材の酸化と好気性細菌の発育は阻止されるが，嫌気条件下で酵母が発育し，ガス発生に伴い包装が破裂することも多くなっているので注意が必要である．

しかし，酵母の代謝産物には毒性のある物質はほとんど知られておらず，一部の酵母に病原性は認められてはいるが，食品を腐敗・変敗させる酵母の発育により，その食物が原因となる食中毒や感染症はないといってもよく，この点では安心できる．

（米虫節夫）

＊引用文献

1) 諸角　聖 (2008) 日食微誌 25(2)：56-63
2) 藤川　浩ほか (2005) 日食微誌 22(1)：24-28
3) 内藤茂三 (2008) 食品衛生学雑誌 49(1)：J1-J8

7.6 木材の劣化

木材は木部細胞の細胞壁の集合体であり，針葉樹材は主として仮道管と柔組織から，広葉樹材は主として道管，木部繊維，柔組織から構成されている．木部細胞の細胞壁の主な化学組成は，セルロース（40～50％），ヘミセルロース（20～35％），リグニン（20～35％）で，これらの高分子物質が全体の90～95％を占め，残りの5～10％は樹脂，精油，デンプン，糖類などである．木材の劣化はこれらの成分が生物的あるいは物理・化学的に分解される現象であるが，被害のほとんどは微生物が関与する生物劣化であり，中でも最も大きな原因は菌類である．

7.6.1 木材の変色

木材の劣化（deterioration of wood）は，色が変化するだけで強度低下が起きない変色（wood discoloration）と，強度低下が起こる腐朽（wood rot, wood decay）に区分される．木材の変色はさらに表面付近だけが変色する表面汚染（molding）と，木材内部まで及ぶ変色に分けられる．表面汚染は *Aspergillus* 属菌や *Penicillium* 属菌などの不完全菌類や，*Chaetomium globosum* などの子嚢菌類が繁殖することにより，材表面が緑，茶，黒などさまざまな色に着色する現象である．表面汚染菌は，材表面付近の柔細胞に含まれるデンプン，糖類などの可溶性成分や，木材表面に付いた手垢などの汚れを栄養源として繁殖する．表面汚染は，変色範囲が表面下数mm程度にとどまるので，材表面を鉋削することにより除去できる．

木材内部に及ぶ変色はさまざまな原因で起きる．心材部の変色は心材成分の化学変化，特に酸化反応によって発生する場合が多いがスギなどの針葉樹は暗色枝枯病菌（*Guignardia cryptomeriae*）に罹病すると，心材部に暗褐色の変色（黒心）が発生することがある．

■図 7.6.1　マツ材の青変被害

辺材部の変色（sap stain）は，子嚢菌類や不完全菌類の有色の菌糸が材内に侵入することによって起きる．これらの菌類の菌糸は，辺材部の放射柔細胞に蓄積されたデンプン，糖類などの可溶性成分を栄養源として生長する．辺材部の変色の代表的な例として辺材部が青黒く染まる青変（blue stain）がある．青変は青変菌と呼ばれる一群の菌類が原因で起こり，子嚢菌類の *Ophiostoma* 属菌や *Ceratocystis* 属菌，その不完全時代である *Graphium* 属菌や *Pesotum* 属菌，不完全菌類の *Aureobasidium* 属菌や *Cladosporium* 属菌などが知られている．青変菌は空気中に飛散した胞子により木口面などからも感染するが，樹皮下穿孔虫と呼ばれる一群のキクイムシ類によって媒介されることが多い．青変はブナやナラ類などの広葉樹や，マツ類などの針葉樹の伐採直後の材にしばしば発生する．しかし，生立木の時点でキクイムシ類の侵入によって被害が発生したり，製材後の建築材や家具材に発生することもある（図 7.6.1）．

7.6.2 木材の腐朽

木部細胞の細胞壁中のセルロースとヘミセルロースはリグニンと強固に結合していわゆるリグノセルロースを形成しており，木材の腐朽はリグノセルロースが微生物により分解される現象である．木材のリグノセルロースは難分解性であり，分解できる微生物は限られている．高含水率条件下の木材では細菌によって壁孔部などが部分的に分解されることもあるが，腐朽の大半は菌類が原因で発生する．菌類の中でも木材を分解する能力を有するグループは少数派であり，これらの菌類を木材腐朽菌（wood-decay fungi）と呼んでいる．菌類による木材の腐朽は，腐朽材の形態的特徴から，白色腐朽（white rot），褐色腐朽（brown rot），軟腐朽（soft rot）に区分される．白色腐朽では木材中のセルロース，ヘミセルロース，リグニンが分解されるが，褐色腐朽や軟腐朽ではセルロース，ヘミセルロースが主に分解され，リグニンはほとんど分解されずに残る．木材の腐朽型の違いは腐朽を起こす菌類の種に備わった性質であり，同じ菌が別のタイプの腐朽を起こすことはない．これらの腐朽を起こす菌類をそれぞれ，白色腐朽菌，褐色腐朽菌，軟腐朽菌と呼んでいる（図 7.6.2）．北米における調査では，木材腐朽性担子菌類 1,700 種のうち褐色腐朽菌は 120 種（7%）に過ぎず，そのうちの 79 種（65%）は多孔菌類であったことが報告されている．

■図 7.6.2　褐色腐朽（左）と白色孔状腐朽（右）

7.6.3 白色腐朽

白色腐朽を起こすのは大部分が担子菌類であるが，子嚢菌類の一部にもクロサイワイタケ目（Xylariales）のマメザヤタケ（*Xylaria polymorpha*）

やアカコブタケ（*Hypoxylon fragiforme*）のように白色腐朽を起こすグループが存在する．担子菌類の中では，サルノコシカケ科（Polyporaceae）の菌類はほとんどが白色腐朽菌であり，代表的な種としてカワラタケ（*Trametes versicolor*）やカイガラタケ（*Lenzites betulina*）があげられる．マンネンタケ科（Ganodermataceae）やタバコウロコタケ科（Hymenochaetaceae）の菌類はすべてが白色腐朽菌であり，代表的な種としてはそれぞれコフキタケ（*Ganoderma applanatum*）やキコブタケ（*Phellinus igniarius*）があげられる．白色腐朽は針葉樹材にも発生するが，特に広葉樹材に多く発生する．これは広葉樹リグニン（シリンギルリグニン）は，針葉樹リグニン（グアヤシルリグニン）に比べ分解しやすいことによると考えられている．

白色腐朽菌は，菌体外酵素のフェノールオキシダーゼを生産して木材中のリグニンを分解するとともに，エンドグルカナーゼ，エキソグルカナーゼ，β-グルコシダーゼなどによってセルロースを分解する．白色腐朽には，セルロース，ヘミセルロース，リグニンがほぼ同時に分解される同時進行的白色腐朽（simultaneous white rot）と，リグニンとヘミセルロースが先に分解され，セルロースの分解が遅れて始まる段階的白色腐朽（successive white rot）がある．同時進行的白色腐朽を起こす木材腐朽菌は多く，代表的な種としてカワラタケやツリガネタケ（*Fomes fomentarius*）などが知られている．段階的白色腐朽はカタウロコタケ（*Xylobolus frustulatus*）や *Heterobasidion annosum* など，白色孔状腐朽（white pocket rot）を起こす菌類に見られる現象である．

7.6.4 褐色腐朽

褐色腐朽は針葉樹材に多く発生し，広葉樹材には少ない．針葉樹材の腐朽においては，難分解性のグアヤシルリグニンを分解せずにセルロースとヘミセルロースを利用する褐色腐朽のほうが効率的なためと考えられる．家屋などの木造建造物には褐色腐朽が多く発生するが，これは建築用材として針葉樹が多く使用されるためである．欧米の家屋では床下材などにナミダタケ（*Serpula lacrymans*）やイドタケ（*Coniophora puteana*）による被害が多く発生するが，わが国でも北海道などの寒冷地の住宅にはナミダタケの被害が発生する．木杭や野外に設置された木製遊具にはキカイガラタケ（*Gloeophyllum sepiarium*）などがしばしば発生する．また，カイメンタケ（*Phaeolus schweinitzii*）やハナビラタケ（*Sparassis crispa*）などは，カラマツなど針葉樹の生立木に根株腐朽を起こす．

褐色腐朽ではセルロースとヘミセルロースが選択的に分解されるが，その分解過程には未解明の部分が多い．褐色腐朽菌の菌糸は木部細胞の内腔に生育し，菌糸に直接接触していないS2層（細胞壁の二次壁中層）の分解を引き起こす．さらに，重量減少が小さい腐朽の初期にセルロースやヘミセルロースの低分子化が起こり，木材の強度が大きく低下する特徴がある．また，褐色腐朽菌はエンドグルカナーゼやβ-グルコシダーゼは生産するが，エキソグルカナーゼは生産しない．このため，特に腐朽の初期において，褐色腐朽菌は酵素によってリグノセルロースを低分子化するのではなく，過酸化水素から生じる水酸化ラジカルなどの低分子物質を利用していると考えられている．

7.6.5 軟腐朽

軟腐朽は，空調用クーリングタワー内の水浸し状態の木材で最初に発見された．水槽や桟橋などの木材や，土壌に接する杭や木柵など，高含水率の木材に多く発生する．しかし，軟腐朽菌は高含水率材を好むのではなく，通常の水分条件の木材中では担子菌類との競合に勝てないため，担子菌類の生育が困難な環境で腐朽を起こすと考えられている．被害材は表面付近が軟化して褐色になるが，内部は健全で腐朽部との境界が明瞭である．

軟腐朽は広葉樹材に発生しやすい．軟腐朽を起こす菌類としては子嚢菌類の *Chaetomium globosum* や *Lecythophora hoffmannii* など，不完全菌類の *Penicillium* 属菌や *Phialophora* 属菌など，接合菌類の *Mucor* 属菌や *Rhizopus* 属菌が知られている．

軟腐朽は外見的に褐色腐朽に似るが，腐朽は材の表面付近に限られ，腐朽部が剝がれ落ちると新たに露出した面が腐朽する．軟腐朽菌の菌糸は，木部細胞の内腔から S2 層に侵入し，細胞壁内に菱形～六角形の特徴ある空洞（cavity）を連続的に形成する．軟腐朽菌はエンドグルカナーゼ，エキソグルカナーゼ，β-グルコシダーゼなどにより木材を分解し，これらの酵素は材内部にはあまり深く浸透しない．

7.6.6 変色や腐朽の発生要因

木材の生物劣化の発生に最も大きな影響を与えるのは酸素，温度，水分条件である．水中や地中などの嫌気的条件下では菌類による変色や腐朽は発生しない．変色菌や腐朽菌には高温や低温を好む種もあるが，大多数の種の生育適温は 20 ～ 30℃の範囲内にある．青変は夏季に伐採された材に発生しやすく，腐朽も気温の高い季節に進展する．水分条件に関しては，変色菌の生育に好適な木材の含水率は 30 ～ 120％程度であり，軟腐朽菌を除く木材腐朽菌の生育に好適な含水率は 30 ～ 70％程度である．木材の含水率が気乾状態（30％以下）であれば，変色や腐朽はほとんど発生しない．

（阿部恭久）

＊参考文献

Gilbertson RL, Ryvarden L (1986) North American polypores, Vol 1. Fungiflora, Blindern, pp.35-38

Goodell B, et al. (2003) Wood deterioration and preservation. American Chemical Society, Washington, DC

Rayner ADM, Boddy L (1988) Fungal decomposition of wood, its biology and ecology. John Wiley, Chichester

Schmidt O (2006) Wood and tree fungi, biology, damage, protection and use. Springer, Heidelberg

高橋旨象（1989）きのこと木材．築地書館，東京

8 菌類の有害物質

序

人は菌類を上手に生活に取り入れてきた．このことは菌を醤油，味噌，チーズなどの発酵食品を製造するのに利用したり，キノコ（子実体）を食品あるいは薬として使用するなどの例に見ることができる．しかし，正しく利用できるようになるまでには，菌類のもつ毒によって不幸な事故が起き，それら情報の蓄積から人にとって有害菌かどうかの区別をしてきた．菌類に含まれる毒は有害物質として見いだされるが，強い生理活性をもつ物質であるため，生命現象研究のための試薬として，あるいは誘導体化して薬とされわれわれの生活に役立っている．菌類の中で大きな子実体をもつものを特にキノコと呼ぶ．この意味ではカビとキノコの境界線はあいまいであるが，それらの生産する有害物質は，カビ毒（マイコトキシン）とキノコ毒とに区別して研究されてきた．以下菌類の有害物質をカビ毒（マイコトキシン）とキノコ毒に分けて概説する．　（河岸洋和・橋本貴美子）

8.1 カビ毒（マイコトキシン）

マイコトキシン（mycotoxin）とは，真菌，特に食品汚染真菌（腐生真菌）により産生され，ヒトおよび家畜に有害な作用を及ぼす低分子性二次代謝産物のことを指す．穀類，果物，香辛料などに，栽培・加工・保存・流通などの過程でカビ汚染が発生することがあり，二次代謝産物としてのマイコトキシンが生産蓄積される．キノコ（主に担子菌および子嚢菌）類も真菌に属するが，キノコによりつくられる有毒物質はキノコ毒と呼ばれ，カビ毒と区別されている．しかし，両者に共通の有毒二次代謝産物も見いだされている．マイコトキシンは細菌毒素とは異なり，非タンパク（ペプチド）性低分子性物質であるため，それ自身による抗原性を示さない．薬物と同様にヒトや動物に摂取された後，肝細胞酵素により代謝変換されることにより毒性を示すようになるものも存在する．

マイコトキシンによる中毒はマイコトキシコーシス（mycotoxicosis）と呼ばれる．食品が単一種のカビにより汚染されているとは限らず，また，1菌種が複数種の毒性物質を生産することが多く，それらによる複合的な毒作用発現もある．マイコトキシン中毒症は1850年代に麦角中毒症（Ergotism）が麦角菌 *Claviceps purpurea* により汚染した穀物（加工食品）の摂取が原因らしいことがわかるまであまり注目されなかった．最も著名な中毒例は1960年に英国において発生した七面鳥X病（アフラトキシンの項参照）であり，カビ汚染した輸入飼料が原因で，わずか半年ほどの間に10万羽以上の七面鳥やアヒルが斃死した．飼料から分離されたカビ *Aspergillus flavus* から強肝毒性・肝発がん性を示す aflatoxin B_1 が発見された．それを機に食品のマイコトキシン汚染に対する関心が高まることとなった．七面鳥X病の発生をさかのぼること約15年，日本で発生した黄変米事件（黄変米の項参照）は輸入食用米がカビ汚染し，汚染菌 *Penicillium islandicum* Sopp から肝毒性・肝発がん性物質 luteoskyrin, rugulosin, cyclochlorotine などが分離された．近年，輸入食用米がカビ汚染されている事例が増加の傾向にある（朝日新聞，2009 年 3 月）．日本では消費農産物の多くを輸入に依存していることから，諸外国におけるカビ汚染の実態について把握する必要がある．穀類のような日常食がカビ汚染を受けた場合，毒素が微量といえども長期反復摂取されることになり，健康への影響は無視できない．汚染食品の直接の摂取による健康被害のほかに，汚染飼料を摂食した家禽家畜類の肉製品をヒトが摂取することによる健康被害の発生もある．マイコトキシン産生カビの多くが熱帯から亜熱帯の土壌中に分布していることから，日本でも地球温暖化により将来増加することが考えられ，農作物へのさらなる影響が懸念されている．ヒトを含む高等動物に対して生理的もしくは病理的に有毒と判定された二次代謝産物は 300 種余に上るが，ここでは食品汚染が特に問題となっている代表的なマイコトキシンについて概説する．　（河合　清）

8.1.1　代表的なマイコトキシン中毒例

1）アフラトキシン中毒症（aflatoxicosis）

aflatoxin B_1（AFB_1）による家禽のマイコトキシン中毒症．1960 年英国で数十万羽の七面鳥が斃死する中毒事件（七面鳥 X 病）が発生した．中毒はニワトリ，雛アヒル，ブタ，乳牛にも発生した．ブラジルからの輸入飼料ピーナッツミールがカビ汚染し，汚染カビ *Aspergillus flavus* から中毒原因物質 AFB_1 が単離された．AFB_1 はきわめて強い肝毒性および肝発がん性を示すことで，最も知名度の高いマイコトキシンである（アフラトキシンの項参照）．ヒトの中毒症例もアフリカ，インド，東南アジアから報告されている．インドで 1974 年から 3 年間に AFB_1 汚染トウモロコシにより 397 名が中毒症を発症し，そのうち 107 名が死亡した．最近の AFB_1 中毒例としてケニアで汚染トウモロコシにより，125 名ものヒトが死亡したとの報告がある（2004 年）．*A.flavus* は日本の土壌中にも広く分布しているが，ほとんどが AFB_1 非生産菌であることから現時点では特に問題はない．しかし，AFB_1 は輸入ピスタチオ，生ピーナッツおよびピーナッツ製品などから，さらに，輸入食用米からも検出されている．輸入食品の中で，ピーナッツおよびピスタチオナッツに AFB_1 汚染が多く見られることから，これらの食品については輸入時の検査が厳密に行われている．

2）赤かび中毒症（*Fusarium* toxicosis）

Fusarium 菌類による汚染穀物を摂取した人や家畜に，造血臓器機能障害を主症状とする強い中毒症状が発症することがある．日本における麦赤かび中毒，旧ソビエト連邦における ATA 症（alimentary toxic aleukia：食中毒性無白血球症），米国におけるカビトウモロコシ中毒などをきっかけとして研究が進み，世界的に最も重要視されている中毒症の 1 つである．日本では 1932 年北海道，1963 年西日本で麦類からの大発生が起こったが，これは植物防疫の歴史に残る大事件である．日本の麦赤かび病菌はトキシン産生能から，deoxynivalenol（DON）タイプと nivalenol（NIV）タイプに分類され，両タイプの分布には地理的差異が見られる．

中毒症の原因物質として催嘔吐性を示す deoxynivalenol（DON），3-acetyl-DON, nivalenol（NIV），T-2 toxin, zearalenone など（8.2.1 項（20）参照）が単離されている．中毒症状は食後数時間以内に胃腸管上部の炎症，2 日以内に悪心，嘔吐，下痢を伴った急性胃腸炎，2〜9 週後に骨髄の変性，白血球のうち特に顆粒球数の急激な減少，頭痛，動悸，極度の出血性体質，口腔・咽頭部の潰瘍や壊死（壊死性アンギナ）の進行による窒息性死亡などが報告されている．

3）黄変米（moldy rice）

主に *Penicillium islandicum, P. citreonigrum* や *P. citrinum* により汚染し黄色に変色したものを黄

変米という．第二次世界大戦直後に食糧難に陥った日本は世界各国から食用米を輸入していた．1948年に輸入されたエジプト米，1951年に輸入されたタイ米およびエジプト米などが*Penicillium*属菌に汚染（黄変米）されていることが判明したにもかかわらず，これらが食用米に混入使用されるとの情報が流れ，大きな社会問題となった（黄変米事件）．食用に供することに対する世論の反発や，厚生省主導の黄変米特別研究会（後にマイコトキシン研究会，マイコトキシン学会へと発展）による黄変米の強い毒性の解明により食用には供されず，ヒトでの中毒事件は発生しなかった．汚染米は再精米後，家畜の飼料として処分された．原因菌*P. islandicum*による人工カビ米を用いた実験により，その混入率にしたがって急性肝萎縮，亜急性肝萎縮，亜慢性肝萎縮，顆粒状肝硬変，肝がんの発症が確認された．毒性物質としてluteoskyrin, islanditoxin, rugulosin, citreoviridin, citrinin, cyclochlorotineなど多種類の黄色色素が単離されている．この中でluteoskyrin, rugulosin, cyclochlorotineについて発がん性が確認されている．

4）カビトウモロコシ中毒症（moldy corn toxicosis）

ウシやブタに発生した中毒症（肝臓障害と出血）であり飼料のトウモロコシを汚染した*Penicillium rubrum*により産生されるrubratoxinsやpenicillic acid，*Aspergillus flavus*，*A. oryzae*などにより産生されるcyclopiazonic acidが原因ではないかと考えられている．

5）カビ麦芽根中毒症（moldy malt sprout toxicosis）

1954年関東地方で乳牛に集団中毒が発生し，多数の乳牛が肝肥大，脚弱，腰部麻痺などの症状を呈して死んだ．飼料を汚染した*Aspergillus oryzae* var. *microsporus*から，原因物質として神経毒maltoryzineが単離された．

6）麦角中毒症（ergotism）

麦角*Claviceps purpurea*の混入したライ麦から製造したパンなどによる激しい中毒症状（黒パン事件）．毒性物質として麦角アルカロイドと呼ばれる含窒素有毒成分が40種以上単離されている．麦角中毒には急性の痙攣型と慢性の壊死型とがある．中枢神経系の興奮による頭痛，痙攣，嘔吐ほか，心血管作用により死亡することもある．慢性中毒は，四肢の末梢動脈の持続的収縮による循環不全，血栓形成が起こり，壊死・壊疽に至る．麦角アルカロイドは多彩な薬理作用を示すことが判明している．中でもergotamineは難産時の子宮筋収縮薬として長く使用されてきた．

7）バルカン腎症（Balkan endemic nephropathy (ochratoxicosis)）

1950年代にバルカン諸国から相次いで報告された腎・尿路系を侵す風土病で，小麦汚染菌*Aspergillus ochraceus*により産生されるオクラトキシン（ochratoxin A）が原因物質と考えられている．病態として尿細管の変性・機能障害，間質の繊維化，糸球体の硝子化が起こり，最終的に腎不全に陥る．ochratoxin A以外に腎臓毒性を有するマイコトキシンとしてcitrinin, rubratoxin, fumonisinなどが知られている．

8）ブタ発情症候群（estrogenic syndrome）

ブタのマイコトキシン中毒症で，陰部肥大，脱腟，子宮・乳腺の肥大，若年オスの異常発情，不妊などの症状を呈する．原因物質として*Fusarium graminearum*から女性ホルモンestrogen様作用を示すゼアラレノン（zearalenone）が分離された．ヒトに対する毒性は正確には知られていないが，女性のホルモン依存性のがん発症にかかわっていると考えられている．

9）麦赤カビ中毒症（head blight disease）

国産の麦，米のほか，穀類加工品，家畜飼料用のトウモロコシなどが*Fusarium*汚染を受け，原因菌から T-2 toxin, nivalenol, deoxynivalenol など（8.2.1 項 (20) 参照）が検出されている．

10）**流涎症**（salivary syndrome）

米国中西部においてウシ，ウマ，メンヨウなどの家畜がアカツメ草などの牧草を飼料として与えられたときに，過剰の涎を流し，流涙，下痢，多尿，食欲不振等の症状を呈することが知られていた．この原因物質はアカツメ草の黒斑病の原因となる *Rhizoctonia leguminicola* がつくる slaframine（1-acetoxy-6-aminooctahydroindolizine）であることが見いだされた．

8.1.2 各種のマイコトキシン

(1) アフラトキシン B_1 (aflatoxin B_1)

アフラトキシン B_1 は七面鳥 X 病の原因物質として *Aspergillus flavus* から最初に単離された．その後 *A. parasiticus, A. nominus, A. tamarii* などから単離されているが，実際に aflatoxin B_1 (AFB_1) を生産するのはごく一部の株にすぎない．主要菌 *A. flavus* は日本全土の土壌中から見いだされるが，AFB_1 生産菌はごく限られた地域からのみ分離されている．強い肝毒性，肝発がん性を示す物質の代表であり，B_1 のほかに B_2, G_1, G_2, M_1, M_2 などが知られている．特に B_1 の発がん性は史上最強クラスであり，その汚染はきわめて危険である．B_1 の発がん性にはジヒドロビスフラン環が活性基として重要であり，肝細胞内酵素（小胞体および核膜局在性の P-450 酵素）により代謝活性化されてエポキシド（epoxide）となり，DNA のグアニン残基やタンパク質に結合する．M_1 は B_1 が肝臓の酵素により代謝変換された化合物であり，発がん性を示す．母乳を介して乳幼児に摂取

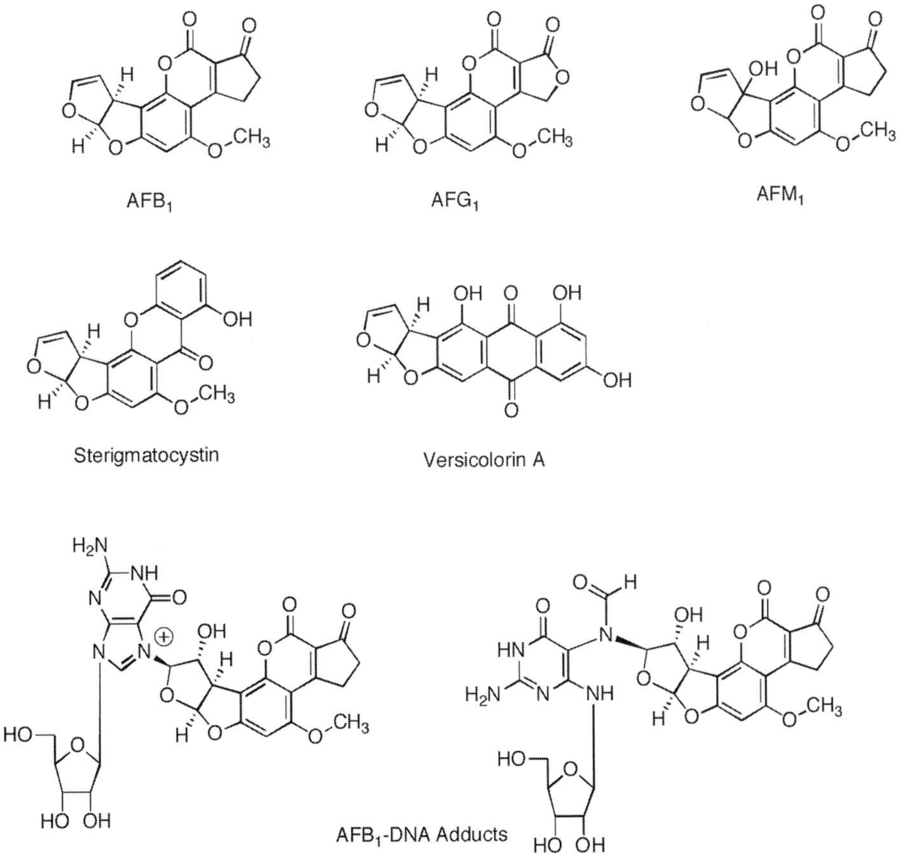

■図 8.1.1 アフラトキシン関連化合物の構造

されることから，乳幼児にとっての発がんリスクが大きい．B_1生産菌は熱帯，亜熱帯の土壌菌として常在するため，穀物の貿易により汚染が世界的に広がっている．日本では，輸入ピスタチオ，ナツメグ，マカデミアナッツ，アーモンド，生ピーナッツ，ピーナッツバターおよびその添加食品から主に検出されるが，種実類のほかに，香辛料，穀類の汚染もしばしば報告されている．B_1の生合成経路についてはほぼ解明されており，その過程で生じる化合物群の中で，B_1と同様にジヒドロビスフラン環を有するversicolorin A（がんの発症は遅いが発症率は高い），sterigmatocystinおよび*O*-methylsterigmatocystinはいずれも遺伝毒性（変異原性および発がん性）を示す．一方で，B_2，G_2，M_2は飽和ビスフラン環を有し，対応するB_1，G_1，M_1より毒性は弱い．

(2)　オクラトキシン（ochratoxins）

Aspergillus ochraceus，*A. carbonarius*，*A. niger*，*Penicillium verrucosum*などから単離された腎・肝毒性化合物で，1950年代にEU諸国で発生しているブタ腎炎やバルカン諸国で流行したヒト腎炎（バルカン腎症）の原因物質と考えられている．腎臓に障害を及ぼすことが知られているマイコトキシンの中で最も有名なのがochratoxin Aである．病態は近位尿細管の変性萎縮・機能障害，尿細管皮質間質の繊維化，糸球体の硝子化，腎不全であり，低濃度反復暴露により惹起される点が特徴的である．最終的には腎盂や尿管に腫瘍が発生する．毒性発現にはフェニルアラニン転移酵素（phenylalanine transferase）の競合的阻害や活性酸素の生成が関与していると考えられている．穀類，豆類，香辛料や家畜飼料を汚染し，飼料を介して家畜の組織に残留し，食肉，食肉加工品，乳，乳製品などを摂取した人への暴露が問題になっている．また，コーヒー豆，ブドウなどにochratoxin A産生カビが発生し，これらの原料を使用して製造した飲料にも汚染が見られる．AのほかにB，Cが見いだされているが，Aが最も毒性が強い．発がん性は動物への長期投与により実証されており，動物の中ではブタが最も高い感受性を示す．

(3)　ザンソメグニン（xanthomegnin）

食品汚染真菌*Aspergillus ochraceus*, *A. melleus*, *A. sulphureus*, *Penicillium viridicatum*から肝毒性を示す物質として単離された．二量体型ナフトキノン構造をもつ．各種病原真菌（皮膚糸状菌）*Trichophyton megninii*，*T. rubrum*，*T. violaceum*，*Microsporum cookei*からも単離された．肝臓毒性および細胞毒性を示すことから，病原真菌によ

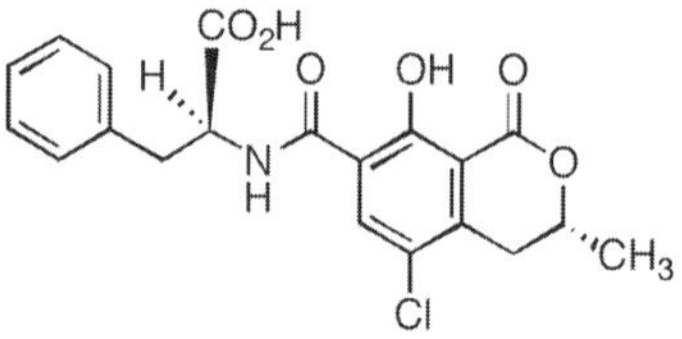

Ochratoxin A

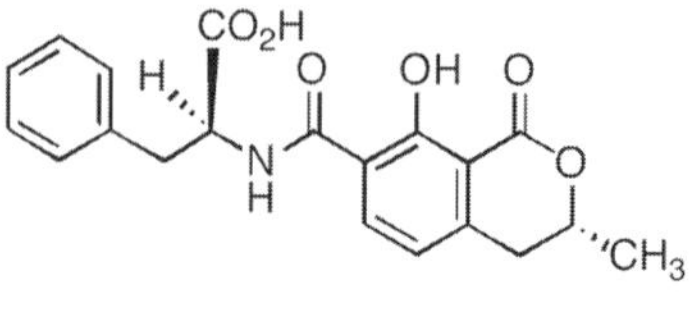

Ochratoxin B

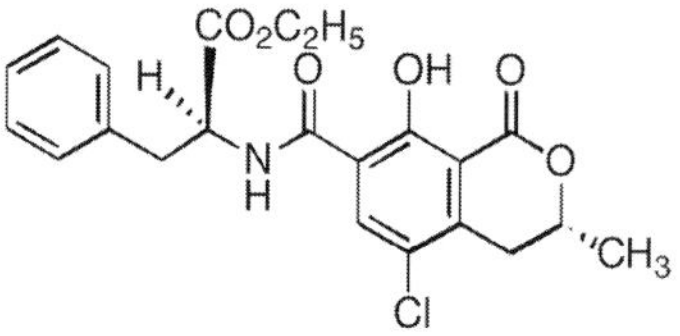

Ochratoxin C

■図8.1.2　オクラトキシン関連化合物の構造

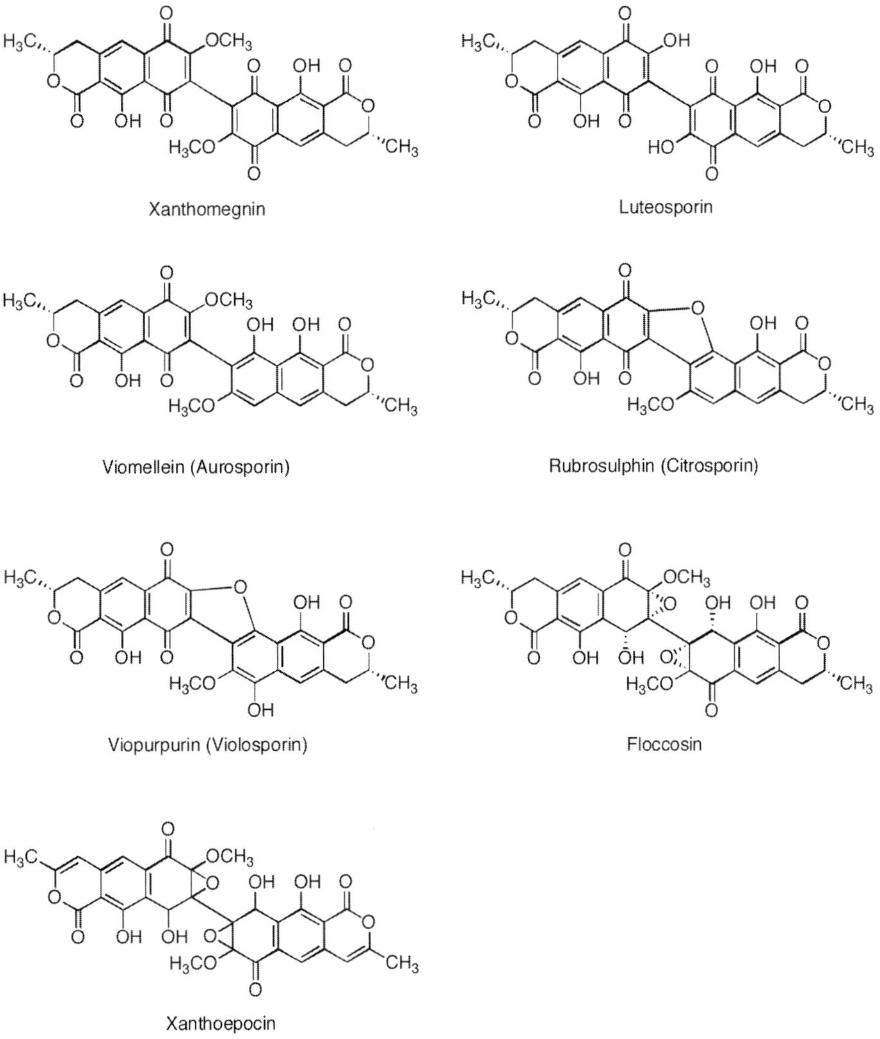

■図 8.1.3 ザンソメグニン関連化合物の構造

る感染局所における病変の原因物質と考えられている．細胞毒性発現のメカニズムとして，ミトコンドリアにおける ATP 合成阻害作用が見いだされている．これら食品汚染菌および病原真菌から，xanthomegnin 類似化合物でいずれも特徴的な二量体構造を有する luteosporin, viomellein, rubrosulphin, viopurpurin などが見いだされているが毒性などの知見は得られていない．食品汚染真菌から floccosin は見つかっていないが，類似物質 xanthoepocin が見いだされている．

(4) シクロクロロチン（cyclochlorotine）

黄変米原因菌 *Penicillium islandicum* から単離された発がん性有毒物質．含塩素系環状ペプチドで，毒性発現は速効性であり，動物に投与後数時間で肝臓に障害を与える．長期投与により肝がん

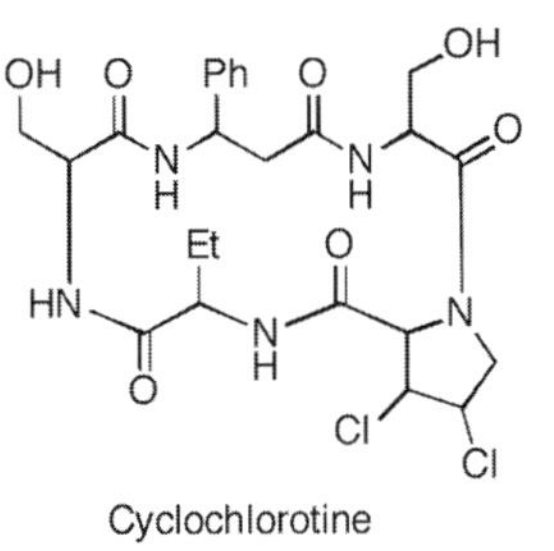

■図 8.1.4 シクロクロロチンの構造

の発生が認められる．

(5) シクロピアゾン酸（cyclopiazonic acid）

カビトウモロコシ中毒症の原因物質の１つとして *Penicillium cyclopium*, *P. patulum*, *P. viridicatum*, *P. puberulum*, *P. crustosum*, *P. camemberti*, *Aspergillus oryzae*, *A. tamarii*, *A. flavus*, *A. versicolor* などから単離された神経毒であるが，動物に対して経口投与すると，肝臓，腎臓，脾臓，膵臓，心筋などの多臓器障害を起こす．

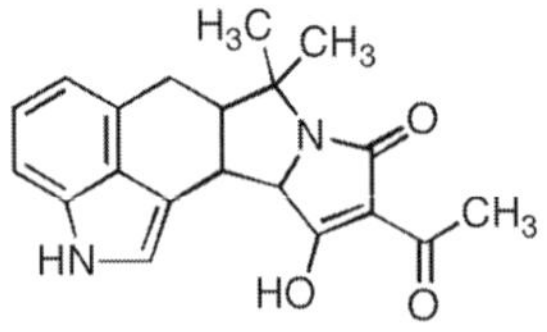

Cyclopiazonic acid

■図 8.1.5　シクロピアゾン酸の構造

(6) シトリニン（citrinin）

黄変米原因菌 *Penicillium islandicum* をはじめ，*P. citrinum*, *P. implicatum*, *P. citreo-viride*, *P. notatum*, *P. viridicatum*, *Aspergillus terreus*, *A. candidus* など多種類の菌から単離された腎毒性を示す物質．腎臓機能を傷害しネフローゼを発症させるが，その機序は正確には知られていない．

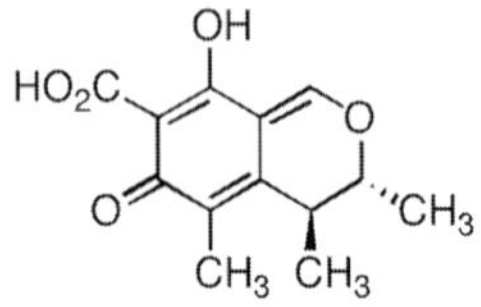

Citrinin

■図 8.1.6　シトリニンの構造

(7) シトレオビリジン（citreoviridin）

Penicillium citreoviride, *P. toxicarium*, *P. ochrosalmoneum*, *P. fellutanum*, *P. pulvillorum* から単離された神経毒であり，中枢神経作用（上行性麻痺，呼吸困難）を示す．ミトコンドリアの ATP 合成酵素 complex V (F_1) に特異的に結合し，ATP 合成を強力に阻害することが知られている．

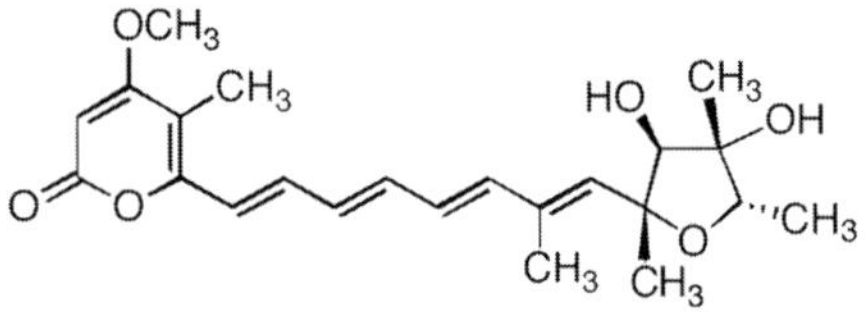

Citreoviridin

■図 8.1.7　シトレオビリジンの構造

(8) ステリグマトシスチン（sterigmatocystin）

Aspergillus flavus および *A. parasiticus* から aflatoxin B_1 の生合成前駆物質として単離されたキサンチン化合物の１つである（図 8.1.1 参照）．aflatoxin を生産しない *A. versicolor*, *A. variecolor*, *A. nidulans*, *A. ustus*, *A. quadrilineatus* など多種類の食品汚染菌からも単離されている．Aflatoxin B_1 と比較して発がん性は弱いが *A. versicolor* は環境中にきわめて普遍的に分布し，米などの日常食を頻繁に汚染するカビであるため，食品衛生上重要な問題となる．類縁化合物として発がん性を示す *O*-methylsterigmatocystin および sterigmatin などがある．

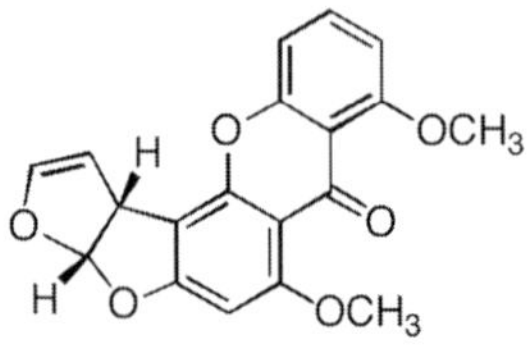

O-methylsterigmatocystin

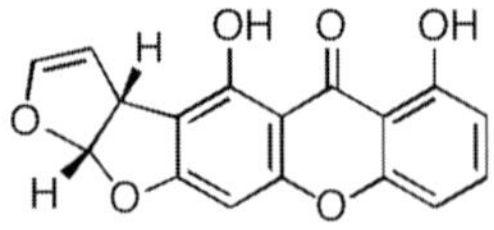

Sterigmatin

■図 8.1.8　ステリグマトシスチン関連化合物の構造

(9) スポリデスミン（sporidesmins）

ニュージランドやオーストラリアにおいてヒツジの体の露光部に湿疹様の病変が生ずる現象（光過敏症）が起こり，原因菌として *Sporidesmium bakeri* および *Pithomyces chartarum* が牧草から分離され，原因物質として sporidesmin A が単離された．A のほかに B，C，D，E，F，H などが単離されているが A 以外については毒性が弱い．

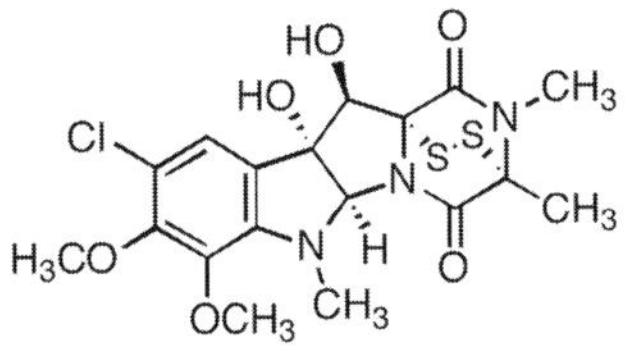

■図 8.1.9　スポリデスミンの構造

(10) ゼアラレノン（zearalenone）

Fusarium graminearum, *F. tricinctum*, *F. lateritium*, *F. oxysporum*, *F. moniliforme*, *F. sambucinum* など多種類の *Fusarium* 属菌により産生される．急性毒性および致死作用は示さないが，内分泌撹乱物質（生殖器毒素 genitotoxin）として強いエストロゲン様活性を示し，ヒトや動物の生理機能に影響を与えることが知られている．家畜では不妊，無発情，死産，新生仔死亡，外陰部・乳腺腫脹，外陰膣炎などが見られる．子宮の細胞内エストロゲンレセプターとの結合親和性は 17-β-estradiol の 10%であり，女性のホルモン依存性の発がんにかかわっていると考えられている．ヒトより家畜に対する被害のほうが問題が大きく，家畜の生殖障害を起こし，経済的損失を招く．細胞質のエストロゲンレセプターに結合した後，核内レセプターに移動し，mRNA の合成を誘発する．さらに，ステロイド受容タンパク PXR 受容体に結合し，シトクロム P450 酵素（CYP）の 1 つである CYP3A4 を誘導する作用が見いだされている．肝臓の zearalenone 還元酵素により代謝変換されて

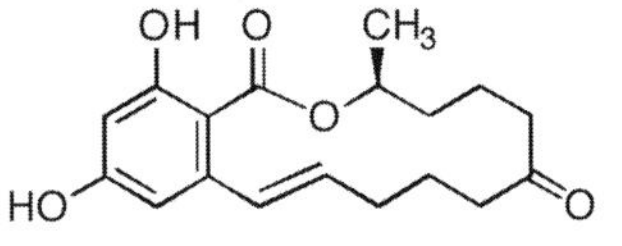

■図 8.1.10　ゼアラレノンの構造

生成する α-zearalenone は zearalenone より強力なホルモン様作用を示す．

(11) トリコテセン（trichothecenes）

麦類赤カビ病菌 *Fusarium graminearum* をはじめ，*Myrothecium*, *Stachybotrys*, *Trichoderma* 属などの植物病原真菌により産生されるマイコトキシンで，80 種以上の毒素が単離されている．基本骨格としてトリコテセン環（tetracyclic12,13-epoxytrichothec-9-one）を有する．主な毒素は nivalenol（NIV），deoxynivalenol（DON），T-2 toxin, diacetoxyscirpenol（DAS）および satratoxin（SAT, 図 8.2.21 参照）で，ヒトおよび多種類の家畜に中毒症を起こすことが確証されている．T-2 toxin はトリコテセン類の中で最も強い細胞毒性を示す．DON と NIV の複合汚染事例も多い．幼弱動物ほど毒に弱く，死に至る率が高い．ヒトに対する急性毒性の症状は悪心，嘔吐，下痢，出血，

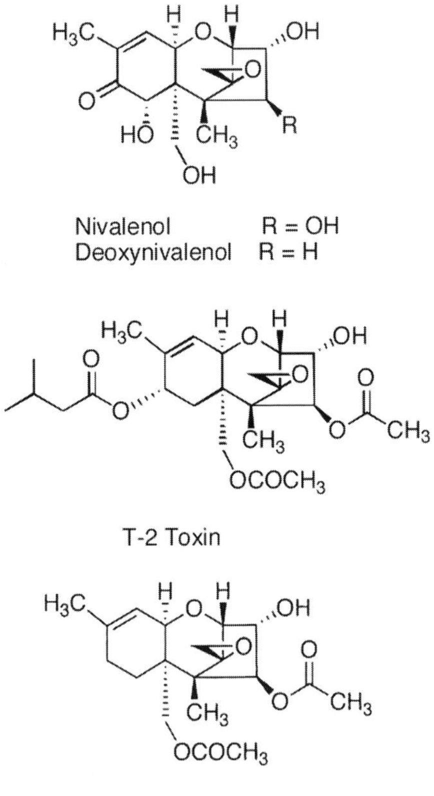

■図 8.1.11　トリコテセン系化合物の構造

皮膚粘膜刺激，白血球減少，再生不良性貧血などが特徴的である．特に造血器への障害が著しい．免疫系への障害作用も強く，免疫応答細胞にアポトーシスを誘発することが見いだされている．トリコテセン系カビ毒はすべて真核細胞のみに親和性を示し，真核細胞の80Sリボソームに結合しタンパク質およびDNAの合成を阻害する（8.2.1（20）参照）．

（12）麦角毒素（ergot toxins）

穀物（主にライ麦）汚染菌 *Claviceps purpurea* により産生される含窒素化合物で，麦角アルカロイドとも呼ばれる．40種類以上の毒素が単離されており，血管性障害および神経性障害を中心とした複雑な病態を引き起こす．主にヨーロッパを中心に多発し，1770年から1780年だけでも40,000人以上もが死亡したと伝えられている．痙攣性虚血性壊死・壊疽性が激しく，地獄の火として恐れられた．汚染穀物飼料により，ウシ，ウマ，ブタなども中毒症（下肢・尾・耳先端部の壊疽，間欠的な盲目，過敏状態とその後の痙攣）を発症する．主要毒素はergotamine，ergometrineである．

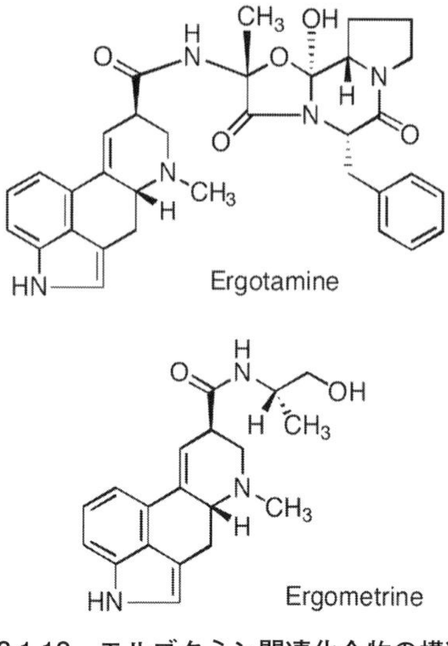

■図 8.1.12　エルゴタミン関連化合物の構造

（13）パツリン（patulin）

Penicillium expansum（リンゴ青カビ病菌）をはじめ，*P. claviforme*，*P. cyclopium*，*P. roqueforti*，*P. equinum* など多種類の *Penicillium* や *Aspergillus* により産生されるマイコトキシン．リンゴでは *Alternaria* 属菌や *Fusarium* 属菌による腐敗が起こり，その腐敗を貯蔵輸送過程で進行させる *P. expansum* が問題となっており，収穫された果実の20%近くが微生物病害により失われていると考えられている．このため，リンゴのみならず，リンゴ果汁などのリンゴ加工品ではパツリン汚染が問題となっている．patulinは細胞毒性，心筋毒性，毛細血管の拡張や出血，特に消化管出血など強力な毒性を示すため，抗菌性を示すが抗菌剤としては使えない．生化学的性質としてDNAおよびタンパク質合成阻害作用，好気的呼吸阻害，核分裂阻害作用が知られている．

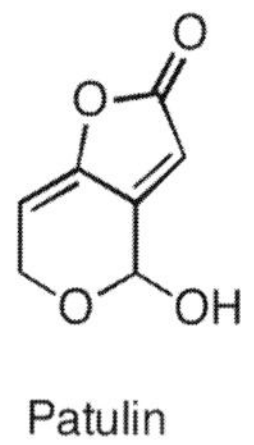

■図 8.1.13　パツリンの構造

（14）フモニシン（fumonisins）

トウモロコシ赤カビ病菌 *Fusarium moniliforme*，*F. proliferatum*，*F. verticillioides* などが産生する有毒二次代謝産物．南アフリカおよび中国での食道がん多発地帯において農産物がこのカビに著しく汚染されていることが報告され，fumonisinの発がん性が注目されるようになった．このほか，世界中で多くの汚染例が報告されており，トウモロコシを主原料とする配合飼料においてfumonisin汚染は重要な問題の1つである．fumonisin B_1，B_2，B_3 が単離されているが，B_1 の毒性が最も強く，ウマの灰白質脳症，ブタの肺水腫，ヒトの新生児神経管障害などの原因となることが知られている．また，実験動物に対する肝毒性，腎毒性，肝発がん性，発がん促進（プロモーター）作用が報告されている．生化学的性質としてはsphingolipid生合成酵素の1つである *N*-acyltransferase活性の阻害，葉酸の細胞内輸送阻害などが知られている．後者は新生児の神経管閉塞障害の原因と考えられている．

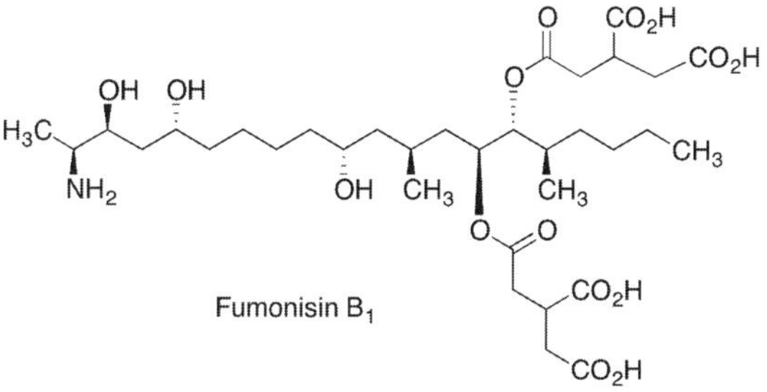

■図 8.1.14 フモニシン B_1 の構造

（15）ペニシリン酸（penicillic acid）

Penicillium lividum, *P. puberulum*, *P. griseum*, *P. simplicissimum*, *P. cyclopium*, *P. roqueforti*, *P. viridicatum*, *P. chrysogenum*, *Aspergillus ochraceus*, *A. sulphureus*, *A. melleus* などにより産生されるマイコトキシン．抗菌性，抗ウイルス性，細胞毒性，抗がん性を示す．

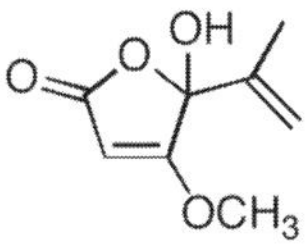

■図 8.1.15 ペニシリン酸の構造

（16）マルトリジン（maltoryzine）

東京，および千葉県の牧場で乳牛が痙攣性発作および呼吸困難を起こして死亡する集団中毒が発生し（1954 年），カビ麦芽根中毒症と名づけられた．原因菌として，飼料麦芽根を汚染していた *Aspergillus oryzae* var, *microsporus* が分離され，原因物質として maltoryzine が単離された．マウスへの腹腔内投与により，肝肥大を起こし，強い致死毒性を示すことが証明されている．

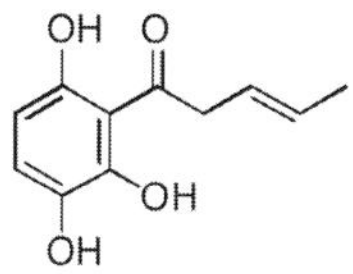

■図 8.1.16 マルトリジンの構造

（17）ルテオスカイリン（luteoskyrin）

黄変米原因菌 *Penicillium islandicum* から単離された肝毒性，肝発がん性を示す物質．脂溶性が強いため，肝小葉中心部の細胞を傷害し，脂肪変性を起こす．DNA と強力に結合し，RNA polymerase を阻害する性質がある *P. islandicum* からは発がん性物質として rugulosin および cyclochlorotine が単離されている．

P. islandicum Sopp からは，多種類のキノンまたはキノン様色素が単離されている．その中で，luteoskyrin 類はカゴ状構造と呼ばれる特徴的な構造を有する．luteoskyrin は可視光により容易に

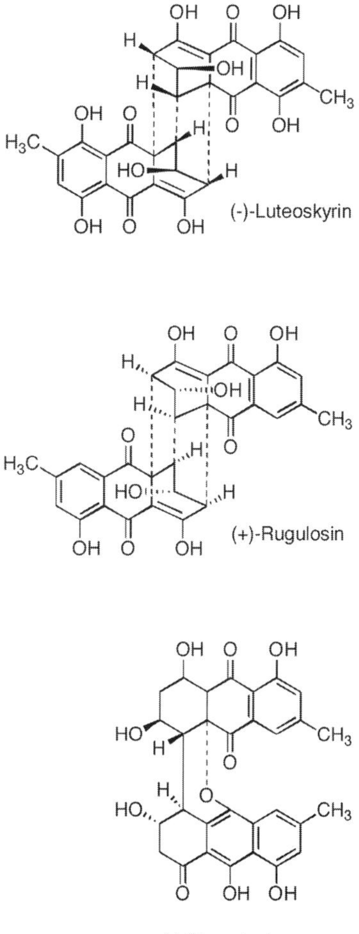

■図 8.1.17-1 ルテオスカイリン関連化合物の構造

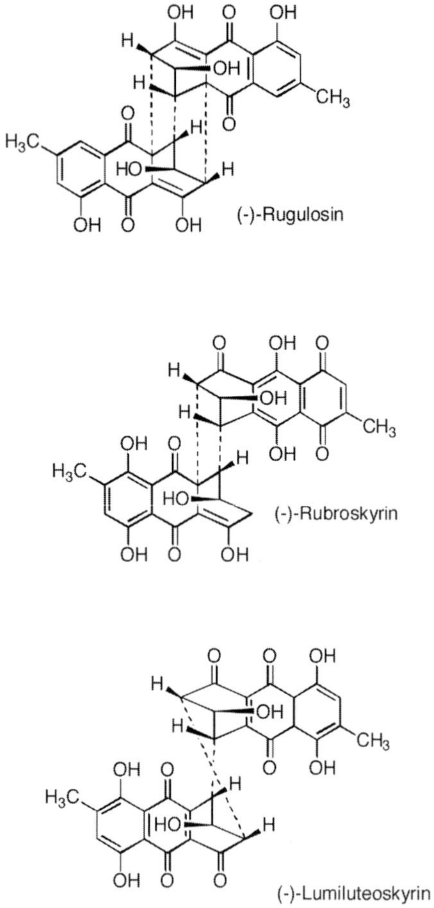

■図 8.1.17-2 ルテオスカイリン関連化合物の構造

lumiluteoskrin に変換される.

(18) ルブラトキシン (rubratoxins)

ニワトリの出血性症候群（出血性下痢，筋肉・内臓の出血，胃腺・胃筋の糜爛などが主兆候）の原因菌 *Penicillium rubrum* および *P. purpurogenum* の培養ろ液から単離された強力な肝毒性および催奇形成を示すマイコトキシン．Rubratoxin A，B のうち B が A より毒性が強く，強力な肝毒性を示すが，発がん性はない．Na^+K^+-ATPase 阻害，ATP および cyclicAMP 生成阻害など細胞毒性につながる多くの生化学的性質が判明しているが，肝細胞のアポトーシス誘発（染色体の濃縮と分断化，DNA の分断化）が毒性発現のメカニズムと考えられている．（河合 清）

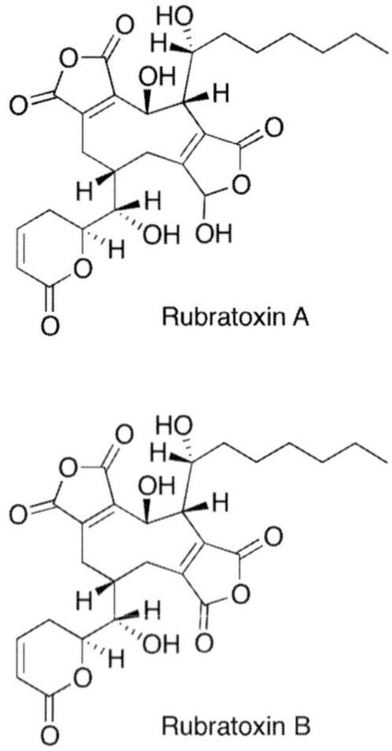

■図 8.1.18 ルブラトキシン A，B の構造

＊参考文献

Cole RJ, Cox RH (1981) Handbook of toxic fungal metabolites. Academic Press, New York

Deshpande SS (2006) Fungal toxins in handbook of food toxicology. Marcel Dekker, New York, pp387-456

マイコトキシン（日本マイコトキシン学会誌）(1975-)

Marasas WFO, Nelson PE (1987) Mycotoxicology. Pennsylvania State Univ. Press, Pennsylvania

Miller JD, Trenholm HL (1994) Mycotoxins in grain, compunds other than aflatoxin. Eagan Press, St. Paul

宮地 誠・西村和子 (1991) 医真菌学辞典．協和企画通信，東京

Rodricks JV, et al. (1977) Mycotoxins in human and animal health. Pathotox Publishers, Park Forest South

Turner WB, Aldridge DC (1983) Fungal metabolites II. Academic Press, London

Uraguchi K, Yamazaki M (1978) Toxicology, biochemistry and pathology of mycotoxins. Kodansha, Tokyo, John Wiley, New York

Wyllie TD, Morehouse JG (1978) Mycotoxic fungi, mycotoxins, mycotoxicoses. vol Ⅰ～Ⅲ, Marcel Dekker, New York

8.2 キノコ毒

キノコは姿を見せる場所も時期もそのときどきによって異なるため，植物とは異なり種の確定や食毒の判別に時間を要する．日本は縦に長い国という地理的要因もあり，多数の種が分布しており分類が追いつかない状態である．その中でもこれまでに毒キノコと確定した種で，原因物質が解明されたものについて以下に化合物別（五十音順）に解説する．死に至る猛毒，精神状態を狂わせる毒，悪酔いさせる毒など種々あるが，キノコによる食中毒症状は複数の化合物が作用した結果として現れるため，1つの化合物によってのみ説明できるものではないことに注意する必要がある．

（河岸洋和・紺野勝弘・白濱晴久・橋本貴美子）

8.2.1 各種キノコ毒

（1）アガリシン酸（agaricic acid），ノルカペラチン酸（norcaperatic acid）

アガリシン酸はツガサルノコシカケ属（*Fomitopsis*）のエブリコ（*F. officinalis*）に含まれる毒成分．末梢神経を麻痺させ，アトロピン（副交感神経遮断薬・アセチルコリン拮抗薬）よりも副作用が少ないために発汗抑制剤として使われる．また，炭素が2つ少ないノルカペラチン酸はウスタケ属（*Turbinellus*）のウスタケ（*T. floccosus*），オニウスタケ（*T. kauffmanii*），アンズタケ属（*Cantharellus*）のアンズタケ（*C. cibarius*），クロラッパタケ属（*Craterellus*）のミキイロウスタケ（*C. tubaeformis*），*Polyporus fibrillosus* などの毒成分である．両者ともにラットに腹腔内投与すると，自発運動の減少，流涙，だ液分泌，平滑筋硬直，体の振戦などを引き起こす．ちなみに，アガリシン酸という名前はラテン語の agaricum（木に生え，火口などに使われるキノコ）に由来する．カペラチン酸は，最初にウメノキゴケ（*Parmelia caperata*）から単離されたことから，この名前がつけられた．

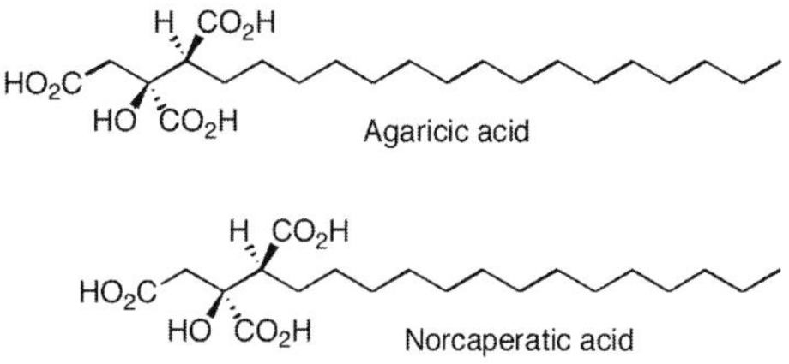

■図 8.2.1 アガリシン酸関連化合物の構造

（2）アガリチン（agaritine）

ハラタケ属（*Agaricus*）のツクリタケ（*A. bisporus*）などのキノコに含まれる発がん物質．この化合物自体の発がん性は低いが，γ-グルタミルトランスペプチダーゼによりグルタミン酸部分が加水分解されると 4-(hydroxymethyl) phenylhydrazine を生じ，この化合物が安定で発がん性が高い．このヒドラジン系化合物が酸化されて生じるジアゾニウム化合物（4-(hydroxymethyl) benzenediazonium ion）も発がん性が高いが，分解しやすいため，生体内でどれくらいの発がん性を示すかは不明である．γ-グルタミルトランスペプチダーゼは腎臓に多いため，腎臓で毒性を示しやすい．部分構造としてヒドラジン構造を含むものはアガリチンのほかに，シャグマアミガサタケ（*Gyromitra esculenta*）の毒成分としてジロミトリン（gyromitrin：(17)

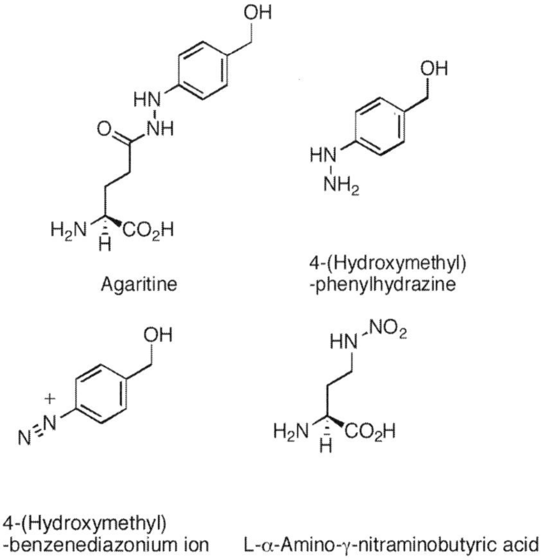

■図 8.2.2-1 アガリチン関連化合物の構造

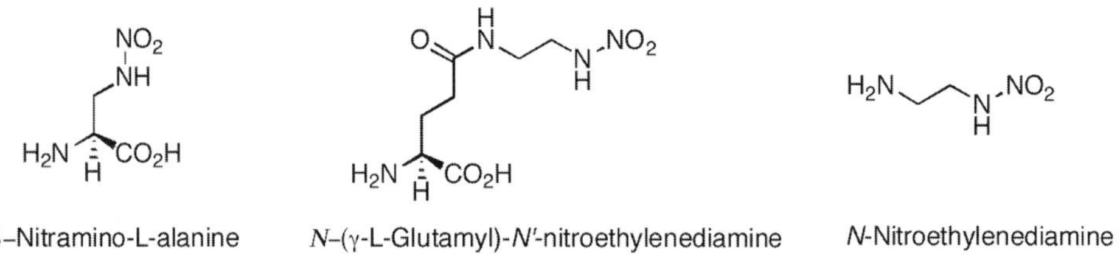

■図 8.2.2-2 アガリチン関連化合物の構造

を参照）が，ザラエノハラタケ（*A. subrutilescens*）からは*β*-nitramino-L-alanine，*N*-（*γ*-glutamyl）-*N'*-nitroethylenediamine，*N*-nitroethylenediamine などが単離されている．キノコはこれらを外敵からの防御のためにつくっている可能性が示唆されているが，ヒドラジン系化合物の代謝産物は胞子の休眠や細胞の成長制御にかかわっていることから，キノコの成長制御物質とも考えられている．

(3) アクロメリン酸類（acromelic acids A ～ E），クリチジン（clitidine）

ハイイロシメジ属（*Clitocybe*）のドクササコ（*C. acromelalga*）の毒成分．アクロメリン酸類はフランスに分布する毒キノコ *C. amoenolens* にも

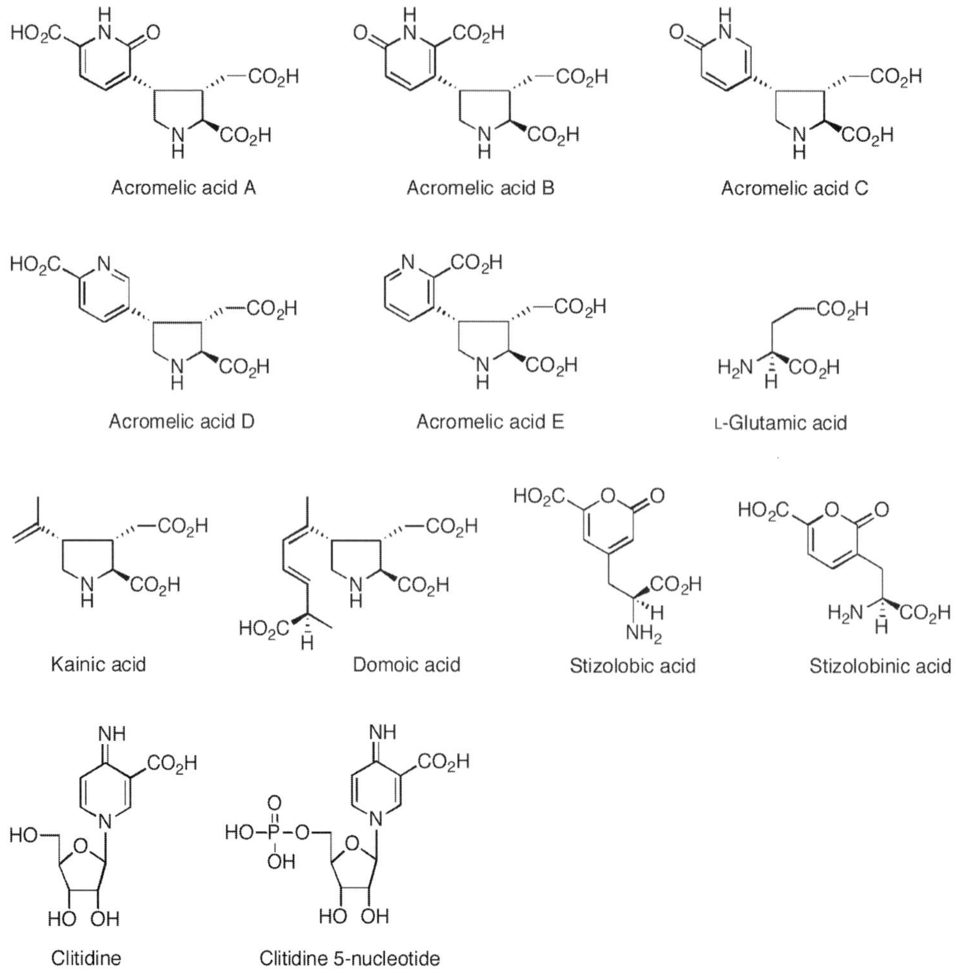

■図 8.2.3 アクロメリン酸・クリチジン関連化合物の構造

含まれている．アクロメリン酸類はマウスの中枢神経にある興奮性アミノ酸受容体（グルタミン酸受容体）に作用して脱分極を起こす．また低濃度でマウスに致死作用を示す．

アクロメリン酸類，カイニン酸類（kainic acids：海人草（海藻）に含まれる駆虫剤），ドウモイ酸類（domoic acids：ドウモイ（海藻）に含まれる駆虫剤）はカイノイドアミノ酸と呼ばれ，すべて分子内にグルタミン酸構造を含み，中枢神経系に作用する．カナダでムール貝を食べて記憶喪失を起こすという中毒事故が起こったことがあるが，原因はムール貝に共生していた微生物がドウモイ酸を生産していたためであることがわかっている．アクロメリン酸の生合成関連化合物と思われるスチゾロビン酸（stizolobic acid），スチゾロビニン酸（stizolobinic acid）もドクササコから単離されている．これらはテングタケ（*Amanita pantherina*）にも含まれており，スチゾロビン酸は興奮性アミノ酸受容体に作用することが知られている．

異常核酸の一種であるクリチジンもマウスに対して致死作用を示すが，アクロメリン酸に比べて毒性は弱い．この化合物はヌクレオチド体としても含まれている．ドクササコは食べると1週間程たってから手足の先端が赤く腫れ痛みだし，その状態が1カ月も続くという珍しい中毒症状を引き起こすが，アクロメリン酸類もクリチジン類もこの中毒原因物質かどうかは不明である．

(4) アマニタトキシン類（amanita toxins）（アマトキシン類（amatoxins），ファロトキシン類（phallotoxins），ビロトキシン類（virotoxins）

テングタケ属（*Amanita*）のキノコから最初に単離されたためまとめてアマニタトキシンといわれるが，3つのグループに分けられておりそれぞれが数個の環状ペプチドからなる猛毒である．テングタケ属のほかに，ケコガサタケ属（*Galerina*），キツネノカラカサ属（*Lepiota*），ハラタケ属（*Agaricus*），アンズタケ属（*Cantharellus*）のキノコにも含まれる．ヨーロッパで最も事故の多いタマゴテングタケ（*A. phalloides*）は日本ではあまり見かけないがドクツルタケ（*A. virosa*）は至るところで見られる．コレラタケ（＝ドクアジロガサ，*G. fasciculata*）やヒメアジロガサ（*G. marginata*）はエノキタケと間違えることが多い．キツネノカラカサ属は外国種で毒が検出されており，ハラタケ属ではモリハラタケ（*A. silvaticus*）から，また，アンズタケ属ではアンズタケ（*C. cibarius*）から

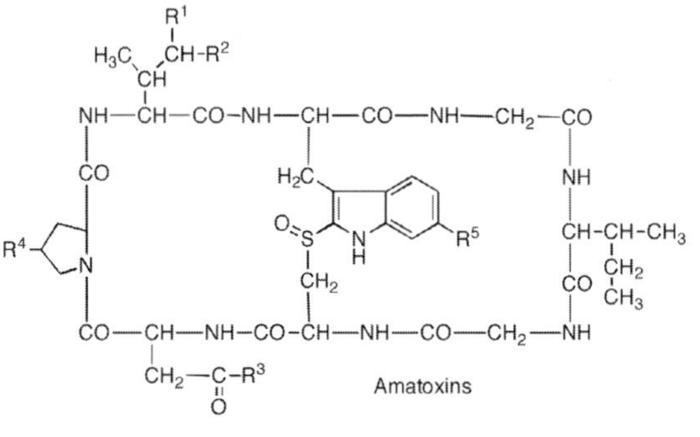

	R^1	R^2	R^3	R^4	R^5
α-Amanitin	CH_2OH	OH	NH_2	OH	OH
β-Amanitin	CH_2OH	OH	OH	OH	OH
γ-Amanitin	CH_3	OH	NH_2	OH	OH
ε-Amanitin	CH_3	OH	OH	OH	OH
Amanin	CH_2OH	OH	OH	OH	H
Amaninamide	CH_2OH	OH	NH_2	OH	H
Amanullin	CH_3	H	NH_2	OH	OH
Amanullinic acid	CH_3	H	OH	OH	OH
Proamanullin	CH_3	H	NH_2	H	OH

■図 8.2.4　アマトキシン類の構造

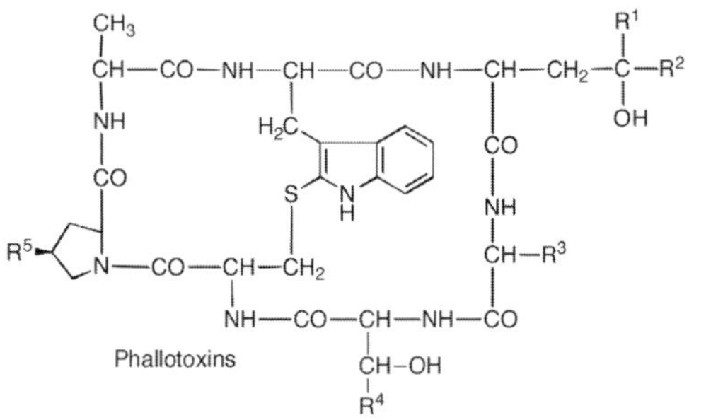

	R^1	R^2	R^3	R^4	R^5
Phalloidin	CH_2OH	CH_3	CH_3	CH_3	OH
Phalloin	CH_3	CH_3	CH_3	CH_3	OH
Prophalloin	CH_3	CH_3	CH_3	CH_3	H
Phallisin	CH_2OH	CH_2OH	CH_3	CH_3	OH
Phallacin	CH_3	CH_3	$CH(CH_3)_2$	CO_2H	OH
Phallacidin	CH_2OH	CH_3	$CH(CH_3)_2$	CO_2H	OH
Phallisacin	CH_2OH	CH_2OH	$CH(CH_3)_2$	CO_2H	OH

■図 8.2.5　ファロトキシン類の構造

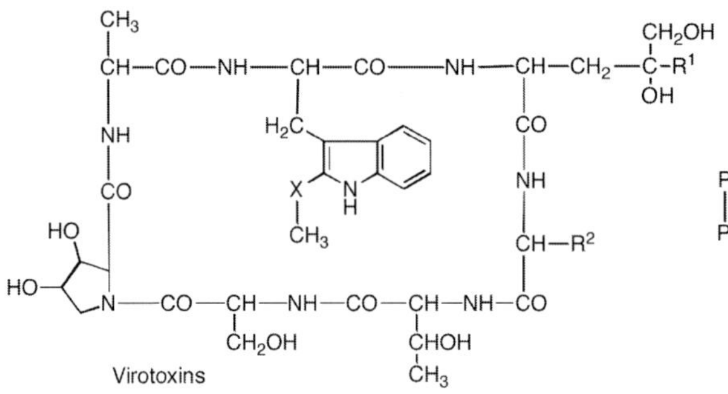

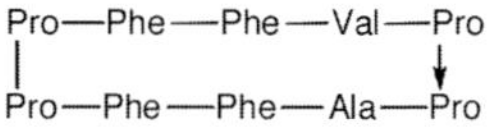

	R^1	R^2	X
Viroidin	CH_3	$CH(CH_3)_2$	SO_2
Alloviroidin	CH_3*	$CH(CH_3)_2$	SO_2
Desoxoviroidin	CH_3	$CH(CH_3)_2$	SO
[Ala[1]]viroidin	CH_3	CH_3	SO_2
[Ala[1]]desoxoviroidin	CH_3	CH_3	SO
Viroisin	CH_2OH	$CH(CH_3)_2$	SO_2
Desoxoviroisin	CH_2OH	$CH(CH_3)_2$	SO

* メチル基のついた炭素の立体配置がviroidinとは逆になっている。

■図 8.2.6　ビロトキシン類の構造

極微量の毒が検出されているため注意を要する．どの毒成分も肝臓の細胞を破壊することによって毒性を発現する．このため，致命的な症状が出るには1週間近くの時間がかかる．これらキノコが原因の中毒では，対症療法を施した後に症状が一度回復したかに見えるが，再び悪化して2段階目の症状（黄疸などの肝臓の不全を示す症状）が現れたときには手遅れになっていることが多い．ファロトキシンは経口投与すると分解されやすいため，中毒の本体はアマトキシン類あるいはビロトキシン類であるとされる．タマゴテングタケには，この毒に対して抗毒活性をもつアンタマニド（antamanide）が含まれており，これを動物に投与してから毒を与えても中毒しない．

(5)　イボテン酸（ibotenic acid），ムシモール（muscimol）

イボテングタケ（*Amanita ibotengutake*），テングタケ（*A. pantherina*），ベニテングタケ（*A. muscaria*），ウスキテングタケ（*A. gemmata*）等主にテングタケ属キノコに含まれる毒成分であるが，ハエトリシメジ（*Tricholoma muscarium*）からも発見されている．イボテン酸の毒性はそれほど強くはないが，服用するとアルコール酔いに似た状態になり，暴れたり精神錯乱を起こしたりする．イボテン酸そのものは中枢神経系の興奮性アミノ酸受容体にアゴニストとして作用するが，やや不安定な化合物のため，生体内では容易に脱炭酸してムシモールに変化し作用を及ぼす．ムシモールそのものは中枢神経系の抑制性GABA（ガンマアミノ酪酸，γ-aminobutyric acid）受容体にアゴニストとして作用する．上記のキノコは“ハエトリ”として使われていたものが多く，古くから殺ハエ活性があることが知られており，はじめはこの活性を指標にして毒成分が単離された．“musca”とは虫やハエを意味するラテン語であり，このような性質を学名からも窺うことができる．

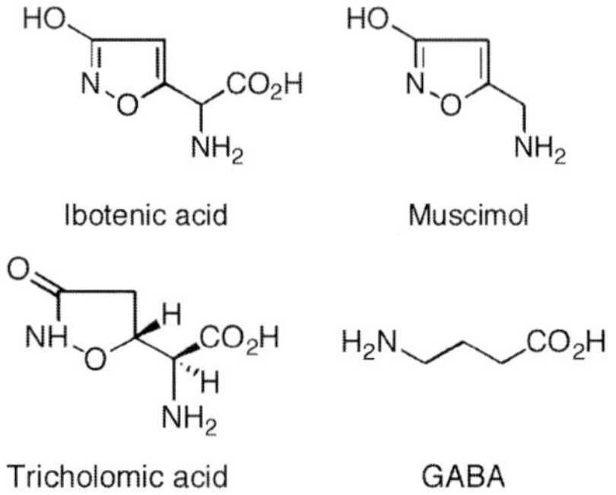

■図 8.2.7　イボテン酸関連化合物の構造

ハエトリシメジにはイボテン酸が還元された構造をもつトリコロミン酸（tricholomic acid）も含まれており，やはり殺ハエ活性をもとに単離されたが，生体内でムシモールのような作用は示さないため人体には無害である．

イボテン酸やトリコロミン酸の構造はグルタミン酸に類似しており，グルタミン酸よりもはるかに強い旨味をもつ．このため，これらを含むキノコは美味といわれる．

(6) イルジン類（illudins）

日本では中毒事故の多いツキヨタケ（*Omphalotus japonicus*，発光性をもつためこの名前がつけられた．旧名は *Lampteromyces japonicus* であった）の毒成分として単離された．毒成分は日本では当初ルナマイシンあるいはランプテロールと名づけられていたが米国の発光キノコ *Omphalotus olearius*（旧名は *Clitocybe illudens*）から得られたイルジンSと同一化合物であることがわかり，最初につけられた名前を採用してイルジンと呼ばれることになった．もともとマウス致死毒性を指標に単離されたが，がん細胞にも細胞毒性を示すことがわかり，制がん剤として当時大きな話題となったものの，毒性が強すぎるため開発は断念された．ところが，最近になってクヌギタケ属（*Mycena*）のコガネヌメリタケ（*M. leaiana*）から得られたレイアナフルベン（leaianafulvene）という色素がイルジンと類似の構造をもつことがわかりその合成誘導体が抗がん剤（名前 irofulven）として有力視されている．ヒメヒトヨタケ属（*Coprinopsis*）の *C. episcopalis* や *C. gonophylla*

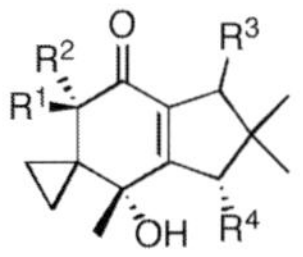

	R^1	R^2	R^3	R^4
A	CH_3	OH	H	H
B	OH	CH_3	α-OH	OH
D	H	CH_3	H	H
E	CH_3	H	H	H
H	OH	CH_3	β-OH	OH

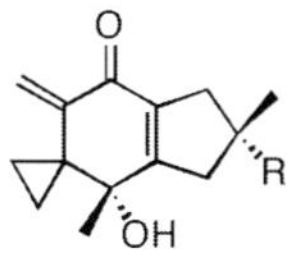

	R
C	CO_2H
C2	CH_3
C3	CH_2OH
Illudinic acid	CH_2OH

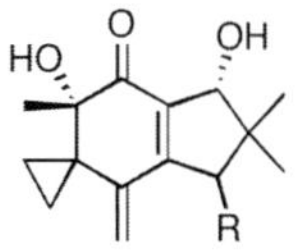

	R
G	α-OH
F	β-OH

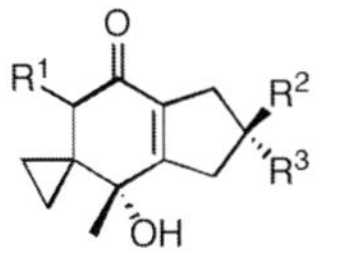

	R^1	R^2	R^3
I	α-CH_3	CH_2OH	CH_3
I_2	β-CH_3	CH_2OH	CH_3
J_2	β-CH_3	CH_3	CH_2OH

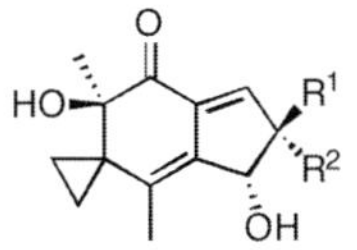

	R^1	R^2
M	CH_3	CH_3
S	CH_2OH	CH_3

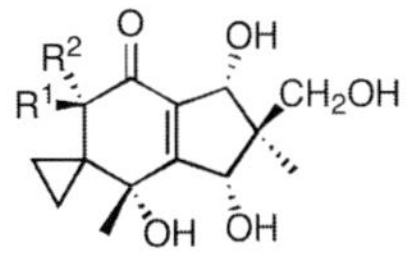

	R^1	R^2
Neoilludin A	OH	CH_3
Neoilludin B	CH_3	OH

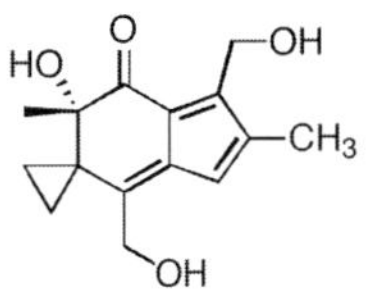

Leaianafulvene

■図 8.2.8 イルジン類の構造

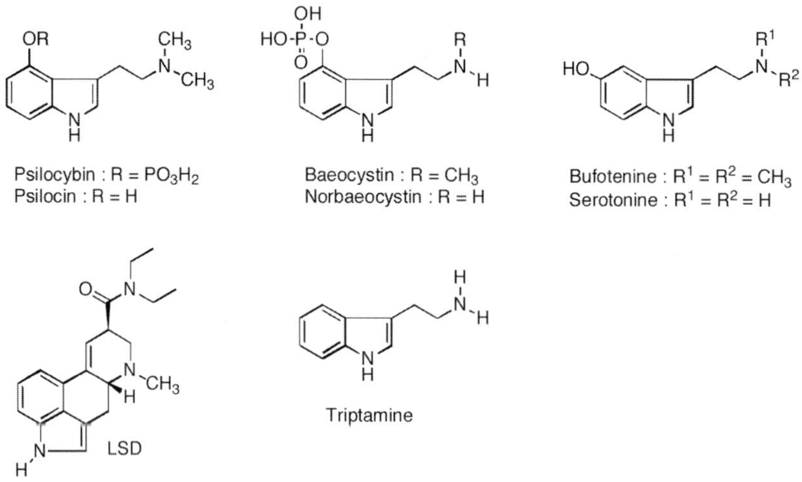

■図 8.2.9　シロシンなどインドールアルカロイドの構造

からもイルジンやその類縁体が単離されており，これまでにイルジンSを含めて18種の類縁体が単離されている．

(7)　インドールアルカロイド (indole alkaloids) (シロシビン (psilocybin)，シロシン (psilocin)，ブフォテニン (bufotenine)，バエオシスチン (baeocystin) ほか，トリプトファン関連化合物)

上記の毒を含むキノコを食べると幻覚が起こる．このことを利用して，メキシコの原住民が宗教儀式に使っていたことは有名であるが，それ以前の紀元前7000～9000年にすでに幻覚性キノコはアフリカを中心に知られていたようである．活性の強いシロシビンやシロシンは，日本では主にヒカゲシビレタケ (*Psilocybe argentipes*) に代表されるシビレタケ属 (*Psilocybe*)，センボンサイギョウガサ (*Panaeolus subbalteatus*) に代表されるワライタケ属のキノコの毒成分として知られていたが，その他のインドールアルカロイドも合わせると，アセタケ属 (*Inocybe*)，アイゾメヒカゲタケ属 (*Copelandia*)，コガサタケ属 (*Conocybe*)，ウラベニガサ属 (*Pluteus*)，チャツムタケ属 (*Gymnopilus*)，ケコガサタケ属 (*Galerina*)，テングタケ属 (*Amanita*)，ツチイチメガサ属 (*Pholiotina*) と，さらに広範囲の属から見つかっている．これらの化合物や麦角アルカロイド (8.1.2 (12) 参照)，覚せい剤LSD (ᴅ-lysergic acid diethylamide) は共通してトリプタミン構造を含み，中枢神経の視覚に関与するセロトニン受容体に作用し，幻覚や精神錯乱を引き起こすと考えられている．シロシン，シロシビンは麻薬に指定されているが，現在は化合物だけでなくこれらを含む数種のキノコも麻薬と同じ扱いになった．

ブフォテニンという化合物名は，最初にガマガエル属 (*Bufo*) の毒として単離されたことに由来する．

(8)　ウスタル酸 (ustalic acid) 類

日本では中毒の多いカキシメジ (*Tricholoma ustale*：キシメジ属) の毒成分．マウスの自発運

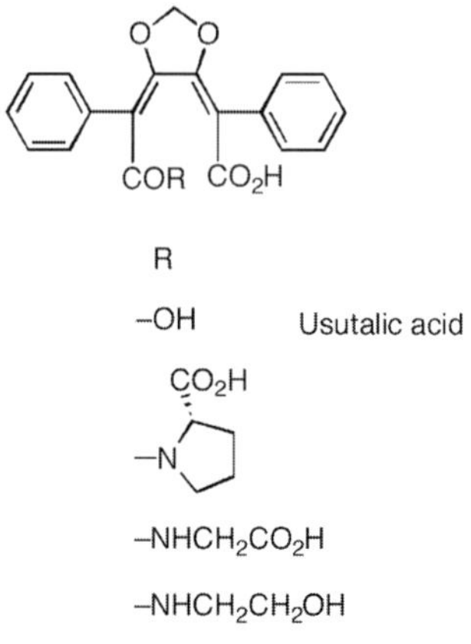

■図 8.2.10　ウスタル酸類の構造

動の低下，異常な腹のふるえ，体毛の逆立ちを引き起こし，量が増えると致死作用を示す．ウスタル酸類は腸で Na^+K^+ATPase（腸管での水の再吸収に関与する酵素）の阻害を起こすことから，水分の吸収ができなくなり下痢を起こすものと考えられている．

(9) エモジン（emodin）

フウセンタケ属（*Cortinarius*）のアカタケ（*C. sanguineus*）の毒成分であり細胞毒性や遺伝子毒性を示す．このキノコの主色素でもあり，キノコを食べるとひどい下痢や出血を起こす．フウセンタケ属のキノコにはエモジンをはじめ，アントラキノン系の色素が多数含まれており注意が必要である．エモジンは植物や動物など広く生物界に分布する色素でもある．ヒマラヤ地方原産のダイオウ属（*Rheum*）の大黄（*R. emodi*）から最初に単離されたためこの名がある．大黄の根茎は漢方薬として緩下剤に用いられる．

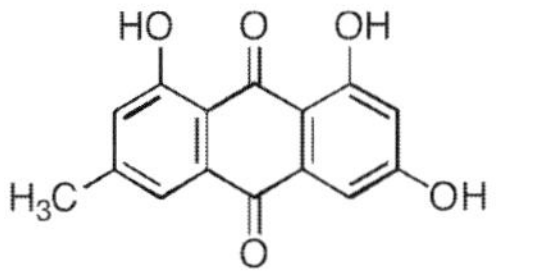

Emodin

■図 8.2.11　エモジンの構造

10) (*E*)-8- オキソ -9- オクタデセン酸（(*E*)-8-oxo-9-octadecenoic acid）など脂肪酸由来の共役エノン類

ホテイシメジ属（*Ampulloclitocybe*）のホテイシメジ（*A. clavipes*）の毒成分であり，ヒトヨタケによる中毒（(13) を参照）と同様にアルコールと一緒に食べると悪酔い状態を引き起こす．アルコール代謝の過程で働く酵素（アルデヒドデヒドロゲナーゼ）を阻害することにより血中のアセトアルデヒド（アルコールの代謝産物）濃度を上げ，中毒症状を引き起こす．8-オキソ-9-オクタデセン酸の他に強い酵素阻害活性をもつものとして，ethyl (*E*)-8-oxo-9-octadecenoate，ethyl (*E*)-8-oxo-9-hexadecenoate，弱い活性をもつものとして (10*E*,12*E*)-9-oxo-10,12-octadecadienoic acid，(9*E*,11*E*)-13-oxo-9,11-octadecadienoic acid 1′-glycerol ester が単離されている．

(11) オレラニン類（orellanines）

フウセンタケ属（*Cortinarius*）のキノコ *C. orellanus* の毒成分として単離された．*C. orellanoides*（=*C. rubellus*），*C. speciosissimus* などにも含まれている．またジグルコシドとしても含まれているため，毒の定量分析の際には工夫が必要である．これらのキノコを食べると，消化器系の症状（嘔吐，下痢など）は食後数 10 分から 12 時間程の間に現れ，その後 3 日から 14 日程の潜伏期間をおいて，肝臓，

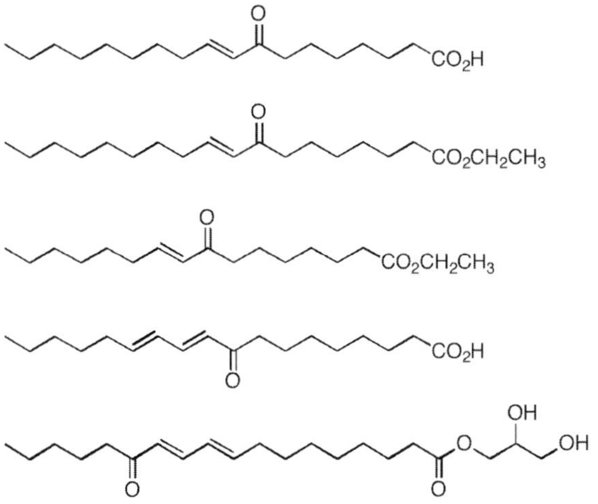

(*E*)-8-Oxo-9-octadecenoic acid

Ethyl (*E*)-8-Oxo-9-octadecenoate

Ethyl (*E*)-8-Oxo-9-hexadecenoate

(10*E*, 12*E*)-9-Oxo-10,12-octadecadienoic acid

(9*E*, 11*E*)-13-Oxo-9,11-octadecadienoic acid 1′-glycerol ester

■図 8.2.12　脂肪酸由来の共役エノン類の構造

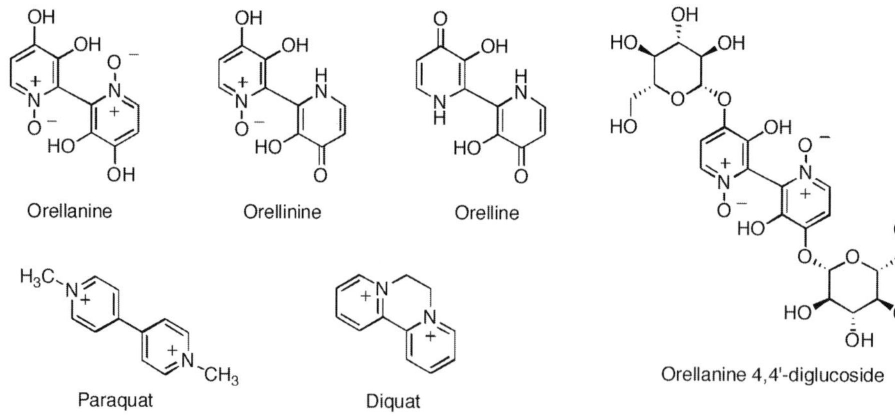

図 8.2.13　オレラニン関連化合物の構造

腎臓の症状が現れる．腎臓で尿を濃縮できず，水分の再吸収ができないことから喉が乾く，低張尿が排泄されるといった症状が現れ，利尿不全，タンパク尿，黄だん，肝臓が腫れるなどの症状が3～4カ月続く．重篤な場合は腎不全，肝臓細胞破壊などによって死亡する．腎臓に特に強い障害を起こす．類縁体のオレリニンやオレリンはオレラニンが熱または光分解することによって生じ，前者の毒性はオレラニンと同程度であり，後者は無毒である．毒性発現機構は構造の類似性から，除草剤のパラコート（paraquat）やジクワット（diquat）と同様と推定されている．すなわち，オレラニン類が酸素を酸素ラジカルに酸化し，このラジカルが細胞に障害を起こすというものであ

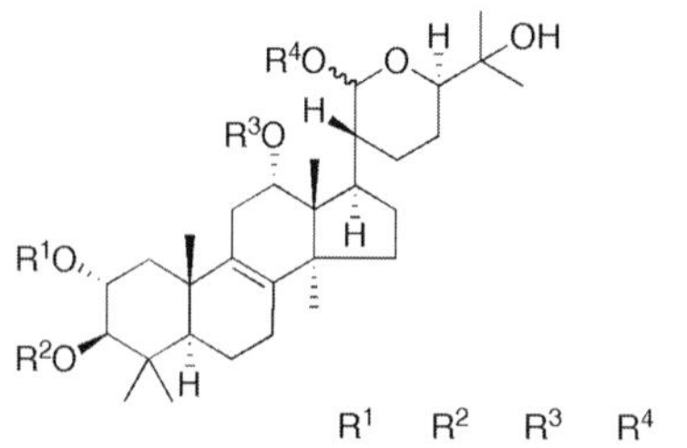

	R^1	R^2	R^3	R^4
Crustulinol	H	H	H	H
Hebelomic acid A (HS-A)	W	Ac	H	H
HS-B	W	Ac	H	Ac
Hebelomic acid B	W	Ac	Ac	H
Hebelomic acid E	W	Ac	H	H
Hebelomic acid F	W	Ac	H	Ac
Saponaceol A	H	X	H	H
Saponaceol B	Y	H	H	H
Saponaceol C	Ac	Z	H	H

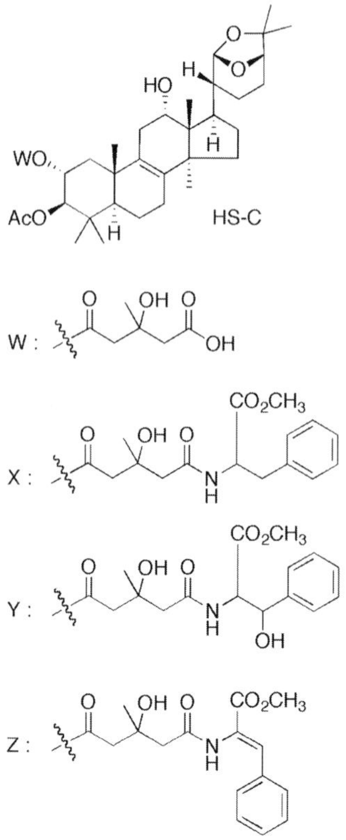

図 8.2.14　クルスツリノール関連化合物の構造

る．機構について議論はあるが，鉄イオンの存在下でオレラニン類がこのような反応を起こすことがわかっている．

(12) クルスツリノール類 (crustulinols)

ワカフサタケ属 (*Hebeloma*) のコツブオオワカフサタケ (*H. crustuliniforme*) から細胞毒性を示す化合物が単離され母核 (クルスツリノール) の 2 位水酸基に，HMGA (3-hydroxy-3-methylglutaric acid) が，3 位水酸基に酢酸がエステル結合しているものとわかり，後にヘベロミン酸 A (hebelomic acid A) と名づけられた．マウスに対して上行性麻痺を起こし死亡させる．*H. sinapizans* や *H. senescens* にも含まれている．*H. senescens* からはほかにもヘベロミン酸 B，E，F が単離されており，A，B，F はブラインシュリンプに対する致死毒性と抗菌活性を示す．

アシナガヌメリ (*H. spoliatum*) からはヘベロミン酸 A (HS-A), HS-B, HS-C が単離されており，マウス致死毒性を示す．ミネシメジ (*Tricholoma saponaceum*) からはサポナセオール A，B，C が単離されており，A は細胞毒性を示す．クルスツリノール類のアセタール部を $NaBH_4$ を用いて還元すると，ニガクリタケ (*Hypholoma fasciculare*) の毒成分ファシキュロール類 (fasciculols) に変換できる ((21) を参照)．

(13) コプリン (coprine)

ヒメヒトヨタケ属 (*Coprinopsis*) のヒトヨタケ (*C.atramentaria*) の毒成分であり，アルコールと一緒に食べると悪酔いの状態を引き起こす．アルコールが代謝される過程で生じるアセトアルデヒドはアルデヒドデヒドロゲナーゼによって酸化されて酢酸となるが，コプリンはこの作用を阻害するために，悪酔いのもととなるアセトアルデヒドの血中濃度が高くなり，中毒症状を引き起こす．コプリンを *in vitro* で酵素と作用させてもこの作用は生じないことから，実際の毒はコプリンが生体内で加水分解されて出てくる 1-アミノシクロプロパノール (1-aminocyclopropanol) であることがわかった．ホテイシメジも同様の中毒を引き起こすが，その原因物質はまったく別の構造をもつ ((10) を参照)．

(14) サポナセオライド類 (saponaceolides A ～ G)

キシメジ属 (*Tricholoma*) のミネシメジ (*T. saponaceum*) の毒成分．細胞毒性を指標にして単離されたトリテルペンであり，7 種の類縁体が知られているが，そのうちの 5 種 A，B，C，E，F が毒性を示す．アクゲシメジ (*T. scalpturatum*)

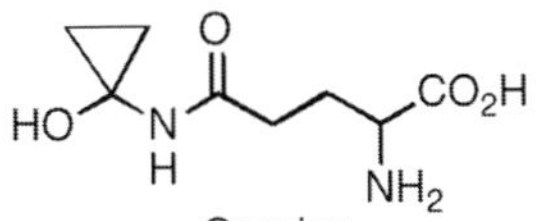

Coprine

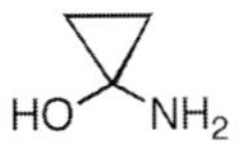

1-Aminocyclopropanol

■図 8.2.15 コプリン関連化合物の構造

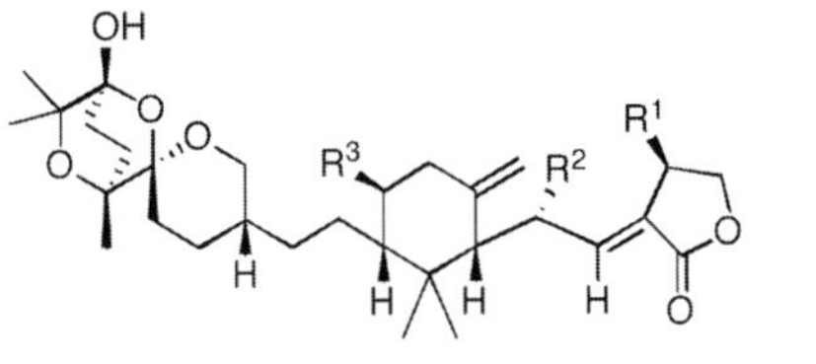

Saponaceolides

	R¹	R²	R³
A :	OH	H	H
B :	H	H	H
C :	OH	OH	H
D :	OH	H	OH

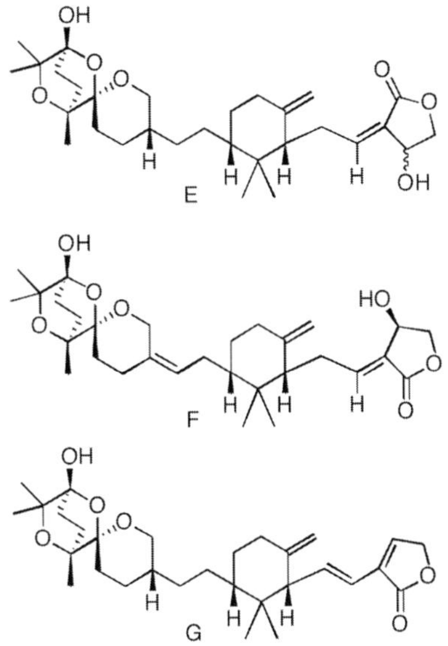

■図 8.2.16 サポナセオライド類の構造

からもサポナセオライドBが得られているので注意を要する．イソプレンの結合様式が通常のテルペン類とは異なっており生合成に興味がもたれる．

（15）2-シクロプロペンカルボン酸（cycloprop-2-ene carboxylic acid）

ベニタケ属（*Russula*）の致死性猛毒キノコ，ニセクロハツ（*R. subnigricans*）の毒成分．マウスに投与するとCPK（クレアチンホスホキナーゼ）の値が異常に上がることから，横紋筋融解が起こっていることがわかった．誤ってこのキノコを食べると，肩が凝る，背中が痛いなどの症状が現れるが，これは骨格筋（横紋筋よりなる）が分解されているためであり，横紋筋融解に伴って生じたミオグロビン（筋肉中の色素タンパク）が尿中に排出されるため，褐色のミオグロビン尿が観察される．血が混じったように見えるため“血尿”と書かれることが多い．また，心筋も横紋筋よりなるため，中毒症状の1つとして観察される心臓衰弱も引き起こしている可能性がある．抗菌活性も細胞毒性も示さないため，直接筋細胞に作用するわけではなく，別の反応を引き起こしていると推定される．ひずんだ構造をもつため反応性が高く，濃縮すると爆発的にポリマーになってしまう性質があるため，希薄溶液として取り扱う必要がある．また揮発性もあることから分析操作には工夫を要する．

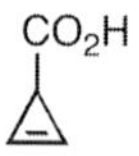

Cycloprop-2-ene carboxylic acid

■図8.2.17　2-シクロプロペンカルボン酸の構造

（16）ジムノピリン類（gymnopilins）

チャツムタケ属（*Gymnopilus*）のキノコオオワライタケ（*G. spectabilis*）の毒成分であり，苦味成分でもある．マウスの中枢神経系において脱分極活性を示す．この活性はイソプレンユニットm，n（構造式参照）の数によって異なり，またHMGA（3-hydroxy-3-methylglutaric acid）エステル部分を加水分解しジムノプレノール（gymnoprenol）に変換すると消失する．ジムノプレノールの類縁体がシロタモギタケ属（*Hypsizygus*）のブナシメジ（*H. marmoreus*）から単離されている．

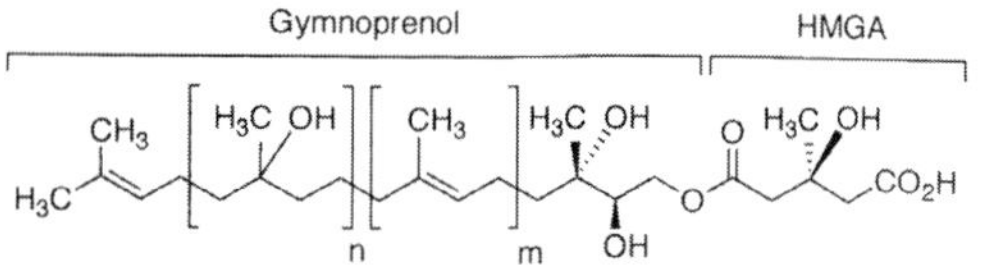

■図8.2.18　ジムノピリン類の構造

（17）ジロミトリン類（gyromitrins）

シャグマアミガサタケ属（*Gyromitra*）のシャグマアミガサタケ（*G. esculenta*）の毒成分．ジロミトリン（ヒドラゾン系化合物）が生体内で加水分解を受けて*N*-ホルミル-*N*-メチルヒドラジン（*N*-formyl-*N*-methylhydrazine），さらにモノメチルヒドラジン（monomethylhydrazine）となって毒性を示す．中枢神経系のピリドキシンの減少やGABAの合成阻害，赤血球におけるグルタチオンの減少，肝臓の酸化酵素　P450の半減などをもたらす．またDNAのメチル化を起こし，弱いが発がん性を示す．キノコを10分間煮沸しただけで，ジロミトリンの99%以上が水に抽出されるため，茹でこぼせば食菌となるが，煮沸中に生じたモノメチルヒドラジンは揮発性なので，この蒸気を吸って中毒してしまうことがある．症状はアマニタトキシンによる中毒症状と似ている．

ジロミトリンを含む代表的キノコはシャグマアミガサタケであるが，ノボリリュウタケ（*Helvella crispa*），クロノボリリュウタケ（*H. lacunosa*），

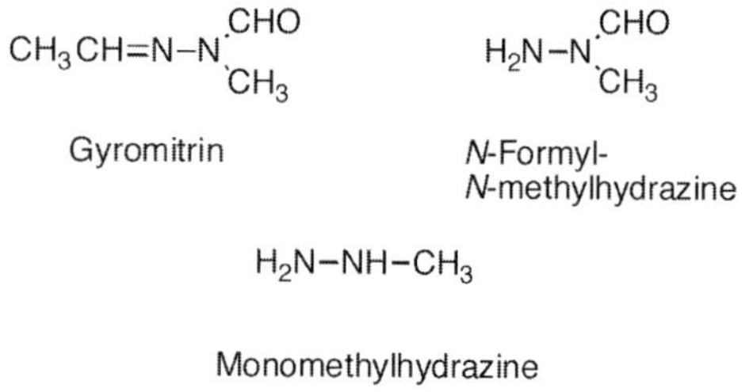

■図8.2.19　ジロミトリン関連化合物の構造

ウスベニミミタケ（*Otidea onotica*），ホテイタケ（*Cudonia circinans*），ニカワチャワンタケ（*Neobulgaria pura*），ズキンタケ（*Leotia lubrica* f. *lubrica*），ヘラタケ（*Spathularia flavida*）にも微量含まれる．

（18）青酸（シアン化水素，hydrogen cyanide）

青酸は植物界においては配糖体として広範囲の種に分布し，細胞に傷がつくと酵素と配糖体が反応し青酸を発生する．化学的には，配糖体を酸と反応させると発生するため，胃酸により生成した青酸により中毒することがある．キノコでは植物のように配糖体として含まれているかどうかは不明であるが，青酸を生産する種があり日本に分布する種ではニオウシメジ（*Macrocybe gigantea*），カキシメジ（*Tricholoma ustale*），スミゾメシメジ（*Lyophyllum semitale*），*Pseudoclitocybe expallens*，ホテイシメジ（*Ampulloclitocybe clavipes*），スギヒラタケ（*Pleurocybella porrigens*），シカタケ（*Datronia mollis*），ツリガネタケ（*Fomes fomentarius*），ツガサルノコシカケ（*Fomitopsis pinicola*），カイガラタケ（*Lenzites betulina*），トンビマイタケ（*Meripilus giganteus*）などから検出されている．新鮮なキノコには含まれておらず，古くなると量が増える．キノコに傷をつけて，酸素存在下に保存をすると生産される．キノコを加熱または有機溶媒にさらすと，青酸生産酵素が不活化されるため青酸の生成はなくなる．食菌のマイタケ（*Grifola frondosa*），エリンギ（*Pleurotus eryngii*），ヒラタケ（*P. ostreatus*），タモギタケ（*P. cornucopiae*），シイタケ（*Lentinula edodes*）も微量生産することが知られているが，致死量に達するためにはキノコを何十 kg も食べなければならず，たとえ含量の多いものを食べたとしても嘔吐程度の毒性を示すにとどまる．

$$H-C\equiv N$$

Hydrogen cyanide

図 8.2.20　青酸の構造

（19）タンパク毒（溶血毒，加水分解酵素，アレルギー物質など）（proteins : hemolysin, proteinase, allergenic compounds）

タンパク毒は溶血作用を示すもの，タンパク加水分解酵素の性質をもつもの，アレルギーを起こす性質をもつもの，レクチン活性をもつものなどがあるが，レクチンについては別項目として説明する（(27) を参照）．ルベッセンスリシン（rubescenslysin）はテングタケ属（*Amanita*）のガンタケ（*A. rubescens*）から得られた．マウスやラットを用いた動物実験において，大量投与では出血性の肺浮腫を起こし致死活性を示す．また，それよりも少ない量では血管内での溶血を起こし，その結果血尿が観察される．モリブドフィリシン（molybdophyllysin）はオオシロカラカサタケ属（*Chlorophyllum*）のオオシロカラカサタケ（*C. molybdites*）から得られた溶血性タンパク．金属を含むタンパク加水分解酵素 metalloendopeptidase の一種であり，熱や変性剤に強く，タンパク質としては非常に安定な性質が食中毒を起こす原因となっている．マイタケやヒラタケにも類似酵素（GFMEP, POMEP）が含まれているが，熱に弱いせいか食中毒には至らない．ファシキュラーレリシン（fascicularelysin）はニガクリタケ属（*Hypholoma*）のニガクリタケ（*H. fasciculare*）から得られた溶血毒で，ルベッセンスリシンと同程度の強い溶血作用を示す．ボラフィニン（bolaffinin）はウツロイイグチ属（*Xanthoconium*）のウツロイイグチ（*X. affine*）から得られた．タンパク合成阻害に基づく抗腫瘍活性を示す．

以下に示すように，食用のキノコからもタンパク毒が単離されているが，熱に弱い，あるいはたくさん食べることがないため中毒に至らないものと思われる．フラムトキシン（flammutoxin または TDP- プロテイン（transepithelial electrical resistance-decreasing protein））はエノキタケ属（*Flammulina*）のエノキタケ（*F. velutipes*）から得られた．細胞に孔を形成し溶解させる性質をもつ．オウリトキシン（auritoxin）はキクラゲ属

（*Auricularia*）のアラゲキクラゲ（*A.polytricha*）から得られた糖タンパクであり，94％もの多糖を含む．血液凝固阻害活性を示し，脾臓に最もダメージを与える．オストレオリシン（ostreolysin）はヒラタケ属（*Pleurotus*）のヒラタケ（*P. ostreatus*）から得られた．細胞に孔を開ける性質があるため溶血作用を示し，また心臓毒性を示す．

キノコの種類によらず，キノコ栽培をしている人にキノコの胞子による呼吸器アレルギーがしばしば起こる．これは胞子に含まれるタンパク質が原因であるといわれてきたが，胞子に付着した *Aspergillus glaucus* が引き起こすという説や，キノコバエの分泌物が原因であるという説があり，いまだ確定的ではない．また人によるが，シイタケに触れると生でも加熱済みであってもアレルギー性皮膚炎を起こすという例が報告されている．

(20) トリコテセン類（trichothecenes）

ポドストロマ属（*Podostroma*）のカエンタケ（*P. cornu-damae*）の毒成分．子実体からは，サトラトキシンH類（satratoxins H）のみが得られ，培養した菌体からはロリジンE（roridin E）やベルカリンJ（verrucarin J）が得られている．どの化合物も大環状トリコテセン類に属し，猛毒のカビ毒として有名な化合物である（8.1 カビ毒を参照）．このキノコによる中毒症状は白血球の減少や皮膚びらんが起こることが特徴的である．毒成分は皮膚刺激性が強い上に，カエンタケには含量が多いため，キノコの汁を皮膚に付けないように注意しなければならない．これら化合物はタンパク合成を阻害する活性をもつため，細胞の生命活動を停止させる．

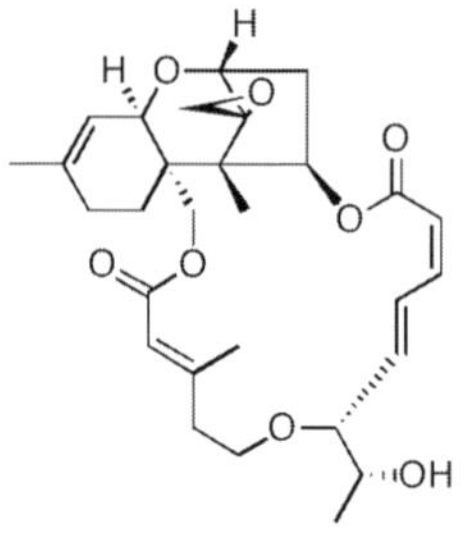

Roridin E

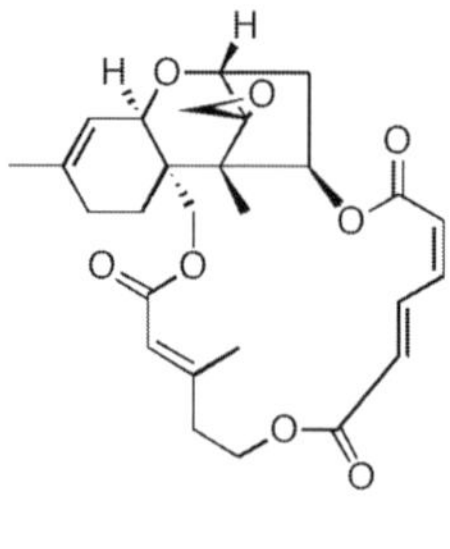

Verrucarin J

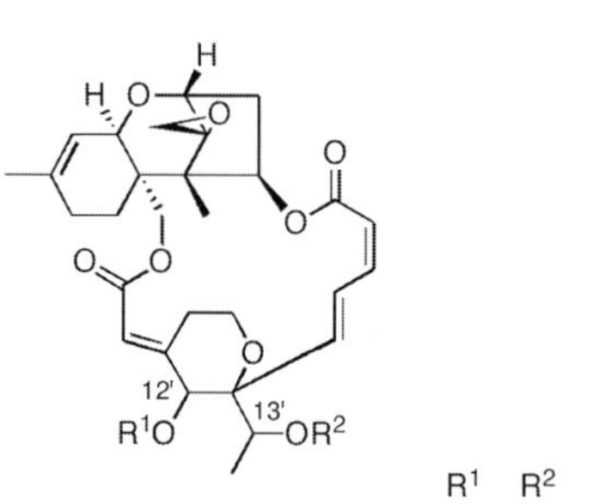

	R^1	R^2
Satratoxin H	H	H
Satratoxin H 12', 13'-diacetate	Ac	Ac
Satratoxin H 12'-acetate	Ac	H
Satratoxin H 13'-acetate	H	Ac

■図 8.2.21 トリコテセン系化合物の構造

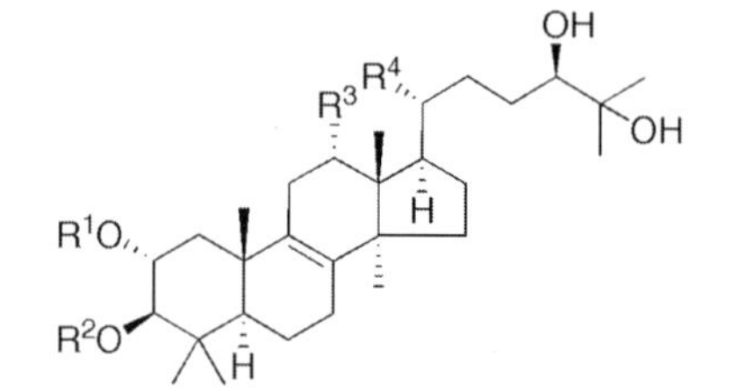

	R^1	R^2	R^3	R^4
Fasciculol				
A	H	H	H	CH_3
B	H	H	OH	CH_3
C	H	H	OH	CH_2OH
D	X	H	OH	CH_3
E	H	X	OH	CH_2OH
F	X	H	OH	CH_2OH
Fasciculic acid				
A	Z	H	H	CH_3
B	Z	H	OH	CH_3
C	H	Y	OH	CH_2OH
D	Y	H	OH	CH_2OH
E	Y	H	OH	CH_3
F	Z	H	OH	CH_2OH

X :

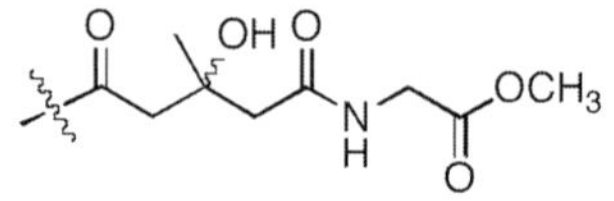

Y :

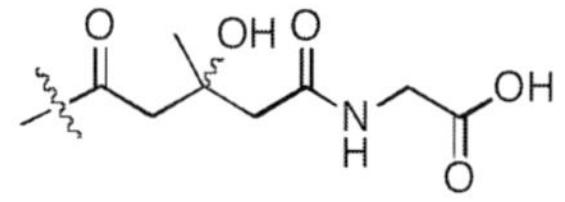

Z:

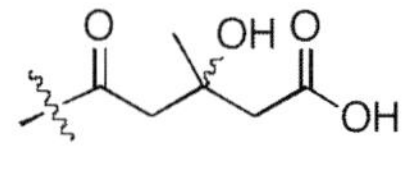

■図 8.2.22 ファシキュロール類の構造

(21) ファシキュロール類 (fasciculols)

ニガクリタケ属 (*Hypholoma*) のニガクリタケ (*H. fasciculare*) から植物成長阻害活性物質としてファシキュロール A, B, C, D が単離され, 後にクリタケ (*H. lateritium*) から B, C, D, F が単離された. 再度ニガクリタケからマウス致死活性をもとに毒成分 E, F が単離された. ファシキュロール類はキノコの苦味成分でもある. 個々の化合物により活性が異なりカルモジュリン阻害活性をもつもの (B, C, F, ファシキュリン酸 A, B, C) やある種の酵素阻害活性をもつもの (ファシキュリン酸 D, E, F) がある. 食菌のキナメツムタケ (*Pholiota spumosa*) からファシキュロール E が得られており, 注意を要する. ワカフサタケ属のキノコの毒成分であるクルスツリノール類 ((12) を参照) と構造的に類似性がある.

(22) 2-ブチル-1-アザシクロヘキセンイミニウム塩 (2-butyl-1-azacyclohexene iminium salt)

ニガイグチ属 (*Tylopilus*) のミカワクロアミアシイグチ (*Tylopilus* sp.：仮称) の毒成分であり, マウスに対して急性毒性を示し致死作用がある.

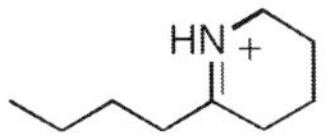

2-Butyl-1-azacyclohexene iminium salt

図 8.2.23 2-ブチル-1-アザシクロヘキセンイミニウム塩の構造

(23) 不飽和アミノ酸類

アリルグリシン (L-allylglycine：(2*S*)-2-amino-4-pentenoic acid)・プロパルギルグリシン (L-propargylglycine：(2S)-2-amino-4-pentynoic acid)・ビニルグリシン (L-vinylglycine：(2S)-2-amino-3-butenoic acid) などの, 側鎖に不飽和結合をもつ異常アミノ酸類.

アリルグリシンはテングタケ属 (*Amanita*) のコテングタケモドキ (*A. pseudoporphyria*), タマシロオニタケ (*A. sphaerobulbosa*), テングタケ (*A. pantherina*) の毒成分であり, 中枢神経系に作用して痙攣を起こす. これはこのアミノ酸が代謝過程で α-ケト酸類となり, これがグルタミン酸デカルボキシラーゼを阻害し, GABA の濃度を下げ, 痙攣を起こすと考えられている. プロパルギルグリシンはタマシロオニタケやテングタケモドキに含まれ, 肝臓に対して毒性を示す. これは肝臓を保護する役目をもつ cystathionine の合成酵素を阻害するためと考えられる. ビニルグリシンはイッポンシメジ属 (*Entoloma*) のウラベニホテイシメジ (*E. sarcopum*) から抗菌物質として単離されておりコクサウラベニタケ (*E. nidorosum*) にも含まれているが, こちらは一部, ラセミ化している.

中国の雲南省の高地 (標高 1,800 ～ 2,800 m) にある集落で, 心停止による“謎の突然死”が 1970 年代後半から起こっている. 事故は雨の多い 6 ～ 8 月に起こり, すでに死者は 400 名を超えている. この原因がホウライタケ科 (Marasmiaceae) の *Trogia venenata* というキノコにあるとされ, マウスに対して経口毒性を示す非天然型のアミノ酸 (D-(2*R*,4*S*)-2-amino-4-hydroxy-5-hexynoic acid, D-(*R*)-2-amino-5-hexynoic acid) が得られている.

このほかにも以下に示すように類似の不飽和アミノ酸が単離されており, 中毒の原因物質の 1 つではないかと推定される. L-(*Z*)-2-amino-5-chloro-4-pentenoic acid [シロオニタケ (*A. virgineoides*), ラセミ化物としてコシロオニタケ (*A. castanopsidis*) に含まれる], L-2-amino-5-chloro-4-hydroxy-5-hexenoic acid [カブラテングタケ (*A. gymnopus*)], (2*S*,4*Z*)-2-amino-5-chloro-6-hydroxy-4-hexenoic acid [タマシロオニタケ (*A. sphaerobulbosa*)], L-2-amino-4,5-hexadienoic acid [シロテングタケ (*A. neoovoidea*), カブラテングタケ, タマシロオニタケ], L-2-amino-4-hexynoic acid [テングタケモドキ, サマツモドキ (*Tricholomopsis rutilans*)], L-2-amino-5-hexynoic acid [カブラテングタケ], L-2-amino-5-hexenoic acid [カブラテングタケ], L-2-aminohept-4-en-6-ynoic acid [テングタケモドキ], L-2-amino-4-chloro-4-pentenoic acid [テングタケモドキ], L-2-

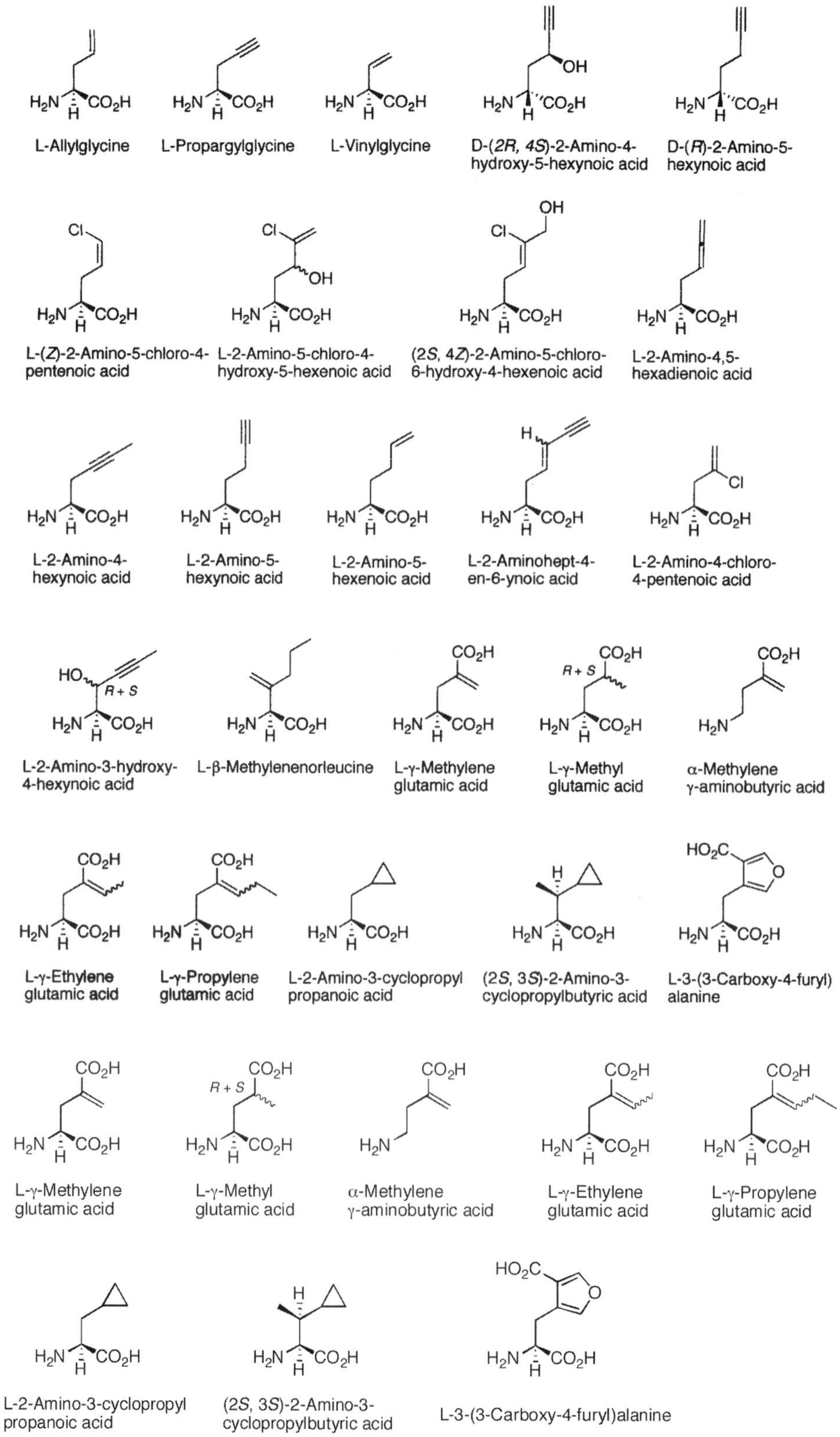

図 8.2.24 アリルグリシン等不飽和アミノ酸の構造

amino-3-hydroxy-4-hexynoic acid［サマツモドキ］，L-β-methy-lenenorleucine［カバイロツルタケ(*A. fulva*)］，L-γ-methyleneglutamic acid およびその還元体である L-γ-methylglutamic acid（ただしこれは飽和アミノ酸，ミミブサタケ（*Wynnea gigantea*）にも含まれる）や脱炭酸により生じた α-methylene-γ-aminobutyric acid［サクラタケ(*Mycena pura*)］，L-γ-ethyleneglutamic acid［サクラタケ］，L-γ-propyleneglutamic acid［サクラタケ］，化学的には不飽和結合と等価であるシクロプロピル基をもつものとしてシロオニタケから L-2-amino-3-cyclopropylpropanoic acid，コシロオニタケから (2*S*,3*S*)-2-amino-3-cyclopropylbutyric acid，複素環を含むものとして L-3-(3-carboxy-4-furyl) alanine［サマツモドキ］が知られている．不飽和アミノ酸から生合成的に生じる化合物も参考のためにいくつかあげた．

(24) プレオロサイベルアジリジン

(pleurocybellaziridine)

2004 年秋から，原因不明の急性脳症を起こして死に至るという事故が相次ぎ，この原因がスギヒラタケ(*Pleurocybella porrigens*：スギヒラタケ属)であることが判明した．スギヒラタケはこれまで優良な食菌であったため，これを疑う向きも多かったが，スギヒラタケに変化が起きたわけではなく，前年度の法改正により，原因不明の脳症に関する報告を義務づけたところ，事実があぶり出されたということである．死亡者は腎機能の低い人が多かったことから，このキノコは健常者には何も起こさないが，腎臓の弱い人にとっては毒キノコとなることが明らかとなったわけである．この中毒の原因物質候補であるプレオロサイベルアジリジン（pleurocybellaziridine）は，このキノコからすでに得られていた数種の化合物の構造からその存在が推定され，最終的に合成化学的手法でこのキノコの中に存在することが証明された．細胞を用いた実験では，この物質は急性脳症患者の脳で傷害が起きていたオリゴデンドロサイトに特異的に毒性を示すことが判明した．このことから，中毒原因の1つと考えられている．このアミノ酸は化学的に不安定でスギヒラタケからは単離が困難であった．

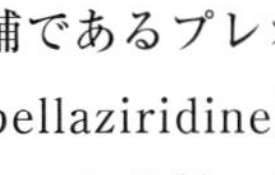

Pleurocybellaziridine

図 8.2.25　プレオロサイベルアジリジンの構造

(25) ヘベビノシド類（hebevinosides Ⅰ〜XIV）

ワカフサタケ属（*Hebeloma*）のアカヒダワカフサタケ（*H. vinosophyllum*）の毒成分であり，マウスに腹腔内投与あるいは経口投与すると，上

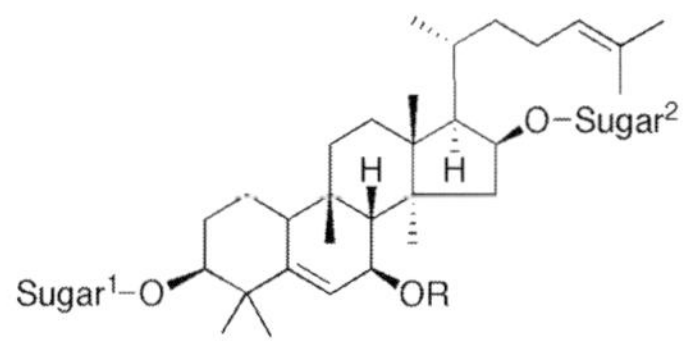

Hebevinosides

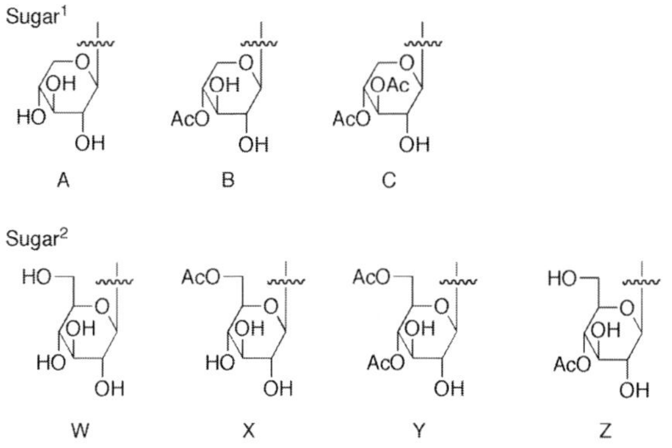

	R	Sugar[1]	Sugar[2] or H
I	CH_3	A	X
II	H	B	X
III	H	A	X
IV	CH_3	A	H
V	CH_3	B	X
VI	H	A	W
VII	H	A	Y
VIII	H	B	Y
IX	H	A	H
X	CH_3	A	W
XI	CH_3	A	Y
XII	H	A	Z
XIII	H	C	Y
XIV	H	C	X

図 8.2.26　ヘベビノシド類の構造

行性麻痺を起こし死亡させる性質がある．Ⅰ～XIV の 14 種の類縁体が単離されているが，毒性を示すのはⅠ，Ⅱ，Ⅲ，Ⅴ，Ⅷであり，Ⅳ，Ⅴ，Ⅹ，XI は抽出時の副産物であることがわかっている．

(26) ムスカリン類（muscarines），ムスカリジン（muscaridine），コリン（choline）

ムスカリンはテングタケ属（*Amanita*）のベニテングタケ（*A. muscaria*）の毒成分として有名であるが，アセタケ属（*Inocybe*）のシロトマヤタケ（*I. geophylla*）やオオキヌハダトマヤタケ（*I. fastigiata*）の方が多量のムスカリンを含む．その量はベニテングタケのおよそ 100 倍である．この他，テングタケ（*A. pantherina*），クサウラベニタケ（*Entoloma rhodopolium*），ヒダハタケ（*Paxillus involutus*），カヤタケ（*Infundibulicybe gibba*），コカブイヌシメジ（*Clitocybe fragrans*），ニオイキシメジ（*Tricholoma sulphureum*），ワサビカレバタケ（*Gymnopus peronatus*），サクラタケ（*Mycena pura*），アカバシメジ（*M. pelianthina*），キヌハダトマヤタケ（*Inocybe cookei*），クロトマヤタケ（*I. lacera*），シラゲアセタケ（*I. maculata*），ムラサキアセタケ（*I. geophylla* var. *violacea*），カブラアセタケ（*I. asterospora*），シロイボカサタケ（*Entoloma album*），アシベニイグチ（*Boletus calopus*），ニガイグチ（*Tylopilus felleus*），ドクベニタケ（*Russula emetica*）など広範囲のキノコに含まれている．立体配置の異なる類縁体が 3 種あるが，いずれも毒性はムスカリンよりも弱い．コリン作動性神経系に作用して，発汗や流涎，血圧低下などを起こす．ムスカリンがコリン作動性神経系のアゴニストであることが判明したことによって，この神経系のアセチルコリン受容体はムスカリン性とニコチン性の 2 つのサブタイプに分けられた．ムスカリジンやコリンも類似構造をもっており，カエルを用いた嘔吐実験では，ムスカリン，ムスカリジン，コリンが催吐性をもつことがわかっている．

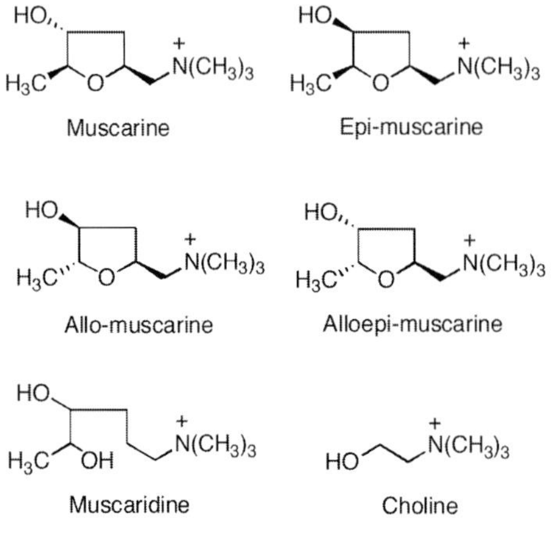

図 8.2.27　ムスカリン関連化合物の構造

(27) レクチン類（lectins）

レクチンは酵素や抗体以外のタンパク質で，糖鎖と結合する性質をもつものをいう．アイカワタケ属（*Laetiporus*）のアイカワタケ（*L. versisporus*, 旧名 *L. sulphureus*）から得られたレクチン（LSL）は N 端に血球凝集を起こすレクチンモジュールを，C 端に溶血を起こすモジュールをもつ．冬虫夏草の一種ハナサナギタケ（*Isaria tenuipes*, 旧名 *Paecilomyces japonica*）から得られたレクチン（PJA）はシアル酸結合部位をもち，細胞毒性を示す．ハラタケ属（*Agaricus*）のツクリタケ（*A. bisporus*）から得られたレクチンはラットの小腸の粘膜に結合し吸収を抑制するため，ラットの体重減少をもたらす．アワタケ属（*Xerocomus*）のキッコウアワタケ（*X. chrysenteron*）からは殺虫活性を示すレクチンが得られている．これは昆虫の中腸内皮に結合し，内皮細胞を壊すことが原因ではないかと推定されている．ファロリシン（phallolysin）はテングタケ属（*Amanita*）のタマゴテングタケ（*A. phalloides*）から得られた溶血性のレクチンであり，溶血作用はルベッセンスリシンやファシキュラーレリシン（(19) を参照）よりも弱い．ボレサチン（bolesatine）はヤマドリタケ属（*Boletus*）の *B. satanas* から得られたレクチン活性をもつ糖タンパクであり，*in vitro* でタンパク合成を阻害する．そのもの自体も変性させたものも加水分解酵素に強く，24 時間以内に 80％は排泄されるが，尿中のものは加水分解されていない．ドクヤマドリ（*B. venenatus*）の毒ボレベニン（bolevenine）はマウスの致死活性を指標に単離された．3つのサブユニットからなり，N端のアミノ酸配列はボレサチンと相同性が高い．他にもサブユニットの異なるいくつかの類縁体が存在し，すべてレクチン活性をもち，イソレクチンの混合物として存在する．

8.2.2 毒成分と中毒症状の分類，毒キノコと食用キノコの違い

毒キノコを食べて中毒症状を発症し嘔吐したとすると，これは胃腸系あるいは消化器系の中毒といわれる．しかし，この反応の機構は，神経の嘔吐中枢に毒が作用し，嘔吐を引き起こす．このため，見かけの症状を問題にするのかあるいは機構から判断するのかによって中毒症状の分類は変わりうる．また，致死性の猛毒は全身不全を起こして死亡することもあり，作用機構が不明なものも多い．さらに，中毒症状を毒成分によって分類することも，含まれている毒が1つではなかったり，相反する作用をもつ毒が含まれていたりと複雑であり，なかなか難しい．たとえば猛毒を含んでいるキノコに催吐性物質が含まれていることにより，猛毒を吐き出してしまい軽症で済むということもある．毒の作用は質と量で決まる．キノコの生育段階や発生場所，菌株によっても毒の含有量は変わる．このため，何本のキノコを食べたら中毒症状が出るのかというのは難しい問題である．食用キノコでも抗生物質が含まれているものはたくさんあり，食べ過ぎれば腸内細菌を殺してしまい，下痢をするということもある．さらに，発がん物質を含むものもあるが，一緒に食べる食品の中には抗がん物質も含まれていることから，そのキノコを食べただけでがんになるとは考えにくい．シイタケやマイタケは有用な食用キノコであるが，生食をすれば下痢をしてしまう．このように調理の仕方次第で食毒が変わるため，キノコは加熱処理をして食べるべき食品と考えた方がよい．実際，日本ではつねに加熱処理してキノコを食べている．これは，先人の生活の知恵といえる．

猛毒を含むキノコや，危険な属はおよそ判明してきているが，スギヒラタケのように腎機能の悪い人は中毒するといった例が見つかることもあり，外国では死亡例があるキシメジやシモコシの類似菌のように，連続して食べることにより中毒するという例もある．各々のキノコ毒や症例の詳細については文献を参照されたい．

2011年末に『日本のきのこ改訂版』が出版され，学名・属名など分類が大幅に改訂された．このため，元文献とキノコの名前があわない，あるいは通常学名をヒントに命名される化合物名が学名を反映していないかのように見えるものがあることをお断りしておく．

（河岸洋和・紺野勝弘・白濱晴久・橋本貴美子）

＊参考文献

Bresinsky A, Besl H（1985）Giftpilze. Wissenschaftliche Verlagsgesellschaft, Stuttgart
津田盛也ほか 訳（2003）カラーアトラス有毒きのこ．廣川書店，東京
今関六也ほか 編（2011）日本のきのこ，増補改訂新版．山と渓谷社，東京
水野　卓・川合正允 編著（1992）キノコの化学・生化学．学会出版センター，東京
長沢栄史 監修（2008）日本の毒きのこ（フィールドベスト図鑑 vol. 14）．学研，東京
奥沢康正ほか（2004）毒きのこ今昔―中毒症例を中心にして―．思文閣出版，京都
Stamets P（1996）Psilocybin mushrooms of the world. Ten Speed Press, Berkeley
山下　衛・古川久彦（1993）きのこ中毒．共立出版，東京

IV

文 化

序：文　化

人類は，文字をもつはるか昔からカビやキノコ類をさまざまなかたちで利用してきた．たとえば屋久島のニホンザルは野生のキノコ類について，食用として利用できるもの，あるいは毒のものを，区別して利用していることが知られている．サルの仲間よりも，すこし進んだ文化や暮らしをもつようになったヒトの祖先は，その集落の背後に広がる広大な森から，現在のヒトが野生のキノコ類を利用する以上に，多様で豊富なキノコ類をその森の恵みとして利用してきたに違いない．そして食用として利用していく過程で，キノコの発生の季節や森を類別するようになり，キノコ類の種類についても，薬用・催幻覚性をもつもの・有毒なものを認識し，類別してきたことであろう．その知識は現在に至るまで，自然を利用する知識の一部としてひきつがれてきた．各地方で食用として利用するキノコ類は，人から人へ，直接手ほどきを受けたものばかりであることからも，キノコの食文化の伝授は文字に依存せずに伝わり続けたものであることがわかる．おそらくヒトが文字を発明するはるか以前から，同様な方法でひきつがれてきたことであろう．そして，キノコ類を食用・薬用などとして利用する中で，さまざまな地方における「キノコ」のイメージが確立し，それぞれの文化の中に，それぞれ独自な形で息づいてきたものと思われる．

ここでは，菌類（主にキノコ類）について，まず食用・薬用としての文化や歴史について，さまざまな立場から紹介する．次にキノコ類がもつ文化的な側面を紹介する．すなわち，キノコの鮮やかな色，不思議な形態，そして森で暮らすイメージなどは，民具などに取り入れられ，童話や民話の中に登場するようになり，現在でもキノコ形の象形として，文学，映画，ゲーム，広告媒体などに登場し，さまざまな意味をもちながら利用されている．このような，キノコや菌類がもつ文化的な側面も本章ではできる限り紹介していく．

菌類は，本事典が大部を割く自然科学的なアプローチによる研究がはじまる以前から，植物でも動物でもない特性をヒトは感じ取り，ヒトに不思議な印象をあたえ続けてきた．そのような摩訶不思議な菌類のイメージに，近づくための最終章である．

（吹春俊光）

9 菌類と民俗・文化

9.1 菌類と伝承・民話

9.1.1 インド・西洋（古代の文献より）

ブッダすなわちお釈迦さまが亡くなったのはキノコ料理を食べたからであると思われることが『ブッダ最後の旅』に記載されている．ブッダは多くの修業僧とともにパーッヴァーに赴き，鍛冶工の子のチュッダより美味なる噛む食物・柔かい食物と多くのキノコ料理の饗応を受けるが，ブッダはチュッダに「チュッダよ．あなたの用意したキノコの料理を私にください．また用意された美味なる噛む食物・柔かい食物を修業僧らにあげて下さい」といわれ，また「チュッダよ．残ったキノコ料理は，それを穴に埋めなさい．（後略）」といわれた．ブッダがチュッダの食物を食べられたとき，激しい病が起こり，赤い血が迸り出る，死に至らんとする激しい苦痛が生じた．これが原因でブッダは亡くなるが，ブッダはこのキノコ料理があぶないとわかっていて，自分一人で食べられ中毒に罹られた，2400年前に起きたキノコ中毒の伝承をこの本は伝えている．

アリストテレスの弟子テオフラストス（BC372頃～BC287）は，古代ギリシャの哲学者であり植物学の祖と呼ばれている．主著の1つ『植物誌』は哲学者でアリストテレスの弟子らしく，植物について分析し，定義しながら叙述を進めている．この書からキノコとトリュフについての記載の一部を検討してみる．「すべての植物が，根，茎，枝，小枝，葉，花（中略）をもっているとはかぎらないからである．たとえば，キノコの類やトリュフの場合がそうである」．訳者は注で「キノコの類」μύκηςは地上に生えるキノコ一般を指すと記している．後述するように，プリニウスは地上に生えるキノコを地上のキノコと樹上のキノコに分けている．またトリュフも地下のキノコの類一般を指すと考えられると訳者は記載している．「ただし，トリュフ，キノコの類，（中略）のように根をまったくもたない植物もある」「トリュフ，アスキオン（中略）およびそのほか地下に生える植物も根であるということになるだろう．だが，これらはどれも根ではない」と記載し，またその定義をひっくり返す叙述をし，種々の植物の違った性質を述べながら根を定義しようとしている．けだし哲学者の分類・分析である．「他方，その地方にはゲッケイジュおよびオリーブと呼ばれる植物が生育している．（中略）雨が多めに降ると，海の近くはキノコの類が生えることがあるが，キノコは日に当たると石に変わる」との荒唐無稽な記述があるが，以下のプリニウスの記載とほとんど同じである．

さてラテン世界に目を移すと，プリニウス（23～79）の大著『博物誌』にキノコ類としてアガリクム（agaricum），アミタケの類（suillus），地上のキノコ（boletus），樹上のキノコ（fungus），キノコの類（pezica），トリュフ（イトン iton，ケラウニオン ceraunion，ミシュ misy）についての記載がある．アガリクムについては「とくにガリアのドングリのなる木にはアガリクムができる．これは解毒剤としてよく効く匂の強い白いキノコで，木のてっぺんに生え，夜間には発光する．それがこのキノコの特徴で，その光をたよりに暗闇の中で採取する」，樹上のキノコについては「紅海の中には森が青々と生い茂っていることである．この森はとくに実のなるゲッケイジュとオリーブからなる．また雨季にはキノコが海辺に生えるが，このキノコは日光に当たると軽石に変わる」と解説している．紅海の中とは曖昧な表現であるが，紅海周辺の地域または紅海の中の島嶼とすれば理解できる．キノコが軽石に変わるとは，後述する物化と同じ考えである．プリニウスもまた，テオフラストス同様，事実を確認せず昔の伝承をそのまま著書に書いている．またアガリクムはヘビに咬まれたときの薬，人工の毒に対する薬，胃の薬草，内臓疾患の薬草，腹の薬，脾臓の病気の薬草，坐骨神経痛と脊髄の痛みを軽減する薬草，尿通の薬草，肺病の薬草，癇癪の薬草，熱病の薬草，水腫の薬草，黄疸の薬草，打撲傷や転倒による傷の薬草，子宮閉塞（ヒステリー）と月経困難を治す薬草としてその処方箋が書かれている．

プリニウスは紀元79年ベスビオス火山の噴火を目撃，すぐさま救助に艦隊を率いて現場へ急行するが，噴煙に巻き込まれ亡くなる．その噴火で埋没したポンペイの町から発見されたアカモミタケと食用の鳥の図が描かれているが，キノコの絵として最も古いとされている．

同時代，ローマ帝国第5代皇帝ネロの側近（ペトロニウス（20頃～60）の書いた小説『サテュリコン』に有名なトルマルキオンの饗宴の場面がある．トルマルキオンはこの饗宴の主人で，成金．彼はなんでも自分の家でよい料理がつくれるようにと，いろいろの家畜や蜜蜂などを輸入するが，自分の家でキノコを栽培したいと考えたようで，「彼はインドへ茸の胞子を送ってくれと手紙を書いた」との文章が出てくる．この文章からもキノコ料理が珍味であったことが推察できる．

2世紀後半から3世紀前半のアテナイオスが書いた奇書に『食卓の賢人たち』がある．そこで茸類（mykai）の項で，「時には茸も少々焼く」「野げしか茸，とにかく貧しいわれらに恵んでくれるもの」「ウバメガシに生えている茸二本を焼け」など先人の著作を引用している．また劇『諺』のせりふ「生の茸か酸っぱい林檎か」を引用し，キノコは地面から生えるものであるが，食用になるのは少ない．多くのキノコは喉に詰まるからであると説明し，「君はさながら茸である．俺を干上がらせて首を絞める」との戯れ歌を紹介，魅力的だが性悪な女のことをキノコにたとえたものである．ニカンドロスの『農耕詩』から毒キノコとして，「樫の木に生える茸，幹の元より生づる無害の茸，ただしこれをその根より切り離すこと，ゆめなかるべし」を引用している．また「煮るがよろしい野菜は，（中略）松露（hydnon）やマッシュルームのような茸類（mykai）」とカリュストスのディオクレスの『健康論』から引用している．この項の記載からキノコを焼いて食することもローマでは一般的であったようである．松露（hydon）の項では，これも地中，特に砂地に自生すると説明し，「松露はきわめて美味とされ，肉のような匂いがあって，トラキアに産するオイトン（oiton：サトイモ）と似ている．これらの植物（松露とミシュ：松露と同類のキノコ）については，ある変わったことがいわれている．すなわち秋に雷を伴った大雨が降ると生える．しかも雷が激しいほどよく生える」という伝承を記載している（キノコ名は訳をそのまま記載した）．

9.1.2　中国（神仙思想とキノコ・冬虫夏草・蝉花）

中国思想の根底にあるのが気という概念，それを展開したのが陰陽説であり五行説であるが，いま五行説は論じない．天地・昼夜・男女・冬虫夏草など森羅万象を気が陰陽に変化することによる現象として説明するのが陰陽説．中国の主な宗教は儒教・仏教・道教であるが，儒教にも気の思想が内在している．たとえば儒教の経典の1つ『礼記』に「鳩が化して鷹になったら，人びとは鳥の網をつくる」「田鼠（でんそ）が変化して鴽（うずら）になることがある」「草の腐ったのが蛍となることがある」など物化の記載がその証左である．道教は老荘思想に，気の思想，陰陽五行説，神仙思想などを取り込んだ中国の民族宗教で，初期道教の書・劉安（BC179～BC122）編『淮南子（えなんじ）』は陰陽五行説で森羅万象を説明しているが，礼記にある物化の話の他「蝦蟇（がま）が鶉（うずら）となり，水虫が蜻蛉（とんぼ）となる，（中略）だから物化に通ぜぬものとは，ともに化を語れない」と注目する記載がある．道教の神仙思想をよく表現している317年成立の葛洪著『抱朴子』は内篇で神仙の法を説いているが，内編 巻11 仙薬「仙人になるための薬」において次のように記している．キノコに関係のある興味深い個所を記載する．「薬に3種ある．上薬は，これを飲めば命が延び，天に昇り，鬼神を使役し，欲しい物を呼びよせることができる．中薬は体を丈夫にし，下薬は病気を治す」「仙薬のうち最上なのは丹砂．次は黄金．以下白金・(中略) 茯苓・(中略) などがある」「諸芝（霊芝のこと）は石芝・木芝・水芝・肉芝・菌芝の五芝に大別され，それぞれに百余種ある．これを採集するには特定の日を択び，祭をし，禹歩という歩き方をして，息をとめて近づき，開山却害符を上に乗せる．そうすれば消え去ることがない．たとえば，石象芝を得れば3万6千回搗いて，1匙ずつ1日3回服用する．1斤飲めば千年，10斤飲めば万年生きられる．これは海隅の名山に産する」「木芝は木の脂などからできる．たとえば松柏の脂が地中で千年を経て茯苓となり，さらに万年たつと木威喜芝になる．これを帯びれば矢も当らない」「草芝は独揺芝・牛角芝・竜仙芝・五徳芝など．陰乾しにして服用する」「菌芝は深山，大木の下などに生えている．下等は千年，中等では数千年の寿命が得られる」など．

冬虫夏草（*Cordyceps sinensis*）は中国で昔から高価な漢方薬として珍重されてきた．冬虫夏草について記載されている中国の文献は多数あるが，趙学敏編『本草綱目拾遺』(1871年）が冬虫夏草について最も詳しく書いているので，それを訳して記載する．

> 四川省江油県の化林坪に産出する．夏は草になり冬は虫に変わる．長さは3寸（約3 cm）ほどで，下部に6つの足があり，頭部は蚕とそっくりである．羌人(チベット系民族)はこれを採集する習慣があり，上質な薬で薬効は人参と同じである．考えるに，物の変化は必ず陰陽互いに激しく反発することにより成り，陰は静であり陽は動であるのが道理であるが，陽の中に陰があり，陰の中に陽がある．陰陽ともその内部に陽と陰の根をもっている．無情（植物）が化して有情（動物）となるのは，陰が陽の気に乗るのであり，有情が変化して無情となるは，陽が陰の気に乗るのである．故にいずれも一度変化すれば元の形に返らない．しかし，田鼠が変化して鶉となり，鶉が変化して田鼠となり，鳩が変化して鷹となり，鷹が変化して鳩となり，ことごとく元の形に復することが出来るのは陽が陽の気に乗るからである．鉱石が変化して丹砂となり，切られた松が変化して石となり，元の形に還らぬものは陰が陰の気に乗るからである．夏草冬虫は陰陽の二気に感じて生ずるので，夏至には一陰が生じるから静にして草となり，冬至には一陽が生ずるから動にして虫となって変転循環する．腐った草が蛍となり，古いキビが蝶になるような湿熱の気を感じて変化するものは他に類を見ない．薬になり，それゆえ多くの虚弱症，免疫力低下を治す．それは陰陽の気を完全に得ているからである．そのようなわけで，必ず冬にその虫を取るもので夏はその草を取らない．やはり冬の虫に一陽の発生の気があるので用いるからである．雄アヒルを煮込む方法．冬虫夏草15個を用い，成長した雄アヒル1羽の内臓をきれいに取り，頭を2つに割り，中に薬を納め，糸でしっかり縫い合わせる．醤油，酒で通常どおり味付けし，蒸してこれを食べる．その薬効は頭から全身にいきわたる．病あがりの虚弱で免疫力低下の人がおよそ1羽のアヒルを服用するごとに，人参一両（37.5 g）に値するといえる．

と陰陽論により物化を説明している．

李時珍が諸本草書を集成・訂正・自説を加えた本草書の頂点『本草綱目』(1596年）の蝉花の項で，同意語として冠蝉・胡蝉・螗蜩をあげ，「礼記にいう蜟という虫は，冠をしていて緌のある蝉がこれである．(中略) 陸佃の埤雅には螗は首のほうが広がり，冠がある．蝉に似ているが小さく，鳴声は清く明らかである．（中略）宋祁の『方物賛』に蝉の脱皮しないもので，秋になるとその頭に花が咲く．（中略）みな冠蝉を指す」と記載する．長さ3〜6 cm 記載の内容および1596年出版の「金陵本」と呼ばれる初版本『本草綱目』の挿絵から推測すると，現在のセミタケ（*Ophiocordyceps sobolifera*）ではなく，ツクツクボウシタケ（*Isaria sinclairii*）のようである．江戸時代の日本で蝉花・セミタケと記載されている種類はセミタケ，ツクツクボウシタケ，オオセミタケ（*Ophiocordyceps heteropoda*）などさまざまなセミ生虫草菌（冬虫夏草）を指しているようである．

9.1.3　日本（日本書紀，古代・中世の文学の中のキノコ）

日本の文献でキノコについての初出文献は，720年に撰上された『日本書紀』巻10応神天皇の中の記載であろう．応神天皇19年（288年）冬10月1日，奈良・吉野宮に天皇がこられたときに，クズ人が来朝，その後もしばしばやってきて，土地の物を奉ったが，その献上物は「栗菌及び年魚の類である」という記載．この菌がキノコであり，この記載から吉野の先住民族は古来よりドングリ，キノコ，アユを食していたことがわかる．次いで『日本書紀』巻24皇極天皇の中の皇極3年（644年）の記事．菟田郡の押坂の直という人が，子どもをつれて雪の上で遊ぶのを楽しむため菟田山に上ると，紫菌が雪から出て生えているのを見つけた．それを子どもに採らせ，帰って隣の家の人に尋ねたが誰も知らないという．毒ではないかと疑ったが，子どもとともに煮て食べてみると大そう美味であった．押坂の直も子どももこの菌を吸い物にして食べたため，元気で長生きした．ある人がいうに，一般の人は芝草ということを知らず，みだりに菌といっている．以上がその内容である．ここで紫菌は芝草であるという言葉を一部の人は知っていたこと，また芝草は瑞兆であることなどが推測できるが，仏教伝来から100年後の皇極3年に，仏教以外にも神仙思想，道教の思想もかなり浸透していたことが窺え，キノコは菌と表記されていたことが注目される．

『万葉集』巻10に「芳を詠む」として，「高松のこの峰も狭に笠立てて　満ち盛りたる秋の香のよさ」（2233）とあるが，「高松の山の峰もせまいばかりに，松茸が笠を立てて，満ちあふれている，なんと秋の香りの良いことよ」という意味である．万葉集の歌は5世紀前半から8世紀半ばまでに詠われたことより，奈良時代以前から日本人はマツタケの香りを愛でていたことになる．

12世紀前半の成立と考えられる『今昔物語集』にはキノコに関する5篇の説話がおさめられている．1巻28の17「左大臣の御読経所の僧，茸に酔いて死する語」は，藤原道長が左大臣をしていた頃というから，西暦1000年前後の話であるが，小一条邸の藤の木に生えている平茸を，御読経に勤める僧，弟子の僧，童子が汁物として食し，僧と童子が死ぬ．道長はこの僧を哀れと思い葬式のために絹・布・米など多くを与えた．これを聞いた貧乏な僧が，自分も同じように葬儀してもらおうと，焼漬にした平茸を食したが，中毒にならなかった．中毒しない食べ方があるのだろうという話である．2巻28の18「金峯山の別当，毒茸を食いて酔わざる語」は80数歳の別当が健康で，次席の70歳の僧がこのままでは自分が先に死んで別当になれないかもしれないと，別当を殺害する決心をする．そこで死ぬといわれる毒キノコ和多利（ツキヨタケのこと）を平茸と偽り食べさせたが，死ぬような気配を別当は見せず，老別当がこの近年こんな美味しく調理された和多利を食べたことがないといったので，次席の僧は愚かしいことをして恥ずかしくなり，こそこそと自分の部屋に戻った．毒キノコを食べても中毒しない人がいるものだという話である．3巻28の19「比叡山の横川の僧，茸に酔い誦経する語」は比叡山の横川の僧が山でヒラタケをとって持ち帰ると，他の僧たちがこれはヒラタケだ，いやそうでないというが，この僧は汁物にして食べる．すると激しい嘔吐におそわれたので，誦経して治そうとする話である．この僧は死ぬほどの目にあったと語り伝えられているが，ヒラタケに似た毒キノコが何であるかは不明．4巻28の28「尼共，山に入り茸を食いて舞う語」は舞いをしている尼たちに木こりたちが遭遇する．尼たちは仏に供える花を摘むため京の北山に行き，道に迷い，空腹なのでキノコを見つけ焼いて食べると，自然に舞い始めたと木こりたちに話す．興味にかられた木こりたちもそのキノコを食べると，同じく舞い始めた．以後，このキノコをマイタケという．川村清一はこのキノコをオオワライタケと推定している．5巻28の38「信濃守藤原陳忠，落入御坂語」は任期満了で信濃から京にもどる途中の藤原陳忠が，馬ごと谷に転落．谷底から籠に縄をつけて下ろせというので，家来たちが籠を下ろし，引き上げるとヒラタケが一杯入っている．次に下ろして引き上げると，陳忠が片手に縄，片手にヒラタケを摑んで上がってきた．その後も貪欲な受領の陳忠の行状が，シニカルなタッチで書かれているが，ヒラタケが当時いかに好まれていたキノコであるかがわかる好資料である．

12世紀末1179年頃成立の『梁塵秘抄（りょうじんひしょう）』に「聖の好むもの，比良の山をこそ尋ぬなれ，弟子やりて，松茸・平茸・滑薄，さては（後略）」とあるが，聖とは寺院に所属しない山岳修行者で，滑薄はエノキタケである．平安末期，マツタケ，ヒラタケ以外，エノキタケも好まれたキノコであると思われる資料である．

13世紀はじめ頃成立したといわれる『宇治拾遺物語』巻第1⑵に「丹波国篠村平茸事」にヒラタケの記載がある．意味のとりにくい文章であるが以下のようである．丹波国篠村では毎年ヒラタケが非常に多く生え，村人たちは人に贈ったり，自分たちで食していた．ある年，村の長が数十人の法師が別れの挨拶にくる夢を見，村人たちも同じ夢を見た．翌年の秋，山にキノコを求めたが，キノコはほとんどない．仲胤僧都が「不浄説法する法師平茸に生れる」と村人に説明したので，あの別れの挨拶にきたのは不浄説法する法師で，ヒラタケとして年々生えていたのだ．その法師がいなくなったので，ヒラタケも生えなくなったのである．そうであればヒラタケが食べられないことに村人は不足を感じてはいけないという意味であろう．ここで「山に茸を求めたが，茸はほとんどない」の原文は「山に入りて茸（たけ）を求むるに，すべて蕈（くさびら）大方見えず」となっている．「平茸どころか，どんな蕈もまったく見えなかった」と木村紀子は文意をとり，平安期，茸と蕈はまったくの同義語ではなかったとの見解を示している．　**（奥沢康正）**

＊参考文献

本田済 訳（1973）葛洪「抱朴子」中国の古典シリーズ4．平凡社，東京

木村紀子（2009）原始日本語のおもかげ．平凡社，東京

国原吉之助 訳（1991）ペトロニウス「サテュリコン」．岩波書店，東京

大槻真一郎・月川和雄 訳（1988）テオフラストス「植物誌」．八坂書房，東京

大槻真一郎 責任編集（1994，2009）プリニウス「博物誌」植物編．八坂書房，東京

大槻真一郎 責任編集（1994，2009）プリニウス「博物誌」植物薬剤編．八坂書房，東京

柳沼重剛 訳（1997）アテナイオス「食卓の賢人1」．京都大学学術出版局，京都

趙学敏「本草綱目拾遺」

李時珍「本草綱目」

9.2 菌類と食文化

9.2.1 マツタケと日本人

なぜ，これほど日本人がマツタケにこだわるのか，不思議な話である．マツタケの本場に暮らしている関西人が，さほどキノコ好きというわけでもない．それどころか，昔はマツタケ以外振り向きもしないという人も多かった．アカマツ林が消えて，いまではめったに口に入らなくなったのに，それでもまだこだわっている．採ったこともなければ，マツタケ狩りをしたこともないのに，毎年のように秋になると，マツタケがテレビ番組や新聞に登場してくる．なぜだろう？

中国の古典に「松蕈」とか「松花菌」というキノコが出てくるが，これが日本のマツタケと同じものかどうかわからない．韓国では「松茸，ソンイまたはソンイポソ」というが，これも新しい呼び名かもしれない．日本でもいつの頃からマツタケと呼んだかわからないが，古来マツ林に出る代表的なキノコとされていたのは間違いないであろう．

1) 禁句として

関西ではマツタケのことを「マッタケ」というが，マツタケのつぼみが男根を連想させるため，この呼び方には古来なんとなく卑猥なにおいが漂っていた．そのせいか，この名前を口にしたり，歌や文章にするのも長い間はばかられていた．マツタケのことを詠んだ最も古い和歌といわれる『万葉集 2233，巻 10 秋雅歌』の「高松の此の峰もせに笠たてて　盈(み)ちさかりたる秋の香のよさ」でも，「マッタケ」の名を避けて，「香」としている．以後，『古今和歌集』の素情法師がマツタケ狩りのときに詠んだ歌には「秋」といい，『拾遺和歌集』では「その火まづ焚け」とか，「まづたけからぬ」などとごまかしている．

まして，宮中の女房言葉では「マツ」としかいわず，室町から戦国時代にかけて，女官が到来ものなどを記録した『御湯殿上日記』からは，高級食品として珍重した様子がうかがえる．時代が下って，多分マツタケが庶民の口にも入るようになると，多少タガがゆるんで，俳句や川柳，小話などにも実名が出るようになった．

2) マツタケと人の暮らし

日本列島は，気候や土壌，自然植生から見ても，本来マツタケの本場ではない．朝鮮半島や中国の内陸部に比べると，気温が高く，雨もよく降るので，マツタケの敵になる微生物や食害する昆虫なども多い．マツタケは花崗岩や砂岩，頁岩などが風化した酸性土壌を好むので，中性に近い火山灰土壌におおわれた日本では，マツタケの適地も限られている．マツタケも昔は日本の特産物とされていたが，そのうち東アジアに広く分布することがわかり，いまでは類縁種が世界中から報告されるようになった．気候や土壌から見ると，マツタケの本場は，どうやら朝鮮半島か，中国内陸部のように思われる．

では，マツタケはいつの頃から日本で増えだしたのだろう．日本の自然植生は常緑樹林と夏緑広葉樹林が主で，乾燥地を好むマツの純林は，自然状態では特殊なところにしか成立しない．アカマツ林は人間が天然林を伐採・攪乱した後に成立する森林で，マツタケは土の痩せた山に育ったアカマツの根に，テングス病のような菌根をつくって，共生というよりむしろ寄生に近い生活を営む菌である．

千葉徳爾の『はげ山の文化』に，古い記録に出てくるキノコの種類をたどると，古代にはヒラタケが多く，室町時代になってマツタケの記述が増えるという．日本列島にアカマツ林が広がったのは，人口が増え出した鎌倉，室町時代以降で，マツタケもそれにつれて増えていった．江戸時代には，はげ山が多く，マツタケも高価だったようであるが，明治時代になると，治山工事がさかんに行われてマツ林が回復し，マツタケ生産高は昭和

10年代にピークを迎えた.

3) 香りの記憶

いまもマツタケといえば，香りと決まっているが，人は高円山にマツタケが出ていた頃から，その特有の匂いにひかれていたらしい．この少し刺激臭のある香りを好むのは日本人だけで，マツタケを食べる韓国の人も「コウタケが1番，マツタケが2番」といい，さほど感激している様子はない．中国でも単なる食用キノコ以外の何物でもない．まして欧米人になると，「古い靴下の匂い」だとか「ホースラディッシュのようだ」という．欧米人のトリュフ好きも匂いにひかれてのことで，マツタケの場合とよく似ている．

味よりも匂いの記憶は鮮明に残るものらしく，一度かいだら忘れないものが多い．形に残すことができないものほど，1年に1度しか経験できないものほど，楽しさや懐かしさと重なって記憶されるのかもしれない．では，誰がそれを記憶していたのであろう．

近畿地方には弥生時代に朝鮮半島から渡来して住みついた人が多い．彼らは先進地帯だった韓国南部から，荒れた土地を捨てて日本に移り住んだ渡来人であった．その故郷にはアカマツ林が茂り，ソンイポソも出ていたはずである．というのも，5, 6世紀につくられた白馬塚の棺がアカマツの炭でおおわれ，慶州の有名な佛国寺の基盤に調湿用のアカマツの炭が大量に埋められているからである．

万葉集の時代，古くから拓けた奈良周辺には，広葉樹林に代わってアカマツ林が繁茂し始めていたことであろう．高円山に登って「盈ちさかりたる秋の香のよさ」をかいだ人の感激が偲ばれる．この詠み人が2世であったのか，3世であったのかはわからないが，マツタケの記憶は親から子へ，孫へと伝えられていくもので，いまもそれは変わらない．米国へ移住した広島県出身のおばあさんが「日本人はマッタケクレージーじゃけん」といっていたのを思い出す．

4) マツタケの嘆き

1960年代までは，マツクイムシの被害も少なく，落ち葉かきや薪炭用の木材がとられていたため，マツタケも蹴飛ばすほど出ていた．しかし，その後化石燃料が使われるようになって日本人の生活様式が一変し，マツノザイセンチュウ病によってアカマツが大量に枯れ，マツタケも手入れ不足のため急速に消えていった．

人は目の前にあったものがなくなると，ないものねだりで，なんとかして手に入れようとする．マツタケの値段はうなぎ上りで，いまやバカ高値といわれるほどになってしまった．さらに，マツタケの仲間を外国から買いあさって，現地の山を荒らし，顰蹙を買うことも多い．ポキッと折れるようなみずみずしいマツタケは見られなくなり，優雅な秋の楽しみが，贅沢やグルメをひけらかす種に変わってしまった．

マツだけでなく，ナラ・カシの類が枯れ，キノコ，菌根菌が姿を消している．日本の自然だけでなく，いまや世界中の森林がひどく傷つき始めた．マツタケに限らず，キノコがこの危機的状態をわれわれに告げていると思うのであるが，一向にマツタケ騒動はおさまりそうもない．　　（小川　眞）

＊参考文献

有岡利幸（1997）松茸（ものと人間の文化史84）．法政大学出版局，東京

千葉徳爾（1973）はげ山の文化．学生社，東京

濱田　稔（1974）マツタケ日記．濱田稔先生定年退官記念事業会

人見必大著，島田勇雄 訳注（1961）本朝食鑑1．平凡社，東京

小林義雄（1983）日本 中国 菌類歴史と民族学．廣川書店，東京

マツタケ研究懇話会 編（1963）マツタケ―研究と増産―．マツタケ研究懇話会，京都

小川　真（1978）マツタケの生物学．築地書館，東京

小川　真（1984）マツタケの話．築地書館，東京

岡村稔久（2004）まつたけの文化史．山と渓谷社，東京

Tsing A, Satsuka S, for the Matsutake World Research Group（2008）Economic Botany 62 (3) : 244-253

9.2.2 西洋料理とキノコ

古くからヨーロッパ人は野生キノコを好む．スイス・ローザンヌでは1956年に，街の市場で113種の野生キノコが売られていたという記録がある．ヨーロッパではトリュフ類，ヤマドリタケ，アンズタケ，アミガサタケ類などが著名な食用野生キノコである．これらは日本でも採取されるが，一般に食されることはまれである．これらの野生キノコはバター，クリーム，チーズになじむ素材であり，醤油や味噌をベースとした日本料理にはなじまない素材なのかもしれない．西洋料理と日本料理の食文化の違いが，調理素材としての野生キノコの種の違いに反映されているのであろう．

1）ポルチーニ

ポルチーニ（porcini）とはイタリア語でヤマドリタケ（*Boletus edulis*）を指すが，ヤマドリタケモドキなど2～3の近縁種もポルチーニとして扱われている．イタリア人が最も好むキノコであるが，フランスではセプ（セープ），ドイツではシュタイン・ピルツと呼ばれ，ヨーロッパでは「野生キノコの王者」としてよく知られている．ヤマドリタケはトウヒ属などの針葉樹や，広葉樹と菌根共生する．旨味が強く特有の甘い芳香としっかりした食感が持ち味で，イタリア料理やフランス料理には欠かせない食材である．ソテー，ソース，シチュー，オムレツなどどんな調理法にも適し，イタリアではパスタやリゾットには不可欠の野生キノコである．秋のキノコ狩りの最高の収穫品であるが，近年，イタリア，フランス，ドイツでは発生量が激減し，北欧や東欧が主な産地となっている．収穫シーズンには生鮮品が調理されるが，シーズンオフにはスライスした乾燥品や冷凍品を調理する（図9.2.1）．

2）アンズタケ

アンズタケ（*Cantharellus cibarius*）はフランスではジロルやシャンテレルと呼ばれ，フランス人が特に好む．ヨーロッパ全域に発生するためどこの国でも親しまれてきた野生キノコである．発生量が多いため秋になれば大量に出回り，庶民が家庭料理に使う最もポピュラーなキノコ食材である．ほのかな旨味としっかりした歯ごたえはソテーやシチューによく合う．日本でも各地のマツ林や広葉樹林に発生するが，とれる量があまり多くないためかほとんど食されてこなかった．

3）アミガサタケ類

アミガサタケ類もフランス人が熱狂的に好むキノコでモリーユと呼ばれている．イタリア料理でも好んで使われる．アミガサタケ類は数種類が食用にされておりアミガサタケ（*Morchella esculenta*）のほかにトガリアミガサタケ（*M. conica*）なども商品性が高い（図9.2.2）．生は肉質がもろいため乾燥品が使われることが多い．乾燥によって肉質がしまり，戻し汁に旨味が出る．アミガサタケ類は代表的な春のキノコで，ヨーロッパではバラ科

■図9.2.1　街の市場にならんだポルチーニ（左）とアンズタケ（ジロル）（ドイツ・フランクフルト）

■図9.2.2　イチョウの周囲に発生したトガリアミガサタケ）

の果樹園や森林火災の跡によく発生する．日本ではサクラ，イチョウ，カツラなどの周辺から発生する．花見シーズンの前頃にサクラの植栽地に多数群生する．

4）トリュフ

トリュフはフランス語の Truffe がそのまま日本語になったもので，イタリアではタルトゥーフォである．トリュフは白トリュフと黒トリュフに大別される．黒トリュフはフランス・ペリゴール地方産のトゥベル・メラノスポルム（*Tuber melanosporum*）（ペリゴール黒トリュフ）が，白トリュフは北イタリア産のトゥベル・マグナツム（*T. magnatum*）（イタリア白トリュフ）が最高級のトリュフとして双璧をなす（図 9.2.3，9.2.4）．

黒トリュフはフランスではプロヴァンス地方やブルゴーニュ地方でも採れ，イタリア，スペイン，ポルトガル，旧ユーゴでも収穫される．フランス人にとっては究極の芳香をもつキノコである．近縁種には *T. brumale* や *T. aestivum* などがある．近年は収穫量の減少により，小売価格は 1 kg で 700 ～ 1,000 €（ユーロ）もする．黒トリュフはコナラ属樹木やハシバミなどの広葉樹と菌根共生する．最近はこれらの幼苗の根にトリュフの菌根を形成させて育て，黒トリュフを収穫する人工栽培がさかんになってきた．黒トリュフの採取はブタを使ってきたが，いまではイヌを使っている．魚・肉料理の香りづけにスライスして用いられることが多く，卵との相性は抜群でオムレツに使うことも多い．

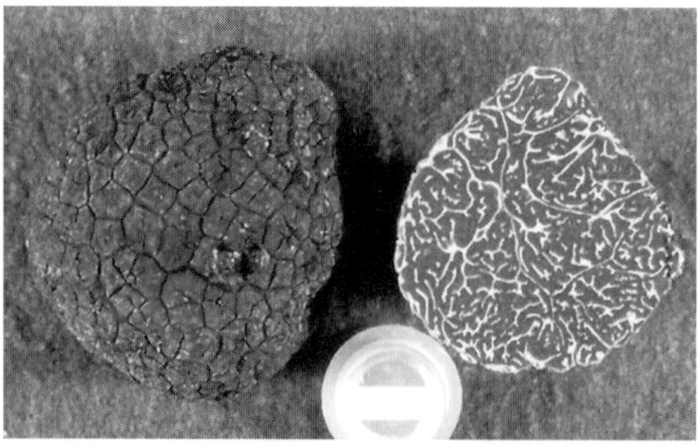

■図 9.2.3　フランス・ペリゴール産の黒トリュフ

■図 9.2.4　イタリア・ピエモンテ産の白トリュフ

白トリュフはほとんどが北イタリアで採集され，イタリア人にとっては至福の香りを発するキノコである．白トリュフは多種あるが，香り・品格でトゥベル・マグナツムに匹敵するものは皆無である．最近は収穫量が減っているために小売価格も高騰し，4,500 ～ 6,750 €/1 kg（2007 ～ 2008 年のシーズン）にもなっている．白トリュフは大きいほど希少価値があり，2004 年に採れた 1 個が 1.05 kg のものはネットオークションで 41,000 米ドル（当時で約 570 万円）で落札された．トゥベル・マグナツムはコナラ属，ハシバミ，ポプラ，シナノキなど多種の広葉樹と菌根共生する．白トリュフは古くからトリュフ犬を使って採取されている．通常はスライサー（かんな）で薄くスライスして，パスタ料理やリゾットの上にかけて香りを楽しむ．オムレツにも最適である．（山中勝次）

9.2.3　日本料理とキノコ

1）キノコ食の意義とキノコ料理

現代においてキノコはヘルシーな食材として一般に評価されているが，これは特に低カロリー[1)]であるというキノコの特徴をとらえたものである．先人たちもこの特徴を「腹の足しにならないもの」と認識してきた．それゆえ，植物が救荒食としてふだん食用とされない種や部位が徹底的に利用されてきたのとは対照的に，キノコが救荒食に用いられることはほとんどなかった．食いつなぐためではなく食を楽しむために，つまり，キノコは嗜好品として食されてきたといえる．

「匂い松茸，味シメジ」という慣用表現に見られるように，日本において評価されるキノコの食味の2大要素は，香りと味（うま味）である．このほか，歯ざわり（代表的なものにキクラゲ），ぬめり（代表的なものにナメコ）もよく評価される要素である．クロカワのように苦味を賞味する場合もあるが，これは例外的である．東南アジアではベニタケ科キノコの辛味を賞味する例があるが[2)]，日本ではこのような刺激的な味覚を評価する例は聞かれない．総じて，日本においてはキノコには温和な味覚が求められているといえる．

表9.2.1に掲げたのは東北山村における事例であるが，キノコの食味の特徴に料理方法がよく対応していることがわかる．キノコ料理はキノコの特徴をとらえることに始まり，それに応じた技法が工夫され人々の嗜好を満たしてきたのであろう．

2) マツタケ料理に見る食味の生かし方

芳香が突出して評価されるマツタケであるが，強いうま味と弾力感のある歯触りを併せもっている．家庭でつくられてきたマツタケの代表的な料理には，炊き込みご飯，吸い物，焼きマツタケなどがある．炊き込みご飯はマツタケの香りがご飯に乗り移り，少量のマツタケを大勢で楽しめる，という理由からも多用される調理法である．マツタケのもつうま味を引き出すには吸い物やすまし汁がよいようで，味噌汁に入れる例はまれである．同様に強いうま味をもつシメジ類やマイタケも味噌汁とすることはまれである．焼きマツタケはなるべく切らずに焼き，焼けたものを手で裂くのがよいとされる．弾力のある歯ごたえを楽しむための工夫と思われる．

3) ぬめりを楽しむ

表9.2.1に見るように，特に東北地方ではぬめりのあるキノコを重用する．ナメコ，ナラタケ，ムキタケなどがその例で，湯がいたものを大根おろしと和え醤油をかけて，もしくは酢の物で賞味するのがもっとも一般的である（図9.2.5(a)）．ぬめりのあるキノコを喉ごしで味わうのである．汁に

■表9.2.1　岩手県西和賀町S家における日常的なキノコ調理例と保存方法

キノコの種類	特　徴	調理例	保存方法
ナラタケ類	ぬめり	納豆汁，味噌汁，おろし和え	塩漬，缶詰
ナメコ	ぬめり	汁物，おろし和え	塩漬，缶詰
エノキタケ	ぬめり	汁物，おろし和え	塩漬，缶詰
ムキタケ	ぬめり，充実した肉質	納豆汁，汁物，煮付け，おろし和え	塩漬，缶詰
ハナイグチ	ぬめり，充実した肉質	煮付け，おろし和え	保存しない
アミタケ	ぬめり，歯切れ	おろし和え，煮付け	塩漬，缶詰
シモフリシメジ	よいダシ	お吸い物，煮物	塩漬，缶詰
ホンシメジ	よいダシ	お吸い物，煮物	塩漬，缶詰
マイタケ	充実した肉質，香り，良いダシ	吸い物，煮しめ	乾燥，塩漬
ブナハリタケ	充実した肉質，強い香り	葱味噌和え，油いため	塩漬，缶詰
コウタケ	充実した肉質，強い香り	煮物，おこわ	乾燥
サクラシメジ	充実した肉質	葱味噌和え，煮付け	塩漬，缶詰
トンビマイタケ	充実した肉質	煮付け	保存しない
クリタケ	歯切れ	凍み大根と煮物	保存しない
キクラゲ	歯切れ	辛子酢味噌，辛子醤油	保存しない

注：2008年11月ヒアリングをもとに作成

■図 9.2.5 (a)　地域特有のキノコの家庭料理
ヌメリスギタケモドキの大根おろし和え.

■図 9.2.5 (b)　地域特有のキノコの家庭料理
再現された乾燥ヌメリイグチと大豆の煮物（兵庫県篠山市，調理協力：北村純江氏）.

ぬめりが出ておいしいと，汁物も好まれる．すりつぶした納豆でさらに粘度をました，ナラタケなどの納豆汁はごちそうとされる．

4）キノコの食文化地理

かつて野生のキノコばかりが食されていた時代には，キノコ料理は地域色豊かなものであった．江戸時代の料理所を分析した篠田は，上方に比べ，江戸においてハツタケが多用されることを指摘し，ハツタケを多産するかどうかという地域の生態的条件の違いを，この相違の要因としてあげた[3]．また Tanesaka らは，全国的にキノコ食を概観することが可能になった大正～昭和初期のキノコ保存方法に着目し，乾燥保存が主体の西・南日本と塩漬保存が主体の東・北日本に大別できることを示した[4]．

資料の不足もあり，キノコの食文化地理は十分に説明されてこなかったが，篠田が示した生態的条件に加え，人々の嗜好も重要な説明要素となると考えられる．たとえば，表 9.2.1 に掲げた事例は，Tanesaka らの東・北日本モデルに該当するが，種類によって乾燥保存するものもあるように，そうした方が嗜好に合うと判断されてきたためであると見ることができる．同様に，西・南日本におけるマツタケの塩漬や辛子漬保存，ぬめりが抑えられるヌメリイグチの乾燥保存（写真 9.2.5 (b)）なども，当地の人々のキノコ料理への嗜好を反映したものと見ることができる．しかし，地域特有のキノコ食文化は十分な記録がされないままに急激に失われつつあるのが現状で，地域に特有なキノコ食文化の記録が望まれる．

＊引用文献

1) 文部科学省 (2005) 五訂増補日本食品標準成分表．文部科学省，東京 (http://www.mext.go.jp/b_menu/shingi/gijyutu/gijyutu3/toushin/05031802/002/008.pdf)
2) 河野泰之 編 (2008) 生業の生態史論集モンスーンアジアの生態史―地域と地球をつなぐ― (1)．弘文堂，東京，pp203-224
3) 篠田　統 (1976) 知の考古学 1，2 月号：74-79
4) Tanesaka E, Yoshida M (2004) 日本きのこ学会誌 12(1)：23-28

＊参考文献

有岡利幸 (1997) 松茸．法政大学出版会，東京
今関六也ほか (1988) 日本のきのこ．山と渓谷社，東京，pp593-601
日本の食生活全集編集委員会 (1984 ～ 1993) 日本の食生活全集 1 ～ 49．農山漁村文化協会，東京

9.2.4　キノコ狩りの民俗

1）古文献に見るキノコ狩り

日本における人とキノコのかかわりは，遺跡出

土品では縄文時代から，文献では記紀，万葉集の時代からうかがい知ることができる．文献による記録は，時代によって地域的，階級的偏りがある．初期の記録は，畿内地域で，しかも貴族階級に関するものに限られる．『看聞御記』(1416～1448)，『後法興院記』(1466～1505) などは，京都の貴人が北山（現・京都市北区，左京区）でキノコ狩りしたことや，山でキノコ料理を楽しんだことなどを詳しく記している．当時から，キノコ狩りはレクリエーションでもあった．また，マツタケ狩りは接待の行事にもなり，豊臣秀吉がマツタケ狩りに招かれた例をはじめ，接待のマツタケ狩りでは「植えマツタケ」がしばしば行われたことが知られている．

一方，時代が下り江戸時代となると，庶民がマツタケ狩りを楽しんでいる様子も伝えられるようになる．その1つ，『摂津名所図会』では，鍋をかけて料理するさまも描かれている（図9.2.6）．

2) キノコ民俗の東西

江戸時代までの文献で日本全国のキノコ狩りに関する民俗をうかがい知ることは不可能である．近代以降，各種統計や資料が整い，交通網が発達し各地を容易に見聞できるようになると，日本全体を概観することが可能になってきた．こうして，特に際立った違いとして認められたのが，東日本と西日本の差異である[1, 2]．

一般に東日本ではナラタケ，ナメコなどの木材腐朽菌（wood rotting fungi）を中心に多種多様なキノコが大量に利用される．そして，キノコ狩りを楽しむ人が多いとされる．一方，西日本ではマツタケをはじめ少数の菌根菌（mycorrhizal fungi）が限定的に利用される．後述するように，キノコ狩りに関する社会的規制が強く，不特定多数の人がキノコ狩りを楽しむ状況にない．

3) 東日本のキノコ狩り民俗

以下，岩手県での事例を中心に東日本のキノコ狩り民俗を紹介する．

(1) 道　具

キノコ採りにおいて使われる道具は，運搬具だけであるといってよい．採取器具として刃物を使う例はまれであり，高い所に生えているキノコはその場で棒を使って落としとるなどした．この地域で，キノコ狩りに使われてきた運搬具はアケビのつるで編まれたあけびかごである（図9.2.7）．

図9.2.6　金竜寺山松茸狩の図（秋里籬島 (1798) 摂津名所図会，巻5）

■図 9.2.7 あけびかご（岩手県西和賀町）

これは，キノコ狩り専用の運搬具である．山菜採りなど，他の採集活動には使われない．あけびかごはかさばらないため，藪をこいでも苦にならず，適当な硬性があるため，キノコの形を壊すことなく持ち帰ることができる．あけびかごに入りきらないほどとれた場合は，周囲にある枝葉を使って，あけびかごの上に積んだ収穫物をドーム状に梱包する．この追加部分をワゴという．

（2）採取技能

一般的に，キノコは採取適期がきわめて短く，標高など立地条件により，それは大きく前後する．広大な山域を対象にしたこの地域のキノコ狩りで，その成否を大きく左右するのが，知識（知恵）や情報である．歴年の採取実績のメモもしくは記憶が，採取戦略に活用される．奥山のナラタケ類など木材腐朽菌を目的とする場合は，林冠のギャップや立枯れに着目し，効率よく枯れ木を見て回るようにする．また，伐採跡地には伐根や残材に大量のキノコが発生することがあるので，どこでいつ山を伐ったか（秋～冬に伐った山がよいとされる）という情報は重要である．こうした情報に関して，日常的な会話の中で情報交換される．ただし，発生場所が限定的なマイタケは，逆に情報を秘匿することによって収穫の確実性が高められる．

（3）社会的規制

この地域では，自然に発生・生育するものは無主物であるという原則があり，土地所有も関係なく，誰もがどこでも自由にキノコを採取するというのが暗黙の了解となっている[3)]．山をもっていても，適切な知識や情報がなければキノコをとることができない．マイタケなどの発生場所を秘匿するのは，上記の原則下で占有的な状況をつくりだそうとするものである[4)]．

（4）娯楽性

この地域でのキノコ狩りは，推理ゲームのような要素があり，また，他人との情報交換もしくは，駆け引きが一種の楽しみとなっている．キノコ狩りに深く魅せられた人の中には，キノコを食べることを好まない人もいる．

4）西日本のキノコ狩り民俗

京都府での事例をもとに西日本のキノコ狩り民俗を紹介する．なお，西日本でキノコ狩りといったとき，マツタケ狩りを指すことが一般的で，他の雑キノコのみを目的としたキノコ狩りは行われない．したがって以下では，マツタケをとる場合に限って紹介する．

（1）道　具

マツタケを運搬するには大小複数のかごが用いられてきた．いずれも竹で編まれたものである．大きなかごはヤマイキカゴもしくはハチマンイドコと呼ばれるもので，ヤマイキカゴは桑の葉採集に用いるものを，ハチマンイドコは飼葉の採集に用いるものをマツタケ狩りに流用したものである（図 9.2.8 ア）．ハチマンイドコは目が粗いためウラジロと呼ぶシダ植物の葉を敷いてマツタケがこぼれないようにした．ヤマイキカゴやハチマンイドコは採取個所に近い山道沿いにおき，とったマツタケをためて家に運搬するのに用いた．採取に携行するのは小さいかごで，ビクと呼ばれるものである．ビクは，魚とりの運搬具に用いられるものを流用したものである（図 9.2.8 イ）．腰に固定してキノコを採り歩いた．

（2）採取技能

西日本の場合，比較的人家に近い領域にマツタケ採取地があるが，確実な収穫のために知識が最

■図 9.2.8　ヤマイキカゴ（ア）とビク（イ）（京都府綾部市）

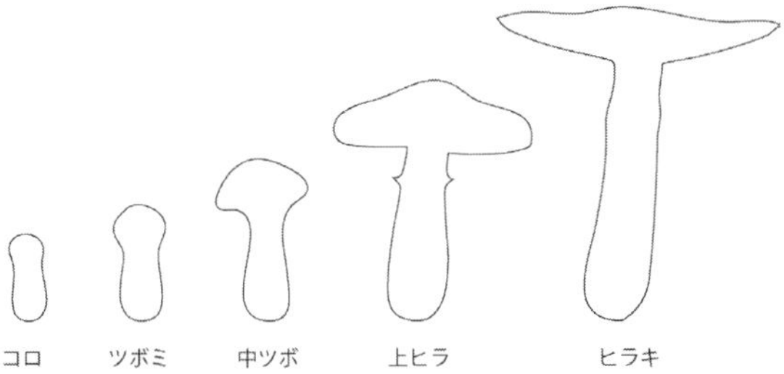

■図 9.2.9　マツタケの成長段階に応じた呼称

重要の要素であることは東日本の場合と同様である．ただし，どういうところに出やすいかという法則的な知識ではなく，どの場所に出るかという個別的な知識が主体となる．特に，マツタケが発生するシロ（またはツボと呼ぶ）の所在に関する知識が重要となる．

また，マツタケは成長段階に応じて，コロ，ツボミ，ヒラキなどと呼ばれる（図 9.2.9）．重量で生産額が決まってくるため，かつてはなるべく大きくなったものを採るようにした．上ヒラあたりが販売するには最もよいとされた．

(3) 社会的規制

近世期においては，多くの村でマツタケは自由に採取されていたと思われるが，交通事情の改善などによりマツタケが商品価値をもつにつれ，採取権は排他的なものになってきたと思われる[5]．西日本において，現在，自由にマツタケを採取できる地域はほとんどない．たとえマツタケを目的としない場合であっても，マツタケ泥棒として疑われるため，秋に不用意な入山ができないほど，マツタケ採取権は厳格なものである．

京都府をはじめ西日本各地で特徴的なのは，マツタケ採取権の入札制度が存在することである．入札対象となるのは，入会地であることが多い．中には，個人有地や公有地が対象となる例もある．入札はシロの所在がよくわかる区画に行うようにする．落札に成功すれば，その区画の独占的なマツタケ狩りの権利を得る．

(4) 娯楽性

村によっては，ムラの落札金収入を高めるため，入札会を酒宴の席とし，競り売りの方式を採ることがあり，これがマツタケ狩りをする者の娯楽にもなっている．また，マツタケヤマと称するレクリエーション（山でマツタケ狩りとマツタケ料理を楽しむ）が催され，これを業とする場合もあった（図 9.2.10）．

5）民俗知の再評価

近年，地域における住民の福利と環境保全を両立する観点から，伝統的生態知（traditional ecological knowledge : TEK）あるいは在地の生態知（indigenous ecological knowledge）などと呼ばれる，いわば伝統的な自然に対する知識が再評価されている．また，西日本の民俗知であるシロの存在がマツタケ研究に寄与したように，菌学の展開にも民俗知が貢献する可能性がある．ところが，詳細な記録がされないままにキノコ狩りの

■図 9.2.10　マツタケヤマを楽しむ人々（昭和 50 年代，京都府綾部市）

民俗の喪失が進んでおり，それは西日本で著しい．キノコに関する民俗誌の早急な記録蓄積と地域文化の復興が望まれる．　　　　**〔齋藤暖生〕**

＊引用文献

1) 横山和正 (1992) バイオスフェア 1：11
2) 齋藤暖生 (2006) ビオストーリー 6：108-123
3) 宮内泰介 (2009) 半栽培の環境社会学．昭和堂，京都，pp155-174
4) 後藤昭三 (1965) 日菌報 6(1)：37-38
5) 秋道智彌 (2007) 資源とコモンズ．弘文堂，東京，pp163-186

＊参考文献

有岡利幸（1997）松茸（ものと人間の文化史 84）．法政大学出版局，東京
小林義雄（1983）日本 中国 菌類歴史と民俗．廣川書店，東京

9.3 菌類と民俗・民俗文化

9.3.1 工芸品や民具にみられるキノコ意匠

古くからキノコは実用的な目的を離れ，工芸品や民具などさまざまなものに装飾意匠として用いられてきた．キノコは色彩鮮やかで姿形がシンプルであり，その形態を直感的に認識できる．近年では特にベニテングタケを中心とした，デザイン化されたキノコ意匠が季節と関係なくファッションやインテリアをはじめゲームや商業キャラクターなどに頻出し，自然，豊穣，幸福，可愛らしさ，軽快さ，個性などを表現するための記号として用いられている．

1）東洋のキノコ意匠

中国文化の中では，霊芝と呼ばれるマンネンタケが不老長寿や瑞兆を表すものとして，屏風や壁画などの中に描かれ，また「如意」と呼ばれる霊芝を模った小物がつくられてきた（図 9.3.1）．如意は僧が読経や説法のときにもち威儀を正す道具で，仏教とともにインドから伝来したとされる．先導するものがもつことや，孫の手のように背中をかくこともあったことから如意（意の如くなる）の名がある．霊芝が登場する意匠例には，ユリの花や塊茎，カキとともに描かれた百事如意＝百（百合（ゆり）の文字から）＋事（柿と音読が同じ）＋如意（霊芝の形）や，コウモリやシカとともに描かれた福禄寿＝福（蝙蝠（こうもり）の蝠と音読が同じ）＋禄（鹿と音読が同じ）＋寿（不老長寿をあらわす霊芝）がある．中国の故事や伝説に基づく取合せによって意味をなす謎語画題の 1 つであり，日本でよく

■図 9.3.1　如意

知られたものには歳寒三友といわれる松竹梅がある.

韓国でも吉祥を示す縁起物としてマンネンタケが用いられてきた. 特に中国の影響を受けて成立した十長生という不老長寿を意味する伝統的な十種の文様の1つに不老草と呼ばれるマンネンタケの意匠が登場する. 十長生文様は屏風や装身具などの美術品, 袋物から寝具に至るまでの民具や手工芸品などに文様の代表として多用されているほか, 家具や家屋の装飾などにも取り入れられている. また, 如意の頭の形を模った如意頭（にょいとう）文様を陶磁器などにみることができる. 如意頭の形は西域に起源をもつ宝相華文様とマンネンタケを混合した意匠とされているが, よく似た両者の違いは不老草には柄があるが, 如意頭文様には柄がないことである.

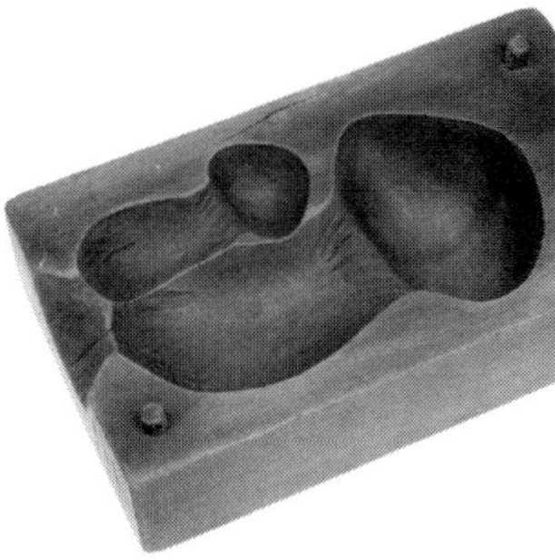

■図 9.3.2　マツタケの金華糖用木型

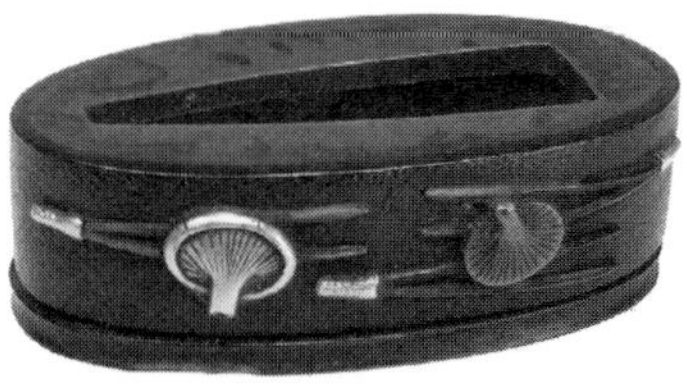

■図 9.3.3　ハツタケの装飾のある縁金

2）日本のキノコ意匠

中国や韓国の影響を受けた日本にもマンネンタケの意匠が縁起物として矢立や欄間の透かし彫り, 文人画や茶華道の道具類などに取り入れられてきた. マンネンタケ（万年茸）の名は漢名からきたものである. しかし現存する江戸時代から昭和初期にかけてつくられた工芸品には, 日本独自のキノコ意匠, マツタケ, シイタケ, シメジがみられ, そのほかハツタケ, ショウロなども少ないながら登場する. 前述の歳寒三友の意匠は, 訓読の語呂合せによって松茸・梅へと変化したものもあり, 日本独自の文化へ溶け込ませている様子もうかがえる. これら意匠は干菓子や金華糖など和菓子の木型（図 9.3.2）, 目貫や鍔などの刀装具（図 9.3.3）, 根付や煙草入れの金具, 帯留などの装身具, 茶道具類などに用いられ, 屏風や掛軸, 扇子, 色紙などにも描かれてきた. 特にマツタケは性との結びつきも強く, 子孫繁栄や五穀豊穣を願った郷土玩具や笑いの民芸品に登場し, カエル, ネズミ, ハマグリなどの縁起物と組み合わせたものも数多く見かける. 縄文土器として出土するキノコ形土製品は, 豊穣な森の恵み, 広くは子孫繁栄を願う予祝的な意味もあったのかもしれない.

3）西洋でのキノコ意匠

欧米で頻出するキノコ意匠はベニテングタケ（図 9.3.4）とヤマドリタケ（図 9.3.5）である. どちらも女性のアクセサリー類やファッション小物に多く見られ, また食器やテーブルクロス, キャンドルなど食卓を彩るインテリアとしても用いられている. 比率からすればベニテングタケが圧倒的に多く, 特にドイツやオーストリア, スウェー

■図 9.3.4　ベニテングタケの香炉（ドイツ）

■図 9.3.5　ヤマドリタケの香炉（ドイツ）

デンに多く見られる．ベニテングタケは毒菌であるにもかかわらず吉兆を示すものとして新年を祝うカードやクリスマスの飾りなどにも用いられてきた．赤いカサには白いイボが必須であるが，ツバとツボは省略されることも多い．一方ヤマドリタケは各地でキノコの王様といわれるほど食用として人気が高い．その丸い形態は材を削り出して形づくられることも多く，中でも林業のさかんなドイツ，ロシア，スウェーデンなどの工芸品に見ることができる．カサを蓋に太い柄を小物入れとしたものや香炉，クルミ割りなど実際に生活用品として利用できるものが多いようである．ロシアの民芸品であるマトリョーシカの胴に描かれたキノコはヤマドリタケがほとんどである．近似種がカサの色を違えて描き分けられていたり，中にはヤマドリタケそのものを模ったものもあり，ロシア人のヤマドリタケに対する情熱がことのほかよく現れている．

ヤマドリタケもベニテングタケもそれぞれ単独でも十分見劣りしないモチーフであるが，さらにいくつかの縁起物を伴う意匠も多い．よく見られるのは聖母マリアの象徴とされているテントウムシで，その他にはカエル，ウサギ，ブタ，四つ葉や馬蹄などと組み合わされることが多い．縁起物は東西そのほとんどが幸運や金運，豊穣や子孫繁栄を願うものである．キノコもその1つで，特にヤマドリタケは豊穣，ベニテングタケは子孫繁栄の象徴のように扱われることが多いようである．

キノコは妖精との組合せも多い（図9.3.6）．妖精は日本でいえば精霊や妖怪，化け物の類で，西欧に広く確認できるが，特にケルト文化由来のものが多いため英国にその造形をより多く見ることができる．菌輪（菌環）はフェアリーリング／妖精の輪とも呼ばれ，夜中に妖精が踊った跡とされている．英国の妖精と組み合わされるキノコは，印刷物ではベニテングタケなど森林の菌根菌類よりも，草原や牧草地に菌輪を描いて生えるような腐生菌類が多い．しかし造形ではよりファンタジックな印象を与えるベニテングタケが多くみられ

■図9.3.6　妖精とキノコの乳歯入れ

るようである．菌輪をドイツではヘクセンリング／魔女の輪と呼んでおり，魔女が踊った跡だといわれている．しかし魔女とキノコを組み合わせた造形は意外と少ない．魔女とキノコが直接結びついていないためと考えられるが，とはいえ魔女は薬草に精通しており空を飛ぶための秘薬の調合にはドクムギが使われていた．ドクムギは麦角をさしており，古くから中毒症状が知られていたが，欧州各地の魔女伝説がLSDに酷似した成分をもつ麦角により引き起こされたものと推定されるようになったのはつい最近のことである．

ベニテングタケとヤマドリタケのほかにはアンズタケ，セイヨウタマゴタケ，マッシュルーム，カラカサタケ，ササクレヒトヨタケなどの食用キノコがモチーフに選ばれており，アールヌーヴォー様式で有名なフランスの芸術家エミール・ガレ作の「ひとよ茸ランプ」（1900～1904年製作）は，数少ないキノコを採り上げた芸術作品である．

4）その他のキノコ意匠

中米，マヤ・アステカ文化の中では，催幻覚性物質をもつキノコが呪術の場などで使用されてきた．そしてその地域には，キノコ石と呼ばれるキノコ形の柄の部分にさまざまな生きものの顔を描いたものがつくられてきた．しかしヒトに幻覚を

引き起こすキノコ，いわゆるマジックマッシュルームを用いた意匠は東南アジアに多く見られるようである．柄の細い数本のキノコがまとまって生えているものならばおおむねこれと思ってよい．造形としてはオオシロアリタケにも似ているが，マジックマッシュルームであるといわれている．それらを模したであろう意匠は，ときには盛土（糞）から生えていたり，柄がくねっていたり，青変が表現されていたりと生態を正確に表現しており，部屋のインテリアをはじめステッカーやワッペンなど自己表現の小道具として使われている．このほかにベニテングタケも重要なマジックマッシュルームとされている．“Magic mushroom”のロゴの入ったTシャツやマルチクロスなど布物が多く，米国のヒッピースタイルに由来するピースマークやマリファナ（大麻の葉）と一緒に描かれたものや，インドネシア伝統の染色バティックなどによってサイケデリックに表現されたものなども見ることができる．

ヤコウタケ，ツキヨタケなど一部のキノコには光るという特性がある．この性質を表現した豆電球やLEDを用いたランプ，蓄光塗料を用いたステッカー，ブラックライトで光るポスターなどが作られているが，残念なことに本来発光するキノコそのものの形態ではなく，ベニテングタケと思われる形態であることが多い．しかし小さなヤコウタケは形を違えながらも表現され，その名前が認識できるのに対して，大きく新鮮なときは発光も強いツキヨタケの意匠は製品として見かけないばかりか名前すら聞くことがない．おそらく柄が偏心性のヒラタケ型はキノコのイメージとかけ離れているというのが最大の理由かもしれない．

5）キノコ意匠の外来種

ベニテングタケ（図9.3.7）は米国製のディズニー映画の白雪姫（1937年製作）などに登場したことから広く世界にゆきわたり，現在ではキノコの象徴的意匠の地位を獲得した．これまでの日本のキノコ意匠は先に述べたマツタケやシイタケなど

図9.3.7　リアルなベニテングタケとキャラクター化されたベニテングタケ（左：ノルウェー，右：ニュージーランド）

の食用キノコが中心で，赤いカサの上に白い斑点をもったベニテングタケの意匠は，竹久夢二（1884～1934）など大正ロマンの画家によって描かれてはいたものの，まだまだ日本各地に深く浸透するほどの広がりは見られず，工芸品などの造形はあまり見られなかった．しかし戦後になって米国文化の影響を強く受け，1900年代の後半からしだいにベニテングタケがキノコ意匠を象徴するものとして描かれたり形づくられるようになってきた．近年ではベニテングタケが自然分布しておらず，野外で見る経験のないはずの地域の子どもでさえ，デフォルメされたアニメの描くそのままに記号化したベニテングタケをキノコの代表として，また毒キノコとして，ごく自然に描くことが多い．米国文化の世界的な浸透とともに広がった，いわばキノコ意匠の外来種ということもできるだろう．古来中国から入ってきたマンネンタケの意匠も外来種ではあるが，いわゆるキノコ型でなかったことや日本に入ってきたときからすでに不老長寿の象徴となっていたことから，日本のキノコ意匠と置き換わることなく共存し，これらが脅かされることはなかった．

ベニテングタケ意匠の日本各地への広がりは大きく2回と考えられる．1つは戦後まもなくからはじまった高度成長時代（1955～73年頃）にかけてである．印刷技術の向上やテレビや写真など

の映像も白黒からカラーへと進歩したことにより，人々は色を手軽に知ることができるようになった．白雪姫の映画は1950年に上映されたのち1967年に吹替え版が上映され，この頃には映画館も増えたためにより多くの人々が画面に魅了されたであろう．社会経済がよくなって大衆が旅行にでかけるようになったこの頃，各観光地で人々が買い求めたお土産の1つにコケシがある．郷土色濃くお土産に大量に売れるように考案されたもので，中には名産を扱ったマツタケやシイタケの造形もあり，さらにその脇に添うようにして小さなベニテングタケが加えられているものもある．ベニテングタケは古くからハエとりに使われていた地方もあるようだが，都会からきた人たちにとっては珍しさや可愛らしさも手伝って，魅力的なものに映ったであろう．そして地味な色合いの食用キノコのコケシに色を添えることによって，性的なイメージを払拭，人目を引き，可愛らしさをアピールする役割を分担している．時をほぼ同じくして米国からきたヒッピースタイルが流行（1960～70年頃）していたこともあり，斬新な紅白水玉模様のキノコをつけることで売り込もうとする製作者の試みが感じられる一方，まだまだマツタケやシイタケよりも小さく表現されており，マツタケやシイタケに意匠の重きがあったことがうかがえる．しかしこれによって日本人の生活空間に大量のベニテングタケの立体意匠が確実に侵入したといえるのではないだろうか．

次なる広がりはバブル景気時代（1986～91年頃）である．流通・移動速度が急速に進み，多くの人々が海外へでかけてたくさんのベニテングタケの意匠を目にするようになり，同時に日本でも各国の輸入製品を多く目にするようになった．また，1983年の東京ディズニーランドのオープンにより，より多くの人がファンタジックな水玉模様のキノコにふれ，ますますベニテングタケが身近になってきた．この頃には大規模な開発によって多くの森林も破壊，あるいは荒廃し，かつてはブームであった松茸狩りのレジャーも廃れてしまっていた．採れなくなったマツタケは高級品となり，シイタケも安い輸入品が多く出回り，特別な魅力を感じなくなったそれらに置き換わるようにして現われたキノコ意匠が，ベニテングタケなのである．

もとよりキノコ好きの日本人は，ベニテングタケの意匠を単にキノコという形状だけでなく，紅白という古くから馴染みのある吉祥色であることからも違和感なく受け入れたと考えられる．いまやベニテングタケの意匠は帰化し定着，季節を問わず，独自の趣向に置き換えながら進化発展させている．そして日本のキノコ意匠をはるかにこえた勢いで増え続けており，日本人の潜在意識を置き換え，文化にも少なからず影響を与えている．日本のベニテングタケ意匠は，マツタケやシイタケのように歴史や民俗の型にはまることがなく，自由かつ堂々と楽しむことができる，世界に通じるファッション的な「記号」と考えてもよいであろう．

あるとき突然に地上に現れるキノコ．森の中の身近な自然食材であるが，人を死に至らしめるものもあれば，ときに冬虫夏草のように薬効をもち，ときに催幻覚性物質をもつことから呪術にも用いられる．キノコ意匠はそれぞれの民族の地域性や慣習を取り入れながら，自然の豊かな恵みとして，また不思議のチカラをもつものとして，世界中で広く用いられてきたものと思われる．**（吹春公子）**

＊参考文献

ビーダーマン，H 著，藤代幸一 監訳（2000）図説世界シンボル事典．八坂書房，東京
小林義雄（1983）日本中国菌類歴史と民俗学．廣川書店，東京
王敏・梅本重一（2003）中国シンボル・イメージ図典．東京堂出版，東京
林永周 編著，金両基 編訳（1988）韓国文様辞典．河出書房新社，東京

COLUMN 16　フェアリーリング・菌輪

「妖精の輪」という幻想的な名前は，西洋の伝説に由来する．妖精たちが月光のもとで輪になって踊り，夜明け前に眠ってキノコの形になったといわれている．菌輪とは，通常キノコが円を描いて発生する状態を表す．円形にキノコが発生するのは，平板培地の中央に菌を接種したときに菌糸が周囲に向かって成長し，まれにその先端に子実体を円形に発生する現象と同様である．

森林では菌根性のマツタケ，バカマツタケなどの菌輪が見られる．子実体直下には白い菌糸の塊が肉眼で認められ，マツタケの菌糸環は年間7～15 cm広がり，バカマツタケでは最大5 cm広がった．

草地では，ホコリタケ類，コムラサキシメジ，キコガサタケ，ハラタケ属，チャダイゴケ属などの菌輪が見られる．芝草のフェアリーリング病がゴルフ場では大きな問題となっており，病原菌として欧米で54種報告されている．特にシバフタケについて古くから研究され，菌糸環周辺は特徴的な3部分に分けられている．外側では菌糸による枯れ草分解のため，窒素分が豊富で芝草の成長がよく，菌糸環部分では菌糸が密であるために乾燥して芝草は枯れ，内側では細菌による菌糸分解のために窒素分が多く，芝草の成長はよい．ヒダホコリタケ，チビホコリタケ，コムラサキシメジでは，発生地土壌を掘り取って培養すると菌糸が認められる．前2種では，40～200 cmの菌輪が形成され，菌糸が芝草の根を直接加害する．コムラサキシメジの菌輪は毎年120 cm外側へ広がった．(口絵21参照)　(寺嶋　芳江)

＊参考文献

小林義雄（1983）日本 中国 菌類歴史と民俗学．廣川書店，東京，pp. 158-160
マツタケ研究懇話会（1964）マツタケ―研究と増産―．マツタケ研究懇話会，京都
寺嶋芳江（1996）きのこの科学 3（3）：101-108
寺嶋芳江（2007）フェアリーリング病．植物防疫 61（3）：34-37

9.3.2　キノコ切手

キノコを図柄にした切手は多い．これまでに世界で発行されたキノコ切手は約3,840点である．無目打やデラックスシートなど特殊なものも入れると約5,000点になる[2)]．その多くは，キノコそのものを題材にした特殊切手（記念切手）であり，正確に描写し，学名を載せているものが多いが，そのほかの特殊切手および普通切手（通常切手）にキノコが描かれることもある．後者の場合は抽象的にデザイン化されることも少なくない．また切手シートの周囲の余白部分（耳紙・タブ）にキノコの図柄が印刷されることもある．

純粋にキノコを図柄とした最初の切手は1958年にルーマニアで発行され，セイヨウタマゴタケ，ハラタケ，ヤマドリタケ，アンズタケなど，食用キノコを中心にヨーロッパで代表的なキノコ10種が描かれた．切手の図柄に採用されるキノコは，食用キノコのほか，毒キノコ，美しいキノコが多い．

1）キノコ切手の発行点数と発行国

全世界におけるキノコ切手の発行点数は，1970年代までは年間0～十数点で，主にキノコに対する関心の高い東ヨーロッパと東アジア諸国で発行された．1980年代半ばから発行点数は急増し，200点を超える年も少なくない．特にアフリカと中南米による発行が多く，1995～1999年には，この2地域で世界全体の8割のキノコ切手が発行された（図9.3.8）．2006年までに発行頻度が最も高いのはアフリカのサントメプリンシペで，ガイアナ，中央アフリカ，グレナダ，シエラレオネ，トーゴなども多い．これらの開発途上国は外貨を獲得する手段として多くのキノコ切手を発行した[2)]．これらの切手は最高額面を小型シートにするなど，収集意欲を刺激している（図9.3.9）．

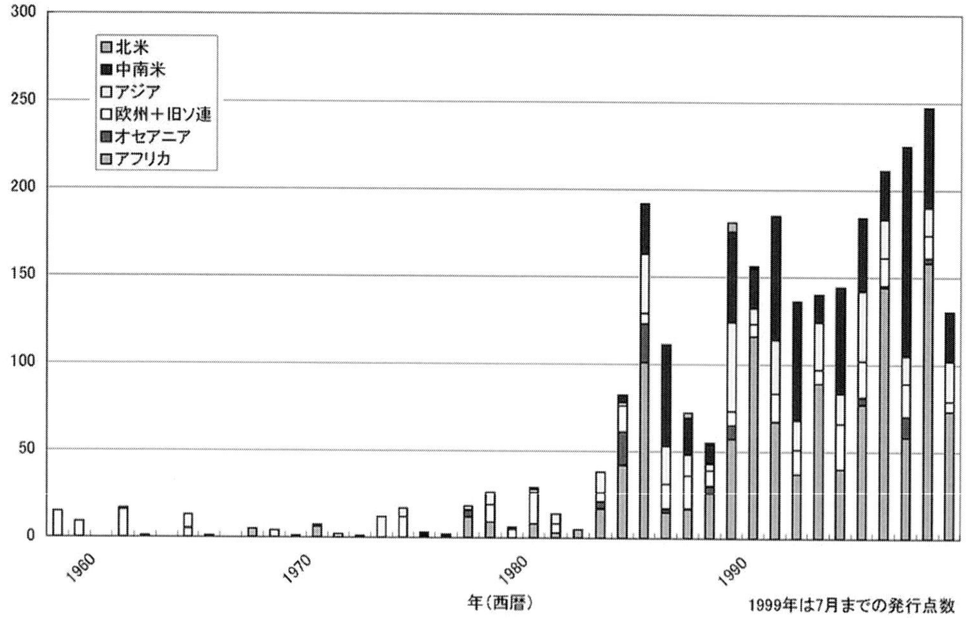

■図 9.3.8　キノコ切手の発行点数

一方，先進国のキノコ切手発行は少ない．2006年までに米国で発行された切手は2枚で，しかも野生鳥獣を題材とした図案の背景にキノコが描かれているにすぎない．同時期に他の先進国では，英国（属領を除く）3点，フランス9点（図 9.3.10），ドイツ（東ドイツを除く）1点，イタリア2点，カナダ4点，日本（琉球を除く）1点であった[3]．

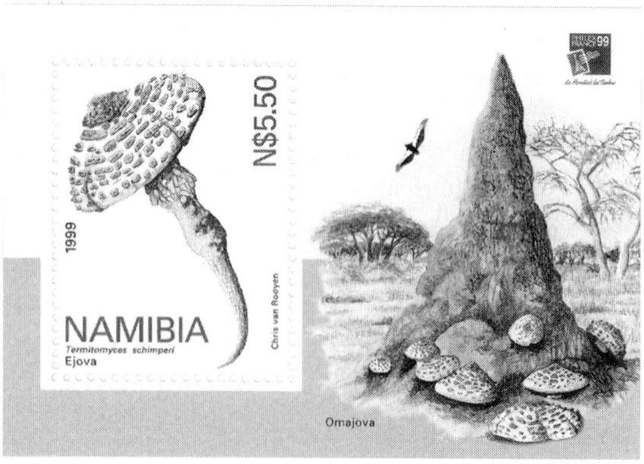

■図 9.3.9　ナミビアのシロアリタケの切手

■図 9.3.10　フランスのキノコ切手

2）切手に描かれるキノコの種類

最も発行点数の多いキノコはベニテングタケで，以下，ヤマドリタケ，アンズタケ，タマゴタケ，カラカサタケ，シャグマアミガサタケなどの発行回数が多い（表 9.3.1）．

3）切手に描かれるキノコの種類

切手に多く描かれるキノコは，親しまれている食用キノコ，注意すべき毒キノコ，美しいキノコ，形態の特異なキノコなどで，何らかの特徴のある種類が選ばれる．自国の代表的な種類を図案としていることもあるが，国内には分布しないがデザイン的に優れた色・形態のキノコを図柄に採用することも多い．冷涼な温帯に分布するベニテング

■表 9.3.1　切手発行回数の多いキノコ（1999 年まで）

種　名	回数	食毒	特　徴
ベニテングタケ	60	毒	きれい
ヤマドリタケ	51	食	美味
アンズタケ	43	食	美味
タマゴタケ	41	食	きれい・美味
カラカサタケ	37		特異な形態
シャグマアミガサタケ	37	食・毒	特異な形態
ササクレヒトヨタケ	31		傘は液化する
タマゴテングタケ	30	毒	致死的
ナラタケ	24	食	一般的な食用菌
ハラタケ	24	食	一般的な食用菌
Lactarius deliciosus	23	食	美味
ムラサキシメジ	22	食	きれい
ヒラタケ	20	食	美味
ヌメリイグチ	19	食	一般的な食用菌
ガンタケ	18	食？	きれい
フクロタケ	16	食	熱帯で栽培
ウラベニイグチ	15	毒	誤食しやすい
オオシロカラカサタケ	15	毒	熱帯に多い
チチアワタケ	14	食	一般的な食用菌
テングタケ	13	毒	特異な模様
ニガクリタケ	13	毒	誤食しやすい
ヒトヨタケ	13		傘は液化する
Psilocybe cubensis	12	毒	幻覚性
アイタケ	12		きれい
ススケヤマドリタケ	12	食	美味
キララタケ	11		傘は液化する
ツクリタケ	11	食	広く栽培
エノキタケ	10	食	広く栽培
ムラサキフウセンタケ	10		きれい

タケ，ヤマドリタケ，アンズタケ，タマゴタケを描いた切手の半数以上は熱帯地域の国から発行された．一方，栽培キノコのうち形・色が地味なツクリタケ，シイタケ，エノキタケ，キクラゲ（アラゲキクラゲを含む）は広く栽培されているが，切手になったのは 10 点前後で，ナメコ，ブナシメジ，マイタケの切手はない．ヒラタケは特異な形のため，20 点と多い．熱帯で栽培されるフクロタケも 16 点とやや多い．

4）日本のキノコ切手

これまでに日本で発行されたキノコ切手は，「第 9 回国際きのこ会議記念」（1974 年）のみで（図 9.3.11），ほだ木から発生するシイタケが描かれて

■図 9.3.11　日本のキノコ切手 BW

いる．復帰前の琉球時代に発行された「切手趣味週間（雲竜彫印籠）」（1968 年）には，キノコ形の根付が描かれている．　（根田　仁）

＊引用文献

1) Domfil S (1999) Domfil mushrooms thematic stamp catlogue. Grupo Afinsa, Barcelona
2) 飯沢耕太郎（2007）世界のキノコ切手．プチグラパブリッシング，東京
3) Kloetzel JE (2006) Scott 2007 standard postage stamp catalogue. 163 ed. 6 vols. Scott Publishing, Sidney

9.3.3　催幻覚性成分をもつキノコ

1）幻覚性キノコ

催幻覚成分をもつ野生キノコが欧州世界に認識されるようになったのは，コロンブスの新大陸発見後，スペイン人による新大陸への侵略戦争が行われ，そこに従軍した宣教師が残した，アステカ帝国の末裔からの聞書による報告（ヌエバ・エスパーニャ総覧，1529 年）の中に，テオナナカトル（神の肉）というものが記述されたことに始まる．20 世紀になりメキシコ南部に滞在した考古学者によってテオナナカトルが再発見され（1936 年），テオナナカトルがキノコであることが再確認された（1938 年，図 9.3.12）．

第二次世界大戦後，モルガン銀行の副頭取だった R.G. ワッソンは，催幻覚性キノコを用いた儀

■図 9.3.12 キノコ石
中米の現在のガテマラ共和国を中心とする地域で紀元前よりつくられていた石彫の1つ．中米の人々が幻覚キノコに不思議の力があると感じていたことを示すものと考えられる（レプリカ．写真提供：京都西尾製作所）．

式の調査にのりだし，参加したキノコ分類の専門家 R. エイムは *Psilocybe mexicana* をはじめとする十数種の催幻覚性物質を含むシビレタケ属をはじめ，モエギタケ属やコガサタケ属のキノコ類が宗教儀礼に用いられていることを明らかにした．R.G. ワッソンは 1957 年米国の雑誌「ライフ」に "Seeking the Magic Mushrooms" というタイトルでこのキノコ儀礼を紹介し，この記事により，催幻覚性キノコの存在が「マジックマッシュルーム」の名とともに広く知られるようになった．また持ち帰ったキノコは，サンド製薬の薬理学者 A. ホフマンにより研究され，サイロシン，サイシロシビンという催幻覚成分が明らかにされた．以降，催幻覚性分をもつマジックマッシュルームは，その後の文学や音楽や美術などに強い影響を与えることになった．

類似の物質は「麦角」からも知られている．麦角は子嚢菌類のバッカクキン *Claviceps purpurea* がムギ類の花に感染し，その結果ムギの穂に生じた菌核病による菌核で，オオムギ，コムギ，ライムギなどの穂に発生する．この菌核には麦角アルカロイドと総称される物質が含まれる．中米のキノコ調査で催幻覚物質を特定した A. ホフマンは麦角アルカロイドの研究者の1人であり，彼は麦角の成分であるリゼルグ酸の誘導体として，催幻覚作用をもつ著名な LSD（リゼルグ酸ジエチルアミド）を，麦角成分研究の途上で人工的に合成している．

麦角アルカロイドには，子宮収縮，分娩促進，止血作用などもあり，たとえば牧草に麦角が大量に発生した場合，これを食べた家畜は中毒を起こし，症状は流産や四肢の壊疽となって現れ，しばしば致命的となる．ヒトの循環器系や神経系にも強い毒性をもち，中毒した場合手足が燃えるような感覚を与えるという．中世の欧州では麦角中毒は「聖アントニウスの火」と呼ばれた．西洋中世の「魔女」も，当時の主食であったライムギと，周期的に発生するムギの麦角病と関連づける説もある．サイロシビン系の毒成分をもつキノコ中毒がもたらす催幻覚作用と，ベニテングタケ中毒による催幻覚作用は大きく異なるため，ベニテングタケ中毒によって大いなる幻覚がもたらされると説明する多くの文献の記述は再検討されなければならないであろう．

2）キノコ嫌いとキノコ好き民族

マジックマッシュルームを発見した R.G. ワッソンの業績の中で最もユニークなのが，世界には「キノコ嫌い（myco-phobe）民族とキノコ好き（myco-phile）民族」がいる，という説である．彼の自伝によれば，1927 年ニューヨーク州の山を妻と散策したときに，アングロサクソンである自分と，ロシア系である妻の，野生キノコに対する態度がまるで異なったことに衝撃を受けたのだという．ワッソン自身は，野生キノコが恐ろしくて採ることすらできないのに，妻は喜んで野生のキノコを採集し食べようとしていたのだ．その痛切な体験をもとに，世界の神話，伝説を広く調査し，野性のキノコに対する態度が民族によりまったく異なるという説，すなわち古代ギリシャ，ケルト，スカンジナビア，アングロサクソンの人々は「キノコ嫌い」，ロシア，カタルニア人は「キノコ好き」，という風に類別し提案したのである．R.G. ワッソンの野生キノコをめぐるさまざまな業績は，キノコ文化論考の嚆矢となる業績として現在では高く評価されている．

3）日本の催幻覚性キノコ

和名ワライタケの命名者であり，千葉県立高等園芸学校（現在の千葉大学園芸学部）の教授であった川村清一は，キノコ中毒の記述では現在でも世界的な規模をほこる「原色日本菌類図鑑」（1954～1955，全8巻）を著し，その中に日本で起きた数多くの催幻覚性中毒も記録し紹介した．たとえばワライタケの和名の根拠となった，1917（大正6）年石川県での中毒例を図鑑の中で次のように紹介している．（一家4人で食べたところ）「女房は丸裸で踊るやら，跳ねるやら，果ては三味線を取り出して弾く真似をして，ぎゃらぎゃら笑う大騒ぎの最中なのに喫驚しているうち，自分も亦同様に狂ふようになり，文助も続いて狂態を極めて乱舞をつくした」．現在ではワライタケにも催幻覚成分サイシロシビンが含まれていることが知られている．川村のキノコ中毒事例収集は現世にとどまらず，文献に登場する事例の考証も行った．たとえば平安時代に成立したとされる説話集「今昔物語」に登場する平茸と毒菌の和太利をヒラタケとツキヨタケとしたほか，「尼共山に入り茸を食うて舞う語」の中に登場するキノコはオオワライタケであるとする説を唱えるなど，日本史の中に登場したキノコを積極的に評価しようとした．

4）日本における規制

1953（昭和28）年に制定され，阿片やコカインを取り締まる「麻薬，向精神薬及び麻薬向精神約原料を指定する政令」が一部改正され，2002（平成14）年6月から催幻覚成分であるサイロシビン，サイロシンを含有するキノコ類が麻薬原料植物として追加指定された．法改正の時点で，ワライタケやシビレタケ，また栽培キット等が販売されていたミナミシビレタケなどを含む13種が該当種として指定された．該当するキノコ類を標本類として保管する研究機関・大学・博物館等では，県知事が認定する麻薬研究者の免許をもつ担当者を置き管理することになっている．　**（吹春俊光）**

＊参考文献

R.C. クック，三浦宏一郎・徳増征二 訳（1980）菌類と人間．共立出版，東京

吹春俊光（2003）麻薬となってしまったマジックマッシュルーム．日本菌学会ニュースレター 2003-8 : 4-7

川村清一（1954-1955）原色日本菌類図鑑，全8巻．風間書房，東京

三浦宏一郎（1995）菌類認識史資料（壱）．萩庵，坂戸市（私家版）

Ott J, Bigwood J（1978）Teonanacatl : Hallucinogenic mushrooms of North America. Madrona Publishers, Seattle.

Riedlinger TJ（1990）Sacred mushroom seeker : Tributes to R. Gordon Wasson. Park Street Press, Vermont

Wasson RG（1957）Seeking the magic mushroom. Life Magazine, June

9.4　菌類と芸術(映画とキノコ)

「キノコ映画」といえば，誰もがまず本田猪四郎監督の『マタンゴ』(1963 年，日本）を思い出すであろう．ヨットが遭難して無人島に漂着した 7 人の男女をキノコの化け物が襲う．実はこれはこの島で発見されたキノコ「マタンゴ」を食べてキノコ人間になってしまったかつての難破船の生き残り乗組員なのだ．毒キノコ以外に何も食糧がない島で，7 人の日本人たちも 1 人ずつキノコを食べてキノコ人間に変貌していく．なるほど，キノコは人間と形が似ているのだな，と納得させられる．画面いっぱいに，現存するキノコや想像上のけばけばしいキノコが次々と現れて人間を誘惑するところは圧巻である．特撮を担当しているのは，あの有名な円谷英二監督．キノコを口にする水野久美の表情を見ていると，思わずこちらまで手が出そうになる作品だ．

この「キノコ人間」という発想も独創的だが，1902 年に月面下の世界にキノコが群生している映画を撮ったフランス人がいる．『月世界旅行』のジョルジュ・メリエスである．SF 小説の始祖と呼ばれるジュール・ヴェルヌの同名小説が原作だが，もちろん原作にキノコは登場しない．学者らしき 6 名の人物が宇宙ロケットに乗って月に到着する．降ってきた雪を避けるため，月面に開いた穴から下りていくと，そこは一面がキノコの世界なのだ．傘を立て掛けるとそれがたちまちキノコに変わるのも面白いが，彼らを襲う「月人」をステッキで叩くと煙となって消えるところは，ホコリタケを彷彿とさせる．なぜ，「月面下にキノコ世界」なのか，監督に尋ねてみたいが，それは叶わぬ願いである．

ちなみに，同じくヴェルヌの『地底探検』を 1959 年に映画化したヘンリー・レビン（米）も地底にキノコの森を登場させている．こちらはパット・ブーン演じる地質学専攻の学生がキノコを発見して，それをステーキ，スープ，サラダ，おかゆにして食べる話．疲れた旅人にやすらぎと眠りを与える別天地としてキノコの森は描かれているが，このような作品は少ない．

なぜなら，映画の中のキノコたちにはほとんどの場合，悪の匂いが漂っているからである．ヴィクトル・エリセの名作『ミツバチのささやき』(1973 年，スペイン）に出てくるキノコがその代表的なものだろう．映画『フランケンシュタイン』を観たことが発端となり，目に見えない精霊の存在にとらわれ始めた幼い少女アナに，ある日，森で大きく歪んだ褐色のキノコを指して父親がいう．「これをごらん．本物の悪魔だ．カサの色をごらん．裏側は黒いだろ．覚えておくんだ．一番危険なキノコだ」と．彼女がかくまった人民戦線軍の兵士が射殺された夜，アナは森に隠れて兵士の死を悼むかのように，その褐色のキノコをそっと撫でる．彼女にとっては兵士も毒キノコも精霊の化身なのである．この作品におけるキノコの存在には，監督の思想が託されているといっては，いい過ぎであろうか．

毒キノコで人を殺す話はイタリアのタヴィアーニ兄弟の作品『フィオリーレ　花月の伝説』(1993 年）に出てくる．ナポレオン軍によるトスカーナへの侵攻があった 1797 年から現代までの 200 年間に及ぶ，ある家族の呪われた歴史の中にそのキノコは現れる．19 世紀，この家の娘エリーザは身分違いの旅芸人と恋に落ちるが，立身出世をめざす兄によってその仲を引き裂かれる．身ごもっている彼女がピクニックに出かけた森の中で，毒キノコを兄に食べさせて復讐する場面，アップに耐える赤黒いイグチはいったい何ものであろう．肉が厚くて，とてもおいしそうなのである．

やはり毒キノコの話では，鍋の中でちらっと姿を見せるだけのキノコが，ある男の人生を決定づけたといえる作品がある．フランスのサッシャ・ギトリが 1936 年に撮った『トランプ譚』という，特異な映画だ．原作もペテルブルグ生まれのフランス人劇作家サッシャ・ギトリその人．12 歳のとき家業である食料品店の金を盗み，父親から「キノコ料理はおあづけだ」とおしおきを食らったために，家族全員を失って生き残ってしまった主人公．「金を盗んだから毒キノコを食べず生き残った．家族は善人だから死んだのだ」という人生哲学を幼くして身につけた彼が，その後歩んだ奇想天外，摩訶不思議な人生は，「食べなかった毒キノコ」によって導かれたものであるとしか考えられないのである．

ここで，犯罪がらみのキノコの香りが濃厚な映画作品を2本紹介しよう．まず，1作目はその名もずばり，『マッシュルーム』（1995年，オーストラリア，アラン・マデン監督）．初老の女性2人が経営する簡易宿に逃げ込んできた凶悪犯の男が，たまたま事故で死んだことから話は始まる．脛に傷をもつ2人は警察に届けることもできず，苦肉の策として考え出した死体処理の方法が「食べれば消える」という論理的なもの――死体をバラバラにしてニワトリに食べさせ，次にニワトリが生んだ卵を自分たちが食べて，証拠を隠滅しようというものであった．そして次に考え出したのが，増えるばかりのニワトリの糞でマッシュルームを栽培すること．クリスマスパーティで彼女たちがこのニワトリとキノコを使って警察の面々にふるまった料理の名が「警官の喜び」というのだから，なんと皮肉な話ではないか．キノコ料理のコツは，少しニワトリの羽を混ぜて繊維を除くことだそうである．

もう1作は『オール・アバウト・マイ・マザー』で有名なスペインの監督ペドロ・アルモドバルの『マタドール』（1986年）という作品だ．実に猟奇的な作品である．片足を負傷して以来，マタドール（闘牛士）としての生命を断たれたモンテスが経営している闘牛士学校の庭隅に青い大きなキノコが密生している．実はこれらの毒々しいキノコの下には，ウシにとどめを刺す一瞬の恍惚感が忘れられない彼によって殺された教え子たちが埋められていたのである．筆者はこの作品がきっかけとなって「コルプス・ファインダー（死体探知茸）」の存在をはじめて知った．相良直彦の研究によれば，これは日本のアシナガヌメリと同種のキノコだそうであるが，ただし，これらアンモニア菌は死体から直接出るものではないし，色も青くはない．この映画にはキノコ鑑定会場でのキノコ談義の場面もあり，監督のキノコに対する並々ならぬ思い入れが感じられる作品である．

青いキノコといえば，宮藤官九郎監督の『真夜中の弥次さん喜多さん』（2005年，日本）を観たあとで右腕の付け根から青いエノキタケが生えた夢を見た．しりあがり寿の漫画を原作としたハチャメチャな映画の中で，喜多さんが酒を飲んでいる生と死のはざまの世界にあるバーの椅子がすべてキノコなのだ．そこで働くバーテンダーはすでに死んでいるのだが，残された妻がキノコを体に生やしながら必死になって彼のことを考えている限り姿は消えないことになっている．生き残った者が強く思うことによって死者は蘇り，やがて強く思っている者の体からキノコが生えるというのはとても哀しい話だ．弥次さんと喜多さんが，抱き合ってキノコを食べながらピンク色の巨大な象に乗って旅を再開するラストでは，それがどの世界の出来事なのか，筆者にはさっぱりわからなくなる．

試験管の中を太陽の光を浴びてひらひらと泳ぐアンズ茸．これは小川洋子の同名小説をフランスの女性監督ディアーヌ・ベルトランが映画化した『薬指の標本』（2005年，フランス）の冒頭部分である．火事で家族3人を失った16歳の少女が焼け跡に生えてきた3体のキノコを標本にしてほしい，と技師のところに持ち込んでくる．辛い思い出を封じ込めてそこから自由になるために，人は不安の種になるさまざまな品物を携えて技師のもとを訪れる．標本制作助手の仕事に就いた主人公のイリスが最初に見せてもらう標本がこのキノコであった．キノコの標本を頼んだ少女が，今度は頬に残った火傷の跡を標本にしてほしい，と訪れる．標本制作室に消えた彼女はふたたび戻ってこない．美しい怪談としかいいようのない作品である．

ところでアンズ茸はその色と形で人を魅了する力をもっているのであろうか．筆者の大好きな映画『かもめ食堂』(2006年，日本，荻上直子監督）にも姿を現わすのである．ヘルシンキの空港で自分の荷物を受け取ることができなかった中年女性のマサコは，ひょんなことから日本人サチエが経営する「かもめ食堂」に通うことになる．フィンランドの人々の生活がゆったりしているのは森があるから，と土地の人に聞いた彼女は森に出かける．そこでアンズ茸をどっさり採集している彼女の姿があった，と思ったら，そのキノコたちが消えてしまうのである．やがて見つかった彼女のトランクを開けると，消えたアンズ茸がぎっしり詰まっている．このキノコは現実世界でのキノコではなく，マサコが見た幻想なのだ．彼女はやがてヘルシンキの住み人となる．1990年にはじめてヘルシンキを訪れたとき，筆者も青空市場で山盛りになって売られているアンズ茸を見て感動した記憶がある．

ヘルシンキよりも北に位置するラップランドではキノコを食べないのであろうか．そんな疑問を抱かせた映画が，ロシア人監督アレクサンドル・ロゴシュキンの『ククーシュカ　ラップランドの妖精』(2009年）である．ものの本によれば，ラップランドの代表的な食材としてキノコがあがっている．ところが映画に登場する原住民サーミ族のアンニは「キノコを食べるのは毒だ」といっているのである．この素晴らしい作品は第二次世界大戦も終わりの頃，敵同士のフィンランド兵とロシア兵，そして2人の世話をするアンニが互いに相手の言葉をまったく理解しないままに共同生活を送るという一種のメルヘンである．アンニを助けようとフィンランド兵はサウナをつくり，ロシア兵はキノコ採りに出かける．ところがよく肥えたヤマドリ茸の汚れを掃除している姿を見たアンニは「トリップしたいのならスープを飲むだけで充分．食べたら毒よ」という．おまけに「私はキノコを食べるほどバカじゃない」とまで．ロシア人なら見つけて狂喜するヤマドリ茸を監督がなぜ，このように扱ったのか．やがて，アンニが大地の神と通じている巫女であることがわかってくる．キノコの魔力を熟知している彼女は，普通の人間がそれを食するところなどとても黙って見ていることができなかったに違いない．

おどろおどろしいキノコから悪意に満ちたキノコ，不思議なキノコに幻のキノコ，そして食べられるだけのキノコまで，映画の中のキノコ狩りはこれからもまだまだ続きそうである．　(扇　千恵)

9.5 菌類関連の古書・文化史料

9.5.1 日本の菌類図譜

奈良時代に成立した万葉集にはマツタケを詠んだ歌が登場し[1]，平安時代に成立したとされる今昔物語には，食用菌ヒラタケや類似の毒菌（ツキヨタケと思われる種）が複数回登場する．そして室町時代から江戸時代にかけてのさまざまな文献には，食材としての野生キノコが頻度高く登場し，時代ごとの利用方法から，野生キノコを通して都周辺の環境の変遷も推定できる資料ともなっている[2]．日本のキノコ研究は，本草学の一端として始まり，深江輔仁『本草和名』(918) を嚆矢とするが，茯苓，猪苓などを除けば薬用として実際に用いられた例は少なく，キノコは食材としての関心・利用が主であった．そのキノコを図示し，産地・特徴を記した菌類図譜は，江戸時代中期からつくられ始めた．『怡顔斎菌品』(1761)，『日光菌譜』(1766 著者不詳)，『信陽菌譜』(1799)，その底本となった『伊那郡菌部』(1799 市岡智寛) などである．菌類図譜がつくられた要因として，この頃から地方ごとに動植物・鉱物などを解説する産物誌がつくられるようになり，各種の図譜が次々に生み出されたことがあげられる．初期の菌類図譜は，図の描写が抽象的で稚拙の域を出ない．しかし，享保年間に洋書の輸入が解禁になり，ヨーロッパの図譜の影響で，坂本浩然『菌譜』[7]や岩崎常正『本草図譜』[8]のように写実的な図鑑が製作されるようになった．やがて明治となり，日本にも西洋の分類学に基づく菌類研究が行われ，それに則った図譜が生まれる．

1) 和漢三才図会

明代の王圻『三才図会』[5]にならって編纂され，日本で最初に版刻された図入り百科事典である寺島良安『和漢三才図会』[6]は，菌類（地衣類も含む）44 種類（同物異名を含む）を解説し，22 点の図を伴う（図 9.5.1）．『三才図会』には，キノコは霊芝（マンネンタケ）1 点しか掲載されておらず，和漢における菌類に対する関心の差が見て取れる．『和漢三才図会』では，本草綱目の引用・解説が目立つが，それまでの日本におけるキノコの情報を記し，著者の考察を加えている．霊芝（マンネンタケ），木耳（キクラゲ），松蕈（マツタケ）などの図は写実的だが，そのほかのキノコの図は簡単な描写で誤りのあるものも少なくない．

■図 9.5.1 マツタケ（寺島良安「和漢三才図会」1712 年，森林総合研究所蔵）

2) 怡顔斎菌品

菌類のみの図譜としては江戸時代中期に成立した『怡顔斎菌品』(1761) が最も古い．松岡玄達（怡顔斎）は蘭，竹，苔，介，石などの一連の図入り解説書を作成し，菌類においても『菌品』を著した（図 9.5.2）．漢籍の菌譜 (1245)，五雑爼 (1619)，酉陽雑爼 (860)，本草経集注 (500 頃)，本草綱目 (1596) などに所載のキノコや日本産のキノコの産地，特性について解説し，論考を加えている．47 点の図を伴っているが，いずれも稚拙である．木材から生えるキノコ 19 種，地上に生えるキノコ 46 種を解説し，不明種 10 種の菌名を掲載する．

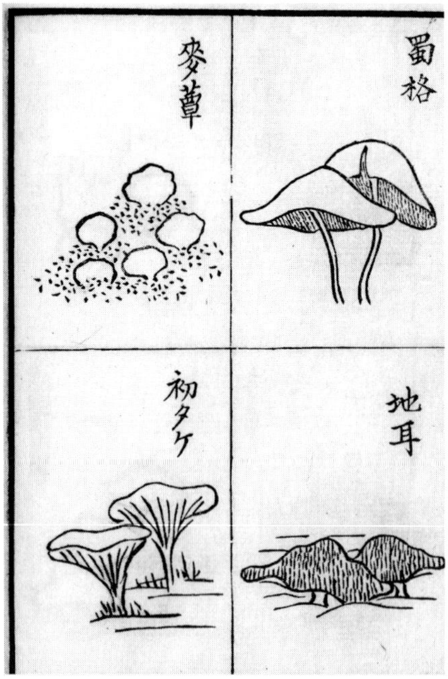

■図 9.5.2 ハツタケなど（松岡玄達「菌品」1761 年，千葉県立中央博物館蔵）

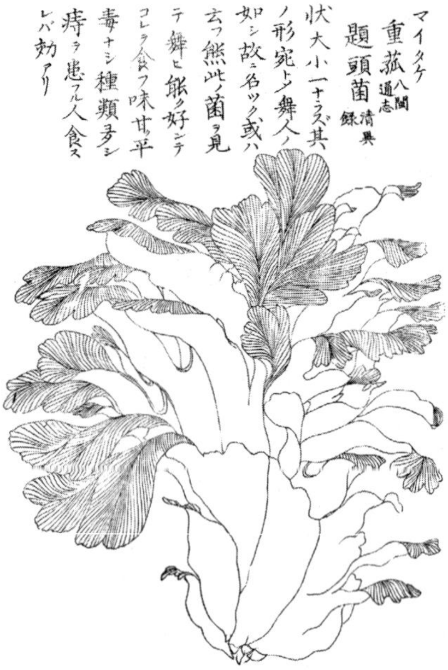

■図 9.5.3 マイタケ（坂本浩然『菌譜』1835 年，千葉県立中央博物館蔵）

この中には植物のナンバンギセルと幽霊草（ギンリョソウ），地衣のイワタケも含む．霊芝，木耳，香蕈（シイタケ），松蕈など，それまで広く知られていた種類のほか，サルノコシカケ，キンタケ，シモコシ，イクチ，キツネノカラカサ，ホコリダケなど，現代の菌名に通じるものも多い．

3）坂本浩然・菌譜

1835 年に刊行された本図譜では，第 1 巻に 42 図 57 種の食用菌，第 2 巻に 44 図 59 種の菌（39 種の毒菌を含む）を掲載した．各図には，漢名，和名，別名などのほか，色，形状，毒の有無，さらに生育環境に関する記述もある．収録された図は，簡略で誤りのあるものも見られるが，おおむね実物をもとに描写したと思われ，写実的である．マイタケ，カワタケ・シシタケ，ヤグラタケ，ツエタケ，ツキヨタケ，チャダイゴケなどが登場する（図 9.5.3）．国会図書館には手彩色の手稿本が残っており，刊本では割愛された多くのキノコが記された 151 枚の図版の描写はより精細かつ正確で美しく，江戸時代最高の菌類図譜である．

4）本草図譜

岩崎常正（灌園）の『本草図譜』[8]は，過去の図譜を総合する体裁をとっており，また現在では推定できないような種類の図も掲載されてはいるものの，食・薬用のマイタケ，マツタケ，ナラタケ，ハツタケ，マンネンタケ，また実用とは縁のなさそうなツルタケ（鶴ダケ），キヌガサタケ（虚無僧ダケ），チャダイゴケ，ウスタケ，あるいはタマゴタケやベニテングタケと推定される種類など，明らかに実物からのスケッチと思われる写実的な図として多数の種類が紹介されており，現在的な意味での図鑑の質に達している．全 96 巻のうち菌類に 6 巻 357 図があてられており，量的にも本格図鑑の領域に達した．また本草図譜には日本デザイン史にも残るような見事な彩色美麗図版が多数掲載されている（図 9.5.4）．

5）川村清一

日本における本格的なキノコの研究は，ほかの多くの学問同様，明治以降に始まったといってもよい．田中延次郎は田中長嶺とともに『日本菌類

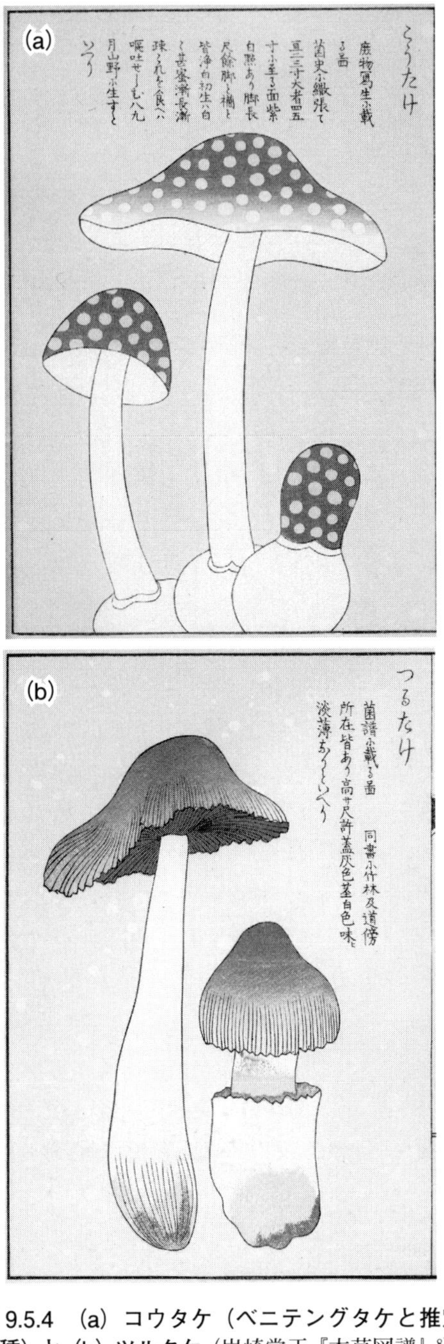

■図 9.5.4　(a) コウタケ（ベニテングタケと推定される種）と (b) ツルタケ（岩崎常正『本草図譜』[8]（大正時代の復刻版），千葉県立中央博物館蔵）

図説』[9] を著し，日本の菌学の先がけとなった．その後，農林省林業試験場（現・森林総合研究所）の川村清一は，原色の『日本菌類図譜』[10] を著し，日本のキノコ研究の基礎を築いた（図 9.5.5）．この図譜では，複数の種を 1 枚の大判の図版 20 枚

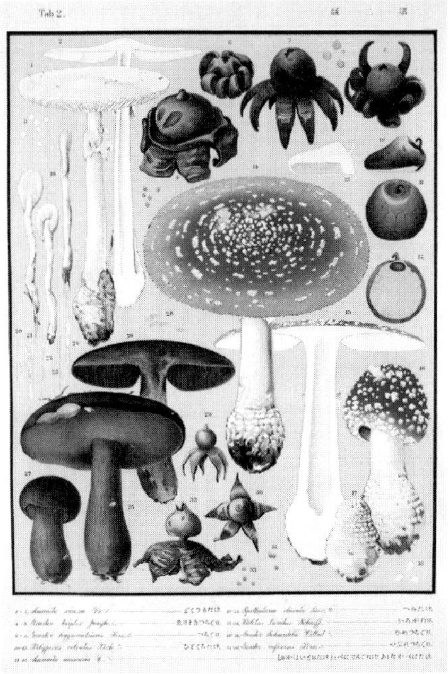

■図 9.5.5　ドクツルタケほか（川村清一『日本菌類図譜』1912 年，森林総合研究所蔵）

に収め，153 種を解説している．日本産の主要なキノコは，この記載が日本での最初の学術報告となったものが少なくない．また，欧米の菌類図譜並に学術的に正確に描写されたはじめての図譜である．川村はその後，千葉高等園芸学校（現在の千葉大学園芸学部）の教授となり，キノコの研究活動を続けた．『日本菌類図説』[11] は，広く一般向けに出版された図鑑で，242 点の原色図を掲載し，秀逸な描写に加え，彩色した写真による表現も行われた．川村の没後に出版された『原色日本菌類図鑑』（全 8 巻）[13] では，433 種が掲載され，キノコ中毒の記述では現在でも世界的な規模を誇る著作でもある．

6) 今関六也・本郷次雄

小林義雄・今関六也・明日山秀文『日本隠花植物図鑑（菌類）』[12] は，カビ類（主に植物病原菌）も含めた菌類全体の日本最初の一般向けの図鑑であった．この図鑑では 200 図版に約 480 種を解説し，写真も多用している．この図鑑で，ようやく日本産菌類を閲覧・概観することがはじめて可能となった．その後，今関六也は本郷次雄とともに『正・続 原色日本菌類図鑑』[14]を著した．この図鑑は，美麗・詳細・科学的なスケッチに基づく手彩色図が多数掲載されるとともに，その当時の最先端とされたR. Singerの分類体系に基づいていたため，日本産キノコ研究の進展に大きな力となったばかりでなく，海外へも日本産菌類の情報発信を担う役割を果たした．その約30年後に改訂版の『原色日本新菌類図鑑Ⅰ・Ⅱ』[15]が発表されたが，この図鑑以降，野生キノコ写真の撮影・印刷の技術進歩に伴い，菌類図鑑の図は手書図から急速に写真にかわることになる．

7）清水大典

手書きによる最後のキノコ図譜ともいうべきものは，冬虫夏草を題材とした清水大典による一連の冬虫夏草菌図譜のシリーズであろう[16]．清水の冬虫夏草の図は，その精密さと美麗さにおいて世界に類例を見ない見事な仕上がりとなっている．

（根田　仁・吹春俊光）

＊引用文献

1）岡村稔久（2005）まつたけの文化誌．山と渓谷社，東京
2）小川　眞（1984）マツタケの話．築地書館，東京
3）深江輔仁（918）本草和名，復刻版（1926）日本古典全集刊行会，東京
4）熊谷良一（2005）「伊那郡菌部」雑考．伊那 53（9）：3-14
5）王圻（1609）三才図会，復刻版（1988）．上海古籍出版社，上海
6）寺島良安（1712）和漢三才図会
7）坂本浩然（1835）菌譜
8）岩崎常正（1841-1842）本草図譜，復刻版（1918）．本草図譜刊行会，東京
9）田中延次郎・田中長嶺（1890）日本菌類図説．丸善，東京
10）川村清一（1912-1925）日本菌類図譜，1～5集．農商務省山林局，東京
11）川村清一（1929）日本菌類図説．大地書院，東京
12）小林義雄ほか（1939）日本隠花植物図鑑（菌類）．三省堂，東京
13）川村清一（1954-1955）原色日本菌類図鑑，全8巻．風間書房，東京
14）今関六也・本郷次雄（1957, 1965）原色日本菌類図鑑（正・続）．保育社，大阪
15）今関六也・本郷次雄（1987, 1989）原色日本新菌類図鑑（Ⅰ・Ⅱ）．保育社，大阪
16）清水大典（1994）原色冬虫夏草図鑑．誠文堂新光社，東京

＊参考文献

小林義雄（1983）日本中国菌類歴史と民俗学．廣川書店，東京
小林義雄（1989）菌学・地衣学の偉人50名の肖像と略伝．エンタープライズ，東京
三浦宏一郎（1995）菌類認識史資料（壱）．萩庵，坂戸市（私家版）
奥沢康正（2005）キノコ図譜から菌類学の発達をみる．杏雨 8：211-241
奥沢康正ほか（2004）毒キノコ今昔—中毒症例を中心にして．思文閣出版，京都
上野益三（1973）日本博物学史．平凡社，東京．（1989）講談社学術文庫に再録
宇田川俊一 編著（2006）日本菌学史．日本菌学会，東京

9.5.2 西洋の菌類図譜

すべての分類学者は，多くの植物，特に肉質で腐りやすいキノコ類の同定には，図版が不可欠であることを認める[7]．菌類図譜は，分類学の当初から現在に至るまで，きわめて重要であり続けてきた．1481年から1959年までに発行された菌類（主にキノコ類）に関する本は，3,000点以上におよび[14]，図を伴うものも多い．西洋の菌類図譜は，本草書の一部として登場した．最も古い印刷されたキノコの図は“Ortus sanitatis”（「健康の源」1491年）という本草書に載せられた（図9.5.6）[1]．しかし，初期のキノコの図は稚拙で種の同定は困

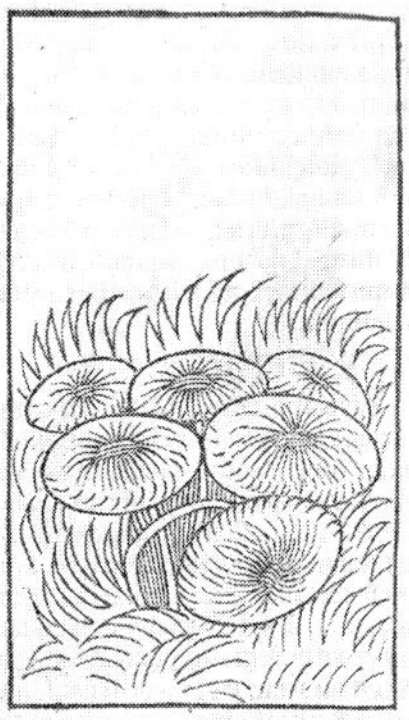

■図9.5.6　草原に生えるキノコ（Ortus sanitatis 1491）

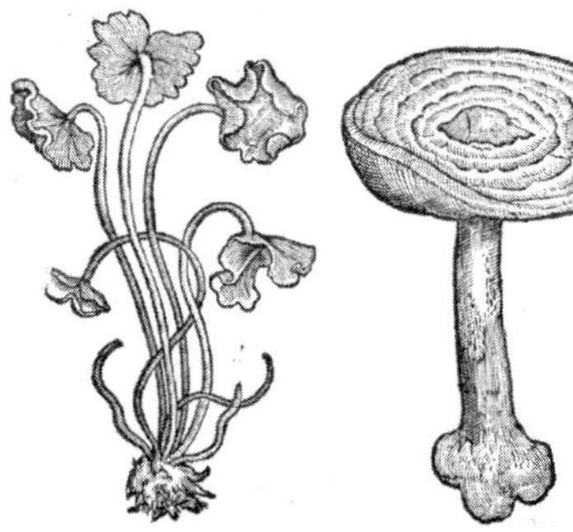

■図 9.5.7　地上生のキノコ[10)]

難である．16 世紀後期の Kruydtboeck[10)] で写実的な図が登場するが，まだ精密な印刷は難しく，また当時の菌類分類学が黎明期以前のため，各種の形態のキノコを配列し，簡単な特徴を記載しているにすぎない（図 9.5.7）．

1）Fungorum in Pannoniis observatorum brevis historia（パノニアの菌類観察小誌）[4)]

最初の菌類図譜と呼べるものは，Charles de l'Escluse（1520 ～ 1609, ラテン語名 Carolus Clusius として知られる）によって著された．草創期の植物学者･園芸家として高名な Clusius は，“Rariorum plantarum historia”（1601，稀少植物誌）の一部分の Fungorum in Pannoniis observatorum brevis historia の中で，キノコ類を 25 属に分け，詳細に記載している．まだ印刷技術は十分ではなかったが，ヒラタケ，カラカサタケなど，種名を同定できるものが少なくない（図 9.5.8）．またホウキタケ，アンズタケなどがはじめて登場した図譜ともなった．

また，Clusius は，原色のキノコ写生図集（Codex Clusii）を残している．86 枚の水彩画と 1 枚の油絵からなる写生図は，精細に描かれ，種の特徴もおさえている（図 9.5.9）．“Fungorum in Pannoniis observatorum brevis historia ” は，これらの図がもとになって執筆された．この写生図集は Clusius の死後に発見され，17 世紀にライデン大学図書館に買い取られ，現存している[5)]．

■図 9.5.8　カラカサタケ[4)]

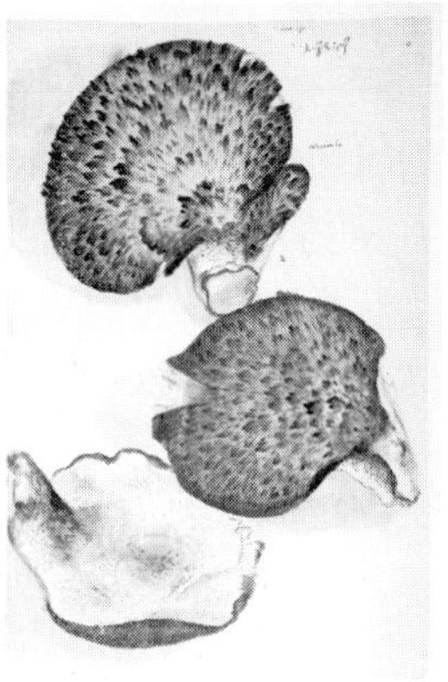

■図 9.5.9　アミヒラタケ（Clusius 16 世紀後期）

2）Theatrum fungorum（菌類の劇場）[13)]

17 世紀になり，銅版画の手法が菌類図譜に導入され，より精密な描写・印刷が可能になった．植物学者の Franciscus van Sterbeeck（1631 ～ 1693）は，菌類に特に関心をもっていたが，

■図 9.5.10　アミヒラタケ[13)]

Clusiusの写生図を見て感銘を受け，その図を基礎にして“Theatrum fungorum”を著した．本書では135葉のキノコの図を載せているが，77葉はClusius，14葉は当時の他の研究者の手による．しかし，解説には新しい情報を多く含んでいる（図9.5.10）．

3）Nova Plantarum Genera（植物の新しい属）[9]

著者のPier Antonio Micheli（1679～1737）はフィレンツェに生まれ，植物園の管理などの仕事のかたわら，植物や菌類の分類研究を進め，この書を著した．植物の広い分類群を網羅し，著者が興味をもっていたコケ類，地衣類などを詳しく扱っている．この中には1,900の植物が登場するが，うち1,400は史上はじめて観察の対象となったと，タイトルの副題にある．Micheliは地衣類やトリュフの子嚢，子嚢胞子を観察するかたわら，この本に登場するAspergillus（コウジカビ属），Botrytis（ハイイロカビ属），Polyporus（タコウキン属），Clathrus（アカカゴタケ属），Tuber（セイヨウショウロ属）などの名前を創設した．これらは今日でも代表的な菌の属名として使用されている（図9.5.11）．

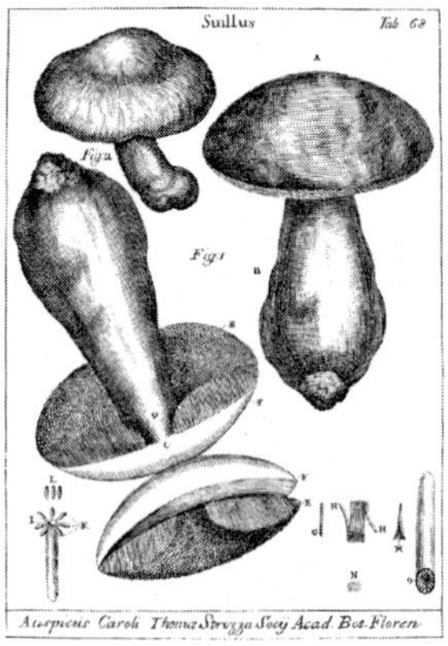

■図9.5.11　イグチのなかま[9]

4）Fungorum qui in Bavaria et Palatinatu circa Ratisbonam nascuntur Icones（バイエルン・パラティネート・レーゲンスブルグ地方の菌類原色彩色図譜）[12]

この図譜はドイツで発行された菌類図譜の中でも最も重要なものとされ，同時に1700年代に出版された菌類図譜としては，質量ともに最高の図鑑の1つでもある．著者のJacob Christian Schäffer[12]は，18世紀の啓蒙思想時代に多かった，聖職者兼ナチュラリストであった．胞子と胞子紋が原色で描かれている点が，他の図譜と大いに異なり，より先進的である（図9.5.12）．330枚の図は手彩色の銅版画により作製されているが，これは18～19世紀の豪華図譜作製の全盛時代にさかんに用いられた手法であり，植物画のみならず，菌類図においても同様な図譜がつくられていたことを示す貴重な資料である．

■図9.5.12　ナラタケ[12]

5）Herbier de la France（フランス植物誌）[3]

著者のPierre Bulliard[3]は，フランス産の植物と菌類に関する複数の著作を残している植物学者である．本書の602枚の図版のうち484枚が菌類であり，菌類図譜といってもよい．本図譜の特徴は，幼菌から成菌までの形態，傘の表や裏，子実体の断面，部分の拡大図などを1枚の図版にまとめ，科学的に正確な図を作製するという意図に貫かれている（図9.5.13）．一見平板に表現されているようなキノコの表面も，ルーペで拡大すると多

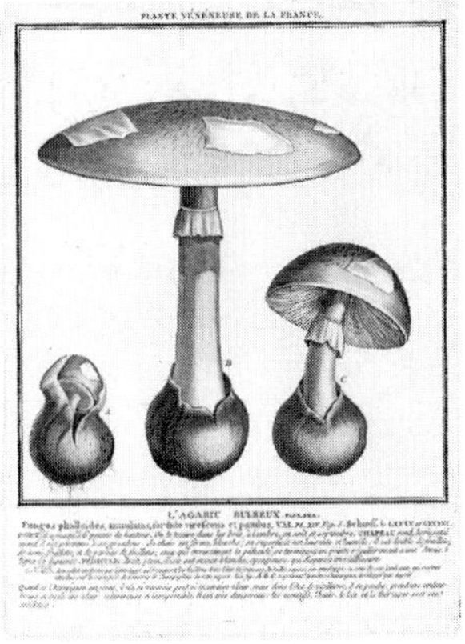

■図 9.5.13　タマゴテングタケ [3)]

様な線と点によって，色や陰影が正確に表現されている．色ごとに版を変えて多色刷とする彩色エングレービングの技法によるもので，刷り上がり後の手彩色は必要とせず，より正確な形態の表現が可能となった．

6）Iconographie des champignons de Paulet（ポーレットの菌類図譜）[11)]

Jean-Jacques Paulet（1740 ～ 1826）の主著は，『キノコ学総説』全 2 巻（1790 ～ 1808）であるが，第 1 巻で，1787 年までに知られていたキノコ関係の文献をすべて調査し，629 頁におよぶ文献レビューを行った．菌学史上最初の総合的な文献調査の仕事として，評価されている．手彩色の銅版画やリトグラフを中心にして構成されていて，フランスで出版された菌類図譜の中でも最も美しいものの 1 つという評価を与えられている．多くは担子菌類のハラタケ型の大型菌類であるが，バッカクキン，冬虫夏草，変形菌類などの図も収録されている（図 9.5.14）．

■図 9.5.14　カワラタケなど [11)]

7）Illustrations of British fungi（英国菌類図譜）[6)]

全 8 巻．1198 枚の原色図版からなる．同じ著者による“Handbook of British fungi 1871”の図版にあたる．著者の M.C. Cooke（1825 ～ 1914）は，英国の植物学者・菌学者で，キュー王立植物園で世界中の菌類標本の分類を行った．リトグラフによる図版のできばえは，当時の他の図譜と比べるとかならずしもよくないが，これらは実物をもとに著者がみずからスケッチしたもので，学術的価値は高い（図 9.5.15）

■図 9.5.15　ヒラタケ [6)]

8）Iconographia Mycologica（菌類図譜）[2)]

イタリアの菌学者 Abbé Giacomo Bresadola（1847 ～ 1929）による 26 巻，1,250 図版の浩瀚な菌類図譜で，手書きの図版によるものでは世界で最も大部なものとして知られる（図 9.5.16）．イタリアの植物学会とトレント市立博物館で編集出版され，著者の死後に完結した．本図譜は，南方熊楠が刊行の名誉賛助者に名を連ねている．

9）Flora Agaricina Danica（デンマーク菌蕈誌）[8)]

本図譜はコロタイプ印刷によるため，原図に忠実な印刷となっていて，ルーペで図版を拡大して

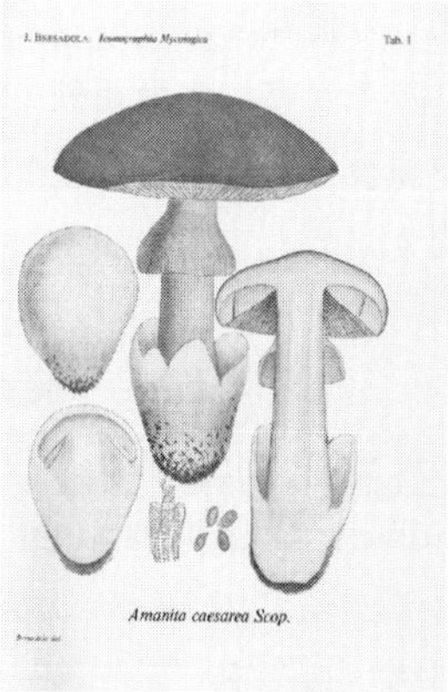

■図 9.5.16　タマゴタケ[2)]

観察できるくらい精緻にできている．当時デンマークで知られていたすべての種を検索表とともに掲載し，正確な図と特徴をよくつかんだ解説を伴っていることは特筆すべきである（図 9.5.17）．著者の Jacob E. Lange（1864 ～ 1941）は，20 世紀前半を代表する菌学者の 1 人で，肉眼的特徴を重視する Fries-Saccardo 式の分類を行った．

本図譜以降は，写真を用いた図鑑が多くなり，グラビア印刷が主流となっていく．　（根田　仁）

■図 9.5.17　テングタケとベニテングタケ[8)]

＊引用文献

1) Ainsworth GC (1976) Introduction to the history of mycology. Cambridge Univ. Press, Cambridge
2) Bresadola (1927-1933) Iconographia Mycologica, 26 vols
3) Bulliard P (1752-93) Herbier de la France
4) Clusius C (1601) Rariorum plantarum historia. pp263-295
5) Clusius C (1983) Fungorum in Pannoniis observatorum brevis historia et Codex Clusii. Akademiai Kiado, Budapest
6) Cooke MC (1881-1891) Illustrations of British fungi
7) Krieger LCC (1922) Mycologia 14(6) : 311-331
8) Lange JE (1935-40) Flora Agaricina Danica
9) Micheli A (1729) Nova plantarum Genera
10) l'Obel M de (1581) Kruydtbeck. pp 305-312
11) Paulet JJ (1855) Iconographie des champignons de Paulet
12) Schäffer JC (1718-1790) Fungorum qui in Bavaria Palatinatu circa Ratisbonam nascuntur icones nativis coloribus expresse
13) van Sterbeeck JF (1675) Theatrum fungorum
14) Volbracht C (2006) Mykolibri der Bibliotheck der Pilzbücher. Mycolibri, Humburg

9.6 菌類と文化人

9.6.1 南方熊楠

1) 生い立ちから死まで

南方熊楠（みなかたくまぐす）（1867（慶応 3）～ 1941（昭和 16））は，大政奉還によって江戸幕府が終わった年に生まれ，真珠湾攻撃によって太平洋戦争が始まった年に死んだ（図 9.6.1）.

和歌山城下の金物屋の息子として裕福な家庭に生まれて育ち，和歌山中学を卒業後，上京して大学予備門に入ったが，数学で落第点をとって自主退学し，1886 年に米国へ留学した. 6 年間の在米中，まじめに学校教育を受けた様子はなく，図書館通いと動植物の採集などに明け暮れ，菌類の宝庫といわれたフロリダとキューバで採集後，1892 年に渡英した. ロンドンでは大英博物館に通い，古今東西の書物，特に旅行記や民族誌を読みあさって知識を蓄積した.

1900 年に帰国し，実家のある和歌山市から那智へ，さらに田辺へ移り，原生林の残る熊野の森で生物の悉皆調査を続けたが，隠花植物が中心で，特に淡水藻と菌（主にキノコ）の採集に精力を注いだ. 同時に，後に「南方曼荼羅[1]」と呼ばれる世界観を練り，日本における自然保護運動の原点とされる神社合祀反対運動を行い，民俗学者・柳田國男（1875 ～ 1962）との交流をきっかけに噴出したごとくに民俗学的論考を次々に発表した. 1924 年までの半生涯は，「履歴書[2]」と称される長文の書簡によって詳しく知ることができる. しかし，晩年については 1929 年の昭和天皇への進講を除くと詳しく知られていない.

■図 9.6.1　南方熊楠（中央）
神島（和歌山県田辺湾）にて 1931 年 11 月 9 日撮影. 左端は菌学者・今井三子（南方熊楠顕彰館蔵）.

2) 博物への志向＝森羅万象の探求

南方は，幼少の頃に江戸時代の図入り百科事典『和漢三才図会』105 巻を筆写した.「三才」とは“天・地・人”，すなわち森羅万象を意味し，「図会」とは図や絵を集めたものという意味である. さらに『本草綱目』『大和本草』なども筆写した. 読書と筆写は晩年まで続き，「ロンドン抜書」52 冊，「田辺抜書」61 冊など多数が残っている. また，幼少の頃から野山を飛び回ることが好きで，さまざまなものを集め，標本をつくって保存した. 死後，田辺の南方邸の倉には，人骨，石器，土器などの考古学的標本，貝，蟹，昆虫などの動物標本，顕花植物標本，シダ，コケ，地衣，藻，菌などの隠花植物標本が残され，その数は 3 万点を超えていた. さらに，日常生活の記録，すなわち日記を 14 歳から書き始め，75 歳の死の直前まで続けた. 感情を交えずに 1 日の出来事を簡潔に記し，備忘録のように採集品名や書簡の発受信先などをまめに書き留めている.

南方は，筆写，標本，日記に加えて新聞記事や聞き取りなどで得た知識を，並外れた記憶力をもつ脳内にデータベースとして蓄積しつづけた. その原動力は，飽くなき好奇心であった. そして，森羅万象の探求，すなわち博物への志向は，“日本のゲスナー（Konrad Gesner, 1516 ～ 1565, スイスの博物学者）”，“東洋のプリニウス（Gaius Plinius Secundus, 23 ～ 79, 古代ローマの博物誌家）”をめざした南方の生涯を貫く縦糸であった.

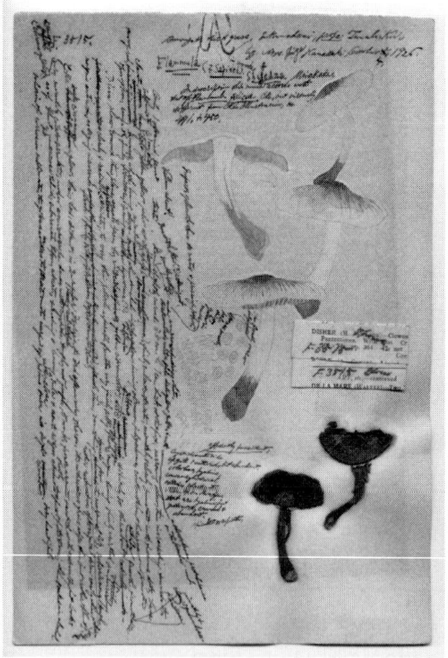

■図 9.6.2 南方熊楠の菌類彩色図
F. 3515 *Flammula Shigeana* Minakata（国立科学博物館蔵）.

3）幻の日本菌譜出版

南方は，16 歳頃に，米国の菌学者・カーチス（Moses Ashley Curtis, 1808 ～ 1872）が 6,000 点の菌類標本を集めたことを聞いて発奮し，日本産菌類 7,000 点の収集を決意した．死後，南方邸の倉には約 3,500 点の彩色図，約 6,600 点の乾燥標本，約 850 点のプレパラート標本が残されていた．彩色図には F（Fungi の頭文字）で始まる通し番号，学名，詳細な英文記載，乾燥標本が付けられていた（図 9.6.2）．最終番号として F.4782 が確認され，約 1,700 種のキノコが南方と弟子たちによって新しく命名されていた[3)]．しかし，南方はこれらの新種を学術雑誌などに発表することはなかった．

南方は，弟子たちへの手紙の中で，上記の彩色図をもとにした日本菌譜の出版計画が色彩再現の技術的な難しさと経済的資金の不足のために進む見込みがないと嘆いている．しかし，当時の菌学研究の世界的状況から判断すると，精細な顕微鏡観察の欠如と最新の参考文献の不足は，約 1,700 種の新種を発表するには致命的であった．菌譜の出版計画は，研究協力者である弟子たちへのリップサービスであった可能性が高い．

4）南方曼陀羅

南方の生物に関する科学的著作は，論文というよりも問答形式，補足記事，目録の類であり，800 編を超える全著作の 1/50 に満たない．南方の隠花植物研究の中で最もよく知られている変形菌（粘菌）の研究においてすら，“Nature” に 2 編，『植物学雑誌』に 5 編の計 7 編しかない．それにもかかわらず，多くの生物学者が南方に引きつけられ，特別の評価を与えてきた．雑誌に投稿された民俗学的論考や活字になって公表された書簡などにさまざまな生物が登場し，それらの生物に対する造詣の深さや示唆に富む指摘に驚かされるからであろう．しかし，一般には，文章の途中に淡水藻，菌（キノコや変形菌）などの生物が突然に登場して面食らってしまい，南方の文章が知識の洪水であり，論理的でないといわれる原因の 1 つとなっている．

遺品の中から「腹稿」と呼ばれる原稿下書きが多数見つかった．代表作となった「十二支考」の虎に関する腹稿は，数枚の新聞紙大の紙にさまざまな事項を関連づけて所狭しと列挙し，書く順序を番号で記してあった．腹稿は，脳内のデータベースを駆使して作品に仕上げる論理的過程を表した下書きのようである．森羅万象の出来事は因果関係で結ばれていて，それらのつながりの中心的位置に立てば全体を見通すことができ，あたかも手のひらの上に展開する宇宙を眺めるように全体を把握できるということを示しているのかもしれない．すなわち，「南方曼陀羅」と名づけられた世界観を実験的に具現化したものかもしれない．

南方の世界観は，難解な密教思想と深く結びついているばかりでなく，未公開の一次資料が多くあるためにまだ十分に解明されていない．この未解明の世界観をはじめとして，てんかん質に由来する集中力，並外れた記憶力，破天荒な行動，一本気でシャイな性格，知識あふれる躍動的文章などの特徴は，森羅万象を探求した人物・南方熊楠に多くの人が引きつけられる要因と思われる．柳田國男は，「日本人の可能性」の限界を超えた人物と誉め称えて南方の死を惜しんだ[4]．

（萩原博光）

＊引用文献

1) 鶴見和子（1980）南方熊楠―地球志向の比較学―．講談社，東京
2) 岩村　忍ほか 監修（1971）南方熊楠全集，第7巻．平凡社，東京
3) 小林義雄 編（1987）南方熊楠菌誌，第1巻．南方文枝，田辺
4) 辰野　隆 編（1950）近代日本の教養人．実業之日本社，東京

＊参考文献

萩原博光 解説，ワタリウム美術館 編（2007）南方熊楠菌類図譜．新潮社，東京

飯倉照平（2006）南方熊楠―梟のごとく黙座しおる―．ミネルヴァ書房，京都

中瀬喜陽・長谷川興蔵（1990）南方熊楠アルバム．八坂書房，東京

9.6.2 ファーブル

昆虫学者のジャン・アンリ・ファーブル（Jean-Henri Casimir Fabre，1823～1915）は，キノコの観察でも知られる．彼は，ごく小さい頃から晩年に至るまで，キノコに興味をもち続けた（図 9.6.3）．

著書『昆虫記（Souvenirs entomologiques）』の第7巻（1901年）の『におい（L'odorat）』と第10巻（1907年）の『昆虫と茸類（Insectes et champignons）』およびその前後の章には，キノコについての思い出と観察・実験結果が載せられている．

また，発光キノコ[3]やトリュフ栽培[4]ほか，キノコについての論文，解説書を著した．

1）幼年時代の思い出

貧しい農家に生まれたファーブルは幼少時，山村の祖父母に預けられ，自然の中で育ち，生物に親しんだ．キノコ類は幼い頃から，さまざまな色合いで彼を惹きつけ，はじめてとったキノコを前

■図 9.6.3　晩年のファーブル．机の上は昆虫飼育装置[11]

にしたときの有頂天な嬉しさを晩年になってからも思い出している．ブナの林で多くのキノコを見つけ，その中でもホコリタケの胞子の飛び方は彼をおもしろがらせた．

2）キノコと昆虫の関係の観察

ファーブルは虫をキノコの食べ方から，噛んで呑み込む虫（鞘翅類と衣蛾の幼虫）と，キノコをスープにして飲む虫（蛆など）の2類に区別した．前者では，トリュフ（*Tuber requienii*），ショウロ（*Rhizopogon*）などの地下生菌しか食物にしないフランスムネアカコガネが，だんご形のキノコを転がして巣穴の中にいれて食べるのを観察した．後者では，イグチ類（*Boletus*）が，煮沸することでは煮くずれしないが，ハエの蛆の消化酵素によって液化してしまうことを記している．

3）キノコの匂いに引き寄せられる虫

ファーブルの村ではイヌにトリュフを探させた．しかし，虫はイヌよりもキノコの匂いに敏感であった．アメバエの一種（*Scatophaga scybalaria*）はトリュフの近くに卵を産み付ける．フランスムネアカコガネは，その好物の地下のキ

ノコ（主に*Hydonocystis arenaria*）を探り出すのが上手であり，この虫の行動を観察すれば，キノコ（*H. arenaria*）を見つけることができた．

4）イグチ類の青変性

ファーブルは，傘や管孔を傷つけると藍色に変色するイグチ類が，炭酸ガスの中では変色せず，空気中で青変することを記し，染料のインジゴに性質が似ていることを指摘した．しかし，このキノコの色素は，空気に長く曝しておくと褪色してくる．蛆虫によって液化したイグチ類が黒いのは，この色素によるものと推測している．

5）虫が食べないタマゴタケ

最も美味しいとされるセイヨウタマゴタケ（*Amanita caesarea*）を，蛆虫やコウラナメクジは食べない．美味のツルタケ（*A. vaginata*），毒キノコのテングタケ（*A. pantherian*），タマゴテングタケ（*A. verna*），コタマゴテングタケ（*A. citrina*）などのテングタケ属（*Amanita*）は，蛆虫や衣蛾に食べられない．反面，非常に辛い*Lactarius torminosus*と，同属だが辛くはない*L. deliciosus*（アカハツの近縁種）を食べる虫はいることから，人間にとってのキノコの食毒や味は，虫の食性とは関係ないことを指摘した．

6）発光キノコ

ツキヨタケの近縁種（*Omphalotus olearius*）の発光を観察し，炭酸ガスや窒素ガスの中では消えること，空気を含んだ水の中では光っているが，沸騰で空気を失った水の中では光らないこと，蛆虫や衣蛾，コウラナメクジはこの光に誘引されないことを記した．

7）キノコの毒抜きと料理法

ファーブルは，近所の森でキノコ狩りの人の籠の中を調べた．そこには，当時，毒キノコとされた種類（紫のアワタケやナラタケ）が見られ，食べられていた．彼の住んでいた村では，「塩を一つまみ入れて沸騰させた湯の中で，キノコをゆで，それを冷たい水で幾度か洗えば毒抜きは仕上がる」ことが行われており，彼は多くの毒キノコをその方法で食べ，無害であったと記している．また熱湯で煮沸しても，煮くずれせず味や香りが失われないので，この方法を読者に勧めている（注意：キノコの毒成分は，この方法では無毒化されないことが多い）．

8）キノコの水彩画

標本として残すのが難しいキノコを，ファーブルは700点以上のキノコの精細な実物大の水彩画として残した．彼が「邪魔になって，棚から棚に置き換えられ，納屋から納屋に移され，鼠のお見舞いを受け，汚点でよごされて…惨憺たる最期を遂げるのである」[10]と危惧したキノコのスケッチのうち221点は，90年後にコサネルにより解説を加えて出版された[1,2]．

昆虫記10巻の初版[6]では*Lactarius deliciosus*（アカモミタケの近縁種）と*Pleurotus phosphoreus*（ツキヨタケの近縁種＝*Omphalotus olearius*）の図が掲載されていたが，改訂版[7]では食菌性昆虫の図に差し替えられた（図9.6.4）．

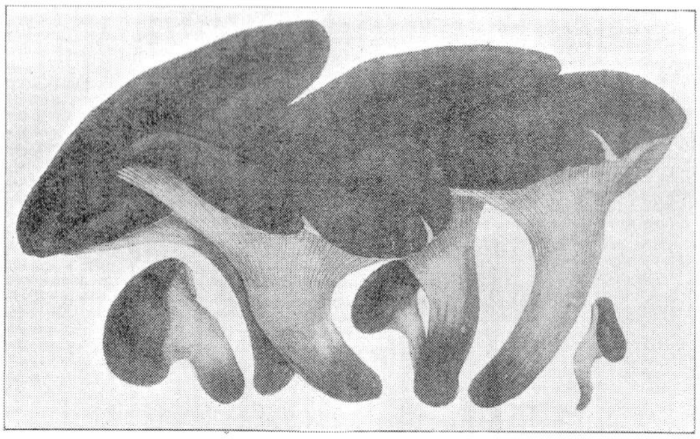

■図9.6.4　昆虫記第10巻に掲載されたツキヨタケ近縁種の水彩画[6]

9）昆虫記の日本語訳と伝記

ファーブルの昆虫記の日本語訳は，フンコロガシや狩りバチの行動などについて記した部分の抄訳が多く，キノコの記述の部分の訳は少ない．第

10巻の訳には，山田・水野[9]，山田・林[10]（改訳1962），土井[8]がある．ファーブルの晩年の弟子であり友人であったルグロは，ファーブルの評伝を著した[11, 12]．　　（根田　仁）

＊引用文献

1) Caussanel C, et al. (1991) Les Champignons de Jean-Henri Fabre. Citadelles & Mazenod, Paris
2) Caussanel C, ほか 著, Guez TD 訳 (1993) ジャン・アンンリ・ファーブルのキノコ．同朋舎出版，京都
3) Fabre JH (1855) Recherches sur la cause de la phosphorescence de l'Agaric de l'Olivier. Annales des Sciences Naturelles, la Botanique, Ser. 4, 4 : 179-197
4) Fabre JH (1857) Notes sur le mode de reproduction des truffes. Bulletin de la Société d'Agriculture et d'Horticulture de Vaucluse, Avignon (séance du 6 avril 1857)
5) Fabre JH (1901) Souvenirs entomologiques. Ser.7. Librairie Delagrave, Paris
6) Fabre JH (1907) Souvenirs entomologiques. Ser.10. Librairie Delagrave, Paris
7) Fabre JH (1924) Souvenirs entomologiques. Ser.10. edition definitive illustree. Librairie Delagrave, Paris
8) ファーブル JH 著，土井逸雄 訳 (1936) 昆蟲記 (10)．叢文閣，東京
9) ファーブル JH 著，山田珠樹・水野　亮 訳 (1931) ファーブル昆蟲記，第10巻．アルス，東京
10) ファーブル JH 著，山田吉彦・林　達夫 訳 (1934) ファーブル昆蟲記 (第二十分冊)．岩波書店，東京
11) Legros GV (1924) La vie de J.-H. Fabre naturaliste. Librairie Delagrave, Paris
12) Legros GV 著，平野威馬雄 訳 (1978) ファーブルの生涯．藤森書店，東京

9.6.3 ブラー

アーサー・ヘンリー・レジナルド・ブラー（Arthur Henry Reginald Buller, 1874～1944）は，みずから考案した試験装置を用いて実験を行い，胞子の射出，菌糸の融合，発光菌，サビ菌の胞子形成など菌類の生理・生態に関する多くの観察を行った．一核菌糸と二核菌糸が接合する際に起こる「ブラー現象」，担子胞子が担子器から射出される際に生じる「ブラーズ・ドロップ」など，彼が発見した現象は，「菌類の研究（Researches on fungi. 7 vols.)」などで解説された[3, 4]．この著書で，それまで不明瞭だった菌類の成長や生活史の性質を明らかにし，当時の菌学者達を驚かせた．

■図 9.6.5　ブラー[4]

英国のバーミンガムで生まれたブラーは，ライプチヒ大学で植物学を修め，バーミンガム大学の講師を経て，1904年にカナダのマニトバ大学の植物学・地質学の教授となり，1936年に引退するまでその職にあった．親交のあった米国の菌学者ロイド（C.G. Lloyd）は，「ブラー教授は，約50歳の年配の独身男性である．講義はとても面白い話なのだが，著書はちょっと眠気を誘う．彼は，とても熱心かつ疲れ知らずに観察を行い，かなり細かいところまで明らかにするので，誰もまねができない」と記している[7]．

1）胞子の射出機構

担子器の先端に形成された胞子が，どのように離脱して，放出されるのか，ブラーは顕微鏡で胞子が傘から落下するのを観察したところ，自然に落下する速度よりも速いことから，何らかの力がはたらいていることを示唆した．また，胞子が射出する直前に胞子と担子器の小柄の間に，水滴（ブラーズ・ドロップ）が形成されることを発見し，これが胞子の射出機構と関係があることを予言し

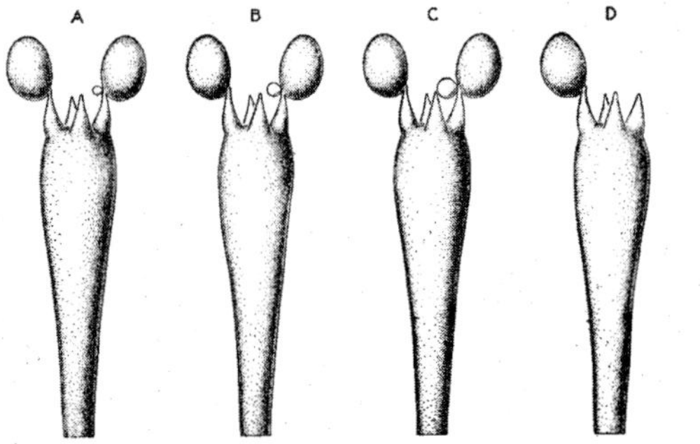

■図 9.6.6 ハラタケの担子胞子の射出（Buller 1922）

た（図 9.6.6）.

2）ブラー現象

キノコをつくる担子菌の単核菌糸と複核菌糸が接触すると，両者が融合することがある．このとき，単核菌糸の核と和合性のある複核菌糸の核は，接触した単核菌糸の細胞の中に移動し，さらに分裂しながら隣の細胞へと移動し単核菌糸を複核化させていく．核の移動は，菌糸の成長より数倍速く，0.5 ～ 1 mm/hr と計測した（図 9.6.7）.

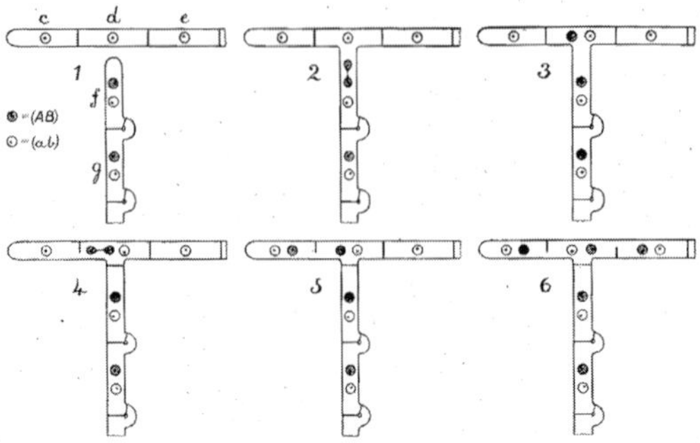

■図 9.6.7 ブラー現象の模式図（Buller 1931）

3）タマハジキタケ

ブラーは，タマハジキタケの胞子の入った粘球体のグレバ（基本体）が弾き飛ばされる仕組みを明らかにした．グレバを包む子実体の内皮が急激に膨張し，外皮から剝離して外側にはみ出ることで，グレバを弾き出し，上方に 2 m 以上，水平距離では 4 m 以上遠くに飛ばす．

4）発光菌

北米産ワサビタケは子実体と菌糸体の双方が光る．−4℃～ 37℃（最適 10 ～ 25℃）で光ること，子実体は乾燥後も湿潤させると 5 分後には光ることなどを明らかにし，ヨーロッパ産の光らないワサビタケと交配試験をして，同種であることを確認した．その他，クロサイワイタケ菌糸体，*Omphalia flavida* 菌糸体などの発光について報告した．

5）その他の業績

ビスビー（G.R. Bisby）らとともにマニトバ州に分布する菌類を調査した[1, 2]．採集した菌類のリストにとどまらず，マニトバの自然環境，ヨーロッパや他の北米地域の菌類相との比較，マニトバの菌類の研究史，菌類のグループごとの分類・生態の解説，植物の種類ごとのそれを寄主・基物とする菌類のリストを載せ，総合的な菌類誌となっている．

稀覯書の Tulasne (1861 ～ 1865)“Selecta Fungorum Carpologia”の英訳本の編集を行った[10]．原書は，多くの菌は多形性（plemorphism）であり，同一の菌が有性世代（完全世代，teleomorph）と無性世代（不完全世代，anamorph）をもつことを明らかにした画期的な業績であった．

6）日本でのブラーの評価

ブラーの科学的業績については，その一部が堀越・鈴木[6]などの菌類学の解説書で紹介されている．ブラーのエピソードについては，Money[9]，吹春[5]で，その片鱗が紹介されている．

（根田　仁）

＊引用文献

1）Bisby GR, et al. (1929) The fungi of Manitoba. Longmans, Green and Co., London
2）Bisby GR, et al. (1938) The fungi of Manitoba and Saskatchewan. National Research Council of Canada, Otawa
3）Buller AHR (1909, 22, 24, 31, 33, 34) Researches on fungi, Vol 1-6. Longmans, Green and Co., London

4) Buller AHR (1950) Researches on fungi, Vol. 7. The Univ. of Toronto Press, Tronto
5) 吹春俊光 (2009) きのこの下には死体が眠る!? 菌糸が織りなす不思議な世界．技術評論社，東京
6) 堀越孝雄・鈴木　彰 (1990) きのこの一生，築地書館，東京
7) Lloyd CG (1923) Mycological Writings 7 : 1237
8) Money MP (2002) Mr. Bloomfield's orchard. Oxford Univ. Press, Oxford
9) Money MP 著，小川　真 訳 (2007) ふしぎな生きものカビ・キノコ―菌学入門．築地書館，東京
10) Tulasne LR, Tulasne C (1931) Selecta fungorum carpologia (English translation by Grove WB, edited by Buller AHR and Shear CL, 3 vols). Oxford Univ. Press, London

編集後記

菌類が植物や動物とは異なる生物界の生物であることが菌学（キノコ，カビ，酵母に関する学問）以外の分野の方々にもほぼ受け入れられて四半世紀を過ぎたが，菌類分野の出版物は動物分野や植物分野に比較していまだに不十分なままである．日本菌学会が創立50周年を迎えた2006年において，菌類の辞典というと，名著“Ainsworth & Bisby's Dictionary of the Fungi”が9版を重ねていたが，菌学分野を日本語で網羅的に記述した出版物となると，『菌学用語集』（日本菌学会編）が1996年に発行されていたのみであった．しかし，同書は用語の解説を伴うものではなく，菌学分野に関する項目を網羅的に取り上げ，日本語で記述した出版物は皆無であった．このため，日本菌学会ではかねてから菌学分野の研究者，学生や一般社会人を対象とした菌学の解説書の必要性を論じてきていた．その折，朝倉書店から菌類に関する事典の出版について打診があり，日本菌学会は，50周年記念事業の出版物の1つとして『菌類の事典』を発行することを決定した．これを受けて，『菌類の事典』編集委員会を立ち上げ，同事典の掲載項目を策定した．各項目の著者に関しては，日本菌学会会員のみならず，菌学にかかわるそれぞれの分野の，日本語で執筆可能な第一線の，また，可能な限り若手の研究者に執筆を依頼した．このようにして，2007年，執筆者総数150名にのぼる方々の協力を得て本書の製作が始まった．

当初，2008年度の出版を目指したが，多数の著者による合作のため編集作業が遅れ，また，この間の菌学分野の研究の進展はめざましく，一部項目の追加と掲載内容の修正が必要となったため，出版計画の変更を余儀なくされた．発行日のさらなる遅延を避けるため，項目調整後に話題となった知見については項目の再調整を行わず，可能な限りコラムに掲載するように努めた．

本書では，最近の分子系統進化学に従えば菌類とはいえない偽菌類や共生生物である地衣類に関しても，菌学研究の歴史経過を踏まえて，また，それらと比較することによって菌類に対する理解が深化されることを期して取り上げた．各項目中の引用文献に関しては，可能な限り総説や教科書的な文献を掲載するように努めたが，最新の研究項目や研究者の少ない項目では，総説や教科書が存在しないため，個々の学術論文を紹介した．

朝倉書店から本書の企画のお話をいただいてから出版までに，予想外に長年を要してしまった．それだけ困難な企画だったというべきであろう．最終的には170名余にのぼる執筆者による多様な原稿をとりまとめていただいた朝倉書店編集部の方々に，厚く御礼申し上げたい．

本書が菌学分野の研究者や菌学分野の研究者をめざす方々のみならず，菌類に疑問や興味をいだく方々や菌学以外の生命科学分野の学生，研究者の方々が菌学の基礎・応用分野そして菌類に関する社会・文化など，菌類にかかわるさまざまな分野にふれる機会となることを期待している．今後，菌学分野の出版を推進するためにも，日本菌学会あるいは朝倉書店に，本書に関するご意見をお寄せいただければ幸いである．

日本菌学会「菌類の事典」編集委員会
統括編集委員
鈴木　彰・岩瀬剛二・中桐　昭

索　　引

き

さ

し

す

ち

つ

て

と

な

に

ぬ

ね

の

は

ひ

ふ

へ

ほ

ま

み

む

め

も

や

ゆ

よ

ら

り

る

れ

ろ

わ

欧　文

学名索引

B

C

G

H

I

Q

R

S

T

菌 類 の 事 典　　定価はカバーに表示

2013 年 10 月 30 日　初版第 1 刷
2014 年 3 月 20 日　　　第 2 刷

編集者　日 本 菌 学 会
発行者　朝　倉　邦　造
発行所　株式会社　朝 倉 書 店

東京都新宿区新小川町 6-29
郵 便 番 号　162-8707
電　話　03(3260)0141
FAX　03(3260)0180
http://www.asakura.co.jp

〈検印省略〉

© 2013〈無断複写・転載を禁ず〉
新日本印刷・渡辺製本

ISBN 978-4-254-17147-1　C 3545　Printed in Japan

JCOPY <(社)出版者著作権管理機構 委託出版物>

本書の無断複写は著作権法上での例外を除き禁じられています．複写される場合は，そのつど事前に，(社)出版者著作権管理機構（電話 03-3513-6969，FAX 03-3513-6979，e-mail: info@jcopy.or.jp）の許諾を得てください．

前東大 岩槻邦男著
図説生物学30講〈植物編〉1

植物と菌類30講

17711-4 C3345　B5判 168頁 本体2900円

植物または菌類とは何かという基本定義から，各々が現在の姿になった過程，今みられる植物や菌類たちの様子など，様々な話題をやさしく解説。〔内容〕藻類の系統と進化／種子植物の起源／陸上生物相の進化／シダ類の多様性／担子菌類／他

女子栄養大 菅原龍幸編
シリーズ〈食品の科学〉

キノコの科学

43042-4 C3061　A5判 212頁 本体4500円

キノコの食文化史から，分類，品種，栽培，成分，味，香り，加工，調理などのほか生理活性についても豊富なデータを示しながら解説。〔内容〕総論／キノコの分類／キノコの栽培とバイオテクノロジー／キノコの食品科学／生理活性物質／他

カビ相談センター監修　カビ相談センター 高鳥浩介・
大阪府公衆衛生研 久米田裕子編

かびのはなし

—ミクロな隣人のサイエンス—

64042-7 C3077　A5判 164頁 本体2800円

生活環境（衣食住）におけるカビの環境被害・健康被害等について，正確な知識を得られるよう平易に解説した，第一人者による初のカビの専門書。〔内容〕食・住・衣のカビ／被害（もの・環境・健康への害）／防ぐ／有用なかび／共生／コラム

広島大 堀越孝雄・前京大 二井一禎編著

土壌微生物生態学

43085-1 C3061　A5判 240頁 本体4800円

土壌中で繰り広げられる微小な生物達の営みは，生態系すべてを支える土台である。興味深い彼らの生態を，基礎から先端までわかりやすく解説。〔内容〕土壌中の生物／土壌という環境／植物と微生物の共生／土壌生態系／研究法／用語解説

前京大 二井一禎・名大 肘井直樹編著

森林微生物生態学

47031-4 C3061　A5判 336頁 本体6400円

微生物と植物或いは昆虫・線虫等の動物との興味深い相互関係を研究結果を基に体系化した初の成書。〔内容〕森林微生物に関する研究の歴史／微生物が関与する森林の栄養連鎖／微生物を利用した森林生物の繁殖戦略／微生物が動かす森林生態系

日本放線菌学会編

放線菌図鑑（普及版）

17154-9 C3645　A4判 244頁 本体9800円

日常服用する抗生物質の70～80％は放線菌から産生されている。本書は放線菌の多様な形態を日本だけでなく世界の第一線の研究者より提供された約450枚の電子顕微鏡写真で現してある。また，巻末には系統樹，生産物の構造式などを掲載した

近大 衣川堅二郎・関西総合環境センター研 小川 眞編

きのこハンドブック

47029-1 C3061　A5判 472頁 本体18000円

きのこ栽培の実際から流通・利用，生物学的基礎などきのこの最新情報を網羅。〔内容〕栽培編（主なきのこ27種について詳述）／流通・利用編（世界と日本のきのこの生産と流通，栄養価と薬的効果，きのこの料理，他）／基礎編（菌類ときのこ，地球生命複合体における菌類，遺伝と育種，ニューハイテク，化学組成，採取・分離・菌株保存，他）／付録（品種登録のしかたと登録きのこ品種名，菌舎の設計，栽培機器，培地の組成，染色液処方，核染色法，ハイテク用語解説）

元東大 石井龍一・前東大 岩槻邦男・環境研 竹中明夫・
甲子園短大 土橋 豊・基礎生物学研 長谷部光泰・
九大 矢原徹一・九大 和田正三編

植物の百科事典

17137-2 C3545　B5判 560頁 本体20000円

植物に関わる様々なテーマについて，単に用語解説にとどまることなく，ストーリー性をもたせる形で解説した事典。章の冒頭に全体像がつかめるよう総論を掲げるとともに，各節のはじめにも総説を述べてから項目の解説にはいる工夫された構成となっている。また，豊富な図・写真を用いてよりわかりやすい内容とし，最新の情報も十分にとり入れた。植物に関心と好奇心をもつ方々の必携書。〔内容〕植物のはたらき／植物の生活／植物のかたち／植物の進化／植物の利用／植物と文化

筑波大 渡邉 信・前千葉大 西村和子・筑波大 内山裕夫・
玉川大 奥田 徹・前農生研 加来久敏・環境研 広木幹也編

微生物の事典

17136-5 C3545　B5判 752頁 本体25000円

微生物学全般を概観することができる総合事典。微生物学は，発酵，農業，健康，食品，環境など応用にも幅広いフィールドをもっている。本書は，微生物そのもの，あるいは微生物が関わるさまざまな現象，そして微生物の応用などについて，丁寧にわかりやすく説明する。〔内容〕概説—地球・人間・微生物／発酵と微生物／農業と微生物／健康と微生物／食品（貯蔵・保存）と微生物／病気と微生物／環境と微生物／生活・文化と微生物／新しい微生物の利用と課題

上記価格（税別）は2014年2月現在